Johannes Kepler
Was die Welt im Innersten zusammenhält

Bibliothek des verloren gegangenen Wissens

(Naturwissenschaften)

Herausgegeben von Fritz Krafft

Johannes Kepler

Was die Welt im Innersten zusammenhält

Antworten aus Keplers Schriften

Mit einer Einleitung, Erläuterungen und
Glossar herausgegeben von Fritz Krafft

marixverlag

Copyright © by Marix Verlag GmbH, Wiesbaden 2005
Keplers Texte auf der Grundlage folgender Ausgaben:
Weltgeheimnis: Übersetzt von Max Caspar (Augsburg 1923). Neu gesetzt, überarbeitet und ergänzt; Tertius interveniens: Ausgabe von F. Krafft (München 1971), mit deutschen Übersetzungen; Weltharmonik: Übersetzt von Max Caspar (München/Berlin 1939). Neu gesetzt, überarbeitet und ergänzt.
Covergestaltung: Thomas Jarzina, Köln
Bildnachweis: akg-images GmbH, Berlin
Satz und Überarbeitung: Pinkuin Satz und Datentechnik, Berlin
Gesamtherstellung: GGP Media GmbH, Pößneck
Printed in Germany

ISBN: 3-86539-015-3
www.marixverlag.de

Einleitung

Johannes Keplers Antworten auf die Frage, was die Welt im Innersten zusammenhält

Von Fritz Krafft

Johannes Kepler wurde in eine ganz bestimmte geschichtliche Konstellation des allgemeinen Denkens und der Kultur im Übergang von der Spätrenaissance und dem Späthumanismus in den Barock mit spezifischen konfessionellen Auseinandersetzungen um den rechten christlichen Glauben hinein geboren und durch sie unverwechselbar als Mensch und als Naturforscher geprägt. Auch zum Verständnis seines Werkes generell und speziell seiner Vorstellungen über das, »was die Welt im Innersten zusammenhält«, erfolgt deshalb der Zugang am ehesten über seine vor diesem Historischen Erfahrungsraum als Hintergrund vorgestellte Biographie. In einem zweiten Teil werden Keplers Vorstellungen von den Grundlagen der mathematischen Strukturen des Universums als Kosmos, die Gott als Archetypen für seine Schöpfung genutzt hätte, damit der Mensch sie erkenne, aus ihrem Begründungszusammenhang heraus skizziert, weil sie Keplers wesentliche Antworten über den inneren Zusammenhalt der Schöpfung und das Zusammenwirken ihrer Teile enthalten – soweit sie nicht durch die ›körperlichen‹ Kräfte der Weltkörper und ihrer Teile (›wechselseitige Schwere‹ und wechselseitige Einwirkung der Sonne und der Planeten) gewährleistet sein sollen, für die Kepler in der *Astronomia nova* eine bahnbrechende Schweretheorie und Kraft-Physik der Planetenbewegungen entwickelt hat [F. Krafft 1973 (b), 1991, 2005]. Speziell den Interaktionen zwischen den Himmelskörpern und der menschlichen Seele ist der dritte Teil zur Astrologie Keplers gewidmet.

1. Johannes Kepler, eine Biographie im Kontext seiner Zeit

Johannes Keplers Biographie ist stark geprägt durch die konfessionellen Auseinandersetzungen des 16. und 17. Jahrhunderts, die schon im Vorfeld des Dreißigjährigen Krieges besonders den süddeutschen und österreichischen Raum in Mitleidenschaft gezogen hatten. Statt der ursprünglich angestrebten allgemeinen Glaubenstoleranz hatte die Übereinkunft des Augsburger Religionsfriedens von 1555 zwischen den katholischen und protestantischen Fürsten die Glaubensfreiheit im Grunde nur dem jeweiligen Souverän zugebilligt, während den Untertanen lediglich das später so genannte *beneficium emigrationis* zugestanden wurde, das Recht, bei einem Wechsel der Konfession des Landesherrn das Land verlassen zu dürfen – mit der Folge, daß die Bevölkerung hier aufgrund mehrerer, rasch aufeinander folgender Erbauseinandersetzungen häufig gezwungen war zu konvertieren oder zu emigrieren.

JOHANNES KEPLER wurde am 27. Dezember 1571 als Siebenmonatskind von schwächlicher Konstitution in Weil der Stadt, einer katholischen Enklave im protestantischen Württemberg, geboren und starb am 15. November 1630 in Regensburg, wo er auf dem dorthin einberufenen Reichstag zum wiederholten Male persönlich beim Kaiser ausstehende Gehaltszahlungen einfordern wollte. Er wurde katholisch getauft [siehe Brief Nr. 1072, 39 ff.; KGW XVIII: 331], dann allerdings gemäß der Augsburger Konfession protestantisch unterrichtet und erzogen (der Großvater SEBASTIAN KEPLER war 1569 bis 1578 Bürgermeister und Wortführer der lutherischen Minderheit gewesen). Der Vater hatte jedoch 1577 die Hausgemeinschaft der angesehenen Kepler-Familie in Weil der Stadt endgültig verlassen und war in das protestantische Leonberg übergesiedelt, nachdem er sich 1574 bis 1576 als spanischer Söldner in den Niederlanden verdungen hatte, wohin ihm seine Frau damals bald gefolgt war. Wechselndes Glück in Geschäften und die innere Unruhe des Vaters, selbst als die Familie 1584 nach Leonberg zurückgekehrt war, bescherten KEPLER und seinen insgesamt sechs jüngeren Geschwistern eine von Entbehrungen gekennzeichnete und wenig harmonische Kindheit, aus der verständlich wird, daß er für den immer wieder unterbrochenen Besuch der dreiklassigen Lateinschule in Leonberg insgesamt fünf Jahre benötigte. Danach wurde er 1584 in die Klosterschule zu Adelberg aufgenommen. Sein allgemeiner Gesundheitszustand besserte sich aber erst, nachdem er 1586 in die höhere Stiftsschule in Maulbronn eingetreten war, weil die Lehrer wegen seiner Leibesschwäche ihm zu einem geistlichen Amt geraten hatten. Hier legte er 1588 das Bakkalaureat ab, um im folgenden Jahr mit einem herzoglichen Stipendium das theologische Universitätsstudium in Tübingen aufzunehmen, für das er 1589 in das dortige, straff organisierte Stift eintrat.

In der Theologie wurde er dabei insbesondere durch die Natürliche Theologie JAKOB HEERBRANDS (1521–1600) beeinflußt [J. HÜBNER 1975; C. METHUEN 1998]; er widmete sich aber weiterhin auch den naturwissenschaftlichen Schriften des Aristoteles, humanistischen Studien sowie vor allem der Mathematik und Astronomie, in die er durch MICHAEL MÄSTLIN (1550–1631) weit über den üblichen Unterrichtsstoff hinaus eingeführt wurde, so auch in die neue Astronomie eines NICOLAUS COPERNICUS, für deren Richtigkeit vom Lehrer MÄSTLIN und Schüler KEPLER Argumente erarbeitet wurden, die den Schüler frühzeitig überzeugten, während der vorsichtige Lehrer keines von ihnen je öffentlich vorgebracht hätte.

Das erklärt sich daraus, daß in Tübingen sowohl in der Artistenfakultät als auch in der Theologischen Fakultät noch die von ANDREAS OSIANDER durch seine anonym dem Werk des COPERNICUS vorangestellte Vorrede begründete Tradition [F. KRAFFT 1994] herrschte, gemäß der die heliozentrische Astronomie wie jegliche mathematische Astronomie auch lediglich als brauchbare mathematische Hypothese (Rechengrundlage) neben anderen und ohne Realitätshintergrund zu gelten hätte [siehe auch Brief Nr. 93]. KEPLER dagegen fühlte sich nicht an entsprechende Rücksichten gebunden. Er verteidigte schon als Student eigene heliozentrisch orientierte Disputationen – und fühlte sich seitdem berufen, die Richtigkeit der ihm wegen der größeren mathematischen Ökonomie für eine vernünftige Schöpfung plausibler erscheinenden Heliozentrik „metaphysisch" zu beweisen.

Man muß dazu bedenken, daß MÄSTLIN 1583 Nachfolger seines Lehrers, des Mathematikers und Kartographen PHILIPP APIAN (1531–1589), geworden war, der 1568 wegen seines Übertritts zum Protestantismus von der katholischen (Jesuiten-)Universität Ingolstadt vertrieben und des Landes Bayern verwiesen worden war und 1570 die Mathematikprofessur in Tübingen übernommen hatte, 1582 aber auch hier seines Amtes enthoben worden war, weil er sich weigerte, die für alle württembergischen Staatsbediensteten verbindliche Konkordienformel zu unterzeichnen. Auch KEPLER sollte sein ganzes Leben lang eine vorbehaltlose Unterzeichnung verweigern, und er hat seinen Standpunkt immer wieder in Briefen, aber auch in einer Reihe rein theologischer Schriften tief- und scharfsinnig darzulegen versucht. Hier spiegelt sich »die altprotestantische Orthodoxie in ihrer spezifisch württembergischen Ausprägung« wider [J. HÜBNER in KGW XII: 270f.]: »Wir sehen eine Gelehrsamkeit, vor deren

Tiefe und Scharfsinnigkeit große Hochachtung am Platze ist. Hier wurde jedem Problem bis in die letzte der vielfältigen Verästelungen hinein konsequent nachgegangen. [...Jedoch verbarg] sich hinter dem strengen systematischen Denken aristotelischer Herkunft und der ebenso strengen und oft recht einseitigen unduldsamen Polemik in der Regel [jedenfalls bei KEPLER] eine lebendige und dynamische Frömmigkeit.«

KEPLER hatte schon in den Seminaren nichts unhinterfragt hingenommen – weder im Bereich der Astronomie, wo es um Deutungen und physikalische Interpretationen mathematischer Sachverhalte ging, noch im Bereich der Theologie. Ihn hatten die laut verkündeten Warnungen vor den kalvinistischen ›Irrlehren‹ geradezu zum Studium der Lehrmeinungen aller drei Konfessionen gereizt; und es waren neben den Bibelworten selbst gerade seine Kenntnisse der aristotelischen Philosophie und Physik, die ihn daraufhin nach und nach die lutherisch-orthodoxe Ubiquitätslehre von der Realexistenz von Christi Fleisch und Blut im Abendmahl ablehnen ließen zugunsten der kalvinistischen Christologie, gemäß der die Abendmahlsfeier mehr als eine Erinnerungsfeier zur Bestätigung des Glaubens bereits Glaubender aufgefaßt wird, als eine geistliche, nicht aber fleischliche Vereinigung des Gläubigen mit Christus. Er knüpfte damit an altkirchliche Traditionen an, die ihn in diesem Punkte selbst den Jesuiten annäherten [*Glaubensbekandtnus*, KGW XII: 25, 45 ff.]:

»Es ist war / das ich den Jesuiten und Calvinisten im Articul von der Person Christi / recht gebe / mit dieser maaß / wa diese mit jenen einstimmen / und beyde mit einander ja sagen / oder sich wider die bezüchtigung deß Nestorianismus bescheidenlich schützen.«

Aus seiner stets ausgeprägt irenischen Haltung heraus mußte er sich daraufhin gegen die Konkordienformel der Lutheraner bezüglich der Realexistenz aussprechen, während für ihn aber auch entscheidende Lehraussagen des Kalivinismus und des Katholizismus in einer solchen Fülle strikt gegen christliche Lehren sprachen, daß er Zeit seines Lebens lutherischer Protestant blieb, wenn ihm dieses auch von anderen verwehrt werden sollte.

KEPLER war zwar aus Überzeugung nicht Katholik und nicht Kalvinist, aber die hieraus sich ergebenden Gewissenskonflikte brachen bei ihm immer wieder durch und verhinderten, daß er, der nicht nur in das protestantische Lager hineingeboren sowie in Adelberg, Maulbronn und Tübingen hineingebildet worden war, sondern es aus innigster Überzeugung selbst gewählt hatte und nicht durch bequeme Konversion zu verlassen bereit war, die für die Protestanten seit 1577 verbindliche Konkordienformel je unterzeichnete, weil ihm die Hinzusetzung entsprechender Vorbehalte nicht gestattet werden konnte. Er war damit gleichsam überzeugter, aber konfessionsfreier und im Denken überkonfessioneller Christ.

Diese von KEPLER nie verhehlte unorthodoxe und auch schon frühzeitig starre, unbeugsame Haltung hat sicherlich entscheidend dazu beigetragen, daß MÄSTLIN, die Theologische Fakultät und das Stift darauf hinarbeiteten, Kepler aus der durch die Annahme des Stipendiums eingegangenen Verpflichtung dem Herzog gegenüber zu entlassen und zur Übernahme der immerhin wenig ansehnlichen und äußerst mäßig dotierten Mathematikprofessur an der evangelischen Stiftsschule in Graz zu überreden; und auch KEPLER selbst wird, des Streitens überdrüssig, die konfessionelle Enge Tübingens gern verlassen haben. Er trat die Stelle, die mit der eines Landschaftsmathematikers verbunden war, im April 1594 *vor* Abschluß des Theologiestudiums und unter dem Vorbehalt an, das Recht auf eine kirchliche Laufbahn damit nicht zu verwirken.

Die Stiftsschule in Graz wurde von der steiermärkischen Landschaft unterhalten, die wie die Mehrheit der Grazer Bevölkerung protestantisch war, und stand gemeinsam mit ihr unter Berufung auf die Brucker Religionspazifikation von 1578 mit wechselndem Erfolg im Abwehrkampf gegen die landesfürstlichen Bemühungen um eine Rekatholisierung der Residenzstadt. Die Konfessionsstreitigkeiten führten schließlich zum erzherzoglichen Dekret vom September 1598, das alle Prediger und Lehrer des Grazer Stifts binnen acht Tagen der innerösterreichischen Erbfürstentümer verwies. KEPLER wurde zwar als einzigem aufgrund prominenter Fürsprache erlaubt, nach einem Monat als Landschaftsmathematiker zurückzukehren; doch wurde die Stiftsschule am 7. September 1599 endgültig aufgelöst.

Zu den Aufgaben des Landschaftsmathematikers (wie eines Hofmathematikers) gehörte seinerzeit auch das Erstellen von Kalendern einschließlich eines ›Prognostikon‹ zur astrologischen Vorhersage wichtiger Ereignisse. Mit den Vorhersagen in seinem ersten Kalender für das Jahr 1595 hatte er großes Glück, insofern von ihnen sowohl der schwere Winter als auch die Bauernunruhen und die Flucht vor den einfallenden Türken eintraten; und das war seinem Ansehen in Graz sehr förderlich. Ablehnend stand man jedoch hier und in Tübingen seiner Benutzung der

1582 eingeführten ›katholischen‹ Kalenderreform Papst GREGORS XIII. in den Kalendern gegenüber, ohne daß man einer naturwissenschaftlich-computistischen Argumentation KEPLERS zu folgen bereit war.

KEPLER, dessen vielbeachtetes Erstlingswerk, das vermeintlich entdeckte ›Mysterium cosmographicum‹ des göttlichen Schöpfungsplanes betreffend, hier in Graz entstanden und von Tübingen aus unter der Obhut MICHAEL MÄSTLINS 1596 gedruckt worden war, war damit stellenlos geworden. Seine sich schon zuvor und später wieder über Jahre hinziehenden Bemühungen um eine Anstellung im heimischen Württemberg wurden von seinen Lehrern in Tübingen aber nur halbherzig verfolgt und blieben wegen der alten Vorbehalte auch ohne Erfolg. So folgte KEPLER schließlich, als im August 1600 alle nicht konvertierten Lutheraner aus Graz ausgewiesen wurden [B.SUTTER 1975 (a): 298–302], der mehrfach ausgesprochenen Einladung TYCHO BRAHES nach Prag, obgleich sich die Zusammenarbeit bei einer fünfmonatigen Probezeit Anfang 1600 als schwierig herausgestellt hatte. Eine Anstellung als Hofmathematicus erfolgte auch erst Ende 1601 nach dem Tode TYCHOS (24. X. 1601); und das zugesagte Jahresgehalt von 500 Gulden wurde auch in der Folgezeit sehr stockend, nur teilweise und schließlich gar nicht mehr ausgezahlt. Aber KEPLER genoß am Hofe konfessionelle Toleranz, die im Majestätsbrief RUDOLPHS vom 9. 7. 1609 auch auf ganz Prag und Böhmen ausgedehnt wurde, während sein den Kaiserthron beanspruchender Bruder MATTHIAS seinerseits den innerösterreichischen Ständen Zugeständnisse in Glaubensfragen machte, die auch zum Wiederaufleben der lutherischen Landschaftsschule der oberösterreichischen Stände in Linz führten.

Da KEPLER sich während der Unruhen, die 1611 zur Abdankung RUDOLPHS führten, verstärkt um eine Anstellung außerhalb des Hofes bemüht hatte – auch in Württemberg, wo das Stuttgarter Konsistorium eine Befürwortung wegen seiner bekannten kalvinistischen Neigungen am 25. April 1611 offiziell ablehnte und damit eine Rückkehr KEPLERS nach Württemberg für alle Zeiten ausschloß –, konnte er daraufhin wenigstens ein länger bestehendes Angebot aus Linz annehmen, wo er 1611 als Mathematiker der Landschaft Österreich ob der Enns und als Mathematiklehrer an der Landschaftsschule bestallt wurde – unter Beibehaltung seiner Anstellung als Hofmathematiker, allerdings ohne Präsenzpflicht in Prag.

Hier in Linz gehörte als Schulinspektor auch der Oberpfarrer zu seinen Vorgesetzten, welches Amt ab 1610 DANIEL HITZLER innehatte, der ebenfalls herzöglicher Stipendiat in Tübingen gewesen war. Notwendige Abwehrmaßnahmen gegen ortsansässige Kalvinisten bestärkten diesen darin, KEPLER bis zur vorbehaltlosen Unterzeichnung der Konkordienformel nicht zum Abendmahl zuzulassen. Kepler verlangte zwar vom Stuttgarter Konsistorium die Aufhebung der entsprechenden Verfügung, doch bestätigte dieses den Entscheid HITZLERS. Auf weitere Eingaben wurde KEPLER immer wieder vergebens aufgefordert, sich der Diskussion theologischer Streitfragen zu enthalten und die Allgegenwart des Fleisches Christi anzuerkennen; insbesondere beharrte auch der ihm sonst wohlgesonnene Tübinger Theologe MATTHIAS HAFENREFFER, der um ein Zeugnis für KEPLERS Orthodoxie gebeten worden war, auf dem Standpunkt des Konsistoriums und ließ den entsprechenden Bescheid von allen Fakultätsmitgliedern unterzeichnen. 1619 zeigte die Fakultät den lutherischen Gemeinden sogar in einem gedruckten Zirkular an, daß KEPLER exkommuniziert und diese Strafverfügung vom Konsistorium bestätigt und bekräftigt worden sei. Dieser Kirchenbann von 1619 ist nie wieder aufgehoben worden, so daß KEPLER fortan konfessionslos oder vielmehr ›ohne Kirche‹ war, was seinerzeit durchaus einer gesellschaftlichen Isolierung gleichkam. – Weitere Sorgen mit der Württembergischen Landeskirche bereitete KEPLER eine Anklage gegen seine Mutter wegen Hexerei. Drei Monate im Jahre 1617 und dreizehn der Jahre 1620 und 1621 verbrachte er in Württemberg mit Bemühungen, die Anklage zu entkräften, was ihm schließlich auch gelang [siehe die Dokumente in KGW XII]. Schon ein halbes Jahr nach ihrer Entlassung aus dem Gefängnis verstarb die Mutter im Jahre 1622.

Während dieser Zeit hatten sich die Zustände in Linz für KEPLER und die Protestanten verschlechtert: Nach der Wahl FERDINANDS II. zum Kaiser und der Niederschlagung des Böhmischen Aufstandes wurde die Gegenreformation auch in Böhmen und Österreich rigoros und rücksichtslos erneuert; und nur wegen seiner Vorrechte als Hofbeamter entging KEPLER dem Reformationspatent von 1625, das jetzt auch in Linz alle Protestanten des Landes verwies, siedelte aber nach der Zerstörung seiner Druckerei durch aufständische Bauern Ende 1626 zur Wiederaufnahme und Fertigstellung des Druckes der *Tabulae Rudolphinae* nach Ulm über. Daran schlossen sich wechselnde Aufenthalte unter anderem in Frankfurt, Ulm, Regensburg, Linz und Prag an, die auch der Suche nach einer neuen Anstellung und Aufgabe dienten. Schließlich ließ er sich im April 1628 als Astrologe in die Dienste ALBRECHTS VON WALLENSTEIN übernehmen, dem auf der Höhe seiner Erfolge für den Kaiser gerade das niederschlesische Teilherzogtum Sadan übertragen worden war. Im August nahm KEPLER im noch protestantischen Sagan Wohnung. Trotz seiner sonst an den Tag gelegten überkonfessionellen Haltung drängte WALLENSTEIN dann aber aus politischen Gründen auf eine Rekatholisierung auch Sagans, die den Hofbeamten KEPLER zwar ausnahm, ihn aber wieder gesellschaftlich isolierte. Er erhielt hier zwar erstmals in seinem Leben das vereinbarte Jahresgehalt von 1000 Gulden in regelmäßigen Raten; als aber auf dem Kurfürstentag von Regensburg die Absetzung des übermächtig gewordenen WALLENSTEIN erzwungen wurde, machte KEPLER sich 1630 wieder einmal, jetzt aber zum letzten Mal, auf den Weg zum Kaiser, um mit ihm neben seiner Zukunft auch die Eintreibung der kaiserlichen Altschulden, die WALLENSTEIN hatte übernehmen sollen, zu beraten.

Trotz aller durch seine standhaft-starre Haltung immer wieder heraufbeschworenen Not kam für KEPLER weder jemals eine Konversion zum römisch-katholischen Glauben noch eine Hintanstellung von Bedenken gegen einzelne Artikel der Konkordienformel in Frage, obgleich Freunde ihm in beide Richtungen gut zuredeten: Er verstand sich gegenüber den einzelnen Konfessionen aber als Christ und unter Berufung auf die Augsburger Konfession stets als Mitglied der *einen*, der in diesem Sinne ›katholischen‹ Kirche. Sein unmittelbares Ziel war friedliche Harmonie zwischen allen Konfessionen, besitze doch jede einen Teil der einen Wahrheit, wenn man diese auch erst stückweise wieder zusammensuchen müsse. Im Erzbischof von Spanien, MARCANTONIO DE DOMINIS, sah er deshalb den kongenialen Religionsstreiter, der auf der Grundlage der alten Kirche konfessionellen Frieden erstrebte, und feierte ihn als solchen in seinem *Glaubensbekandtnus* von 1618; und als dieser nach seiner Flucht vor dem Zugriff des Papstes 1616 in England Aufnahme fand und sein Werk *De republica ecclesiastica* herausbringen konnte, meinte KEPLER in König JACOB I. den Fürsten sehen zu können, der die konfessionelle Wiedervereinigung herbeiführen würde. Deshalb widmete er ihm sein persönlich am höchsten eingeschätztes Buch, die 1619 erschienene *Harmonice mundi* [KGW VI: 9–12].

(Bezeichnend für die anachronistische Einordnung des ›großen Naturwissenschaftlers‹ JOHANNES KEPLER durch das 19. und große Teile des 20. Jahrhunderts ist – ähnlich wie im Falle ISAAC NEWTONS –, daß im Rahmen der kritischen Gesamtausgabe die Edition der theologischen Schriften, obwohl schon zu Lebzeiten gedruckt und zumindest subjektiv als grundlegend empfunden, zu Gunsten der mathematisch-naturwissenschaftlichen Werke so lange, nämlich bis 1990, hat auf sich warten lassen.)

2. Was die Welt im Innersten zusammenhält

Mit dem Werk *Harmonice mundi*, den »Fünf Büchern über die Weltharmonik«, sah KEPLER sich gleichzeitig auch am Ziel seiner Bemühungen als »Priester des höchsten Gottes im Bereich des Buches der Natur«, also der Schöpfung (*sacerdos Dei altissimi ex parte libri Naturae* [Brief-Nr. 91, 182 ff., vom 26. 03. 1598]), wie er die Astronomen schon 1598 bezeichnet hatte. Astronomie sei Gottesdienst [F. KRAFFT 1988 (b)]. Deshalb sei es auch weniger ihre Aufgabe, auf den Ruhm des eigenen Geistes bedacht zu sein, als vor allem anderen auf den Ruhm des Schöpfers; und in diesem Sinne war es von Anfang an seine Absicht und sein Ziel gewesen, die Harmonie von Gottes Schöpfungsplan und damit Gottes Absichten in der erschaffenen Welt aufzuweisen.

Ein erster Schritt dahin schien KEPLER mit der vermeintlichen Entdeckung des *Mysterium cosmographicum* in der Schöpfung bereits 1595 gelungen; und diese Entdeckung abzusichern und zu korrigieren hätten, wie KEPLER in einer 1621 veranstalteten zweiten, unveränderten, aber mit zusätzlichen Anmerkungen versehenen Auflage des entsprechenden Werkes von 1596 anmerkt, dann fast alle Bemühungen der folgenden 25 Jahre gedient, die er hier Revue passieren läßt (weshalb sie unten mit abgedruckt sind). In der Zielstrebigkeit und keine Kompromisse billigenden Ausdauer, mit der er diese verfolgte, zeigt sich aus der gleichen tiefen Frömmigkeit heraus dieselbe keplersche Eigenschaft, die in konfessionellen Fragen fast an Starrsinn grenzte – und die es ihm auf wissenschaftlichem Gebiet dann völlig gleich sein ließ, ob der krönende Abschluß »ein Buch für die Gegenwart oder für die Nachwelt ist; es möge hundert Jahre seines Lesers harren, hat doch auch Gott sechs Jahrtausende [seit der Schöpfung] auf den Beschauer [nämlich KEPLER] gewartet«, wie er in der *Harmonice mundi* schrieb [KGW VI: 290]. Er verstand sich ja als »Gottes Priester im Bereiche des Buches der Natur« und fühlte sich auch als Astronom vor Gott verantwortlich, nicht vor den Menschen; und besonders hieraus begründet sich für ihn ursprünglich die Notwendigkeit, die empirisch erfaßbaren Quantitäten auch exakt in der physischen Realität des Kosmos bestätigt sehen zu müssen.

Denn diese Quantitäten waren für KEPLER im Anschluß an neuplatonische Vorstellungen der materiellen Schöpfung übergeordnete Realitäten, und zwar die aus der Masse der wiederholbaren Quantitäten herausgehobene einmaligen besonderen Quantitäten, denen deshalb gleichzeitig das Attribut ästhetischer Schönheit und Harmonie zukäme. Das letztlich auch Gott vorgegebene und in der Schöpfung verwirklichte ›Urbild‹, der Archetypos, müßte somit wie der von Gott erschaffene Kosmos selbst notwendig geometrisch-harmonikal sein und aus wirksamen und verwirklichten quantitativen Verhältnissen, also aus *numeri numerati* bestehen (statt aus *numeri numerantes*, den theoretischen Zahlen, wie im künstlichen Bereich).

Wie schon der spätantike Kirchenvater ISIDORUS VON SEVILLA (um 570–636) (*Etymologiae* XVI, 25) hat KEPLER sich dazu auf das apokryphe Buch der Bibel *Sapientia Salomonis* XI, 21 berufen: »Du aber hast alles geordnet nach Maß, Zahl und Gewicht« (*Sed omnia in mensura et numero et pondere disposuisti*); doch leitete er ähnlich wie GALILEO GALILEI (1564–1642) daraus ab, daß die erschaffene Natur generell mathematisch strukturiert sei, das ›Buch der Natur‹ als Gottes Schöpfung im Gegensatz zum ›Buch der Offenbarung‹ (der Bibel) in ›mathematischen Lettern‹ geschrieben sei, demnach auch nur mittels Mathematik erfaßt werden könne. Die Mathematik als erstes Erkenntnismittel bezieht sich dabei nicht auf eine mathematisch konstruierte menschliche Kunst und Technik (wie bei ARISTOTELES), sondern im Sinne einer platonisierenden Natürlichen Theologie auf die materielle Schöpfung Gottes, aus der deshalb Gott mit Hilfe der von ihm selbst angewandten Mathematik erkannt werden könne – und wolle.

Die Geometrie galt ihm als a-priorische und archetypische Grundlage der göttlichen Schöpfung; sie könne deshalb, wie es Gott beabsichtigt habe, dem Menschen als seinem Ebenbild zur Erkenntnis des göttlichen Schöpfungsplanes und -willens und folglich zum Lobpreis Gottes dienen. Beweis für die Ebenbildlichkeit seien die Gabe des menschlichen Intellekts, die in der Schöpfung verwirklichten *numeri numerati*, den »Widerschein aus dem Geiste Gottes«, überhaupt erfassen zu können, und der Umstand, daß er nur diese unzweifelhaft und richtig, also ebenso wie Gott, zu erfassen in der Lage sei – wie es schon im Widmungsbrief zum *Mysterium Cosmographicum* heißt [KGW I: 6, 27–30; siehe auch IV: 308, 9 ff.]:

> »Wir dürfen nicht fragen, warum denn der menschliche Geist soviel Mühe aufwendet, um die Geheimnisse des Himmels zu erforschen. Unser Schöpfer hat zu den Sinnen den Geist nicht deshalb hinzugefügt, damit der Mensch sich seinen Lebensunterhalt erwerbe – das können viele Arten von Lebewesen mit ihren unvernünftigen Seelen viel besser –, sondern vor allem, damit wir vom Sein der Dinge, die wir mit Augen betrachten, zu den Ursachen ihres Seins und Werdens (*ad causas quare sint et fiant*) vordringen, wenn auch weiter kein Nutzen damit verbunden ist. Und wie die anderen Lebewesen so wie der Leib des Menschen durch Speise und Trank erhalten werden, so wird die Seele des Menschen [...] durch jene Nahrung in der Erkenntnis am Leben erhalten, bereichert, gewissermaßen im Wachstum gefördert. Wer darum nach diesen Dingen kein Verlangen in sich trägt, der gleicht mehr einem Toten als einem Lebenden.«

In einer Anmerkung dazu heißt es in der zweiten Auflage von 1621 [KGW VIII: 30, 6–8, und 62, 31–33]:

> »In der Tat sind und waren die Urbilder der Quantitäten (*ideae quantitatum*) gleich ewig wie Gott, ja Gott selbst; und sie sind daher vorbildhaft in den (auch dem Wesen nach) nach Gottes Ebenbild erschaffenen Seelen. [...] Trug Gott doch die *mathematica* als die Ursachen der natürlichen Dinge wie Archetypen in ganz einfacher, göttlicher Abstraktion von Ewigkeit her mit sich.«

An anderer Stelle faßt KEPLER hier in der zweiten Auflage, wo er über all seine zwischenzeitlichen Erkenntnisse hinweg den seine Ideen zusammenfassenden Bogen zur *Harmonice mundi* spannt, den langen Weg zusammen [KGW VIII: 62, 29–36]:

> »Siehe, welch reichen Ertrag mir in den letzten 25 Jahren das Prinzip gebracht hat, von dem ich damals schon aufs festeste überzeugt war, daß nämlich die *mathematica* deswegen die Ursachen der Naturdinge bilden [...], weil Gott der Schöpfer die mathematischen Dinge von Ewigkeit an als Archetypen in sich getragen hat, in einfachster und göttlicher Abstraktion sogar von den materiell gedachten Quantitäten selbst. [... Ich gestehe, daß den Archetypen / Urbildern] keine Bedeutung zukäme, wenn Gott bei der Erschaffung der Welt sich nicht auf sie bezogen hätte.«

Man müsse Gott als den Weltenbauer anerkennen, da den Urbildern aus sich selbst keinerlei Wirkung zukomme.

Im April 1599 hatte KEPLER auch entsprechend an seinen Freund HERWART VON HOHENBURG geschrieben [Brief Nr. 117, Zeilen 145–147 und 173 ff.]:

»Für Gott liegen in der gesamten Körperwelt körperliche Gesetze, Zahlen und Verhältnisse vor, und zwar höchst erlesene und aufs beste geordnete Gesetze. […] Wir wollen daher über das Himmlische und Unkörperliche nicht mehr zu erforschen suchen, als uns Gott selbst offenbart hat.

Diese Gesetzmäßigkeiten liegen innerhalb des Fassungsvermögens menschlichen Geistes; Gott *wollte* sie uns erkennen lassen, als er uns nach seinem Ebenbild erschuf, damit wir Anteil bekämen an seinen eigenen Gedanken. Was steckt denn anderes im Geiste des Menschen als Zahlen und Größen? Diese allein erfassen wir richtig, und zwar ist (wenn das mit Frömmigkeit gesagt werden kann) unser Erkennen dabei von derselben Art wie das Gottes (*haec sola recte percipimus, et, si pie dici potest, eodem cognitionis genere cum Deo*) …«

In diesem Sinne hatte er auch schon aus Anlaß der vermeintlichen Entdeckung des ›Mysterium cosmographicum‹ als des hinter den Phänomenen verborgenen Schöpfungsplanes im Oktober 1595 seinem Lehrer MICHAEL MÄSTLIN geschrieben [Brief Nr. 23, Zeilen 253 ff.], daß er diese Entdeckung zur Ehre Gottes, »der aus dem Buch der Natur erkannt sein *will*« (*qui vult ex libro Naturae agnosci*), möglichst rasch veröffentlichen wolle:

»Je mehr andere ebenfalls daran arbeiten, desto mehr würde ich mich freuen; ich neide es niemandem. So habe ich es Gott gelobt, so steht mein Entschluß. Ich wollte Theologe sein, lange war ich in Unruhe; nun aber sieh, wie Gott durch mein Bemühen auch in der Astronomie gepriesen wurde! (*Theologus esse volebam, diu angebar; Deus ecce mea opera etiam in astronomia celebratur.*)«

Naturwissenschaft auf quantitativ-mathematischer Basis ist somit für KEPLER Gotteserkenntnis und Gottesdienst in einem; und allein hieraus begründet sich für ihn ursprünglich die Notwendigkeit, die empirisch erfaßbaren Quantitäten auch exakt zu berücksichtigen (zu ›wahren‹); denn, so laute das auch ihn leitende Axiom [KGW VIII: 97; so schon ARISTOTELES: *De caelo* I, 5: 271^a 33]: »Nichts hat Gott ohne Plan (ohne Absicht: *temere*) gemacht«.

Drei Dinge seien es deshalb vornehmlich, hatte er bereits 1596 zu Beginn seines *Mysterium Cosmographicum* geschrieben, für die er unablässig nach den Ursachen gesucht habe: Zahl, Größe und Geschwindigkeit der Planetensphären, also ihrer siderischen Perioden einschließlich ihrer Anomalien (*numerus, quantitas et motus orbium*) – erst im Laufe seiner Bemühungen werden aus den *orbes*, den Äthersphären, die ›Bahnen‹ (*orbitae*) der Planeten, was in den Übersetzungen bisher nicht berücksichtigt wurde, die stets anachronistisch von ›Bahnen‹ sprechen [siehe Glossar unter Bahn/Sphäre]. Das Bemühen, den in der Schöpfung verwirklichten göttlichen Plan des Kosmos als Ursache auch für Anzahl, Größe und Bewegung der Planeten(sphären) aufzudecken, sollte auch fortan sein wissenschaftliches Lebenswerk bestimmen.

Dies zu wagen, habe ihn »jene schöne Harmonie der ruhenden Dinge, nämlich der Sonne, der Fixsterne und des Zwischenraumes mit Gott dem Vater, dem Sohne und dem Heiligen Geist« ermutigt [KGW I: 9, 33–36; siehe auch I: 23, 19–31, II: 19, 11–22, VI: 224, 10–39, VII: 51, 1–22, Brief Nr. 23, 71–74, dazu D. Mahnke 1937, F. Krafft 1976: 1219–1222]: Kepler sah die Kugel als »Bild des Schöpfergottes/der Dreieinigkeit *und* Archetypus der Welt« (die damit notwendig endlich sei) und erweiterte die im Anschluß an neuplatonisch-plotinische Gottesvorstellungen von Nikolaus von Kues [*De docta ignorantia* I, 9] hergestellte Beziehung zwischen der Trinität und der Kugel (Gottvater = Zentrum, Gottsohn = Radius, Heiliger Geist = Peripherie) zu einer dreifachen Identität (die er auch ›Ähnlichkeit‹, ›Sinnbildlichkeit‹ oder ›Harmonie‹ nennt [F. Krafft 1999 (a): 72, Fn. 61]) von Kugel, Dreieinigkeit und ruhender Welt. Es entsprächen dann Zentrum/Gottvater/Sonne – Peripherie/Gottsohn/Fixsternsphäre – Volumen (Gleichabständigkeit)/Heiliger Geist/Raum (Äther). Deshalb sei die Kugel als *mundi forma* und *archetypus* unter die Ursachen zu setzen [KGW VIII: 28, Nota 4]; nur eine heliozentrische Welt weise aber drei *ruhende* Teile auf. Gottes *liber naturae*, die Schöpfung, geschrieben in ausgezeichneten Quantitäten, sei deshalb so, wie sie aus deren Archetypen abgelesen werden könne, aus denen die empirisch überprüfbaren Bewegungsbilder folgen, real; und die keplersche, gegenüber allen zeitgenössischen Spekulationen empirisch fundierte Naturwissenschaft beschreibt, erklärt und begründet in ihrem Selbstverständnis diese Realität [F. Krafft 1988 (a), M. M. Illmer 1991].

Schon aufgrund von Ökonomiebetrachtungen hatte für KEPLER seit seiner Studienzeit allein ein heliozentrisches Weltbild der Realität entsprechen können; neben der Zusammenfassung mehrerer Bewegungen bei den Planeten und den Fixsternen als Effekte der Bewegungen der einen Erde, die jegliches Bewegungselement an eine ganz bestimmte Stelle im Geschehen am Himmel gebunden sein ließ, war ein großer Vorteil dieses Systems die im ptolemaiischen nicht gegebene Möglichkeit, aufgrund der parallaktischen Deutung der synodischen Anomalie die Erd- und damit auch die Sonnen-Entfernung sämtlicher Planeten empirisch bestimmen zu können [F. KRAFFT 1999 (a): 150–155, 2005: XXIX–XXXI]. Aber es gab keine empirischen Kriterien zur Entscheidung zwischen dem heliozentrischen Weltbild des COPERNICUS und dem geozentrischen des PTOLEMAIOS sowie dem geo-heliozentrischen des TYCHO BRAHE, wenn alle drei von denselben Daten ausgingen. Auch als KEPLER bei seinem Besuch im Jahre 1600 von den besseren Daten TYCHO BRAHES erfahren hatte, hätten diese nur eine entsprechende Modifizierung der den Exzentern und Epizykeln zugewiesenen Perioden in allen drei Systemen zur Folge haben müssen. KEPLER demonstrierte im ersten Teil seiner zwischen 1601 und 1605 entstandenen *Astronomia nova* die mathematisch-kinematische Gleichwertigkeit aller drei ›Hypothesen‹ bezüglich der abgeleiteten Örter. COPERNICUS hatte auch selbst gesagt (*De revolutionibus*, Praefatio), daß seine astronomische Theorie im wesentlichen auf dieselben Planetenörter führe wie die geozentrische des PTOLEMAIOS. Er hatte ja auch dessen Daten weitestgehend unverändert übernommen, und die auf seinem System basierenden, erstmals 1551 erschienenen *Prutenischen Planeten-Tafeln* ERASMUS REINHOLDS wiesen deshalb bald ähnlich große Abweichungen von den Beobachtungen auf wie etwa die im 13. Jahrhundert auf ptolemaiischer Basis errechneten *Alfonsischen Tafeln*, die 1483 erstmals gedruckt und noch bis ins 17. Jahrhundert benutzt wurden.

Zwar hatte COPERNICUS, wie KEPLER richtig annahm, aufgrund seiner Rückführung der mathematischen Astronomie auf die Prinzipien der aristotelischen Physik die alte Diskrepanz zwischen diesen Disziplinen überwinden wollen und war deshalb selbst von der Realität seines Weltbildes überzeugt gewesen; entgegen dieser Überzeugung konnten aber diese heliozentrische und die geozentrische Theorie im Sinne einer ›Rettung der Phänomene‹, auf die sich schon ANDREAS OSIANDER in der dem Werk des COPERNICUS ohne Wissen des Autors beim Druck in Nürnberg anonym vorangestellten Vorrede berufen hatte [F. KRAFFT 1973 (a)], auch weiterhin als gleichwertige Hypothesen zu eben dieser bloßen Rettung der Phänomene ohne Anspruch auf physische Realität angesehen werden [F. KRAFFT 2005: XX–XXII]. KEPLER wandte sich zwar mit Nachdruck gegen diese nicht COPERNICUS' Intentionen entsprechende Deutung und Unterstellung, doch hatte TYCHO BRAHE inzwischen durch Parallaxenmessungen nachgewiesen, daß die aristotelische Ätherphysik, die COPERNICUS noch wieder einzusetzen gedacht hatte, falsch sein müsse, weil der ›Äther‹ weder unveränderlich noch undurchdringlich und fest sein konnte [V. E. THOREN 1979, M. WEICHENHAN 2004].

KEPLER sah daraufhin als erster die Notwendigkeit, eine völlig neue physikalische Basis für die Realbeschreibung schaffen zu müssen, nachdem ihm vermeintlich die Ableitung der Heliozentrik aus übergeordneten, Gottes Schöpfung als Archetypen zugrunde liegenden Prinzipien gelungen war. Denn im Sinne der antik-mittelalterlichen, aristotelisch-scholastischen Wissenschaft von der Natur konnte ein Beweis der Realitätsentsprechung nur durch den Nachweis der Ursachen und die deduktive Ableitung und damit Erklärung der Sachverhalte aus diesen Ursachen erfolgen. Das gilt zwar für die modernen Naturwissenschaften ebenso, nur unterscheiden sich die meisten Ursachen in beiden Auffassungsweisen grundlegend voneinander. Sind es seit KEPLER vorwiegend a posteriori, also aus empirischen Daten abgeleitete, so waren es bis KEPLER im wesentlichen a priori gesetzte oder anderen Bereichen entnommene allgemeine(re) Gesetzmäßigkeiten, also ›Vor urteile‹ im Hinblick auf die empirische Erfahrung. – KEPLER begann seine Forschungen mit letzteren und wurde durch sie auf erstere geführt; er vollendete die alte ›Wissenschaft von der Natur‹ und begründete die neue ›Naturwissenschaft‹, was besonders deutlich aus den mehr aus letzterer Sicht gemachten Anmerkungen zum aus ersterer Sicht abgeleiteten *Mysterium cosmographicum* wird. Allerdings vermochte auch er nicht beide Auffassungsweisen säuberlich zu trennen. Für ihn blieben die a-priorischen Ursachen stets auch Voraussetzung für die a-posteriorischen. In seiner Naturwissenschaft waren beide noch gleichsam identisch und hatten sich einander zu bestätigen [siehe schon KGW VIII: 104, 37–41].

In der ›Vorrede an den Leser‹ zu seinem *Vorboten kosmographischer Abhandlungen, enthaltend das Weltgeheimnis bezüglich der wunderbaren Verhältnisse zwischen den Himmelskugeln und bezüglich der wahren und eigentlichen Ursachen für Zahl, Größe und Bewegungsperioden der Himmel*[ssphären], *ab-*

geleitet aus den fünf regulären geometrischen Körpern, dem 1596 in Tübingen erschienenen Erstlingswerk *Mysterium cosmographicum,* beschreibt KEP-LER, wie ihm die Entdeckung dieses ›Weltgeheimnisses‹ gelang, nämlich auf der Suche nach den archetypisch begründeten Verhältnissen der Planetenbahnen (-sphären) und -geschwindigkeiten: Zunächst untersuchte er, ob die Verhältnisse der Bahngrößen je zweier benachbarter Planeten, deren Werte COPERNICUS bestimmt hatte, mit dem Abstand zur Sonne stetig wachsen. Die Abweichungen waren jedoch zu groß. Auch der von älteren Pythagoreern her bekannte ›Kunstgriff‹, archetypische Zahlen, die sich in der sichtbaren Welt nicht nachweisen lassen, durch prinzipiell unsichtbare Dinge auszufüllen (wie durch die ›Gegenerde‹ bei PHILOLAOS), führte zu keinem Erfolg. Zusätzliche Planeten, die wegen ihrer Kleinheit nicht wahrgenommen werden könnten, reichten zur Ausfüllung der zwischen Merkur und Venus und zwischen Mars und Jupiter auftretenden Lücken nicht aus. Auch sei damit die Anzahl der Planeten nicht begründet. Von den ganzzahligen Verhältnissen ging KEPLER deshalb zu geometrisch gewonnenen Streckenverhältnissen über, dann zu den Bahnen eingeschriebenen Flächenverhältnissen und schließlich zu den Sphären einbeschriebenen Körperverhältnissen. Und hier, in der dem realen Kosmos entsprechenden Dreidimensionalität, entdeckte er endlich vermeintlich gerade den Grund für die Sechszahl der Planeten, der gleichzeitig deren Abstände bestimmte und die Heliozentrik bestätigte. Hatte es bisher sieben Planeten (Mond, Sonne, Merkur, Venus, Mars, Jupiter, Saturn) mit sechs Zwischenräumen gegeben, so war im heliozentrischen System der Mond Trabant der Erde, und es gab nur sechs (Haupt-)Planeten mit fünf Zwischenräumen – ebenso vielen Zwischenräumen, wie es ausgezeichnete Körper gibt, nämlich die fünf regulären Polyëder oder Platonischen Körper, deren Definition als durch gleichseitig begrenzte Flächen gebildet exakt die Anzahl fünf ergibt, keine mehr und keine weniger.

Die Überzeugung von einem a-priorischen, geometrisch-harmonikalen Aufbau des Kosmos ließ KEPLER in der Übereinstimmung dieser ausgezeichneten Sachverhalte sogleich einen inneren Bezug erahnen: Mit den von COPERNICUS zur Verfügung gestellten Werten für die größten und kleinsten Abstände des exzentrischen Deferenten eines jeden Planeten ergab sich mit vorerst verblüffender Genauigkeit eine entsprechende Zuordnung von konzentrischen Um- und Inkugeln der Polyëder, wenn man sie ineinander geschachtelt so weit voneinander abstehen ließ, daß die

›Sphären‹ mit den exzentrischen Deferenten (*orbes*, Äthersphären) in den Zwischenräumen Platz finden – wie ein von KEPLER in Auftrag gegebenes Modell zeigt (siehe Abbildung auf S. 37). Relativ geringe Differenzen, die sich auch noch ergaben, nachdem alle Abstände von MICHAEL MÄSTLIN – auf den tatsächlichen Ort der Sonne und nicht auf die mittlere Sonne wie bei COPERNICUS bezogen – neu berechnet worden waren, ließen KEPLER vorerst nicht an dem gefundenen Archetypos zweifeln, sondern an der Möglichkeit der Astronomen, überhaupt exakte Meßwerte erhalten zu können [KGW I: 59 f.]. Erst die aus einer Krise seiner astronomischen Bemühungen heraus angestellten Untersuchungen zur Ausbreitung des Lichtes erbrachten 1603/04 die Gewißheit [KGW II: *Astronomiae pars optica*], daß es auch in einer Lochkamera, wie es die Visiereinrichtungen TYCHO BRAHES gewesen waren, zur absolut geradlinigen Ausbreitung des Lichtes komme, so daß die Genauigkeit der Beobachtungsdaten BRAHES ebensowenig wie die Meßwerte der älteren Zeit grundsätzlich angezweifelt werden könnten.

Er sah seine langjährigen Bemühungen um die korrekte theoretische Darstellung der Planetenbahnen, die aus der Sicht heutiger exakter Naturwissenschaft als einziges seine Wissenschaft überdauerte, selbst aber nur als aufwendiges, wenn auch notwendiges Übel an, das ihn nur allzu lange von seinem eigentlichen Ziel, die Harmonie des Schöpfungsplans aus der Schöpfung abzuleiten und aufzudecken, abgehalten hätte. Im *Mysterium cosmographicum* war es offenbar nur angenähert zum Ausdruck gekommen.

Aus dieser und für diese Harmonik leitet KEPLER schließlich auch jenes an versteckter Stelle stehende und dem Leser unerwartet konfrontierende, später sogenannte dritte Gesetz der Planetenbewegungen ab, das über die quantitativen Verhältnisse von Umlaufzeit und mittlerem Bahnradius (Sphärenradius) je zweier Planeten Auskunft gibt, die er seit dem *Mysterium cosmographicum* im arithmetischen Mittel zweier Bahnen gesehen hatte [siehe auch *Astronomia nova*, Kapitel 48, KGW III: 306 f.]. In KEPLERS noch geometrischer Denkweise lautet es [KGW VI: 302, 20–24, Kursive von KEPLER]:

»Allein, es ist ganz sicher und stimmt vollkommen, daß *das Verhältnis, das zwischen den Umlaufzeiten irgend zweier Planeten besteht, genau das Anderthalbfache des Verhältnisses der mittleren Abstände, das heißt der Bahnen selber, ist,* wobei aber zu beachten ist, daß *das arithmetische Mittel zwischen den beiden Durchmessern der Bahnellipse etwas kleiner ist als der längere Durchmesser.*«

Erst nach dessen Entdeckung am 18. März 1618 konnte KEPLER es empirisch bestätigen und seiner Physik anpassen. Seine Suche nach der Ursache für die absoluten Ausmaße des Planetensystems in der Schöpfung war damit ebenfalls an ihr Ziel gelangt.

Allein aus seiner Suche nach den durch den Archetypos bestimmten Harmonien der Planetenbewegungen erklärt sich aber auch sein Bemühen um eine genaue Bestimmung der Tiefenbewegung, also der jeweiligen Abstände der Planeten von der Sonne, die bis dahin noch keinen Astronomen überhaupt interessiert hatte, weil es ihm nur um eine Ortsbestimmung, das heißt um die Länge und Breite der Planeten vor der Fixsternsphäre gegangen war. Nur aufgrund dieses Ringens um die exakte Bestimmung der Tiefenbewegung war KEPLER aber in der *Astronomia nova* auf die elliptische Form der Planetenbahn und das zweite Bewegungsgesetz geführt worden.

Eine Schwierigkeit hatte sich nämlich aus den mit copernicanischen Werten errechneten Dicken der zwischen die regulären Polyëder gesetzten ›Sphären‹, die der exzentrische Deferentenkreis ergeben hatte, für die Epizykel ergeben, die bei COPERNICUS die ptolemaiische Ausgleichsbewegung ersetzt hatten. Neben den Deferenten war kein Platz in den Polyëderzwischenräumen gewesen, sie ragten (was später auch für die der Erdsphäre zusätzlich zugewiesene Mondsphäre gelten sollte) in die Begrenzungskugeln hinein. Sollte der aufgefundene Archetypos richtig sein, so hatte die ptolemaiische Ausgleichsbewegung und damit die ungleichförmige Bewegung auf dem exzentrischen Deferenten wieder eingeführt werden müssen; und er konnte dann auch nachweisen, daß der Erde entgegen den Vorstellungen von PTOLEMAIOS (entsprechend für die Sonne) und COPERNICUS eine solche Ausgleichsbewegung ebenfalls zukommt. KEPLER hatte wieder umdenken müssen. Ursprünglich erzwungen durch die Überzeugung von der Richtigkeit des Archetypos, ergab sich dadurch jetzt aber eine zweifache Bestätigung seiner physikalischen Ideen:

Was GEORG JOACHIM RHAETICUS (1514–1576) und WILLIAM GILBERT (1544–1603) aufgrund der wachsenden Umlaufzeiten der Planeten im heliozentrischen System nur geahnt hatten [F. KRAFFT 1973 (b): 78 und 86], hatte KEPLER im 20. Kapitel des *Mysterium cosmographicum* rechnerisch bestätigen können: Die Umlaufzeiten wachsen »doppelt«, wie er sich ausdrückt [KGW I: 71, 16], einmal entsprechend der Länge des von einem Planetenkörper zurückgelegten Weges, der Kreisbahnen, für die bei gleicher Bahngeschwindigkeit proportional zum Radius wachsende Zeiten benötigt würden, und zusätzlich gemäß der größeren Entfernung des Planeten von der Sonne im Zentrum. KEPLER erschloß daraus richtig eine Bewegungsursache im Zentrum als Bestandteil des Zentralkörpers Sonne, deren Wirkung mit der Entfernung abnehme. Nur wie eine solche Wirkkraft über eine Distanz ohne Kontakt wirken sollte, blieb ihm vorerst unklar (ein ISAAC NEWTON sollte sich später über diese Frage für seine Allgemeine Gravitation einfach hinwegsetzen). Er dachte ursprünglich an eine geistige Kraft der Sonnenseele als ›Motor‹ (*vis motrix animalis*) der Längen-Bewegung innerhalb der durch die Polyëderzwischenräume vorgegebenen Entfernungen von der Sonne.

KEPLER gab also im Anschluß an neuplatonische Überlegungen das aristotelische Prinzip der ›natürlichen‹ translatorischen Bewegungen eines Körpers aufgrund seines inneren Antriebs ganz generell auf und wies stattdessen der Materie und somit dem Körper das Prinzip der Ruhe zu. Deshalb erfordere das Streben eines Körpers nach Ruhe, die ›inertia‹, für jegliche translatorische Bewegung einen äußeren Antrieb, der – wie bei der ›gewaltsamen‹ Bewegung gegen die Natur gemäß ARISTOTELES – ununterbrochen angreifen müsse, wenn die Bewegung ununterbrochen erfolge, und dessen Größe daraufhin aus der Wirkung bestimmt werden könne (actio = reactio).

Der erschlossene Sonnen-›Motor‹ wurde dann durch die Wiedereinführung der ptolemaiischen Ausgleichsbewegung zusätzlich bestätigt; denn wie die Planeten in Abhängigkeit zum Abstand ihrer Bahnen von der Sonne insgesamt, so wird auch jeder einzelne Planet auf seinem exzentrischen Weg in größerer Nähe zum Motor Sonne, im Perihel, schneller, im Aphel dagegen langsamer. Die ptolemaiische Kinematik fand damit selbst eine ›physikalische‹ Begründung und mußte nicht mehr wie bei COPERNICUS aufgrund seiner (der aristotelischen) Physik durch gleichförmige Bewegungskomponenten (und -körper) ersetzt werden. Hatte COPERNICUS jene Anomalie nämlich gerade aus ›physikalischen‹ Gründen statt durch Ausgleichsbewegungen durch Epizykel wiedergegeben, was ihn dann zwang, die Geozentrik aufzugeben, so wird KEPLER durch seine neue Physik, die er aufgrund des in seinen Augen die Realität des heliozentrischen Systems erst erweisenden, a-priorischen

Archetypos aus dem copernicanischen System gewonnen hatte, gezwungen, umgekehrt den eigentlichen Anlaß für COPERNICUS, ein heliozentrisches System aufzustellen, wieder aufzugeben und die ptolemaiischen Ausgleichsbewegungen als jetzt physikalisch begründete Bewegungen erneut einzuführen.

Das konnte er aber nur dadurch, daß er das bis dahin unbestrittene Bewegungsprinzip, die rotierenden Äthersphären (lateinisch *orbes*) als mittelbare Beweger der Planeten, aufgab und die Planeten von außen durch eine Kraft von der (zentralen) Sonne bewegen ließ. Daß das nicht so einfach erfolgen konnte, wie er es sich im *Mysterium cosmographicum* noch gedacht hatte, schmälert nicht den Wert dieses entscheidenden Schrittes weg von der älteren, aristotelischen Himmelsphysik. Er strebte eine Astronomie an, in der sämtliche Bewegungen nur durch Kräfte, sogar nur durch *eine* Kraft (*una simplicissima vis magnetica corporalis*), und »sine orbibus«, ohne jegliche (Äther-)Sphäre verursacht werden [am 10.02.1605 in Brief Nr. 325, 55–67, dazu siehe KGW XV: 516]. Er strebte eine »Astronomie *ohne Sphären*« an.*

Da die motorische Kraftwirkung der Sonne weder an materielle Ausströmungen noch – wegen der Schattenbildung, die die erforderliche ununterbrochene Einwirkung verhinderte – an das Licht als Träger gebunden sein könne, faßte KEPLER sie später als eine alles durchdringende, dem Sonnenkörper eigene *›species immateriata‹* auf. Sie wurde von ihm im Anschluß an WILLIAM GILBERTS 1600 im Druck erschienene Theorie eines kosmischen Magnetismus entwickelt, die er begeistert aufnahm, weil mit der Magnetkraft eine natürliche Kraft eines *Körpers* (nicht einer Seele) aufgefunden wäre, die über Distanzen wirkt [10.02.1605, Brief Nr. 325, 55–67; siehe KGW XV: 516]. Er beginnt damit, den allerdings noch

---

* Besonders diese Worte KEPLERS machen deutlich, wie absurd es ist, ›orbis‹ mit ›Bahn‹ zu übersetzen; denn was wäre eine Astronomie ohne Planetenbahnen – oder eine »stahlharte, feste Bahn« (deren Existenz Tycho Brahe widerlegt hätte und über deren »materielle Beschaffenheit«, KEPLER diskutiert, wie auch MAX CASPAR übersetzte)? Die Problematik und der von KEPLER auch terminologisch (wenn auch nicht immer konsequent) vollzogene Übergang von ›orbis‹ (Sphäre) zu ›orbita‹/›via‹/›iter‹ (Bahn) wird besonders deutlich im *Mysterium cosmographicum*, Kapitel 14–16 [KGW I: 47–57, bzw. VIII: 81–94], und später in der *Astronomia nova*, besonders ab Kapitel 23. Er ist in den hier in zwei Bänden vorgelegten Übersetzungen jeweils berücksichtigt worden; auch P. M. SCHENKEL (1995: 21 f.) stellt unter das Lemma »planetarum orbes (Bahnkreise) [sic!]« alles zusammen, was ›orbis‹ und ›orbita‹ der Planeten betrifft, welchen Terminus KEPLER dafür auch verwendet; seine neuen Begriffe tauchen gar nicht auf.

weiten Weg zur Allgemeinen Gravitation eines Isaac Newton zu weisen [siehe F. Krafft 1999 (b)].

Anfangs bezeichnete Kepler diese ›Kraft‹ noch als quasi-magnetisch, später einfach als magnetisch – und hat dadurch dann seinen Gegnern ermöglicht, die von ihm benötigte Art von Magnetismus empirisch zu widerlegen. Sie soll sich lediglich in der Ekliptikebene ausdehnen, sich also linear mit dem Radius abschwächen. – Das numerische Verfahren, das ihn im *Mysterium Cosmographicum* auf den Sonnenmotor hatte schließen lassen, liegt diesem Fehlschluß als Vorurteil zugrunde. Kepler konnte ihn nie überwinden; und nach der Entdeckung des dritten Bewegungsgesetzes erklärte er in der *Epitome astronomiae Copernicanae* die Abweichungen von einer linearen Abschwächung einfach mit entsprechend unterschiedlicher ›inertia‹ (träger Masse) der Planetenkörper [KGW VII: 306 f.].

Es war die gottesdienstliche Suche nach der Gotteserkenntnis in der a-priorischen Weltharmonie, die Kepler die Voraussetzungen, aber auch die Energie und Ausdauer für seine astronomischen Entdeckungen gewährte; und er sah in der Marstheorie, an der er seine in der *Astronomia nova* ausgebreiteten Erkenntnisse erbrachte, auch nicht das Endziel oder einen Selbstzweck. Er hatte anhand der Daten Tychos auch bald gelernt, daß es so einfach, wie er es sich in seinem Erstlingswerk vorgestellt hatte, nicht sein konnte. Die Polyëder konnten nur annähernd die Verhältnisse der Planetenabstände und -geschwindigkeiten bestimmen. Die Harmonien mußten, wie es Platon im *Timaios* angedeutet hatte [F. Krafft 1971 (a): 347–354], in den Planetenbahnen selbst verborgen sein. 1619 schließlich erscheint nach einem gründlichen Studium der antiken mathematischen Harmonik [U. Klein 1971] das keplersche Werk zur *Weltharmonik*. Hierin wird diese eigentliche Ordnung des Kosmos in harmonikalen Verhältnissen der Extremgeschwindigkeiten je zweier benachbarter Planeten erkannt und dargestellt – was übrigens auch für die erst lange nach Kepler entdeckten neuen Planeten gilt [R. Haase 1989], ohne daß die moderne Naturwissenschaft dafür eine Begründung zu geben wüßte. Die Idee Platons ersteht hier neu in einer grandiosen Gesamtschau des Kosmos, die alle Formen von Wirklichkeiten als harmonikale Proportionen erfaßt, von der Musik und Astrologie über die menschliche Seele und das gesellschaftliche Zusammenleben bis hin zu den Planetenbahnen.

Weil die Anzahl der Planeten sowie angenähert ihre Abstände im copernicanischen System schon aus den ineinander geschachtelten regulären

Polyëdern, den fünf Platonischen Körpern des ›Mysterium cosmographicum‹, abgeleitet worden waren, war damit die Heliozentrik einschließlich der Abstände und Bahngeschwindigkeiten (›Bewegungen‹) aller Planeten aus den letzten, archetypischen Ursachen im übergeordneten Seinsbereich begründet. KEPLER meinte auf diese Weise die von Gott in die Schöpfung umgesetzten harmonikalen Verhältnisse im Planetensystem aufgefunden zu haben – und daß es harmonikale Verhältnisse wären, die die Schöpfung ordnen und strukturieren, war ihm unantastbare Voraussetzung gewesen.

Deshalb erschöpften sich diese Harmonien für KEPLER auch nicht in den einfachen ganzzahligen Proportionen der antiken und zeitgenössischen Musiktheorie als Ursachen für das Geschehen oder gar als das Geschehen selbst – darin unterschied er sich grundlegend von seinen Vorgängern und Vorbildern PLATON, den Pythagoreern, PTOLEMAIOS und den Neuplatonikern. Die bei ihnen auch zur Zeit KEPLERS so beliebten bloßen zahlentheoretischen Spekulationen innerhalb der *numeri numerantes* könnten in mehrdimensionalen Bereichen keine Entsprechungen haben. Als harmonisch galten ihm vielmehr nur Verhältnisse von *numeri numerati*, das heißt nur in mehrdimensionalen Bereichen tatsächlich verwirklichte Verhältnisse [KGW VI: 130 und 370, 20 ff. unter Verweis auf die ersten drei Bücher der *Harmonice mundi*; VIII: 62]. Er gewann sie aus dem für den Kosmos archetypischen Strukturelement regulärer Polyëder mittels seiner ›Geometria figurata‹ genannten Methode [siehe unten S. XXXV f.].

3. Tertius interveniens: *KEPLERS Astrologie**

Solange rationale Erklärungsmöglichkeiten fehlen, hängt die Glaubwürdigkeit jeglicher Art von Prophetie und Prognostik vom Erfolg oder Mißerfolg ihrer Prognosen ab. Das gilt nicht nur für jede Art von ›wissenschaftlicher‹ Erkenntnis, sondern in erhöhtem Maße auch für die Astrologie. Dies gilt aber nicht gleichzeitig auch schon für die Möglichkeit des Vorhandenseins von (nur noch nicht erkannten) Ursache-Wirkung-Beziehungen und damit auch nicht für die Möglichkeit eines Einflusses der Gestirne auf irdisches Geschehen überhaupt. Können doch solche astralen Einflüsse

---

* Ausführliche Literaturbelege und ergänzende Textzitate finden sich in F. KRAFFT 1992.

und Interaktionen auf eine Art und Weise erfolgen, die von der modernen Naturwissenschaft noch nicht erfaßt wurde (beziehungsweise nicht mehr erfaßt wird; denn in Hellenismus, Mittelalter und Früher Neuzeit war die Astrologie durchaus Bestandteil des Erklärungsumfangs der *philosophia* und *scientia naturalis*) – oder als ›okkulte‹ prinzipiell nicht erfaßt werden kann, woraufhin die Astrologie sich aber jeglicher Wissenschaftlichkeit entzöge, selbst wenn sie sich derselben exakten Rechenmethoden bediente wie die Wissenschaft Astronomie.

Insofern ist ernstgemeinte Astrologie auch heute noch eine Frage des Glaubens und der Weltanschauung; und insofern sind auch die immer wieder und gegenwärtig verstärkt angestellten Versuche legitim, auf empirisch-induktivem Wege (so denn dieser überhaupt möglich ist) über statistisch signifikante Verknüpfungen von irdischen Ereignissen mit himmlischen Konstellationen das Vorhandensein astraler Einflüsse nachzuweisen oder doch plausibel zu machen. Sind doch solche Einflüsse im Falle der Sonne und des Mondes unbezweifelbar, und zwar selbst dann, wenn man über die von unserer galileisch-newtonischen, reduktionistischen Physik erfaßbaren wechselseitigen Einflüsse im Bereich der Gravitation sowie der elektromagnetischen, Wärme- und Teilchenstrahlung hinausgeht.

Nur über die Art, wie solche Einflüsse, die von der gegenwärtigen Physik nicht erfaßt werden, wirken sollen, wäre damit noch nichts gesagt. Und es ist durchaus nicht abwegig, die Nicht-Erfaßbarkeit durch die neuzeitliche Naturwissenschaft als bloße Noch-Nicht-Erfaßbarkeit aufzufassen – was natürlich in weitaus berechtigterem Maße für die Zeit Keplers und des Übergangs zur zeitlichen Naturwissenschaft gilt. Man kann dem nämlich etwa entgegenhalten, daß der seit den Stoikern aus dem in denselben Perioden ablaufenden und gleichzeitig auftretenden Mond- und Flut-Umläufen erschlossene ›astrale‹ Einfluß des Mondes auf die Gezeiten bis in das ausgehende 16. Jahrhundert auch keinerlei naturwissenschaftliche Erklärung gefunden hatte. Die ersten Erklärungen, die ein WILLIAM GILBERT und JOHANNES KEPLER um 1600 anboten, indem sie einen kosmischen Magnetismus analog zu dem irdischen der Kompaßwirkung und gegenseitigen Anziehung postulierten [F. KRAFFT 1970; 1973 (b): 79–95], wurden denn auch von der damaligen *Scientific community* gar nicht angenommen [beispielsweise A. KIRCHER 1643: 486–508; siehe F. KRAFFT 1982], dagegen nach und nach die 1686 von ISAAC NEWTON in seinen *Philosophiae naturalis principia mathematica* vorgeschlagene Rückführung auf die gegenseitige Allgemeine Gravitation der Massen, die aber – sieht man von ihrer der Wirkgröße gleichgesetzten Ursachengröße ab – auch nach ALBERT EINSTEIN nicht viel von ihrem ursprünglichen Charakter verloren hat, der sie zumindest in sehr große Nähe zu den ›okkulten Qualitäten‹ im Gefolge aristotelisch-galenischer Physik und Physiologie brachte. Das wurde ja auch von Zeitgenossen gegen sie vorgebracht und führte dazu, daß die auf Nahe- und Kontaktwirkung basierende Physik eines RENÉ DESCARTES noch bis tief ins 18. Jahrhundert als ernstzunehmende Alternative diskutiert und anerkannt wurde. Demgegenüber war ein GALILEI noch ehrlich und vorsichtig genug gewesen zuzugeben, daß er entsprechende Wirkungen der Erde auf einen auf sie fallenden ›schweren‹ Körper zwar empirisch erfassen, nicht aber erklären oder begründen könne, während er sich im Falle der Gezeiten mit einer Rückführung auf die Erdrotation völlig verrannt hatte [W. R. SHEA 1972: 172–189].

Man kann der Leugnung jeglicher nicht von der modernen Naturwissenschaft erfaßter astraler Wirkung auch etwa entgegenhalten, daß bald, nachdem die Sonnenflecken entdeckt und eindeutig als Erscheinungsbilder der Oberfläche der Sonne zugewiesen worden waren, ihr Auftreten und Nichtauftreten in einen Kausalzusammenhang mit entsprechenden scheinbar oder tatsächlich gleichzeitigen (das heißt: zeitlich gleichermaßen verzögerten) atmosphärischen und magnetischen Erscheinungen auf der Erde gebracht wurden, lange bevor GEORGE ELLERY HALE 1908 das Vorhandensein von Magnetfeldern in den Sonnenflecken nachwies und damit moderne Erklärungen einleitete. – Übrigens hatte schon 1650 GIAMBATTISTA RICCIOLI darauf hingewiesen, daß die astrologischen Voraussagen natürlich unsicher wären und blieben, solange sie diese bis dahin unbekannten Einflüsse nicht berücksichtigten [G. B. RICCIOLI 1650, Pars I: 96 b].

Diese Offenheit naturwissenschaftlicher Forschung hatte und hat zur Folge, daß die Astrologie, die auch nicht-erklärbare Einflüsse konstatiert, in der abendländischen Kulturgeschichte ihre stärksten Impulse immer zu Zeiten allgemeiner geistiger Krisen und Umbrüche erfuhr, weil die Astrologen, die schon der Antike als die *mathematici* par excellence galten, durch die Berufung auf die Anwendung strenger mathematischer Methoden (wenn diese hierbei auch am untauglichsten Objekt angewendet werden) Sicherheiten in den Prämissen der astralen Einflüsse und damit im Wissen um das Geschehen auf der Erde oder das persönliche Schicksal vorgaukeln und verheißen, die Politik, Religion, Weltanschauung und Naturwissenschaft nicht anzubieten haben. Es ist deshalb kein Zufall, daß die Astrologie ihre besonderen Blüten jeweils am Ende historischer Epochen erfuhr – im Ausgang der Antike, im Ausgang des Mittelalters und im Ausgang der Neuzeit: in der Spätantike, in der Renaissance, in der Romantik und nach den Weltkriegen des 20. Jahrhunderts.

Solche Zeiten einer wachsenden Anzahl von Experten und Anhängern ziehen dann stets auch eine wachsende Zahl von Gegnern nach sich, weil meist unter Umgehung der komplizierten Rechnungen und unter Berücksichtigung nur der wichtigsten, kritiklos übernommenen Grundsätze des Regelwerkes dem Bedürfnis vieler Menschen nach rascher oberflächlicher ad hoc-Beantwortung sie bedrängender aktueller Fragen von üblen Geschäftemachern in vom Anspruch der ernsthaften Astrologie her unsinnigen generellen Tages-, Wochen-, Monats-, Jahres- oder Jahrhundertssowie Städte- und Länderhoroskopen nachgekommen wird. Bekämpft wurde deshalb oft auch nicht das Objekt der Astrologie als solches, also die Möglichkeit astraler Einflüsse überhaupt, sondern das starre Regelwerk mit seinen Prämissen und die daraus mehr oder weniger sorgfältig abgeleiteten Vorhersagen, die zu einem Determinismus, ja innerhalb der arabischen Tradition zu einem Fatalismus führten, wie er insbesondere von der christlichen Religion abgelehnt werden mußte; wurde hierdurch doch nicht nur die Handlungs- und Entscheidungsfreiheit des einzelnen (soweit Religions- und Staatsraison sie ihm zubilligten), sondern auch die Willkür des allmächtigen Schöpfergottes bestritten. So kam es nicht nur schon im Hochmittelalter zu meist theologisch oder doch rational begründeter Kritik an astrologisch gerechtfertigten Vorhersagen und später an dem erstarrten arabistischen Regelwerk (schon bei AUGUSTINUS, dann etwa bei NICOLE ORESME, HEINRICH VON LANGENSTEIN und anderen), sondern auch zu regelrechten Verboten der dafür verantwortlichen *astrologia judiciaria* in den päpstlichen Bullen von 1585 und 1631, nachdem bereits mehrere magische und astrologische Schriften 1559 auf den Index gesetzt worden waren.

Es ist aber auch nicht zu bezweifeln, daß die von den Arabern übernommene Astrologie im Hochmittelalter zumindest mit dazu beigetragen hat, daß im Süden die ersten bewußt ›modernen‹ Menschen hatten auftreten können, etwa ein FRIEDRICH II., an dessen sizilianischem Hof mehrere *mathematici* und *astrologi* und Übersetzer griechischer und arabischer

Schriften wirkten. Erzeugte doch die Astrologie das Bewußtsein, daß der einzelne Mensch als solcher nicht nur unwiderruflich, sondern auch individuell vom Kosmos geprägt ist. Das für jeden einzelnen neue und andere Horoskop repräsentierte nicht nur die individuelle Wesensform, es machte sie auch bewußt. Das wiederum erklärt die Begeisterung der Renaissance als der eigentlichen Entdeckerin des Individuums, des jetzt von kosmischen Bindungen befreiten Individuums, für die Horoskopie – allerdings auch ihre mehr oder weniger offene Abkehr und Bekämpfung des Arabismus in den astrologischen Auswüchsen. Wurde durch diesen doch die Individualität gleichzeitig wieder geleugnet.

Außerdem hatte »die Kraft des Systematisierens, die in den großen Denkern des Mittelalters lebt, [...] in der Astrologie ein neues Mittel, die Glieder des Weltgebäudes zu einem Ganzen zu schließen«, gefunden [R. W. Remé 1933: 8]. Das geozentrische Universum erhielt durch seine bis zu 14 und mehr übereinander geordneten (Haupt-) oder (Primär-)Sphären der Planeten, Engel und Heiligen mit dem Menschen und der teleologisch auf ihn bezogenen irdischen Schöpfung im umhegten und geschützten Zentrum nicht zuletzt auch durch die neue Astrologie eine Geschlossenheit und ein Aufeinander-Bezogen-Sein aller seiner Glieder, wie sie weder in der Antike (nicht einmal bei den Stoikern) noch danach je wieder erreicht wurden [F. Krafft 1999 (a): 134–167]. Auch hierzu hatte aber die präformierend-fatalistische arabische Astrologie umgedeutet werden müssen, was Schritt für Schritt im Sinne des Renaissance-Humanismus durch die Rückorientierung an Ptolemaios (*Tetrabiblos*) und die griechisch-römischen Astrologen erfolgte, deren Schriften in Umgehung der arabistischen Tradition wieder im Original zugänglich geworden waren.

Christliche Glaubensvorstellungen, Platonismus und neues Menschen- und Weltbild des Renaissance-Humanismus kamen so zusammen in des Grafen Giovanni Pico della Mirandola (1463–1494) *Disputationes adversus astrologiam divinatricem*, die sein Neffe Gian Francesco 1496 posthum herausgab und mit einem Vorwort »an die Liebhaber der Wahrheit« versah, demzufolge Pico mit diesem Werk den »unseligen Baum der Astrologie von der Wurzel bis zum Stamm, vom Stamm bis zu den Zweigen, von den Zweigen bis zu den Blättern mit dem glühendsten Feuer der wahren Philosophie und der wahren Theologie mit eigenen Erfindungen seines unvergleichlichen Geistes bis zum Grunde ausgebrannt« habe [G. Pico della Mirandola 1496, I: 27]. Schaut man aber näher hin, so spricht sich GIOVANNI trotz aller Polemik nicht generell gegen himmlische Einflüsse aus, sondern gegen die astrologischen Versuche, aus himmlischen Konstellationen Ereignisse im Leben eines Menschen oder Landes vorherzusagen, gegen die *astrologia divinatrix*. Das dritte Buch ist dieser Frage speziell gewidmet, und darin heißt es zu Beginn, daß gezeigt werde [G. PICO DELLA MIRANDOLA 1496, I: 176],

>»daß, was vom Himmel her geweissagt werde, dort nicht Ursachen oder Zeichen habe, durch die es bewirkt oder angezeigt werde, oder wenn es aufgrund dessen geschehe, so doch anders geschehe, als die Astrologen meinen, oder wenn auch auf diese Weise, so doch nicht aufgrund dieser (astralen) Ursachen im Himmel noch aufgrund dieser (ihnen entsprechenden) Ursprünge der Dinge auf der Erde; und daß, sollten doch die Sterne hinter allem stehen, weder diese Ursprünge noch jene Ursachen von Menschen durchschaut werden könnten, und sollte dies vielleicht doch möglich sein, es jedenfalls noch nicht geschehen sei.«

Der passiven Materie würden von den Gestirnen lediglich Bewegung, Licht und Wärme vermittelt (letztere im Sinne von >Temperatur<, nicht im Sinne einer okkulten Eigenschaft). PICO beschränkte sich also schon auf die überall gleichen und deshalb auch gleich wirkenden Größen der späteren reduktionistischen Physik, wenn er diese auch noch ganz im neuplatonischen Gewande einer Urbewegung, einem Urlicht und einer Urwärme entspringend und in ihnen vereint sah. Deshalb könnten die individuellen Eigenschaften auch ihren Ursprung nicht in den Sternen haben (es sei denn im Sinne von universal wirkenden Prinzipien, die auch für die Sterne gelten, für deren Wirkung auf das Einzelwesen es aber zahlreicher >vermittelnder< Zwischenursachen bedürfe), sondern in der jeweils eigenen Natur (womit er sich wieder auf ARISTOTELES zurückzog). Außer Sonne und Mond bewirkten die Sterne nichts oder doch nur unmerklich wenig [Buch III, 10 ff.]. Vieles von dem, was die Astrologen anderen Sternen zuschrieben, gehe jedenfalls auf die drei genannten Wirkungen von Sonne und Mond zurück und habe etwas mit >Physik<, aber nichts mit >Astrologie< zu tun, während mögliche Einflüsse anderer Planeten ebenfalls nur >universell< sein könnten [Buch III, 15]. Der Himmel sei eine *natura*, der eigene Intelligenz und Freiheit fehle und die deshalb auch nichts bewirken könne, was dem spezifisch Menschlichen angehöre. – Abschließend heißt es dann [Buch III, 27, G. PICO DELLA MIRANDOLA 1496: 414/416]):

»Ich leugne, daß auf der Erde irgendetwas so Gewaltiges geschehe oder erscheine, daß es den Himmel als seinen Urheber verdient; denn wohl sind [...] die Wunder des Geistes (*miracula animi*) größer als der Himmel, doch erweisen sich die des Schicksals und des Körpers (*fortunae et corporis*), mögen sie auch noch so groß sein, als ein nichts im Vergleich zum Himmel ...«

– als ein »unteilbarer Punkt« (*individuum punctum*), im Sinne der mathematischen Definition ein ausdehnungsloser Punkt. Einflüsse des Himmels auf irdische Körper und das natürliche Geschehen auf der Erde seien also nicht zu erwarten. Geist und Seele des Menschen stellten dagegen weit über den himmlischen Körpern, den Gestirnen, anzusiedelnde Wesensstufen dar. Die Gestirne seien zwar vollkommener als die irdischen Körper, blieben aber eben Körper.

Die Wirkung dieser Schrift Picos im Verbund mit ähnlich gerichteten, wenn auch weniger ins Detail gehenden und weniger emotional getönten Äußerungen des Neuplatonikers Marsilio Ficino (1433–1499) ist nicht hoch genug einzuschätzen. Noch mehr als hundert Jahre später mußte auch ein Johannes Kepler sich mit ihr auseinandersetzen, wollte er an der Astrologie als ernsthaft betriebener mathematischer Naturwissenschaft festhalten. Einige der möglichen Einwände Picos entkräftete er in seinen Augen dadurch, daß er dessen Prämissen ersetzte: Die Gestirne haben für Kepler durchaus Seelen, insbesondere die Erde; das Licht erleuchte nicht nur, sondern sei Träger einer *species immateriata* mit (physikalisch nachweisbaren) Einflußmöglichkeiten; die Würde des Menschen als einer jeweils eigenen ›Natur‹ bleibe dadurch gewahrt, daß diese Einflüsse nur anregen, nicht aber bestimmen, usw. (Kepler hatte sogar die Absicht, Picos Werk kommentiert neu herauszugeben).

Allerdings war zwischenzeitlich auch einiges geschehen, das die Astronomie und Astrologie als solche in anderem Licht erscheinen ließ, insofern die astronomischen und astrologischen Schriften der griechisch-römischen Antike, unter letzteren vor allem Ptolemaios' *Tetrabiblos*, wieder im Original in Druckausgaben und lateinischen Übersetzungen zugänglich geworden waren und die Astronomie selbst, insbesondere durch das heliozentrische System des Nicolaus Copernicus und das Beobachtungsmaterial Tycho Brahes, einem grundlegenden Wandel unterworfen gewesen war, wenn auch die wenigstens diesem vorerst folgten [F. Krafft 2004] – Kepler war darin eine große Ausnahme.

XXXII

Es war aber nicht nur ein neues Weltbild zur Diskussion gestellt worden, es war auch zur Reformation und nachfolgenden Glaubensspaltung der Christenheit gekommen, unter der besonders ein JOHANNES KEPLER zu leiden hatte. Die Anerkennung der Welt als Gottes Schöpfung, als natürliche Offenbarung im ›Buche der Natur‹, war allerdings allen Konfessionen gemein geblieben – und damit auch die Möglichkeit des Erkennens Gottes in und aus (dem Buch) der Natur, so daß der Mensch gemäß einer alten Denkfigur durch die Erkenntnis der Natur als Schöpfung Gottes die durch die Sünde verlorengegangene Gottesebenbildlichkeit zurückgewinnen könne [siehe auch *Tertius interveniens*, Nr. 4, KGW IV: 159] – was für Kepler nur durch wissenschaftlich-akribische Naturerkenntnis gelingt.

Nachdem KEPLER die Anzahl der Planeten und angenähert auch ihre Abstände im copernicanischen System im *Mysterium cosmographicum* von 1596 aus den ineinander geschachtelten regulären Platonischen Körpern abgeleitet hatte, war für ihn durch das dritte Bewegungsgesetz von 1618 die Heliozentrik einschließlich der Abstände und Bahngeschwindigkeiten aller Planeten aus den letzten, archetypischen Ursachen im übergeordneten Seinsbereich, den von Gott in die Schöpfung umgesetzten harmonikalen Verhältnissen, begründet.

Dieses war die Basis für die von KEPLER selbst errichtete neue Astronomie auf der Grundlage der copernicanischen Idee (und der Beobachtungsdaten TYCHO BRAHES). Alles das, was die neuzeitliche Naturwissenschaft von ihren Vorläufern und Vorstufen abhebt, findet sich erstmals bei ihm vereinigt. Wissenschaften und Künste wie die mathematische Astronomie, die Physik und Harmonik, die Optik und die Astrologie, die sich zuvor nebeneinander entwickelt hatten, wurden von ihm nicht nur auf höherer Ebene zusammengefaßt; diese Synthese fand auch gleichzeitig eine wissenschaftstheoretische Begründung auf der Basis erkenntnistheoretischer und ansatzweise methodologischer Erwägungen, die sich als die der späteren Neuzeit erwiesen und sich damit denen des großen italienischen Zeitgenossen GALILEO GALILEI überlegen gezeigt haben [F. KRAFFT 1975].

Die volle Integration der Astrologie in dieses naturwissenschaftliche System einer Welterklärung, das einen nie wieder erreichten Erklärungsumfang und eine verblüffende Prognosefähigkeit im Sinne der Kriterien moderner Wissenschaftstheorie enthielt, gab Kepler intellektuelle Sicherheit auch für die Astrologie als den Teil, der sich einer eindeutigen Prognose entzieht – nach Kepler allerdings nicht deshalb, weil die eigentlichen Ursachen ›okkult‹ im Sinne von ›noch nicht durchschaut‹ oder von ›prinzipiell nicht durchschaubar‹ seien, sondern deshalb, weil hier der Mensch (beziehungsweise die Erde) als eigenständige ›Natur‹ der Partner im Ursache-Wirkungs-Verhältnis sei, der zusätzliche und unterschiedlich wirksame, jeweils eigentümliche ›Ursachen‹ einbringe, weil man es hier – würde Kepler heute sagen – nicht mit einem monokausalen, sondern mit einem multi-kausalen Gefüge zu tun hat, in dem die rational erfaßbaren himmlischen Einflüsse (und nur diese rational erfaßbaren seien existent und machten das Objekt der Astrologie aus) nur einen relativ geringen und nur mehr oder weniger durchsetzungsfähigen Anteil ausmachten [siehe vor allem *Tertius interveniens*, Nr. 104, KGW IV: 231–233].

Diese intellektuelle, wissenschaftlich und erkenntnistheoretisch wie empirisch abgesicherte Position gibt Kepler dann auch die Sicherheit, so entschieden beide Extrempositionen im Gefolge Picos zu widerlegen und zu verurteilen. Er war nicht ein kritikloser Befürworter der traditionellen und erstarrten *astrologia divinatrix* oder *astrologia judiciaria* wie der ihm gut bekannte, fast befreundete Leibarzt des Pfalzgrafen von Pfalz-Veldenz und des Grafen von Hanau-Lichtenberg, Helisäus Röslin, der 1609 in Straßburg einen *Historisch-Politischen und Astronomischen natürlichen Discurs von heutiger Beschaffenheit, Wesen und Stadt der Christenheit und wie es uns künftig in derseleben ergehen werde* herausgebracht hatte, zu dem er sämtliche auffälligen Himmelserscheinungen ab 1600 und besonders den Kometen von 1607 zur Anleitung herangezogen hatte. Aber er war auch nicht ein entschiedener Gegner aller Astrologie, wie Philipp Feselius, der Leibarzt des Markgrafen Georg Friedrich von Baden, in dessen Revier Röslin insofern eingedrungen war, als er seine Schrift eben diesem Markgrafen von Baden zu widmen sich die Freiheit genommen hatte. Noch im selben Jahr ließ Feselius ebenfalls in Straßburg eine Gegenschrift, den *Gründtlichen Discurs von der Astrologia Justiciaria. Auss den fürnehmsten Authoribus zusammen gezogen / und den Vorreden zweyer Prognosticorum Herren M[agister] Melchior Schärers Pfarherren zu Mentzingen / von Anno 1608 und 1609 entgegengesetzt* erscheinen, die er ebenfalls seinem Fürsten widmete.

Auf Röslin hatte Kepler bereits 1909 eine *Antwort auff Röslini Discurs von heutiger zeit und beschaffenheit* gegeben [KGW IV: 101–144]. Jetzt ließ er eine zweite, weniger zwischen den Gegenpositionen vermittelnde als sich zwischen sie stellende und von beiden Parteien Teile übernehmende (unten abgedruckte) Schrift folgen, die er ebenfalls dem Markgrafen von Baden widmete, als »Tertius interveniens«, als »Dritter, der dazwischen tritt«, um zu verhindern, daß »bey billiger Verwerfung der Sternguckerischen Aberglauben« das Kind mit dem Bade ausgeschüttet werde [KGW IV: 145–258, und F. KRAFFT 1971 (b)].

Die *Antwort* an RÖSLIN von 1609 und der *Tertius interveniens* von 1610 stellen aber nicht den Beginn Keplerscher Auseinandersetzungen mit der Astrologie dar. Immerhin gehörte das Stellen von Horoskopen und der Astrologieunterricht zu seinen Aufgaben als Landschaftsmathematiker der Steiermark und Mathematikprofessor der evangelischen Stiftsschule in Graz. Hier hatte er auch Schreibkalender zu verfassen und Prognostika zu stellen, von denen schon das auf das Jahr 1597 eine Rechtfertigung seiner Stellung zwischen den beiden konträren Lagern enthält [B. SUTTER 1975 (b)]. Hier werden auch schon die Grundtendenzen seiner astrologischen Lehre deutlich dargelegt [*Prognostikon* auf 1597 bei B. SUTTER 1975 (b): 344 f.; siehe auch Briefe Nr. 117 und 123].

1601 hatte KEPLER als Prognostikon auf 1602 seine Abhandlung *Von den gesicherten Grundlagen der Astrologie* [KGW IV: 7–35], 1602 im *Calendarium und Prognosticum auf das Jahr 1603* sein *Gutachten über das feurige Trigon* und schließlich 1606 das Werk über die Nova von 1604/05 im Sternbild des Schlagenträgers [KGW I: 149–390] publiziert, aber schon das *Mysterium cosmographicum* von 1596 enthält einen Versuch der Integration der reduzierten Astrologie in das hierin neu begründete heliozentrische Weltbild – was 1619 dann im abschließenden Werk zur *Harmonice mundi* Thema des gesamten, unten abgedruckten 4. Buches werden sollte.

Das im *Mysterium cosmographicum* für den Kosmos aufgefundene archetypische Strukturelement der regulären Polyëder bildete für ihn dann auch die Grundlage für die wegen ihres universellen Auftretens in der materiellen und formalen sowie psychischen Schöpfung ›kosmosbildend‹ genannten Verhältnisse. Es sind die Proportionen, unter denen ein Kreis von zwei Ecken einer Seite eines ihm einbeschriebenen gleichseitigen Polygons unterteilt wird, soweit das Polygon mit Zirkel und Lineal »konstruierbar« (»wißbar«) ist (siehe *Tertius interveniens*, Nummer 59; KGW IV: 201–205, dazu F. KRAFFT 1971 (b): 175–177], und *Harmonice mundi* IV, 5

[KGW VI: 239–256]). Die durch diese ›Geometria figurata‹ und ›Schematologia‹ genannte Methode gewonnenen Verhältnisse sollten dann nicht nur den musikalischen Intervallen [siehe etwa Nummer 59; KGW IV: 203, 8–41], sondern auch den astrologischen Aspekten zugrunde liegen. Für KEPLER sind Aspekte deshalb astrologisch nur dann wirksam, wenn zwei Planeten auf der Ekliptik-Kreislinie an den Ecken der einen Seite solcher Polygone stehen – in Abb. 1 Zeile 1: Konjunktion = 0°, Opposition = 180°, Trigon = 120°, Quadratur = 90°, Quintil = 72°, Biquintil = 144°, Sextil = 60°; Zeile 3: Sesquiquadrat = 135°; daneben träten noch Halbierungen auf.

Es müssen natürlich dieselben »archetypischen« harmonikalen Verhältnisse sein, von denen KEPLER auch annahm, daß sie als »verissimae

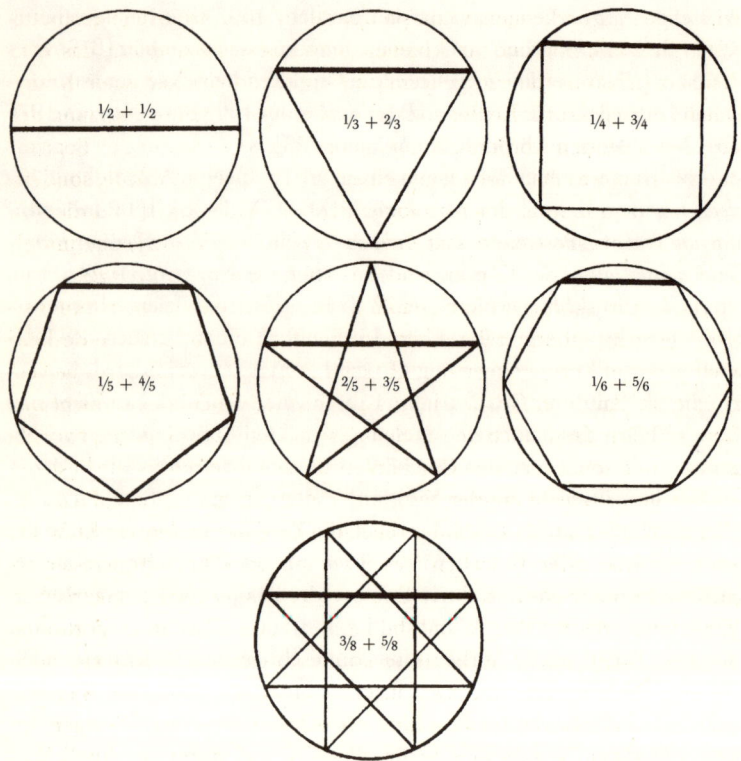

Harmoniae Archetypus« [KGW VI: 215, 32 f.] der seelischen Disposition des Menschen entsprechen, so daß die Seele sie intuitiv erfassen könne »aufgrund der schon vorher in uns gegenwärtigen archetypischen Harmonie« (*ex Archetypica Harmonia jam antea intus praesente*) [KGW VI: 222, Zeile 34, ähnlich 225, 3 f.]. – Er beruft sich hier für die mathematische Disposition der Seele in langen Zitaten auf den Neuplatoniker PROKLOS DIADOCHOS.

Das Primat der Geometrie mit ihren ausgezeichneten Proportionen, die als Astronomie, Optik, Physik, Theologie und Astrologie verknüpfendes Band die Keplersche Wende zur neuzeitlichen Naturwissenschaft auslöste, gewährte gleichzeitig die Möglichkeit, auch andere als vom Zentrum eines Körpers ausgehende ›körperliche‹, das heißt ›einem Körper zukommende‹ und von ihm ausgehende, im heutigen Sinne physikalische ›Kräfte‹ und Wirkungen anzuerkennen, wenn sie nur durch die a-priorische geometrische Harmonik begründbar schienen. Jene *species immateriata*, das vom Zentrum sich kreis- oder kugelförmig ausbreitende Wirkfeld einer ›Kraft‹-Quelle, dessen Art für Kepler von der qualitativen Zusammensetzung des sie ausstrahlenden Körpers abhing, diente ihm so nicht nur zur Begründung dessen, was man noch heute einer Physik zuweisen würde, sondern auch zur Begründung der Astrologie; denn auch das Licht und die von ihm als Träger (»Postreiter« sagt KEPLER [etwa KGW IV: 172]) übermittelten Eigenschaften des Körpers sind eine solche *species immateriata*.

Die Gestirnskörper wirken gemäß KEPLER in astrologischem Sinne allerdings nicht selber mit ihren körperlichen Kräften und können deshalb auch nicht auf Körper einwirken. Aber das alle Wissenschaftsbereiche verknüpfende Band der Geometrie ist a-priorisch, das heißt: es ist nicht nur Gott, sondern damit auch den Seelen seiner Geschöpfe eingeprägt vorgegeben – und somit auch den Geschöpfen, die keine Vernunftseele besitzen und sie deshalb nicht mit der Vernunft erfassen könnten (Tiere, Pflanzen, Himmelskörper und insbesondere auch die Erde [siehe *Antwort*, KGW IV: 140 f.]). Dieses allen beseelten Wesen vorgegebene Erkenntnisraster erlaube jedoch nur das instinktive Erfassen der besonderen geometrischen Verhältnisse, die auf den ›kosmosbildenden‹ harmonischen Proportionen beruhen. Allein solche Verhältnisse könnten deshalb als ›Aspekte‹ auch auf eine Seele wirken, und zwar insbesondere jene, die schon während der Geburt der Seele des vom Mutterleib getrennten Leibes eingeprägt wären (KEPLER dachte an eine Art platonischer Anamnese durch Vorprägung). Schon in der *Practica auff das Jar 1597* vergleicht er die noch »ungefestigte« Seele unmittelbar nach der Geburt mit fließendem Metall, das im Augenblick des Gusses die Gestalt der Form annehme [B.Sutter 1975 (b): 345]:

> »Und gleich wie ein fliessend Metal die form an sich nimbt / darinn es laufft: also ein jedes jrdisch ding / so bald es entstehet / so ist ein gewisse vermischung der Liechtstralen / die von den Sternen herab fliessen / als ein form zugegen / und von Gott also geordnet / daß es sich mit derselben Himmelsform verainigen muß / so lang es unbeständig ist / und von seiner aignen Natur nicht eine stärcke entpfahet.«

Aus dieser Begründung ergibt sich von selbst, daß ein einzelner Planet überhaupt keine Wirkungen ausüben kann. Stets wirken nach KEPLER zwei oder mehr Planeten zusammen aufgrund ihrer gegenseitigen Stellung an der Himmelssphäre beziehungsweise auf der Ekliptik, das heißt aufgrund der (geometrischen) Winkel, die vom Beschauer als Zentrum her gesehen am Kreis der Ekliptik die bestimmten, durch die ›kosmosbildenden‹ Verhältnisse entstehenden Aspekte bilden (insofern ist auch die keplersche Astrologie wie jede spätere im eigentlichen Sinne eine geo- oder vielmehr sogar anthropozentrische).

Diese Aspekte sollen nun nicht direkt durch die Lichtstrahlen (vielmehr die *species immateriata*) wirken, sondern allein mittelbar durch den instinktiv empfundenen Eindruck in der Seele, die als eine Art Resonator dann ihren Körper im Sinne der Aspekte zu bestimmten Handlungen anrege oder vielmehr diese Anregungen dem vernünftigen Seelenteil zur Entscheidung übermittle. Sei wie beim Menschen eine vernünftige Seele vorhanden, so würde die sie empfindende Seele nie direkt auf die Aspekte reagieren, sondern nur deren Empfindung dem Körper und der Vernunftseele anregend vermitteln. KEPLER betonte stets [*Tertius interveniens*, Nummer 104, KGW IV, 232, 4 f.]: »... deß Menschen Willkühr, *princeps animae facultas*, die ist und bleibt frey!« In jedem Fall (auch bei einer derartigen ›teleologischen‹ Einflußnahme auf die Seele der Erde und damit mittelbar auf meteorologische Erscheinungen der Atmosphäre) sei jedoch eine entsprechende physische Konstitution, die Anregungen empfangen und ausführen zu können, erforderlich.

Die Astrologie ist deshalb für KEPLER niemals in der Lage, bestimmte Geschehnisse vorherzusagen; sie könne nur Tendenzen, Möglichkeiten aufzeigen, weil physische und psychische Konstitution sowie vernünftige Entscheidung nicht vorhersagbar seien, weil dabei, wie gesagt, ein komplizierter multikausaler Prozeß ablaufe. KEPLER hatte deshalb häufig Auseinandersetzungen mit Auftraggebern von Horoskopen, die genaue Vorhersagen gewohnt waren. Er hat sich denn auch nur selten zu solchen Aufträgen hergegeben, und er empfand sich am Hofe mehr als ein Berater denn als ein Vorhersager.

Verständlich wird von dieser Begründung der Astrologie her auch, daß KEPLER den Tierkreis mit seinen Häusern und Fixpunkten als Ursache für bestimmte Wirkungen einzelner Planeten ablehnen mußte. Er sieht ihn als willkürliche Unterteilung der Ekliptik an. Verständlich wird aber auch die grundsätzliche Anerkennung der dann allerdings scharfsinnig eingeschränkten Astrometeorologie, besitzt für KEPLER die Erde doch eine (unvernünftige) Seele, die ursprünglich auch für seine Himmelsphysik noch eine Rolle gespielt hatte. Keine Seele besäßen dagegen das Jahr und bestimmte Landschaften (ebensowenig wie etwa ein einzelnes Körperglied eines Menschen), so daß für sie keine Horoskope erstellt werden könnten, weil sie die Aspekte nicht instinktiv erfassen und diese deshalb nicht auf sie einwirken könnten. KEPLER wendete sich denn auch entschieden gegen derartige astrologische Praktiken [siehe etwa *Tertius interveniens*, Nummern 39, 101, 109, 115].

Von den Aussagemöglichkeiten der so reduzierten Astrologie war KEPLER dann allerdings völlig überzeugt. Nicht für die Begründung der Aspektenlehre, die vor- und transempirisch durch das in sich logisch geschlossene System der eigengesetzlichen Geometrie erfolgte, aber für die Deutung der einzelnen Aspekte bedürfte es dann allerdings auch der Empirie. KEPLER legte deshalb auch innerhalb seiner Astrologie größten Wert auf die Erfahrung als empirische Basis für seine Deutungen [F. HAMMER 1971: 119 f.]. Geburtshoroskope, sogenannte Nativitäten, standen ihm zwar nicht in ausreichender Anzahl zur Verfügung, doch beobachtete er sich selbst um so aufmerksamer [B. STICKER 1973]; daneben hat er seit seiner Grazer Zeit regelmäßig sorgfältige Wetterbeobachtungen angestellt [B. SUTTER 1975 (b): 298], gehörte doch die ›Wettervorhersage‹ zu den wichtigsten Elementen der Kalender und Prognostika, die er damals von Amts wegen zu erstellen hatte.

Vernunft (*ratio*, und zwar an der Geometrie überprüfbare *ratio*) und Empirie, das heißt die Möglichkeit, die rational erfaßten Zusammenhänge im phänomenalen Bereich, der ihnen entsprechen muß, überprüfen zu können, machen damit die Astrologie für KEPLER zu einem mit den anderen Disziplinen integrativ verknüpften Teil der Wissenschaft von der Natur, der ›Physik‹ – wobei in der *Harmonice mundi* sogar noch weitere, etwa soziale Bereiche in die harmonikale Betrachtung einbezogen wurden [A. NITSCHKE 1973].

Die Keplersche Wende zur neuzeitlichen Naturwissenschaft umfaßte deshalb auch die Astrologie – oder aus späterer Zeit gesehen, als die Astrologie nicht mehr als Teil der Naturwissenschaft galt: Man kann auch in der Astrologie von einer ›Keplerschen Wende‹ sprechen. Die modernen Astrologen sehen in ihm denn auch ihren Ahnherren – jedenfalls soweit es die empirische Begründung der Astrologie und ihren Aussagewert betrifft; denn bereits ABDIAS TREW (1597–1669), der als erster die Anregungen KEPLERS zu einer Reformation der Astrologie in seinem *Gründlichen Bericht von dem Nativität Stellen, Wie damit umzugehen und Was es nütze* (Nürnberg 1651) lehrbuchartig verwirklichte, machte die radikale Beschneidung astrologischer Wirkungen und damit der Aussagemöglichkeiten nicht ganz mit.

Die im Sinne KEPLERS rational erfaßbare und begründbare Ebene wurde damit für die Astrologie wieder nebulös und in nicht rational erfaßbare, prinzipiell ›okkulte‹ Bereiche ausgedehnt; weder rational nachvollziehbare noch empirisch greifbare, eben ›okkulte‹ Einflüsse fanden selbst bei den sich ›reformiert‹ nennenden Astrologen wieder Einlaß in die Disziplin und entzogen damit bald der gesamten Astrologie die Legitimation als empirische, geschweige denn ›physikalische‹ Wissenschaft – obgleich die Physik selbst sich durch strikte Reduktionen gleichzeitig nur noch auf die (quantitative) Beschreibung der beobachtbaren Effekte selbst beschränkte, ohne sich über das, was und wie es wirkt, Rechenschaft abzulegen – und damit auch ehemals okkulte Eigenschaften, soweit sie sich wie Magnetismus und Schwere als reproduzierbar erwiesen, raisonabel machte und einbeziehen konnte.

Diese Pseudowissenschaft ›Astrologie‹, die sich seit KEPLER weit von den rationalen Erfahrungswissenschaften entfernt hat, so daß ein moderner Naturwissenschaftler sie nicht ernst nehmen kann, darf natürlich nicht, wie es insbesondere im scheinbar so induktivistischen 19. Jahrhundert häufig geschah, als Maßstab zur Beurteilung der keplerschen Astrologie dienen, für die der große Naturforscher dann entschuldigt werden mußte (wozu meist seine finanzielle Notlage herangezogen wurde) [Auswahl der

Stimmen bei H. A. STRAUSS / S. STRAUSS-KLOEBE 1926: 1–5]. Dazu wird dann meist KEPLER selbst mit unvollständig zitierten Worten als Kronzeuge genannt. So schrieb er 1606 in seiner Schrift *Über den Neuen Stern im Schlangenträger*, nachdem er DAVID FABRICIUS höchstes Lob als nach TYCHO BRAHE unübertroffem beobachtendem Astronomen hatte zukommen lassen, zu dessen in alten Traditionen verbleibenden astrologischen Versuchen [KGW I: 211]:

> »Was das Astrologische betrifft, so räume ich zwar ein, daß jener Mann sich der Tradition der Alten und dem Verlangen nach Weissagungen beugt, wo immer diese beiden konspirieren, und durch eine Art Enthusiasmus gleichsam ins Irrationale entrückt wird; doch hat er das mit der großen Masse der gelehrter Männer gemein. [...] Warum grollst du, wählerischer Philosoph, wenn die in deinen Augen närrische Tochter (*stulta filia, qualis tibi videtur*) ihre weise, aber arme Mutter mit ihren Zauberliedern unterhält und ernährt, wenn diese den ihr gebührenden Platz beim törichten Haufen nur durch deren Einfalt Vermittlung erworben hat? Wenn nämlich kein anderer vorher so leichtgläubig gewesen wäre, sich vom Himmel die Zukunft vorhergesagt zu erwarten, dann wärest du niemals so weise geworden, daß du meinen könntest, die Astronomie (natürlich ungekannt) sei um ihrer selbst willen zu erlernen. Wenn wir nur durch Weisheit zur Philosophie geführt werden, dann werden wir nie zu ihr geführt werden ...«

Mit dem »närrischen Töchterlein«, das seine Mutter Astronomie unterhält und ihr überhaupt erst auf den Weg und zu Anerkennung verhalf, ist also die alte, traditionelle Astrologie gemeint, der FABRICIUS noch anhing, die *astrologia judiciaria* – auch dort, wo KEPLER den Gedanken unter Berufung auf diese Ausführungen 1610 wieder aufnimmt [*Tertius interveniens*, Nummer 7 und 8, KGW IV: 161 f.]:

> »So siehet man augenscheinlich / daß diese Curiosität zu erlernung der Astronomia gedeye / welche von niemandt verworffen / sondern billich hoch gerühmt wird. Es ist wol diese Astrologia ein närrisches Töchterlin (hab ich geschrieben in meinem *Buch de Stella* fol. 59) aber lieber Gott / wo wolt jhr Mutter die hochvernünfftige Astronomia bleiben / wann sie diese Jhre närrische Tochter nit hette / ist doch die Welt noch viel närrischer / und so närrisch / daß deroselben zu jhren selbst frommen diese alte verständige Mutter die Astronomia durch der Tochter Narrentaydung / weil sie zumal auch einen Spiegel hat /

nur eyngeschwatzt und eyngelogen werden muß. Und seynd sonsten der *Mathematicorum salaria* so seltzam und so gering / daß die Mutter gewißlich Hunger leyden müste / wann die Tochter nichts erwürbe. Wann zuvor nie niemandt so thöricht gewest were / daß er auß dem Himmel künfftige Dinge zu erlernen Hoffnung geschöpfft hette / so werest auch du Astronome so witzing nie worden / daß du deß Himmels Lauff von Gottes Ehr wegen / zu erkündigen seyn / gedacht hettest: Ja du hettest von deß Himmels Lauff gar nichts gewust. [...]
Soll also wie anfangs gemeldet worden / niemandt für ungläublich halten / daß auß der Astrologischen Narrheit und Gottlosigkeit / nicht auch eine nützliche Witz und Heyligthumb / auß einem unsaubern Schleym / nicht auch ein Schnecken / Müschle / Austern oder Aal zum Essen dienstlich / auß dem grossen Hauffen Raupengeschmeyß / nicht auch etwan von einer embsigen Hennen ein gutes Körnlin / ja ein Perlin oder Goldtkorn herfür gescharret / und gefunden werden köndte.
Wie nun ich hievor solcher köstlicher Perlen und Körnlin etliche / als nemlich in meinen *fundamentis Astrologiae certioribus*, Item in libro *de stella Serpentarii*, auß der Astrologie herfür gelegt, und die Liebhaber natürlicher Geheymnüssen / solche zu besehen / zu erkennen / und zu verschlucken herzulocken: Also hab ich mir dasselbige auch in diesem Tractätlin zu thun / und hierüber mich wider etliche Theologos, Medicos und Philosophos, welche den Mist miteinander allzufrühe außführen / und ins Wasser schütten wöllen / in einen Kampff eynzulassen / fürgenommen / nicht zweiffelet / wann sie mein nützliches Underwinden / und was ich auß der Astrologia gutes außzuklauben vorhabens / verspüren / sie mich und andere hieran nicht hindern / sondern mit der Astrologia fürauß bescheydener verfahren werden.«

KEPLER hat sich zwar gelegentlich dahingehend geäußert, daß das Kalenderschreiben ein leidiges Geschäft sei – soweit man eben entsprechend der traditionellen Astrologie Prognostika erwartete (1606–1616 erschienen keine Kalender aus seiner Feder) –, ebenso wie er sich gegen eine entsprechende Horoskopie wendete [siehe etwa Brief Nr. 134, Nr. 783; *Tertius interveniens*, Nummer 133, KGW IV: 253, 6–13]. Er hat die Kalender aber von Anfang an dazu benutzt, seine ›naturwissenschaftliche‹ Reform der Astrologie zu begründen und zu vertreten. Er war in all seinen

Schriften auch bestrebt, diese reformierte Astrologie gegen die Einwände Picos, die ja aber auch gegen die traditionelle ›astrologia judiciaria‹ gerichtet waren, zu rechtfertigen und durch seine universale harmonikale Naturwissenschaft zu begründen.

Da Naturwissenschaft für Kepler gleichzeitig Gottesdienst war, bezieht er folgerichtig auch die Astrologie in diesen ein, wenn er unmittelbar vor dem obigen Zitat schreibt [KGW IV: 160, 28–31], daß um des Menschen Unvollkommenheit willen und »zu beförderung der Naturkündigung / unnd also zu Lob Gottes des Schöpffers / zu welchem der Mensch erschaffen / bey der studirenden Jugendt / neben der Astronomia auch die Astrologia« exerziert werden möge.

4. Glossare

4.1. Verzeichnis heute ungebräuchlicher Fachausdrücke

(MAX CASPAR hat seiner Übersetzung der *Astronomia nova* zur Erleichterung der Lektüre ein »Alphabetisches Verzeichnis der wichtigsten Fachausdrücke« vorangestellt [M. CASPAR 1929: 63*–65*], das auszugsweise auch in das folgende Glossar einging, ebenso wie das Glossar des Herausgebers zu seiner Ausgabe des *Tertius interveniens* [F. KRAFFT 1971: 161–164].)

Anomalie (siehe auch *Ungleichheit*, Ungleichförmigkeit): Eine Anomalie ist vor KEPLER die beobachtete, scheinbare Abweichung einer Bewegung von der gemäß der aristotelischen Physik erforderlichen gleichförmigen Realbewegung, seit KEPLER die als real aufgefaßte ungleichförmige Bewegung; dann ist die *Mittlere Anomalie* α eines Wandelsterns die im Winkelmaß gemessene Zeit, die seit dem Durchgang durch das Aphel verflossen ist, wobei die siderische Umlaufzeit gleich 360° gesetzt wird. – PTOLEMAIOS nannte die mittlere Anomalie seiner Theorie entsprechend den Winkel der mittleren Bewegung. – Die *wahre* oder *ausgeglichene Anomalie* υ ist der Winkel, den der Strahl Weltmittelpunkt–Planet mit der Apsidenlinie bildet und der bei den Alten vom Apogäum aus gerechnet wurde. Die *exzentrische Anomalie* β oder Anomalie des Exzenters ist eine Hilfsgröße, die sich bei der Berechnung der wahren aus der mittleren Anomalie zwischen diese beide einschiebt. Bei der Kreisbahn versteht man unter der *exzentrischen Anomalie* β den Winkel, den der Radius vom Bahnmittelpunkt nach dem Planet mit der Apsidenlinie bildet.

Apsiden: Die Apsiden sind im heliozentrischen System Aphel und Perihel, im geozentrischen Apogäum und Perigäum. Apsidenlinie ist die Verbindungslinie dieser Örter.

Aspekte: Aspekte sind innerhalb der Astrologie die Winkel (Bögen) zwischen je zwei Planeten auf dem Tierkreis beziehungsweise die Winkel, unter denen je zwei Planeten von der Erde aus erscheinen. Die wichtigsten Aspekte sind: Konjunktion (0°), Opposition (180°), Trigon (120°, ältere Bezeichnung: [Ge-]drittschein), Quadrat(ur) (90°, ältere Bezeichnung: Geviertschein, Viertelschein), Sesquiquadratur

(135°), Quintil (72°, ältere Bezeichnung: Gefünftschein, Fünftel-schein), Biquintil (144°), Sextil (30°, ältere Bezeichnungen: Gesechst-schein, Sechstelschein) – ihre Gültigkeit wurde von KEPLER aufgrund seiner harmonikalen Überlegungen stark eingeschränkt (siehe oben XXXV f.).

Aufstieg und *Abstieg eines Planeten:* Entsprechend der ptolemaiischen Vor-stellung vom Aufbau der Welt sprach man von einem Abstieg des Pla-neten, wenn er sich vor einer Opposition der Erde näherte, und von einem Aufstieg, wenn er sich danach wieder von ihr entfernte. Die Bezeichnung blieb auch noch vielfach im Gebrauch, als sie mit der copernicanischen Lehre ihre Bedeutung verloren hatte.

Ausgleichkreis, -punkt: Unter dem Ausgleichspunkt verstand die alte Astro-nomie den auf der Apsidenlinie gelegenen Punkt, um den PTOLEMAIOS die Bewegung des Planeten als gleichförmig annahm. Ausgleichs-kreis ist der um diesen Punkt mit dem Bahnhalbmesser beschriebene Kreis.

Bahn: Vorstellung und Begriff eines durch (äußere) Kräfte unmittelbar bewirkten Weges der Himmelskörper (Planeten) entsteht erst auf-grund der keplerschen Physik im *Mysterium cosmographicum* und im II. Teil der *Astronomia nova* ab Kapitel 23. KEPLERS Termini dafür sind *via, iter, orbita* und ähnliches, während ›Umlauf‹ (*ambitus*), ›Umkreisung‹ (*circuitus*) auch schon für die ›Rotationsbewegung‹ der Sphären (*or-bis*) der älteren Astronomie gesagt wurde – deren falsche Übersetzung mit ›Bahn‹ auch bei M. CASPAR zu solch absurden Aussagen führte, daß TYCHO BRAHE die Existenz fester Bahnen widerlegt habe oder die ›Bahn‹ eines Planeten einen Epizykel oder Exzenter mitführe. – Mit denselben lateinischen Begriffen wird aber gelegentlich auch die Resultante der Kombination mehrerer Sphären (Kreise) der vorkep-lerschen Astronomie, der scheinbare ›Weg‹ (auch von KEPLER selbst) bezeichnet.

Bewegung nach vorwärts oder rückwärts: Die alte Astronomie unterschied zwischen Bewegung des Planeten »*in consequentia*« und »*in anteceden-tia*«, das heißt Bewegung im Sinne oder im Gegensinn der aufein-anderfolgenden Tierkreiszeichen. In der Regel wird die erstere Be-wegung als vorwärts, die letztere als rückwärts gerichtet bezeichnet, so daß beispielsweise die jährliche Bewegung der Sonne als vorwärts gerichtet erscheint.

Diesis: In KEPLERS Musiktheorie und Harmonik ist die Diesis das kleinste noch melodische Intervall 24:25 (siehe *Harmonice mundi* III, 4; KGW VI: 131, 30 ff.).

Direktion: Lehre von den Einprägungen der Gestirnsstrahlen während der Geburt und daraus folgende Vorhersagen, bei denen die Konstellationen der Tage nach der Geburt die entsprechenden Lebensjahre bestimmen (dirigiern). (Siehe auch *Profektion.*)

Epizykel: PTOLEMAIOS verwendete im Anschluß an APOLLONIOS VON PERGE zur Darstellung der zweiten Ungleichheit einen Kreis (Epizykel), dessen Mittelpunkt (in der siderischen Umlaufzeit) auf einem exzentrischen Kreis und auf dessen Umfang (in der synodischen Umlaufzeit) der Planet umläuft. Die alte Astronomie spricht übrigens meist von der Bewegung des Epizykels und des Exzenters, worin sich die Vorstellung ausdrückt, daß der Planet an der Peripherie des Epizykels befestigt ist und so mit diesem rotiert, wie der Mittelpunkt des Epizykels am Exzenter haftet und durch dessen Umdrehung herumgeführt wird. – COPERNICUS wandte abweichend von PTOLEMAIOS einen Epizykel an bei der Darstellung der ersten Ungleichheit.

Exzenter: Ein Exzenter ist nach PTOLEMAIOS der Kreis, den der Mittelpunkt des den Planeten tragenden Epizykels beschreibt und dessen Mittelpunkt wegen der beobachteten sogenannten ersten Ungleichheit abseits vom Weltmittelpunkt angenommen wurde. Nach KEPLER bewegt sich der Planet selber auf dem exzentrischen Kreis, so daß bei ihm die Bezeichnung Exzenter häufig einfach soviel wie Planetenbahn (siehe *Bahn*) bedeutet.

Exzenterepizykel: Bezeichnung, die COPERNICUS einer seiner Theorien für die Bewegung eines Planeten um die Sonne gegeben hat. Diese Theorie verwendet eine Kombination von Exzenter und (Doppel-)Epizykel zur Darstellung der ersten Ungleichheit.

Exzentrizität: Der Abstand des Bahn- oder Sphärenmittelpunkt vom Weltmittelpunktes heißt Exzentrizität (des Exzenters), der Abstand des Ausgleichpunkts vom Bahnmittelpunkt Exzentrizität des Ausgleichkreises. (Oft wird die Exzentrizität des Ausgleichpunkts auch vom Weltmittelpunkt aus gerechnet; die Bezeichnung ist nicht immer konsequent.) Einfache Exzentrizität liegt vor, wenn der Ausgleichkreis mit dem Bahnkreis zusammenfällt (ältere Sonnentheorie), gleiche Teilung oder Halbierung der Exzentrzizität, wenn der Bahn- oder Sphärenmittelpunkt in der Mitte zwischen Weltmittelpunkt und Ausgleichpunkt liegt.

forma/Form: Form, Wesen, Seele, wesentliche Eigenschaften (neben *materia/Materie* Prinzip und Begriff der aristotelischen Physik; siehe Anmerkung zu *Tertius interveniens,* Nummer 18)

Geomantie: Wahrsagen aus unwillkürlichen Spuren im Sand.

Gleichung: Mit diesem Wort wird allgemein eine Winkelgröße bezeichnet, durch die ein »Ausgleich« geschaffen wird. Im besonderen versteht man hier darunter den Betrag, den man von der mittleren Anomalie abziehen beziehungsweise zu ihr addieren muß, um die wahre oder ausgeglichene Anomalie zu erhalten

Großsphäre, Erdgroßsphäre (*orbis annuus* oder *magnus* nach COPERNICUS; siehe auch *Sphäre*): Die Großsphäre ist die Haupt- oder Gesamtsphäre der Erde (eines Planeten), die in siderischer Periode (bei der Erde in jährlicher Periode) um die Ekliptikpole rotiert und dabei die spezifischen mathematischen Elemente (Epizykel, Exzenter, Ausgleichspunkt) der Theorie des jeweiligen Planeten in sich mitführt; bei der Erde ist nach COPERNICUS auch die Mond(groß)sphäre im *orbis magnus* der Erde enthalten. Unpräzise wird der Ausdruck später auch für die exzentrische Kreisbahn der Erde benutzt.

humor (es): Feuchtigkeit(en), vor allem Saft (Säfte) der Humoralpathologie: Blut, Schleim, Galle, schwarze Galle.

Komma (comma): In KEPLERS Musiktheorie und Harmonik ist das Komma die Differenz $80/81$ zwischen den melodischen Intervallen $8/9$ und $9/10$ beziehungsweise der achte Teil des großen Ganztons $8/9$ (siehe *Harmonice mundi* III, 4; KGW VI: !32, 26 ff.); nach der antiken Musiktheorie war das Komma der vierte Teil einer Diesis (deshalb *segmentum, concisio*).

Königsweg, Königskreis (iter Regium): Unter Königsweg versteht KEPLER in der Regel die Ekliptik, gelegentlich (etwa *Astronomia nova,* Kapitel 68) benutzt er diesen Ausdruck allerdings auch in einem besonderen Sinn: Da TYCHO meinte, bemerkt zu haben, daß sich die Breiten der Fixsterne, die sich in der Nähe der am weitesten vom Äquator entfernten Partien der Ekliptik befinden, seit älteren Zeiten geändert hätten, führte KEPLER, um ein festes Bezugsystem zu erhalten, als Königsweg eine ›mittlere Ekliptik‹ ein. Als diesen Königstierkreis nahm er die Äquatorebene der rotierend gedachten Sonne an.

Limma (Rest): In KEPLERS Musiktheorie und Harmonik ist Limma (Rest), das Intervall $^{128}/_{135}$, die Differenz zwischen einem großen Ganzton und einem ›rechtmäßigen‹ Halbton (siehe *Harmonice mundi* III, 4; KGW VI: 132 f.); in PLATONS Musiktheorie betrug der ›Rest‹ dagegen $^{243}/_{256}$, von KEPLER auch ›Platonisches Limma‹ genannt.

Mittlere Sonne: Diese denkt man sich vom Apogäum der Sonnenbahn aus gleichförmig diese Bahn durchlaufend; sie ist also wohl zu unterscheiden von der heute so bezeichneten mittleren Sonne, die bei der Zeitmessung verwendet wird.

Nativität: Geburtshoroskop

Neigung: KEPLER nennt die heliozentrische Breite eines Planeten Neigung, während er die geozentrische Breite schlechthin Breite nennt.

Parallaxe: Siehe Prosthaphärese.

potenziell (potentialiter): der Möglichkeit nach, im Gegensatz zu tatsächlich, aktual (*actu*) (Begriffe der aristotelischen Physik).

Profektion: Eine der Direktion entsprechende Vorstellung, bei der statt 1 Tag (1° Sonnenbewegung) 1 Monat (30° = 1 Tierkreiszeichen) einem Lebensjahr entspricht.

Prosthaphärese (siehe dazu Fig. 1 und 2 des *Mysterium cosmographicum*, unten S. 23 und 24): Dieses in der alten Mathematik und Astronomie in verschiedenem Sinn gebrauchte Wort ist in den hier vorgelegten Texten meistens gleichbedeutend mit der Parallaxe über der Erdgroßsphäre (der Erdbahn). Bei den oberen Planeten war es der Winkel, den die von einem Punkt der betreffenden Planetenbahn aus an die Erdbahn gelegten Tangenten miteinander bilden; bei den unteren Planeten der Winkel, den die von einem Punkt der Erdbahn aus an die betreffende Planetenbahn gelegten Tangenten einschließen, beziehungsweise je die Hälfte dieser Winkel. Unter dieser sogenannten *Parallaxis orbis* versteht man bei den oberen Planeten den Winkel Sonne–Planet–Erde oder die Differenz der heliozentrischen und der geozentrischen Länge des Planeten oder den Winkel, unter dem von dem Planet aus jeweils die Strecke Sonne–Erde erscheint.

Saft / Säfte: Siehe *humor*(es)

Sinus totus (der ganze Sinus) ist in der alten Trigonometrie die Bezeichnung für den Halbmesser des Kreises, also soviel wie sin 90°.

Sinus versus eines Winkels φ ist die Pfeilhöhe des Segments, das zum Zentriwinkel 2 φ gehört, also gleich 1 − cos φ.

Solar–Revolution: Begriff der Astrologie. Eine Solar-Revolution wird gestellt auf den Zeitpunkt, zu dem die Sonne denselben Ort wie zur Geburt einnimmt.

Sphäre (orbis): Eine Sphäre wird in der mathematischen Theorie der Astronomie (*Sphärik*) seit den Griechen als Kugel oder Kreis, in der physikalischen (*Theoricae planetarum*) als aus dem unveränderlichen himmlischen Element Äther bestehende materielle (Hohl-)kugel gedacht, von der gegebenenfalls ein daran befestigter Planet mittelbar bewegt wird. Die wahrnehmbare (scheinbare) Bewegung eines Planeten entsteht dabei (im Gegensatz zu einer durch äußere Kräfte unmittelbar bewirkten, verursachten *Bahn*) als Resultante aus dem Zusammenwirken mehrerer für einen Planeten jeweils spezifischer Elemente, Epizykel, Exzenter, Ausgleichspunkt, die in der physikalischen Theorie als nicht-konzentrische Sphären in die Hauptsphäre eingebettet sind. Die Dicke einer solchen, innen und außen konzentrisch begrenzten Haupt-Äther-(Hohl-)sphäre hängt von der Größe dieser (mathematischen) Elemente ab, vor allem der Exzentrizität und den Epizykeln, da sie den Sphärenbereich nicht überragen dürfen. Kepler nennt solche Gesamt-Sphären auch Primärsphären (*orbes primarii*); siehe auch *Erd(groß)sphäre.*

species immateriata, species: unstoffliche, nicht an Materie oder ein Medium gebundene Ausströhmung, Wirkung (wesentlicher Begriff der Keplerschen Physik)

Transit(us): Begriff der Astrologie: Übergang des Planeten über wichtige Stellen des Geburtshoroskops

Ungleichförmigkeit, Ungleichheit (Anomalie): Mit diesem Begriff wird allgemein bei den Planetentheorien der vorkeplerschen Astronomie die scheinbare Ungleichförmigkeit der Bewegungen, wie sie einem irdischen Beobachter erscheinen, bezeichnet. Die Erscheinung der ersten (siderischen) Anomalie. rührt her von der Exzentrizität der Bahn (Sphäre) und der wechselnden Geschwindigkeit der Planeten in der Länge; die zweite Anomalie entsteht als parallaktischer Effekt dadurch, daß der Planet nicht von einem ruhenden Punkt, sondern von der bewegten Erde aus beobachtet wird; sie tritt als scheinbare Schleifenbildungen auf. Beides galt in der vorkeplerschen Himmelsphysik als realiter nicht existierend, sondern nur so erscheinend, da die Physik Gleichförmigkeit der Bewegungen am Himmel forderte

Weltmittelpunkt: Ptolemaios nahm als solchen die Erde, Copernicus den

Mittelpunkt der Erdsphäre (das heißt die gedachte mittlere Sonne) an. MICHAEL MÄSTLIN hat die Werte des COPERNICUS für KEPLER auf den von ihm physikalisch erschlossenen Mittelpunkt des Sonnenkörpers als Weltmittelpunkt umgerechnet.

4.2. Verzeichnis veralteter deutscher Wörter bei KEPLER

Accession: Verschlimmerung, Zuwachs

adaequirn: gleichmachen

aequivocus: bloß gleichlautend

Affection: Neigung

affectionirn: beeinflussen, anregen, einwirken

afficirn: beeinflussen

allegirn: anführen

alterirn: verändern

Ariolus (Hariolus): Wahrsager

aufentlehnen: auftauen

Baderköpfflin: Schröpfkopf

blockecht: klotzig, plump

blöd: schwach, kraftlos

bößlich: mühsam, knapp

Casisten: Kasuisten

Circkel: Kreis

confundirn: verwirren

consulirn: um Rat fragen

Contriarität: Gegensätzlichkeit

defendirn: verteidigen

dependirn: abhängen

derogirn: abschaffen

descendirn: hinabsteigen

destruirn: vernichten, aufheben

dirigirn: eine Direktion ausführen

Discretion: Besonnenheit, Zurückhaltung

discurrirn: erkunden, verhandeln; ableiten

Distinction: Unterschied

entanstehn: entfernt sein

Erdtboden: Erde, Erdkugel, Erdkörper

&c.: usw. (et cetera)

expandirn: ausbreiten

Fall: Sündenfall

Figura: Figur; Horoskop

Form (*forma*): das die *materia* bildende, formende Prinzip (bei Lebewesen: Seele) in der aristotelischen Physik

formalisch: zum Prinzip *forma* gehörig

Gegenschein: Opposition

gellen: abprallen

General(is): allgemein

Generalitet: Allgemeinheit

gereutten: bereiten

Gezirck: Bezirk, Gegend, Stelle

Grindt: (Dick–)Kopf

gubernirn: lenken

habilitirn: zusammenfügen

halden: gerichtet, geneigt sein

hinhotten: nebenhergehen

Idiot: Laie

impellirn: antreiben

influentiae: Einflüsse, Einwirkungen

Influenz: Einfluß

Intent: Absicht, Zweck

item: ebenfalls

Kißbohnen: Graupel

Lain: Lawine

langweilig: lange andauernd

Laüte: Leite, Abhang

Lösselkunst: Orakelkunst

Maceration: Auflösung

maleficia: Übeltat

maleficia Mathematica: astrologische Weißsagerei

maleficus: Übeltäter, Verbrecher

manterirn: anführen, zitieren

Matery, Materie: Stoff; Inhalt, Zusammenhang

materialisch: stofflich, in der aristotelischen Physik: zum Prinzip
materia gehörig

Mittag: Süden

Mittnacht: Norden

moderat: mäßig

Objection: Gegenstand

observieren: beobachten

Occident: Westen

Orient: Osten

particulär: besonders, einzeln

Persuasion: Überzeugung, Anhän-
gerschaft

plackecht: klotzig, plump

Pöfel: Pöbel

praedicirn: vorhersagen

Praeservation: Vorsorge

Praesumption: Erwartung, Voraussage

praesupponirn: voraussetzen

praetendirt: vorliegend

probabiliter: annehmbar, wahrscheinlich

Proposition: Behauptung

Purgantien: Mittel zur Abführung
(Begriff der Humoralpathologie)

Purgation: Abführen, Darmreini-
gung

Quartal: Jahreszeit

schlims: schief

Simplicia: einfache, Grund-Heil-
mittel

Solennitet: Gepränge

taxirn: prüfen

temperirt: gemäßigt, ausgeglichen
(in den Säften)

tingirn: färben

torquirn: sich drehen und wenden,
sich abmühen

trückenlich: trocken, ohne Umschweife

turbirn: in Unruhe versetzen

Tzippor schammajim: Vögel des
Himmels

uberzwerch: quer

ungefehr: zufällig

Vacuation: Aderlaß

Verstandt: Sinn

verticalis: senkrecht

vexiern: foppen

widergellen: abprallen, brechen
(des Lichtes)

wißbar: mit Zirkel und Lineal
konstruierbar (siehe *Harmonice
mundi* I, 8 [Definition]; KGW
VI: 21 f.)

Wohn: Gewohnheit

Zwerch: Schräge, Quere

5. Literatur-Hinweise

5.1. Allgemeine Literatur-Hinweise

Die maßgebliche *Biographie* ist immer noch MAX CASPAR: Johannes Kepler. Stuttgart 1948, ³1958 [ursprünglich ohne alle Belege]; Nachdruck mit den Ergänzungen und Belegen von OWEN GINGERICH zum Nachdruck der englischen Ausgabe [New York 1993]: Stuttgart 1996.

Die *Kepler-Literatur* (primär und sekundär) ist zusammengefaßt in: Bibliographia Kepleriana. Ein Führer durch das gedruckte Schrifttum von [und über] Johannes Kepler. Im Auftrage der Bayerischen Akademie der Wissenschaften hrsg. von MAX CASPAR [München 1936]. 2. Auflage, besorgt von MARTHA LIST. München 1968. – Bibliographia Kepleriana. Verzeichnis der gedruckten Schriften von und über Johannes Kepler. Im Auftrag der Kepler-Kommission der Bayerischen Akademie der Wissenschaften. Ergänzungsband zur zweiten Auflage, besorgt von JÜRGEN HAMEL. München 1998.

Keplers Schriften werden in diesem Band unter der Sigle KGW mit folgender römischer Band- und arabischer Seiten- (und Zeilen-)Zählung zitiert aus: Johannes Kepler, Gesammelte Werke. Begründet von WALTHER VON DYCK und MAX CASPAR, fortgesetzt von FRANZ HAMMER, hrsg. von der Kepler-Kommission der Bayerischen Akademie der Wissenschaften. Bd 1 ff., München 1937 ff. (kurz vor dem Abschluß). – Für die Kepler-Korrespondenz in den Bänden XVI–XVIII wird die dortige Brief-Numerierung, gegebenenfalls mit Zeilenangabe, angeführt. – *Zum leichteren Auffinden und Zitieren ist in den unten abgedruckten deutschen Übersetzungen von Kepler-Schriften die Seitenzählung aus KGW in eckigen Klammern innerhalb des Textes vermerkt.*

5.2. Zitierte Literatur

(Das Verzeichnis enthält spezielle weiterführende Literatur und Literatur-Belege, die im vorstehenden Text nur mit dem NAMEN und dem Erscheinungsjahr, gegebenenfalls mit der Seitenzahl nach einem Doppelpunkt, in eckigen Klammern zitiert wird.)

LIII

CASPAR, MAX (1923): Zur Einführung. In: JOHANNES KEPLER: Das Weltgeheimnis Mysterium cosmographicum. Übersetzt und eingeleitet von MAX CASPAR. Augsburg 1923 (Nachdruck München/Berlin 1936), S. I–XXXI.

CASPAR, MAX (1938): Nachbericht Mysterium cosmographicum. In: KGW I: 403–434.

CASPAR, MAX (1939): Einleitung. Anmerkungen. In: JOHANNES KEPLER, Weltharmonik. Übersetzt und eingeleitet von MAX CASPAR. München/Berlin 1939 (Neudruck 1967, sechster Nachdruck 1997), S. 11*–56* / 364–391.

CASPAR, MAX (1940): Nachbericht. In: KGW VI: 459–557.

CASPAR, MAX/FRANZ HAMMER (1941): Nachbericht Tertius interveniens. In: KGW IV: 436–444 und 496–504.

DIEL-KRANZ (1952): Die Fragmente der Vorsokratiker. Griechisch und deutsch von HERMANN DIELS. Sechste Auflage, hrsg. von WALTHER KRANZ. 3 Bde, Berlin 1952 (und öfters).

FIELD, JUDITH V. (1984): A Lutheran Astrologer: Johannes Kepler. *Archive for History of Exact Sciences* 31 (1984), 189–272.

HAASE, RUDOLF (1989): Keplers Weltharmonik heute. (Esoterik des Abendlandes, Bd 3) Ahlerstedt 1989.

HAMMER, FRANZ (1963): Nachbericht Mysterium cosmographicum. 2. Ausgabe / Anmerkungen. In: KGW VIII: 441–457 und 478–128.

HAMMER, FRANZ (1971): Die Astrologie des Johannes Kepler. *Sudhoffs Archiv* 55 (1971), 113–135.

HÜBNER, JÜRGEN: (1975) Die Theologie Johannes Keplers zwischen Orthodoxie und Naturwissenschaft. (Beiträge zur Historischen Theologie, Bd 50) Tübingen 1975.

ILLMER, MARKUS M. (1991): Die göttliche Mathematik Johannes Keplers. Zur ontologischen Grundlegung des naturwissenschaftlichen Weltbildes. (Dissertationen. Philosophische Reihe, Bd 7) St. Ottilien 1991.

KLEIN, ULRICH (1971): Johannes Keplers Bemühungen um die Harmonieschriften des Ptolemaios und Porphyrios. In: Johannes Kepler, Werk und Leistung. Hrsg. von der Kepler-Kommission der Hochschule Linz. Linz 1971, S. 51–60.

KRAFFT, FRITZ (1970): Sphaera activitatis – orbis virtutis. Das Entstehen der Vorstellung von Zentralkräften. *Sudhoffs Archiv* 54 (1970), 113–140.

KRAFFT, FRITZ (1971 a): Die Begründung einer Wissenschaft von der Natur durch die Griechen. (Geschichte der Naturwissenschaft I) Freiburg i. Br. 1971.

KRAFFT, FRITZ (Hrsg.) (1971 b): Johannes Kepler, Warnung an die Gegner der Astrologie – Tertius Interveniens. Mit Einführung, Erläuterungen und Glossar hrsg. von FRITZ KRAFFT. (Naturwissenschaftliche Texte bei Kindler) München 1971.

KRAFFT, FRITZ (1973 a): Physikalische Realität oder mathematische Hypothese? Andreas Osiander und die physikalische Erneuerung der antiken Astronomie durch Nicolaus Copernicus. *Philosophia naturalis* 14 (1973), 243–275.

KRAFFT, FRITZ (1973 b): Johannes Keplers Beitrag zur Himmelsphysik. In: F. KRAFFT / K. MEYER / B. STICKER 1973: 55–139.

KRAFFT, FRITZ (1975): Keplers Wissenschaftspraxis und -verständnis. *Sudhoffs Archiv* 59 (1975), 54–68, 1 Tafel.

KRAFFT, FRITZ (1976): Kreis und Kugel. In: JOACHIM RITTER / KARLFRIED GRÜNDER (Hrsgg.): Historisches Wörterbuch der Philosophie. Bd 4, Basel / Stuttgart 1976, Sp. 1211–1226.

KRAFFT, FRITZ (1988 a): Kepler, Johannes (1571–1630). In: Theologische Realenzyklopädie. Bd 18, Lfg. 1 / 2, Berlin / New York 1988, S. 97–109.

KRAFFT, FRITZ (1988 b): Astronomie als Gottesdienst. Die Erneuerung der Astronomie durch Johannes Kepler. In G. HAMANN / H. GRÖSSING (Hrsgg.): Der Weg der Naturwissenschaften von Johannes von Gmunden zu Johannes Kepler. (Veröffentlichungen der Kommission für Geschichte der Mathematik, Naturwissenschaften und Medizin, Bd 46 / Österreichische Akademie der Wissenschaften, Philosophisch-Historische Klasse, Sitzungsberichte, Bd 497) Wien 1988, S. 182–196.

KRAFFT, FRITZ (1989): Nicolaus Copernicus. Astronomie und Weltbild an der Wende zur Neuzeit. In: H. BOOCKMANN / B. MOELLER / K. STACKMANN (Hrsgg.): Lebenslehren und Weltentwürfe im Übergang vom Mittelalter zur Neuzeit. (Abhandlungen der Akademie der Wissenschaften in Göttingen, Phil.-hist. Klasse, Dritte Folge Nr. 179) Göttingen 1989, S. 282–335.

KRAFFT, FRITZ (1991): Erfahrung und Vorurteil im naturwissenschaftlichen Denken Johannes Keplers. *Berichte zur Wissenschaftsgeschichte* 14 (1991), 73–96.

KRAFFT, FRITZ (1992): Tertius interveniens. Johannes Keplers Bemühungen um eine Reform der Astrologie. In: A. Buck (Hrsg.): Die okkulten Wissenschaften in der Renaissance. (Wolfenbütteler Abhandlungen zur Renaissanceforschung, Bd 12) Wiesbaden 1992, S. 197–225.

Krafft, Fritz (1994): Hypothese oder Realität. Der Wandel der Deutung mathematischer Astronomie bei Copernicus. In: Gudrun Wolfschmidt (Hrsg.): Nicolaus Copernicus – Revolutionär wider Willen. Stuttgart 1994, S. 103–115.

Krafft, Fritz (1999a): »... denn Gott schafft nichts umsonst!« Das Bild der Naturwissenschaft vom Kosmos im historischen Kontext des Spannungsfeldes Gott – Mensch – Natur. (Natur – Wissenschaft – Theologie. Kontexte in Geschichte und Gegenwart, Bd 1) Münster 1999.

Krafft, Fritz (1999b): Zwischen Aristoteles und Isaac Newton: Auf dem Wege zum Konzept einer Allgemeinen Gravitation. (Monumenta Guerickiana 50). *Monumenta Guerickiana – Zeitschrift der Otto-von-Guericke-Gesellschaft* 6 (1999), 3–20.

Krafft, Fritz (Hrsg.) (2003): Lexikon großer Naturwissenschaftler: Vorstoß ins Unbekannte. Wiesbaden 2003 [Lizenzausgabe von: Vorstoß ins Unerkannte. Lexikon großer Naturwissenschaftler. Weinheim / New York 1999].

Krafft, Fritz (2004): Astronomie und Weltbild zwischen Copernicus, Kepler und Newton. In: Barbara Mahlmann-Bauer (Hrsg.): Scientiae et artes. Die Vermittlung alten und neuen Wissens in Literatur, Kunst und Musik. (Wolfenbütteler Arbeiten zur Barockforschung, Bd 38) Wiesbaden 2004, S. 273–310.

Krafft, Fritz (2005): Johannes Kepler – Die neue, ursächlich begründete Astronomie. In: Johannes Kepler: Astronomia Nova – Neue, ursächlich begründete Astronomie. Übersetzt von Max Caspar. Durchgesehen und ergänzt sowie mit Glossar und einer Einleitung versehen von Fritz Krafft. Wiesbaden 2005, S. V–LIX.

Krafft, Fritz / Karl Meyer / Bernhard Sticker (Hrsgg.) (1973): Internationales Kepler-Symposium Weil der Stadt 1971. Referate und Diskussionen. (arbor scientiarum, Reihe A, Bd 1) Hildesheim 1973.

Mahnke, Dietrich (1937): Unendliche Sphäre und Allmittelpunkt. (Deutsche Vierteljahresschrift für Literaturwissenschaft und Geistesgeschichte, Bd 23) Halle 1937; Nachdruck: Stuttgart-Bad Canstatt 1966.

Methuen, Charlotte (1998): Kepler's Tübingen. Stimulus to a Theological Mathematics. Aldershot 1998.

NITSCHKE, AUGUST: Keplers Staats- und Rechtslehre. In: F. KRAFFT/K. MEYER/B. STICKER 1973: 409–424.

PICO DELLA MIRANDOLA, GIOVANNI (1496): Disputationes adversus astrologiam divinatricem. A cura di EUGENIO GARIN. (Edizione Nazionale die Classici del Pensiero Italico, Bde 2 und 3) 2 Bde, Florenz 1946–1952.

[PROKLOS DIADOCHOS:] Procli Diadochi in primum Euclidis elementorum librum commentarii. Ex recognitione GOGOFREDI FRIEDLEIN. Leipzig 1873.

REMÉ, RICHARD WALTER (1933): Darstellung und Inhalt der ›Disputationes in Astrologiam‹ des Pico de Mirandola (Buch I-III) und historisch-kritische Untersuchung. Diss.phil. Hamburg 1933.

RICCIOLI, GIAMBATTISTA (1650): Almagestum novum astronomiam veterem novamque complectens observationibus aliorum, et propriis novisque theorematibus, problematibus, ac rabulis promotam. 2 Bde, Bologna 1650.

SCHENKEL, PETER MICHAEL (1990): Johannes Kepler, Gesammelte Werke. Register zu Band VI: Harmonice Mundi. Bearbeitet im Auftrag der Kepler-Kommission der Bayerischen Akademie der Wissenschaften. (Berichte der Keplerkommission, Heft 1) München 1990.

SCHENKEL, PETER MICHAEL (1993): Johannes Kepler, Gesammelte Werke. Register zu Band VIII: Mysterium Cosmographicum, De Cometis, Hyperaspistis. Bearbeitet im Auftrag der Kepler-Kommission der Bayerischen Akademie der Wissenschaften. (Berichte der Keplerkommission, Heft 4) München 1993.

SCHENKEL, PETER MICHAEL (1995): Johannes Kepler, Gesammelte Werke. Register zu Band III: Astronomia Nova. Bearbeitet im Auftrag der Kepler-Kommission der Bayerischen Akademie der Wissenschaften. (Berichte der Keplerkommission, Heft 6) München 1995.

SCHENKEL, PETER MICHAEL (1997): Johannes Kepler, Gesammelte Werke. Register zu Band I: Mysterium Cosmographicum, De Stella Nova. Bearbeitet im Auftrag der Kepler-Kommission der Bayerischen Akademie der Wissenschaften. (Berichte der Keplerkommission, Heft 8) München 1997.

SHEA, WILLIAM R. (1972): Galileo's Intellectual Revolution. London/Basingstoke 1972.

STECK, MAX (1981): Bibliographia Euclideana. Die Geistesleistung der

Tradition in den Editionen der »Elemente« (ΣΤΟΙΧΕΙΑ) des Euklid (um 365–300) ... (arbor scientiarum. Reihe C, Bd 1) Hildesheim 1981.

STICKER, BERNHARD (1973): Johannes Kepler – Hommo iste. Selbsterkenntnis – Werlterkenntnis – Gotteserkenntnis. In: F. KRAFFT / K. MEYER / B. STICKER 1973: 455–474.

STRAUSS, HEINZ ARTHUR / SIGRID STRAUSS-KLOEBE (1926): Die Astrologie des Johannes Kepler. Eine Auswahl aus seinen Schriften. Eingeleitet und herausgegeben. München/Berlin 1926.

SUTTER, BERTHOLD (1975 a): Johannes Kepler und Graz. Im Spannungsfeld zwischen geistigem Fortschritt und Politik. Graz 1975.

SUTTER, BERTHOLD (1975 b): Johannes Keplers Stellung innerhalb der Grazer Kalendertradition des 16. Jahrhunderts. Die landschaftlichen Mathematiker der Steiermark als Kalendariographen. In: Johannes Kepler 1571–1971. Gedenkschrift der Universität Graz. Graz 1975, S. 209–373 (mit Abdruck der Prognostika Keplers auf die Jahre 1597, 1598 und 1599).

THOREN, VICTOR E. (1979): The Comet of 1577 and Tycho Brahe's System of the World. *Archives Internationales d'Histoire des Sciences* 29 (1979), 53-67.

WAERDEN, BARTEL L. VAN DER ([2]1966): Erwachende Wissenschaft. Ägyptische, babylonische und griechische Mathematik. (Aus dem Holländischen übersetzt von Helga Habicht, mit Zusätzen des Verfassers). Basel/Stuttgart [2]1966.

WAHSNER, RENATE (1981): Weltharmonie und Weltgesetz. Zur wissenschaftstheoretischen und wissenschaftshistorischen Bedeutung der Keplerschen Harmonielehre. *Deutsche Zeitschrift für Philosophie* 29 (1981), 531–545.

WALKER, G. P. (1967): Kepler's Celestial Music. *Journal of the Warburg and Courtauld Institutes* 30 (1967), 228–250.

WEICHENHAN, MICHAEL (2004): »Ergo perit coelum ...« Die Supernova des Jahres 1572 und die Überwindung der aristotelischen Kosmologie. (Boethius, Bd 49) Stuttgart 2004.

6. Zu den einzelnen Übersetzungstexten

Marginale Anmerkungen JOHANNES KEPLERS zu seinen Texten sind in Fußnoten (*) unter den Text gesetzt. Fußnoten mit erläuternden Anmerkungen des Herausgebers wurden in eckige Klammern gesetzt. Zitate und Verweise wurden nach Möglichkeit identifiziert und die entsprechenden Angaben ebenso wie erläuternde Ergänzungen des Herausgebers ebenfalls in eckigen Klammern in den Text gesetzt. Die astronomisch-astrologischen Symbole sind in den Übersetzungen dieses Bandes der besseren Lesbarkeit wegen gegenüber den Vorlagen verbalisiert worden. Um das Auffinden und Zitieren von Textstellen bei KEPLER zu erleichtern, ist innerhalb der Texte bei Seitenwechsel in den kritischen Ausgaben in eckigen Klammern deren Paginierung vermerkt.

Mysterium cosmographicum: Die im Folgenden als erster Text abgedruckte deutsche Übersetzung des *Mysterium cosmographicum* (erste und zweite Auflage) stammt von MAX CASPAR [M. CASPAR 1923: 3–147]; sie wurde für den Abdruck durchgesehen und korrigiert, und von CASPAR weggelassene Passagen wurden ergänzt. Nach der Übersetzung von 1923 (Neuausgabe 1936) war 1938 MAX CASPARS kritische Ausgabe der ersten Auflage (1596) des Originaltextes erschienen [KGW I: 3–80], der wie in der von MICHAEL MÄSTLIN besorgten Erstausgabe der Abdruck der *Narratio prima* des GEORG JOACHIM RHAETICUS folgt [KGW I: 81–131], einschließlich einer von MÄSTLIN hinzugefügten ›Appendix‹ mit dem Titel »De dimensionibus orbium et sphaerarum coelestium iuxta Tabulas Prutenicas, ex sententia Nicolai Copernici« [KGW I: 132–145]. 1963 erschien FRANZ HAMMERS kritische Ausgabe der 2. Auflage (1621) [KGW VIII: 7–128]; aus dieser sind hier nur die Zusätze und die Anmerkungen (*Notae*) Keplers zur ersten Auflage aus der Übersetzung CASPARS aufgenommen, da KEPLER den Text dieser ersten Auflage selbst unverändert übernommen hatte. Ergänzend hierzu erarbeitete PETER MICHAEL SCHENKEL jeweils ein Personen- und Begriffsregister [P. M. SCHENKEL 1997 und 1993], von denen letzteres allerdings die neuen Begriffe KEPLERS, mit denen er die mit der überkommenen Astronomie übernommenen nach und nach ersetzt und so auch terminologisch den Paradigmawechsel von ›orbis‹ (Sphäre) zu ›orbita‹ (Bahn) dokumentiert, ebensowenig enthält wie die allmähliche inhaltliche Anpassung des Begriffs ›orbis‹ – in der Übersetzung wurde diese terminologische

›Grauzone‹ belassen und der Begriff weitgehend einheitlich mit ›Sphäre‹ übersetzt.

Für eine Analyse des keplerschen Textes des *Mysterium cosmographicum* sei generell ausdrücklich auch auf die Einleitung zur Übersetzung [M. CASPAR 1923] und die Nachberichte zu den kritischen Ausgaben [M. CASPAR 1938; F. HAMMER 1963] verwiesen, bezüglich Keplers Physik darüber hinaus auf F. KRAFFT [1973 b] und B. STEPHENSON [1987].

Tertius interveniens: Der Text ist der Ausgabe von F. KRAFFT [1971 b] entnommen und wurde nochmals mit der kritischen Ausgabe von MAX CASPAR und FRANZ HAMMER in KGW IV: 147–258 verglichen. Die Orthographie KEPLERS des deutschen Textes ist beibehalten worden, weniger streng dagegen die Interpunktion (so wurden sämtliche Virgeln [/] durch moderne Satzzeichen ersetzt). KEPLER sollte direkt zum Leser sprechen; um dieses ihm zu erleichtern, sind hier jedoch erstmals die bei KEPLER kursiv gesetzten lateinischen Passagen im Text selbst ins Deutsche übersetzt und kursiv gesetzt, so daß kenntlich bleibt, wo der Text vom deutschen Originalwortlaut bei KEPLER abweicht. (Geändert wurden lediglich u in v und j in i und umgekehrt sowie *unnd* in *und.*) Beim Lesen des Textes, das einen literarischen Reiz für sich darstellt und an das man sich rasch gewöhnt (zumal die ›Fraktur‹-Schrift der krtitischen Ausgabe in ›lateinische‹ Druckschrift gewandelt wurde), ist lediglich zu beachten, daß Umlaute (ä, ö, ü) häufig ersetzt werden (so ä durch e), daß die Schreibweise nicht einheitlich ist und häufig Auslassungen von Hilfszeitwörtern oder ähnlichen Satzteilen vorkommen. Für eine Analyse des Textes des *Tertius interveniens* sei generell auch auf den Nachbericht zur kritischen Ausgabe von M. CASPAR / F. HAMMER [1941] verwiesen, zur keplerschen Astrologie darüber hinaus auf F. HAMMER [1971] und F. KRAFFT [1992].

Harmonice mundi / **Weltharmonik:** Der Text ist der Übersetzung von M. CASPAR [1939] entnommen, die jedoch durchgesehen, korrigiert und vor allem von anachronistischen Begriffen, soweit sie zu sehr moderne Begrifflichkeit in die Texte bringen (siehe oben zum Text des *Mysterium cosmographicum*), befreit wurde. Dazu wurde die wenig später erschienene kritische Ausgabe M. CASPARS in KGW VI herangezogen. Auch für diesen Text hat PETER MICHAEL SCHENKEL jeweils ein Personen- und Begriffsregister [P. M. SCHENKEL 1990] erstellt (siehe auch oben zum Text des *Mysterium cosmographicum*). Für die Textanalyse der *Harmonices mundi libri V / Fünf Bücher der Weltharmonik* (»harmonices« ist Genitiv des lateinisch geschriebenen griechischen Wortes Ἁρμονική) sei generell verwiesen auf die Einleitung zur Übersetzung, M. CASPAR [1939], und den Nachbericht M. CASPAR [1940], zur keplerschen Weltharmonie darüber hinaus D. P. WALKER [1967] und R. WAHSNER [1981] sowie zum harmonikalen Denken überhaupt R. HAASE [1989].

MYSTERIUM
COSMOGRAPHICUM

Prodromus

DISSERTATIONVM COSMOGRA-
PHICARVM, CONTINENS MYSTE-
RIVM COSMOGRAPHI-
CVM,

DE ADMIRABILI

PROPORTIONE ORBIVM
COELESTIVM, DEQVE CAVSIS
cœlorum numeri, magnitudinis, motuumque periodicorum genuinis & pro-
prijs,

DEMONSTRATVM, PER QVINQVE
regularia corpora Geometrica,

A

M. IOANNE KEPLERO, VVIRTEM-
bergico, Illustrium Styriæ prouincia-
lium Mathematico.

Quotidiè morior, fateorque: sed inter Olympi
Dum tenet assiduas me mea cura vias:
Non pedibus terram contingo: sed ante Tonantem
Nectare, diuina pascor & ambrosiâ.

Addita est erudita NARRATIO M. GEORGII IOACHIMI
RHETICI, *de Libris Reuolutionum, atq; admirandu de numero, or-*
dine, & distantijs Sphararum Mundi hypothesibus, excellentissimi Ma-
thematici, totiusq; Astronomiæ Restauratoris D. NICOLAI
COPERNICI.

TVBINGÆ
Excudebat Georgius Gruppenbachius,
ANNO M. D. XCVI.

VORBOTE

Kosmographischer Abhandlungen

enthaltend das

WELTGEHEIMNIS

bezüglich der bewunderungswürdigen Verhältnisse zwischen den Himmelssphären, bezüglich der wahren und eigentlichen Ursachen für Zahl und Größe der Himmelsphären sowie für ihre periodischen Bewegungen, dargelegt mit Hilfe der fünf regulären geometrischen Körper.

von

M. JOHANNES KEPLER

aus Württemberg,
Mathematiker der Erlauchten Stände von Steiermark.

Angefügt ist der gelehrte Bericht des Magisters Georg Joachim Rhaeticus über die Bücher der Umwälzungen und die wunderbaren Hypothesen über Zahl, Anordnung und Abstände der Sphären der Welt von dem hervorragenden Mathematiker und Erneuerer der gesamten Astronomie D. Nicolaus Copernicus.

Tübingen
Gedruckt bei Georg Gruppenbach
im Jahre 1596

Den Erlauchten, Hochgeborenen, Edlen und Gestrengen Herren

Herrn SIGISMUND FRIEDRICH, Freiherrn von Herberstein, Neuberg, Guttenhag, Herrn in Lankowitz, Erbkämmerer und Erbtruchseß von Kärnten, Rat seiner Kaiserlichen Majestät und des Durchlauchtigsten Erzherzogs von Österreich; Hauptmann der Provinz Steiermark und

den Herren N. N. der Erlauchten Stände von Steiermark, den hohen Fünfmännern, meinen milden und wohlwollenden Herren

Gruß und Huldigung

Was ich vor sieben Monaten versprochen habe[1], ein Werk, das nach dem Zeugnis der Gelehrten schön und ansprechend und den jährlichen Kalendern weit überlegen ist, das bringe ich nun endlich vor Euren hohen Kreis, Erlauchte Herren; ein Werk, das zwar gering an Umfang und mit mäßiger Mühe verfertigt, doch einen ganz wunderbaren Gegenstand behandelt. Denn schaut man auf das Alter: schon vor 2000 Jahren hat sich PYTHAGORAS an ihm versucht.[2] Wünscht man etwas Neues? Zum ersten Mal wird jetzt von mir dieser Gegenstand unter den Menschen allgemein bekanntgemacht. Wünscht man Gewichtigkeit? Nichts ist größer und weiter als das Weltall. Wünscht man Würde? Nichts ist köstlicher, nichts schöner als unser strahlendster Gottestempel. Will man Geheimnisvolles erkennen? Nichts in der Natur ist oder war mehr verborgen. Nur dadurch wird mein Gegenstand nicht alle befriedigen, weil sein Nutzen der Ge-

---

* [Diese Seitenangaben beziehen sich auf die kritische Edition der 1. Auflage von 1596. Die Stellen, zu denen KEPLER in der zweiten Auflage (unten S. 110 ff. abgedruckte und entsprechend numerierte) Anmerkungen machte, sind statt der wörtlichen Textbezüge durch hochgestellte Ziffern gekennzeichnet.]

dankenlosigkeit nicht einleuchtet. Es handelt sich hier um das *Buch der Natur*, das von den Heiligen Schriften so hoch gefeiert wird. PAULUS hält es den Heiden vor, auf daß sie in ihm Gott wie die Sonne im Wasser oder im Spiegel betrachten möchten. Warum sollen nun wir Christen uns weniger an dieser Betrachtung ergötzen, da es doch unsere Aufgabe ist, Gott auf die wahre Weise zu feiern, zu verehren und zu bewundern? Unsere Andacht dabei ist um so tiefer, je besser wir die Schöpfung und ihre Größe erkennen. Wahrlich, wieviele Loblieder auf den Schöpfer, den wahren Gott, hat DAVID, der wahre Diener Gottes, gesungen! Die Gedanken dazu hat er aus der bewundernden Betrachtung des Himmels geschöpft. Die Himmel verkünden die Herrlichkeit Gottes, sagt er. Ich werde schauen deine Himmel, das Werk deiner Hände, den Mond und die Sterne, die du begründet hast [*Psalm* VIII, 4]. Groß ist unser Herr, und groß ist seine Macht; er zählt die Menge der Sterne und nennt sie alle beim Namen [*Psalm* CXLVII, 4]. An einer anderen Stelle ruft er voll des Heiligen Geistes, voll heiliger Freude dem Weltall zu: »Lobt, ihr Himmel, den Herrn, lobt [6] ihn, Sonne und Mond, usw.« [*Psalm* CXLVI-II, 4/3]. Hat der Himmel, haben die Sterne eine Stimme? Können sie Gott loben wie die Menschen? Ja, wir sagen eben, sie selber loben Gott, indem sie den Menschen Gedanken zum Lob Gottes darbieten. So lösen wir dem Himmel und der Natur in den folgenden Seiten die Zunge und lassen ihre Stimme lauter erschallen; und wenn wir das tun, so zeihe uns niemand vergeblicher, unnützer Mühe.

Ich will nicht davon reden, daß mein Gegenstand ein gewichtiges Zeugnis für die Tatsache der Schöpfung ist, die von Philosophen geleugnet worden ist. Denn wir sehen hier, wie Gott gleich einem menschlichen Baumeister, der Ordnung und Regel gemäß, an die Grundlegung der Welt herangetreten ist und jegliches so ausgemessen hat, daß man meinen könnte, nicht die Kunst nehme sich die Natur zum Vorbild, sondern Gott selber habe bei der Schöpfung auf die Bauweise des kommenden Menschen geschaut.

Ja, muß man denn den Wert der göttlichen Dinge wie eine Zuspeise nach Groschen bemessen? Aber bitte, wird man mir sagen, was nützt einem hungrigen Magen die Kenntnis der Natur, was die ganze Astronomie? Nun, die verständigen Menschen hören nicht auf die Unbildung, die da schreit, man müsse deswegen jene Studien unterlassen. Man duldet die Maler, weil sie die Augen, die Musiker, weil sie die Ohren ergötzen, obwohl sie uns sonst keinen Nutzen bringen. Ja, der Genuß, den wir aus ihren Werken schöpfen, gilt nicht nur als angemessen für den Menschen, er gereicht ihm auch zur Ehre. Welche Unbildung, welche Dummheit daher, dem Geist eine ihm zukommende ehrbare Freude zu neiden, sie aber den Augen und Ohren zu gönnen! Der streitet gegen die Natur, wer gegen diese Ergötzungen streitet! Denn der allgütige Schöpfer, der die Natur aus dem Nichts ins Dasein gerufen, hat er nicht jedem Geschöpf das, was notwendig ist, dazu aber noch Schmuck und Lust in überreicher Fülle bereitet? Sollte er den Geist des Menschen, den Herrn der ganzen Schöpfung, sein eigenes Ebenbild, allein ohne beseligende Wonne lassen? Ja, wir fragen nicht, welchen Nutzen erhofft das Vöglein, wenn es singt; denn wir wissen, Singen ist ihm eben eine Lust, weil es zum Singen geschaffen ist. Ebenso dürfen wir nicht fragen, warum der menschliche Geist soviel Mühe aufwendet, um die Geheimnisse des Himmels zu erforschen. Unser Bildner hat zu den Sinnen den Geist gefügt, nicht bloß, damit sich der Mensch seinen Lebensunterhalt erwerbe – das können viele Arten von Lebewesen mit ihrer unvernünftigen Seele viel geschickter –, sondern auch dazu, daß wir vom Sein der Dinge, die wir mit Augen betrachten, zu den Ursachen ihres Seins und Werdens vordringen, wenn auch weiter kein Nutzen damit verbunden ist. Und wie die anderen Lebewesen und der Leib des Menschen durch Speise und Trank erhalten werden, so wird die Seele des Menschen, die etwas vom ganzen Menschen Verschiedenes ist[3], durch jene Nahrung in der Erkenntnis am Leben erhalten, bereichert, gewissermaßen im Wachstum gefördert. Wer darum nach diesen Dingen kein Verlangen in sich trägt, der gleicht mehr einem Toten als einem Lebenden. Wie nun die Natur dafür sorgt, daß es den Lebewesen nie an Speise gebricht, so können wir mit gutem Grund sagen, die Mannigfaltigkeit in den Naturerscheinungen sei deswegen so groß, die im Himmelsgebäude verborgenen Schätze so reich, damit dem menschlichen Geist nie die frische Nahrung ausgehe, daß er nicht Überdruß empfinde am Alten, noch zur Ruhe komme, daß ihm vielmehr stets in dieser Welt eine Werkstätte zur Übung seines Geistes offen stehe.[4]

[7] Was ich mir nun in meinem Buch gleichsam von der überaus reich besetzten Tafel des Schöpfers herablange, verliert dadurch an Wert mit nichten, daß es dem größten Teil der Menge nicht schmeckt, von ihm vielmehr verschmäht wird. Die Gans wird von mehr Leuten gepriesen als der

Fasan; denn jene kennen alle, dieser ist seltener. Und doch wird kein Feinschmecker den Fasan geringer schätzen als die Gans. So wird der Wert meines Gegenstandes um so größer sein, je weniger Lobredner er findet, wenn diese nur Kenner sind. Dem großen Haufen und dem Fürsten steht nicht dasselbe an; die Himmelskunde bietet nicht unterschiedslos allen Nahrung dar, sondern nur dem hochstrebenden Geist, und zwar nicht durch meine Schuld, weil ich es so wünschte, nicht der Natur der Sache nach, nicht weil Gott neidisch wäre, sondern weil die meisten Menschen dumm und feige sind. Die Fürsten lassen beim Mahle zwischenhinein einen besonders köstlichen Gang auftragen, den sie erst genießen, wenn sie satt sind, um den Überdruß zu vertreiben. So wird der edelmütigste und weiseste Mensch an diesen und ähnlichen Forschungen dann erst Geschmack finden, wenn er seine Hütte verläßt, die Dörfer, Städte, Landschaften und Reiche durchstreifend seinen Blick emporwendet zum großen Reich der ganzen Erde, um alles genau kennen zu lernen. Wenn er dann nirgends, da alles Menschenwerk ist, etwas findet, das ihn beseligen könnte, das dauernden Bestand hätte, etwas, was seinen Hunger zu stillen und ihn zu sättigen vermag, dann wird er sich aufmachen, um Besseres zu suchen, dann wird er von dieser Erde aufsteigen zum Himmel, dann wird er den von leeren Sorgen erschöpften Geist in jene große Ruhe hineintauchen, dann wird er sagen [OVIDIUS NASO: *Fasti* I, 297 f.]:

>»Glücklich der Geist, dessen Sorge es war, all das zu erforschen,
>Der zuerst sich erhob, auf zu den himmlischen Höh'n.«

Er wird anfangen zu verachten, was ihm ehedem höchst bedeutsam erschien, er wird nunmehr diese Werke von Gottes Hand hochschätzen und bei ihrer Betrachtung endlich zum Genuß einer ungetrübten, reinen Wonne gelangen. Mag solches Streben noch so viel, noch so gründlich verachtet werden, mögen sich die Menschen Glück, Reichtümer und Schätze suchen, wo sie wollen – dem Astronomen genügt der eine Ruhm, daß sie ihre Werke für die Weisen, nicht für die Schreier, für die Könige, nicht für die Schafhirten schreiben. Ich verkünde ohne Zaudern, es wird noch Menschen geben, die hieraus Trost in ihrem Alter schöpfen, Menschen nämlich, die ihre öffentliche Tätigkeit in einer Weise ausüben, daß sie danach frei von Gewissensbissen jene Wonnen zu kosten im stande sein werden.

Ja, es wird wieder einmal ein [Kaiser] KARL auftreten, der als Herr von Europa das nicht zu finden vermag, was er müde vom Herrschen in der engen Zelle von San Geronimo de Yuste findet, dem unter allen Festlichkeiten, Titeln, Triumphen, Reichtümern, Städten, Königreichen die Torrianische* oder vielmehr die nach PYTHAGORAS und COPERNICUS[6] verfertigte Planetensphäre so großen Gefallen bereitet, daß er die ganze Welt mit ihr vertauscht und lieber mit dem Meßinstrument die Himmelskreise als mit dem Szepter die Völker regiert.

Ich sage das nicht, hochgeehrte Herren, um eine neue Überraschung auf die Bühne zu bringen, das heißt Greise als Schüler in die Schule zu führen; ich möchte vielmehr nur zeigen, welches Alter das richtige ist, um von diesem Studium zu ernten. Wie sollte ich über [8] die Bestellung der Saat anders denken, als die weisen Männer Eures hohen Kreises, die ganz besonders diese Studien der adligen Jugend in Eurer Schule vorzuschreiben für notwendig halten? Sind sie ja doch der Meinung, daß keine Menschenklasse zur Pflege der mathematischen Studien besser geeignet ist als der Adel, insofern dieser es nicht so nötig hat, zur Erlangung des Lebensunterhalts andere Künste zu betreiben, und daß für den Adel keine Studien besser geeigneter sind als die mathematischen, und zwar deswegen, weil ihnen vor allen anderen eine gewisse verborgene, wunderbare Macht innewohnt, den unbändigen Sinn zur Sanftmut und zu gelassener Verachtung des Irdischen anzuleiten. Wenn nun auch diese Frucht in der Jugend verborgen bleibt, da eben der Stoff schwierig und ungewohnt ist, so wird sie sich doch, wie gesagt, im Alter zur rechten Zeit einstellen.

Das wollte ich Euch, hochgeehrte Herren, sagen über die vorliegenden Blätter, wie über die Astronomie überhaupt, Euch, die Ihr die Sternkunde und die ganze Wissenschaft verehrt. Ich möchte Euch an das erinnern, was längst schon Euer Besitz ist. Das Werkchen, das ich Euch untertänigst darbiete und widme, wird Euch, die Ihr wahrhaft edelmütig, wahrhaft adelig seid, weiter keinen Nutzen bringen. Wenn es Lob verdient, so gebührt es zum großen Teil Euch, die Ihr mir durch wohlwollende Freigebigkeit Gelegenheit und Muße zu seiner Abfassung verschafft habt. Nehmt es hin, hochgeehrte Herren, als Zeichen meiner Dankbarkeit und schenkt mir, Eurem untertänigen Schützling, Eure Gunst. Lasset Euch für

---

* [Der Mechaiker GIOVANNI TORRIANO aus Cremona, den Kaiser KARL V. mit ins Kloster S. Yuste genommen hatte, hatte für ihn eine kunstvolle Uhr mit Planetarium hergestellt.]

immer einem Atlas, einem Perseus, einem Orion, einem König ALFONS, einem Kaiser RUDOLPH und den anderen Förderern der Sternkunde zugesellen.[7] Lebt wohl!

Geschrieben am 15. Mai, an dem ich vor einem Jahr mit der Arbeit begonnen habe.

Ew. Hochgeboren
untertänigster

Magister JOANNES KEPLER
aus Württemberg
Mathematiker an Eurer Schule zu Graz.

VORREDE AN DEN LESER

Lieber Leser! Ich habe mir vorgenommen, in diesem Büchlein zu beweisen, daß Gott der Allgütige und Allmächtige bei der Erschaffung unserer beweglichen Welt und bei der Anordnung der Himmel[ssphären] jene fünf regulären Körper, die seit PHYTAGORAS und PLATON bis auf unsere Tage so hohen Ruhm gefunden haben, zugrunde gelegt und Zahl, Proportionen und Verhältnis der Bewegungen der Himmel[sspären] ihrer Natur angepaßt hat.[1] Doch ehe ich dich mit der Sache selber vertraut mache, möchte ich dir über die Veranlassung zu meinem Büchlein und über die Art meines Vorgehens einiges erzählen, was, wie ich denke, dein Verständnis und die Bekanntschaft mit meiner Person fördern wird.

Schon zu der Zeit, als ich mich vor sechs Jahren in Tübingen eifrig dem Verkehr mit dem hochberühmten Magister MICHAEL MÄSTLIN widmete, empfand ich, wie ungeschickt in vieler Hinsicht die bisher übliche Ansicht über den Bau der Welt ist. Ich ward daher von NICOLAUS COPERNICUS, den mein Lehrer sehr oft in seinen Vorlesungen erwähnte, so sehr entzückt, daß ich nicht nur häufig seine Ansichten in Disputationen von Kandidaten verteidigte, sondern auch eine sorgfältige Disputation über die These, daß die »erste Bewegung« von der Umdrehung der Erde herrühre[2], verfaßte. Ich ging schon daran, der Erde aus physikalischen oder, wenn es dir besser gefällt: aus metaphysischen Gründen auch die Bewegung der Sonne zuzuschreiben[3], wie es COPERNICUS aus mathematischen Gründen tat. Zu diesem Zwecke habe ich nach und nach, teils aus dem Vortrag MÄSTLINS, teils durch eigene kühne Versuche, alle die Vorzüge zusammengetragen, die Copernicus in mathematischer Hinsicht vor PTOLEMAIOS voraus hat. Von dieser Arbeit hätte mich GEORG JOACHIM RHAETICUS leicht befreien können, der das alles im einzelnen kurz und klar schon in seiner *Narratio prima* besorgt hat. Während ich diesen Block wälzte, so nebenher, neben der Theologie, traf es sich geschickt, daß ich nach Graz als Nachfolger von

GEORG STADIUS kam. Hier veranlaßte mich die Pflicht meines Amtes, mich inniger mit diesen Studien abzugeben. Bei der Darlegung der Grundlehren der Astronomie war mir hier all das von großem Nutzen, was ich von MÄSTLIN gehört oder mir durch eigenes Nachdenken angeeignet hatte. Und wie bei VERGILIUS [*Aeneis* IV, 175] die Fama »dadurch, daß sie sich rührt, erstarkt und im Weiterschreiten sich Kräfte erwirbt«, so wurde auch mir fleißiges Nachdenken über diese Dinge Anlaß zu weiterem Nachdenken. Endlich habe ich mich im Jahre 1595 mit der ganzen Wucht meines Geistes auf diesen Gegenstand geworfen, da ich die von Unterrichtsstunden freie Zeit gut und im Sinne meines Amtes zubringen wollte.

Drei Dinge waren es vor allem, deren Ursachen, warum sie so und nicht anders sind, ich unablässig erforschte, nämlich die *Anzahl, Größe und Bewegung* der Sphären [*numerus, quantitas, et motus orbium*]. Dies zu wagen bestimmte mich jene schöne Harmonie der ruhenden Dinge, nämlich der Sonne, der Fixsterne und des Zwischenraumes, mit Gott dem Vater, dem Sohne und dem Heiligen Geist. Ich werde diese Analogie in meiner Kosmographie weiter verfolgen.[4] Da sich die ruhenden Dinge so verhielten, [10] zweifelte ich nicht an einer entsprechenden Harmonie der bewegten Dinge. Zuerst habe ich die Sache mit Zahlen versucht und nachgeschaut, ob vielleicht eine Sphäre das zweifache, Dreifache, Vierfache usw. einer anderen sei und um wie viel irgendeine Sphäre von einer beliebigen anderen abweiche. Viel Zeit habe ich mit dieser Arbeit, mit diesem Zahlenspiel, verloren; es ergab sich weder in den Verhältnissen selber noch bei den Unterschieden eine Gesetzmäßigkeit. So kam dabei nur der eine Nutzen heraus, daß sich mir die Entfernungen, wie sie COPERNICUS angibt, tief ins Gedächtnis einprägten und daß du, lieber Leser, durch die Aufzählung meiner verschiedenen Versuche mit deinem Beifall ängstlich hin- und hergeworfen wirst, wie von Meereswellen, so daß du dich schließlich ermüdet um so lieber zu den in diesem Büchlein dargelegten Ursachen, wie in einen sicheren Hafen, begibst. Mir selber hat alsbald Trost und feste Hoffnung außer anderen später zu besprechenden Gründen die Beobachtung gewährt, daß immer die Bewegung der Entfernung zu folgen schien und daß immer da, wo sich zwischen den Sphären ein großer Sprung zeigte, auch in den Bewegungen ein solcher auftrat. Wenn nun, so dachte ich mir, Gott bei den Sphären die Bewegungen der Entfernungen angepaßt hat, so muß er sicher auch die Entfernungen irgendeinem anderen Ding angepaßt haben.

Da ich also auf diesem Wege nicht ans Ziel kam, versuchte ich einen erstaunlich kühnen Ausweg. Ich schob zwischen Jupiter und Mars sowie zwischen Venus und Merkur zwei neue Planeten ein[5], die beide wegen ihrer Kleinheit unsichtbar seien, und schrieb ihnen Umlaufzeiten zu. So glaubte ich, in den Verhältnissen eine Gesetzmäßigkeit erzielen zu können, so daß die Verhältnisse zwischen je zwei Sphären gegen die Sonne zu abnehmen, gegen die Fixsterne zu wachsen, wie ja das Verhältnis der Erdsphäre zur Venussphäre kleiner ist, als das Verhältnis der Marssphäre zur Erdsphäre. Jedoch genügte es nicht, in die ungeheure Lücke zwischen Jupiter und Mars einen einzigen Planeten einzuschieben. Das Verhältnis der Jupitersphäre zur Sphäre des neuen Planeten war immer noch größer als das Verhältnis der Saturnsphäre zur Jupitersphäre. Und wenn ich auch durch dieses Verfahren irgendeine Proportion erhielt, so führte doch diese Rechnung nie zu einem Ende; es würde sich keine bestimmte Zahl der beweglichen Sterne ergeben, weder gegen die Fixsterne zu, bis man bei diesen selber angelangt wäre, noch je gegen de Sonne zu, da die Teilung des Raumes hinter Merkur nach diesem Verhältnis ins Unendliche fortschreiten würde. Auch gibt es keine Zahl von solcher Vortrefflichkeit[6], daß ich daraus einen Schluß ziehen könnte, warum es statt unendlich vieler gerade nur soviele bewegliche Sterne gibt. Und wenn RHAETICUS in seiner *Narratio* von der Heiligkeit der Sechszahl auf die Sechzahl der beweglichen Himmel[ssphären] schließt, so erscheint mir auch dies unwahrscheinlich. Denn wenn man über den Aufbau der Welt spricht, darf man seine Beweise nicht von den Zahlen ableiten, die eine besondere Bedeutung aus Dingen, die *nach* der Welt entstanden sind, erlangt haben.[7]

Sodann habe ich ein anderes Verfahren angewandt und untersucht, ob sich nicht in ein und demselben Quadranten die Entfernung irgendeines Planeten als Rest des Sinus und die Bewegung als Rest vom Komplement des Sinus darstellen lassen. Man zeichne ein Quadrat *AB* über dem Halbmesser *AC* des gesamten Universums. Um die der Sonne oder dem Weltmittelpunkt [11] *A* gegenüberliegende Ecke *B* beschreibe man mit dem Radius *BC* den Quadranten *CED*. Darauf lege man auf den wahren Weltradius *AC* die Sonne, die Fixsterne und die beweglichen Gestirne entsprechend ihren Entfernungen fest; von diesen Punkten aus ziehe man gerade Linien bis zum Schnitt mit dem der Sonne gegenüberliegenden Quadranten. Nun mahne ich als Verhältnis der bewegenden Kraft der ein-

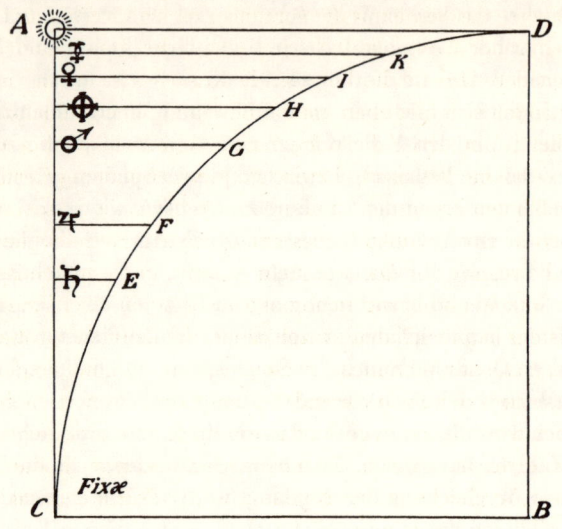

Fix&æ;

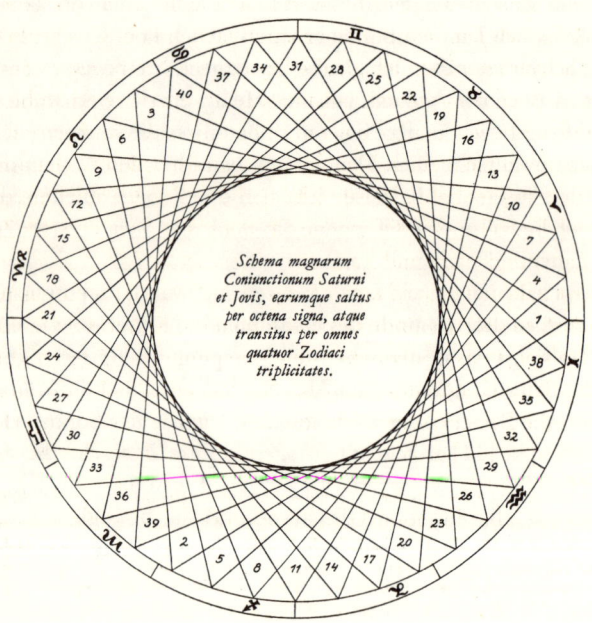

Schema magnarum
Coniunctionum Saturni
et Jovis, earumque saltus
per octena signa, atque
transitus per omnes
quatuor Zodiaci
triplicitates.

zelnen Planeten das Verhältnis der Parallelen zueinander an. Der Linie der Sonne kommt der Wert unendlich zu, weil AD den Quadranten berührt, nicht schneidet. Also ist die bewegende Kraft in der Sonne unendlich groß; es handelt sich hier eben um die Bewegung in eigentlichster Wirklichkeit. Beim Merkur ist die unbegrenzte Gerade in K abgeschnitten. Deswegen ist seine Bewegung bereits mit der der anderen Gestirne vergleichbar. Bei den Fixsternen ist überhaupt keine Linie mehr vorhanden, sie hat sich in einem Punkt C zusammengezogen. Hier also liegt keine Kraft zur Bewegung vor. Das war mein Ansatz, der durch die Rechnung zu prüfen war. Wenn jemand richtig abwägt, daß mir zwei Dinge gefehlt haben: erstens kannte ich den ganzen Sinus, das heißt die Größe des angenommenen Quadranten nicht, zweitens waren die bewegenden Kräfte nur im Verhältnis der einen zur anderen ausgedrückt – wer, sage ich, das richtig wägt, wird füglich zweifeln, daß ich auf diesem schwierigen Weg je etwas hätte erreichen können. Doch habe ich durch unverdrossene Arbeit und endlose Vergleichung der Sinusse und der Bögen erreicht, daß ich einsah, daß dieser Ansatz unmöglich ist.

Fast den ganzen Sommer habe ich mit dieser schweren Arbeit verloren. Schließlich kam ich bei einer ganz unwichtigen Gelegenheit dem wahren Sachverhalt näher. Ich glaube, durch göttliche Fügung ist es so gekommen, daß ich durch Zufall bekam, was ich durch keine Mühe vorher erreichen konnte; ich glaubte das um so eher, weil ich immer zu Gott gebetet hatte, er möge meinen Plan gelingen lassen, wenn COPERNICUS die Wahrheit verkündet habe. Da, als ich am 9. (19.) Juli 1595* meinen Zuhörern zeigen wollte, wie die großen Konjunktionen immer acht Zeichen überspringen und nach und nach von einem Dreieck zu einem anderen übergehen, zeichnete ich in einen Kreis viele Dreiecke, wenn man sie so nennen darf, so daß das Ende des einen immer den Anfang des nächsten bildet. (Du siehst das in der nebenstehenden Figur der großen Konjunktionen des Saturnss und des Jupiters.) Nun entstand durch die Punkte, in denen sich die Dreiecksseiten schnitten, ein kleiner Kreis; denn [12] der

* [KEPLER gibt häufig zwei Daten an, von denen das erste dem alten Stil (a. St., Julianischer Kalender), das zweite dem neuen Stil (n. St.), dem Gregorianischen (›katholischen‹) Kalender, entspricht. Da die gregorianische Kalenderreform zumal in protestantischen Ländern nur zögerlich eingeführt wurde, haben über die Konfessions- und Kalendergrenzen hinweg Korrespondierende während des gesamten 17. Jahrhunderts beide Daten verwendet.]

15

Halbmesser des einem solchen Dreieck einbeschriebenen Kreises ist die Hälfte des Halbmessers des umschriebenen Kreises. Das Verhältnis zwischen den beiden Kreisen war für den Augenschein ganz ähnlich jenem, das zwischen Saturn und Jupiter besteht, und das Dreieck ist die erste der geometrischen Figuren, wie Saturn und Jupiter die ersten Planeten sind. Gleich habe ich mit einem Viereck die zweite Entfernung zwischen Mars und Jupiter, mit einem Fünfeck die dritte, mit einem Sechseck die vierte ausprobiert. Da es bei der zweiten Entfernung zwischen Jupiter und Mars auch das Auge verlangt, habe ich ein Quadrat an das Dreieck und an das Fünfeck gefügt. Es nähme kein Ende, wollte ich alles im einzelnen durchgehen.

Das Ende dieses vergeblichen Versuchs war zugleich der Anfang eines letzten, glücklichen. Ich dachte nämlich, daß ich auf diesem Wege niemals bis zur Sonne gelangen würde, wenn ich die Ordnung unter den Figuren einhalten wollte, und daß ich keinen Grund finden würde, warum es eher sechs als zwanzig oder hundert Planeten geben solle. Jedoch gefielen mir die Figuren, sind sie doch Quantitäten und etwas, das vor dem Himmel da war. Denn die Quantität [13] ist am Anfang mit dem Körper geschaffen worden[8], der Himmel am zweiten Tag. Wenn sich nun, dachte ich, für die Größe und das Verhältnis der sechs Himmelsbahnen, die COPERNICUS annimmt, fünf Figuren unter den übrigen unendlich vielen ausfindig machen ließen, die vor den anderen besondere Eigenschaften voraus hätten, so ginge die Sache nach Wunsch. Nun aber drängte ich aufs neue vorwärts. Was sollen ebene Figuren bei den räumlichen Bahnen? Man muß eher zu festen Körpern greifen. Siehe, lieber Leser, nun hast du meine Entdeckung und den Stoff zum ganzen vorliegenden Büchlein! Denn wenn man einem, der die Geometrie auch nur ein wenig kennt, das sagt, so treten ihm sogleich die fünf regulären Körper mit ihrem Verhältnis der um- und einbeschriebenen Kugeln vor Augen; sofort erinnert er sich an jenen bekannten Zusatz EUKLIDS zum Lehrsatz 18 in Buch XIII [der *Elemente*], wo bewiesen wird, daß unmöglich mehr als fünf reguläre Körper existieren oder ausgemacht werden können. Es ist erstaunlich: obwohl ich mit mir über die Rangordnung der einzelnen Körper noch nicht im klaren war, habe ich doch aufgrund einer noch jeder Bestätigung baren Mutmaßung, die ich aus den bekannten Entfernungen der Planeten herleitete, mein Ziel in Anordnung der Körper so glücklich getroffen, daß ich später, als ich mit ausgesuchten Gründen die Sache untersuchte, nichts mehr daran zu ändern hatte. Zur Erinnerung hieran teile ich dir einen Satz mit so, wie er mir einfiel und wie ich ihn in jenem Augenblick in Worte faßte: »Der Erdkreis ist das Maß für alle anderen.[9] Ihm umschreibe ein Dodekaëder; der dieses umspannende Kreis ist der Mars. Dem Mars umschreibe ein Tetraëder; der dieses umspannende Kreis ist der Jupiter. Dem Jupiterkreis umschreibe einen Würfel; der diesen einbeschriebene Kreis ist der Saturn. Nun lege in den Erdkreis ein Ikosaëder; der diesem einbeschriebene Kreis ist die Venus. In den Venuskreis lege ein Oktaëder, der diesem einbeschriebene Kreis ist der Merkur.« Da hast du den Grund für die Anzahl von Planeten.

Auf diese Weise bin ich zum Erfolg meines Bemühens gelangt. Nun vernimm auch, was ich mir in diesem Büchlein vorgenommen habe. Den Genuß, den ich aus meiner Entdeckung geschöpft habe, mit Worten zu beschreiben, wird mir nie möglich sein. Nun reute mich nicht mehr die verlorene Zeit; ich empfand keinen Überdruß mehr an meiner Arbeit; keine noch so beschwerliche Rechnung scheute ich. Tage und Nächte habe ich mit Rechnen zugebracht, bis ich sah, ob der in Worte gefaßte Satz mit den Sphären des Copernicus übereinstimmte, oder ob die Winde meine Freude davontrügen. Für den Fall, daß ich, wie ich glaubte, die Sache richtig erfaßt hätte, machte ich Gott dem Allmächtigen und Allgütigen das Gelübde, bei der ersten Gelegenheit dieses bewundernswerte Beispiel seiner Weisheit im Druck den Menschen zu verkünden. Wenn auch diese Untersuchungen noch keineswegs abgeschlossen sind und noch manche Folgerungen aus meinen Grundgedanken ausstehen, deren Entdeckung ich mir vorbehalten könnte, so sollen doch andere, die den Geist dazu haben, zur Verherrlichung des Namens Gottes so bald als möglich zusammen mit mir so viele Entdeckungen wie möglich machen und einstimmig Lob und Preis dem allweisen Schöpfer singen. In wenigen Tagen nun klappte die Sache. Ich sah, wie genau ein Körper nach dem andern zwischen die entsprechenden Planeten paßte, und gab der ganzen Arbeit die Form des vorliegenden Werkchens. Es fand die Billigung des berühmten Mathematikers Mästlin. Und nun siehst du, lieber Leser, bin ich durch mein Gelübde gebunden [14] und kann nicht dem Satyrendichter [Horatius: *Ars poetica* 388] willfahren, der verlangt, man solle seine Bücher neun Jahre zurückhalten.

Das ist der eine Grund für meine Eile. Um dir jedes Bedenken und jeden bösen Argwohn zu nehmen[10], füge ich gerne noch einen zweiten hinzu, indem ich dir jenen bekannten Ausspruch des Archytas (nach Cicero: *Laelius* 23) mitteile: »Wenn ich den Himmel selber erklommen, das Wesen des Weltalls und die Schönheit der Sterne im Innersten erkannt hätte, so würde mich doch mein staunender Genuß nicht befriedigen, wenn ich nicht in dir, lieber Leser, einen geduldigen, aufmerksamen und wißbegierigen Zuhörer besäße.« Wenn du das erkannt hast, so wirst du dich, wenn du gerecht bist, des Tadels enthalten, den ich nicht ohne Grund ahne. Wenn du aber all das auf sich beruhen läßt, jedoch Bedenken hast, ob meine Aufstellungen auch sicher sind und ob ich nicht schon vor dem Sieg einen Triumphgesang anstimme, nun so mache dich endlich an das Buch selber und schau dir die Sache an, über die wir seither sprechen. Du wirst keine neuen, unbekannten Planeten vorfinden, wie ich sie vor kurzem einschalten wollte; diese Kühnheit hat sich mir nicht bewährt. Nein, du wirst die alten Planeten vorfinden, nur ein ganz klein wenig verrenkt, dafür aber durch die wenn auch noch so ungereimte Einschaltung der von ebenen Flächen begrenzten Körper so gut befestigt, daß du einem Bauern, der dich fragt, an welchem Haken denn der Himmel aufgehängt ist, daß er nicht einfällt, zu antworten vermagst. Gehab dich wohl!

1. Kapitel

Gründe für die Richtigkeit der copernicanischen Hypothesen
Darstellung der Hypothesen des Copernicus

Wenn es auch die Frömmigkeit erheischt, sich sogleich am Anfang dieser naturwissenschaftlichen Untersuchung zu fragen, ob nichts darin gegen die Heilige Schrift ausgesprochen werde, so halte ich es doch nicht für gelegen, diese Streitfrage hier zu behandeln, solange man mich in Ruhe läßt.[1] Ich verspreche im allgemeinen, daß ich nichts sagen werde, was ein Unrecht gegen die Heilige Schrift bedeuten würde, und wenn Copernicus mit mir eines solchen beschuldigt würde, so würde ich das nicht gelten lassen. Das war immer meine feste Absicht, seit ich das Werk des Copernicus über die Umwälzungen [*De revolutionibus orbium caelestium*. 1543] kennengelernt habe.

Da ich daher in dieser Hinsicht durch keinerlei religiöse Bedenken gehindert war, COPERNICUS zu folgen, wenn das, was er vorträgt, wohl begründet ist, wurde mein Glaube an ihn zuerst durch schöne Übereinstimmung erweckt, die zwischen allen Himmelserscheinungen und den Anschauungen des COPERNICUS besteht. Denn dieser vermag ja nicht nur die früheren Bewegungen bis in die fernste Vorzeit zurückzuverfolgen, sondern er weiß auch die künftigen Bewegungen vorauszusagen, wenn auch nicht absolut genau, so doch weit genauer als PTOLEMAIOS, ALPHONS und die anderen Astronomen. Ein noch viel größerer Vorzug aber liegt darin, daß COPERNICUS allein das, was andere anzustaunen lehren, aufs schönste begründet und so die Ursache [15] des Staunens, das ist die Unkenntnis der Ursachen behebt. Am leichtesten überzeuge ich den Leser hiervon, wenn ich ihn veranlasse und überrede, die *Narratio prima* des RHAETICUS zu lesen. Denn nicht jeder hat Muße, das Werk des COPERNICUS über die Umwälzungen selbst zu lesen.

Niemals konnte ich auch in dieser Sache jenen zustimmen, die sich auf den Fall einer Beweisführung stützen, bei der zufällig aufgrund falscher Voraussetzungen durch zwingende Schlüsse etwas Wahres herauskommt[2], und sich darauf versteifen, es sei möglich, daß die Anschauungen des COPERNICUS falsch, die aus ihnen zu erschließenden Erscheinungen aber richtig seien, wie wenn sie sich auf wahre Prinzipien stützten.

Das Beispiel paßt nicht. Denn jener Schluß aus falschen Voraussetzungen ist zufällig; es verrät sich selber, was zur Natur des Falschen gehört, sobald es auf einen verwandten Gegenstand angewandt wird, außer wenn man dem Beweisführer gestattet, daß er unendlich viele falsche Sätze hinzunimmt und sich nie beim Vorwärts- und Rückwärtsschließen treu bleibt. Anders verhält sich aber die Sache bei dem, der die Sonne in den Mittelpunkt setzt. Denn von ihm darf man verlangen, er soll irgendeine wahre Himmelserscheinung aufgrund einer zugrundegelegten Hypothese erklären, er soll vorwärts, rückwärts schreiten, er soll das eine aus dem anderen erschließen, er soll irgendetwas machen, was mit der Wahrheit der Dinge verträglich ist; er wird in nichts, was hergehört, verlegen sein, und auch aus den verzwicktesten Winkelzügen der Beweisführung mit größter Beharrlichkeit auf seinen einzigen Standpunkt zurückkommen. Man kann nun einwenden, das lasse sich oder ließe sich einst auch von den alten Tafeln und den alten Hypothesen sagen, da sie ja auch den Erscheinungen gerecht werden, und doch habe sie COPERNICUS als falsch verworfen;

mit demselben Recht könne man auch Copernicus antworten, er gebe zwar vortrefflich Rechenschaft von den Erscheinungen, irre aber in seiner Grundhypothese. Darauf erwidere ich fürs erste, daß die Hypothesen der Alten einer Reihe von wichtigen Fragen überhaupt nicht Rechnung tragen. Dazu zählt die Tatsache, daß sie für die Anzahl, die Größe und die Zeit der rückläufigen Bewegungen keine Ursachen kennen; sie können nicht erklären, warum diese mit dem mittleren Sonnenort und der Bewegung der Sonne so genau[3] übereinstimmen Und doch muß notwendig hinter diesen Dingen eine Ursache stecken[4], da bei Copernicus eine so schöne Ordnung zutage tritt. Sodann bestreitet auch Copernicus keine von den Hypothesen, die eine konstante Ursache für die Erscheinungen angeben und mit dem Augenschein übereinstimmen: ja er greift das alles auf und weiß es zu erklären. Denn wenn es auch den Anschein hat, daß er vieles an den herkömmlichen Hypothesen geändert hat, so trifft das doch in Wirklichkeit nicht zu. Es kann nämlich gut sein, daß ein und dieselbe Erscheinung sich aus zwei der Art nach verschiedenen Hypothesen ergibt, deswegen, weil jene zwei Hypothesen unter denselben Gattungsbegriff fallen, dessentwegen zuerst das eintritt, worum es sich handelt. Wenn so Ptolemaios den Aufgang und Untergang der Gestirne aufzeigt, so stützt er sich nicht auf den nächsten, entsprechenden Mittelbegriff, die im Mittelpunkt ruhende Erde. Und Copernicus stützt sich dabei nicht auf den Begriff der Umdrehung der vom Mittelpunkt entfernten Erde. Beiden genügt es zu sagen (was beide auch wirklich sagen), jene Erscheinung rühre daher, daß zwischen Himmel und Erde ein Unterschied hinsichtlich der Bewegungen vorliege und daß an den Fixsternen eine Entfernung der Erde [16] vom Mittelpunkt der Welt nicht festzustellen sei. Daher führt Ptolemaios seine Beweise nicht aufgrund einer falschen oder akzidentellen Aussage, wenn er die Erscheinungen darlegt. Darin nur hat er gegen die Regel gefehlt, daß er glaubte, die Erscheinungen auf den Artbegriff statt auf den Gattungsbegriff zurückführen zu müssen. Somit ist klar: daraus, daß Ptolemaios aus einer falschen Anordnung des Weltalls doch richtige und mit dem Himmel und unserem Augenschein übereinstimmende Folgerungen zieht, daraus sage ich, darf man keinen Grund herleiten, etwas Ähnliches bezüglich der copernicanischen Hypothesen zu argwöhnen. Ja es bleibt vielmehr bestehen, was ich am Anfang gesagt habe: die Grundannahmen des Copernicus können nicht falsch sein, da sich aus ihnen eine den Alten unbekannte, so sichere Begründung der meisten Erscheinungen ergibt, soweit sie sich aus ihnen ergeben.[5] Das sah auch TYCHO BRAHE, jener so glückliche Astronom, der über jeden Ruhm erhaben ist. Obwohl er in seiner Ansicht über den Ort der Erde von COPERNICUS durchaus abwich, machte er sich von ihm doch etwas zu eigen, was uns die bisher unbekannten Ursachen lieferte: er lehrte, die Sonne sei der Mittelpunkt der fünf Planeten. In der Tat ist der Satz: »die Sonne steht unbeweglich im Mittelpunkt« zu eng zum Beweis der rückläufigen Bewegungen. Es genügt der allgemeinere Satz: Die Sonne steht im Mittelpunkt der fünf Planeten. Warum nun COPERNICUS den Artbegriff statt des Gattungsbegriffs gewählt, die Sonne vollends in den Mittelpunkt gestellt hat und die Erde sich um sie bewegen läßt, hatte andere Gründe.

Um nun von der Astronomie zur Physik oder Kosmographie überzugehen, so widersprechen die Hypothesen des COPERNICUS der Natur der Dinge nicht nur nicht, sie dienen ihr vielmehr zur Stütze. Die Natur liebt die Einfachheit, sie liebt die Einheit. nichts ist in ihr je untätig oder überflüssig; ja nicht selten wird ein Ding von ihr zu vielerlei Wirkungen verwendet. Nun aber ist bei den herkömmlichen Hypothesen in der Einführung von fiktiven Sphären kein Ende abzusehen; bei COPERNICUS dagegen ergeben sich die meisten Bewegungen aus ganz wenigen Sphären, um vorerst zu schweigen von der Durchdringung der Sphären von Venus und Merkur und anderen, womit sich die alte Astronomie trotz ihrer Freiheit in Einführung von fiktiven Sphären immer noch vergeblich abmüht. So hat jener Mann nicht nur die Natur von jenem lästigen und unnützen Hausrat der ganzen großen Zahl von Sphären befreit, er hat zudem einen immer noch unerschöpflichen Schatz von wahrhaft göttlichen Einsichten in die so herrliche Ordnung der ganzen Welt und aller Körper erschlossen. Und ich trage kein Bedenken, zu behaupten, daß alles, was COPERNICUS aufgrund von geometrischen Sätzen a posteriori erkannt und durch die Beobachtung erwiesen hat, niemals durch irgendwelche Winkelzüge a priori hätte bewiesen werden können, was auch ARISTOTELES bezeugen müßte, wenn er noch lebte (was RHAETICUS so oft wünscht). Jedoch all das haben schon RHAETICUS in seiner *Narratio prima* und COPERNICUS selbst ausführlicher und der Bedeutung der Sache entsprechend behandelt. Wenn etwas eingehender auseinanderzusetzen wäre, so soll das an anderem Ort und zu anderer Zeit geschehen.[6] Hier mag es genug sein, wenn ich erreicht haben, daß dem Leser durch meine Ausführungen der zweite Grund klar geworden ist, der mich auf die Seite des COPERNICUS gezogen hat.

Ich habe mich jedoch nicht voreilig und nicht ohne Berücksichtigung der sehr gewichtigen Autorität meines Lehrers MICHAEL MÄSTLIN, des hochberühmten Mathematikers, auf diese Seite geschlagen. Dieser [17] Mann, der mir erster Führer und Wegweiser wie zu anderen Erkenntnissen so namentlich zu diesen Lehren gewesen ist und deswegen mit Recht an erster Stelle hätte das Wort erhalten sollen, hat mir durch eine ganz besondere Beobachtung noch einen dritten Grund zur Annahme dieser Lehren dargeboten[7], indem er bemerkte, daß der Komet des Jahres [15]77 beständig der von COPERNICUS angegebenen Bewegung der Venus folgte und aufgrund der Annahme seiner supralunarischen Entfernung fand, daß er seinen Umlauf genau in der copernicanischen Venussphäre ausführte. Wenn man nun bei sich überlegt, wie leicht der Irrtum mit sich selber uneins wird, und andererseits, wie beharrlich das Wahre mit dem Wahren zusammenstimmt, so wird man nicht mit Unrecht allein schon hierin ein starkes Beweismittel für die Richtigkeit der Anordnung der copernicanischen Sphären erkennen.

Damit man aber all das, was ich über die beiden Hypothesen gesagt habe, völlig klar in seiner Richtigkeit erfaßt, will ich eine kurze Darlegung der copernicanischen Lehre mit zwei entsprechenden Figuren angeben.

Um die Anordnung der Weltsphären nach der Ansicht des COPERNICUS zu erkennen, betrachte man die Figur 1. Der Erde werden in verschiedener Hinsicht von COPERNICUS vier Bewegungen zugeschrieben (COPERNICUS, der auf Kürze bedacht war, spricht nur von dreien, in Wirklichkeit sind es vier). Alle diese Bewegungen bewirken in den Bewegungen der anderen Planeten irgendeine scheinbare Veränderung.[8]

Die erste Bewegung ist die der Sphäre [*Sphaera seu Orbis*] selber, welche die Erde wie einen Wandelstern jährlich um die Sonne herumführt. Da diese Sphäre exzentrisch und die Exzentrizität zudem veränderlich ist[9], müssen wir sie in dreifacher Hinsicht betrachten.[10] Zunächst ohne Berücksichtigung der Exzentrizität.[11] Diese Sphäre und die ihr zugehörigen Bewegungen der Erde bieten den Vorteile, daß wir drei Exzenter der herkömmlichen Hypothesen entbehren können, nämlich die Exzenter der Sonne, der Venus und des Merkur. Denn dafür, daß die Erde um diese drei Planeten herumläuft, meinen die Erdbewohner, jene drei Sterne umlaufen die ruhende Erde. So machen sie aus einer Bewegung drei. Wenn noch mehr Sterne innerhalb der Erdsphäre wären, so würden sie auch diesen diese Bewegung zuschreiben. Wenn man die Erdsphäre so annimmt, fallen

[20] Fig. 1: Die Reihenfolge der bewegten Himmelssphären in ihrem wahren Größenverhältnis nach den mittleren Entfernungen sowie mit ihren Proshaphärese-Winkeln an der Erdgroßsphäre nach der Lehre des Copernicus

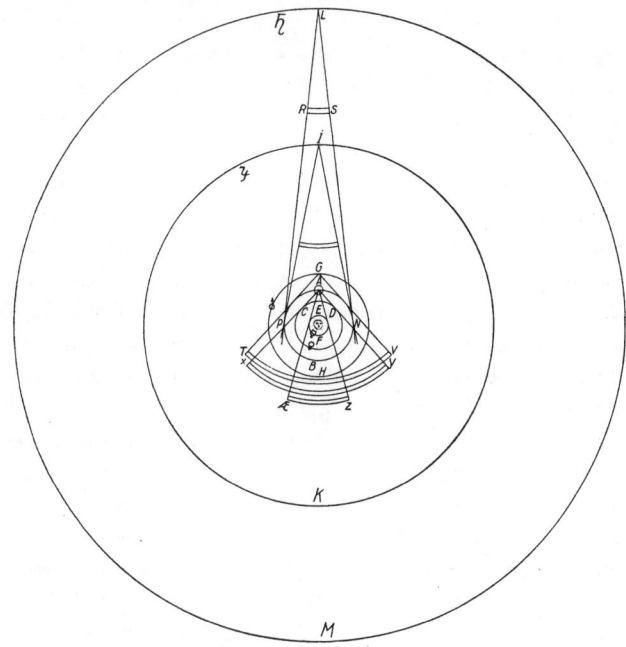

Im Zentrum oder vielmehr nahe dem Zentrum befindet sich die unbewegte Sonne.

Der sehr winzige Kreis *EF* um die Sonne ist die Bahn des Merkur, die nach 88 Tagen fast vollendet ist.

Auf diesen folgt die Sphäre der Venus *CD*, deren Umwälzung um eben diese Sonne in 224²/₃ Tage erfolgt.

Die Sphäre *AB*, die hierauf folgt, ist die der Erde, deren Umwälzung 365¼ Tage dauert. Wegen ihrer vielfältigen Verwendung wird sie Großsphäre [*orbis magnus*] genannt.

Die Erde umgibt wie ein Epizykel ein kleines Kügelchen, die Mondsphäre bei *A*, die in derselben Periode nach einem Jahr zusammen mit der Erde zum selben Fixstern zurückkehrt, aber mit einer eigenen Umwälzung von 29½ Tagen, synodisch zur Sonne.

Danach folgt die Sphäre des Mars *GH*, die einen Umlauf unter den Fixsternen in 687 Tagen vollendet.

Darauf folgt unmittelbar, aber nach einem großen Intervall die Sphäre des Jupiters *JK* mit einem Umlauf von 4332 und fünf Achtel Tagen

LM, die letzte und größte Sphäre, ist die des Saturns, ihre Umlaufperiode beträgt 10 759 ¹/₅ Tage.

Die Fixsterne sind aber immer noch um einen so unvorstellbar großen Zwischenraum höher, daß diesem gegenüber die Entfernung Sonne-Erde unmerklich ist. Sie sind wie die Sonne im Mittelpunkt so an der äußersten Peripherie gänzlich unbewegt.

Der Winkel *TCV* beziehungsweise der Bogen *TV* ist die Prosthaphärese oder Parallaxe, die die Großsphäre der Erde von der Marssphäre aus bildet.

Ebenso ist der Winkel *PJN* die Parallaxe eben dieser Erdsphäre über der Jupitersphäre, und der Winkel *PLN* beziehungsweise *RLS* oder Bogen *RS* über der Saturnsphäre.

Ebenso ist der Winkel *XAY* beziehungsweise der Bogen *XY* die Parallaxe der Venussphäre und *ZAÆ* beziehungsweise *ZÆ* die Parallaxe des Merkur über der Erdgroßsphäre.

23

Fig. 2: Anordnung der Himmelssphären und das Verhältnis der Sphären und Epizykel sowie die Winkel beziehungsweise Bögen ihrer Prosthaphärese nach den mittleren Entfernungen gemäß der alten Lehre

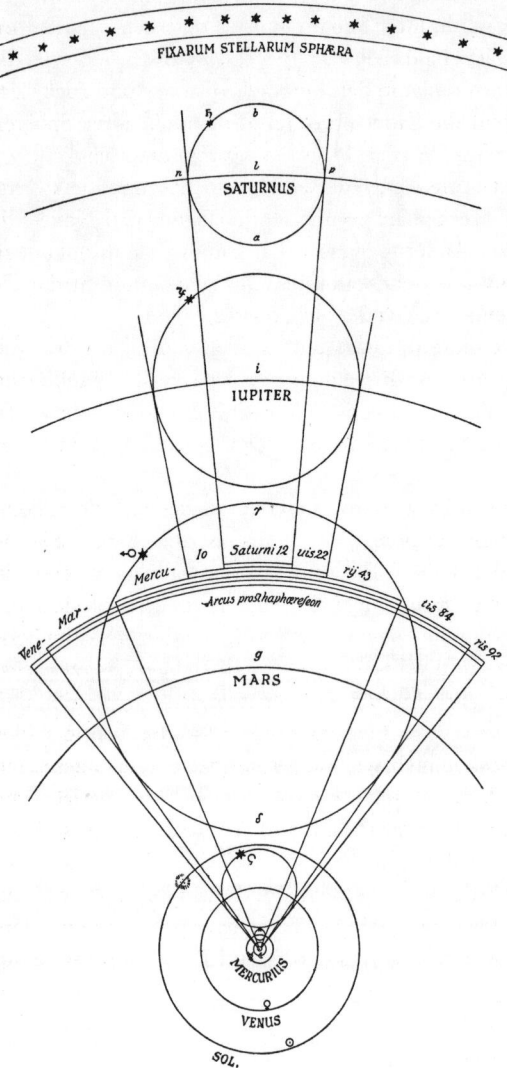

Im Mittelpunkt befindet sich die allein unbewegte Erde.

Die innerste kleine Sphäre repräsentiert die Mondsphäre mit ihrer monatlichen Bewegung.

Diese umgibt als nächste die Merkursphäre, der die Venussphäre und danach die Sonnensphäre folgt, die alle sich jährlich einmal umdrehen. Die drei übrigen, oberen sind die Sphären von Mars, Jupiter und Saturn, sodann folgt die Sphäre der Fixsterne, die sämtlich um die Erde beziehungsweise den Weltmittelpunkt ganze Kreisbögen beschreiben und vollenden. Die Marssphäre dreht sich in zwei Jahren, die Jupitersphäre annähernd in zwölf Jahren und die Saturnsphäre in fast 30 Jahren, die Fixsternsphäre vollendet ihre Umdrehung nach den Autoren der *Alphonsischen Tafeln* in 49000 Jahren.

Die angegebenen Gradzahlen zeigen, einen wie großen Bogen die Prosthaphäresen, geradlinig von der Erde an die Epizykel gezogene Tangenten, bei den einzelnen Planeten (außer dem Mond) ergeben.

ferner auch die drei großen Epizykel des Saturn, des Jupiters und des Mars mit ihren Bewegungen weg. Wie das geschieht, ist aus den beigefügten einander entsprechenden Figuren (1 und 2) zu ersehen. Denn da die Erde vom Saturn aus betrachtet (der fast ruhend angenommen werden kann, da er langsamer ist) in ihrer Sphäre umläuft und sich, vom Saturn aus gesehen, bald vorwärts, bald rückwärts bewegt, glauben wiederum die Erdbewohner, der Saturn umlaufe den Epizykel, vorwärts und rückwärts sich bewegend, während die Erde selber im Mittelpunkt ihrer Sphären ruhe. An Stelle des Kreises AB (Fig. 1) setzen wir also die Epizykel g, i, l (Fig. 2). Ebenso scheint es uns wegen derselben Vorwärts- und Rückwärtsbewegung der Erde in ihrer Sphäre gegenüber den Planeten, daß auch die Breiten der fünf Planeten Änderungen erleiden. Um diese Schwankungen zu retten, mußte PTOLEMAIOS weitere fünf Bewegungen einführen, die alle mit der Annahme der einen Bewegung der Erde wegfallen.

[18] So werden alle diese Bewegungen, elf an der Zahl, aus der Welt beseitigt, indem allein die eine Bewegung der Erde an ihre Stelle tritt. Außerdem aber ergibt sich hieraus noch die Begründung von sehr vielen Erscheinungen, die PTOLEMAIOS mit seinen vielen Bewegungen nicht erklären konnte.

Fürs erste hätte man an PTOLEMAIOS die Frage zu richten, wie es komme, daß die drei Exzenter der Sonne, der Venus und des Merkur alle die gleichen Umlaufperioden haben. Die Antwort liegt darin, daß eben in Wirklichkeit nicht diese Gestirne umlaufen, sondern an ihrer Stelle allein die Erde. Zweitens, warum die Planeten rückläufig werden, die Himmelslichter (das sind Sonne und Mond) dagegen nicht. darauf ist zunächst bezüglich der Sonne zu antworten, daß sie ruht, woraus sich ergibt, daß die immer geradeaus gerichtete Bewegung der Erde der Sonne selber rein und ungestört zuzukommen scheint, nur an der entgegengesetzten Himmelsseite. Bezüglich des Mondes aber ist zu sagen, daß die jährliche Bewegung der Erde der Mondsphäre mit der Erde gemeinsam ist. Zwei Körper aber, die dieselbe Bewegung haben, scheinen gegenseitig zu ruhen.[12] So gibt sich die Erdbewegung beim Mond nicht kund wie bei den übrigen Planeten. Bezüglich der oberen Planeten Saturn, Jupiter und Mars ist zu sagen, sie sind langsamer als die Erde, und Kreis und Bewegung der Erde scheint ihnen zuzukommen. Wie daher jenen, die von L, dem Saturn, aus beobachten, die Erde rechtläufig sich zu bewegen scheint auf dem Halbkreis PBN jenseits der Sonne, rückläufig dagegen auf dem Weg

NAP, und still zu stehen scheint in *N* und *P*, so muß entsprechend uns, die wir von der Erde aus beobachten, der Saturn auf der entgegengesetzten Himmelsseite sich zu bewegen scheinen. So erscheint uns Saturn in *b* und *a* (Fig. 2), während die Erde sich in *BNA* befindet. Die unteren Planeten Venus und Merkur erscheinen deswegen rückläufig, weil sie schneller als die Erde sind. Daher beschreibt die Venus, gerade wie wenn die Erde stillstünde, auf dem entfernteren Teil ihres Bahnkreises einen Weg, der dem gerade entgegengesetzt ist, den sie auf dem der Erde benachbarten Teil beschreibt.

Drittens kann die Frage erhoben werden (ohne daß jedoch PTOLEMAIOS eine Antwort wüßte), warum zu den großen Sphären so kleine Epizykel und zu den kleinen Sphären so ungeheuer große Epizykel gehören, das heißt warum die Prosthaphärese des Mars größer ist als die des Jupiters und diese größer als die des Saturns. Und warum Merkur keine größere besitzt als Venus, obwohl er sich unterhalb der Sonne befindet, da doch von den übrigen vier Planeten immer der untere eine größere besitzt. Die Antwort hierauf ist leicht. Die wahren Sphären von Merkur und Venus haben die Alten für Epizykel gehalten. Die Sphäre des Merkur als des schnellsten ist die kleinste. Das Verhältnis der oberen Planeten aber zur Erdsphäre ist um so größer, je näher sie ihr sind; im selben Verhältnis scheinen sie auch größer. So hat der Mars als der nächste die größte, Saturn als der oberste die kleinste Gleichung. Denn befindet sich das Auge in *G* (Fig. 1), so erscheint ihm der Kreis *PN* unter dem Winkel *TGV*; wäre es in *L*, so würde derselbe Kreis unter dem Winkel *RLS* erscheinen.

Viertens. In gleicher Weise haben sich die Alten nicht zu Unrecht darüber gewundert, daß die drei oberen Planeten in ihrer Opposition zur Sonne immer zuunterst sind auf ihrem Epizykel, in ihrer Konjunktion [19] dagegen zuoberst; so wenn Erde, Sonne und *g* (Fig. 2) in derselben Linie liegen, warum dann Mars nirgends anders sein kann auf seinem Epizykel als in γ. Bei COPERNICUS bietet sich hierfür sogleich die Ursache dar. Denn nicht Mars auf seinem Epizykel, sondern die Erde auf ihrer Sphäre verursacht diese Erscheinung. Wenn die Erde von *A* nach *B* wandert (Fig. 1), so wird die Sonne zwischen Mars *G* und Erde *B* sich befinden und Mars scheint dann auf seinem Epizykel (Fig. 2) von δ nach γ gewandert zu sein. Wenn aber die Erde im Punkte *A* steht, der *G* am nächsten ist, erscheint Mars *G* und Sonne von *A* aus einander entgegengesetzt. Das alles kann aus den Figuren unmittelbar abgelesen werden.

Nun wollen wir auch weiterhin die Exzentrizität der Erdsphäre betrachten. Copernicus läßt das Apogäum der Sonne (oder der Erde) wie auch das der anderen Wandelsterne sich bewegen, nicht mittels der Deferenten, sondern mittels eines Epizykels, der sich ein wenig langsamer als seine (Träger-)Sphäre zum Ausgangspunkt zurückbewegt.[13] Diese Bewegung des Apogäums wirkt ebenfalls auf die Bewegungen der anderen Planeten vom Erdmittelpunkt aus ein.[14] Wenn nun der Mittelpunkt des Exzenters der Erde und sein Apogäum der Reihe der Sternzeichen folgend in einen anderen Teil des Tierkreises gelangt ist, wobei sie die langsamer sich bewegenden Apogäen der anderen Wandelsterne hinter sich läßt, wird sich eine Änderung in den Exzentritäten der übrigen Planeten einstellen. Darüber wird sich wiederum die Astronomie des Ptolemaios gewaltig wundern und ihre Zuflucht zur Einführung neuer fiktiver Sphären nehmen, um zu beweisen, daß dies eintreten könne, während das doch allein schon aus der Bewegung der Erde gefolgert werden kann. Das wird freilich kaum erst nach vielen Jahrhunderten eintreten. Wenn wir aber drittens bemerken, daß die Änderung der Exzentrizität der Erde, infolge deren der Mittelpunkt ihres Exzenters sich der Sonne nähert und sich von ihr entfernt, von der Zeit des Ptolemaios an bis auf unsere Tage bedeutend auf Mars und Venus eingewirkt hat[15], deren Exzentrizitäten ebenfalls verändert zu sein scheinen, was wird wohl hierauf Ptolemaios zu sagen haben? Würde er wiederum neue Hilfskreise zur unbegrenzten Menge der übrigen hinzu beiziehen, wenn er noch am Leben wäre? Alles dessen bedarf es bei Copernicus nicht. Alle diese vielen wichtigen Erscheinungen erklärt Copernicus durch die Annahme des einen Kreises *AB* (Fig. 1) und seiner Bewegung. Mit Recht hat er diesen daher den »großen« [*orbis magnus*] genannt, obgleich er winzig ist. Diese erste Bewegung hatte die Mondsphäre mit der Erde gemeinsam.

Nun wollen wir weiter sehen, was die übrigen Bewegungen der Erde bewirken, die sich innerhalb der kleinen Mondsphäre [*orbiculum*] bei *A* abspielen.

Die zweite Bewegung, nicht der gesamten [Erd-]Sphäre, sondern einer kleinen Himmelssphäre, die die Erdkugel ganz nahe wie einen Kern umschließt[16], verläuft in entgegengesetzter Richtung von Osten nach Westen wie die Epizykel der oberen Planeten, mit deren Hilfe Copernicus ihre Exzentrizität erklärt. Durch die Art und Weise, wie diese Bewegung sich im Laufe des Jahres abspielt, wird bewirkt, daß der Äquator immer dieselbe Lage in der Welt einnimmt. Denn die Pole des Äquators oder des Erdkörpers sind von den Polen dieser Bewegung 23 ½° entfernt. Da diese Bewegung ein ganz klein wenig schneller ist als die jährliche Bewegung der Großsphäre, bewirkt sie, daß die Schnittpunkte der Kreise oder die Äquinoktien allmählich vorrücken.[17] Durch dieses winzige Kügelchen kommt jene widernatürliche, ungeheure neunte [22], sternlose Sphäre der Alphonsischen Astronomen* in Wegfall, da deren Aufgabe auf jenes ohnehin notwendige Kügelchen übertragen worden ist. In Wegfall kommen auch die das Apogäum der Venus herumführenden Bewegungen, da sich dieses nur bewegt, wenn man auch den Fixsternen eine Bewegung zuschreiben wollte.

Die dritte Bewegung ist die der Pole der Erdkugel[18], bestehend aus zwei Schwankungen, von denen die eine doppelt so schnell ist wie die andere und die senkrecht aufeinander stehen. Sie wird durch vier Kreise besorgt, so daß je zwei Kreise immer eine Schwankung bewirken und die Schwankungen in ihrer Gesamtwirkung wie ein gewundenes Kränzchen aussehen, so wie in nebenstehender Figur.

Die eine Schwankung vollzieht sich im Kolur der Solstitien und rettet die Änderung der Neigung des Tierkreises, die erst lange nach der Zeit des Ptolemaios bemerkt worden ist. Etwas Ähnliches hätte auch Ptolemaios sich ausdenken müssen, und einige neue Astronomen haben das auch, nachdem eine elfte Weltsphäre schon erdacht war, zu leisten versucht.

Die zweite Schwankung, die sich in Kolur der Äquinoktien vollzieht, rettet die Ungleichheit in der Präzession der Äquinoktien; sie beseitigt die Verzögerung der achten Sphäre, das heißt der Fixsternsphäre, der letzten nach Copernicus, und stellt ihre Ruhe wieder her. Und damit auch diese Bewegung nicht Wucher treibt bei den anderen Bewegungen, beseitigt

---

* [Aus dem Vergleich selbst beobachteter Fixsternörter mit solchen des Timochares hatte Hipparchos im 2. vorchristlichen Jahrhundert erschlossen, daß die Schnittpunkte von Ekliptik und Äquator (Frühlings- und Herbstpunkt) um etwa 1 Grad in hundert Jahren vorrücken; dieser auch von Ptolemaios übernommene Wert ist jedoch um etwa 50 Sekunden zu gering. Bereits im 4. Jahrhundert schloß Theon von Alexandria aus der Differenz von berechnetem und beobachtetem Frühlingspunkt, daß dessen ›Präzession‹ nicht gleichförmig erfolge, was jedoch der damals gültigen Physik widerspräche. Thabit ibn Kurra (9. Jahrhundert) führte deshalb eine gegenüber der ›achten‹ (Fixstern-)Sphäre zusätzliche, ›neunte‹ Sphäre ein, um diese Trepidation genannte Schwankung durch eine gleichförmige Sphärenbewegung entstehen zu lassen. Dies wurde in den von König Alfonso X von Kastilien und Leon (1221–1284) in Auftrag gegebenen *Alphonsischen Tafeln* berücksichtigt. Siehe auch *Nota* 1 der zweiten Auflage zu Kapitel I des *Mysterium cosmographicum*.]

sie die Ungleichförmigkeit in der Bewegung, die alle sieben Planeten wie auch deren Apogäen haben müßten (nicht ohne Hilfe von etlichen neuen Kreisen), da man bemerkt hat, daß alle Bewegungen in Bezug auf die Fixsterne in gleicher Weise verlaufen.

Die vierte Bewegung endlich ist die der Erdkugel selber und ihrer Lufthülle, deren Periode 24 Stunden beträgt und die in derselben Richtung wie die übrigen Bewegungen verläuft, nämlich von Westen nach Osten. Diese Bewegung erlegt scheinbar der ganzen übrigen Welt eine neue von Osten gen Westen gerichtete Bewegung auf, die durch ein großes Wunder völlig ungestört verläuft. Damit fällt jene unglaublich hohe und schnelle zehnte sternlose Sphäre weg, deren Geschwindigkeit wie die der ganzen Welt nach PTOLEMAIOS so groß wäre, daß sie in einem Augenblick Tausende von tausend Meilen zurückgelegt hätten. Nun bitte ich dich, schau auf die Fig. 1 und bedenke, daß diese unsere Erde bei A, um deren Bewegung es sich handelt, von der winzigen Mondsphäre kaum erst den 70. Teil ausmacht. Von diesem Kreischen wende sodann deinen Blick auf die mächtige Weite der Saturnsphäre und von hier auf die unermeßliche Entfernung der Fixsterne und überlege: was ist leichter auszuführen und zu denken, daß sich jenes Pünktchen innerhalb des winzigen Kreises A, also die Erde, nach einer Seite hin dreht, oder aber, daß die ganze Welt in zehn verschiedenen Bewegungen (da es ja zehn verschiedene Sphären gibt) mit unerhörter Geschwindigkeit sich nach der anderen Seite kehrt und sich dabei einzig und allein, weil sonst nichts da ist, nach jenem allein ruhenden Pünktchen, das die Erde darstellt, richtet?

[23]   2. KAPITEL

Skizzierung meines Hauptbeweises

Um nun zu meinem Gegenstand zu gelangen und die soeben dargelegten Hypothesen des COPERNICUS über die neue Welt durch einen neuen Beweis zu erhärten, will ich die Sache ganz von Anfang an in aller Kürze durchnehmen.

Der Körper war das, was Gott im Anfang erschaffen hat. Haben wir diesen Begriff, so wird es wohl einigermaßen klar sein, warum Gott am

Anfang den Körper und nicht etwas anderes erschaffen hat. Ich sage, die Quantität lag Gott vor; um sie zu realisieren, bedurfte es alles dessen, was zum Wesen des Körpers gehört, damit so die Quantität des Körpers, insofern er Körper ist, gewissermaßen Form sei und Ausgangspunkt der Begriffsbestimmung werde. Daß die Quantität vor allem anderen ins Dasein trete, wollte Gott deswegen, damit eine Vergleichung von *Krummem* und *Geradem* stattfinden könne. NIKOLAUS VON KUES und andere scheinen mir gerade aus dem einen Grund so göttlich groß, weil sie das Verhalten des Geraden und Krummen zueinander so hoch eingeschätzt und gewagt haben, das Krumme Gott, das Gerade den geschaffenen Dingen zuzuordnen. Daher leisten jene, die den Schöpfer durch die Geschöpfe, Gott durch den Menschen, die göttlichen Gedanken durch menschliche Gedanken zu erfassen suchen, kaum viel nützlichere Arbeit als jene, die dem Krummen durch das Gerade, dem Kreis durch das Quadrat beizukommen suchen.

Wenn auch schon dadurch allein bei Gott die Zweckmäßigkeit der Quantitäten und die besondere Bedeutung des Krummen festgestellt war, so kam dazu doch noch etwas anderes, viel Größeres, nämlich die Abbildung des dreieinigen Gottes durch die Kugelfläche, des Vaters durch den Mittelpunkt, des Sohnes durch die Oberfläche, des Heiligen Geistes durch die Gleichheit des Abstands zwischen Punkt und Oberfläche. Denn was NIKOLAUS VON KUES der Kreisfläche, andere dem Kugelraum zuschreiben, das nehme ich allein für die Oberfläche der Kugel in Anspruch. Ich bin fest überzeugt, daß nichts Krummes edler und vollkommener ist als die Oberfläche der Kugel. Denn die Kugel ist mehr als die Kugeloberfläche und mit der Geradlinigkeit vermischt, von der allein ihr Inneres ausgefüllt wird. Der Kreis aber existiert nur in der Ebene, das heißt nur wenn die Kugel oder die Kugelfläche durch eine Ebene geschnitten wird, entsteht ein Kreis. Daraus ersieht man, daß wegen der Geradlinigkeit des Durchmessers viele Eigenschaften einerseits aus dem Würfel in die Kugel, andererseits aus dem Quadrat in den Kreis eingehen.

Doch warum legte sich Gott bei der Ausschmückung der Welt die Unterschiede zwischen Krummem und Geradem und den edlen Sinn des Krummen vor? Warum denn? Nun deswegen, weil der vollkommenste Baumeister notwendig ein Werk von höchster Schönheit bilden mußte. Denn es ist nicht und war nie möglich (wie CICERO nach PLATONS *Timaios* in seinem Buch *Über das All* sagt [*Timaeus* 3]), daß der, welcher [24] der Beste ist, irgendetwas anderes als das Schönste mache. Da nun der Schöpfer die Idee der Welt im Geiste faßte (wir reden nach Menschenart, damit es wir Menschen verstehen) und die Idee etwas bereits Vorhandenes und, wie ich eben sagte, etwas Vollkommenes zum Inhalt hat, auf daß die Form des zu schaffenden Werkes ebenfalls vollkommen werde, erhellt, daß nach diesen Gesetzen, die sich Gott selber in seiner Güte vorschreibt, Gott die Idee zur Grundlegung der Welt keinem anderen Ding entnehmen konnte als seinem eigenen Wesen. Wie vortrefflich und göttlich dieses ist, kann in zweifacher Hinsicht erwogen werden, einmal in sich, insofern Gott eins im Wesen und dreifach in der Person ist, sodann im Vergleich mit den Geschöpfen.

Dieses Bild, diese Idee wollte Gott der Welt aufprägen. Damit die Welt eine beste und schönste Welt werde, damit sie jene Idee aufnehmen könne, hat der allweise Schöpfer die Größe geschaffen und die Quantitäten ausgedacht, deren ganzes Wesen gewissermaßen in der Unterscheidung der zwei Begriffe des Geraden und Krummen beschlossen ist; und zwar soll uns auf die eben angeführte doppelte Art das Krumme Gott vergegenwärtigen. Man darf auch nicht glauben, eine so zweckmäßige Unterscheidung zur Versinnbildlichung Gottes habe sich von ungefähr eingestellt, so daß Gott gar nicht darüber nachgedacht, sondern die Größe als Körper aus anderen Gründen und aus einem anderen Ratschluß erschaffen und die Vergleichung von Geradem und Krummem und dessen Ähnlichkeit mit Gott sich von selbst, gewissermaßen zufällig im nachherein ergeben hätte.

Vielmehr ist es wahrscheinlich, daß Gott im ersten Anbeginn nach seinem bestimmten Ratschluß das Krumme und Gerade ausgewählt hat, um in die Welt die Göttlichkeit des Schöpfers einzuzeichnen; um die Existenz dieser beiden zu ermöglichen, waren die Quantitäten da, und damit die Quantität erfaßt werden könne, schuf er vor allem anderen den Körper.

Sehen wir nun zu, wie der vollkommene Schöpfer diese Quantitäten bei dem Bau der Welt angewandt hat und was sich nach unseren Überlegungen für sein Vorgehen als wahrscheinlich erweist. Das wollen wir dann in die alten und neuen Hypothesen suchen und dem die Palme reichen, bei dem es sich findet.

Daß die ganze Welt von einer Kugelgestalt umschlossen ist, das hat schon in völlig hinreichender Ausführlichkeit ARISTOTELES erörtert (im II. Buch *Über den Himmel* [*De caelo*, II, 4]), wobei er seinen Beweis unter anderem auf die ausgezeichnete Bedeutung der Kugeloberfläche stützte. Aus denselben Gründen behält auch jetzt noch die äußerste Fixsternsphäre diese Gestalt, wenn ihr auch keine Bewegung zukommt; sie trägt die Sonne als Mittelpunkt gleichsam im innersten Schoß. Daß die übrigen Sphären rund sind, ergibt sich aus der kreisförmigen Bewegung der Sterne. Daß also das Krumme zur Ausschmückung der Welt Verwendung gefunden hat, bedarf keines weiteren Beweises. Während wir aber drei Arten von Quantitäten in der Welt sehen, nämlich Gestalt, Zahl und Inhalt der Körper [*figura, numerus et amplitudo corporum*], finden wir das Krumme nur in der Gestalt. Auf den Inhalt kommt es dabei nicht an, und zwar deswegen nicht, weil ein Gebilde, das einem ähnlichen aus demselben Mittelpunkt einbeschrieben wird (zum Beispiel die Kugel der Kugel, der Kreis dem Kreis), dieses entweder überall oder nirgends berührt. Das Sphärische selber kann, da es eine durchaus einzigartige Quantität darstellt, nur der Dreizahl zugeordnet werden. Wenn also [25] Gott bei der Schöpfung nur auf das Krumme Bedacht genommen hätte, so gäbe es in unserem Weltgebäude nichts als die Sonne im Mittelpunkt, das Bild des Vaters, die Fixsterne oder die Wasser des mosaischen Berichts auf der Oberfläche, das Bild des Sohnes, und den alles erfüllenden Himmelsäther, das heißt die Ausdehnung und jenes Firmament, das Bild des Heiligen Geistes. Da nun aber die Fixsterne in unzählbarer Menge, die Wandelsterne in ganz bestimmter Anzahl vorhanden und die Größen der einzelnen Himmelssphären verschieden sind, müssen wir notwendig die Ursachen für all das in dem Begriff des Geraden suchen. Wir müßten denn annehmen, Gott habe in der Welt etwas aufs Geratewohl gemacht, während doch die besten und vernünftigsten Pläne zur Verfügung stehen; und davon wird mich niemand überzeugen, daß ich es auch nur für die Fixsterne gelten ließe, deren Lage uns doch am aller unregelmäßigsten, wie durch den Zufall eines Saatwurfs bestimmt, vorkommt.

Gehen wir also zu den geraden Quantitäten über. Wie wir vorhin die Kugelfläche deswegen gewählt haben, weil sie die vollkommenste Quantität ist, so begeben wir uns mit *einem* Sprung zu den Körpern, da sie unter den geraden Quantitäten die vollkommensten sind und aus drei Dimensionen bestehen. Daß die Idee der Welt vollkommen ist, steht ja fest. Die geraden Linien und Flächen aber wollen wir, da sie unendlich an Zahl und daher für eine Ordnung völlig untauglich sind, aus der endlichen, bestgeordneten und vollkommen schönen Welt draußen lassen.[1] Die Körper, von denen es unendlich mal unendlich viele Arten gibt, wollen wir nun durchmustern und einige durch bestimmte Merkmale aussondern; ich denke an solche, die Kanten oder Winkel oder Seitenflächen, einzeln oder zu je zweien oder nach irgendeiner bestimmten Gesetzmäßigkeit unter sich gleich haben, so daß man mit gutem Grund zu etwas Endlichem kommen mag. Wenn nun eine Gattung von Körpern, die durch bestimmte Bedingungen definiert ist, zwar aus einer endlichen Anzahl von Arten besteht, jedoch in eine ungeheure Mannigfaltigkeit von einzelnen Körpern zerfällt, so wollen wir Ecken und Mittelpunkte der Seitenflächen dieser Körper zur Darstellung der Mannigfaltigkeit, Größe und Lage der Fixsterne verwenden, wenn es möglich ist.[2] Wenn dies aber die Kraft eines Menschen übersteigt, so wollen wir es so lange aufschieben, Zahl und Lage der Fixsterne zu begründen, bis uns jemand alle ohne Ausnahme der Zahl und Größe nach angeben kann. Lassen wir darum die Fixsterne und überlassen sie dem allweisen Baumeister, der allein die Anzahl der Sterne kennt und jeden mit Namen benennt [*Psalm* CXLVII, 4], und wenden wir unseren Blick zu den näheren, in geringerer Zahl auftretenden, beweglichen Gestirnen.

Wenn wir nun schließlich eine Auswahl unter den Körpern treffen, den ganzen Haufen der unregelmäßigen beiseite schieben und nur jene zurückbehalten, deren Seitenflächen sämtlich gleichseitig und gleichwinklig sind, so bleiben uns jene fünf *regulären Körper*, denen die Griechen folgende Namen gegeben haben: Würfel oder Hexaëder, Pyramide oder Tetraëder, Dodekaëder, Ikosaëder und Oktaëder. Daß es nicht mehr als diese fünf geben kann*, dafür siehe EUKLID [*Elemente*], Buch XIII, Scholion nach Satz 18**.

* [27] Die ausgezeichnete Bedeutung beruht in ihrer Einfachheit und in der Gleichheit des Abstandes der Seitenflächen vom Mittelpunkt des Gebildes. Denn so wie Gott Norm und Regel für die geschaffenen Dinge ist, so ist es die Kugel für die Körper. Diese aber hat die vorhin genannten Eigenschaften. 1. Sie ist am einfachsten, weil sie durch eine einzige Grenze, das heißt durch sich selber beschlossen wird. 2. Alle ihre Punkte haben vollkommen gleiche Entfernung vom Mittelpunkt. Von den Körpern stehen somit die regulären der Vollkommenheit der Kugel am nächsten. [28] Ihre Definition liegt in der Forderung, daß sie 1. Kanten, 2. Seitenflächen und 3. Ecken haben, die in ihrer Art und Größe gleich sind; darin besteht die Einfachheit. Aus dieser Definition folgt ohne weiteres 4., daß die Mittelpunkte aller Seitenflächen vom Mittelpunkt gleich weit entfernt sind, 5. daß einer Kugel einbeschriebenen Körper mit allen Ecken die Oberfläche berühren, 6. daß sie darin festsitzen, 7. daß sie eine einbeschriebene Kugel mit den Mittelpunkten aller Seitenflächen berühren, 8. daß daher die einbeschriebene Kugel bewegungslos festsitzt, 9. daß diese denselben Mittelpunkt wie der Körper besitzt. Dadurch wird eine weitere Ähnlichkeit mit der Kugel bewirkt, die in der Gleichheit der Abstände der Seitenflächen besteht.

** Jenes Scholion lautet folgendermaßen: Außer den genannten fünf Körpern kann es keinen anderen geben, der von gleichseitigen und gleichwinkligen Seitenflächen eingeschlossen

Wie nun die Anzahl dieser Körper wohl bestimmt und sehr klein ist, die Arten der übrigen aber unzählbar oder vielmehr unendlich sind, so mußten auch in der Welt zwei Gattungen von Sternen auftreten, die sich durch ein evidentes Merkmal von einander unterscheiden [26] (wie es Ruhe und Bewegung ist); die eine Gattung muß ans Unendliche grenzen, wie die Zahl der Fixsterne, die andere muß eng begrenzt sein, wie die Zahl der Planeten. Es ist hier nicht der Ort, die Gründe zu erörtern, warum sich diese bewegen, jene aber nicht. Aber gesetzt, die Planeten bedürften der Bewegung, so folgt, daß sie, um diese zu erhalten, runde Sphären bekommen mußten.[3]

Wir kommen also zur Sphäre [Kugel] durch die Bewegung und zu den Körpern durch die Zahl und Größe.[4] Was bleibt uns übrig, als mit PLATON zu sagen, Gott treibe immer Geometrie, und er habe bei dem Bau der Wandelsterne Körper den Kreisen und Kreise den Körpern so lange einbeschrieben, bis kein Körper mehr da war, der nicht innerhalb und außerhalb mit beweglichen Sphären umgeben war. Aus Satz 13, 14, 15, 16, 17 des XIII. Buchs von EUKLID[s *Elementen*] ist zu ersehen, in

ist. Denn aus zwei Dreiecken oder zwei anderen Figuren läßt sich keine körperliche Ecke bilden. Aus drei Dreiecken aber entsteht die Ecke einer Pyramide, aus vier die des Oktaëders, aus fünf die des Ikosaëders. Aus sechs gleichseitigen und gleichwinkligen Dreiecken, die in einem Punkt zusammenstoßen, läßt sich keine körperliche Ecke bilden. Denn da der Winkel des gleichseitigen Dreiecks ⅔ Rechte beträgt, sind sechs solche Winkel zusammen 4 Rechte. Und das geht nicht. Denn die ganze körperliche Ecke wird aus weniger als vier Rechten gebildet. (EUKLID, [*Elemente*,] XI, 21.) Aus demselben Grund kann auch aus mehr als sechs solchen Winkeln keine körperliche Ecke gebildet werden.
Aus drei Quadraten entsteht die Ecke eines Würfels; aus vier Quadraten entsteht keine körperliche Ecke, denn ihre Winkel sind zusammen vier Rechte.
Aus drei gleichseitigen und gleichwinkligen Fünfecken entsteht die Ecke des Dodekaëders. Aus vier aber entsteht keine körperliche Ecke. Denn da der Winkel des gleichseitigen Fünfecks 1 ⅕ Rechte beträgt, wären vier solche Winkel größer als vier Rechte. Und das geht nicht. Auch aus anderen Vielecken läßt sich keine körperliche Ecke mehr bilden, weil daraus etwas Unmögliches sich ergeben würde. Daher ist es klar, daß außer den genannten fünf Gebilden kein anderer Körper gebildet werden kann, der von gleichseitigen und gleichwinkligen Seitenflächen eingeschlossen würde. Es hat also

	Seiten- fläche	Seiten- flächen	Kanten	Ecken	Inkugel
Würfel	Quadrat	6	12	8	mittlere
Oktaëder	Dreieck	8	12	6	gleiche wie der Würfel
Dodekaëder	Fünfeck	12	30	20	größte
Ikosaëder	Dreieck	20	30	12	gleiche wie das Dodekaëder
Tetraëder	Dreieck	4	6	4	kleinste.

welch hohem Maß diese Körper von Natur aus zu diesem Prozeß des Ein- und Umbeschreibens geeignet sind. Wenn nun die fünf Körper ineinandergefügt und sowohl zwischen ihnen als auch außerhalb Sphären [In- und Um-Kugeln] angebracht werden, so erhalten wir gerade die Zahl von sechs Sphären.

Wenn nun irgendein Zeitalter die Ordnung der Welt auf der Grundlage erörtert hat, daß es sechs bewegliche Sphären um die unbewegliche Sonne annimmt, so hat dieses unter allen Umständen die wahre Astronomie hinterlassen. *Nun hat aber* COPERNICUS *gerade sechs Sphären dieser Art, die zu je zweien in solchen Verhältnissen zueinander stehen, daß jene fünf Körper aufs trefflichste zwischen sie passen; das ist der Inbegriff der folgenden Ausführungen.* Daher muß man so lange auf COPERNICUS hören, bis jemand Hypothesen aufbringt, die noch besser mit unseren philosophischen Feststellungen zusammenstimmen, oder bis einer lehrt, es könne sich ganz von ungefähr in die Zahlen sowie in den menschlichen Geist hineinschleichen, was durch das besten Schlußverfahren aus den Prinzipien der Natur direkt erschlossen worden ist. Denn was könnte staunenswerter sein, was könnte Beweiskräftigeres erdacht werden, als die Tatsache, daß das, was COPERNICUS aus den Erscheinungen, aus den Wirkungen, a posteriori, wie wenn ein Blinder seinen Schritt mit seinem Stabe stützt (wie er gern zu RHAETICUS sagte), mehr durch glücklichen Einfall als durch zuverlässiges Schlußverfahren festgestellt und sich zurechtgelegt hat, daß das alles, sage ich, durch Gründe, die a priori, aus den Ursachen, aus der Idee der Schöpfung hergeleitet sind, aufs sicherste festgestellt und erfaßt wird?

Wenn aber jemand jene philosophischen Vernunftschlüsse deswegen unvernünftig aufnehmen und bloß mit Spott abtun möchte, weil ich sie als Neuling gegen Ende der Weltzeiten vorbringe, während die alten Leuchten der Philosophie schweigen, dem würde ich als Führer, Gewährsmann und Wegweiser aus dem fernsten Altertum PYTHAGORAS vorstellen. Ich tue seiner in den Vorlesungen viel Erwähnung. Denn da er die Vortrefflichkeit der fünf Körper einsah, kam er schon vor 2000 Jahren durch eine ganz ähnliche Überlegung wie ich heute zu der Einsicht, daß es des Schöpfers nicht unwürdig war, auf sie zu achten, und ordnete nichtmathematische Dinge den aufgrund ihrer Natur und ihrer besonderen akzidentellen Eigenschaften gewerteten mathematischen Dingen zu. Die Erde setzt er dem Würfel gleich[5], weil beide stabil sind, was jedoch nicht ausschließlich vom Würfel gilt. Dem Himmel wies er das Dodekaëder zu, weil beide drehbar sind. Dem Feuer die Pyramide, weil diese die Gestalt einer zuckenden Flamme besitzt; [27] die beiden anderen Körper verteilte er auf Luft und Wasser, weil in beiden Fällen der eine Teil mit dem anderen verwandt ist. Allein dem PYTHAGORAS fehlte ein COPERNICUS, der ihm zuerst das, was in der Welt vorhanden ist, gesagt hätte. Davon ausgehend hätte er zweifellos gefunden, warum das so ist, und diese Anordnung der Himmelssphären wäre heute ebenso bekannt, wie die fünf Körper selber, sie wäre ebenso zur Geltung gelangt, wie es im Laufe der Zeiten mit jener Annahme der Bewegung der Sonne und der Ruhe der Erde der Fall war.

Doch untersuchen wir weiter noch, ob zwischen den Sphären des COPERNICUS die Proportionen der fünf Körper bestehen. Zunächst wollen wir eine grobe Schätzung vornehmen. Der größte Entfernungsunterschied besteht nach COPERNICUS zwischen Jupiter und Mars, wie aus der Darstellung der Hypothesen in Fig. 1 und weiter unten im 14. und 15. Kapitel zu ersehen ist. Die Entfernung des Mars von der Sonne beträgt nicht einmal den dritten Teil von der Entfernung des Jupiters. Wir müssen also nach jenem Körper schauen, bei dem der Unterschied zwischen der um- und einbeschriebenen Kugel am größten ist (es sei gestattet, den Hohlkörper statt des festen Körpers zu setzen[7]); dies ist das Tetraëder oder die Pyramide. Zwischen Jupiter und Mars liegt also die Pyramide. Den zweitgrößten Unterschied zeigen die Entfernungen des Jupiters und des Saturns. Die erstere beträgt nur wenig mehr als die Hälfte des letzteren. Ein ähnlicher Unterschied tritt auf bei der Inkugel und Umkugel des Würfels. Saturn umgibt also den Würfel, während der Würfel den Jupiter umschließt.

Fast dasselbe Verhältnis besteht zwischen Venus und Merkur; es ist nicht unähnlich dem Verhältnis der Kugeln des Oktaëders. Die Venus umschließt diesen Körper, während Merkur von ihm umschlossen wird.

Die beiden übrigen Verhältnisse zwischen Venus und Erde sowie zwischen dieser und Mars sind am kleinsten und fast einander gleich; die innere Kugel beträgt ¾ beziehungsweise ⅔ der äußeren. Im Ikosaëder und Dodekaëder sind ebenfalls die Abstandsverhältnisse der beiden Kreise einander gleich und zwar sind diese hier am kleinsten unter allen regulären Körpern. Daher ist es wahrscheinlich, daß der Abstand des Mars von der Erde durch den einen dieser beiden Körper, der der Erde aber von

Fig. 3: Die Ausmaße der Planetensphären und ihre Entfernungen aufgrund der
fünf regulären geometrischen Körper

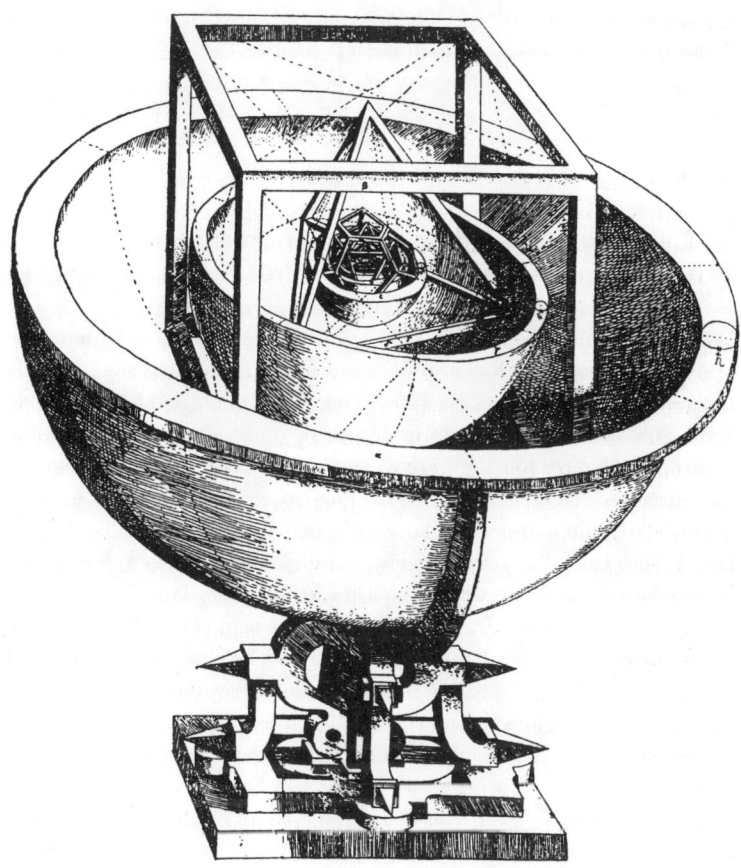

α = Sphäre des Saturns – β = Würfel als erster regulärer geometrischer Körper, der den Abstand von der
Sturnsphäre zur Jupitersphäre bestimmt – γ = Sphäre des Jupiters – δ = Tetraëder oder Pyramide, die
außen die Sphäre des Jupiters berührt, innen die des Mars und den größten Abstand zwischen den Pla-
neten bewirkt – ε = Sphäre des Mars – ζ = Dodekaëder, der als dritter Körper den Abstand zwischen der
Marssphäre und der Großsphäre, die die Erde einschließlich des Mondes trägt, ergibt – η = Erdgroßsphäre
– θ = Ikosaëder, der die wahre Distanz zwischen der Erdgroßsphäre und der Venussphäre anzeigt ι =
Sphäre der Venus – κ = Oktaëder, der den Abstand zwischen der Venus- und der Merkursphäre angibt – λ
= Sphäre des Merkurs – μ = Sonne, die unbewegte Mitte bzw. der Mittelpunkt des Universums

der Venus durch den anderen bestimmt wird. Wenn man mich also fragt, warum es bloß sechs bewegliche Sphären gibt, so werde ich antworten, weil es nicht mehr als fünf Verhältnisse geben darf, so viele nämlich, als es reguläre Körper in der Mathematik gibt. Sechs Größen aber bringen gerade diese Anzahl von Verhältnissen zustande.

3. KAPITEL

Wieso zwischen den fünf Körpern zwei Klassen zu unterscheiden sind und inwiefern die Erde richtig eingereiht ist

Nun könnte es zufällig und grundlos erscheinen, daß die sechs Sphären des COPERNICUS diese fünf Körper zwischen ihre gegenseitigen Abstände aufnehmen, wenn unter den Körpern nicht gerade die Ordnung bestünde, in der ich sie eingereiht habe. Denn wenn Saturn dem Jupiter so nahe wäre wie Venus der Erde, und wenn dagegen diese beiden Planeten nach COPERNICUS so weit voneinander entfernt wären wie Jupiter und Mars, so würde bei der Einreihung der Körper eine andere Ordnung gelten. Es läge dann nämlich zwischen den beiden ersten Sphären an erster Stelle das Dodekaëder oder Ikosaëder, an vierter Stelle das Tetraëder. Da diese Ordnung aus mathematischen Gründen nicht zugelassen werden kann, wäre es dann ein Leichtes, die Hinfälligkeit meiner ganzen Aufstellung aufzudecken. Nun aber wollen wir sehen, welche Gründe es als notwendig erweisen, die Körper zwischen die Sphären gerade in der angegebenen Ordnung einzureihen. Zuvörderst zerfallen diese Körper in drei Körper erster Klasse, nämlich Würfel, Tetraëder und Dodekaëder, und in zwei Körper zweiter Klasse, nämlich Oktaëder und Ikosaëder. Daß diese Unterscheidung aufs beste begründet ist, erhellt, wenn man die Eigenschaften der beiden Klassen beachtet. 1. Die Körper erster Klasse sind hinsichtlich ihrer Seitenfläche verschieden von einander; die Körper zweiter Klasse benutzen dasselbe Dreieck. 2. Von den Körpern erster Klasse hat jeder eine besondere Seitenfläche, der Würfel das Quadrat, die Pyramide das Dreieck, das Dodekaëder das Fünfeck; die Körper der zweiten Klasse entlehnen ihr Dreieck von der Pyramide. 3. Die Körper erster Klasse besitzen alle eine einfache, von drei Seitenflächen umschlossene Ecke; die Körper zweiter Klasse bilden ihre körperlichen Ecken mit vier oder fünf Seitenflächen. 4. Die Körper erster Klasse verdanken ihren Ursprung und ihre Eigenschaften keinem andern; die Körper zweiter Klasse entnehmen durch eine Vertauschung die meisten ihrer Eigenschaften den Körpern erster Klasse; sie stammen gewissermaßen von diesen her. 5. Die Körper erster Klasse lassen sich anständig nur bewegen, wenn man durch die Mittelpunkte einer oder zweier gegenüberliegender Seitenflächen einen Durchmesser zieht; der Körper zweiter Klasse nur, wenn man durch gegenüberliegende Ecken einen Durchmesser zieht. 6. Den Körpern erster Klase ist es eigen zu stehen, denen zweiter Klasse zu schweben. Denn wenn man diese auf eine Grundfläche wälzt, jene dagegen auf eine Ecke stellt, wird in beiden Fällen das Auge von der Häßlichkeit des Anblicks abgestoßen. 7. Dazu kommt, daß die Körper erster Klasse in der vollkommenen Dreizahl auftreten, die Körper zweiter Klasse in der unvollkommenen Zweizahl, und daß jene alle Arten von Winkeln (zwischen den Seitenflächen) aufweisen, der Würfel den rechten, die Pyramide den spitzen, das Dodekaëder den stumpfen, während diese beiden sich nur auf die Gattung des stumpfen beschränken. Zudem treten beim Oktaëder alle drei Arten von Winkeln auf; der Winkel zwischen den Seitenflächen ist stumpf, der zwischen den von gegenüberliegenden Ecken her zusammenlaufenden Kanten ein rechter, der körperliche Winkel selber spitz. Da also der Unterschied zwischen den Körpern offen zutage lag, konnte es nichts Passenderes geben [30] als unsere Erde, die doch die Summe der ganzen Welt, die Welt im Kleinen, und daher der vornehmste unter den Planeten ist, mit ihrer Sphäre zwischen die genannten zwei Klassen zu liegen und ihr den Platz anzuweisen, den wir ihr oben zuerkannt haben.

4. Kapitel

Wieso drei Körper die Erde umgeben und die zwei übrigen innerhalb der Erde liegen

Und nun, mein lieber Leser, laß mich trotz des Ernstes der Sache ein bißchen spielen und mich eine Weile in Allegorien ergehen. Ich glaube, daß die Ursachen für die meisten Dinge in der Welt aus der Liebe Gottes zu den Menschen hergeleitet werden können. Sicherlich wird es niemand bestreiten wollen, daß Gott bei der Ausschmückung der Wohnstätte der Welt immer wieder an ihren zukünftigen Bewohner gedacht hat. Denn Zweck der Welt und jeglichen Geschöpfs ist der Mensch. Darum glaube ich, daß Gott die Erde, die das wahre Ebenbild des Schöpfers tragen und ernähren sollte, für wert befunden hat, so mitten unter den Planeten zu kreisen, daß sie ebenso viele innerhalb wie außerhalb des Bereichs ihrer Sphäre befinden. Um das möglich zu machen, hat Gott zu den übrigen fünf Planeten die Sonne hinzugerechnet, obwohl sie von jenen völlig verschieden ist. Dies scheint um so besser begründet, da es glaubhaft ist, daß Gott der Vater, als dessen Abbild wir oben die Sonne erkannt haben, durch diese Verbindung der Sonne mit den übrigen Gestirnen den künftigen Bewohnern der Erde einen Beweis der Liebe und Teilnahme geben muß, die er dem Menschen zu erweisen entschlossen war, indem er sich bis zum vertrauten Verkehr mit ihnen herablassen wollte. Denn im Alten Bunde kam er oft in die Gesellschaft der Menschen und wollte Freund Abrahams heißen [*Judith* VIII, 19; *Jakobus-Brief* II, 23], wie wir die Sonne in die Gesellschaft der Planeten kommen sehen. Da aber die Sonne von der Erde umkreist wird, mußte, wenn das gilt, was wir gesagt haben, notwendig jene Anordnung der Körper innerhalb der Erdsphäre eingehalten werden, die wenigstens zwei Gestirne vorsieht, so daß die beiden Wandelsterne mit der unbeweglichen Sonne ebenfalls die Dreizahl ausmachen, wie die Gestirne außerhalb der Erdsphäre. So hat also der allgütige Schöpfer, zumal noch der Mond die Erde umkreist, unsere Wohnstätte in die Mitte von sieben Planeten versetzt. Denn wenn die Reihe der übrigen Planeten zur Sonne hinzukäme, wären es mit der Sonne innerhalb der Erdsphäre vier Gestirne, außerhalb aber nur zwei. Da dieses Mißverhältnis in den Zahlen keinen vernünftigen Sinn hat, ist es von Gott vermieden worden. Da zudem dem Vollkommeneren das Aktive, das Einschließen, zukommt, dem Unvollkommeneren dagegen das Passive, das Eingeschlossenwerden, und da die erste Klase vollkommener ist als die zweite, gehört es sich, daß die Reihe der drei Planeten die Erde umschließt, während die übrigen von der Erde umschlossen werden. So ergibt sich uns nebenbei der Grund, warum sich außerhalb der Erde drei, innerhalb zwei Planeten bewegen. Wenn das dem Leser weniger gefällt, so möge er bedenken, daß es sich hier um eine Dreingabe, nicht um etwas Wesentliches [31] handelt. Denn wenn wir auch die Ursache nicht wüßten, warum über der Erde (oder nach PTOLEMAIOS über der Sonne) drei Gestirne kreisen, so würde doch das Folgende mit dem Vorhergehenden übereinstimmen, da ja die Sache feststeht. Und niemand wird je zweifeln, daß Saturn, Jupiter und Mars obere Planeten sind. Soviel wollen wir also festhalten: Da nach COPERNICUS drei Planeten oberhalb der Erde sich befinden, müssen wir die drei Körper erster Klasse, Würfel, Pyramide und Zwölfflächner, außerhalb der Erdbahn anbringen, den Acht- und Zwanzigflächner innerhalb, wenn wir mit unserem Werk den Preis davontragen wollen.

5. KAPITEL

Wieso der Würfel der erste der Körper ist und warum er zwischen den obersten Planeten liegt

Wir wollen nun zu den drei Körpern erster Klasse übergehen und jedem von ihnen seinen Namen anweisen. Der Würfel mußte den Fixsternen nahegerückt werden und das erste Verhältnis, das zwischen Saturn und Jupiter, festlegen. Denn den vornehmsten Teil der Welt außer der Erde bilden die Fixsterne, so wie nächst dem Mittelpunkt der Umfang der vornehmste Teil des Kreises ist; der Würfel aber ist in seiner Reihe der erste. 1. Er allein entsteht aus seiner Grundfläche, während die übrigen vier nicht durch ihre Seitenflächen erzeugt werden, sondern entweder aus dem Würfel herausgeschnitten sind, wie die Pyramide, wobei vier rechtwinklige Pyramiden abfallen, oder Erweiterungen des Würfels sind, wie das Dodekaëder, bei dem sechs Pentaëder dem Würfel aufgesetzt werden. 2. Er allein kann in homogene Würfel ohne

Prisma zerlegt werden. 3. Er allein ist nach allen Seiten hin orientiert und erstreckt sich nach drei aufeinander senkrecht stehenden Dimensionen. Die Seitenflächen der anderen Körper dagegen sind geneigt und lassen, wenn sie auch einmal zwei aufeinander senkrecht stehende Schnittflächen darbieten, doch immer den im Stich, der einen dritten senkrechten Schnitt führen will. 4. Daher kommt es, daß er allein so viele Seitenflächen hat, wie zur Festlegung der drei Dimensionen Bestimmungsstücke erforderlich sind, nämlich zwölf. 5. Er allein besitzt lauter gleiche Winkel, nämlich rechte. Bei der Pyramide dagegen stimmt die Regel, die bei der Anwendung von Symmetrieebenen gilt, nicht mehr, wenn man die Pyramide gegen eine Ecke zu dreht; auch hat der Winkel zwischen zwei Kanten nicht das Maß, das den großen Winkel zwischen zwei Seitenflächen angibt. 6. Daher kommt ihm allein zu, was SIMPLIKIOS (im *Kommentar zu Aristoteles' Schrift Über den Himmel*, Buch I, Kapitel 1) aus dem *Monobiblos* des PTOLEMAIOS als Grund für die Vollkommenheit der Dreizahl zitiert: es können nicht mehr als drei aufeinander senkrecht stehende Linien zur Bildung einer aus rechten Winkeln bestehenden körperlichen Ecke in einem Punkt zusammenlaufen. 7. Er ist unter allen geradlinigen festen Körpern der einfachste. Wollte man das zu Gunsten der Pyramide in Zweifel ziehen, so wird dieser Zweifel leicht durch die Bemerkung überwunden, daß das Maß für die Pyramide der Würfel ist, dem Maß aber der Vorrang gebührt. Das Maß aber ist er nicht nur, weil es die Menschen so wollen, die sich die Quantität eines jeden zu messenden Körpers aus kleinen Würfelchen [32] zusammengesetzt denken, sondern weit mehr seiner Natur nach. Ein rechter Winkel nämlich ist gleich jedem anderen, mit dem er in einer Ebene ausgebreitet ist. Er bleibt also immer sich selber gleich und ist daher einzig, während es der anderen nach beiden Seiten unendlich viele gibt. Das Maß aber muß eindeutig und bestimmt sein. 8. Darum läßt sich auch so viel machen, wenn man einen rechten Winkel in einen Kreis einbeschreibt; ohne diese Konstruktion kann man weder das Dreieck, noch das Fünfeck, noch die von diesen abgeleiteten Figuren in den Kreis einzeichnen.[1] 9. Aber auch das dürfen wir nicht übergehen, daß die erfinderische Natur das vollkommenste Geschöpf mit den sechs gleichen Raumbeziehungen (wie der Würfel) aufs vollkommenste ausgestattet hat, wahrlich ein deutlicher Beweis, wie hoch sie die Bedeutung dieses Körpers einschätzt. Denn der Mensch selber ist sozusagen ein Würfel, der sechs Seiten hat: oben, unten, vorne, hinten, rechts, links.

6. Kapitel

Wieso die Pyramide zwischen Jupiter und Mars liegt

Warum auf den Würfel gleich die Pyramide folgt, wird niemand wundernehmen, 1. weil sie es fast wagt, mit dem Würfel um den Vorrang zu streiten, und 2. weil sie oder ihr entsprechende unregelmäßige Körper zum Aufbau der anderen regulären Körper dienen. So setzt sich das Ikosaëder aus 20 Pyramiden zusammen, die etwas kürzer sind als das Tetraëder, das Oktaëder aus acht noch niedrigeren. Das Dodekaëder muß doch in Pyramiden zerlegt werden, wenn es sich auch auf einem versteckten Quadrat aufbaut. 3. Man darf auch das nicht übersehen, daß das Tetraëder in vier vollkommene Pyramiden und ein Oktaëder von der halben Kantenlänge zerlegt werden kann. 4. Wie in der Ebene alle Vielecke in Dreiecke zerlegt werden, so werden zum Zweck des Messens die übrigen Körper in Pyramiden zerlegt, die wir dann durch Würfel ausmessen, wie die Dreiecke durch Quadrate. Das Tetraëder ist somit das Maß der übrigen Körper und kann von allen am leichtesten durch den Würfel ausgemessen werden. 5. Daher ergibt sich, wie beim Würfel, für die meisten seiner Linien die Größe aus der Beziehung zur Diagonale, und zwar nur mit Hilfe von quadrierten Zahlen. 6. Die Regelmäßigkeit der Pyramide hängt ausschließlich von den Kanten ab, die des Würfels auch von den Winkeln. So gibt es nur *eine* Art von Pyramiden, wenn die Kanten gleich groß sind; beim Hexaëder tritt aber bei Gleichheit der Seiten noch eine unendliche Mannigfaltigkeit von Winkeln auf. Wenn daher keine anderen Gründe vorhanden wären, würde ich die Frage, ob die Pyramide vor oder nach dem Würfel kommt, offen lassen.

7. Die Menschen ahmen die erfindungsreiche Natur nach; sie führen beim Bauen die Balken erst senkrecht in die Höhe, verbinden sie rechtwinklig miteinander und bewirken dann die gehörige Festigkeit durch Dreiecke.

8. Da die Pyramide ferner eine spitze Ecke hat, kommt sie vor den Körpern mit stumpfen Ecken. Denn an erster Stelle in einer Reihe kommt immer das, was eine richtige Größe hat; darauf scheint das zu folgen, was kleiner ist, weil dies weiter vom Unendlichen entfernt [33] scheint als das, was größer ist, und auch einfacher ist. So erscheint das Stumpfwinklige nicht mehr einfach, es ist gewissermaßen aus dem Recht- und Spitzwink-

ligen zusammengesetzt. Daher ist es auch nicht verwunderlich, warum die kleine Zahl der Ecken der Grundfläche und die kleine Zahl der Seitenflächen selber beim Tetraëder den Vorrang des Würfels nicht schmälert. Denn die Zahl der Ecken und Seitenflächen richtet sich notwendig nach der Art der auftretenden Winkel. Wenn daher der rechte Winkel vor dem spitzen kommt, so hat auch das Hexaëder den Vorzug vor dem Tetraëder, der aus Vierecken zusammengesetzte Körper vor dem aus Dreiecken zusammengesetzten. 9. Dies läßt sich auch daraus erschließen, daß das Vollkommene immer an erster Stelle steht, dann kommt das, was darunter bleibt, zuletzt das, was darüber hinausgeht. Da die Sechszahl der Seitenflächen eine vollkommene Zahl ist, so folgt, daß die Pyramide, die darunter bleibt, nicht vor dem Würfel kommen kann, sondern unmittelbar auf ihn folgen muß.

Wir haben also den Grund, warum an zweiter Stelle zwischen Jupiter und Mars das Tetraëder liegt. Oben ließen wir es offen, welcher Körper an die dritte Stelle zwischen Mars und Erde zu setzen ist. Diese Frage läßt sich jetzt leicht entscheiden. Da von den Körpern erster Klasse das Dodekaëder übrig ist, kommt es in der Reihe an die dritte Stelle zwischen Mars und Erde. Was von seinen Eigenschaften zu halten ist, wird sich unschwer aus einem Vergleich mit den früheren Körpern ergeben.

7. Kapitel

Über die Reihe der Körper zweiter Klasse und ihre Eigenschaften

Da unter den Körpern zweiter Klasse das Oktaëder vor dem Ikosaëder den Vorrang hat, könnte es wundernehmen, warum der Körper, der in der natürlichen Ordnung nachsteht, im Weltbau an die erste Stelle tritt. Denn da Mars mit der Erde das Dodekaëder erhalten hat, folgt aus dem Gesagten, daß zwischen Venus und Erde das Ikosaëder zu legen ist. Daß aber das Oktaëder vor dem Ikosaëder den Vorrang hat, hat viele Gründe. 1. Das Oktaëder wird erzeugt (nicht in Wirklichkeit, es ist nur so, wie wenn es erzeugt würde) aus Würfel und Pyramide, den ersten Körpern ihrer Klasse; von jenem entlehnt es die Zahl der Kanten, von diesem die dreieckige Gestalt der Seitenflächen. Das Ikosaëder dagegen wird von der Pyramide und dem Dodekaëder erzeugt, den beiden letzten Körpern ihrer Klasse. Es entlehnt ebenfalls von jener die Seitenfläche, von diesem die Kantenzahl. 2. Wenn man das Oktaëder und das Ikosaëder von einer Ecke aus betrachtet, zeigt jenes die quadratische Basis des Würfels, dieser das Fünfeck des Dodekaëders. 3. Das Oktaëder ist gleich hoch wie der Würfel, wie wir sehen werden, das Ikosaëder gleich hoch wie das Dodekaëder. 4. Das Oktaëder wechselt mit dem Würfel, das Ikosaëder mit dem Dodekaëder die Zahl der Seitenflächen und Ecken. Denn der Würfel hat sechs Seitenflächen, das Oktaëder sechs Ecken; jener acht Ecken und dieses acht Seitenflächen. Ebenso ist die Zahl der Seitenflächen beim Dodekaëder und der Ecken beim Ikosaëder beide Male zwölf und umgekehrt die Zahl der Ecken beim ersteren Körper und der Seitenflächen beim letzteren zwanzig. 5. Das Oktaëder bildet den rechten Winkel des Würfels nach, das Ikosaëder den stumpfen des Dodekaëders. Daraus erhellt, daß das Oktaëder der oberste Körper seiner Klasse ist, wie der Würfel der erste Körper der ersten Klasse.

[34]   8. Kapitel

Wieso das Oktaëder zwischen Venus und Merkur liegt

Was aber nun in unserem Weltbild sogleich auf das Dodekaëder folgen sollte, folgt nicht. 1. da es ja tatsächlich zwei verschiedene Klassen von Körpern gibt, können diese auch mit ihren Spitzen nach den verschiedenen Seiten der Welt schauen. 2. da sich zudem der Würfel dem nach der Erde vornehmsten Teil der Welt nähert, ihrem äußeren Umfang, das heißt den Fixsternen, war es angemessen, daß auch das Haupt der zweiten Klasse an eine bedeutsamere Stelle der Welt innerhalb der Erdsphäre trete. Nichts aber ist bedeutsamer als der Mittelpunkt und die Sonne. 3. Wenn wir die beiden Reihen von Körpern als eine Reihe betrachten, was konnte es Eleganteres geben, als daß diese eine Reihe auf beiden Seiten mit den einander ähnlichen und vorzüglichsten Körpern abschließt? 4. Auch ist es schöner, wenn die Körper mit vielen Seitenflächen in der Mitte aufeinander folgen und die Vielzahl der Seitenflächen allmählich nach beiden Seiten hin abnimmt (vorausgesetzt, daß das nicht durch andere Rücksichten verboten ist), als wenn auf einen Körper mit vielen Seitenflächen einer mit weniger folgt, und dann einer mit viel mehr Seitenflächen, als diese beiden vorhergehenden besitzen. 5. Da das Dodekaëder in seiner Klasse der letzte Körper war, paßte es, wenn auf ihn aus der anderen Klasse derjenige folgt, der ihm ähnlich ist. 6. Es entspricht auch der besonderen Bedeutung der Erde, daß sie auf beiden Seiten von möglichst ähnlichen Körpern umgeben ist. Da es sich getroffen hatte, daß sie nach außen unmittelbar von einem Körper mit vielen Seitenflächen umgeben wird, was es angemessen, daß sie auch nach innen unmittelbar einen solchen Körper umschließe. Die zwei Klassen der fünf Körper sind von dem allweisen Schöpfer derart in eine Reihe gebracht worden, daß sie mit den Sohlen gegeneinander auf die Erde zugerichtet sind, die als Mauer dazwischen steht, mit den Häuptern aber nach den verschiedenen Seiten des Himmels schauen.[1]

9. Kapitel

Die Verteilung der Körper zwischen den Planeten; die gegenseitige Anpassung der Eigenschaften; die aus den Körpern sich ergebende Verwandtschaft zwischen den Planeten

Ich kann es mir nicht versagen, hier von dem Teil der Physik, der von den Eigenschaften der Planeten handelt, zu sprechen, damit man erkenne, daß auch die natürlichen Kräfte der Wandelsterne jener Ordnung entsprechen und dasselbe Verhältnis zueinander einnehmen. Wenn man den Planeten, die die Erde umlaufen, jene Körper zuordnet, die ihrer Sphäre umbeschrieben sind, den Planeten aber, die von der Erdsphäre umschlossen werden, jene Körper zuweist, die ihnen umbeschrieben sind, [35] was meines Erachtens mit bestem Grund geschehen kann, so kommt auf den Saturn der Würfel, auf den Jupiter die Pyramide, auf den Mars das Dodekaëder, auf die Venus das Ikosaëder, auf den Merkur das Oktaëder. Die Erde, die nur Grenze ist, wird keiner der beiden Reihen zugeordnet. Auch Sonne und Mond trennen die Astrologen weit von den fünf anderen Gestirnen, so daß jene zwei hier nicht erwähnt zu werden brauchen und die Zahl der Körper schön mit den fünf Planeten übereinstimmt.

Jupiter als gutartiges Gestirn mitten zwischen zwei bösartigen hat schon viele zur Verwunderung hingerissen und auch PTOLEMAIOS zur Erforschung der Ursachen angetrieben.[1] Wir sehen etwas Ähnliches beim Tetraëder, das zwischen zwei teils verwandten, teils voneinander abweichenden Körpern sich so sehr von beiden unterscheidet, daß nach den früheren Überlegungen fast seine Stellung in Gefahr ist. Jeder der drei oberen Planeten äußert Haß und Feindschaft gegen die übrigen.[2] Auch ihre drei Körper stimmen im Grunde in ihrer äußeren Erscheinung keineswegs überein. Mars begegnet sich mit Saturn jedoch allein in der Bösartigkeit. Damit vergleiche ich die Ungleichheit der Winkel, eine Eigenschaft, die jenen beiden eigen und gemeinsam ist. Ein Beweis der Gutartigkeit wird dann das Gegenteil sein, nämlich die Einheitlichkeit der Winkel zwischen den Kanten allein. Ein Beweisgrund, warum Jupiter, Venus und Merkur gutartige Gestirne sind. Der Würfel, der Körper des Saturns, gibt für alle übrigen Körper das Maß aufgrund seiner Rechtwinkligkeit; der Planet selber erzeugt die Meßkünstler, er ist von harter Gemütsart, ein Hüter des Rechten, weicht nicht um eines Nagels Breite, ist unerbittlich, unbeugsam. Das bewirkt die Rechtwinkligkeit.

Am klarsten liegt die Verwandtschaft in den Seitenflächen zutage: da Jupiter, Venus und Merkur (ich nenne den Planeten statt des Körpers) dieselbe Seitenfläche besitzen, erhalten wir einen Grund für ihre Freundschaft, wie vorhin. Denn dem Dreieck wohnt vorzugsweise Beständigkeit inne. Die zweite Stufe ist zu finden bei dem ebenen Schnitt, der eine Ecke, gleichsam einen Nabel, in der Mitte hat. Fragen wir darum nicht mehr verwundert, was denn der harte und feurige Mars Reizendes an sich habe, dessentwegen die holdselige Venus ihren Ehegatten betrog und sich mit Mars einließ. Denn das Fünfeck des Mars tritt auch bei der Venus auf. So verleiht auch das Quadrat des Saturns im Merkur beiden dieselbe Sinnesart. Die dritte Stufe ergibt sich, wenn ein und dasselbe Stück eines Körpers zugleich in zwei anderen auftritt oder erscheint; dann stimmen diese in den Angelegenheiten des gemeinsamen Freundes überein. Darum besteht bezüglich der Angelegenheiten des Jupiters ein gutes Verhältnis zwischen Venus und Mars, weil sie beide die Grundfläche des Jupiters besitzen. Bezüglich der Angelegenheiten des Saturns stimmt Merkur mit Mars ein bißchen überein, weil bei jenem das Quadrat des Saturns, bei diesem ein überdeckter Würfel auftritt. Damit sind die Fragen gelöst, warum zwischen Venus und Saturn keine Verwandtschaft besteht, welches die vorzüglichste

Verwandtschaft ist, und warum der bewegliche Geist des Merkurs sich an alle vier herandrängt, am wenigsten jedoch an den Mars.

Der Saturn ist einsam und liebt die Einsamkeit genau so, wie seine Rechtwinkligkeit nicht die geringste Abweichung von der Gleichheit zuläßt, die ihm seine Beständigkeit rauben könnte. Jupiter dagegen hat aus der unendlich großen Zahl spitzer Winkel einen erhalten und ist dadurch leutselig geworden, jedoch nur mäßig, nicht allzu sehr. Er ist nämlich der Urheber der wohlgesitteten Freundschaftsverhältnisse. So sind auch Mars und [36] Venus leutselig, aber allzu sehr; denn ihr stumpfer und ausladender Winkel verrät Maßlosigkeit. Merkur ist wegen seiner Winkel von derselben Natur wie Saturn und Jupiter. Es lieben auch die Gelehrten die Einsamkeit, ohne jedoch menschenfeindlich zu sein. Sie lieben jene, die sich an denselben Studien ergötzen, und bringen Maß in die Gespräche, mehr als Jupiter, dessen Tätigkeit in den großen Versammlungen der Menschen und im Verkehr mit Hofleuten aufgeht.

Jupiter und Venus sind fruchtbar, und zwar wohl deshalb, weil Jupiter beim Aufbau der meisten Körper mitwirkt, die Venus aber gewissermaßen ein Abkömmling Jupiters ist, während die eine Venus zwanzig etwas kürzere Jupiter in sich birgt. Jupiter ist auch gerechter gegen Männer, Venus gegen Frauen, daher hat jener einen männlichen, diese einen weiblichen Namen. Denn die Pyramide ist wirkend, das Ikosaëder bewirkt, es ist ein Abkömmling. Aus diesen selben Überlegungen ergibt sich ein einigermaßen klarer Grund, warum Merkur gemischtgeschlechtlich und warum seine Fruchtbarkeit mittelmäßig ist.

Die Ruhe und Beständigkeit zunächst des Jupiters, dann des Saturns und schließlich des Merkurs rührt von der kleinen Zahl der Seitenflächen her, die Unruhe und Leichtfertigkeit von Venus und Mars dagegen von deren Vielzahl. Das veränderliche und Wandelbare ist immer die Frau. Der der Venus entsprechende Körper ist unter allen am veränderlichsten und am leichtesten wälzbar. Es liegen hier Stufen vor; darum steht Merkur in der Mitte, seine Vertrauenswürdigkeit ist mittelmäßig.

Den beweglichen und raschen Sinn des Merkurs verrät die Beweglichkeit des Achtflächners. Denn wenn man diesen über zwei Ecken rollt, so beschreiben vier aufeinanderfolgende Kanten einen dritten Weg mitten durch den Körper hindurch. Die anderen Körper mag man drehen, wie man will, man sieht immer Kanten, die die Mitte durchqueren und in der Bewegung behindert sind.

Mars bringt mit vielen Kanten eine kleinere Anzahl von Seitenflächen zuwege, Venus mit ebenso vielen Kanten eine größere Anzahl. Dem Mars sind auch viele Wagnisse fehlgeschlagen; die Venus kommt ihm an Wagnissen gleich, aber sie hat mehr Glück dabei. Das darf uns auch nicht wundernehmen. Denn es lassen sich leichter Reigentänze veranstalten als Kriege, und es war angemessen, schneller Liebe ans Ziel gelangen zu lassen als Haß; denn dieser rafft die Menschen dahin, jene erzeugt sie. Aus demselben Grunde ist Merkur glücklicher als Saturn.

10. Kapitel

Über den Ursprung der ausgezeichneten Zahlen[1]

Man kommt an kein Ende, wenn man alles im einzelnen ausführen wollte. Aber der Astrologe wird nicht ohne Gewinn über diese Dinge weiter nachdenken. Wir wollen nun die Arithmetik der Astronomen und ihre heiligen Zahlen 6, 12 und 60 betrachten. Außer dem 4. und 6. Teil, nämlich 15 und 10, finden sich alle Teiler der Zahl 60 in unseren [37] fünf Körpern. Und umgekehrt sind außer der Zahl der Winkel in den Seitenflächen des Oktaéders und des Würfels, die beide Male 24 beträgt, alle Anzahlen, die bei den Körpern auftreten, Teiler der Zahl 60, so daß ich glaube, auch Pythagoras kann kaum einen innigeren Zusammenhang zwischen irgendeiner Zahl und irgendeiner Naturerscheinung angeben als den, der zwischen dieser Zahl und den genannten fünf Körpern besteht.

Eins ist der Würfel, eins die Pyramide, eins das Ikosaéder, eins das Oktaéder, eins ist das, was nichts sich selber Ähnliches besitzt.

Zwei Körper zweiter Klasse. Zwei Klassen von Körpern. Zwei Dinge, damit eine Ähnlichkeit möglich ist; doppelt eine derartige Ähnlichkeit.

Drei Winkel in der Seitenfläche der Pyramide, beim Ikosaéder und beim Oktaéder, da die Seitenflächen dreieckig sind. Drei Körper erster Klasse. Drei Arten von Winkeln.

Vier Winkel und Seiten in der Grundfläche des Würfels. Vier Ecken bei der Pyramide. Vier Seitenflächen bei derselben.

Fünf Körper. Fünf Winkel und Seiten in der Grundfläche des Dodekaéders.

Sechs Ecken beim Oktaëder. Sechs Pyramidenkanten. Sechs Seitenflächen beim Würfel. Eine schöne Zahl!

Acht Seitenflächen beim Oktaëder. Acht Ecken beim Würfel.[2]

Zwölf Seitenflächen beim Dodekaëder. Zwölf kanten beim Oktaëder. Ebenso beim Würfel. Zwölf Ecken beim Ikosaëder. Zwölf ebene Winkel bei der Pyramide. – Siehe, diese Zahl tritt bei allen fünf Körpern auf.

Zwanzig Seitenflächen beim Ikosaëder. Zwanzig Ecken beim Dodekaëder.

24 ebene Winkel beim Oktaëder und beim Würfel. Das ist eine fremde Zahl, aber sie ist weder sehr wichtig, noch so ganz fremd; denn sie ist zweimal 12, dreimal 8, viermal 6, die alle in 60 stecken.

30 Kanten beim Ikosaëder und beim Dodekaëder.

60 ebene Winkel beim Dodekaëder und Ikosaëder.

Außerdem wird nichts abgezählt, wenn wir nicht die Summen aller Kanten und Winkel bilden wollen, was aber entfernter liegt. Es kommen heraus 18 Winkel bei den die Körper bestimmenden Seitenflächen, 90 Kanten, 180 ebene Winkel. Lauter verwandte Zahlen.

11. Kapitel

Über die Lage der Körper und den Ursprung des Tierkreises[1]

Bei den vorliegenden Kapiteln werde ich die Physiker gegen mich haben, weil ich die natürlichen Eigenschaften der Planeten aus immateriellen Dingen und mathematischen Figuren abgeleitet habe und es nun auch noch wagen will, den Ursprung der Himmelskreise aus bloß gedachten Schnittlinien zu erklären. Ihnen will ich kurz folgendes antworten: Da Gott der Schöpfer ein Geist ist und macht, was er will, hindert ihn nichts [38], sich beim Abwägen der Kräfte und beim Abstecken der Kreise nach immateriellen oder in der Einbildung existierenden Dingen zu richten. Und da er nichts will, was nicht höchst vernünftig ist, und nichts ohne seinen Willen existiert, mögen doch meine Gegner sagen, welche anderen Rücksichten Gott hätten leiten können beim Abwägen der Kräfte usw., da außer den Quantitäten nichts da war? Wenn sie dann, da sie nichts finden, zu den unerforschlichen Kräften der schöpferischen

Weisheit ihre Zuflucht nehmen, nun, sie sollen die Mäßigung anwenden, die sie ihrem Forscherdrang auferlegen, und sich ihrer zugleich mit dem Ruf der Frömmigkeit freuen, uns aber gestatte man, die Ursachen aus den Quantitäten heraus wahrscheinlich zu machen, sofern wir nur nichts des so großen Baumeisters Unwürdiges aussagen.[2] Durch kein religiöses Denken behindert, schreite ich nun zur Erklärung des Tierkreises.

Für den Anfang glaube ich, kann man sich keine wahrscheinlichere Lage der Körper ausdenken, als wenn man den Würfel, den größten Körper, auf irgendeine Weise in die Kugel legt; denn diese hat ja keinen Anfang. Man muß aber den Anfang willkürlich setzen[3], damit wir nicht zu einem *regressus ad infinitum* kommen[4] und einmal einen Übergang erhalten[5] von der unbegrenzten Möglichkeit zur bestimmten Wirklichkeit. Nun werde irgendeine Seitenfläche als Grundfläche gewählt. Die Pyramide, die nun dem Würfel mit Hilfe der Jupitersphäre einzubeschreiben ist, muß ihre Grundfläche parallel zur Würfelgrundfläche halten[6], wie auch das Dodekaëder zur Grundfläche der Pyramide.[7] Anders sind die besonderen Eigenschaften der Körper zweiter Klasse, wie wir gesehen haben. Man muß daher das Ikosaëder so in das Dodekaëder stellen, daß eine Diagonale auf den zwei gegenüberliegenden Grundflächen des Dodekaëders in den Mittelpunkten senkrecht steht. Ebenso ist das Oktaëder, die kleinste der Gestalten, so in das Ikosaëder zu hängen, daß eine gerade Linie der Reihe nach geht 1. durch den Mittelpunkt der Würfelgrundfläche; 2. durch den Mittelpunkt der Pyramidengrundfläche; 3. durch den Mittelpunkt des Fünfecks des Dodekaëders; 6. durch den Mittelpunkt der Welt und den Sonnenkörper und hernach in entsprechenden Abständen durch die gegenüberliegenden Ecken 7. des Oktaëders, 8. des Ikosaëders; 9. durch den Mittelpunkt der Seitenflächen des Dodekaëders; 10. durch die Ecke der Pyramide; 11. durch den Mittelpunkt der Seitenflachen des Wurfels.[8] Größerer Anschaulichkeit halber verweise ich dich auf die Figur 3, in der alle Körper in dieser Lage dargestellt sind [siehe S. 37]. Wird das alles so eingerichtet, so teilt die Ebene des beim Oktaëder auftretenden Quadrats, das von den beiden genannten Ecken gleich weit entfernt ist, alle Körper oder besser die ganze Welt in zwei gleiche Hälften; aber nicht nur das, wenn man alle die Kanten, die in der Mitte zwischen den genannten Ecken und Seitenmitten liegen[9], regelmäßig anordnet, so liegen für das Auge, das sich im Mittelpunkt befindet, alle ihre scheinbaren Schnittpunkte ebenfalls in der verlängerten Ebene des Oktaëderquadrates.[10] Das tritt besonders bei den Körpern mit vielen Seitenflächen, die ja verwandt sind, zutage. Denn die genannten Kanten der übrigen Körper können nicht alle übereinstimmend gelegt werden.[11] Das Dodekaëder nun beschreibt mit seinen zehn Kanten einen Weg wie in Fig. 4 oben, wobei mittendurch das in einer Ebene sich erstreckende Oktaëderquadrat geht. [39] Das Ikosaëder liefert den Streifen in Fig. 4 darunter, wo wiederum das Oktaëderquadrat eine gerade Linie durchzieht. Wenn man nun diese zwei miteinander verwandten Körper durch Drehung so anordnet (die zwei Ecken des einen und die zwei Seitenmittelpunkte des anderen sind ja, wie oben, als Pole miteinander verbunden zu denken), daß immer zwei von den scheinbaren Ikosaëderfünfecken und zwei von den wirklichen Dodekaëderfünfecken mit den Ecken zusammenfallen, entsteht ringsherum eine Schnittfigur, die, in eine Ebene ausgebreitet, mit dem Oktaëderquadrat wie Fig. 4 an dritter Stelle aussieht. Wenn aber die Ecke des einen Körpers mit der Kantenmitte des anderen verbunden wird, wird die Schnittfigur so aussehen wie Fig. 4 unten[12].

Was bleibt uns noch anderes übrig als zu behaupten, daß der Schöpfer den Planeten geboten hat, diesen Weg zu gehen, der durch so viele in die Augen fallende Punkte markiert ist![13]

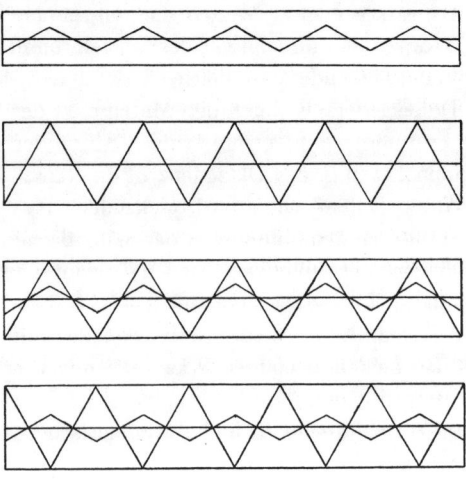

Figur 4

12. Kapitel

Die Einteilung des Tierkreises und die Aspekte

Viele halten die Einteilung des Tierkreises in zwölf gleiche Zeichen für eine reine Erfindung der Menschen, die nicht in der Natur selber begründet ist. Sie glauben, daß diese Teile sich nicht durch natürliche Kräfte und Beeinflussungen unterscheiden, daß sie bloß deswegen angenommen seien, weil ihre Zahl für das Rechnen geschickt ist. Wenn ich ihnen auch nicht durchaus widerspreche, so möchte ich doch, um nicht etwas blindlings auf die Seite zu schieben, aus denselben Prinzipien die Ursache für jene Einteilung ableiten, nach der der Schöpfer jene Eigenschaften (wenn die Teile wirklich verschiedene besitzen) wahrscheinlich eingerichtet hat.[1]

Was der Gegenstand der Zahlen ist, haben wir oben gesehen. Fürwahr, außer der Größe und außer dem, was der Größe vergleichbar und mit irgendeiner Potenz ausgestattet ist, ist nichts in der ganzen Welt, was abzählbar wäre, außer Gott, der die heilige Dreifaltigkeit selber ist.[2] Nun haben wir bereits alle Körper durch den Tierkreis zerschnitten.[3] Jetzt wollen wir sehen, was durch diesen Schnitt der Tierkreis selber erlangt oder erlitten hat.[4] Durch den in der angegebenen Weise ausgeführten Schnitt erhält man als Schnittfigur beim Würfel und beim Oktaëder Quadrate, bei der Pyramide ein Dreieck, bei den beiden anderen Körpern Zehnecke. 4 × 10 gibt 120. Beschreibt man also von einem Punkt aus dem Kreis [40] ein Quadrat, ein Dreieck und ein Viereck ein, so erhält man auf der Peripherie verschiedene Bögen, die alle als größten gemeinsamen Teiler den 120. Teil des ganzen Kreises besitzen. Man erhält somit als natürliche Teilung des Tierkreises die Teilung in 120 Teile aus der regelmäßigen Lage der Körper zwischen den Sphären. Da das Dreieck hievon 360 beträgt, sehen wir, daß diese Teilung keineswegs unvernünftig ist. Wenn wir nun das Quadrat und das Dreieck vom selben Punkt aus gesondert einzeichnen, so ist der kleinste Bogen der 12. Teil des Umfangs, also ein *Zeichen*. Wie wunderbar, daß die monatliche Bewegung der Sonne und des Mondes[5] sowie die großen Konjunktionen der oberen Planeten sich so trefflich jenen Bögen anpassen, die von den

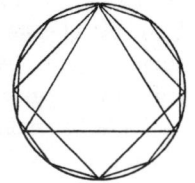

ihnen entsprechenden Körpern mit Hilfe des Dreiecks und des Quadrats bestimmt werden.[6]

Noch mehr: wie hoch die Natur diese Zwölfteilung schätzt, möge man an einem ferner liegenden Beispiel erkennen, wenn auch der tiefere Grund hierfür noch nicht bekannt ist.[7]

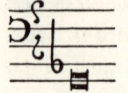

Wir gehen aus von einer Saite, deren Ton G sein möge. So viele mit G zusammenstimmende Töne es nun gibt von G bis zur nächsten Oktave, so oft und nicht öfter kann man die Saite mit gutem Grund teilen, wenn die Teile unter sich und mit der ganzen Saite zusammenstimmen sollen.[8] Wieviel derartige Töne es gibt, wird durch das Ohr bestimmt. Ich will in Figuren und Zahlen reden.

Nun betrachte die Harmonien selber, wie auch die Zahlenverhältnisse der Saitenlängen. Hier bedeutet die unterste Note den Ton der ganzen

Saite, die oberste den Ton des kürzeren Teils, die mittlere den Ton des längeren Teils; die unterste Zahl gibt an, in wie viele Teile die Saite zu teilen ist; die anderen Zahlen geben die Länge der Teile an.

Diese Töne allein erscheinen mir natürlich, und zwar deshalb, weil ihnen je eine bestimmte Zahl zugehört.[9] Die übrigen Töne können nicht

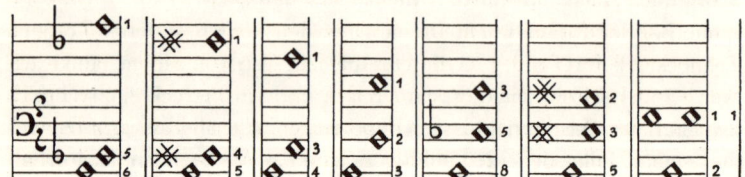

durch ein bestimmtes Verhältnis in Bezug auf die Töne, die wir festgelegt haben, ausgedrückt werden. Denn der Ton F ist ein anderer, wenn man ihn von oben her, von C aus, ein anderer, wenn man ihn von unten her, von B aus, bildet, obwohl beide Intervalle vollkommene Quinten zu sein scheinen.[10] Doch zur Sache: Der erste und der zweite Akkord sind gewissermaßen verschwistert; ebenso der fünfte und der sechste. Da sie nämlich alle unvollkommen sind[11], so wirken immer zwei, ein Dur-Ak-

54

kord und ein Moll-Akkord, zusammen, um einzelnen vollkommenen [41] gewissermaßen gleichzukommen. Auch ihre Verhältniszahlen sind nicht sehr verschieden. Denn es verhält sich $\frac{1}{6}$ zu $\frac{1}{5}$ wie $\frac{5}{30}$ zu $\frac{6}{30}$, und diese Brüche unterscheiden sich nur um $\frac{1}{30}$. Ebenso verhält sich $\frac{3}{8}$ zu $\frac{2}{5}$ wie $\frac{15}{40}$ zu $\frac{16}{40}$; sie unterscheiden sich also nur um $\frac{1}{40}$. So haben wir also in der Musik eigentlich nur fünf Akkorde, entsprechend der Zahl der fünf Körper. Wenn man nun zu den sieben Teilungszahlen 6, 5, 4, 3, 8, 5, 2 das kleinste gemeinschaftliche Vielfache sucht, erhält man wieder 120, wie oben, da wir von der Einteilung des Tierkreises sprachen.[12] Es ist also genau so, als ob die vollkommenen Akkorde vom Quadrat und Dreieck des Würfels, Tetraëders und Oktaëders, die unvollkommenen dagegen von dem Zehneck der beiden anderen Körper herrührten.[13] Dies ist die zweite Verwandtschaft der Körper mit den musikalischen Akkorden. Aber da wir die Ursachen dieser Verwandtschaft nicht kennen, ist es schwer, die einzelnen Harmonien den einzelnen Körpern zuzuordnen.[14]

Wir bemerken zwar zwei Klassen von Harmonien, drei einfache vollkommene und zwei doppelte unvollkommene, wie wir drei Körper erster Klasse und zwei Körper zweiter Klasse kennengelernt haben. Da aber das übrige nicht stimmt, ist diese gegenseitige Beziehung aufzugeben und eine andere zu suchen.[15] Wie oben das Dodekaëder und Ikosaëder durch ihr Zehneck die Zwölfzahl auf 120 gebracht haben, so machen es auch hier die unvollkommenen Harmonien.

Es sind daher dem Würfel, der Pyramide und dem Oktaëder die vollkommenen Harmonien, dem Dodekaëder und Ikosaëder die unvollkommenen zuzuordnen. Dazu kommt noch etwas anderes, was fürwahr einen Fingerzeig liefert für den so tief verborgenen Grund dieser Dinge[16] – wir werden im nächsten Kapitel davon reden: die Geometrie besitzt nämlich zwei Schätze, das Verhältnis der Hypotenuse im rechtwinkligen Dreieck zu den Katheten sowie den goldenen Schnitt.[17] Aus jenem Verhältnis ergibt sich die Konstruktion des Würfels, der Pyramide und des Oktaëders, aus diesem die Konstruktion des Dodekaëders und Ikosaëders. Daher geht es so leicht und glatt, die Pyramide dem Würfel und das Oktaëder diesen beiden Körpern einzubeschreiben. Wie aber die einzelnen Harmonien den einzelnen Körpern zuzuordnen sind, das liegt nicht so auf der Hand.[18] Das allein ist klar, daß der Pyramide jene Harmonie zukommt, die wir Quinte nennen, die vierte in der Reihe, da bei ihr der kleinere Teil $\frac{1}{3}$ vom Ganzen beträgt, wie auch die Seite des Dreiecks (das in der Pyramide auftritt) Sehne ist zu ⅓ des Kreises.[19] Das wird sich weiter unten mehrfach bestätigen, wo wir von den Aspekten reden; um es auch hier einzusehen, müssen wir uns nur die Saite statt als gerade Linie als Kreis denken. Ihre Teilung bei der genannten Harmonie liefert dann ein Dreieck, in dem die Ecke der Seite gegenüberliegt, ganz wie bei der Pyramide die Ecke der Seitenfläche. Es bleiben nun für den Würfel und das Oktaëder die sogenannte Oktave und Quarte übrig, der dritte und siebente Akkord in der Reihe. Aber welcher der beiden Körper wird den einen, welcher den anderen dieser Akkorde erhalten? Sollen wir sagen, die Körper zweiter Klasse erhalten jene Harmonien, die zu geraden Linien führen, [42] und die Körper erster Klase jene, die Figuren beschreiben?[20] Dann kommt dem Würfel die Quarte zu. Denn wenn man aus der Saite einen Kreis macht, diesen in vier Teile teilt und die Teilungspunkte miteinander verbindet, entsteht ein Quadrat, das ja auch beim Würfel auftritt. Dagegen kommt dem Oktaëder die Oktave zu, die der halben Saite entspricht. Denn wenn man den Kreis in zwei Teile teilt und die Teilungspunkte durch einen Linienzug miteinander verbindet, erhält man nur eine Linie. So wird dem Dodekaëder die erste doppelte unvollkommene Harmonie zuzuordnen sein. Denn teilt man den Kreis in fünf und sechs Teile, so erhält man ein Fünf- oder Sechseck. Dem Ikosaëder bleibt somit die zweite doppelte unvollkommene Harmonie übrig, weil man nur Linien erhält, wenn man nacheinander alle Sehnen zieht über den Bögen, die gleich ⅖ des Kreises sind.[21] Ebenso liegt die Sache, wenn die Bögen ⅜ betragen. Oder wollen wir lieber dem Oktaëder die Quarte geben, weil es zwölfmal Sehnen zu einem Viertelskreis liefert, was keine Würfelkante tut?[22] So würde dem Würfel die Oktave, die vollkommenste Harmonie verbleiben, wie er der vollkommenste Körper ist. Vielleicht ist auch das angemessener, dem Ikosaëder die erste unvollkommene Harmonie zu geben, wegen des Sechsecks, das der dreieckigen Grundfläche eher verwandt ist als der fünfeckigen, dem Dodekaëder aber die Achtteilung zuzuweisen wegen der Kubikzahl 8, da ja der Kubus dem Dodekaë-

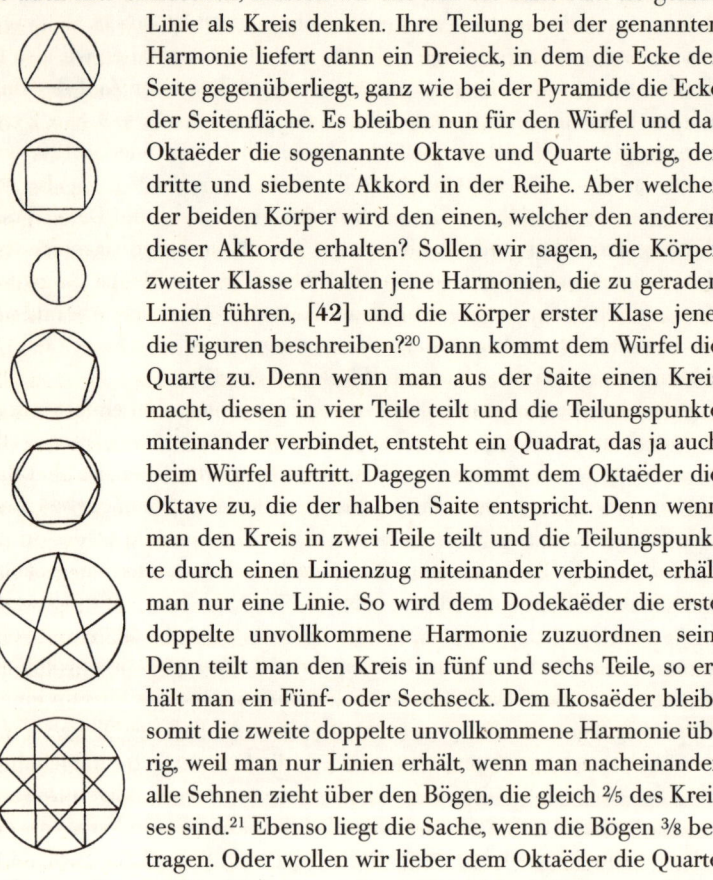

der einbeschrieben werden kann.[23] Das ist freilich alles in der Schwebe, bis jemand die Ursachen auffindet.

Gehen wir nun an die Aspekte.[24] Da wir ja eben aus der Saite einen Kreis gemacht haben, ist es leicht zu sehen, wieso die drei vollkommenen Harmonien aufs schönste mit den drei vollkommenen Aspekten verglichen werden können, nämlich mit Opposition, Trigon und Quadrat.[25] Die erste unvollkommene Harmonie *B* ist aufs Haar ähnlich dem Sechstil, von dem gesagt wird, er sei der schwächste Aspekt.[26]

Damit haben wir eine Ursache (PTOLEMAIOS weiß keine anzugeben[27]), warum die Planeten, die um ein oder fünf Zeichen auseinanderstehen, bei den Aspekten nicht gerechnet werden. Denn wie wir sehen, kennt die Natur keinen derartigen Akkord bei den Tönen.[28] Da in den übrigen Fällen Aspekt und Harmonie übereinstimmen, erscheint das auch hier glaubhaft. Die Ursache ist beiderseits zweifellos dieselbe, und zwar ist sie in den fünf Körpern zu suchen[29]; aber das will ich anderen überlassen. Da also alle vier Harmonien übrig sind, ist in mir die Vermutung aufgestiegen, man dürfe bei der Stellung des Horoskops die Fälle nicht übersehen, wenn die Planeten 72, 144 oder 135 Grad voneinander abstehen, zumal ich sehe, daß die eine der unvollkommenen Harmonien ihren Aspekt hat.[30] Einem sorgfältigen Beobachter der Luftverhältnisse wird es bald klar sein, ob diesen drei Aspekten eine Kraft innewohnt, da ja Veränderungen in der Atmosphäre die anderen Aspekte nach durchaus stetiger Erfahrung bestätigen. Die Gründe, die man mit einiger Wahrscheinlichkeit dafür anführen kann, warum die Verhältnisse $3/8$, $1/5$ und $2/5$ bei der Saite einen Akkord geben, im Tierkreis aber unwirksam sind, mögen folgende sein[31]:

[43] 1. Eine Opposition, zwei Quadraturen, das Trigon zusammen mit dem Sextil machen je einen Halbkreis aus; diese drei Aspekte aber haben keinen dasselbe leistenden Genossen, der von der Musik nicht durchaus verschmäht würde. 2. Die übrigen Aspekte stehen in einfachem Verhältnis zum Durchmesser; die Fünfeckseite, die zwei Ecken überspringende Diagonale des Fünfecks und die drei Ecken überspringende Diagonale des Achtecks liegen eine Stufe weiter zurück und sind irrational. 3. Eine weitere Ursache: Das Trigon macht mit dem Sextil, das Quadrat mit dem Quadrat einen rechten Winkel, die übrigen Aspekte bilden mit keiner irgendwie angenommenen Linie einen solchen. 4. Der unvollkommene Akkord *B* ist in gewisser Hinsicht vollkommen; denn er besitzt dieselbe Teilung wie die vollkommenen und ist eine halbe Quinte. Darum ist es

nicht verwunderlich, daß er allein von den unvollkommenen Akkorden einem Aspekt entspricht, nämlich dem Sextilschein, der ebenfalls die Hälfte des Trigons beträgt. Die anderen unvollkommenen Akkorde passen nicht zur Zwölfzahl, noch sind sie ein Teil einer vollkommenen Harmonie. 5. Schließlich vermögen 6 Dreieckswinkel, 4 Quadratwinkel, 3 Sechseckwinkel und 2 je einen Halbkreis fassende Winkelräume jeden Ort in der Ebene auszufüllen. Drei Fünfeckswinkel aber sind kleiner als 4 Rechte, vier größer. Daraus erhellt auch, warum weder der durch das Achteck[32], noch der durch das Zwölfeck[33] bestimmte Aspekt, noch irgendein anderer wirksam ist. Hier möchte ich die Ursachen der Aspekte von den Ursachen der Harmonien trennen.[34] Das ist sicher: ein Schluß, der sich auf die Winkel stützt, trifft das Wesen der Aspekte[35]; denn die Aspekte leiten ihre Wirksamkeit her von dem Winkel, der an irgendeinem Ort der Erde entsteht, an dem sie erzeugt werden, nicht aber von der Konfiguration im Tierkreis, die mehr in der Einbildung als in der Wirklichkeit existiert.[36] Auch erfolgt die Teilung der Saite nicht im Kreis und ergibt somit keine Winkel, sie wird vielmehr in der Ebene auf einer geraden Linie ausgeführt. Es können jedoch nichtsdestoweniger Akkorde und Aspekte etwas Gemeinsames haben, da sie, wie wir gehört haben, beide denselben Ursprung besitzen.[37] Das aber möge der Fleiß eines anderen erforschen! Die musikalischen Untersuchungen des PTOLEMAIOS, die REGIOMONTANUS mit den Erläuterungen des PORPHYRIOS herausgeben wollte [gemäß einem Verzeichnis von ihm herauszugebender Werke: *Musica Ptolemaei cum expositione Porphyrii*], die aber nach der Aussage des GERONIMO CARDANO noch nicht fertiggestellt sind, behandeln zweifellos diese Materie.[38] Auch wäre nachzuschauen, was aus den musikalischen Untersuchungen des EUKLID hier angeführt werden kann.[39]

13. KAPITEL

Über die Berechnung der den Körpern ein- und umbeschriebenen Kugeln

Was wir bisher ausgeführt haben, dient nur dazu, den Satz, den wir aufgestellt haben, mit Wahrscheinlichkeitsgründen zu stützen. Jetzt wollen wir zur Bestimmung der Sphären der Astronomie und zu geometrischen Untersuchungen übergehen. Stimmen diese nicht überein, so ist zweifellos alle unsere frühere Mühe umsonst. Zu allererst [44] wollen wir sehen, in welchem Verhältnis die den fünf Körpern ein- und umbeschriebenen Kugeln zueinander stehen.

Die Halbmesser der umbeschriebenen Kugeln sind gleich den halben Diagonalen der Körper. Denn wenn nicht alle Ecken eines Körpers ein und dieselbe Kugelfläche berühren würden, so wäre dieser nicht regulär. Je zwei gegenüberliegende Ecken und der Mittelpunkt des Körpers liegen immer auf einer Geraden oder Kugelachse. Eine Ausnahme bildet nur die Pyramide, wo je einer Ecke der Mittelpunkt einer Seitenfläche gegenüberliegt.

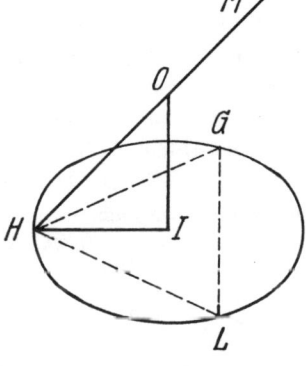

Die Gerade, welche die Mittelpunkte des Körpers und der Seitenflächen verbindet, ist Halbmesser der einbeschriebenen Kugel (nach dem letzten Satz des XV. Buchs im Kommentar des JOHANNES CAMPANUS zu EUKLID [Editio princeps 1482]). Denn die einbeschriebene Kugel muß alle Mittelpunkte der Seitenflächen berühren; die einbeschriebenen und umschriebenen Kugeln haben ferner denselben Mittelpunkt.

Nun sieht man leicht, daß das Quadrat des Halbmessers des der Grundfläche um-

Fig. 5

beschriebenen Kreises vom Quadrat des Halbmessers der Umkugel abzuziehen ist, um das Quadrat der gesuchten Strecke, das ist des Halbmessers der Inkugel zu erhalten. In der nebenstehenden Figur ist *HOM* Achse der Umkugel, dessen mit dem Körper gemeinsamer Mittelpunkt *O* ist, *HGL* ist eine Seitenfläche des Körpers, die als Grundfläche angenommen wird,

59

I Mittelpunkt der Grundfläche, *HI* Halbmesser des der Grundfläche umbeschriebenen Kreises. Zieht man vom Kugelmittelpunkt *O* eine Gerade nach dem Kreismittelpunkt *I*, so steht diese auf dem Kreis und der Geraden *HI* senkrecht. Im Dreieck *KIO* ist somit der Winkel bei *I* ein rechter. Also ist das Quadrat über *HO* gleich der Summe der Quadrate über *HI* und *IO*. Und die Differenz der Quadrate über *HO* und *HI* ist gleich dem gesuchten Quadrat über *IO* (nach Euklid [*Elemente*], I, 47).

Daraus folgt, daß man, um bei allen Körpern *IO* zu bekommen, zuerst den Halbmesser *HI* der Grundfläche suchen muß. Man erhält aber diesen Halbmesser *HI*, wenn man die Seite der Figur kennt, die der Kreis umschließt. Um also den Radius der Grundfläche zu bekommen, muß man zuerst die Kante der einzelnen Körper suchen.

Nimmt man nun den Radius jeder Umkugel in der Größe des ganzen Sinus zu 1000 Teilen an (es genügt für unsere Zwecke diese Größe), so ist das Quadrat über der Würfelkante (nach Euklid [*Elemente*], XIII, 15) der dritte Teil des Quadrats über der Achse, so daß sich für die Würfelkante 1155 ergibt, wenn die Achse gleich 2000 ist. Das Quadrat über der Oktaëderkante (nach Euklid [*Elemente*], XIII, 14) ist die Hälfte des Quadrats über der Achse. Das Quadrat über der Tetraëderkante ist das ³⁄₂-fache des Quadrats über der Achse (ebenda 13). Bisher benützen wir jenen goldenen Satz des Pythagoras über die Quadrate der Seiten im rechtwinkligen Dreieck. Bei den beiden übrigen Körpern brauchen wir jenen zweiten Schatz der Geometrie, den goldenen Schnitt (Euklid [*Elemente*], VI, 30). Denn die Dodekaëderkante ist der größte Abschnitt der stetig geteilten Würfelkante (Euklid, [*Elemente*], XIII, 17, Zusatz). Zur Berechnung der Ikosaëderkante suchen wir zuerst den Radius [45] des Kreises, der durch

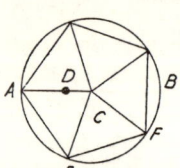

fünf Ikosaëderecken geht, das heißt die Strecke *AC* im Kreis *AB*. Ihr Quadrat ist der fünfte Teil des Quadrats über der Achse (Euklid [*Elemente*], XIII, 16, Zusatz). Nun (ebenda 5 und 9) ist der größere Abschnitt *AD* des stetig geteilten Halbmessers *AC* die Seite des Zehnecks, das dem Kreis *AB* einbeschrieben werden kann. Die Summe der Quadrate über dem ganzen Radius *AC* und über dem größeren Abschnitt *AD* ist gleich dem Quadrat über der Seite EF des Fünfecks in jenem Kreise (nach Euklid [*Elemente*], XIII, 10). Da diese zwei Ikosaëderecken verbindet, hat man damit die Kante des Ikosaëders (Euklid [*Elemente*], XIII, 11 und 16).

Wir haben somit die Kanten aller Körper in ihrem Verhältnis zur Achse der Umkugel. Nun müssen wir die Radien der Umkreise der Grundflächen aus den nun bekannten Kanten ausrechnen. Das macht jeder, der glaubt, es seien hier nicht die genauesten Werte notwendig, am leichtesten mit Hilfe der Sinusse. Wenn einer aber mehr kunstgerecht vorgehen will, so will ich ihm die Grundlage hiezu nach Euklid angeben. Es treten ja nur drei Formen von Grundflächen auf: Dreiecke, Vierecke, Fünfecke. Im Dreieck ist das Quadrat über der Seite *GH* dreimal so groß wie das Quadrat über dem gesuchten Radius *HI* (Euklid, [*Elemente*], XIII, 12); im Quadrat ist das Quadrat über der Seite doppelt so groß wie das Quadrat über dem gesuchten Radius. Im Fünfeck endlich ist die Summe der Quadrate über der Seite *GH* und der Diagonale *KH* (bekannte Stücke) fünfmal so groß wie das Quadrat über dem gesuchten Radius *HI* (Euklid, [*Elemente*], XIV, 4 nach Campanus). Wir haben somit die Radien der Umkreise der Grundflächen im Verhältnis zu den Kanten.

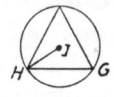
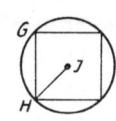
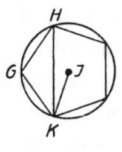

Zieht man nun die Quadrate über den Radien vom Quadrat des ganzen Sinus ab, der die Größe des Halbmessers der Umkugel angibt, so bleiben, wie oben bewiesen worden ist, die Quadrate der gesuchten Radien der Inkugeln. Bequemer und leichter jedoch wird man sich, wie gesagt, der Sinusse bedienen.

Aber auch andere Vereinfachungen darf man hier nicht übersehen, damit wir nicht allzu mühsam schaffen müssen. Zunächst haben die Inkugeln des Dodekaëders und des Ikosaëders denselben Durchmesser, wenn man die Körper derselben Kugel einbeschreibt. Denn die Grundflächen beider Körper haben denselben Radius (gemäß Euklid [*Elemente*], XIV, 2). Dasselbe gilt für Würfel und Oktaëder. Denn das Quadrat über der Achse des Würfels ist dreimal so groß wie das Quadrat über der Kante, und dieses zweimal so groß wie das Quadrat über dem Radius der Grundfläche. Also ist das Quadrat über der Achse sechsmal so groß wie das Quadrat über dem Radius der Grundfläche. Beim Oktaëder ist das Quadrat über der Achse doppelt so groß wie das Quadrat über der Kante und dieses dreimal so groß wie das Quadrat über dem Radius der Grundfläche. Also ist auch hier das Quadrat über der Achse sechsmal so groß wie das Quadrat über dem Radius. Da nach Voraussetzung der Radius *HO* (in Fig. 5) der Umkugeln derselbe ist, ebenso der Radius *HI* der Grundflächen, und der Winkel *HIO* stets ein Rechter ist, muß auch der Radius der Inkugeln, das ist die dritte Seite *OI*, die gleiche [46] sein (nach EUKLID [*Elemente*], I, 26). Hat man also die Inkugeln von Würfel und Ikosaëder, so braucht man für das Oktaëder und Dodekaëder nichts mehr zu rechnen.

Da sodann beim Würfel die Kante gleich der Höhe des Körpers ist, ist die halbe Kante gleich der halben Höhe, das heißt gleich der Strecke zwischen den Mittelpunkten des Körpers und einer Seitenfläche. Man braucht also den Radius der Grundfläche nicht zu berechnen.

Drittens sind die Höhen des Oktaëders und der Pyramide einander gleich, wenn die Kanten einander gleich sind.[1] Je größer die Kante der Pyramide, desto höher ist auch der Körper selber. Ebenso haben das Oktaëder und die Pyramide mit doppelter Kantenlänge dieselbe Inkugel. Denn

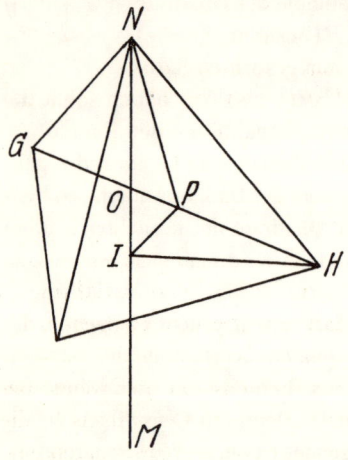

wenn man bei der Pyramide durch die Kantenmitten Schnitte legt, zerfällt sie in vier Pyramiden und ein Oktaëder mit der halben Kantenlänge. Keiner der vier Seitenflächen, die die Pyramide hat, wird von den abgeschnittenen kleineren Pyramiden der Mittelpunkt weggenommen, da dieser ja weit tiefer als die Schnittebene liegt; es bleibt also in dem ausgeschnittenen Oktaëder die Inkugel, die die vier alten Mittelpunkte und nach der Definition des regulären Körpers auch die vier neuen, die durch die Schnitte hinzukommen, gleichzeitig berührt. Ob man

also die Inkugel der Pyramide oder die des Oktaëders beziehungsweise des Würfels zuerst hat, immer bekommt man auch durch das Verhältnis der Kanten aufs einfachste die Größe der anderen Inkugel.

Hinzufügen möchte ich noch, was FRANÇOIS FOIX DE CANDALLE [in seiner Euklid-Ausgabe von 1566] und andere von den Körpern bereits bewiesen haben. Das Quadrat des Durchmessers *NM* der Umkugel des Tetraëders ist 4 ½ mal so groß wie das Quadrat über dem Radius *HI* der Grundfläche (nach EUKLID [*Elemente*], XIII, 13, Zusatz). Die Höhe oder das Lot *NI* des Tetraëders ist ⅔ vom Durchmesser *NM* und das Quadrat von *NI* ist ⅔ vom Quadrat der Kante *GH*. Der Radius *OI* der Inkugel der

Pyramide ist der vierte Teil des Lots *NI*, der dritte Teil vom Radius *NO*
der Umkugel, der sechste Teil des Durchmessers *NM* (Buch XIII, Satz 13,
Zusatz 3 in der Euklidausgabe von DE CANDALLE).

Kurz gesagt, es verhalten sich die Quadrate von *OI, IP, HP, HI, NO, NI,
NP, NH, NM* wie die Zahlen 1, 2, 6, 8, 9, 16, 18, 24, 36. Also:

Wenn der	Würfel			1155		und der	816½
Halbmesser	Tetraëder		so beträgt	1633		Halbmesser	943
der Umkugel	Dodekaëder	{	die Kanten-	714	}	des Umkreises	607
1000 beträgt	Ikosaëder		länge	1051		der Seiten-	607
beim	Oktaëder			1414		flächen	816½

		577	
		333	
und der Halbmesser	{	795	
der Inkugel		795	
		577	
		707	(Halbmesser des dem Oktaëder einbeschriebenen Kreises *NB*.)

[47]   14. KAPITEL

**Hauptzweck des Büchleins; astronomischer Beweis, daß die
fünf Körper zwischen den [Planeten-]Sphären liegen**

Wir wollen nun zu unserem Hauptgegenstand übergehen. Bekanntlich sind die Wege der Planeten [*via*] exzentrisch; die
Physiker sind daher der Ansicht, es komme den Sphären eine
so große Dicke zu, wie sie zur Erklärung der Veränderlichkeit der Bewegungen gefordert wird. Soweit stimmt unseren Gelehrten auch COPERNICUS zu.[1] Des weiteren aber zeigt sich ein nicht geringer Unterschied
in den Ansichten. Denn die Physiker sind der Meinung, es gebe von der
untersten Mondsphäre bis zur zehnten Sphäre nichts Leeres, nichts, was
nicht durch Sphären ausgefüllt wird; eine Sphäre soll immer die andere
berühren; die Innenseiten der obersten Sphäre falle zusammen mit der
Außenseite der nächst unteren. Wenn man sie beispielsweise fragt, welches der physische Ort des Mars sei, antworten sie: die Innenseite der
Jupitersphäre. Nach PTOLEMAIOS und der landläufigen Darstellung der

Fig. 6: Der wahre Abstand der Himmelssphären und der Zwischenräume
gemäß den Zahlen und der Lehre des COPERNICUS

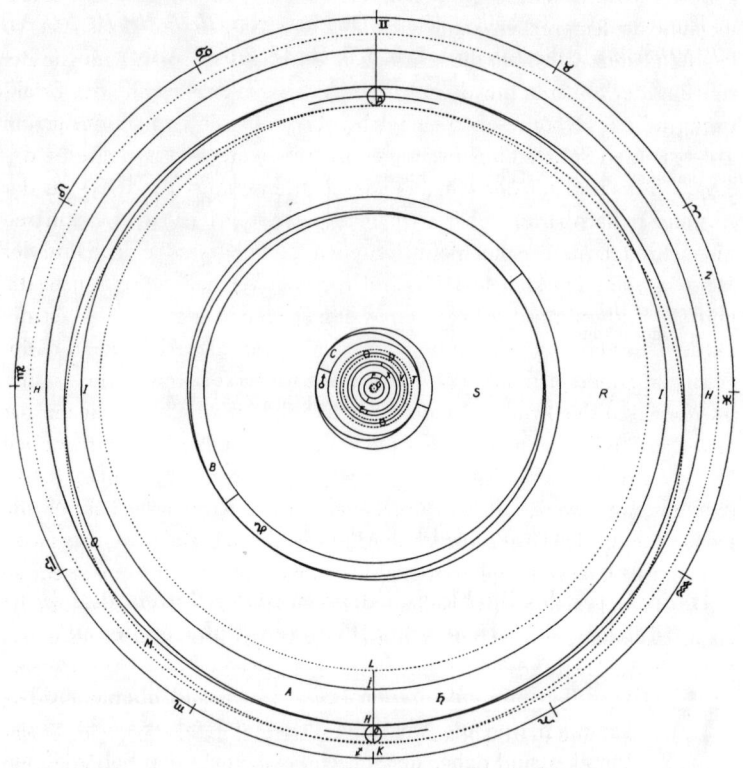

Der äußerste Kreis stellt den Tierkreis an der Fixsternsphäre dar; er ist um den Mittelpunkt der Welt
beschrieben, oder auch um den Mittelpunkt der Erdgroßsphäre oder auch der Erdkugel, da die ganze
Erdsphäre im Vergleich zu jenem Kreis verschwindend klein ist.

A ist das System des Saturns, dessen Mittelpunkt in den Mittelpunkt *G* der Erdsphäre fällt. *B* ist das System des Jupiters, *C* das des Mars. *D* ist der Kreis oder der konzentrische Weg des Mittelpunktes der Erdkugel um den Mittelpunkt *G*; ihm ist an zwei Stellen die kleine Mondsphäre hinzugefügt. Zwei punktierte
Kreise geben die Dicke der Erdsphäre an, wenn ihr die Mondsphäre hinzugefügt ist. *E* sind zwei Kreise,
die die Dicke des Venussystems abgrenzen; innerhalb der sich jegliche Veränderung in der Bewegung
dieses Planeten vollzieht. *F* ist der Raum zwischen zwei Kreisen, in dem sich sämtliche Veränderungen in
der Bewegung des Merkurs abspielen. *G* ist der Mittelpunkt aller Sphären, und nahe bei ihm befindet sich
der Sonnenkörper.

Die durch *O* und *P* gehenden Bögen sind Teile des Exzenterepizykels des Saturns. Die Kurve, die durch
Q sowie durch das Perigäum des im Apogäum *O* des Exzenters angebrachten Epizykels und durch das
Apogäum desselben im Perigäum *P* des Exzenters angebrachten Epizykels geht, ist der exzentrische Weg

Astronomie können sie diesen Standpunkt vertreten, weil daselbst keine Gelegenheit, keine Stütze zur Erforschung der Verhältnisse der Sphären geboten wird. Geradeso wie denen, die über das neue Indien schreiben, niemand widersprechen kann, der nicht jene Länder durchreist hat, so kann auch ein Astronom die schwachen Gründe der Physiker für die Berührung der Sphären nur dann widerlegen, wenn er mit Hilfe der Erfahrung und der Hypothesen, die er sich gebildet hat, in den Himmelsraum selber zu den Sphären hinausgesegelt ist. Schon aus den Hypothesen des COPERNICUS und aus der Annahme der Erdbewegung folgt, daß stets der Abstand benachbarter Sphären vielmal die Exzentrizität beider Sphären überschreitet. Als Beispiel hiefür führe ich die Sphären der Erde und der Venus an, die den kleinsten Abstand voneinander haben. Setzt man die mittlere Entfernung der Erde vom Weltmittelpunkt gleich 60, so ist die mittlere Entfernung der Venus 43 1/6, der Unterschied beträgt 16 5/6. Im Perigäum nähert sich die Erde der Venus um 2 1/2 Teile, die Venus kommt im Apogäum der Erde ebenfalls um 2 1/2 Teile entgegen, im ganzen hat man also 5 Teile. Der Abstand der beiden Körper ist demnach immer noch 12, wenn sie sich am nächsten kommen. Wenn jemand behauptet, dieser Zwischenraum werde durch die Deferenten der Knoten und durch die Kreise für die Erklärung der Änderung der Breiten ausgefüllt, so möge er bedenken, daß die Sphären, die diese Zwecke erfüllen, keineswegs so groß zu sein brauchen, daß sie jene so große Kluft ausfüllen, und daß die Natur nicht mit der ungeheuren Masse so großer Sphären zu belasten ist. Fürwahr, die Hypothesen des COPERNICUS sind doch alle so ausgeglichen, so geschickt, so trefflich ineinander greifend, daß wir irgendeine Sphäre, die über den Weg der Planeten hinausragte, zur Ermöglichung der Bewegungen wohl gar nicht brauchen. Allein es sei so, daß die Zwischenräume zwischen zwei Planeten durch diese Sphären ausgefüllt werden. Schauen

des Planeten, er ist kein Kreis, weicht aber von einem solchen nur unmerklich ab. *HI* ist der durch zwei konzentrische Kreise umschlossenen Raum, den der exzentrische Weg des Saturns für sich beansprucht. Die Kurve (sie ist fast ein Kreis), die durch *M* und durch das Perigäum des Epizykels in *O* sowie durch das Perigäum desselben Epizykels in *P* geht, ist der Exzenter, den PTOLEMAIOS den Äquanten nennt. *KL* ist der durch zwei punktierte Kreise umschlossene Raum, den der ganze Epizykel und jener Äquant benötigen. Der Planet geht nie über *H* hinaus, noch über *I* herein.

Durch ähnliche besondere Kreise sind die übrigen Sphären dargestellt zu denken; sie sind hier weggelassen, damit nicht durch eine Unzahl von Linien das Verständnis eher erschwert als erleichtert wird. Es genügen daher bei Jupiter und Mars ihre exzentrischen Wege und die zwei diese einfassenden konzentrischen Kreise, bei den anderen Planeten die beiden konzentrischen Kreise.

Was die Zwischenräume betrifft, so ist *R* der Raum für den Würfel, *S* für das Tetraëder, *T* für das Dodekaëder, *V* für das Ikosaëder und *X* für das Oktaëder. *N* ist der Raum zwischen Saturn und den Fixsternen; er ist gewissermaßen unendlich groß. [50]

wir bitte nach, wie sich das macht. Die Entfernung des Perigäums des Jupiters [48] und des Apogäums des Mars ist doppelt so groß wie die Entfernung des Mars vom Mittelpunkt der Welt (denn die Entfernung des Jupiters ist dreimal so groß wie die Entfernung des Mars). Und nun soll dieser ganze Raum, der doppelt so weit ist wie die Mars[sphäre], mit Ungeheuern von Sphären ausgefüllt werden, um kaum merkliche Bewegungsschwankungen in Länge und Breite eines winzigen Planeten darzustellen? Welch ein Fehler der Natur! Wie ungereimt und nutzlos wären sie! Wie wenig sind wir so etwas doch bei der Natur gewöhnt! Daraus ist zu ersehen [, wie sinnvoll es ist], daß nach COPERNICUS keine Sphäre von der anderen berührt wird, daß vielmehr ungeheure Zwischenräume zwischen den Systemen bleiben, die überall vom Himmelsäther erfüllt sind, jedoch keinem der angrenzenden Systeme zugehören. (In Fig. 6 sind die Größen der Sphären und der Zwischenräume im richtigen Verhältnis dargestellt, so wie sie von COPERNICUS zahlenmäßig angegeben werden.)

Da ich im Eingang meines Werkes mich erboten habe, die Ursachen, warum der allmächtige und allgütige Schöpfer immer zwischen zwei Planeten gerade einen so großen Zwischenraum gelassen hat, aus den fünf Körpern abzuleiten und zu zeigen, wieso die einzelnen Körper der Reihe nach die Zwischenräume bestimmen, wollen wir nun sehen, welch glücklicher Erfolg diesem Buch beschieden ist: wir wollen die Sache vor dem Richterstuhl der Astronomie zur Entscheidung bringen, COPERNICUS soll sie uns auslegen. Den Sphären selber lasse ich eine solche Dicke, wie sie durch den Auf- und Abstieg des Planeten gefordert wird; ob diese jedoch genügt, wird sich unten im Kapitel XXII zeigen. Wenn die Körper so eingeschaltet sind, wie ich gesagt habe, dann muß die Innenseite einer oberen Sphäre mit der Umkugel des Körpers, die Außenseite der nächst unteren Sphäre mit seiner Inkugel zusammenfallen; die Körper aber müssen in der Reihenfolge genommen werden, die ich oben aus inneren Gründen festgesetzt habe. Also:

Wenn die unterste Sphäre des	Saturn Jupiter Mars Venus Merkur	1000 Teile beträgt, muß die oberste betragen beim	Jupiter 577 Mars 333 Erde 795 Venus 795 Merkur 577 oder 707	Nach COPERNICUS ist sie aber (De revolutionibus, Buch V)	635 Kapitel 9 333 Kapitel 14 757 Kapitel 19 704 Kapitel 21 und 22 723 Kapitel 27

Wenn man zur Dicke der Erdsphäre das Mondsystem hinzurechnet und also für die Innenseite der Sphäre der Erde und des Mondes 1000 setzt, so ist die Außenseite der Venussphäre nach Copernicus 847. Die Außenseite der Erdsphäre mit Mond beträgt 801, wenn für die Innenseite der Marssphäre 1000 gesetzt wird. Ich bitte hier immer wieder die Tafel 3 anzuschauen, die ich diesem Buch vorangestellt habe, wo die Einschaltung der Körper dargestellt ist.

Und nun siehe, wie entsprechende Zahlen einander nahekommen.[2] Bei Mars und Venus sind sie einander gleich. Bei Erde und Merkur nicht so sehr von einander verschieden[3]; nur bei Jupiter gehen sie stark auseinander, was aber bei der ungeheuren Entfernung niemand wundern kann. Man sieht auch, welch großen Unterschied bei Mars und Venus die kleine Mondsphäre ausmacht, wenn man ihn der Dicke der Erdsphäre hinzurechnet, obwohl dieses Sphärchen kaum drei Teile beträgt, wenn die Erdsphäre gleich 60 gesetzt wird [49].[4]

[50] Daraus ist zu ersehen, wie leicht man es gemerkt hätte und welch große Unstimmigkeit in den Zahlen aufgetreten wäre, wenn unser Versuch sich gegen die Natur des Himmels gerichtet hätte, das heißt wenn Gott selbst bei der Erschaffung nicht auf diese Verhältniszahlen Rücksicht genommen hätte. Sicherlich kann es kein Zufall sein, daß die Verhältniszahlen der Körper diesen Intervallen so nahe entsprechen, und zwar hauptsächlich deshalb, weil die Zwischenräume in derselben Reihenfolge auftreten, die ich oben aus den besten inneren Gründen den Körpern zugewiesen habe (siehe Kapitel III). Denn wenn auch 635 von 577 verschieden ist, so kommt jene Zahl doch keiner näher als gerade dieser.

15. Kapitel

Die Verbesserung der Entfernungen und der Unterschied der Prosthaphäresen

Um dir, lieber Leser, keinen Anlaß zu geben, das ganze Geschäft wegen einer leichten Unstimmigkeit zu verwerfen, mußt du daran erinnert werden – und das will ich in aller Form tun –, daß das Unternehmen des Copernicus sich nicht auf die Kosmographie, sondern auf die Astronomie bezieht, das heißt: er macht sich wenig daraus, ob er im richtigen Ansatz der Verhältniszahlen einen Fehler begeht, wenn es ihm nur gelingt, aufgrund der Beobachtungen Zahlen festzustellen, die möglichst geeignet sind zur Beschreibung der Bewegungen und zur Berechnung der Planetenörter. Wenn aber jemand geeignetere Zahlen anzugeben versucht und die copernicanischen Zahlen so verbessert, daß er die Prostaphäresen nicht oder nur wenig anders ansetzt, so wird ihm das von Copernicus gerne zugestanden.

Um nun an unser Werk die letzte Hand anzulegen und klarzumachen, was und wieviel sich bei den einzelnen Planeten in der Parallaxe der Erdsphäre ändert, will ich eine neue Welt aufbauen. Da die Gelehrten zunächst das Verhältnis der Exzentrizität zum Sphärenhalbmesser erforscht haben, so wird sich, wenn sich durch Einschaltung der Körper in den längsten und kürzesten Abstand der Sphäre vom Weltmittelpunkt etwas ändert, dies in entsprechender Weise bei der Exzentrizität bemerkbar machen. Den Ausgangspunkt wird bilden die größte Entfernung der Erde nach oben hin und die kürzeste nach unten hin, gegen den Mittelpunkt zu.

Vor allem aber sind die Zahlen des Copernicus als ungültig zu erweisen und im besonderen unserer Aufgabe anzupassen. Denn wenn dieser auch zweifellos den Mittelpunkt der Welt in den Sonnenkörper verlegte, so hat er doch, um die Rechnung abzukürzen und seine eifrigen Leser nicht durch allzu große Abweichung von Ptolemaios zu verwirren, die größten und kleinsten Entfernungen aller Planeten und ihrer Örter im Tierkreis (die den Namen Apogäum und Perigäum behielten) nicht vom Sonnenmittelpunkt aus berechnet, sondern vom Mittelpunkt der Erdsphäre aus, als ob dieser der Mittelpunkt des Alls wäre, während er doch [51] von der Sonne um einen Betrag gleich der jeweiligen größten Exzentrizität der Erde (beziehungsweise der Sonne) entfernt ist.[1] Wollte ich diese Zahlen bei dem gegenwärtigen Unternehmen beibehalten, so würde sich ein Übelstand ergeben; entweder würde bei der Einschaltung ein Fehler begangen werden, insofern die Erdsphäre körperlich oder wenigstens flächenhaft ausgedehnt gerechnet wird, wie aus Fig. 6 zu ersehen ist, oder dürfte ich der Erdsphäre im Gegensatz zu den anderen Planeten keine Dicke lassen. Die Mittelpunkte der Seitenflächen des Dodekaëders und die Ikosaëderecken würden dann auf derselben Kugelfläche liegen, die ganze Welt würde so enger aussehen und wäre weit mehr zusammengedrängt, als unsere Kenntnis der Bewegungen und die Beobachtungen zulassen. Als ich diese quälende Schwierigkeit Michael Mästlin, meinem hochberühmten Lehrer, eröffnete und ihn bat, ob er nicht meine Aufstellungen prüfen wolle, nahm dieser in unverhoffter Hilfsbereitschaft diese Arbeit auf sich; er berechnete nicht nur aus den *Prutenischen Tafeln* die Planetenabstände neu, sondern verfertigte auch beistehende Figuren (7 und 8).

Er nahm mir, der ich damals durch vielerlei Beschäftigungen abgespannt war, damit eine große, schwierige und beschwerliche Arbeit ab. Ich veröffentliche mit Erlaubnis ihres Verfassers diese Figuren für dich, lieber Leser, und empfehle sie deiner Beachtung. Denn sie können dir nicht nur bei dem gegenwärtigen Unternehmen nützen, sie werden auch den so verwickelten Knoten vor deinen Augen lösen und dich so gleichsam an der Hand in das Allerheiligste der *Prutenischen Tafeln* und der copernicanischen Lehre führen. Es ist eine Freude, daraus zu erfahren, wie die verschiedenen Apsiden der Planeten in verschiedene Örter des Tierkreises fallen, was bei der Venus einen Unterschied von mehr als dreißig Grad ausmacht. Denn ihr Apogäum ist im Stier und in den Zwillingen, ihr Aphel im Steinbock und im Wassermann. Auch ist daraus zu ersehen, daß die Entfernungen von der Sonne ganz anders ausfallen als vom Mittelpunkt der Erdsphäre. Dieser Unterschied ist am größten beim Saturn, weil die ganze Exzentrizität der Erde zum Abstand hinzukommt. Beim Jupiter ändert sich wenig, weil dieser nicht wie Saturn in der Gegend der Sonne seine größte Höhe erreicht, sondern in der Waage, wo er ungefähr gleich weit vom Mittelpunkt der Sonne und der Erdgroßsphäre entfernt ist. Weiter geben die Figuren eine augenfällige Erklärung dessen, was Copernicus (*De revolutionibus*, Buch V, Kapitel 4, 16 und 22 gegen Schluß) über den Zusammenhang zwischen den Änderungen der Exzentrizität des Mars und der Venus einerseits und der Erde andererseits ganz kurz angedeutet, Rhaeticus in seiner *Narratio prima* ausführlicher behandelt. Noch etwas anderes lehren uns diese Figuren; das will ich aber aufschieben, weil es sich besser an anderer Stelle sagen läßt. Nun zur Sache! Ich will eine vierfache Zahlenreihe aufstellen! In der ersten Reihe stehen die Entfernungen der Planeten vom Mittelpunkt der Erdgroßsphäre, wie sie aufgrund der copernicanischen Lehre und der *Prutenischen Tafeln* einfach und ohne Änderung gewonnen werden. In der zweiten Reihe stehen die Entfernungen der Sphären vom Mittelpunkt der Sonne, die sich aus Copernicus nach der Besichtigung der Zahlen ergeben, auf die hin wir

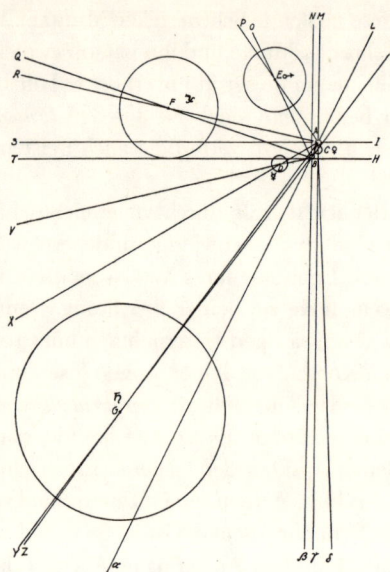

Die Sonne in A ist der Mittelpunkt der Welt.

Der kleine Kreis bei *B* ist der Exzentrizitätskreis der Erdsphäre. Auf seinem äußern Rand, das heißt an einem von der Sonne weiter entfernten Ort lag zur Zeit des PTOLEMAIOS der Mittelpunkt der exzentrischen Erdsphäre; zur Zeit des COPERNICUS aber lag dieser näher zur Sonne. Damit ist gesagt, daß die Exzentrizität der Erdsphäre im ersteren Fall nahezu ihren größten, im letzteren nahezu ihren kleinsten Wert besaß. Den einen Fall zeigt Figur 7, den andern Figur 8.

Die Strecke *AB* (Fig. 7) mißt 4170, wenn der Halbmesser der Erdsphäre gleich 100000 gesetzt wird. Somit ist die größte Entfernung der Erde von der Sonne 104170, die kleinste 95830. In Figur 8 jedoch besitzt jene Exzentrizität *AB* nahezu ihren kleinsten Wert 32195.

C ist der kleine Exzentrizitätskreis der Venus. Dessen Halbmesser beträgt 1040; die Exzentrizität BC des Mittelpunktes dieses Kreises vom Mittelpunkt *B* der Erdsphäre beträgt 3120; *AC* ist gleich 1262. Also ist die größte Entfernung der Venus von der Sonne 74232, die kleinste 69628.

D ist der Mittelpunkt des Exzentrizitätskreises des Merkurs. Sein Halbmesser ist im selben Maß wie oben 2114½, seine Exzentrizität *DB* vom Mittelpunkt der Erdsphäre 7345½; seine Exzentrizität *DA* aber von der Sonne beträgt 10270. Daher ist die größte Entfernung des Merkurs von der Sonne 48114½, die kleinste 23345½.

E ist der Mittelpunkt des kleinen Exzentrizitätskreises des Mars. Sein Halbmesser beträgt 7602½ und die Exzentrizität *BE* vom Mittelpunkt der Erdsphäre 22870½; *AE* jedoch, die Exzentrizität von der Sonne, beträgt 20432. Daher ist die größte Entfernung des Mars von der Sonne 164789, die kleinste 139300.

F ist der Mittelpunkt des kleinen Exzentrizitätskreises des Jupiters. Sein Halbmesser beträgt 12000, seine Exzentrizität *BF* von B 36000. AF dagegen ist 36656. Die größte Entfernung des Jupiters von der Sonne beträgt also 549256, die kleinste 499944.

[53] *G* ist der Mittelpunkt des kleinen Exzentrizitätskreises des Saturns. Sein Halbmesser beträgt

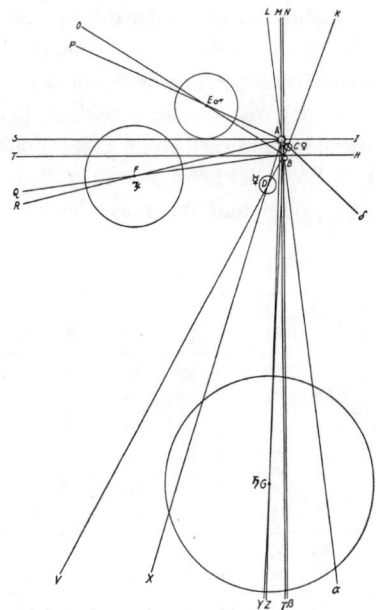

[53] Fig. 8: Dasselbe zur Zeit des Copernicus, etwa im Jahre 1525 n.Chr.

26 075. *BG* mißt 78 225 und *AG* 82 290. Die größte Entfernung des Saturns von der Sonne beträgt 998 740, die kleinste 834 60.

Die Gerade *HBT* ist die Äquinoktiallinie hinsichtlich der Erde, *IAS* hinsichtlich der Sonne; ebenso ist die Gerade *NBβ* die Solstitiallinie hinsichtlich der Erde, *MAγ* hinsichtlich der Sonne.

zur Zeit des Ptolemaios				des Copernicus	
Apogäum von					
Saturn	BCY in	23°	im Skorpion	27° 42'	im Schützen
Jupiter	BFQ in	11.	in der Jungfrau	6° 21'	in der Waage
Mars	BEÖ in	25. 30'	im Krebs	27°	im Löwen
Venus	BCK in	25.	im Stier	15° 44'	in den Zwillingen
Merkur	BCK in	10.	in der Waage	28° 30'	im Skorpion
Sonne	BAL in	6. 8'	im Krebs	6° 40'	im Krebs

zur Zeit des Ptolemaios				des Copernicus	
Aphel von					
Saturn	AGZ in	23° 409	im Skorpion	28° 39	im Schützen
Jupiter	AFR in	17. 31.	in der Jungfrau	11. 30.	in der Waage
Mars	AET in	4. 27.	im Löwen	4. 21.	in der Jungfrau
Venus	ACS in	4. 39.	im Steinbock	19. 48.	im Wassermann
Merkur	ACX in	29. 42.	in der Waage	13. 40.	im Schützen
Sonne	ABα in	6. 8.	im Schützen	6. 40.	im Steinbock

71

eben die Figuren betrachtet haben. In der dritten und vierten Reihe stehen wiederum die Entfernungen der Planeten von der Sonne, wie sie sich aus der Einschaltung der Körper ergeben. Und zwar beruht die dritte Kraft auf jener Struktur der Welt, die zur Grundlage [51/54] die einfache Dicke der Erdsphäre ohne Berücksichtigung des Mondbereichs hat. Die vierte endlich setzt die Dicke der Erdsphäre so groß an, daß sie den Halbmesser der Mondsphäre oben und unten überdeckt.*

	Entfernung	°	′	″	°	′	″	°	′	″	°	′	″
Saturn	größte	9	42	0	9	59	15	10	35	56	11	18	16
	kleinste	8	39	0	8	20	30	8	51	8	9	26	26
Jupiter	größte	5	27	29	5	29	33	5	6	39	5	27	2
	kleinste	4	58	49	4	59	58	4	39	8	4	57	38
Mars	größte	1	39	56	1	38	52	1	33	2	1	39	13
	kleinste	1	22	26	1	23	35	1	18	39	1	23	52
Erde	größte	1	0	0	1	2	30	1	2	30	1	6	6
	kleinste	1	0	0	0	57	30	0	57	30	0	53	54
Venus	größte	0	45	40	0	44	29	0	45	41	0	42	50
	kleinste	0	40	40	0	41	47	0	42	55	0	40	14
Merkur	größte	0	29	24	0	29	19	0	30	21	0	28	27
	kleinste	0	18	2	0	14	0	0	14	0	0	13	7
Sonne	größte	0	2	30	0	0	0	0	0	0	0	0	0
	kleinste	0	1	56	0	0	0	0	0	0	0	0	0

Das über die Abstände. Nun will ich noch eine kleine Tabelle mit Winkeln hinzufügen. Diese entsprechen den Sinussen, die entweder durch die größte Entfernung von Venus und Merkur bestimmt werden, wenn die mittlere Entfernung der Erde gleich dem ganzen Sinus ist, oder durch die mittlere Entfernung der Erde, wenn die größten Entfernungen der oberen Planeten gleich dem ganzen Sinus gesetzt werden. Von diesen Winkeln kommen die ersteren ganz nahe den größten Elongationen der Venus und des Merkurs von der Sonne, die letzteren den Prosthaphäresen des Saturns, Jupiters und Mars in den Apogäen. In der ersten Reihe stehen die Winkel, die sich unter Ausschluß des Mondes aus den regulären

* [In der folgenden Tabelle verwendet Kepler Sexagesimalbrüche (die Dezimalbrüche kamen eben erst in jener Zeit auf). Als Bezugseinheit ist die mittlere Entfernung der Erde von der Sonne genommen. Zur Fehlerhaftigkeit der Tabelle sowie zu Fig. 7/8 generell siehe M. Caspar 1938: 426–429, der eine Tabelle mit den richtigen Werten liefert.]

Körpern ergeben, in der zweiten die Winkel, die sich aus den copernicanischen Abständen von der Sonne ergeben, in der dritten endlich die
Winkel, die sich aus den Körpern ergeben, wenn man den Mond zur Erde
hinzurechnet. Zwischenhinein sind immer die Differenzen angegeben.

	°	′	°	′	°	′	°	′	°	′
Saturn	5	25	− 0	20	5	45	− 0	41	5	4
Jupiter	10	17	− 0	12	10	29	− 0	6	10	23
Mars	40	9	+ 2	47	37	22	+ 0	30	37	52
Venus	49	36	+ 1	45	47	51	− 2	18	45	33
Merkur	30	23	+ 1	4	29	19	− 1	1	28	18

[55]   16. Kapitel

**Eine besondere Bemerkung über den Mond sowie über die
stoffliche Beschaffenheit der Körper und der Sphären**

So klein die Mondsphäre auch ist, so bereitet sie doch keine kleine
Schwierigkeit. Es ist daher Zeit, einiges über den Mond auszuführen. Ich beginne ohne Umschweife, dir, lieber Leser, aufrichtig meine Absicht mitteilen, daß ich denjenigen Zahlen zu folgen gesonnen bin,
die am besten in meinen Plan passen. Wenn die Einschaltung des Mondes
die Zahlen und Winkel des Copernicus besser wiedergibt, so werde ich
sagen, man muß das Mondsystem der Dicke der Erdbahn hinzurechnen;
wenn aber die Ausschaltung des Mondes eine bessere Übereinstimmung
mit Copernicus bewirkt, so werde ich ebenfalls sagen, die Erdsphäre ist
nicht ringsum so dick, daß sie den Mondhimmel überdeckt; bisweilen
wird die ganze Hälfte der Mondsphäre außerhalb oder innerhalb der Erdsphäre hinausragen, bisweilen und zwar meistens, ein kleinerer Teil als
die ganze Hälfte, je nachdem der Erdkörper, der Mittelpunkt der Mondsphäre, sich längs der Breite seiner Sphäre auswärts oder einwärts bewegt.
Und ich kann wirklich nicht sagen, nach welcher Seite sich die kosmogra-
phischen oder auch metaphysischen Grundsätze mehr neigen.[1] Einerseits
scheint es die Ebenmäßigkeit zu verlangen, es so einzurichten, daß am
Himmel nicht irgendeine Sphäre auftritt, die eine solche Ausbeulung besitzt, die aussieht wie ein Edelstein an einem Ring, und die dadurch, daß

sie vorsteht, die vollkommene Rundung der Sphäre verliert.[2] Andererseits, was soll man bei der Gestalt der Erdsphäre auf den Mond Rücksicht nehmen, der doch nicht im selben Sinn zur Erdsphäre gehört, wie die Hin- und Herbewegungen der Planeten (die physikalisch am zweckmäßigsten durch Epizykel erklärt werden), wie also diese Epizykel zu den Planetensphären gehören? Denn die Erde ist es, der die dritte Sphäre von der Sonne aus zugehört, sie steuert auf ihr zwischen den anderen Planeten um die Sonne herum, sie führt hierbei ihre Bewegungsänderungen aus sich heraus mit Hilfe ihrer Epizykel aus, ohne sich der Dienstleistungen des Mondes zu bedienen, ganz wie COPERNICUS lehrt. Der Mond aber hat sein winziges Häuslein um die Erde herum sozusagen auf Widerruf gepachtet bekommen. Der Mond folgt oder vielmehr wird gezogen, wohin die Erde und mit welchen Bewegungsänderungen auch immer sie ihren Weg nimmt. Denke dir die Erde ruhend, und der Mond wird niemals seinen Weg um die Sonne finden, geschweige denn sie tatsächlich umkreisen. Er läuft hierhin, dorthin, eingeschlossen in dem engen Raum um die Erde herum, als Diener sorgt er ihr für Licht und Feuchtigkeit; er ist wie ein Haushofmeister, der immer um seinen Herrn ist, oder wie Leute, die auf einem Schiff hin- und hergehen. Wenn diese sich auch müde laufen, so kommen sie doch auf ihrer Reise nicht von sich aus voran. Die starke Kraft des Wassers bewegt sie, die nicht wissen, wohin es geht, weiter, auch wenn sie selber ruhen. Und wie der Mond von der Erdsphäre Raum und Bewegung zugewiesen erhalten hat, so hat er auch sonst vieles mitbekommen, was auf der Erdkugel zu finden ist[3]: Kontinente, Meere, Berge, Luft oder etwas diesen Dingen irgendwie [56] Entsprechendes. Das mutmaßt MÄSTLIN aus vielen Gründen, und auch ich habe meine Gründe hiefür. Schon allein deswegen spricht die größere Wahrscheinlichkeit für COPERNICUS, der Ort und Bewegung dieser beiden Himmelskörper miteinander verbindet. Sicherlich hat, so scheint es mir schließlich, der Schöpfer in seiner Menschenfreundlichkeit die Erde mit dieser Mondsphäre umgeben, weil er ihr eine ähnliche Stellung wie der Sonne zuweisen wollte; wenn sie der Mittelpunkt irgendeiner Sphäre wäre (wie die Sonne Mittelpunkt aller Sphären ist), so wäre es möglich, sie für eine Sonne zu halten, und deswegen ist sie auch sozusagen für den gemeinsamen Mittelpunkt des Alls allgemein gehalten worden.

Um noch einmal mit Allegorien zu spielen, möchte ich sagen: Es ist der Mensch etwas wie Gott in der Welt, und seine Wohnstätte ist die

Erde, wie Gottes Wohnstätte, wenn sie körperlich ist, die Sonne ist, jenes unzugängliche Licht. Wie der Mensch Gott, so muß die Erde der Sonne entsprechen. Beweis dessen ist das nahezu gleiche Verhältnis, in dem die Erdkugel zur Mondsphäre und die Sonnenkugel zur mittleren Entfernung des Merkurs von der Sonne steht.[4]

Wir brauchen aber nicht zu fürchten, daß die Mondsphäre durch die Ausmaße der benachbarten Körper zusammengepreßt und zerdrückt wird, wenn sie nicht in der Erdsphäre selber geborgen und eingeschlossen ist. Denn es wäre töricht und ungeheuerlich, diese Körper mit einer Art Stoff auszustatten, der einen anderen Körper den Durchgang verwehrte, und sie so an den Himmel zu versetzen. In der Tat scheuen sich viele nicht, zu bezweifeln, ob es überhaupt am Himmel derartige stahlharte Sphären gibt, und fragen sich, ob nicht vielmehr die Sterne durch eine gewisse göttliche Kraft, frei von den Fesseln der Sphären, über die himmlischen Gefilde hin und durch den Himmelsäther getragen werden, wobei der Lauf durch eine Einsicht in die geometrischen Verhältnisse geregelt würde.[5] In der Tat macht kein Gewicht die Schritte des bewegten Gestirns unsicher und schwankend, so daß es dadurch einmal von seiner Kreisbahn abgelenkt würde. Denn kein Punkt, kein Mittelpunkt ist schwer.[6] Dem Mittelpunkt aber folgt alles, was die gleiche Natur wie der Körper besitzt. Und der Mittelpunkt erlangt nicht dadurch Gewicht, daß er andere Dinge an sich zieht oder diese auf ihn zustreben, ebenso wenig wie der Magnet dann schwerer wird, wenn er das Eisen anzieht.[7] Aber, durch welchen Hebel, durch welche Ketten, durch welches eherne Band am Himmel wird unsere Erde, der wir unbedingt mit Copernicus eine Bewegung zuschreiben, in ihrer Sphäre festgehalten? Nun, durch die Luft, die (gegoren und mit Dämpfen vermischt) von uns Menschen allen, die wir rings die Oberfläche der Erde bewohnen, eingeatmet wird, die wir mit der Hand, mit dem Körper durchdringen, ohne sie wegschieben oder beseitigen zu können; denn sie vermittelt ja die Einflüsse der Gestirne auf die Körper.[8] Doch warum so viele Worte! Wenn das Mondsphärchen auch über die Erdsphäre hinausragt, welcher Teil des Dodekaëders oder Ikosaëders ist es dann, der ihm den Durchgang verwehren könnte? Du hast oben Kapitel XI, wo wir die Tierkreisebene mit diesen zwei Körpern zum Schnitt gebracht haben, gesehen, daß keine Ecke, kein Mittelpunkt einer Seitenfläche in den Weg tritt, daß vielmehr als Schnittfigur beiderseits ein Zehneck auftritt, in dem das Lot vom Mittelpunkt auf die Seite [57] beim

Dodekaëder viel größer als der Radius der Inkugel, beim Ikosaëder viel kleiner als der Radius der Umkugel ist; ja diese Lote sind so bemessen, daß nicht nur jenes Mondhimmelchen [-sphärchen], sondern etwas noch viel größeres über die Erdsphäre Hinausragendes auf dem Weg zwischen jenen Zehnecken hindurchgehen könnte. Wenn man aber auch das alles an seinem Platze läßt, wird dadurch die Sache nicht schlimmer. Du siehst nämlich, wie nahe außer bei der Venus durch die Einschaltung des Mondes die Winkel den aus den Sinussen berechneten copernicanischen Zahlen kommen.

17. KAPITEL

Eine weitere Bemerkung zum Merkur

Darüber wirst du dich nicht mehr wundern, daß ich versprochen habe, die Planeten den Körpern selber einzubeschreiben, und dann doch den Merkur nicht dem Oktaëder einbeschrieben, sondern ihm eine Abweichung gestattet habe, indem ich ihn auf einem Kreis herumführe, der über die Inkugel hinausragt und den Umfang des Oktaëderquadrats berührt. Denn oben Kapitel XIII und XIV habe ich statt der Zahl 577 der Inkugel die Zahl 707 genommen, die dem Inkreis des Quadrats entspricht. Den Grund hiefür will ich sogleich angeben. Fürs erste konnte seine größere Digression von der Sonne so enge Schranken nicht dulden; sodann hat das Oktaëder unter den Körpern und die Bewegung des Merkurs unter den Planeten etwas Besonderes, etwas, was diesen beiden gemeinsam ist. Denn bloß beim Oktaëder tritt, wenn es auf eine Ecke gestellt wird, der Fall ein, daß das aus den senkrechten Kanten gebildete Quadrat in einem Kreis, dessen Radius größer ist als der der Inkugel, einen Weg darbietet, auf dem man immer herumgehen kann. Das tritt bei keinem anderen Körper ein, wie man ihn auch wenden mag. Denn immer treten störend Kanten auf, die sich dazwischenstellen.

In der nebenstehenden Figur sind die vier äußeren Strecken die vier Mittellote von ebenso vielen Seitenflächen des Oktaëders. *R, I, T, V* sind die Mittelpunkte dieser Seitenflächen, die die Weite der Inkugel bestimmen, von der man in der Figur einen größeren Kreis sieht. Denkt man

sich diese Kugel um die Strecke zwischen den
Punkten *X* und *H*, zwei Ecken des Körpers, gedreht, so trifft sie bei dem Punkte *P*, der um
einen Viertelkreis von den Polen entfernt ist,
eine Weite des Körpers an, die größer ist als der
Halbmesser *OI* oder *OP* der Inkugel, nämlich
OQ. Der Unterschied ist *PQ*. So groß ist nun der
Halbmesser des Kreises, der wie der Horizont
bei einer Armillarsphäre über die Inkugel hin-

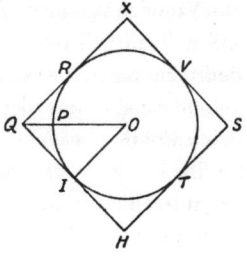

ausgeht, und auf dem man innen im Oktaëder herumgehen kann. *Q* und
S nämlich sind die Mittelpunkte zweier Kanten, daher der Inkugel nächst
benachbart.

[58] Ja, wenn man sich einen beseelten Planeten denkt und ihm be-
fiehlt, er solle innen im Oktaëder herumlaufen und dabei zwei Ecken als
Pole und den Umfang der Inkugel als Kreisbahn [*curriculum*] einhalten,
bei Gott, es wäre nicht verwunderlich, wenn er, angelockt durch jenen
Quadratumfang, auf dem ihm ringsum nirgends Grenzsteine in den Weg
treten, wie der bekannte Phaeton einmal ein
wenig abweichen würde, bis er auf eine Kante
trifft und von dieser abgestoßen wird. Ich sage
das nur im Spaß, Meister der Astronomie sagen
im Ernst, daß das bei Merkur der Fall sei. Denn
während alle übrigen Planeten bei ihren Um-

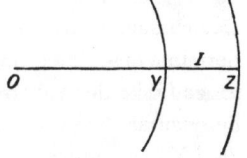

wälzungen immer Kreise von demselben Umfang beschreiben (um wie
viel sie sich auf der einen Seite von der Sonne entfernen, um soviel nähert
sich auf der anderen Seite ihr Weg der Sonne), wurde allein dem Merkur
von den ›Weltbaumeistern‹ die Eigentümlichkeit zugeschrieben, daß er
einmal einen größeren, einmal einen kleineren Kreis beschreibt, und diese Eigentümlichkeit besitzt er als ein Privileg.[1] Man behauptet nämlich, er
nähere sich und entferne sich vom Mittelpunkt seiner Sphäre *O* auf einer
geraden Linie *YZ*, wobei der Halbmesser *OY* einen viel kleineren Kreis
beschreibt als *OZ*. Die anderen Ungleichheiten der Bewegung hat er alle
mit den anderen Planeten gemeinsam, und keine von ihnen ändert sich
mit dieser besonderen Abweichung. Und während die Exzentrizitäten aller übrigen Planeten, wenn schon nicht proportional, so doch in einer
Weise abnehmen, daß immer die kleinere Sphäre die kleinere Exzentrizität besitzt, hat nur Merkur eine ungeheuer große[2], nämlich die zehnfache

der Venus, während er doch als unterer Planet sogar eine kleinere haben sollte. Wenn ich nun auch jene besondere Ungleichheit noch nicht mit dem Unterschied des Kreises im Quadrat von der Inkugel in Einklang gebracht habe und diese so, wie sie die Astronomen angeben, vielleicht damit überhaupt nicht vollständig in Einklang gebracht werden kann, so zweifle ich doch keineswegs, daß der Schöpfer bei den dem Merkur zu erteilenden Bewegungen die Vorschrift dieser Figur berücksichtigt hat. Um so göttlicher erscheint mir immer mehr nicht nur die Astronomie sondern auch die Lehren des COPERNICUS und diese fünf Körper.

Andere, die Lust dazu haben, mögen auch die Ursachen der übrigen Exzentrizitäten aus den entsprechenden Körpern ableiten. Da nämlich auch diese Abweichungen nicht aufs Geratewohl und ohne einen Grund gerade in dieser Größe von Gott den einzelnen Planeten zugemessen worden sind, so darf man an der Forschung dieser Ursachen nicht verzweifeln.[3]

Im übrigen könnte man, um die Abweichung des Merkurs dem Oktaëder anzupassen, auch folgendermaßen vorgehen. Nimmt man das Verhältnis der Exzentrizität des Merkurs zur mittleren Entfernung von der Sonne als sicher an, so ist, da nach COPERNICUS (siehe Fig. 7 und 8) die längste Entfernung 488 beträgt, die kürzeste 231, die mittlere also 360 und die ganze Dicke der Sphäre 257. Diese Dicke nun wäre proportional zu verbessern; da dem Oktaëderkreis statt der copernicanischen Zahl 488 nur die Zahl 474 zukommt, so wäre die Dicke nach diesem Verhältnis 250 und die verbesserte mittlere Entfernung 349. Und nun siehe, was die Inkugel im Oktaëder ermöglicht; ihre Zahl ist 387. Der Unterschied von 387, der größten Entfernung auf der Kugel gemessen, und der mittleren Entfernung 349 ist 38, das Doppelte ist 76; das wäre die Dicke der Sphäre, nach Art der übrigen Planeten berechnet; sie ist noch größer als bei der Venus, aber doch nicht so arg groß. Die übrige Differenz zwischen der größten Entfernung auf der Kugel, [59] nämlich 387, und der größten Entfernung des Oktaëderkreises 474, die 87 beträgt, kommt der besonderen Abweichung des Merkurs zu. Ob dieser Versuch zu verwerfen oder mit der angenommenen Form der Bewegungen des Merkurs in Einklang zu bringen ist oder ob ein neues Verfahren zur Bestimmung der Bewegungen eingeschlagen werden sollte, darüber mögen die Astronomen nachdenken. Die Fehler bei diesem Gestirn sind ja noch nicht so gründlich erforscht, daß seine Sphäre nicht verbesserungswürdig wäre.

18. Kapitel

Über die Unstimmigkeit der aus den Körpern berechneten Prosthasphäresen gegenüber den copernicanischen Zahlen im allgemeinen und über die Genauigkeit der Astronomie

Als oben in Kapitel 14 und 15 die Zahlen, die Copernicus für die Entfernungen überliefert hat und die von den aus den Körpern berechneten abweichen, meine Aufstellungen fast als unrichtig zu erweisen drohten, habe ich an die Prosthasphäresen in den Apogäen appelliert; ich habe auch nicht um Verurteilung gebeten für den Fall, daß meine Zahlen von den copernicanischen etwas abweichen. Nachdem ich nun aber am Ende des XV. Kapitels die Winkel, die den aus den Elongationen von der Sonne berechneten Prosthasphäresen entsprechen, gleichsam als Zeugen vor dieses Gericht gestellt hatte, schienen diese umgekehrt mich abführen zu wollen. Denn keiner der Planeten hielt den ihm von Copernicus zugewiesenen Winkel ein. Dem Saturn nahm ich 41 Minuten, dem Jupiter 6 Minuten weg, dem Mars setzte ich 30 Minuten zu, der Venus nahm ich den riesigen Betrag von 2 Grad und 18 Minuten und dem Mars 61 Minuten. Nun werden jene, die alles genauer geprüft haben wollen, glauben, alle meine Mühe sei vergeblich, da die aufgrund der Körper durchgeführte Rechnung mit den Lehren des Copernicus und seinen Zahlen nicht auf den Tupfen übereinstimmt. Wenn ich darauf nichts erwidere, habe ich nach meinem eigenen Urteil die Sache verloren. Den Physikern zwar oder den Kosmographen – und die Rolle eines solchen spiele ich in meinem Büchlein – schulde ich bezüglich dieser Differenz keine Rechenschaft. Denn wenn sie auch die Beweismittel für ihre Lehren von den Astronomen entlehnen, so beziehen sie doch diese Lehren nicht mit derselben Genauigkeit wie die Astronomen auf die Rechnungen; sie sind auch nicht so scharf und pedantisch, daß sie sich durch eine so leichte Differenz abbringen ließen. Bei den Kosmographen habe ich also meine Sache gewonnen.

Wenn ich nun aber auch die Menge der Astronomen mit Recht fürchte, so gebe ich doch auch ihnen gegenüber die Hoffnung auf den Sieg nicht auf, da es die Billigkeit verlangt, daß dem Gericht Männer vorsitzen, die sich auf die Fragen des Weltbaus verstehen. Fürs erste möchte ich den Astronomen sagen: Habt gute Hoffnung betreffs der Rechnung! Denn wenn auch in einzelnen Fällen die Differenz ein bißchen groß ist, so möge man sich doch daran erinnern, daß die Zahlen aus den markantesten Stellen der ganzen Bahn bestimmt worden sind, wobei alle Ungleichheiten zusammenwirken. Aber nicht auf der ganzen Bahn ist die Unstimmigkeit zwischen den aus den Körpern und den nach COPERNICUS bestimmten Planetenörtern so groß; auch ist sie nicht gleich bei allen Umläufen. Und ich glaube, wenn auch die [60] *Prutenischen Tafeln* vollständig zuverlässig wären und wenn jene Zahlen ganz sicher durch die Einschaltung der Körper verursacht würden, so hätte man doch kein Recht, einen solch kunstgerechten Plan zu verwerfen; denn jener Fehler ist doch recht unbedeutend. Nun ist es aber nicht nur ungewiß, welcher der beiden Teile die Schuld an der Unstimmigkeit trägt, sondern im Gegenteil sprechen der Verdacht und viele Gründe dafür, die Schuld der Rechnung und den *Prutenischen Tafeln* zuzuschreiben, so daß ein starker Verdacht gegen mich bestünde, wenn die Übereinstimmung zwischen meinen und den copernicanischen Zahlen vollkommen wäre.[1]

Als erster dieser Gründe sei die Tatsache genannt, daß sich die Prutenische Rechnung bei der Bestimmung der Planetenörter nicht selten irrt. Viel hat zwar COPERNICUS zur Erneuerung der daniederliegenden Wissenschaft von der Bewegung geleistet, und unsere Astronomie ist viel reiner als zur Zeit unserer Vorväter. Wenn wir jedoch die Sache gründlich untersuchen, werden wir unbedingt dazu genötigt, zu bekennen, daß wir von einer glücklichen und wünschenswerten Vollkommenheit noch weiter entfernt sind, als die alte Astronomie von der heutigen. Lang ist der Weg und verschiedene Umwege führen zur Wahrheit. Die Alten haben uns den Weg gezeigt, unsere Vorfahren haben ihn beschritten, wir haben vor diesen einen Vorsprung gewonnen und stehen auf einer höheren Stufe, allein das Ziel haben wir noch nicht erreicht. Ich sage das nicht zum Nachteile der Astronomie; es heißt etwas, bis zu einem gewissen Ziel zu gelangen, wenn auch nicht mehr erreicht ist. Ich sage das vielmehr deswegen, damit nicht jemand voreilig ein zu hartes Urteil über die vorliegende Unstimmigkeit fällt und die Grundlagen der Astronomie selber angreift, indem er gegen mich und die fünf Körper vorgeht. Ich berufe mich auf die Beobachtungen alter Meister der Sternkunde; aus ihnen ist zu ersehen, wie groß häufig der Unterschied ist zwischen dem wahren Ort und dem, den die Rechnung angibt, ein Unterschied, der bisweilen in gewissen Fällen bis zu zwei ganzen Graden in der Länge anwächst.[2] Da dem so ist, geht es wohl an, daß ich von den copernicanischen Zahlen abweiche.

Einen zweiten Grund, warum ich die Schuld für die Unstimmigkeit auf die *Prutenischen Tafeln* schiebe, finde ich in den verdächtigen Exzentrizitäten; er läuft auf die Behauptung hinaus, daß, wenn auch meine Winkel nicht absolut vollkommen und sicher sind (was ich zugeben muß), so doch ihre Fehlerhaftigkeit von dem Einfluß der Exzentrizitäten herrührt. Wenn die Körper um die den mittleren Entfernungen der Planeten entsprechenden Sphären konstruiert würden, so daß ein und dieselbe Fläche die Mittelpunkte der Seitenflächen des umbeschriebenen und die Ecken des einbeschriebenen Körpers berühren würde, so hätte ich mich nicht um die Dicke der Sphären zu kümmern, die von den exzentrischen Bahnen [*viae*] der Planeten gefordert wird. Da das aber nicht möglich war[3] und gleichermaßen die Ursache der Exzentrizitäten wie auch ihrer Unterschiede noch nicht erforscht ist, mußte ich von COPERNICUS die Dicke der Sphären als sicher entlehnen; daß sie aber nicht absolut sicher feststeht, ist nicht zu bezweifeln. Wenn auch zu der ganzen Geschichte der himmlischen Bewegungen der Zugang unsicher ist, wegen der langwierigen und schwierigen Beobachtungen, so gilt das doch ganz besonders für die Bestimmung der Exzentrizitäten und der Lage der Apogäen. Die Exzentrizität der Sonne (oder der Erde) sollte von allen am genauesten feststehen, denn [61] die Erde liegt uns Bewohnern unter allen Sternen am nächsten; es sind auch weniger Bewegungen, die sie ausführt, als bei den übrigen Planeten.[4] Bei dem Aufbau der Welt unter Einschaltung der Körper haben wir aber oben in Kapitel 15 gesehen, wieviel es für die Verengung oder Erweiterung aller Sphären allein schon ausmacht, ob wir das kleine Mondsphärchen mitrechnen oder nicht, das um einen winzigen Betrag über die Dicke der Erdsphäre hinausragt. Diese Sphäre also[5], deren Ausmaße am sichersten bestimmt sein sollte und, wie anzunehmen ist, bestimmt sein konnte, diese Sphäre, sage ich, wieviel Schwierigkeiten bereitet sie dem COPERNICUS, der [*De revolutionibus,*] Buch III, Kapitel 20 klagt, »daß wir wegen gewisser sehr kleiner und kaum merkbarer Größen schließen müssen, daß bisweilen eine Abweichung von nur einer Minute einen Fehler von 6 bis 8 Grad bewirkt und daß ein mäßiger Fehler sich ins Ungemessene ausdehnt«.[6] Um wieviel schlechter wird es nun bestellt sein um die Dicke der anderen Sphären, die sowohl weiter entfernt als auch einer größeren Mannigfaltigkeit von Bewegungen ausgesetzt sind! Ja, wenn entweder jene Ausbuchtungen der Sphären aufs genaueste erforscht oder wenigstens die wahrscheinlichen Ursachen aufgedeckt sind, warum der

Schöpfer den einzelnen gerade diese Größe zugewiesen hat, dann verbürge ich mich dafür, daß ich aus meinen Körpern Winkel ableite, die in allen Stücken mit den Bewegungen übereinstimmen.[7] Denn ich glaube, was nach der Auffindung dieser Verhältnisse zwischen den Sphären eine genaue Kenntnis der Bewegungen hintanhält, das ist alles auf Rechnung der Fehler in den Exzentrizitäten zu setzen[8]; wenn diese behoben sind, so werden diese fünf Körper für den Weltbaumeister ein vortreffliches Hilfsmittel zur Verbesserung der Bewegungen bilden, über die allenthalben nicht wenige nachdenken.[9]

Daß ich dies bezüglich der Exzentrizitäten verspreche, dazu veranlaßt mich auch die Tatsache, daß es sich bei dem Streit immer nur um Teile handelt, die kleiner sind als die ganze Ausbuchtung der Sphäre.[10] Denn nimm allen sechs Sphären ihre bekannten Ausbuchtungen oder gib jeder eine doppelt so große, und du wirst sehen, daß sich im ersteren Fall die Welt zusammenzieht und alle Prosthaphäresen ungeheuer zunehmen, im letzteren Fall dagegen die Welt auseinandergezogen und die Prosthaphäresen gewaltig vermindert werden. Die Wahrheit soll zwischen dem Nichts und dem Doppelten in der Mitte liegen, und es soll nicht zu befürchten sein, daß sich der Weltbaumeister zuviel Freiheit in der Änderung der Exzentrizitäten nimmt, wenn er versucht, sie den fünf Körpern anzupassen. Das ist der zweite Grund, der mir betreffs der Unstimmigkeit zwischen meinen und den copernicanischen Zahlen zur Entschuldigung gereicht.

Einen dritten finde ich in den Zahlen der *Prutenischen Tafeln* selber, die immer noch grob und nicht so genau sind, daß man nicht einmal mit gutem Grund auch um einen halben Grad von ihnen abgehen könnte. Erasmus Reinhold hat zwar in den *Prutenischen Tafeln* alles aufs beste besorgt. Aber ich möchte nicht, daß jemand durch diesen Schein von Exaktheit geködert, den Sinn für die etwas gröberen Zahlen verliere; man möge die Sache genauer überprüfen. Jene so minutiöse und peinliche Sorgfalt des hochbedeutenden Mannes ist entweder notwendig wegen der Genauigkeit der Rechnung, oder sie ist nicht notwendig in den Teilen der Zahlen; die ganzen Zahlen selber aber, mit denen er in so peinlich genauer Weise weit hinaus rechnet, hat er von Copernicus übernommen, so wie er sie vorfand.

Wie menschlich aber Copernicus selber in der Übernahme irgendwelcher [62] Zahlen ist, die bis zu einer gewissen Grenze seinem Wunsch entgegenkommen und seinem Vorhaben dienlich sind, das kann der fleißige Leser des COPERNICUS leicht nachprüfen. Zahlen, die bei verschiedenen Untersuchungen kraft des Beweises durchaus übereinstimmen sollten, verschmäht er nicht, auch wenn sie um einige Bruchteile auseinandergehen. Die Beobachtungsergebnisse bei BERNHARD WALTHER, PTOLEMAIOS und anderen wählt er so aus, daß sich die Rechnung um so bequemer gestaltet, weswegen er kein Bedenken trägt, bisweilen bei der Zeit Stunden, bei den Winkeln Viertelgrade und mehr zu vernachlässigen oder zu ändern. Ein anderes Mal, wie bei der Änderung der Exzentrizität des Mars und der Venus, übernimmt er auch Sinusse, die von den wahren Werten abweichen, just deshalb, weil sie gerade mit dem Finger auf die Werte hinweisen, die er wünscht. Vieles, was nach seinem eigenen Geständnis verbesserungswürdig gewesen wäre, entnimmt er völlig ungeändert aus PTOLEMAIOS und nimmt in anderen ähnlichen Fällen Änderungen vor; und so hat er dann die Grundlage zur neuen Astronomie gelegt. Für das alles hat mir MÄSTLIN sehr viele Belege gegeben, die ich der Kürze halber nicht anführen will. So möchte es scheinen, daß er sich mit Recht Tadel zuzieht, wenn er es nicht absichtlich so gemacht hätte, weil es nach seiner Ansicht besser war, eine in gewisser Hinsicht unvollkommene Astronomie zu besitzen, als überhaupt keine. Solche Schwierigkeiten laufen mitunter, während die Gestirne ihren Lauf ausführen. Diese Schwierigkeiten zu überwinden, ungehemmt dem Ziel einer möglichst fehlerfreien Begründung der Wissenschaft zuzustreben, wie es COPERNICUS gewagt hat, das zeigt den starken Mann; Art des Feiglings ist es auszuweichen, des Furchtsamen zu verzweifeln und die ganze Sache zu verwerfen. Darum verheimlicht auch COPERNICUS die oben angeführten Fehler, die er begeht, mit nichten und schämt sich nicht, sie einzugestehen. Es verschafft sich Deckung durch das Beispiel des PTOLEMAIOS und der Alten, entschuldigt sich mit der Schwierigkeit der Beobachtung und geht überall mit seinem Beispiel voran in der Verachtung dieser kleinlichen Mängel bei dem Beweis herrlicher Entdeckungen. Wenn das nicht schon früher so gemacht worden wäre, hätte niemals PTOLEMAIOS seinen *Almagest*, COPERNICUS seine *Bücher über die Umwälzungen* und REINHOLD die *Prutenischen Tafeln* herausgegeben.

Viertens gereichen mir zu einiger Entschuldigung jene Figuren von MÄSTLIN, die ich dem Kapitel XV beigefügt habe. Als COPERNICUS die Exzentrizitäten der Planeten von PTOLEMAIOS entlehnte, merkte er nicht eine Spur von dem göttlichen Verhältnis der Himmel zueinander, so daß man sich nicht mit Unrecht sehr darüber wundert, daß er so nahe hieran vorbeistreifte; er dachte nicht daran, daß einmal die Notwendigkeit dazu zwingen könnte, die Entfernungen von der Sonne und die Örter der Aphele zu erforschen. Was Wunder also, wenn bei dieser Zerlegung der Welt mit dem Seziermesser vieles nur roh herauskommt, da der Meister auf das kleinste nicht geschaut hat? Es ist gerade so, wie bei einem kleinen Bilde, das kaum das ganze Gesicht erkennen läßt; wenn jemand da das wahre Größenverhältnis des Auges oder der Pupille aufsuchen wollte, würde er sich notwendig irren. Der Maler hat dies wegen seiner Kleinheit vernachlässigt und sich damit zufriedengegeben, das, was mehr in die Augen fällt, in gewisser Weise darzustellen. Wenn ich nun auch mit bestem Grund jene Zerlegung der Welt benutzt habe, weil mich der Beweis und der Stand der Sache, die ich mir vorgenommen habe, dazu zwang, so möchte ich doch nicht, daß sich jemand einbildet, daraus absolut sichere Zahlen [63] entnehmen zu können. Ja, es kann sogar sein, daß gerade diese Zerlegung Quelle weiteren Irrtums wurde. Hiefür sind sogar starke Anzeichen vorhanden. Die Ursache, warum die Exzentrizitäten des Mars und der Venus sich ändern, schiebt COPERNICUS einer Veränderlichkeit der Exzentrizität der Erde zu. Die wahre Exzentrizität dieser Planeten in Bezug auf die Sonne verändert sich also nicht; einen in die Augen fallenden Beweis hiefür hat man in jenen Figuren. Wenn dem so ist, so müßte man die Exzentrizitäten in Bezug auf die Erde, so wie sie zu PTOLEMAIOS' Zeiten und zu unserer Zeit sind, (auf demselben Wege) ableiten und aus beiden dieselbe Exzentrizität in Bezug auf die Sonne bekommen. Wenn man nun aber die Rechnung befragt, findet man, daß das nicht so geht, wie es sein sollte. Es kommen nämlich verschiedene Exzentrizitäten auch in Bezug auf die Sonne heraus. Dasselbe gilt auch für die Örter der Aphele, weil beide Erscheinungen in Zusammenhang miteinander stehen. Das ist das eine.

Sodann entnimmt man leicht aus dem Anblick der Figuren, daß, da die Aphele und Apogäen in verschiedener Weise fortschreiten, sich hieraus im Laufe der Jahrhunderte eine große Verschiedenheit in den Exzentrizitäten ergeben muß. Heute sind die Apsiden von Saturn und Erde in Konjunktion; daher ist die Entfernung des Saturns vom Mittelpunkt der Erdsphäre um die volle Exzentrizität der Erde kleiner als seine Entfernung von der Sonne. Wenn sie um 90 Grad voneinander abstehen, werden diese Entfernungen gleich sein, es wird also für Copernicus die Exzentrizität des Saturns wachsen, bis die Apsiden von Saturn und Erde in Opposition stehen. Wenn auch die Welt nicht bis zu diesem Ereignis bestehen wird, so muß doch die Astronomie, wenn sie vollkommen wäre, solche Hypothesen aufstellen, die einer gewissermaßen ewigen Welt genügen. Nun aber denken weder Copernicus noch Reinhold hieran. Ihre Zahlen sind also nicht ganz vollkommen und geben uns keine völlige Erklärung der Planetensphären, so daß wir aus ihnen den Verlauf jener zukünftigen Bewegungen entnehmen könnten.

Als mich diese und ähnliche Gedanken in große Verwirrung brachten und ich mir keinen Rat mehr wußte, wie jemand, der nicht weiß, wie er die zerstreuten Rädchen einer Maschine in Ordnung bringen soll, tröstete mich Mästlin; ja er riet mir vielmehr von diesen Grübeleien ab und sagte: wir können nicht alle Schätze der Natur ausschöpfen; das Übel, das tief sitzt, sei nicht fortzuschaffen, und wir sollen mehr darauf bedacht sein, diese Verwundung wie eine körperliche zu ertragen und durch Linderungsmittel zu erleichtern, als daß der Patient durch einen scharfen Eingriff in unmittelbare Lebensgefahr gebracht wird. Er verwies mich auf das Beispiel des Rhaeticus und auf seine Forschernöte, die den meinigen aufs Haar gleichen, wobei er für sich auf Copernicus gescholten habe. Der Brief des Rhaeticus ist seinen *Ephemeriden für das Jahr 1551* vorausgeschickt; da er nicht überall zugänglich ist und dieses ganze Kapitel in vieler Hinsicht wunderbar stützt, will ich das Wichtigste daraus als Abschluß diesem Kapitel beifügen. Rhaeticus schreibt an seine Leser unter anderem [*Ephemerides novae...*1550]:

»Seine (des Copernicus) Untersuchungen aber sollten nach seiner Absicht eine mittlere Linie einhalten; sie sollten nicht zu weit gehen. Daher vermied er absichtlich, nicht aus Trägheit oder aus Überdruß vor Ermüdung, jene Verfeinerungen, die manche anstrebten und auch jetzt noch fordern, eine Genauigkeit, wie sie Georg Peurbach in seinen Finsternistafeln anwandte. Du siehst aber manche Leute ihre ganze Sorge darauf verwenden, daß sie völlig genau die Sternörter [64] erforschen; während sie aber auf zweite, dritte, vierte, fünfte Unterteilchen [im Sexagesimalsystem] lauern, gehen sie bisweilen an ganzen Teilen [= Graden] vorbei, ohne sich nach ihnen umzuschauen, und was die Erscheinungen am Himmel anlangt, so gehen sie nicht selten um Stunden, ja Tage fehl. Das ist freilich dasselbe, was in den Fabeln des Äsop jener Mann macht, dem man befohlen hatte, er solle den verlorenen Ochsen wieder heimbringen; während er darauf sinnt, einige Vögel einzufangen, bekommt er diese nicht und wird noch des Ochsen beraubt. Ich erinnere mich, wie ich selber durch jugendlichen Forschungseifer fortgerissen wurde und wünschte, gewissermaßen in die innersten Geheimnisse der Sternenwelt einzudringen. So stritt ich bisweilen über diese Art zu forschen auch mit dem so vortrefflichen und großen COPERNICUS. Er aber pflegte mich, da er sich über den achtbaren Wissensdrang meines Geistes ergötzte, mit einer sanften Geste seines Armes zu tadeln und mahnte mich, ich solle auch lernen, meine Hand von der Tafel wegzuziehen. Wenn ich, sagte er, bis auf ⅙ Grad, das sind 10 Minuten, an die Wahrheit herankomme, werde ich mich ebenso gehoben fühlen, wie der Überlieferung nach PYTHAGORAS, als er das Verhältnis zwischen den Seiten im rechtwinkligen Dreieck gefunden hatte. Als ich mich wunderte und sagte, man müsse auf eine größere Genauigkeit hinarbeiten, bewies er mir besonders aus drei Gründen, daß man, wenn auch mit Schwierigkeiten, so weit kommen werde. Der erste dieser Gründe, sagte er, liegt in der Bemerkung, daß die meisten Beobachtungen der Alten nicht zuverlässig, sondern der jeweiligen Lehre von den Bewegungen angepaßt seien, die sich der einzelne gerade zurechtgelegt hätte. Daher müsse man mit besonderem Eifer darauf bedacht sein, die Beobachtungen, die durch keine oder nur geringe Zusätze oder Abstriche nach der Lehrmeinung des Beobachters entstellt seien, von den verderbten zu trennen. Den zweiten Grund erblickte er darin, daß die Örter der Fixsterne von den Alten nur bis auf Sechstelgrade bestimmt worden seien; dementsprechend müßten aber namentlich die Lagen der Wandelsterne aufgefaßt werden. Davon nahm er wenig aus; so verlangte er eine genauere Bestimmung der Deklination eines Sterns vom Äquator, die besonders förderlich sei, weil aus ihr der Ort des Sterns selber genauer ermittelt werden könne. Als dritten Grund führte er an, wir hätten nicht wie PTOLEMAIOS, der auf die Babylonier und Chaldäer und jene Leuchten der Wissenschaft, HIPPARCHOS, TIMOCHARES, MENELAOS und andere folgte, Gewährsmänner, auf deren Beobachtungen und Lehren wir uns stützen und vertrauen könnten. Er selber wolle sich lieber mit dem begnügen, was er als wahr bekennen könne, als in einer zweifelhaften genauen Unterscheidung von Zweideutigkeiten Verstandesschärfe zur Schau tragen. Seine Angaben wichen freilich sicher nicht mehr, eher weniger, als den sechsten oder vierten Teil der Einheit von den richtigen Werten ab; aber dieser Fehler gereue ihn nicht nur nicht, er freue sich vielmehr, daß er in langer Zeit, mit ungeheurer Mühe, mit größter Anstrengung, mit besonderem Fleiß und Eifer so weit habe vordringen können. Den Merkur freilich hinterließ er, wie nach dem Sprichwort der Griechen, als Gemeingut; er sagte von ihm, er sei von ihm selber nicht beobachtet worden, auch habe er von anderen nichts übernommen, was ihn hätte in bedeutender Weise unterstützen oder was er überhaupt hätte prüfen können. Mir gab er viele Mahnungen und Lehren und forderte mich namentlich auf, mich der Beobachtung der Fixsterne zu widmen, jener besonders, die im Tierkreis liegen, weil das Zusammentreffen der Planeten mit diesen beobachtet werden könne, usw.«

Soviel aus dem Brief des Rhaeticus; ich habe daraus angeführt, was zur Sache gehört. Was denkst du, freundlicher Leser, über Copernicus? Wenn ihm mein Unternehmen anempfohlen worden wäre und er gemerkt hätte, wie nahe [65] es ihm mit seinen Gründen kommt, was hätte er wohl nicht versucht, welche Mühe hätte er nicht auf sich genommen, um die Körper mit seinen Sphären in Einklang zu bringen? Nun, wenn diese Anstrengung gemacht würde, welche Übereinstimmung, welche Vollkommenheit stünde zu hoffen! Die Zeit wird lehren, was andere, was einmal Mästlin mit Gottes Hilfe zu dieser Sache beitragen werden. Inzwischen soll niemand voreilig gegen mich das Urteil sprechen, mit Gleichmut möge man den Aufschub dieses Streites ertragen.

19. Kapitel

Über die speziellen Unstimmigkeiten bei den einzelnen Planeten

Das waren die allgemeinen Momente, die meiner Sache Erleichterung verschaffen können. Nun wollen wir im besonderen sehen, was sonst noch als Entschuldigungsgrund angeführt werden kann. Fangen wir an mit dem Saturn. Seiner Entfernung ist ein großes Stück angesetzt worden, was aber doch in der Prosthaphärese eine Differenz von nicht mehr als 41 Minuten verursacht. Denn wie seine ungeheure Entfernung sehr leicht Anlaß zu Beobachtungsfehlern darbietet, so bewirkt doch ein wenn auch ansehnlicher Fehler in der Entfernung nur eine geringe und über Erwarten kleine Abweichung in der Prosthaphärese. Daß jedoch auch für dieses Gestirn die Bewegung von den Astronomen noch nicht ganz bestimmt worden ist, war allein schon im vergangenen Winter festzustellen. Denn am 2. (12.) November 1594 ist Saturn genau zwischen den Nacken und dem Herzen des Löwen gesehen worden, wo er nach der Rechnung am vorausgehenden 21. (31.) Oktober hätte stehen sollen. Die Differenz in der Länge betrug 37 Minuten. Wenn nun dieser Betrag nach der oben vorgenommenen Verbesserung der Entfernung von der Abweichung der Prosthaphärese gegenüber COPERNICUS nicht überschritten wird, dürfen die Astronomen glauben, daß ihnen reichlich Genüge getan ist.

Beim Jupiter hat man kein Recht, etwas zu verlangen. Bei ihm ist der Unterschied gering; er beträgt weniger als ⅙ Grad.

Daß aber beim Mars ½ Grad zuviel herauskommt, ist nicht verwunderlich und macht mir nichts aus. Vielmehr beunruhigt mich, daß die Abweichung nicht größer ist. Denn in der Vorrede zu den *Ephemeriden für das Jahr 1577* bezeugt MÄSTLIN: die Abweichung dieses Gestirns von der Rechnung können nicht innerhalb der Grenze von 2 Grad gehalten werden.

Was nun die unteren Planeten Venus und Merkur anlangt, so möchte zwar scheinen, daß sie vor den oberen einen gewissen Vorzug haben, weil es leichter ist, aus der größten Elongation als aus Oppositionsbetrachtungen die Sphären auszumessen; allein die Beobachtungsmethode selber ist es, was mir Verdacht erregt. Ich will es jedoch den Astronomen überlassen, es gehörig in Abschlag zu bringen, ob sie nicht wirklich bei diesen Planeten durch die Dichte der Atmosphäre und die physische Parallaxe, der auch Sonne und Mond nicht entgehen, [66] bisweilen irregeführt werden.[1] Jedenfalls behauptet MÄSTLIN in der *Disputation über die Finsternis*, These 58, von der Venus, daß nicht selten ihr Abstand von der Sonne in der Nähe des Horizonts erheblich zu klein erscheint. Um wieviel mehr wird das von Merkur gelten, der fast immer in den Sonnenstrahlen verborgen ist und, wenn er auch bisweilen daraus hervortaucht, sich doch immer nur nahe am Horizont durch die dazwischenliegenden reichlichen Ausdünstungen hindurch unserem Blicke darbietet. Und wenn auch der Venus die Fixsterne, die gleichzeitig in ihrer Nähe erscheinen, zu Hilfe kommen, so bleibt doch Merkur um so häufiger in Schuld, da er selber selten erblickt wird und noch seltener Fixsterne in seiner Nähe gesehen werden können. Da dies heute der Fall ist, müssen wir glauben, daß das auch für die alten, doch so bedeutenden Meister der Astronomie so gewesen ist. Denn daß sie ihren Leser nicht an den Merkur erinnern, das vermehrt noch den Verdacht über die Fehlerhaftigkeit der Messungen bei diesem Planeten. Das weist darauf hin, daß sie einen etwaigen Fehler bei ihm weder selber beobachtet noch verbessert haben. Ich glaube daher, daß man bei der Lektüre der Alten besonders darauf achten muß, ob die Instrumente und Methoden der einzelnen Beobachtungen, die angeführt werden, diesen Fehler unterworfen sein können.

Sodann befürchte ich nicht mit Unrecht, daß vieles recht unsicher ist, was hinsichtlich der Hypothesen für diese beiden Planeten noch aussteht. COPERNICUS hat (was aus dem eben angeführten Brief des RHAETICUS und unten aus dem MÄSTLINS zu entnehmen ist) bei der Verbesserung der Theorie der unteren Planeten mehr auf die Angaben des PTOLEMAIOS geachtet als auf das, was die Beobachtungen fordern. Daß er dafür nicht getadelt werden kann, dafür sorgt RHAETICUS, der in seiner *Narratio prima* mahnt, man müsse aufs gewissenhafteste den Spuren der Alten folgen und dürfe nicht leicht etwas abändern, bis die Beobachtungen notwendig dazu zwingen. Daß genaue Beobachtungen nicht zur Verfügungen standen, das war vielleicht für den so klugen Meister COPERNICUS ein hinlänglicher Grund, daß er außer der Anpassung an seine Lehre nichts weiter mit diesen Planeten versucht hat.

Wenn du also bei der Venus eine große Abweichung der Winkel bemerkst, so schieb die Schuld hieran, abgesehen von den allgemeinen Gründen, die ich im vorigen Kapitel angeführt habe (denke, bitte, gebührend an sie), auf die eben erwähnten mißlichen Umstände, und dein Gleichmut und dein Gerechtigkeitssinn wird, wenn du alles im einzelnen gehörige durchdacht hast, die Größe der Abweichung leicht überwinden. Dabei wird es dir zu großem Trost gereichen, daß die copernicanische Zahl die Mitte hält zwischen den Zahlen, die bei Einschaltung und Weglassung des Mondes herauskommen. Denn wenn man die Erdsphäre mit dem Mondsystem ausstopft, so schiebt das Ikosaëder die Venus weiter von der Erde weg, als COPERNICUS angibt; wenn man aber den Mond wegläßt und die Erdsphäre entsprechend dünner macht, so zieht der Körper die Venus zu nah heran und räumt ihr eine größere Sphäre ein als COPERNICUS. Dabei macht der Mond, wenn man an COPERNICUS festhält, die Sache etwas schlechter.

Über den Merkur aber ist so viel gesagt worden und könnte noch weiterhin gesagt werden, daß ich glaube, du, gerechter Leser, würdest es auch verdauen und entschuldigen, wenn noch etwas mehr fehlen würde. Die Abweichung seiner Bewegung erscheint mir nicht wert, [67] daß ich darüber einen großen Streit anfange.[2] Wenn er sich auch besser hält, als die Venus – sein Unterschied beträgt erstaunlicherweise nur einen Grad –, so ist er doch immer ränkevollen Geistes. Sicher ist er es, der den Ruf der Astrologen am meisten preisgegeben hat und jegliche Berechnung der atmosphärischen Erscheinungen stört. Bei der Voraussage der Winde (diese erregt er ganz sicher, so oft er sich an geeigneten Orten befindet) weicht er oft mit einer so regelmäßigen Anzahl von Tagen ab, daß wenig fehlt, daß ich daraufhin seine in den Ephemeriden falsch angegeben Zahl verbessern könnte.[3] Wenn ich daher einen Astronomen sähe, der sich allzu angelegentlich mit der Erforschung der Fehler dieses Planeten abgibt, so würde ich ihn mahnen, damit diese Zeit besser verwendet ist, er solle lieber die Erde und ihren Begleiter, den Mond, das am besten sichtbare Gestirn, von denen wir dem ersteren mit den Füßen, dem letzteren mit den Augen am nächsten stehen, beobachten und genau ergründen, welche Fehler wir noch bei der Bestimmung ihrer Bewegungen und der Verfinsterungen begehen. Dann erst soll er seine Mühe dem Merkur zuwenden. Inzwischen, wenn die Fehler bezüglich der Bewegung der Erde und des Mondes Nachsicht verdienen, verdienen sie viel mehr noch die Fehler beim Merkur, der weiter von uns entfernt ist und sich fast immer unter der Sonne versteckt.

Auch hier will ich wie im vorigen Kapitel als Schlußstein einen Teil eines Briefs anfügen, den mir MÄSTLIN sandte; und zwar aus zwei Gründen, einmal, weil er dich an Notwendiges erinnert, sodann weil er nach allen Seiten hin das gegenwärtige Kapitel bestätigt. Jener schreibt*:

»So merkwürdig ist Merkur, daß er beinahe auch mich in die Irre geführt hätte. Kein Wunder, hat er doch auch, wie ich bemerke, COPERNICUS und REINHOLD viel Verdruß bereitet. COPERNICUS sagt von sich selber ([*De revolutionibus*], Buch V, Kapitel 30): ›Um seine Bewegung zu erforschen, wurde ich von diesem Gestirn mit vielen Scherereien und

---

* [Der Wortlaut stimmt nicht überein mit dem des Original-Briefs Nr. 37, KGW XIII: 77–79 (11. April 1596 a.St.); MÄSTLIN, der den Druck des *Mysterium cosmographicum* in Tübingen besorgte, wird den ursprünglich nicht zur Veröffentlichung vorgesehenen Brief abgeändert haben.]

Mühen geplagt.‹ Abgesehen davon, daß er keine eigenen Beobachtungen des Merkurs erwähnt, sie vielmehr von BERNHARD WALTHER aus Nürnberg entlehnt, bleibt er sich auch in der Festsetzung der Lage des Apogäums selber nicht treu. Denn während er (Kapitel 26) diese für die ersten Jahren des ANTONIUS, um 140 n. Chr., gemäß den ptolemaiischen Beobachtungen bei 10 Grad der Waage und unter den Fixsternen bei 183 Grad 20 Minuten vom ersten Stern des Widders* an findet, setzt er ihn (Kapitel 29) ebenfalls bei 183 Grad 20 Minuten an für das 21. Jahr des PTOLEMAIOS PHILADELPHOS, gerade wie wenn das Apogäum des Merkurs in den zwischenliegenden 300 Jahren in der Fixsternphäre unbeweglich an seinem Platze geblieben wäre, während er (Kapitel 30, Schluß) glaubt annehmen zu müssen, es habe sich in 63 Jahren um 1 Grad weiterbewegt. Er fügt aber hinzu: wenn anders es gleich geblieben ist. Daß REINHOLD in dieselben Schwierigkeiten verwickelt war, geht aus den Berechnungen der *Prutenischen Tafeln* hervor, durch die dargetan wird, daß REINHOLD für den Ort dieses Apogäums zur Zeit des PHILADELPHOS denselben Wert wie COPERNICUS, nämlich 183 Grad 20 Minuten vom ersten Stern des Widders, angenommen hat; aber für die Zeit des PTOLEMAIOS fällt es an einen Ort, der von den bekannten Beobachtungen des PTOLEMAIOS und von den Annahmen des COPERNICUS stark abweicht. Es wird da nämlich als Ort [68] nicht 183 Grad 20 Minuten und 10 Grad in der Waage berechnet, sondern 188 Grad 50 Minuten unter den Fixsternen und 15 Grad 30 Minuten in der Waage, daher sind auch meine Zahlen (oben Fig. 7 und 8 im 15. Kapitel) der Zeit des PTOLEMAIOS angepaßt, sie stimmen aber nicht wie die übrigen ausnahmslos mit der Berechnung der *Prutenischen Tafeln*, sondern mit den Beobachtungen des PTOLEMAIOS überein; denn an diesen hat auch COPERNICUS festgehalten und dieselben Zahlen daraus berechnet. Für unsere oder des COPERNICUS Zeit habe ich diese Zahlen nicht berechnen wollen, weil sie ganz verschieden ausfallen würden wegen der Verringerung der Exzentrizität der Erdgroßsphäre, und weil sie bei COPERNICUS nicht durch neuere Beobachtungen erforscht und nachgeprüft worden sind. Ich hätte aber gewünscht (wie sehr, das

---

* [COPERNICUS hatte wegen der vermeintlichen Ungleichförmigkeit der Präzession der Aquinoktien geglaubt, die Längen der Planeten auf einen festen Punkt, als welchen er den ersten Stern im Widder wählte, beziehen zu sollen. TYCHO BRAHE und KEPLER (in den *Rudolphinischen Tafeln*) kehrten wieder zu dem früheren Brauch des PTOLEMAIOS zurück und rechneten vom Schnittpunkt des Äquators mit der Ekliptik an.]

habe ich mündlich ausgesprochen, du wirst dich daran erinnern), Co-
PERNICUS hätte als Grundlage für diese Berechnungen nicht die alten,
sondern neue Beobachtungen gewählt. Denn es ist eine schwerwiegende
und ungeheure Forderung, wenn er sagt, wir glauben zugeben zu müssen, daß die Ausmaße der Bahnen von PTOLEMAIOS bis heute dieselben
geblieben sind. Denn schon die Verringerung der Exzentrizität der Erde
erfordert andere Zahlen.[4] Auch ist es nicht richtig, was RHAETICUS in seiner *Narratio prima* sagt, das nämlich beim Merkur ebenso wie beim Jupiter keine Änderung der Exzentrizität zu merken sei; denn er schließt
sich nicht entsprechend mit seinem Apogäum an das Sonnenapogäum an.
Dazu kommt, daß die ptolemaiischen Beobachtungen ziemlich roh und
vereinzelt sind, so daß sie unbedingt durch genauere hätten verbessert
werden sollen. Aber darüber zu klagen ist vergeblich. Was dein Vorhaben
anlangt, so darfst du, wenn diese Zahlen den deinigen nur irgendwie
entsprechen, der Überzeugung sein, deine Schuldigkeit vollauf getan zu
haben; du darfst dir, wie COPERNICUS nach dem Bericht des RHAETICUS in
dem Brief, gratulieren in der sichersten Hoffnung, es werde ehestens der
Tag kommen, da, veranlaßt durch deine so geistvollen Entdeckungen, die
Astronomen auch das übrige, was noch unklar ist und was sie nicht wenig
quält, vollständig geklärt haben.«[5]

20. KAPITEL

Über das Verhältnis der Bewegungen zu den Sphären[1]

Damit ist nun jenes Argument erledigt, durch das ich, wie ich glaube, die neuen astronomischen Lehren bedeutend gefestigt und
bestärkt habe, und der Beweis geliefert, daß die Abstände der
Sphären in den Hypothesen des COPERNICUS sich nach den Maßen der
fünf regulären Körper richten. Nun wollen wir sehen, ob es nicht durch
ein zweites, den Bewegungen entnommenes Argument gelingt, die neuen
Lehren und die copernicanischen Ausmaße der Sphären zu bestätigen,
und ob sich nicht für das Verhältnis der Bewegungen zu den Abständen
eine sicherere Begründung aus COPERNICUS als aus den landläufigen Hypothesen gewinnen läßt. Wenn ich dabei für die Ausmaße der Sphären

aus den wohlbekannten Umlaufzeiten Werte ermitteln will, die den copernicanischen ganz nahe kommen, so sei, gefällige Urania, meinem so schönen Vorhaben gewogen; um deine Ehre handelt es sich ja.

[69] Zunächst erwartet jedermann, daß ein Planet sich um so langsamer bewegt, je weiter seine Sphäre vom Mittelpunkt entfernt ist. Denn nichts ist nach dem Zeugnis des ARISTOTELES vernunftgemäßer (*Über den Himmel*, Buch II, Kapitel 10), als daß »sich die Bewegung eines jeden nach dem Verhältnis seiner Entfernung richtet«. Wenn nun auch dort dieser Philosoph einen zu unserem Vorhaben nicht passenden Grund hierfür angibt, nämlich die Verhinderung des förderlichen Einflusses des ganz behänden »Ersten Beweglichen«, so kämpft er doch mit einem anderen Grund für mich und mit seiner ganzen These gegen PTOLEMAIOS und gegen sich selber. Er ist nämlich der Meinung, daß von den Bewegern in alle Sphären ein gleiches Maß von Bewegung gelange, der Unterschied in der Umlaufzeit aber von den Sphären selber herrühre. So sei jedes Teilchen des Saturns [der Saturnsphäre] ebenso geschwind, wie die unterste Mondsphäre, kraft des gleichen Bewegungsantriebs; doch trete bei ihm der Fall ein, daß sich seine Rückkehr verzögere, da ihm eine größere Entfernung zuteil geworden und er doch nicht geschwinder sei als die anderen. Daß nun aber der Philosoph betreffs der Gleichheit gerade diese Annahme machte, war für die Lehre der Alten der schlechteste Griff, den er tun konnte; denn diese sahen sich genötigt, drei Planeten mit ungleichen Sphären, nämlich der Sonne, der Venus und dem Merkur, gleiche Umdrehungsperioden beizulegen und so jeweils dem weiter oben liegenden Gestirn größere Schnelligkeit in seiner Sphäre bewirken zu lassen als das untere. Bei COPERNICUS dagegen bietet sich auf den ersten Blick ein solches Verhältnis dar; denn von den sechs beweglichen Sphären vollendet immer diejenige, die enger ist, in kürzerer Zeit ihre Umdrehung. Merkur braucht zu seinem Umlauf 3 Monate, Venus 7 ½ Monate, die Erde 1 Jahr, Mars 2, Jupiter 12, Saturn 30 Jahre. Wenn man freilich die Sache rechnerisch verfolgt und die Bewegung der einzelnen Planeten im Vergleich zu ihrer Sphäre im selben Verhältnis festsetzt, in dem beim Saturn die Bewegung zu der Weite oder dem Halbmesser der Sphäre steht (bei den Kreisen verhalten sich die Umfänge wie die Halbmesser), so findet man, daß diese einfache Beziehung nicht statthat. Die folgende Tabelle macht das deutlich:

	Saturn Tage	Jupiter Tage	Mars Tage	Erde Tage	Venus Tage	Merkur Tage
Saturn	10 759.12					
Jupiter	6159	4332.37				
Mars	1785	1282	686.59			
Erde	1174	843	452	365.15		
Venus	844	606	325	262.30	224.42	
Merkur	434	312	167	135	115	87.58

Hier geben die ersten Zahlen der Spalten die Tage und deren Bruchteile an, in denen die in der Überschrift genannten Planeten ihre Perioden am Fixsternhimmel vollenden. Die folgenden Zahlen geben an, wie viele Tage, möglichst genau berechnet, man einem tieferstehenden Planeten zuweisen müßte, wenn bei ihm Bewegungs- und Sphärengröße in demselben Verhältnis zueinander stünden, wie bei dem in [70] der Überschrift genannten Planeten. Man sieht, daß die wahre Periode immer kürzer ist als die, die ihm bei Übertragung [seiner Geschwindigkeit] auf einen höheren Planeten zugewiesen wird.

Jedoch ist das Verhältnis zwischen je zwei Bewegungen wenn auch nicht gleich, so doch immer dem ähnlich, das zwischen den Entfernungen besteht.

Denn wenn man für	{ 10 759.12 4332,37 686.59 365.15 224.42 }	Tage des	{ Saturn Jupiter Mars Erde Venus	den ganzen Sinus [= 1000] setzt, beträgt nach diesem die Umlaufzeit beim	{ Jupiter 403 Mars 159 Erde 532 Venus 615 Merkur 392 }

Wenn aber die mittlere Entfernung des oberen Planeten 1000 beträgt, so ist nach COPERNICUS die Entfernung des nächst unteren	{ Jupiter 572 Mars 290 Erde 658 Venus 719 Merkur 500

Hier erhalte ich, wie du siehst, bei den mittleren Bewegungen, die hinlänglich genau bekannt waren, noch ehe COPERNICUS über eine sichere Berechnung der Abstände nachdachte, dieselben Unterschiede, wie sie zwischen den Entfernungen selber auftreten, die aus den Prosthaphäresen nach COPERNICUS und aus den fünf Körpern nach meinen Aufstellungen gewonnen werden. Beiderseits sind die Zahlen des Mars am kleinsten, dann folgen Merkur, Jupiter, Erde; am größten sind sie bei Venus. Beiderseits sind sie bei Jupiter und Merkur nahezu gleich, ebenso bei der

Erde und Venus. Damit ist sofort der Sieg des COPERNICUS über die alte Weltanschauung hinlänglich sichergestellt.

Wenn wir nun aber auch näher an die Wahrheit herantreten und irgendeine Gleichheit in den Verhältnissen erhoffen wollen, so müssen wir eine der beiden folgenden Festsetzungen treffen: entweder sind die bewegenden Seelen[2] um so schwächer, je weiter sie von der Sonne entfernt sind, oder es gibt nur eine bewegende Seele[3] im Mittelpunkt aller Sphären, das heißt in der Sonne, die einen Körper um so stärker antreibt, je näher er ihr ist, bei den entfernteren aber wegen des weiten Weges und der damit verbundenen Schwächung der Kraft gewissermaßen ermattet. Wie also in der Sonne die Quelle des Lichtes liegt und der Ursprung der Kreisbahn im Ort der Sonne, das heißt im Mittelpunkt, sich befindet, so gehen nun Leben, Bewegung und Seele der Welt auf die Sonne zurück. Den Fixsternen kommt in dieser Ordnung die Ruhe zu, den Planeten sekundäre Bewegungsakte, der Sonne aber der eigentliche erste Bewegungsakt, der unvergleichlich bedeutender ist als die sekundären Bewegungsakte in allen Dinge, wie ja auch die Sonne selber durch den Glanz ihres Lichtes alles andere weit überragt. Mit weit mehr Recht gebühren nun der Sonne jene edlen Beiworte, Herz der Welt, Königin, Fürstin unter den Sternen, sichtbare Gottheit usw. [siehe auch *Harmonice mundi* V, 10, KGW VI: 363 ff.]. Die Bedeutung dieser Frage erfordert jedoch eine ganz andere Gelegenheit und einen anderen Ort[4] und geht übrigens genügend klar aus der *Narratio prima* des RHAETICUS hervor.

Nun müssen wir aber unser Augenmerk auf die Art und Weise richten, wie wir die gewünschte Proportionalität aufstellen wollen. Oben ist gezeigt worden, daß derselbe Unterschied in den Bewegungen und in den mittleren Entfernungen hätte auftreten müssen, wenn die Verlängerung der Umlaufperiode allein von der Erweiterung der Bahn herrühren würde; wie sich beispielsweise die Umlaufzeit von 88 Tagen beim Merkur zu der der Venus, die 225 Tage beträgt, verhält, so müßte sich auch der Halbmesser [71] der Merkursphäre zu dem der Venussphäre verhalten. Nun aber vermischte sich dieses Verhältnis der Bewegungen mit der Abnahme der Kraft der bewegenden Seele bei den entfernteren Planeten. Wir müssen also ausfindig machen, wie es sich mit dieser Abnahme der Kraft verhält. Wir wollen nun annehmen, was große Wahrscheinlichkeit für sich hat, daß die Bewegung durch die Sonne nach derselben Gesetzmäßigkeit zugeteilt wird, wie das Licht.[5] In welchem Verhältnis aber die

Schwächung des Lichts, das von einem Punkt ausgeht, erfolgt, lehrt die Optik. Dieselbe Menge Licht oder Sonnenstrahlen, die sich in einem kleinen Kreis befindet, befindet sich auch in einem großen. Da sie im kleinen Kreis dichter, im großen weniger dicht ist, ist das Maß für jene Abschwächung im Verhältnis der Kreise zu suchen, sowohl beim Licht, als auch bei der bewegenden Kraft. Je weiter daher die Venussphäre als die Merkursphäre ist, desto stärker, eiliger, behender, ungestümer – oder wie man die Sache ausdrücken mag – wird die Bewegung des Merkurs gegenüber der der Venus sein. Nun aber brauchen die Planeten zu ihren Umläufen um so mehr Zeit, je größer ihre Sphären sind, auch wenn der Bewegungsantrieb der gleiche ist. Es folgt also, daß eine Vergrößerung der Entfernung des Planeten von der Sonne in doppelter Weise zur Verlängerung der Umlaufzeit beiträgt und daß umgekehrt der Zuwachs der Umlaufzeit ein doppelter ist im Vergleich zu dem Unterschied der Entfernungen.[6]

Fügt man also der kürzeren Umlaufzeit die Hälfte des Zuwachses hinzu, so muß man das wahre Verhältnis der Entfernungen bekommen; es wird sich diese Summe zur Entfernung des oberen Planeten ebenso verhalten wie die einfache kürzere Umlaufzeit zur Entfernung des dieser entsprechenden unteren Planeten. Ein Beispiel: Die Umlaufzeit des Merkurs beträgt rund 88 Tage, die der Venus nahezu 224 2/3 Tage; der Unterschied der beiden Zahlen ist 136 2/3, die Hälfte davon 68 1/3. Addiert man diese Zahl zu 88, so erhält man 156 1/3. Also verhalten sich die mittleren Halbmesser der Merkur- und Venussphäre zueinander wie 88 zu 156 1/3. Wenn man auf diese Weise mit den einzelnen Planeten verfährt und jedesmal zwei der herauskommenden Entfernungen durch Sinuszahlen ausdrückt, wobei immer der Halbmesser des oberen Planeten gleich dem ganzen Sinus gesetzt wird,

	Jupiter	574			572
so ergibt sich für	Mars	274	Nach COPERNICUS		290
den Halbmesser	Erde	694	aber sind die		658
der Sphäre von	Venus	762	Zahlen		719
	Merkur	563			500

Wir sind, wie man sieht, der Wahrheit nähergekommen.[7] Wenn ich nun aber auch zweifle, ob der Zweck meines Ansatzes bei dieser Art der Darstellung durch Teilung der Differenz insgesamt erreicht wird[8], so läßt mich doch ein anderes Rechenverfahren, das mich auf dieselben Zahlen führt, glauben, daß hinter jenen Zahlen schon etwas steckt. Denn da es wahrscheinlich ist, daß die Stärke der Bewegung im Verhältnis zum Abstand steht, wird es auch wahrscheinlich sein, daß jeder Planet in demselben Verhältnis bezüglich der Entfernung übertroffen wird, in dem er den oberen an Stärke der Bewegung übertrifft. Es sei beispielsweise beim Mars Entfernung und [72] [Bewegungs-]Kraft jeweils gleich 1. In demselben Verhältnis, in dem die Bewegungskraft der Erde stärker ist als die des Mars, ist die Entfernung der Erde kleiner ist als die des Mars. Das macht sich leicht nach der *Regula falsi*: Ich nehme an, der Radius der Erde [Erdsphäre] verhalte sich zu dem des Mars wie 694 zu 1000; also sage ich, wenn die durch 1000 ausgedrückte Weite des Kreises von der bewegenden Kraft [*vis motrix*] des Mars in 687 Tagen durchmessen wird, wird von derselben Kraft des Mars der kleinere durch 694 ausgedrückte Kreis in 477 Tagen durchmessen. Da es nun sicher ist, daß die Umlaufzeit der Erde nicht 477, sondern 365 Tage beträgt, fahre ich umgekehrt so fort: 477 Tage würden gebraucht werden von der einfachen Kraft des Mars; das Wievielfache der Kraft des Mars braucht eine Zeit von 365½ Tagen zu demselben Umlauf, den der Mars in 477 Tagen ausführen würde? Denn es ist nicht zweifelhaft, daß eine größere Bewegungskraft als die des Mars erforderlich ist. Es kommt zur ganzen Kraft des Mars noch der ^{306}/$_{1000}$ Teil eben dieser Kraft hinzu. Und um so viel ist die [Bewegungskraft] der Erde stärker als die des Mars; sie muß daher auch um ebensoviel näher bei der Sonne sein. Aber wenn der Abstand des Mars gleich 1000 gesetzt worden ist (der Abstand des jeweils höheren Planeten ist ja immer das Ganze), so muß die Erde um 306 Teile näher bei der Sonne stehen. Zieht man 306 von 1000 ab, so muß die am Anfang angenommene Zahl herauskommen, nämlich 694, wenn jene Annahme richtig war; wäre sie falsch, so müßte man nach den Vorschriften der Regel verfahren und würde so die wahre Größe bekommen.*

Du siehst, daß bei diesem zweiten Ansatze dieselben Zahlen wie oben herauskommen. Es ist daher sicher, daß sich diese zwei Ansätze der Form nach zwar unterscheiden, in Wirklichkeit aber zusammenfallen und auf derselben Basis beruhen. Wieso das aber der Fall ist, habe ich bisher noch nicht erforschen können.[9]

---

* [Daß verschiedene ‚Ansätze‘ auf dasselbe hinauslaufen, ist bei Anwendung der mathematischen Zeichensprache leicht erkennbar. Es zeigt sich hier, wie auch schon im 13. Kapitel, wie schwerfällig und unübersichtlich sich zur Zeit KEPLERS, als diese Zeichensprache noch nicht weit entwickelt war, die Rechnungen gestalteten.]

21. Kapitel

Was aus dem Mangel an Übereinstimmung zu schließen ist[1]

So verhält es sich also mit diesem zweiten Argument, durch das aufgrund der Autorität des Aristoteles bewiesen worden ist, daß die neuen astronomischen Hypothesen besser sind, weil sie auf doppelte Weise, durch die Berücksichtigung des Bewegungsantriebs wie der Schnelligkeit des Umlaufs, eine Proportionalität mit den copernicanischen Entfernungen herstellen, was bei der Lehre der Alten über die Welt in keiner Weise möglich wäre. Nur das sollte auch die Absicht dieses Traktats über die Bewegung sein. Ich kann mir freilich leicht denken, daß manche lieber wünschten, ich hätte diesen letzten Teil meines kleinen Werkes weggelassen. »Ja«, werden sie sagen, »wenn du mit Hilfe der Körper das richtige Verhältnis der Himmel[ssphären] festgestellt hättest, dann würde dies jetzt in allem durch die Bewegung bestätigt werden. Denn die Wahrheit weicht nie von sich selber ab. Nun aber siehst du selber, Kepler, wie sehr die Bewegungen und die Körper voneinander abweichen, das heißt die Entfernungen, die aus beiden berechnet werden. Du bietest daher dem Feind die entblößte Flanke, ja du schlägst dich selber, es ist kein fremdes Schwert nötig, dich abzutun.«

[73] Diesen zur Antwort will ich zunächst den Gedankengang umkehren und appelliere an ihr eigenes Urteil und Gewissen, ja an das aller. Welchem Argument wollen sie mehr Wahrscheinlichkeit beilegen, dem, das sich auf die Körper, oder dem, das sich auf die Bewegungen gründet? Es scheint mir sehr wahrscheinlich, daß alle sagen würden, diese Übereinstimmung zwischen den Bewegungen und den Sphären sei höchst sinnvoll; sie sei ein bewundernswürdiges Werk des göttlichen Baumeisters. Wenn also einem der beiden Argumente Glauben beizumessen sei, so würden sie eher dem beipflichten, das sich auf die Bewegungen stützt, als dem anderen, das sich auf die Körper gründet, weil jenes eher in die Augen falle, wenn auch die Zahlen noch ein wenig von den copernicanischen abweichen. Wenn mir dies der Leser zugibt, so werde ich dieses Bekenntnis zur Bestätigung der Körper und zur Entschuldigung jener Abweichung benützen, die ja um viele Teile kleiner ist, als die Unstimmigkeit in den Bewegungen. Denn wenn der Leser hier wegen der sinnvollen Bedeutung der aufgefundenen Beziehung einen großen Fehler gern

übersieht, so wird er auch dort einen kleinen Fehler in Kauf nehmen. Die Unstimmigkeit bei den Körpern bringt ja kaum eine Störung in die astronomische Rechnung, die bei den Bewegungen auftretende aber macht etwas mehr aus. Soviel fürs erste, der Hieb ist zurückgegeben!

Da die Körper von den Bewegungen abweichende Ergebnisse liefern[2], wie mir mit Recht entgegengehalten wird, so muß ich zugeben, daß bei einem von beiden ein Fehler vorliegt. Ich glaube jedoch den Fehler in einer Weise erklären zu können, daß keine der aufgestellten Beziehungen (weder die zwischen den Bewegungen noch die zwischen den Sphären) ganz preisgegeben werden muß.[3] Bei welcher der beiden Aufstellungen der Fehler liegt, ist aus dem oben Gesagten leicht zu erschließen. Zunächst weichen die aus den Bewegungen berechneten Entfernungen stärker von den copernicanischen ab, als die aus den Körpern berechneten. Wenn man sodann die aus den Bewegungen berechneten Entfernungen je einzeln mit den copernicanischen vergleicht und die Abweichungen danebenhält, wird man eine gewisse Verwandtschaft dieser Abweichungen mit den Zahlen selber und damit mit den Körpern erkennen, außer beim Merkur. Die Zahlen lauten folgendermaßen:

	Nach COPERNICUS	Aus den Bewegungen	Unterschied	
Saturn/Jupiter	572	574	+ 2	Würfel
Jupiter/Mars	290	274	− 16	Tetraëder
Mars/Erde	658	694	+ 36	Dodekaëder
Erde/Venus	719	762	+ 43	Ikosaëder
Venus/Merkur	500	563	+ 63	Oktaëder
oder	559		+ 4	

Die Differenz ist positiv in vier Fällen, negativ im fünften. Denn unter vier von den fünf Körpern sind immer zwei einander ähnlich, der fünfte steht allein. Nun bringe den Merkur in Ordnung und bedenke dabei, daß man bei der Festsetzung des mittleren Abstandes etwas mehr als die halbe Dicke der Sphäre mitrechnen muß, soviel nämlich, als der Inkugel des Oktaëders[4] entspricht (oben haben wir ja gehört, daß deren Halbmesser die halbe Dicke der Sphäre überragt); man wird dann als mittlere Entfernung 559, nicht 500 erhalten. Die letzte Zahlenreihe wird also [74] lauten: Venus/Merkur: 559/563/ + 4. Nun sieh, bei Saturn/Jupiter und Venus/Merkur sind die Differenzen kleiner, nämlich 2, 4, bei Mars/Erde/ Venus größer, nämlich 36, 43, wie ja auch die eingeschalteten Körper, einerseits Würfel und Oktaëder, andererseits Dodekaëder und Ikosaëder, einander ähnlich sind. Bemerke auch, daß dort, wo der Unterschied zwischen Um- und Inkugel groß ist, eine kleine Differenz der Entfernungen auftritt und umgekehrt da, wo die Um- und Inkugel fast gleich sind, die aus den Bewegungen berechneten Abstände um einen großen Betrag von den copernicanischen abweichen.

Da sich somit in diesen Abweichungen eine gewisse Gesetzmäßigkeit zeigt und da nie etwas Geordnetes durch Zufall herauskommt, drängt sich uns der Gedanke auf, daß diese Zahlen durchaus der Wahrheit nahe kommen, ohne sie jedoch ganz zu erreichen. Entweder ist an dem Ansatz selber noch etwas zu glätten[5], oder ist der Ansatz zwar richtig, aber keins der beiden Verfahren hat seinen Sinn getroffen.[6] Obgleich ich das gleich am Anfang vermuten konnte, wollte ich doch dem Leser diesen Anlaß, diesen Ansporn zu weiteren Versuchen nicht vorenthalten. Wie, wenn wir einmal den Tag erleben könnten, wo diese beiden Aufstellungen in Einklang gebracht sind![7] Wie, wenn sich hieraus eine Begründung für die Exzentrizitäten ergeben würde![8] Denn daß ich so beharrlich an meiner Aufstellung bezüglich der Bewegungen festhalte, hat seinen Grund unter anderem darin, daß das Verhältnis zwischen zwei aus den Bewegungen berechneten Abständen nie insgesamt von der copernicanischen Sphäre abweicht, sondern stets gleichsam mit dem Finger auf etwas hinweist, was sich auf die Dicke der Sphäre bezieht. Um das einzusehen, gebe ich dir die Reihe der Abstände an, wie sie sich aus den Bewegungen ergeben, wenn man die mittlere Entfernung der Erde gleich 1000 setzt, und setze daneben die copernicanischen Abstände*:

		Abstände	*nach* COPERNICUS[9]	*aus den Bewegungen*
Saturn	größter	9987		
	mittlerer	9164	9163	
	kleinster	8341		1000 : 577
				= 9163 : 5290
				nächste Zahl 5261
Jupiter	größter	5492		
	mittlerer	5246	5261	
	kleinster	5000 a		1000 : 333
				= 5000 a : 1666
				nächste Zahl 1648 b

* [Hier gehen in die Werte nach COPERNICUS die Fehler aus den Rechnungen in Kapitel 15 ein; siehe oben Anmerkung auf Seite 72. KEPLER korrigiert die Werte nicht in der zweiten Auflage.]

Mars	größter	1648 b		
	mittlerer	1520	1440	
	kleinster	1373 c		

$$1000 : 795$$
$$= 1393\ c : 1107$$
nächste Zahl 1102 d

Erde	größter	1042 mit 1102 d		
	mittlerer	1000 Mond 1000	1000	
	kleinster	959 e·	1000	

$$1000 : 795$$
$$= 958\ e : 762$$
nächste Zahl 762 f

[75] Venus	größter	741 h		
	mittlerer	719	762 f	
	kleinster	696		

$$1000 : 577$$
$$= 741 : 429\ g$$
nächste Zahl 741 h

Merkur	größter	489		
	mittlerer	360	429 g	
	kleinster	231		

Die Gleichartigkeit besteht darin, daß man bei den von der Erde entfernten Planeten den mittleren Abständen sehr nahe kommt, während bei den benachbarten Mars und Venus der aus den Bewegungen berechnete Abstand in beiden Fällen näher an die Erde heranführt, als der mittlere copernicanische.

Du siehst auch, daß weder irgendein Körper ausgeschlossen noch die Reihe gestört wird, daß vielmehr zwischen zwei mittleren Entfernungen immer so viel Platz ist, daß der Körper hineingeht. Wenn also jemand die aus den Bewegungen berechneten Abstände als die am besten begründeten am liebsten gelten lassen will (woran jedoch noch zu zweifeln ist), so mag er vielleicht die Art und Weise der Einschaltung der Körper beseitigen, nicht aber die Einschaltung selber.[10] Die aus den Bewegungen berechneten Abstände lassen nämlich erkennen, wie die zwei äußeren ähnlichen Körper in ähnlicher Weise zwischen die mittleren Abstände gelagert sind, die beiden inneren zwischen dem mittleren und extremen Abstand, so daß das Dodekaëder zwischen dem weitesten Abstand des Mars und dem mittleren der Erde, das Ikosaëder zwischen dem mittleren Abstand der Erde und dem größten der Venus liegt. Das Tetraëder hat seiner besonderen Vorrechte und liegt zwischen zwei extremen Abständen.[11]

Doch das alles mag entsprechend gewertet werden, insofern es auf die unsicheren Bewegungszahlen aufgebaut ist; mein einziger Zweck dabei ist der, es mögen andere sich anspornen lassen, nach einer Übereinstimmung zu suchen, zu der ich den Weg geöffnet habe.

22. Kapitel

Warum sich der Planet um den Mittelpunkt des Äquanten gleichförmig bewegt

Du hast bereits gelernt, lieber Leser, auch Unvollkommenes anzumerken, so daß ich nicht fürchte, du werdest diesen letzten matten Akt ausklatschen. Ich habe diese Sache an den Schluß stellen wollen, einmal weil ich auf sie am wenigsten Wert lege, sodann weil sie mit den Bewegungen zusammenhängt und nicht ohne das Kapitel XX erledigt werden kann, obgleich sie eigentlich zum XIV. gehört, wo ich dich ja auch daran gemahnt habe.

Als ich das von mir aufgedeckte Verhältnis zwischen den Sphären und den Körpern dem Urteil Mästlins unterbreitet hatte, erinnerte er mich an die Epizykel der oberen Planeten, die Copernicus an Stelle des Äquanten eingeführt hatte, und die eine doppelt so große Dicke der Sphäre bewirken würden, als sie der Auf- und Abstieg des Planeten allein erfordert. Und auch bei den unteren [76] liegen andere Bewegungen vor, durch die der Planet zur ganzen Höhe jenes Epizykels hinauf- und zu seiner ganzen Tiefe hinabgeführt wird, weswegen bei ihnen Copernicus an Stelle des Exzenterepizykels den Exzenterexzenter gesetzt hat; bei Merkur aber wird ein besonderer Halbmesser, mit Hilfe dessen er sich von der Sonne entfernt und sich ihr nähert, in ähnlicher Weise bisweilen viel weiter von der Sonne aus hinausgestreckt, als sich der Stern je von ihr entfernt. Mästlin glaubte nun, man solle den Sphären eine solche Dicke geben, daß sie zur Darstellung der Bewegungen ausreiche. Drauf erwiderte ich: fürs erste müsse man die ganze Sache aufgeben, wenn die Sphären noch einmal so dick angenommen werden, denn es würde von den Prosthaphäresen allzuviel weggenommen werden; sodann geschieht der Vortrefflichkeit des wunderbaren Mechanismus kein Abzug, wenn nur die Wege [*viae*] selbst, die die Planetenkugeln beschreiben, das angegebene Verhältnis einhalten, mögen sie sich mittels großer oder kleiner Sphären bewegen. Hinzugefügt habe ich noch, was ich bereits im Kapitel XVI gesagt habe betreffs des Stoffs der Körper, daß ein solcher gar nicht existiert; daher sei es nicht ungereimt, Körper und Sphären an dieselbe Stelle zu versetzen; ja die Unregelmäßigkeit in der Bewegung könne sogar ohne feste Sphären [*sine orbibus*] gerechtfertigt werden. Dieser Meinung ist, wie ich sehe, der edle und ausgezeichnete dänische Mathematiker TYCHO BRAHE. Die Ursache hiefür und die Art und Weise, wie das möglich ist, werden durch meine Ausführungen verdeutlicht. In der Tat, wenn die Langsamkeit und Schnelligkeit bei den Sphären der einzelnen Planeten durch dieselbe Ursache bewirkt wird[1], die wir oben für die Welt als ganze erschlossen wurde, so muß der Planet auf seinem exzentrischen Weg sich oben [im Aphel] langsam, weiter unten schnell bewegen. Um dies darzulegen, hat COPERNICUS Epizykel, PTOLEMAIOS Äquanten angenommen.[2] Man beschreibe um den Mittelpunkt (Sonne) einen konzentrischen Kreis, gleich groß wie der exzentrische Weg des Planeten [die Planetenbahn]; die Bewegung auf ihm wird in allen Teilen gleich sein, da er überall gleichweit vom Ursprung der Bewegung entfernt ist. Daher wird der Planet auf dem mittleren Teil seiner exzentrischen Bahn, der über jenen konzentrischen Kreis hinausragt, langsamer sein, da er sich weiter von der Sonne entfernt und von einer schwächeren Kraft bewegt wird, auf dem übrigen Teil der Bahn wird er schneller sein, da er der Sonne näher und unter der Einwirkung einer stärkeren Kraft steht. Es ist leicht zu sehen, daß diese Veränderung der Bewegung mit Hilfe eines kleinen Kreises dargestellt werden kann, gerade so wie wenn sich der Planet auf diesem Kreis gleichförmig bewegen würde. Damit ist die Ursache dieser Verzögerung angegeben, wir wollen nun auch noch ihr Maß betrachten.

A sei der Sitz der bewegenden Seele, das heißt, der Sonne, *B* Mittelpunkt der Bahn [*via*] *EFGH*, die der Planet mit ungleichförmiger Geschwindigkeit beschreibt; *BD* sei gleich *BA* und *CB* die Hälfte davon. Da nun *EF* weiter von *A* entfernt ist als *NO*, nämlich um den Betrag *AB*, zeigte es sich als angemessen, daß der Planet in *EF* so langsam ist, wie wenn er sich um den doppelten Betrag, das heißt um *AD*, von *A* entfernt hätte und um den Mittelpunkt *D* liefe. Und umgekehrt, da *HG* um den Betrag *AB* näher bei *A* ist als *PQ*, zeigte sich als angemessen, daß der Planet in *GH* so schnell ist, wie wenn er um den doppelten Betrag, das heißt wiederum um

AD, sich dem Punkte *A* genähert hätte. In beiden Fällen ist es also so, wie wenn sich der Planet um den Mittelpunkt *D* bewegen würde. Oben in Kapitel XX haben wir ja dieses Verhältnis der Bewegungen zu den Sphären kennen gelernt.[3] Beachte also, wie die beiden Ursachen, die dort auf die ganze Kreisbahn im selben Sinne einwirkten, hier verkehrt und vermischt auftreten. Dort (Kapitel XX) vergrößerte der ganze Umfang ein und der-

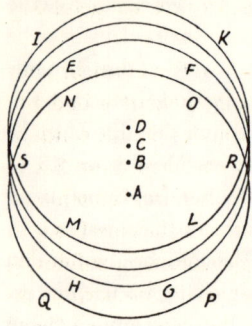

selben Sphäre [77] die Periode, wenn sie größer und weiter entfernt war, und verkleinerte sie, wenn sie kleiner und näher war; hier aber sind die Kreise *NOPQ* und *EFGH* gleich, von letzterem ist aber der eine Teil weiter entfernt, der andere näher beim Mittelpunkt *A*, bei der Sonne. Daher wirkt die Bewegungskraft in *A* an den Stellen *EF* und *GH* so, wie wenn sich der Planet im Abschnitt *IK* beziehungsweise *LM* befände. Das gemeinsame Maß für die Beschleunigung wie für die Verzögerung findet

man in *D*. Der Planet bewegt sich also auf der Bahn *EFGH* bald langsam, bald schnell und mit mittlerer Geschwindigkeit bei *R* und *S*, geradeso wie wenn er auf dem Kreis *IKLM* um den Mittelpunkt *D* gleichförmig seinen Umlauf ausführen würde. Du siehst, wie die Meister der Astronomie gerade dasselbe festgestellt haben. Denn Ptolemaios machte *D* zum Mittelpunkt des Äquanten und *B* zum Mittelpunkt der Planetenbahn [*via planetaria*], Copernicus aber läßt um den Mittelpunkt *C* von *DB* den Exzenterexzenter oder den Exzenterepizykel herumlaufen. Hier kommt der Planet auf seinem Weg zwar sehr nahe an den Kreis *EFGH* heran, die Gleichförmigkeit seiner Bewegung um *D* wird aber so reguliert, als ob die Sphäre selbst zwischen *EFGH* und *IKLM* um *C* läge.

Damit hast du den Grund dafür, daß der Mittelpunkt des Äquanten um den dritten Teil der ganzen Exzentrizität vom Mittelpunkt des Exzenters entfernt ist.[4] Die ganze Welt, so nehmen wir an, ist erfüllt von einer Seele, die mitreißt, was immer sie an Gestirnen und Kometen erfaßt, und zwar mit jener Schnelligkeit, die der Abstand des Orts von der Sonne und die diesem entsprechende Stärke der Kraft ergibt.[5] Sodann geben wir noch jedem Planeten eine besondere Seele, mit deren Hilfe der Planet auf seinem Umlauf emporsteuert. Und läßt man die festen Sphären weg, so folgt dasselbe.

Manche werden, wenn sie diese Ausführungen über den Äquanten lesen, frohlocken. Denn wenn sich die Astronomen darüber wundern, daß PTOLEMAIOS das angegebene Maß für den Mittelpunkt des Äquanten ohne Beweis angenommen habe, werden sich manche noch vielmehr darüber wundern, daß es dafür eine Ursache gibt, die jedoch PTOLEMAIOS nicht eingefallen ist, da er die Sache einfach so nahm, wie sie liegt, und gewissermaßen durch einen Wink des Himmels blind das Richtige gefunden hat.

Doch möchte ich daran erinnern, daß nichts in jeder Hinsicht vollkommen ist. Denn bei Venus und Merkur ist jene Verzögerung und Beschleunigung nicht der Entfernung des Planeten von der Sonne, sondern einzig der Bewegung der Erde angepaßt.[6] Und wenn man diese Sache durch die Annahme einer von der Bewegung der oberen Planeten verschiedenen Beschaffenheit dieser Bewegung flickt, was für eine Ursache ist dann schließlich bei der jährlichen Bewegung der Erde anzuführen? Hier braucht man ja weder nach PTOLEMAIOS noch nach COPERNICUS einen Äquanten.[7] Wir müssen auch diesen Streit unentschieden dem Urteil der Astronomen überlassen.

[78]   23. KAPITEL

**Über den astronomischen Anfang und das astronomische
Ende der Welt sowie über das Platonische Jahr**

Nachdem wir nun vom Mahl voll gesättigt sind, kommen wir zum Nachtisch. Zwei ausgezeichnete Fragen werfe ich auf. Die erste betrifft den Anfang, die zweite das Ende der Bewegung. Sicherlich hat Gott nicht aufs Geratewohl die Bewegung eingerichtet, sondern sie mit einem ganz bestimmten Anfang und einer ausgezeichneten Konjunktion der Sterne beginnen lassen, im Anfang des Tierkreises, den der Schöpfer durch Neigung der [Achse der] Erde, unseres Wohnsitzes, festgelegt hat; denn alles ist des Menschen wegen da.[1] Wenn nun das Jahr 1595 christlicher Zeitrechnung als das 5572. angenommen wird (gewöhnlich wird es von den besten Gewährsmännern als das 5557. gerechnet), fällt die Schöpfung in eine ausgezeichnete Konstellation im Anfang des

Widders.[2] Denn im 1. Jahr der angenommenen Zeitrechnung, am 27. April des Julianischen Kalenders, rückwärts gerechnet, an einem Sonntag, dem Tag, an dem alles geschaffen wurde, zur 11. Stunde mittags in Preußen, das ist zur 6. Stunde in Indien, zeigt der Himmel nach der Rechnung der *Prutenischen Tafeln* folgendes Gesicht:

Sonne	3°	Widder
Mond	3°	Waage
Saturn	15°	Widder
Jupiter	19°	Widder
Mars	24°	Zwillinge
Venus	10°	Stier
Merkur	3°	Widder
Aufsteigender Mondknoten	18°	Skorpion

Rücke die Bewegung von Mars, Venus und Mondknoten ein wenig vor oder nach, dann kommen diese an übereinstimmende Örter, der Mondknoten vielleicht nach 0° Waage zum Mond. JULIUS CAESAR SCALIGER wünscht mit Unrecht Neumond; denn der Mond, der als Leuchte für die Nacht geschaffen worden ist, mußte doch in der ersten Nacht scheinen. Einen Anfang, der mehr Wahrscheinlichkeit für sich hätte, liefert die Rechnung für viele Jahre vorwärts und rückwärts nicht. Wenn wir jedoch inneren Gründen folgen, müssen wir einen Anfang suchen, bei dem die Sonne in der Waage steht und der Himmel folgendes Gesicht zeigt:

Merkur, Jupiter, Mars und absteigender Knoten	0°	Widder
Mond	0°	Steinbock
Aufsteigender Knoten, Venus, Merkur, Sonne	0°	Waage.

[79] Die Aussage der Alten verlangt, die Welt sei im Herbst erschaffen worden, und auch aus COPERNICUS ist zu ersehen, daß die Erde anfänglich an derselben Stelle stand wie die übrigen Planeten.[3] Die oberen Planeten erscheinen also im Widder, die unteren und die Sonne in der Waage; der Mond, der sich in der Umgebung der Erde befindet, paßt weder in den Widder, noch in die Waage, damit er nicht die Dreizahl der oberen und unteren Gestirne stört, und kann bei Sonnenuntergang (denn in diesem Zustand ist die Welt geschaffen worden) die Nacht von keinem Ort aus besser beherrschen als von der Mitte des Himmels aus; wir kommen somit auf 0° im Steinbock. So kann er an den entferntesten Punkt seines Epizykels gesetzt werden. Und da seine Sphäre außer der Reihe liegt, darf man

ihm auch für den Anfang einen besonderen Platz außer der Reihe anweisen; auch bilden die Lunationen seinen Adel und seinen Ruhm unter den Menschen, und unter den Lunationen ist die wichtigste die Quadratur. Den aufsteigenden Knoten setze ich in die Waage, den absteigenden in den Widder, damit sie sich in passender Lage zum Mond befinden, jedoch ohne eine Finsternis; der Mond ist dann in größter nördlicher Breite. Die Erde befindet sich nun auch für den Augenschein in der Mitte der Gestirne, wie auch ihre Sphäre nach einem bestimmten Ratschlusse Gottes die Mitte zwischen den Sphären einnimmt; denn alles ist des Menschen wegen gemacht. Wenn man die Sonne auch in den Widder setzen wollte, wäre Saturn in der Waage und der Mond im Krebs, das übrige bliebe gleich. Die Bewegungen der Gestirne müssen von einer Mitte aus erfolgen; denn es ist angemessen, daß so am Anfang ihr wahrer Lauf war, also von den Apsiden aus.[4] Jetzt kann jeder den Preis erringen! Wer eine ähnliche Konstellation durch Rechnung oder durch Verbesserung der Astronomie findet, der allein soll die Phyllis bekommen. Soviel über den Anfang.

Ein Ende der Bewegung konnte ich aus inneren Gründen nicht bestimmen; ich werde aus einer einzigen Ausnahme beweisen, daß es kein Platonisches Jahr gibt.[5] Zugegeben nämlich, die Exzentrizität stehe in rationalem Verhältnis zum Sphärenhalbmesser, dann werden diese untereinander irrational, da sei sich verhalten wie die Radien der In- und Umkugeln der Körper, die in irrationalem Verhältnis zueinander stehen, da sie sich aus der Berechnung der Diagonale im Quadrat und aus dem goldenen Schnitt ergeben, beides Beispiele irrationaler Verhältnisse in der Geometrie. Nun aber stehen die Bewegungen zu den Radien in rationalem Verhältnis, also sind die Bewegungen unter sich irrational und kehren daher nie wieder zur Anfangslage zurück, auch wenn sie unendlich viele Jahrhunderte dauern würden. In keinem noch so großen Zeitabschnitt hätten wir ein gemeinsames Maß, das öfter wiederholt werden könnte und ein Ende aller Bewegungen, einen Abschluß für das Platonische Jahr setzen würde. Wir wollen nun endlich mit dem erhabenen COPERNICUS ausrufen [*De revolutionibus* I, 10, Schlußsatz]: »So groß, ja wahrhaftig göttlich ist das Werk des Allmächtigen und Allgütigen!«, und mit PLINIUS [*Historia naturalis* II, 1, 2]: »Heilig ist die unermeßliche Welt, als Ganzes im Ganzen, ja fürwahr, sie ist selber ein Ganzes, begrenzt und doch dem Unbegrenzten ähnlich.«

Jetzt aber, lieber Leser, vergiß nicht den Zweck aller dieser Dinge, das ist die Erkenntnis, Bewunderung und Verehrung des allweisen Schöpfers. Denn es heißt nichts, vom äußeren Augenschein zum inneren Sinn, von der sichtbaren Erscheinung zum inneren Schauen, von der Beobachtung des Weltlaufs zu dem so tiefen Ratschluß des Schöpfers vorzudringen, wenn du nun Halt machen wolltest, wenn du dich nicht in *einem* Schwung, mit der ganzen Hingabe deines Herzens aufwärts zur Erkenntnis, Liebe und Verehrung des Schöpfers fortreißen läßt. [80] Drum stimme lauteren Sinnes und dankbaren Herzens mit mir ein in das Lob dessen, der das vollkommenste Werk begründet hat.

Gott, du Schöpfer der Welt, unser aller ewiger Herrscher!
Laut erschallt dein Lob ringsum durch die Weite der Erde.
Groß fürwahr ist dein Ruhm; er rauscht mit mächtigen Schwingen
Durch den herrlichen Bau des ausgebreiteten Himmels.
Schon das Kind verkündet dein Lob; mit lallender Zunge,
Satt der Brust seiner Mutter, stammelt es, was du ihm eingibst,
Beugt durch die Kraft seiner Rede den trotzigen Stolz deines Feindes,
Der Verachtung hegt gegen dich, gegen Recht und Gesetze.
Ich aber suche die Spur deines Geistes draußen im Weltall,
Schaue verzückt die Pracht des mächtigen Himmelsgebäudes,
Dieses kunstvolle Werk, deiner Allmacht herrliche Wunder.
Schaue, wie du nach fünffacher Norm die Sphären gesetzt hast,
Mitten darin, um Leben und Licht zu spenden, die Sonne.
Schaue, nach welchem Gesetz sie regelt den Umlauf der Sterne,
Wie der Mond seine Wechsel vollzieht, welche Arbeit er leistet,
Wie du Millionen von Sternen ausstreust aus des Himmels Gefilde.
Schöpfer der Welt! Wie vermochte der Mensch aus Adams Geschlechte,
Er, der so arm und niedrig, bewohnt die winzige Scholle,
Dich zu zwingen, auf daß du dich kümmerst um all seine Sorgen?
Ohne Verdienst ist er; du hebst ihn empor in die Höhe
Über der Engel Geschlecht und schenkst ihm Ehre um Ehre,
Krönst annoch sein herrliches Haupt mit strahlender Krone,
König soll er sein über alles, was du gemacht hast.
Was zu Häupten ihm ist, die beweglichen Sphären des Himmels,
Seinem Geist unterwirfst du sie. Was die Erde hervorbringt,
Vieh, geschaffen zur Arbeit, bestimmt zum dampfenden Hausherd,

Alles andere Getier, das die dunklen Wälder bewohnt,
Alles, was in der Luft mit leichtem Flug sich bewegt,
Was in den Fluten des Meeres und der Flüsse sich tummelt, die Fische,
Alles soll er mit Macht und Gewalt regieren, beherrschen.

Gott, du Schöpfer der Welt, unser aller ewiger Herrscher!
Laut erschallt dein Lob ringsum durch die Weite der Erde!

Prodromus

DISSERTATIONVM COSMOGRAPHICARVM,

continens

MYSTERIVM

COSMOGRAPHICVM

DE ADMIRABILI PROPORTIONE OR-

bium cœlestium: deque causis cœlorum numeri, magnitudinis, motuumque periodicorum ge-
nuinis & propriis,

Demonstratum per quinque regularia corpora Geometrica.

Libellus primum Tübingæ in lucem datus Anno Christi
M. D XCVI.

à

M. IOANNE KEPLERO WIRTEMBERGICO, *TVNC TEMPO-*
ris Illustrium Styriæ Prouincialium Mathematico.

Nunc vero post annos 25. ab eodem authore recognitus, & Notis notabilissimis
partim emendatus, partim explicatus, partim confirmatus: deniq; omnibus suis
membris collatus ad alia cognati argumenti opera, quæ Author ex illo tem-
pore sub duorum Impp. Rudolphi & Matthiæ auspiciis; etiamq; in
Illustr. Ord. Austriæ Supr-Anisanæ clientela
diuersis locis edidit.

Potissimum ad illustrandas occasiones Operis, Harmonice Mundi, dicti, eius-
que progressuum in materia & methodo.

Addita est erudita NARRATIO M. GEORGII IOACHIMI RHETICI, de
Libris Reuolutionum, atque admirandis de numero, ordine, & distantiis Sphæ-
rum Mundi hypothesibus, excellentissimi Mathematici, totiusque Astronomiæ Restauratoris D. NICOLAI COPERNICI.

ITEM,

Eiusdem IOANNIS KEPLERI pro suo Opere Harmonices Mundi APOLOGIA aduer-
sus Demonstrationem Analyticam Cl. V. D. Roberti de Fluctibus, Medici Oxoniensis.

Cum Priuilegio Cæsareo ad annos XV

FRANCOFVRTI,

Recusus Typis ERASMI KEMPFERI, sumptibus

GODEFRIDI TAMPACHII.

Anno M. DC. XXI.

Mysterium cosmographicum

2. Auflage, Frankfurt am Main 1621
[KGW VIII: **7–128**]

Ergänzungen (*Notae*) des Autors zum Text
der ersten Auflage von 1596

Ergänzung zum Titel:

»Jetzt nach 25 Jahren von demselben Verfasser durchgesehen und durch
höchst bemerkenswerte Anmerkungen teils verbessert, teils erläutert, teils
bestätigt; sowie in allen seinen Teilen mit anderen Werken verwandten
Inhalts verglichen, die der Verfasser inzwischen unter den Auspizien der
zwei Kaiser Rudolf und Matthias, auch unter dem Schutz der erlauchten Stände von Österreich ob der Enns an verschiedenen Orten herausgegeben hat. Hauptsächlich um zu erweisen, was mir zur Abfassung meines
Werks, »Weltharmonik« betitelt, sowie zu den Fortschritten, die dieses
dem Gegenstand und der Methode nach enthät, Anlaß gegeben hat.«

DEM EHRWÜRDIGSTEN FÜRSTEN,

dem Sehr Ehrwürdigen Präsidenten; den Erlauchten, Hochgeborenen Edlen Gestrengen Rittern,
allen Mitgliedern der Stände des glänzenden Herzogtums Steiermark;
meinen wohlgeneigten Herren.

Ehrwürdigster Fürst, Sehr Ehrwürdige, Erlauchte, Hochgeborene;
Edle und Gestrenge; wohlgeneigte Herren!

Fast 25 Jahre ist es her, seit ich das vorliegende Büchlein, das »Weltgeheimnis«, das ich den damaligen aus dem Kreis Eurer hochgeehrten Kommunität erwählten Männern der Regierung zueignete, veröffentlicht habe. Wenn ich auch damals noch recht jung und diese Veröffentlichung mein astronomisches Erstlingswerk war, so bezeugt doch der Erfolg, den es in den folgenden Jahren hatte, mit lauter Stimme, daß nie jemand ein bedeutungswerteres, glücklicheres, hinsichtlich des behandelten Gegenstandes würdigeres Erstlingswerk verfaßt hat. Es wäre verfehlt, in ihm nur eine reine Erfindung meines Geistes zu sehen (fern sei meinem Sinn jegliche Überhebung hierüber, wie dem Sinn des Lesers übertriebene Bewunderung, da es gilt, die siebensaitige Harfe der schöpferischen Weisheit zu rühren). Denn wie wenn mir vom Himmel her ein Orakel diktiert worden wäre, so wurden alle Abschnitte des veröffentlichten Büchleins sogleich und durchaus wahr (wie das bei den offenkundigen Werken Gottes der Fall zu sein pflegt) von den Einsichtigen anerkannt. Mir selber, der ich in den letzten 25 Jahren an der Erneuerung der Astronomie arbeitete (die von dem hochberühmten, adeligen dänischen Astronomen TYCHO BRAHE

113

begonnen worden war), haben dabei jene Abschnitte nicht bloß einmal vorangeleuchtet. Denn fast alle astronomischen Bücher, die ich seit jener Zeit herausgab, konnten sich auf irgendeines der Hauptkapitel in diesem kleinen Buch beziehen, als deren eingehendere Darstellung oder Vervollkommnung sie sich daher präsentieren. Und das nicht, weil ich hätte mich von der Liebe zu meinen Entdeckungen leiten lassen (auch hier sei mir jede Überhebung fern), sondern weil mich die Dinge selber und die äußerst zuverlässigen Beobachtungen von TYCHO BRAHE belehrt haben, daß zur Vervollkommnung der Astronomie, zur Sicherung der Rechnung, zum Aufbau dieses metaphysischen Teils der Himmelskunde oder der Himmelsphysik kein anderer Weg gefunden werden kann als der, den ich in diesem Büchlein entweder ausdrücklich vorgezeichnet oder wenigstens durch schüchterne Äußerung meiner Ansichten, da tiefere Einsicht noch fehlte, skizziert habe. Als Zeugen hiefür stelle ich vor dort die *Marskommentare* [= *Astronomia* nova] aus dem Jahre 1609, sowie die *Kommentare über die Bewegungen der anderen Planeten* [nicht geschrieben] [10], die ich noch zurückhalte, hier die *Fünf Bücher der Weltharmonik* aus dem Jahre 1619, und das IV. Buch des *Abrisses der Astronomie* [= *Epitome astronomiae Copernicanae*] aus dem Jahre 1620. Als Zeugen benenne ich alle Leser, die mir schon seit recht vielen Jahren, seit sie die genannten Werke in die Hand bekommen haben, dringend nach den längst zerstreuten Exemplaren dieses meines ersten Büchleins verlangen, um zu sehen, wie sich daraus so viele wichtige Sätze ableiten lassen.

Da also Freunde drängten, nicht bloß Buchhändler, sondern auch Gelehrte, ich solle eine zweite Ausgabe besorgen, hielt ich es für meine Pflicht, mich nicht länger zu weigern. Über die Form dieser Ausgabe war ich jedoch anderer Meinung. Man gab mir den Rat, ich solle das Büchlein verbessern, vermehren und vervollständigen und mir so die Gepflogenheiten anderer Verfasser bei der Verbesserung ihrer eigenen Bücher zu eigen machen. Ich dagegen sagte mir, mein Büchlein könne nicht vervollständigt werden, ohne die meisten meiner Werke, die ich in den letzten 25 Jahren verfaßt habe, mit darin aufzunehmen; es gehe aber nicht an, nach der Herausgabe der anderen Bücher irgendein Buch unter diesem Titel gewissermaßen neu zu veröffentlichen. Schließlich mußte ich mir sagen, es stehe mir nach dem erstaunlichen Erfolg, den mein Büchlein gehabt hat, nicht zu, es nach meinem Gutdünken zu ändern oder zu vermehren, da ja den Leser gerade daran liegen muß zu sehen, von welchen Anfängen an und wie weit ich meine Betrachtungen über die Welt geführt habe. Diese Gründe bestimmten mich, für die Ausgabe eine Form zu wählen, wie sie gewöhnlich bei der Neuausgabe fremder Bücher eingehalten wird, an denen wir nichts ändern, sondern nur die Stellen, die einer Verbesserung bedürfen, sei es durch eine Erweiterung oder eine Richtigstellung, mit Kommentaren in verschiedenem Druck versehen. Die Form beförderte gewissermaßen Genauigkeit wie Kürze. Sie gab mir Gelegenheit, Irrtümer, die aus der Finsternis meines Geistes entstanden waren und sich in den die absolut vollkommenen Werke Gottes behandelnden Stoff eingeschlichen hatten, offen darzulegen und auszumerzen. Die Abschnitte meines Buches, die nach jenem unaussprechlichen Licht der göttlichen Werke orientiert waren und die ich, ohne den Geist in seinem Schwung zurückzuhalten, klar erfaßt hatte, konnte ich scheiden von denen, wo ich zwar den rechten Weg eingeschlagen, aber allzu schnell halt gemacht hatte, und dem Leser die Stellen in meinen anderen Büchern angeben, an denen ich endlich mein Ziel erreicht habe.

Auf daß nun das Büchlein in dieser zweiten Auflage auch hinsichtlich der Widmung unverändert bleibe, daß auch der Eingang selber dem ganzen Werkchen entspreche, seht Ihr wohl, ehrwürdigste, edelmütigste Herren, konnte ich nicht anders als auch diese neue Ausgabe mit einer neuen Widmung den ersten Gönnern schicken, die ich in der vorausgeschickten Widmung angesprochen habe, oder, wenn einzelne aus ihnen das Zeitliche gesegnet haben, ihren Söhnen und Nachfolgern (einige von ihnen haben ja inzwischen, nach Belohnung der Tüchtigkeit, als Herrscher des Erdkreises den höchsten Gipfel der Würde erklommen), und schließlich derselben hochgeehrten Kommunität, mit deren Unterstützung ich dereinst das Büchlein verfaßt habe.

[11] Nicht geringer Anreiz bot mir bei diesem meinem Vorhaben ein Blick einerseits auf die jetzige Steiermark, andererseits auf die Provinzen in seiner Umgebung. Dort nämlich sah ich viele Männer aus dem Adel, die meine Schüler waren oder die mit mir Tisch und Wohnung geteilt und mich dabei näher kennen gelernt hatten. Seit jener Zeit bewahren sie mir das Wohlwollen, das von ihren Vätern auf sie übergegangen ist, und bezeugen dies, soweit ihre Mittel reichen, indem sie den Lohn des Ansehens und der kaiserlichen Gunst durch Wohltun sich zu verschaffen suchen. Auch fehlt es ihnen nicht an Personen aus dem geistlichen Stande, die ebenso wie ihre Vorgänger die mathematischen Wissenschaften mich

als deren Vertreter schätzen und mir mitgeteilt haben, sie werden mich, wenn die Unruhen sich gelegt hätten, zu sich einladen. Die Pflicht der Dankbarkeit gegen beide Teile forderte von mir, daß ich solche Gönner durch Gegenleistungen und Kräften ehre und mich bemühe, weiterhin ihr Wohlwollen zu erhalten.

Andererseits, von Österreich her, gaben alsbald Gefahren ringsum, Schrecknisse, Wirren und Nöte der furchtsamen und unkriegerischen Astronomie [das ist JOHANNES KEPLER] zu bedenken, sich nach Hilfe umzusehen. Im Jahre 1600 zog sie aus der Steiermark nach Böhmen. Wie sie unter dem Schutz des Hauses Österreich zuerst Wurzel geschlagen hatte, so wollte sie auch unter seinem Schutz heranreifen. Dort wurde sie durch Stürme von inneren und äußeren Kriegen mannigfach verschüttelt, bis sie schließlich nach dem Hingang des Kaisers RUDOLPH im Jahre 1612 aus beharrlicher Vorliebe für das Haus Österreich nach Österreich zurückkehrte. O hätte sie doch hier, wo sie freundlich aufgenommen und begünstigt ward, ebenso eifrige Pflege und Verehrung seitens edelmütiger Männer (wie ich, ihr Begründer, sie ihr zuteil werden ließ) finden können! Aber ach, wie großer Güter berauben sich gegenseitig die unglücklichen Menschen durch ihre schäbigen und schändlichen Streitereien! Wie tief versinken sie, schuldig geworden, in der Verkennung ihrer Bestimmung! Welch beklagenswerter Ratschluß zwingt sie denn, mitten in andere Brände hineinzurennen, wenn sie einem Brand zu entkommen suchen? Wenn doch jetzt, da in der österreichischen Sache ein Umschwung eingetreten ist, jenem Ausspruch PLATONS stattgegeben würde, der während eines langen, überall lodernden Bürgerkriegs, da Griechenland von allen Übeln, die einen Bürgerkrieg zu begleiten pflegen, heimgesucht ward, über das Delische Problem befragt, einen Vorwand fand, um den Völkern heilsame Ratschläge beizubringen, und antwortete: dann erst werde nach dem Ausspruch Apollos Griechenland wieder zur Ruhe kommen, wenn sich die Griechen der Geometrie und den anderen philosophischen Studien zugewandt hätten; denn diese Studien, sagte er, leiten den Sinn vom Ehrgeiz und den anderen Leidenschaften, aus denen die Kriege und die anderen Übel hervorgehen, zur Friedensliebe und zur Mäßigung in allen Dingen hin.

Möchte doch jetzt, da den Waffen Einhalt geboten ist, die Not soviel Pause gönnen, daß die guten Männer Zeit haben, einen ähnlichen Plan auszudenken wie dereinst CICERO! Als dieser nach dem Sturz der Republik, da er in seinem Schmerz kaum Trost zu finden wußte, da alles verloren war und keine Hoffnung bestand, das Verlorene wiederzugewinnen, gewahren mußte, daß für seine frühere Tätigkeit kein Platz mehr war, weder in der Kurie noch auf dem Marktplatz, da widmete er alle seine Mühe und Sorge der Philosophie und sprach auch seinem Freund SULPICIUS zu, sich mit diesen Dingen [12] zu beschäftigen, da sie das Herz vom Kummer ablenken und von den Sorgen erleichtern, wenn sie auch sonst weniger Nutzen bringen [CICERO: *Epistolae ad familiares* IV, 3, 2 und 4].

Wenn Gott diese Wünsche erfüllt, so wird meine Mathematik immer bereit sein, in den astronomischen Übungen oder in der Betrachtung der himmlischen Werke oder in der Weltharmonik (ein gütiges Schicksal hat mir bei den so scharfen Dissonanzen der letzten zwei Jahre diese Beschäftigung bereitet) Genüsse, eines Christenmenschen wahrlich nicht unwürdig, und Trost im Kummer darzubieten. Da es nun aber gilt, die astronomischen Studien zu Ende zu führen, was soll die Astronomie bei den so traurigen Verhältnissen in Österreich machen? Scheu hält sie ab, zu den Betrübten und Traurigen zu gehen und von ihnen alles zu erbitten. Muß sie daher den Schutz und die Hilfe, deren sie zur Verbreitung ihrer Werke und für die ewigen Tafeln, die RUDOLPHs Namen tragen sollen, bedarf, nicht vielmehr dort suchen, wohin jenes Unheil, wohin die so schreckliche Erfüllung der himmlischen Wahrzeichen nicht gedrungen ist? Wird sie nicht, um zu ihren früheren Schutzherren zu gelangen, denen sie sich schon im Jahre 1612 auf halbem Wege genähert hat, auch noch die andere Hälfte des Wegs vollends durcheilen? Von Steiermark ist dereinst, wie ich erwähnt habe, unser Büchlein (auf meinen Antrag) zu TYCHO BRAHE gereist, damit die *Rudolfinischen Tafeln* zur Ausführung gebracht werden könnten. Wird es nun ungehörig sein, wird es Eurem früheren Unternehmen widersprechen, meine Herren, wird es vollends dem erhabenen Kaiser FERDINAND, RUDOLPHs Nachfolger nach MATTHIAS, mißfallen, wenn ihr dem Büchlein, Eurem alten Schützling, bei seiner Rückkehr zuhört, da es von den Sachen erzählt, die inzwischen gemacht worden sind, wenn Ihr Euch bereit erklärt, das mühsame und kummervolle Tafelwerk, die Sternkunde, die das Entzücken des menschlichen Geschlechts ausmacht, und Kaiser RUDOLPHs Namen und Ehre durch einige Freigebigkeit zu fördern, wenn Ihr mit Eurer Fürsorge helfend einspringt, da das Haus Österreich, das auch durch so lange betätigten Schutz der mathematischen Wissenschaften aufgegeben und anderen überlassen muß?

117

Das sei also der Zweck dieser meiner wiederholten Widmung. Sollte ich ihn durch Eure Hochherzigkeit, meine hohen Herren, erreichen, so wird mir dies ein höchst günstiges Vorzeichen dafür sein, daß, ehe ich die *Rudolfinischen Tafeln* der Öffentlichkeit übergebe und damit dem Neubau der Astronomie den Schlußstein aufsetze, jener alte Bund der fünf österreichischen Länder, der nicht ganz 60 Jahre nach dem Hingang FERDINANDS I. unter FERDINAND II. erneuert ward, nach Unterdrückung der Bürgerkriege und Wiederherstellung eines schönen Friedens neuerdings zu seinem alten Glanz erblüht. Möge Gott der Allmächtige und Allgütige diesen Wunsch, der durch die Beklemmungen ob der gegenwärtigen Übel nicht wenig erschüttert wird, aus Mitleid mit der durch seines Sohnes Blut erkauften Kirche gnädig erfüllen, seinen Zorn endlich von uns abwenden und auf jene Völker richten, die die Kirche verwüsten! Möge er die durch Wut und Zorn entfachten Brände löschen und im Reiche des erhabenen Kaisers FERDINAND II. eine Atmosphäre des Glücks, der Milde und des Friedens schaffen und ihm Gedeihen geben! Dann wird auch Steiermark, die erste Wiege meines Glücks, und mit ihm auch Ihr, ehrwürdigste und großmütigste Herren, sicher unter des Adlers Flügel [13] unzählige Jahre lang standhalten. Damit empfehle ich mich mit dem Ausdruck gebührender Verehrung.

Lebt wohl! Frankfurt, 20. (30.) Juni 1621.

Ew. Ehrwürden, Hochgeboren

ergebenster Diener

JOANNES KEPLER,

einst der Steirischen adeligen Herren,

hernach der Kaiser RUDOLPH und MATTHIAS

und der Stände von Österreich ob der Enns Mathematiker.

[20] *Anmerkungen* (Notae) *des Autors zur früheren Widmung*

(1)* Im Jahre 1595, am 9. (19.) Juli, am Tage nach dem 18. Geburtstage des Erlauchten Erzherzogs FERDINAND, des jetzigen Römischen Kaisers und Königs von Ungarn und Böhmen, in dessen Erblande Steiermark ich damals angestellt war, habe ich dieses Geheimnis entdeckt. Sogleich machte ich mich an seine sorgfältige Bearbeitung und kündigte bereits im folgenden Oktober in der Widmung zum Jahreskalender, den ich pflichtgemäß abzufassen hatte, die Herausgabe des Büchleins an, um aller Welt zu verstehen zu geben, wie drückend ich als Freund der Philosophie die Verpflichtung zu derartigen Prophezeiungen empfand. Ich begab mich daher nach Württemberg und ließ mir da neben der Besorgung meiner privaten Geschäfte nichts so angelegen sein wie die Herausgabe dieses Büchleins, die mir, der ich noch ganz jung war und in der gelehrten Welt noch keinen Namen besaß, außerordentlich viel Verdruß verursachte, da die Buchdrucker Schaden befürchteten; auch gab es Leute, die sich meinem Unternehmen widersetzten, weil sie die Lehre des COPERNICUS für ungereimt hielten. Nachdem ich am 15. Mai zu Stuttgart jene Widmung geschrieben hatte, kehrte ich nach zweimonatigem Aufenthalt in die Steiermark zurück und überließ die nahezu aussichtslose Besorgung der Herausgabe meinem Lehrer MICHAEL MÄSTLIN. Dieser nun unterließ nichts, um das kleine Werk, zu dem er mich beim ersten Anblick innigst beglückwünscht hatte, auszustatten, zu empfehlen und zu verbreiten. Seine Klugheit und Rührigkeit brachte es zuwege, daß das Büchlein endlich gegen Ende des Jahres 1596 herauskam und auf der folgenden Frühjahrsmesse 1597 auf den Frankfurter Meß-Katalog gesetzt wurde. Meinem Namen erging es dabei schlecht, statt »Keplerus« war »Kepleus« gedruckt worden. Um diese Zeit war der Krieg zwischen Ungarn und den Türken entbrannt, und es wurden schwierige Beratungen über die Übergabe der Grenzländer an den Erben FERDINANDS gepflogen, der ja das Mündigkeitsalter erlangt hatte.

Da so ein überaus schöner Zufall die Anfänge dieser meiner Studien mit dem Regierungsantritt FERDINANDS verband, sollte es da nicht gestattet sein, auch die weiteren Fortschritte in Erinnerung zu bringen, durch

---

* [Auf den Bezugspunkt im Text der ersten Auflage von 1596 wird dort durch eine hochgestellte Ziffer verwiesen.]

die der so hoffnungsvolle Glaube bestärkt wird, daß es nicht ein blinder Zufall, sondern ein höchst einsichtsvoller und fürsorglicher Genius gewesen ist, der die schwache, am Boden kriechende Rebe an jenen hochragenden Ulmen aufgebunden hat.

Im selben Jahr 1597 geschah es nämlich, daß TYCHO BRAHE, der, einem vornehmen dänischen Geschlecht entsprossen, sich durch seine Pläne zur Erneuerung der Astronomie einen großen Namen verschafft und sein Leben lang glückliche Erfolge errungen hatte, seine dänische Heimat verließ und sich mit seiner gesamten astronomischen Ausstattung nach Deutschland begab. Da aber die Unternehmungen dieses Mannes mir aus dem Bericht und den Vorlesungen MÄSTLINS bereits bekannt waren und ich seiner als eines höchst vortrefflichen Meisters in meinem Büchlein allenthalben Erwähnungen getan hatte, hielt ich es für billig und geziemend, sobald ich mein Büchlein auf dem Frankfurter Meß-Katalog gesetzt wußte, außer anderen Mathematikprofessoren auch TYCHO, ihren Bannerträger, um seine Meinung über den Gegenstand meines Büchleins zu befragen, da ich die Sache nach meinem wie nach MÄSTLINS Urteil für höchst bedeutsam erachtete. Während die anderen rasch antworteten, nämlich GALILEO GALILEI aus Padua, REIMARUS URSUS aus Prag und GEORG LIMNAEUS aus Jena [Briefe Nr. 73, 69 und 96 in KGW XIII], kam mein Brief zu spät in TYCHOS Hände, da dieser den auf der Adresse angegebenen Ort inzwischen gewechselt hatte, und so mußte ich ein ganzes Jahr auf das Vergnügen warten, das mir die Antwort [Brief Nr. 92, KGW XIII: 197–202] eines so bedeutenden Mannes bereiten sollte; ich habe es aber schließlich doch genügsam gekostet, zugleich mit der Freude, die damals die ganze Steiermark erfüllte, da FERDINAND im vollen Glanze seiner fürstlichen Würde die Herrschaft übernahm. Indessen hätte ich bei tieferem Nachdenken in der großen Sonnenfinsternis im Zeichen der Fische [25. 02. / 07.03.1598 bei 17° Fische], einem Ort, der für FERDINAND besonders bedeutsam war, und noch mehr im Übermut gewisser Menschen Anzeichen für die Bedrängnisse finden können, die bald hernach über jene Provinzen hereinbrachen.

[21] BRAHE schrieb mir, ich solle die Spekulation a priori unterbrechen und lieber meinen Sinn auf die Untersuchung der Beobachtungen hinlenken, die er mir zugleich anbot; erst wenn ich hierin die ersten Schritte gemacht hätte, solle ich zu den Ursachen aufsteigen und etwas Ähnliches in Bezug auf seine Hypothese, der er vor der copernicanischen den Vorzug gab, ausdenken. Schließlich lud er mich ein, mich zu ihm zu begeben,

da er ja bereits das Meer überschritten hätte. Da ich nicht sogleich antwortete, schrieb mir Brahe im folgenden Jahr mehrere Briefe desselben Inhalts, die mir einer nach dem anderen in gehörigen Zwischenräumen überbracht worden sind. Da sich inzwischen in Graz unsere Schülerschar zerstreut hatte, faßte ich endlich, um das Gehalt, das ich von den Ständen der Provinz ohne Gegenleistung erhielt, gut anzuwenden, den Entschluß, der oft wiederholten Einladung Tycho Brahes Folge zu leisten. Dieser war im Jahr 1598 nach Wittenberg gekommen, um den Kaiser aufzusuchen. Nachdem er hier einige Zeit verweilt hatte, begab er sich im folgenden Jahr 1599 nach Böhmen. Daselbst war ihm das kaiserliche Schloß Benatek, fünf Meilen von Prag entfernt, zur Wohnung eingeräumt worden. Kaiser Rudolph weilte damals in Pilsen, weil in Prag die Pest herrschte. Das alles berichtete mir Friedrich Hofmann, ein steirischer Edelmann und Hofrat des Kaisers Rudolph, der damals von Prag gekommen war; er sprach mir zu, die Reise zu unternehmen und bot mir einen Platz in seiner Begleitung an. So geschah es, daß ich am Anfang des Jahres 1600 zu Brahe kam, als der Erzherzog Ferdinand in Graz mit einem Geschwisterkind aus Bayern Hochzeit feierte. Bald bekam ich Einblick in die Arbeiten Brahes und legte auch Proben meines Geistes ab; nachdem wir Bedingungen für meinen Aufenthalt bei ihm, die die steirischen Stände genehmigen sollten, verabredet hatten, kehrte ich nach mehreren Monaten gemeinsamer Gespräche nach Graz zurück. Bald darauf erhielt ich etliche Briefe von Brahe (in denen er mich ermutigte, da ich wegen Schwierigkeiten, die sich erhoben hatten, in meinem Vorsatz wankend geworden war, und mir mitteilte, was er bereits mit dem Kaiser über meine Berufung ausgemacht hatte); so übersiedelte ich denn schließlich mit meiner Familie im Oktober nach Prag. Nur noch ein Jahr blieb der Lehrmeister, den ich gewonnen hatte, am Leben. Nach seinem Hingang wurde mir vom Kaiser die Besorgung der Tafeln, die nach Brahes Bestimmung Rudolphs Namen tragen sollten, übertragen. Mit ihrer Ausarbeitung habe ich mich die letzten 20 Jahre abgemüht. So nahm für mich die Richtung meines ganzen Lebens, meiner Studien und Werke ihren Ausgang von diesem einen Büchlein. Und warum soll ich mich nicht stolz in die Brust werfen dürfen, wenn ich daran denke, daß ich nach Klarlegung der Bewegungen aller Planeten, um endlich das in diesem Büchlein begonnene Gebäude zu vollenden, meine Gedanken auf das »harmonische« Werk gerichtet habe, gerade in dem Jahr, in dem Erzherzog Ferdinand als König von Böhmen anerkannt wurde, daß ich im folgenden Jahr 1618, in dem FERDINAND die ungarische Königskrone empfing, das 5. Buch der *Harmonik* vollendet, daß ich endlich im Jahre 1619, da FERDINAND vollends die Kaiserwürde zuteil ward, meine *Harmonik* gerade an dem Ort und in dem Monat seiner Krönung veröffentlichte! Gott hat es so gefügt, daß die häßlichen Mißklänge der inneren Streitigkeiten im ganzen Reich dieses Fürsten und auch in Oberösterreich, meiner neuen Heimat, aufhörten und die lieblichste Harmonie friedlicher Zustände, die in der Gerechtigkeit der Herrscher und im bereitwilligen Gehorsam der Untertanen ihre Grundlage hat, gerade von dem Zeitpunkt an wiederhergestellt ward, in dem ich dieses mein erstes Buch durch Anmerkungen verbessert und vervollständigt neu herausgebe. So wird es nun möglich sein, daß, nachdem die Wunden in den von der Verwüstung betroffenen Ländern vernarbt, nachdem die Wasser der schrecklichen Flut versiegt und wieder sonnige Tage zurückgekehrt sind, das Füllhorn wiederaufblühenden Wohlstandes endlich auch die mir vom Kaiser RUDOLPH zugesagten Mittel (die wegen der Verworrenheit der vergangenen Zeitläufe nicht zu bekommen waren) zur Herausgabe des astronomischen Tafelwerks ausschüttet*.

(2)   Die Lehre von der Verteilung der fünf geometrischen Körper auf die Weltkörper wird auf PYTHAGORAS zurückgeführt, von dem PLATON diese [22] Philosophie entlehnt hat. Siehe *Harmonik* I und II [KGW VI: 15–89; siehe unten S. 353–444]. Es waren ja dieselben fünf Körper und dieselbe Welt, die jenen Männern und mir vorlagen, nur nicht beiderseits dieselben Teile der Welt, wenn man nur auf den Buchstaben schaut, und nicht dieselbe Art und Weise, wie die Beziehung zu jenen Körpern hergestellt ward.

(3)   Verzeih, lieber Leser, dem Anfänger die nicht ganz korrekte Redewendung. Die Philosophie sucht zwar im Leib etwas vom Menschen Verschiedenes, da jener einer fortwährenden Veränderung unterworfen ist, während der Mensch immer derselbe bleibt. Der Geist aber ist das, was den Menschen zum Menschen macht; also ist der Geist nicht etwas vom Menschen Verschiedenes. Was ich sagen wollte, bleibt jedoch bestehen: der Geist braucht seine Nahrung, gesondert von der Nahrung des Leibes, er hat auch seine besonderen Genüsse.

(4)   Ich hatte SENECA noch nicht gelesen, der fast denselben Gedan-

---

* [Das ist dargestellt auf dem Titelkupfer zu den *Tabulae Rudolphinae*; siehe F. KRAFFT 2005: XLVIII, Abb. 13.]

ken mit den Wendungen römischer Beredsamkeit so ausdrückte: »Die Welt ist etwas Winziges, wenn in ihr nicht alle Welt das findet, was man braucht.« (*Naturales Quaestiones* VII, 31.)

(5) Ich hatte noch nicht daran gedacht, daß ich einmal an den Hof Kaiser RUDOLPHS berufen würde. Diesen Fürsten habe ich da wirklich als einen zweiten KARL kennengelernt, wenn er auch nicht abgedankt hat; aber er empfand wirklich Ekel an den Schlechtigkeiten, die ihm in der inneren und äußeren Politik begegneten, wandte seinen Geist von ihnen ab und verschaffte sich beglückende Genüsse, wie sie die Betrachtung der Natur zu bieten vermag. Die Untertanen hätten sich daher eher über ihr eigenes ungestümes Betragen als über den Überdruß ihres Königs aufregen sollen.

(6) Ich habe hier auf das Sphärenmodell des Planetensystems angespielt, das aus den einzelnen Planetensphären und den fünf regulären pythagoreischen Körpern hergestellt worden ist, wobei jeder einzelne durch eine entsprechende Farbe von den andern unterschieden war; die Sphären waren blau, die Streifen aber, die die von den Planeten zu beschreibenden Wege darstellen sollten, weiß; alles war durchsichtig, so daß man die Sonne im Mittelpunkt hängend sehen konnte. Die Saturnsphäre wurde durch sechs Kreise dargestellt, von denen immer drei in einer Ecke des Würfels zusammenliefen und je zwei über dem Mittelpunkt einer Seitenfläche des Würfels lagen; die äußere Jupitersphäre wurde durch drei, die innere durch sechs Kreise gebildet, die äußere Marssphäre ebenfalls durch sechs; die innere jedoch, sowie die beiden Erdsphären und die äußere Venussphäre wurden jedoch durch sechs Kreise dargestellt, von denen sich zwölfmal je fünf, zwanzigmal je drei, dreißigmal je zwei trafen. Die innere Venussphäre entsprach der äußeren Jupitersphäre, die Merkursphäre der inneren Jupitersphäre. Es war ein wirklich gefälliges Schaustück; eine freilich nicht ganz entsprechende Darstellung enthält das Bild, das diesem Werke beigegeben ist [siehe oben in Kapitel II, S. 37, Fig. 3].

(7) Meiner Aufforderung wurde zu meinem nicht geringen Vorteil stattgegeben; die Pflicht der Dankbarkeit gebietet mir, dies zur Ehre der adeligen Herren festzustellen. Der Hochgeborene Herr Hauptmann gab sogleich aus eigenem Vermögen; die übrigen warteten in ihrer Eigenschaft als Mitglieder der Landesstände deren Zusammentritt im Jahre 1600 ab und erwirkten mir während meiner Abwesenheit in Böhmen eine stattliche Vergütung, obwohl die Staatskasse durch die Kriege an den Grenzen

erschöpft war. So verschaffte der Schöpfer des Himmels mir den Verkünder seiner Werke damals das Reisegeld, um meine Familie nach Böhmen überführen zu können.

[28] *Anmerkungen des Autors zur Vorrede an den Leser*

(1) Wenn auch zwischen allen Erscheinungen ein wechselseitiger Zusammenhang besteht, so ist doch die Sechszahl der Hauptsphären allein den fünf Körpern entnommen; ihre Verhältnisse untereinander gehen zwar in der Hauptsache ebenfalls auf die geometrischen Gebilde zurück, sind jedoch in ihren besonderen Feinheiten den Bewegungen untergeordnet, insofern diese die gleich von Anfang an in die Idee des Werks aufgenommenen Finalursachen sind. Und zwar ist das zu ersehen bei jedem einzelnen Planeten, einerseits aus seiner langsamsten, andererseits aus seiner raschesten Bewegung, also aus den Bewegungen, insofern sie ihrer besonderen Eigenart wegen betrachtet werden. Die periodischen Bewegungen aber (das heißt die Zahl der aus den Umläufen der einzelnen Planeten berechneten Tage) weichen sowohl von Seiten der Verhältnisse der Sphären, wie von Seiten der Exzentrizitäten (die durch die Harmonien bestimmt werden) stärker von den fünf Körpern ab.

(2) Eine weitere Ausführung dieser Disputation findet man in Buch I der *Epitome Astronomiae Copernicanae*.

(3) Die Erörterung dieser Frage ist in den Marskommentaren [das ist die *Astronomia nova*] untergebracht, besonders in der Einleitung; sie findet sich ausführlich auch in Buch IV, S. 542 der *Epitome* [KGW VII: 312]. Die klaren Beweisgründe ergeben sich aus der von Grund aus vollzogenen Erneuerung der Astronomie.

(4) Ein Buch mit dem Titel »Kosmographie« habe ich seitdem nicht herausgegeben. Doch ist diese Analogie von mir in der *Epitome*, Buch I, S. 42 [KGW VII: 46 f.], behandelt, wo ich von der Gestalt der Welt rede, und im Buch IV desselben Werks [KGW VII: 251 ff.], wo die Rede von den drei Hauptgliedern der Welt ist. Man darf diese Ähnlichkeit keineswegs für einen leeren Vergleich halten; sie ist vielmehr als Form und Urbild der Welt zu den Ursachen zu rechnen.

(5) Aber nicht als Begleiter des Jupiters, wie es die Mediceischen Gestirne GALILEIS sind. Damit man sich keiner Täuschung hingebe, sei be-

merkt, daß ich niemals an diese gedacht habe; vielmehr dachte ich an ein Gestirn, das wie die Hauptplaneten [*primarii planetae*] eine Bahn um die Sonne als Mittelpunkt des Systems beschreibt.

(6) Man sieht, daß ich damals schon die sogenannten »numeri numerantes« [= abstrakten Zahlen] abgelehnt habe. Sie aus der Begründung der Harmonik zu verbannen, betrachtete ich in jenem Werk als eine meiner Hauptaufgaben.

[29] (7) Die Sechszahl hat gegenüber den geschaffenen Dingen etwas Abstraktes an sich, weil sie die erste der vollkommenen Zahlen ist. Als vollkommen gilt eine Zahl, wenn die aliquoten Teile zusammen gleich der ganzen Zahl sind. Verleiht also diese Eigenschaft dem »numerus numerans« eine besondere Bedeutung? Schauen wir nach, worin diese besondere Bedeutung besteht und inwiefern sie der Zahl zukommt. Da zeigt sich fürs erste, daß diese besondere Bedeutung gar nicht vorhanden ist. Denn wenn eine solche besondere Bedeutung vorhanden wäre, so müßte die Harmonielehre für alle vollkommenen Zahlen zeugen. Doch diese Wissenschaft anerkennt von ihnen nur die Sechszahl. Die übrigen vollkommenen Zahlen sind nämlich Vielfache von Primzahlen, wie aus Euklids [*Elementen,*] Buch IX, letzter Satz, hervorgeht. Daher (nach Axiom 3 des III. Buchs der *Harmonik* [KGW VI: 103] und nach Satz 8 [in Kapitel V] des IV. Buchs [KGW VI: 259], der auf den Sätzen 45, 46, 47 des I. Buchs beruht) liegen alle sogenannten vollkommenen Zahlen außer der Sechszahl außerhalb des Bereichs der Harmonien (was auch der Gehörsinn bestätigt), und zwar wegen der Primzahlen, wie sieben usw., von denen sie abgeleitet sind. Denn wenn auch die Zahl der harmonischen Schnitte (*Harmonice mundi*, III, [2, Satz]19; [KGW VI: 118]) gleich sieben, also eine Primzahl ist, so ist doch die Siebenzahl nicht die Ursache dafür, daß jene Schnitte harmonisch sind. Vielmehr ist jeder für sich harmonisch, und hintendrein trifft es sich, daß die Zahl der bestehenden harmonischen Schnitte sieben beträgt. So hat auch die Bedingung, durch die die vollkommenen Zahlen definiert werden, für sich betrachtet, keinerlei besondere Bedeutung; es hat nichts auf sich, wenn alle die Zahlen, die Teiler einer Zahl sind, zusammengezählt diese Zahl ergeben. Es ist ja etwas Schönes um diese Regelmäßigkeit; allein diese Regelmäßigkeit ist für die Zahlen selber im Verhältnis zu ihren einzelnen Teilern akzidentell; sie begründet nicht ihr Wesen, sondern ergibt sich im Nachhinein aus ihrem Wesen mit geometrischer Notwendigkeit. Sie bewirkt auch nicht, daß diese Zahlen reicher an Teilern sind. Wollte man

sie jedoch mit dem Teilerreichtum in Beziehung bringen, so würde andererseits dieser in gewisser Weise eingeschränkt. In der Tat, wenn man von jemandem verlangt, er solle auf die sogenannte Vollkommenheit ausgehen, so wird es ihm gerade dadurch unmöglich gemacht, zu den teilerreichsten Zahlen zu greifen. Was wir vorhin von den Schnitten gesagt haben, das gilt auch hier von den Zahlen, die Teiler einer bestimmten Zahl sind. Wenn zunächst eine jener Zahlen für sich betrachtet Teiler dieser letzteren Zahl ist, so ist sie das nicht infolge der vorgegebenen Regelmäßigkeit; vielmehr trifft es sich zufällig im Nachhinein, daß jene einzelnen Teiler zusammengezählt die Zahl ausmachen, in der sie enthalten sind. Man findet in der *Harmonik*, Buch III, am Schluß von Kapitel III, S. 31 [KGW VI: 123], eine ähnliche Stelle über das Auftreten der Dreizahl, dem hier das Auftreten jener Regelmäßigkeit entspricht. Durch diese Regelmäßigkeit bekommen die Zahlen nicht mehr Wert und Gefälligkeit als ein Bauer, der einen Schatz findet. Daher ist es keineswegs glaubhaft, Gott der Schöpfer habe an der Sechszahl wegen dieser Eigenschaft Gefallen gefunden. Zweitens behaupte ich, daß den Zahlen als »numeri numerantes« eine solche Bedeutung nicht zukommt. Das ist leicht aus den Büchern II bis IX von EUKLIDS [*Elementen*] zu beweisen. Um nämlich zu zeigen, daß gewissen Zahlen jene Vollkommenheit zukommt, muß er figurierte Zahlen, das heißt, wie die Schulen sagen, »numeri numerati« oder Parallelogramme benutzen, die in Länge und Breite durch dasselbe Maß geteilt sind. Wenn also diese sogenannte Vollkommenheit mit Vorzug ein Merkmal einer ausgezeichneten Bedeutung wäre, so müßte diese zuerst den geometrischen Figuren zukommen. Nun erhält freilich die Sechszahl ihre wahre und wirkliche Bedeutung vom Sechseck, dessentwegen sie in die harmonische Wissenschaft Eingang gefunden hat; allein sie gewinnt damit nicht die Eignung, die Zahlen der primären Weltkörper zu begründen. Jene Figur teilt nämlich den Kreis als kontinuierliche Quantität in sechs Teile; die Weltkörper aber sind nicht Teile einer kontinuierlichen Quantität. Jene Figur gehört zu den ebenen Figuren, die Weltkörper aber haben dreidimensionale Räume zu durchwandern. Mit Recht habe ich es daher abgelehnt, die Eigenschaften der an und für sich betrachteten Sechszahl [30] mit als Ursache für die Sechszahl der Himmelssphären anzuerkennen; mit Recht verlangte ich, daß von vornherein gewisse evidente Ursachen angegeben werden, aus denen sich dann die Sechszahl der Himmelssphären von selbst ergebe. So ergibt sich auch in der Harmonielehre aufgrund vorausgehender geeigneter Ursachen sowohl die Dreizahl der einen Wohlklang bildenden Töne nach S. 31 [KGW VI: 123] wie auch die Siebenzahl der harmonischen Teilungen nach S. 26 von Buch III der *Harmonik* [KGW VI: 118].

(8) In der Tat sind und waren die Ideen der Quantitäten ewig in Gott, sie sind Gott selber; sie sind daher als Vorbilder in den (auch dem Wesen nach) nach Gottes Ebenbild geschaffenen Seelen. Darüber sind sich die heidnischen Philosophen und die Kirchenlehrer einig.

(9) Ich hatte das für mich allein geschrieben; ich meinte mit der Erde die Sphäre, durch welche sie bewegt wird, die COPERNICUS die große [*orbis magnus*] genannt hat; ebenso ist mit jedem Planeten seine Sphäre gemeint. Auch die letzte Bemerkung »Da hast du den Grund usw.« gehört zu dem aus meinen Notizen entnommenen Satz.

(10) Nach Knabenart war ich in Verlegenheit, es könnte jemand von mir glauben, ich sei ein Mann, dem es nur um Neues zu tun ist, und hätte das Buch bloß geschrieben, um mit meinem Geist zu glänzen. Demgegenüber habe ich mein Gelübde und meine innerste Überzeugung von der Wahrheit dessen, was mein Buch enthält, sowie das dringende Verlangen, mich mit anderen über diese meine Entdeckungen zu besprechen, geltend gemacht. Es waren dies auch, wie ich glaube, geeignete Gründe, meine unangebrachte Schüchternheit zu besiegen.

[39]   *Anmerkungen des Autors zum 1. Kapitel*

(1) Diesem Bedenken ist schon COPERNICUS in der Vorrede an Papst PAUL III. begegnet, aber ein bißchen ungelenk; die Strafe für diese Rede kam schließlich 70 Jahre nach der Herausgabe des Buchs und nach dem Tode seines Verfassers. »Das Buch wird verboten«, sagte die Zensurbehörde, »bis es verbessert wird«; darunter kann man, glaube ich, auch verstehen: »bis es erklärt wird«. Inwiefern es der Heiligen Schrift nicht widerspricht, da der Zweck des Schriftstellers hier und dort völlig verschieden ist, habe ich mit Gründen und Belegen in der Einleitung zu den *Marskommentaren* [KGW III: 28–33; ursprünglich vorgesehen für das *Mysterium cosmographicum*] auszuführen versucht. Die Worte des COPERNICUS selber habe ich klarer erörtert am Schluß von Buch I der *Epitome* [KGW VII: 99 f.]. Ich hoffe, an den genannten Stellen die Hüter der Religion befriedigt zu haben. Mögen sie zur Entscheidung dieser Frage soviel Einsicht und

astronomisches Wissen mitbringen, daß man die Sorge für den Ruhm der sichtbaren Werke Gottes sicher ihrer Obhut anvertrauen kann. Es ist etwas Großes um das Wort Gottes, gewiß; aber es ist auch etwas Großes um das Werk Gottes. Und wer wollte leugnen, daß das Wort Gottes seinem Zweck und daher der herkömmlichen Redewiese der Menschen angepaßt ist? Daher wird sich gerade der eifrigste Hüter der Religion am meisten davor hüten, in völlig offenkundigen Dingen das Wort Gottes so zu pressen, daß es das Werk Gottes ablehnt. Wem das Lob unseres Schöpfers und Herrn am Herzen liegt, der lese das V. Buch meiner *Harmonik*. Wenn er dann die vollkommene, bis ins kleinste durchgeführte Harmonie der Bewegungen erkannt hat, dann möge er sich fragen, ob nicht genügend starke und gewichtige Gründe für die Übereinstimmung zwischen Wort und Werk Gottes gefunden sind oder ob es angeht, diese Übereinstimmung zu verwerfen und den Ruhm der göttlichen Werke, die voll unermeßlicher Schönheit sind, durch Zensuren zu unterdrücken. Wie könnte danach ein Machtspruch bewirken, daß auch nur eine leichte Kunde von diesem Ruhm zum [40] ungebildeten Volk, ja zur Menge der Gebildeten gelangt! Die Unwissenheit verschmäht es, auf die Autorität zu hören; sie geht weiter im Kampf, im Vertrauen auf die Masse und den Schild der Gewohnheit, der für die Geschosse der Wahrheit undurchdringlich ist.

(2) Das habe ich auch in einem besonderen Fall, wo es sich um eine Hypothese über die Exzentrizität handelt, im Kapitel XXI meiner *Marskommentare* erörtert [KGW III: 183–187]; ich habe da gezeigt, warum und inwiefern aus einer falschen Hypothese bisweilen etwas Richtiges herauskommt.

(3) Ich wußte noch nicht, was ich hernach in den *Marskommentaren* bewiesen habe, daß die »Anomalie der Erdgroßsphäre« oder »der Veränderlichkeit«*, die die Rückläufigkeit bewirkt, auf die wahre Sonnenbewegung zu beziehen ist. Darüber müssen sich die Anhänger der alten Astronomie nach ihrer Theorie noch mehr wundern. Es ergeben sich gerade hieraus Beweisgründe dafür, daß die Rückläufigkeit nicht von einer wirklichen Bewegung der Planeten oder des ganzen Himmelssystems herrührt, sondern nur dadurch zustande kommt, daß wir die Bewegung der Erde in der Einbildung auf alle Planeten übertragen.

---

* [*anomalia commutationis* ist die Veränderlichkeit des Winkels, den die Richtung Erde–Sonne mit der Richtung Planet–Sonne bildet.]

(4) Den folgenden Satz »Und doch« usw. habe ich, als ich schläfrig war, abgefaßt. Ich wollte sagen: da bei COPERNICUS eine so schöne Ordnung zutage tritt, wie sie zwischen Ursache und Wirkung besteht, muß die von ihm angegebene Ursache für die rückläufige Bewegungen notwendig die wahre sein, das heißt seine Hypothese ist nicht eine bloße Fiktion.

(5) Wie im folgenden ausgeführt ist, ergibt sich die Ursache für gewisse Erscheinungen nicht aus der speziellen Gestaltung der Hypothesen, sondern aus der generellen, die COPERNICUS und BRAHE gemeinsam ist; für einige Erscheinungen jedoch ergibt sich die Ursache aus der speziellen Hypothese des COPERNICUS. Entsprechend verhält es sich mit gewissen ganz feinen Beobachtungsergebnissen; wenn wir die ganz besonderen Bedingungen und Zahlenangaben der copernicanischen Hypothese berücksichtigen, können wir jene Ursache nicht angeben. Deswegen müßte ich die copernicanische Hypothese in einzelnen Punkten sowohl hinsichtlich ihrer Form, wie auch hinsichtlich der Ausmaße nach den Forderungen der Beobachtungen verbessern. Wenn ich auch gesagt habe, daß an der Form etwas zu verbessern gewesen sei, so handelt es sich dabei um Dinge, die eher auf eine Vervollkommnung der copernicanischen Hypothese, das heißt auf eine gründliche Abkehr vom herkömmlichen Weg, als auf eine Neugestaltung abheben. Ich habe daher irgendwo in den *Marskommentaren* gesagt [KGW III: 141, Zeile 3]: »COPERNICUS war sich seines Reichtums nicht bewußt.«

(6) Die gründlichste Behandlung der astronomischen Seite dieser Fragen findet man in den *Marskommentaren*; über physische oder metaphysische Beweisgründe aber habe ich mich ausführlicher im IV. Buch der *Epitome* verbreitet. Dieses Buch ist das Werk, das ich hier versprochen habe, und zwar gehört das ganze Buch hierher.

(7) MÄSTLIN selber wies mich jedoch später darauf hin, daß dieser Schluß nicht notwendig sei. Denn da der Komet seine Bewegung nicht viele Tage hindurch fortsetzt und da wir bei der Hypothese, der wir folgen, die Freiheit haben, diese Bewegung schneller oder langsamer anzunehmen, wo die Beobachtungen (die meist nur roh sind) dies zu fordern scheinen, ist es möglich, daß Hypothesen, die in Einzelheiten voneinander abweichen, dieselben Beobachtungen eines Kometen darstellen. BRAHE prüfte in seinem Buch über die Kometen (*De mundi Aetherei recentioribus phaenomenis*, [II, 10], S. 282) die Hypothese MÄSTLINS, vergleicht sie mit der seinigen und widerlegt sie. Er selber stellt ebenda

S. 206 eine Hypothese auf, wonach die kreisförmige Eigenbewegung eines Kometen im Anfang langsam, dann schneller und schließlich wieder langsam ist. Ich verzichte auf eine Beweisführung, bei der man aus den Tatsachen, für die die Fachmänner [41] Gewähr leisten könnten, auf guten Glauben und auf die allgemeine Mutmaßung hin, daß das, was mit der Wirklichkeit übereinstimmt, wahr sei, für die Richtigkeit der Annahmen voreingenommen ist. Ich bemächtige mich dagegen dieser Burg auf einem anderen Weg. Wenn durch Annahme der Bewegung der Erde gezeigt werden kann, daß eine geradlinige Bewegung der Kometen, die entweder immer gleichförmig oder stetig beschleunigt beziehungsweise verzögert sein könnte, den Beobachtungen genügt, dann wäre in der Tat die Bewegung der Erde in demselben Maße glaubwürdiger, je größer die Wahrscheinlichkeit einer geradlinigen gleichförmigen Bewegung der verschwindenden Weltkörper ist, zumal wenn fest stünde, daß die unregelmäßigen Biegungen ihrer scheinbaren Wege mit der Erdbewegung zusammenhängen, und wenn damit auch von den anderen Besonderheiten in den Bewegungen der Planeten Rechenschaft gegeben wird. So hatte beispielsweise der Komet des Jahres 1577, der in den äußersten Teilen des Schützen auftauchte, daselbst seine größte tägliche Bewegung, einen Kopf von 7 Minuten und einen Schweif von 22 Grad Länge. Alle diese Größen nahmen schließlich ab, so daß es den Anschein hatte, als würde der Komet im Sternbild der Fische, das um 90 Grad vom Schützen absteht, stillstehen, wenn er nicht verschwunden wäre. Wie kommt es, daß die Kometen 90 Grad von dem Ort entfernt, an dem sie am größten und am schnellsten erscheinen, sich dem Stillstand nähern, daß sie ferner bei dem Ort des Stillstands sich entweder in den Sonnenstrahlen verbergen, wie der vorhin genannte, oder auch in Opposition zur Sonne allmählich verschwinden, wie der Komet von 1618; das tun nämlich die meisten. Wenn man dem Kometen eine kreisförmige Bahn zuschreiben will, so wird man nicht bei allen Kometen dieselbe Ursache für jene Erscheinungen nennen können. Wenn man sich aber zur Annahme einer geradlinigen Bewegung herbeiläßt, erhellt sofort, daß jene Erscheinungen notwendig auftreten müssen. Ich hätte aber als geradlinige Bahn des Kometen von 1577 eine Linie angenommen, auf der er einige Tage nach seinem Verschwinden gemäß seiner Länge zu sehen gewesen wäre, wenn er noch dageblieben wäre; die Bewegung selber hätte ich zuerst schnell, in den späteren Tagen langsamer angenommen, entsprechend der Entfernung der geradlinigen Bahn von der Sonne, da der Komet sich in schiefer Richtung von der Sonne entfernte, während sich die Erde gleichzeitig vom Kometen weg bewegte. Dadurch würde bewirkt, daß der Komet anfänglich halb so weit wie die Sonne entfernt ist, worauf er dann die Sphären von Venus, Erde, Mars schneidet und schließlich in einer Entfernung, die dreimal so groß ist wie die der Sonne, verschwindet. Es ist daher kein Wunder, daß an ihm keine Parallaxe beobachtet werden konnte. Doch ich habe mehr als genug hiervon gesprochen; wenn der Leser mehr wissen will, so möge er zu meinem Schriftchen über die Kometen greifen, das ich zur Herbstmesse 1619 herausgegeben habe [*De cometis libelli tres*, in KGW VIII: 129–262].

(8) Seit ich dies geschrieben habe, habe ich manches gelernt. Laß dich durch die große Zahl der Bewegungen nicht verwirren. Eigentlich sind es nur zwei Bewegungen, eine, die auf dem inneren Prinzip der täglichen Umdrehung um den eigenen Mittelpunkt beruht, und eine andere, jährliche, um die Sonne, die von außen her, von der Sonne der Erde auferlegt wird, wenn sie auch durch eine magnetische Kraft, die im Innern der Erde ihren Sitz hat, reguliert wird. Was aber hier als dritte Bewegung genannt ist, ist vielmehr das Beharren der Erdachse in paralleler Lage, während der Mittelpunkt sich um die Sonne bewegt; und die vierte, die hier auftritt, besteht nur in einer geringfügigen Störung dieses Beharrens, die aus einer Abweichung der beiden ersten eigentlichen Bewegungen hervorgeht. Doch darüber unten mehr.

(9) Diese Annahme mußten die Astronomen bezüglich der Sonne oder, wie COPERNICUS, bezüglich der Erde machen, da sie den Beobachtungen des HIPPARCHOS und des PTOLEMAIOS eine zu große Bedeutung beilegten; diese sind jedoch nicht so fein, daß man eine Annahme von so großer Tragweite auf sie gründen könnte. Ich habe daher in den *Marskommentaren* und in Buch VI, Teil I der *Epitome* [KGW VII: 406] jene Annahme als der Physik des Himmels nachteilig mit aller Zuversicht verworfen, und auch jetzt gehe ich von meiner Auffassung noch nicht ab. Die offenkundige Ungereimtheit dieser Annahme werde ich an einer anderen Stelle beweisen.

(10) Nicht weil die Sphäre selber dreifach wäre, sondern weil ein und dieselbe Sphäre drei besondere Merkmale hat, von denen jedem in mehrfacher Hinsicht eine besondere Bedeutung und Funktion in der neuen Astronomie zukommt.

[42] (11) Das heißt wir wollen die Exzentrizität unberücksichtigt lassen. Gewisse Tatsachen werden durch jene exzentrische Sphäre erklärt, nicht aufgrund ihrer Exzentrizität, sondern aufgrund des Umstandes, daß sie sich um die Sonne dreht.

(12) Die Mondsphäre (nicht der Mond an sich) und die Erde besitzen dieselbe Bewegung von Ort zu Ort längs der Erdsphäre. Da also die Erde immer an der Stelle ist, wo sich auch die Mondsphäre befindet, ergibt sich bei der Bewegung der Mondsphäre und damit auch wegen dieser Mondsphäre bei der Bewegung des Mondes selber aus der Bewegung der Erde nicht die Erscheinung, die sich für die ruhende Sonne aus der Bewegung der Erde ergibt. Dies wäre anders, wenn sich die Erde bewegen, der Mond aber ruhen oder in einer anderer Weise sich von Ort zu Ort bewegen würde. Denn dies würde die Bewegung des Erdmittelpunktes in der Einbildung ebenfalls auf die Mondsphäre übertragen, und diese würde als Ganzes nach Maßgabe ihrer Lage Rückläufigkeit ganz ebenso wie die fünf Planeten zeigen.

(13) Zwei Gedanken sind hier ausgesprochen. Der eine betrifft die Sonne selber, der andere wendet sich von der Sonne zu den Planeten. PTOLEMAIOS versetzt die Sonne auf einen Exzenter, und den Exzenter schließt er durch zwei Deferenten ein. COPERNICUS dagegen versetzt den Planeten auf einen Epizykel, den Epizykel auf einen Konzenter. Um die Bewegung der Apogäen zu bewirken, gibt nun PTOLEMAIOS seinem Deferenten eine besondere, sehr langsame Bewegung. COPERNICUS leistet dasselbe dadurch, daß er eine Abweichung der Umlaufzeit des Epizykels von der Umlaufzeit des Konzenters annimmt; beide Umlaufzeiten betragen ungefähr ein Jahr. Das Wahrscheinlichere ist, daß jene langsamen Bewegungen auf einer solchen Abweichung, nicht auf einer positiven Bewegung beruhen, zumal dem Epizykel eine jährliche Bewegung nur hinsichtlich seines Exzenters zukommt, dessen Umdrehung bewirkt, daß sich der Epizykel nach der entgegengesetzten Seite kehrt; hinsichtlich der Fixsterne jedoch scheint er eher zu ruhen, da die Umdrehung in der Weise erfolgt, daß dieselben Teile des Epizykels sich immer gegen dieselbe Seite des Fixsternhimmels kehren, insoweit nicht jene Abweichung eine ganz kleine Störung verursacht. In den *Marskommentaren* und in Buch IV der *Epitome* gebe ich eine physikalische Ursache an, sowohl für die Exzentrizität wie für die Wanderung der Apogäen, eine Ursache, die ihren Sitz im Innern des Planetenkörpers hat und weder der Deferenten noch des

Epizykels bedarf. – Beachte, daß dieser die Sonne (beziehungsweise die Erde) betreffende Passus nur nebenbei eingeschoben worden ist; es soll daraus erhellen, was sich aus der Wanderung des Apogäums der Sonne für die übrigen Planeten ergibt.

(14) Das wird deutlicher, wenn man die Figuren 7 und 8 betrachtet. Es heißt prophezeien, was nach vielen Jahrhunderten geschehen wird; denn der alten Astronomie macht die diesbezügliche Frage nach dem heutigen Zustand noch nichts zu schaffen. Die Übertragung der besonderen ptolemaiischen Anschauungen auf die copernicanische Hypothese bringt es aber mit sich, daß ich dieser Frage Erwähnung tue. Denn auch Copernicus rechnete die Exzentrizitäten der fünf Planeten vom Mittelpunkt der Erdsphäre aus, wie wenn dieser (und nicht der nahe benachbarte Sonnenmittelpunkt) die von der Natur gegebene Basis des Planetensystems wäre. In den letzten 25 Jahren seit Herausgabe dieses Büchleins habe ich die Astronomie so aufgebaut, daß alle Exzentrizitäten (der Hauptplaneten) auf den eigentlichen Sonnenmittelpunkt als die wahre Basis der Welt bezogen werden. Daher macht es für die Exzentrizitäten aller Planeten nichts aus, wohin sich das Apogäum der Sonne wendet. Siehe Teil I der *Marskommentare* über die Leistungsfähigkeit der Hypothesen, besonders Kapitel VI.

(15) Dies ist aus der von Copernicus selber gegebenen Belehrung übernommen. Und es ist wahr: wer den Mittelpunkt der Sonnensphäre von der Erde (oder der Erdsphäre von der Sonne) [43] zu weit wegrückt, was nach meiner Überzeugung Ptolemaios und Hipparchos getan haben, der muß, wenn er die Exzentrizitäten der Planeten auf diesen Punkt bezieht, ihnen andere Werte beilegen als die heutigen Astronomen, denen ein verbesserter Wert für die Exzentrizität der Sonnensphäre zur Verfügung steht. Wenn aber die Exzentrizitäten vom Sonnenmittelpunkt selber aus gerechnet werden, wie ich es tue, so macht für sie diese Änderung der Exzentrizität der Sonnen- beziehungsweise Erdsphäre nichts aus, mag diese richtig sein, wie Copernicus glaubte, oder, wie ich glaube, falsch und auf bloßer Meinung beruhend. Siehe hierzu die Figuren 7 und 8, sowie die *Narratio prima* des Rhaeticus [KGW I: 92] und das letzte Kapitel der *Marskommentare*.

(16) Einen Anhaltspunkt für diese Vorstellung bot Copernicus, mochte er wünschen, damit dem Verständnis anderer nachzuhelfen, oder auch tatsächlich selber hängen geblieben sein bei dieser verwickelten Fra-

ge. Durch ebene Figuren läßt sich die Schwierigkeit nicht beheben, nur durch räumliche; aber solche sind nicht leicht herzustellen. Wie es sich auch verhalten mag, jene Bewegung ist in Wirklichkeit keine Bewegung, man muß sie vielmehr Ruhe nennen. Sie läßt sich durch nichts besser verständlich machen als durch ihre eigentliche physikalische Ursache, die nach den *Marskommentaren* und nach den Büchern I bis III und VI der *Epitome* in folgendem besteht: Während die Erdkugel ihre jährliche Bewegung um die Sonne ausführt, bleibt ihre Rotationsachse an jeder Stelle zu sich selber parallel, wegen der dem Erdinnern von Natur aus zukommenden magnetischen Neigung zur Ruhe oder auch wegen der Stetigkeit der täglichen Rotation um diese Achse, durch die diese Achse ihre Richtung behält, wie es bei einem Kreisel der Fall ist, der angetrieben wird und hin- und hertanzt. Da also jene Bewegung in Wirklichkeit nicht besteht, sondern vielmehr ein Beharren ist, so braucht man auch keine fiktive Sphäre. Mit Recht hat mir bei diesem Anlaß TYCHO BRAHE in einem Brief, den er mir nach der Lektüre dieses Schriftchens geschickt hat, die alte irrtümliche Vorstellung von festen Sphären zum Vorwurf gemacht [Brief Nr. 92 in KGW XIII: 197–202].

(17) Die ganze Lehre von der Präzession der Äquinoktien wird durch die Betrachtung der Achse und der Pole der Erde erledigt. Es ist also sowohl die 9. Sphäre wie auch jene Sphäre um die Erde überflüssig. Siehe Kapitel V der *Marskommentare* und die Bücher II, III und VII der *Epitome* [siehe vor allem KGW VII: 519]

(17) Die zweite Bewegung haben wir ganz auf das Beharren der Achse zurückgeführt; die dritte nun ist auf die zweite zurückzuführen und mit ihr zu verschmelzen. Wenn es sich nämlich aufgrund der physikalischen Ursachen zeigt, daß sich die Achse der Erde nach einem jährlichen Umlauf um einen unmerklich kleinen Betrag gegenüber der früheren Lage rückwärts gedreht hat, wobei sie nichtsdestoweniger eine konstante Neigung gegenüber der Welt oder den Polen der ›Königsbahn‹ behält, wenn ferner auch die Ekliptik, das heißt die Bahn der Erde [*orbita Telluris*], wie die Bahnen der anderen bestimmte Breiten besitzen in Bezug auf die ›Königsbahn‹, und zwar Breiten, die durch ein ähnliches Weiterrücken von Ort zu Ort gegenüber den Fixsternen weiterwandern, so folgt aus diesen Voraussetzungen von selbst, ohne irgendeine Schwankung der Pole, daß sich die Abweichung der Ekliptik ändert und daß sich die Äquinoktien bald etwas schneller, bald etwas

langsamer bewegen. Ja, es folgt daraus auch weiterhin, was dem COPER-
NICUS unbemerkt blieb und von TYCHO BRAHE und dem Landgrafen
[WILHELM IV.] VON HESSEN-KASSEL entdeckt worden ist, daß sich die
Breiten der Fixsterne ändern. Wenn sich aber auch die Schwankung
der Äquinoktien nicht von derselben Größe und Geschwindigkeit ergibt
wie aus den Schwankungen bei COPERNICUS, so ist zu bemerken, daß
jener Betrag nicht nur noch nicht ausgemacht ist, daß vielmehr die Tatsache, daß er vor und nach PTOLEMAIOS als gleich erkannt worden ist,
die ganze Sache mitsamt den Beobachtungen des PTOLEMAIOS in Frage
stellt. Nur das Zeitalter des PTOLEMAIOS nämlich zeigt eine Abweichung;
die Beobachtungen aus den übrigen Jahrhunderten zeigen regelmäßige
Übereinstimmung. COPERNICUS, der diese Schwankung herausgearbeitet
hat, indem er die Beobachtungen seiner Zeit mit denen des PTOLEMAIOS
verglich, wurde von den zuverlässigsten Beobachtern der Folgezeit widerlegt. Siehe darüber die letzten Kapitel meiner *Marskommentare* und
Buch VII der *Epitome*.

[50]   *Anmerkungen des Autors zum 2. Kapitel*

(1) O weh! Das ist schlimm geraten. Aus der Welt wollen wir sie verbannen? Ja, in der *Harmonik* habe ich sie aufgrund des Rückkehrrechts wieder zurückgerufen. Warum sollen wir sie verbannen? Weil sie unendlich
an Zahl und also zu einer Ordnung völlig untauglich sind? Aber nicht sie
sind untauglich, sondern ich war wegen meiner damaligen Unwissenheit,
die ich mit den meisten Menschen gemein hatte, untauglich, ihre Ordnung
zu erfassen. Daher habe ich in Buch I der *Harmonik* eine Auswahl unter
den unendlich vielen getroffen und die schöne Ordnung, die zwischen
ihnen besteht, aufgedeckt. Denn warum sollen wir die Linien aus dem Urbild der Welt verbannen, da doch Gott in seinem Werk selber Linien zur
Darstellung gebracht hat, nämlich durch die Bewegungen der Planeten?
Die Ausdrucksweise ist also zu verbessern, der Sinn beizubehalten. Bei
der Festsetzung der Zahl der Himmelskörper und der Weite der Sphären sollen zunächst freilich die Linien beiseite gelassen werden; bei der
Einordnung der Bewegungen aber, die sich in Linien vollziehen, dürfen
wir Linien und Oberflächen nicht beiseite schieben, die doch allein der
Ursprung der harmonischen Verhältnisse sind.

135

(2) Es besteht, wie schon die Namen besagen, ein ungeheurer Unterschied zwischen Fixsternen und Wandelsternen [= Planeten]. Warum sollte nicht auch ein Unterschied bestehen in der Ausschmückung der beiden Arten? Wer würde die Schönheit der Ordnung einsehen, wenn er nicht daneben das Heer der Fixsterne sähe, das dieser Ordnung entbehrt? Wer würde Astronomie lernen, wenn immer ähnliche Schematismen oder Konstellationen sich wiederholten? Den Formen kommt ihr besonderer Schmuck zu, wie auch dem Stoff. Ja der Stoff soll seinen besonderen herrlichen Schmuck haben, der in der unbegrenzten Menge, Mannigfaltigkeit und Abwechslung der Lage- und Größenverhältnisse sowie der Helligkeit besteht.

(3) Nicht jene feste Sphären meine ich; ich bin hier von Tycho Brahe falsch verstanden worden. Ich meine vielmehr kugelförmige Räume, damit die Umläufe der Gestirne geschlossen und gleichbleibend sein können. Gegen die Pole zu müssen die Räume ebenfalls kreisförmig, das heißt sphärisch begrenzt sein, wegen der Bewegungen der Breiten, nicht aber, weil diese Pole nötig hätten, an denen sie wie materielle Sphären befestigt wären.

(4) Ich meine die fünf regulären geometrischen Körper. Sie gehören zum Urbild, die Sphären jedoch zu dem Werk, das auszuführen ist.

(5) Siehe Buch I der *Harmonik* im Vorwort, S. 4 [KGW VI: 17 f.], Buch II, Satz 25 [KGW VI: 78–82] und Buch V, Kapitel I [KGW VI: 291–293], sowie in Buch IV der *Epitome*, S. 456 [KGW VII: 267].

(6) Freilich ist entweder auch das Sphärische zu den räumlichen Gebilden zu rechnen, das wir Kugel nennen, oder diese Körper können nicht räumliche Gebilde genannt werden. Die Beweisgründe durften auch nicht von der Raumerfüllung, das heißt von der Vollkommenheit des Dreidimensionalen ihren Ausgang nehmen, wo es sich um den Aufbau der Welt mit Hilfe jener Körper handelt. Denn die Sphären selber (oder die Räume) sind hohl, und jene Gebilde sind deswegen ausgezeichnet zu nennen, weil sie der Vollkommenheit des Sphärischen durch die Art und Weise, wie sie einen Raum umschließen, möglichst nahe kommen. Die Raumerfüllung ist sowohl bei der Kugel wie bei diesen Gebilden die von Natur aus gegebene Idee des Stoffs, wie die Oberfläche die Idee der Form ist.

(1) Wegen der Vortrefflichkeit des rechten Winkels, und weil der Winkel im Halbkreis stets ein rechter ist.

Anmerkung des Autors zu den Kapiteln 3. bis 8

(1) Weitere besondere Merkmale der Körper und ausführlichere Erörterungen über den vorliegenden Gegenstand findet man in Buch IV der *Epitome*, einiges auch, was sich auf ihre Entstehung und auf Kombinationen zwischen ihnen bezieht, in der *Harmonik*, Buch V, Kapitel I, sowie in dem vorliegenden Buch [*Mysterium cosmographicum*] in Kapitel XIII.

[59]   *Anmerkungen des Autors zum 9. Kapitel*

Wiewohl dieses Kapitel nur eine astrologische Spielerei ist und nicht als Teil des Werkes aufgefaßt werden darf, möge der Leser es doch mit den Lehren des Ptolemaios vergleichen, die sich sowohl in seinem *Tetrabiblos* als auch in seiner *Harmonik* finden, und er wird sehen, daß unsere Vorstellungen nicht schlechter als die des Ptolemaios sind, sondern vielleicht sogar besser.

(1) Ich rede hier mit den Astrologen. Wenn ich *meine* Meinung sagen soll, so glaube ich, daß es am Himmel kein böses Gestirn gibt, und zwar neben anderen Gründen ganz besonders deswegen, weil sich des Menschen Natur im Bereich der Erde bewegt, die den Ausstrahlungen der Planeten eine Einwirkung auf sie selber verleiht; es ist geradeso wie beim Gehör, das, mit der Fähigkeit ausgestattet, Akkorde zu unterscheiden, der Musik eine solche Macht verleiht, daß sie den, der sie hört, zum Tanzen anreizt. Darüber habe ich viel gesagt in meiner *Antwort auf die Einwände des Doktor Röslin* gegen das Buch »Über den neuen Stern« [KGW IV: 99–144] und auch an anderen Stellen da und dort, auch im IV. Buch der *Harmonik* vielen Orts, besonders in Kapitel VII [KGW VI: 264–286].

(2) Wenn man dies allegorisch versteht, so läßt es sich auch mit physikalischen Gründen verteidigen; man muß nur für das Wort Haß irgendeinen Unterschied in Lage, Bewegung, Licht, Farbe verstehen. Siehe, lieber Leser, das letzte Kapitel der *Harmonischen Untersuchungen* des Ptolemaios,

sobald sie erschienen sind [was KEPLER als Anhang zur *Harmonice mundi* vorgesehen hatte, aber nicht verwirklichen konnte], und die Anmerkungen, die ich beigefügt habe, zumal meine letzten Ausführungen über die einander fördernden oder hemmenden Einwirkungen von Saturn und Mars und über die vermittelnde Stellung des Jupiters.

[60]   *Anmerkungen des Autors zum 10. Kapitel*

(1) Wie oben gesagt worden ist, rührt jegliche ausgezeichnete Bedeutung der Zahlen (die die Theologie des PYTHAGORAS so sehr bewundert und zu göttlichen Dingen in Vergleich setzt) ursprünglich von der Geometrie her. Da diese aber viele Teile besitzt, sind zwar diese fünf Körper nicht die erste und einzige Ursache dieser ausgezeichneten Bedeutung, aber es trifft sich, daß hier vieles in einer Zahl zusammenkommt. Die erste Ursache der Vortrefflichkeit liegt in den ebenen regelmäßigen Figuren, die einem Kreis einbeschrieben werden können, und in ihrer Kongruenz. Daraus entstehen dann die Körper. Siehe Buch I und II der *Harmonik*. Laß dich aber nicht verwirren, wenn du liest, daß die Zahl der Kanten der Körper von der Zahl der Ecken begleitet wird, und glaube nicht, daß daher die Zahl als ›numerus numerans‹ zuerst da war und höhere Bedeutung besitzt. Keineswegs, denn die Ecken eines Gebildes sind nicht deswegen abzählbar, weil der Begriff ihrer Zahl vorausginge, sondern es ergibt sich der Begriff der Zahl, weil die geometrischen Gebilde, die als ›numeri numerati‹ existieren, jene Mannigfaltigkeit an sich tragen.

(2) Da hast du das ganze Geschwätz! Acht ist nicht in 60 enthalten, es ist wohl ein Teiler der Zahl 120, die zweimal 60 ist.

[62]   *Anmerkungen des Autors zum 11. Kapitel*

(1) Dieses ganze Kapitel hätte für den Zweck des Buches weggelassen werden können; denn es ist dafür bedeutungslos. Weder liegt hier nämlich die von der Natur gegebene Lagebeziehung oder gegenseitige Zuordnung der fünf geometrischen Körper vor, wie wir unten sehen werden, noch würde, wenn das auch der Fall wäre, hieraus der Tierkreis zu erklären sein.

138

(2) Siehe, welch reichen Ertrag mir in den letzten 25 Jahren das Prinzip gebracht hat, von dem ich damals schon aufs festeste überzeugt war, daß die mathematischen Dinge deswegen die Ursachen der Naturdinge bilden (eine Lehre, gegen die ARISTOTELES an so vieles Stellen gestichelt hat), weil Gott, der Schöpfer, die mathematischen Dinge als Urbilder in einfachster und göttlicher Abstraktion von den materiell betrachteten Quantitäten von Ewigkeit her in sich trug. ARISTOTELES leugnete einen Schöpfer und nahm eine ewige Welt an. Kein Wunder, daß er die Urbilder verwarf; denn ich gestehe, daß Ihnen keine Bedeutung zukäme, wenn Gott bei der Erschaffung nicht auf sie Bezug genommen hätte. So sind aus diesem Prinzip endlich auch die Ursachen für die Exzentrizitäten entdeckt worden, über deren Ungleichheit sich sehr wundern muß, wer immer ernstlich über sie nachdenkt, wer immer mit ARISTOTELES bezüglich der Dinge am Himmel die Frage stellt [*De caelo* II, 12, 291^{b}29–31]: »*Warum bewegt sich ein Planet nicht auf um so mehr Kreisen, je niedriger er ist?*« ARISTOTELES glaubte nach dem damaligen Stand der Astronomie in der falschen Vorstellung von festen Sphären, man müsse dieser Frage nachforschen. Wenn er heute leben und unsere reine und [63] echte Lehre vom Himmel kennen würde, so würde er weit eher glauben, die Frage stellen zu müssen: »*Warum hat ein Planet nicht eine um so geringere Exzentrizität, je weiter unten er sich befindet?*« Wenn er dann mit seinem ewigen »Warum nicht« alle Gründe, die ihm seine Prinzipien darbieten, vergeblich aufgeboten hätte und er endlich erfahren hätte, daß sich für jene Erscheinung die schönsten und zwingendsten Gründe aus den Harmonien als Urbildern ergeben, dann würde er, glaube ich, mit voller Zustimmung die Urbilder und, da diesen aus sich selber keine Wirkung zukommt, Gott als den Weltbaumeister anerkennen. Soviel über meinen Grundsatz selber; daß ich ihn im vorliegenden Kapitel auf meine Hypothese nicht glücklich an wandte, habe ich bereits eingangs bemerkt.

(3) Das gilt von dem, was bei den Quantitäten als Stoff zu betrachten ist. Ein Beispiel: das Sphärische ist hinsichtlich der Form ganz allein aus sich selber sich durchaus ähnlich; hinsichtlich des Stoffes aber, das heißt insofern es Fläche ist, hat es Teile neben Teilen. Soweit dem Sphärischen hinsichtlich seiner Teile eine unendliche Teilbarkeit zukommt, wird das Sphärische, insofern es teilbar ist, nicht hinsichtlich der Form, sondern hinsichtlich des Stoffes betrachtet, oder, was dasselbe ist, es gibt beim Sphärischen keine Teile der Form; wenn man Teile an ihm unterscheidet,

so gehören diese zum Stoff, insofern die Gestalt des Sphärischen einen quantitativen Stoff besitzt und geteilt werden kann. Es werde nun wirklich dem Sphärischen ein Würfel einbeschrieben; wenn man die Form des Sphärischen, das heißt seine Gestalt ins Auge faßt, hat die Frage, in welchen Punkten die Ecken des Würfels anzubringen sind, keinen Sinn. Wenn man aber seinen Stoff ins Auge faßt, das heißt die aus unendlich vielen Punkten bestehende Oberfläche, dann kann man zwar fragen, in welchen Punkten; aber es gibt keine Antwort, weil kein Grund da ist, der einem Punkt einen Vorzug vor dem anderen gäbe; man kann immer unendlich viele andere Punkte nehmen.

Dieser Art sind auch folgende Fragen: Denkt man sich einen unbegrenzten außerweltlichen Raum, so fragt man sich, warum die Welt ihren Platz gerade in diesem Teil des Raumes und nicht in einem anderen gefunden hat; ebenso kann man sich eine ewige Zeit (hier liegt ein Gegensatz im Beiwort) denken und fragen: Warum ist die Welt erst vor 6000 Jahren geschaffen worden, und warum hat sich Gott vorher von Ewigkeit her der schöpferischen Tätigkeit enthalten? Raum und Zeit gehören zu den Quantitäten und haben als Stoff zu gelten, insofern sie gestaltete Quantitäten sind. Der Stoff aber reicht aus sich keine Gründe dar; er hat in sich nur die einzige Eigenschaft, daß er aus unendlich vielen Teilen besteht. Und zwar ist diese Unendlichkeit in der Zahl oder in der Quantität wirklich, wenn das Ganze selbst in Wirklichkeit unendlich ist, oder in der Zahl bloß möglich, wenn das Ganze in Wirklichkeit endlich ist, was nur möglich ist, wenn die Quantität in physischem oder himmlischem körperlichen Stoff besteht. Siehe Buch I der *Epitome*, wo von der Gestalt des Himmels die Rede ist.

(4) Die geläufige Schlußweise des ARISTOTELES ist hier unsachgemäß angewandt; in der Tat kann es bei der Einordnung der Gründe nicht einmal einen Anfang eines solchen *Regressus* geben, wenn überhaupt kein Grund da ist.

(5) Wenn, sage ich, nichts ohne Grund begonnen werden kann, so kann man überhaupt nie einen Anfang machen; denn wenn es sich um Unendliches handelt, sind schlechterdings keine Gründe für diesen oder jenen Anfang da. Wenn also das, was mit unendlich vielen Punkten in gleicher Weise gemacht werden könnte, mit irgendeinem von ihnen gemacht wird, so geschieht das ohne jeden Grund, weshalb es vor allem anderen bevorzugt wird.

(6) Nun aber zeigt die Geometrie eine Lagebeziehung der Pyramide zum Würfel, die viel kunstgerechter und vollkommener ist; kunstgerechter, weil das Verfahren, nach dem jene diesem einbeschrieben sind, auch in der Welt kunstgerecht sein wird. Auf geometrischem Wege wird die Pyramide dem Würfel in einer Weise einbeschrieben, daß jede Kante der Pyramide Diagonale einer Seitenfläche des Würfels wird; vollkommener aber ist diese Lagebeziehung, weil man, wenn man [64] eine Grundfläche der Pyramide zu einer Grundfläche des Würfels parallel macht, immer noch im Ungewissen ist, welche Lage man den drei Seiten des Basisdreiecks geben soll bezüglich der vier Seiten der quadratischen Grundfläche. Man kann nämlich die nächste beste Dreieckseite irgendeiner Quadratseite parallel machen; man kann sie auch so einer Ecke gegenüberstellen, daß eine Höhe des Dreiecks mit einer Kante des Würfels in eine Ebene fällt. Eine vollkommene Lagebeziehung liegt aber nicht vor, wenn nicht alle Seitenflächen ähnliche Lage besitzen. Wenn man aber eine Seitenfläche der Pyramide parallel zu einer Seitenfläche des Würfels macht, so können die übrigen Seitenflächen der Pyramide zu keiner Seitenfläche des Würfels parallel sein. Entsprechendes gilt für Kanten und Ecken.

(7) Diese Lage ist beiden Körpern fremd, der Pyramide und dem Würfel. Denn die Geometrie lehrt bezüglich der Einbeschreibung, daß vielmehr die vier Ecken der Pyramide mit ebenso vielen von den 20 Ecken des Dodekaëders zu verbinden (beziehungsweise ihnen aufzusetzen) sind. Ebenso lehrt die Geometrie bezüglich der Einbeschreibung des Würfels in das Dodekaëder, daß acht von zwölf Diagonalen des Dodekaëders zu acht Kanten des Würfels werden müssen; und wenn umgekehrt das Dodekaëder im Würfel liegt, müssen je sechs von den 30 Kanten des Dodekaëders den sechs Seitenflächen des Würfels in paralleler Lage zugeordnet werden.

(8) Auf diese Weise wird zwar die Lage des innersten Oktaëders in dem äußersten Würfel den diesbezüglichen Vorschriften der Geometrie entsprechen, jedoch fehlt die Übereinstimmung mit der Pyramide, dem Dodekaëder und dem Ikosaëder, wenn nicht deren Lage nach den bereits genannten Vorschriften verbessert wird. In diesem Fall liegen auf einer durch den gemeinsamen Mittelpunkt aller Körper gezogenen Geraden 1) eine Ecke des Oktaëders, 2) der Mittelpunkt einer Kante des Ikosaëders, 3) ein solcher des Dodekaëders, 4) ein solcher der Pyramide und 5) der Mittelpunkt einer Seitenfläche des Würfels. Solcher Linien wird es sechs geben, und die Anordnung ist nach allen Seiten hin ähnlich.

(9) Bei der Pyramide hindert uns deren verfehlte Lage, die zwischen-liegenden Kanten mitzurechnen.

(10) Dann wird man auch vier Kantenmitten der Pyramide vorfinden; dann werden auch die gegenseitigen Lagebeziehungen der Körper die Vorschriften der Geometrie erfüllen.

(11) Es können also nicht alle Kanten eines Körpers mit den Kanten eines anderen übereinstimmen, am wenigsten von allen die der Pyrami-de. Und zwar können die Kanten deswegen nicht in Übereinstimmung gebracht werden, weil gleich im Anfang der Anordnung nicht regelmäßig verfahren wurde.

(12) Dies ist die rechtmäßige Anordnung dieser beiden Körper zu-einander; die in jener Weise angenommene Lage des Oktaëders jedoch ist unrechtmäßig.

(13) Recht viel bleibt übrig, um das behaupten zu können. Denn die Anordnung, durch die hier die Pole gekennzeichnet werden, ist unrecht-mäßig. Insofern jedoch bei zwei Körpern, dem Dodekaëder und dem Iko-saëder, die Anordnung rechtmäßig ist, kann es so viele Pole geben, wie der letztere Körper Ecken, der erstere Seitenflächen hat, nämlich zwölf, und dazwischenliegende Zonen gäbe es dann sechs. Die Planeten werden also nicht wissen, wohin sie gehen sollen. Im allgemeinen ist dagegen zu sagen, daß jene fünf Körper nicht durch die wirkliche gegenseitige Lage ihrer Teile im Weltgebäude dargestellt sind; vielmehr sind nur die Verhält-nisse, in denen ihre In- und Umkugeln zueinander stehen, auf die himm-lischen Bahnen übertragen und die Zahl dieser Sphären entsprechend der Zahl der Körper festgesetzt worden. Es ist besser, die Frage »*Warum beschreiben die Planeten gerade diesen und keinen anderen Weg?*« als töricht zu verwerfen. Denn da nach Gottes Absicht der Kreis für die Bewegung der Planeten notwendig war, gab Gott diesem durch seine Absicht beste-henden etwas Materielles, etwas mit Gestirnen versehenes Sphärisches. Auch hielt kein Bedenken Gott von seinem Werk ab, als wüßte er nicht, wie er anfangen [65] solle, da gewissermaßen kein Grund vorhanden war, gerade so anzufangen. Denn ein Körper existierte damals noch nicht, auf dessen Teile er hätte Rücksicht nehmen müssen. Raum ohne Körper ist aber eine reine Negation. Wenn das unendliche Nichts vorliegt, ist schon Grund genug für einen Anfang vorhanden, wenn man nur leicht an einen solchen denkt. Ein solcher Gedanke ist mit seinen unendlich vielen Möglichkeiten besser, als jenes nicht aktual Unendliche, das weder

existiert noch gedacht wird; er geht also diesem vor und eignet sich zu einem Anfang. Ich bin übrigens nicht der erste, der sich mit der unnützen Frage abmüht: *Warum nimmt der Tierkreis gerade diesen Weg, während er doch unendlich viele andere nehmen könnte?* Man findet eine ähnliche Frage bei ARISTOTELES [*De caelo* II, 5, 287ᵇ 26 ff.]: *Warum laufen die Planeten gerade in dieser Richtung und nicht in der entgegengesetzten?* Denn auch hier ist kein Grund vorhanden, der einer Richtung vor der anderen den Vorzug gäbe; da jede Linie in Anbetracht ihrer Ausdehnung in die Länge zwei Richtungen aufweist, die bei der Geraden gegen ihre beiden Grenzen verlaufen. ARISTOTELES sagt zwar an der betreffenden Stelle im allgemeinen, man könne nicht für alle Dinge ihre Gründe auf dieselbe Weise finden; trotzdem nimmt er diese Frage in Angriff und sagt, die Natur wähle unter dem, was möglich ist, immer das Beste aus. Es sei aber besser, daß die Gestirne in der Richtung umlaufen, der ein höherer Rang zukomme, der Richtung nach vorwärts aber komme ein höherer Rang zu als der nach rückwärts. Lächerlich! Denn solange es keine Bewegung gab, konnte man nicht von vor- oder rückwärts reden. Es liegt eine *Petitio principii* vor. Es wird da freilich von der Ähnlichkeit der Welt mit den Lebewesen gesprochen, indem man diese Lebewesen mit ihren sechs Richtungen als Idee der Welt aufstellt. Aber wiederum liegt hier eine *Petitio principii* vor. Geben wir nämlich zu, die Welt sei in Ähnlichkeit zu einem Lebewesen geschaffen. Dann sage man zuerst bezüglich dieses Lebewesens, warum die eine Richtung für dieses vorwärts, die andere rückwärts heißt und nicht umgekehrt. Man sage, warum Augen, Ohren, Nase, Zunge, Mund auf das Spiegelbild zu gerichtet sind, warum sich die Glieder der Arme, Hände, Finger, die Fußsohlen dorthin kehren, warum nicht vielmehr diese selben Glieder wie die des Spiegelbildes umgekehrt gerichtet sind – auch das wäre möglich, das heißt das Herz, das jetzt auf der Linken ist, könnte seinen Sitz auf der Seite haben, die wir für die rechte halten. Und gesetzt, es liege Sinn in dieser Weltidee, wie hätte dann ihre Anwendung auf die Richtungen der Welt nicht ebenso gut die umgekehrte sein können? Was stand im Wege, die linke Seite gegen Süden, die rechte gegen Norden zu wenden, wenn es gilt, die Richtungen der Welt abzustecken? Dann würde sich das Gesicht gegen die Seite wenden, die wir Westen nennen; dann wäre für die Bewegung der Gestirne die Richtung nach vorwärts gerade die entgegengesetzte. ARISTOTELES hätte besser getan, wenn er seiner eigenen Mahnung gefolgt wäre und sich die Lösung dieser läppischen

Frage erspart hätte. Denn wenn die Möglichkeiten dieselben sind, hat die Natur keine Wahl zwischen Besserem und Schlechterem; das würde einen Widerspruch bedeuten. Wir müssen vielmehr folgendermaßen schließen: Da das Seiende besser ist als das Nichtseiende, so hat die Richtung, die vor Erschaffung der Welt im Anfang als die Richtung nach vorne bestimmt worden ist, ihrerseits bessere Gründe, warum sie die Richtung nach vorne ist, als die entgegengesetzte Richtung, eben deswegen, weil diese letztere als Richtung nach vorn in der nichtexistierenden Welt angenommen wird. Wäre *sie* die Richtung nach vorn geworden, so wäre die Welt ganz ähnlich der gegenwärtigen ausgefallen. Eine Vergleichung von Welten kann nicht statthaben, wenn bloß eine da ist. Lassen wir also diese den Stoff betreffenden Fragen und damit auch die Absteckung des Tierkreises, oder vielmehr (da dieser im Lauf der Jahrhunderte seinen Ort ändert) der Königsbahn, die durch den Äquator des Sonnenkörpers bestimmt wird. Denn wenn die Pole und die Achse des Sonnenkörpers nach anderen Richtungen der Welt orientiert wären, so wäre auch der Lauf der Königsbahn ein anderer. Dasselbe ist über das Dodekaëder und das Ikosaëder zu sagen. Denn geben wir zu, es sei deren Aufgabe, durch den geeigneten Schnitt ihrer Kanten den Tierkreis abzustecken, und zwar auf irgendeine der oben genannten sechs möglichen Weisen; würde man nun die Lage der Körper in der sichtbaren Welt verschieben, so würde auch der Tierkreis eine andere Lage bekommen.

[70]   *Anmerkungen des Autors zum 12. Kapitel*

(1) Dieses Thema habe ich eingehend in meinem *Buch über den neuen Stern* [KGW I: 151 ff.]und in der *Antwort auf die Einwände Röslins* [KGW IV: 99 ff.] behandelt. Die vier Quadranten des Tierkreises werden durch die Eigenart der täglichen Bewegung des Himmels und der jährlichen Bewegung der Sonne bestimmt; diesen Bewegungen entsprechen auch die Wendemarken im Wechsel der Tagesdauer und der Erwärmung. Allein die Unterteilung der einzelnen Quadranten gerade in drei Zeichen hat weder aufgrund von Bewegungen noch von den Kräften etwas an sich, das sich in seiner Wirkung berechnen ließe; man kann nur auf die ganz allgemeine Unterscheidung jeglicher Größe in Anfang, Mitte und Ende hinweisen. Es besteht jedoch keineswegs eine Notwendigkeit, daß diese Teile gleich

sind. Ja, es müssen überhaupt nicht einmal Teile sein; es genügt nämlich, daß als Mitte die ganze Länge der Quadranten genommen wird, als Anfang und Ende die zwei Grenzen dieser Linie, das heißt die Endpunkte, die kein Teil der Linie sind.

(2) Ein lächerlicher Satz ist mir da entschlüpft; ja es ist in Wahrheit gar kein Satz. Denn was soll das heißen »*nichts außer alles*« [*Nihil praeter Omnia*]? Das Zählen, eine Tätigkeit des Verstandes, macht sich an alles, an Himmlisches und Irdisches. Keine Unterscheidung, nicht die geringste, weder in Wirklichkeit noch in Gedanken (wäre diese eine erster, zweiter, dritter oder irgendeiner Ordnung) besteht, die nicht eine gewisse Ähnlichkeit besäße mit der Teilung einer Geraden in einzelne Teile. Siehe meine Erörterungen über die Zahlen in der *Harmonik*, Buch IV, Kapitel 1, S. 117 [KGW VI: 222]. Was ich mit diesem Satz sagen wollte, war dies: Was immer von uns abgezählt wird (außer den göttlichen Personen der heiligsten Dreifaltigkeit), muß wenigstens im Sinn des Zählenden quantitativ betrachtet werden können.

(3) Indem wir eine Ebene annahmen, die durch den Mittelpunkt aller Körper geht, ihre Kanten schneidet und bis zu den Fixsternen [71] sich erstreckt, dachten wir uns die Ekliptik als Schnitt dieser Ebene mit der Fixsternsphäre entstanden.

(4) Wenn man von dem gemeinsamen Mittelpunkt der Körper aus gerade Linien nach den Schnittpunkten der genannten Ebene mit den Kanten der Körper bis zu den Fixsternen zieht. Hinzuzufügen aber ist der Satz: wenn man alle fünf Körper in solch unregelmäßiger Anordnung anbringt, daß die Schnittpunkte der Kanten der einzelnen Körper in einer solchen geraden Linie liegen. Denn dann wird der Tierkreis in Teile zerlegt, die nur durch den 120. Teil des ganzen Kreises gemessen werden. Da aber diese Anordnung unregelmäßig ist und andererseits die regelmäßige Anordnung, bei welcher je acht Ecken des Dodekaëders und des Ikosaëders in die genannte Ebene fallen, den Tierkreis irrational teilt, sieht man, daß diese Teilung nicht Sache der fünf Körper ist. Ich habe daher im zweiten Buch der *Epitome* gezeigt, daß diese Teilung durch die ebenen, regelmäßigen, konstruierten Figuren bewirkt wird, wenn man diese von einem Punkt aus einem Kreise einbeschreibt.

(5) Es handelt sich um ein Sonnenjahr. Denn während die Sonne einen jährlichen Umlauf ausführt, macht der Mond ungefähr zwölf Umläufe. Ich nehme daher diese Einteilung des Jahres und die Übereinstimmung

zwischen den Bewegungen von Sonne und Mond, wenigstens im ersten Entwurf ihres Verhältnisses, als urbildlich an und leite aus dieser Ordnung sowie aus der Einwirkung der in der Natur begründeten Bewegungsursachen die Ursachen für gewisse Ungleichförmigkeiten beim Mond her. Ich habe das angedeutet in der Vorrede zu den *Ephemeriden* [*auf das Jahr 1617*] und ausführlich behandelt in Buch IV der *Epitome* [KGW VII: 316 ff.]. Etwas Ähnliches liegt vor bei dem Verhältnis des Jahres zu den (im ersten Plan) 360 täglichen Umwälzungen, zu denen schließlich wegen der Einwirkung jener Ursache 5 ¼ Umwälzungen hinzukommen; daraus ergibt sich eine neue Bestimmung der Zeitgleichung. Jedoch muß ich hierüber noch weitere Erwägungen anstellen und die Beobachtungen abwägen.

(6) Dies ist akzidentell und nicht urbildlich. Denn wie ich in Buch V der *Harmonik* zeige, erklären sich die Umlaufzeiten der Planeten aus der gegenseitigen harmonischen Abgestimmtheit der extremen Bewegungen. In den Aphelen nämlich müssen sich die Geschwindigkeiten ungefähr wie 2:5 verhalten, in den Perihelen dagegen wie 5:12, so daß für das Aphel des Saturns und das Perihel des Jupiters das Verhältnis zwischen dem Grundton und der Quinte über der Oktav, für das Perihel des Saturns und das Aphel des Jupiters aber genau das Verhältnis des Grundtons zur Oktav herauskommt; denn diese beiden Harmonien stehen zu dem Würfel in Beziehung. Dies ist die erste und urbildliche Ursache bei den Bewegungen. Wenn sich nun die ganzen Umlaufzeiten ebenso wie die Geschwindigkeiten in den Aphelen verhalten würden, also wie 2:5, dann würden genau in 60 Jahren zwei Umläufe des Saturns erfolgen, dagegen fünf des Jupiters; zwölf Jahre wäre die Umlaufzeit des Jupiters. Fände beispielsweise zwischen Saturn und Jupiter im Anfang des Widders eine Konjunktion statt, so würde die nächste Konjunktion genau nach 20 Jahren im Anfang des Schützen eintreffen. Denn wenn Jupiter, den Saturn überholend, den Tierkreis durchlaufen hat und nun dem fliehenden Saturn nacheilt, ist dieser inzwischen vom Widder aus so weit vorangekommen, daß ihn Jupiter in fünf Umläufen nur dreimal einholt, da ja Saturn zwei von den fünf Umläufen weit geflohen ist. So verbleiben drei Konjunktionen in fünf Jupiterjahren, und zwar sind diese Konjunktionen gerade auf ein Dreieck verteilt. Man sieht, daß diese dreieckige Anordnung der Konjunktionen die notwendige Folge der urbildlichen, den Harmonien entnommenen Ursache ist. Wer jedoch die Dreiteilung des Tierkreises mit Hilfe der Pyramide oder des Dreiecks als urbildlich annehmen möchte,

wie ich es in diesem Kapitel getan habe, der erhielte jene Anordnung als Folge dieser Dreiteilung. Wenn andererseits das Verhältnis der Umlaufzeiten von Saturn und Jupiter gleich dem Verhältnis wäre, in dem wegen der harmonischen Abgestimmtheit die Perihelgeschwindigkeiten zueinander stehen, also gleich 5:12, dann würde Jupiter in 150 Jahren zwölf Umläufe machen, einen also in 12 ½ Jahren. Zieht man nun fünf von zwölf ab, so bleiben sieben; so vielmal würde Jupiter den Saturn einholen. Der Tierkreis würde durch diese Konjunktionen [72] in sieben Teile zerlegt werden, und der Abstand zwischen zwei Konjunktionen würde allemal fünf solche Teile, das sind 257 Grad, betragen. So würde beispielsweise nach einer Konjunktion im Anfang des Widders die nächste bei 17 Grad des Schützen, die dritte bei 4 Grad der Jungfrau eintreten. Da sich aber die Umlaufzeiten sowohl aus den Aphel- wie den Perihelbewegungen und aus allen zwischenliegenden Bewegungen zusammensetzen, ergibt sich auch ein mittleres Verhältnis für die Umlaufzeiten und eine entsprechende Verteilung der Konjunktionen längs des Tierkreises. Setzt man also die erste wieder in den Anfang des Widders, so liegt die zweite weder im Anfang noch bei 17 Grad des Schützen, sie ist vielmehr nach einem mittleren, gleichmäßigen Verhältnis um 3 Grad über den durch das Dreieck markierten Ort hinaus gerückt. Wenn nun die Dreiteilung des Tierkreises mit Hilfe geometrischer Figuren die von der Natur gegebene urbildliche Ursache für die Anordnung der Konjunktionen wäre, so würde diese Anordnung genau die Dreiecksfigur einhalten müssen; denn Gottes Werk weicht von dessen Urbild nicht ab. Es darf uns daher nicht mehr wundernehmen, wenn die Konjunktionen von Saturn und Jupiter auf das Dreieck anspielen; diese Erscheinung ist nicht vollkommen und rein akzidentell.

(7) Das sind die eigentlichen Prinzipien meines Werks über die Harmonik; und zwar beruhen auf ihnen nicht bloße Meinungen, die nachher wieder hätten verbessert werden müssen; nein, es ergibt sich aus ihnen die reine und volle Wahrheit. Denn jegliche philosophische Spekulation muß von den Erfahrungen der Sinne ihren Ausgang nehmen. Hier aber hast du einen vollkommenen, von jeglicher Unstimmigkeit freien Ausgleich zwischen dem, was der Gehörsinn über die Zahl der mit einem Grundton zusammenstimmenden Töne, und dem, was der Gesichtssinn über die Länge der einen Wohlklang gebenden Saiten bezeugt.

(8) Es muß wundernehmen, daß wir bei keinem von den zahlreichen Schriftstellern, die seit alters her über die Harmonien geschrieben haben,

jener fundamentalen Bemerkung über die Zahl der harmonischen Teilungen begegnen, die uns geradewegs auf die Ursachen hinführt. Es ist doch naheliegend, diese Sache an irgendeiner gespannten Saite, deren Länge sich mit dem Zirkel teilen läßt, auszuprobieren, indem man einfach mit der einen Hand einen harten Gegenstand, etwa ein Messer oder einen Schlüssel, an die Saite heranbringt und mit der anderen Hand die Teile, die man bekommt, mit einem Stäbchen anschlägt. Als ich meine Spekulation begann und mich an die Abfassung meines Werkes über die Harmonik machte, empfand ich daher das höchste Glück; freilich damals hatte ich das noch nicht im Sinn. Die Ursache aber, warum gerade sieben Töne bis zur Oktave mit einem Grundton zusammenklingen, liegt darin, daß die Saite auf siebenfache Weise harmonisch geteilt werden kann; diesen Teilungen entsprechen gerade die Töne, die mit dem Ton der ganzen Saite einen Wohlklang geben. Siehe Buch III meiner *Harmonik*, Kapitel II.

(9) Das stimmt, wenn man das natürlich nennt, was gleich bei der ersten Ausführung der Teilungen zum Vorschein kommt, da man gewissermaßen unmittelbar der Spur der vorausgehenden Ursachen folgt, zum Unterschied von dem, was erst durch weitere Überlegung, gleichsam künstlich, in Nachahmung der Natur festgestellt wird. Allein wenn man nicht die Reihenfolge der Entstehung, sondern das Verhältnis selber berücksichtigt, so müssen auch jene Intervalle als natürlich bezeichnet werden, die den so im voraus aufgestellten Verhältnissen in Nachahmung der Natur folgen. So ist die Tonfolge re, mi, fa, sol, la der sogenannte ganze Ton fa, sol ein natürliches Intervall; es ergibt sich ja von vornherein, wenn das Intervall re, fa noch nicht geteilt ist. Wenn man nun zwischen re und fa den Ton mi so bestimmt, daß sich die Saitenlängen der Töne mi und re ebenso verhalten wie die Saitenlängen der Töne sol, fa, dann hat auch der Ton mi als ein natürlicher zu gelten. Wenn ich hier die Unterscheidung begründet habe, als kommen den Tönen fa, sol bestimmte Zahlen zu, dem Ton mi dagegen nicht in derselben Weise, so ist das dem zuzuschreiben, daß ich damals mein Erstlingswerk schrieb. Denn in Buch III der *Harmonik* habe ich in Kapitel V und VII [KGW VI: 133–136 / 138 f.] vortreffliche Gründe angegeben, die auch dem Ton mi und ähnlichen Tönen eine wohlbestimmte Zahl zuordnen.

(10) Das stimmt, wenn man beide Male eine vollkommene Quinte bilden wollte. Allein das betrifft, was ich damals noch nicht wußte, einen

nicht unwichtigen Teil [75] der Lehre von den unechten Akkorden, die ich in der *Harmonik* III, 12 [KGW VI: 156 f.] dargelegt habe.

(11) So werden sie gewöhnlich genannt. Die Alten haben sie nicht einmal für Wohlklänge gehalten. Ich habe sie im III. Buch meiner *Harmonik* S. 83 [korrekt: S. 84; siehe KGW VI: 183] sowie im I. und IV. Kapitel und an anderen Stellen »unvollkommene Akkorde« [*imperfectae consonantiae*] genannt. Dieser Ausdruck bedeutet aber nicht dasselbe wie unecht. Dem unechten Wohlklang fehlt eine Kleinigkeit zu einem vollkommenen; der legitimen Terz und Sext fehlt nichts, daß man sie nicht zu den Wohlklängen rechnen könnte. Zur Unterscheidung ist es daher besser, Terz und Sext »mindere« Wohlklänge zu nennen, und zwar nicht nur hinsichtlich der Quantität, sondern auch der Art.

(12) Das war für mich damals der Nerv meiner Beweisführung. Der Tierkreis wird in 12 und 120 Teile eingeteilt; ebenso oft läßt sich die Saite harmonisch teilen. Diese Zahlen besitzen also in der Natur hohen Rang. Da aber (wie ich damals glaubte) die Teilung des Tierkreises auf den fünf Körpern beruht, war es wahrscheinlich, daß auch die Teilung der Saite eben hierauf beruhe. So legte sich damals die Folgerung nahe, daß die fünf Körper auch die Urbilder der Harmonien seien. Jetzt aber kann der Leser aus meiner *Harmonik* die wahren Ursachen der Harmonien kennen lernen; es sind dies nicht jene fünf geometrischen Gebilde, sondern vielmehr die ebenen Vielecke, die sich in einem Kreis einschreiben lassen usw.

(13) Es ist ein Genuß, die ersten Schritte zu meinen Entdeckungen zu betrachten, auch wenn sie in die Irre führten. Man sieht, wie ich die wahren und urbildlichen Ursachen der Wohlklänge, die ich in den Händen hin- und herdrehte, weggeworfen und anderswo ängstlich gesucht habe. Die ebenen Figuren sind die Ursachen der Wohlklänge aus sich selber, nicht insofern sie die Seitenflächen der Körper sind. Umsonst habe ich bei der Begründung der harmonischen Verhältnisse der Bewegungen auf die Körper geschaut.

(14) Nun siehst du die bereits genannten Ursachen, die ebenen Figuren. Es besteht aber keine eigentliche Verwandtschaft, keine Blutsverwandtschaft, sondern nur eine Schwägerschaft. Einerseits liefern die ebenen Figuren die harmonische Teilung des Kreises, andererseits passen sie zu den fünf Körpern. Die harmonische Kreisteilung und die fünf Körper begegnen sich also in einem Dritten, nämlich in den ebenen Figuren.

(15) Beachte das wohl und erkenne an diesem einen Beispiel, was eine zufällige Übereinstimmung auszurichten vermag. Die sieben Wohlklänge oder die sieben harmonischen Teilungen hatten wir vorhin auf fünf zurückgeführt, indem allemal zwei unvollkommene für einen gezählt wurden. Die Fünfzahl zerfällt also in zwei Gruppen, zu der einen gehören 3, zur anderen 2. Nun aber zerfallen die fünf Körper auch in zwei Gruppen von 3 beziehungsweise 2 Körpern. Jedoch besteht zwischen den zwei Dreiergruppen keine Verwandtschaft, ebenso wenig zwischen den Zweiergruppen. Denn die zwei doppelten Arten von unvollkommenen Wohlklängen gehören zum Zehneck, das einen der drei Körper erster Klasse und einem der zwei Körper zweiter Klasse verwandt ist. Es trifft sich also zufällig, daß bei zwei Gruppen dieselbe Teilung auftritt. Solche Zufälligkeiten kommen oft vor in der Mathematik und in den Naturwissenschaften; ihrem grundlosen Zusammentreffen gegenüber muß sich unsere schwache Einsicht sicherstellen, damit sie sich nicht allzu leicht durch zu große Leichtgläubigkeit ohne Führung durch die Vernunft fortreißen läßt. Vergleiche, was ich oben über die Zahlen 3, 6, 7 gesagt habe.

(16) Man sieht hier wiederum, wie ich beim Schreiben weiter vorangekommen bin. Hierin liegt die eigentliche Ursache, wie aus den Axiomen in Buch III, Kapitel I der *Harmonik* [KGW VI: 102–108] zu ersehen ist. Denn die Figuren, die eine vollkommene Konstruktion zulassen und rational* sind (Dreieck, Viereck und [74] Sechseck), erzeugen auch die vollkommeneren größeren Akkorde; die Figuren aber, die eine weniger vollkommene Konstruktion zulassen und irrationale Seiten besitzen (wie Achteck, Fünfeck, Zehneck), erzeugen auch die niedrigeren größeren Akkorde, die gewöhnlich unvollkommene genannt werden. Dieser größere oder geringere Grad von Vollkommenheit steckt in den Akkorden wegen der ebenen Figuren, er steckt auch in den Körpern; es liegt also wiederum keine eigentliche Verwandtschaft, sondern eine Schwägerschaft vor zwischen jenen doppelten unvollkommenen harmonischen Teilungen und dem primären Zehneck sowie dem sekundären Zwanzigeck.

(17) Zwei Sätze von unendlichem Nutzen, somit höchst wertvoll; es besteht jedoch ein großer Unterschied zwischen beiden. Den ersteren,

---

* [Abweichend vom heutigen Sprachgebrauch werden von KEPLER nach EUKLID X auch solche Linien, deren Quadrate kommensurabel sind, als rational bezeichnet, auch wenn sie »in Länge inkommensurabel« sind.]

der besagt, daß die Summe der Kathetenquadrate gleich dem Hypotenusenquadrat ist, den möchte ich wohl verglichen wissen mit einem Goldklumpen; den anderen über die stetige Teilung, möchte ich einen Edelstein nennen. Dieser ist zwar an sich schön, aber er gilt nichts ohne jenen. Er führt uns dann in der Wissenschaft weiter, wenn uns der erstere, nachdem wir zunächst mit ihm den ersten Schritt gemacht haben, im Stiche läßt, das heißt er führt uns zur Berechnung und Konstruktion der Zehneckseite und verwandter Größen.

(18) Kein Wunder, daß der Zusammenhang der Harmonien mit den Körpern nicht offen daliegt. Denn wenn etwas im Schoße der Natur nicht enthalten ist, kann es auch nicht offen daliegen. Jene Dinge sind so, wie sie der Zahl und Größe nach beschrieben sind, miteinander nicht vereinbar. Freilich bringe ich auch in der *Harmonik*, Buch V, Kapitel IX [KGW VI: 356–360] die Harmonien mit den Körpern in Zusammenhang. Allein dies geschieht nicht, weil diese einen Ursprung der anderen wären, sondern weil beide zur Ausschmückung der Welt verwendet werden. Der Beweisgründe für den Zusammenhang ergeben sich auch (im II. Kapitel) viele aus formalen Betrachtungen, sowohl bei den Körpern wie bei den Harmonien. Allein jene Beweisgründe sind immer vielen Harmonien gemeinsam, es werden durch sie nicht die einzelnen Harmonien den einzelnen Körpern zugeordnet. Hinzukommen verschiedenartige äußere Beweisgründe oder solche, die sich aus der Vergleichung der Proportionen an den geometrischen Figuren mit den Harmonien herleiten lassen. Dadurch werden schließlich nicht jene Harmonien selber, sondern solche, deren Töne weiter auseinander liegen, mit den Körpern in Beziehung gebracht. Aber auch diese Beziehung ist nicht unmittelbar, vielmehr werden die Harmonien auf die Bewegungen jener Planeten bezogen, deren Sphären allemal zu je zweien ein Körper zugeordnet ist. So verziehen sich zwar die Harmonien in die Nachbarschaft der fünf Körper, bleiben aber in ihrer eigenen Einfriedung und begeben sich nicht unter dasselbe Dach mit jenen.

(19) Auch das ist nicht vollkommen richtig. Wohl ist kein Akkord innerhalb der Oktave der Pyramide näher verwandt, wegen des Dreiecks, das einerseits der Pyramide als Grundfläche dient und andererseits die Quinte schafft. Es hat jedoch die Quinte nicht da ihren Platz, wo die Pyramide untergebracht ist, vielmehr muß die Beziehung zwischen den Harmonien und den Figuren nach anderen Merkmalen bestimmt werden, worüber

Harmonik V, 2 [KGW VI: 294–296] nachzulesen ist. Ja die Quinte ist nicht einmal der nächste Abkömmling des Dreiecks allein, es geht ihr vielmehr die Quinte zur Oktave voraus; siehe Harmonik IV, 6, S. 154 [KGW VI: 261]. Die wirkliche Ursache für das, was ich hier behaupte, habe ich im Text selber angegeben, ohne es zu wissen, es ist die Dreiteilung des Kreises.

(20) Den Körpern zweiter Klasse sollen die Akkorde zugeordnet werden, für welche die Saite in der Weise geteilt werden muß, daß, wenn man aus der mit den Teilungspunkten versehenen Saite einen Kreis bildet, die Verbindungslinie zweier Teilpunkte nicht Seite einer vollkommenen Figur wird, daß vielmehr eine solche Linie einzeln bleibt oder Seite einer überschießenden Figur wird; in der *Harmonik*, Buch I und II, habe ich diese Figuren wegen ihrer Form Sternfiguren genannt. Ein schöner Gedanke zur Feststellung der Ursache und damit eine schöne Verteilung der Harmonien auf die fünf Körper, wenn [75] man auf das zahlenmäßige Entsprechen schaut. Allein dieses Entsprechen hat nicht den Charakter einer Ursache; auch hat die Sext zur Oktav nichts mit dem Ikosaëder zu tun.

(21) Als ob die Sterne nicht auch Figuren wären! Ohne Zweifel müßte etwas ausfindig gemacht werden, was das Achteck mit dem Durchmesser in Zusammenhang, gewissermaßen unter dieselbe Gattung brächte; die Natur verlangt es. Es war daher gut, daß ich bei jener Zuteilung nicht stehen blieb.

(22) Dies habe ich ausführlich im V. Buch der *Harmonik* verfolgt, aber aus einem anderen Anlaß. Ich untersuchte hier nämlich die Entstehung der einzelnen Harmonien; in Buch V der *Harmonik* dagegen waren mir die Harmonien bereits gegeben, und ich fragte mich, welche von ihnen den einzelnen Planeten mittels der einzelnen Körper zuzuordnen seien. So wird zwar hier mit Unrecht der Ursprung der Oktave auf den Würfel zurückgeführt, mit Recht aber wird er in dem genannten V. Buch der *Harmonik* der Oktave zugeordnet. Er ist nicht Ursache für die Entstehung, sondern Ursache des Zusammentreffens bei denselben Planeten; mit Recht wird dem Oktaëder, das mit dem Würfel vermählt ist, die zweite Oktave zugeordnet, an die bei der harmonischen Teilung die Quart angrenzt. Siehe *Harmonik*, Buch V, Kapitel IX, Satz 8 und 12 [KGW VI: 333 f. / 334 f.].

(23) Hier bin ich wieder zufällig (das heißt bei abwegigen Erörterungen) bis zu einem gewissen Punkt auf die Wahrheit gestoßen. Denn in Satz 15 und 27 des genannten IX. Kapitels [KGW VI: 336 / 343] wurde

dem Dodekaëder die Quinte zuteil, dem Ikosaëder dagegen beide Sexten; für die Terzen ist hier kein Raum, wie Satz 6 beweist [KGW VI: 332].

(24) Über diesen Gegenstand handelt auch das IV. Buch der *Harmonik*.

(25) Nur weniges ist bei diesem Vergleich zu verbessern; siehe *Harmonik* IV, 6, S. 154 [KGW VI: 261] .

(26) Er ist jedoch keineswegs unwirksam, wie die Erfahrung bezeugt, sondern häufig stärker als selbst das Trigon. Die Ursache hierfür gebe ich aufgrund meiner Prinzipien im IV. Buch der *Harmonik*.

(27) Nämlich im *Tetrabiblos* über die Astrologie. In den harmonischen Schriften, die ich damals noch nicht kannte, berührte er diese Ursache, aber nicht gut, wie aus meinen Anmerkungen zu PTOLEMAIOS hervorgehen wird [nicht fertiggestellt, siehe unten S. 573 zum nicht ausgeführten Anhang zur *Harmonice mundi*]. Im allgemeinen konstituieren sowohl ein als auch fünf Zeichen wirksame Aspekte, die ich halbes Sextil beziehungsweise $5/12$-Schein nenne.

(28) Das ist wörtlich genommen falsch. Denn bei den Saiten gibt das Verhältnis $1:12$ die Quinte über der dritten Oktave und das Verhältnis $5:12$ die kleine Terz über der Oktave. Ich hatte also etwas anderes im Sinn, als ich jene Worte schrieb, nämlich, es gebe keine dreifach harmonische Teilung, die diesen Kreisteilungen entspräche, da zwar 1 und 12 sowie 5 und 12 einen Wohlklang geben, dagegen die Reste 11 und 7 mit den beiden anderen Längen unverträglich sind. Daß jedoch Aspekte und Akkorde verschieden aufzufassen sind, lehre ich im ganzen IV. Buch der *Harmonik*, zumal im VI. Kapitel [KGW VI: 257 ff.].

(29) Nein, nicht aus diesen, sondern aus den ebenen Figuren, unter denen das Zwölfeck nicht die gemeinste ist.

(30) Hier machte ich mich daran, die Zahl der Aspekte zu vermehren, es war ein schlechter Griff, daß ich einerseits $3/8$, das heißt den Winkel von 135 Grad, einbezogen, dagegen $1/12$, das heißt den Winkel von 30 Grad, übergangen habe. Vergleiche das häufig angezogene Kapitel VI des IV. Buches der *Harmonik*.

(31) Vergebliche Mühe! Denn die Erfahrung bestätigt die $1/5$- und $2/5$-Scheine. Warum der $3/8$-Schein weniger wirksam ist als alle übrigen, dafür habe ich in *Harmonik*, Buch IV, 5 ganz andere Ursachen angegeben. Die hier [76] angeführten fünf Ursachen müssen wir so einschränken, daß sie nicht die $1/5$- und $2/5$-Scheine einschließen.

Was die erste Ursache anlangt, so ist zu bemerken, daß wie der ⅓- und ⅙-Schein sowie der ¼-Schein und ein anderer ¼-Schein zusammen den Kreis ausfüllen, so auch der ³/₁₀-Schein mit dem ⅕-Schein, der ¹/₁₀-Schein mit dem ⅖-Schein, der ⅛-Schein mit dem ⅜-Schein den Halbkreis ausfüllen. Und auch die Musik widerstreitet dem nicht; denn die Wirksamkeit eines Aspekts rührt nicht von dieser Angleichung an den Halbkreis her.

Die zweite Ursache gehört hierher: Sie verwirft jedoch nicht völlig den ⅕-Schein, sie sagt nur, er sei unvollkommener als der ⅓- und ⅙-Schein, insoweit diese Ursache gilt, da sie ja nicht die einzige ist. »Irrational« aber heiße ich mit dem gemeinen Sprachgebrauch, was ich in den harmonischen Schriften »unaussprechbar« nenne.

Die dritte Ursache fällt mit der ersten zusammen; denn jeder Winkel im Halbkreis ist ein rechter. Und wenn diese Ursache anders gestaltet wird, insofern immer zwei Aspekte zusammen zwei Rechte ergeben, so gibt der Halbkreis wiederum das Maß für sie ab.

Die vierte Ursache ist hinfällig; denn wenn die Moll-Terz deswegen gewissermaßen vollkommen ist, weil die ihr entsprechende Teilung (nämlich die Zwölferteilung) eine ähnliche ist wie bei den vollkommenen Akkorden, so wird ja wohl auch die Zwanzigteilung mit Hilfe der Vierteilung und die Sechzigteilung mit Hilfe der Dreiteilung bewirkt. Wenn die Dur-Terz wegen der Länge 5 des größeren Stücks nicht mit der Zwölfteilung stimmt, dann stimmt auch die Moll-Terz nicht zur Zwanzigteilung wegen der Länge 6 des größeren Stücks. Und wiederum, wen die Moll-Terz deswegen für vollkommen gehalten wird, weil sie die Hälfte der Quinte darstellt, so muß umso mehr die Dur-Terz für vollkommen gelten, weil sie ebenfalls mitten zwischen der Quinte liegt, indem sie um ebensoviel über der Mitte liegt, wie die Moll-Terz darunter bleibt. Man muß sich daher hier vor der zufälligen Regelmäßigkeit in acht nehmen und darf nicht glauben, daß, weil das Sextil genau gleich dem halbierten Trigon ist, auch das Sextil der Moll-Terz entspricht. Denn ich habe in Kapitel VI des IV. Buches der *Harmonik* gezeigt, daß dem Sextil nicht die Moll-Terz entspricht, sondern die Quinte über der zweiten Oktave und daß die Moll-Terz ein Abkömmling sowohl des Fünfecks als auch des Sechsecks ist, da sie von den Zahlen 5 und 6 ausgedrückt wird. Und die Ursache, die das Trigon in zwei vollkommene Sextile teilt, ist völlig verschieden von der Ursache, die die Quinte in zwei Terzen, eine große und eine kleine, teilt. Das geht schon daraus hervor, daß die Teile dort einander gleich, hier ungleich sind. Es tut daher der ausgezeichneten Bedeutung der Dur-Terz keinen Abbruch und erhöht mit die Bedeutung der Moll-Terz, daß das Sextil die Hälfte des Trigons, das Quintil die Hälfte vom Biquintil (²⁄₅-Schein) ist, usw. Ja, es gehört nicht wenig Klugheit dazu, sich vor solchen Anklängen in acht zu nehmen; wie dereinst die sizilianische Sirene die Seefahrer mit ihrem Gesang so fesseln sie die Gelehrten mit dem Reiz augenfälliger Schönheit und ansprechender Ordnung (wenn sie in Bewunderung da verweilen, wo gegenseitiger innerer Zusammenhang fehlt), so daß sie das vorgesteckte Ziel der Erkenntnis nicht erreichen können.

Die fünfte Ursache ist die Folge der zweiten und bewirkt, daß das Quintil ein unvollkommener Aspekt, die Dur-Terz ein (in anderer Hinsicht) unvollkommener Akkord ist; sie bewirkt aber nicht, daß jener Aspekt überhaupt keine Wirkung, dieser Akkord keine Annehmlichkeit besitzt. Das mußte ja bereits von allen fünf Behauptungen gesagt werden. Würden sie gelten, so würden sie in gleicher Weise in der Musik wie für die Aspekte Gültigkeit haben. Denn es ist kein Grund vorhanden, warum die genannten Ursachen für das eine Gebiet gelten, für das andere dagegen nicht.

(32) Beim achteckigen Stern liegt die Sache anders. Die Gründe, warum dieser mit dem ⁵⁄₈-Schein aus den Aspekten ausgeschieden oder vielmehr hintangesetzt, die vom Achteck her bekannte verminderte Sext dagegen aus der Musik nicht ausgeschieden wird, habe ich im IV. Buch der *Harmonik*, Kapitel VI auseinandergesetzt. Es kommt zwar am Achteck dasselbe in der Musik heraus [77] wie bei den Aspekten, was die Verhältnisse 3 und 5 zu 8 anlangt (die Verhältnisse sind beiderseits von geringem Wert); allein wegen des gleichzeitigen Auftretens der drei Verhältnisse $3:5$, $5:8$ und $3:8$ bei *einer* Teilung, worauf bei den Aspekten keine Rücksicht genommen wird, ist diese Achtteilung für die Musik von größerer Bedeutung.

(33) Nein, auch dieser übt seine Wirkung aus, wie die Erfahrung bezeugt; und zwar geht es ihm in der Musik gerade umgekehrt wie dem Achteck. Denn es begründet keine besondere Teilung. Siehe das schon oft zitierte Kapitel VI des IV. Buches der *Harmonik*. Man sieht, daß es mit jener fünften Ursache nichts ist; es ist so, als ob Vielecke, die die Ebene nicht ausfüllen, keine Aspekte bilden können. Denn wenn auch (bei den Aspekten) nicht die Vielecke jeder einzelnen Art die Ebene ausfüllen, so tun es doch solche, die in ihrer Art miteinander verbunden sind.

(34) Eine gewisse Scheidung war notwendig, aber aus Ursachen, die von der hier an fünfter Stelle erwähnten gänzlich verschieden sind.

(35) Ausgezeichnet! Das hat als wirkliche Ursache zu gelten. Siehe Buch IV der *Harmonik*.

(36) Das geht zu weit und widerspricht dem Vorhergehenden. Wenn infolge des Winkels eine Wirkung auftritt, dann auch infolge der Figur. Denn die Figur wird durch die Winkel bestimmt, und die Anzahl der Winkel wird durch die Figur getroffen. Siehe jedoch die genaue Untersuchung über die »Mittelpunktsfigur« und die »Umgangsfigur« in *Harmonik*, Buch IV, Kapitel V.

(37) Dieser Paragraph umfaßt fast die ganze Disposition meines Werkes über die Harmonik. Denn hier schicke ich im I. und II. Buch die gemeinsame geometrische Grundlage, gewissermaßen die urbildliche Ursache, voraus; und was sich hieraus für die Musik ergibt, setze ich im III. Buch, was für die Aspekte, im IV. Buch auseinander.

(38) Daß ich diese Ursachen umsonst von den musikalischen Schriften erwartet habe, wird der Leser selber sagen, wenn einmal diese Schriften mit meinen Anmerkungen herausgegeben sein werden (falls mir Gott das Leben schenkt). PTOLEMAIOS verweilt nur bei den Zahlen als Ursache, ohne die Figuren als ›Numeri numerati‹ zu berücksichtigen. Deswegen verwirft er auch fälschlicherweise mit den Alten einige Harmonien und läßt gewisse Intervalle, die es nicht verdienen, als harmonisch gelten. Siehe meine *Harmonik*, Buch III, S. 27 [KGW VI: 119].

(39) Davon habe ich nur die Sätze gesehen, die KONRAD DASYPODIUS aufgeschrieben hat [in seiner griechisch-lateinischen Euklid-Ausgabe von 1571]. Es ist auch nicht zu erwarten, daß sich bei EUKLID finde, was bei PTOLEMAIOS und PORPHYRIUS, die später gelebt haben, fehlt.

[81] *Anmerkung des Autors zum 13. Kapitel*

(1) Die Höhe der Pyramide wird gerechnet von der Mitte der Grundfläche bis zur gegenüberliegenden Ecke; als Höhe des Oktaёders gilt hier der Abstand zwischen zwei parallelen Seitenflächen. Der Beweis ist leicht. Halbiert man die Kanten der Pyramide und schneidet man vier kleine Pyramiden ab, so bleibt ein Oktaёder übrig, dessen Kanten halb so groß sind wie die der großen Pyramide und von dem vier Seitenflächen, eine

unten und drei ringsherum, Teile der Seitenflächen der großen Pyramide sind. Die drei Seitenflächen ringsherum haben also dieselbe Neigung wie die drei Seitenflächen der Pyramide, die sich von der Grundfläche bis zur Spitze erstrecken; ihre Ecken sind aber geradewegs nach abwärts gerichtet. Die Höhe in der Oktaëderseitenfläche verhält sich demnach zur Höhe des Körpers wie die entsprechenden Höhen beim Tetraëder.

[84]   *Anmerkungen des Autors zum 14. Kapitel*

(1) Gemeint ist der geometrische Raum der Sphären. Denn bezüglich einer materiellen Beschaffenheit, das heißt einer festen Raumerfüllung, hat auch PTOLEMAIOS nicht so grob gedacht.

(2) In der Tabelle, beispielsweise 577 und 635, 333 und 333.

(3) Wenn man beim Merkur nicht 577, den Radius der Inkugel des Oktaëders, nimmt, sondern 707, den Radius des dem Oktaëderquadrat einbeschriebenen Kreises, dann weicht die Zahl nicht sehr von 723 ab.

(4) Hier ist für das Verhältnis der Sonnen- zur Mondsphäre der Wert 20:1 angenommen; ungefähr diesen Wert gibt die alte Astronomie an. In Buch IV der *Epitome* zeige ich jedoch, daß er ungefähr dreimal so groß ist [KGW VII: 280f.]. Freilich habe ich in den Ephemeriden in einer gewissen Zurückhaltung einen Wert angenommen, der anderthalbmal so groß ist wie jener, also 30:1, bis ich mit der Frage ganz zum Abschluß komme.

[90]   *Anmerkung des Autors zum 15. Kapitel*

(1) Die Bedeutung des Fehlers, der in dieser Verrenkung des Planetensystems liegt, sowie seine Widerlegung aufgrund der Tychonischen Beobachtungen am Mars habe ich ausführlich in meinen Kommentaren über die Bewegungen dieses Planeten erörtert, und zwar hauptsächlich im ersten Teil, der über die Tragweite der verschiedenen Hypothesen handelt [*Astronomia nova*, Kapitel I bis VI]. Und da es zur Vermeidung jener Irrtümer notwendig war, das Fundament der Welt in den Sonnenmittelpunkt zu verlegen, durften die Örter des Tierkreises, an denen die Planeten ihre größte und geringste Entfernung besitzen, nicht mehr weiterhin »Apogäum« und »Perigäum« genannt werden, wie sie noch bei COPERNICUS

mißbräuchlich heißen; ich habe deshalb die richtigen, bezeichnenden Begriffe »Aphel« und »Perihel« geprägt.

[92]   *Anmerkungen des Autors zum 16. Kapitel*

(1) Nach der Veröffentlichung meiner harmonischen Betrachtungen ist dieser Streitpunkt entschieden (*Harmonik*, Buch V). Fürs erste entstammen die Verhältnisse bei den Sphären nur zum Teil den fünf Körpern selber; letztlich haben sich die Grundverhältnisse der Sphären (nach den Sätzen 48 und 49 im IX. Kapitel [KGW VI: 356–363]) als den Körpern und den Harmonien gemeinsam erwiesen. Daher kann bezüglich des Mondes aus den Körpern allein kein Schluß nach der einen oder anderen Seite gezogen werden. Wenn sodann die Verhältnisse bei den Sphären in erster Linie allein den fünf Körpern gemäß gestaltet würden, so ist (durch die Sätze 46 und 47 [KGW VI: 354 f.]) ein anderes Bildungsprinzip aufgestellt worden, insofern die physische Einschreibung der Bahnen (in die fünf Körper) den Grad der Vollkommenheit der geometrischen Verhältnisse zu erreichen sucht. Drittens erhellt aus allen Axiomen und Sätzen jenes Buchs, daß sich aus der Bewegung der Planeten die Notwendigkeit einer letzten Beschränkung der Entfernungsverhältnisse ergibt; es müssen nämlich zwischen den extremen Bewegungen gewisse Harmonien bestehen können. Wenn dies der Fall ist, muß der die Erde umlaufende Mond aus dem Spiel bleiben, da er ja zur Beschleunigung oder Verzögerung irgendeiner Planetenbewegung nichts beiträgt, auch seinen Weg nicht um die Sonne nimmt und seine Bewegung von der Sonne aus gesehen nicht regelmäßig ist. Denn von der Sonne aus betrachtet scheint der Mond sich hüpfend zu bewegen. Man muß also bezüglich der Erdsphäre so verfahren, als ob die Mondsphäre ihre Dicke in keiner Weise vergrößert.

(2) Das kann in doppeltem Sinn verstanden werden. Der erste, dem Text entsprechende Sinn ist der: es ist zwar eine Sphäre mit einem Knoten vorhanden, aber sie schließt die Planetenbahn [*orbita Planetae*] mit ein und ist von einer solchen Dicke, daß dieser Knoten, das heißt die Mondsphäre, ganz innerhalb zu liegen kommt und so die absolute Rundung des inneren und äußeren Randes in keiner Weise stört. Man könnte aber jenen Worten auch den Sinn unterlegen, es sei überhaupt absurd, daß der Mond um die Erde kreist, während diese ihre Bahn um die Sonne

beschreibt. Um diese Aussage zu entkräften, bemerke ich, daß sie [93] nur solange einen Sinn haben konnte, wie die Jupiterplaneten und die anderen neuen Erscheinungen am Himmel noch nicht entdeckt waren. Seitdem uns aber diese bekannt sind, hat es keinen Sinn zu sagen, daß das, was in Wirklichkeit existiert, nicht existiere, nämlich ein vierfacher Knoten um den Jupiter, wenn man unter dem körperlichen Knoten den von den Kreisbahnen eingenommenen Raum versteht, die den Jupiter in derselben Weise umgeben wie die Mondbahn die Erde. Denn vor der Annahme einer körperlichen Festigkeit der Sphären habe ich mich oben wohlgehütet und hüte mich auch im folgenden Text.

(3) Hierin besteht Übereinstimmung vieler Philosophen zu allen Zeiten, deren Einsicht sich über die der großen Menge erhebt: DIOGENES LAERTIOS weist auf ANAXAGORAS hin [*De vitis philosophorum* II, 8]; in meinem Buch *Ad Vitellionem Paralipomena* habe ich in dem Kapitel über das Licht der Sterne PLUTARCHOS' Schrift *Über das Gesicht des Mondes* sprechen lassen [KGW II: 203]. Von AVERROËS wird auch ARISTOTELES zitiert. Zuletzt hat jene Ansicht GALILEI mit seinem belgischen Fernrohr zur Gewißheit erhoben. Siehe auch meine *Unterhaltung mit dem Sternenboten* Galileis [KGW IV: 281–311].

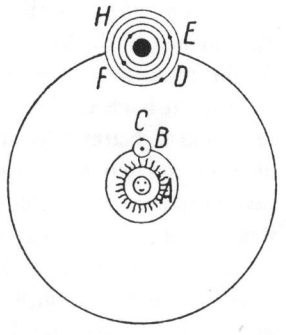

(4) Sicher ist zwar das erstere Verhältnis (es beträgt etwa 1:59), aber das Verhältnis des Sonnenkörpers zur Merkursphäre ist ein wenig anders, das heißt man darf nicht die mittlere Bahn des Merkurs nehmen, sondern die innerste und engste. In der Tabelle des XV. Kapitels ist dieser der Wert 14° zugewiesen, während der von der Erde aus gesehene Halbmesser der Sonne 15° beträgt. Daher hat jenes Verhältnis etwa den Wert 1:56.

(5) So dachte ich wenigstens damals; später aber zeigte ich in den Marskommentaren, daß man einen solchen Intellekt in dem Beweger nicht braucht. Denn wenn auch allen Bewegungen ganz bestimmte Verhältnisse vorgeschrieben sind, und zwar von der höchsten und einzigen Intelligenz, das heißt von Gott, dem Schöpfer, so werden doch jene Verhältnisse unter den Bewegungen von der Schöpfung an bis heute unverändert erhalten, nicht durch einen zugleich mit dem Beweger erschaffenen Intellekt, sondern durch zwei andere Dinge: das erste ist die völlig gleichbleibende,

fortdauernde Rotation des Sonnenkörpers, mit der immateriellen Spezies, die ihm eigen ist und die er in die ganze Welt ausstrahlt, eine Spezies, die die Rolle des Bewegers spielt. Die zweite Ursache bilden unveränderliche, immerwährende Gewichte und magnetische Richtkräfte der Wandelsterne selber. So brauchen diese geschaffenen Wesen zur Einhaltung der Verhältnisse ihrer Bewegungen einen Intellekt ebenso wenig, wie Waagebalken und Gewichte der Waage eines Verstandes bedürfen, um das Verhältnis der Gewichte anzugeben. Freilich sind andere Gründe vorhanden, die dartun, daß den Planetenkörpern, wenigstens den Körpern der Erde und der Sonne, irgendeine Seele innewohnt, aber nicht eine vernunftbegabte, wie sie der Mensch besitzt, vielmehr eine Art Instinkt, wie ihn eine Pflanze besitzt, die mit seiner Hilfe die besondere Art ihrer Blüte und die Zahl ihrer Blätter erhält. Siehe hierüber die Ausführungen am Ende des V. und VI. Buches meiner *Harmonik*.

(6) Ich habe diesen Beweisgrund so formuliert, um zu hören, was die Physiker dagegen sagen möchten. Aber es ist in den letzten 25 Jahren niemand aufgetreten, der jenen Beweis durchgehechelt hätte. Die Aufrichtigkeit gebietet mir, dies selber zu besorgen. Du siehst, lieber Leser, was ich sagen wollte: Der Mittelpunkt allein sei das, was erstlich in einem Wirbel um die Sonne getrieben werde; und das sei möglich aufgrund eines bloßen Befehls, da er nicht schwer sei, insofern er (als Punkt) nicht Teil von irgendetwas sei. Diese Behauptung kann mir der Physiker nicht umstoßen, der behauptet, was sich hieraus ergibt, daß alles sich nach dem Mittelpunkt richtet. Und weil die übliche physikalische Lehre bezüglich des Mittelpunktes der Welt der Ansicht ist, daß alles, was schwer ist, eben diesem Mittelpunkt [94] zustrebe, glaubte ich für meine Person, es könne sein, daß alles Schwere bei demselben Bestreben sich nach dem Mittelpunkt des Körpers richtet, zu dem es gehört. In Buch I der *Epitome* [KGW VII: 75 ff.] habe ich jedoch bewiesen, daß die Ansicht der Physiker falsch ist, die behauptet, daß das Schwere auf einen Mittelpunkt als solchen zustrebe, ganz falsch zumal, wenn dafür der Mittelpunkt der ganzen Welt genommen wird; wahr dagegen ist, aber *per accidens*, daß das Schwere dem Mittelpunkt der Erde zustrebt, nicht insofern dieser ein Punkt ist, sondern weil das Schwere dem Erdkörper zustrebt. Und da dieser rund ist, ergibt es sich, daß jenes Streben auf die Mitte, also den Mittelpunkt zu gerichtet ist, so daß, wenn die Erde eine merklich verzerrte Gestalt hätte, das Schwere überhaupt nicht auf irgendeinen einzigen Punkt zustreben

würde. Da also das Fundament zusammenbricht, stürzt auch der ganze allzu große Bau ein, der auf ihm errichtet war. Man darf also die Planetenkörper in ihrer Bewegung oder Translation um die Sonne nicht als mathematische Punkte betrachten, die soetwas wie ein Gewicht besitzen (wie ich in meinem Buch über den neuen Stern geschrieben habe), insofern sie mit der Fähigkeit ausgestattet sind, einer ihr von außen aufgezwungenen Bewegung nach Maßgabe der Masse ihres Körpers und der Dichte des Stoffes Widerstand zu leisten. Denn da jegliche Materie zur Ruhe neigt an dem Ort, an dem sie sich befindet (wenn nicht ein benachbarter Körper sie durch eine magnetische Kraft an sich zieht), geschieht es, daß die bewegende Kraft der Sonne in Widerstreit gerät mit dieser Trägheit der Materie, wie an der Waage zwei Gewichte miteinander streiten, und daß aus dem Verhältnis der beiden Kräfte schließlich eine größere oder geringere Geschwindigkeit des Planeten herauskommt. Siehe die Einleitung zu den *Marskommentaren* [KGW III: 24–28] und diese selber an vielen Stellen, besonders auch Buch IV der *Epitome*.

Daraus folgt jedoch nicht, was ich an der vorliegenden Textstelle durch eine falsche Schlußweise widerlegen wollte, daß die Schritte des Beweglichen unschlüssig und zögernd werden, wenn es sich mit dem Gewicht abmüht und in dem Widerstreit die Oberhand gewinnt. Denn das Verhältnis beider Kräfte zueinander ist wohl bestimmt und fest, und der Sieg teilt sich unter sie nach Maßgabe der Kräfte, so daß der Planet weder an einem Platz stehen bleibt, noch die Geschwindigkeit der Rotation der Sonne erreicht.

(7) Dies wird durch offenkundige Experimente als falsch erwiesen. Wäge das Eisen für sich und ebenso den Magnet und zähle beide Gewichte zusammen. Nun werde das Eisen vom Magneten mit Hilfe jener unsichtbaren Kraft aufgehängt, der Magnet aber werde an die Waagschale gebunden oder auf sie gelegt (die Kraft durchdringt ja die Waagschale, wenn sie nicht aus Eisen ist). Man sieht, daß der Magnet, solange er durch seine Wirkung das angezogene Eisen hält, soviel wiegt wie die beiden vorher voneinander getrennten Körper zusammen.

(8) Nicht doch; die himmlischen Einflüsse bedürfen keiner Materie, um zu uns zu gelangen. Denn ARISTOTELES hat Unrecht, wenn er meint, die Luft sei notwendig, um unserem Auge den Sonnenkörper wahrnehmbar zu machen, wie ich in meinen optischen Schriften bewiesen habe [KGW II: 39 und 42]. Im Gegenteil, je weniger Materie das Licht auf seinem Weg

begegnet, umso weniger wird es bei seiner Ausbreitung behindert. Das also wollen jene Worte besagen: Wie die Körper es nicht verhindern, daß die himmlischen Einflüsse bis ins Innerste vordringen, so brauchen auch die bewegenden Kräfte nicht irgendwelche Körper als Kontaktmedien, mit denen sie wie mit Ketten oder Hebeln die zu bewegenden Planetenkörper anfassen. Es gefiel mir, mit dem Wort Luft etwas kühner zu spielen. Was ist Sphäre oder Himmel? Ist es nicht Luft? Und was ist Luft? Ist sie nicht eine immaterielle Spezies des Körpers, der die Planeten bewegt, indem er selber eine kreisende Bewegung ausführt? Lassen wir das Spiel beiseite, so gestehen wir, daß unsere Luft ein materieller Körper ist, durchlässig für magnetische, bewegende, erwärmende, erleuchtende und ähnliche Kräfte; so ist auch der Dampf nicht etwas völlig von der Luft Verschiedenes, er unterscheidet sich nur durch den Grad der Dichtigkeit von dem ringsum flutenden Luftmeer.

[96]   *Anmerkungen des Autors zum 17. Kapitel*

(1) Was das ist, was die Gelehrten dem Merkur in Sonderheit zuschreiben, suche man lieber bei PTOLEMAIOS [*Almagest* IX, 8–10] selber, sowie in den *Theoricae* von GEORG PEURBACH [*Theoricae novae Planetarum*, hrsg. von ERASMUS REINHOLD. 1580: Bl. 108^{v}ff.] und [97] MICHAEL MÄSTLIN [*Epitome Astronomiae*. 1582: 368 ff.]. Wie schließlich COPERNICUS [*De revolutionibus*. 1543: V, 25–32] jene Besonderheit auf doppelte Weise (weil er selbst nicht zufrieden mit sich war) seiner Lehre einordnete, sich selber jedoch dabei verwirrte, indem er (durch seine eine Dreiecksform nachahmende Bewegungen) über das hinausging, was er von der ptolemaiischen Lehre auszudrücken sich vorgenommen hatte, das alles hier auseinanderzusetzen liegt keine Notwendigkeit vor, da es sich dabei um die Ansichten von Menschen, nicht um die Wahrheit der Dinge handelt. Und was etwa mit Nutzen mitgeteilt werden kann, wird besser an eine andere Stelle verwiesen. In Wirklichkeit handelt es sich darum, daß der Merkur eine sehr große Exzentrizität seiner Kreisbahn in Bezug auf die Sonne vollzieht (PTOLEMAIOS nennt diesen Kreis einen Epizykel, ich dagegen einen Exzenter), und daß sich Merkur auf diesem Exzenter auch ungleichförmig bewegt, nach Maßgabe der Exzentrizität. Wie aufgrund dieser Tatsachen und der Exzentrizität der Erde jener phantastische Gedanke eines dop-

pelten Perigäums beim Merkur und im Zusammenhang damit einer Art dreieckigen Bewegung ausgeheckt worden ist, das wird bei der Darlegung der Bewegungen des Merkurs auseinandergesetzt; auch bringe ich die Hauptsache davon in Buch VI der *Epitome*. Es genügt hier, daran zu erinnern, daß die urbildliche Ursache dieser Besonderheit beim Merkur nicht im Oktaëder liegt, daß also die Aufstellung dieses Kapitels falsch ist. Ich denke jedoch mit größter Freude an diesen Versuch zurück, da er zeigt, wie weit mein Aufstieg von anfänglicher Unwissenheit bis zu tiefer Kenntnis und Begründung der Astronomie gewesen ist.

(2) Das stimmt keineswegs! Die wahre Exzentrizität des Saturns ist größer als die des Jupiters, die des Jupiters dagegen viel kleiner als die des weiter unten liegenden Planeten Mars.

(3) Niemand trat auf, der gesucht hätte! Suchet und ihr werdet finden! Ich habe gesucht, und, siehe da, ich fand (*Harmonik*, Buch V) die vorzüglichsten Ursachen. So vortrefflich und zuverlässig war meine Losung: »Nicht verzweifeln!« So stark und fruchtbar mein Grundsatz: »Nichts ist von Gott planlos gemacht.«

[103]   *Anmerkungen des Autors zum 18. Kapitel*

(1) Wenn es auch zutrifft, daß die *Prutenischen Tafeln* in den Prosthasphäresen ebenso wie in anderen Angaben irren, so liegt doch die Hauptursache sowohl dafür, daß die Sphärenintervalle nicht genau mit den geometrischen Verhältnissen der fünf Körper übereinstimmen, als auch für die bedeutsamere Erscheinung, daß die Planetensphären gerade solche und voneinander so verschiedene Exzentrizitäten besitzen, irgendwo anders, nämlich in dem urbildlichen Plan der Einrichtung der Bewegungen gemäß den harmonischen Verhältnissen. Da die geometrischen Verhältnisse nicht rein neben den harmonischen Verhältnissen bestehen konnten, mußte die Geltung der ersteren, die ja mehr nach den Eigentümlichkeiten der Materie hinneigen, ein wenig beschränkt werden, so daß neben ihnen die harmonischen Verhältnisse Platz finden konnten; die geometrischen Verhältnisse sollten für die räumlichen Entfernungen, die harmonischen aber für die Bewegungen in diesen Entfernungen maßgebend sein. Man findet diese herrliche Ordnung ausführlich dargestellt in meiner *Harmonik*, Buch V, Kapitel IX, Satz 46–49 [KGW VI: 354–363].

(2) Die Fehler der *Prutenischen Tafeln* machen an bestimmten Örtern der Sphären beim Mars 3 Grad, bei der Venus 5 Grad und beim Merkur 10 oder 11 Grad aus (wenn es angeht, über die Örter, an denen [104] der letztgenannte Planet nicht gesehen werden kann, aufgrund meiner Merkurtheorie eine Behauptung aufzustellen).

(3) Die Mittelpunkte der Seitenflächen des umschriebenen Körpers und die Ecken des einbeschriebenen können in dem Urbild der Welt nicht beieinander sein. Die Ursache ist oben angegeben. Die Sphären würden zu groß herauskommen; die Prothasphäresen der Erdgroßsphäre wären größer, als wir sie beobachten. Es durften daher nicht die mittleren Entfernungen der Planeten von der Sonne berücksichtigt werden, sondern allemal das Aphel des inneren und das Perihel des äußeren von zwei Planeten, das heißt man mußte die Exzentrizitäten der Planeten berücksichtigen, die die Entfernungen des Aphels und des Perihels bestimmen. Damit aber setzte ich einen unsicheren Posten in Rechnung. Denn man kannte noch nicht die Ursachen der Exzentrizitäten, man wußte nicht, warum die Exzentrizität bei den einzelnen Planeten gerade so groß ist, warum der Unterschied gerade so viel ausmacht, warum Saturn und Jupiter mittlere, Mars und Merkur größte, Erde und Venus kleinste Exzentrizitäten besitzen. Da die Ursache unbekannt war, konnte ich auch die Größen nicht a priori wissen und ich war rein auf Beobachtungen angewiesen.

(4) So denkt wenigstens PTOLEMAIOS und nach ihm COPERNICUS. Die Sonne (beziehungsweise die Erde) besitzt nach ihrer Meinung weder einen Epizykel noch einen Äquanten. In Wirklichkeit jedoch ist die Erde hinsichtlich ihrer Bewegung um die Sonne einem jeden der anderen Planeten in allem ähnlich, wie ich bewiesen habe in den *Marskommentaren*, Teil III, und in Buch VII der *Epitome*.

(5) Diese Sphäre wird von PTOLEMAIOS der Sonne, von COPERNICUS der Erde zugewiesen, in den *Prutenischen Tafeln* wird sie Jahressphäre genannt.

(6) Die Klage des COPERNICUS bezieht sich am ehesten auf die Örter der Apogäen (die hier nicht in Betracht kommen, wo es sich um die Verhältnisse zwischen den Sphären handelt), sie betrifft nicht in derselben Weise die Exzentrizitäten. Daher steht es nicht schlechter, sondern besser um die Dicke der Sphären.

(7) Welch kühnes Versprechen bei solch schwieriger Sachlage! Aber wie viel Glück ward mir zuteil! Ich habe die Größe der Exzentrizitäten aus

den Beobachtungen Brahes erforscht, ich habe in der Harmonik die Ursachen der Exzentrizitäten aufgedeckt, und, siehe da, die Winkel, die sich ergeben, freilich nicht allein aufgrund der fünf Körper, sondern hauptsächlich aus den (harmonischen) Ursachen der Exzentrizitäten, stimmen durchweg mit den Bewegungen überein.

(8) Man wird wohl auch einen Knirps von drei Jahren loben, der im voraus den Kampf mit den Riesen aufnehmen will. Denn nicht alle entstellenden Flecken der Astronomie, ja nur ihr kleinster Teil, rührt von den fehlerhaften Exzentrizitäten her. Von der Exzentrizität der Sonne beziehungsweise Erde wird nachher noch zu sprechen sein.

(9) Nein, keineswegs. Die Körper bestimmen nicht die Sphären und schreiben auch nicht die Grenzen der Exzentrizitäten vor, sondern erst, nachdem die Exzentrizitäten, das heißt der Tatbestand, aufgrund der Beobachtungen Brahes festgestellt sind, setzt die Untersuchung der Ursachen, das heißt die Frage warum, auf der Basis der fünf Körper und der damit zusammenhängenden harmonischen Proportionen ein.

(10) Da es nämlich eine ziemlich große Zahl von Harmonien gibt, wurden für je zwei benachbarte Planeten jene Harmonien ausgewählt, die durch ihre Größe am nächsten den Verhältnissen der fünf Körper entsprechen.

[108]   *Anmerkungen des Autors zum 19. Kapitel*

(1) Die Refraktion der Sterne erwähnt Tycho Brahe, der diesen Teil der Astronomie begründete und in seinem Buche *Progymnasmata* ausbaute, das inzwischen erschienen ist. Ich habe diese Lehre auch in mein Buch *Optischer Teil der Astronomie* aufgenommen, das vor 17 Jahren erschien, und sie erweitert in Buch I der *Epitome* ab S. 52 [KGW VII: 53–79].

(2) Das war bisher die Ansicht betreffs des Merkurs; ich bestreite nicht, daß die Abweichung bei seinen wahren Bewegungen groß ist. Allein diese bezieht sich nur auf die Größe der Bewegungen, nicht auf ihre Form oder ihre Grundlagen, wie man uns bisher gesagt hat; in diesen unterscheidet sich Merkur in keiner Weise von den anderen Planeten.

(3) Ich folgte damals der allgemeinen Ansicht, daß der Merkur vor den anderen Planeten insonderheit die Winde errege. Allein die Erfahrung vieler Jahre hat mich belehrt, daß die verschiedenen Arten von Luftverän-

derungen nicht auf die einzelnen Planeten verteilt sind. Ich erkannte vielmehr, daß die Natur unterhalb der Mondsphäre von den Aspekten zweier oder den Stillständen einzelner Planeten erregt wird, in der Weise, daß sie Dampf und Rauch aus Bergen und unterirdischen Herden ausschwitzt; dieser Dampf und Rauch bildet sich zu Regen, Schnee, Sternschnuppen, Gewitter, Hagel, Winden, je nach den Umständen des Orts und der Zeit. Starke Winde treten sicherlich entweder gar nie oder höchst selten allein auf. Jeder Regen treibt Winde vor sich her, sobald er mit Ungestüm hereinbricht; und wenn die Winde wüten, so ist das immer ein Anzeichen für eine feuchte Beschaffenheit des Jahres. Denn entweder regnet es in den Bergen, woher die Winde wehen, oder es schmilzt daselbst Schnee, oder der mit Ungestüm in die Höhe gezogene feuchte Dampf verdichtet sich an dem einen Ort zu Tropfen, während er an einem andern aufwallend auf die obere Kälte trifft und zurückprallt. Dies ist auch die Entstehungsweise eines leichten Windes; [109] der Dampf sprudelt aus irgendeinem Berg, wird zurückgeschleudert und ergießt sich rings in die umliegenden Gegenden. Es kommt vor, daß das gesamte über das Festland gelagerte Luftmeer, sobald eine Bewegung in den höchsten Berggegenden eingeleitet ist, in Fluß gerät. So kann jeder Wind von allen möglichen Ursachen oder natürlichen Auslösungen erregt werden, und es geht nicht an, den Merkur als Erreger der Winde zu beschuldigen.

(4) Oben ist gesagt worden, daß das nicht wahrscheinlich ist und daß sich die Beobachtungen der Alten zum Beweis dieser Behauptung nicht als so genau erwiesen haben, daß der Beweis zwingend wäre. Deswegen folge ich hier der von COPERNICUS vertretenen Ansicht, »man müsse zugeben, daß die Ausmaße der Kreise gleich geblieben seien«. Diese Ansicht wird durch die Natur des Himmels wie durch die Beobachtungen an den anderen Planeten nahegelegt.

(5) Mit solchen Worten pflegte jener Mann meine Sorgen mit Hoffnung zu erfüllen; was den Zeitpunkt anbelangt, hat sich freilich seine Hoffnung getäuscht. Denn man kann nicht »ehestens« sagen, wenn man 24 Jahre lang auf die Erfüllung warten muß. Doch hat sich seine Hoffnung erfüllt durch mein Werk über die *Harmonik*.

(1) Dies ist der eigentliche Gegenstand des IV. Buches der *Epitome*; er wurde von da in das V. Buch der *Harmonik* übernommen. Denn im III. Kapitel jenes Buches wird gerade diese Frage gelöst und damit die Grundlage gelegt für den Beweis, daß die extremen Bewegungen der Planeten durch die harmonischen Verhältnisse bestimmt sind. Wenn ich nun auch in dem vorliegenden Kapitel noch nicht das gesteckte Ziel erreichte, so erwiesen sich mir doch mehrere der hier angewandten Prinzipien, die mir damals schon der Natur der Dinge zu entsprechen schienen, als völlig gewiß und in allen den letztvergangenen 25 Jahren höchst nützlich, besonders im IV. Teil der *Marskommentare*.

(2) Daß es solche nicht gibt, habe ich in den *Marskommentaren* bewiesen.

(3) Wenn man statt des Wortes »*Seele*« das Wort »Kraft« (*vis*) setzt, hat man gerade das Prinzip, auf dem die Himmelsphysik in den *Marskommentaren* grundgelegt und in Buch IV der *Epitome* vervollkommnet worden ist. Dereinst war ich nämlich des festen Glaubens, daß die die Planeten bewegende Ursache eine Seele sei, erfüllt von den Lehren des JULIUS CAESAR SCALIGER über die bewegenden Seelenkräfte. Als ich aber darüber nachdachte, daß diese bewegende Ursache mit der Entfernung nachläßt, genau wie auch das Licht der Sonne mit der Entfernung von der Sonne schwächer wird, zog ich den Schluß, diese Kraft sei etwas Körperliches, freilich nicht im eigentlichen Sinn, sondern nur der Bezeichnung nach, wie wir auch sagen, das Licht sei etwas Körperliches, und damit eine von dem Körper ausgehende, jedoch immaterielle Spezies meinen.

(4) Der Gegenstand wurde behandelt in den im Jahre 1609 herausgegebenen *Marskommentaren*; von dort wurde die Hauptsache daraus in Buch IV der *Epitome* übernommen und daselbst wiederholt.

(5) Das alles gilt ohne Änderung auch in den *Marskommentaren*.

(6) Hier beginnt der Fehler. Der letztere Satz ist nicht die Umkehrung des vorausgehenden, wonach die größere Entfernung von der Sonne in doppelter Weise auf die Vergrößerung der Umlaufzeiten einwirkt. Ich hätte vielmehr schließen müssen, das Verhältnis der Umlaufzeiten sei das Quadrat des Verhältnisses der Entfernungen, nicht weil ich diese Behauptung als richtig annehme (vielmehr ist dieses Verhältnis, wie wir hören werden, mit $3/2$ zu potenzieren), sondern weil sie die aus dem Vorausge-

henden sich ergebende logische Folgerung ist. Man sieht, daß hier (durch Halbierung der Differenz) das arithmetische Mittel übernommen wurde, während man hätte das geometrische nehmen sollen.

(7) Näher freilich mit Hilfe des arithmetischen Mittels als des geometrischen, obwohl sich das letztere als logische Folgerung aus dem gemachten Annahmen [114] nahelegt. Da nämlich in Wirklichkeit das Verhältnis der Entfernung nicht mit 2, sondern mit $\frac{3}{2}$ zu potenzieren ist, trifft es sich, daß das arithmetische Mittel dem wahren Wert näher kommt als das geometrische. Denn das arithmetische Mittel liegt immer näher bei der größeren der zwei Zahlen als das geometrische. Dies sieht man am Beispiel der Zahlen 6, 9, 12 und 6, 8, 12; hier ist das arithmetische Mittel 9 größer als das geometrische Mittel 8.

(8) Zweifellos hat dieses Rechenverfahren nicht zum gesteckten Ziel geführt, wie bereits gezeigt wurde; denn das arithmetische Mittel ist vom geometrischen verschieden.

(9) Weil ich mit unbestimmten, zweideutigen Worten zu Werke ging, statt nach arithmetischer Art. Ich will beide Verfahren besprechen. Das erste lautet:

Umlaufzeit des Mars	687
Umlaufzeit der Erde	365¼
Unterschied	321¾
Die Hälfte davon	160⅞
Arithmetisches Mittel	526⅛

526 ⅛ liefert die Entfernung des Mars zu 1000, welche Entfernung entspricht 365¼? Es ergibt sich für die Entfernung der Erde 694.

Beim zweiten Verfahren gehe ich folgendermaßen vor: Angenommen, die Entfernung der Erde sei 694. Nun sage ich: Die Entfernung 1000 des Mars liefert die Umlaufzeit 687, welche Umlaufzeit liefert die Entfernung 694 der Erde? Es ergibt sich hiefür 477. Ich gehe also umgekehrt vor.

Der wahren Periode 365¼ entspricht, vom Mars aus gerechnet, die falsche 477; welche Kraft der Erde entspricht somit der Kraft 1000 des Mars? Es ergibt sich 1306. Der Überschuß 306 der Kraft der Erde über die Kraft 1000 des Mars ist also ebenso groß wie der Überschuß der Entfernung 1000 des Mars über die Entfernung der Erde, die zu 694 angenommen wurde. Das kommt daher, daß ich beim Mars sowohl für die Umlaufzeit wie auch für die Kraft und für die Entfernung 1000 setzte. Das heißt nun aber nicht, mit Hilfe der *Regula falsi* auf die gleichen Zahlen zurückzukommen wie beim ersten Verfahren, vielmehr nur noch einmal aufzufinden, was man von Anfang an gesetzt hat. Denn da beim ersten Verfahren das arithmetische Mittel zu 526⅛ zu 687 und 365¼ gebildet worden ist, lassen sich, wie immer bei der Bildung des arithmetischen Mittels, zwei verschiedene Verhältnisse bilden, nämlich das obere kleinere 687 : 526⅛ und das untere größere 526⅛ : 365¼, welch letzteres durch die *Regel Detri* in das Verhältnis 100 : 694 umgewandelt worden ist.

Wenn nun beim zweiten Verfahren der Abstand des Mars zu 1000, der der Erde zu 694 angenommen wird, wird für das Verhältnis dieser Abstände jenes untere Verhältnis der Umlaufzeiten, nämlich 526⅛ : 365¼, gesetzt. Das Verhältnis der Abstände wird nun aber mit der *Regel Detri* in das Verhältnis 687 : 477 umgewandelt. Wenn man also im Verhältnis 687 : 365¼ von dem Glied 687 den Teil nimmt, der durch jenes untere Verhältnis angegeben wird (365¼ : 526⅛), so erhält man notwendig das Produkt aus dem oberen Verhältnis jenes Verhältnisses (687 : 526⅛) und dem Glied 365¼. Beiläufig bemerkt, habe ich diese Umsetzung auch in dem politischen Exkurs am Ende des III. Buches der *Harmonik* [KGW VI: 186–205] angewandt. Nun aber wurde dieses Verhältnis durch die *Regel Detri* in das Verhältnis 1306 : 1000 umgewandelt. Da somit ein und dieselbe Zahl 1000 in beiden Teilen der Proportion auftritt, folgt, daß zu den beiden mit der Zahl verbundenen Gliedern, das heißt zu der ursprünglich angenommenen Zahl 694 und der zuletzt bestimmten 1306, die Zahl 1000 das arithmetische Mittel ist. Denn was sich früher zwischen den Zahlen 687 und 365¼, als unteres Verhältnis ergab, [115] nämlich 526 : 365¼, das ist hier wiederum als unteres Verhältnis angenommen, nämlich 1000 : 694; was früher oberes Verhältnis war, nämlich 687 : 526⅛ (das ist ja dasselbe wie 477 : 365¼), das ist hier ebenfalls wieder als oberes Verhältnis aufgestellt, nämlich 1306 : 1000. Wenn 1000 das arithmetische Mittel zwischen 1305 und 694 ist, so müssen notwendig gleiche Differenzen herauskommen, nämlich beide Male 306. Es hätte also genügt, sich die Aufgabe zu stellen, man solle zwei Zahlen suchen, die sich zu 1000 verhalten, wie sich 687 und 365¼ zu 526⅛ verhalten. Das hätte durch die einfache *Regel Detri* ebenso gemacht werden können wie durch die *Regula falsi*. Als kleinstes Glied mußte notwendig 694 herauskommen, da sich ja nach dem ersten Verfahren 526 ⅛ : 365¼ verhält wie 1000 : 694.

Sieh nun, wie ich mich durch diese Einbildung von einem Zusammentreffen in Verwirrung bringen ließ (wie einer, der in der Finsternis, ohne es zu wissen, mit seiner rechten Hand seine linke berührt und zusammenfährt) und von meinem Ziel abwich; ich wollte doch beweisen, daß zwischen den Kräften dasselbe Verhältnis besteht wie zwischen den Entfernungen. Ich nahm jedoch für die Kräfte ein kleineres Verhältnis an, nämlich beim Mars 1000, bei der Erde 1306; für die Entfernungen dagegen ein größeres, nämlich 1000:694. Beide Male dasselbe Verhältnis läge dann vor, wenn ich nicht das arithmetische, sondern das geometrische Mittel gebildet hätte.

Doch ich habe bereits allzuviel über dieses Verfahren gesprochen. Wir wollen es begraben, nicht allein, weil ein Fehler drin steckt; wir müßten es tun, auch wenn wir ganz logisch vorgegangen wären. Denn um das Verhältnis der Umlaufzeiten zu bekommen, dürfen wir das Verhältnis der mittleren Entfernungen nicht ins Quadrat erheben, sondern müssen es mit ³⁄₂ potenzieren. Dann ergibt sich unbedingt genau der richtige Wert. Das heißt, zieht man aus den Umlaufzeiten der Planeten, hier aus 687 und 365 ¼, die dritten Wurzeln und quadriert, dann geben diese Quadratzahlen genau das Verhältnis der Halbmesser der Sphären an. Diese Operationen lassen sich leicht ausführen, entweder mit Hilfe der Kubikzahlentafel des Christopher Clavius, die dem VIII. Buch seiner *Geometria Practica* [zuerst 1604] beigegeben ist, oder viel leichter mit Hilfe der Logarithmen des schottischen Barons John Neper in folgender Weise: Vergrößern wir unsere Zahlen, wie es die Bequemlichkeit des Rechnens erfordert, auf 68 700 und 36 525, unter Verzicht auf die höchste Genauigkeit, dann betragen ihre Logarithmen nach der Neperschen Tafel etwa 37 543 und 100 715.

Dividiert man durch 3, so ergibt sich 12 514 und 33 572. Das Doppelte dieser Zahlen (⅔ von jenen) ist 25 029 und 67 144. Daraus erhält man die Numeri 77 858 und 51 097. In diesem Verhältnis stehen die Sphären des Mars und der Erde zueinander. Man wende dieser Verhältnis um und bekommt 51 097:100 000 wie 77 0858:152 373. Dies ist gerade die mittlere Entfernung des Mars, wenn die der Erde gleich 100 000 gesetzt wird.

Die Ursache dafür, daß man das Verhältnis der Sphärenhalbmesser nicht quadrieren darf, sondern mit ³⁄₂ potenzieren muß, um das Verhältnis der Umlaufzeiten zu bekommen, findet man in Buch IV der *Epitome* auf S. 530 [KGW VII: 306 f.] auseinandergesetzt.

Dieses zweite ganz wunderbare Geheimnis möge nun dem vorliegenden »Weltgeheimnis« als Zugabe beigefügt werden. Nachdem ich es der

Welt verkündet habe, sollen nun alle Theologen und Philosophen mit lauter Stimme zur Beurteilung der Lehre des ARISTARCHOS zusammengerufen werden. Paßt auf, ihr gottesfürchtigen, tiefsinnigen und hochgelehrten Männer:

»Wenn PTOLEMAIOS betreffs der Bewegung der Weltkörper und der Anordnung der Sphären die Wahrheit sagt, dann gibt es kein bestimmtes, für alle Planeten gültiges Verhältnis der Bewegungen oder der Umlaufzeiten zu den Sphären.

Wenn TYCHO BRAHE recht hat, der sagt, die Sonne sei Mittelpunkt der fünf Planeten, also sozusagen von fünf Epizykeln, die Erde aber Mittelpunkt der Sonnensphäre, so daß die Erde ruht und die das ganze Planetensystem tragende und beleuchtende Sonne um die Erde läuft, dann besteht zwar dasselbe Verhältnis der Umlaufzeiten zu den Sphären bei allen Planeten, das heißt das Quadrat des Verhältnisses der Umlaufzeiten (zum Beispiel der Sonne und des Mars) ist gleich der dritten Potenz des Verhältnisses ihrer Sphären; allein die Bewegung wird nicht durch [116] dasselbe Zentrum reguliert. Denn die Bewegung der fünf um die Sonne laufenden Planeten wird von der Sonne reguliert, die Bewegung der Sonne um die Erde aber von der Erde. Es wird also damit die Sonne als Bewegerin der Planeten, die Erde aber als Bewegerin der Sonne aufgestellt.

Wenn schließlich ARISTARCHOS recht hat, der sagt, die Sonne ist Mittelpunkt sowohl der fünf Planetensphären wie auch einer sechsten, die die Erde herumführt, so daß die Sonne ruht und die Erde unter den anderen Planeten um die Sonne läuft, dann ist immer die dritte Potenz des Verhältnisses von irgend zwei Planetensphären gleich dem Quadrat des Verhältnisses der Umlaufzeiten oder umgekehrt, und die Bewegung sowohl der Erde wie der anderen fünf Planeten wird von dem einen Ursprung des Sonnenkörpers aus reguliert.

Hier gibt es gar keine Ausnahme. Das Verhältnis ist nach beiden Seiten hin gedeckt: einerseits wird die sinnliche Wahrnehmung durch die täglichen Beobachtungen der Astronomen mit all ihrer Genauigkeit bestätigt; andererseits pflichtet Aristarchos im allgemeinen unseren Vernunftgründen bei. Im besonderen aber sind die evidentesten Ursachen dafür vorhanden, die bei Annahme einer immateriellen Spezies des Sonnenkörpers erklären, warum das Verhältnis nicht mit 1 oder 2, sondern mit $3/2$ zu potenzieren ist. Auch sind Gründe dafür vorhanden, warum eher die Sonne die Bewegerin der Erde wie der übrigen Planeten ist als umgekehrt die Erde Bewegerin der Sonne. Schließlich lehrt das natürliche Licht der Vernunft, daß sich die Werke Gottes als würdiger und urbildlicher erweisen, wenn die Bewegungen alle ein und denselben Ursprung haben, als wenn die größere Zahl zwar diesen einen Ursprung besitzt, die Bewegung dieses Ursprungs aber einen anderen unbedeutenderen Ursprung hat.

Dazu kommt aber noch die vor der Bewegung für sich eingerichtete Gestaltung der Sphärenverhältnisse nach den fünf Körpern und den Harmonien. Denn wenn BRAHE recht hat, ist dies nur möglich, wenn man sich zwischen den Sphären von Mars und Venus irgendeine Erdkreisbahn hinzudenkt. Gott hätte weniger auf die Dinge selber als auf die Einbildung der Menschen Bedacht genommen und seinen Weltbau verzerrt, damit die Vorstellung von diesem gefällig sein könne, während doch unendlich viele andere eingebildete Erscheinungen (wie die der Stillstände und der rückläufigen Bewegungen) dieser Gefälligkeit entbehren. Wenn aber ARISTARCHOS recht hat, dann liegt jene Gefälligkeit in der Sache selber; alle besonderen eingebildeten Erscheinungen aber finden ausnahmslos ihre Erklärung in den Gesetzen der Optik.

Überlegt das, und ihr werdet, wie ich hoffe, günstige Richter sein und euch nicht als Hasser der so erlesenen Schönheit der Werke Gottes erweisen. Gehabt euch wohl!«

[119]   *Anmerkungen des Autors zum 21. Kapitel*

(1) Diese Frage ist nun überflüssig. Denn nachdem die wahren Verhältnisse gefunden sind, in welchen ein solcher Mangel nicht existiert, was brauche ich da einen falschen Mangel?

(2) Da die Körper oder geometrischen Gebilde allein die Zwischenräume des Planeten nicht bestimmen und das Bewegungsverhältnis nicht stimmt. Daher liegen auf beiden Seiten Fehler vor.

(3) Sie sind miteinander in Übereinstimmung gebraucht im V. Buch der *Harmonik*.

(4) Setzt man die Entfernung der Sphäre der Venus im Perihel gleich 1000 und beschreibt man in die Kugel mit diesem Radius das Oktaëder, so beträgt die Entfernung der Mittelpunkte der Seitenfläche vom Mittelpunkt [120] des Systems 559, während COPERNICUS als größte Entfer-

nung 723, als mittlere 500 angibt. Die Punkte mit der Entfernung 559 liegen also innerhalb der Dicke der Sphäre, allein nicht in der Mitte, sondern zwischen der Mitte 500 und dem äußeren Rand 723.

(5) Da war freilich noch etwas zu glätten; denn man muß nicht mit zwei, sondern mit ³⁄₂ potenzieren, um das eine Verhältnis aus dem andern zu bekommen.

(6) Wie ich in den Anmerkungen zum vorhergehenden Kapitel gezeigt habe.

(7) Wir haben diesen Tag nach 22 Jahren erlebt und uns gefreut, wenigstens ich; ich nehme an, auch Mästlin und sehr viele andere Männer, die das V. Buch der *Harmonik* lesen, werden an meiner Freude teilnehmen.

(8) In dieser Weise träumte ich von der Wahrheit; ein guter Gott hat mich, glaube ich, dabei inspiriert. Es hat sich eine Begründung für die Exzentrizitäten gefunden, zwar nicht aus den vorliegenden Überlegungen, sondern aus den Harmonien, aber mit Hilfe der vorliegenden Entdeckung. Das war erst möglich, nachdem diese Entdeckung berichtigt war. Denn in *Harmonik* V, 3 gehört der Satz, daß das Quadrat des einen Verhältnisses gleich der 3. Potenz des anderen ist [das dritte Keplersche Gesetz der Planetenbewegungen, KGW VI: 302, Zeile 21–23], zu den Grundlagen.

(9) An Stelle dieser unvollkommenen Zahlen des Copernicus findet man im V. Buch der *Harmonik* [KGW VI: 309] ganz vollkommene, wie sie die durch die Beobachtungen Brahes erneuerte Astronomie liefert.

(10) Wiederum träumte ich von der Wahrheit. Man findet eine verbesserte Art und Weise in Buch V der *Harmonik*, Kapitel IX, Satz 46–49 [KGW VI: 354–363].

(11) Der Würfel als letzter der äußeren und das Oktaëder als letzter der inneren Körper sind ähnlich gelagert, insofern sie in die Sphären eindringen, aber nicht bis zu den mittleren Abstand, das ist zuviel. Die beiden ähnlichen inneren Körper, das Dodekaëder und das Ikosaëder, sind ebenfalls ähnlich gelagert, sie reichen zu kurz, liegen aber doch nicht zwischen einem extremen und einem mittleren Abstand, das ist ebenfalls zuviel. Das Tetraëder hat wie immer so auch hier etwas Besonderes; es liegt zwischen zwei extremen Entfernungen, dem untersten des Jupiters und dem höchsten des Mars. Daß das so sein muß, habe ich in den vorhin erwähnten Sätzen bewiesen.

Wenn die falschen Zahlen sich sonst noch den wahren Verhältnissen nähern, worauf ich immer wieder hinweise, so ist das Zufall. Diese Bemerkungen sind nicht wert, gedruckt zu werden. Ich habe aber meine Freude daran, da sie mich daran erinnern, wieviel Umwege ich machen, wieviel Wände ich in der Finsternis meiner Unwissenheit abtasten mußte, bis ich die Tür fand, durch welche das Licht der Wahrheit hereindringt.

[123] *Anmerkungen des Autors zum 22. Kapitel*

(1) Die Ursache, die bewirkt, daß der höhere Planet Saturn langsamer ist als Jupiter, der niedriger und näher bei der Sonne ist, muß auch bewirken, daß der Saturn, wenn er hoch steht, das heißt im Apogäum, langsamer ist, als wenn er im Perigäum nieder steht. Die Ursache beider Erscheinungen liegt in der größeren oder kleineren geradlinigen Entfernung des Planeten von der Sonne, da er sich bei größerer Entfernung von der Sonne in einer Region befindet, wo die Kraft der Sonne schwächer ist.

(2) Daß diese Darstellungen auf dasselbe hinauskommen, habe ich in Teil I der *Marskommentare* bewiesen.

(3) Das haben wir aber in den Anmerkungen richtiggestellt. Man muß, um das Verhältnis der Umlaufzeiten und damit der Verzögerungen zu bekommen, das Verhältnis der Sphären nicht quadrieren, sondern mit $3/2$ potenzieren. Jedoch bei den Bewegungen eines einzelnen Planeten im Aphel und Perihel, wie sie von der Sonne aus erscheinen, herrscht genau das Verhältnis der Quadrate der Entfernungen, bei den täglichen Bewegungen, die ja Bögen der Exzenter darstellen, das Verhältnis der Entfernungen selber. Siehe Teil III und IV der *Marskommentare*. Die höchst einleuchtende Ursache hiefür findet man in Buch IV der *Epitome*, S. 533 [KGW VII: 308].

(4) Das stimmt für Copernicus, nach welchem C der Mittelpunkt des Äquanten oder vielmehr des Exzenterexzenters, B der Mittelpunkt der Planentenbahn [*centrum viae Planetae*] und BC der dritte Teil von AC ist. Bei Ptolemaios liegt die Sache anders. Für ihn ist D der Mittelpunkt des Äquanten, B des Exzenters. Daher ist BD die Hälfte von AD.

(5) Hier ist wiederum statt Seele die immaterielle Spezies der Sonne zu denken, die sich wie das Licht ausbreitet. Dann ist hier mit kurzen Worten der Hauptinhalt meiner Himmelsphysik ausgedrückt, die ich in

den Teilen III und IV der *Marskommentare* dargelegt und in Buch IV der *Epitome* wiederholt habe.

(6) Es gibt keine Ausnahme. Das Gesagte gilt auch absolut für Venus und Merkur. Denn wenn COPERNICUS einige Unregelmäßigkeiten in den Bewegungen dieser Planeten mit der Bewegung der Erde in ihrer Bahn in Zusammenhang bringt, ist er im Irrtum.

(7) Doch, nach PTOLEMAIOS sowohl wie nach COPERNICUS. Ich aber habe in den *Marskommentaren* als eine meiner Hauptleistungen, die ich als Eckstein in das Fundament eingebaut und mit Recht als Schlüssel zur Astronomie bezeichnet habe, gerade aufgrund der Bewegungen des Mars den sicheren Beweis erbracht, daß die jährliche Bewegung der Sonne oder der Erde sich nach einem anderen Mittelpunkt als dem Äquanten richtet und daß ihre Bahnen [*orbitae*] nur halb so exzentrisch sind, wie diese Gelehrten angenommen hatten.

Du siehst also wohl, aufmerksamer Leser, daß in dem vorliegenden Büchlein die Keime gelegt sind für alles und jedes, was ich seither in der neuen, nach der Meinung des Publikums törichten Astronomie aufgrund der höchst zuverlässigen Beobachtungen TYCHO BRAHES aufgestellt und bewiesen habe. Ich hoffe daher, daß du meinen Scherz im Buch IV der *Harmonik* [KGW VI: 264 ff.] bezüglich meiner von den Urbildern des PROKLOS herrührenden Bilder nicht ungnädig beurteilen und geißeln wirst.

[125]   *Anmerkungen des Autors zum 23. Kapitel*

(1) Wir dürfen aber nicht gleich auf eine Konjunktion aller Planeten unter demselben Grad des Tierkreises schließen. Es genügt, wenn wenigstens im allgemeinen eine harmonische Anordnung und Einteilung des Tierkreises durch die Planeten [126] vorhanden ist, wenn nicht von der Erde aus, so doch wenigstens vom Sonnenmittelpunkt aus. Siehe *Harmonik*, Buch IV, Kapitel II und III.

(2) Vorausgesetzt, daß die Umlaufzeiten gleich geblieben sind, läßt die Astronomie diese Konstellation und reine harmonische Anordnung nicht zu.

(3) Das ist nicht nötig; auch darf die Autorität der Alten bezüglich der Schöpfung nicht zu stark betont werden. Es ist wohl möglich, daß der

Eintritt der Erntezeit, nicht die Erinnerung an die Schöpfung, der Grund dafür ist, daß der Herbst an das Jahresende gesetzt wurde.

(4) Wie, wenn das nicht der Fall wäre? Wie, wenn die Planeten nicht in den Apsiden, als in Grenzlagen, in denen die Gleichung null ist, sondern mitten drin, wo die Gleichung am größten ist, erschaffen worden wären? Diese Angabe ist allen astronomischen Rechenmeistern gestellt; es spricht viel für eine solche fromme Ansicht bezüglich des Anfangs der Zeit. Mästlin hat sich darin versucht. Ich habe eine andere Lösung, bei der, von der Sonne aus gesehen, alle Gestirne in Opposition oder Quadratur zueinander stehen, und zwar an wichtigen Örtern.

Im Julianischen Jahre 3993 rückwärts vor unserer Zeitrechnung, am 24. Juli gegen Abend, da in Chaldäa der zweite Tage der Woche beginnt, befinden sich Sonne und Mond im Anfang des Krebses, nahe beim Herz des Löwen; der Mond bewegt sich, wie die übrigen Planeten, in den Quadranten, nämlich Saturn und Merkur im Anfang der Waage, Jupiter und Erde im Steinbock, Mond, Mars und Venus im Krebs. Für den Merkur kommen ein paar Grade zuviel heraus; allein diese können auf Kosten seiner größten Gleichung gesetzt werden, wenn seine mittlere Bewegung hinlänglich genau feststeht, so daß sie nicht durch deren Korrektion beseitigt werden können. Auch bei der Venus kommt etwas zuviel heraus, was durch die Gleichung nicht behoben werden kann. Der zweite Tag war der Tag des Firmaments oder der Wölbung in der Mitte der Wasser, als wenn die Sphären oder die Planeten, die auf dieser Wölbung umzulaufen geheißen wurden, sogleich im Augenblick der Entstehung der Wölbung zu laufen begonnen hätten; am vierten Tag aber wurde der äußerste Himmel mit den Fixsternen geschmückt und an die Ausstattung von Sonne, Mond usw. die letzte Hand angelegt.

(5) Dieser Satz stützt sich in erster Linie auf der Annahme, daß zwischen den Himmelssphären jene Verhältnisse bestehen, die zwischen den ein- und umbeschriebenen Kugeln der fünf Körper auftreten. Bei vier von diesen sind diese Verhältnisse »unaussprechbar« oder, wie ich mich hier im gewöhnlichen Sprachgebrauch ausgedrückt habe, irrational. Nun aber haben wir bereits dieses Fundament umgestoßen, insofern die Verhältnisse der Himmelssphären nicht allein von den fünf Körpern herrühren. Es fragt sich also, was nun von dem vorliegenden Satz zu halten ist. Gibt es eine vollständige Wiederkehr aller Bewegungen? Ich sage nein, obwohl jener Beweisgrund umgestoßen ist. Ich will meine Behauptung beweisen.

Fest steht, daß, wenn nur die Verhältnisse der Umlaufzeiten rational sind, eine solche Wiederkehr besteht; wenn sie irrational sind, gibt es keine. Ob sie rational oder irrational sind, ist folgendermaßen zu entscheiden: Alle Verhältnisse der Bewegungen im Apogäum und Perigäum, zu zweit oder einzeln genommen, sind rational; denn sie entstammen den Harmonien, und diese sind alle rational, wie alle Intervalle kunstgerecht sind und zu Kunstgerechtem dienen. In der *Harmonik*, Buch V, Kapitel IX, Satz 48 [KGW VI: 356–360] sind alle diese Bewegungen zahlenmäßig ausgedrückt. Jene Zahlen sind nämlich genau zu nehmen. Nun aber ist das Verhältnis der Umlaufzeiten von derselben Größe wie das der mittleren Bewegung. Die mittleren Bewegungen aber sind zusammengesetzt aus dem arithmetischen Mittel der extremen Bewegungen im Aphel und Perihel (dieses Mittel zwischen zwei rationalen Größen ist ebenfalls rational) und aus dem geometrischen Mittel der extremen Bewegungen. Das geometrische Mittel zweier rationaler Größen ist aber keineswegs immer rational. Daher sind die mittleren Bewegungen der Planeten irrational und inkommensurabel mit den extremen Bewegungen aller Planeten. Siehe wieder *Harmonik*, Buch V, Kapitel IX, [127] Satz 48. Da es aber a priori keinen Grund gibt, der die mittleren Bewegungen bestimmen würde, diese vielmehr aus den entsprechenden extremen Bewegungen hervorgehen, werden die mittleren Bewegungen auch unter sich nicht kommensurabel sein. Denn nichts Geordnetes, und die Rationalität ist etwas Derartiges, kommt zufällig zustande. Daher werden auch die Umlaufzeiten unter sich nicht kommensurabel sein. Es gibt also keine vollkommene Wiederkehr der Bewegungen, die als ein formaler oder vernunftgemäßer Abschluß der Bewegungen gelten könnte.

Nun weißt du, lieber Leser, wie ich mein Büchlein, das den Titel »Weltgeheimnis« trägt, einschätze. Eine solche Überprüfung habe ich vor zehn Jahren in Teil III der *Marskommentare* versprochen, allein vor der Herausgabe der *Harmonik* war sie nicht möglich. Sind wir damit mit unseren Anmerkungen zum Schluß gekommen, so wollen wir den Lobgesang wiederholen, der das Buch beschließt.

TERTIUS INTERVENIENS

TERTIVS INTERVENIENS.

Das ist/

Warnung an etliche

Theologos, Medicos vnd Philo-
sophos, sonderlich D. Philippum Feselium, daß sie
bey billicher Verwerffung der Sternguckerischen Aberglauben/
nicht das Kindt mit dem Badt außschütten/ vnd hiermit
jhrer Profession vnwissendt zuwider
handlen.

Mit vielen hochwichtigen zuvor nie er-
regten oder erörterten Philosophischen
Fragen gezieret/

Allen wahren Liebhabern der natürlichen Geheym-
nussen zu nohtwendigem Vnterricht/

Gestellet durch

Johann Kepplern/ der Röm. Keys. Majest.
Mathematicum.

Horatius:

Est modus in rebus, sunt certi deniq; fines,
Quos vltra citraq; nequit consistere Rectum.

Mit Röm. Keys. Maj. Freyheit nicht nachzutrucken.

Gedruckt zu Franckfurt am Mähn/ In Verlegung
Godtfriedt Tampachs. Im Jahr 1610.

Dem Durchleuchtigen Hochgebornen Fürsten und Herrn,

HERRN GEORG FRIEDERICHEN,

Marggraffen zu Baden und Hochberg, Landtgraffen zu Sausenberg,
Herrn zu Rötelen und Badenweiler, usw.
Meinem gnädigen Fürsten und Herren.

Durchleuchtiger, Hochgeborner Gnädiger Fürst und Herr! Es seynd die-
sen verschienen Sommer E[urer] F[ürstlichen] G[naden] zwey teutsche
Büchlein von zweyen berühmten Medizinern, Dr. HELISAEUS RÖSLIN und
Dr. PHILIPP FESELIUS, unterthänig dediciret und zugeschrieben, und die
Astrologie von dem einen vertheydiget, von dem andern aber verworffen
worden.

Weil dann Dr. RÖSLIN, ein fürnemmer Philosoph, in seinem Schreiben
und Handthabung dieser Kunst mein vor dreyen Jahren in Truck aus-
gegangenes Traktätlin *De nova stella serpentarii, pro* und *contra,* vielfaltig
herangezogen und sonderlich diejenige Stellen, darinnen ich seines Namens Meldung gethan, nicht allerdings in dem Verstandt, wie sie von mir
geschrieben, auffgenommen — bin ich zu einer Antwort und bessern Erklärung der eyngeführten Philosophischen Materien verursachet worden.
Demnach aber ich mich in erwähnter Antwort bey vielen Astrologischen
Puncten Dr. HELISAEUS RÖSLIN (unsere alte Kundtschafft und sein Verdienen umb meine Studien unverschmähet, nur allein die Wahrheit zu
ergründen und dem Leser die Philosophie mit etwas Frölichkeit eynzu-
bringen, darumb sich andere streittige Haderkatzen nichts anzunehmen)
zur Widerpart vernehmen lassen, und aber gleich zumal Dr. FESELIUS'
Schrifft (darinnen er die gantze *judiciarische Astrologie* außdrücklich wi-
derfochten und verworffen) herfür und in den *Meßkatalog ge*kommen,

auch meiner obbesagten Antwort in verkauffung umb etwas zuvor laufft, Dahero, wie auch auß dem Datum unser beyder Büchlein es das Ansehen gewinnen möchte, als hab ich *Dr. Feselius'* Schrift zuvor abgelesen und in meiner Antwort allerdings bestättigen wollen, nicht weniger auch ich selber in dem Wohn stehe, als ob besagte Herrn *Mediziner* einer oder der ander sich zu herfürgebung seiner Schrifft durch deß andern allbereit im Druck schwebende Büchlin bewegen lassen, hat mich zu ergründung der Warheit und fernerer vertheidigung dessen, so Herr *Dr. Helisaeus* oder ich bißhero *philosophisch* wol behauptet, für rahtsam angesehen, wie hievor bey sein *Dr. Röslins*, also auch jetzo vielmehr bey *Dr. Feselius'* Büchlin nothwendige Eynrede zu haben und solche unter dem *Titel Tertius Interveniens* gleichfalls E[uer] F[ürstlichen] G[naden] unterthänig zu decidiren, und diß folgender erheblicher Ursachen.

Dann ich diese und andere dergleichen Gegenschrifften in *Hinsicht auf die Beibehaltung oder Verwerfung der Astrologie* gleichsam für einen *gerichtlichen Akt* halte, und mache mir die Gedancken, daß wie vorzeiten im Römischen noch blüenden Reich – theils auß erheblichen, theils aber auß scheinbarlichen oder auch ansehens halben [150] angemasseten Ursachen – Gesetze gemacht worden, die *Mathematiker* und *Philosophen* auß Rom oder auß Italia zu verweisen, item wie man die *Mathematiker* und *Zauberer* straffen solle, item wie *Platon* die Poeten in seiner eingebildeten *Republica* nicht hat haben oder dulden wöllen, also es auch heut zu Tag dahin kommen und die *Astrologie* in maaß und *terminis*, wie sie jetzo von *Dr. Feselius* angegriffen, verbotten werden möchte, darzu dann einen Regenten verursachen köndte, die dahero erwachsene böse Gewonheit, auff nichtige dinge zu gehen, so auch der schädliche Fürwitz, welcher so starck und groß bey dem gemeinen Mann, mit zusammenkauffung fünff, sechs und mehr *Autoren,* daß es gleichsam ein jährliche Schatzung verursacht und nicht allein die Calenderschreiber in grosser Anzahl sich darbey wol befinden und drüber ander nützlichere Arbeyt oder *Studien* fahren lassen, sondern auch (welches mir im weltlichen Regiment mehr nachdenckens macht) viel gantze Truckereyen dadurch erhalten und von newen auffgebracht werden, weil kein Buch unter der Sonnen ist, dessen so viel *Exemplare* verkaufft und alle Jahr wider erneuwert werden, als eben die *Calendaria* und *Prognostica* eines beschreyeten *Astrologen.*

Dann wann ein Regent der grossen Anzahl der ärgerlichen Schmach und Streittschrifften ubel gewogen were und zween Bräutigam mit einer

Braut bestatten wolte, solte es wol nicht ein unebens Mittel seyn, die Trukkereyen mit Entziehung dieses verderblichen und nichtigen Behelffs zu einer besseren Ordnung auch geringern Anzahl zu bringen. Dann wann der Kalender ein gut new Jahr gebracht, so mag hernach der Trucker das Feyren wol verschmertzen. Kömpt ihm aber hinzwischen von den uberhäufften *Autoren* eine Schrifft zu verunrühigung deß gemeinen und Kirchenwesens, so ist es ihme ein erwündschter Handel und lauter Gewinn. Der würde aber, als ungewiß, den Costen allein nicht ertragen, wann nicht der Kalender das Fundament legete. Blieben also viel unnötiger Schrifften ungetrucket und demnach auch ungeschrieben, und köndten die wenigere Truckereyen mit erbauwlichen *Materien* desto stattlicher belegt werden. Weil ich dann die Müglichkeit eines solchen Gesetzes hiermit entworffen, als mache ich mir darüber die Rechnung, es sey schon allbereyt im Werck und sey die *Astrologie* schierist eines *Entscheidungsurteils* von der Weltlichen Obrigkeit gewärtig.

Ein gleiches ist auch wegen der Kirchen Zensur eynzuwenden. Dann ich in meinem Buch *De stella nova serpentarii* den Geistlichen *annehmbar* gedrauwet, es möchte ihnen zu Erhaltung gebürlichen Ansehens dieses beschreyete Handtwerck, Kalender zu schreiben und Nativiteten zustellen, nidergeleget werden [siehe KGW I: 352, Zeile 28 f.], welches ich nicht allein ihnen, sondern auch den *Astrologen*, als welchen ihre ohne das Brodtlose Kunst durch diesen der wolbesoldeten Kirchendiener unordentlichen Eyngriff verstümpelt und verderbt wirdt, hertzlich gern wündschen und gönnen wolte.

Wann aber diß sich also zutrüge und fürther kein *Theologe* mehr bey der *Astrologie* die Handt mit im Werck hette, durch welche *Beispiele* andere ihre *Kollegen* der Sachen mit einer Discretion nachzudenken verursacht würden, dörffte wol hernach auch den *Astronomen*, wann *Philosophie* stillschwiege, die *Astrologie* gantz benommen, *rücksichtslos* verworffen unnd alle, die das geringeste Stück [151] auß deroselben behaupten würden, für ärgerliche abergläubische Personen angegeben und gefährt werden: Inmassen allbereyt vor einem Jahr ein *Theologe* in einer offenen Schrifft die Nativitetsteller ohn unterscheidt neben die Zauberer gesetzt, Andere die Vorsagung deß Gewitters für eine unchristliche Zeichendeuterey außschreyen [ABRAHAM SCULTETUS: *Warnung für der Warsagerey der Zäuberer und Sterngücker...* 1608], und sonderlich eine *Bulle* vor 24 Jahren wider die *Geburtshoroskopie* außgangen [*Contra astrologos*, 1585], von etlichen gefährlich gedeuttet und zu malefitzischen Processen gezogen werden solle, wiewol *Martin Delrio* in *seinen Disquisitionum magicarum libri sex* [1599–1560] gute *Zurückhaltung* hält und sie leydentlich interpretirt.

Erscheinet also auß beyden angezogenen Ursachen, daß es die hohe Nothturfft und beste Gelegenheit seyn wölle, mit dieser Schrifft zwischen der *Physik* und *Chaldäischem Aberglauben*, nemlich zwischen dem *Liripipium* [Schleuderarm] und dem Feuwer, ein sichere Abtheilung zu machen, darmit nicht auß unvorsichtiger Andacht gutes und böses miteinander ins Feuwer geworffen oder geschreckt werde, und daß also ich dieser Schrifft den *Titel Tertius interveniens* nicht unbillich ertheilet und mir wegen meiner Philosophischen Profession eine wachsende Auffsicht *darüber, daß nicht gegen das Urteil des Dritten entschieden wird oder daß das Recht des Dritten gewahrt bleibt, nämlich die Physik oder Psychologie,* in alle weg gebühren wil.

Weil dann E[euer] F[ürstlichen] G[nade]n. hochlöbliche Fürstliche Affection die sie gegen allen Tugenden und sonderlich gegen[über] dem *Studium der Astronomie* und *Physik* haben und tragen, nicht allein für sich selber weyt und breyt bekandt, sondern auch von beyden *Doktoren* billich hoch gerühmet und diß beygesetzt wirdt, daß E[ure] F[ürstliche] G[naden] sich mit beyden uber der *Astronomie* und *Astrologie* besprachet, dannenhero E[ure] F[ürstliche] G[naden] rühmliche Wissenschafft dieser Materien desto mehr bezeuget und gleichsam zum Richtern von beyden Herrn *Doktoren* erbetten und angenommen worden, Als hat gegenwärtiger *Tertius interveniens* zu E[euer] F[ürstlichen] G[naden] gleichfalls (und als ein *als ein Dritter* viel billicher) sein unterthänige Zuflucht nemmen und, weil er der Gerichtlichen Solenniteten unbericht, deroselben die Beschaffenheit seiner Sachen mit einfältigen Worten entdecken, auch dero Gnädigen Schutzes und Vertheydigung auff erwehnte fürfallende Notthurfft in Unterthänigkeit erwarten wöllen.

Darmit E[uer] F[ürstlichen] G[naden] ich ein frewdenreich new Jahr, langwierige Gesundtheit und glückliche Regierung von Gott dem Allmächtigen hertzlich gewündschet haben wil. Dero F[ürstliche] G[nade]n mich gehorsamlich empfhelendt. *Gemacht* Praag, den 3. *Januar* deß 1610. Jahrs.

E[euer] F[ürstlichen] G[nade]n
    Unterthäniger und Gehorsamer

JOHANN KEPPLER
Mathematker.

Register der Materien und Fragen in diesem Büchlin begrieffen

Nummer 1. Daß Gott deß Schöpffers allerweiseste Fürsehung auch auß dem Bösen etwas guts bringe.

2. Daß die Lieblichkeit der ehelichen Beywohnung von Gott sey, zu einem heyligen Nutzen gerichtet.

3. Warzu heutigs Tages unreyne Lustseuche, Hurerey und Ehebruch dienstlich seye.

4. Daß auß deß Menschen Fürwitz und der *Astrologen* Aberglauben und Sünden auch etwas guts komme. Besihe 101.

5. Ob das unrecht, so der *Astrologie* anhangt, von deß guten wegen, so damit herfür kömpt, in seiner maß zuzulassen. Besihe 97. 101. 114. 115. 120.

6. Ein Fürwitz stillet den andern noch bösern als *Geomantie* &c.

7. Der Fürwitz in *Astrologie* lehret und ernehret die *Astronomie.*

8. Eygentliches fürhaben dieser Schrifft: daß nemlich in der *Astrologie* viel grosser Geheymnussen der Natur verborgen liegen. Besihe 15. 59 *und folgende.*

9. Ursach, warumb Herrn *Philipp Feselius', des Doktors der Medizin und der Philosophie,* newliche Schrifft hierinnen examinirt werde. Besihe hierüber auch die Dedication, Item besser unten *Nummer* 37. 44. 53. 54. 140.

10. Ob *Medizin* oder *Astronomie* gewisser.

11. *Astrologie* ist ungewiß und nichtig in einem Verstandt. Besihe 101. 105. 121. 130. 140.

12. *Astrologie* in einem bessern Verstandt ist mit ihrer *Erfahrung so* gewiß als *Pflanzenmedizin,* und muß man sich beyder orten der Aberglauben erwehren. Besihe 15. 16. 36. 111. 112.

13. *Indirekte und allgemeine Ursachen* geben in *Medizin und Astrologie* auch ihre *Beweise.* Besihe 111. 112.

14. Etliche *Beispiele,* welcher massen und wie ferrn weltliche hochwichtige Händel von himmlischen gar geringen ursachen herrühren. Besihe 19. 55.

16. Daß die gesunde *Astrologie* in heyliger Schrifft so wenig verbotten als *Anatomie.* Besihe 37. 115.

17. Zu was Ende die Sterne erschaffen. Besihe 44.

18. Wie es zu verstehen, daß die Sterne dem Menschen zu gutem erschaffen, ob sie nit sonst mehrern Nutzen haben. Besihe 79.

19. Was der Sternen Liecht und Bewegung bey menschlichen Händeln verursachen. Besihe 81.

20. Von mancherley Unterscheidt der himmlischen Liechter, und was sich mit ihnen zutrage.

21. Ursach der nächtlichen und winterlichen Kälte.

22. Warumb die Sonne im Krebs bey uns so heyß steche.

[153] 23. Warumb es im *Juli* und nach Mittag umb 2. Uhr gewöhnlich heisser, dann mitten im Sommer und umb Mittag.

24. Daß der Widerschein und deß Monds Liecht wenig Hitz habe.

25. Worin der Unterschied bestehe zwischen der Sternen Liechtlein, ob all ihr Liecht von der Sonnen. Besihe 129.

26. Was *species immateriata* sey: Erkläret mit *Beispielen* deß Liechts, Klangs, Geruchs, Purgation, angehenckten Quecksilbers, Ofenhitz, nächtlicher hellen Himmels, Schnees oder Eyßzapffens, Wandt, Obdaches, Mauren oder Bodens im Schiessen, Magnets, Compasses, Sonnen in deß Himmels Lauff, Farben &c.

27. Daß im Gesicht nicht deß Auges Krafft zu den sichtlichen dingen hinauß, sondern das Liecht von einer jeden Farb ins Auge hineyn gehe. Besihe 38. 49.

28. Daß die Sterne und das Wasser im Regenbogen wahrhafftig gefärbt. Besihe 127, *wo über das Wesen der Farben* [gehandelt wird].

29. Ob die Sterne auch andere anerschaffene *Qualitäten* haben und die *durch die species* [*immateriata*] zu uns kommen. Besihe 36. 129.

30. Woher der Mondt sein Eygenschafft habe zu befeuchtigen.

31. Ob und wie die Sterne trückenen?

32. Ein schöne Speculation, wie und mit was Eygenschafften die fünff ubrige Planeten von einander unterscheiden, wie *Saturn* kalt, *Mars* hitzig seye und wie der gantzen Welt Zierdt bestehe in *Unterschieden*. Besihe 92. 127. 128. 136.

33. Ob die vier Elementen solche Eygenschafften haben, wie *Aristoteles* dieselbige unter sie außgetheilt, und wo das Fewer daheym ist. Besihe 77.

34. Daß die widerwärtige Eygenschafften so wol in den Planeten als in den ubrigen Creaturen keines wegs böß, sondern zu der Welt Zierdt und zu jeder Creatur endtlichem Nutzen dienstlich. Besihe 90.

35. Daß *Saturn* und *Mars*, die man böse Planeten heisset, dem Menschen bekommen wie die unterschiedliche *Säfte* in seinem Leib.

186

36. Ob man von den Sternen wegen ihrer Höhe, grossen Menge und verborgenen Natur allerdings nichts erfahren könne, oder ob solche ding die Vernunfft eben so wenig irren, als die grosse Menge der Kräutter den *Arzt* irre. Besihe 43. 88. 127.

37. Daß die vorwissenschafft zukünfftiger dinge in gewissem ziel und maaß nicht allerdings unmüglich, von heyliger Schrifft nicht verworffen, sondern allein der unvollkommenheit beschuldigt und endtlich der *Medizin, Politik, Ökonomie usw.* mit der *Astrologie* gemein sey. Besihe 100. 104.

38. Daß es die Astrologische natürliche vorsagungen nichts hindere, ob man schon noch von vielen Stücken in der *Astronomie* zu disputiren hat.

39. Widerlegung der Astrologischen *Vorhersage* uber das Jahr und die *Jahreszeiten aus dem Horoskop bei Eintritt der Sonne in die Kardinal-Tierkreiszeichen,* so auch der genauwen außtheilung der zwölff Zeichen. Besihe 92. etlich mehr verworffene Stück. Item 96. 98. 101. 103. 104. 109. 114. 115. 117. 120.

[154] 40. Die *Astrologen* dörffen die Sterne nicht betrachten nach ihrer Größ und Schnelligkeit im Himmel selbsten, sondern nur wie sie hienieden auff Erden in einem Puncten zusammen leuchten. Besihe 42. 139.

41. Die außtheilung der zwölff Zeichen unter die sieben Planeten ist ein Fabel. Die *Lehre von den Direktionen* [Ausrichtungen] aber hat guten grundt, *sobald eine neue Art des Ausrichtens aus den gebräuchlichen eingerichtet worden ist.* Besihe 66.

42. Was die ungewisse Geburts Minuten dem *Astrologen* für hinderungen bringe. *Dort: Die Seele ist ein qualitativer Punkt.*

43. Daß die grosse menge der Sternen ihre sehr merckliche Unterscheidt habe, derohalben sie den *Astrologen* nit irren.

44. Worzu die unzahlbare Menge der Fixsternen gewidmet und erschaffen, ob sie nur eine blosse Zierdt oder ihre unterschiedliche *Zwecke* habe.

45. Obwohl die Sterne alle zusammen leuchten, können doch die *Astrologen* sie so wol absonderlich probirn als wol der *Arzt* seine *einfachen Heilmittel. Siehe* 47.

46. Was es inner 20 Jahren bey den *Konjunktionen von Sonne und Mars* für Wetter gewest.

48. Daß alle Planeten und Sterne nur in einem uberall durchgehenden himmlischen *Körper* seyen, doch jeder in seinem Gezirck bleibe.

49. Daß der Himmel unsichtbar, die Lufft aber blauw sey.

50. Ob ein Verstandt in den Sternen sey, durch welchen sie ihre gebührende Wege treffen.

51. Die Planeten sind Magneten und werden von der Sonnen durch Magnetische Krafft umbgetrieben, die Sonne aber allein lebet.

52. Daß man in *Astronomie* und *Medizin* vieler dinge, sonderlich der Ordnung unter den Planeten gewiß seye, ob schon zu unterschiedlichen Zeiten ungleiche Meynungen gewest.

53. Was es für eine Gelegenheit mit *der Bewegung der achten Sphäre* habe, worin die Gewißheit der Astronomischen *Beobachtungen* und Instrumenten bestehe und worzu sie dienen, ob sie biß an Himmel reychen oder nur das Gesicht schärpffen, wie genaw sie zu treffen: Wie viel ein fehl außtrage. Was *Parallaxe* seye, wie weyt sie reiche, wie es zuverstehen, daß man den Himmel und die Erde nit messen könne. Daß der Himmel nicht zu hoch, sondern sein Schein noch zu uns herunter komme. Daß keine *Feuersphäre* sey, daß der Schein im Himmel nicht gekrümmet werde.

54. Daß die bewegung deß kleinen Erdtbodens viel gläublicher dann deß ubergrossen Himmels und nicht wider die heylige Schrifft seye.

55. Die *Astrologen* können *künftige Zufälligkeiten* nicht vorsagen. Besihe 101. 104. 107. Und wircket doch der Himmel uberall etwas mit. Besihe 74. 75. 78.

56. Wie der Himmel ein Ursach werde deren dinge, so in dieser nideren Welt geschehen, in *welcher Art und Reihenfolge er Ursache ist*. Besihe 73. 78. 86. 89. 101. 104. 118.

57. Ein gantz neuwer und außführlicher *Diskurs*, welcher gestalt Himmel und Erden miteinander bewegt werden. Und erstlich vom *physischen Kontakt*.

[155] 58. Was der Himmel in den Elementen und *folglich* auch in aller Menschen Geschäfften außrichte *durch Kontakt* [Berührung] *der species immateriata des Lichtes und der Körper mit den Elementen.* Da auch vom ab- und zulauff deß Meers gehandelt wirdt. Besihe 72.

59. Wie der Himmel alle der Vernunfft theilhafftige Creaturen bewege und antreibe *nach Art eines Gegenstandes*: durch die Harmonische zusammenfallung zweyer Liechtstralen, so man *Aspekt* nennet. Zumal

von ursachen, warumb zwo Stimmen lieblich zusamen stimmen. Item von etlichen unmüglichen *regulären Figuren* [geometrischen Körpern], und daß die Welt nach dem Ebenbildt der Geometrischen Figuren erschaffen. Daß die erfahrung mit den Aspecten gewiß, daß auch die Naturen in dieser nidern Welt bessere *Geometer* seyen dann der Mensch. Besihe 76.

60. Daß man die *Aspekte* fein absonderlich probiren könne, Exempels weise erkläret mit dem 1610. Jahr.

61. Daß das Gewitter nit nur allein vom Himmel herrühre und vorzusagen; mit etlichen Exempeln auß dem 1610. Jahr. Besihe 116. 131. 132. 135.

62. Ob man auß *der Astronomie* an gewisse Täge zu den Aspecten außrechnen könne, und wessen sich der *Astrologe* zu verhalten, da es fehlete. Mit Exempel deß Decemb[ers] im 1609. Jahr.

63. Daß der Mond mit seinen Aspecten und viertheiln wenig beym Gewitter thue, und wie ferrn auff der Bawern Regel zu gehen. Besihe 95. 60.

65. Was die Nativitet wircke, und wodurch sie ihre Krafff bekomme; was ihr *Grundlage* sey. Besihe 102. 103. 107. 109. 123. 124.

66. Was die *Directionen* für natürliche Ursachen haben, und daß es mit den *Profectionen* nichts seye. Besihe oben 41.

67. Daß verwandte Personen gemeinglich auch verwandte Nativiteten haben, und wie diß zugehe.

68. Was der Grundt sey zun *Transit* und [Solar-]*Revolution.*

69. Ob und wieviel die *Prognostica* von järlicher unruhe und kranckheiten vorsagen können, und vom ursprung der allgemeinen kranckheiten. Besihe 117. 138. 139.

70. Von den *Krisen eines Krankheitsverlaufs*, daß solche nach deß Monds Lauff und die *Verschärfung der Fieberanfälle* nach dem umbgang deß Himmels regulirt werden. Besihe 86.

71. Daß die weibliche Kranckheit *Menstruation* sich nach deß Monds Liechte richte.

72. Warumb etliche dinge mit deß Monds Liecht ab und zunemen, daß es nicht die Feuchtigkeit thue.

75. Wie und was ein *Astrologe* vorsagen könne oder nit. *Siehe* 87. 105. 118.

80. Was einem *Arzt* die *Astronomie* und *Astrologie* diene. Besihe 83. 85. 94. 95.

81. Was sich Himmels halben zuträgt, so ferrn es vom Himmel folget, folget es nohtwendiglich und so unfelbarlich als in *der Medizin* nimmermehr. 99.

82. Warumb die Hundstäge so ungesundt, daß nit der Hundtsstern daran schuldig.

84. Was im Sommer Bier und Wein umbstehen mache.

[156] 90. Ob und wie die böse anreytzungen vom Himmel kommen. 102. 119.

91. Ob am Himmel und Sternen etwas zergängliches. Besihe 127.

92. Wie die *Aspekte* einander zuwider *gegensätzlich.*

95. Was es für eine beschaffenheit mit den verworffenen Tägen im Calender habe.

100. Wie die Sterne zeichen seyen und was für zeichen. Besihe 105. 122. 123.

104. Wie das eusserliche Glück deß Menschen von dreyerley ursachen herfolge, von Gott, von dem Gestirn, von deß Menschen eygenen thun und lassen, Da kein Ursach der andern auß nohtwendigkeit einigen Eyntrag thue. Besihe 108.

106. Ob die Finsternussen und grosse *Konjunktionen* vorbotten seyen deß zorns Gottes.

109. Welcher gestalt unterschiedliche Länder ihre unterschiedliche Eigenschafften, Früchten, Thier und Güter vom Himmel haben.

110. Daß man nicht die gantze *Philosophie* in der Bibel finde. Besihe droben 48. 54.

113. Ob, was und wie auß dem Cometen etwas zuversehen oder vorzusagen.

114. Daß nit allein die *Astrologen*, sondern auch *Ärzte* bißweilen krumme Wege gehen müssen, zu einem guten Intent zu gelangen. Besihe droben 5.

115. Mit was maaß in heyliger Schrifft verbotten, die Sterngücker raht zu fragen und ob sie unter die Abgötter, Wahrsager und Zäuberer zu zehlen, auch wer diese *Mathematiker* seyen, so sich zu den *Zauberern* gesellen oder sonst von einem weltlichen Häupt nicht zu dulden. Besihe 140. Item droben 4.

116. Worzu die vorsagungen deß Gewitters in einem Calender und Practic dienstlich seyen, so auch die Beschreibung der Finsternüssen, und was dergleichen. Besihe 121. 125.

117. Welche Stück und Puncten in einer Practic ungegründet, vermessen, unrecht, abergläubisch seyen. Und vom mißbrauch derselben. 121.

119. Daß auch die *Neigung* der Sternen general und keineswegs *individuell* leyte, auch wie es sonsten damit beschaffen.

126. Ein Philosophischer *Discurs über die Signaturen der Dinge*, sonderlich der Kräutter.

128. Wie auß *dem Nichtvorhandensein positive Eigenschaften* werden, und also die schwartze Farb und die Kälte auch wircken. Item woher dem Wasser die Gefröhr komme.

131. Daß der Erdtboden mit seiner innerlichen verborgenen *Beschaffenheit* und Gesundt- oder Kranckheiten das meinste bey dem Gewitter thue. Besihe 135. 61.

133. In *Astrologie* und *Medizin* gehöret eine *Beurteilung* zu der *Erfahrung* mehr, dann der gemeine Man hat, und ist nicht alles fehl, was ihn gedünckt, gefehlet seyn. Besihe 12.

134. Was eine *Konjunction von Saturn und Sonne* wircke, mit *Beispielen* von 17 Jahren und mit *Vernunftgründen* erwiesen, sampt Ursachen, warumb *Saturn* die *Astrologen* etlich Jahr so heßlich stecken lassen.

135. Woher etliche verschniene seltzame Winter verursacht worden.

136. Wieviel in *der Astrologie CARDANUS zu* trauwen. Besihe 139.

138. Wie sich das Wetter im Winter deß 1609. Jahrs von Tag zu Tag mit den *Aspekten* vergliechen.

Das ist:

Warnung an *Dr Philipp Feselius* und etliche mehr *Philosophen, Ärzte* und
Theologen, daß sie bey Verwerffung der *Astrologie* nicht das Kindt mit
dem Bad außschütten.

1. Günstiger Leser: Es spricht der weise König SALOMO an einem Ort
[*Sprüche* XVI, 4], daß Gott alles gemacht habe von sein selbst wegen,
auch den Gottlosen zum bösen Tag. Welcher harte Spruch, wie leichtlich
er von einem Verkehrten zu verkehren ist, so heylsam ist er auch nach
der Gewonheit der Kirchen in viel weg zu gebrauchen. Und hab ich mir
desselben eine bequemliche Außlegung, zu meinem Fürhaben dienstlich,
eyngebildet, Welche ich hiermit denjenigen, welchen Ampts halben gebüret, die Schrifft außzulegen, dieselbige zu billichen oder zu verbessern,
unterworffen haben wil.

Dann wann ich bedenck, was in heyliger Schrifft *dies mala* heisse, nemlich ein allgemeine Landtplage, nach dem Spruch: *In die mala liberabit eum
Dominus* [*Psalm* XLI, 2: (Wohl dem, der sich des Dürftigen annimmt!) Den
wird der Herr erretten zur bösen Zeit.], so bedüncket mich, der weise
Mann habe in diesem Spruch (welcher so allein stehet, daß nichts vor
oder nachgehet) nach art der alten Sidonischen auß *Aesop* bekandten
Philosophie, die durch die sieben Weisen hernach auch in Griechenlandt
auffkommen, ein *Apophthegma* oder *Chriam,* ein verblümbtes, verwunderliches, gedenckwürdiges Wort von sich geben und darmit so viel erinnern
wöllen, daß Gott das menschliche Geschlecht also geartet, zugerichtet
und geschaffen habe, daß es entweder nach dem Göttlichen in die Hertzen eyngebildeten Gesetz auff dieser Welt umbwandeln soll oder aber,
da diß nicht geschehe, alsdann ihme selber eygnes Fleisses und Under-
windens die wolverdiente Straaff auff den Rücken ziehen müsse, indem
der abfallende böse Gottlose Hauff sich zusammen rottet, Dieb, Mörder,
Räuber werden, räuberische Völcker auffkommen, welche hernach andere
mehr bescheidene in der Furcht halten, daß sie der Gerechtigkeit anhän-
gig bleiben und zu Erhaltung deroselben gute Ordnungen auffrichten,
und, wo sie endtlich auch auß den Schrancken weichen und zu ubertret-
ten anfahen, dieselbige durch Verhängnuß Gottes feindlich bedrängen,

uberziehen, plündern, in erbärmliche Dienstbarkeit führen, und hiermit das menschliche Geschlecht gewitziget und mit solcher Züchtigung widerumb auff die rechte Baan Göttlicher Gerechtigkeit geleyttet werde, und in Summa auch der Gottlose, welcher ein Theil deß menschlichen Geschlechts und also auch deß Geschöpffs Gottes ist, demjenigen guten, welchen Gott selbst ihme vorgesetzt, dienstlich seyn müsse.

Ob ichs mit dieser Außlegung getroffen, laß ich, wie gesagt, andere urtheilen: Einmal gebens die *speziellen Beispiele*, was hie *als allgemeine* von der Allmächtigen Weißheit, die Gott in Erschaffung deß menschlichen Geschlechts erwiesen, fürgegeben [158] wirdt: daß nemlich Gott der Herr allen Fällen, dardurch sein allerheyligster Fürsatz und Zweck verhindert werden möchte, so weißlich fürgebauwet, daß auch der Abfall deß Menschens und die sündige Art zu solchem Fürsatz dienstlich seyn muß, ob wol derselbige heylige Fürsatz Gottes ohne die Sünde viel stattlicher, heyliger und ansehnlicher von dem Menschen erreychet hette werden mögen.

2. Zum Exempel erinnere sich der Leser, daß diß ein Theil von dem Fürsatz Gottes bey Erschaffung deß menschlichen Geschlechts gewest, daß Mann und Weib mit einander Kinder zeugen und hierdurch das menschliche Geschlecht auch in dieser Welt durch Ersetzung etlicher massen unsterblich seyn solte. Damit aber die Eltern sich durch Unformlichkeit *beim Zeugungsakt* so auch durch einige Bemühung in Auffzucht der Kinder nicht abhalten liessen, Kinder miteinander zu zeugen: Hat er unter andern Ergetzlichkeiten und Antreiben (als da ist die natürliche starcke Neygung zu eygnen Leibserben, item die folgende Frewde, welche die Eltern an ihren lieben Kindern haben) auch die Liebligkeit beygefüget und zu Erhaltung guter Ordnung in zwey Personen eine inbrünstige Liebe gegeneinander eyngepflanzet, damit also zwey und nicht mehr ein Leib würden.

Und erachte ich, daß der Mensch im Standt der Unschuldt gar wol ohne alle Sünde, nemlich *nach freiem Ermessen in Übereinstimmung mit dem Gesetze Gottes* dieser natürlichen Bewegungen sich hette gebrauchen können. Dann, was der heylige *Augustinus De civitate Dei* [XIV, 15–20] diesem zuwider bestreiten wil, kömpt dahero, weil nach dem Fall von keiner lieblichen Empfindtlichkeit ohne unordentliche sündliche Begierde, Bewegung und Wollust mag gedacht, geschweigen geredt werden.

Einmal ist dasjenige, was heutiges Tags bey Erzeugung der Kinder fürläufft, an und für sich selber, ohne Ansehung der Sünde, ein Stück der Natur und derohalben meistentheils aus vernünfftigen mit andern unvernünfftigen Creaturen gemein; solte diß nit vor dem Fall gewest seyn, so müste es nach dem Fall entweder von der Sünde in die Natur gepflantzt und dieselbige also an einer wesentlichen Eygenschaft verändert worden seyn, oder Gott selbst müste von der Sünde wegen etwas neuwes an der Natur gemacht haben. Weil aber deren keins zu gläuben, so bleibt es demnach darbey, daß diese Lieblichkeit und Anmuthung der Natur von Gott selber, wo nicht dem Standt der Unschuldt, doch dem Menschen, der da fallen können würde, zu nohtwendigem Behelff ohne einige sündtliche Gebrechen anfangs erdacht und zu dem Ende gerichtet worden sey, darmit das menschliche Geschlecht also wider alle mügliche Fälle fortgepflantzet und diese Ordnung Gottes erhalten würde.

3. Laß diß jetzt also seyn, und bedenck nun weitter, wie es sich darmit nach dem Fall verhalte, was für unreyne, ungebürliche, unordentliche, ungerechte, ungehorsame, Heydnische, ungestümme, unsinnige, viehische, ja gar Teuffelische Sünden meistentheils ausserhalb, zum theil aber auch innerhalb deß Ehestandts hierüber begangen und das gute heylige Geschöpff Gottes schändtlich mißbraucht werde und was ein jeder darbey suche, die Kinder nach Gottes Ordnung oder die fleischliche [159] Wollust. Wer es nicht selber weiß oder bedencken kan, der mag hierumb die Beichtvätter hören oder in den Casisten nachschlagen, wirdt er so viel finden, daß er bekennen muß, es schier kein Wunder seye, daß auch der Ehestandt selber drüber in verdacht kommen und bey den Encratiten allerdings verworffen worden.

Nichts desto minder so bleibt dieses Stück des Göttlichen Fürsatzes bey Erschaffung deß menschlichen Geschlechts unumbgestossen und müssen endtlich auch diese sündliche und unordentliche Begierden bey jungen ledigen Leuten zum Ehestandt und zu Fortpflanzung deß menschlichen Geschlechts wider der Enkratiten Lehr, ja auch die unordentliche Hurerey, Ehebrüche und ander, stumme Sünden wegen dahero entstehender Kranckheiten, Armut, Leichtfertigkeit, Todtschläge und dergleichen auch bey den Heyden zu Erhaltung deß Ehestandts (nach der Ordnung und Willen Gottes) Antrieb und Fürschub geben.

4. So nun dem also bey erwehntem Exempel, was soll es dann für ein sonderliche Seltzamkeit seyn, daß sich dergleichen auch in den Künsten mit der *Astronomie* und *Astrologie* zuträgt und dem Menschen anfänglichen von Gott eine natürliche und wesentliche, an ihr selbst unsträfftche Begierde, Gott den Schöpffer, seine Geschöpff und endtlich sich selbsten sampt allem, was er ist und hat oder seyn und haben werde, zu erkennen und zu erforschen eyngepflantzet, dieselbige aber durch den Fall und nach dem Fall mit nicht zu der Ehr Gottes und sein selbst frommen, sondern zu Abgöttischer Furcht, verderblicher Sicherheit, zu Verläugnung Gottes und Erhebung der Geschöpff zu Vernichtung und Vergessung sein selbst und Gesellschafft mit den verdampten Teuffeln gereychet und gemeinet: Aber doch eben durch diese sündliche Mittel deß meinsten Hauffens noch heut zu Tage etliche wenige zu Erkündigung der Geschöpffe Gottes und deß Menschen natürlicher Seelen Beschaffenheit angereytzet und getrieben werden, welches sie hernach auch andere lehren, und dieses theils den erbärmlichen, auß dem Fall entstandenen Schaden etlicher massen auch in diesem Leben wenden und ersetzen und die Unwissheit außtilgen können.

Dann gleich wie dorten in dem eyngeführten Exempel die natürliche, von Gott geordnete Fruchtbarkeit Manns und Weibs von der mit fürlauffenden grausamen Sünden wegen darumb nicht zu schänden oder zu verkleinern, ja gleich wie ein Fündelkindt oder Bastardt darum nicht in ein Wasser geworffen oder abgewürget wird, wann man gleich schon weiß, daß es durch Hurerey oder Ehebruch erzeuget worden, in Ansehung es nicht desto weniger ein vernünfftiger Mensch und Geschöpff Gottes sey: Dessen man ein sehr gedenckwürdiges Exempel bey Mannsgedencken in Flandern gesehen, da in beyseyn vieler Personen von einer tragenden Kuhe ein recht wolformiertes Kind gefallen und aufferzogen worden, Welches (nach dem alten Herkommen) für seinen Vatter, der sich darzu erkennet und darüber justificiert worden, Buse zu thun, und sich Gott zu Dienst zuergeben willens worden, von dem geschrieben wirdt, daß es in allen Stücken einem rechten vernünfftigen Menschen ähnlich, außgenommen, daß ihme der Lust zum Graßessen nicht [160] vergehen wöllen. Gleicher weise soll allhie bey der Naturkündigung niemand für ein ungläublich Ding ansehen, daß auß abergläubischem, von Gott verbottenem Fürwitz nicht nur vor zeiten, sondern auch noch heut zu Tag etwas gutes, nutzes, heylsames und zu Gottes Ehr gereichendes herfür und ans Tagsliecht gebracht wird: Viel weniger es sich gebüren wil, das jenige, was man

also erlernet, von der unordentlichen Mittel wegen, dadurch man es erlernet, hinweg zu werffen und zu verdammen, in Ansehung es nicht eben
also seyn müssen, daß man durch Abgötterey und Aberglauben darhinder
kommen, sondern wann der Mensch nicht gefallen were, eben dieses so
wol als auch noch unzahlbare mehr dinge ordentlicher heyliger Weise von
unsern Eltern auff uns geerbet und fortpflanzet worden weren.

5. Und wie abermal in der vorigen Matery die *Kirchenlehre* zwar billich
an ihnen selbst geschärpffet, vollkommen und dem erstlichen Intent Gottes deß Schöpffers, welcher allein auff die ordentliche Fortpflanzung deß
menschlichen Geschlechts gesehen, allerdings gleichförmig seyn sollen,
aber doch *die Praxis selbst* nicht ohne Gottes deß Schöpffers Christi un-
sers Herrn und der heyligen Apostel Consens und Zulassung der Gebrechlichkeit deß Menschens im sündtlichen Standt, *individuell* etwas
verhänget und nachgibt: Dahin im Alten Testament die *Polygamie* und
Ehescheydung, im Neuwen die Beywohnung von Ergetzlichkeit wegen zu
referiren und zu zehlen, alles *zu Gunsten* zu beförderung und zu erleichterung der allgemeinen Fruchtbarkeit im Ehestandt: Darumb dann hernach
alles unordentlich Leben desto strenger abgestrickt und verbotten wirdt.
    Also möcht nicht unbillich auch bey fürhabender Matery dahin ge-
schlossen werden: Ob wol das Göttliche Gesetz, welches heist, Gott den
Herren lieben von gantzem Hertzen, von gantzer Seelen und von allen
Kräfften, hiermit allen den geringsten Gedancken, als ob der Mensch etwas guts oder böses nicht allein vom Himmel, sondern auch von allen
und jeden zeitlichen irrdischen Ursachen hoffen solle, schlecht hinweg
außschliesse und verwerffe: Daß jedoch umb deß Menschen Unvollkommenheit willen so auch zu beförderung der Naturkündigung und also zu
Lob Gottes deß Schöpffers, zu welchem der Mensch erschaffen, bey der
studirenden Jugend neben der *Astronomie* auch die *Astrologie*, wiewol sie
ubel befleckt und nicht ohne gebrechliche Gedancken exerciert werden
mag, nicht unvernünfftiglich geduldet und darneben alle mit eyngemeng-
te Ubermaaß aller offenbarer Aberglauben, Abgötterey, *Sterndienst, Him-
melsmagie*, Zauberey, *astrologische Weissagerei*, Lösselkunst *oder peinliche
Befragung*, so wol das feste Vertrauwen oder Heydnische Furcht, je mehr
und mehr verworffen, verbotten und gestrafft werde. *Siehe* 114.
    Es ist zwar, als obgemeldet worden, alle Begierde, künfftige Ding zu
wissen, nunmehr bey den Menschen nach dem Fall sündlich und unrecht,

aber doch ist eine Sünde grösser als die andere und ein Unterscheidt unter dem Werck und Gedancken zu halten: so wol auch unter der muhtwilligen Ubermaß und unter menschlicher unvermeydtlicher Gebrechlichkeit, endtlich unter dem jenigen, was nur allein grausamen Schaden verursachet, und unter demjenigen, darauß dennoch ein Nutzen entstehen kan.

[161] 6. Wer diese blöde Art hat, der lässet doch den Fürwitz nicht und were besser, er würde gebüsset in der *Astrologie*, da viel Mühe und Arbeyt bey und darneben etwas löbliches und gutes mit untergemenget, als daß er die Zeit mit unnützem Spielen hinbringe, und seinen juckenden Grindt nach künfftigen dingen mit der *Geomantie* stille, welche an jetzo statt der *Astrologie* in Italien sehr auffkommen seyn solle.

7. So siehet man augenscheinlich, daß diese Curiositet zu erlernung der Astronomie gedeye, welche von niemandt verworffen, sondern billich hoch gerühmt wird. Es ist wol diese *Astrologie* ein närrisches Töchterlin (hab ich geschrieben in meinem Buch *de Stella, S. 59* [KGW I: 211, Zeile 6 f.]). Aber lieber Gott, wo wolt ihr Mutter die hochvernünfftige *Astronomie* bleiben, wann sie diese ihre närrische Tochter nit hette? Ist doch die Welt noch viel närrischer und so närrisch, daß deroselben zu ihren selbst frommen diese alte verständige Mutter die *Astronomie* durch der Tochter Narrentaydung, weil sie zumal auch einen Spiegel hat, nur eyngeschwatzt und eyngelogen werden muß.

Und seynd sonsten der *Mathematiker Honorar* so seltzam und so gering, daß die Mutter gewißlich Hunger leyden müste, wann die Tochter nichts erwürbe. Wann zuvor nie niemandt so thöricht gewest were, daß er auß dem Himmel künfftige Dinge zu erlernen Hoffnung geschöpfft hette, so werest auch du *Astronom* so witzig nie worden, daß du deß Himmels Lauff von Gottes Ehr wegen zu erkündigen seyn gedacht hettest. Ja, du hettest von deß Himmels Lauff gar nichts gewust.

Warlich nicht auß der heyligen Schrifft, sondern auß der abergläubischen Chaldäer Bücher hast du gelernet, die fünff Planeten vor andern Sternen erkennen.

Wann wir zu der Naturkündigung anders wegs nicht gelangen köndten, dann durch lauter Verstandt und Weißheit, würden wir wol nimmermehr etwarzu gelangen.

Aller Fürwitz und alle Verwunderung ist in der erste nichts dann lauter Thorheit: Aber doch zopfft uns diese Thorheit bey den Ohren und führet uns auff den Creutzweg, der zur Rechten nach der *Philosophie* zugehet.

8. Soll also, wie anfangs gemeldet worden, niemandt für ungläublich halten, daß auß der Astrologischen Narrheit und Gottlosigkeit nicht auch eine nützliche Witz und Heyligthumb, auß einem unsaubern Schleym nicht auch ein Schnecken, Müschle, Austern oderAal zum Essen dienstlich, auß dem grossen Hauffen Raupengeschmeyß nicht auch ein Seydenspinner und endtlich auß einem ubelriechenden Mist nicht auch etwan von einer embsigen Hennen ein gutes Körnlein, ja ein Perlin oder Goldtkorn herfür gescharret und gefunden werden köndte.

Wie nun ich hievor solcher köstlicher Perlen und Körnlin etliche, als nemlich in meinen [*De*] *fundamentis Astrologiae certioribus* [KGW IV: 9–35] *wie auch im Buch De stella nova in pede Serpentarii* [KGW I: 151–390] auß der *Astrologie* herfür gelegt und die Liebhaber natürlicher Geheymnüssen, [162] solche zu besehen, zu erkennen und zu verschlucken, herzugelokket: Also hab ich mir dasselbige auch in diesem Tractätlin zu thun und hierüber mich wider etliche *Theologen, Ärzte* und *Philosophen,* welche den Mist miteinander allzufrühe außführen und ins Wasser schütten wöllen, in einen Kampff eynzulassen, fürgenommen, nicht zweiffelent, wann sie mein nützliches Underwinden und, was ich auß der *Astrologie* gutes außzuklauben vorhabens, verspüren, sie mich und andere hieran nicht hindern, sondern mit der *Astrologie* fürauß bescheyedener verfahren werden.

Dann daß solche bißhero der Naturkündigung zu nahe kommen und das Kindt mit dem Bad außschütten wöllen, ist die meinste Schuldt an den *Astrologen* selbst gewest, welche nicht allein mit ubermachten schändtlichen Mißbräuchen die drunter verborgene heylsame Wissenschaft verdächtig gemacht und beschreyet, sondern auch von dem guten, darumb ich mich annehme, selber wenig gewust, das Kindt meinsten theils selber nicht gekennet, sondern nur in dem unsaubern Bad umbgespület haben.

9. Und weil *Dr. Philipp Feselius Arzt* und *Philosoph* in seinem jüngstaußgangenen Teutschen *Traktat* deren Argumenten, mit welchen die *Astrologie* gewöhnlich angefochten und widerlegt wird, einen guten Theil begriffen, auch meines wissens der erste ist, der in Teutscher Sprach von dieser

Materie etwas außführlich geschrieben, *ABRAHAM SCULTETUS'* vor einem Jahr außgegangene Predigt außgenommen, welche doch billich unter der andern *Theologen* generallautende Schrifften zu zehlen: Als wil ich fürnemlich nach solcher *Dr. FESELIUS'* Schrifft richten und dieselbige, so viel mir zu meinem Intent vonnöhten seyn wirdt, beantworten.

10. Anfangs A 1. macht *Dr. FESELIUS* eine nützliche Vorbereytung zur Sach und berichtet, wie unter dem Wort *Astrologie* zwey ding verstanden werden: Erstlich die Wissenschafft von deß Himmels und der Sternen wunderbarlichen und allzeit gewissen Lauff, so man sonsten *Astronomie* nenne, als er dann auß *ARISTOTELES* und *PLATON* beweiset. Die erkennet er nun für gewiß, doch also, daß sie wegen der Menschen schwachen Verstandts, so wol als andere Künsten und sonderlich sein *Medizin* ihre unvollkommenheit habe. Diß alles ist man nicht in Abrede. Allein soll die Unvollkommenheit verstanden werden von der Weytläufftigkeit ihres *Gegenstandes*: Dann an Form und Weise, wie etwas solle in Kopff gefasset, verstanden und begrieffen werden, ist sie viel vollkommener dann seine *Medizin* und gibt der *Geometrie* und *Optik* wenig bevor, weil sie sich auff dieselbige so wol auch auff deß Gesichts Anzeigungen und Augenmaß gründet und ohne dasselbige sich nichts unterwindet.

11. Das andere Ding, so unter dem Wort *Astrologie* verstanden werde, sagt *FESELIUS* recht, daß es sey die Bedeutung des himmlischen Gestirns, und die vorsagung künfftiger Ding, welches heut zu Tag absonderlich die *Astrologie* genennet werde. Und beschüldigt die *Astrologen*, daß sie den Sternen und Planeten ihre wirckung [163] anerdichten, welches zwar meistentheils, doch nit allerdings wahr ist, wie hernach folgen soll; dann hierumb der meiste Streit seyn wird.

So ferrn nun den himmlischen Liechtern etliche Wirckungen anerdichtet werden, wirdt auch fürgegeben, daß der *Astrologie* an Gewißheit und unfehlbaren *Beweisen* abgehe, derohalben sie auß der zahl der *Wissenschaften* und Künsten außzumustern, nemlich so ferrn sie sich umb dergleichen erdichtete Sachen anneme; dann was auff ein erdichtete Ursach folget, ist nicht allein gar ungewiß vorzusagen, und eine *Zufälligkeit*, sondern beruhet auch auff keiner vernünfftigen muhtmassung, viel weniger man dessen gewissen Grundt haben kan, weil solcher erdichtet und nicht wahr ist.

Derhalben auch zu bekennen, daß von den *Astrologen* etlichen dingen, die ihrer Aussag nach geschehen solten, offtermals Ursachen zugemessen werden, welche deroselben Ursachen gar nit seynd.

Und laß ich das Exempel eines solchen ungegründeten *Beweises* auch passieren, daß die *Konjunktion von Saturn und Mond* Ursach gewest seyn solle, daß einer von einem Juden betrogen worden ist. Dann wann diese *Konjunktion* geschicht am Sabbath, so wirdt zu Prag niemandt von keinem Juden betrogen, und hingegen werden täglich etlich hundert Christen von Juden *dennoch* betrogen, so doch der Mondt im Monat nur einmal zum *Saturn* läufft.

Derohalben ich auch diesem Theil von der *Astrologie*, welches auff lauterm erdichteten Grundt beruhet, den *Titel* gern gönne auß *Cicero* [*De divinatione* II, 42 f.], daß sie sey ein ungläubliche Aberwitz und Chaldaisches Ungeheuwer.

12. Darneben aber haben etliche Liebhaber der Natur, so unter den Astrologischen Aberglauben auffgewachsen, befunden, daß etliche Wirckungen den Sternen zugelegt werden, die nicht allerdings erdichtet, sondern durch die langwierige Erfahrung *hinsichtlich einer gewissen allgemeinen Übereinstimmung* bezeuget werden; und gleich wie der *Arzt* erstlich auß der Erfahrenheit hernimbt, daß etwan ein Kraut zwischen zweyer Frauwen Tagen gesammlet oder unter sich durch ein Nebengruben hinaußgezogen, für diese oder jene gewisse Kranckheit gut seyn solle, da doch ein sehr grosse Anzahl dergleichen *Beobachtungen* allerdings falsch (als daß der Donnerstein zur Geburt verhülffftch) oder doch die Festtage an ihnen selbst oder auch gar die Jahrszeit oder das unter sich heraußziehen nichts zur Sachen tauget, sondern solch Kraut von sein selbst wegen oder auch von wegen einer Qualitet, die es mit andern vielen Kräuttern gemein hat, nicht eben zu dieser Krandcheit allein, sondern zu vielen andern Kranckheiten, bey denen sich einerley Zufälle finden, dienstlich und heylsamlich gebraucht wirdt, und darumb die Erfahrenheit bey der Artzeney in keinen verdacht kömpt, sondern fleissige *Ärzte* dieselbige Erfahrenheit also wissen zu formieren und zu leyten, daß sie entlich nicht mehr *Altweibererfahrung*, sondern ein rechte beständige Erfahrenheit ist: Allermassen ist es auch mit der Astrologischen Erfahrenheit beschaffen, ohne noth das Exempel von Wort zu Wort anzufassen.

Derowegen so wenig die *Medizin* von der falschen oder gebrechlichen Experimenten wegen auß der Zahl der Künsten außzumustern, so wenig ist auch dieses der gantzen völligen *Astrologie* zuzumuthen.

[164] Und wie die *Medizin* anfangs in Erkündigung der Kräuter Art und Eygenschafft von keiner underschiedenen nohtwendigen und gewissen Ursachen nichts gewust, aber dieselbige durch Fleiß und vernünfftige muthmassung endtlich erlernet, zum theil aber noch suchet: Also halte ich auch von keinem Theil der *Astrologie* nichts, da man nicht mit der Zeit entweder auff die gründtliche Ursach oder doch auff eine Art und Weise einer rechtmässigen natürlichen bey andern Fällen erscheinenden Ursachen oder zum wenigsten auff eine beständige und von allen kindischen Umbständen gefreyte Erfahrung gelangen kann.

Alles nun, was in der *Astrologie* einer Erfahrung gleich sihet und sich nicht offenbarlich auff kindische *Grundlagen* zeucht (als wie bey der *Medizin* die ungerade Zahl etlicher Körner), das halte ich für würdig, daß man darauff achtung gebe, ob es sich gewöhnlich also verhalte und zutrage. Und wann es dann sich fast zu einer Beständigkeit anlässet, so halte ichs nun ferrner für würdig, daß ich der Ursachen nachtrachte, verwirff es auch nicht gleich gantz und gar, wann ich schon die Ursach nicht völlig erlernen kan.

13. Da dann der Ursachen nicht allerdings verfehlet wird, wann schon die fürgewandte ursach etwas weyt hinder dem erfolgenden Fall hindan stehet, welches weitte abweichen nicht allwegen nach dem erscheinenden Ort zu rechnen, als daß es auff Erden ein kalt Wetter, wann *Saturn* in aller Höhe am Himmel stillstehe. Dann hie ligt es an, nach den jenigen mittelenden Ursachen zu trachten, welche den Himmel und die Erden zusammen knüpffen, unter welchen ist auch eine das Liecht, welches vom alleröbersten Himmel zu uns auff Erden herunter kömpt.

Wirdt also *Dr. Feselius* keines wegs erlaubet, solche Ursachen, die dem Gesicht nach weyt abgewichen, auß den *Beweisen* außzumustern, sonsten er auch seiner Patriarchen *Hippokrates*, *Galenos* und anderer *Beweise* fahren lassen müste, die da fürgeben, daß die *chronischen epidemischen Krankheiten* als das viertäglich Fieber sich nach den *Jahresvierteln*, nach den *Äquinoktien* und *Solstitien* richten. Dann hie auch dem ersten Ansehen nach die Sonn sehr weyt droben im Himmel ihren Lauff umbträhet und also dem Krancken weyt gnug entsessen.

Derohalben, ob ich wol hiermit diesen Schluß *(Saturn* hält seinen Still-standt im ersten Grad deß Wassermanns, *also* muß es kalt dunckel Wetter seyn) nicht für einen unfehlbaren oder wolgegründeten Spruch außgebe, jedoch solcher auch nicht eben darumb zu verwerffen, daß *Saturn* so hoch stehet, oder auch daß es gar eine weytläufftige General Ursach seye. Dann vielleicht ist seine *Wirkung* auch weytläufftig und nicht eben dieser mit dem dunckelen Wetter, sondern etwas, demselben kalten Wetter und vielen andern Dingen gemein, welches zu erforschen steht.

14. Nicht viel anderst hält es sich mit *Dr. FESELIUS'* Jauchzer und Stiegen-einfallen*. Dann es an dem, daß die irrdische weltliche Händel nicht an-derst vom Himmel verursachet werden, als wie das Stiegenabfallen etwan warhafftig von einem Jauchzer verursachet wird, und derohalben eine böse Argumentation were, wann einer sagen wolte, ich wil jauchzen, so wirdt jener die Stiegen abfallen. Wann aber doch einer [165] betrachtete, was sich darneben, als jener gefallen, begeben, nemlich, daß er erschrok-ken sei uber seinem Ju und dieser Schrecken ein mithelffende Ursach zum Fall gewest sey, und darauff also argumentierte, ich wil einen Schrey thun, daß einer darüber erschrecken möchte: siehe so were es nicht ubel argumentiert; dann auff groß Schreyen folget natürlich, daß die ungewar-neten darüber erschrecken, welches sich dann auch bey dem, der gefallen ist, begeben hat.

Zu mehrer Erklärung dieses Exempels sage ich, daß es am ersten, wann einer berichtet würde, wie daß sich zwey ding zumal begeben, eins am Himmel, als nemlich ein Gegenschein von *Saturn* und *Jupiter* im 23. Grad deß Krebs und Steinbocks, das ander auff Erden, als nemlich ein schwerer Krieg zwischen dem Römischen Keyser und Türckischen Sultan, gleich ein solches ansehen hab mit dem Jauchtzer und Stiegensprung, und man nit gewiß seyn köndte, ob jener Gegenschein zu diesem Krieg und jener Jauchtzer zu diesem Fall die allergeringste Ursach gegeben oder gar nichts, weder *allgemein* noch *im besonderen,* weder *teilweise* noch *insgesamt,* darbey gethan habe, sondern nur dieser blose Argwon darüber entstehe, diese zwey ding seynd zumal geschehen, *also* wirdt vielleicht das eine zum andern Ursach gegeben haben. Wann aber sich dergleichen

* [Feselius hatte eingewendet: »Es were schier eben, alß wann ich ein jauchzer thäte und fiel einer darauff die stiegen ein, man mir wolte die Schuld geben, als hette ich ihne die stiegen eingeworffen.«]

offt begebe und auff eines tollen Sauffbruders unchristlichen Jubelschrey da einer die Stiegen eynfiele, dort ein Weib oder Jungfrauw auffschrye, da ein Kindt vom Schlaaff aufferwachte, eine Lauten oder Instrument erhallete, dorten der Schnee an jähen Dächern oder, wie es sich in den Tyrolerischen Gebürgen begibt, an den allerhöchsten Laütenen sich anhebete zu ballen und also die Lain, wie mans nennet, angiengen, welche den weychen Schnee zusampt dem drunter bedeckten Wasser, Gesträuß, Bäume, gantze Flecken von Wälder und endtlich einen grossen Stück deß Berges zusammenraspelten, die enge Pässe sampt einer grossen Anzahl durchreysender Säumer verschütteten, so köndte man mit gutem Grundt, wann mans sonst zuvor nie gewust hette, schliessen, daß dieser eintzige Jubelschrey bey allen erzelten fällen, wo nit eben den gantzen vorlauff verursacht, doch etwas zur sachen gethan und als eine *Bedingung* jenen die Stigen eyngeworffen, das Weib oder Jungfrauw zum Schrey verursacht, dem Kindt den Schlaaff genommen, die Lauten bewegt, die Säumer und unter denen sich selbst umbs Leben gebracht hette.

15. Derohalben, ob wol dieserley *Beweise* oder vielmehr *Schlußfolgerungen* der Gewißheit nicht seynd, mit welcher SULPICIUS GALLUS [nach TITIUS LIVIUS: *Ab urbe condita* XLIV, 37] ein Finsternuß hat vorsagen können, so seynd aber auch die *medizinischen Nachwirkungen* nicht alle so gewiß als ein vorsagung der Finsternuß, und bleibt demnach, daß der in *Astrologie* auch wol etliche *Folgeerscheinungen* auß der Erfahrenheit geschehen können, welche gleich so gewiß, als wann ein *Arzt* einer Person, die etwan gehling ihre Gedächtnuß und Sinne verlohren und doch baldt wider gesundt worden, angedeutet, sie wisse nun welches Todts sie sterben werde.

16. Daß nun *Dr. FESELIUS* bey Eynführung seiner *Behauptung* meldet, daß die Vorsagungen *aus den Sternen* weder in heyliger Schrifft noch in deren bewehrten Außlegungen, [166] noch in der Natur, noch auch in der Erfahrenheit Grundt habe, und er ihme fürnimbt, solches zu erweisen, verhält es sich zwar mit den meisten Astrologischen vorsagungen (so wol als mit den meinsten *Experimenten* der Kräutter, Mineralien, Edelgesteinen, Glieder von Thieren und anderm) also und nicht anderst: Darneben aber setze ich *Dr. FESELIUS* und seinen *Authoritäten* diese meine *Behauptung* entgegen, daß etliche wenige namhaffte Vorsagungen künfftiger Sachen *(im allgemeinen)* auß Vorsehung deß Himmelslauffs erstlich in der Erfahrenheit gegründet und von einem jeden, der in der *Astrologie* so viel Fleisses anwendet, so viel Fleisses in der *Medizin* zu einem *Kräuterkundigen*, der der Kräutter wirckungen in eygener Person vergewissert seyn wil, vonnöhten ist, täglich auff ein newes bewehret und in erfahrung gebracht werden mögen. Fürs ander, daß solche wenige Stücke auß der *Astrologie* eines nach dem andern durch fleissiges nachsinnen auch in der Natur oder *Philosophie* ihren beständigen Grundt finden und theils allbereyt erreycht, theils demselbigen nahen. Dann und fürs dritte: ob wol von solchen Philosophischen vorsagungen in heyliger Schrifft eben so wenig als von der *Anatomie* deß menschlichen Leibs oder von natürlichem Ursprung der Pestilentz gemeldet werde, jedoch sey der Gebrauch derselben in dem Gesatz von Zeichendeuttern gleichfalls eben so wenig verbotten, so wenig in dem Gesatz vom Todtschlag oder von der reynigung eines, der einen todten Cörper angerühret, die eröffnung eines menschlichen todten Cörpers uns Christen verbotten worden.

Was nun hierwider A 2. *Dr. Feselius* eynbringen wird, es sey mit umbstossungen der himmlischen Wirckungen oder auch mit verwerffung dero bescheidenlichen Gebrauchs, darauff soll ihme folgendes richtiger Bescheidt und Antwort erfolgen.

Wil gleich in seine Fußstapffen tretten und die jenige fünff *Argumente*, welche gemeinglich zu erweisung der himmlischen Würckungen eyngeführt, aber von *Dr. Feselius* widerlegt worden, mit ihme nacheinander abhandeln.

Das I. Argument

17. Daß nun anfänglich fürgewendet wirdt, wie die herrliche Liechter deß Himmels, sonderlich aber Sonn und Mondt, von Gott nicht vergebens erschaffen seyen (*Dr. Feselius* und seine Widerpart reden unvorsichtiglich, als weren diese Liechter von Gott und der Natur erschaffen, gleich, als ob die Natur etwas solches bey Erschaffung der Sonn und Mondt gethan, als sie heutiges Tags thut bey Formierung eines jeden Menschens in Mutterleib), sondern daß auch dieselbige mit ihrer Bewegung und Glantz den untern Elementarischen Cörpern in Fortpflantzung der Erdtgewächsen und Verwandelung anderer natürlicher Sachen viel Hülff und Mitwürckungen erweisen: Und solches alles *Dr. Feselius* annimmet, auch mit *Galenos* [*De diebus decretoriis* III, 2 f.] und dem weisen Mann Syrach [*Je-*

sus Sirach XLIII, 1–10] bezeuget: Daran hab ich, den Zweck belangendt, auch nichts zu tadeln.*

18. Allein zu melden, so dann besser unden mit mehrerm außgeführet werden solle, daß diese zwo Fragen einander sehr verwandt: Ob die Sterne uns Menschen zu gutem erschaffen und ob der Mensch also erschaffen, daß er der Sternen geniessen [167] köndte? Gleich wie es zwo verwandte Fragen seynd: Ob der Beer geschaffen sey von der Schnee Gebürge wegen, darmit sie auch bewohnet würden, oder ob die Schnee Gebürge dem Beeren zu gutem erschaffen? Und bin ich der meynung, wie Sonn, Mondt und Sterne am vierdten Tage noch vor dem Menschen erschaffen seynd, also haben sie auch ihren eygenen Zweck und Endt, nach welchem sie von Gott auch ohne ansehen deß Menschens gerichtet seynd. Hernach aber am sechsten Tage sey der Mensch also erschaffen worden, daß er nicht allein mit seinen Augen der Sternen Liechtes und mit seinem Verstandt deroselben wunderbarlichen gantz ordentlichen Lauffs theilhafftig werden möchte, sondern habe auch eine solche natürliche Seel empfangen, welche an und für sich selbst auff gewisse zeiten durch etliche der himmlischen Liechter unterschiedliche Beschaffenheiten auffgemundert und in ihrem Werck angetrieben würde.**

19. Weil dann *Dr. Feselius* zugibt, daß die himmlische Liechter nicht gantz müssig noch vergebens erschaffen seyen, allein dieses für die rechte frage angibt, ob das jenige, was die *Astrologen* auß den Sternen prophe-

* [Nach Aristoteles ist die Welt in den Bereich von Mond ab aufwärts (übermondisch / *supralunar*) und in jenen vom Mond aus abwärts (untermondisch / *sublunar*) unterteilt. Nur in letzterem, dem der vier »irdischen« Elemente Erde, Wasser, Luft und Feuer, ist eine Wandlung und Mischung der Elemente möglich, und findet sie durch Einflußnahme letzlich der Gestirne und des Ersten Bewegers statt. Alle Körper auf der Erde, die »Elementarischen Körper«, bestehen aus einer solchen Mischung und sind veränderlich. Die Sphären des supralunaren Bereiches der Gestirne bestehen danach aus dem unveränderlichen Äther.]

** [Nach Aristoteles sind für jedes Ding und jeden Vorgang vier ›Ursachen‹ (*causae*) erforderlich, die *causa materialis* (*materia*: Stoff), die *causa formalis* (*forma*: Form, Seele, Wesen), die *causa efficiens* oder *movens* (*motor*: Bewegungsursache, Anlaß, Motor) und die *causa finalis* (*finis*, griechisch τέλος/*telos*: Zweck, Ziel). Die moderne Naturwissenschaft beschränkt ihre Kausalvorstellung seit Immanuel Kant im wesentlichen auf die *causa movens*, während das 17. und 18. Jahrhundert noch stark teleologisch dachte und argumentierte, also mit Aristoteles nach dem Sinn und Zweck eines Dinges oder Vorganges suchte: »Gott schafft nichts umsonst«, alles hat einen Zweck, ist auch Keplers Maxime.]

ceyen, für ihre eygentliche anerschaffene und eyngepflantzte Wirckung zu halten sey oder nicht, und seines theils Nein hierzu sagt, sondern die Sterne mit ihrem natürlichen Lauff und Liecht auß [*GIACOMO*] *ZABARELLA* [*De rebus naturalibus libri XXX. Quibus quaestiones, quae ab Aristotelis interpretibus hodie tractari solent, accurate discutiuntur.* 1589] allerdings ab und hindanfertiget, köndte ich ihm meine hierüber gebürende Antwort auch wol mit dem vorigen Exempel deß Jauchtzers erklären, welchem zwar deren dinge, so auff einen Jauchtzer gefolget, kein einiges eigenthümblich heymgehet oder auß ihme nohtwendig folget, aber doch in allen denselbigen Sachen etwas ist, so von dem Jauchtzer verursacht und hernach zu so vielen unterschiedlichen Geschichten ferrners eine mitthelffende Ursach, und zwar eine *notwendige Vorbedingung*, gibet: Ich wil es aber mit noch eygentlichern *Beispielen* und *Überlegungen* an Tag geben.

20. Anfangs möcht ich zwar mit den jenigen zweyen Stücken, deren *FESELIUS* gesteht, als nemlich mit der Sternen natürlichen Lauff und Liecht zufrieden seyn, doch also, daß mir vergönnet sey, dieselbige außzulegen und zu erweyttern.

Dann wer mir das Liecht zugibet, der hat mir auch deß Liechts Eygenschaffl mit zugeben. Nun ist sein Eygenschafft anfänglich die Wärme, hernach die unterschiedliche Farben.

Weil dann der Planeten und festen Sternen viel seynd, so wirdt *Dr. FESELIUS* nicht in Abred seyn können, daß auch ihrer Liechter *quantitativen und qualitativen* Eygenschafften sehr unterschiedlich seyen.

Dann auch der heilige Apostel PAULUS [*1. Korintherbrief* XV, 41], da er die Herrligkeit deß zukünfftigen Lebens gegen der geringen Zierdt des gegenwärtigen vergleichen wil, Exempels weiß eynführet, daß ein Stern den andern ubertreffe an der Klarheit.

Belangend *die Quantität*, ist ein Stern größer als der ander, derhalben auch ein Liecht, grösser und in Erwärmung der irrdischen Cörper kräfftiger als das andere.

Und weil dem wunderbarlichen von der Sonnen zu uns herabfliesenden Liecht gebüret *Quantität*, doch *ohne Materialität*, und *Bewegung*, doch *ohne Zeit*, wie ich *in meiner Optik* erwiesen [KGW II: 20f., Propositio III und V], so folgt, daß auch das Liecht von der Sonnen bey uns jetzt dünner [168] und blöder, bald gedüchter und *dichter* werde, nach dem die Sonne höher und nidriger steiget.

In gleichem so muß deß *Saturns* Liechtlein bey uns viel blöder seyn dann *entsprechend das des Mars*, weil jener auch viel höher ist denn dieser.

21. Und wie kein Stern an der Klarheit mit Sonn und Mond zu vergleichen, ja alle miteinander nit das geringe Theil von deß Tagesliechtes Klarheit vermögen, so haben sie auch in erwärmung der natürlichen Dinge gleich so geringe Krafft, und folgt derohalben, daß es bey Nacht und im Winter, wann die Sonn nicht vorhanden oder nicht gesehen wirdt, nicht warm, sondern kalt seyn solle.

22. Noch mehr: weil dem Liecht eine *instantane Bewegung* anhängt, durch welche es zu uns herunter kömpt, so steht ihm auch zu, was sonsten bey einer *Bewegung* gefunden wirdt, nemlich der Widerschlag, der ist nun gar ungleich, nach dem er geradt oder nach der zwerch geschicht. Hierauß abermal folget, daß der Planeten, sonderlich aber der Sonnen Liecht stärcker auff uns in diesem Theil der Welt treffe, wann sie im Krebs lauffen, als wann sie im Steinbock seynd, dann im Krebs treffen sie geradt, im Steinbock aber schlims, auch solches Liecht ein andere Art erzeige, wann die Sonne fället, als wenn sie steiget.

23. Und weil das Liecht diese Art hat, daß es mahlet und beleuchtet alle cörperliche dinge von aussen herumb und hiermit solche Cörper auch innerlich erwärmet, *aber mit Verzögerung*, nach und nach, nit von sein selbst, sonder von der materialischen Cörper langsamkeit wegen (Wie im widerigen auch das Liecht von aussen augenblicklich erleschen kan, aber die einmal erweckte Wärm in dem *Körper* zeit dazu haben muß, biß sie erstirbet und verschwindet), so folgt abermal, daß der *Juli* natürlicher gewöhnlicher weise *entsprechend* hitziger sey dann der *Juni*, die zweyte Stundt nach Mittag hitziger dann umb zwölff Uhr zu Mittag. Ursach: dann ob wol die Sonn im *Juni* und umb zwölff Uhr am kräfftigsten, so ist aber darzumal der Erdtboden bey uns noch nicht so lang in der Hitz gestanden als hernach im *Juli* und umb zwey Uhr, da die Sonne zwar anfähet zufallen, aber der Erdtboden die Erhitzungen alte und neuwe zusamensamlet.

24. Ferrners weil dasjenige, was von der Sonnen Liecht beleuchtet und gemahlet wird, hierdurch ein besonders Liecht empfähet und also einen Widerschein von sich gibt, welcher viel schwächer ist als sein ursprung, sintemal das Liecht von der Sonnen, so viel von demselbigen in ein solchen Cörper als in einen Spiegel eynfället, nicht allein getheilet wird und theils in die Matery eyndringet, theils aber herwider springt, sondern auch derselbige Theil, der also herwider geschlagen wirdt, noch weytter passiren und auff ein neuwes *kugelförmig* umb und umb außgedehnet [169] und also beyder Ursachen halben viel blöder werden muß: Also folget, daß auch eines solchen Liechtes Krafff viel schwächer seye. Derohalben der Mondt, welcher ausserhalb dieses von der Sonnen entlehnten und von sich widergeschlagenen Liechtes sonsten keinen eygnen Schein nicht hat, viel ein schwächere Wärme auff den Erdtboden wirfft: Und deroselben jedesmals so viel weniger, so viel er von seinem leuchtenden halben Theil von uns abwendet und hinder das finstere halbe Theil verbirget.

25. Lasset uns nun kommen zu den Qualitäten deß Liechts.

Die Sonne zwar als der Ursprung deß Hauptliechts ist einig und leydet derohalben in ihr selber keinen Unterscheidt. Demnach aber der ubrigen Sternen viel seynd, mag auch unter ihnen ein Unterscheidt deß Scheins gar wol statt haben; es sey nun, daß ihr Liecht nichts anders sey dann ein Widerschein von der Sonnen wie bey dem Mondt, da dann unterschiedliche *Oberflächen* und Farben auch unterschiedliche Widerschein zu geben pflegen, oder daß ein jeder Stern seines Liechtlins selber ein Ursprung sey wie die Sonne deß ihrigen: Da abermal der Sternen unterschiedliche *Zustände* ihrer innerlichen Materien nicht anderst dann unterschiedliche Edelgestein, so da durchsichtig, auch mancherley Liecht von sich geben köndten, oder daß beydes zumal geschehe, wie es der Vernunfft am meinsten gemäß.*

26. Allhie muß ich eine Frage zwischen eynführen, welche zwar wol der Wichtigkeit ist, daß absonderlich von deroselben gehandelt werden solte.

---

* [Daß die Planeten nicht selbstleuchtend sind, war eine Folge der copernicanischen Lehre, die insbesondere GIORDANO BRUNO in seinem spekulativen Weltbild vertreten hatte. Auch KEPLER vertrat später diese Überzeugung, wenn er sich hier und in den Nummern 127/129 auch noch nicht festlegt, vielmehr der gegenteiligen Auffassung zuneigt. Der empirische Nachweis der Venusphasen gelang nämlich erstmals 1609 GALILEO GALILEI, wovon er in seinem *Nuncius sidereus* (1610) berichtete, der später als der *Tertius interveniens* erschien. Merkurphasen wurden tatsächlich erst 1644/45 von JOHANN HEVELIUS beobachtet.]

Es wil in der gemeinen *Physik*, wie die auff Universiteten gelehret und getrieben wirdt, das Ansehen haben, als wisse man sehr wenig von den *Species immateriatae*, welche von den *natürlichen Körpern kugelförmig* außfliessen, oder, was man auch darvon weiß, das wirdt nicht in gebürliche acht genommen; dann es gehöret wol ein besonderes *Kapitel* darzu, damit man nicht also zersträuwet jetzt da, jetzt dort darvon handelt und, was ihnen alles in gemein zuständig, auß der acht liesse.*

Ein *Species immateriata* von einem leuchtenden *Körper* ist der Schein, welcher zu uns herzukömpt und uns erleuchtet.

Ein *Species immateriata* von einem gespannenen und geschlagenen *Körper* ist der Klang, welcher in die Ohren eynfällt, durch welche das Gehör verrichtet wirdt. Doch hat diß von jenem seinen Unterscheidt. Dann ein Liecht fällt herzu im Augenblick *ohne zeitliche Verzögerung*, dann es ist eine *Species des Körpers nicht sofern er beweglich ist, sondern sofern er leuchtet.* Ein Klang aber ist eine *Species des Körpers*, so ferrn er geklopfft wirdt: Da zu einer jeden bewegung ein Zeit gehöret von seiner der *Bewegung* wesentlichen Eygenschafft wegen, und derohalben nicht wunder, daß sein *Species*, wiewol *immateriell*, dannoch auch ein Zeit erfordert. Und also zum Exempel: Der Donner zuvor im Himmel rauschet, ehe dann der Klang von demselben in unsern Ohren erschallet, und der Zimmermann ein wenig zuvor den Baum trifft, ehe dann wir es hören.

[170] In den Gerüchen geschicht zwar auch ein wesentlicher materialischer Außfluß auß einer wolriechenden Rosen, welcher endtlich erstirbet, wann sein Brunn erschöpffet und versiegen ist. Aber doch ist auch diß ein *Species immateriata*, wann der Rauch von einem Liechtbutzen dort hinaußgehet, aber doch der Gestanck nicht nur denselbigen Weg hinauß, sondern umb und umb gerochen wirdt. Allhie sihestu deß *materiellen Ausflusses unstoffliche Species.*

Ein *Species immateriata* gedünckt mich seyn, wann die Purgation zwar nur allein in den Magen und in die Gedärme gehet, aber doch die allereusserste Aderlin darvon bewegt werden sollen. Doch wil ich allhie *dem Arzt Dr. Feselius* nicht zu weyt vorgreiffen. Wil auch nicht läugnen, daß durch die innerliche Hitz deß Leibs von der Purgation ein Dampff von gleicher Eygenschaffi erwecket und durch die Weyteren, dem Magen na-

---

* [Zur Vorstellung einer kugelförmigen Kraftausbreitung über den Raum hin, die erst nur für den Magneten in Analogie zur Lichtausbreitung bei William Gilbert (1600), dem Kepler sich anschließt, festere Formen annahm, siehe F. Krafft 1970].

henden *Weg* durchdringe und hernach die *Species immateriata* von diesem Dampff außgehe und weytter gelange.

Ein *Species immateriata* bedünckt mich außgehen von den *Amuletten*, was man für die Pestilentz und Gifft an den Hals hänget, als vom Queck-silber, welche *Species* durch den Leib eyndringet und bey dem Hertzen ihr Hut hält, damit sich kein Pestilentzisches Feuwer hinzu nahe, sondern fliehe, wie ein geschmoltzen Metall auß einem Wasser herauß springet.

Ein *Species immateriata* von dem Ofen ist, welche die Stuben wärmet, vor deren man sich hinder einem Brett schützen kan, da sonsten, wann es durch die erhitzte Lufft zugienge, die Hitz sich umb und umb zugleich außtheilen würde.

Ein *Species immateriata* von der Tieffe der himmlischen an ihr selber kalten Lufft ist das jenige, welches im Winter bey hellen Nächten den Erd-boden so kalt macht und durch unterziehung deß Gewölcks verhindert und auffgehalten werden mag, daß es alsdann leidlicher ist. Dahero ich GIOVANNI BATTISTA PORTA [*Magiae naturalis libri XX*. 1589, Buch XVII, Kapitel 4] und GIOVANNI ANTONIO MAGINO [vgl. Brief Nr. 317, KGW XV: 106] nicht widersprechen wil, daß wann ein holer Brennspiegel gegen einer Schneeballen uber gesetzt werde, solcher die abfolgende kalte Streymen von dem Schnee in seinem *Brennpunkt* zusammen zwinge, daß man da-selbst einer Kälte als an einem leibhafftigen Eyßzapffen empfinde.

Ein *Species immateriata* gehet von einer Wandt hindan, also daß ein jeder, der fürsichtig wandelt, in einem gantz finstern Zimmer bey eyteler Nacht zuvor und, ehe er die Wandt anrühret, deroselben empfinden und sich vor stossen hüten mag.

Eben diese *Species immateriata* verursachet auch, daß ein Gewächs nit gegen einer nahen Wandt so wenig als gegen der Erden unter sich, son-dern davon hindan wächset und die Dulipan sampt andern dergleichen Blumen sich nit ehe aufthun, sie empfinden dann keiner solchen *Species immateriata* von den bünen oder obdächern von oben herab, wann sie nemlich unter den freyen Himmel kommen. Doch lasse ich es bey diesem Exempel im zweiffel stehen, ob diese Blumen als wolgefärbet deß Liechts selber empfinden.

Eben diese *Species immateriata* von einer Mauren verursachet auch, daß ein Büchsenmeister neben einer solchen Mauren nicht dem geraden absehen zuschiessen kan, sondern die Kugel beyseytz gellet und etlicher massen einen Bogen nimmet. Wie mich dann auch etliche berichten, daß die Kugeln auff freyem Feld, allweil sie [171] noch starck gehen, nit gerad fürauß, sondern etwas uber sich gehen und also diese *Speciem immateriata* deß Bodens flichen oder widergellen.

Ein *Species immateriata* von dem Magnet ist, die da Eysen zeucht.

Ein *Species immateriata* von dem Erdtboden [der Erdkugel], *und zwar in der Art seines eigenen Körpers*, ist, die den Magnet nach Norden richtet.

Ein *Species immateriata* von der Sonnen ist, die alle Planeten in einem *Kreis* umb die Sonnen herumb führet, die ihre *Quantitäten Dünne* und *Dichte* hat, auch wie ein Wirbel bewegt wird, weil sich ihr Brunnquell, die Sonnenkugel, auch umbträhet, wie ich in meinem Buch *über die Marsbewegung* [= *Astronomia nova*] ans Liecht gebracht.

27. Damit ich nun widerumb etwas näher zu meinem Fürhaben komme, so ist das Liecht insonderheit ein solcher wunderbarlicher Postreutter, welcher alle Farben *mittels ihrer jeweiligen Species immateriata* von ihren *Körpern* oder flächinen durch die Lufft ungewarnet uberbringet, in der Mittelstrassen nichts verzettelt, sondern gantz fleissig in ein finsteres Kämmerlin an ein gegenubergestellete weisse Wandt kleybet und eynantwortet, darvon ich in der *Optica* [siehe vor allem KGW II: 57 ff. und 143 ff.] viel gehandelt. Den Leser so in der *Optik* nicht erfahren, erinnere ich nur allein so viel, daß seine beyde Augen zwey solche von Gott angeordnete Kunstkämmerlin seyen, in welchen alle Farben, deren er ansichtig wirdt, warhafftig und leibhafftig abgemahlet seyen. Dann wo diß nicht also innerhalb deß Augs geschehe, würde er keine Farb nimmermehr sehen können.

28. Weil dann die Sachen mit den jenigen Farben sich also verhält, welche wir mit Händen betasten und uns zu denen nahen können, so schleust es sich nicht uneben auch von der Sternen unterschiedlichen Farben, daß sie also, wie wir auff Erden ihrer ansichtig werden, sich warhafftig auch im Himmel an den Sternen selbsten befinden, und mag hierwider nichts beständiges eyngebracht werden, wie zwar die *Philosophen* sich wol unterstehen.

Was von den Farben am Regenbogen und dergleichen hierbey außzudingen, das gehöret an sein Ort: Dann es werden auch die Sonnenstrahlen in den runden Regentröpfflin warhafftig gefärbet, daß also in der Matery deß Wassers alle Farben, so man am Regenbogen siehet, darinnen stekken und durch das durchtringende Liecht der Sonnen herauß geführet werden.

Was hie die Alchymisten gleiches von ihren fliessenden Materien zusagen haben, wirdt ein jeder nach seiner Erfahrenheit hierneben zusetzen wissen.

Folget also, daß der Unterscheidt der Farben an den Sternen und Planeten nicht etwan ein Augen geblendt, sondern ein leibhafftig Werck seye und derowegen die himmlische Kugeln entweder unterschiedtlich gefärbte Uberzüg haben und also das Sonnenliecht damit färben oder auch innwendig an ihren Materien unterschiedliche *Dispositionen* haben müssen, dadurch ihr eygenes Liecht, so auß ihren durchleuchtenden Kugeln herfür kömpt, auff so mancherley weise gefärbet werde.

[172] 29. Es folget aber darneben auch, sonderlich in Ansehung der oberzehlten vielen Exempeln von den außfliessenden *Species immateriatae*, daß es nichts ungläubliches, daß von der Planeten und Sternen unterschiedlichen innerlichen *Zuständen* und Eygenschafften ihrer Kugeln auch solche *Species immateriatae* umb und umb außgebreyttet werden und also auch zu uns herunter kommen, also daß diese irrdische Creaturen deroselben empfinden; es sey nun, daß solche Eygenschafften hierzu diesen einigen Postreutter oder *Träger*, nemlich das Liecht und die Farben, brauchen oder daß sie auch neben dem Liecht und Farben an und für sich selbsten *Species immateriatae* haben.

Dann ich habe in meinem Buch *über den Mars* [= *Astronomia nova*] erwiesen, daß *die bewegenden Species immateriatae* auß der Sonnen in alle Planeten und in den Erdtboden und hinwiderumb die *Species immateriata* deß Erdbodens biß in die Sonne und den Mondt, auch deß Mondts biß in die Erde hin und wider passieren, so wol als das Liecht und der Widerschein, und nicht allein so weyt gereychen, sondern auch kräfftig seynd, die himmlische bewegungen beständiglich und unauffhörlich zu verrichten und zu moderiren.

Derohalben mir es sehr gläublich ist, daß der Planeten innerliche Leibsqualität durch solche stättigs außfliessende *Species immateriatae* zu uns auff den Erdtboden reychen.

30. Weil dann auß vielen Anzeigungen in meiner *Optik* [KGW II: 203, 218, 220], so auch in der Vorrede der *Astronomia nova* eyngeführet, guter

massen erwiesen werden mag, daß deß Mondskugel der Erdenkugel allerdings gleich und allein deß Wassers mehr dann der Inseln oder *Festländer* haben möchte*: Dahero wil mir fast gläublich werden, daß deß Monds Liecht theils für sich selber, theils durch eine sonderbare *Species immateriata* deß Wassers im Mondt sein Art und Eygenschafft zu befeuchtigen überkommen habe: Und wie die Sonne nichts thut dann wärmen, also der Mondt nichts thue dann befeuchtigen: Das ist die täugliche Materyen zu zubereytten zu einer *Auflösung* und Befeuchtigung.

Diese *Befeuchtungsfähigkeit* hab ich in meinen *Fundamenta Astrologiae* anstelle *einer Hypothese* dem Widerschein zugelegt, wie hingegen die *Wärmfähigkeit* dem eygnen innerlichen Liecht. Es wil mich aber jetzo ziemlicher seyn gedüncken, daß die *Befeuchtungsfähigkeit* auß der *Materie* der Kugel hergeführet werde.

31. Wie nun droben zu der Kälte mehrers nicht vonnöthen gewest, als daß die Sonne als Ursacherin der Hitz nicht fürhanden sey, also mag es auch wol mit der Trückne beschaffen seyn, daß also die materialische Dinge an und für sich selbst zu der Trückene so wol als zu der Kälte als *Fehlen der Wärme und der Feuchtigkeit* disponiert seyen und die erlangen, so offt die wärmende und befeuchtende Ursachen von ihnen außsetzen.

32. Wann dann nun jetzo die fünff bewegliche oder umbgehende Sternen gegen Sonn und Mondt gehalten und ihnen nit mehr zugelassen wird dann allein diese zwey [173] Dinge: Erstlich, daß jeder ein innerlich Liecht habe, von welchem *Species immateriata* außfliesse und, wo sie antreffe, allda ein wärme verursache, doch unterschiedlich nach Art der unterschiedlichen mit außfliessenden Eygenschafften ihres *Körpers*. Fürs ander, daß auch ein jeder Planet ein gewisse Maaß habe zu befeuchtigen, es sey nun wegen deß Widerscheins, welcher nach Art ihrer unterschiedlichen Farben auch unterschiedlich gefärbet und qualificiert werde, oder es sey dahero, daß ein jeder Planet so wol als Mondt und Erden auch sein

---

* [KEPLER hatte noch in seinen »Optica« der allgemeinen, bereits auf PLUTARCHOS zurückgehende Auffassung, daß die dunklen Flecken auf dem Mond tatsächlich Meere seien (noch heute werden sie deshalb so genannt), widersprochen und umgekehrt die hellen Stellen der Mondscheibe als Wasserflächen angesehen. In seiner noch im selben Jahr wie der *Tertius interveniens* erschienenen *Dissertatio cum nuncio sidereo* ließ er sich von GALILEI überzeugen und schloß sich der in dessen *Nuncius sidereus* bekräftigten Meinung des PLUTARCHOS an (vgl. KGW IV: 297f.).]

leibhafftig Wasser habe, von dem ein *Species immateriata* herab fliesse. So fragt sich es jetzo weyter, ob es auch müglich, daß auß diesen zweyen *Prinzipien* einem jeden Planeten eine solche Eygenschafft außgetheilet werden möge, dardurch er von den übrigen vieren so wol als am Liecht, Klarheit, Grösse, Schnelligkeit und Höhe unterscheiden werde, und ob auch eine solche erdachte Eygenschafft mit dem jenigen ubereynkomme, was die *Astrologen* von den *Eigenschaften der Planeten bei ihren Tätigkeiten* fürgeben?

Hierauff antworte ich auß meinen *fundamenta Astrologiae* [KGW IV: 15 ff.]: ja; dann ich habs versucht, und ist mir von statten gangen. Wil *Dr. Feselius* meine *Neuerung* eröffnen, nicht zwar eben zu dem Endt, als müste es also und nit anders seyn, sondern zu dem Endt, darmit er die Müglichkeit sehe und sich an dieser *Art* versuche, ob sie ihn mit vernünfftigen *Gründen* umbstossen könne. Sonsten und neben dieser *Neuerung* laß ichs im zweiffel: Ob nicht wahr, daß auß diesen so wenigen, nemlich nur zweyen, *Prinzipien* der himmlischen Kugeln Eygenschafften eben so wenig zugeschrieben, als wenig *Dr. Feselius* auß den vier Aristotelischen Qualiteten Hitz, Kälte, Feüchte, Trückene aller Kräutter und *Simplicia* sonderbare ἰδιοτροπίας [= Eigentümlichkeit] allerdings erweisen, erzwingen und erörtern kan, und derohalben zu gläuben, daß in den himmlischen Kugeln so wol als in den irrdischen Kräuttern einer jeden insonderheit ihre eygene *Forma* angeschaffen seye, von welcher ihre gewisse *Eigenarten* in vielen und mancherley Unterscheiden *dependirn*.

Anfänglich wil ich nicht darauff dringen, daß *der Qualitäten Eigentümlichkeit* sey *die Gegensätzlichkeit.* Er möchte mir begegnen und sagen: *Zwar ist jede Gegensätzlichkeit in einer Qualität, aber nicht jeder Zustand der Qualitäten läßt Gegensätzlichkeit zu.*

Wil mich derohalben der *Aussageform der Quantität* behelffen: Dann nicht zu läugnen, daß diese Qualiteten ihr materialisches *Subjekt* haben, derohalben sie mögen angespannen oder nachgelassen, vermehret oder vermindert werden, und gar wol seyn könne, daß ein Planet vor dem andern an der erwärmenden oder befeuchtenden Krafft stärcker seye dann der andere.

Nun gebe ich diesem Unterscheidt einen Eynschlag *aus der Metaphysik des Aristoteles,* welcher die allererste *Contrarietet* setzet *zwischen demselben und dem anderen*: die rühret her von der Matery und herrschet sonderlich auch *in den Quantitäten.*

214

Zu wissen, ob ein Planet (weil wir jetzo angenommen, daß ihre Qualiteten von ungleichen *Graden* seyen) zu viel oder zu wenig habe, welches beydes *Andersheiten* seynd, so ist vonnöthen zu wissen, was dann die rechte Mittelmaaß und *quantitative Gleichheit* seye. Das hat aber Gott der Schöpffer gar wol gewust, wie er nemlich die Mittelmaaß zu erbauwung und außstreichung der Welt dienstlich bestellen solle.

[174] Wann dann die Mittelmaaß fürhanden, so fraget sichs, weil der Planeten (auß andern *Prinzipien* in meinem *Mysterium* [*cosmographicum*] eyngeführet) fünff seyn sollen, ob es schöner, daß sie alle einander gleich und die Mittelmaß haben sollen, oder ob ein Unterscheidt seyn solle? Da antworte ich auß dem weisen Mann Syrach [*Jesus Sirach* XXXIII, 15]: Es ist immer zwey gegen zwey und eins gegen eins, und hieran siehet man die Weißheit Gottes. Wie nun die Zierdt dieser nideren Welt bestehet in dem unzahlbaren Unterscheidt und Widerwärtigkeit der Kräutter unnd Thiere, also ist auch von den himmlischen Liechtern viel gläublicher, daß sie mit den *Graden der Qualitäten* unterscheiden seyn sollen.

Weytter fragt es sich, wann dann einem Planeten die mittelmaß der Qualiteten zugelegt wirdt, ob dann die ubrige alle nur auff eine Seitten, das ist auff die geringere oder auff die mehrere Maaß, abweichen oder sich auff beyde Seitten außtheilen sollen? Da wirdt abermal ein vernünfftiger schliessen, daß die Mittelmaaß nicht besser köndte erkläret oder herauß gestrichen werden, als wann nicht allein das wenigere, sondern auch das mehrere darneben gehalten werde. Folgt derhalben abermal, daß die ubrige Planeten sich umb die Mittelmaaß herumb finden und zu beyden Seiten außtheilen sollen.

Also haben wir nun gefunden auß zweyen *Prinzipien* sechs Unterscheidt, den Uberschuß an Wärm und an Feuchte, die Mittelmaaß an beyden und den Abgang an beyden.

Weil dann die Sonne einig ist und nur *der Form nach* nichts dann Liecht, die nichts thut dann wärmen, der Mond auch einig und nur materialisch, der nichts thut dann befeuchten, so schickt sichs fein, daß die ubrige fünff beydes miteinander seyen, durch ihr eygnes Liecht wärmen und darneben obbeschriebener massen auch befeuchtigen.

So last uns nun sehen, wie wir auß zusammensetzung der obern sechs Sachen fünff Eygenschafften finden.

Weil dann jede Qualitet drey *Grade* hat und allwegen beyde Qualiteten in einem Planeten bey einander seynd, so betrachte nun die Proportzen zweyer Qualiteten gegeneinander, wie viel derselbigen seyn köndten, da wirst du finden: mehr nicht dann drey. Dann die Qualiteten entweder in gleichem *Grad* beysammen stehen oder in gantz ungleichem (der einen höchster *Grad* bey der andern nidrigstem *Grad*) oder fürs dritte die Mittelmaß von der einen und das *Extreme* von der andern. Die erste Proportz ist einig, wann so viel Wärme als Feuchtigkeit fürhanden: Die andere und dritte Proportz ist jede zwyfach, dann einmals der wärme, andersmals der Kälte mehr seyn kan. Werden also fünff Eygenschafften*:

1. Überschuß an Wärme, Abgang an Feuchtigkeit [Mars];

2. Wärme und Feuchtigkeit im Mittelmaaß [Jupiter];

3. Abgang an Wärme, Überschuß an Feuchtigkeit [Saturn];

4. Überschuß an Wärme, Mittelmaaß an Feuchtigkeit; verhältnisgleich mit: Mittelmaaß an Wärme, Abgang an Feuchtigkeit [Merkur];

5. Mittelmaaß an Wärme, Überschuß an Feuchtigkeit; verhältnisgleich mit: Abgang an Wärme, Mittelmaaß an Feuchtigkeit [Venus].

[175] Du möchtest gedencken, der untern solten vier seyn: Ist aber nicht, *da zwischen Überschuß und Mittelmaaß dasselbe Verhältnis wie zwischen Mittelmaaß und Abgang [Mangel] besteht.*

Wie du nun allhie zwo Ordnungen von Proportzen siehest, oben drey und unten zwo: Also seynd auch warhafftig zwo Ordnungen unter den Planeten; dann ihrer drey heissen die Obersten, Saturn, Jupiter und Mars, zween aber heissen die Untersten, Venus und Merkur, und seynd warhafftig also mit einer Schiedtwandt abgesondert, die ist beym PTOLEMAIOS der

---

* [Nach der Herausarbeitung der zwei Haupteigenschaftspaare (*principia* / Prinzipien) der Gestirne (Sonne und Mond), der Gegensätze feucht/trocken und warm/kalt im Sinne der aristotelischen Qualitätenlehre, behandelt KEPLER diese jetzt nicht als gegensätzliche Qualitäten (*idem – aliud*; das eine – das andere) – die, wie in der aristotelischen Elementenlehre (Erde: trocken, kalt; Wasser: feucht, kalt; Luft: feucht, warm; Feuer: trocken, warm), nur ein Viererpaar zuließen –, sondern als Quantitäten, die gemäß ARISTOTELES nur als relative, graduelle Größen (*plus-minus*; mehr-weniger) auftreten. Die konträren und relativen Gegensätze stellen allerdings beide jeweils ›alteritas‹ (Andersheiten) dar, nur sind bei den relativen Gegensätzen *drei* Verhältnisse oder Grade (*gradus*) möglich: mehr warm (»Überschuß«/*excessus*), mehr kalt oder weniger warm (»Abgang«/*defectus*), gleichwarm und -kalt (»Mittelmaaß«/*identitas quantitativa*, quantitative Gleichheit/*aequum*). Aus den beiden Eigenschaftspaaren sind somit zwei Eigenschaftstripel, sechs verschiedene Eigenschaften, entstanden, die in das nötige Verhältnis (»*Proportz*«) zueinander gebracht werden müssen. Die Sonne ist nur warm, der Mond nur feucht, es bleiben dann die fünf genannten Möglichkeiten. – Die quantitative Deutung gibt KEPLER dann auch die Möglichkeit, die Fixsterne mit einigen Ausnahmen (siehe Nummer 36) wegen ihrer geringen Leuchtkraft als unwirksam zu betrachten; vgl. auch Nummer 43.]

Umbkreyß der Sonnen, bey *Copernicus* aber der Umbgang deß Erdtbodems. Und weil Jupiter unter den Oberen an der Höhe der Mittlere, so gebühret ihme auch die Mittlere temperierte Proportzen, warm und feucht zu gleichen Theilen. Also weil Mars der Sonnen am nechsten, so gebühret ihme die dürre Proportz, da ein Ubermaaß an Hitz und ein Abgang an Feuchtigkeit. Bleibt endtlich *Saturn* die ubrige gefrorne Proportzen, da ein Ubermaaß der Feuchtigkeit und ein Abgang der Wärme, das ist lauter Eyß.

Die *Astrologen* zwar sagen, *Saturn* sey trucken, verstehe *tatsächlich*, wie ein Eyß, aber *potentiell* ist er feucht, das ist, er befördert die Matery, die zum gefrieren täuglich ist.

Belangendt die undere Planeten, weil *Merkur* der nächst an der Sonnen (bey *Copernicus* und *Brahe*), so gebüret ihm auch die Proportz, da der Wärme mehr ist dann der Feuchte, und möcht er also sich vergleichen dem Temperament auß *des Mars* Hitz und *des Jupiters* Feuchtigkeit. Bleibt also diese ubrige Proportz, da der Feuchte mehr ist, dem ubrigen Planeten *der Venus*, der wird hiermit an Feuchte dem *Saturn* und an Wärme dem *Jupiter* gleich.

Damit wirdt auß den obern Planeten ein *Gegensatz mit Mittelmaß*, auß den untern ein *Gegensatz ohne Mittelmaß*; dann *Venus* und *Merkur*, deren jene deß *Saturns*, dieser deß *Mars* Stell vertrittet, die haben ihren *Jupiter* unter sich getheilet, daß *Venus* seine Wärme an sich genommen, *Merkur* sein Feuchtigkeit.

33. Diß sey also die versprochene *Speculation*, welche zwar auff obangedeuteter moderation beruhet, aber doch *Dr. Feselius* und allen *Hippokratikern, Galenikern, Aristotelikern* und *Peripatetikern* in Behauptung ihrer zusammenflickung der vier Elementen *aus der Verbindung der vier Qualitäten* den Trutz bietet. Dann so die berührten *Autoren* eine neuwe *Philosophie* haben können auffbringen, da man doch ihre vier *Elemente* nicht so augenscheinlich sehen und zehlen kan und das Feuwer seine Stell oberhalb der Lufft keines wegs innen hat, sondern auff Erden und unter der Erden klebt, so auch die Lufft ihre Qualitet, die Wärme, an und für sich selber niemalen gehabt (auch die *Abwesenheit der Qualitäten Kälte und Trockenheit*, unrechtmässig zum Handel gezogen werden): Wie viel stattlicher wirdt jetzo diese meine *Philosophie* bestehen können, da mir die zahl fünff auß unbetrieglicher anschauwung deß Himmels zur handt gehet, ein jeder Planet seine warhafftige Stelle behält, die *Astrologen* diesen eygenschafften zeugnuß geben, die Farben der Planeten mit eynstimmen und nur zwo *positive Qualitäten* in die *Komposition* kommen.

Wirdt sich nun *Dr. Feselius* in diesem seinem Büchlin hernacher wider diese *Speculation* ein eintzigs Eynwurffs vernemmen lassen, soll ihme sein Antwort drüber [176] werden. Anjetzo sey gnug von diesem Puncten gesagt, wie viel nemlich *Dr. Feselius* und sein *Zabarella* mir mit dem Wort Liecht eyngeraumet haben.

34. Weil ich aber hiermit eine Contrarietet in die Welt eyngeführt, muß ich einem Eynwurff begegnen. Dann es fragt sich, weil allein *Jupiter* das Mittel hält, ob dann nicht *Saturn* und *Mars* hiermit für böse boßhafftige Planeten angegeben und also Gottes Geschöpff verkleinert werde.

Hierauff ist die Antwort *Dr. Feselius* gar wol bekandt, der auch viel Contrarieteten in den Kräuttern findet, welche ihre wesentliche Eygenschafften seynd und derwegen vor dem Fall gewest, ja noch vor den Sternen am dritten Tag erschaffen worden. Kürtzlich, diese Contrarieteten gehören zur Zierdt der Welt und seynd derowegen anderst nicht dann gut, dann sie alle mit einander Gott dem Schöpffer zu seinem allgemeinen allerheyligsten Intent dienstlich seynd, und werden auch unter einander selbst eines dem andern gar nicht durch die Banck hinweg böß, sondern nur mit seiner gewissen Maaß. Der Hundt ist dem Hasen zwar graam, wann aber der Haaß in seinem Gesträuß bleibt und der Hundt zu Hauß, so gehet einer den andern nichts an. So lang auch der Haaß umbspringet, frewet er sich seiner Flucht eben so hoch als hoch sich der Hundt seines nachjagens und der Mensch deß Weydwercks sich freuwet, biß entlich sein Stündtlin kömpt, da zwar nach des Hasens Sinnlichkeit der Hundt deß Hasens grosses Unglück ist, so wol als das Alter und der zeitliche Todt deß Menschens leiblicher Untergang und Unglück ist: es kan aber doch dem Haasen kein grössere Ehr widerfahren, dann wann er vom Hundt erhaschet wird und dem Jäger auff den Tisch kömpt, dann darzu ist er gewürdiget von seinem Schöpffer.

Weil dann *Saturn, Jupiter* und *Mars* einander nicht wie Hundt und Hasen verfolgen, sondern alle nebeneinander im Himmel dahero lauffen, so wirdt ihre Contrarietet, mit welcher sie von einander unterscheiden, umb so viel desto weniger böß seyn.

35. Sprichstu: ja sie seynd aber dem Menschen zuwider. Antwort: Gott hat den Menschen erschaffen erst nach den Planeten am sechsten Tag; da ist es bey Gott gestanden, wie er den Menschen formieren wölle. Gar leicht were es ihme gewest, den Menschen also zu formieren, daß er nur allein mit dem temperierten *Jupiter* zu thun gehabt hette und deß *Saturns* oder *Mars* so wenig empfunden hette als ein todter Stein. Das hat aber Gott nicht gethan; derohalben muß es gut und heylig gethan seyn, daß der Mensch nicht nur deß temperierten *Jupiters*, sondern auch deß kalten *Saturns* und deß hitzigen *Mars* empfindet. Die schaden ihme aber eben so wenig als innerhalb seines Leibs die *schwarze Galle* und die Gall, welche beyde *Säfte* von den gemeinen *Ärzten* nur für *Ausscheidungen* außgeschryen werden, so wol als *Saturn* und *Mars* von den gemeinen *Astrologen* für böse Planeten. Derowegen so wenig *Dr. Feselius* diesen Astrologischen Wohn in Kopff bringen kan, so wenig wil auch mir eyngehen, daß die Gall nur allein ein *Ausscheidung* und kein nöhtiger, *zur Substanz der durch die Adern geleiteten Nahrung gehöriger Saft* seyn solle*.

[177] Daß nun die *Astrologen* etwa eine Kranckheit dem *Saturn* oder *Mars* zuschreiben, ob wol ich sie hieruber für dißmal noch nicht allerdings justificiert haben wil, so seynd sie aber doch von *Dr. Feselius* hierüber eben so wenig zu verdencken, als wenig ich jhn verdencke, wann er von einem Patienten sagt, die Gall oder das ubrige Geblüt *in Überfülle* oder der Mertz hab ihn umbs Leben gebracht.

Und ist hiemit *Dr. Feselius*' erste Frag erörtert, ob die Planeten auch ihre anerschaffene und eyngepflantzte Wirckungen haben und ob dieselbige gut oder böß.

36. Zum andern, sagt *Dr. Feselius*, sey auch diß die Frage, ob der Sternen Wirckungen auch ergrieffen und zu vorsagung künfftiger Ding gebraucht werden können?

Daß man sie nicht vollkommen ergrieffen könne, ist leichtlich zu erachten, weil ihrer gar zu viel seynd und alle auff dem Erdtboden zusammen leuchten. Es macht aber das stillstehen und das umbgehen unter ihnen

---

* [Nach der antiken Humoralpathologie entstehen Krankheiten dadurch, daß die vier Körper-Säfte (*humores*: Blut, Schleim, Galle, schwarze Galle) nicht mehr im richtigen Mischungsverhältnis wie im gesunden Körper stehen. Kepler schließt sich dem an und will nicht wie manche Mediziner seiner Zeit einsehen, daß einzelne dieser Säfte, vor allem die Galle und die schwarze Galle, bloße *Ausscheidungen* seien.]

einen grossen Unterscheidt. Dann weil der meinste Hauff an einem Ort stillsteht, so bleibt es auch mit ihrer Wirckung an und für sie selbst immer nur in einem, und gibt keinen mercklichen Unterscheidt. Was gehet aber diß die fünff umblauffende Planeten an? Deren seynd wenig und geben sich schon zu einer Prob und Erfahrung, was sie vermögen.

Derowegen, so antworte ich *Dr. FESELIUS* rundt und sage: ja. Alle natürliche der fünff Planeten, zum theil auch der fürnembsten unbeweglichen Sternen Eygenschafften, durch welche sie bey uns auff Erden etwas wircken, die können durch menschlichen verstandt wiewol nicht vollkommen, doch gleich so wol ergrieffen, auch in ein gewisse *Lehre* und Wissenschafft eyngeschlossen und bey den *Vorhersagen* künfftiger Dinge nützlich betrachtet werden, so wol und so vollkommen dieses in der *Medizin* mit den viel und mancherley Kräuttern geschehen kan.

Dann gleicher weiß, wie man bey den Kräuttern und andern *einfachen Heilmitteln* noch täglich etwas erfähret und erlernet, das man zuvor nit gewust, also kan diß auch mit den Eygenschafften der Sternen noch fürauß geschehen, und also, was man jetzo noch nicht weiß, künfftig erlernet werden, und umb so viel desto mehr, weil bißhero deren *Astrologen*, welche nach der gründlichen Warheit gestrebet haben, viel weniger gewest als bey der *Medizin*, die hat so viel hochgelehrter Männer zu allen zeiten gehabt, daß ein Wunder ist, daß sie diese Kunst nicht vor längst gantz und gar erschöpffet und, wie man sagt, in den Schuhen zertretten haben.

FESELIUS sagt nein zur Sach, man köndte der Planeten Eygenschafften nicht vollkommlich erlernen, damit er ohn zweiffel die *Astrologie* weyt weyt unter die *Medizin* herunter gesetzt haben wil. Führet zum Zeugen eyn erstlich *ARISTOTELES, De coelo, Buch 2, Kapitel 3*.

Er thut aber dem guten Herrn Gewalt und zeucht ihn, beym Mantel mit ihme zu gehen, da doch sein Weg gar auff ein anders Ort zugehet. Dann ich *ARISTOTELES* und *FESELIUS* geständig bin, daß wir viel besser wissen, wie es allhie mit unserm Erdtboden beschaffen, als wie es mit den himmelischen leuchtenden Kugeln eine Gelegenheit habe, versiehe, ob auch lebendige Creaturen in denselbigen so wol als auff dieser Erden Kugel sich auffhalten und was es für Thier seyn müssen: Item, [178] ob solche Kugeln gemacht seyen von einer festen Matery wie ein Stein oder von einer flüssigen wie Wasser, ob sie durchleuchtig wie ein Crystall oder finster wie ein leymen Kloß, ob sie ein Nebel, eine Wolcke, ein Feuwerflamme, ob sie grün, schwartz oder roht an der Farbe. Diese Stücke, sage ich, seyndt gantz schwehr wegen der unbegreifflichen Höhe, ist wahr, aber doch seynd sie nicht allerdings unmüglich; dann *ARISTOTELES* selber macht sich am selbigen Ort darhinder, dieselbige Dinge zu ergründen, und hat nicht gar nichts außgerichtet. Dann man auch deroselben Zufälle nicht gantz und gar nicht vernemmen kan, sondern diß ist allein wahr, daß dessen, so man darvon mit eusserlichen Sinnen vernimbt, wenig sey gegen dem jenigen zu rechnen, was uns unsere fünff Sinne von einem Kraut oder Thier berichten und zu verstehen geben. Daß aber darumb deß Menschens Verstandt auß dem jenigen, was die Augen ihn von dem Himmel berichten, nichts gründtlichers abnemmen köndte, wirdt nicht zu erweisen seyn.

Zum Uberfluß gebe ichs also zu bedencken, wann die Sterne nur allein im Himmel blieben und wir hie auff Erden und also sie uns gantz und gar keine Bottschafft herunter thäten, so were es verlohren. Wann sie schon alle menschliche Händel trieben und walteten, so würden wir doch nicht wissen, woher es käme, sondern wir würden bey dieser *allgemeinen Bemerkung* bleiben müssen, daß diß alles von Gott komme. Weil aber das Liecht der Sternen zu uns herunter kömpt und unterschiedliche Farben und Klarheiten mit sich führet, so seyndt jetzo die Sterne uns nicht mehr zu hoch, sondern wir urtheilen von ihnen auß dem jenigen, was sie herab auff den Erdtboden und in unsere Augen hineyn anmelden. Können sie nicht allein messen, ihren Lauff ergründten, sondern auch etlicher massen von ihrer Kugeln anhangenden Gelegenheiten und Eygenschafften *discurriren*, auch auß denselben nach und nach anmercken, was doch eygentlich dasjenige seye, welches sie bey uns verursachen, wie dann sonderlich mit dem Exempel deß Sommers und Winters offenbar. Wann alle Menschen blindt weren oder unter einem Obdach oder ewigbleibenden Gewölcke herumb dappeten, würden sie nicht wissen, wie ihnen geschehe, daß es Sommer oder Winter würde, sondern würdens allein Gott ohne Mittel heymschreiben. Weil sie aber der Sonnen gewahr worden, zweiffelt jetzo niemandt mehr, daß der Sommer von der Sonnen herkomme, wann sie sich zu uns nahet, und hingegen, wann sie von uns scheidet, es Winter werde. Und diß alles ist *dem ARISTOTELES* in angezogenem Ort keins wegs zuwider. Derohalben *FESELIUS* wol *ARISTOTELES* seinen Weg passieren lassen und sich umb einen andern Advocaten umbsehen mag.

Last uns derohalben nun fürs ander besehen, was sein *FRANCISCUS VALERIOLA* zur Sach rede. Wie sagt er [*Enarrationes medicinales*. 1554, Buch VI, Enarratio 2, S. 376]? Es seynd in Warheit gantz verborgene und in die allertieffeste Heymlichkeit der Natur versteckte Sachen, darvon uns die *Astrologen* sagen. Antwort: was schadet es, laß sie hersagen, wann sie nur etwas sagen, das sich im Werck also befindet, wann solches nur warhafftig darinnen stecket, so wöllen wir den Ursachen wol raht schaffen und dieselbige auß ihrer so tieffen heymlichkeit herauß graben und ans Tagliecht bringen; dann gesetzt, es hab kein *Arzt* nie keinen menschlichen Leib geöffnet, so wird es warlich ein sehr tieffes geheymnuß seyn, daß einem soll der Schenckel roht werden, wann ihm zuvor der Kopff wehe gethan, da müste [179] man alsdann, wann es sich beständiglich also zutrüge, darnach trachten, daß man die Ursach erlernete.

Ja, sagt *VALERIOLA*, die *Astrologen* geben aber diß für ohne gründtlichen *Beweis?* Antwort: sie beruffen sich auff die erfahrenheit und geben ihre Sachen uns in die *Physik* hereyn an statt der *Prinzipien.* Die *Prinzipien* aber kan und soll man gläuben ohne *Beweis* und allein auß der Erfahrenheit. Wann die *Erfahrung* da ist und sagt, diesem hat zuvor der Kopff wehe gethan, hat ein Hitz gehabt, hat fantasiert, bald darauff ist ihme der Fuß roht worden, so gläubt solches der *Arzt,* wanns schon nicht demonstrirt ist: Er gehet aber der Erfahrung nach, obs sich in andern *Beispielen* auch also verhalte, und wann ers dann befindet, so setzt er sich drüber und macht ihm selber ein *Beweis,* warumb es also und nicht anders seyn müsse, kan es also endtlich in eine beständige Wissenschafft bringen.

Ja, *VALERIOLA* sagt aber, der *Astrologen* Fürgeben sey also beschaffen, daß es nicht solle geglaubt und nicht köndte in ein Wissenschafft gebracht werden? Antwort: wahr ist es von dem grossen Theil, aber nicht von allem, was die Astrologen fürgeben. Wahr ist es von den *Individuen,* aber nicht von der generalitet, die in alle *Individuen* eyngetheilt ist. Daß es also wahr sey, gläube ich nicht eben von deß wegen, weil es *VALERIOLA* gesagt (seinethalben köndt ichs wol verneinen und es ihn probirn lassen), sondern ich hab es selbst erfahren. So stehet es einem jeden frey, der sich der Mühe unterwinden wil, solches in eygene Erfahrung zubringen. Wie aber droben außführlich gemeldet, so geschicht diß den *Ärzten* auch mit der anfänglichen Bewehrung der Kräutter; sie müssen warlich nicht allem Aberglauben der alten Weiblin gläuben, sie haben aber anfänglich deren Aussag auch nicht allerdings verwerffen können, sondern es hat Vernunfft, Zeit und mehrere Erfahrung zur Sache gehöret, dadurch das ungewisse von dem gewissen, die generalitet von den nebenzukommenden Umbständen in *den Individuen* hat müssen unterscheiden. Das-

222

selbig hab auch ich meines Theils *in der Astrologie* gethan und auß dero praetendirten Erfahrenheit die *Quinta Essentia* herauß gezogen, die zwar sehr nahe zusammen gangen, aber doch nicht allerdings zu nicht worden. Hab mich auch hernach befliessen, auß der jenigen Erfahrung, welche die Prob gehalten, eine *Lehre* oder Wissenschafft zu machen, welches mir meines erachtens nicht allerdings mißlungen; verhoff solche *Lehre* werde neben vielen Stücken der *Medizin* sich dörffen sehen lassen.

37. Der dritte A 3. in der Ordnung, welchen FESELIUS wider die *Astrologen* eynführet, ist der weise König SALOMON [*Prediger* VIII, 7], der die Eytelkeit aller Künsten und menschlichen Arbeit an Tag gibt, sonderlich aber zum offtermal bezeuget, daß der Mensch die künfftige Dinge nie wissen könne. Darüber FESELIUS die *Astrologen* anstrenget, diesen Knopff sollen sie ihme aufflösen, und möchte er gleichwol gern vernemmen, wie man sich hierüber torquirn und was man diesen Zeugnüssen für ein Färblein anstreichen wölle.

Antwort: fürs erste hat FESELIUS angefangen von der Sterne Wirckungen, daß sie deren keine haben ausserhalb deß Liechts unnd Bewegung. Hiervon sagt SALOMON [180] nichts weder *pro* noch *contra*, sondern redet allein darvon, daß die Menschen sich vergeblich bemühen, künfftige Fälle zu erlernen.

Ist derohalben nun eine andere Frage, ob man künfftige dinge, es sey auß den Sternen oder anderstwohero, wissen könne.

Damit ich mich aber auch in diesem Puncten erkläre, so ist zu wissen, daß alle weltliche Händel auff zweyerley weise betrachtet werden: Erstlich, so ferrn sie mit der Zeit und Ort auch andern Umbständen also umbschriben seynd, wie man sie in den Chronicken oder ein jeder in seinem HaußCalender auffzeichnet, welche auch eines oder deß andern Menschens *als Individuum* Leib und Leben, Hab und Gut, Ehr und Gefahr betreffen. Da bekenne ich, daß die *Astrologen* sich viel zu dürstiglich vermessen, solche Ding ins gemein oder in sonderbarer Personen Nativiteten auß dem Himmel umbständiglich und unfehlbarlich vorzusagen, und hierwider ist der König SALOMON recht angezogen.

Darnach so werden die weltliche Händel nicht also *im Speziellen*, sondern wegen einer allgemeinen Gleichheit betrachtet: Als daß etwan ein Jahr kömpt, da Friedt in aller Welt ist, etwan ein Mensch ist, auff welchen das Unglück mit Hauffen ziehlet ein Jahr für das ander: Da man nicht diß oder jenes Unglück insonderheit, sondern ins gemein den Zustandt betrachtet, welcher auß allen Particulariteten erscheinet.

Wann nun *Feselius* auch diese Generalbetrachtung auß Salomon widerlegen wil, daß der Mensch hie auff Erden deroselben allerdings kein vorwissenschafft haben köndte, und hernach die *Astrologie speziell* hierumb anfallen und verwerffen wil, als ob dieselbe allein sich umb solche künfftige Sachen bewerbe und hieran unrecht thue, so verkrieche ich mich schlecht hinweg hinder *Dr. Feselius* und seine *Medizin*: wie es nun deren gehet, so solle es meiner *Astrologie* auch gehen. Dann alle Wort, die *Feselius* auß Salomon wider diese Nachforschung künfftiger ding *im allgemeinen*, als jetzt gesagt, eynführen wil, die können in gleicher *Berechtigung* auch wider der *Ärzte Vorhersagen* eyngeführt werden.

Deß Unglücks deß Menschens ist viel bey ihme; dann er weiß nicht was gewesen ist (die *Historiker* darumb unverworffen), und wer wil ihm sagen, was werden soll? Warlich das kan ihm der *Arzt* allein nicht sagen so wenig als der *Astrologe* (und bleibt doch *Medizin* und *Sternwissenschaft* unverachtet), als welche dannoch etwas vorsehen, ein jede nach art ihres *Gegenstandes*.

Ob auch gleich kein Mensch den Verstandt (der Weißheit und deß Unglücks, so auff Erden geschicht) finden kan aller Werken Gottes, die unter der Sonnen geschehen, so suchet man doch *in der Medizin* etwas von diesem Verstandt und von ursprung der Kranckheiten und Landtseuchen, von Eygenschafften der Werck Gottes *usw.* und sucht es nicht vergeblich, sondern findt doch etwas darvon, deßgleichen man in *der Astronomie* und *Astrologie* auch pfleget.

Und wie wirdt es *Feselius* gefallen, wann ich mit Salomon fortfahre, doch *speziell* an die *Medizin* setzte: Je mehr der *Arzt* arbeytet zu suchen, je weniger er findet. Wenn er gleich spricht: ich bin *Doctor*, und viel weiß, so kan ers doch nicht finden. Solte ich darumb schliessen, man soll die *Medizin* gar unterwegen und ungestudiret lassen?

[181] Also wann ich den *Politikern* auß Salomon [*Prediger* VI, 12] eynreden und sprechen wolte, wer weiß, was dem Menschen nutz ist im Leben, und wer wil dem Menschen sagen, was nach jm kommen wird unter der Sonnen? Darumb soll man nicht nach guten Gesetzen und Regiment streben, keine Fürsorg tragen für die Nachkommen: Were das nit den Spruch Salomons mißbrauchet, als welcher nicht vom Nutzen solcher dinge, welcher an ihm selber gewiß genug, sondern nur von der

Unvollkommenheit redet und den Menschen, den *Arzt* so wol als den *Sternwissenschaftler*, seiner Unwissenheit erinnert.

Und abermal, wann SALOMON sagt [*Prediger* VII, 14], daß Gott den bösen Tag oder das Unglück, die Krankheit auch schaffe neben dem guten, daß der Mensch nicht wissen solle, was künfftig ist, wil mir darumb *FESELIUS* bekennen, daß seine medizinischen *Voraussagen* und Vorsagungen allerdings nichtig, vergeblich und falsch seyen? So dann die *Medizin* etwas vorsagen kan, ungeacht dasselbig unvollkommen und *hinsichtlich der individuellen Umstände* gar ungewiß, was wunders soll es dann in der Sternkündigung seyn, daß drinnen auch etwas *allgemein* vorgesehen werden mag und gleichwol SALOMONS Spruch wahr bleibt, daß der Mensch nit wisse, was *ihm als Individuum* künfftig ist.

Also laß ich auch *Dr. FESELIUS* den Spruch auß Jesus Syrach am 16. Cap. seines gefallens außlegen [*Jesus Sirach* XVI, 21]. Er mag von dem natürlichen Gewitter reden, wie *FESELIUS* drauff dringet, oder mag, wie mich gedünckt, von allen Plagen und Straffen reden, die Gott über den Gottlosen sichern Hauffen wil kommen lassen, die da sprechen: Der Herr siehet mich nicht, da doch das Widerspiel war, daß vielmehr solche Freeler das jenig nit sehen, was er mit ihnen fürnemen und thun wil, und Gottes bedrawung, wann sie schon ein roher Mensch höret, viel zu weit auß seinen Augen ist.

Ich bekenne gern, daß die Gottlosen *Philosophen* und *Ärzte*, welche ihre Künsten und Vorwissenschafft auff die *zukünftigen Geschehnisse im Einzelfall ausdehnen* oder dieselbige sonsten den Göttlichen Bedräuwungen entgegen setzen und zur Sicherheit mißbrauchen wolten, so wol in diese Schul gehören als andere böse Buben. Es wirdt ihnen aber darumb in derselben nicht aufferlegt, daß sie ihre *Berufe* verlassen sollen, so wenig als das Weintrinken verbotten wirdt, wann SALOMON für der Füllerey warnet.

Und hat mir *FESELIUS*, als der ein *Arzt* und *Anatom* ist, mit dem letzten Spruch auß *Ecclesiastes, Kapitel 11* [*Prediger* XI, 5] angezogen ein Lachen verursacht, wil ihn derohalben gantz setzen, ob vielleicht der Leser dessen, so er uberhüpfft, neben mir auch lachen wolte: Gleich wie du (*Astrologe*) nicht weissest den Weg deß Windes und, wie die Gebein in Mutterleib bereytet werden: Also kanstu auch Gottes Werck nicht wissen, was er thut uberall.

Wann nun die *Ärzte*, deren einer auch *Dr. FESELIUS* ist, auff anhörung dieses Spruchs die *Anatomie* hinweg legen und auffhören, zu disputiren *über die Bildung des Foetus im Mutterleib*, dann wirdt es an die *Philosophen* kommen, daß sie auch ihre *allgemeinen Vorhersagen aus den Sternen* unterlassen. Sonsten und wann die *Ärzte* fortfahren, werden auch die *Astrologen bei der Suche nach der Wissenschaft* neben ihnen bey gleichen Ehren bleiben.

[182] Was auß dem Buch Hiob eyngeführet wirdt, daß HIOB nicht gewust, wann Gott ein jedes seiner Werk thue und wann er das Liecht seiner Wolcken herfür brechen lasse [*Hiob* XXXVII, 14 f.], bin ich nicht gesinnet abzuläugnen, wann auch gleich von der *Astrologen* geredt wirdt, dann solche sehr viel falsche *Grundlagen* haben, das Gewitter zu erlernen, auch die warhafftige *Grundlagen zu* der umbständtlichen Außbrütung deß Gewitters nicht gnugsam und allein *Teil der Ursache* seynd, endtlich sie auch nicht wissen können, über welche Landtschafft ein Wetter gehen und was es gutes oder böses bringen werde. Solte man aber darumb sich nicht strecken, etwas zu erlernen, so viel Gott der Herr dem ordentlichen Lauff der Natur eyngepflantzet? So müste man die gantze *Philosophie* unter wegen lassen, weil im nachfolgenden 38. Capitel nicht Eliu, sondern Gott selbst die unvollkommenheit der menschlichen Wissenschafft durch alle *Teile der Philosophie* außführet und dem HIOB damit seine Vermessenheit zuerkennen gibt. Daß wer [= wäre] eben der Handel, als ob einer sagte: Der Mensch köndte wegen anhangender Gebrechligkeit die Gebott Gottes nicht vollkömmlich erfüllen, darumb soll er sich auch darnach nicht strecken, sondern Hände und Füsse sincken lassen.

38. Es setzt nun *Dr. FESELIUS* seinen Fuß fürbaß und untersteht sich, die *Astrologie zu* verwerffen, weil sie unvollkommen. Die Unvollkommenheit aber deroselben wil er erweisen auß Unvollkommenheit der *Astronomie.* Nun hab ich schon mit vielem zu verstehen geben, welch ein unbesonnen Werck es sey, ein Ding, so an ihm selber gut, wegen seiner Unvollkommenheit gantz und gar zu verwerffen; dann hiermit auch der *Medizin* nicht verschonet werden müste. Wahr ist es, wann es unvollkommen, so warnet man recht, daß niemandt sich zuviel darauff verlasse. Gleich wie auch ich recht daran thäte, wann ich einen Patienten warnete, er solte sich auff *Dr. FESELIUS'* Cur nicht allzuviel verlassen; dann die *Medizin* sey noch in vielen Stücken sehr mangelhafft.

Aber von dieser Folg ist nunmehr gnug gesagt. Lasset uns besehen, wie *Dr. FESELIUS* erweiset, daß die *Astrologie* unvollkommen.

Er sagt die *astronomischen Grundlagen* seyen unvollkommen, auff welche diese *Vorhersagen aus der Natur* gebauwet. Derhalben auch das Gebäuw selber wancken müsse.

Antwort: Die meinste Stück A 4., welche FESELIUS hie auß der *Astronomie* für unvollkommen ansiehet, die gehen die *Vorhersagen aus der Natur* nichts an.

Dann was gehet anfangs die irrdische wirckungen an, die zahl der himmlischen *Sphären*, es mögen ihrer sechs, acht, neun, zehen, eylff, zwölff oder nur eine seyn; die *Sphären* selber oder die runde Häußlein (wie FESELIUS darvon redet), die singen, wirken oder thun nichts, sondern allein der Vogel, der darinnen sitzt, das ist der Planet, gleich wie der Ring kein Krafft hat am Finger, sondern der Stein darinnen soll nach etlicher Fürgeben dieselbe haben.

Also und fürs ander: Es stehen die Planeten hoch oder nieder, oder die Sonn steht zu oberst oder zu underst, so werffen sie doch ihr Liecht und die demselben anhangende Qualiteten zu uns auff den Erdtboden herunter, die Sterne so wol als Sonn und Mondt, sonst würden wir sie nicht sehen; dann diß sollen die *Ärzte* [183] auß unser *Optik* und mit Namen auß meiner *Astronomiae pars Optica* wissen und lernen (wie sie dann allbereyt hin und her anfangen, zu lernen und mir für die eröffnung der rechten warhafftigen *Sehweise* danck zu sagen), daß ein jede Sach mit ihrer Farb so scharpff im Aug drinnen abgemahlet steht, so scharpff der Mensch dieselbe sihet.

Nicht viel anderst wird auch das dritte ungewisse Stück B 1. abzufertigen seyn, daß man die *Bewegung der achten Sphäre** nit wisse und wann die Sonn beginne, in ein jedes Zeichen zu gehen. Dann ob ichs schon nicht uber zehen tausent Jahr weiß außzurechnen, so weiß ichs aber auff hundert Jahr außzurechnen und kan es zu jederzeit observieren, befinde auch, daß diese Rechnung wahr seye. Und gesetzt, ich köndte es nicht außrechnen so scharpff und genauw (wie dann ich nicht läugne, daß die

---

* [Die »*achte Sphäre*« ist eigentlich die täglich rotierende Fixsternsphäre. Eine zusätzliche neunte Sphäre wurde im mechanischen System des Mittelalters eingeführt, um die Präzessionsbewegung, das langsame Vorrücken des Frühlingspunktes auf der Ekliptik, zu erklären. Diese rückte dann an die achte Stelle, von innen gerechnet. Eine weitere Sphäre wurde erforderlich, um die als Schwankungen gedeuteten Abweichungen der Präzession von den antiken Werten (Trepidation genannt) erklären zu können. Weitere Sphären (Kristallsphäre, *Coelum Empyreum*) wurden eingeführt, um Aussagen der Bibel mit diesem System in Übereinstimmung zu bringen. Die Höchstzahl ist bei CHRISTOPH CLAVIUS 14.]

Astrologen sich mit dem Eyngang der Sonnen in den Wider, darauß sie das *Urteil* uber das gantze Jahr fällen, gröblich verschneiden, offtermal umb 12, 13, 14, 15 Stundt verfehlen und den Himmel geradt das unter uber sich kehren), so hat diß schon sein gemessenes Ziel, wie viel es an der *Astrologie* umbstosset, nemlich diß *Beurteilung des Jahres aus dem Horoskop des Sonneneintritts in das Sternbild Widder*, auff welches ich ohne das nichts halte, wann man gleich mit der Rechnung gar genauw zutrifft.

39. Dann also hab ich geschrieben in meinen *Prognostica* uber das 1599. Jahr. Die Astrologen pflegen einem jeden Jahr, nicht anderst, als würde es wie ein anderer Mensch geboren, sein Nativitet zu stellen, *die Anteile an Getreide, Wein, Öl, Tod usw.* zusuchen. Nun kan ich nicht läugnen, daß diß ein lächerliche Fantasey seye. Dann ein Mensch wird zumal mit Haut und Haar in einem Augenblick geboren. Das Jahr aber ist nicht ein solches gantzes Wesen, sondern, wann der Lentz angehet, so ist der Sommer noch nicht da, und so er kömpt, dann ist der Lentz schon vergangen. Ein Mensch ist ein irrdisches abgesondertes und von dem Himmel verenderliches Wesen. Das Jahr ist nichts anders dann die himmlische Läuffe selbsten, dessen sein vermeynte Nativitet, das ist der erste Tag im Frühling, ein Theil ist. Derowegen nit ein Tag dem andern zugebieten oder ihn zuverändern macht hat, sondern sie alle zugleich müssen nach Göttlicher einmal bestellter ordnung ein jeder auff sein besondere weiß daher fliessen.

Ja, spricht einer, die Jahrs Revolution gehet nicht eben über das Jahr selbst, sondern uber den Erdtboden, welcher alle Jahr gleichsam von neuwem geboren wirdt.

Antwort: deß Menschen Geburt hat einen augenscheinlichen Anfang, wann er von seiner Mutter abgelöset und für sich selber zu leben anfahet. Der Erdtboden aber sampt allen Bäumen, Früchten und Gebürgen werden von einem Tag zum andern vor und nach dem Eintritt der Sonnen in den Wider je länger je mehr oder weniger erhitzet, erweychet, befeuchtiget und verändert. Derowegen man nicht wie bey den Menschen den ersten Tag, sondern die Constellation durch das gantze Jahr ansehen müste.

Wann aber schon diß verworffen wird, so ist es darumb nit allerding umb die *Astrologie* geschehen, &c. So viel am selbigen ort.

[184] Ferrners wirdt durch diese Ungewißheit der Rechnung, wann man sie gleich *FESELIUS* zugebe, die gar genaw außtheilung der zwölff

himmlischen Zeichen erschüttert und umbgestossen. Die habe ich aber gleichfalls schon längst, sonderlich in meinem Buch *De stella nova serpentarii*, mit vielen andern *Argumenten* verworffen, ohn noht dieselbige allhie zu widerholen, köndte sie aber also dahin, *mit weniger Kunst und Bildung*, vor dieser von *Dr. Feselius* fürgestossener Ungewißheit der Astronomischen *Beobachtungen* gar wol behalten, wann ich sonst nichts darwider hette. Dann in einem Zeichen seynd dreyssig *Grade*; gesetzt nun, doch nicht gegeben, der *Astronom* verfehle mit seinem Augenmaaß (wegen Widergellung deß Scheins oder umb einiger anderer Ursachen willen) umb den ersten gantzen Grad, so bleiben aber doch noch 29 ubrig, die keinen Fehl haben, welcher Eygenschafft durch diese deß eintzigen Grads Ungewißheit noch nicht zumal umbgestossen wirdt.

40. Viel weniger schadet diß der *Astrologie*, daß der *Astronom* nicht weiß, wie groß eygentlich ein jeder Stern seye. Dann es wircken die Sterne nicht nach ihrer warhafftigen Grösse, sondern nach dem Augenmaaß, nach dem jeder groß scheinet allhie auff Erden, allda die Werckstatt zu solcher Wirckung ist. Erinnert euch, daß droben *Nummer* 26 gesagt worden, die Wirckung der Sternen gehe zu durch vermittelung ihres Liechts. Sollen sie was außrichten, müssen sie ihre Krafft nicht bey sich droben behalten, sondern zu uns herab erstrecken. Je weytter sie aber solche erstrecken, je schwächer sie wirdt, gleich wie auch sie selber mit ihren Kugeln, je höher sie stehen, je kleiner erscheinen, und also ihre Krafft sich mit dem Augenmaaß ihrer Größ proportioniert.

Noch viel weniger irret den *Astrologen* die ubermässige Geschwindigkeit deß Himmels; dann was gehet es den Erdtboden an, wie groß und also auch wie geschwindt der Himmel sey. Der Erdtboden empfindet die Abwechselung deß Liechts, welche in 24 Stunden geschicht, so wol von dem hohen *Saturn* als von dem nidrigen *Merkur*, wie sie beyde zugleich herab leuchten. Dann man fragt in *der Astrologie* nicht darnach, wie weyt der Planet in seinem weytten oder engen Himmel gelauffen, sondern wie ein grossen Winckel sein herabfallendt Liecht allhie auff Erden bey einem einigen Puncten durchgelauffen; da zeucht man umb einen solchen Puncten einen *Kreis*, theilt denselben in 360 Grad. Gott gebe er sey weyt oder eng. Dann das *Punctum Naturale* (ist die natürliche Seel in einem jeden Menschen oder auch in der Erdenkugel selbsten; *sieh mein Buch De Stella nova S. 39.* [KGW I: 192]) vermag so viel als einen wircklichen *Kreis*: Im

Punkt ist der Kreis potentiell enthalten, wegen der Seiten, von denen her die Radien, die sich in diesem Punkt gegenseitig schneiden, herankommen [vgl. hierzu auch Nummer 126].

Ebenmässige Antwort B 2. gehöret auch auff den Zweiffel, ob Himmel oder Erden umbgehe? Welcher Zweiffel darumb die *Astrologie* nicht verdächtig macht, weil er sie nichts angehet; dann da ist gnug, daß der *Astrologe* siehet, wie die Liechtstreymen jetzo von Orient, dann von Mittag, endtlich von Occident daher gehen und darauff gar verschwinden. Da ist gnug, daß man weiß, wann zween Planeten neben einander gesehen werden und wann sie gegen einander uberstehen, Item [185] wann sie ein *Sextil, Quintil, Quadrat usw.* machen, welches fleissige *Astronomen* bey nächtlicher weil an ihren *Winkelmeßkreisen* zeigen können, so offt zween Planeten zumal erscheinen. Was fragt allhie der *Astrologe* oder vielmehr *die untermondische Natur* darnach, wie solches zugehe? Warlich so wenig als der Bauwer darnach fragt, wie es Sommer und Winter werde, und doch nichts desto weniger sich darnach richtet.

41. Diß schreibe ich von den meinsten Puncten. Wil mich darumb nicht begeben haben, auß der warhafftigen Beschaffenheit der Welt etliche Sachen in *der Astrologie zu* widerlegen, etliche zu bestättigen, etliche zu verbessern.

Dann zum Exempel, so gedünckt mich, wie die Alten die zwölff Zeichen unter die sieben Planeten außgetheilt, haben sie gemeynet, die Sonne stehe nächst uber dem Mondt, und ihr derowegen das nechste Zeichen an deß Mondes Zeichen, das ist den Löwen, zugetheilet, derowegen ich solche abtheilung desto mehr verwerffe.

Hinwiderumb, so wil bey mir die *Lehre der Direktion* ein feines Ansehen gewinnen, wann ich mit COPERNICUS die Erde umbgehen lasse; dann alsdann findet sich *das Verhältnis des Tages zum Jahr, das ist 1:365, unserer Wohnstatt,* Hütten, Wohnung oder Schiff, darinnen wir in der Welt herumb geführt werden, natürlich eyngepflantzet. Und ist derohalben desto gläublicher, daß *in den Direktionen* und Nativiteten der Menschen, welche dieses Schiffs Innwohner seynd, diese Proportz auch regiren solle, als dann die *Astrologen* lehren.

Da ich dann auß unterschiedlichen Meynungen der fürnembsten *Astrologen* diese meine besondere Meynung zusammen gezogen und in derselben solche *Autoren, die etwas andere Meinungen vertreten,* vergliechen, daß ein jeder Tag nach der Geburt ein Jahr bedeute, zween Tag zwey Jahr und so fort an. Darauß dann folgt, daß die Sonn *durch ihre täglichen Läufe längs der Ekliptik* zu dirigirn [ist], *die Himmelsmitte durch die geraden Aufsteigungen* [Rektaszensionen], *der Aszendent durch die schiefen Aufsteigungen, jeweils zuzüglich der Geburtsstunden zur geraden Aufsteigung des dirigierten Sonnenortes und soweit das Horoskop von neuem aufgestellt ist,* der Mond auch *in der Ekliptik durch die täglichen Sonnenläufe,* das *Glücksrad* aber verworffen und nicht dirigirt werden müsse, wie sie denn auch kein Stern oder Theil deß Himmels nicht ist, so wol auch der ubrigen Planeten *Direktionen zu* unterlassen, weil sie mit dieser *Bewegung der Erde* kein Gemeinschafft an und für sich selber nicht haben.

42. Etwas näher kömpt FESELIUS mit Fürwerffung der ungewissen Zeit und Minuten, in welcher ein Mensch geboren wird; dann die *Astrologen* bekennen solches und befinden es starck, haben auch ihre Mittel, dieser ungewißheit zu helffen, eins besser dann das ander.

Es wil aber FESELIUS weiter greiffen und vermeynet, wann man auch nur umb ein einige Minuten fehle, sey es allbereyt zuviel, und hat außgerechnet, wie viel tausentmaltausent Teutscher Meilen man hierunter ubersehe und fürüber passiren lasse. Es ist aber droben *Nummer 40* angezeigt, daß uns die Grösse deß Himmels nit irre. Deß Menschen natürliche Seel ist nit grösser denn ein einiger Punct, und in [186] diesen Puncten wird die Gestalt und Character deß gantzen Himmels, wann er auch noch hundertmal so groß were, *potentiell* eyngedruckt. Und thut ein verfehlte Minut der zeit *im Geschäft der Direktion* nit mehr dann ein viertheil Jahr. O wie selig würden die *Astrologen* sich schetzen, wann sie alle fälle bey einem viertheil Jahr vorsagen könnten.

So es aber schön umb ein Viertheil oder halbe Stundt an der Zeit fehlen solte, welche *in der Direktion* vier und acht Jahr außtragen*, so ist nicht darumb die gantze Sache ungewiß. Es bleibt gleichwol dem *Astrologen* so viel, daß er ungefährlich sehe, ob eine *Direktion* in die Jugendt oder in das Alter eynfalle.

---

* [Für die Gleichsetzung von 15 und 30 Minuten mit 4 beziehungsweise 8 Jahren in der Direktion benutzt KEPLER FESELIUS' Gleichsetzung von 1 Minute mit ca. ¼ Jahr. KEPLER selbst hatte zuvor in Nummer 41 die ganzen Tage nach der Geburt mit den Jahren gleichgesetzt. Siehe auch Nummer 66.]

43. Es meynet ferrners *FESELIUS*, daß es der *Astrologie* grossen mangel bringe, daß die *Astronomen* nit wissen, wieviel der Fixsternen seyen; dann wann ein Stern sein Eygenschafft und Influentz in diese nidere Welt habe, so werden alle dergleichen haben, und köndt derowegen nit ohne Fehler zugehen, wann man ein grosse menge so ubersehe.

Hierauff ist allbereyt droben *Nummer 36* geantwortet, daß ein unterscheid sey zwischen den beweglichen Planeten und unbeweglichen Fixsternen, welcher Unterscheidt in fürhabender Sach seinen mercklichen Nachdruck hat, da man handelt von bewegung der Natur in dieser nideren Welt. Und seynd der Planeten nit mehr dann sieben, die werden alle zur Sach gezogen. Die unbeweglichen köndte man wol allerdings fahren lassen, weil sie immer in einem bleiben, und also kein neuwerung verursachen sie selber zwischen einander.

Was aber das jenige anlangt, so sie zur Sachen thun sollen, wan die Planeten zu ihnen kommen, da gibt es eine starcke Musterung unter ihrer grossen unzahlbaren Menge.

Dann erstlich stehen ihrer gar wenig an den Strassen, da die Planeten fürüber passiren; der meinste Hauff stehet beseits gegen Mittnacht und Mittag und welben den runden Himmel auß, zu denen die Planeten nit kommen, und ist ein neuwerung, daß man die *Aspekte* der Planeten mit solchen außgewiechenen Sternen betrachten wil. Dann solche *Astrologen* machen die *Erfahrungen* verdächtig, weil ohne das der Planeten *Aspekte* untereinander selbsten sehr viel seynd. Auch ist es wider die Natur deß Aspects, daß ein unbeweglicher herzugezogen und mit bewegen solle.

Fürs ander, so seynd sie unterschiedlicher Grösse, und ist ein vernünfftig Fürgeben, daß jeder so viel thue, so viel er das Gesicht bewegt und eynnimmet. Hiermit bleiben etwan drey oder vier von der ersten Grösse, die zur Sach dienen, und doch keiner so groß nicht ist als ein Planet.

Laß es seyn, daß ein jeder Ort noch darüber eine *Vertikale* oder zween habe und solche von den *Astrologen* auch betrachtet werden, es gehet noch wol hin, man mischet sich darumb nicht in ein unendtliche Zahl hineyn.

Schließlich und hindangesetzt alle diese *Ausnahmen*, so folgt drümb nicht, daß die *Astrologie* gar nichts sey oder vermöge, wann sie schon noch nicht aller Sternen Wirckung erlernet haben solte, sonst würde ich auch in gleicher *Berechtigung* sagen müssen, *FESELIUS'* Kunst und die *Medizin* sey allerdings nichts; dann es seyen unzahlbare **[187]** Ursa-

chen der Kranckheiten, auch unzahlbare Kräutter und *Simplicia*, darvon
Feselius den wenigern theil wisse und *Hippokrates* vor zeiten noch
weniger gewust.

44. Und ist hiermit *Dr. Feselius'*begehren nach einer kommen, der ihme
seine Frage auffgelöset.

Es ist aber drumb nicht vonnöthen, daß *Feselius* darumb jetzo auff-
höre, mit Jesus Syrach zu halten [*Jesus Sirach* XLIII, 30], daß diese
grosse Menge der Sternen den Himmel zieren müsse. Dann er wol weiß,
daß ein Ding viele Zweckbestimmungen haben kann. Und ist anfangs *Nummer 18* gedacht, daß der Himmel am andern, die Sterne am vierdten Tag
geschaffen, und zu vermuthen, daß sie ihre bestimpte Nutzen haben, auch
ohne Ansehung deß Menschens. Als zum Exempel, so hat noch niemandt
widersprochen, daß die Bewegung der himmlischen Kugeln etwan durch
eine vernünfftige Creatur verrichtet werde, welche ihr auß den *Fix*Sternen
Ziehl und Maaß nemme. Solte der Himmel uberall leer oder mit Sternen
zwar besetzt, aber uberall in gleicher ordnung außgetheilt seyn, das würde eine solche Creatur, welche vermuhtlich die Sterne herumb führet,
confundirn, daß sie nicht wuste, wo sie drinnen steckte.

Sonderlich gibt es in *der Astronomie* etliche nachdencken, ob nicht die
Planeten Straaß allgemach sich neyge gegen *die Pole* und endtlich gar
dardurch gehen möchte, da jetzo die *Pole* stehen, da dann solche Straaß
auch ihre Werckzeichen und Marckstein so wol als jetzo haben müste, in
vorbetrachtung dieser künfftigen veränderung der Himmel rundt herumb
also besetzt seyn mag.

Da aber diese Ordnung der Sternen nicht eben einem solchen Beweger der Planeten zu Dienst und Behelff gemacht were, so könnte sie
doch dem Erkündiger ihres Laufs, nemlich dem Menschen, und so etwan
sonst in einer Kugel andere mehr vernünfftige Creaturen weren und, wie
wann ich sagte, den Engeln selbst, zu einem Behelff und Grundt *der Ster-
nenwissenschaft* angestellt worden seyn.

Nichts desto weniger, wann schon diese Anordnung am vierdten Tag
also vorher gegangen, so ist doch Gott dem Schöpffer bevor gestanden,
hernach am sechsten Tag den Menschen also zu formieren, daß sein natürliches *Seelenvermögen* dieses himmlischen Heerzugs der Sternen noch
auff ein andere weise, darvon die *Astrologen* reden, in Form und maaß,
wie ich kurtz hiervor *Nummer 43 und 18* abgehandelt, empfinden und die

bewegliche von den unbeweglichen, die grosse von den kleinen unterscheiden möchte.

Und hiermit ist *Feselius*'erstes Argument beantwortet, da er durch Unvollkommenheit der *Astronomie* die gantze *Astrologie* umbstossen wöllen.

45. Jetzo wil ich sein ander Argument von Unvollkommenheit der *Astro-
logie* abfertigen, welches zwar nicht eben eine Unvollkommenheit, deren
ich gern geständig, sondern gar ein Unmüglichkeit erzwingen wil; Dann
Feselius gibt für, die Sterne leuchten alle zusammen, darumb köndte der
Astrologe nit einem jeden Planeten besonder probieren, was er für eine
Krafft habe, und fragt hierumb, wie ihme hie die *Astrologen* thuen?

[188]Antwort: Sie binden das gantze vermischte Büschlen von aller
Sternen Liechtstraalen zusammen, schneiden es ab und werffen es in ein
Wasser, lassen es drey Tag und drey Nacht aneinander sieden, so fallen
die Zasern voneinander. Wil es *Dr. Feselius* nit gläuben, wie soll dann
ich ihm gläuben, daß er probieren könne, daß der *Rhabarber* die Gallen
außziehe, da doch aller Unrath in deß Menschen Leib beyeinander und
untereinander vermischet. So wenig ein unerfahrener *Astronom* von der
Medicinalischen Erfahrung urtheilen kan, so wenig gebühret es einem
Arzt, der die *physikalische Astrologie* nit geübet, deß *Astrologen* Erfahrung
umbzustossen und darauff die gantze *Astrologie* zu verwerffen.

Und wil ich nicht gläuben, daß *Dr. Feselius* alle und jede Simplicia an
der Menschen Leiber selber probiert habe, wie müste er so ein grossen
Gottsacker gefüllet haben? Sondern er wird den Alten glauben, und so
ein neues Kraut fürkömpt, wirdt er zuvor *Vermutungen* brauchen, solches Kraut gegen andern schon kundtbaren Kräuttern halten, ehe dann
ers gebrauchet.

Nicht anderst haben die *Astrologen* unterschiedliche Mittel, hinder die
Kräfften der Planeten zu kommen. Sie betrachten die Farb, die Grösse, die
Klarheit, sie sehen, wann im Sommer *Saturn* gegen der Sonnen ubersteht,
ob gleich sonst kein anderer Planet sich zu der Sonnen gesellet, daß es
kühl Regenwetter gibt.

46. Sie sehen, wann eine *Konjunktion von Mars und Sonne* ist, daß es ein
hitzige Zeit gibt nach Art der Jahreszeit: Dann im Winter ist es an statt der
Hitz doch lindt, gibt Donner und Regen, als 1598. im December, 1601. im
Februar. Im Frühling treibt solche *Konjunktion* auff, was sie findet, nemlich

noch viel rauher Lufft, als 1603. im *April*, darzu auch ein Feuwer gehöret, ob schon diß *Dr. Feselius* ein ungereymbt Ding scheinen möchte. Sonsten ist es gemeinglich hitzig, als *1590.* im *Juli*, ein gut Wein Jahr. *Anno 1592.*, ob wol gar ein nasses Jahr gewest *(wegen anderer Dinge)*, so ist doch, wie *Chythraeus** meldet, von 24. Juli biß *13. August, alten Stils*, da im mittels die *Konjunktion von Mars und Sonne* gefallen, heiß und truckene Zeit gewest. *Anno 1594.* im *September* ist auch ein guter Wein worden. *1596.* im *Oktober* ein herrliche Zeit. *1605.* im *Juni* hitzig, unangesehen, daß damalen auch widrige Aspect zumal eyngefallen, darumb es viel Ungewitter gegeben. *Anno 1607.* ward ein fruchtbar Jahr (welches seine besondere Ursachen hatt), da hat *Mars* in *Juli* auch in der Feuchte gewühtet und viel heisse dämpffechte Regen mit Hülff anderer beykommender *Aspekte* auffgetrieben. *Anno 1609.* ward es auch ein Tag vor und nach der *Konjunktion* im *August* und *September* sehr hitzig. Und steht noch täglich einem jeden bevor, darauff achtung zu geben. *Dr. Feselius* mag *Anno 1611.* im *Oktober neuen Stils* auffmercken.

47. Und ist zu erörterung der Frag, so *Dr. Feselius* fürgibt zu wissen, vonnöhten, daß, ob wol die Planeten ein jeder für sich allezeit auff den Erdtboden leuchten und wircken, sie doch hiermit als mit einem allzeit beständigen Werck kein Neuwerung verursachen und dahero auch freylich nicht können gemerckt werden. Es begeben sich [189] aber durch Verursachung ihres Lauffs zu unterschiedlichen zeiten solche Umbstände, bey denen sie kräfftiger seynd und ein augenscheinliche Veränderung verursachen, welche Umbstände nit alle zumal in gemein, sondern nur zween auff einmal angehen. Da dann *Feselius* siehet, daß uns die Sterne eben so wol als den *Ärzten* ihre Kräutter absonderlich zu erkündigen müglich und *Dr. Feselius* zu Umbstossung der *Astrologie* an gnugsamem Bericht mangele. Welches er in anziehung etlicher Astronomischer *Probleme* gleichfalls erwiesen, die ich nun jetzo auch hernemmen wil.

48. Dann anfangs A 3. und A 4. wil er zwischen den *Astronomen* Schiedsmann seyn, wieviel Himmel seyen, und widerlegt die jenigen, welche nur

---

* [Der Theologe David Chytraeus (1530–1600), Reformator in Niederösterreich und in der Steiermark, der 1573/74 die Stiftsschule in Graz gegründet hatte, an der Kepler 1594 bis 1600 als Mathematikprofessor wirkte, hat dort (nicht veröffentlichte) Wetterbeobachtungen angestellt, auf die Kepler auch in Nummer 134 zurückgreift.]

einen Himmel setzen, zu welchen *Tycho Brahe* sich bekennet und ich mich auch bekenne: Derohalben ich unser beyder halben diesen Puncten beantworten muß.

1. *Feselius* sagt, es sey der *Physik* zuwider. Ich sage nein darzu, es muß erwiesen werden. Wann *Feselius* etwas sagt als ein *Arzt*, so muß ich schweigen, wann ers gleich nit probiert, wann er aber redet als ein *Physiker, so* bin ich auch einer mit, und gilt mein nein so viel als sein ja, biß ein jeder das seinige probiert.

2. *Feselius* sagt aber, es sey auch der Hl. Schrifft zuwider, weil sie vieler Himmel gedencke. Antwort: Was das Wort Himmel *im Plural* anlanget, das beweiset nichts; dann die Dolmetscher, wie hie *Feselius* bekennet, setzen im Lateinischen im ersten Buch Mosis am 1. Kapitel das *Singular coelum,* da doch im Hebraischen (das *Feselius* nicht betrachtet) das *Plural haschamajim* eben so wol am selbigen Ort stehet als im 19. Psalmen. Dahero zu gläuben, daß es auch in die Griechische Spraach kommen sey. Oder hat auch die Art der Griechischen und Lateinischen Spraach darzu verholffen, daß man sagt, wir werden ererben *regnum coelorum*, meinendt das Reich in dem Himmel, der uns zur Seligkeit bereyttet ist. Welches zwar die Teutsche nicht wol leyden mag, es bedeute dann warhafftig mehr dann einen Himmel. Wann aber in heyliger Schrifft außdrücklich einer Anzahl der Himmel oder aller Himmeln gedacht oder auch den Ursachen nachtrachtet wirdt, warumb die Hebraische Spraach allezeit deß Himmels gedencke, als ob ihrer viel weren, da mag man die *Theologen* drüber hören; dann ihre mehrere Himmel gehören nicht in die *Physik,* außgenommen, daß diese nidrige Lufft auch Himmel und die Vögel *Tzippor schammajim* [*Psalm* CIV, 12] genennet werden. Und mag neben der *Theologen* Außlegung gar wol fürgegeben werden, daß alle Sterne nur in einem Himmel stehen, der Meynung dann viel treffliche Griechische und Lateinische *Kirchenväter* gewest.

3. Ferrners wil *Feselius* nicht eyngehen, daß der Himmel flüssig und durchtringlich seye und die Planeten drinnen wie die Vögel in der Lufft daher fliehen sollen, daß der Himmel hinder ihnen allezeit wider zusammenfalle. Diß gehet aber mir gar wol eyn. *Dr. Feselius* sagt, es sey der *Physik* zuwider. Ich sage nein: stehet auff dem Beweiß. *Dr. Feselius* wils abermal auß heyliger Schrift beweisen, die den Himmel ein Feste heisse. Antwort: Die Gelehrten in der Hebraischen Spraach geben das Wort *Raquia*, eine Außdehnung oder Außspannung, in dem Verstandt, daß Gott zwischen Wasser und Wasser habe auß Wasser ein dünneres durchsich-

tiges Wesen [190] *durch Verdünnung* gemacht und die Matery, so zuvor gar eng und nahe beyeinander gewest, in ein unermeßlichen Raum oder *spacium* außgespannen (Wie man ein zusammen gelegt Kleyd von einander thut, wie im 104. Psalmen steht [*Psalm* CIV, 3], daß der Himmel außgebreittet, expandirt wie ein Teppich, und oben mit Wasser gewelbet sey: *tecta aquis superiora eius*). Dasselbige Wasser zwar mag wol gefroren und also ein *Krystallsphäre* und warhafftige Feste seyn: Aber die Sterne seynd nicht in deroselben Dicke drinnen, sondern, wie MOSES bezeugt, in dem nidrigern, unter diesem Gewölb eyngeschlossenen *Raum* oder himmlischen Lufft, welcher *Raum* Wasser von Wasser scheidet, das ist, beyde Wasser unden und oben berühret und von einander theilet und also von der Erden biß an das eusserste Wasser gehet und außgespannen ist, also daß auch die Vögel drinnen fliehen.

Hie führet *FESELIUS* auch einen Spruch auß Job eyn, der zwar viel anderst in meiner Teutschen Bibel, nemlich nicht vom Himmel, sondern von Wolcken lautet, daß sie außgebreyttet und fest stehen wie ein gegossener Spiegel [*Hiob* XXXVII, 18, in MARTIN LUTHERS Übersetzung]: Derohalben es nicht so richtig auff *FESELIUS'* Seitten mit dem Hebraischen seyn muß. Auch seyndt etliche, die es zwar vom Himmel verstehen, aber darumb nicht auff eine solche Härtigkeit ziehen, sondern diß allein zugeben, daß der Himmel nicht herabfalle, sondern fest stehe, anzusehen wie ein außgespannene Zelt, ja wie ein Spiegel auß Ertz gegossen, aber darumb nicht einen harten *Körper* habe wie ein Eysen: Dann am selbigen Ort nicht die *Physik* profitirt, sondern allein das jenige angezogen werde, darvon zwischen denen, so da disputiren, kein Zweiffel sey, als da seynd die Ding, welche man mit Augen sihet.

49. 4. *Dr. FESELIUS* vermeynet, weil man den Himmel sehe, so müste er ein dichter *Körper* seyn und gar nicht so subtil wie die Luft. Antwort: Ein *Philosoph*, der kein *Optiker* nit ist, der redet von dem *Begriff visus* und von der Unsichtbarkeit der Lufft, auch Sichtbarkeit deß Himmels wie der Blindt von der Farb. Wahr ist es, daß die Sonne durch ein blawe Matery herab leuchte und daß diß keine *optische Täuschung*, sondern ein warhafftige blawe Farb sey. Das wil ich *FESELIUS* besser probieren, als er niemaln gewust.

Er gehe in ein finsters Kämmerlin, darvon auch droben *Nummer 27*, mache nur ein einiges kleines Löchlein auff und halt ein weiß Papier gegenuber, da wirdt er sehen, daß der grüne Boden von unden auff das Papier oben grün und der heyttere Himmel von oben herab das Papier unten blaw färbe. Wie nun der graßechte Boden mit der grünen Farb auff dem Papier correspondiret, also muß auch der Himmel mit der blauwen Farb auff dem Papier in Warheit Gemeinschafft haben.

Es erweiset sich auch auß dem Gesicht selber. Dann was für ein Farb der Mensch siehet, dieselbige steht innerhalb deß Auges an der holen *Netzhaut* leibhafftig abgemahlet, und muß derhalben ein solcher blawer Schein entweder von dem *Körper* selber herabfliessen oder muß sich in der *Augenflüssigkeit* tingiren oder muß von Blödigkeit deß Gesichts *durch den gewaltsamen Eindruck des weißen Anblickes, der nach dem Sehen noch eine gewisse Zeit anhält,* entstehen; *eine vierte Möglichkeit gibt es nicht.* Wann aber die *Augenflüssigkeit* dran schuldig, so sehe solches ein anderer an einem solchen Aug. Und wann es were *aufgrund des heftigen Eindrucks,* so vergieng es in kurtzer zeit. Weil aber alle [191] Menschen, auch die, die allerreyneste Augen haben, den Himmel jederzeit, wann es unter Tags heytter, für blaw ansehen, so muß er warhafftig blaw seyn.

Aber hie ist die Frage: Ob solche blauwe Farb auß dem allertieffesten Himmel herunter komme oder ob sie erst in der untersten uns endlich an- rührenden Lufft und deroselben Matery anbange? Dann da mag das blos- se Gesicht gar nicht unterscheiden, sondern es muß ein Eynschlag auß der Vernunfff darzu kommen; wann diß gebührender weise geschicht, so wirdt *Dr. Feselius* seine meynung gerades wegs umbgestossen, und da er vermeynt, der Himmel sey sichtbar, die Lufft unsichtbar, da ist das Ge- genspiel wahr, daß die Lufft sichtbar und der Himmel (der Farb halben) unsichtbar sey.

Dann bedencke, daß diese blauwe Farb nicht allwegen sey; dann zu nacht, wann die Sterne leuchten, spüret man keine blawe Farbe am Him- mel, sondern nur allein einen weissen Schein – das mögen auch kleine unerkendtliche Sternlin seyn. Ja, sprichstu, es sey kein wunder, zu nacht vergehet einem jeden Tuch die Farb. Antwort: Der Sonnenschein, der alle Farben wircklich sichtbar machet, gehet zu nacht so wol durch den Him- mel und die Sterne als unter Tags. Das geschicht an einem blauwen Tuch nit. Derhalben die Schuldt nit auff das abwesen der Sonnen zulegen, sie sey dann warhafftig abwesendt; sie ist aber abwesent, nit von dem hohen Himmel, sondern von diesem nidern Theil der Welt, welches zu nacht in dem Schatten der Erdtkugel stehet. Derowegen muß diese blaue Farb hieunten in der Lufft hangen, wann solche Lufft durch die Liechtstraalen der Sonnen durchgangen wird.

Diß wirdt auch dahero bestättiget, weil es nicht alle Stundt am Tag gleich blauw ist, sondern gemeinglich nur Morgents und Abends, auch offt ein Zeit kompt, da der Himmel viel herrlicher und blauwer ist dann zu einer andern Zeit (Nemlich wann die Sonn etwas bleych und die Lüffte kühl seynd, welches ein anzeigen ist, daß damalen die Matery, in welcher diese blauwe Farb stecket, etwas dicker sey dann sonsten.): Diese veränderung geschicht bey uns in der Nachbaurschafft, nicht aber am hohen Himmel.

Endtlich, so frage *Dr. Feselius* nur einen Mahler, ob die Lufft unsichtbar, oder er selber sehe nur einmal bey hellem Himmel von einer Höhe in ein weyt abgelegenes Gebürg hineyn und sage mir die Ursach, warumb der Erdtboden blauwlecht werde, also daß auch die Mahler mit satterer blauwer Farb die weyttere Gebürge von den nähern unterscheiden. Dann nichts anders als die Luft hierzu Ursach gibt, welche an ihr selbst blauw und so viel blauwer, so viel sie dicker oder so viel weytter sie zwischen einem sichtigen Ding und zwischen dem Aug außgespannen und also in mehrere *Materiemengen* zwischen eyngegossen ist.

Hierauff nun gebe ich *Dr. Feselius* zweyerley Antwort: Erstlich ist erwiesen, daß die Luft sichtbar sey, die doch kein harter *Körper* nicht ist, Derohalben auch der Himmel, wann er gleich sichtbar were, darumb nicht ein harter *Körper* seyn würde. Fürs ander, so ist nicht erwiesen, daß der Himmel sichtbar. Weil dann *Feselius* vermeynet, daß ein *Körper*, welcher unsichtbar ist, auch flüchtig, durchdringlich und weych seye, so muß er den Himmel, als welcher unsichtbar, für weych, flüssig, durchdringlich passieren lassen.

[192] Schließlich, so erscheinet, daß *Feselius* umb die gründliche Beweiß, daß nicht viel *durchsichtige Sphären* ubereinander seyen, allerdings nichts wisse. Weil nemlich die Cometen uberall durchschiessen, Item weil sich das Gesicht oder der Schein von den Planeten und Sternen nirgend widergellet als nur allein gar ein wenig hiernieden in der dicken Lufft, etwa ein Meil Wegs hoch uber dem Erdtboden. Es solte aber einer zuvor die *Grundlagen* in Kopff fassen, ehe er sich hinder ein Matery macht, dieselbige öffentlich zu widerlegen.

5. Endtlich, so trägt *Dr. Feselius* die Beysorge, wann alle Planeten in einem Vogelhauß sessen, so möchte einer uber den andern hinauff flie-

hen. Zu Verhütung dessen, sagt er, werde ihnen ein *seelisches Wissen* von nöthen seyn, er aber vermeynet nicht, daß die *Astrologen* solches *Wissen* werden passieren lassen. Derohalben er nicht glauben wil, daß der Himmel uberall offen stehe und die *Sphären* zusammen gehen.

50. Antwort: Es darff nicht viel krummes, man weiß, daß die Planeten bewegt werden; so bald nun der Fall gesetzt wirdt, daß nemlich sie nicht an die Krippen gebunden, sondern ledig lauffen, so gibt man ihnen hiermit etlicher massen ein Leben, wie dann *FESELIUS* selber hie fragt, warumb sie nicht eben so wol uber die Schnur hauwen und außtretten, da er ihm schon allbereyt ein Vogelfreyes Weben und Schweben eyngebildet. Ist es nun gläublich, daß ein Leben in ihnen sey, so ist vielmehr gläublich, daß sie auch einen Verstandt haben. Ja, wann auch dicke Himmelskugeln, in welchen die Sterne angehefftet, warhafftig seyn solten, meynet darumb *FESELIUS*, daß deß Himmels Lauff ohne Verstandt zugehen würde? Hat nicht *ARISTOTELES* [*Metaphysik* XII, 8; siehe F. KRAFFT 1999a: 193] 49 Götter [= göttliche Intelligenzen] erdichtet, die die himmlische Kugeln umbtreiben?

Darumb gebrauchen sich andere dieser Obiection viel weißlicher und fragen nicht, warumb die Planeten nicht in die Höhe fliegen, sondern warumb sie nicht gar herunter fallen. Die haben zu ihrem behelff die alte *Physik der Schwerebewegung* und sehen den Mondt an für einen Körper, der der Erden verwandt. Denen gibt *Dr. RÖSLIN* diese Antwort, daß die Sterne vom Himmel informiert seyen. Und weil *FESELIUS* hie also schreibt, als ob er ihme *Dr. RÖSLINS* meynung nicht ubel gefallen liesse, daß der Himmel das vierdte Element, nemlich das Feuwer, und die Sterne dreyn geschaffen seyen wie die Fische ins Wasser, die Vögel in die Lufft, *RÖSLIN* aber als der author dieser meynung auch ein *Astrologe* ist, wie kan dann *Dr. FESELIUS* vermuhten, daß die *Astrologen* ein solches *seelisches Wissen* nit werden passieren lassen? Glauben sie doch noch vielmehr und gar ungereymbte Sachen.

51. Und hab ich hiermit nach dem gemeinen Schlag geantwortet. Für mein Person sage ich, daß die Sternkugeln diese Art haben, daß sie an einem jeden Ort deß Himmels, da sie jedesmals angetroffen werden, stillstehen würden, wann sie nicht getrieben werden solten. Sie werden aber getrieben *durch die Species immateriata der Sonne, die sehr*

schnell im Kreise mit herumgeführt wird. Item werden sie getrieben von ihrer selbst eygnen Magnetischen Krafft, durch welche sie einhalb der Sonnen zu schiffen, [193] andertheils von der Sonnen hinweg ziehlen. Die Sonn aber allein hat in ihr selbst eine *seelische Kraft,* durch welche sie informiert, liecht gemacht und wie ein Kugel am Drähstock beständiglich umbgetrieben wirdt, durch welchen Trieb sie auch ihre *Species immateriata, die bis in die äußersten Grenzen der Welt ausgedehnt ist,* in gleicher Zeit herumb gehen macht und also *successive* alle Planeten mit herumb zeucht. Mehreres *seelisches Wissen* wirdt zu den himmlischen bewegungen nicht erfordert. Dann ich hab diese *physikalischen Prinzipien* in meinem newlich außgangenen *Marskommentaren* [= *Astronomia nova*] also angestellt, daß man ihnen nachrechnen und die gantze *Astronomie* damit abhandeln kan.

Dr. FESELIUS als ein *Doktor der Philosophie* sey gebetten, sich darüber zu machen und, wo er vermeynt, ich mich verstossen oder der Sachen zu viel gethan habe, dasselbige mit gutem Grundt und zuvor wol eyngebildeter Matery umbzustossen. Das wil ich von ihm zur Freundtschafft annemen, doch mir vorbehalten, mich und die Warheit gegen seine *Überlegungen,* da sie der Mühe wehrt seyn werden, bescheidentlich zu verantworten.

52. Im andern B 1. ungewissen Astronomischen Puncten redet *Dr. FESELIUS* gar verächtlich von der *Astronomie.* Was gehet es heutigs Tags uns an, daß vor zeiten einer diese Ordnung unter den Planeten gemacht, der ander ein andere? Wir haben, der *Saturn* zu oberst, der Mondt zu unterst stehet, *Merkur* umb die Sonne herumb der nechste sey, *Venus* umb beyde herumb lauffe, *Mars* mit seinem Gezirck nicht allein die Sonne sampt *des Merkurs* unnd *der Venus* Himmeln, sondern auch die Erden und den Mondt selbsten eynschliesse. Es hab nun jetzo die Erdt ihre eygene *Sphäre* und bewegung, oder sie stehe gar still. Warlich, ein gleicher Handel, als wann ich sagen wolte zu *FESELIUS,* die alten *Ärzte* seyen untereinander und mit den neuwen uneinig *über die Anatomie des menschlichen Körpers* und habe *Aristoteles* gelehret, die Adern gehen ursprünglich auß dem Hertzen, darumb sey die *Anatomie* falsch. Dann wol wahr, daß einer auß den streittenden Partheyen unrecht habe, aber nit wahr, daß man drümb heut zu Tag im zweiffel stehe, welcher recht habe, dann nur allein die Unerfahrne.

53. Belangent den dritten Astronomischen Puncten, *die Bewegung der achten Sphäre,* meldet *FESELIUS,* daß *TYCHO BRAHE* den Compaß auch verrückt habe, und wil seine *Beobachtungen* in zweiffel zihen, soll derowegen sich nit wundern, daß, weil ich *BRAHE* in seinen *Studien* meistentheils nachfolge und mir derohalben ihn zu vertheydigen in alleweg gebüren wil, ich mich ungebetten hinder diese *Dr. FESELIUS'* Schrifft gemacht. Und vergreifft sich demnach *Dr FESELIUS* hie in viel weg, welches ime zwar zu gut zu halten, weil er nicht *von Beruf* ein *Astronom* ist.

1. Soll *PTOLEMAIOS* den Himmel machen zurück lauffen, ist fehl; er macht ihn für sich lauffen. *COPERNICUS* zwar macht zurück lauffen nicht den Himmel, sondern die *Äquinoktien.*

2. Soll es ein Anzeig einer Ungewißheit seyn, daß zu unterschiedlichen Zeiten unterschiedliche Jahrzahlen einem *Grad* zugesprochen worden.

[194] Wann diß ein erfahrner *Astronom* redete, so hette es seinen Bescheidt; ich selber hab meine besondere Gedancken. Aber *FESELIUS* wirdt *COPERNICUS* und andere *Autoren* nicht verstehen, die haben sich unterstanden, alle diese ungleiche Jahrzahlen für wahr anzunemmen und in einen gewissen Umbgang zu bringen.

3. So wil er *BRAHES Beobachtungen* registriren und verstehet nicht, worinn die Gewißheit der *Beobachtungen* bestehe. Sagt viel von den *astronomischen Instrumenten,* die seyen viel kleiner als der Himmel, warumb sagt er nicht vielmehr von dem Aug deß Menschen, da die himmlische Liechter hieneyn müssen, das ist noch viel kleiner dann ein Instrument.

4. Niemandt sey jemalen in Himmel hinauff gestiegen, zu erkündigen, ob die *Instrumente* zu treffen? Es ist auch nit vonnöhten; die Liechtstraalen der Sterne kommen selber zu uns herunter. Und ist ein *Astronomisches Instrument* in Warheit vielmehr ein abbildung deß Augs dann deß Himmels. Dann, weil man mit dem blossen Augenmaaß nicht genauw und klein gnug schätzen kan, wieviel eygentlich zween Stern von einander halten, so braucht man einen *Meßkreis* darzu, der lässet sich in kleine Stück theilen, und richt die Absehen darauff. Nicht daß man dadurch das Eyngewäyd deß Himmels selbst sehe, sondern daß man die Schärpffe deß Gesichts an den herzukommenden Liechtstraalen versuche und auffzeichne. Als wann *Dr. FESELIUS* eine Citron gegen einem Harnglaß hielte, damit er die Farb deß gegenwärtigen Harns recht wisse zu unterscheiden, nicht aber damit anzuzeigen, daß es auch innerhalb deß abwesenden Leibs also gefärbet.

5. Erinnert *Feselius*, was für eine Proportz sey zwischen einem Instrument und dem Himmel. Er meynet, wir machen die *Instrumente* darumb so groß, daß wir es dem Himmel etlicher massen nachthun. Es ist aber weyt fehl; wir schärpffen hiermit nur das Absehen und betrachten allein die Gleichförmigkeit deß Instruments mit den zusammenfallenden Liechtstraalen und seynd es gewiß, wann wir ein Minuten im kleinen *Meßkreis* deß Instruments ubersehen, daß wir auch gleichsfalls ein Minuten an einem *Meßkreis*, dessen *Durchmesser* viel tausent Meylen in sich hält, und nicht weniger oder mehr verfehlen. Daß aber ein solcher Fehl hernach etwas außträgt, laß es seyn, so setzt ihme doch der *Astronom* zwey Ziel, eines so da grösser, das ander so da kleiner ist dann das, so man sucht. Umb dasjenige, so mitten zwischen beyden Zielen drinnen, nimbt er sich nichts an; denn es in der Observation dem Gesicht zu klein ist. Was es hernach in der Wirckung außtrage (nemlich nichts), darvon ist droben *Nummer 36* gnugsam gesagt.

6. Ein fürnemmer *Astrologe* soll bekennen, daß die *Instrumente* nicht weytter dann biß an die Sonne reychen? Es mag ein fürnemmer *Astrologe* seyn, und achte ich, er meyne *Dr. Röslin*; er hat es aber viel besser verstanden dann *Feselius*. Dann die *Instrumente* reychen nicht weytter dann von einem absehen biß zu dem andern oder, wil mans von dem Liecht verstehen, so reychen sie biß an den obersten Stern oder vielmehr, wie offt gesagt, der Stern biß zu uns herunter. Sondern es wirdt dasselbige von der *Parallaxe*, das ist von dem jenigen Instrument verstanden, das uns Gott selbst am dritten Tag praeparirt, nemlich von der Erdkugel; die spüret man nit weyter als kümmerlich und bößlich biß zu der Sonnen, hernach verschwindet sie gar. Mit dieser Kugel *Durchmesser* und nicht mit einem [195] Geometrischen Instrument misset man doch schwehrlich biß zur Sonnen, also daß man mit der Anzahl *der Erddurchmesser* bey nahe umb das halbe theil im zweiffel stehen muß. Hernach ist das maaß gar zu klein. Man misset aber, was zu messen ist, nemlich nicht den Lauff der Sonnen und der Erden. Dann, was *die Bewegung der Sonne* oder auch *der achten Sphäre* anlanget, da misset man ihn nicht mit dem *Durchmesser der Erde*, sondern mit den Augen und also mit den *Instrumenten*, die auff die Augen gerichtet seynd. Ursach: die himmlische Läuffe seynd Circularisch, kehren wider in die alten Fußstapffen, derowegen so haben sie auch ein *Zentrum* wie ein *Kreis*. Nun ist *potentiell* der gantze *Kreis* im *Zentrum* und in einem jeden Puncten innerhalb deß *Kreises*, welche *Möglichkeit des Krei-*

ses in deß Menschen Aug hernach außgewickelt und expliciert wirdt mit einem Geometrischen Instrument.

Ist also nicht vonnöhten, daß *Feselius* auß heyliger Schrifft erweise (*Jeremias* XXI[, 37]), daß man den Himmel nicht messen köndte, so auch die Erde. Dann ob wol die *Geographie* keines wegs falsch, sondern warhafftig, zwey Ziel mögen gesetzt werden im reden und schreiben, da sich die Grösse deß Erdtbodens zwischen innen hält, so müste es doch eine sehr grosse *Armada* voller Faden seyn, wann man wolte die Schnur zu Lisabon am *Hafen* anknüpffen, hernach mit der Außfahrt immer abhaspeln biß man umb den Erdtkreyß herumb käme.

7. *Feselius* sagt, der Himmel sey viel zu hoch, man köndte nicht hindurch sehen. Er hat aber droben das Gegenspiel gesagt, der Himmel sey sichtbar, die Lufft aber durchsichtig. Er halte, welches er wölle, so sage ich wie zuvor: Der Himmel sey hoch oder nider, so scheinen die Sterne zu uns herunter, da laß ich sie für sorgen, wie sie ihr Liecht herunter bringen. Es ist aber vernünfftiglich zu erachten, daß ihnen nicht viel dicker Materyen im weg stehen müsse.

8. So wil es heuitges Tags von einem *Philosophen* kein gutes Zeichen mehr seyn, wann er wie *Feselius* noch eine *Feuersphäre* hält. Hierumb die *Optik zu* begrüssen, ohn welche *Wissenschaft* nit müglich ist, daß ein guter *Physicus* seyn köndte.

Wie auch zum 9. *Feselius* in mein *Astronomiae pars Optica* zu verweisen, da er von Krümmung deß Scheins redet, welche in den vielen *Sphären* nohtwendig sich begeben müsse, daß also die Liechtstraalen nicht geradt herunter kommen. Dann eben darumb, weil der Schein gerades Wegs herunter kömpt, so verwerffen die *Astronomen* alle dicke unterschiedene *Sphären*. Daß sie aber geradt biß zur *Oberfläche der Luftsphäre* herunter kommen, wirdt dahero erwiesen, weil sonsten der Sternen Läuffe viel ungleicher seyn würden, welches die *Astronomen* mit gnugsamen *Beweisen* außführen.

Was aber den jenigen Scheinbruch belanget, welcher sich in der Lufft hienieden begibt [= Refraktion], wölle *Feselius* ohne Sorge seyn: *die Sache ist gesichert*; dann *Brahe* ihn angemerckt und gemessen. Da gehet es nach der *Maxime der Ärzte: ist die Krankheit bekannt, so steht das Heilmittel bereit*. Und bleiben also *Tycho Brahes Sonnenbeobachtungen* (auß welchen man den Eyntritt der Sonnen in den Wider und *folglich* die *Präzession der Äquinoktien* zu jeder Zeit haben mag) wegen dieser neunerley Eynreden vor einem mercklichen Fehlschuß, dessen *FESELIUS* sie verargwohnet, gar wol gesichert.

[196] **54.** Nun gehet es fürs vierdte an die *Bewegung der Erde*, da ich mich abermal (wie newlich) wider einen *Arzt* und *Philosophen* defendirn muß und also gar ein absonderliche Ursach finde, waumb ich diese *Dr. FESELIus'*Schrifft nicht unbeantwortet lassen solle.

Und hat Anfangs *FESELIUS* außgerechnet, wie viel Teutscher Meilen die öberste Himmels Kugel in einer jeden Minuten zu lauffen habe. Ich mag ihme nicht nachrechnen, dann es mich nichts angehet, weil ich die Erdt lauffen mache.

Doch reymen sich seine *Zahlen* nicht zusammen. Dann wann der *Durchmesser* ist, wie er setzt, *65 354 250* Meylen, so kan der Umbkreyß nicht seyn *821 637 143* Meylen.*

Fürs ander, so spottet er der gantzen *Astronomie* und der Erfahrenheit selber, machets beydes ungläublich, daß die Erde und daß der Himmel umbgehe, da doch deren eins seyn muß.

Fürs dritte *philosophirt* er viel ungläublicher dann andere: setzet, der gantze Himmel sey durch und durch mit gantz Crystallinen Himmeln oder holen Kugeln außgefüllet. Wann ich ubrige Zeit hette, wolt ich jetzo außrechnen, wie viel Centner der gantze Himmel wol halten würde, wann er lauter Crystall were, damit zu betrachten, ob auch ein solch plackecht *Körper* in einer Minuten sechsmalhundert tausent, in einer *Secunde* oder Pulsschlag zehen tausent Meylen fürüber schiessen köndte.

Dr. HELISAEUS RÖSLIN gibt diese Sach viel leichter an, sagt nicht, daß der Himmel mit Crystallinen Kugeln angefüllet, sondern daß er subtil ohne Matery und gleichsam ein lautere Form seye, zur Bewegung gantz und gar geneygt: Der hat nun seine Antwort empfangen.

---

* [Der Kreisumfang müßte 205 399 071 Meilen betragen. Bei dem um 1600 üblichen Wert von 1718 Meilen für den Erddurchmesser ergäbe sich ein Fixsternsphärendurchmesser von etwa 36 877 Erddurchmessern. Worauf diese Zahl beruht, ist nicht zu ersehen. Der übliche Wert war seit PTOLEMAIOS 20 000, TYCHO nahm 14 000 an, manche, die von einer fiktiven Fixsternparallaxe (unterhalb der Meßgrenze) ausgingen, ließen Werte von 40 000 bis 45 225 Erddurchmesser zu – jeweils auf der Basis des ptolemäischen beziehungsweise tychonischen geozentrischen Weltbildes. KEPLER selbst nahm einen Durchmesser von etwa 34 000 000, später von 60 000 000 Erddurchmessern an, da selbst die Erdbahn keine Fixsternparallaxe aufweise. Eine solche wurde erstmals 1837/38 von FRIEDRICH WILHELM BESSEL für den Stern 61 des Schwan nachgewiesen (sein Wert: 0,31 Sekunde).]

Ich bleibe bey der *Bewegung der Erde* und wil jetzo zum vierdten hören, was *Feselius* darwider eynbringen wölle.

Er sagt mit *Dr. Röslin*: 1. Es sey wider die Natur. Ich sage nein darzu; es ist viel weniger wider die Natur als, daß der Himmel so ein unbegreiffliche Schnelligkeit haben solle. Besehet hierumb meine andere Schrifften, sonderlich die Antwort auff *Dr Röslins* Schreiben [KGW IV: 101–144].

2. Seye es wider die eusserliche Sinne. Ist wahr, schadet aber nichts. Besehet abermal mein jetztgemeldte Antwort. Ist es doch auch wider die eusserliche Sinne, daß der Himmel in einem Pulsschlag zehen tausend Meylen dahin fliehen solle, dannoch wirdt es geglaubt.

3. Es sey auch wider alle Vernunfft. Ich hab diß *Dr. Röslin* auch abgeläugnet. Der Himmel hat eine unerschätzliche Grösse, der solle nach *Dr. Feselius'* außrechnung dreyhundertmal tausent tausent tausent tausent tausentmal tausent Erdkugeln groß in sich begreiffen und soll in einer Minuten sechsmal hundert tausent Meilen schiessen, da doch die so kleine Erdt in einer Minuten nicht mehr dann vier Meilen zu lauffen hat und eben das jenig verrichtet werden mag, was durch den Lauff deß Himmels verrichtet werden soll. Diß ist ja ein vernünfftiges Fürgeben, jenes ist ungläublich und derohalben auch unvernünfftig.

4. Sagt *Feselius*, es sey auch wider die Hl. Schrifft.

Das ist halt der Handel, so offt *Dr. Feselius* und andere nit mehr wissen, wo auß, so kommen sie mit der Hl. Schrifft daher gezogen. Gleich als wann der Hl. Geist in der [197] Schrifft die *Astronomie* oder *Physik* lehrete und nit viel ein höhers Intent hette, zu welchem er nicht allein deren Wort und Spraach, den Menschen zuvor kundt, sondern auch deren gemeinen popularischen Wissenschafft von natürlichen Sachen, zu welcher die Menschen mit Augen und eusserlichen Sinnen gelanget, sich gebrauchete? Wo wolte man endtlich hinauß? Köndte man doch alle *Wissenschaften* und sonderlich auch die *Geographie* auß dem einigen Buch Job allerdings umbstossen, wann niemandt die Schrifft recht verstünde als allein *Feselius* und die es mit ihme halten.

Besehet nur, wie er die Sprüche anziehe auß dem 93. Psalmen, *Firmavit orbem terrae, qui non commovebitur* [*Psalm* XCIII, 1: *Er hat den Erdkreis gefestigt, der nicht erschüttert werden wird.*]. Redet dieser Psalm von einer *physikalischen Lehre*, so zeucht man ihn vergeblich auff die Beschreibung deß Reichs Christi und kan alsdann gleich so wol erstritten werden, daß nie keinmal kein Erdtbieden nicht geschehe, von welchem das Wort *com-*

246

movebitur und die Gleichnuß besser lautet. Redet aber der Psalm warhafftig vom Reich Christi, so muß es je diesen Verstandt haben wie im folgenden 96. Psalmen: *Correxit orbem terrae, qui non commovebitur, iudicabit populos in aequitate* [*Psalm* XCVI, 10: *Er hat den Erdkreis gerichtet, der nicht erschüttert werden wird, und wird die Völker in Gerechtigkeit richten.*]. Er hat die Reiche der Welt zur Ruhe und unters Joch gebracht, sie werden sich nicht mehr wider ihn rühren*.

Also auß dem 75. Psalmen zeucht er an: *Liquefacta est terra, et omnes qui habitant in ea: ego confirmavi columnas eius* [*Psalm* LXXV, 5: *Das Land zittert und alle, die darin wohnen; aber ich halte seine Säulen fest.*]. So zeige mir *Dr. Feselius*, wo seynd die Seulen deß Landts, wann diese Wort also *wörtlich* müssen verstanden werden, und nit vielmehr also, daß ein allgemein Unglück das gantze menschliche Geschlecht in ein *Verwirrung* gestellet, aber Gott Gnad eyngewendet habe, daß es sittlich fürüber gerauschet.

Was aber belanget den Ort *1. Chronik 16: Commoveatur à facie eius omnis terra, ipse enim firmavit orbem immobilem* [*1. Chronik* XVI, 30: *Es fürchtet ihn alle Welt; er hat den Erdboden bereitet, deß er nicht bewegt wirdt*], und was dergleichen. Item *Ecclesiastes 1: Terra in aeternum manet* [*Prediger* I, 4: (Ein Geschlecht vergeht, das andere kommt;) *die Erde aber bleibt ewiglich*], daß solches zu verstehen sey von der jenigen unbeweglichkeit, die da erscheinet, wann man die Erdt gegen den Menschen hält, da einer stirbt, der ander geboren wirdt. Item die Gebäuw mit Menschen Händen gemacht eynfallen, da hingegen die Erde als ein Grundt aller Gebäuw nimmer eyngehet, wie das ein jeder Mensch täglich mit seinen eusserlichen Sinnen begreifft: Darvon, sprech ich, ist gnugsam gehandelt in der *Einführung in die Marskommentare* [= *Astronomia nova*, KGW III: 20–33], ohne noht, dasselb hieher nach längs zu ubersetzen.

Es ist aber gut, daß *Feselius* kein *Astronom* nicht ist, darumb sein Authoritet desto weniger zu bedeuten hat. Dann wann er die Astronomische *Grundlagen* verstanden hette, würde er sich noch eine gute Zeit besonnen haben, ehe dann er Handt an diesen frembden Schnitt gelegt hette.

Hab also diese *Dr. Feselius'* Astronomische Eynreden und dero Fehle nicht unberührt lassen wöllen, weil sonderlich auch ich darunter interessirt bin. Und ist hiermit auß den fünff Puncten, die ihme *Dr. Feselius* umbzustossen fürgenommen, der erste erlediget und erwiesen, daß die

---

* [In Anlehnung an Martin Luthers freiere Übersetzung.]

Stern gar wol ihre unterschiedliche und auch widerwärtige Wirckungen haben und solche erlernet und erkündiget werden können. Ungeachtet alles dessen, so *Dr. Feselius aus der Vernunft, aus der Autorität der Ärzte und Salomons und aus der Einführung der Unsicherheit der Astrologie* darwider eyngeführt.

[198]   *Das II. Argument*

55. Folgt nun der andere Punct, nemlich *die Autorität der Philosophen*, welcher sich die *Astrologen* behelffen, denen aber *Dr. Feselius* solche benemmen wil. Da ich den Lesern meines Fürhabens auff ein neuwes erinnern muß, daß ich nemlich nicht gesinnet, die vorsagungen *zukünftigen Geschehens im einzelnen*, so ferrn sie von deß Menschen freyem Willen dependirn, zu vertheydigen. Und bin hierüber mit *Dr. Feselius* einig, daß auß den bewehrten *Philosophen* nichts richtigs und beständigs zu beschützung deroselben auff zu bringen. Sondern ich halte allein die Hut auff der *Philosophie* Seitten und gebe achtung auff *Dr. Feselius*, daß er in widerlegung der Astrologischen Fantastereyen nit auß Unwissenheit dem jenigen, was recht und gut ist, zu nahe komme.

56. Und wirdt hie anfänglich *Aristoteles* [*Meteorologica* I, 2] eyngeführt, welcher geschrieben: Es müsse nohtwendig diese nidere Welt mit deß Himmels Lauff verknüpfft und vereiniget seyn, also daß alle ihre Krafft und Vermögen von dannenhero regieret werde. Unnd gibt dessen Ursach: Dann wo sich der Anfang der Bewegung aller Dinge herfür thue, das soll für die erhebliche Ursach gehalten werden. Mit welchen Worten er zu verstehen geben, weil der Himmel mit seinem Lauff zu allem dem, was sich in dieser niedern Welt zuträgt und verändert, den Anfang der bewegnuß mache, so müsse man auch solchen deß Himmels Lauff für die erhebliche Ursach halten dieser niederen Verenderungen und Bewegungen.

Hie lässet *Dr. Feselius* sich vermercken, als ob ers nit mit *Aristoteles* hielte, sprechent: Es sey nicht durchauß in allen Sachen wahr. Lieber: es hat es auch *Aristoteles* nicht durchauß von allen Sachen gemeynt oder geredt. Dann anfänglich bedencke man den Ort, wo er solches schreibe, nemlich zu Eyngang seines Buchs vom Ungewitter oder was sich mit den vier Elementen Feuwer, Lufft, Wasser, Erden und mit andern Cörpern ihres elementarischen Leibs halben in gemein neuwes begebe und zutrage. Was nun nicht auß den vier Elementen gemacht ist, das wirdt hie von *ARISTOTELES* nicht gemeynet. Und gehet also dieser Spruch *des ARISTOTELES* nicht an die Vernunfft deß Menschens oder deß Viehes, so viel es derselben hat und durch vermittelung deroselben etwas verrichtet. Bleibt derohalben dieser Spruch wahr, ob wol auch *FESELIUS* wahr hat, daß viel Verrichtungen in dieser untern Welt fürgehen, die man deß Himmels Lauff keines wegs zumessen köndte. Ich setze noch zum Uberfluß auch dieses darzu, daß ob wol viel Ding auff Erden geschehen, da der Himmel augenscheinlich mitwircket, so geschehen sie doch nicht gantz Himmels halben, sondern weil sie auß ihren Ursachen hergeflossen und allbereyt im Werck seynd, so kömpt der Himmel darzu und macht etwas neuwes darinnen, das wirdt er wol haben müssen bleiben lassen, wann nicht die Sach schon zuvor auch ohne den Himmel fürhanden gewest were.

Zum Exempel hat sich vor zeiten ein Schlacht begeben zwischen den *Lydiern* und *Medern*, diese Schlacht ist von keiner Finsternuß verursachet worden; dann der Krieg [199] hatte schon viel lange Jahre gewehret. Mitten aber in der Schlacht ist ein völlige Finsternuß der Sonnen eyngefallen, die hat beyden Partheyen Anleytung zum Stillstandt gegeben, daß sie zurück gewiechen und Fried worden. Wann nicht die Schlacht zuvor im Werck gewest, würde die Finsternuß langsam eine Schlacht und in derselbigen einen Frieden gemacht haben. So hat auch die Finsternuß den Frieden nicht allein gemacht, sondern nur allein die Gemühter erschrecket und ihnen Anleytung gegeben, daß sie deß Friedens seyndt begierig worden.

Und diß ist *ARISTOTELES* gleichfalls nicht zuwider; dann er saget nicht, daß alle der nidern Welt Krafft und Vermögen von deß Himmels Lauff entspringe, sondern daß sie von ihme allein regieret werde, und ist derhalben der Himmel nicht für den ursprünglichen Schöpffer, sondern allein für den ursprünglichen Beweger oder für die erhebliche Ursach zur Bewegung nach *ARISTOTELES'* Lehr anzugeben. Und bleibt also er in *seinem Bereich der Verursachung*, wie *Dr. FESELIUS* haben wil.

Was anlangt B 3. die ander *Stelle bei ARISTOTELES, Physik VIII, Kapitel 1*, geschicht zwar ihm ungütlich, als soll er gesagt haben: Die obere Bewegung sey gleichsam das Leben anderer Cörper, so in der Natur seynd. Dann *ARISTOTELES'* Wort lauten viel anderst, nemlich also: Ob die Beweglichkeit in den wesentlichen Dingen unsterblich und unauffhörlich und gleichsam das Leben sey aller Dinge, so auß der Natur entsprungen

seyndt. Derohalben hie *ARISTOTELES* nicht wider *BASILIUS* [VON CAESA-
REA: *Predigten über das Sechstagewerk*, Homilie V; Patrologia Graeca, Bd
29, Sp. 95] ist oder auß *BASILIUS* eines Irrthumbs beschuldigt werden
solle, als ob er der Sonnen Lauff hette für das Leben der wachsenden
Dinge, viel weniger für die Ursach ihres Lebens angeben, sondern das
Wachsen der wachsenden Dinge nennet er gleichsam ein Leben solcher
wachsenden Dinge, gleich wie das umblauffen der Sterne gleichsam ein
Leben ist der Sterne.

Diß wirdt *FESELIUS* geständig seyn, dann ers in gemein mit [JOHANN]
FERNELIUS [*De abditis rerum causis*. 1548, I, 8] halten wil, daß der Himmel
mit seinem Lauff und Glantz den untern Geschöpffen seine Krafft als
ein *Anstoß* mittheile, welches vielmehr ist dann, was droben ARISTOTELES
sagt. Dann dieser allein von den Elementen geredet, daß der Himmel mit
seinem Lauff sie gleichsam anführe und ihnen vorgehe, sie auffbringe.
FERNELIUS aber sagt von allen Geschöpffen, daß der Himmel inen Krafft
mittheile, dadurch sie (Thier und Menschen so wol als die blosse *Elemente*) verursacht und angetrieben werden. Welche Meynung warhafftig wahr
und bald hernach mit eröffnung eines grossen Geheymnuß der Natur
außgeführet und erkläret werden soll.

Hergegen so laß ichs auch bey dem jenigen verbleiben, was *FESELIUS*
wider *FERNELIUS* eynbringt, daß aller Geschöpff *Formen* und Eygenschafft
nicht vom Himmel seyen, sondern von Gott etlichen noch vor Erschaffung
deß Himmels gegeben seyen.

Welche *Philosophie* bey mir desto mehr statt findet, weil ich zwischen
Erdt und Himmel (sonderlich dem Mondt) viel ein nähere Verwandtschafft
glaube als die *Aristoteliker* und mir derowegen eben so ungereymbt Ding
ist, daß die Sonne oder andere Sterne einem Kraut oder Thier seine wesentliche Eygenschafft ertheilen solle, als ungereymbt es lautet, das Schaaf
oder Kuh empfienge ihre wesentliche Eygenschafft von dem Elephanten.

So nimme ich auch *ARISTOTELES* in dem Verstandt an wie *FESELIUS*,
das *FERNELIUS* zuwider sey, wann *ARISTOTELES* lehret, daß die natürliche
Dinge den Ursprung ihrer Bewegung bey sich selbst haben.

[200] Da dann *ARISTOTELES* ihme selbst nicht zuwider, sondern bleibt
nichts desto weniger wahr, was er droben gesagt, daß die nidere Kräfften von obenher regiert werden. Dann da er diß schreibt, meynet er die
Kräfften der Elementen und dieser untern Welt selbst und nit eben deren
Dinge, die drinnen seyndt.

Doch ob schon *Aristoteles* nur von den Elementen geschrieben an erwehntem Ort, so ist drümb nicht zu läugnen, daß nicht auch die selbständige Geschöpff, so in Lufft, Wasser und Erden weben und schweben, mit den himmlischen Bewegungen Gemeinschafft halten und also der Himmel ihnen den Anfang zur Bewegung auff sein gewisse Maaß mittheyle.

Dann es hat zwar ja der Saamen in sich selbst den Ursprung seiner Beweglichkeit im wachsen, welcher Ursprung besteht in seiner Eygenschafft, Krafft und Vermögen oder *Fähigkeit zu wachsen*, aber der Himmel verursachet ihn zu dem Werck selbst als zu dem *tatsächlichen Wachsen*, in dem die Sonne herzu rücket, die Wärme verursachet, welche deß Saamens Krafft in die Feuchtigkeit herfür locket.

Ist also *sowohl der Samen als auch der Himmel* ein jedes für sich *erste Ursache, der eine als Möglichkeit für die Tätigkeit, der andere für das tatsächliche Anheben des darüber Befindlichen und für das Dienstbarmachen des Mittleren.* Wann diß nit were, so hette *Feselius Fernelius* zuviel eyngeräumet, in dem er ihm zugegeben, daß der Himmel sey *Anstoß* zu Bewegung der Creaturen in der nidern Welt. Diß muß nicht mit einer Handt gegeben, mit der andern wider genommen, sondern noch besser außgeführet werden, bey welcher Außführung erscheinen wirdt, wie dann der Himmel mit dieser nidern Welt verknüpfft und vereiniget und was das Bandt seye, darmit sie zusammen verbunden, daß eins mit dem andern beweget werde. Darvon hat *Aristoteles* noch wenig gewust, und *Feselius* weiß so wenig darvon, daß wann ich ihn nicht warnete, er diß herrlich Geheymnuß der Natur mit sampt der Vorsagung deß Gewitters außmustern und werwerffen würde.

57. So cörperlich und so greifflich gehet es nicht zu, daß Himmel und Erden einander anrühreten wie die Räder in einer Uhr und derohalben die Lufft nohtwendig da hinauß müste, da der Himmel voran laufft. Dann ob wol *Aristoteles* dannenhero Ursachen etlicher Sachen pflegt abzuholen, sonderlich anlangendt die nächtliche Feuwerzeichen und die Cometen, die er vermeynet auch in dieser nideren Lufft seyn, so mag aber doch dieses den Stich nicht halten und wirdt ihm vielfältig widersprochen, gibt auch auff den Universiteten viel verwirrete *Disputationen*, wie nicht weniger auch, da er anzeigt, daß die Sonne an ihr selber nicht heiß sey, sondern durch ihre so schnelle Bewegung heiß mache, wie man sonsten durch starcke bewegung oder zerreibung der Lufft bißweilen ein Boltz im Schuß brennen und das Bley schmeltzen macht.

58. Es ist auch noch dieses nicht die gantze völlige *Art und Weise*, wie Himmel und Erden untereinander verbunden sey, den ich droben *Nummer* 26 bey Erörterung und Erklärung der *Species immateriata der Sterne* eyngeführt: Ob wol nicht ohn daß eben viel [201] durch dieselbige verrichtet werde. Dann also erhitzet die Sonne uns hienieden auff Erden und lässet die himmlische Lufft zwischen uns und ihr allerdings kalt und ungehitzet, nemlich durch *die Species immateriata* ihres Liechts und gar nicht durch ihren schnellen Lauff; dann ihr schneller Lauff rühret uns nicht an, sondern ihre *Species immateriata des Lichts*, die rühret uns an, *durch direkte Berührung*, also daß sie auch wiederumb von dem Erdtboden angerühret und widerschlagen, auch in durchsichtigen *Flüssigkeiten* oder *Körpern* gefärbet werden mag.

Hieher gehöret der 104. Psalm [*Psalm* CIV, 20/22 f.]: Du machest Finsternuß, daß nacht wirdt, da regen sich alle wilde Thier. Wann aber die Sonn auffgehet, heben sie sich davorn und legen sich in ihre Löcher. So gehet dann der Mensch auß an seine Arbeyt und an sein Ackerwerck biß an den Abendt. Und achte ich, ARISTOTELES in seinem obangezogenen Spruch habe viel hierauff gesehen.

Hieher gehöret auch die Wärme von herzunahung der Sonnen und die dannenhero erfolgende lebendigmachung aller Kräutter und Gewächs im Frühling und die Fruchtbarkeit aller Thier verursacht; dann dieses alles zwar nicht *auf die Weise des Hervorbringens* auß dem Himmel folget, sondern *auf die Weise des Lenken* durch den Himmel geleytet und gemässiget wirdt.

In gleichem hieher zu referiren, daß man schreibet, wie in *Lucomoria* unter der Moschowiter Gebiet ein Geschlecht von Menschen seyn sollen, die gegen dem Winter, wann sie nun schier die Sonn gantz und gar verliehren, gantz ersterben und im Frühling wider aufferstehen.

Es mag auch hierauß Ursach gegeben werden etlicher bewegungen der Winde, welches an sein Ort gestellet wirdt. Sonderlich hab ich in meinem Buch *über die Marsbewegungen* [*Astronomia nova*, KGW III: 25 ff.] angezeigt, wie *durch das gegenseitige Zusammenkommen der Species immateriatae des Mondes und der Erde* der Ab- und Zulauff deß Meers zu erweisen und zu demonstrirn seye. Da auch eine *Berührung* geschicht *durch die magnetische Species immateriata, die aus dem Körper des Monds fließt*, mit dem Meerwasser, welche *Berührung* nicht *oberflächlich* obenhin, sondern gar *körperlich* durch die gantze Dicke deß Meerwassers zugehet.

Es ist aber diese Vereinigung und Verknüpffung Himmels und der Erden noch lauter Kinderspiel, und ob es wol zugehet *durch die Species immateriata,* so ist doch sie materialisch; dann die *Species* hat *körperliche Ausdehnung.* Und diese nidere Geschöpffe empfinden ihrer leiblicher greifflicher Weise.

59. Es folget aber viel ein edlere wunderbarlichere Vereinigung Himmels und der Erden, die vermag nichts Materialisches, sondern ist Formalisch, gehet zu durch *Formen* in dieser nideren Welt und nicht schlecht durch die taube *Formen,* wie sie gefunden werden in Stein und Bein, sondern durch Geistliche Kräfften, durch Seel, durch Vernunfft, ja durch Begreiffung der allersubtilesten Sachen, die in der gantzen *Geometrie* seynd; Dann es seynd die irrdische Creaturen darzu erschaffen, daß sie deß Himmels auff solche weise fähig seyn möchten.

Weil aber diese Art der Verwandtschafft zwischen Himmel und Erden unterschiedlich und mancherley, wil ich von dem leichtesten anfahen.

[202] Ist ihm nicht also, daß der Mensch und theils auch etliche Thiere sich ob der schönen Gestalt deß Himmels, Sonn und Mond, auch sonderlich bey nächtlicher weil ob der grossen menge der Stern und ihrer Ordnung erfreuwet?

Allhie thut es das Liecht nicht allein; dann es hat offt ein wülckliche Nacht mehr Liechts vom Mondt als sonst ein helle Nacht von den Sternen. Es thut es auch die Wärme nicht, das wissen die *Astronomen* wol, sie möchten offt vor Frewden wol erfrieren. Sondern es hat Gott den Menschen die Augen gegeben und die *Wahrnehmungsfähigkeit,* dadurch er über das Liecht und die Wärme auch die unterschiedene Farben, die Grösse, die Klarheit, das Zwitzern, die Abwechselung unterscheiden und begreiffen mag.

Da gibt es nun unterschiedliche Sorten der Menschen: Etliche seynd viehisch, Cyclopisch und grob und also zu reden nichts mehrers dann ein Stück Fleisch, denen ihr Hirn wie den *Kopflosen* im Leib und nahent dem Bauch stehet, die verspotten andere, so ihre Frewd mit Besichtigung deß Gestirns haben.

Etliche seynd Leibs, Temperaments, Alters oder Faulheit halben mehr zum Schlaffen geneygt dann zum nächtlichen besichtigen deß Himmels.

Etliche bleiben nur allein bey der eusserlichen Ergetzlichkeit und dem blossen Anschauwen.

Etliche schwingen ihre Gedancken in die Höhe und lernen an dem Gestirn Gott den Herrn und Schöpffer erkennen.

Etliche heben ihn auch drüber an zu loben und zu preysen.

Etliche mehr fleissige und kunstdürstige Leute fassen viel unterschiedliche zeiten zusammen und begreiffen endtlich den Unterscheidt zwischen den Planeten und unbeweglichen Sternen.

Andere bewerben sich auch, die Form und Art ihres Lauffs und, was sie in Warheit für *Kreise* machen, außzuforschen, und erlustigen hieruber ihre Vernunfft viel herrlicher als die vorige ihre Augen.

Andere wöllen auch erkündigen, was für Treiber und Beweger seyn müssen, welche diese Läuffe also verursachen.

Noch seynd etliche, die sich gelüsten lassen, zu erforschen auch die Ordnung, so die Planeten untereinander haben, und die *geometrischen Harmonien und Schönheiten durch Vergleichen ihrer Regionen und Bewegungen.*

Endtlich, so finden sich auch die ihr auffmercken haben, ob auch solche Sterne im Himmel etwas hienieden auff Erden wircken.

Ein jeder bewirbet sich umb etwas, soda warhafftig an den Sternen oder an ihren Liechtern oder an ihren Läuffen ist, dann er die Art und Natur von Gott empfangen, daß er dieselbige endtlich durch lange Zeit und Mühe erlernen kan, und, wann ers dann erlernet, so gibt es ihme Ursach zu vielen unterschiedtlichen Handtlungen, die er sonsten, wann ers nicht gelernet, wol hette unter wegen gelassen. Da dann der Himmel, wie *FERNELIUS* schreibet, der *Anstoß* ist zu allen diesen Handtlungen und doch selber nichts drümb weiß, auch *aufgrund der Eigentümlichkeit seiner Form* diß nicht wircket, sondern vielmehr der Mensch hierzu gewidmet, täuglich und fähig gemacht ist, daß er diese Dinge begreiffen und auch begehren möchte und diese seine Tauglichkeit oder Fähigkeit nichts anders ist als eben sein vernünfftige Seel.

Ja, möcht *Dr. FESELIUS* sprechen, das hette mir ein Bauwer auß dem Schwartzwaldt wol gesagt, und hette *KEPPLER* zu Prag schweigen mögen.

Antwort: Ich habs auch nit darumb eyngeführet, als ob man es nur allein zu Prag wüste. Es dienet mir aber dieses zu meinem folgenden fürbringen, dasselbige desto besser zu erklären.

Dann wie hie die vernünfftige Seel deß Menschen von Gott also formirt ist, daß sie alle diese dinge durch anschawung deß Gestirns entlich *durch Vernunft* erkündigen und sich darnach richten kan. Also ist auch die gantze Natur dieser nidern Welt und eines jeden Menschens Natur in sonderheit, nemlich die *niederen Fähigkeiten der Seele*, von Gott in der ersten Erschaffung also formiert, daß sie etliche der oberzehlten dinge nit durch ein sichtlich anschawen, sondern durch ein noch zur zeit verborgenes auffmercken auff die himmlische Liechtstrahlen in demselbigen Augenblick ohn alle *vernünftige Überlegung* oder Gebrauch einiger muhtmassung (welche allein der Vernunfft angehören) begreiffen und sich darüber erfreuwen, stärcken, muhtig und geschäfftig machen kan. Da dann diese himmlische sachen der Natur, welche diese niedere Welt durchgehet, und eines jeden Menschens in sonderheit eygner Natur ein *Gegenstand* werden und in Form eines *Gegenstandes* dieselbige impellire und verursache, dem jenigen Werck desto stärcker obzuligen, welches Gott derselben in der ersten Erschaffung ertheilet hat.

Das jenige aber, welches solche Naturen also begreiffen, ist anfänglich die *Species immateriata* von den himmlischen *Körpern* und Kugeln, es sey von ihren Liechtern, Farben oder Leibern (und dieses ist das *stoffliche*), fürs ander, so ist es die *höchst subtile geometrische Harmonie zweier Strahlen unter sich, sei es des Lichtes oder von Körpern, die von den höchst verborgenen Geheimnissen der geometrischen Figuren der Schematologie herrühren,* dannenhero auch entlich die eygentliche Ursachen der Concordantien in der *Musik* entspringt und fast auff gleiche weiß, doch etwas unterschiedlich, deß Menschen natürlicher Seelenkrafft eyngepflantzet ist.

Dann, was ist doch das jenige, daß zweyen Stimmen gegeneinander die Lieblichkeit und Concordantz verursachet. Winde dich hin und her, dichte und trachte, wie du wilt, suche nach bey den *Pythagoreern* oder *Aristotelikern*, bey ARCHYTAS, DIDYMOS, ARCHISTRATOS, HERACLEIDES, AELIANOS, DIONYSIOS, PLATON, ARISTOTELES, THEOPHRASTOS, PANAITIOS, THRASYLLOS, ADRASTOS, EPICONOS, DAMON, HERATOKLOS, ENGENOR, ARCHISTRATOS, AGON, PHILISKOS, HERMIPPOS, PTOLEMAIOS, PORPHYRIOS, BOETHIUS oder so du ihrer noch mehr wüstest, so wirst du die rechte Ursach nit finden; einer wird den andern widerlegen, und ich wil dir sie alle widerlegen, wann sie etwas anders angeben als eben die *Verhältnis der Töne* auß der eygentlichen *Geometria figurata* oder *Schematologie*, nemlich auß einem *Kreis* hergenommen, welcher getheilet sey durch die *gleichseitigen Flächen*, nicht alle, sondern durch die jenige, die sich mit dem *Kreis* oder seinem *Durchmesser* vergleichen [vgl. Buch III der *Harmonice mundi*].

Dann es ist wol ein Figur zu machen von sieben, von neun, von eylff, von dreytzehen gleichen Linien. Es ist aber nicht müglich zu wissen einen gewissen [204] Geometrischen Satz, Regel oder Fürgeben, auff welches vollnziehung eine solche Figur alle Winckel gleich habe und also *regulär* seye.

Und gesetzt, ein solche Figur gewinne ihre gleiche Winckel also, daß hernach ein Circkel darumb zu schreiben seye, so ist doch abermal unmüglich zu determinirn, wie desselben *Durchmesser* sich gegen einer Seiten vergleiche, es sey *linear* oder *quadriert* oder *bei rationaler Auslegungn einer quadrierten Strecke, wenn die Figur ausgefüllt ist*, oder *bei Wegnahme des Gnomon, wenn die quadrierte Strecke rational ist, oder kubiert gleichermaßen.* Allezeit zwar werd ich genauwer darzu kommen, aber nimmermehr den Puncten treffen in keinem einigen *Maß* so wol als *im Verhältnis von Kreisumfang zu Kreisdurchmesser.**

Darauß dann folget, daß *das Wesen dieser Figuren* bestehe in einer solchen wunderbarlichen *Potenz*, die nimmermehr, *auch nicht von dem vollkommenen Geist, in Ausführung* mag gebracht werden. Dann, ob wol im *Kreis* etwa ein Punct durchgangen wirdt, da sich endet ein *Siebenecksseite*, so ist doch nicht müglich denselbigen Puncten zu wissen; Dann solte er gewust werden und sein *wissenschaftliche Bestimmung* haben, so würden alle andere Figuren, so man jetzt weiß, als *Dreieck, Quadrat, Fünfeck usw., kraft des Widerspruchs* müssen umbgestossen und vernichtet werden.

Und folgt hierauß, weil nie niemandt kein *reguläres Siebeneck* gewust, daß auch nie keins gezogen, gemahlet oder gemacht worden, es sey dann einem ungefehr gerahten, welches aber ungewiß, alldieweil man keine Regel hat, ein solches ungefehr zu examiniren und nach der Schärpff zu probieren.

---

* [Es handelt sich hier um die von Euklid (*Elemente*, Buch X) im Anschluß an Theaitetos in die Proportionenlehre eingeführten Begriffe, die auch den Vergleich mancher zueinander »irrationaler« (unaussprechbarer) Strecken erlaubte: Zwei Strecken sind dann zueinander »aussprechbar«, wenn sie entweder »in Länge kommensurabel« (*in longo*: linear) oder »potentiell kommensurabel« sind (*in potentia quadrata*: quadriert; die Quadrate 2 und 4 sind kommensurabel, aber nicht die Seiten $\sqrt{2}$ und $\sqrt{4} = 2$); dann wird weiter untersucht, wie zueinander »unaussprechbare« Strecken zu vergleichen sind, wozu unter anderem die »Binominale« (Summe zweier nur quadriert kommensurabler Strecken) und »Apotome« (Differenz zweier nur quadriert kommensurabler Strecken) eingeführt werden. Die Differenz zweier Quadrate wurde in der geometrischen Algebra der Antike *Gnomon* (Winkel) genannt. Die Seite des regulären Fünfecks etwa ist quadriert eine solche Differenz, wobei der ›Gnomon‹ eine sogenannte »mediale Fläche« ist (Quadrat über der Mittleren Proportionale zweier kommensurabler Strecken). Vgl. hierzu B. L. van der Waerden ²1966: Abschnitt VI, Theaitetos, sowie unten Nummer 92.]

Darumb wir auch kein *Körper* oder ander Ding in der Welt finden, das von Gott nach einem *Siebeneck, Neuneck, Elfeck* were gemacht und specificirt worden. Und dahero kömpt es auch, daß die Natur sich ab keiner Proportz erfreuwet, die auß solchen verworffenen Figuren genommen were, es sey jetzo in *Tönen* oder in *Strahlen der Sterne.* Und hingegen, daß alle *Verhältnisse der Töne oder Saiten,* die auß den *wißbaren Figuren* genommen seynd, *in der Musik* ihre *Wohlklänge* geben und daß *in den Strahlen der Planeten* alle *Verhältnisse,* die da erscheinen bey zusammenfallung zweyer Liechtstraalen (so fern sie täglicher Erfahrung und Auffschreibung deß Gewitters sich in Antreibung der Natur zu hefftiger Witterung mercken lassen), solche auch unter den *wißbaren Figuren* und kein einige sich unter den *nicht wißbaren* finden lässet. Und also hierauß ein wunderbarliches *Geheimnis* folget, daß die Natur Gottes Ebenbildt und die *Geometrie Archetyp der Schönheit der Welt* seye, darinnen durch die Erschaffung so viel ins Werck gestellet worden, so viel *in der Geometrie durch Endlichkeit und Vergleichungen* müglich gewest zu wissen, und, was ausserhalb den Schrancken der Endtlichkeit Vergleichung und Wissenschafft gefallen, dasselbige auch in der Welt ungeschaffen und ungemacht geblieben seye; Das ist, keine besondere *Schönheit* oder *Wesensform* gegeben, sondern der Materialitet, *vollkommen dem Zufall,* die an ihnen selber unendlich seynd, uberlassen worden, als zum Exempel finden sich wol einzele Früchte und Blumen, die sieben, neun oder eylff Fäche oder Blätter haben, wann die *Art in den Individuen* gemeiniglich variert, aber keine *Art* findet sich nicht, die diese Zahl beständig halte, wie fünff, sechs, vier, drey, zehen, zwölff &c.

Weil dann hiervon biß auff den heutigen Tag gar nichts *in dem Teil der Physik, die sich mit der Natur und der Seele beschäftigt,* auff Universiteten gelehret wird, so wil ich *Dr. FESELIUS* von wegen der Ehr Gottes deß Schöpffers vermahnet haben, solche Sachen in gebürliche Erwegung zu nemmen, keines wegs zu verachten, sondern selber zu bewehren und als ein *professioneller Philosoph* außzubreitten und mit gantzem Fleiß von den Astrologischen Aberglauben abzuschelen und zu behalten.

Darmit aber er nicht abermal (wie er gewohnt, und es die *Astrologie* gar wol verdienet) die Erfahrung in Zweifel setze, so erinnere ich ihn, daß ich mit dieser Erfahrung nun 16 Jahr zugebracht, das Wetter von einem Tag zum andern auffgeschrieben und, da ich in dem Wahn gestecket, als müsse alles zwischen der *Astrologie* und *Musik* in gleichen *Begriffen* gehen, weder minder noch mehr *Aspekte* seyn dann *Harmonien,* wie zu sehen in meinem Buch *De stella serpentarii*, S. 40 [KGW I: 193], so hat mir doch die augenscheinliche und offenbarliche Erfahrung auch das *Halbsextil* an die Handt geben, das sich mit der *Musik* (in der ubrigen Weiß und Maß) keines wegs vergleichen wöllen, und hat hingegen von dem *Halbquadrat* [= Achteck, Geachtschein], das sich mit *sexta molli* vergleichet, schlechts Gezeugnuß geben wöllen. Darauß ich den Unterscheidet zwischen der *Musik* und *der Astrologie* endtlich gemercket, und da ich mich verwundert, warumb doch ich *die halbe Quadratur, den Gezehntschein, Gedreizehntschein* nicht sonderlich mercke und das *Halbsextil* so starck mercke, so doch *Achteck, Zehneck und Vierzehneck* eben so edle und schier edlere Figuren seyen als *das Zwölfeck*. Da bin ich erst in die *Geometrie* gejagt worden und hab da erlernet ein besonderbare Eygenschafft deß *Zwölfecks*, darinn es dem *Quadrat* in einem Stück zu vergleichen und diese zwo *Figuren* im selbigen Puncten vor allen andern den Vorzug haben.

Ist also die *untermondische Natur durch den Instinkt der Schöpfung* viel ein besserer *Geometer* als der Menschen *Fähigkeiten der vernünftigen Seele durch den Fortschritt der Studien* jemalen gewest biß auff den heutigen Tag.*

60. Es wirdt auch *Dr. Feselius* nunmehr mercken, daß diese Objection nichts gelte, die Planeten scheinen alle zusammen, darumb könne man keinen vor dem andern probiren. Dann hie nicht sonderlich davon gehandelt wirdt, was ein Planet vor dem andern für ein Natur und Eygenschafft habe, sondern ob und wie starck ein *harmonischer Aspekt* (der zwischen zweyer Planeten Liechtstraalen hienieden auff Erden gemercket wirdt) die Natur dieser nidern Welt entrüste und bewege. Da *Feselius* leichtlich zu sehen hat, daß diese *Aspekte* nicht alle Täge fallen und, da einer heut ist, derselbige weder gestern gewest, noch morgen seyn wirdt. Derohalben

---

* [Durch diese Überlegungen in seiner Geometria figurata kam Kepler schließlich zu folgenden »weltbildenden« und deshalb astrologisch wirksamen Aspekten [siehe oben S. XXXVI]: Konjunktion (1/1 Kreis, 0°), Sextil – Gesechstschein (1/6, 60°), Quadrat – Geviertschein (1/4, 90°), Trigon – Gedrittschein (1/3, 120°), Opposition (1/2, 180°) – diese waren seit Ptolemaios bekannt und wurden von dem persischen Astrologen Albumasar († 886) in das schematisierte Regelwerk der Astrologie aufgenommen –, Quintil (1/5, 72°), Trioktil (3/8, 135°) und Biquintil (2/5, 144°). Im vierten Buch der *Harmonice mundi* verwirft Kepler den Trioktil, weil er, obgleich er in seiner Harmonik selbst eine wichtige Rolle spielt, als astrologischer Aspekt durch die Erfahrung keine Bestätigung erfahren habe, und nimmt umgekehrt den Halbsextil (1/12, 30°), der für die Harmonik keine Rolle spielt, aufgrund der Erfahrung in die Aspektenlehre auf.]

sie gar wol zu unterscheiden seynd. Dann ob wol ihrer im künfftigen Jahr *neuen Stils* 16[1]4 seynd (deß Monds *Aspekte* außgeschlossen, als welche täglich geschehen und derowegen für sich allein nichts neuwes machen, auch sehr geschwindt vergehen und nicht anhalten in der Witterung), Da in gleicher außtheilung allweg auff den andern oder dritten Tag einer käme, so halten sie aber kein gleiche außtheilung, sondern fallen offt auff einen Tag fünff, sechs oder mehr zusamen; damit bleiben viel Täge ledig und auch etliche *Aspekte* auff gewisse Täge einsam, daß man sie also ohn [206] einige Confusion probiren kan. Künfftigen 25., 26. Februar neuen Stils finden sich fünff. Also den 15./16. May sechs, den 13. Juni in 28 Stunden vier, den 3. Juli drey, den 3./4. August vier, den 10./11. September vier, den 17. September drey, den 19. September vier, den 15./16. Oktober vier, den 9. November drey, den 15./16. November drey, den 24. November drey, den 28./29. November drey, den 14. Dezember drey.

Hingegen gibt es im *März* wenig, und mag man den 5. *Quintil*, den 9. *Halbgesechstschein* probiren, den 23. alle beyde, also auch den 24./25. *April* zwen *Quintile*. Und weil vom 16. Juni biß zu endt deß Monats kein Aspect auß den alten fält, außgenommen zwischen 24./25. die *Konjunktion von Sonne und Jupiter*, so mag umb den 17. auff *Halbgesechstschein von Saturn und Mars*, den 23. auff *Biquintil von Saturn und Merkur*, den 27. auff *Biquintil von Saturn und Venus* achtung gegeben werden. Und hab ich den 18./20. Gelegenheit auch auff zween *Halbquadraturen* ferrners Auffsehen zu haben, ob sie allerdings still seyn oder auch ein wenig Unruhe verursachen wöllen. Eine gleiche gelegenheit findet sich auch zwischen dem 3. und 18. Juli, da es leer ist von Aspecten, dann nur den 10. ein *Biquintil von Saturn und Sonne* und den 13. ein *Halbsextil von Saturn und Venus*. Den 6./7. August ists zeit, den *Halbgesechstschein von Venus und Merkur* zu probiren, und den 15./16./17. sonderlich den *Biquintil von Jupiter und Saturn*.

61. Ja, spricht einer, es seynd hie wol etliche Täge ernennet, es ist aber nichts specificiert, ob es daran schneyen oder regnen werde. Antwort: wahr ist es, auß dem Himmel allein lässet es sich nicht specificiren; dann es kompt das Gewitter *materiell* nit von Himmel, sondern auß der nidern Welt, und praesumirt allweg ein *Astrologe* etwas von dem Erdtboden, so offt er von gewisser Sorten deß Wetters handelt. Der Himmel allein verursachet nichts als den Antrieb der Geistischen art in dieser nidern Welt oder in der Erdenkugel, daß sie aufftreibt, was sie hat und findet. Nun kan

dem *Astrologen* sein Praesumption fehlen. Dann die innerliche verende-
rung deß Erdtbodens an feuchte und trückene wird nit allein vom Himmel regiert, sie hat ihren absönderlichen umbgang, wie es die erfahrung
mitbringt. Solt es aber drümb nicht seyn, daß ein *Astrologe* dannoch so viel
versiehet, wann und welchen Tagen es wittern werde?

Ich weiß zwar nit, was es vom künfftigen 28. April biß 17. May für
wetter seyn werde, dann ich hab zwo unterschiedliche vermuhtungen von
dem Erdtboden, die eine ist diese, daß es gemeinglich zu dieser Jahreszeit auff den Gebürgen noch viel Schnee hat, dahero die Winde, wann sie
auffgetrieben werden, pflegen kalt zu seyn. Die andere ist diese, daß es
sich ansehen läst, als solte der Mertz wegen weniger Aspecten ziemlich
schön sein und also die Wärme sich etlicher massen erholen, darauff dann
der April biß fast umb den 19. viel *Aspecte* hat, die vielleicht den Schnee
in Gebürgen mit stättigem Regen wol abtreiben können werden, daß es
hernach bis zu endt *Aprils* schön Wetter geben mag. Wann ich aber wüste, welches auß diesen beyden geschehen würde, köndte ich hernach im
Mayen darauff bauwen. Als zum Exempel, laß es seyn was zu erst gesetzt,
so wolte ich im Mayen rauhe kalte Lüffte und ein ungeschlacht kalt Regenwetter setzen. Ob aber schon diß ungewiß, so ist doch diß gewiß, daß
das Wetter diese bestimbte Zeit nach Gelegenheit deß Erdtbodens sehr
unruhig und nicht schön seyn werde.

[207] Gleiches zusagen vom 3. biß in 15. Juni, sonderlich den 12., 13.,
14. Juni. Es kan viel Regen geben, es kan auch nur ungestümmen Windt
oder Donnerwetter geben, nach dem das Erdtrich seyn wird; still wird es
nicht zugehen.

Diß Stückwerck ist nicht zu verwerffen, wer weiß, es mag noch einmal
zu grossem Nutzen kommen. Wann ich zu schiffen hette und köndte ohne
Versäumnuß meiner Sachen einen Tag oder viertzehen am *Hafen* bleiben,
warumb wolte ich nicht lieber nach dem 17. May die Segel fliehen lassen
dann zuvor, weil ungestümme *Aspekte* zuvor fürhanden. Hat St. PAULUS
[*Apostelgeschichte* XXVII, 9 f.] den Winter gescheuwet und die Schiffahrt
widerrahten, warumb wolte ich nicht auch ein Winterige ungestümme
Wetterlage scheuwen umb den 12., 13., 14. Juni.

62. Damit ich aber *Dr. FESELIUS* allen Verdacht der ungewissen Experientz
halben benemme, wil ich mir selber eynwerffen. Dann es die Frage, ob
auch die *Astronomie* so gewiß, daß man zu den Aspecten gewisse Täge

ernennen könne, und ob es die *Erfahrung* nit hindere, so man in der Rechnung verfehlete. Antwort: wahr ists, daß von etlicher Ungewißheit wegen der *Astronomie* nicht ein jeder zur Experientz täuglich ist. Sondern man muß gewisse Aspecte von ungewissen unterscheiden. Zum Exempel nemme ich den jetztlauffenden December. Den ersten stehet in *den Ephemeriden Merkur R.*, und ist den 1., 2. lindt, finster Wetter gewest mit kaltem Windt (dann *die Stillstände des Merkurs* wircken wie ein Aspect zweyer Planeten); den 3., 4., da kein Aspect, war es schön, fieng an zu frieren; den 5. ward es wider trüb, hatte einen schneidenden kalten Windt, da spüret man die auffdämpffung (die Ursach ist gewest *Biquintil von Jupiter und Mars*, der ist auch in den *Prutenischen Tafeln** so gewiß, daß er dißmals uber einen Tag nicht fehlen kan, da doch das Gewitter selber etwa in weyt von einander gelegnen Orten sich in zween Tage eyntheilt wegen unterschiedlicher Gelegenheit der Länder). Der 6. ist stiller gewesen, doch trübe wegen der Nachtbaurschafft. Den 7. nach Mittag erhebte sich ein scharpffer Windt bey dem *Quadratur von Jupiter und Venus* und *Opposition von Sonne und Jupiter*, die seynd gewiß gnug, und stärckte sich den 8. bey *Biquintil von Jupiter und Venus*, daß das Wasser begundte zu zugefrieren. (Ich halte, es sey den 7. etwa in einem gebürgigen feuchten Landt ein tieffer Schnee gefallen, dannenhero es gehling so kalte Winde gegeben; dann gehling Gefröhr kömpt nur von Winden. Darumb auch ein solche eylende Kälte nicht lang bestehet. Dann, wann der Windt sich legt, so ist der Erdtboden noch nicht zu rechter Kälte disponiret und mag leicht durch ein Ursach wider auffgehen.) Den 9. hat das Eyß schon getragen, wardt 9./10 schön und sehr kalt. Den 11. stehet ein *Konjunktion von Sonne und Merkur*, da wardt sehr scharpffer Ost, Abendts ein Schneegewülck. Den 12. wider hell und kälter. Hat also diese *Konjunktion* dißmals in Böheym mehr nicht dann ein Gewülck und Windt gebracht, so sie anderst gewiß den 11. und nicht etwa den 12. Abendts gefallen. Dann es in der Nacht nach dem 12. lindt worden, den 13. geregnet hie und im Voytlandt, darauff geschnyen. Den 14. allhie dreyn geregnet, den Schnee viel abgetrieben mit einem lawen starcken West. Im Voytlandt einen sehr grossen Schnee geworffen, daß man etlicher Orten nicht reysen können. Die Ursach ist nit sonder-

---

* [Die von ERASMUS REINHOLD auf der Basis des copernicanischen Systems errechneten Planetentafeln, die erstmals 1551 erschienenen *Tabulae Prutenicae,* blieben bis zu den *Rudolphinischen Tafeln* KEPLERS, die 1627 erschienen, in Gebrauch, obgleich sich bald große Differenzen zu den beobachteten Örtern ergeben hatten; vgl. auch Nummer 139.]

lich an der *Konjunktion von Mars und Merkur* gelegen, dann *Venus* hat ein ziemliche grosse *nördliche Breite* gehabt, sondern *Merkur* ist *in rückläufiger Bewegung* von der Sonnen [208] hinweg und in *Halbgesechstschein zur Konjunktion von Mars und Venus* gelauffen, ist also ein *Öffnung der Tore* gewest. *Mars war entfernter am Himmel als nach der Rechnung* [gemäß den *Prutenischen Tafeln*]. Den 15. ists nach Mittag wider kalt worden, den 16. *ähnlich* mit Schneefuncken. Baldt abendts erhebte sich ein starcker unge-stümmer West, der sich durch den 17. sehr stärckete, biß in den 13. nach Mittag, da er sich gelegt. Ob er wol den Schnee etwas abgetrieben, bliebe doch das Wasser zu, weil die Kälte nunmehr uberhandt gewonnen weyt und breyt. Wann nun einer nicht berichtet ist, daß *Merkur* umb die *Still-stände*, welche die *Ephemeriden* auff den 23. setzen, noch gar unrichtig in der Rechnung sey und gar offt umb ein Grad oder zween besser hinten stehe, möchte er jetzo nit unbillich anfahen zu zweifeln, ob das Gewitter mit den Aspecten so genauw correspondire und nit etwa nur unter wei-len ungefehr antreffe? In ansehung, daß dieses ein gar augenscheinliche Witterung gewest den 17./18., da sich doch kein Aspect in der nähe nit findet. Ich bin aber durch viel dergleichen Fälle gewitziget worden unnd derowegen durch diese witterung gnugsam vergewissert, daß *Merkur* den 17. *in Opposition zu Jupiter* gestanden, welches darumb so starek gewircket, weil *Merkur* gemaches Lauffs und mit sampt *Jupiter* zurück gangen, daß sie also langsam voneinander gesetzt. Den 18. nach Mittag ists still und hell und den 19. kalt worden mit Schneegewülck, den 20. schön und kalt, weil die Natur von den Aspecten ruhe gehabt. Bald erhebte sich in der folgenden Nacht ein langwieriger ungestümmer West mit etwas Regen. Dieser bezeugt, daß *Merkur* den 21. zum andernmal *in Opposition zu Jupi-ter* gestanden, wie es dann auff die erstberührte Correction nohtwendig folgen müssen. Und weil *Merkur* gleich bald gar stillstehen sollen, ist die-ser Aspect auch in der wirckung desto langwieriger gewest und hat also diß böse Wetter auch durch den 22. und 23. gewehret, sonderlich weil den 23. ein *Quintil von Saturn und Venus* darzu kommen. Und weil es auch den 24./25. windig Aprilenwetter und den 26. Schnee gegeben, achte ich, *Merkur* habe zween Tag später, nemlich erst den 25., seinen Lauft umb-gedräet; dann solches alsdann seine Witterung zu seyn pfleget. Den 27., 28., 29. wider schön und kalt, das Wasser zu, weil kein Aspect. Den 30. erhebte sich starcker Sudwest, den 31. Regen, Wasser offen. Die Ursach wird abermal kein *Astrologe* leicht errahten, die doch gewiß und augenscheinlich. *Saturn* hatte 20 *Minuten* weniger, *Mars* 40 *Minuten* mehr dann *in den Ephemeriden*, derhalben nit den 1. *Januar*, sondern den 30. *Dezember* ein *Quintil von Saturn und Mars* gewest.

63. Siehet also hierauß *Dr. Feselius*, daß diese betrachtung deß Gewitters nit allein deß Monds *Aspecte* ubergehe, wie droben gemeldet, als welche gar zu gemein, schnell und schwach, sondern auch und vielmehr die *Viertelungen des Jahres und des Monats* mit iren *Beurteilungen* allerdings umbstosse.

Es soll einen wunder nemmen, woher es unter den gemeinen Mann kommen, daß er so gern nach dem Mondt urtheilt, ob es die eynbildung gethan, daß das Wetter sich mit deß Monds Liecht verändere, oder dahero, weil fast alle Quartal ein newes Gewitter ist; oder habens ihn die viel Calender und *Prognostica* gelehret. Oder haben es im Widerspiel die *Astrologen* dem gemeinen Mann zu gefallen gethan, daß sie ihre *Beurteilungen* nach dem Mondtschein außtheilen und ihn für die Ursach halten [209] und anziehen. Doch wil ich hiermit die alte Baurenregel nit vernichtet, noch abgeläugnet haben, daß man nit etlicher massen am Mondt (nit aber an deß Newmonds oder Viertheils Nativitet) sehen könne, wie es einen Tag oder etliche nacheinander wittern werde; dann was man also siehet, das ist nach seiner Maaß schon allbereyt im Werck.

64. Diß ist also der rechte warhafftige Grundt, das Gewitter vorher etlicher massen zu wissen. Diß ist auch zumal das stärckeste Bandt, damit diese niedere Welt an den Himmel gebunden und mit ihme vereinigt ist, also daß alle ihre Kräfften von oben herab regirt werden nach *Aristoteles'* Lehre: Nemlich, daß in dieser niedern Welt oder Erdenkugel stecket ein Geistische Natur, der *Geometrie* fähig, welche sich ab den Geometrischen und Harmonischen Verbindungen der himmlischen Liechtstraalen *aufgrund des Schöpfers Antrieb ohne vernünftige Überlegung* erquicket und zum Gebrauch ihrer Kräfften selbst auffmundert und antreibt.

Ob alle Kräutter und Thier diese Facultet so wol als die Erdtkugel in ihnen haben, kan ich nicht sagen. Kein ungläublich ding is es nicht; dann sie haben zum wenigsten dergleichen andere Faculteten: Als daß die Form in einem jeden Kraut ihre Zierdt weiß zu bestellen, der Blumen ihre Farb gibt, nicht *von der Materie her*, sondern gar *von der Form*, auch ihre gewisse Zahl von Blättern hat. Daß die Mutter *mit der Gebährmutter* und der

Saame so dreyn fället, eine solche wunderbarliche Krafft hat, alle Glieder in gebührender Form zu zubereytten, da dann der Esel dem Menschen nichts bevor gibt, sondern es ist uberall der *göttliche Instinkt, der an der Vernunft teilhat,* und gar nicht deß Menschens eygne Witz.

Daß aber auch der Mensch mit seiner Seel und deroselben nideren Kräfften ein solche Verwandtnuß mit dem Himmel habe wie der Erdtboden, mag in viel wege probiert und erwiesen werden, deren ein jedweder ein Edels Perl auß der *Astrologie* ist, keines wegs mit der *Astrologie* zu verwerffen, sondern fleissig auffzubehalten und zu erklären.

65. Dann erstlich mag ich mich dieser Experientz mit Warheit rühmen, daß der Mensch in der ersten Entzündung seines Lebens, wann er nun für sich selbst lebt und nicht mehr in Mutterleib bleiben kan, einen *Charakter* und Abbildung empfahe *der gesamten Konstellation des Himmels oder vielmehr der Form des Zusammenkommens der Strahlen auf der Erde* und denselben biß in sein Grube hieneyn behalte. Der sich hernach in formierung deß Angesichts und der ubrigen Leibsgestallt so wol in deß Menschen Handel und Wandel, Sitten und Geberden mercklich spüren lasse, also daß er auch durch die Gestallt deß Leibs bey andern Leuten gleichmässige neygung und anmuhtung zu seiner Person und durch sein Thun und lassen ihme gleichmässiges Glück verursache; dadurch dann (so wol als durch der Mutter Eynbildungen vor der Geburt und durch die Auffzucht nach der Geburt) ein sehr grosser Unterscheidt unter den Leuten gemacht wirdt, daß einer wacker, munder, fröhlich, trauwsam, der ander schläfferig, träg, nachlässig, liechtscheuh, vergessentlich, zag wirdt und was dergleichen für *allgemeine* [210] Eygenschafften seynd, die sich den schönen und genauwen oder weytschichtigen unformlichen *Figurationen* auch gegen den Farben und Bewegungen der Planeten vergleichen.

Dieser Character wirdt empfangen nicht in den Leib, dann dieser ist viel zu ungeschickt hierzu, sondern in die Natur der Seelen selbsten, die sich verhält wie ein Punct, darumb sie auch in den Puncten deß *Zusammenfließens der Strahlen* mag transformiert werden, und die da nicht nur deren Vernunfft theilhafftig ist, von deren wir Menschen vor andern lebenden Creaturen vernünfftig genennet werden, sondern sie hat auch ein andere eyngepflantzte Vernunfft die *Geometrie* so wol in den *Strahlen* als in den *Tönen,* oder in der *Musik,* ohn langes erlernen, im ersten Augenblick zu begreiffen.

Gleich wie es mit dem Schwimmen und mit dem aufrecht eynherge-
hen beschaffen, das muß der Mensch mit grosser Mühe und langer weil
lernen; ein Kalb kan es von Natur ungelernet.

66. Zum andern und ferrners, gleich wie ein jedes Kraut seine Zeit
trifft, wann es zeitigen oder blühen solle, welche Zeit demselben in der
Erschaffung vorgeschrieben und durch eusserliche Wärme und andere
Mittel zwar etwas erlängert oder verkürtzet, aber niemalen gar verkehret
werden mag, also empfähet auch deß Menschen Natur im eyntritt ihres
Lebens nicht nur ein augenblickliches Bilde des Himmels, sondern auch
den Lauff desselbigen, wie er hienieden auff Erden scheinet etliche Tage
nacheinander, und gewinnet auß diesem Lauff ihre Art, zu gewissen
Jahren diesen oder jenen *Saft* zuergiessen, welche Jahr sie auch auff
Vorschreibung der ersten wenig Tagen ihres Lebens gantz genauw und
scharpff trifft. Welches ein sehr verwunderliches Werck und gleichsam
ein *Species* oder Ausfluß ist *des natürlichen Verhältnisses vom Tag zum Jahr*
(da ebenso wie der Ausfluß des Lichtes nicht Ursache des Ortes und der Zeit
wird, so wird auch der Ausfluß dieses Verhältnisses Ursache der Zeit, nicht
des Orts), also daß diese kurtze Zeit *beziehungsweise typische Zeit* sich bey
dieser deß Menschen Natur *gemäß den Teilen mit* 365 multiplicirt und
das gantze natürliche Leben von dieser Multiplication hero, die da ihr
steyff in Gedächtnuß bleibt, deducirt und alsgleich von einem Kneyel
Garn abgewunden wird. Der gestalt dann das gantze künfftige Leben,
hinsichtlich der natürlichen Eigenschaften, gleich vom ersten viertheil Jahr
an bey dieser deß Menschens Natur in einem Büschelin zusammen ge-
wickelt und beygelegt ist.

Es lässet sich aber eine solche Ursach und *natürliches Verhältnis* nicht
auff die *Profektionen* ziehen; dann nicht *der Aszendent* oder die Sonn, sondern nur der *Jupiter* in 12 Jahren umbgehet wie der Mondt in 28 Tagen,
und gehöret demnach das beste von den *Profektionen* unter die *Transite*,
das uberig ist ein unnütze Schaal.

Ich hab offt die Gedancken gehabt, es werde nichts mit den *Direk-*
tionen seyn, weil man die Ursach so weyt holen muß und nicht anders
bestellen kan. Ich muß aber bekennen, daß dannoch die ursach der Natur
gleich siehet, weil sie braucht *das natürliche Verhältnis*, und daß die Erfahrung so klar, daß sie den *Astrologen* nicht abzuläugnen, allein daß man nit
wie *Sixtus von Hemminga* [*De astrologia ex ratione et experimentis refutata.*

1583] ohne gnugsamen Bericht und allzugenauw damit verfahre und die *Experimentatoren* mit den *individuellen Fällen* gefahre, in erwegung, daß das jenige, was die Natur heut gethan [**211**] hatte, auch gar wol durch allerhandt Hülff oder Verhinderung gestert geschehen seyn oder morgen geschehen kan.

Es wird auch das Gemüht selbst in seinen natürlichen Geschäfften und Qualiteten der gestalt ein Jahr für das ander auffgemundert.

67. Fürs dritte ist diß auch ein wunderlich Ding, daß die Natur, welche diesen *Character* empfähet, auch ihre angehörige zu etwas Gleichheiten *in den himmlischen Konstellationen* befürdert. Wann die Mutter grosses Leibs und an der natürlichen Zeit ist, so suchet dann die Natur einen Tag und Stundt zur Geburt, der sich mit der Mutter ihres Vattern oder Brudern Geburt Himmels halben (*nicht qualitativ, sondern astronomisch und quantitativ*) vergleichet. Doch lässet es ihme zu nemmen und geben wie alle natürliche Dinge.

68. Zum vierdten, so weiß eine jede Natur nicht allein ihren *himmlischen Charakter*, sondern auch jedes Tags himmlische *Konfigurationen* und Läuffe so wol, daß, so offt ihr ein Planet *dann* in ihres *Charakters Aszendenten* oder *vorzügliche Örter* kömpt, sonderlich *am Geburtstag* sie sich dessen annimbt und dadurch unterschiedlich affectionirt und ermuntert wird.

69. Endlich und zum fünfften, so gibt es auch die Erfahrung, daß ein jede starcke Configuration für sich selbst ohne Ansehung der Verwandtnuß mit einem gewissen Menschen die Leute in gemein (wo ein Volck in einer Ordnung bey einander) auffmundert und zu einem gemeinen Wesen *habilitirt*, daß man zusammen setzet, gleich wie die Sterne damals *harmonisch* zusammen leuchten. Wie in meinem Buch *De stella serpentarii* außgeführt worden.

So hab ich auch vielfältig gesehen, daß bey allgemeinen Landtseuchen allezeit die *Säfte* mehr turbirt, nemlich die Naturen ermundert werden, die *Säfte* außzutreiben, wann starcke *Konstellationen* fürhanden gewest.

Wie dann alle diese Puncten und, so ihrer noch mehr auff diesen Schlag fürzubringen, auß einerley Ursach entspringen, und die Müglichkeit deß einen auß dem andern bewiesen und bewehret werden mag.

70. Wann *Dr. Feselius* diese Puncten und ihre Ursachen betrachtet, so hoffe ich, er soll auch nunmehr seinem *Galenos* und fast der gantzen *Medicinischen Fakultät* desto gerner glauben, daß die Natur deß Menschens, wann sie in einem neuwen Werck ist, einen *Saft* durch ein Kranckheit zu exturbiren und darüber zart, blödt, leicht beweglich und sehr empfindtlich wirdt; dann zumal auch mit dem Mondt verwandtnuß habe und sich mit dessen Lauff verändere und verkehre oder antreibe in dem Werek, das sie fürhat, und dahero die *kritischen Tage* fürnemlich verursachet werden.

[212] Dann ob es wol nicht ohne Einreden zugehet, so läst sich doch ein *Philosoph* mit dem meinsten begnügen zu Schöpffung eines Philosophischen Wohns und sihet hernach, wie dem ubrigen geschehe.

Ich zwar hab etwa gesehen, wie junge Kindtbetter Kinder *bei Ännäherung des Mondes an Planeten* sich einen Tag für dem andern rühiger oder unrühiger befunden.

Ich hab die *Lehre von den kritischen Tagen* zwar nicht gestudiert, daß ich wüste, der *Ärzte Erfahrungen* zu deß Monds Lauff zu reymen. Wil aber meine Meynung sagen: Es kömpt der Mondt mit sieben Tagen zu dem *Quadrat* deß Orts, von dannen er außgelauffen, mit dem 14. zu der *Oppositon*, mit 20 ½ zu dem andern *Quadrat*, mit 27 ⅓ wider zu seiner ersten Stell. Wann man nun *ausschließlich* zehlt vom Anfang der Kranckheit biß nach 7 gantzer Tagen zu dem Anfang *der Krise*, so reymet sich die *Beobachtung der kritischen Tage* deß 7., 14., 20., 27. nicht ubel. Daß man aber *ausschließlich* zehlen und den *Augenblick des Beginns der Krankheit* zum *Anfangspunkt der Zählung* machen, gedünckt mich, auß *Hippokrates' Aphorismen* [*Aphorismen* II, 24] zu erweisen seyn, welcher zwischen dem 7. und 11. auch drey leere Täge, nemlich den 8., 9., 10. in Gleichnuß deß 1., 2., 3. daher gehen lässet. Und müste derowegen die Meynung seyn, wann 7 gantzer Tag vom ersten anfang der Kranckheit vergangen, im anfang deß achten sey der *Moment der Krise.*

Und warlich, wann die *Beobachtung* beständig und gewiß ist, daß nach dem 7. und 14. hernach der 20. und 27. *Tag kritisch* seyen, so muß es allein von deß Mondts Lauff *längs des Tierkreises* herkommen. Oder es müste *Hippokrates* seine Rechnung nicht auß der Erfahrung, sondern auß einer Chaldaischen *Astronomie* hergenommen haben, in welcher *die Wiederkehr des Mondes zum selben Punkt auf dem Tierkreis* bekandt gewest. Dann der Griechen *Astronomie* hat sich nur umb die *Rückkehr des Mondes zur Sonne* angenommen zu *Hippokrates'*zeiten.

Dann wann die *kritischen Tage* anderstwohero folgen solten dann auß des Monds Lauff zu den festen Sternen, warumb solte nicht für den 20. der 21. und für den 27. der 28. Tag *der kritische* seyn? Damit also nit allein die andere Wochen nach *HIPPOKRATES*'Lehr, sondern auch die dritte und vierdte der ersten gleich were.

Etliche legen die Ursach auff die *Zusammentreffung von Galle und schwarzer Galle*. Aber auß demselben würde folgen, daß nach dem 1. und 7. hernach der 13., 19., 25., 31. *kritisch* were.

Es möcht aber *Dr. FESELIUS* fragen: Wann er gleich zugebe, daß mit dem ersten Augenblick und Anfang der Kranckheit der erste Tag in der Zahl anfallen und hernach mit Vollendung deß 7., 14., 20., 27. die *Krise* eynfallen, auch diß sich also wol auff deß Mondts Lauff schicken solle, wo dann die zwischen eyngespickte *unterteilenden Tage* bleiben, als der 4., 11., 17., 24. Ob dann hernach diese sich auch zu deß Monds Lauff schicken?

Antwort: Ordentlicher beständiger weise schicken sie sich anders nicht, als daß der Mondt dieser zeit *zu den Halbquadraten* kömpt. Nun spüre ich sonsten zwischen den Planeten nicht, daß das *Halbquadrat*, das auß dem *Achteck* fleust, eine merckliche Krafft haben solte. Es begibt sich aber offt, daß ein Kranckheit anfahet, da der Mondt hernach im vierdten Tag zum *Saturn*, im eylfften zu dessen *Quadratur*, im 17. zur *Opposition*, im 24. zum andern *Quadrat* kömpt, welches auch die Ursach zu [213] den *unterteilenden Tagen* seyn mag. Weil aber diß nicht allwegen auff diese *entscheidenden* oder *unterteilenden Tage* geschicht, gebe ich den *Ärzten* zu bedencken, ob ihre *Beobachtung* auch so gewiß und beständig durch alle *Fälle* zutreffe. Dann sie machen solche mit ihrem mannigfaltigen distinguiren und mit iren *entscheidenden, anzeigenden und unterteilenden Tage* eben so wol verdächtig, daß sie nit so gar an diese gewisse Täge gebunden seyn möchten.

Da aber je die *Erfahrung* beständig, so möchte man sagen, daß beyde Ursachen, nemlich deß Monds Lauff und die Bewegung der Gallen und *schwarzen Galle*, allwegen am dritten und vierdten Tage (welche nit deß *Saftes*, sondern *der Natur oder Fähigkeit der Seele, auf den Saft zu sehen und ihn auszuscheiden*, eygenschafft ist) zusammenschlügen, und zwar der Mondt mit seinen *Oppositionsörtern* und *Quadraturen* allemal etwas verrichte, aber der *Saft* zuvor den dritten oder vierdten Tag das Werck anfahe, wie er es gewohnt ist. Als so einer einem grossen Gefäß mit Wasser einen stoß gibt und hernach das Wasser hin und wider schlecht seiner Natur nach; dann, daß beydes zumal geschehen und der *Saft* nit allein auff seinen Anfang auffmercken und also den 4., 7., 10., 13., 16., 19. seine *Paroxysmen* beständig halten, sondern nebens auch von einem newen anfang, welchen der Mondt oder vielmehr *die Natur, die ihre Aufmerksamkeit dem Mond zuwendet,* am 14. Tag machet, auch den 11., 14., 17., 20. observiren könne, lässet sich Exempels weiß erklären mit der vermischung zweyer unterschiedlicher Fieber wie auch mit dem Wasser: Da es sich offt zuträgt, daß etwan die Wellen gegen Orient fallen, aber nichts desto weniger durch etwan einen Steinwurff andere kleine Wellen gegen Mittag oder Norden, aber die andere grosse und langsame Wellen gantz schnell dahin fahren, und lang keiner den andern turbiert.

Es möcht einer sprechen, kan die Natur ihren gewissen Umgang treffen mit der *Bewegung der Säfte* uber den dritten und vierdten Tag für sich selbst ohne den Himmel, so kan sie auch die *kritischen Tage direkt in der Bewegung der Säfte* ohne den Himmel treffen. Antwort: es ist kein zweifel, die Natur thue es, die in deß Menschen *Säften* dominiert, und gar nicht der Himmel für sich, es ist aber die Frage, ob die Natur ihre Täge auß dem Himmel nemme oder also ungefehr erhasche. Dann, weil ihre Täge sich auff deß Monds Lauff reymen und man sonsten dieser Zahlen kein andere Ursachen nit weiß, so bleibt man nit unbillich in dem Wohn, daß die Natur ihr auffmercken auff deß Himmels Lauff habe. Dann diß ist also ein alt herkommen, dardurch man die gantze *Philosophie* entlich erlernet hat.

Item, so werden auch die *Säfte* selber nach deß Himmels Umbgang beweget. Dann lieber, sag mir, warumb fallen *bei der gelben Galle* gerad zween Täge ins Mittel, *bei der schwarzen* geradt drey; ist dann zwischen *gelber Galle* und *schwarzer Galle* die Proportz wie zwischen zwey und drey? Und gesetzt, sie sey also zwischen ihnen, lieber, warumb seynd es aber gemeinglich gantze Täge, köndt es nit eben so wol bey *gelber Galle* mit 30, bey *schwarzer* mit 45 Stunden zugehen? Warlich, auff den Himmel muß die Natur achtung haben und wissen, wann ein gantzer Tag herumb ist. Dann es geschicht dieses, wann auch gleich der Mensch nicht zu gewissen Stunden isset, im Beth, im finstern, in der still ligen bleibt. Und mag vielleicht die Ursach seyn, warumb die *Krise* geschehe [214] nach 7, 14, 20, 27 Tägen *genau* und nicht völliglich nach dem Monds Lauff nach 20 ½ und 27 ⅓.

Was aber die *Vorwegnahmen* belanget, die werden von den *Ärzten* selbsten für *außergewöhnlich* gehalten, da die Natur durch zufällige dinge verhindert oder befürdert wird.

Ich muß von den eyngespickten Tägen, nemlich von dem 4., 11., 17., 24., noch etwas melden. Es ist nit allein in *der Astronomie* der halbe Umbgang deß Monds (doch *von der Sonne zur Sonne* [also synodisch]) der Gleichheit halben beschaffen wie sonsten eines Planeten gantzer umbgang, also daß der Mond, *bezüglich der Sonne* in einem Monat zweymal hoch, zweymal nieder kömpt, zweymal ein grosse *Breite*, zweymal ein kleine gewinnet, auch seine *mittlere Bewegung* selber nit *eine mittlere*, sondern zweymal, nemlich im neuw und voll Mondt, schnell und zweymal, nemlich in beyden viertheiln, gemach gehet (dahero die *Astronomen* von Behendigkeit wegen allezeit *Entfernung des Mondes von der Sonne* duplirn müssen), sondern auch in dem ab- und zulauff deß Meers thut der Newmondt so viel als der voll Mond, und sein *gegenüber liegender Punkt* so viel als er selber. Daher zu bedencken, ob nit auch *in den Krisen* sein halber *Kreis* für ein gantzen zurechnen. Dann also wirdt auß einem *Halbquadrat* ein gantzer *Quadrat*, ein *wirksame Figur* (*objektiv*), und erreychete er allwegen ehe dann in 3 ½ Tagen ein solchen *Quadrat*, das würde sich auff die zwischen innen stehende Täge ziemlich reymen.

Schließlich zu melden, wann ein *Arzt* seiner Patienten *Entstehen* und *Krisen der Krankheiten* so fleissig auffgezeichnet hette, so fleissig ich diese 16 Jahr das Wetter auffgezeichnet habe, so wolte ich vielleicht etwas mehrers und zur Sachen dienstlichers darauß abnemmen und fürbringen können. Er müste aber mit seiner Experientz fürsichtig handeln und sich von keinen Patienten mit falschem Bericht betriegen lassen. *Dr. FESELIUS* wölle sich hinder diesen *Teil der ärztlichen Erkenntnis* machen, damit wirdt er viel besser Ehr eynlegen, als wann er viel guter Sachen mit sampt dem Astrologischen Aberglauben unter zudrucken sich befleissen wolte.

71. Was von dem Mondt und seiner Krafft *in den Krankheitskrisen* gesagt worden, das ist auch von allen andern Dingen, die mit deß Monds Liecht wachsen und abnemmen, in seiner Maaß zu verstehen. Hierbey dann sonderlich der *Monatsblutungen* bey allen Thieren zu gedencken, also daß die *Ärzte* nach der Personen Alter ihre außtheilung auff deß Monds Alter machen, da gemeiniglich mit widerkerung deß Monds zu einerley Liecht und Stelle gegen der Sonnen auch diese Ergiessung widerkehret. Das muß man nicht ansehen wie ein Kalb ein new Thor, sondern gedencken, daß es auch ein Stück sey von dem jenigen Bandt, damit Himmel und Erden zusammen verbunden, und daß es nicht *auf der Seite der Materie* zugehe, sondern daß die Natur, *die Fähigkeit des Mutterleibes* oder [der] Seel im weiblichen Leib, ihr verborgenes auffmercken auff den Himmel und deß Monds Liecht habe.

72. Was dann andere Dinge belanget, als die Kräutter, das Holtz im Waldt, die Krebs, die Austern und was mit deß Mondsliecht zu unnd abnimmet: Da ist man [215] bey den gemeinen *Philosophen* in dem einfältigen Wohn, welcher weder Hände noch Füsse hat, daß die *Säfte* mit deß Mondes Liecht wachsen, und wirdt gemeiniglich das ab- und zulauffen deß Meeres unordentlicher und ungeschickter Weise hierunter gezogen, eines mit dem andern zu probieren, ja vielmehr zu confundiren.

Wann man denn fragt, wie deß Monds Liecht die *Säfte* vermehren köndte, da ist die einige Antwort, es sey ein Wunderwerck Gottes. Das ist zwar wahr, aber viel ein grössers Wunderwerck würde es seyn und Gott dem Schöpffer zu viel grösserm Lob von uns gedeyen, wann es mit unserer Unwissenheit und Unverstandt nicht verdunckelt und befleckt were.

Sage derohalben, daß es einen Fehl habe, wann man sagt: die *Säfte* vermehren sich mit deß Monds Liecht; sondern man muß das Leben darzu setzen. Dann ein Faß, so in dem Neuwmondt mit Wasser gefüllet wirdt, das laufft in dem vollen Mondt nicht uber (es sey dann ungefehr), aber die lebende Dinge haben ein solche Krafft, daß die *Form*, die *Seele*, die natürliche Seel sich nach deß Monds Liecht richtet; dann sie hat die Art, solches Liecht wunderbarlicher weise zu mercken, wirdt von denselbigen Gemercknuß wegen der verwandtschafft auffgemuntert, groß und kräfftig gemacht, darmit sie dann ihr Werck in Pflantzung, Bawung und Besserung ihrer untergebnen Matery oder Leibs desto schleiniger und mit besserm Nachtruck verrichtet und also volleibig wirdt.

Und sey also hiermit gnug gesagt von der Verwandtnuß zwischen Himmel und Erden und wie alles das, so in dieser nidern Welt am Gewitter oder von Thieren, Kräuttern und Menschen verrichtet und fürgenommen wirdt, von dem Himmel hero regieret werde und desselben auff seine Maaß empfinde. Welches mich bey anziehung deß Spruchs von *ARISTOTELES* außzuführen und zu erklären für gut angesehen.

73. Damit ich aber wider auff *Dr. FESELIUS'*Text komme B 3, verhoffe ich, es soll bey ihm nicht mehr bedörffen dann nur allein dieser Erinnerung, fürter werde er dieses selber passiren lassen und helffen erweytern und

außbreytten. Dann er siehet, daß hie allen Kräuttern und Thieren ihre Eygenschafften gelassen werden, sie seyen ihnen gleich am dritten, fünfften oder sechsten Tag gegeben. Weil aber das fürnembste Stück ist auß allen Eygenschafften, daß ein *geometrischer Instinkt* in ihnen allen ist und sie mit ihren *Formen* oder *seelischen Fähigkeiten* dem Liecht verwandt, die Sterne aber am vierdten Tag also geschaffen worden, daß sie auff den Erdtboden herunter leuchten solten, also folgt, daß unangesehen eine jede Sach das jenige, was sich mit ihr begibt, selbst thut, das Kraut selbst wächset, das Thier selbst schläffet oder wachet, der Mensch selber krieget oder fried hält, dannoch all ihr Thun und Lassen durch diese hienieden auff Erden anwesende und von den Creaturen vermerckte Liechtstralen und durch die *Geometrie* oder *Harmonie*, so sich zwischen ihnen durch Mittel ihrer bewegung zuträgt, ihren schick empfahe und unterschiedlich formiert und verleyttet werde, nicht anderst, als wie die Herde von deß Hirten Stimm und die Rossz am Wagen durch deß Fuhrmanns Anschreyen, der Bawerntantz durch die Sackpfeiffen.

[216] Dann wahr, daß die Erdt das grüne Kraut und die nohtwendige befeuchtung dazu auch für sich selbst ohn zuthuung eusserlicher hülff, wie BASILIUS [BASILIUS VON CAESAREA: *Predigten über das Sechstagewerk*, 5. Homolie. Patrologia Graeca, Bd 29, Sp. 95] wil, herfür gebracht hette. Aber doch ist auch wahr, daß nach dem ihr jetzo der Himmel darzu leuchtet, sie sich in diesem ihrem herfürbringen nach demselben Liecht, so viel müglich, richte.

Und hat FESELIUS nit Ursach, sich uber das Sprüchwort zu beschweren: *Annus producit, non ager* [*Das Jahr bringt die Ernte, nicht der Acker*]. Es ist mehr *sinngemäß* dann *physisch* geredt. Ob wol der Saame die Krafft zu wachsen bey sich hat, so würde doch er nit wachsen, wann nicht der Himmel die Wärme zu gewisser Zeit darzu gebe.

Darneben ist es *physisch* allerdings wahr, *ager producit, non annus* [*Der Acker bringt die Ernte, nicht das Jahr*], daß die Sonn keinen Stein so sehr erwärmen könne, daß er frucht bringe, sondern nur den fruchtbaren besaameten Boden.

Und ist zu verwundern, weil FESELIUS diß alles bekennet, was ihn dann verursache, diese deß Himmels wirckung mit spöttlichen Worten zu verkleinern, da er sagt, daß auff deß Himmels wirckung ein klein wenig mehr als nichts folge. Ob er vielleicht hiemit auff die vermeynte vorsagung gestochen, das hette seinen bescheidt, wie folgen solle, dann *physisch* kan ich nit umgehen, *Feselius* zu widersprechen; dann ich sage, daß der Himmel die Wärme zum wachsen aller ding gebe *erstlich und an und für sich,* weil die Sonn warm ist, und keins wegs *in zweiter Linie* oder *nur mitfolgend* macht sie kalt und Winter. Derhalben ich *Herakleitos* [*Fragment* 99 Diels-Kranz: *Gäbe es keine Sonne, wäre es trotz der übrigen Sterne Nacht.*] wol nachaffen und sagen mag: *Cuncta tandem frigescere, si solem e mundo sustuleris* [*Alles würde schließlich in Kälte erstarren, nähme man die Sonne aus der Welt.*], wann kein Sonn in der Welt were, so würde aller Creaturen wärme bald ein endt uberwältiget und untergedruckt werden, wie die Holländer Anno 1594 hinder der Moscaw wolerfahren, da sie der Sonnen nur drey Monat gemangelt.*

74. Wann aber *Feselius* auff den *letztendlichen Effekt* siehet, als daß der Wein wol gerahtet, daß einer ein reich Weib erwirbet &c., da wird ihm niemandt läugnen, daß die himmlische Liechtstralen hierzu ein weyt herrührende gemeine und verschiedene ursach gegeben, die allein durch Mittel gewircket, und daß solches ein zufällige Ursach sey, in Erwegung, daß die Wärme auch anderst dann durch die Sonn erhalten werden könne, aber doch ist sie darneben ein beständige nimmer außbleibende Mittursach; dann es geschieht nichts in der Welt, da der Himmel sich nicht auff vorbeschriebene weise mit eynmischete.

Ich erkläre mich ferrners *feierlich*, ob ich wol eben viel starcke Puncten auß der *Astrologie* außgenommen, dieselbige zu vertheydigen, daß doch sie alle (so viel ihrer die Menschen, Viehe, Kräutter aller Wegen angehen) nur allein solche Ursachen seyen (gegen den allerletzten erfolg aller ding zu rechnen), wie sie jetzo beschrieben worden.

Und weil dann wahr, daß kein solcher außdrücklicher *Effekt* (als daß einer ein Königreich erwirbt) auß dem blossen Himmel oder vielmehr auß oberzehlten ursachen allein nit folget, daß nemlich die himmlische Liechtstralen sampt dero harmonischer erscheinung in der Geburt und

---

* [Auf der Suche nach einer nördlichen Durchfahrt nach Ostasien unternahmen Holländer Ende des 16. Jahrhunderts Polarfahrten, bei denen sie im Jahre 1596 [sic!] gezwungen wurden, an der Nordostküste von Nowaja Semlja zu überwintern. Nach ihren Berichten kam vom 3. 11. 1596 bis zum 24. 1. 1597 die Sonne nicht über den Horizont. Vgl. auch KGW II: 128. Diese Erscheinung der Mitternachtssonne und ewigen Nacht jenseits des nördlichen Wendekreises hatte bereits der Schüler des Demokritos Bion von Abdera (4. Jahrhundert v. Chr.) aus der Kugelgestalt der Erde erschlossen (vgl. H. Diels / W. Kranz 1961: Bd 2, S. 251).]

hernach auff gewisse Jahr so schön, so annemlich, so geschickt, so munder, glücklich oder auch einem vorabkommenen [217] König *astronomisch* mit der Nativitet so verwandt gemacht, sondern es müssen auch andere mittelende Ursachen darzu kommen: Er muß auch Fürstlichen Herkommens, ein Landtsmann, ein Erbherr &c. seyn. Es muß auch zuvor ein Königreich erlediget, die Unterthanen nicht zu widerwertig, ein böser Nachtbaur nicht zu starck seyn. Also folgt recht, daß ein *Astrologe*, der nur den Himmel sihet und von solchen zwischen Ursachen nicht weiß, nur allein *wahrscheinlich*, nit Messungsweiß (allermassen wie *Feselius* wil*)* – das ist ein klein wenig mehr dann nichts – von dem letzten Erfolg vorsagen könne. Und diß von jetztbesagter Ursachen wegen, nicht aber eben darumb, weil der Sternen *Tätigkeit uniform* und gleichförmig.

Wahr ist es zwar, *die Tätigkeit der Sterne* ist *uniform* und jederzeit einig. Wir reden aber nicht von *der Tätigkeit der Sterne*, sondern von *der Aufnahme*, das ist *ein Erleiden*, in den Naturen der irrdischen Cörpern und, was solche ihnen auß der Sternen Liechtstralen mehrers und uber das, so ein jeder Stern an ihm selber hat, abnemmen. Dann die *Geometrie* oder *Harmonie der Aspekte* ist nicht zwischen den Sternen im Himmel, sondern hienieden auff Erden in dem Puncten, der die Liechtstraalen samptlich auffahet.

75. So gestehe ich auch B 4 die Generalitet, daß wie die Sonne und der Haasen Mutter und Vatter einen Haasen ziehlen (in diesem Verstandt, daß die Sonne den Frühling gebracht, da es warm worden, oder was sonst dergleichen von der Sonnen herkömpt, und nicht, als ob die Sonne die *formgebende* [bildende] *Fähigkeit* darzu gebe; dann die muß dem Haasen anerschaffen seyn) ist ein besser Exempel dann *Feselius'* Ofenschürer. Also auch alle oberzehlte *Arten der Verbindung der natürlichen Dinge mit dem Himmel* den Creaturen nichts mittheilen, sondern allein deroselben eyngepflanzte Eygenschafften erwecken, etliche eusserlich als die Wärm von der Sonnen, etliche mehr innerlich als die ab- und zunemmung deß Monds Liechts und die *Geometrie der Aspekte*.

Diß ist aber kein solch ungewisses, ja gar magisches, sortilegisches Affenspiel wie das jenige, damit *Feselius* diese natürliche gantz ernstliche und wolgegründete Policey der Natur verschimpffet, ja zu gäntzlicher Verwerffung erklären wöllen.

Dann ob wol nicht, ohn daß eine *Konjunktion von Jupiter und Mars im Sextil von Sonne und Merkur* den *1. März neuen Stils* (die hie *Feselius* anzeucht) ein starcke Bewegnuß aller *Säfte* verursachet, sonderlich *in neutralen Leibern*, vielmehr *in kranken*, so gibt doch einem Geistlichen sein Infel, einem Edlen sein offener Helm nichts hierzu, und kan ein Bauwer eben so baldt drüber zur Kranckheit kommen, es were dann etwan der *zwölfte Ort* [12 Grad] *im Sternbild Stier* mit einer gewissen Person, die ohne das bawfellig *astronomisch* verbunden.

Allhie kan ich nicht umbgehen, mich zurühmen; dann FESELIUS, wie hie erscheinet, verträgt gern.

Dann ich eben mit dieser *Konstellation* bessere Ehr eyngelegt habe und demnach ich etwan 14 Tag zuvor die Natur deß Winters schon gesehen, hab ich mich verlauten lassen wider einen, der mir die *Aspekte* nicht wölle passieren lassen. Wann es [218] dann umb den 1. *März* still bleibe bey den vier *Sextilen* (dann mit den zwoen *Konjunktionen* allein wolt ich gemächer gefahren seyn) und nit ungestümme Windt und Regen gebe, so wolle ich etwas, was mein grosse Ungelegenheit zu thun schuldig seyn. Wie nun der 1. *März* herbey kommen und ein grausamer Sturmwindt einen sehr schwartzen und dicken *Wolkenberg* daher geführet, darvon es uber Tisches an vorerwehntem Ort so dunckel worden, als were es eine halbe Stundt nach der Sonnen Untergang, wegen welcher jählingen veränderung etliche mit verwunderung angefangen zu fragen, was das seye?, hat einer zur antwort gegeben: Der KEPPLER kömpt, und also die Erinnerung gethan, daß es der längst von mir gezeigte Tag sey. Was dünckt nun jetzo *Dr. FESELIUS* von diesem *in Wolken fliegenden Aiolos.*

Diß schreibe ich der *Erfahrung mit Unwettern* zur stewer und nicht, wie mir möchte außgelegt werden, daß ich hiermit fürgebe, es habe eben müssen so finster werden, oder als ob es an statt deß Regens nicht auch schneyen, ja gar trucken und doch ungestümm hette seyn können.

76. Es gefällt mir auch *FESELIUS* in diesem sehr wol, daß er die Verwandtnuß etlicher Kräutter mit dem Lauff der Sonnen und, was [ANTON] *MIZAU* von den Epffelkernen, die sich zur *Sonnenwende* umbwenden sollen, geschrieben, nit durch die Banck hinweg verneinet oder abläugnet, sondern allein erinnert, daß nicht die Sonn für sich selbst, sondern deß Krauts und Apffels Eygenschafft dieses verursache, welche auff den Sonnenschein oder Lauff gerichtet seye. Derowegen man mehr auff diese Eygenschafft dann auf deß Himmels Lauff sehen müsse. Dann *Dr. FESELIUS* nunmehr sehen wirdt, daß diß allerdings meinen *Prinzipien* gemäß. Und ich mich

uberall seiner Regel halte und eben darumb die *Astrologie* nit gar verwerffe.

Was aber seine *Philosophie* belanget *über die unmittelbare Berührung der Sterne*, die er läugnet und hingegen, wil, die *Elemente* seyen die Mittelsach, durch welche deß Himmels wirckung in die Creaturen kommen, darüber ist schon allbereyt mit vielem geantwortet.

Eine *unmittelbarer Kontakt zwischen dem Licht und allen Kreaturen* geschicht und ist nicht zu läugnen. Ja, ich köndte es auch einen *Kontakt zwischen dem Licht und den Seelen* heissen.

Und hingegen seynd die *Elemente* viel zu plumb darzu, daß der himmlische Antrieb durch sie solte zugehen und geschehen, sondern die *Harmonie der Strahlen* gehet *unmittelbar direkt in die Seelen*, und da geschicht alsdann der *Antrieb im ersten Anfang, als Ursprung der Bewegung*, so folget als dann die Bewegung erst in die Leiber *Säfte* und *Elemente*.

77. Es stehet mir auch hie [GIACOMO] ZABARELLA [*De rebus naturalibus libri XXX* ... 1589, Sp. 461; siehe Nummer 19] uberzwerch im Weg, welcher fürgibt, die Lufff sey für sich selber warm; ich sage, sie sey kalt an ihr selber und nur allein da warm, wo sie von ihrer Subtiligkeit wegen von aussen leichtlich erwärmet wirdt.

Und hoffe ich also, ich hab der Lufft eygen *Wärmegrad*, nemlich *nur Null*, ergrieffen und darff mich derowegen FESELIUS oder ZARABELLA mit diesem nichtigen Exempel nicht abmahnen, die *fehlenden Ursachen* nicht außzuecken oder ihre [219] Particularwirckungen nit zu suchen. Ich hab andere hinderungen hierzu, die auch ohne dieses nichtige Exempel mich genugsam abhalten.

78. Dann es hienebens wahr, daß der Himmel nichts *unmittelbar* wircke (allein die Wärme und Befeuchtigung mit ihren Differentien außgenommen). Dann an statt deß Luffts, welchen FESELIUS für das *Medium* angibet, seynd andere warhafftige *Medien*, nemlich die *seelischen Fähigkeiten der untermondischen* [= irdischen] *Dinge*, die bewegen hernach ihre *Körper* und verursachen die *Effekte*, wann sie zuvor von den Liechtstralen obbeschriebener massen characterisirt oder ein zeit für die ander gestupffet werden.

Daß die eygentliche erste Verrichtung der himmlischen Liechter anders nichts seye als den Unterscheidt der Zeit zu machen, das würde der bißhero geführten Speculation nichts schaden, wenn mans gleich schlecht hinweg zugeben müste. Dann ich droben vermeldet, daß sie die Naturen *durch die harmonischen Verbindung* bewegen, [wenn auch] *sekundär*, dann war [es,] daß diese *harmonische Verbindung* ihre Liechtstralen *nebenbei* anfalle allererst hieunten uff Erden, *örtlich gesehen*; vielmehr wird ihnen diß *nebenbei (aber unaufhörlich nebenbei* und auß gemessener vorsehung Gottes) begegnen, daß sie die Naturen und Gemühter hieunten auff Erden bewegen und also zu allem dem, was hieniden auff Erden geschicht, concurrirn müssen und sich also wie das Feuwer, die Lufft, das Wasser, die Erdt brauchen lassen.

Dieser Gebrauch, der da geschicht bey den lebendigen Creaturen, ist zwar ein *accidens* [Begleitumstand] *ihres Wesens*, auch ein *accidens ihrer eigentümlichen Tätigkeit*, aber nicht ein *accidens ihres Zwecks*, zu welchem sie erschaffen seyndt.

79. Doch muß man *FESELIUS* diß nicht so schlecht hinweg gestehen, daß die eygentliche und erste Verrichtung deß Himmels anders nichts seye, dann von uns den Unterscheidt der Zeit zu machen. Ich hab droben *Nummer* 18 erinnert, *daß es für ein und dieselbe Sache viele Zweckbestimmungen geben kann* und daß nicht zu verneynen seye, daß nicht auch die Sterne für sich selbst, auch ohne Ansehung der Erden und Menschen, ihre noch eygentlichere vordere Verrichtungen haben.

Ich weiß nicht, ob ich sagen solle, daß die Engel nichts anders seyen dann dienstbare Geister zu der Gläubigen Seligkeit. Dienen thun sie hierzu; denn die Schrifft bezeuget es. Daß sie aber auch mit ihrem Wesen *und dessen Zweck* dem Menschen unterworffen, subordiniert und nachgesetzt und nit vielmehr in einem höhern *Grade* stehen als der Mensch selbst, das wirdt kein *Theologe* sagen. Seynd sie dann für sich selber edele selige Creaturen und Gottes Ebenbilder auch ohne Betrachtung deß Diensts, den sie bey dem Menschen verrichten, so werden sie gewißlich an dem Geschöpff Gottes Himmels und der Erden auch ihre Ergetzlichkeit haben und Gott drüber loben. Werden also die Planeten auch ihnen umblauffen, ob schon sie keiner Zeit, Tag oder Nacht bedürfftig seynd.

Ja, wer wil sagen, daß die Sterne von Gott nicht auch zum theil ihnen selbst zu gutem erschaffen. Dann so wenig diese Meynung uber den Engeln umbgestossen [220] wirdt durch ihren Dienst, den sie dem Menschen leysten, so wenig wird sie auch umbgestossen uber den Sternen durch die Zeugnussen heyliger Schrifft, welche sagen, Gott hab die Sterne erschaffen allen Völckern zum Dienst.

Im besonderen hab ich *im Werk über den Mars* erwiesen, daß die Sonne *durch eine wesentliche Eigentümlichkeit* der Ursprung sey aller bewegung der Sterne, so wird sie ja nicht fürnemlich oder nur allein zu neuwerung oder zur erleuchtung dieser kleinen Erdenkugel und zu anders nichts erschaffen seyn.

Und mag hierwider auß der allegierten *Stelle bei* PLATON [*Gesetze* VII, 809 CD] nichts erzwungen werden. Dann sagt er nicht alles was die Sterne verrichten, sondern er sagt nur allein, warumb man auff sie mercken solle, und sagt zwar nicht von allen Ursachen, sondern nur von denen Ursachen, von welcher wegen sein *Respublica* oder Gemein darauff mercken solle. Sonsten und warumb ein *Philosoph* absonderlich darauff mercken solle, meldet er an andern Orten.

Wann es bey PLATONs nutzen bliebe, der in diesem einigen Ort eyngeführt worden, so were es falsch, daß man die *Astronomie* auch zu Gottes Ehr gebrauchen solle. Dann was nutzen die fünff Planeten einer Gemein zum Unterscheidt der Zeit, zur Ordnung der Täge in dem Monat, der Monat in das Jahr?

Wie dann FESELIUS selber nechst hernach auß GALENOS mehr Nutzen eyngeführt, die deß PLATON Gemein nichts, sondern nur einen *Arzt* angehen.

80. Allhie gewinnet FESELIUS einen rechten und den *Ärzten* absonderlich gewidmeten Kampffplatz, warzu nemlich dem *Arzt* die *Astronomie* diene. Und nimmet anfangs an, daß er durch Erscheinung und Verbergung der unbeweglichen Gestirne lerne, die Jahrszeiten zu unterscheiden, das extendirt er auff die vier Jahrs Quartaln; item auff derselben *Einzel*-Abtheilungen und auff den Unterscheidt durch absonderliche Landtschafften. Und verwehret es auß GALENOS [*Kommentar zu Hippokrates' Epidemien*, Buch I], HIPPOKRATES [*De ratione victus*, Buch III], PLINIUS [*Naturalis historia*, XVIII, 25]. Item er zeuchts auch auff die Gelegenheiten und *zeitliche Umstände*, auff unterschiedliche Kranckheiten, er erweyterts *aus* PLATON auch auff den Ackerbauw, Schiffart, Kriegsgewerb. Lasset diesen Nutzen darumb passiren, weil er jederzeit erfolge, da hingegen die *Einflüsse*, sagt er, offtermalen weyt fehlen.

81. Antwort: deß Nutzens bin ich ihm geständig, und lobe ihn hierüber, daß aber die *Einflüsse* fehlen, ist es von den erdichteten kein wunder, von denen aber, so ich gesetzt und vertheydiget, soll diß nicht verstanden werden; dann es kan so wenig verbleiben, daß ein Natur durch einen Aspect nicht bewegt werde, so wenig der Tag verhütet werden mag. Und so diese Bewegung außbliebe, müste es nur also zugehen, als wann einer in einer finstern Küchen versperret und verschlossen lege und keinen Tag hette oder als wann er kein Gesicht hette. Dann beyder Orten kan es zwar *partiell* und *individuell* fehlen, aber *allgemein* fehlet es nicht.

Es folgt aber darumb nicht, daß auß dieser bewegung und antrieb der Natur durch die Sterne auch einige Handelung folgen müsse. Dann die Handlungen seynd jetzo nicht mehr *ein himmlischer Einfluß*, sondern *eine Tätigkeit der Natur, auf die der Himmel Einfluß genommen hat.*

[221] **82.** Nun wolan, *FESELIUS* hette seiner meynung in diesem Blat schier zuviel zugegeben, zeucht derhalben den Zügel zurück und wil nicht gestehen, daß solche *Aufgänge und Untergänge der Sterne* die zeiten verändern, ihnen andere Qualiteten machen, sondern nur bezeichnen. Als nemlich, sagt er C 2, wann *HIPPOKRATES* vor den Hundtstagen warne, meyne er nicht den Hundtssterne, als ob es ein wühtender Hundt were. Dann die gifftige art der Hundts Täge komme nicht vom Sternen her, sondern von der Sommer Hitz, dardurch deß Menschen Leib geschwächet, an Kräfften erschöpfet und zur Artzeney ubel geschickt werde.

Nun ist es ein guter Fürschlag und gefället mir die Waar, allein bahr Geldt hab ich nicht, wann aber *Dr. FESELIUS* lust hette zu dauschen, wolten wir deß Handels leichtlich einig werden. Dann alles, was hie *FESELIUS* eynführet, ist von dem Astronomen *GEMINOS* [*Elementa astronomiae*, Kapitel 3] noch vor Christi Geburt gar schön und stattlich auß gestrichen und beschrieben worden. Ich wil auch *FESELIUS* dieser mehrern Ursachen erinnern, warumb die Hundts Täge so ungesundt, weil nemlich die Hitz als dann ihren *Zündstoff* mehr in dem Erdtboden hat als von der Sonnen Höhe; dann die Sonne zwar, welches *Feselius* nicht bedenckt und redet von ihr als wanns im Juni were, fähet in Hundtstägen an zu fallen, der Erdtboden aber behält die alte wärme vom Juni her und schlegt sie zu der neuwen, so die Sonn noch alle Tag, doch je länger je weniger verursachet. Da wirdt die Lufft von unten auff heyß, da ist *die obere Begrenzung der Luft* hoch und biß in alle Höhe erhitzet und darzu dämpffig: und das das ärgste, so erstirbet die Hitz allgemach, weil die Sonne beginnet abzulassen und die Hitz sich nur allein in der Matery auffhält, daß es also in der Lufff und Erden als gleich wie in eines Menschen Leib, der da erstorben, eine Fäule verursachet, daher auch letztlich die stinckende Nebel kommen.

Und halte ich also den Hundtsstern, sonderlich *wegen der von GEMINOS angeführten Gründe*, gantz und gar für entschüldigt. Dann es wirdt umb diese zeit *im tropischen Jahr* diese Gelegenheit bleiben hie bey uns; wann schon der Hundtsstern in einen andern Monat hinauß wandert; dann es widerfährt denen in Indien eben dieses im Februar und März, weil sie in der andern *Zone* wohnen und *entgegengesetzte Verhältnisse* haben. Dahero ihnen, wie *COSTA* schreibet [JOSÉ D'ACOSTA: *De promulgando Evangelio apud Barbaros sive de procuranda Indorum salute libri VI.* 1588], die Fasten viel schwerer zu halten als hie zu landt.

Sey also hiermit *Dr. FESELIUS'* fürgeben von den Hundstägen bestättiget, hingegen muß er sich auch nicht wegern folgende Puncten anzunemmen.

83. Erstlich, wann Sonn und Mond so auch die unbewegliche Stern deß Luffts und anderer Elementen anerschaffene Qualiteten bewegen, wie er bekennet, so soll er mir zugeben, daß ein *Arzt* eben so ein gut auffsehen auff die Planeten habe; dann sie bewegen es auff offtangedeutete Maaß, die nidere Welt eben so starck als die Sonn, allein nicht so langsam. Deßhalben sie desto mehr zu consuliren und zu betrachten, weil ihre wirckung bald fürüber gehet, der Sonnen langsamkeit aber von dem Patienten nit außgedauwret werden mag.

Zum andern verwundere ich mich sehr, warumb *Dr. FESELIUS* auch den *Aphorismus des HIPPOKRATES* [*Aphorismen* I, 15] ungewiß mache, daß die Mägen zu Winter und Frülingszeit am [**222**] hitzigsten. Wann ein anderer dieses wider einen *Arzt* sagete, was würde solcher ihme nicht zur Antwort geben, so es doch hie *der Arzt Dr. FESELIUS* selber sagt, nur daß er die *Astrologen* auch der Ungewißheit beschuldigen köndte.

Es ist aber guter Unterscheidt in den Worten zu halten; dann ob es wol *für ein Individuum* ungewiß, daß eines jeden Magen im Winter hitziger, er möchte in Hundtstagen ein hitzig Fieber und erhitzten Magen haben, so ist es doch *bei gegebener Sachlage* und meistentheils gewiß, wie wolt sich sonst *FESELIUS* darauff verlassen können als auff einen *Aphorismus* und

280

durchgehende Regel. Und folget nicht, der Winter oder das Gestirn verursacht diß zufälliger weise, *nebenbei*, darumb ist es ungewiß.

84. Zum dritten vermeynet *FESELIUS*, dann zumal allein seyen die Hundts Täge ungesundt, wann sie heyß und trocken seynd; so es sich aber begebe, daß sie kalt und feucht weren, so sey die Gefahr desto geringer.

Ich wil zwar keinem *Arzt* fürschreiben, was für Zeiten und Qualiteten der Lufft ihm am liebsten seyn sollen, *Purgantien zu* verordnen: Das mag ich aber mit Warheit sagen, daß mir im *August* das Bier viel ehe sauwer wirdt, wann es Regenwetter gibt, dann wann beständige Hitz ist. Ob auch die Wein gern bey nasser Zeit im *August* umbstehen, wölle *FESELIUS* selber in acht nemen, der sitzet bey einem guten Trunck. Die Ursach folgt auß vor offterwehntem Discurs. Dann ein Regenwetter zeuget von einem starcken Aspect, der unruhiget die Natur oder *die seelische Fähigkeit*, die den Erdtboden und die Lufft durchgehet.

Ob diese Turbation an die *Flüssigkeiten* gelange *durch Anstekkung* oder aber, weil der Hopffen und der Maltz noch etlicher massen *Pflanzenleben*[skraft] behalte auch im Bier, das laß ich andere disputiren.

85. Zum vierdten, wann *Dr. FESELIUS* auß der Constitution deß Luffts muhtmassen kan, was sich für hranckheiten ungefehrlich [= ungefähr] werden erregen, warumb schilt er dann auff die Astrologen, daß sie auß den *Stellungen der Planeten, gleichsam aus der früheren Ursache*, die den Lufft verändern hilfft, gleiche Muhtmassungen schöpffen, was sich ungefährlich für Kranckheiten erregen möchten. Dann ob ja wol die *Sterne* umb einen Tritt weyter hinder dem *Effekt* stehen dann die Lufft, lieber, sie sagens auch ein Jahr ehe dann der *Arzt*, und wann der *Astrologe* eben zu der Zeit auffmerket, die dem *Arzt FESELIUS* zu seiner Nachrichtung täuglich, so hat allwegen der *Astrologe* zwey Augen, da der *Arzt* nur eins hat. Dann dieser betrachtet nur die Lufft, jener aber siehet auch die himmlische mithelffende Ursach zu dieser Constitution deß Luffts.

Jetzo wölle nun ein jeder sagen, ob ich oder *FESELIUS HIPPOKRATES* besser außlege von der *Astronomie* Nohtwendigkeit in der *Medizin*.

86. So berichten mich die *Ärzte*, C 3, daß *GALENOS in Buch 3 seiner Schrift De diebus decretoriis* 1. die Beschaffenheit deß Luffts keines wegs ubergehe, sondern der veränderung [**223**] desselben auch seinen Platz lasse neben den *Tagen der kritischen Woche*. 2. Daß er der zwölff Zeichen nicht anderst gedencke dann von wegen der *Aspecte*, als *Opposition und Quadraturen mit dem Ort, von dem der Mond ausging*, daß er also nicht den Zeichen, sondern den *Aspekten* die Krafft zuschreibe, welches anderst nicht dann durch vermittelung der Natur deß Patienten, die solches alles mercket, zugehen kan. 3. So schreibe er auch etwas zu den Aspekten *des Mondes mit den Planeten*, welches die dritte Ursach sey, so zu den *Krisen* komme. Wie dann zum vierdten er auch deß Monds liecht herzu ziehe. 5. Er urtheile uber den Außgang der Kranckheit keines wegs auß dem Mondt allein, sondern, wann zuvor die Kranckheit tödtlich, so urtheil er auß dem Mondt allein diß, welchen Tag der Todt folgen solle, welches mit diesem ubereynstimme, das sonsten bey den *Ärzten* bekandt, daß nemlich die Krancken in den stärckesten *Verschlimmerungen* dahin gehen. Item er urtheile auß dem Mond allein diß, welche *Krisen* beschwehrlicher seyn werden dann die andere. 6. Berichten solche mich, daß GALENOS setze den Umbgang des Mondts mit den *Astronomen* in 27 ⅓ Tagen und mache darauß 27 gerader Täge, nicht darumb, als solte diß ein besondere *Mondbewegung* seyn, sondern nur anzuzeigen, warumb die Natur deß Patientens deß Anhangs von etlichen Stunden nichts achte. Die Ursach hab ich droben *Nummer 70* auch angerühret und anderst geben. 7. Wol sey es wahr, daß er fürgebe, wie der Mondt nur 27 Täge und nicht gar so lang gesehen werde und so lang in dem Lufft seine wirckung habe. Es sey aber dieses nur ein ubereintziges Argument, und bestehe GALENOS mit seiner Rechnung nichts desto weniger auff der warhafften widerkehrung deß Monds an sein vorige Stelle. 8. So sey diß GALENOS' selber eygentliche meynung, ob er sie wol bey den Egyptiern gelehrnt haben möge. Welches alles mir sehr wol zuschlägt.

Dann daß GALENOS ungeacht deß Mon[d]scheins Adern öffnen heisset, das ist diesem, so bißhero *die Lehre von den kritischen Tagen* auß ihm angezogen, nicht zuwider. Hat er doch an angezogenem Ort nit von der Cur geschrieben. Ja, wann er gleich geschrieben hette, man solt im Neuwmondt oder bösen Aspect nicht Aderlassen, so were es doch nicht vom Nohtfall zu verstehen, so wenig als HIPPOKRATES' Lehr von den zehen Hundstägen oder von reychung der Medicamenten *an Schaltagen und zur Tag- und Nachtgleiche*, das ist von verschonung der *kritischen Tage*.

So sagt auch GALENOS nit (ich noch viel weniger), das deß Monds Lauff etwas thue, Gott gebe, die Matery sey darzu geschickt oder nit. Wie dann GALENOS mit den angezogenen Worten aus *De criticis, Buch 2* das gantze

Geheymnuß entdecket und meinen gantzen *Diskurs* bestättiget: Daß nemlich die Natur gewisse Ordnung halte und, wann sie uberhandt gewinne, sie ihre Bewegungen in gewisser Proportion verrichte, wann sie aber der Matery nicht Meister sey, so werde sie an ihrer Proportion verhindert.

Hierauff ich so viel sage: Ist die Natur geschickt, gewisse Proportion und ordnung zu halten, welches ein Werck der Vernunfft ist, so ist sie auch geschickt, solche ihre Proportion auß deß Himmels Lauff, weil derselbig sich ihr durch seine Liechtstralen insinuirt und ertheilet, herzunemmen.

[224] Und mag also ich mit *FESELIUS* fortfahren und noch einmal sprechen, daß die oberzehlte wirckungen der himmlischen Liechter bey den untern Creaturen und sonderlich bey den Patienten *an kritischen Tagen* gäntzlich und allerdings *akzidentell,* zufällig, seyen – nicht der Natur, denn die treibt diß als ihr eygen Werck, sondern den himmlischen Liechtern, als welche sonst andere verrichtungen haben, zu welchen diese wirckung als gleichsam von aussen herzu kömpt

Auß welcher Distinction dann folget, daß solche Wirckungen nicht anderst ungewiß zu halten, als wie der Galenisten Fürgeben *von den kritischen Tagen* auch etwan ungewiß gescholten werden möchte, nemlich, wenn man diesen und jenen Patienten *individuell* ansehen wolte, da ihre Regel wegen zusammenschlahung vieler Ursachen auch fehlen kan, und bleibt doch *allgemein* gewiß, daß wo die Ursach nit verhindert werde, ihr Effect gewiß erfolge.

87. Derowegen man in *der Astrologie* so wol als in *der Medizin* etlicher massen gewisse *Effekte* praedicirn köndte, nemlich beyderseyts mit herzuziehung anderer beykommender Ursachen und mit außdingung – nicht zwar wie man die Zigeuner vexiert: »Du lang lebst, du alt wirst«, sondern wie die *Ärzte* außdingen: »Wann der Patient gute *Diaet* hält, so wirdt die Kranckheit sich auff gewisse Täg so und so anlassen, es komme dann ein böses Ungewitter darzwischen, das mag auch ein Enderung bringen«, und was dergleichen.

88. Hinwider so kan man auch auß dem *Effekt* der Sternen anerschaffene eygenschafft etlicher massen erkennen. Dann was hierwider auß *ZABARELLA* angezogen, ist mir nit zuwider. Ich gestehe, daß diese Erkandtnuß *angeglichen* sey ihrer *Kausalität;* dann wann der Effect allzuweyt von der *Ursache* entanstehet, so kommen andere *Ursachen* ins mittel und ist also

jene nur ein Theil von einer Ursach, derowegen sie auch nur stücksweiß auß einem solchen *Effekt* zuerkennen.

Wann es sich offt begebe, daß *eine Direktion des Horoskops zum Himmelskörper oder zu den Strahlen des Mars* ein drittäglich Fieber verursachte, *zum Körper oder den Strahlen des Saturns* ein viertägliches (unangesehen, nicht der Himmel oder die Sterne, sondern die Natur deß Menschens, die diesen *Charakter der Direktion* noch in der Kindbeth in sich empfangen und eyngedruckt, solches verrichtet und also die Natur ein mittlende Ursach ist, auch die *Geometrie der Aspekte ergänzend* darzu kömpt und, so das meinste, der *Effekt* viel langer Jahr, nach dem die *Ursache* schon fürüber, hernach folget), so köndte ich warlich nichts desto weniger schliessen, daß *Mars* mit der Gallen, *Saturn* mit *der schwarzen Galle* etwas Gemeinschafft in dieser niedern Welt hette, und würde hierdurch gestärcket, ihrer beyder Farben desto mehr zutrauwen.

89. In diesen *Grenzen* mag auch MANARDS *Unterscheidung* statt haben [Johann MANARD: *Epistolarum medicinarum libri II*. 1535, S. 19], daß der Sternen Regiment *universell, mehrdeutig und entlegen* und gar nicht *partikulär*, viel weniger *ungünstig* an und für sich selbst: Dann *nebenbei* kan ein jedes gute Kraut auch einen bösen *Effekt* bringen, warumb nicht auch ein Stern.

[225] Sonderlich lässet sich das Wort *aequivocus (mehrdeutig)* in dieser Matery wol brauchen. Dann man ist gewohnt zu sagen: Der Mond disponiere und gubernire die Kranckheit, da doch nicht der Mond selber diß verrichtet, sondern vielmehr die Natur deß Menschens, die auff deß Monds Lauff achtung gibt. Wie man sonsten sagt, die Gesetze erhalten ein Gemein oder *Republik*.

90. Daß *MARSILIO FICINO* von seiner Persuasion endtlich abgestanden, daran hat er sehr wol gethan. Dann in seinem Buch *De vita coelitus comparanda* [*De vita libri tres ... Quorum ... Tertius de vita coelitus comparanda ...* 1541 (zuerst 1489)] ein grosse Anzahl Astrologischer Aberglauben, ja viel Magische und Abgöttische Stücklin stecken.

So erinnert er recht, daß, was von Himmel in uns komme, nicht anderst dann gut seye. Daß aber die böse *Affectionen* C 4 der Menschen von den Planeten verursacht werden, daran seynd sie gar leichtlich zu entschuldigen. Dann erstlich den *Astrologen* ihr Wort zu reden, so hetten die Stern im Standt der Unschuldt nichts anders geben dann nur allein einen Unterscheidt der Leute ihrer hitzigen oder kalten Natur nach. Kömpt derowegen das böse heut zu tag von deß Menschen Ubertrettung her, und ist kein Temperament ohne Mangel. Dann, ob wol Jupiter temperirt ist, so beschreiben ihn doch die *Astrologen* also, daß er hoffertiger Art *im Effekt* seye.

Fürs ander, meine eygene Meynung belangendt, so vermag dieselbige, daß in den Sternen selber nichts seye dann Liecht, Farben, Qualiteten nach der Farben Anzeig, Wärme, Befeuchtigung und endtlich hienieden auff Erden *im Zusammenkommen der Strahlen* die *Geometrie* oder *Harmonie*, das seyndt lauter gute Sachen. Wie nicht weniger auch der *Charakter* dieser dinge, der da in deß neuwgebornen Menschen Natur eyngedruckt wirdt, eine gute heylsame ordnung Gottes seyn muß, weil alles gut, was Gott geschaffen. Daß aber diese deß Menschens Natur hernach so und so geräht und der Verstandt des Menschens hernach sich dieser und jener eyngedruckter Qualiteten und Harmonien so und so mißbrauchet, daran ist nicht der Himmel noch seine Liechtstraalen, noch die *Harmonie*, noch der *Charakter*, sondern die Erbsündt und der böse Will, der sich von der Erbsucht anreytzen lässet, allein schuldig.

Und ist ohne noht, daß *FESELIUS* mit vielem erweisen wil, daß die Sterne eine gute Creatur Gottes. Ich bin ihm seinen Schluß geständig, aber die Ursachen zu diesem Schluß, die *Feselius* brauchet, seyndt einander sehr ungleich. Und gestehe nicht, daß die Sterne alle einander gleich seyen, mich hierüber auff *Nummer 32 & folgende* beruffendt.

Viel weniger seyndt ihrer Liechtstralen *Bildung* einander gleich, sondern etliche *harmonisch*, etliche ἀνόρμοστοι [unharmonisch] mehr oder weniger. Besehet *Nummer 59.*

91. So seyndt die Sternenkugel nicht anders als die Erdenkugel der Corruption unterworffen oder nicht unterworffen. Was hie sey oder nicht sey, wirdt auß heyliger Schrifft zu erörtern seyn, nicht auß *ARISTOTELES*, wie er dann auch an angezogenem Ort sich auff die Experientz zeucht.

[226] 92. Es haben zwar die *harmonischen Figuren* keine *Gegensätzlichkeit*, dann es seynd *Quantitäten*, und doch *qualitative Quantitäten*, sie haben aber *Andersheit*, sie haben [die Unterschiede] *mehr und weniger, stärker und schwächer*, sie haben *eine geistige Gegensätzlichkeit*, die gilt an diesem Ort; dann sie wircken auch nicht anderst dann durch einen *geistigen Instinkt*. Besehet *Nummer 59.* Dann seynd das nicht *geistige Gegensätzlichkei-*

ten: *regulär / irregulär, möglich / unmöglich, zum Durchmesser proportional / nicht proportional*. Seynd diß nicht gantz augenscheinliche *Unterschiede: rationale Seite / rationales Quadrat, übrigbleibendes Quadrat einer Seite von rationalen Quadraten, wenn das weggenommene rational mit den ergänzenden ist / zusammengesetztes Quadrat einer Seite von rationalen Quadraten, wenn die Figur ausgefüllt ist*; und was dergleichen. Seynd diß nit unterschiedliche *Grade der Rationalität und Vergleichung*, und derwegen, wann die Natur nach diesem der Figuren *Archetyp* ihre Wirckung anstellet, auch sehr unterschiedliche *Grade* der Wirckungen? [Siehe auch Anmerkung zu Nummer 59.]

Es ist aber drumb nicht noht, daß ein Figur in die ander wircke, dieselbige zu destruirn oder eine gute in ein böse zu verkehren oder dem Gestirn ein Ursach zu werden, daß sie ihre anerschaffene Güte verlieren oder verlohren haben solten. Dann mir ist deren ungereymbte dinge zu behauptung meines Fürgebens keins vonnöhten.

93. Wil hiermit die jenige Fantastereyen, welche hie *Feselius* taxiret, nicht vertheydiget haben, von Außtheilung der Glieder deß Menschens unter die zwölff Zeichen und anstellung der Aderlaß nach solcher außtheilung, von außtheilung der zwölff Zeichen unter die Planeten, von den widerkäuwenden Zeichen. Dann diese kindische *Beobachtungen* haben mit meinen *Überlegungen* nichts gemein. Ich hab sie auch hin und wider *in Prognostica, im Buch De stella serpentarii*, in meiner Antwort auff *D. Röslins Discurs*, theils auch in dieser Schrifft, *Nummer* 39, 41 mit gutem Grundt verworffen.

Doch gedächte ich, wann *Dr. Feselius* die Baderköpfflin und rohte Creutzlin, welche den Ärzten einen Eyntrag thun, auß den Calendern außmustern köndte, solle er die Schären nur also fort stehen lassen. Dann wie die Arbeyt ist, Haar und Nägel abzuschneiden, so ist auch die Fürsichtigkeit, die der vernünfftige Bauwer hie eynwendet, so ist auch die Treuw deß *Astrologen*, so ist auch das Zeichen: *ubique dignum patella operculum* [HIERONYMUS: *Epistolae* I, 7: *wo der Deckel als die Schüssel gilt*].

94. So wil ich auch den *Ärzten* nicht fürschreiben, ob sie nicht allein auff diese Fabeln, sondern auch auff die *Aspekte* selbsten *der Planeten zu einander* (welches seynd *wie Krisen des Universums*) einige achtung geben oder

der Lehr *Manards* folgen und den Harn für die Sterne, den Puls für die *Aspecte* anschauwen und betrachten sollen.

Wann aber ein *Arzt* mich zu raht fragte, wolt ich ihn auff die *Lehre von den kritischen Tagen* weisen und rahten, er solle mit einem Tag, da ein starcker Aspect ist, nit anderst handeln als mit einem *kritischen Tag*. Kan er deß *kritischen Tages* mit [227] Verordnung einiger Vacuation nicht verschonen wegen innstehender Noht, so dürffe er auch deß *Aspekts* nicht verschonen, *und umgekehrt.* Dann so die jenige *Vacuationen* zu uberflüssig wircken, die da verordnet werden *bei Krisen* oder *Verschlimmerungen*, so hat es auch den Bescheidt mit denen, die zur Zeit der *Aspecte* angestellet werden.

Anno 1604, den 19./29. May, hat ein bekandte Person* Reynigkeit halben sich in ein warm Wasser gesenckt, dessen sie sonst nicht viel gewohnt, also daß der Wärm zuviel werden wöllen, derowegen sie es gar kurtz gemacht, desselbigen Tags so wol als folgenden 30. gesundt geblieben. Den 31. hat sie bey gesundtem Leibe von Praeservation wegen, ohn einigen Argwohn einer Kranckheit, nur allein nach jährlichem gebrauch, ein *Abführmittel von mäßiger Wirkung* genommen und darauff den 1. Juni *moderat* [zur] Ader gelassen, baldt abendts sich ubel befunden, folgenden zweyten Juni *in Cholerik* gefallen, uber sich eine grosse menge Gallen excernirt und darauff ein sechswöchniges *Wechsel*-Fieber außgestanden.

Es mag das dreyfache *Zusammentreffen von Säften* etwas gethan haben. Ich habe aber die *Konstellationen* darbey nicht ubergehen können; dann *Merkur* den 29. vom *Trigon zum Mars* zur *Opposition zum Saturn* gelauffen und den 1. Juni *Trigon Sonne Mars*, den 2. ein *Opposition Saturn Merkur*, Item ein *Opposition Sonne Saturn* gewest, die auch die Lufft sehr verunruhiget und viel Regen gemacht. Hette dieser die Astrologische Observation, wie er wol köndt, nit verachtet und zuvor die *Opposition von Sonne und Saturn* und die ubrige zusammenfallende *Aspekte* fürüber gehen lassen, so were er vielleicht gesundt geblieben. Und so dergleichen sich mehr zutrüge, würde warlich *Manard* endtlich müssen unrecht haben, der uns nur auff den Harn und von den Sternen allerdings abweisen wil.

D 1. Dieses Exempel hab ich dem Exempel *von Johann Lang* [*Epi-*

---

* [Kepler beschreibt im folgenden eine eigene Krankheit nach einem heißen Bad und Aderlaß (vgl. die ausführlichere Schilderung im Brief Nr. 358 vom 11. 10. 1605 an David Fabricius, KGW XV: 247).]

stolarum medicinarum liber I. 1554, S. 133]* von einem Münch beyfügen
wöllen, damit sie beyde nebeneinander in acht genommen werden. Dann
ich denselbigen aberglaubischen Münch, der von deß verworffenen Tags
wegen die Noth, ein Ader zu öffnen, nit einsehen wöllen, eben so wenig
entschüldige als so einer ein gleichen Fehler begierige von deß *kritischen
Tages* wegen.

95. Wie dann auch sonderlich der Newmondt bey dieser Consideration
wenig statt hat, so auch die verworffene Täge, die von den Calenderschrei-
bern in grosser Anzahl im Calender gesetzt werden, nur allein von wegen
deß Monds, daß derselbige auff einen solchen Tag zum *Saturn* oder *Mars*
kompt, und nicht bedencken, daß er in wenig Stunden so weyt fürüber
kömpt, als andere Planeten offt in vielen Tagen von einander weychen,
auch offtermalen ein so grosse *Breite* hat, daß es so viel ist als gar keine
Konjunktion oder *Opposition*.

Wann ich aber auch gleich selbst verworffene Tage in Calender setzte,
welches ich wegen anderer Planeten *Aspekte* mit guten Ehren und Grundt
thun köndte. Lieber wolte darumb *Dr. Feselius* an mich begehren, daß
ich überall die Distinction darzu setzen solte? Thuens doch die *Ärzte* nicht,
welche *die Medizin in analytischer Methode* tradiren; ihre *allgemeinen Regeln*
setzen sie und wöllen hernach denselben durch die *Spezialfälle* derogirt
haben.

[228] So habe ich Calender gesehen, die diese *Absicherung* ausser der
Noth gantz fleissig vornenher setzen.

96. Daß aber der gemeine Mann sich der rohten Creutzlin und Baderköpfflin abergläubisch und kindisch mißbrauchet: Darvon ist viel zu sagen.
Erstlich geschicht den *Astrologen* darmit ungütlich, sie gestehens nicht,
daß sie es von alles solchen Mißbrauchs wegen in den Calender setzen.
Und ich halte etlicher solcher Zeichen für nützlich, die doch gleich so wol
mißbraucht werden können. Warlich, ein Patient, der die *Lehre von den
kritischen Tagen* gestudirt, köndte sich deroselben in seiner Kranckheit
auß melancholischer Eynbildung gantz gefährlich mißbrauchen. Und ist
darumb *Hippokrates*, der solche *Lehre* erfunden, nicht dran schuldig.

* [*Feselius* führt diesen Fall nach J. *Lang* an: Ein junger Mann, der zur Ader gelassen
werden sollte, starb, als dies auf den Einspruch eines Mönchs, der auf böse Zeichen am
Himmel verwies, unterlassen wurde.]

Were derohalben ein ding, wann *Dr. Feselius* für die Bauwern ein Instruction schriebe, was massen sie sich der rohten Creutzlin und Baderköpfflin gebrauchen solten, damit also die *Astrologen* künfftig die Nachrede nicht mehr allein haben dörfften.

Fürs ander, so lautet diese Klag uber den Mißbrauch fast dahin, daß ein Obrigkeit solche rohte Creutzlin in den gemeinen Calendern verbieten solle.

97. Und wil ich niemandt vorschreiben, was jede Obrigkeit für Unterscheidt bey ihren Unterthanen halten soll. Man läst nicht allerley Bücher in gemein feyl haben und gestattet doch etlichen gewissen Personen, daß sie solche Bücher von deß Nutzens wegen, den sie auch auß ihnen haben köndten, gebrauchen mögen. Ob nun auch gleicher weiß mit dem Kern auß der *Astrologie* (dann von Spräuwern wil ich nichts sagen) zu verfahren, das laß ich, wie gesagt, andere bedencken und wil hie *Dr. Feselius* nicht zuwider seyn, mich hinauff auff *Nummer 4, 5, 6, 7* referirendt.

98. Die *Regeln der Ärzte*, daß man in geschwindigen Kranckheiten nit langen verzug machen solle von der *Aspekte* wegen, neme ich an ohne Schaden meines Fürgebens, wie offt erkläret.

So wil ich auch keinen *Arzt* beschüldigen, der einem Krancken ein Ader öffnet, wann der Mond im Zwilling new oder verfinstert ist, wann schon *Fall* eins oder zwey fürhanden, da es ubel gerahten, in betrachtung, daß dessen viel ursachen mehr seyn köndten, wie *Manard* erinnert, auch diese verbottene stelle deß Monds keinen Grundt in der Natur haben, wann mans gleich hin und wider erwiegt.

99. D 2. *Dr. Feselius* beschleust diß andere Stück mit eim zeugnuß *des Arztes Leonhart Fuchs*, welcher sagt [*Institutiones Medicinae*. 1555, S. 206], diß Theil auß der *Astronomie* sey dem *Arzt* von nöhten, welches handele von Auff- und Nidergang deß Gestirns.

Wann *Fuchs* lebete und diese meine Schrifft lese, würde er auch diß theil hinzusetzen, welches handelt von den *gegenseitigen Aspekten der Planeten* und ihrer wirckung in dieser nidern Welt.

[229] Wann dieser Zusatz zu den Worten *von Fuchs* geschicht, dann so wil ich vollendt mit seinen ubrigen Worten beschliessen und ihme nachsprechen, daß ein *Arzt* diesen theil, welcher durch abergläubisches

auffmercken auß dem Gestirn wunderbarliche ungehewerliche Sachen, erschreckliche Lügen, nemlich den endtlichen Außgang und Erfolg künfftiger Händel, vorsagen wil, von dessen wegen sie *Astrologie* und Wahrsagerey benamset wirdt, für ein gewisse merckliche Hindernuß der *Medizin* halten und getrost in Windt schlagen und fahren lassen solle. Dann solche mit vielem sehr abergläubischem Affenspiel und Narrentheydungen besudelt, mit gantz abscheuwlichen alten vettelerischen Fantaseyen behenckt sey und einem Christen Menschen keines wegs zustehe.

Dieses, sprich ich, mag einem angehenden *Arzt* gar wol vorgesagt werden und wird darumb dem jenigen, was noch warhafftig unter der *Astrologie* für gute Sachen verborgen stecken und bißhero in ziemlicher anzahl herfür gezogen und entdeckt worden, nicht zu nah geredt. Dann ein *Arzt* mag etliches ubergehen, welches ein *Astrologe* nicht ubergehen kan, wann es schon auß einem sehr unflätigen Misthauffen (welches *Fuchs* auch zuzugeben) herfür zu würlen und zusuchen ist.

Das III. Argument

100. Im dritten Puncten, welcher handelt von den Worten im ersten Buch Mosis am 1. Capitel [*Genesis* I, 14], daß die Liechter deß Himmels sollen Zeichen geben, werden etliche *Theologen* eyngeführt, die wider die *Astrologie* schreiben.

Nun bin ich anfangs mit der Außlegung deß Worts Zeichen zufrieden, daß Moses auß dem Mundt Gottes damit nichts anders gemeynt habe, dann Zeichen zu dem unterscheidt der zeiten. Gleich wie es aber nit folgt, daß sie darumb nit auch Zeichen seyen der Allmacht Gottes, ob schon Mosis Wort an diesem Ort nicht außtrücklich hiervon lauten, also soll auch *Feselius* nit schliessen, daß sie drümb nit seyen Zeichen, zu bewegen die Naturen in dieser nidern Welt, *gegenständliche Zeichen*, oder daß sie nicht auch seyen zeichnende Zeichen, *charakteristische Zeichen*, durch die Harmonische Verbindung der Liechtstralen, die sie hienieden auff Erden anfället.

Und liebt mir derhalben wol, daß es seyen nit Narrenzeichen, sondern nützliche und zum Gebrauch dieses Lebens nohtwendige Zeichen zu ordnung der Jahrszeiten, auch nicht Zeichen aller und jeder künfftiger Dinge, welche mit allen Umbständen zu erforschen, allein Gott zugehört, sondern nur allein Zeichen natürlicher unverschiedener künfftiger Dinge, die sich halten wie die Zeiten selbst, die auß ihnen herfolgen.

Dann ob wol die Ehr, künfftige Dinge eygentlich vorzusagen, Gottes eygen ist, so würdiget er doch den Menschen eines theils von deroselben (in der *Astronomie*, und in der *Medizin*, dessen GALENOS sich in aller *Ärzte* Namen sonderlich hoch rühmet) und ist derowegen nit ungereymbt zu gläuben, daß er diß auch in *der Astrologie* mit etlichen Generalstücken thue. Und bleibt doch zwischen Gott und Menschen nach FAVORINUS' Lehr [bei GELLIUS: *Noctes Atticae* XIV, 1] der Unterscheidt, daß Gott allein recht eygentlich wisse, was und wie es geschehen soll.

[230] D 3. Daß die Menschen haben wissen wöllen die Natur deß Himmels und der Gestirn, ist nit unrecht, sondern es ist ein eyngepflantzte Eygenschafft deß Menschens (*Nummer 4*), wann sie es nur nicht von Fürwitz wegen gethan hetten.

Daß aber keine Erfahrung vom Himmel gehabt werden möge, darumb muß man nicht die *Theologen*, sondern die *Optiker* und *Astronomen*, auch zum theil die *Physiker* hören; dann es ist eine *Materie der Physik*, darumb man in *Theologie* so wenig weiß als von der Zahl *der Nervenknoten im menschlichen Körper*.

101. Doch ist wahr, daß die *Astrologen* inen freye Macht angemasset, zu richten, liegen, triegen und vom unschuldigen Himmel zu sagen, was sie gewolt. Diese Macht aber ist man ihnen nicht geständig, sondern die *Philosophen* haben ihnen hingegen diese Macht angemasset, der *Astrologen* Fürgeben auff die Goldtwag zu legen und darvon zu gläuben, so viel darvon die Prob hält, das ubrige mit vernünfftigen Ursachen zu widerlegen.

Dann ob wol die *Philosophen* so wenig an Himmel reychen mögen als wie die *Astrologen*, so seynd sie doch solche Spürhundt, daß sie denselben uberall auff den Fußsohlen nachgehen und zusehen, wie sie diese himmlische Lügen zu ihnen herunter gauckeln, und können sich also auß diesem Astrologischen *Vorgehen* gar wol einer Erfahrung erholen ihrer Lehre und Irrthumbs, daß solche wol mit voller, aber nit mit sicherer ungestraffter Gewalt liegen können.

Dann sie einem *Philosophen* nicht erweisen, daß ein gewiß Zeichen, darunter, so einer geboren, derselb ein Spieler werden, ein reicher oder ein weiser Mann werden, erschlagen werden müsse, daß wer auff diesen

oder jenen Tag freyet, bauwet außgehet, es demselben also und also ergehen müsse: Dann die Sterne im Himmel ja nicht also genaturt, auch nit
solche Ding in den Menschen wircken, ob sie wol *hinsichtlich der größeren
oder kleineren allgemeinen Wirksamkeit usw.* (wie Gott selber *hinsichtlich der
Erhaltung der natürlichen Aktivität*) auch in den Sünden mitwircken. Dann
sie nemmen das *Prinzip der Handlungen,* die *freie Entscheidung* als den
Brunquel alles bösen keins wegs eyn so wenig als Gott. Sie unterwerffen
nichts *speziell* dieser Kunst, ob sie wol uberall mitwircken.

Und ist doch nebens zu erbarmen, daß auch die vernunfft so verderbt,
daß sie mit gantzer andacht auff die *Astrologie* gefallen, eben darumb, daß
es grobe Lügen seynd und hübsche unnütze Fabeln, also daß man nicht
wol unterscheiden kan, wann ihr etwas, so da heylig und gut, und wann
ihr ein solches unnützes Ding gefalle; dann es ist der Pfeffer unter den
Mäußkoth gemischet, und ist sehr blindt, daß sie es nicht wol untereinander erkennen kan.

Doch ist auch Gott darfür zu dancken, wann er sie durch natürliche
oder Geistliche Mittel umb etwas erleuchtet, das sie anfahet, das gute vom
bösen zu unterscheiden.

Wahr ists, Sonn und Mondt dienen uns die Zeiten zu unterscheiden,
den Ackerbauw anzustellen, das Viehe und die gantze Haußhaltung zu
versorgen; sie dienen aber uns zu noch mehrerm Nutzen.

[231] 102. Dann ob wol solche Nutzen, die man täglich herfür sucht,
nicht auß dem einigen Wort Zeichen (*Genesis* I [,14]) zu erweisen, so ist es
darumb nicht gleich ein Fabel oder Lügen, daß einer vor dem andern ein
geschicktere oder ungeschicktere Natur gewinne, nachdem er unter einer
Configuration oder Zeichen geboren. *Nummer 65.*

Buler zwar oder weise Leute werden vom Himmel allein nit erzogen,
sondern durch böse Gesellschafft und fleissiges auffmercken auff der
Welt Lauff. Gleich wie aber ein guter oder harter Kopff zur Weißheit, ein
schamhaffte oder muhtwillige Natur zur Bulerey fürschub thut, also thut
es auch der Himmel. Ursach: weil es nicht mehr der Himmel selbst, sondern sein *Charakter* ist, in deß Menschen Seel und Temperament drinnen
steckend. Wie droben *Nummer* 65 erkläret.

103. Unter einem gewissen Planeten in sonderheit geboren seyn, halte ich
ein Stück auß den Astrologischen Aberglauben, die mit den *Herrschaften*

der Planeten über Häuser und Geburt umbgehen und ihr Spiel damit treiben. Aber dannoch seyndt etliche Nativiteten, die eine wolgeschickte läuffige Natur verursachen, ob es drumb nicht eben von deß *Merkurs* wegen ein Kauffmann seyn muß; dann die *Lebensart* steht nächst seiner *allgemeinen Neigung* zu seinem oder der seinigen freyem Willen.

104. So ist auch nicht gläublich, daß man auß der Nativitet sehen könne, wie es einem allerdings ergehen werde. Dann ob wol gemeiniglich ein jeder seines Glücks eygener Meister ist, so uberhäupt dahin zu schreiben, so seynd doch vielmehr zufällige Ursachen dann nur der Himmel oder nur deß Menschen Gemüht und Sitten, deren jede für sich selbst ein Gewirr in deß Menschen zustandt machen und denselben verkehren kan.

Doch behält allweg der himmlische in die Natur eyngepflantzte *Charakter* den Zügel *im allgemeinen* in der Handt gleich wie Gott *in den letzten und einzelnen Geschehen und ihrer wunderbaren Verknüpfung,* da alles endtlich den Weg hinauß gerahten muß, welchen er für den besten erkennet.

Bleiben also diese dreyerley Ursachen deß eusserlichen Glücks deß Menschens neben einander, und ist nicht noht, daß einer die andere hindere, sondern sie vermischen sich untereinander: Erstlich die natürliche, die seynd *generell,* als der Himmel oder vielmehr die Abbildung deß Menschens natürlicher Seelen nach der Constellation, die zur zeit der Geburt gewest, und die *natürlichen Anlagen* und das Temperament, welches sich derselbigen abbildung oder *Charakter* nachartet, so wol auch die täglich eynfallende starcke oder schlechte auffmunderungen der Natur von dem Himmel, darvon gehandelt worden *Nummer* 65, 66, 67, 68, 69. Dieses alles seynd General ursachen, welche deß Menschen zustandt ein jede nach ihrer Art uberhaupt formiren und von einander unterscheiden. Welcher Unterscheidt aber weder *ethisch* ist, noch *metaphysisch,* sondern allein *natüralich,* weil er nit handelt von Sündt oder Tugendt, nit von gut oder böß, das ist von erhaltung oder verderbung deß Gebornen, sondern allein von Auffmunderung *der Natur, und zwar sofern sie ohne Geist ist,* von Geschwindt- [232] oder Langsamkeit, von Gallen, Melancholy [= schwarzer Galle], *Schleim, Blut* und was dergleichen, welches alles in sich selbst und ein ordnung Gottes ist.

Die andere ursach zu deß Menschen Glück, die auch, wie gesagt, neben den jetzterzehlten ihren Platz findet, ist deß Menschens Willkühr

[= freier Wille], *die vornehmste Fähigkeit der Seele*, die ist und bleibt frey, ob sie wol mit den anreytzungen ihres Fleisches, mit einer so wol als mit der andern zu kämpffen hat, wegen deß geschehenen Falls schwach ist und leichtlich uberwunden wirdt, nicht zwar von dem Himmel, aber doch von seinem Fleisch und Blut, in welches der himmlische *Charakter* natürlich eyngedrückt ist, welcher *Charakter in der vernunftlosen und nicht-rationalen Seelenfähigkeit (die dennoch auch selbst eine instinktive natürliche Vernunft hat)* weder gut noch böß, aber wegen der Ordnung Gottes nur allein gut ist und im Standt der Unschuldt ebenso wol zu unterschiedlichen Tugenden als jetzo zu Sündt und Lastern gereychet haben würde.

Diese Ursach begreifft *spezielle und individuelle Geschehnisse*, und weil sie so mancherley, so viel Leute mit dem gebornen Gemeinschafft haben, so viel neuwer Gedancken in eines jeden Menschen Kopff durch alle und jede innerliche und eusserliche Anmahnugen entstehen und erweckt werden köndten, so ist demnach unmüglich, dieselbige zu erforschen.

Und diese Ursach ist *ethisch*, gibt den Unterscheidt zu Sünden oder guten Wercken, Laster oder Tugenden. Da ist das Sprichwort wahr, wie einer ringt, also ihm gelingt.

So fern aber doch die Anreytzungen von den General Ursachen beständig und einerley, item so fern es mit dem gefallenen Menschen nunmehr dahin kommen, daß er sich von seinen Anreytzungen viel uberwinden lässet, so mag ein *Astrologe* mit deß Menschen Zustand *im allgemeinen* so genauw zutreffen, so genaw er mit dem Temperament und Anreytzungen auch Eygenschafften deß Gemüths zutrifft.

Zum Exempel, wann ich sehe, daß in einer Nativitet viel schöner *Aspekte* seynd, also beschaffen, daß kein Melancholey oder Fehl der Vernunfft, sondern vielmehr eine frewdige Natur erscheinet: Wann auch der Mensch schon sein ziemliches Alter hat, lediges Standts und in einem Landt ist, da man nicht viel ewige Keuschheit gelobt, so mag ich *in puncto Heirat* wol sagen: Ein solcher werd nach keiner geringen Condition stehen und also ein reichs Weib erlangen. Dann wann mans bedencket, so hab ich hiermit nichts *speziell* prognosticirt und muß es auch mit dem Heyrahten im zweifel bleiben lassen, ob es geschehen werde oder nicht, sondern mein unfehlbarlich Fundament ist general, daß es ein gute vernünfftige Natur sey, die ihr wol werdt wissen, wol zu betten. Das ubrige, was solche Particular Puncten anlanget, ist allein vermuhtlich.

Hingegen aber so seynd diß gantz und gar nichtige, grundtlose, abergläubische, sortilegische Vorsagungen, daß deß Gebornen Gemahl werde auß diesem oder jenem Landt bürtig seyn, am Leib einen verborgenen Fehl haben, daß sie bey ihrem Mann nicht werde fromb bleiben, so oder so viel Kinder und der geborne zwey, drey oder mehr Weiber haben.

Und wie diese Wahr ist, also ist auch der Werckzeug darzu: *Der Herrscher des siebten Hauses im zehnten, wenn es günstig ist, wenn es Jupiter ist, wenn er in einem eigenen Haus ist,* soll ein reich Weib bedeuten. *Venus in einem Haus des Saturns* ein Alte, *im achten Haus* ein Wittib, *Mars im Haus der Venus* [233] *und im Trigon zum Mond* ein Unkeusche, *Venus innerhalb der Sonnenstrahlen* ein Krancke. Bey diesen und dergleichen *Herrschaft der Häuser* und darauff gebauwtem eusserlichen Glück oder Unglück *ohne Dazwischentreten der Natur des Menschen* sage ich mich auß und halt nichts darvon. Bin der Meynung, es sey dieser Striegel also erdacht worden, der Leute Fürwitz zu krauwen; dann, weil sie viel fragen, so gedencket der *Astrologe* auff Mittel, viel zu antworten, Gott gebe, er finde es in der Natur oder nicht. So viel von der andern Ursach.

Damit aber nicht der Mensch mit seinem Glück und Unglück der Natur und ihme selbst allerdings frey gelassen werde, so kömpt nun zum dritten die *metaphysische Ursache* darzu, nemlich Gott der öberste Haushalter in der Welt und einige *König* deß gantzen menschlichen Geschlechts, welcher bey sich beschleust, ob die *allgemeinen natürlichen Ursachen* und deß Menschen *besondere und willkürliche Einrichtungen seines Handelns* demselben zu gutem oder zur Züchtigung und also zu Glück oder Unglück gedeyen, und worzu ein solcher Mensch sonsten in Gottes uberauß weytten haußhaltung dienstlich seyn soll.

Die Ursach ist *universell* und *partiell*, mit und wider die beyde vorer zehlte. Dann Gott erhält die Natur in ihrer Ordnung, doch bricht er sie auch etwan zu zeiten, wiewol nicht offt. Also erhält er den Menschen bey seinem freyen Willen und dessen Gebrauch, bricht ihme denselben auch offt, wann er allzuhart an will.

Wann aber gleich beydes, Natur und deß Menschen Willkühr, in ihren *Grenzen* erhalten werden und Gott gar nichts *Außerordentliches* darzu thut, so seynd aber doch noch der *einzelnen Glücksfälle* so viel, daß es Gott gar leicht ist, dieselbige dahin zu leyten, daß die oberzehlte Ursachen, wann sie schon ihr bestes oder ärgstes gethan haben, dem Menschen zu Glück oder Unglück und also zum Widerspiel gedeyen müssen und dennoch *im Ereignis* mit ihrer natürlichen oder willkührlichen Güte, auch im bösen Zustandt, der dem Menschen von Gott auffgesetzt, mögen erkennt werden.

Derhalben so wenig einer sündiget, der ein Tochter außzusteuren hat und auß deren Gesellen, die sich anmelden, Art, Sitten, Geberden und Gestalt, ihme die Nachrechnung machet, wie es ihnen und seiner Tochter mit ihnen ergehen möchte, in betrachtung es gemeinlich zutreffe, ob schon etlich sich etwan mit mehrern Jahren bessern, auch Gott alles ändern kan, so wenig ist es auch unrecht, auß einer Nativitet (weil die nunmehr nit der Himmel, sondern deß Menschen Natur selber ist) eine gleichmässige vermuhtung von deß Menschen künfftigem Glück oder Unglück zu schöpffen.

105. Lassen also auch die *Philosophen* nicht weniger als die *Astrologen* der *Astrologen* grobe Lügen fahren, bleiben aber doch bey dem einfältigen Verstandt, daß wie die Sterne Zeichen seynd, deren sich die Schiffleute gebrauchen und sich darnach richten auff dem Meer, also sie auch gleich so wol Zeichen seyn können der Witterung und der Gebornen artung und natürlicher Geschicklichkeit, darauß deß Menschens zustandt *im allgemeinen* zum grossen theil her folget. Dann sie auch also so wol als bey den Schiffleuten nit sonderliche Krafft und Wirckung haben zu dem jenigen, so man [234] auß ihnen vorsagt, sondern schier lauter blosse Zeichen darzu gewest, indem die Natur deß Menschen selber ihr den *Charakter* von diesen Zeichen abgenommen, ihr solchen eyngedruckt und dreyn verwachsen.

106. Ob die Finsternussen an Sonn und Mond wie auch die versammlung der obern Planeten von Gott dahin angesehen und gebraucht werden, daß er seine langverursachte Straffen und Plagen biß dahin spare, wann solche im Himmel erscheinen, darmit sie also zu solchen Plagen Gottes vorbotten werden (welches hie auß *Dr. Feselius'* anzug folgen will), das were von den *Astrologen* selbst viel gesagt und bedünckt mich eine hohe nachdenckliche Frage.

Andere werden sich finden, die da behaupten, die Finsternüssen und grosse *Konjunktionen* haben dergleichen nichts zu bedeuten, sondern sie treffen also ungefehr mit allgemeinen Landtplagen übereyn: Darmit werden solche Gott den Schöpffer von dem Gestirn als seinem Geschöpff salviren und ihme mit außtheilung seiner Straffen seine Freyheit lassen wöllen.

Ich hab mich in meinem Buch *De stella serpentarii* [KGW I: 184 ff.] auff eine *philosophische Art und Weise* erkläret und zu bedencken geben: Ob nicht die Natur dieser nidern Welt so wol auch in gemein aller Menschen Naturen durch solche Seltzamkeiten natürlich erschrecket, geirret und zu einer Ubermaß verursachet werden.

Dann hiermit diese allgemeine Landtplagen Gott nicht auß den Händen genommen werden, er kan sie deßhalben ungehindert gleich so wol wenden, schärpffen oder mildern, wie er wil.

107. Mit was maaß der Eynfluß deß Gestirns in den Menschen zuzugeben oder zu läugnen, ist droben von *Nummer* 65 biß 70 außgeführet: Dann es keines wegs ohne verkleinerung der Werck Gottes für Narrenwerck anzugeben ist, daß der Mensch nach den *Konstellationen der Sterne mit natürlicher Notwendigkeit* geartet und genaturet werde, welches doch viel eygentlicher möchte genennet werden ein Einfluß der Natur deß Menschens in das Gestirn (wie eines flüssigen Gips in ein Form), dann hingegen deß Gestirns in den Menschen. Und ist doch auch wahr, daß es falsch und erdichtet, daß der Mensch müsse so ein Leben führen, eines solchen Todts sterben, wie die *Astrologen* gemeiniglich in Hauffen hineyn rahten, wie es einem jeglichen ergehen soll.

108. Wahr ist es, die Sterne seynd nicht darumb geschaffen, daß sie mich meistern, sondern zu nutz und Dienst. Und daß sie uber Tag und Nacht regieren, aber uber mein Seel, was die Vernunfft und Willkühr belanget, kein Regiment noch Gewalt haben sollen. Aber wahr ist auch darneben, daß mein natürliche Seel, so fern sie bedacht wird als *vernunftlos und ohne Vermögen zu logischem Denken*, also erschaffen seye, daß sie in der Geburt von dem Gestirrn einen *Charakter* empfahen und in denselben verwachsen, auch sich in folgender Zeit durch starcke *Konstellationen* auffmundern solle.

[235] Derohalben ob wol der Himmel mehr nicht von sich geben kan dann Liecht, Wärme, Zeit und dieser Dinge mancherley Unterscheidt, als droben bey *Nummer* 32 außgeführet ist, so kan aber meine Natur mehr auß ihme hernemmen, dann er selber hat: Dann es kömpt auff das Liecht

hieunten auff Erden etwas mehr an, nemlich das *Verhältnis des Zusammen-fließens der Strahlen*. Besiehe *Nummer 59*.

109. Es mögen die *Astrologen* zwar Narren seyn, indem sie außfechten wöllen auß ihrer Kunst, warumb ein Landt vor einem andern etwas trage, verstehe, wann sie die Ursachen auß den *Dreiecken auf der Erde* und *Beherrschungen der Planeten* herfür suchen, sie sollen aber Narren gescholten werden den *Philosophen* ohne Schaden, als welche auch diesen Ursachen nachforschen und zwar nicht läugnen, daß es Gott also gefallen, einem jeden Landt seine Güter zu geben, aber doch ferrners nachsinnen, warum es ihme also gefallen, und diesen Particul deß Ebenbildts Gottes nicht verachten, wann sie etlicher massen die Ursachen erreychen und befinden, daß solche nach der Sonnen und ihrer Wärme gerichtet seyen.

In Italien gibt es guten hitzigen Wein; dann die Landtschafft häldet nach der Mittag Sonnen. Am Reynstrom gibt es auch viel, aber lindere Wein; dann die Landschafft häldet nach Norden und hat doch tieffe Thäler zu auffenthalt der Wärme. An der Thonaw [= Donau] gibt es oberhalb keinen Wein, weil die Landschafft vor den rauhen Lüfften auß den Schneegebürgen nicht geschützet. Unterhalb aber in Oesterreych und Ungarn wird guter starcker Wein, weil die Landt gegen Orient und Mittag halden und anfangen, tieff zu werden zwischen sehr hohen Gebürgen. Die Elb bringet wenig Wein; dann die Landtschafft haldet gegen Norden und ist mehr eben dann andere *Gegenden*.

Also fragstu, warumb Gott der Herr die Thier in der Moscaw mit so guten Peltzen versehen? Warlich du must zugeben, daß es darumb geschehen, weil sie nicht viel Sonnen haben.

D 4. Diese und dergleichen *Betrachtungen* seynd unwidertreiblich und lassen sich mit dem nicht umbstossen, daß die Erdtgewächs vor der Sonnen erschaffen seyen; dann Gott schon in seinem *Archetyp* wol gewust, was jedes Landts himmlische Eygenschafft, *des Himmels Beschaffenheit* und Witterung seyn würde. Ja, er hat dem Erdtboden eine solche Natur gegeben, die hernach selber an täuglichen orten täugliche Kräutter pflantzet und also auff deß Himmels Gelegenheit ihr auffmercken hat.

110. Und halte ich nicht, daß Gott die Ordnung der Täge in der Erschaffung von der Narren wegen hab auffzeichnen lassen, daß man ihnen nicht gläube; dann auff solche Weise sehr viel Dings hette müssen geschrieben werden zu verhütung vieler Aberglauben, die in der Welt seyndt.

Es kan einer gläuben, die Kräutter kommen von der Sonnen Eynfluß oder Wärme, und kan es gleichwol ein Göttliche Ordnung seyn lassen, dabey bleiben und seinen Glauben reyn behalten.

[236] Wann Sonn und Mond nicht mehr schaffen, noch Krafft haben solle, dann im 1. Buch Mose am 1. Capitel [*Genesis* I, 16] geschrieben ist, so ist die gantze *Philosophie* nichts und umbgekehrt und folgt nicht, hette ihnen Gott mehr gegeben, so hette er mehr lassen auffschreiben. Dann es sagt der Evangelist JOHANNES [*Johannes* XXI, 25] auch von unserm Erlöser, daß die Welt voller Bücher werden müste, wann alle seine Wunderthaten und heylsame Reden weren auffgezeichnet worden.

111. Daß *die Astrologie in einem vernünftigeren Sinn* ein Kunst sey und ihre *Prinzipien* und *Beweise* habe, ist droben *Nummer* 13 gesagt, dann daß die *Astrologen* von der Experientz anfahen, nach den Fällen urtheilen, wie sichs zuträgt, sagen und fürgeben, diß sey einmal oder zwey geschehen, darumb muß es ein andermal auch geschehen, und von denen Fällen still schweigen, die da fehlen: Das begibt sich alles in andern Künsten gleicher weise mit dem Anfang zu einer jeden Wissenschafft und sonderlich mit der *Medizin* und mit den Tugenden und Eygenschafften der Kräutter in Heylung der Kranckheiten. Da seynd in der erste auch viel falsche *Erfahrungen*.

112. Und erachte ich, *Dr. FESELIUS* werde nunmehr auß dieser Schrifft sehen, daß die *Astrologie* nicht, wie er sie bezüchtiget, mit nichts anders dann mit lauter Mißbrauch und eytelen Sachen zu tun habe. Die Täfelin der erwehlung und die Nativiteten, wie sie von gemeinen *Astrologen* gestellet werden, hiermit nicht vertheydiget; dann solche Tagwehlereyen in willkührlichen Wercken und sortilegischen Puncten in Nativiteten mögen hinfahren.

113. Es folgt nun ein wichtiger Punct von den Cometen, in welchem anfänglich zu gegeben wird, daß sie seyen warnungen Gottes. Darwider aber finden sich etliche *Philosophen*, die sagen wie von den Finsternüssen, daß die Cometen Wercke der Natur seyen und derowegen nichts zu bedeuten haben. Was meine Mittelmeynung sey und wie es zugehen könne, daß die Naturen in dieser niedern Welt ein Impression wegen solcher neuwer Sternen empfahen, durch welche sie zu einer Ubermaß verursachet werden, das findet man in meinem Buch *De stella serpentarii* und in der Beschreibung deß Cometen Anno 1607 [KGW I: 314; IV: 62 ff.].

Nachmals ist die Frag: Ob man auß den Cometen etwas *Spezielles* vermuhten und solche Specialitet auß den Astronomischen und Astrologischen Umbständen hernemmen solle.

Hieruber ist meine Meynung *im Buch De stella* gewest, daß man die Umbstände ihres Lauffs nit allerdings in Windt schlagen könne, ob man schon nicht allerdings gewiß, wie solche Umbstände außzulegen, derowegen ich der Außlegungen uber den Cometen deß 1607. Jahrs allerley eyngeführt. Hab mich auch gegen Herrn *Dr. Röslin* erkläret, daß ich viel auß denen *Mutmaßungen,* deren er sich vernünfftiglich gebrauchet, in ihrem Werth passiren lasse.

[237] Und weil unter den Astrologischen Umbständen etliche seynd, die in dieser Schrifft so wol als auch sonsten hin und her von mir verworffen werden, so hab ich doch auch von denselbigen nit läugnen wöllen *im Buch De stella,* daß nicht etwa Gott selber einen neuwen Cometen auff solche willkührliche Umbstände richte, darmit etwa sonderlich den Astrologischen Hauffen etwas zu erinnern.

114. Ob aber ein *Astrologe* sich einer solchen Außlegung gebrauchen möge, ob ein Idiot denselbigen Glauben geben oder sich darmit erlustigen solle, wann es sich schon also verhielte, wie ich Anmeldung und Erinnerung gethan, da erhebt sich ein Streit zwischen den *Theologen* und *Philosophen.* Die *Theologen* führen das Ebenbildt Christlicher Lehr scharpff und vollkommen wider allerhand Aberglauben und unnöhtigen Fürwitz. Die *Philosophen* wöllen kein Ordnung Gottes verachten, kein Mittel verabsaumen, dardurch die Weißheit Gottes in seinen Wercken ans Liecht gebracht und kundt gemacht wirdt, solt es auch gleich nicht nur durch rechtmässigen Gebrauch der guten Geschöpff Gottes, sondern auch durch anderer Leute Mißbrauch und Aberglauben zugehen. Nemen ihnen derowegen, einer mehr als der ander, diese Freyheit, sich auch mit solchen unformlichkeiten etlicher massen zu beflecken, auß Hoffnung, dadurch etwas guts an Tag zu geben.

Hierinnen sie sich abermal denen *Ärzten* und *Medizinstudenten* vergleichen, die da nach Henckermässigen Cörpern der Ubelthäter stehen, die sonst andern ehrlichen Leuten anzurühren bey Straff verbotten, dieselbige betasten, zerschneiden, sieden und brahten, ja bey nächtlicher weil verbottener waglicher weise in die Gräber eynsteigen, auch ehrlicher verstorbener Leute Cörper herauß zwacken und also mit denselbigen in öffentlichen *Hörsälen* die *Anatomie* exercieren. Etliche andere *Ärzte* von weytterem Gewissen dörffen sich auch verbottener unchristlicher Curen anmassen, wann sie getrauwen, dem Patienten damit zu helffen. Als daß einer sich solle vollsauffen und uber sich auß purgieren. Daß einer, dem es Stands halben nicht gebühret, ihme selber von etlichen Kranckheiten mit der Liebe Wercken abhelffen solle. Es finden sich auch hochgelehrte *Ärzte*, welche *Vorsorglichkeiten* in ihren Büchern anzeigen, was einer für Harnisch anlegen solle, damit er sich an gemeinen anzücken Weibern nicht verunreynige und anstecke, und was sonst etwan für ein Kraut und *Verhaltensweise* auß dem *Garten der Liebe* gut darzu ist, daß ein ungeschickt Weib baldt schwanger werde, welche *Rezeptuen* sie selber nicht schrifftlich, viel weniger mündtlich, sondern nur geschnitzelt oder gemahlet in verschlossenen Schachteln den Patienten zu Hauß schicken. Sie lassen auch offt an Ubelthätern, die der Hencker mit dem Strick straffen solte, ihre Gifft und *Gegenmittel* probieren. Ja man sagt fürnemmen *Autoren der Anatomie* diß nach, daß sie die Leute *beim Liebesakt* eygener Handt gewürget haben, die *Bewegung der Eingeweide* zu erlernen.

Dieses und dergleichen, ob es wol von Christlichen verständigen *Ärzten* nicht alles miteinander gebillichet wird, lassen sie es doch ihnen von den *Theologen* und Obrigkeiten auch nicht alles mit einander nemmen, ob sie wol mit ihrer Singularitet die allgemeine Praxis zu predigen nicht verhindern können, sondern mit Verdruß und Verspottung leyden müssen.

[238] Und möchte also auch noch wol ein *Astrologe*, der da einen Cometen *der Philosophie wegen* durch die *Astronomie* und durch die *Chaldäischen Regeln* zeucht, bey der *Theologen* scharpffen Eynreden fürüber gehen (*oben Nummer 5*) mit diesen Gedancken, daß er seines guten Intents halben nicht unter dem gemeinen Hauffen begriffen seye, sich solcher Straffpredigten den gemeinen fürwitzigen Mann annemen lassen und, was ihm *im besonderen Fall* zu nah kommen wolte, am Bart abstreichen.

115. Doch wird er in seinem Gewissen desto ruhiger seyn, wann er die Sprüche der Hl. Schrifft, auff welche die Prediger sich beruffen, erwegen wird.

Wahr ists, daß *Leviticus 19*[, 31] *und 20*[, 6 und 27] verbotten wirdt die *Magier* und *Arioli,* Teutsch die Wahrsager und Zeichendeuter, raht zu fragen. Wie aber raht zufragen? Wann einer etwas wichtiges wil anfahen und kömpt zu einem *Wahrsager* mit Forschung, was diß sein angefangen Werck werde für ein Außgang gewinnen, und sich nach demselben richten wil. Wie der Römer gantzes Regiment im Heydenthumb auff solche *Wahrsagerei* gebauwet gewest, daß sie nichts haben fürgenommen, ja auch von allem wichtigen Fürnemmen abgestanden, wann ihnen nicht der *Wahrsager* seine Zeichen glücklich gedeutet und außgelegt.

Da ich dann bekenne, daß es gleich gelte, der Wahrsager brauche sich hierzu deß Himmels oder deß Vogelflugs oder Crystalls und was dergleichen. Dann solche *Wahrsager* seynd gewest zu Rom, die den Keyser *Otho* verführet und, da er gefragt, ob ihm das, was er im Sinn habe, glücken werde, ihme von einer guten Revolution und glücklichem Fortgang gesagt, darauff er seyn Fürhaben mit Ermordung deß Keysers *Galba* ins Werck gesetzt und an sein statt Keyser worden, aber baldt hernach einem andern Keyser *Vitellius* gleicher weiß den Sattel raumen und sich selbst ermorden müssen. Welcher Historien Beschreibung dem *Cornelius Tacitus* [*Historien* I, 22] zu dem jenigen Spruch Ursach geben, den *Feselius* fornen auffs Buch gesetzt: Daß nemlich die *Mathematiker* (war deßmal so viel als jetzt *ausführende Astrologen*: Ebenso *verbrecherische Hersteller von Wachsbildern unter einer todbringenden Konstellation zum Verderben eines Dritten*) seyen *ein Menschenschlag, untreu gegenüber den Vermögenden, die Hoffenden täuschend.* Denen, die Regiment in Händen halten, untreuw, dann sie schwatzen ihnen auß der Nativitet, verrahten ihre böse *Konstellationen* andern Expectanten und Speranten, die ihnen nach dem Regiment stehen, bringen sie auff etwas anzufahen, verführen sie doch entlich.

Derohalben, so einer zu mir käme, mich bete, ich solte ihm sagen, ob sein Freundt in ferren Landen lebendt oder todt were oder ob sein Krancker genesen oder sterben werde? Und ich stellete dieser seiner Gedancken die Nativitet, sagte ihm ja oder nein, so were ich ein *Wahrsager* und ein Verbrecher an Gottes Gebott und Aberglauben, nit allein wegen deß Intents und der meynung dessen, der da fragt, sondern auch weil die Mittel, die ich hie brauchete, gantz und gar grundtloß und nicht natürlich.

Wann aber Keyser *Otho* mich gefragt hette, wie es jetzo in seiner Nativitet stünde, und ich nicht gewust hette, wo er hinauß wolte, ihme in

Eynfalt meines Hertzens geantwortet hette: Er habe diß Jahr ein gute Revolution, weil mir bewust, daß [239] es natürlich, daß eines Jahrs *Umwälzung* besser als die ander *innerhalb bestimmter Grenzen*, wie droben *Nummer 68*, so hette er wol ein Aberglauben in seinem Hertzen gehabt. Ich aber were an demselben unschultig, dann ich ihme nur das gesagt hette, was natürlich, mit so gutem Gewissen, als hette er mir *den Urin GALBAS* gebracht, fragendt, ob er nicht kranck und bald sterben würde, dabey er eben so wol diesen Gedancken bey sich verborgen haben können, daß er gern an sein statt Keyser were.

Vielmehr ist der *Astrologe* entschuldigt und unter dem Verbott Leviticus 19[, 31] und 20[, 6 und 27] nicht begrieffen, wann ein Comet erscheinet, und er auff einigerley weise, die er sich bedüncken lässet in der Natur oder in Gottes Fürhaben gegründet seyn, außführet, was er meyne, daß ein solcher Comet bedeuten werde. Dann er gibt hiemit niemand keinen Raht zu seinem Fürhaben, wie der *Wahrsager* gleichsam an Gottes statt sich vermisset, auch erdichtet er kein neuwes Zeichen, sondern das jenige Zeichen, das da vor Augen am hohen Himmel stehet, betrachtet er als ein Werck Gottes und discurrirt von seiner Natur und Eygenschafft, so gut er kan, trifft ers nicht mit der bedeutung, so fehlet er ohne einige Gottlosigkeit, so wol als wann *ARISTOTELES* disputiert von der Stelle der Cometen und der Warheit wider seinen Willen verfehlet.

Gleiches von den Practicken zu schreiben, dann ob ich wol *philosophisch* viel ungereymbts Dings drinnen finde, so folgt drumb nicht, daß Gott Leviticus 19 und 20 wider solche ungegründe Sachen gewest oder dasselbige verbott mich von den Practicken abschrecken soll, so wenig als mich abschrecket, daß ich Helffenbein nit für Gifft brauchen soll, ob wol dieses auch ohne grundt von etlichen gebraucht wird, die da meynen, es thue so viel (oder vielleicht so wenig) als Einhorn.

Gewiß ist es zwar, daß in erzehlten und sonst mehrern Astrologischen Stücken es nicht bey allen so richtig zugehe, wie jetzo erkläret worden, sondern nebens auch Geistliche Hurerey, das ist Abgötterey, begangen werde, darüber Gott grewlich zürne und nicht haben wölle, daß Christen Menschen darmit umbgehen. Sonderlich wann sie die Practicken so sehr mißbrauchen, daß sie ihnen mehr glauben dann Gottes Wort (E 1), den Calendern und Practicken zulassen, was ungefehr getroffen wirdt, für ein *stoisches Schicksal* halten, die Lügen in Windt schlagen und vergessen. Und muß ich auß eygner Erfahrung bekennen, daß man in gemein bey hoch und nidrigen Standts Personen voller Aberglauben und ich nit wisse, ob die Calenderschreiber närrischer oder die begierige Leser; dann die wil kein Instruction helffen, wann der Calenderschreiber sich auffs beste verwahret, so machen sie doch seine Wort zu *Orakeln*, und ihn zu einem Abgott.

Derhalben ich mich darumb nit anneme, was die wolbestellte Regiment zu abstrickung solchen Mißbrauches für Ordnungen machen und wie die Geistliche sich auff den Cantzeln mit Ernst darwider legen sollen. Bin der Zuversicht, vernünfftige Obrigkeiten und Seelsorger werden ein solches Mittel treffen, dardurch nicht allein die Gemein gebessert, sondern auch den *Philosophen* der Weg, zu mehrern *Geheimnissen der Natur* zu gelangen, wann es schon ein Holtzweg were, unversperret bleibe, so wol auch bedencken, was sich bey dem Pöfel thun lasse und was ich sonsten deßhalben bey *Nummer 5, 6, 7* erinnert.

[240] Aber die Hl. Schrifft wider eines jeden Orts vorhabende Matery allzuweyt extendirn auff Sachen, die zwar an ihnen selbst auch unrecht, aber doch nicht der Wichtigkeit seyndt wie die jenige, wider welche solche Sprüche eygentlich gerichtet, bedünckt mich auch unrecht, gefährlich und dem gebrauchten Ernst deß heyligen Geistes verkleinerlich. Derohalben auch *Dr. FESELIUS* hie recht meldet, daß diß ziemlich harte Reden seyen.

Es mag ein Obrigkeit das rahten im Calender von willkürlichen Sachen wol eynstellen, aber nicht eben darumb, weil Gott sein Angesicht auch wider einen närrischen Calenderschreiber so wol als wider einen Zäuberer und Wahrsager setzen und ihn außrotten solle oder weil es ein Teuffels Prophet seyn solle. Dann ein Obrigkeit hat macht, nicht nur die Teuffelspropheten, sondern auch die wahnsinnige närrische Propheten abzuschaffen, wann schon von solchen im Gesetz *Moses'* nichts specificiret.

Man zeucht den Propheten JEREMIAS am 23. Capitel [*Jeremias* XXIII, 9 f.] viel an und nemmen allda das Wort Zeichen für Wunderzeichen, die *Astrologen* so wol als die *Theologen*, gestehen, daß die Heydnische Furcht ob himmlischen Zornzeichen so wol verbotten sey, als wol einem Christen verbotten ist, sich zu entsetzen ob den *Zeichen* und *bösen Omen des vierten Tages* und drüber an Gott zu verzagen, als müste er darumb gewißlich auff den siebenden Tag sterben.

Derhalben antworten die *Astrologen*, daß JEREMIAS nicht läugne, daß nicht Zeichen künfftigen ubels am Himmel seyen; und ob man wol im

Christenthumb keines Zeichendeuters so hoch bedürfftig, so muß man doch auch nit eben keine natürliche Zeichendeuter leyden, als ob darmit der Christen verbottene Furcht zuvorkommen were. Sonst müste auch keinem *Arzt* gestattet werden, daß er deß Harns und etlicher gewisser Täge Zeichen auff den Außgang der Kranckheit deutete. Diß antworten die *Astrologen.*

Ich laß es *allgemeinen* dabey verbleiben. Was aber diesen Spruch JEREMIAS' belanget, bedünckt mich auß Umbstandt deß Texts, JEREMIAS rede von den Bildern deß Monds, der Sonnen und der Planeten, welche die Chaldeer (unter welcher Joch damalen die Juden waren) an statt ihrer Götter verehreten und hiermit frommer und heyliger seyn wolten dann andere grobe Abgötter.

116. Es ist ein guter raht, wann ein Christ eines Regens bedarff, daß er nicht dem Calender zulauffe, sondern fromb werde und Gott darumb bitte. Es ist aber darumb ein Calender, der auß natürlichen Ursachen einen Regen verkündiget, kein Abgott, daß man den Regen von ihme erbitten oder ihn mit der Ablesung ehren müste zu erhaltung deß Regens als von ihme; so ist auch der Calender nicht darumb geschrieben, daß die Christen auff solche Täge, wo ein Regen stehet, nicht betten, sondern sich darauff verlassen und Schandt fortfahren sollen, sondern der Calender, wann er auff natürliche Ursachen gehet, ist ein Prediger von der wunderbarlichen Ordnung Gottes deß Schöpffers, die er herauß streichet und für Augen stellet, und so er zutrifft, so werden fromme Christen erinnert, den Wunderthaten Gottes nachzudencken.

[241] Zu geschweigen deß Nutzens, den die Schiffleute hierauß haben köndten, wann sie ein jede Ungestümme vorher wissen möchten. Dann was den Feldtbauw und die Haußhaltung belanget, gehet es etwas mißlicher damit zu; dann nicht alle Ursachen deß Gewitters auß der *Astronomie* zu nemmen, sondern der Erdtboden selber hat auch seine verwechselungen an Feuchte und Dürre, wie in meinem Buch *De stella serpentarii* angedeutet worden.

Vom rechten Gebrauch eines Calenders, daß man sich in jährlichen und täglichen Geschäfften darnach richten könne, bin ich gleicher meynung: Wann man die natürliche Vorsagungen mit eynschleust, dann man sich auch darnach richten kan. Item, wann man einer Philosophischen betrachtung auch deß jenigen, so nichts nutzet, ihren Raum gibt. Dann was nutzet die Vorsagung einer kleinen Monds- oder Sonnenfinsternuß? Dannoch ist es der schönesten nützlichsten und erbauwlichsten Stück eines im Calender.

Ich gestehe aber nebens auch, daß mans bey diesem rechten Gebrauch nicht bleiben lasse, sondern sich unrechtmässiger weise von künfftigen Sachen und Fällen zu sagen unterstehe, mit welchen der Leute Fürwitz gebüsset werde.

Darunter soll aber nicht alles verstanden werden, was die Leute nicht angehet. Zum Exempel ein Finsternuß gehet sie auch nit an, und ist doch kein Fürwitz, daß sie einer solchen gantz fleissig zusehen, Gott uber seiner Himmels Ordnung und uber der Gnad, die den *Astronomen* gegeben, anfahen zu loben.

So gebraucht sich auch dieser *Theologe* eines vernünfftigen Unterscheids, daß er die erwehlung zu säen, pflantzen, Holtzfällen, artzeneyen, curiren &c. gestattet. Wie er nun diß nicht darumb zugibt, weil es ihn also gedünckt, sondern weil ein jeder in seiner Kunst dergleichen natürliche Vorsagungen fürgibt (darumb er auch der Artzeney gedenckt, weil ihm bewust, daß *Dr. FESELIUS* und die es in verwerffung *der astrologischen Medizin* mit ihme halten, nicht allein *Ärzte* seyen, sondern auch *Dr. HELISAEUS RÖSLIN* und andere hochgelehrte Männer, welche viel darauff halten), also wird diese sein Concession auch auff die jenige Puncten zu extendirn seyn, die man noch täglich auß den *Geheimnissen der Natur* von neuwem eröffnet, ungeacht solche Puncten hiebevor etwa auß unwissenheit für abergläubisch möchten gehalten worden seyn.

Wird also hiedurch einem *Philosophen* gestattet, unter dem Mist deß Aberglaubens eine zeitlang seines gefallens zu wüelen, ob er vielleicht ein Philosophisches Perlin finden möchte.

117. E 2. Im ubrigen bekenne ich gern, daß es eine vermessenheit sey, von Glück und Unglück der gantzen Welt, eines Landts, einer Statt &c. zu sagen. Dann der Welt kan man kein Nativitet stellen, so ist die außtheilung der Länder unter die zwölff Zeichen ein Fabel, bestehet nur auff einer schlechten auffmerckung etwa eines einigen zutragenden Falls, da ein Finsternuß im Zwilling und zumal ein Sterben in Würtemberg gewest &c., und laufft im ubrigen der *Lehre von den zukünftigen Ereignissen* zuwider, hat kein natürliche Ursach, ja keinen Schein einiger natürlichen Ursach, sonderlich die *Aszendenten der Städtegründungen* und *Thronbesteigungen*.

[242] Gleiche Musterung gehöret auch in das Täfele der Erwehlung, da viel kindisches und mit deß Menschen willkürlicher Eygenschafft streittendes mit unter gemischet als von Kleyder anziehen &c.

Mit Hunger und Theuwrung ist deß *Astrologen* Intent wol gut und passierlich, dann es gehört zur Haußhaltung, weil aber das Gewitter nicht gantz vorgesagt werden mag, auch nicht allein zur Theuwrung hilfft, so ist es demnach dem *Astrologen* unmüglich zuerrahten und gibt nichts dann ein gar weytläufftige ungewisse *Vermutung*, die aber drümb kein Vermessenheit zu schelten, weil sie dennoch auff *Natur* und *einer Teilursache* gehet, man wolt es dann für gar gewiß außgeben.

118. Was aber besondere Menschen belanget, ist es kein Vermessenheit, ihnen von ihrem künfftigen Glück und Unglück *allgemeines* zu prognosticiren; ursach: der *Astrologe* nimbt für sich einen natürlichen Grundt, daß jeder ihme selber sein Glück schmiede, Gottes Haußhaltung und *außerordentlichen* Eyngrieff außgenommen, wie droben *Nummer* 104 gemeldet. Nun mag er die Qualitet dieses Schmiedes, das ist deß Menschen Natur, etlicher massen erkennen auß dem Gestirrn, dessen *Charakter* in der Geburt in die Natur eyngedruckt.

Wolte aber einer *auf einzelnes* descendirn und die *Ursachen* mit umbständen formiren, bekenne ich, daß solcher nicht allein wider die *Philosophie* handelte, sondern auch, da er etwas dergleichen für gewiß fürgebe, Göttlicher Majestätt einen Eyngriff thete, wie die Chaldeischen *Astrologen* zu Babylon im Esaia.

Dann was diesem zuwider eyngewandt werden wil, als ob in einem neuwgebornen Kindtlin noch keine muhtmassung erscheine zu dem jenigen, was ihme der *Astrologe* uber sechtzig Jahr hinauß vorsaget, derowegen solches vorsagen nicht neben der *Ärzte Krisen* statt haben möge, das ist gesagt von den *Geschehnissen, die bestimmt sind durch die der Orte, der Personen und ähnliche Umstände,* mit denen sich die *Astrologen* gemeynglich schleppen, und gar nicht von den *Allgemeinheiten.* Dann es erscheinet an einem Knäblin erstlich diese muhtmassung, daß es an Leib vollkommen und ein Mensch, es erscheinet diese muhtmassung, daß es in einem Landt geboren, da jeder sein eygen Weib nimbt, es erscheinet diese muhtmassung, daß (wie droben *Nummer* 65, 66, 68 erkläret) die *Konstellation der Sternre* (die in deß Menschen Natur eyngedruckt werden) wol proportionirt und kein Astrologische Ursach fürhanden zu grosser Bewegung der

Natur bey jungen Jahren. Es erscheinet diese Muhtmassung, daß er mit Eltern, Freunden, Landtsfürstlichem Schutz also fürsehen, daß er nicht hülffloß seyn werde. Endtlich erscheinet diese vermuhtung, daß in seinem eyngedruckten *Charakter der Direktion* etwa das dreyssigste Jahr *bei natürlichen Verhältnissen* durch *Jupiter, Venus, Sonne &c.* vor andern Jahren in auffmunterung deß Gemühts und gestaltung deß Leibs kräfftig und thätig werden soll. Wann dann auch der *Charakter der Nativität* ein hohes, ein fürsichtiges, ein embsiges Gemüht andeutet, so mag ihme jetzo auß natürlichen Ursachen diese *Vorhersage* gemacht werden, er werde umb das 30. Jahr eine gute Heyrath thun, ob wol es nicht eben diß, sondern ein anders Glück seyn mag. Dann der Schmidt darzu [243] wirdt umb das dreyssigste Jahr wol besunnen seyn mehr dann sonsten, was ihm nur für ein Metall unter handen kömpt, darauß wird er ihm sein Glück schmieden, *so Gott es wolle*, sagt der *Araber*.

119. Es ist ein erhebliche Außrede, *die Sterne neigen zu etwas, sie zwingen es nicht,* wann mans nicht mißbraucht. Dann wann ein Regel viertzigmal fehlt, biß sie einmal trifft, so halte ich diß für kein *Neigung* zum treffen. Item, so ist mancherley Neygung: der Sternen Neygung an und für sich selbst ist *allgemein,* neygen zu nichts anders als zur Nüchterkeit, Wackerheit, Fleiß, Arbeytsamkeit und was deßgleichen; Item zu dem jenigen, was mit ihren Farben und lauffen *allgemein* ubereyn kömpt. Zu diesem allem, als offt gesagt, neygen nit die Stern selber, sondern deß Menschen Natur neyget sich selbst hierzu, symbolisirt und incorporirt gleichsam den *Charakter der Konstellation* in allen ihren Wercken. Und macht hiermit eine *natürliche Notwendigkeit,* daß also diese *Neigung* nicht so leicht fehlen kan wie ein Calender. Ein zorniger jäher Mensch (als da seynd, die etwa *die Quadratur von Mars, Sonne und Merkur, den Mond zusammen mit einem feurigen Stern im Trigon mit Mars* oder *aufgehenden Mars* haben) der hat allezeit die *Neigung* zum Zorn, auch dannzumal, wann er ihme selber abbricht, welches ihn darumb desto schwerer ankömpt.

Auch zu denen *speziellen* Sachen, darvon die *Astrologen* reden, so offt sie fehlen, geben die *Sterne* kein mehrere *Neigung* als zu einer andern, als daß einer darzu inclinirt, daß er soll mit schwartzer Farb Unglück haben, daß er soll in seinem Vatterlandt ersterben, drey Weiber haben, Kinder verlieren, diesen oder jenen Todtschlag begehen und dergleichen. Da ist es falsch, *daß die Sterne dazu neigen.*

120. Daß man den Sternen so grossen Glauben gibt und hiermit die Warheit so schrecklich verdunckelt wirdt, daß endtlich eins mit dem andern gehen muß, halt ich auch eine Verhengnuß Gottes, doch mehr die erste Verhengnuß uber die Erbsucht, dahero auch ohne sonderbare folgende Verhengnuß aller dieser Unraht folget in der *Astrologie* so wol als in *der Medizin*.

121. Daß einer mit Eyngebung eines neuwen Jahrs in einen Calender schauwet, was es für ein Jahr werden werde, halt ich für einen solchen Fürwitz, wie mit den neuwen Zeittungen und *Berichten* vom Außgang schwebender Kriege und dergleichen. Ist eins recht, so ist das ander auch recht, mag eins verbotten werden, so mag auch das andere verbotten werden, und gesetzt, man habe beyder Orten gleiche *Ausgangspunkte*, so ist auch bey einem so viel nutzen als bey dem andern. Und bleiben gleichwol die Erinnerungen der Seelsorger in ihrem werth, daß einer sich im Calender so wol auch in andern erscheinenden Muthmassungen nicht gar vergaffen, sondern gedencken soll, daß solche ungewiß und Gott allein künfftige Dinge gewißlich vorsagen könne und, wo Gott zörnet, allda die Sterngucker vergeblich von Glück [244] sagen, niemandt helffen könne, nicht wissen, was uber die Welt kommen werde, sondern seyen wie Stoppeln, die das Feuwer verbrennet – allermassen wie auch von eines grossen Herren (so ihme Gott hette drauwen lassen) hochgelehrten Leib-Ärzten möchte gesagt werden – und drümb weder das Harn- noch das Sternbesehen verworffen wird, sondern das Gottloß vertrauwen darauff.

122. E 3. Bißher hat *Dr. Feselius* zwar angefangen, vom Wort Zeichen [aus] Genesis 1[, 14] zu reden, wie es zu verstehen, aber die *Theologen* nebens allen ihren Willen reden lassen, derowegen ich uberall beygesetzt, wie ferrn eines jeden Fürgeben möge passirt werden.

Meines theils bleib ich dabey, ob wol dasselbig Hebraische Wort, so man gibt Zeichen, auch von Zeichen künfftiger ding gebraucht werde, wie Deuteronomium 13[, 2], so sey doch die meynung Genesis 1 nur allein von den Jahrs- und Monatzeiten. Dann es nicht noht gewest, daß alle Geheymnussen der Natur Genesis 1 oder auch Sapientia 13 eyngeführet werden solten.

Dr. Feselius aber gehet mit dem Spruch Deuteronomium 13 so gefährlich umb, daß nicht allein die *Astrologen*, sondern auch die *Astronomen* und die *Ärzte* mit ihren *Krisen* für Zeichendeuter angegeben und außgerottet werden müsten, wann es sich mit der Außlegung und Text selbsten nicht anderst verhielte.

Wann die Hispanier in der neuwen Welt zu den Indianern gesaget hetten, Keyser *KARL* were ein Gott, dem solten sie nun füro Göttlichen dienst leysten, zum zeichen soll ihnen seyn, daß der Mond morgenden Tags sich soll in Blut verwandeln (welches ein warhafftige Astronomische, zuläßliche vorsagung ist *von totalen Mondfinsternissen ohne Verzögerung*), so hetten sie doch unter den Hauffen gehöret, von dem Gott Deuteronomium 13 gebeut. Nicht weniger dann auch ein *Arzt*, der da zu einem Patienten sagt: Ich wil dich gesundt machen, wann du mich hernach anbetten wilt, und hernach, wann er ihn zu seiner Gesundtheit gebracht, diese anbettung von ihm haben wolte.

123. Ich gestehe, daß MOSES nicht geschrieben, daß die himmlische Liechter sollen Zeichen seyn der Menschen Geburtszeiten und zufällen; es stehet aber auch nicht, daß sie es nicht seyn sollen. Dann es ist der Mertz auch nit zu solchem Zeichen gegeben, daß man demselbigen zulegen solle, er fresse die alte Leute. Dannoch ist es ein gemeine unsträfflige Regel, daß alte Leute es böser haben in der Mertzen Witterung. Ursach: es ist natürlich (obs schon nicht jedermann so wol weiß als jenes), daß deß Menschen Natur nach den *Konstellationen* etlicher massen gerahte, das wirdt man mit starckem abläugnen nicht wenden, ist auch nit vonnöhten; dann der Mensch darumb nichts desto unedeler, ja viel edeler ist, wann man bedenckt, daß auch eines Bawern Natur die *Astronomie instinktiv* wisse.

124. Daß die, so unter dem Neuw und Vollmondt geboren, blödt und selten alt werden, die jenige erblinden, welche haben *den Mond zusammen mit nebeligen Sternen*, das gehöret [245] in ein Philosophisches Examen, da nimbt man diesen Regeln diese eusserliche rauhe Schalen und behält den Kern darvon, nach dem die *durch Erfahrung gesammelten Beispiele* beschaffen seyndt, ohne noth, allhie weytläufftiger außzuführen.

125. Holtz zu fällen nach der Liechter Schein, ist billich zugelassen; dann diese Regel den Bauwern so bekannt, daß die *Astrologen* sie von ihnen entlehnt haben, so wol als sie von den *Ärzten* etliches entlehnen und also alle *Professionen* einander die Hände bieten. Welches der *Astrologie* mit nichten verkleinerlich, daß sie soll von den Bauwern lernen, so wenig es den *Ärzten* verkleinerlich, daß sie sollen von den ungestudirten *Empirikern* und alten Weiblin die *Wirkkräfte* der Kräutter gelernet. Und ist darumb weder der Bauwer ein *Astrologe*, noch das alte Weib ein *Arzt*, sie sey dann eine *Pharmaceuterin*.

Schließlich, daß der Bauwer säen soll, wie und wann er kan, und nicht zuviel auff den Windt oder gute Säezeichen achtung geben oder die Zeit verlieren soll, das ist eine gute Regel und so nohtwendig als dergleichen einem *Arzt* vonnöhten. Dann auch das säen selbst, das ist den Saamen in einen druckenen Acker werffen, also beschaffen ist, daß es scheint nichts daran gelegen seyn, was für ein Constellation sey, wann der Saam eynfalle, sondern vielmehr, was für Gewitter sey, wann er nun der Feuchtigkeit empfindet und beginnet herfür zu stechen.

Und sey hiermit *Dr. FESELIUS'* Schreibens dritter Theil abgefertigt.

Das IV. Argument

126. Wann *Dr. FESELIUS* Widerparth also argumentiret, eins Menschen verborgenes Gemüht wirdt erkennet auß seinem Angesicht, eines Krauts Eygenschafft und Nutzen auß seiner eusserlichen sichtbaren Farb und Gestalt, &c. Warumb sollte nicht auch eines Planeten Eygenschafft auß seiner Farb und Klarheit zu erkennen seyn, und also die Stern an Kräfften und Eygenschaten wie an Farben unterschieden seyn?

Hierauff antwortet *FESELIUS* erstlich, diese *Einbildung von den Signaturen der Dinge* sey nichts anders dann ein lustige Fantasey müssiger Köpffe, die nit feyren können und gern etwas zu dichten haben.

Ich aber sage, daß *Dr. FESELIUS* wündschen solle, daß er diese Wort nicht geschrieben hette; dann ihme warlich sein *Beurteilung der philosophischen und zum Teil auch medizinischen Profession* drauff stehet. Dann solte die *Signaturen der Dinge* mit diesem Titel Fantasey oder *Spielerei* schimpffs und außlachens halben gemeynt seyn, so würde solche Verschimpffung nicht allein auff die schöneste zierlichste Geschöpff Gottes, sondern auch auff Gott selber kommen. Wil derhalben *Dr. FESELIUS'* Wort auff etwas bessers deuten und sage demnach, daß Gott selber, da er wegen seiner allerhöchsten Güte nicht feyren können, mit den *Signaturen der Dinge* also gespielet und sich selbst in der Welt abgebildet habe – also daß es einer auß meinen Gedancken ist, ob nicht die gantze [246] Natur und alle himmlische Zierligkeit in der *Geometrie symbolisirt* sey. Dann ich hab vor 13 Jahren in meinem *Mysterium Cosmographicum* zu der Sach einen trefflichen Anfang gemacht und erwiesen, daß die Himmel, in welchen die Planeten umblauffen (zu verstehen von den Refieren und Gezircken, in welchem ein jeder bleibet und niemalen darauß weichet), in den Geometrischen *fünf regulären Körpern* ihrer Proportion halben abgebildet und je einen *Körper* zwischen zweyen Himmeln innen stehe, den ausseren mit seinen Spitzen, den innern mit seinen Blättern oder Feldungen berühre.

Und wie die himmlische Körper (*orbes* [= Sphären]) *gleichwie* in den Geometrischen *Körpern signirt* und abgebildet, *und umgekehrt*, also wöllen sich auch die himmlische Bewegungen, die da geschehen in einem *Kreis*, zu den Geometrischen, *einem Kreis einbeschriebenen Flächen* schicken. Besehet droben *Nummer* 59.

Ja, es ist die hochheylige Dreyfaltigkeit in einem *Hohlkugel* und dasselbige in der Welt und *die erste Person, die Quelle der Göttlichkeit, im Mittelpunkt*, das *Zentrum* aber in der Sonnen, *die im Mizttelpunkt der Welt ist*, abgebildet; dann die auch ein Brunquell alles Liechts, bewegung und Lebens in der Welt ist.

Also ist *die bewegende Seele* abgebildet *im potentiellen Kreis*, das ist *im von den Seiten gesonderten Punkt*. Also ist ein leiblich ding, ein *materieller Körper* abgebildet *in der dritten Art der Quantität der drei Dimensionen*. Also ist *dessen Materie Form* abgebildet *in der Oberfläche*. Dann wie ein *Materie* von ihrer *Form* informiret wird, also wird auch ein Geometrischer *Körper* gestaltet durch seine eussere Feldungen und *Oberflächen*. Deren ding dann vielmehr angezogen werden köndten.

Wie nun Gott der Schöpffer gespielet, also hat er auch die Natur als sein Ebenbild lehren spielen, und zwar eben das Spiel, das er ihr vorgespielet. Daher es dann kömpt, daß droben *Nummer* 59 in der *Musik* keines Menschen natürliche Seel mit keinem *Siebeneck, Neuneck* &c. nit spielen, noch sich darob, wann es den Stimmen sein Proportz gibt, erfreuwen wil, weil Gott mit diesen *Figuren* nicht vorgespielet. So wol auch die Geistliche Natur, so in der Erden steckt, wil keinen Zug thun, wann *im Zusammenkommen der himmlischen Strahlen* solche von Gott ubergangene *Figuren* auff die stupffen, da sie doch deren Figuren, die Gott erwehlet, als *Fünfeck* &c. gar bald empfindet und sich antreiben lässet.

So nun Gott und die Natur also vorspielen, so muß dieses der menschlichen Vernunfft nachspielen kein närrisches Kinderspiel, sondern eine

312

von Gott eyngepflanzte natürliche anmuhtung seyn, daß die unmüssige Köpffe, das ist, welchen bey deß gemeinen Hauffens Unwissenheit nicht wol ist, *in der Untersuchung der Wahrheit schwelgende Geister* auff die *Signaturen der Dinge* sehen und nachforschen, ob nicht etwa Gott selbst in Erschaffung eines Krauts mit ertheilung seiner Farb und eusserlichen Gestalt auff den nutzen gedeutet habe. Dann was in etlichen Stücken geschehen, dem mag man auch in andern Stücken mit guter Vernunfft nachtrachten. Hat nit Gott selber mit Anstellung der Finsternussen an Sonn und Mondt dem Menschen auff erlernung deß Himmels Lauffs gedeutet? Hat er nicht in Gestaltung und Formirung deß Rosses und seines wolgeschickten Rückens dem Menschen auff das Reitten gedeutet? Warumb solte man dann nicht auch weytter gehen und erkündigen, ob nicht solches auch in noch verborgenern Dingen statt habe?

[247] Dann was die Kräutter belanget, so findet der Hirsch, die Schwalbe, die Schlange, die Geyß, ein jedes Thier sein bequemliches Kraut warlich anderst nicht dann durch Mittel deß eusserlichen Anblicks. Es kennet aber solches ihme für bequemlich auß anerschaffener eyngebung *instinktiv.* Weil aber der Mensch an statt deß *göttlichen Instinkts* (so viel seinen eusserlichen Wandel belanget) sein Vernunfft hat gleich wie er an statt der natürlichen Bekleydung und bewehrung (die andere Thier von Geburt haben) die Hände hat, daß er ihme seine Kleyder und Wehr selber machen solle, warumb solt er nicht auch durch seine Vernunfft ihme den *göttlichen Instinkt,* der Kräutter Eygenschafft auß ihrer Gestalt zu erkennen, selber machen können?

Darbey doch nicht geläugnet wirdt, daß einer anfangs nicht auch köndte betrogen werden, sonderlich darumb, weil der Stücke an den Kräuttern sehr viel seyndt, wie nit weniger auch der Nutzen und der *Symptome* bey einer Kranckheit viel seyndt. Da muß es gewißlich weyt fehlen, wann man Kräutter, so auff einigerley weise einander gleich sehen und deren etwan eins für die Hitz gut ist, darumb alle miteinander zum Ungarischen Fieber brauchen wolte, wie dann diß gar gemein. Dann die Leute seyndt einfältig, haben die Augen zu ihrem einigen Lehrmeister, die Augen aber sehen ein Ding *insgesamt* an mit Haut und Haar. Daher es kömpt, daß solche Leute nicht unterscheiden ein Ding in viel unterschiedliche Dinge, und mit einem Wort ihrer Vernunfft sich nicht gebrauchen.

Unnd bedüncket mich, die Warheit zu bekennen, *Dr. Feselius* thue allhie den *Ärzten* die rechte Philosophisch vernünfftige *Erfahrung und Prü-*

fung der Kräuter allerdings benemmen und sie einig auff die alte Weiblin und auff den Glückfall oder Gerahtwol verweisen.

Wann *Aristoteles'* Buch *De Plantis* noch fürhanden were, würde er drauß wol zu ersehen haben, wieviel die *Signaturen der Dinge* gelten würde. Dann auß seinen Büchern *De animalibus* erscheinet leicht, was er würde für einen Proceß geführt haben. Wer wil glauben, daß er drinnen ubergangen habe, daß die stachelechte Bäum oder Gesträuß in ihren Früchten einen Safft haben, der da eynbeisset (*incidit* [einschneidet]) und also den Durst leschet und für die Hitz gut ist. Wann schon es sich nicht durchauß also verhält in allen *Arten*, so wirdt er aber schon die nohtdürfftige zusätze auch gefunden und die Gleichheit zwischen dem stechen deß Dorns und zwischen dem stechen deß Saffts nicht in Windt geschlagen haben.

Was nun hie *Dr. Feselius* für *Fälle* etlicher Kräutter eynführet, besorge ich, ein *Arzt* möchte auch etwas einzureden haben (E 4) und etwan nicht gestehen, daß die rohte Rose allerdings kalter art, ob sie schon für die Hitz gut, weil ich bey Herrn *Tycho Brahe* gesehen, daß er den allerschärpffesten, hitzigsten und auff der Zungen gantz subtil brennenden Brandtwein auß rohten Rosenblätter ohne Maceration in einem andern Brandtwein extrahirt. Item möchten sie sagen, man soll nicht eben auff die Farb sehen oder man soll Blüht und Frucht von einander unterscheiden. Oder auch diß, *Dr. Feselius* soll die *Mineralien* und *Vegetabilien* nit unter ein *Regel* ziehen, und was dessen dings mehr, welches ich, als der ich kein *Arzt*, an jetzo fahren lasse.

[248] 127. Allein diß zu melden, daß auß den Farben der Sternen Liechts ihr Eygenschafft viel vernünfftiger erforschet werde dann in den Creaturen, die nicht also leuchten, sonderlich wann diß *Prinzip* angenommen und gesetzt wirdt, daß solches Liecht ihr eygen und auß den durchleuchtenden Kugeln herfür komme.

Ich sage nicht eben, viel warhafftiger, sondern allein viel vernünfftiger. Dann ob es wahr und uns deß *Mars* fewriger Schein nicht betrüge, das muß man hernach auß der Erfahrung lernen gleich wie ein *Arzt* auß eines stachelichten Baums ersten Anblick ihme den Wohn schöpffe, er trage sauwre beissende Früchten, trauwet aber nicht, bricht eine Frucht ab und kostet dieselbige, damit also eins dem andern die Handt biete und beyde Gedancken mit einander gestärcket werden.

Es wil aber *Dr. Feselius* nun fürs ander fürgeben, die Stern seyen an ihren Kugeln nicht gefärbet, sondern es werden ihre Liechtstreymen erst im durchgang durch den Himmel biß zu uns herab gefärbet, Gleich wie droben *Nummer* 28 gesagt, daß der Sonnen Schein im Regenwasser gefärbet werde und den Regenbogen verursache.

Spricht, es sey die Farb nicht ein Ding mit dem Liecht: das ist zwar eins theils wahr, der Apffel behält seine rohte Farb auch im Keller, wann ihn schon niemandt siehet. Wann man aber den Apffel siehet, so siehet man ihn durch einen Liechtstralen, der vom Apffel ins Auge gehet. Da mag man das Liecht von der Farb nicht abscheiden; denn das Liecht ist roth so wol als der Apffel, und die röhte im Liecht praesupponirt die andere röhte im Apffel.

Darmit nun das Exempel zu den Sternen gezogen werde, so ist auch etlicher Planeten und Fixsternen Liecht roht und praesupponirt derowegen eine andere röhte entweder im Durchgang oder an den Sternen selber.

Welches aber auß diesen zweyen wahr, muß man also unterscheyden.

Wann alle grosse Sterne gleich roht scheinen, aber solches bald vergehet, so ist die Schuldt an dem Lufft, durch welchen die Sterne herab leuchten, geschiehet, wann die Sterne nidrig stehen.

Wann aber zween Planeten oder Sterne neben einander stehen und nur einer roht ist, auch jederzeit roht bleibt, so kans der Durchgang nicht verursachen, sonst würde es seinem nechsten Nachbaurn auch beggegnen.

Diß ist auch von der Nähe der Sonnen zu verstehen; dann *Venus* ist näher bey der Sonnen dann *Mars, Jupiter* aber ist weytter darvon, und ist doch nur *Mars* roth.

Bleibt also, daß der Planet *Mars* und das *Herz des Skorpion &c.* warhafftig an ihren eygenen Cörpern etwas haben, das ihre röhte verursachet. Gleich wie der Kohl etwas hat, dadurch sein Glantz roht gemacht wirdt, nemlich hat er die Schwärtze, wann nun das Feuwer durch die schwärtze herauß leuchtet, so wird auß der Contemperation deß klaren oder gelben Liechts und schwartzen Kohls ein rohter Schein. Und bleibt also Liechts halben der *Mars* ein feuwriger Kohl, *Saturn* ein Eyßzapff oder etwas dergleichen, darüber mage *Dr. Feselius* ihme die gnüge lachen.

Dr. Feselius bringt noch ein Argument: Die Farben seyen widereinander und praesupponirn *gegensätzliche Prinzipien*, nemlich die *Elemente*. Das

Liecht aber sey [249] himmlisch und nicht elementarisch, könne ihme selber nicht zuwider seyn, die Sternkugeln, viel weniger auß den Elementen gemacht oder mit widerwärtigen *Qualitäten* begabt, seyen einfache und gleichförmige Cörper. Haben derowegen keine Farben.

Wider diß Argument hab ich gar viel zu streiten. *Ich verneine die Prämissen und den Schluß.*

Erstlich seynd die Farben nicht widereinander wie Feuwer und Wasser, sondern weiß und schwartz ist untereinander wie ja und nein. Andere Farben seynd *abgesondert, nicht gegensätzlich,* wöllen sich fast mehr umb *das Mehr und Weniger* annemmen wie die *Quantitäte,* wie dann die Farben im Regenbogen entspringen *aus der Verdunkelung und der Brechung oder aus der Lichtmenge und Wassermenge, die entweder größer oder kleiner sind.*

2. Hierauß erscheinet, daß nicht alle Farben auß vermischung der vier Elementen herkommen und das Buch *des ARISTOTELES De coloribus* einer erleuterung und ergäntzung bedörffe.

3. So nimbt das Liecht Farben an, die seyen nun einander zuwider oder nit, und bleibt gleichwol *immateriell,* es sey himmlisch oder irdisch; dann auch die Katzen ein Liecht in Augen haben, deß Steinholtzes oder Carfunckels (deren ich zwar nie keinen gesehen, der gedeutet hette wie jenes Bergmännlins Fingerlein) zugeschweigen.

4. Auch frage ich hie, wie *Dr. FESELIUS* in Himmel gestiegen, daß er so gewiß wisse, was die Kugeln für Cörper seyen, hat er doch droben den *Astrologen* nicht so viel glauben geben wöllen.

Ich frage aber, was er meyne, daß die Erdtkugel für ein *Körper* seye, ob er meyne, daß sie auß vier Elementen bestehe? Warumb daß sie dann nicht auch untergehet? Oder kan die Erdt bleiben, so kan *ARISTOTELES* auß der unveränderlichen wehrung und außdauwrung der Sternen nicht schliessen, daß die Sterne nicht auß widerwärtigen Materien bestehen. Dann was die zergängliche dinge belanget hie auff Erden, die seynd viel zu klein, daß die im Mondt dieselbige sehen köndten. Derohalben auch dergleichen in einer Sternkugel wol geschehen, aber von uns nicht gesehen werden kan. So hab ich probiret in meinem Buch *De Marte* [= *Astronomia nova;* KGW III: 25 f. und 245 f.], daß Sonn und Erde ein verwandtnuß haben, sonderlich aber die Erde und der Mondt, wie wir zwar schier mit Augen sehen und zu erkennen haben: Und wird doch der Mond von *Dr. FESELIUS* in Himmel gesetzt. Ja, was soll ich sagen, die Erdtkugel selbst ist im Himmel und läufft drinnen herumb.

5. Derhalben ich droben *Nummer* 32 mich nit gescheuwet, auch den Sternen selbsten ihre *Andersheiten* oder, ob man wil, ihre *Gegensätzlichkeiten* zu ertheilen, in billicher erwegung, daß sie viel zu weyt von einander und einander nicht beissen oder auffessen.

6. Was solte mich dann irren, ihnen nach anzeig ihrer Liechtstralen auch unterschiedliche Farben zuzuschreiben.

Es meynt aber *Dr. Feselius*, weil alle Sternen leuchten, seyen sie alle (wann man gleich warhafftige Farben zugebe) feuwerfarb. Derwegen sie nur ein Qualitet haben, nemlich die Wärme, die da auch trücknet, und nicht die Kält oder Feuchte. Mit diesem gantzen *Abschnitt* wil ich den Leser hinauff zu *Nummer* 26, 27, 28 gewiesen haben, da er sehen wirdt, daß das Liecht von den Materien, darinnen es ist und [250] durch welche es gehet, gefärbet werde und demnach solche Materien an *den Qualitäten* unterscheiden seyn müssen. Da ich die dünnere und dückere Substantz, welche *Feselius* zugibt, nicht außgeschlossen haben wil.

Und das auß allen *Körpern Species immateriata* ihrer *Qualitäten* außgehen und andere *Körper*, die sie antreffen, afficiren und alteriren.

Item, woher dem Mondt die Eygenschafft zu befeuchtigen komme, *Nummer* 30, und entlich, wie auß Wärme und Feuchte und ihrer vermischung *gemäß dem Mehr und Weniger* fünff Unterscheidt entstehen, die sich zu den fünff Planeten gar wol schicken, *Nummer* 32.

128. Allhie gebraucht sich *Dr. Feselius* einer Regel (*das Mehr und Weniger betrifft nicht das Wesen der Dinge*), darauß auch in meinem angezogenen *Diskurs* folgen wil, daß *Saturn* keyn Eygenschafft habe zu Kälten. Ich zwar mag es passiren lassen, möcht es aber auch läugnen. Und beliebt mir derowegen *Dr. Feselius* ein Frag auß meinen *Optica, S.* 12 [KGW II: 23 f.] fürzulegen, die ich bey mir selber noch nicht wol erörtern kan.

Es ist *Dr. Feselius* bewust, daß *Dunkelheit* nur ein *Fehlen* oder *Negation des Lichts* seyen; dann da ists finster, da kein Liecht ist. Nun hält sich in den Farben die weisse zum Liecht, die schwartze zu der Finsternuß. Und kan ich nicht sagen, die schwartze Farb bestehe in der Matery, dann die weisse Farb hat auch ihre Matery in gleicher schwehre, sondern ich muß mich dessen behelffen, daß ich die weisse Farb beschreibe, daß sie sey ein verleibtes Liecht (*materialisiertes Licht*) und daß die schwartze sey ein gäntzlicher Abgang alles verleibten Liechts oder eine verleibte Finsternuß.

Nichts desto weniger so wirdt dieser *negative Mangel* ein *positive Qualität* durch die eynverleibung; dann diese schwartze Farb färbet mir auch das Liecht, und gehet der Streym von derselben gleich so wol schwartz in mein finsters Kämmerlein und mahlet sich schwartz an eine weisse Wandt, so wol als das Graß sich an der weissen Wandt grün mahlet, wiewol jen[e]s nicht so starck.

Ein anders Exempel: Ich hoffe *Dr. FESELIUS* solle mir zugeben, daß die Kälte sey ein *Fehlen der Wärme*. Darumb seyndt alle todte *Materien* an und für sich selber kalt, auch ohne eine anerschaffene Tugendt. Und so bald die Wärmung von aussen auffhöret, so werden die *Körper* wider kalt. Also ists auff hohen Gebürgen kalt und ewiger Schnee, weil die Lufft dünne und den Sonnenschein nit auffhält, sondern durchfallen lässet.

Wie kömpt es dann, daß auch dieses *Fehlen der Wärme* ein *positive Qualität* wirdt und der Windt oder fahrende Lufft, der doch *nach ARISTOTELES* von Natur warm seyn soll, alle Gefröhr verursachet und ein ubernatürliche Kälte in das Wasser bringt, also daß solch Wasser darüber auch sein natürliche Eygenschafft die Flüssigkeit verliehren soll und *tatsächlich* nicht feucht, sondern trucken wirdt?

Oder wil *Dr. FESELIUS* lieber bekennen, daß auch die so hart anziehende Windt noch nicht allerdings ohne Wärme, sondern nur kälter seyen dann das Wasser? Er sage nun eins oder das ander, so kann mein *Saturn* darneben hinhotten, also, daß entweder auß seinem *Weniger* oder *Mangel* in der Wärmung ein gantze völlige *positive Qualität der Kälte* und Kälte werde oder daß er noch alle weil dieses *Weniger* [251] behalte und dannoch kalt mache bey denen Creaturen, die noch wärmer seyndt als er.

129. F 1. *Dr. FESELIUS* kömpt weytter und sagt, aller Planeten Liecht sey von der Sonnen und sey derowegen einerley, hab keine verschiedene Qualiteten.

Antwort: ob alles Liecht von der Sonnen außfliesse, ist ungewiß von den Sternen. Bey uns auff Erden gibt das Feuwer und die Katzen Augen auch ihr Liecht und haben es nicht von der Sonnen, *optisch* darvon zu reden. Dergleichen kans mit den Sternen auch zugehen. Dann *Dr. FESELIUS* stellet sich zwar, als wölle er der *Astronomen* Eynreden alle beyde widerlegen, nimbt sich aber nur umb eine an, und das auch nicht nach Nohtdurfft.

Ich frage, wann *Mars'* und *Venus'* Liecht von der Sonnen kömpt, warumb sieht man sie so starck *in Konjunktion mit der Sonne* oder nahent darbey? *Die Venus* hat BRAHE *Anno* 1582 *in genauester Konjunktion mit der Sonne in Länge* gesehen, da doch *Venus* zwischen der Sonnen und zwischen der Erden gestanden, da man doch deß Mondts, der so viel grösser scheinet als *Venus*, einen Tag oder zween erwarten muß, bis er von der Sonnen herfür kömpt, ehe dann man ihn sieht.

Also frage ich auch, warumb die *Fix*sternen nicht verfinstert werden vom *Saturn*; dann *Saturn*, sagt *Dr. FESELIUS*, hat selber kein Liecht, so folget, daß er mit dem halben theil von der Sonnen uber sich finster seye und einen Schatten mache, welcher wol hundertmal grösser dann der Schatten von dem Erdtboden, und wann der *Saturn drey Sekunden im Durchmesser* hette, so were er nach *COPERNICUS' Astronomie* so groß als die Sonne und würde demnach seinen Schatten nicht zu spitzen, sondern biß an die *Fixsterne* werffen, wie dann die *Fixsterne* gleich uber *Saturn* stehen sollen, wann *PTOLEMAIOS* wahr hat.*

Wann aber schon die Sterne all ihr Liecht von der Sonnen hetten, so würde drumb nicht folgen, daß solches Liecht in der Planeten Cörpern also unvermählicht behalten und in ihren eygenen *Körpern* nicht tingiret werden solte. Dann der Sonnen Liecht ist hie auff Erden auch einerley, tingiret und färbet sich aber in allen *Oberflächen* und nimbt solche Farben an sich, wie es die findet, führet sie auch mit ihme darvon in eines jeden zusehenden Menschen Augen und an alle *Oberflächen, die durch sekundäres Licht erleuchtet werden.*

Ob aber nur allein diß Liecht oder auch sonsten ein Ausfluß auß den *Körpern der Sterne* ihre *Qualitäten* zu uns herunter bringe, darvon ist droben *Nummer* 29.

Bleibt also darbey, daß die Farben und Eygenschafften der Planeten *a posteriori* gar wol, die müglichkeit aber *a priori* gleichsfalls ziemlich erwiesen werden köndte, und mit den Farben die Sach so richtig, daß man gar wol drauff als ein gewisse Sache zu bauwen habe, so viel darauff zu bauwen ist. Damit dann der vierdte Theil von *Dr. FESELIUS' Schrifft* erleutert ist.

* [Nach PTOLEMAIOS grenzt die Fixsternsphäre direkt an die äußere Begrenzung der Saturnsphäre, während für COPERNICUS und seine Anhänger wegen der fehlenden Fixsternparallaxe eine große Lücke zwischen beiden bestand, was TYCHO BRAHE beispielsweise veranlaßte, beide Planetensysteme zu einem neuen zu vereinen, das diese vermeintliche Schwierigkeit nicht enthielt. Bezüglich der Entdeckung, daß die Planeten nicht selbst leuchten, siehe zu Nummer 25.]

130. Es macht sich nun *Dr. Feselius* fürs fünffte wider die Experientz, welche die *Astrologen* für sich allegiren und anziehen, und mantenirt auß *Cicero* [*De divinatione* II, 47] das [252] Widerspiel, daß die Calendermacher fehlen, welches er mit dem Exempel deß hochlöblichen Keysers *Maximilian II.* bestättiget.*

Nun habe ich die erfahrung der *Astrologen* in meiner Antwort auff *Dr. Röslins Discurs* auch etlicher massen in zweiffel gezogen und möchte derowegen mich hie schlecht hinweg *Dr. Feselius* an die Seitten stellen, wann es mir nicht umb meinen *Dritten*, das ist umb die *Philosophie*, umb *Meteorologie* und *Psychologie* zu thun were.

Wahr ist es, wer da wil das Calenderschreiben, wie es jetzo im Schwang gehet, und alle die *Prinzipien*, darauff ein solcher Calender gebauwet ist, durch die tägliche erfahrung und durch das zutreffen, so die Calender thun, probiren und erweisen, der richtet nichts, hauwet sich vielmehr zum Widerspiel selbst in die Backen und, so es wolgeräht, so bestehet er, als der das künfftige Gewitter mit Würffeln daher spielet. Ursach: die Calenderschreiber haben in gemein gar viel falsche *Prinzipien* und wenig warhafftige Natürliche.

131. 2. Die jenige natürliche *Prinzipien*, die einem *Astrologen* müglich vorzusehen, seynd nicht allein die einige Ursach zum Gewitter. Dann es scheinet, als hab der Erdtboden innerhalb syne Dicke nicht anderst als wie ein Mensch innerhalb seines Leibs *in den Eingeweiden und Gefäßen* seine besondere abwechselung mit der *Materie*, das ist mit Feuchte und Dürre, und gleichsam seine Kranckheiten, daß er bißweilen mehr, bißweilen weniger oder gar nicht schwitzen und außdämpffen mag, Gott gebe, sein Geistische Natur werde angetrieben, wie sie immer wölle (dann obschon gesetzt wirdt, daß etliche Planeten befeuchtigen, versteht es sich doch nicht, daß sie vom Himmel herab Wasser zu giessen, sondern nur von der Zubereytung deren Matery, die sie im Boden finden), oder dämpffet wol

---

* [Joh. Crato, der Leibarzt Maximilians, berichtet in seiner *Assertio pro libello suo Germanico de pestilenti febre* (Frankfurt 1585, S. 9); worauf Feselius hier verweist, daß Kaiser Maximilian II. als junger Mann sich den Spaß gemacht habe, in den astrologischen Wettervorhersagen der Kalender jeweils die Angaben heiter und warm ins Gegenteil zu verkehren, und damit den tatsächlichen Wetterverhältnissen häufiger entsprach.]

auff, aber eine schwebelichte Matery, die nur einen glantzenden Rauch verursachet: Mag bißweilen nichts als Windt verursachen, bißweilen aber ist sie so voller Feuchtigkeit, an einem Ort mehr dann an dem andern, daß ein leichter Aspect sein mag, der sie zu Regen oder Schnee verursachet.

132. 3. Derohalben so verschneiden sich auch die *Astrologen* darinnen, daß sie das Wetter *specificirn*. Dann ob wol nit, ohn daß etwa zween Planeten vor andern zweyen mehr zu Windt oder sonst einem *special* Gewitter Ursach geben, so gehets doch zu wie *in der Medizin*, da zwar auch die *Senna-Blätter* auff den *melancholischen Saft* gerichtet, aber gemeiniglich alle *Säfte* mit einander gerühret werden. Also auch hie ist Regen und Windt, kalt und warm sehr nahe aneinander knüpfft. Dann gesetzt, ich sehe, daß ein Windt gehen werde. Ist es im Sommer, so kan es auch schön dabey bleiben und die Lufft weiß und die Sonne bleych scheinen. Were es aber im December, da es in den Thälern bey stillem Wetter gern trüb und dämpffig ist, so wird dieser Windt den Himmel reynigen und schön, doch die Sterne groß scheinen machen. Gehet er auß einem andern Ort, so macht er unbeständigen Sonnenschein und Aprilenwetter, kömpt er von Westen, so bringt er gar Regen oder auch Schnee. Lege aber etwa in hohen Gebürgen weyt und breyt ein Schnee, so [253] möchte dieser Windt, ob es schon bey uns nicht Schnee bette, dannoch ein starcke Gefröhr verursachen.

133. 4. Dieser Fehl ist nicht allein bey den *Astrologen,* sondern auch bey denen, die einen Calender lesen, und bey *Dr. Feselius* so groß, daß ich mich nun füro wider ihn legen muß, meinem *Dritten* sein recht zu erhalten. Dann weil die *Astrologen* keine besondere Spraach haben, sondern die Wort bey dem gemeinen Mann entlehnen müssen, so wil der gemeine Mann sie nicht anderst verstehen, dann wie er gewohnet, weiß nichts von den *Abstraktionen der Allgemeinbegriffe*, siehet nur auff die *konkreten Dinge*, lobt offt einen Calender in einem zutreffenden Fall, auff welchen der *Autbor* nie gedacht, und schilt hingegen auff ihn, wann das Wetter nicht kömpt, wie er ihms eyngebildet, so doch etwa der Calender in seiner müglichen Generalitet gar wol zugetroffen. Welcher verdruß mich verursachet, daß ich endtlich hab auffhören, Calender zuschreiben.

In Summa, es gehet wie bey den *Platonischen Philosophen* mit den *Sinnen* und *dem Geist*, wann der Herr im Hauß ein Narr ist und nicht selber besser weiß, wie er eine ansage verstehen und auffnemen solle, so kan ihme kein Bott recht thun oder gnugsame nachrichtung bringen; dann der Bott selber, der *Sinn*, ist viel zu grob und unverständig hierzu.

Und was stellet sich *Dr. FESELIUS* lang so seltzam, da ihm doch trückenlich wol bewust, daß es mit der *Erfahrung in der Medizin* eben also zugehet. Da kömpt ein *Empiriker*, gibt einen Mithridat oder etwas dergleichen für alle Gebrechen, rühmet sich mit vielen Brieffen und Siegeln, wie er diesem und jenem damit von seiner Kranckheit geholffen habe. Wann man ihme nachzufragen weil hette, so würde sich finden, daß er wol zehenmal so viel darmit umbgebracht hette, welches alles er, mit Brieff und Siegeln zu bestättigen, nicht für ein Nothdurfft geachtet. Diese falsche Experientz hindan gesetzt, so bleibt gleichwol der Mithridat bey seinen Ehren und beruffen sich die *Ärzte* nichts desto weniger auch auff die Experientz, aber auff ein vernünfftige, bescheidnere, vorsichtigere Experientz, dann der gemeine Mann haben kan.

Hingegen wölle *Dr. FESELIUS* bedencken, wie offt es ihme begegnet, daß er mit seinem vernünfftigen Rath und heylsamen Artzeneyen bey den Patienten nach gestalt der Sachen viel nutzen geschaffet und dannoch diesen Danck verdienet, daß er drüber außgescholten, beschreyet und verkleinert worden, daß er nicht allein nicht helffen können, sondern auch das ubel ärger gemacht und alles das verursachet haben müssen, was etwa die ubermannete Natur oder das unordentliche Leben deß Patienten gethan hat.

Wann ich da auff die Klagen deß ungelehrten Pöfels, der von keiner Discretion nichts weiß, gehen wolte, meynte nicht *Dr. FESELIUS*, ich köndte ihm seine *Medizin* eben so leichtlich umbkehren und verdächtig machen, als leicht er jetzo mit anmassung solcher Idiotischen Indiscretion den *Astrologen* die *Erfahrung mit den Aspekten* benemmen und zu nicht machen kan.

F 2. Dann ich warlich in seinen Einreden, die er hie wider etlicher Jahr *Prognostica* führet, nichts finde, das ein Philosophischer Kopff mit Ehren und Reputation fürbringen kan. Welches ich nit zu Beschützung derselben *Prognostica*, sondern [254] allein zur verweisung eines solchen liederlichen Eynwurffs gemeynt haben wil, welcher von einem jeden Bauwern fürgebracht werden köndte, ohne noht, daß ein *Philosoph* den Kopff drüber zerbreche und ein Buch darvon schreibe.

134. Belangent den *Aphorismus*, daß *Konjunktion von Saturn und Sonne im Steinbock und Wassermann* grosse Kälte verursachen solle, darauff die

Astrologen sich verlassen und drüber, wie *Dr. FESELIUS* saget, heßlich stekken bleiben, da wil ich *Dr. Feselius* einen gantzen Philosophischen Proceß darauß machen. Erstlich setze ich die Witterung dieser Conjunction neben einander, so weyt meine *Beobachtungen* gelangen.

Anno 1592 9. Juli *neuen Stils* hab ich noch nicht angefangen auffzumercken. Allein schreibet *CHYTRAEUS*, daß der gantze Sommer sonderlich umb dieselbige zeit kalt und winterig gewest.

Anno 1593 24. Juli, *am Anfang des Sternbilds Löwe*. Da ward ein große Confusion von Aspecten. Dann *Sonne, Venus, Saturn* waren conjungirt, *Mars im Sextil mit Jupiter und darüber hinaus, Merkur kam von der Opposition mit Jupiter zum Trigon mit Mars.* Den 20., 21., 22. viel Regen, Hagel, unstätt. Den 23. wülckig, den 24. Nebel ein Tag oder vier nacheinander und trüb, warm drauff. Diß zu Tübingen.

Anno 1594 7./8. August da hat es den 9. viel geregnet umb Raab, meine Verzeichnuß hab ich verlohren auff diß Jahr.

Anno 1595 21. und 25. August, *am Ende des Sternbildes Löwe* zu Grätz in Steurmarck. Donner die gantze Nacht, Wurff, Hagelstein, ein Tag vor und nach schwülig Wetter, Gewülck.

Anno 1596 4. September *in der Jungfrau*, kalter Regen.

Anno 1597 18. September. Abermal ein grosse Confusion von Aspecten: Da *Saturn, Sonne, Merkur* drey *Konjunktionen* gemacht und alle drey *in Quadrat zu Mars* gelauffen. Da erhebte sich nach etlicher Täge Regenwetter den 13. ein sehr kalte Lufft, ward 14., 15., 16. kalt und trüb, 17. etwas wärmer, sprentzete offt, 18. kalte Regenlufft, Sonn bleych, 19. schön, 20. wider Aprilen Wetter den gantzen Tag, &c.

Anno 1598, 1. Oktober *im Sternbild Waage*. Es regnete starck, auch gantzer acht Tag lang vorher, dann zumal auch ein *Konjunktion von Mars und Merkur* sampt einem langweiligen *Sextil von Mars und Venus* gewest.

Anno 1599, 13./14. Oktober *am Ende des Sternbilds Waage*. Den 12. Regen, kalt. Den 13. trüb, kalt, den 14. kalt, Sonnenschein. Von der zeit an hat Sonn und Mond roht geschienen durch ein feyste, rauchechte, nidere Matery also, daß auch die hohe Bergspitzen drüber außgangen als uber einen Nebel. Diß ward ein *allgemeine Konstitution*.

Anno 1600, den 24./25. Oktober *am Anfang des Skorpion*, zu Praag. Den 24. Regen, Sonnenschein. Den 25. kalter Windt, gefroren, die Gefröhr wehrete biß fast zu Endt deß Monats.

Anno 1601, den 5./6. November *Konjunktion von Saturn, Sonne und Merkur*, den 1. winter kalt, 2. windt starck, 3., 4. schnee, 5., 6. regen.

Anno 1602, den 17. November *am Ende des Skorpion*. 16. Nebel, trüb, 17. Nebel, kalt, schön drauff, 18. Winter kalt, schön, wegen eines kalten Windts.

[255] Anno 1603, den 29. November *im Sternbild Schütze*, da ist *die Sonne vom Jupiter zum Saturn* gelauffen, *bei präsenter Venus*. Da es biß 27. lindt gewest, hat sich ein Windt erhoben; 28. zugefroren, von einem Sudost. Nachmittag wider getauwet, den 29. wards wider gefroren, windet und regnet Abends, den 30. *ähnlich*.

Anno 1604, den 8./9. Dezember; den 7., 8., 9. kalte Lufft, bracht Gefröhr. Wardt zumal ein *Sextil von Jupiter und Venus*, darumb es den 10./11. auffentlehnet mit Nebel.

Anno 1605, 20./21. December, *am Ende des Sternbilds Schütze*. Den 19., 20., 21., 22. gabe es kalte Lufft, starcke Gefröhr und schön Wetter. Vor und nach *wegen der Aspekte des Merkur* ward es lindt und naß.

Anno 1606, letzten Dezember, und Anno 1607, 1. Januar, *am Beginn des Steinbocks eine Konjunktionm von Saturn und Sonne, beide im Sextil zum Mars*. Den 30./31. Dezember starck geregnet, 1., 2. Januar Schnee und Regen starck.

Anno 1608, den 12. Januar, noch ein grössere *Konfusion der Aspekte*, dann *Saturn, Sonne, Merkur ins Sextil zum Mars* gelauffen. Den 11. hat es nach einer langen Kälte anfahen zu dauwen, Kißbonen geworffen, West geben, 12., 13. die Wände außgeschlagen, starcker West, Schneelin.

Anno 1609, 22./23. Januar *am Anfang des Sternbildes Wassermann*, hatte vor ihme einen *Trigon von Jupiter und Merkur*, nach ihme einen *Halbsextil von Saturn und Venus*. Den 19. Regen, 20. trüeb, kälter, 21. gefrohren Schnee, 22. Schnee, kalt, 23. kalte Lufft, schön, 24. auffentlehnt, Regen.

Auß dieser Induction vermercket man, daß dieser Conjunction Wirckung eben so wol *allgemein* und zum wenigsten der Natur Ursach gebe, die Lüffte auffzutreiben, die machen im Winter den Himmel reyn, bringen Gefröhr; ist der Erdtboden, daher der Windt gehet, etwas feuchter, so mag auch Schnee darauß werden; im Sommer oder auch in linden Wintern bringt sie gar Regen, sonderlich wann ihr durch andere *Aspekte* unter die Arm gegrieffen wird.

Wann dann dem also, so gehet nun ein *Philosoph* weyter, trachtet den Ursachen nach, warumb die *Astrologen* einen solchen kalten *Aphorismus* von dieser Coniunction geschrieben. Da findet sichs, daß sie auff die Außtheilung der zwölff Zeichen unter die Planeten gesehen. Dann *Steinbock* und *Wassermann* sollen *Saturn* unterworffen und sampt ihm kalter Natur seyn. Weil aber diese außtheilung Fabelwerck, so kans nicht anders seyn: der *Aphorismus* muß fehlen und treffen, wie sonst alle andere ertichtete Lösselkünsten.

Die Practicanten machen hernach ubel ärger, wöllen kurtzumb auß dem Eyntritt der Sonnen oder *Konjunktion von Sonne und Mond* im Steinbock, welches in einem Augenblick geschiehet, uber das gantze Quartal urtheilen, da doch ein jede Zeit ihre eygene mehrere oder wenige *Aspekte* hat.

Zugeschweigen, daß *Saturns* Aspect nicht allein Meister, ja alle *Aspekte* sämptlich uber das Gewitter nicht allein herrschen.

So seynd auch die *Konjunktionen* nicht die stärckeste unter den *Aspekten*, sie seyen dann *körperlich.** Sonsten, wann *Saturn* in der Wag oder Wider laufft, steht er weyt beseytz und macht einen unvollkommenen Aspect.

[256]. 135. Daß der Winter von Anfang deß 1608. so hart und streng gewest, daran ist nicht der Himmel allein schuldig. Dann weil es den vorgehenden Winter lindt gewest und wenig Schnee geworffen, daß also die Erde sich nicht recht außgelehrt, so hat es jetzo deß Schnees an Orten, da er pflegt zu bleiben, desto mehr geworffen. Das wirdt innerhalb deß Erdtbodens seine verborgene Ursachen haben: Auß vielem behärrlichen Schnee kommen viel Winde, die machen beharrliche Gefröhr, sonderlich wann Schnee auff vielen Gebürgeu umb und umbliegt.

Also lesen wir, daß Anno 1186 gar kein Winter gewest, im Januar die Weinreben außgeschlagen, im August der Wein gantz und gar zeitig worden. Hingegen ist im folgenden Jahr 1187 ein doppelter Winter gefolgt, der die Bäume und Rebwerck in grundt verderbt.

Also sihet man, wann es früh kalt wirdt und ein lindter Winter folgt, daß es hernach gern auch spaate Kälte gibt. Als ob die Kälte einer gewissen maaß *materiell* außgemessen und sich von einer unnatürlichen Wärme

---

* [Von einer ›körperlichen Konjunktion‹ (*coniunctio corporalis*) sprach man bei einer Konjunktion mit Bedeckung oder Berührung, das heißt wenn die Planeten dieselbe Länge *und* Breite besaßen.]

wie das Wasser im Bach durch einen grossen Stein von einander theilen und halb hinder sich, halb für sich schalten liesse.

Die Wärme Anno 1606 im December hat gleichfalls ihre verborgene Ursach in dem Erdtboden gehabt. Dann auch der Sommer zuvor feucht und ungesundt gewest, daher ein Sterben gefolgt. Dann wann es viel von unten auff dauwet, da ist es unnatürlich warm, dann nicht allein die Sonne wärme gibt, sondern auch die Erde in ihr selber eine Wärme hat (wie ABRAHAM SCULTETUS in seinem Sermon wider die Sternguckerey recht erinnert [*Warnung für der Warsagerey der Zauberer und Sterngücker*... 1608, S. 21]), ohne welche Wärme nicht müglich ist, daß ein *wäßrige Materie* in die Höhe gehe. Dann wann diese Wärme nachlässet, dadurch eine solche *Materie* hinauff kommen, so gehet sie tropffen- oder flockenweiß zusammen und fället wider unter sich.

136. *CARDANUS* mag den *Aphorismus* [GERONIMO CARDANO: *Aphorismorum astronomicorum segmanta septa.* 1547] etwa Anno 1548 geschrieben haben und nur auff ein Jahr, und zwar *insgesamt* darauff gesehen, wie jetzo von den *Astrologen* geklagt worden. Er ist in *der Astrologie* nit der beste, so anderst ein Mahl unter solchen Scribenten; wie gut er in *der Medizin* sey, mag *Dr. FESELIUS* urtheilen. Wann er einer Sach mit Fleiß nachtrachten wöllen, glaub ich wol, daß er ein *göttliche Gabe* möge gehabt haben. Er steckt aber so voller unbesunnener eynfälle, daß nicht müglich ist, er dem hundersten Theil mit gebührendem Fleiß nachgetrachtet habe.

Man siehet offt in seinen *Aphorismen*, daß er sie auß einem einigen Exempel daher schreibe, welches er fein nechst darbey oder nit weyt darvon setzt.

In Summa, er hat seinen Eynfällen getrauwet, als weren es *Orakel*, und hierzu sich seines erlangten Ruffs und der Leute Unwissenheit mißbrauchet, sonderlich die Teutsche vergaffte *Gabe* mit Fleiß gevexiret.

137. Was *FESELIUS* umb vexirens willen hie schreibt, die nachkommen werden nun füro sagen müssen, daß *Saturn* die Wärme stärckt, auch im Winter. Das ist in [257] seiner maaß mein gäntzliche meynung schon längst, ehe dann er geschrieben. Dann wie erst gemeldet, so ist nicht müglich, daß etwas auß dem Erdtboden uber sich dämpffe ohn eine Erwärmung. Weil dann auch *Saturns Aspekt* die Natur verursachet, Windt oder Nebel

außzuschwitzen, so verursachet er je (Gott gebe, er an ihme selbst sey warm oder kalt) diese niedere Welt zu einer Wärme, wann schon hernach der außgebrochene Windt mit Hülff der Landtsgelegenheit die schärpffeste Kälte bringet.

138. Daß kein *Astrologe* mit grundt von einem gantzen Quartal deß Jahrs urtheilen könne auß einem einigen Anblick deß Himmels, ist jetzo gemeldet: Wie auch, daß man vergeblich auff ein viertheil den 18./28. November 1608 oder Volmondt den 11./21. Martii 1609 sehe, weil diese *Aspekte* in der Witterung wenig thuen.

Und hat es zwar auch zu Praag den 3., 4., 5., 6., 7., 8. Januar deß 1609. viel Regen gegeben. Die Ursach der auffdämpffung ist gewest *Quadratur von Mars und Merkur*, den 3. *Halbsextil von Saturn und Merkur*, ungefährlich den 5. *Stillstand des Merkurs*, den 6. *Beschleunigung, Halbsextil von Mars und Jupiter* den 8.

Im *März* von 1. / 11. biß 10. / 20. ists zu Prag kalt und trucken gewest, den 20. bey dem *Trigon Saturn und Venus* hat es genetzet, so auch den 21., 22. Windt und Regelin bey dem *Halbsextil von Jupiter und Merkur*. Darauff ists auch hie schöner Frühling worden, weil kein Aspect mehr gefolget ausser allein die *Konjunktion von Jupiter und Venus* auff den 16./26. neben einem schnell fürpassirenden *Quintil von Saturn und Merkur*. Haben also die *Aspekte* wol Haußgehalten.

Die viel Kranckheiten aber wil ich nicht in Abrede seyn, daß sie vom Gewitter oder vielmehr mit sampt dem Gewitter auß dem Erdtboden herfür kommen, wann derselbige, wie im gedachten Winter geschehen, mit herfürgebung vieler Feuchtigkeit ein Ubermaß thut.

Vom 19. Februar oder 1. März. ist droben *Nummer* 75 meldung geschehen, daß es starck gewittert; daß es nun drauff etwas kalt worden, gib ich die Ursach, daß es bey dieser starcken Witterung anderer Orten einen Schnee gelegt, daher bey uns kalter Windt worden. Es hat aber auch allhie drunter geschnyen in den nachfolgenden Tägen wegen eines *Quintils von Saturn und Venus*.

Den 24. Februar oder 6. März ist zu Prag gleichsfalls das Wetter lindt worden, hat Nachts geschnien, den 7. warm und der Schnee ab. Den 8., 9. Regen, ungestümb; dann dieser Tagen gewest ein langsamer *Halbsextil von Venus und Merkur*. Diesen Aspect kennen die *Astrologen* noch nicht, ist ihnen derhalben zu verzeihen, daß sie ihn ubergehen.

Ich zweiffel aber sehr, ob *Dr. Feselius* das Wetter vom 11./21. Märtz biß 26. oder 5. April recht auffgeschrieben; dann es allhie den 31. März. Windt, den 1. April Regen und in der Nacht Schnee gegeben, recht Aprillen Wetter, *wegen des Sextils von Saturn und Sonne am 31.* und *Halbsextil von Mars und Merkur am 1. April.* Hernach ist es beständig schön, aber kalt geblieben; dann es wirdt *am* 1. April in hohen Gebürgen noch einen beharrlichen Schnee geworffen haben, dahero es nachfolgende Täge bey uns kalte Windt gegeben.

[258] 139. Daß die Pestilentz nicht auß dem Gestirn komme anderst dann, so fern das Gestirn dem Erdtboden zur Geburt vieler Dämpffe verhilfft (da unterweilen die schwefelichte Grundtsuppen in aller tieffesten Abgrundt gereuttet wirdt), das gib ich *Dr. Feselius* gern zu, hab es auch vor zehen Jahren selber defendirt in meinen *Prognostica.* Mag derohalben *Dr. Cratos* Urtheil von der *Astrologie*, dieses Punctens halben verursachet in maaß und ziel, wie abgehandelt, wol leyden.

Cardano hat droben seinen Bescheidt bekommen. Ein schlechter *Beobachter der Sterne* muß er gewest seyn, wann er den *Prutenischen Tafeln* so viel getrauwet, die doch auff 1., 2., 3., 4. und fast 5. Gradt bißweilen verfehlen können. So ist *Nummer* 40 gemeldet, daß es die Wirckung der Aspekte nichts angehe, es sey so oder so mit deß Himmels läuffen selbsten gestaltet.

Und lobe ihn gleichwol, daß er seinen Patienten von der *Astrologie* abgewiesen, der ihn gleichsam als ein *Orakel* von seiner Gesundtheit gefragt.

Doch möchte derselbige Patient entschüldiget werden, daß er gemeynet, es gehe natürlich zu, also daß man auch hülffe von den Sternen wie von *Medikamenten* haben möge.

140. Wann dann nun also meinem *Dritten* sein *Urteil* begehrter massen unangefochten verbleibt und die *Vorhersagen des Allgemeinen* der *Philosophie* heymgewiesen werden: Dann so bin ich willig, mit *Favorinus* [bei Gellius: *Noctes Atticae* XIV, 1] und *Feselius* den gehörnten *Syllogismus* auff zu setzen und wider den Fürwitz künfftige *spezielle Einzelheiten*, so eines jeden eygenes Leben betreffen, zu erforschen, einen Anlauft zu thun, daß nemlich ein verständiger Mensch ihme solches, es sey gutes oder böses, vorzuwissen, Verdruß und Gefahr zu verhüten, keins wegs begehren

soll; und mit [JUSTUS] LIPSIUS [*Monita et exempla politica.* 1605, S. 43] zu erinnern, daß die *Astrologen* dergleichen auch nicht wissen oder vorsagen können, außgenommen, was sich etwan durch einen gerahtwol schicket oder der Teuffel auß verhengnuß Gottes eyngibt; endtlich mit *MAECENAS* zu sprechen [nach DIO CASSIUS: *Oratio ad Augustum*], daß solche Astrologen, die einen Ruff haben und von grossen Dingen sich unterwinden, *spezielle Einzelheiten* wahrzusagen, keines wegs in einem Regiment, das nur ein einig höchstes Haupt hat, geduldet werden sollen – auß Ursach, daß, ob sie wol ihrer Fehlschlüsse halben gnugsam bekandt, so lassen sich doch etliche nach Hochheit strebende Personen durch ein Stück oder zwey, so ein solcher *Astrologe* wahr saget, verblenden und zu neuwerungen verursachen, dadurch ein gantzes Reich in eine Confusion gesetzt werden mag.

Wil schließlich Herrn *Dr. PHILIPP FESELIUS* als *Doktor der Medizin* und *der Philosophie* gantz fleissig und vertrewlich gebetten haben: Er wölle diesen meinen Philosophischen *Diskurs* von mir im besten an und auffnemmen und sich nicht verdriessen lassen, daß durch anziehung seines Namens und Büchlins die Warheit *in philosophischen Dingen* (die ihme sonst seiner Profession halben handt zuhaben und zu ergründen gebühret) zu der Ehr Gottes deß Schöpffers und zur besserung deß menschlichen Geschlechts allem meinem Wundsch und Begehren nach erleutert und an Tag gebracht werden solle.

Ende.

WELTHARMONIK

Ioannis Keppleri

HARMONICES MVNDI

LIBRI V. QVORVM

Primus Geometricvs, De Figurarum Regularium, quæ Proportiones Harmonicas conftituunt, ortu & demonftrationibus.

Secundus Architectonicvs, feu ex Geometria Figvrata, De Figurarum Regularium Congruentia in plano vel folido:

Tertius proprie Harmonicvs, De Proportionum Harmonicarum ortu ex Figuris; deque Naturâ & Differentiis rerum ad cantum pertinentium, contra Veteres:

Quartus Metaphysicvs, Psychologicvs & Astrologicvs, De Harmoniarum mentali Effentia earumque generibus in Mundo; præfertim de Harmonia radiorum, ex corporibus cœleftibus in Terram defcendentibus, eiufque effectu in Natura feu Anima fublunari & Humana:

Quintus Astronomicvs & Metaphysicvs, De Harmoniis abfolutiffimis motuum cœleftium, ortuque Eccentricitatum ex proportionibus Harmonicis.

Appendix habet comparationem huius Operis cum Harmonices Cl. Ptolemæi libro III. cumque Roberti de Fluctibus, dicti Flud. Medici Oxonienfis fpeculationibus Harmonicis, operi de Macrocofmo & Microcofmo infertis.

Cum S. C. Mᵗⁱˢ. Priuilegio ad annos XV.

Lincii Auftriæ,

Sumptibus Godofredi Tampachii Bibl. Francof..
Excudebat Ioannes Plancvs.

ANNO M. DC. XIX.

Johannes Kepler

WELTHARMONIK
in fünf Büchern

Ein Anhang enthält eine Vergleichung dieses Werkes mit dem III. Buch der Harmonik des Klaudios Ptolemaios und mit den harmonischen Betrachtungen des Robertus de Fluctibus, genannt Fludd, Arztes in Oxford, in seinem Werk über Makrokosmos und Mikrokosmos.

Mit Kaiserlichem Privileg auf 15 Jahre

LINZ IN ÖSTERREICH

Auf Kosten des Verlegers Gottfried Tampach in Frankfurt
Gedruckt von Johannes Plank. 1619

Dem Durchlauchtigsten und mächtigsten Fürsten und Herrn

JAKOB

König von Großbritannien, Frankreich und Irland, dem Verteidiger
des Glaubens usw.,
meinem gnädigsten Herrn.

Warum ich die vorliegenden Bücher über die Harmonik, die nun der Öffentlichkeit übergeben werden sollen, von dem Hofe des erhabensten
Kaisers, meines Herrn, von seinen österreichischen Erbländern, ja vom
ganzen Deutschland aus übers Meer sende und sie Euch, Erlauchtester
König, darbiete, dafür habe ich teils neue, teils alte Gründe.

Fürs erste entspricht es, glaube ich, ganz wohl meiner Stellung, wenn
ich als kaiserlicher Mathematiker auch dem Ausland kundtue, welch große
Sorge der Fürst der Christenheit um die hochedlen Wissenschaften hegt.
Aus dem ungestörten Gang der Tätigkeit, die den Schmuck des Friedens
ausmacht, in unseren Ländern möge man ersehen, daß die unheilvolle
Kunde von dem inneren Krieg mit diesem selber zweifellos in kurzer
Zeit aufhören wird und die gegenwärtige etwas zu harte Dissonanz wie
bei einer pathetischen Melodie sich bereits in einem lieblichen Schluß-
satz aufzulösen beginnt. Hätte ich in irgendjemandem einen würdigeren
Verehrer der kaiserlichen Güte, einen geeigneteren Patron für mein an
PYTHAGORAS und PLATON anklingendes Werk über die himmlische Harmonie finden können als in dem großen König, der seine Vorliebe für die
Philosophie PLATONS durch persönliche Leistungen zu dessen Gedächtnis
(welche durch die Verehrung seiner Untertanen auch der Öffentlichkeit
zugänglich gemacht wurden) bekundet, der schon in jungen Jahren der
Astronomie TYCHO BRAHES, auf die sich mein Werk stützt, die Vorzüge
seines Geistes geliehen und schließlich als Mann und Regent die astrolo-

gische Eitelkeit öffentlich gebrandmarkt hat, die ich im IV. Buch meines Werkes durch Aufdeckung der wahren Grundlagen für die Einflüsse der Gestirne vollkommen klar darlege. Es kann daher wahrhaftig niemand daran zweifeln, daß gerade Ihr für dieses ganze Werk und für alle seine Teile das höchste Verständnis haben werdet.

Jedoch ein gewichtigerer Grund für die Widmung liegt von früher her in folgendem. Schon vor fast 20 Jahren habe ich den Stoff zu diesem Werk in meinem Geiste [10] empfangen und seinen Titel gewählt, ehe mir die besonderen Bewegungen der Planeten bekannt waren; ein natürlicher Instinkt hatte mir nur gesagt, daß sich Harmonien darin verbergen. Ich habe nun damals schon die Widmung dieses Werkes Euch zugedacht für den Fall, daß es einmal glücklich zum Abschluß gelangte. Wie ein Gelöbnis habe ich diese meine Absicht Euren Gesandten am kaiserlichen Hof wiederholt bezeugt. Die Gründe, gerade an dieses Patrozinium über meine Harmonik zu denken, gingen aus von jener vielfältigen Dissonanz in den menschlichen Dingen, die zu offenkundig ist, als daß sie einen nicht berühren würde, die aber doch durch echte und deutlich erkennbare Intervalle gebildet wird, deren Natur es ist, das Gehör inmitten des Mißklangs durch Verheißung eines nachfolgenden lieblichen Wohlklangs zu besänftigen und in froher Erwartung zu erhalten. Geziemt sich doch für einen Christen die Überzeugung, daß es einen Gott gibt, der jegliche Melodie des menschlichen Lebens führt, und rechtfertigt doch die Größe Gottes eine geduldige Gesinnung, die an den vielen Dissonanzen keinen Anstoß nimmt und die Hoffnung nicht wegwirft, in der Erwägung, daß nicht die Vorsehung Gottes langsam zu Werk geht, sondern für einen jeden von uns die ihm zugemessene Lebenszeit rasch entfliegt. Von heiligen Sprüchen wurde ich belehrt, daß alles von Gott zu gewissen heilsamen Zwecken bestimmt ist, so auch jene Dissonanzen, um für die Lieblichkeit des Wohlklangs Sinn und Verständnis zu wecken. Warum mich aber meine Erwartung gerade von Eurer Davids-Harfe, Erlauchter König, einen Anfang zur Wiederherstellung des Wohlklangs erhoffen ließ, das zu erörtern ist zwar hier nicht der Ort, damit ich nicht den Anschein erwecke, als verachte ich kluge Mahnungen. Es soll mich jedoch niemand davon abhalten, jene seit langem von der ganzen Welt anerkannte Ruhmestat, die Ihr vollbracht habt, zu berühren: nachdem Ihr das Königreich England durch Erbschaft und Zustimmung des Volkes erlangt hattet, habt Ihr ihm alsbald zusammen mit dem Königreich Schottland den Namen Großbritannien gegeben.

Ihr habt aus beiden Ländern ein Königreich und eine Harmonie (denn was ist ein Königreich anderes als eine Harmonie) gemacht; Ihr habt die Erbfeindschaft zwischen den beiden Ländern erfolgreich aus der Welt geschafft, habt die Erinnerung an die häufigen und so blutigen Kämpfe, die wie Meilensteine die Reihe der Jahrhunderte bezeichnen, gänzlich ausgelöscht. Dieses Euer eigenes Werk erschien mir als ein zuverlässiges Omen (neben anderen noch gewichtigeren) dafür, daß Ihr auch außerhalb Eures Landes als König unter Königen, als Verteidiger des Glaubens unter der Christenheit auch noch ein bestimmtes größeres, herrlicheres und noch dauerhafteres Werk vollbringen würdet. Ich habe dies unter geheimen Wünschen und in öffentlicher Weissagung, die wie Kohle glühen sollte (ein bekannter Spruch Schottlands), in meinem Buch über den Neuen Stern ausgesprochen. Wie wenn das, was ich wünschte und weissagte, bereits vollbracht wäre, nahm ich mir daher um so fester vor, dereinst meine kosmischen Harmonien dem so rühmlichen Harmosten zu widmen.

Ich möchte hier nur wünschen, daß die öffentliche dreifache Dissonanz gegeneinander tönender Stimmen etwas gelinder für mich wäre, damit ich öffentlich mit meiner innersten Überzeugung [11] darüber gehört werden könnte: worin meiner Meinung nach den Wünschen und Hoffnungen ein Erfolg winken könnte, welches die Wunden am Haupte sind, mit welchen harmonischen Mitteln sie behandelt wurden, von welchem Arzt, und wie ich auch diesen in meinem Buch vom Neuen Stern schon vor langer Zeit in lebhaften Farben geschildert habe. Allein was wird der Preis der Mühe sein, wenn ich im Streben nach Harmonie als einzelner Rufer das allgemeine Getöse mit meiner schwachen Lungenkraft nicht übertöne und die Pein durch den sinnlosen einhelligen Lärm in meinen Ohren nur noch vermehre? Ja man muß, o Schmerz, gestehen, daß die X-förmige oder, wenn wir lieber ein heiligeres und glückverheißenderes Wort gebrauchen wollen, kreuzförmige Wunde immer noch an ihren vielen Rändern geschwollen ist, daß keiner davon sich schließt und daß die Medizin bisher unwirksam war und von allen Seiten verhöhnt wurde, deswegen, weil der Arzt, um dem Kranken in seinem Delirium ein trügerisches Mittel einzuflößen, vieles verschweigt und vieles hinzufügt, was offenbar von der gesunden Vernunft in hohem Grade abweicht. Ich finde jedoch Kraft in dem Gedanken, daß der höchste Arzt unserer Wunden seiner Heilkunst sicher ist und nichts vergeblich anwendet. Er, der die Heilung schon in Angriff genommen, schon zur Ausführung gebracht, der der Welt schon die gesundenden Mittel gezeigt hat, inzwischen aber in dem allgemeinen Unheil und Verderben ätzende Mittel anwendet, bis das faule, wilde Fleisch der gegenseitigen Lieblosigkeit aufgezehrt ist und das Schmerzgefühl bis zur Tiefe des gesunden Fleisches vorgedrungen ist – er wird ohne Zweifel ehestens auch lindernde Mittel gebrauchen, um die Geschwülste zu vertreiben, auf daß schließlich jene Mittel zur Vernarbung Anwendung finden können und endlich (um zu meinem Beispiel zurückzukehren) diese lange Dissonanz sich in eine reine, dauerhafte Harmonie auflöst. In dieser Hoffnung werde ich auch wider Hoffen bestärkt, nicht nur durch den Erfolg meiner harmonischen Untersuchungen, deren günstiges Ergebnis die Kühnheit meines Forschens bei weitem übertrifft, sondern auch dadurch, weil ich neben anderem, was die vielen Jahre hindurch auf seinem alten Platz geblieben ist und zur Vollendung meines Werkes nötig war, ich Eure Königliche Majestät, der ich das Patrozinium über das Werk bestimmt habe, ehe ich damit anfing, heil und in glänzender Verfassung erblicke. Ich werde auch nicht aufhören, Gott, dem Urheber des Friedens und der Eintracht, in frommem Gebet anzuliegen, er möge Euch Leben und königliche Würde bis zu jenem gewünschten Ausgang unversehrt erhalten.

Inzwischen bitte ich Eure verehrungswürdige Majestät untertänigst, Sie möge dieses Ihrem Namen gewidmete Werk über die Harmonik freundlichst aufnehmen und mit diesem Ausdruck meiner Ergebenheit Ihr gegenüber vorliebnehmen. Durch die Betrachtung der Werke Gottes möge Sie Ihren Sinn ergötzen, soweit es die Pflichten und Geschäfte der Regierung gestatten. Sie möge ferner durch die Beispiele von Harmonien, wie sie in den sichtbaren Werken Gottes aufleuchten, in sich das Streben nach Harmonie und Einigkeit auf kirchlichem und politischem Gebiet wecken und bestärken und schließlich auch mich und meine Studien Ihres königlichen Schutzes gnädigst für würdig halten.

[12] Gegeben zu Linz in Noricum an der Donau, den 13. Februar im Jahre 1619 abendländischer Zeitrechnung.

Ew[er] Durchlauchtigsten Königlichen Majestät
in aller Untertänigkeit verehrungsvoller

JOHANNES KEPPLER

Mathematiker des Kaisers Matthias und
seiner getreuen Stände des Erzherzogtums
Österreich ob der Enns

IO. KEPLERI
HARMONICES MUNDI
LIBER I.

DE FIGVRARVM REGVLA-
RIUM, QUÆ PROPORTIONES HAR-
monicas pariunt, ortu, claſsibus, ordine & differentijs, causâ ſcientiæ
& Demonſtrationis.

PROCLUS DIADOCHUS
Libro I. Comment. in I. Euclidis.

Πρὸς δὲ τὼ φυσικὼ θεωρίαν (ἡ μαθηματικὴ) τὰ μέγιςα
συμβάλλεται, τἱωτε τῶν λόγων ἐυταξίαν ἀναφαίνεσα, καθ᾽ ιὼ
δεδημιέργη lαι τὸ ΠΑΝ, & c: καὶ τὰ ἀπλὰ καὶ πρωτεργὰ ςοι-
χεῖα, καὶ πάντη τῇ συμμετρεία καὶ τῇ ἰσότηl σωεχόμbνα δείξα-
σα, δι᾽ ὧν καὶ ὁ πᾶς ᵘρανὸς ἐτελειώθη, σχήμαl α τὰ προσ-
ήκοντα, καl ὰ τὰς ἑαυl ᵘ μερίδας ὑποδε-
ξάμbνω.

Cum S. C. Mⁱⁱ. Pri- *vilegio ad annos XV.*

LINCII AUSTRIÆ
Excudebat Johannes Plancus,

ANNO M. DC. XIX.

JOHANNES KEPLER

I. BUCH DER WELTHARMONIK

Die regulären Figuren, die die harmonischen Proportionen erzeugen, ihr Ursprung, ihre Klassen, ihre Ordnung und ihre Unterschiede hinsichtlich ihrer Wißbarkeit und Darstellbarkeit

PROKLOS DIADOCHOS

in Buch I seines *Kommentars zum ersten Buch des Euklid*
[Edition G. FRIEDLEIN (1873): 22, 17–19 und 22–26]:

»Für die Betrachtung der Natur leistet die Mathematik den größten Beitrag, indem sie das wohlgeordnete Gefüge der Gedanken enthüllt, nach dem das All gebildet ist [...] und die einfachen Urelemente in ihrem ganzen harmonischen und gleichmäßigen Aufbau darlegt, mit denen auch der ganze Himmel begründet wurde, indem er in seinen einzelnen Teilen die ihm zukommenden Formen annahm.«

Mit Kaiserlichem Privileg auf 15 Jahre

LINZ IN ÖSTERREICH

Gedruckt von Johannes Plank. 1619

D a man die Ursachen für die harmonischen Verhältnisse suchen muß bei den in geometrischer und wißbarer Hinsicht möglichen Teilungen des Kreises in eine bestimmte Anzahl gleicher Teile, das heißt bei den darstellbaren ebenen regulären Figuren, glaubte ich eingangs darauf hinweisen zu sollen, daß man heutzutage, wie aus dem veröffentlichten Schrifttum hervorgeht, die begrifflichen Unterschiede der geometrischen Dinge gänzlich außer acht läßt. Ja auch bei den Alten findet sich, abgesehen von EUKLID und seinem Kommentator PROKLOS, niemand, der eine genaue Kenntnis dieser spezifischen Unterschiede der geometrischen Dinge an den Tag legte. Die Einteilung der Probleme in flächenhafte, räumliche und lineare, wie sie der Alexandriner PAPPOS und seine Vorläufer vornehmen, stellt zwar in genügender Weise das heraus, was sich dem Verstand bei der Anschauung der einzelnen Teile eines geometrischen Gebildes darbietet. Allein diese Einteilung geschieht nur in knappen Worten und ist ganz auf die Praxis zugeschnitten; der Theorie geschieht keine Erwähnung. Und doch werden wir nie die harmonischen Verhältnisse ergründen können, wenn wir nicht allen Scharfsinn auf die Theorie dieser Dinge aufwenden. PROKLOS DIADOCHOS zeigt sich in den 4 Büchern, die er zum ersten Buch des EUKLID herausgegeben hat, in der Rolle eines theoretischen Philosophen auf dem Gebiet der Mathematik. Hätte er uns auch seinen Kommentar zum zehnten Buch des EUKLID hinterlassen, so hätte seine aufmerksame Lektüre die heutigen Mathematiker von ihrer Unkenntnis befreien können; mich selber hätte er dann auch der Mühe völlig enthoben, die Unterschiede der geometrischen Dinge auseinanderzusetzen. Daß ihm diese Unterschiede der Gedankendinge wohl bekannt waren, geht klar hervor aus seinen einleitenden Ausführungen. Hier stellt er für jegliches mathematische Sein die gleichen Prinzipien auf, die auch bei allen anderen Wesen auftreten und alles aus sich vermögen, nämlich die Begrenzung und das Unbegrenzte, indem er die

Begrenzung als die Form, das Unbegrenzte als die Materie der geometrischen Dinge anerkennt.

Für die Größen charakteristisch sind Figuration und Proportion, und zwar Figuration für die Größen im einzelnen betrachtet, Proportion in Hinsicht auf ihre gegenseitigen Beziehungen. Die Figuration wird durch Grenzen vollzogen. So wird eine gerade Linie durch Punkte, eine ebene Fläche durch Linien, ein Körper durch Flächen begrenzt, umschlossen und figuriert. Was nun begrenzt, umschlossen und figuriert ist, das kann auch durch den Verstand erfaßt werden. Das Unbegrenzte und Unendliche dagegen läßt sich, eben weil es dieser Art ist, in keiner Weise durch die Schranken einer durch Definitionen zu gewinnenden Erkenntnis oder einer geometrischen Konstruktion einschließen. Die Figuren aber existieren erstlich im Urbild, dann im Einzelwerk, erstlich im göttlichen Geist, dann in den Geschöpfen, zwar in verschiedener Weise je nach dem Subjekt, aber in der gleichen Form ihres Wesens. So wird für die Größen die Figuration eine geistige Wesenheit, ihr wesentlicher Unterschied liegt im Gedanklichen. Das [16] wird viel klarer, wenn man die Proportionen betrachtet; denn da die Figuration durch mehrere Grenzen vollzogen wird, geschieht es, daß wegen dieser Mehrzahl die Figuration von Proportionen Gebrauch macht. Was aber die Proportion ohne einen Akt des Verstandes sein soll, kann man in keiner Weise einsehen. Wer also den Größen Grenzen als Wesensprinzip zuweist, der gibt damit auch zu, daß die figurierten Größen eine intellektuelle Wesenheit besitzen. Allein, es bedarf keiner weiteren Beweisführung. Man lese das ganze Buch des PROKLOS. Daraus geht zur Genüge hervor, daß ihm die intellektuellen Unterschiede der geometrischen Dinge ganz wohl bekannt waren. Er spricht sich freilich über diesen Gegenstand nicht in besonderen Ausführungen so klar und durchsichtig aus, daß es auch ein oberflächlicher Leser merken würde. Der Strom seiner Rede fließt gleichsam in einem vollen breiten Bett und führt überall eine reiche Fülle von Sätzen und Gedanken der ziemlich schwer verständlichen platonischen Philosophie mit sich, und unter diesen findet sich auch der besondere Gegenstand des vorliegenden Buches.

Die Gegenwart hat jedoch bisher noch nicht Zeit und Muße gefunden, in diese Geheimnisse einzudringen. PETRUS RAMUS [PIERRE DE LA RAMÉE] findet zwar das Buch des PROKLOS interessant. Allein den Kern seiner Philosophie mitsamt dem zehnten Buch des EUKLID lehnt er ab und verwirft er. Der Verfasser des *Euklidkommentars* wird zurückgewiesen und zum Schweigen verdonnert, wie wenn er eine Verteidigungsschrift für EUKLID abgefaßt hätte, und der Zorn des feindseligen Kritikers wendet sich gegen EUKLID, wie wenn dieser Angeklagter wäre. Dessen zehntes Buch wird durch einen grimmigen Richterspruch verurteilt, daß nur ja der Mann nicht gelesen wird, der die Geheimnisse der Philosophie vor einem ausbreiten kann, wenn man ihn liest und versteht. Man lese bitte nur die Worte des RAMUS in seinen *Scholae mathematicae* Kapitel 21; nie hat er etwas geäußert, was eines RAMUS unwürdiger ist. Er sagt da [PETRUS RA-MUS: *Scholarum mathematicarum libri XXI.* 1569, S. 257 f.]: »Der Stoff im zehnten Buch ist in einer Weise dargestellt, daß ich in der gesamten wissenschaftlichen Literatur nie etwas ähnlich Dunkles gefunden habe. Dunkel nicht insofern, um einzusehen, was EUKLID lehrt (denn das kann auch für ungelehrte und ungebildete Leute verständlich sein, die nur auf das schauen, was da und vorhanden ist), dunkel aber, um völlig zu verstehen und zu ergründen, welchen Zweck und Sinn das ganze Buch hat, welches die Gattungen, Arten, Unterschiede der behandelten Begriffe sind; ich habe nie solch verworrenes und verwickeltes Zeug gelesen oder gehört. Ja der pythagoreische Aberglaube scheint sich hier gleichsam in eine Höhle verkrochen zu haben, usw.« Doch beim Kuckuck, RAMUS, hättest du das Verständnis des Buches nicht für allzu leicht gehalten, so hättest du ihm nicht den Vorwurf so großer Dunkelheit gemacht. Hier bedarf es größerer Mühe, es bedarf der Ruhe, es bedarf angespanntester Aufmerksamkeit des Verstandes, bis man den Plan des Verfassers ergründet. Hat sich aber der Geist hochsinnig so weit durchgerungen, dann erst wird er sich bewußt, daß er im Licht der Wahrheit wandelt; ein unglaubliches Entzücken erfaßt ihn, und frohlockend durchschaut er hier aufs genaueste wie von einer hohen Warte aus die ganze Welt und alle Unterschiede ihrer Teile. Allein für dich, der du dich hier aufspielst als Schutzherr der Unwissenheit und der großen Menge, die aus allem, Göttlichem und Menschlichem, nur Gewinn herausholen möchte, für euch alle sind das »ungeheuerliche Sophismen«, für euch »hat EUKLID seine Muße in ungebührlicher Weise mißbraucht«, für euch »haben jene Geistreicheleien in der Geometrie keinen Platz«. Nun, ich überlasse es euch [17] zu zerpflücken, was ihr nicht versteht. Für mich aber, der ich die Ursachen der Dinge aufspüre, kann ich sagen, daß sich mir zu diesen außer im zehnten Buch des EUKLID nirgends ein Zugang aufgetan hat.

Im Gefolge des RAMUS hat LAZARUS SCHONER in seiner [Ausgabe von RAMUS'] *Geometrie* gestanden, er habe nicht eingesehen, daß die fünf regulären Körper in der Welt irgendeinen Zweck haben, bis er mein Buch mit dem Titel »Mysterium Cosmographicum« gelesen habe. Darin beweise ich, daß die Zahl und die Abstände der Planeten von diesen fünf regulären Körpern hergenommen sind. Man sieht, wie der Lehrer RAMUS seinem Schüler SCHONER geschadet hat. Zuerst hat RAMUS durch die Lektüre des ARISTOTELES [*De caelo*, Buch III], der die pythagoreische Philosophie betreffs der von den fünf Körpern hergeleiteten Eigenschaften der Elemente abgelehnt hatte, sich zur Verachtung der ganzen pythagoreischen Philosophie hinreißen lassen. Als er sodann erfuhr, daß PROKLOS der pythagoreischen Sekte angehörte, glaubte er diesem nicht, wenn er, was durchaus richtig ist, behauptete, daß der letzte Zweck von EUKLIDS Werk, auf den sich schlechterdings alle Sätze aller Bücher (außer denen über die vollkommene Zahl) beziehen, die fünf regulären Körper sind. Daraus ist bei RAMUS die feste Überzeugung entstanden, man müsse die fünf Körper aus dem Schlußteil von EUKLIDS *Elemente*n herausnehmen.

Strich man aber den Schluß des Werkes, so nahm man gewissermaßen dem Gebäude seine sinnvolle Form, und es blieb bei EUKLID nur ein unförmiger Haufen von Sätzen übrig, gegen den RAMUS wie gegen ein Gespenst in den ganzen 28 Kapiteln seiner *Scholae* loszieht mit einer so großen Schärfe der Rede, einer so großen Unbedachtsamkeit des Urteils, wie sie eines so bedeutenden Mannes höchst unwürdig sind. SCHONER folgte dieser Auffassung des RAMUS und glaubte auch selber, daß die regulären Körper keinerlei Bedeutung besitzen. Aber nicht allein dies, er vernachlässigte oder mißachtete auch PROKLOS, indem er dem Urteil des RAMUS folgte; und doch hätte er von PROKLOS die Bedeutung der fünf Körper für die *Elemente* EUKLIDS, wie für den Bau der Welt lernen können. Nun war freilich der Schüler glücklicher als der Lehrer; denn er hat unter Glückwünschen die Bedeutung der Körper angenommen, die ich für den Weltbau enthüllt habe und die RAMUS verschmäht hatte, weil sie von PROKLOS kam. Denn was soll man jetzt sagen, wenn die Pythagoreer diese Figuren den Elementen, nicht wie ich den Weltsphären zuteilten? RAMUS hätte sich Mühe geben sollen, diesen ihren Irrtum betreffs des wahren Subjekts der Figuren zu beseitigen, wie ich es getan habe. Er hätte dann nicht diese ganze Philosophie mit einem Gewalturteil erledigt. Wie, wenn die Pythagoreer das gleiche lehrten wie ich, indem sie ihre Anschauungen durch eine Hülle von Worten verdeckten? Tritt nicht die copernicanische Weltform bei ARISTOTELES selber auf, wenn er diese in verkehrter Weise unter fremden Bezeichnungen widerlegt, indem die Pythagoreer die Sonne Feuer und den Mond Gegenerde nannten? Wenn nämlich die Anordnung der Sphären bei den Pythagoreern die gleiche war wie bei COPERNICUS, wenn sie die fünf Körper und die Notwendigkeit ihrer Fünfzahl kannten, wenn alle beständig lehrten, die fünf Körper seien die Urbilder der Weltteile, so fehlt sehr wenig uns glauben zu machen, daß ihre Anschauung, die ARISTOTELES in rätselvoller Form zu lesen bekam, wie unter dem wahren Sinn der Worte versteckt von diesem bekämpft wurde. So [18] liest ARISTOTELES Erde, der die Pythagoreer den Würfel zuwiesen, während diese vielleicht den Saturn meinten, dessen Sphäre durch die Einschaltung des Würfels vom Jupiter getrennt ist. Der Erde wird ferner gemeinhin die Ruhe zugeschrieben; nun aber hat Saturn die langsamste Bewegung, die der Ruhe am nächsten kommt, erhalten, weswegen er auch bei den Hebräern von der Ruhe seinen Namen erhalten hat. In gleicher Weise liest ARISTOTELES, der Luft sei das Oktaëder zugewiesen, während die Pythagoreer vielleicht den Merkur meinten, dessen Sphäre durch das Oktaëder umschlossen ist; auch hat Merkur (als schnellster von allen Planeten) eine ähnliche Beweglichkeit, wie sie von der Luft angenommen wird. Das Wort Feuer sollte vielleicht Mars bedeuten, der auch sonst vom Feuer her den Namen Pyrois trägt; ihm ist das Tetraëder zugewiesen, vielleicht, weil seine Sphäre durch diese Figur umschlossen ist. Und unter der Bezeichnung Wasser, dem das Ikosaëder zugeteilt ist, mag sich das Venusgestirn verstecken, dessen Bahn durch das Ikosaëder eingeschlossen wird; wie man ja der Venus die Feuchtigkeit unterordnet Meeres geboren, woher der Name Aphrodite kommt. Schließlich konnte das Wort Welt Erde bedeuten und der Welt das Dodekaëder zugeschrieben werden, da die in zwölf Teile eingeteilte Bahn der Erde durch diese Figur umschlossen wird, die ihrerseits ringsherum zwölf Seitenflächen enthält. Daß dementsprechend in der Geheimlehre der Pythagoreer die fünf Figuren aufgeteilt sind nicht auf die Elemente, wie ARISTOTELES glaubte, sondern auf die Planeten, wird besonders dadurch bestätigt, daß PROKLOS den Sinn der Geometrie unter anderem darin sucht, daß er lehrt, wie der Himmel in seinen verschiedenen Teilen wohlbestimmte Figuren erhalten hat.

Aber noch ist des Schadens kein Ende, den RAMUS angerichtet hat. Da ist [WILLEBRORD] SNELLIUS, der geschickteste unter den heutigen Mathematikern, der dem RAMUS völlig beipflichtet in der Vorrede zu den *Problemata* des LUDOLPH VAN CEULEN. Er sagt da zum erstenmal [*Variorum problematum libri IV a Willebrordo Snellio …*, 1615. Introductio], daß jene Einteilung der unaussprechbaren Größen in 13 Arten praktisch unnütz sei. Ich gebe dies zu, falls dieser keine praktische Verwendung gelten läßt außer im gemeinen Leben und wenn die Betrachtung der Naturdinge für das Leben bedeutungslos ist. Aber warum folgt er nicht dem PROKLOS, den er anführt und für den die Geometrie ein höheres Gut ist als das zum Leben notwendige Handwerk? Dann wäre ihm auch die Bedeutung des zehnten Buches aufgegangen, die in der vergleichenden Darstellung der Arten von Figuren liegt. SNELLIUS führt als Gewährsmänner Mathematiker an, die das zehnte Buch EUKLIDS nicht benützen. Aber alle diese handeln von linearen oder räumlichen Problemen und von solchen Figuren und Größen, die keinen Sinn in sich selber tragen, sondern offenkundig auf andere praktische Verwendungen abzielen und ohne diese nicht erforscht würden. Allein die regulären Figuren werden um ihrer selbst willen erforscht, als Urbilder, sie tragen ihre Vollkommenheit in sich selber und gehören zu dem Gebiet der Flächenprobleme, ohngeachtet daß durch die ebenen Seitenflächen auch ein Körper eingeschlossen wird. In ähnlicher Weise bezieht sich auch der Gegenstand des zehnten Buches hauptsächlich auf flächenhafte Gebilde. Warum werden Dinge herangezogen, die heterogener Art sind? Warum die Ware niedrig geschätzt, die nicht CODRUS kauft, um seinen Bauch zu füttern, sondern die KLEOPATRA erwirbt, um ihre Ohren zu schmücken? »Hat sich die ›Crux‹ so tief in die Köpfe eingeprägt?« [in Anlehnung an P. RAMUS: *Scholae mathematicae*, S. 258]. Nämlich in die Köpfe derer, die durch Zahlen, das [19] heißt durch Aussprechbares, das Unaussprechbare quälen. Ich aber behandle diese Arten nicht mit Zahlen, nicht mit Hilfe der Algebra, sondern durch verstandesmäßige Überlegung, weil ich sie ja nicht brauche zur Ausführung von Warenrechnungen, sondern zur Erforschung der Ursachen der Dinge.

Man müsse diese Feinheiten von der Elementenlehre trennen, meint SNELLIUS, und in den Bibliotheken verbergen. Er zeigt sich durchaus als getreuer Schüler des RAMUS und leistet für diesen keine ungeschickte Arbeit. RAMUS nahm dem euklidischen Bauwerk die sinnvolle Form, stürzte die Spitze, die fünf Körper, um. Nach deren Entfernung war das ganze Gefüge aufgelöst; die Mauern sind voller Risse, die Gewölbe drohen einzustürzen. SNELLIUS nimmt nun auch noch den Mörtel weg, der ja doch nur dazu dient, dem unter den fünf Figuren zusammengefügten Haus Festigkeit zu geben. O die glückliche Auffassungsgabe des Schülers! Wie gewandt hat er von RAMUS den EUKLID verstehen gelernt! Das heißt sie glauben beide, der Name Elemente komme daher, daß man bei EUKLID eine bunte Fülle von Sätzen, Problemen und Theoremen findet für jegliche Art von Größen und jegliche Art ihrer praktischen Verwendung. Und doch hat das Buch seinen Namen Elementenlehre von seiner Form, insofern immer der folgende Satz sich auf den vorausgehenden stützt bis zum letzten Satz des letzten Buches (teilweise auch des neunten Buches) und dieser letzte Satz keinen vorausgehenden entbehren kann. Aus dem Architekten machen sie einen Waldarbeiter oder Holzfäller, indem sie glauben, EUKLID habe deswegen sein Buch geschrieben, um für alle anderen zu arbeiten, selber aber verzichte er auf ein eigenes Haus. Doch ich habe mehr als genug hiervon an dieser Stelle gesagt; wir wollen zum Anfang unserer Vorrede zurückkehren.

Als ich sah, daß die wahren und echten Unterschiede der geometrischen Dinge, von denen ich die Ursachen der harmonischen Proportionen herholen muß, allgemein völlig unbekannt sind, daß EUKLID, der sie zum Studium über liefert hat, durch die bissige Kritik des RAMUS unterdrückt und ausgeklatscht, durch den Lärm übermütiger Leute überschrien und von niemand gehört wird oder auch tauben Ohren die Geheimnisse der Philosophie erzählt, daß PROKLOS, der das Verständnis EUKLIDS hätte eröffnen, Verborgenes ans Licht ziehen und Schwerverständliches leicht machen können, zum Gespött dient und auch seinen Kommentar nicht bis zum zehnten Buch fortgesetzt hat, wurde mir klar, was ich zu tun hatte. Ich erkannte meine Aufgabe darin, zuerst aus dem zehnten Buch EUKLIDS das herauszuschreiben, was für mein gegenwärtiges Vorhaben besonders wichtig ist, die Reihe der Gedanken jenes Buches unter Verwendung gewisser Einteilungsgründe klar herauszustellen, die Ursachen anzugeben, warum EUKLID manche Einteilungsglieder ausgelassen hat, und schließlich von den Figuren selber zu handeln. Dabei habe ich mich mit einer einfachen Anführung der Sätze begnügt, soweit es sich um völlig klare Darlegungen Euklids handelt. Vieles, was von EUKLID auf andere Weise dargelegt wurde, mußte ich wegen des Zweckes, den ich verfolge, das heißt wegen der Vergleichung der wißbaren und nicht wißbaren Figuren, neu darstellen; Getrenntes mußte ich verbinden oder die Anordnung ändern. Die Reihe der Definitionen, Sätze und Theoreme habe ich fortlaufend numeriert, wie in meiner *Dioptrik*, um bequem zitieren zu können. In den Lehnsätzen war ich nicht sehr genau und habe mich nicht allzusehr um den Ausdruck bekümmert; ich war mehr auf die Sache selber [20] bedacht, da ich ja nicht in der Philosophie als Mathematiker, sondern in diesem Teil der Mathematik als Philosoph auftrete. Ich wünschte nur, ich hätte über die geometrischen Fragen noch populärer, klarer und greifbarer reden können. Allein ich hoffe, die geneigten Leser werden in beiden Fällen, wenn ich geometrische Dinge in populärer Form vortrage oder wenn es mir nicht gelang, die Dunkelheit des Stoffs durch eindringlichen Fleiß zu überwinden, meine Bemühung freundlich aufnehmen. Zum Schluß möchte ich ihnen den Rat geben, sie sollen, wenn sie der Mathematik gänzlich unkundig sind, meine Aufzählungen übergehen und nur die Sätze vom 30. an bis zum Schluß lesen. Sie mögen im Vertrauen auf die Richtigkeit der Sätze unter Verzicht auf die Beweise zur Lektüre der übrigen Bücher, zumal des letzten, schreiten, damit sie nicht durch die Schwierigkeit der geometrischen Beweisführungen abgeschreckt werden und sich des überaus köstlichen Genusses der harmonischen Betrachtung berauben. Nun wollen wir mit Gott an unsere Aufgabe herantreten!

Über die Darstellbarkeit der
regulären Figuren

I. Definition

Ebene *reguläre Figur* heißt eine solche, die lauter gleiche Seiten und gleiche, nach außen gekehrte Ecken besitzt.

Beispielsweise hier *QPRO*. Die Seiten *QP, PR, RO, OQ* sind gleich; ebenso die Winkel *QPR, PRO, ROQ, OQP*.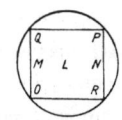

II. Definition

Die einen dieser Figuren sind *primär* und *ursprünglich*, nämlich jene, die über ihre Grenzlinien nicht hinausragen; ihnen kommt die angegebene Definition im eigentlichen Sinn zu. Die anderen sind *erweitert*, indem sie gleichsam über ihre Seiten hinausragen; sie entstehen, indem man nicht-benachbarte Seiten einer primären Figur bis zu ihrem Schnitt verlängert; sie heißen Sterne.

So ist hier *ABCDE* ein vollkommenes Fünf-eck; es ist eine primäre Figur, die keine andere vollkommene Figur erfordert, aus der es durch Verlängerung der Seiten hervorginge.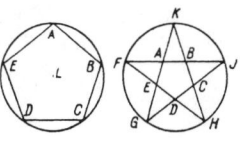

Dagegen ist *FGHJK* ein fünfeckiger Stern und eine erweiterte Figur, die entstanden ist durch Verlängerung von je zwei nicht benachbarten Seiten, beispielsweise *AB* und *DC* bis zum Schnitt in *J*.

III. Definition

Halbreguläre Figuren sind jene, die verschiedene Winkel, aber vier gleiche Seiten haben, wie die Rhomben *NMPO, GEKD*.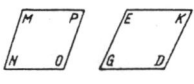

[21]   *IV. Satz*

Alle regulären Figuren können mit allen ihren Ecken zugleich auf ein und denselben Kreis gelegt werden.

351

Denn nach EUKLID [*Elemente,*] III, 21 können gleiche Winkel ein und demselben Kreissegment, also auch gleichen Segmenten ein und desselben Kreises einbeschrieben werden. Nun sind aber alle Winkel einer regulären Figur gleich, also können alle Winkel einer bestimmten Figur gleichen Segmenten eines bestimmten Kreises einbeschrieben werden. Es müssen aber auch wirklich, wenn nur einer einbeschrieben ist, alle zugleich einbeschrieben werden. Denn die Seiten sind alle einander gleich, daher sind auch die Kreissegmente einander gleich, die von je zwei einen Winkel einschließenden Seiten abgeschnitten werden, nach EUKLID [*Elemente,*] III, 24. Also liegen mit einer Ecke auch die Endpunkte der Seiten auf dem Kreis. Diese Endpunkte sind aber ebenfalls Ecken. Anders wäre es, wenn zwar die Winkel gleich, die Seiten aber nicht gleich wären. Dann würden sich nicht alle Winkel einbeschreiben lassen.

V. Definition

Eine Figur *beschreiben* heißt das Verhältnis zwischen den zu den Winkeln gehörigen Sehnen und den Schenkeln eines Winkels durch ein geometrisches Verfahren bestimmen, aus diesen Verhältnissen die Elementardreiecke der Figur konstruieren und aus den Dreiecken die Figur vollends zusammensetzen.

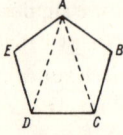

Denn ist das Verhältnis von *DA* zu *AE* und *ED* gegeben, so erhält man die Dreiecke *DAE, DAC* und *CAB,* aus denen die Figur besteht.

VI. Definition

Eine Figur einem Kreis *einbeschreiben* heißt das Verhältnis der Seite zum Durchmesser des Kreises, dem die Figur einbeschrieben werden soll, durch ein geometrisches Verfahren bestimmen; ist dieses Verhältnis bestimmt, so läßt sich leicht die vorgegebene Figur in den Kreis zeichnen.

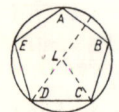

So möge beispielsweise der Halbmesser *LD* oder sein Doppeltes, der Durchmesser, gegeben sein. Wenn wir nun wissen, was wir mit ihm machen müssen, um für die Seite *DE* die wahre Länge zu bekommen, so werden wir hernach leicht durch wiederholtes Abtragen von *DE* auf der Peripherie die Figur vollenden können.

VII. Definition

Wissen heißt bei geometrischen Dingen: messen durch ein bekanntes Maß. Dieses bekannte Maß ist hier bei der Aufgabe, Figuren einem Kreis einzubeschreiben, der Kreisdurchmesser.

VIII. Definition

Wißbar (scibilis) ist, was entweder selbst unmittelbar meßbar ist durch den Durchmesser, falls es sich um eine Strecke, oder durch deren Quadrat, wenn es sich um eine Fläche handelt, oder was wenigstens nach einem wohlbestimmten geometrischen [22] Verfahren aus solchen Größen gebildet wird, die, wenn auch in noch so langer Kette, schließlich vom Durchmesser beziehungsweise seinem Quadrat abhängen. Auf griechisch sagt man γνώριμον.

IX. Definition

Die *Darstellung* (demonstratio) ist die Herleitung der zu beschreibenden oder zu wissenden Größe aus dem Durchmesser mit Hilfe von möglichen Zwischengliedern, auf griechisch πόριμα.

So erzeugt die Darstellung gemeinhin entweder die Beschreibung oder das Wissen. Dabei gibt die Beschreibung rein nur die Größe an, das Wissen dagegen außerdem auch die Qualität oder Art der Größe. Es kann aber eine Strecke zwar geometrisch bestimmt sein (auf griechisch τακτή), ohne daß man aber schon verstandesmäßig wüßte, von welcher Art sie ist. Umgekehrt ist es möglich, daß man von einer oder mehreren Strecken zwar die Qualität weiß, daß sie aber dadurch nicht eindeutig bestimmt werden, insofern jene Qualität auch vielen anderen an Größe verschiedenen Dingen zukommt. Auch ist von manchen Linien die Beschreibung zwar leicht, das Wissen aber sehr schwer. Schließlich können viele Größen zwar durch irgendein geometrisches Verfahren beschrieben werden, man kann sie aber ihrer Natur nach nicht wissen, entsprechend unserer obigen Definition des Wißbaren.

X. Definition

Eine *eigentliche* Darstellung liegt vor, wenn die Zahl der Ecken der Figur selber oder einer mit ihr durch die doppelte oder halbe Seitenzahl verwandten Figur die Bestimmung des Verhältnisses vermittelt, in dem die Seite zum Durchmesser steht.

Denn jede reguläre Figur ist entweder selber ein Dreieck oder durch Diagonalen in Dreiecke zerlegbar. Da aber jedes Dreieck drei Winkel hat, die zusammen zwei Rechte betragen, so tritt im Winkel des regulären Dreiecks der dritte, im kleinsten Winkel des elementaren Vierecksdreiecks der vierte, in dem des Fünfecksdreiecks der fünfte, in dem des Siebenecksdreiecks der siebte usw. Teil von zwei Rechten auf. Von der Größe dieser Winkel geht die Darstellung aller dieser Vielecke aus.

XI. Definition

Eine *uneigentliche* Darstellung liegt vor, wenn das Verhältnis der Seite zum Durchmesser aus der unmittelbaren Verwendung der Eckenzahl geometrisch nicht bestimmt werden kann, sondern nur durch Benützung der Seite einer anderen Figur, die nicht die doppelte oder halbe Seitenzahl besitzt.

XII. Definition

Man unterscheidet verschiedene *Grade der Wißbarkeit*, teils entferntere, teils nähere. Der erste und nächste Grad liegt vor, wenn ich von einer Strecke weiß und beweisen kann, daß sie dem Durchmesser gleich ist, oder von einer Fläche (mag sie auch anders geformt sein), daß sie dem Quadrat des Durchmessers gleich ist.

In diesem Fall mißt das bekannte Maß das Wißbare vollkommen, das heißt ohne weiteres durch sich selber.

[23]   *XIII. Definition*

Der zweite Grad liegt vor, wenn man den Durchmesser beziehungsweise sein Quadrat in eine bestimmte Anzahl gleicher Teile teilt und die zu bestimmende Strecke beziehungsweise Fläche gleich einem oder mehreren solchen Teilen ist. Eine solche Strecke heißt auf griechisch ῥητὴ μήκει, in Länge aussprechbar. Eine derartige Fläche aber heißt schlechtweg ῥητόν, aussprechbar. Denn die Zahl ist die Sprache der Geometer.

Zu diesem Grad der Wißbarkeit gelangen wir entweder durch Beschreibung und Einbeschreibung oder auch auf andere Weise durch Verwandtschaft mit irgendeiner anderen Größe, die man auf jenem Weg erhalten hat. Die vorliegende Qualität bestimmt also nicht irgendeine einzige Größe; sie genügt auch nicht zur Bestimmung, so daß ich wüßte, irgendeine Größe sei wegen ihrer Kommensurabilität so oder so beschaf-

354

fen; ich muß vielmehr auch noch das wissen, wie das heißt durch welche
Zahl sie aussprechbar ist.

XIV. Definition

Der dritte Grad liegt vor, wenn eine Strecke in Länge unaussprechbar,
ihr Quadrat aber aussprechbar und vom zweiten Grad ist. Sie heißt dann
ῥητὴ δυνάμει, in Potenz aussprechbar.

XV. Definition

Alle folgenden Grade heißen ἄλογοι, unaussprechbar (*ineffabiles*). Die lateinischen Übersetzer geben diese Bezeichnung mit ›irrational‹ wieder,
ein Ausdruck, mit dem die Gefahr der Zweideutigkeit und Unsinnigkeit
verbunden ist. Wir wollen daher den Gebrauch dieser Bezeichnung begraben; denn es gibt viele Strecken, die, obgleich unaussprechbar, doch
durch die besten Gründe (*rationes*) in ihrem Bestand gesichert werden.
Die Arithmetiker reden in ganz ähnlicher Übersetzung von tauben Zahlen, das heißt von solchen, die nicht mehr aussagen, als Taube hören.
Aber unter dieser Bezeichnung verstehen sie sowohl die nur in Potenz
aussprechbaren als auch die unaussprechbaren Größen.

Der Reihe nach der vierten Grad, unter den unaussprechbaren Größen der erste, liegt nun vor, wenn weder die Strecke noch ihr Quadrat
aussprechbar ist, das Quadrat jedoch in ein solches Rechteck verwandelt
werden kann, dessen Seiten wenigstens in Potenz aussprechbar sind. Eine
solche Strecke heißt *Mediale* (μέση), da sie mittlere Proportionale zu zwei
aussprechbaren, nur in Potenz kommensurablen Strecken ist; so, wenn
eine in Länge, die andere dagegen nur in Potenz, oder wenn beide nur in
Potenz aussprechbar sind, die Potenzen sich aber nicht wie Quadratzahlen
zueinander verhalten.

Eine solche Strecke ist nicht wißbar, das heißt sie selber, wie ihr Quadrat, wird nicht gemessen durch die Länge einer bestimmten Zahl gleicher Teile des Durchmessers beziehungsweise seines Quadrats. Es werden
aber auch die Strecken, zu denen die Mediale mittlere Proportionale ist,
nicht beide zugleich durch den Durchmesser gemessen; erst die Quadrate
dieser Strecken werden durch das Quadrat des Durchmessers gemessen.

Das Quadrat einer Mediale wird ebenfalls medial genannt, ob es die
Form eines Quadrates hat oder in ein Rechteck verwandelt erscheint. Damit gewinnt man eine neue Gattung von Flächen, über [24] die aus-

355

sprechbaren Flächen hinaus. In diese zwei Gattungen von Flächen, den aussprechbaren und medialen, zerfallen die im folgenden angeführten Arten.

XVI. Definition

Zu weiteren besonderen Strecken gelangen wir durch Zusammensetzung von je zwei Strecken, durch die zuvor schon ebenfalls neue Grade der Wißbarkeit eingeschaltet werden. Man teile nämlich den Durchmesser oder eine zu dem Durchmesser nur in Potenz kommensurable, also aussprechbare Größe oder auch eine Mediale in zwei ungleiche Teile, oder man füge zwei Teile, wie sie bei der Zerlegung von zwei Größen jener Art entstehen, oder zwei aus solchen Teilen zusammengesetzte Strecken oder Strecken, deren Quadrate aus den Quadraten solcher Teile additiv oder subtraktiv zusammengesetzt sind, aneinander (und zwar zwei der Art nach verschiedene Teile). Im ersten Fall werden die entstehenden Strecken entweder zueinander in Länge kommensurabel oder zwar in Länge inkommensurabel, aber in Potenz kommensurabel sein. Im letzteren Fall ist, wenn man die entstehenden Strecken für sich nimmt, von Kommensurabilität nicht mehr die Rede; aber es kann vorkommen, daß zwei zusammen so beschaffen sind, daß die Summe ihrer Quadrate oder die Rechtecke aus ihnen Flächen liefern, wie wir sie bisher schon kennen. Sie leisten also dann das gleiche wie unter sich kommensurable Größen. Da die Verbindungen von zwei derartigen völlig inkommensurablen Größen zahlreich sind und rangmäßig unterschieden werden müssen, dürfen wir nicht alle Paare zu einem Grad rechnen.

XVII. Definition

Der fünfte Grad der Wißbarkeit liege also vor, wenn zwei Größen, die beide weder aussprechbar noch medial, vielmehr zueinander völlig inkommensurabel sind, sowohl eine aussprechbare Quadratsumme als auch ein aussprechbares Rechteck ausmachen, ganz wie das der Fall ist bei zwei in Länge aussprechbaren Größen oder auch bei zwei Größen, die nur in Potenz aussprechbar, aber zueinander in Länge kommensurabel sind (EUKLID [Elemente,] X, 19). So stehen die Seite des Quadrates 2 und die Seite des Quadrates 8 im doppelten Verhältnis zueinander, weil sich die Quadrate wie 1 zu 4 verhalten. Sie sind also zwar in Länge unaussprechbar, aber unter sich kommensurabel. Ihre Quadrate 2 und 8 geben zusammen

10, eine aussprechbare Fläche, und miteinander multipliziert (das heißt zu einem Rechteck zusammengefügt) ergeben sie das Rechteck 4, also auch etwas Aussprechbares. Genau das gleiche, so behaupte ich, leisten auch gewisse Größenpaare, deren Elemente weder aussprechbar noch medial, vielmehr zueinander völlig inkommensurabel sind. Man darf sie also nicht wie die vorigen Größen zum zweiten oder dritten Grad der Wißbarkeit rechnen, sondern muß einen neuen Grad, den fünften, setzen.

Man bemerke übrigens, daß wir bei diesem Grad nicht die Strecken selber oder die Quadrate der einzelnen messen, sondern vielmehr ihr gemeinsames Rechteck und ihre Quadratsumme; was dem einen [25] Quadrat fehlt, um aussprechbar zu sein, das wird gerade durch das zweite Quadrat ergänzt.

XVIII. Definition

Ein sechster, dem Rang nach niedrigerer Grad der Wißbarkeit liegt vor, wenn bei der Vereinigung von zwei Größen, die weder aussprechbar noch medial, vielmehr zueinander völlig inkommensurabel sind, nur die eine der beiden Flächen aussprechbar, die andere aber medial wird. Und zwar liegen zwei Fälle vor: entweder ist die Quadratsumme aussprechbar, das Rechteck medial, oder die erstere medial und das letztere aussprechbar.

Im ersten Fall leisten die Größen das gleiche wie zwei aussprechbare und nur in Potenz kommensurable Größen. Denn die beiden Potenzen, das heißt die aussprechbaren Quadrate, haben auch eine aussprechbare Summe; das Rechteck aber ist medial (EUKLID [Elemente,] X, 21).

Im zweiten Fall leisten die Größen das gleiche wie zwei mediale, nur in Potenz kommensurable und von ihr selber erzählt, sie sei aus dem Schaum des Größen, die sich zueinander verhalten wie zwei aussprechbare Größen, zu denen die erste der beiden Medialen mittlere Proportionale ist (EUKLID X, 25, 27). Denn da sie in Potenz kommensurabel sind, ist die Summe ihrer Quadrate den Teilen kommensurabel. Nun sind aber die Teile medial, und jede zu einer Mediale kommensurable Größe ist selber medial (EUKLID X, 23).

In diesem zweiten Fall messen wir zwar das Rechteck aus den beiden Größen durch das Quadrat des Durchmessers, aber nicht auch die Quadratsumme; was wir finden, sind zwei Strecken, die ein der Quadratsumme gleiches Rechteck bilden, und die Quadrate dieser Strecken messen wir durch das Quadrat des Durchmessers.

XIX. Definition

Ein siebter, dem Rang nach noch niedrigerer Grad der Wißbarkeit liegt vor, wenn weder die Quadratsumme noch das Rechteck der beiden inkommensurablen Größen aussprechbar ist, beide aber noch medial sind.

Solche Größen leisten das gleiche, wie zwei nur in Potenz kommensurable Medialen, von denen die eine sich zur anderen verhält, wie die eine von zwei nur in Potenz kommensurablen Größen, zu denen die eine Mediale mittlere Proportionale ist, zu einer dritten nur in Potenz kommensurablen Größe (EUKLID [*Elemente*,] X, 28). Diese drei Streckenpaare, die sich durch die zweifache Art der zugehörigen Flächen unterscheiden, zeigt EUKLID hauptsächlich deswegen auf, weil sie zum Aufbau der folgenden Arten dienen.

XX. Definition

Der achte Grad der Wißbarkeit wird nun aus den im vorausgehenden eingeschalteten Größen abgeleitet; er bezieht sich wiederum auf einzelne Strecken, und zwar solche, die sich durch Zusammensetzung zweier Glieder ergeben, indem man entweder die beiden Größen, die in den vorausgehenden Definitionen auftreten, zusammenfügt oder die eine (man heißt sie »Epharmozusa«) von der zugehörigen anderen abzieht. [26] Dabei entsteht eine neue Größenart. Wir wissen oder messen bei den neuen Größen nicht die ganzen Strecken, nicht die Quadrate der ganzen Strecken, nicht die beiden Glieder einer jeden von ihnen, sondern deren Quadratsumme und Rechteck, wie bei den vorausgehenden Definitionen in XVIII. und XIX. Wir könnten nun ebensoviele Grade der Wißbarkeit aufzählen, als wir im folgenden Arten aufstellen, von denen je die vorausgehende dem Rang nach der folgenden vorausgeht. Da aber jede Zusammensetzung oder Subtraktion innerhalb eines bestimmten Grades erfolgt und es auch keinen Unterschied ausmacht, ob wir addieren oder subtrahieren, vielmehr alle neuen Größen ganz den Paaren der Ausdrücke oder Elemente entsprechen, durch die sie definiert werden, wollen wir sie alle zu einem einzigen Grad rechnen und nur an Rang verschiedene Arten aufstellen.

XXI. Satz

Zunächst bemerke man, daß aus zwei unter sich in Länge kommensurablen Größen nichts entsteht, was hier in Rechnung gezogen werden müßte, mögen die beiden Linien aussprechbar, medial oder von noch niedrigerem Rang sein.

Denn wenn die Größen in Länge kommensurabel sind, so ist auch eine aus ihnen zusammengesetzte Größe zu den Teilen kommensurabel. Was aber durch etwas Aussprechbares gemessen wird, ist aussprechbar, nach den Definitionen von EUKLID. Eine Größe ferner, die zu einer Medialen kommensurabel ist, ist selbst medial, nach EUKLID [*Elemente,*] X, 23. Ebenso ist eine Größe, die zu irgendeiner der folgenden, hinter den Medialen stehenden Größen kommensurabel ist, von der gleichen Art wie diese, nach EUKLID [*Elemente,*] X, 66–70, 103–107. Auf gleiche Weise verhält es sich auch mit den von EUKLID nicht erwähnten Größenarten, die noch weiter abliegende Grade ausmachen. Allein wenn dies auch nicht der Fall wäre, so würde uns dies nichts angehen. Denn entweder würden diese Größen unter eine der Arten fallen, die wir nun sogleich aus den Unaussprechbaren aufstellen werden, und somit die Anzahl der Arten nicht vermehren, oder machen sie dem Rang nach niedrigere Arten ihrer eigenen oder einer anderen Gattung aus und gehören so nicht hierher, wo wir nur die den vorausgehenden Graden an Rang nächstfolgenden aufstellen.

XXII. Definition

Übergehen wir also die in Länge kommensurablen Größen und machen wir uns an jene, die nur in Potenz kommensurabel sind. Wenn zwei aussprechbare Strecken dieser Art zusammengefügt werden, entsteht eine »Binomiale«, wenn sie voneinander abgezogen werden, eine »Apotome«. Von beiden gibt es sechs Unterarten (EUKLID [*Elemente,*] X, 48 ff. und 85 ff.).

Wenn aber zwei Medialen zusammengesetzt werden, die entweder ein aussprechbares oder ein mediales Rechteck bilden, so entstehen bei der Addition die »Bimedialen«, bei der Subtraktion die »Medialapotomen«, und zwar heißen sie im ersten Fall von der ersten Art, im zweiten Fall von der zweiten.

An dieser Stelle geht es nicht an, eine aussprechbare Größe mit einer medialen zu verbinden; denn solche Größenpaare sind schlechthin inkommensurabel, eine Gattung, von der sogleich im folgenden die Rede sein wird.

Es bleiben also noch die unter sich völlig inkommensurablen Größen übrig. Irgendwelche beliebige aus ihnen gebildete Paare, wie zwei Medialen oder eine mediale und eine aussprechbare Größe, vermögen jedoch die geforderten Leistungen nicht zu vollbringen.

Die ersteren Paare können dies nicht wegen des niederen Rangs der beiden Größen, die letzteren wegen der Verschiedenheit ihrer Natur. Siehe EUKLID [*Elemente,*] X, 71, 108, 109. Man gelangt also durch eine solche Zusammensetzung nicht zu einer neuen Art; es bleiben uns somit nur die an Rang niedrigeren Größen übrig, unter Ausschluß der aussprechbaren und medialen.

XXIV. Satz

Setzt man ein Paar solcher völlig unaussprechbarer Größen, wie sie in der Definitioin in XVII als vom fünften Grad aufgeführt sind, zusammen oder zieht sie voneinander ab, so entsteht wiederum eine aussprechbare Größe; sie sind also notwendig Binomialen oder Apotomen. Siehe EUKLID [*Elemente,*] X, 112–114. Dabei bemerke man, daß, wenn die Summe der Quadrate einer Binomiale und einer Apotome sowie das Rechteck aus ihnen aussprechbar ist, notwendig die einzelnen Glieder der Binomiale zu den einzelnen Gliedern der Apotome kommensurabel sein müssen, was nicht bei allen Binomialen und Apotomen der Fall ist.

Daß die Paare solcher Strecken, die die beiden Leistungen vollbringen, notwendig Binomialen oder Apotomen werden, wird auf dieselbe Weise bewiesen, wie EUKLID seinen Satz X, 33 bewiesen hat; man muß bloß statt »zwei nur in Potenz aussprechbare Größen« setzen, »zwei in Länge aussprechbare« und, wo das Wort »medial« auftritt, dafür »aussprechbar« setzen; letztlich vergleiche man die Definition der Binomiale und der Apotome.

Daß aber aus der Addition und Subtraktion einer Binomiale und einer Apotome, die die beiden Leistungen vollbringen, wiederum etwas Aussprechbares entsteht, erhellt auf folgende Weise: Da die Summe der Quadrate und das Rechteck aussprechbar sind, besteht das Quadrat über der Summe der Binomiale und Apotome aus den Quadraten beider und aus zwei mit ihnen gebildeten Rechtecken, also aus zwei aussprechbaren Bestandteilen. Daher ist auch das ganze Quadrat aussprechbar sowie auch die zusammengesetzte Strecke, die das Quadrat potenziert. Es sei $\lambda\mu$ die

Binomiale, κο ihr Quadrat, λθ die Apotome, θκ ihr Quadrat; ferner sei die Summe von θκ und κο aussprechbar. Nun ist aber auch das Rechteck aus θλ und λμ aussprechbar, und zwei solche Rechtecke, nämlich κμ und κξ, ergänzen jene Quadratsumme zu dem Quadrat θμ über der zusammengesetzten Strecke θο.

Bei der Subtraktion wird der Beweis folgendermaßen geführt. Wenn die aus θλ und μλ zusammengesetzte Strecke θμ aussprechbar ist, ist auch ihre Hälfte θπ aussprechbar (als das größere Glied, während πλ das kleinere ist), ebenso auch die andere Hälfte πμ. Nimmt man von πμ das Stück μσ gleich θλ weg, so ist auch der Rest πσ aussprechbar, ebenso λσ, das Doppelte von πσ. λσ ist aber der Rest bei der Subtraktion der Apotome μσ von der Binomiale λμ; dieser Rest ist also aussprechbar.

[28] *XXV. Definition*

Wenn man das zweite Paar von unter sich völlig inkommensurablen Strecken (aus Nr. XVIII), deren Quadratsumme aussprechbar und deren Rechteck medial ist, zusammensetzt, so entsteht eine Größe, die »μείζων« oder »Major« genannt wird; wenn man die beiden subtrahiert, die »ἐλάττων« oder »Minor«. Beim dritten Paar, bei dem die Quadratsumme medial, das Rechteck aber aussprechbar ist, entsteht durch Addition die sogenannte »eine Aussprechbare und Mediale Potenzierende«, durch Subtraktion die »mit einer Aussprechbaren ein mediales Ganzes Gebende«. Schließlich entsteht aus dem vierten Paar des siebten Grades (Nr. XIX), bei dem in beiden Fällen etwas Mediales herauskommt, durch Addition die »zwei Mediale Potenzierende«, durch Subtraktion die »mit einer Mediale ein mediales Ganze Gebende«.

Damit hat man den Ursprung der zwölf euklidischen Arten von unaussprechbaren Größen und die Gründe für ihre Anzahl. Auf noch weiter entfernte Größen, bei denen die Quadratsumme oder das Rechteck oder beide über das Aussprechbare oder Mediale hinaus noch niedrigeren Rang bekommen, glaubte EUKLID nicht eingehen zu sollen.

XXVI. Definition und Vergleichung

Mit der im vorhergehenden erfolgten Begründung der Grade der Wißbarkeit, nach denen sich die Seiten der bei unseren harmonischen Untersuchungen auftretenden Figuren unterscheiden, hätten auch wir uns zufrieden geben können, wenn nicht zu gewissen von uns angeführten Eigenschaften noch weitere hinzukämen, oder vielmehr, wenn nicht den im bisherigen angeführten Eigenschaften weitere von höherem Rang vorausgingen, durch die die Grade der Wißbarkeit gehäuft werden.

Wir haben im seitherigen bei der Addition und Subtraktion von Strekken diese stets beliebig angenommen und ihnen keine bestimmten Einschränkungen hinsichtlich ihrer Größe auferlegt. Nun wollen wir bestimmte Bedingungen hinzufügen und den Paaren eine gewisse Proportion auferlegen. Dabei sollen aber die Paare nicht in der früheren Weise gegeben sein, wo man durch ihre Verbindung eine der zwölf Größenarten erhielt, sondern in anderer Weise. Es sollen nämlich Paare gebildet werden durch eine Gerade und einen so zu bestimmenden Teil von ihr, daß sich der kleinere Teil zum größeren verhält wie der größere zur Summe von beiden oder auch der größere zum kleineren wie der kleinere zur Differenz beider. Was bei der Subtraktion in den beiden Fällen herauskommt, wird nicht immer einem entfernteren Grad zugehören; vielmehr werden wir nach Lage der Sache zurückkommen auf eine unserer im vorhergehenden aufgestellten Arten und die Größe, die wir erhalten und die an sich vom achten Grad ist, rückwärts mit den Strecken vierten Grades klassifizieren.

Wie nämlich beim vierten Grad in der Definition in XV. zwei Strekken miteinander ein Rechteck bildeten, das bei der Verwandlung in ein Quadrat als dessen Seite eine sogenannte Mediale lieferte, so bilden jetzt zwei Gerade, das Ganze und der eine Teil, miteinander den anderen Teil durch Subtraktion, oder es bilden die beiden Teile [29] durch Addition das Ganze. Dort sind die Geraden unter sich in Potenz kommensurabel, hier tritt an Stelle der Kommensurabilität die Identität des Verhältnisses zwischen dem Ganzen und den Teilen. Dort ist das Verhältnis zwischen der kleineren Geraden und der zu konstruierenden gleich dem Verhältnis zwischen der zu konstruierenden und der größeren. Hier ist das Verhältnis zwischen den zwei zu konstruierenden Geraden gleich dem Verhältnis zwischen der einen von diesen und der gegebenen Geraden, bei der Subtraktion; bei der Addition ist das Verhältnis zwischen der einen zu konstruierenden Geraden und der gegebenen gleich dem Verhältnis zwischen der gegebenen und der anderen zu konstruierenden Geraden. Dort sind zwei Gerade und damit ihr Rechteck gegeben, und es soll ein diesem gleiches Quadrat konstruiert werden; es ist also zuerst die Fläche gegeben, und daraus ergibt sich die entsprechende Quadratseite. Hier ist es umgekehrt; hat man die beiden zu konstruierenden Geraden konstruiert, so folgt hinterher die Gleichheit zwischen dem Rechteck aus den extremen und dem Quadrat der mittleren der drei Größen (nach EUKLID [*Elemente,*] VI, 17 und II, 11).

Im ersten Fall haben die Strecken, mit denen Rechtecke gebildet werden, Quadrate, die zu dem Quadrat über der gegebenen Strecke kommensurabel sind. Im vorliegenden Fall muß man, wie EUKLID [*Elemente,*] VI, 30 lehrt, ein Quadrat nehmen, das zu dem Quadrat über der gegebenen Strecke kommensurabel ist, das heißt 5/4 von diesem beträgt, und von der Seite dieses Quadrates die Hälfte der gegebenen Geraden abziehen, um das Stück zu bekommen, das man von der gegebenen Geraden abziehen beziehungsweise zu ihr addieren muß zur Konstruktion des zweiten beziehungsweise dritten Stücks. So viele Gründe also liegen vor, die uns veranlassen müssen, diese Teile dem vierten Grad zuzurechnen.

Ja in einer Hinsicht erscheint jede in der genannten Weise geteilte Strecke sogar noch von höherem Rang zu sein als eine Mediale. Während diese durch eine längere, aus vier Gliedern zusammengesetzte Kette von der gegebenen Strecke abgeleitet wird, gründen sich im vorliegenden Fall die Teile auf ihr eigenes Verhältnis, in dem sie unmittelbar zu der gegebenen Geraden stehen. Daher kommt es, daß es zu einer gegebenen Linie viele Medialen gibt, die alle in gleichem Grad von der aussprechbaren Strecke entfernt sind, während sich zu irgendeiner aussprechbaren oder unaussprechbaren Strecke durch jene Teilung nur je ein einziger größerer Teil bestimmen läßt. Daher gehört ihre Darstellbarkeit in gewisser Hinsicht gar zum ersten Grad.

Wenn die gegebene Gerade das Ganze sein soll und ihre beiden Teile gesucht sind, sprechen die Mathematiker von der »Teilung nach den Extremen und dem Mittleren«. Diese Bezeichnung will folgendes besagen: Wenn man einerseits eine gewöhnliche Teilung des Ganzen nach einem beliebigen Verhältnis vornimmt, andererseits aber zu dem Ganzen eine Strecke herstellen will, die sich zum Ganzen wie der kleinere Teil zum größeren verhält, dann treten im ersteren Fall vier Glieder auf, zwei äußere und zwei mittlere, im letzteren Fall dagegen nur drei Glieder, das Ganze und der kleinere Teil als die beiden extremen und der größere Teil als das eine mittlere Glied.

Aus dem gleichen Grund spricht man auch von stetiger Teilung. Heutzutage gibt man auch der Teilung wie dem Verhältnis die Bezeichnung

»göttlich«, wegen ihrer wunderbaren Natur und ihrer mannigfachen Sondereigenschaften, von denen die wichtigste darin besteht, daß man immer wieder eine in gleicher Weise geteilte Strecke erhält, wenn man den größeren Teil zum Ganzen addiert, [30] wobei dann der größere Teil zum kleineren und, was vorher das Ganze war, zum größeren Teil wird, nach EUKLID [*Elemente* ,] XIII, 5.

XXVII. *Satz*

Eine solche Teilung nun hat bei allen Strecken statt, bei den in Länge oder nur in Potenz aussprechbaren, bei den Medialen, bei den übrigen zwölf Arten, die wir aufgezählt haben, und bei allen anderen. Wir brauchen aber zu unserer Aufgabe nur zwei Arten davon, die mit bisher angeführten Arten sich decken, entsprechend den zwei Strecken, die im folgenden zu teilen sind. Entweder handelt es sich um eine aussprechbare Strecke oder um eine Major. Ist die gegebene Gerade, die geteilt werden soll, in Länge aussprechbar, so wird der größere Teil bei der stetigen Teilung eine Apotome vierter Art, der eine Binomiale von ebenfalls vierter Art entspricht, die dieselben Glieder besitzt wie die Apotome. Man lasse sich aber nicht verwirren: während die Bezeichnung »größerer Teil« sich auf die gegebene Strecke bezieht, heißt dieser Teil Apotome nicht in bezug auf die gegebene Strecke, sondern seiner Beschaffenheit nach. Wenn man nun fragt, wovon er eine Apotome ist, so ist zu sagen, daß er eine Apotome ist von einer Strecke, die nur in Potenz kommensurabel ist zu der gegebenen, das heißt deren Quadrat gleich 5/4 vom Quadrat der gegebenen ist.

Es sei *GA* die zu teilende Strecke; sie sei in Länge aussprechbar. Man lege daran den rechten Winkel *GAM* und mache *AM* gleich der Hälfte von *GA*. Ferner verbinde man *G* mit *M* und beschreibe um *M* mit *GM* den Halbkreis *PGX;* man verlängere *AM* bis zum Schnitt mit dem Kreis in *P*

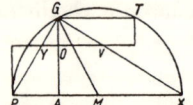

und *X* und errichte über *PA* das Quadrat *PO*. Daher ist *GA* in *O* stetig geteilt. Also ist *AO* der größere Abschnitt der stetig geteilten Strecke *GA*. Es ist aber *AO* oder die ihr gleiche Strecke *AP* Apotome nicht von *GA*, sondern von der Strecke *MP* oder *MG*, die *GA* und ihre Hälfte *AM* potenziert; denn wenn die Potenz von *GA* gleich 4 ist; ist die Potenz von *AM* gleich 1, also die Potenz von *GM* gleich 5. Der Apotome *AO* oder *AP* entspricht die Binomiale *AX;* beide haben dieselben Glieder, nämlich *MX* oder *MP* oder *MG* und *AM*.

Daß aber *AP* Apotome und *AX* Binomiale je von der vierten Art ist, beweist man folgendermaßen: Beide Glieder, *MX* und *MA*, sind aussprechbar; sie sind aber nur in Potenz kommensurabel, da das Quadrat von *MX* gleich 5 ist, wenn das von *MA* gleich 1 gesetzt wird. 1 und 5 verhalten sich aber nicht wie zwei Quadratzahlen zueinander. Schließlich ist der Unterschied der Potenzen 5 und 1 gleich 4, also eine Quadratzahl; die entsprechende Quadratseite 2 ist in Länge aussprechbar, nämlich gleich der gegebenen Strecke *GA*. Das aber sind die Kennzeichen der Binomialen und Apotomen vierter Art (nach den Definitionen in EUKLID [*Elemente,*] X, vor Satz 48 beziehungsweise 85).

Schließlich gehören, wenn eine aussprechbare Größe *GA* stetig geteilt wird, ihr größerer Abschnitt *OA* und die aus der Summe von *OA* und *AG* bestehende Strecke zum fünften Grad der Wißbarkeit. Denn [**31**] die Summe der Quadrate der beiden Strecken ist aussprechbar, nämlich gleich dem dreifachen des Quadrats über der aussprechbaren Strecke *GA,* nach EUKLID [*Elemente,*] XIII, 4. Ebenso ist auch das Rechteck aussprechbar; denn es ist gleich dem Quadrat von *GA,* weil ja nach dem vorausgehenden *GA* mittlere Proportionale zu dem Abschnitt *OA* und zu der Summe von *OA* und *AG* ist.

XXVIII. Satz

Des weiteren ist, wenn eine in Länge aussprechbare Linie stetig geteilt wird, der kleinere Abschnitt eine Apotome erster Art.

Wenn also die aussprechbare Strecke *GA* stetig geteilt, *AO* der größere und *OG* der kleinere Abschnitt ist, wie vorher, dann ist auch *OG* eine Apotome (EUKLID [*Elemente,*] XIII, 6*)*.

Wiederum heißt der Abschnitt *OG* Apotome seiner Beschaffenheit nach, nicht in bezug auf die in Länge aussprechbare Linie *GA,* von der er der kleinere Abschnitt ist, aber auch nicht in bezug auf *MG* oder *MP,* wovon *AO* oder *AP* eine Apotome ist; vielmehr hat *GO* besondere Glieder. Macht man nämlich nach EUKLID [*Elemente,*] X, 97 ein dem Quadrat einer Apotome (also auch dem Quadrat *PO*) gleiches Rechteck, dessen eine Seite (hier *GT* gleich *GA*) aussprechbar ist, so ist die Breite des Rechtecks (hier *GO)* eine Apotome erster Art. Andererseits war *AO* eine Apotome vierter Art. Das größere Glied von *GO* ist also in Länge aussprechbar, während das größere Glied *MP* der Apotome *AO* nur in Potenz aussprechbar war. Und umgekehrt, da die Glieder einer Apotome nur in Potenz kommensurabel sind, muß das kleinere Glied (oder die »Prosharmozusa«) von *GO* eine nur in Potenz kommensurable Größe sein, während das kleinere Glied *AM* von *AO* in Länge aussprechbar war; in beiden Fällen aber ist die Differenz der Quadrate der beiden Glieder gleich dem Quadrat einer in Länge aussprechbaren Strecke.

Welches nun die Glieder dieser Apotome *GO* sind, das überlasse ich anderen zu bestimmen. Jedenfalls gehört nach EUKLID [*Elemente,*] X, 79 zu der Strecke *GO* als einer Apotome erster Art nur eine einzige »Prosharmozusa«. Und zwar muß diese so beschaffen sein, daß ihr Quadrat aussprechbar, aber keine Quadratzahl ist; mit *GO* zusammen muß sie eine bestimmte in Länge aussprechbare Größe bilden; wenn man die zusammengesetzte Strecke zum Durchmesser eines Kreises macht (er heiße wiederum *PX*) und die »Prosharmozusa«, die etwas länger als *PA* ist (wofern die zusammengesetzte Strecke gleich *PX* wäre), von dem einen Ende *X* des Durchmessers als Sehne *XG* in den Kreis legt, dann muß nach EUKLID [*Elemente,*] X, 30 die Verbindungslinie von *P* und *G* zu der ganzen Linie *PX* in Länge kommensurabel sein.

XXIX. Satz

Nun soll eine bestimmte Major stetig geteilt werden, deren Quadrat gleich einem Rechteck ist, dessen Länge zusammengesetzt ist aus einer vorgegebenen aussprechbaren Strecke und der $5/4$ von dieser potenzierenden Strecke, und dessen Breite $5/4$ der vorgegebenen aussprechbaren Strecke potenziert. Bei dieser stetigen Teilung wird der kleinere Abschnitt eine Minor, wobei diese Bezeichnung sich nicht auf das Größenverhältnis, sondern auf die Beschaffenheit bezieht. Der größere Abschnitt wird eine andere Major, wobei die Bezeichnung wiederum, ohne Rücksicht auf ihre Elemente, qualitativ gemeint ist.

[32] Es sei wie vorher *GA* die halbe Länge dergegebenen aussprechbaren Strecke; ebenso sei *AM* gleich der Hälfte von *GA*, so daß, wenn das Quadrat von *GA* gleich 4, das von *AM* gleich 1 ist. *GAM* sei ein rechter Winkel, so daß das Quadrat von *MG* gleich 5 ist. Man verlängere *MA* nach beiden Seiten und beschreibe um *M* mit *MG* den Halbkreis *PGX*. Es ist also *PX* das Doppelte von *GM*, also das Quadrat von *PX* gleich $5/4$ vom Quadrat der gegebenen Strecke, die doppelt so groß ist wie *GA*. Nun ist aber die Summe der Quadrate von *PG* und *GX* gleich dem Quadrat von *PX*; daher ist auch diese Summe gleich $5/4$ vom Quadrat der gegebenen

aussprechbaren Strecke. Macht man nun aus *PG* und *GX* eine einzige Strecke, so besteht deren Quadrat aus den zwei Quadraten von *PG* und *GX* und aus zwei Rechtecken, die aus *PG* und *GX* gebildet sind; diese zwei Rechtecke sind aber gleich zwei Rechtecken aus *GA* und *PX*, das heißt gleich einem einzigen Rechteck aus dem Doppelten der Strecke *GA* und aus *PX*. Da diese beiden Strecken aussprechbar, aber nur in

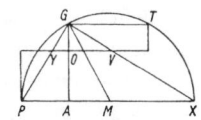

Potenz kommensurabel sind, ist das Rechteck medial, nach EUKLID [*Elemente*,] X, 21. Das Quadrat der ganzen Strecke *PGX* besteht also aus dem aussprechbaren Quadrat von *PX* und einem medialen Rechteck von derselben Breite *PX*. Daher sind diese beiden, das Quadrat von *PX* und das Rechteck aus *PX* und dem Doppelten von *GA* gleich einem Rechteck, dessen eine Seite die aussprechbare Strecke *PX* und dessen andere Seite die Summe von *PX* und dem Doppelten von *GA* ist. Die beiden Bestandteile dieser Summe sind nur in Potenz kommensurabel; das Quadrat des größeren Bestandteils *PX* übertrifft das des kleineren (des Doppelten von *GA*) um das Quadrat einer zu *PX* in Länge inkommensurablen Strecke. (Denn das Quadrat von *PX* ist 5, wenn das der doppelten *GA* gleich 4 ist; der Überschuß 1 ist das Quadrat einer Strecke, die zu *PX* inkommensurabel ist, weil sich 1 und 5 nicht wie zwei Quadratzahlen zueinander verhalten.) Daher ist die aus *PX* und der doppelten *GA* zusammengesetzte Strecke eine Binomiale vierter Art. Da also das Quadrat der ganzen Strecke *PGX* gleich ist einem Rechteck aus einer Binomiale vierter Art und einer aussprechbaren Strecke, ist die ganze Strecke *PGX* eine Major. Ihre Bestandteile sind *PG* und *GX*. Denn da *PA* Apotome und *AX* Binomiale ist, sind beide zueinander inkommensurabel. Es verhält sich aber das Quadrat von *PG* zu dem von *GX* wie *PA* zu *AX*. Also sind *PG* und *GX* in Potenz und somit schlechthin inkommensurabel zueinander; sie bilden aber eine aussprechbare Quadratsumme, nämlich das Quadrat von *PX*; das Rechteck aus *PG* und *GX* jedoch ist medial. Daher ist nach EUKLID [*Elemente*,] X, 39 die Summe von *PG* und *GX* eine Major, die Differenz nach X, 76 eine Minor.

Ferner ist aber auch *PGX* in *G* stetig geteilt. Denn es verhält sich *PG* zu XG wie *PA* zu *AG*. Nun aber ist *PA* gleich dem größeren Abschnitt *OA* der stetig geteilten Strecke *GA*, da das Quadrat von *MP* gleich dem Fünffachen des Quadrats von *MA* und die Apotome *AP* gleich *AO* ist, nach EUKLID [*Elemente*,] II, 11. Also ist auch *PG* der größere Abschnitt der stetig geteilten Strecke *GX*. Addiert man nun *PG*, den größeren Abschnitt, zum Ganzen *GX*, so ist nach EUKLID [*Elemente,*] XIII, 5 die neue Strecke *PGX* in *G* ebenfalls stetig geteilt, wobei jetzt *PG* der kleinere Abschnitt, *GX* der größere ist. So wird also die Strecke *PGX*, eine Major, durch ein und denselben Punkt *G* sowohl [33] in seine Elemente, denen zufolge die Strecke eine Major ist, als auch in die Abschnitte nach dem göttlichen Schnitt zerlegt.

Ich behaupte nun, daß die Abschnitte der stetig geteilten Strecke auch eine Major und eine Minor sind. Denn da *AP* eine vierte Apotome ist, ist das Rechteck aus *AP* und der (in Potenz) aussprechbaren Strecke *PX* die Potenz einer Minor (EUKLID [*Elemente,*] X, 94), und da *AX* eine vierte Binomiale ist, ist das Rechteck aus *AX* und *PX* die Potenz einer Major. Nun sind aber die Quadrate von *PG* und *GX* beziehungsweise gleich den Rechtecken *APX* und *AXP*, also ist *PG* eine Minor und *GX* eine Major.

Es fallen also hier die Bezeichnungen für die Eigenschaften und die für die durch die Teilung bewirkten Größenverhältnisse zusammen. Denn *PG* heißt der kleinere Abschnitt der in *G* stetig geteilten ganzen Strecke *PGX*; es heißt *PG* aber auch der kleinere Bestandteil der ganzen Strecke *PGX*, insofern diese ihrer Beschaffenheit nach eine Major ist; und schließlich heißt die Linie *PG* hinsichtlich ihrer Beschaffenheit Minor, und zwar in bezug auf zwei andere hier nicht dargestellte Strecken, durch deren Subtraktion sie gebildet wird. Ebenso heißt *GX* zunächst größerer Abschnitt der stetig geteilten ganzen Strecke *PGX*; zweitens ist die Strecke *GX* der größere Bestandteil der ganzen *PGX*, und weiterhin ist sie selber ihrer eigentümlichen Beschaffenheit nach eine Major, ebenso wie die ganze *PGX* in ihrer Art eine solche ist; die Strecken aber, durch deren Zusammensetzung die Major *GX* entsteht, sind hier nicht dargestellt.

Wegen dieser Übereinstimmung zwischen stetiger Teilung und der Teilung der Major in ihre Bestandteile hat man, wie ich glauben möchte, diesen Größenarten die qualitativen Bezeichnungen »Major« und »Minor« gegeben.

Man muß sich aber sorgfältig davor hüten, die sachlichen Unterschiede durcheinanderzuwerfen. Die stetige Teilung ist absolut, sie ist nicht gebunden an irgendeine begrifflich erste Strecke, die von vornherein gegeben ist und aussprechbar heißt. Die Größenarten »Major« und »Minor« dagegen erhalten ihren Charakter, insofern sie durch bestimmte Grade von einer ersten gegebenen aussprechbaren Größe abgeleitet werden.

Daher kann man wohl den göttlichen Schnitt ins Unendliche fortsetzen, der Charakter der »Major« und »Minor« bleibt aber dabei nicht erhalten. Beim göttlichen Schnitt wird der Abschnitt, der zuvor der größere war, beim nächsten Schnitt der kleinere; bei der anderen Teilung aber wird das, was vorher seiner Beschaffenheit nach eine Minor war, nie und nimmer eine Major, noch die Major eine Minor. Wenn man also die Major GX nochmals stetig teilt, so wird ihr größerer Abschnitt gleich PG. Diese Größe behält den Charakter einer Minor, wird aber keineswegs ihrer Beschaffenheit nach eine Major werden, so wie sie der Größe nach der größere Abschnitt wird. Dies gilt, insofern GA als aussprechbar vorausgesetzt wird.

Man möchte hier die Frage aufwerfen: Wenn die Strecke PGX ihrer Beschaffenheit nach eine Major ist, und ebenso GX, warum kann dann nicht auch der größere Bestandteil von GX eine Major sein, wie der größere Bestandteil GX der Major PGX seinerseits eine Major ist? Darauf ist zu antworten, daß, wenn auch PGX und GX beide je eine Major sind, doch die Bildungsweise bei beiden verschieden ist. Denn in das Quadrat von PGX geht das ganze Quadrat von PX und das ganze Rechteck aus PX und der doppelten GA ein. In das Quadrat von GX aber [34] geht von dem Quadrat über PX nur die Hälfte (das Rechteck aus MX und XP), von dem Rechteck aus PX und der doppelten GA aber nur der 4. Teil (das Rechteck aus AM und PX) ein. Daher ist im zweiten Fall das Verhältnis der Medialen zu der Aussprechbaren ein anderes als im ersten Fall. Unser Satz will aber die Übereinstimmung zwischen den Abschnitten bei der stetigen Teilung und den Teilen bei der qualitativen Zerlegung nur in bezug auf die erstere Strecke PGX und das bei ihr auftretende Verhältnis der Medialen zu der Aussprechbaren beweisen, nicht auch für die weiteren Strecken.

Um die Analogie zu vervollständigen, bemerke man noch folgende Beziehung: Wie aus der Major GX nach dem Gesetz der stetigen Verlängerung eine neue größere Major, nämlich PGX, entsteht, indem man zu ihr PG addiert, die der größere Abschnitt der stetig geteilten Strecke GX ist, so entsteht umgekehrt aus der gleichartigen Minor PG durch Teilung nach dem göttlichen Schnitt die neue kleinere Minor PY, die der größere Abschnitt der stetig geteilten PG oder gleich dem kleineren Abschnitt GV der stetig geteilten GX ist. Wie also die größte Strecke PGX durch die stetige Teilung in die Major XG und die Minor GP zerfällt, so zerfällt die zweite Major GX in die beiden Minoren XV und VG gleich GP beziehungsweise

PY, so daß also hier zwei Minoren zusammen eine einzige Major, diese Major aber und eine Minor eine andere größere Major bilden.

XXX. Satz

Wenn die Seitenzahlen der Figuren Primzahlen sind, so werden durch diese besondere Klassen von Figuren bestimmt, indem man jene Figuren in einer Klasse zusammenfaßt, deren Seitenzahlen durch fortgesetzte Verdoppelung ihrer Primzahl gebildet werden.

Dies folgt aus der Definition in X. Denn wenn für alle Figuren, deren Seitenzahlen jeweils durch Verdoppelung einer bestimmten Seitenzahl hervorgehen, die Form ihrer eigentlichen Darstellung die gleiche ist, so bilden sie alle miteinander eine einzige Klasse mit Rücksicht auf ihre Darstellbarkeit. Die Gattung oder Klasse wird ja nicht geändert, wenn man auf die einzelnen Figuren die Zweiteilung anwendet, und zwar wegen der in gleicher Weise bestehenden Einfachheit und Gleichheit der Teile; aus den einzelnen Bögen der früheren Figur macht man dabei nur zwei, und zwar gleiche Teile. Bei der Drei- oder Fünfteilung usw. ließe es sich nicht vermeiden, daß man ungleiche Teile macht, wenn es nur je zwei sein sollen, oder daß es mehr Teile gibt, wenn sie gleich sein sollen. So wird beispielsweise bei der Dreiteilung des Bogens 3 dieser entweder in 2, 1, also in zwei ungleiche Teile, oder in 1, 1, 1, also gleiche, aber mehrere Teile zerlegt.

Der Vordersatz wird folgendermaßen bewiesen: Die Darstellung geht aus von der Zahl der Seiten, nach der Definition in X. Nun haben die Primzahlen keinen gemeinsamen Teiler; denn die Einheit, in der sie übereinstimmen, läßt keine Teilung zu, ist also kein Zahlenteiler, sie ist keine Zahl. Daher haben die durch die einzelnen Primzahlen bewirkten Arten der Darstellung nichts miteinander zu tun; die ihnen entsprechenden Klassen sind voneinander verschieden. Die erste Klasse enthält die (eigentlichen oder uneigentlichen) Figuren mit den Seitenzahlen 2, 4, 8, 16, 32 usw., die zweite die mit den Seitenzahlen 3, 6, 12, 24, 48, 96 usw., die dritte die mit den Seitenzahlen 5, 10, 20, 40, 80, 160 usw. Und so geht es ad infinitum weiter.

[35]   *XXXI. Satz*

Weitere Klassen von Figuren werden gebildet, wenn die Seitenzahlen kleinste Vielfache zweier Primzahlen (ausgenommen die Zahl 2) sind.

370

Dies folgt aus der Definition in XI. Denn wenn man bei der Darstellung der Seite einer solchen Figur nicht von der Zahl ihrer Ecken ausgeht, ist die Form ihrer Darstellung von allen vorigen Fällen verschieden; daher ist auch die Klasse verschieden. Daß durch die Multiplikation der Primzahlen mit der Zahl 2 keine neuen Klassen gebildet werden, rührt daher, daß eben durch die Zweiteilung als einer geometrischen Konstruktion die einzelnen Klassen ihre unendlich vielen Glieder bekommen. Wäre dem nicht so, so gäbe es gar keine Klassen, sondern nur einzelne Figuren. Die erste dieser neuen Klassen wird gebildet durch die Zahlen 15, 30, 60, 120, 240, 480 usw., indem man 3 mit 5 multipliziert; die zweite durch die Zahlen 21, 42, 84 usw., indem man 3 mit 7 multipliziert. So folgen unendlich viele, wie wenn man 5 mit 7 multipliziert, woraus sich die Reihe 35, 70, 140 usw. ergibt.

XXXII. Satz

Aber auch die Quadrate der Primzahlen (ausgenommen das Quadrat der Zahl 2) und die Produkte der Quadrate mit einer anderen Primzahl oder einem Quadrat einer solchen bilden je besondere, von den früheren verschiedene Klassen.

Der Grund, warum das Quadrat einer Primzahl nicht dieselbe Klasse wie die Primzahl selber erzeugt, liegt darin, daß dort die Darstellung der Seite eine ganz andere ist (falls eine solche überhaupt möglich ist); denn während die Primzahl selber eine neue Klasse von Figuren erzeugt, durch die der ganze Kreis geteilt wird (nach Satz XXX), hat nun die gleiche Primzahl nicht den ganzen Kreis, sondern nur einen Teil von ihm zu teilen. Der Teil eines Kreises ist aber vom ganzen Kreis sehr verschieden hinsichtlich der absoluten Art und Figuration, mit welcher wir uns hier beschäftigen, insofern durch diese Figuration die Form der Darstellung bestimmt wird.

Daß das Quadrat der Zahl 2 ausgenommen wird, rührt daher, daß die Figur, die zweimal zwei Ecken hat, das heißt das Viereck, zur ersten Klasse gehört und das Produkt aus der Zahl 4 und einer Primzahl unter die Klasse dieser Primzahl fällt, da vier gleich zweimal zwei ist. Jede Figur aber mit doppelter Seitenzahl gehört dorthin, wo sich die Figur mit der einfachen Seitenzahl befindet.

Die erste Klasse dieser Gruppe enthält die Vielecke mit den Seitenzahlen 9, 18, 36, 72, 144, 288 usw.,

die zweite die mit den Seitenzahlen 25, 50, 100, 200, 400 usw.,
die dritte die mit den Seitenzahlen 49, 98 usw.

So entstehen aus den Quadratzahlen unendlich viele Klassen. Weiter wird gebildet aus

3 und 9 die Reihe 27, 54, 108, 216, 432 usw.,

3 und 25 die Reihe 75, 150, 300 usw.,

3 und 49 die Reihe 147, 294 usw.,

5 und 9 die Reihe 45, 90. 180, 360 usw.,

5 und 25 die Reihe 125, 250, 500, 1000 usw.,

den beiden Quadratzahlen 9 und 25 die Reihe 225, 450, 900 usw.

So entstehen also neue Klassen durch Multiplikation von Primzahlen mit Quadratzahlen von solchen oder durch Multiplikation zweier solcher Quadratzahlen.

[36] *XXXIII. Satz*

Wenn man von der doppelten Zahl der Ecken einer Figur 4 abzieht und diesen Wert als Zähler setzt, als Nenner aber die Zahl der Ecken selber annimmt, so erhält man den Bruch, der angibt, wie viele Rechte der Winkel der Figur beträgt.

Beispielsweise beim Dreieck: Zweimal drei ist sechs, 4 abgezogen bleibt 2. Also beträgt der Dreieckswinkel $2/3$ Rechte. Beim 20-Eck: Zweimal 20 ist 40, 4 abgezogen bleibt 36; also ist der Winkel des 20-Ecks gleich $36/20$ oder $9/5$ Rechte.

Denn in jedem Vieleck verteilen sich die Winkel auf ebenso viele Dreiecke, als jenes Seiten besitzt, minus 2. In jedem dieser Dreiecke ist die Winkelsumme 2 Rechte. Also betragen die Winkel einer Figur zweimal soviel Rechte, als die Figur Ecken hat, minus 4. Diese Anzahl von Rechten ist aber auf die Zahl der Ecken zu verteilen; also ist diese Zahl der Nenner, jene der Zähler.

XXXIV. Satz

Der Kreis läßt sich durch eine geometrische Konstruktion in zwei gleiche Teile zerlegen. Die Teilungslinie ist wißbar im ersten Grad der Wißbarkeit; denn sie ist der Durchmesser selber.

Die Figuration im Kreis nimmt ja davon ihren Ausgang, daß man von einem vorgeschriebenen Punkt aus eine Gerade so weit zieht, als erforderlich ist. Die Halbierungslinie des Kreises ist der Durchmesser, das heißt sie geht durch den Mittelpunkt. Da von allen unter sich gleichen Teilen des Kreises der Halbkreis am größten ist, ist auch die Gerade, die ihn in zwei Halbkreise zerlegt, am größten (nach Euklid [*Elemente,*] III, 14), sie ist ein Durchmesser (nach Euklid III, 15 und nach Definition).

Der Durchmesser nun ist eben jene aussprechbare Größe, die als Maß für die anderen vorgegeben ist; er ist sich selber gleich und das vollkommene Maß seiner selbst und steht am Anfang hinsichtlich der geometrischen Wißbarkeit.

XXXV. Satz

Die Seite des Vierecks läßt eine geometrische Darstellung aus den Ecken außerhalb des Kreises zu. Wird es einem Kreis einbeschrieben, so ist die Seite vom dritten Grad der Wißbarkeit, ihr Quadrat vom zweiten, so wie auch die Fläche der Figur.

OQPR sei ein Viereck; sein Winkel ist nach Satz XXXIII ein Rechter; daher läßt sich das Viereck nach Euklid [*Elemente,*] I, 46 leicht konstruieren, wenn die Seite gegeben ist.

Da es vier Ecken und ebensoviele Seiten hat, schneiden zwei zusammenstoßende Seiten zwei Viertel, das heißt die Hälfte des Kreises, ab. Daher ist nach Satz XXXIV die Verbindungslinie der Endpunkte zweier aufeinanderfolgender Seiten ein Durchmesser des Kreises. So ist die Verbindungslinie der Endpunkte *O, P* der den rechten Winkel *OQP* im Halbkreis *OQP* bildenden Seiten *QO* und *QP* der Durchmesser *OLP.* Daher ist 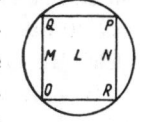 nach Euklid [*Elemente,*] I, 47 die Summe der Quadrate der beiden Seiten *OQ* und *QP* gleich dem Quadrat des Durchmessers. Und wenn man die Hälfte vom Quadrat des Durchmessers in die Form eines Quadrats bringt, nach Euklid [*Elemente,*] II, 14, so ist dessen Seite gleich der Viereckseite. Somit ist das Quadrat der Seite aussprechbar.

[37] Da sich ferner das Quadrat *OP* zum Quadrat *OQ* verhält wie 2 zu 1, also nicht wie eine Quadratzahl zu einer anderen Quadratzahl, und *OP* in Länge aussprechbar ist, ist die Seite *OQ* nur in Potenz aussprechbar, nach Euklid [*Elemente,*] X, 9. Der Inhalt des Vierecks ist bei dieser Figur der gleiche wie das Quadrat der Seite; somit ist der Inhalt der Figur aussprechbar.

XXXVI. Satz

Die Seite des ACHTECKS läßt eine geometrische Darstellung aus den Ekken zu, ebenso die Seite des achteckigen Sterns oder die Sehne zu ³/₈ des Kreises. Beide Seiten sind je vom achten Grad der Wißbarkeit, die erstere ist eine Minor, die letztere eine Major. Zusammen sind sie vom sechsten Grad und weisen ein gewisses besonderes Verhalten auf. Die Fläche schließlich ist unaussprechbar, und zwar medial.

UQTOXRSP sei das Achteck, *UOSQXPTRU* der achteckige Stern. Verbindet man die Endpunkte *Q* und O zweier den Achteckswinkel *QTO*

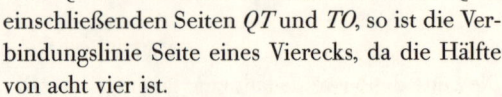

einschließenden Seiten *QT* und *TO,* so ist die Verbindungslinie Seite eines Vierecks, da die Hälfte von acht vier ist.

Hat man also (um andere Konstruktionen des Achtecks zu übergehen) in einen Kreis ein Viereck gezeichnet, so fälle man auf seine Seite *OQ* vom Mittelpunkt *L* aus das Lot, das die Seite in *M,* den Kreisbogen in *T* schneidet (nach EUKLID

[*Elemente,*] I, 12). Dadurch wird (nach EUKLID III, 30) der Viertelkreis *OQ* in die zwei gleichen Teile *OT, TQ* zerlegt. Verbindet man also die Punkte O und *T,* so ist *OT* die Seite des Achtecks; verbindet man O mit *S,* so ist *OS* die Seite des Sterns.

Verbindet man den Mittelpunkt *L* mit *Q,* so ist, da Winkel *QML* ein rechter ist, das Quadrat der in Länge aussprechbaren Größe *QL* gleich der Summe der Quadrate von *QM* und *ML.* Es ist aber auch das Quadrat des Halbmessers *QL* doppelt so groß wie das Quadrat von *QM,* der halben Viereckseite. Daher sind *QM* und *ML* einander gleich, und beide sind (nach Satz XXXV) nur in Potenz aussprechbar. Das Quadrat von *LQ* ist also um das Quadrat der zu *LQ* in Länge inkommensurablen Strecke *MQ* größer als das Quadrat von *LM. LQ, LS* und *LT* aber sind einander gleich. Also ist die zusammengesetzte Größe *SM* eine Binomiale vierter Art, deren Glieder *SL* und *LM* sind (nach der Definition vor EUKLID [*Elemente,*] X, 48). Der Rest *MT* aber ist eine Apotome vierter Art mit den Gliedern *TL* und *LM* (nach der Definition vor EUKLID X, 85).

Da also *MS* eine Binomiale vierter Art und *ST* aussprechbar ist, ist nach EUKLID [*Elemente,*] X, 57 die Strecke *QS,* deren Quadrat gleich dem Rechteck aus *MS* und *ST* ist, eine Major. Und ebenso ist, da *TM* eine Apotome vierter Art und *TS* aus sprechbar ist, die Seite *TQ* des Achtecks, deren Quadrat gleich dem Rechteck aus *MT* und *TS* ist, nach Euklid [*Elemente*,] X, 94 eine Minor.

Die Elemente der Major und der Minor sind in unserer Zeichnung *PA* und *AT*. Denn addiert man zu *PA* die Strecke *AT*, so erhält man die Seite *PT* des Sterns; zieht man aber von *PA* oder *YT* die Strecke *TA* ab, [38] so bleibt *AY*, das heißt die Achteckseite *QU*. Das Quadrat der Minor *TQ* ist doppelt so groß wie das Quadrat des kleineren Gliedes *TA*, und das Quadrat der Viereckseite *QP* ist gleich der Summe der Quadrate der beiden Elemente *PA* und *AQ* oder *AT*.

Ferner verhält sich die Major *PX* zu ihrem größeren Glied *PA*, wie sich die Minor *TQ* zu dem kleineren Glied *TA* verhält. Und umgekehrt, wie sich das größere Glied *PA* zum kleineren *AT* verhält, so verhält sich die Major *PX* zur

Minor *TQ*. Wie sich also der größere Teil zum kleineren verhält, so verhält sich das Ganze zur Differenz.

Des weiteren sind die Seiten *SQ* und *QT* nicht nur selber Major und Minor; es entstehen aus ihnen durch Addition und Subtraktion Größen des gleichen Charakters. Denn fürs erste sind sie inkommensurabel; sodann ist die Summe ihrer Quadrate gleich dem aussprechbaren Quadrat von *TS*; drittens ist das Rechteck aus ihnen medial, denn es ist gleich dem Rechteck aus der nur in Potenz aussprechbaren halben Viereckseite *QM* und der in Länge aussprechbaren Strecke *TS*. Daher sind *SQ* und *QT* zusammen vom sechsten Grad der Wißbarkeit. Somit ist ihre Summe *TQS* nach Euklid [*Elemente*,] X, 39 eine Major und die Differenz von *QS* und *QZ* oder *TQ*, das heißt *ZS*, nach Euklid X, 76 eine Minor. So liegt also der Fall vor, daß die Major und Minor eines Paares Elemente eines anderen Paares werden und die Differenz zwischen einer Major und der zugehörigen Minor die Minor eines anderen Paares ergibt.

Was die Fläche des Achtecks anlangt, so besteht sie aus acht Dreiecken von der Art wie *LQT*. Das Rechteck *QTRS* besteht aber aus vier solchen Dreiecken, es ist also gleich der halben Achtecksfläche; dieses Rechteck ist, wie soeben bewiesen wurde, medial. Also ist auch sein Doppeltes, die Achtecksfläche, medial, nach Euklid [*Elemente*,] X, 23. [Christopher] Clavius beweist in seiner *Geometria Practica* Buch VIII, Satz 31, daß diese Fläche mittlere Proportionale ist zur Fläche des einbeschriebenen und der des umbeschriebenen Vierecks. Diese Flächen verhalten sich wie 1 zu 2, woraus sich ebenfalls der mediale Charakter für jene Fläche ergibt.

Die Seite des Sechzehnecks läßt eine geometrische Darstellung aus den Ekken zu. Die Wißbarkeit der Seite ist aber von dem Rang nach niedrigerem Grad als alle bisher behandelten Größen. Dies gilt um so mehr von den Seiten der Sterne, das heißt von den Sehnen zu 3/16, 5/16, 7/16 des Kreises.

Da zweimal acht gleich sechzehn ist, läßt sich diese Figur aus der Achteckseite nach denselben Regeln beschreiben wie vorher das Achteck aus der Viereckseite.

Es sei *QO* nun nicht mehr die Seite des Vierecks, sondern die des Achtecks; *QT* und *TO* seien Seiten des Sechzehnecks und *QP* eine Seite des achteckigen Sterns. Diese letztere Strecke war im vorigen Fall eine Major,

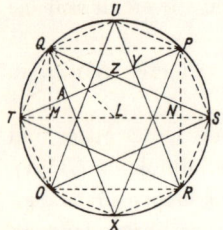

ebenso war auch *LM*, die Hälfte von ihr, eine Major. Daher ist das Rechteck aus der aussprechbaren Größe *ST* und der Major *LM* von einer ganz neuen Art, die unter den früher dargelegten, [39] dem Rang nach höheren Graden nicht erwähnt ist. Zieht man dieses neuartige Rechteck von dem Rechteck ab, das aus den in Länge aussprechbaren Größen *LT* und *TS* gebildet wird, so erhält man das aus *MT* und *TS* gebildete Rechteck, das gleich dem Quadrat über der Sechzehneckseite *TQ* ist; dieses Rechteck ist daher ebenfalls von niedrigerer Art. Um so mehr gelten diese Aussagen von den Vielecken mit noch höherer Seitenzahl, die zu dieser Klasse gehören, das heißt von den 32-, 64-, 128-Ecken.

Da es sich also mit der zu 1/16 des Kreises gehörigen Sehne so verhält, so ist auch die zu 7/16 des Kreises gehörige Sehne von niedrigerem Grad, da man das Quadrat von dieser erhält, wenn man das Quadrat der Sechzehneckseite von dem Quadrat des Durchmessers abzieht. Die zu 3/16 des Kreises gehörige Sehne ist durch Halbierung des Bogens aus der zu 3/8 des Kreises gehörigen Sehne abzuleiten; sie ist also noch niedrigeren Grads als diese. Zieht man ferner das Quadrat der zu 3/16 des Kreises gehörigen Sehne von dem Quadrat des Durchmessers ab, so erhält man das Quadrat der zu 5/16 des Kreises gehörigen Sehne. Diese ist daher ebenfalls von niedrigerem Grad.

XXXVIII. Satz

Die Seiten des Dreiecks und des Sechsecks lassen eine geometrische Beschreibung aus den Ecken der Figuren zu; sie sind, in einen Kreis einbeschrieben, wißbar, und zwar die erstere im dritten, die letztere im zweiten Grad. Die Flächeninhalte der Figuren sind jedoch medial; sie stehen im doppelten Verhältnis zueinander.

Die Konstruktion des Dreiecks außerhalb des Kreises ist sehr leicht (EUKLID [*Elemente*,] I, 1). In einem Kreis läßt es sich, um die übrigen Verfahren zu übergehen, am einfachsten mit Hilfe des Sechsecks einbeschreiben, weil die Hälfte von sechs drei ist. Die Konstruktion und die Einbeschreibung des Sechsecks sind im IV. Buch Satz 15 bei EUKLID angegeben. Doch ist noch die Folgerung für die Größe der Seite aus den Verhältnissen der Winkel aufzuzeigen.

BHCGDF sei ein Sechseck. Da es 6 Ecken hat, wird auch seine Fläche in 6 Dreiecke zerlegt, die mit ihren Scheiteln im Mittelpunkt *A* zusammenstoßen; eines von ihnen sei *CAG*. Teilt man die Summe von 4 Rechten, die um *A* herumliegen, in 6 Teile, so erhält man für den einen Winkel *CAG* ⁴⁄₆ oder ²⁄₃ eines Rechten. Da aber alle Winkel im Dreieck *CAG* zusammen 2 Rechte oder ⁶⁄₃ Rechte betragen, so bleiben nach Abzug des Winkels A (²⁄₃ Rechte von der Summe ⁶⁄₃) für die beiden Winkel bei C und *G* im ganzen ⁴⁄₃ Rechte übrig. Diese Winkel sind aber

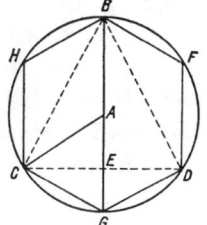

gleich, also bleiben für jeden ²⁄₃ Rechte, gerade soviel wie für den Winkel *A*. Wenn nun aber in einem Dreieck die Winkel gleich sind, so müssen auch die Seiten einander gleich sein. Daher ist die Seite des Sechsecks *CG* ebenso wie die des Dreiecks, das den sechsten Teil von ihm ausmacht, gleich dem Halbmesser *CA* oder *AG* des Kreises. Die Sechseckseite ist also in Länge aussprechbar, da sie gleich der Hälfte des Durchmessers ist. Nach Definition XIII ist dies der zweite Grad der Wißbarkeit.

[10] Die Seite *BC* des Dreiecks *BCD* verbindet die beiden Sechseckseiten *CH* und *HB*, die in *H* zusammenstoßen. Da also *BHC* ²⁄₃ des Halbkreises und *CG* ⅓ ist, ist der Bogen *BCG* ein Halbkreis und *BG* Durchmesser durch *A*. Also ist *BCG* ein rechter Winkel, nach EUKLID [*Elemente*,] III, 31. Die Quadrate über *BC* und *CG* sind also zusammen gleich dem Quadrat über *BG*, nach EUKLID I, 47. *CG* ist aber gleich dem Halbmesser, also ist das Quadrat über *CG* der vierte Teil des Quadrats über *BG*. Zieht man also von diesem Quadrat den vierten Teil ab, so bleibt das Quadrat der Dreieckseite *BC* übrig. Dieses Quadrat ist also aussprechbar. Da es sich aber zu dem Quadrat über *BG* nicht wie eine Quadratzahl zu einer anderen

solchen verhält, vielmehr wie 3 zu 4, ist *BC* nur in Potenz aussprechbar, nach der Definition in XIV.

Da *BC* und *BD* sowie die Winkel *BCD* und *BDC* einander gleich sind, so teilt das Lot *BE* von *B* auf *CD* diese Strecke in die zwei gleichen Teile *CE* und *ED*. Da die ganze Strecke *CD* nur in Potenz aussprechbar ist, ist dies auch der Fall für ihre Hälfte *CE*. Also ist das Rechteck, das aus den nur in Potenz kommensurablen Strecken *CE* und *AG* gebildet wird, von denen die letztere in Länge aussprechbar ist, medial. Dieses Rechteck ist aber zweimal so groß wie das Dreieck *CGA* (das den sechsten Teil des Sechsecks ausmacht); es ist also gleich dem dritten Teil des Sechsecks. Daher ist der Flächeninhalt des Sechsecks medial. Da ferner in den Dreiecken *BCA* und *BCH* die Seiten *BA* und *BH* sowie *CA* und *CH* gleich sind und *BC* beiden gemeinsam ist, sind ihre Inhalte einander gleich. *BCH*, *BDF* und *CDG* sind aber die Teile des Sechsecks, um die dieses über das Dreieck *BCD* hinausragt, das aus den gleich großen Dreiecken *BAC*, *CAD* und *DAB* besteht; also ist die Sechsecksfläche doppelt so groß wie die des Dreiecks. Somit ist auch die Dreiecksfläche medial, da sie kommensurabel ist zur medialen Sechsecksfläche.

XXXIX. Satz

Die Seiten des Zwölfecks und des gleichnamigen Sterns, das heißt der zu $^5/_{12}$ des Kreises gehörigen Sehne, lassen sich geometrisch beschreiben; sie sind, einem Kreis einbeschrieben, wißbar, und zwar einzeln je im achten Grad der Wißbarkeit, zusammen im fünften Grad. Die Fläche des Zwölfecks aber ist aussprechbar.

BMHLCKGQDPFN sei ein Zwölfeck, *BKFLDMGNCPHQB* ein zwölfeckiger Stern.

Da zweimal sechs zwölf ist, läßt sich die Figur aus der Seite des Sechsecks nach denselben Regeln beschreiben wie vorher das Achteck aus der

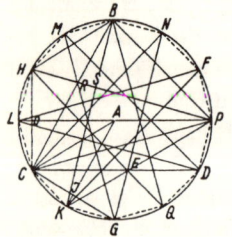

Viereckseite, indem man vom Mittelpunkt *A* auf die Sechseckseite *HC* das Lot fällt, das die Seite in O und den Kreis in L und P schneidet; die Zwölfeckseite erhält man, wenn man L und *H* verbindet, die Seite des Sterns, wenn man *H* und P verbindet.

Da nun die Sechseckseite *HC* in Länge aussprechbar ist, ist dies auch der Fall für ihre Hälfte HO. Das Quadrat über der Strecke *AC* aber, die gleich *HC* ist, ist gleich der Summe der Quadrate über der halb so großen Strecke [41] *OC* und über der Strecke *AO*. Daher verhalten sich die Quadrate über *AO* und über *AC* oder *AP* wie 3 zu 4, also nicht wie zwei Quadratzahlen zueinander. Daher sind *PA* und *AO* sowie *LA* und *AO* zueinander nur in Potenz kommensurabel. Das Quadrat über der größeren aussprechbaren Strecke *CA* (oder *PA, AL*) übertrifft das Quadrat über der kleineren Strecke *OA* um das Quadrat der zu *CA* kommensurablen Strecke *CO*. Also ist nach der Definition vor EUKLID [*Elemente,*] X, 48 die zusammengesetzte Strecke *PO* eine Binomiale, und die Differenz *OL* nach der Definition vor EUKLID X, 85 eine Apotome, beide von erster Art. Die Glieder sind *AP*, das einfach aussprechbar ist, und A0, das nur in Potenz aussprechbar ist. Da nun das Quadrat über *HP* gleich dem Rechteck aus der Binomiale erster Art *OP* und der aussprechbaren Strecke *PL* ist, ist *HP* nach EUKLID [*Elemente,*] X, 54 eine Binomiale, während die Zwölfeckseite *HL* nach EUKLID X, 91 eine Apotome ist, da das Quadrat über *HL* gleich dem Rechteck aus der Apotome erster Art *OL* und der aussprechbaren Größe *LP* ist. Daher gehören beide je für sich zu einem höheren Grad der Wißbarkeit, zum achten.

Die Glieder dieser Binomiale *PH* und der Apotome *HL* sind *PS* und *SH*. Da *HB* die Seite des Sechsecks, *KP* die des Dreiecks und *BP* die des Vierecks ist, so ist das Quadrat von *HB* doppelt so groß wie das Quadrat des kleineren Glieds, nämlich gleich der Summe der Quadrate von *HS* und *SB*, das Quadrat von *KP* ist doppelt so groß wie das Quadrat des größeren Glieds, nämlich gleich der Summe der Quadrate von *KS* und *SP*, und das Quadrat von *BP* ist gleich der Summe der Quadrate beider Glieder, nämlich gleich der Summe der Quadrate von *BS* und *SP*.

Die Binomiale *PH* läßt sich auch aus der Quadratseite *PR* und der Zwölfeckseite *RH* zusammensetzen. Doch kann man hinsichtlich dieser Zusammensetzung nicht von einer Binomiale reden, da es nach EUKLID [*Elemente,*] X, 42 nur einen Punkt, hier S, geben kann, der eine Strecke in ihre Glieder zerlegt.

Da *HO* und *LP* in Länge aussprechbar sind, ist das Rechteck aus diesen Strecken, das heißt das Rechteck aus *LH* und *HP* aussprechbar; ebenso ist die Summe der Quadrate von *LH* und *HP* aussprechbar, da sie ja gleich dem Quadrat von *LP* ist. Daher sind *LH* und *HP* zusammen vom fünften

Grad der Wißbarkeit. Ihre Summe oder Differenz ergibt nichts Neues, keine Binomiale oder Apotome. Denn wenn man *LH* zu *HP* addiert, erhält man eine nur in Potenz aussprechbare Größe, da ihr Quadrat das Anderthalbfache des Quadrats von *LP* ist. Zieht man aber *LH* oder *HR* von *HP* ab, so erhält man die ebenfalls in Potenz aussprechbare Quadratseite *PR*; das Quadrat von *PR* ist die Hälfte des Quadrats von *LP*.

Da die Fläche des Zwölfecks aus zwölf Dreiecken von der Art von *LAC* besteht und in dem aussprechbaren Rechteck *LHPD* vier solche Dreiecke, also ein Drittel der ganzen Fläche, enthalten sind, ist daher auch die ganze Fläche aus sprechbar, nämlich dreimal so groß wie das Rechteck aus *HO* und *LP*. Sie ist also drei Viertel von dem Quadrat des Durchmessers oder das arithmetische Mittel zu dem umbeschriebenen und dem einbeschriebenen Viereck, während das Achteck das geometrische Mittel zu ihnen ist.

XL. Satz

Die reguläre Figur mit 24 Seiten und alle Figuren, die man aus ihr durch fortgesetzte Verdopplung der Seiten erhält, lassen zwar eine geometrische Beschreibung zu, allein die Wißbarkeit der Seiten entfernt sich von den Graden, die wir früher aufgestellt haben; das gleiche gilt von den zugehörigen Sternfiguren, deren Seiten die zu $5/24$, $7/24$, $11/24$ des Kreises gehörigen Sehnen sind.

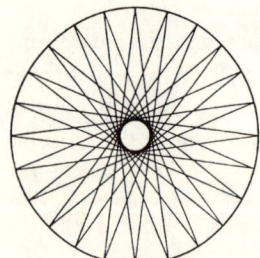

[42] Der Beweis wird geführt, wie oben Satz XXXVII beim Sechzehneck, jedoch mit dem Unterschied, daß im vorliegenden Fall die Seite des zwölfeckigen Sterns wie ihre Hälfte eine Binomiale erster Art ist, so daß das Rechteck aus dieser Hälfte und dem Durchmesser (einer aussprechbaren Größe) nicht von einer neuen Art ist, da ja die Strecke, deren Quadrat gleich diesem Rechteck ist, nach [EUKLID: *Elemente* X,] 54 ebenfalls eine Binomiale ist. Zieht man aber dieses Rechteck von dem aussprechbaren Rechteck aus Durchmesser und Halbmesser ab, so entsteht etwas Neues, das bisher keine Erwähnung fand, und zwar etwas dem Rang nach Niedrigeres, wegen der komplizierteren Zusammensetzung. Die Seite des Quadrats, das gleich der Differenz dieser Rechtecke ist, ist die Seite des 24-Ecks.

Noch mehr gilt das Gesagte von den Figuren dieser Klasse, die eine größere Seitenzahl haben, wie vom 48-, 96-Eck usw.

Die Sehne, die zu 5/24 des Kreises gehört, ergibt sich durch Halbierung des Bogens, der 5/12 des Kreises ausmacht. Zieht man das Quadrat dieser Sehne vom Quadrat des Durchmessers ab, so erhält man das Quadrat der Sehne, die zu 7/24 des Kreises gehört. Ebenso erhält man aus dem Quadrat der Seite oder der Sehne, die zu 1/24 des Kreises gehört, das Quadrat der Sehne, die zu 11/24 des Kreises gehört. Alle diese Sehnen gehören daher einem niedrigeren Rang an.

XLI. Satz

Die Seite des Zehnecks und die des zehneckigen Sterns, das heißt die Sehne, die zu 3/10 des Kreises gehört, lassen sich geometrisch aus den Ecken beschreiben und einem Kreis einbeschreiben; sie sind wißbar, und zwar je für sich vom achten Grad der Wißbarkeit, zusammen vom fünften Grad; zusammen mit dem Halbmesser vom vierten Grad.

BCDEFGHJKL sei ein Zehneck und *BEHLDGKCFJB* der zugehörige Stern. Da die Figur zehn Ecken hat, besteht ihre Fläche aus zehn im Mittelpunkt *A* zusammenstoßenden Dreiecken von der Art des Dreiecks *FAG*. Verteilt man also die vier Rechte, die um *A* herumliegen, auf die Winkel an der Spitze der zehn Dreiecke, so kommen auf jeden 4/10 oder 2/5 Rechte. Nun aber ist die Winkelsumme eines Dreiecks 10/5 oder 2 Rechte; zieht man 2/5 Rechte hiervon ab, so bleiben also für die beiden Basiswinkel 8/5 übrig, und da diese 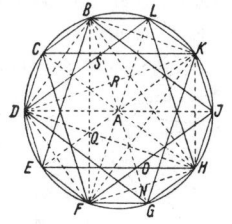 gleich sind, so ist jeder 4/5 Rechte. Daher ist jeder von diesen doppelt so groß wie der Winkel an der Spitze. Darauf beruht die folgende Darstellung.

Man teile den Winkel *AFG* durch *FO* in zwei gleiche Teile nach EUKLID [*Elemente*,] I, 9. Dann sind die Winkel *AFO* und *OFG* einander gleich, und jeder ist 1/6 Rechte. [43] Es sind somit beide gleich *FAO;* daher verhält sich nach EUKLID [*Elemente*,] VI, 3 *AO* zu *OG* wie *AF* zu *FG*.

Da aber *OFG* gleich 3/4 Rechten und OGF (oder *AGF)* gleich 4/5 Rechten ist, ist auch *FOG* gleich 4/5 Rechten. Da somit die Winkel bei *O* und *G* einander gleich sind, sind auch die Seiten *FG* und FO gleich. Ebenso sind im Dreieck *AOF* die Seiten *AO* und *FO* (das ist *FG*) gleich, da *AFO* und

FAO je gleich ⅖ Rechten sind. Da sich aber, wie bereits bewiesen, *AO* zu *OG* wie *AF* zu *FG* verhält, so verhält sich auch *AO* zu dem Rest *OG* wie *AG* zu *AO*. Es ist also *AG* in O stetig geteilt. Nach EUKLID [*Elemente,*] XIII, 5 ist dann auch *FJ* in O stetig geteilt, wenn man *OA* oder *OF* bis *J* so verlängert, daß *OJ* gleich *AG* ist. Verbindet man *A* mit *J, so* ist also *AJO* dem Ausgangsdreieck *FAG* kongruent und der Winkel *OAJ* doppelt so groß wie *FAO* und der Winkel *FAJ* gleich ⅗ Rechten. Beschreibt man daher um *A* mit *AG* den Kreis *FGJ*, so ist *FG*, die Zehneckseite, gleich dem größeren Abschnitt des stetig geteilten Halbmessers *AG* und *FJ*, die Seite des Sterns oder die zu ³/10 des Kreises gehörige Sehne, gleich der Summe der Zehneckseite *FO* und des Halbmessers *OJ*.

Diesem Sachverhalt entsprechend sind diese Seiten, zusammen mit dem Halbmesser, nach der Definition in XXVI. dem vierten Grad der Wißbarkeit zuzurechnen. Da *AG* in Länge aussprechbar, die Zehneckseite der größere Abschnitt davon und die Seite des Sterns aus dem Ganzen und dem größeren Abschnitt zusammengesetzt sind, so ist jene nach Satz XXVII eine Apotome, diese eine Binomiale, beide je von vierter Art. Sie sind also vom achten Grad der Wißbarkeit; sie kommen gleich nach der Seite des Zwölfecks und der des zugehörigen Sterns und rangieren gleich wie die Seite des Achtecks und die des zugehörigen Sterns.

Nach Satz XXVIII ist der kleinere Abschnitt *OG* wie auch seine Hälfte *NG* eine Apotome erster Art. Man darf aber ja nicht glauben, daß die Glieder dieser Apotome *AG* und *AN* sind.

Schließlich sind nach Satz XXVII die Seiten *GF* oder OF und *FJ*, nicht mit dem Halbmesser, sondern miteinander verbunden, vom fünften Grad der Wißbarkeit, da die Summe ihrer Quadrate und das Rechteck aus ihnen aussprechbar sind.

Daher ist die Summe der Zehneckseite und der Seite des zugehörigen Sterns nur in Potenz aussprechbar; das Quadrat dieser Summe ist ⁵/4 vom Quadrat des Durchmessers. In der Figur zu Satz XXVII entspricht dieser Summe die Strecke *PX*, die aus den beiden Strecken *PA* (gleich *OA*) und *AX* zusammengesetzt ist, deren mittlere Proportionale *GA* aussprechbar ist.

Andererseits ist die Differenz der Seite *FJ* des Sterns und der Zehneckseite *OF* aussprechbar, nämlich gleich dem Halbmesser. So ergibt sich also aus Sternseite und Zehneckseite nichts Neues.

XLII. Satz

Die Seite des Fünfecks und die des fünfeckigen Sterns, das heißt die zu ²/₅ des Kreises gehörige Sehne, lassen eine geometrische Beschreibung aus den Ecken zu; sie sind wißbar, und zwar einzeln im achten Grad, zusammen sowohl im sechsten als im vierten Grad der Wißbarkeit.

[44] Die Beschreibung außerhalb eines Kreises erfolgt so: Es sei die Seite des Fünfecks in ihrer Länge gegeben. Wir teilen sie stetig nach Eu- KLID [*Elemente,*] II, 11 oder VI, 30 und addieren zu ihr den größeren Abschnitt. Macht man nun in einem Dreieck zwei Schenkel je gleich die- ser Summe und die Basis gleich der gegebenen Strecke, so erhalten wir damit das innere Dreieck des Fünfecks. (In der Figur sind *FB* und *BH* die Schenkel und *FH* die Basis.) Da der Schenkel aus der gegebenen Strecke und dem größeren Abschnitt dieser stetig geteilten Strecke besteht, so ist er auch selber stetig geteilt, und sein größerer Abschnitt ist die gegebene Strecke. Daher ist der Basiswinkel in jenem Dreieck doppelt so groß wie der Winkel an der Spitze, wie oben beim Zehneck. Nun fügen wir unse- rem Dreieck außen an die Schenkel als Grundlinien noch zwei Dreiecke an, in denen die Schenkel gleich der gegebenen Strecke sind (in der Figur *FDB* über *FB* und *BKH* über *BH*).

Die Konstruktion in einem Kreis erfolgt sehr leicht mit Hilfe der Zehneckseite. Da 5 die Hälfte von 10 ist, verbinden wir die Endpunkte *F* und *H* der zwei in *G* zusammenstoßenden Zehneckseiten *FG* und *GH*; dann ist *FH* die Seite des Fünfecks, ebenso *HK*. Verbindet man die End- punkte *F* und *K*, so erhält man die Seite *FK* des Sterns. Es sei also *BDFHK* das Fünfeck und *BFKDHB* der Stern.

EUKLID beweist nun im Buch XIII [seiner *Elemente*], 10, daß das Qua- drat der Fünfeckseite *FH* gleich der Summe der Quadrate der Sechseck- seite *FA* und der Zehneckseite *FG*, das heißt der Quadrate des Halbmessers *AG* und seines grö- ßeren Abschnitts *GO* ist. Der Beweis bei EUKLID bereitet dem Verständnis einige Schwierigkeit; ich möchte daher im folgenden einen leichteren ver- suchen.

Man ziehe von den Endpunkten *B, D* einer Fünfeckseite aus durch den Mittelpunkt *A* die Ge- raden *BG* und *DJ*. Die zu *DB, DL* und *DK* gehörigen Bögen machen der Reihe nach ²/₁₀, ³/₁₀, ⁴/₁₀ des Kreises aus; *DL* und *DK* schneiden *BG* in *S* und *R*. Nun ist Winkel *LDJ* oder *SDA* gleich 2/5 Rechten, da *LJ*, ebenso wie *FH*, gleich 1/5 des Kreises ist und zu gleichen Bögen gleiche Umfangswinkel gehören, nach Euklid [*Elemente*,] III, 21 und 27. Winkel *DAB* oder *DAS* aber ist 4/6 Rechte, weil *DB* 1/5 des Kreises ist, der um *A* herum 4 Rechte mißt. Also ist die Summe von *SAD* und *ADS* gleich 6/5 Rechten. Da aber alle Winkel im Dreieck zusammen 4 Rechte sind, ist der dritte Winkel *DSA* gleich 4/5 Rechten. Die Winkel *DSA* und *DAS* sind also einander gleich, und die Seite *DS* ist gleich dem Halbmesser *DA*. Daher ist nach dem früheren *SA* gleich dem größeren Abschnitt des stetig geteilten Halbmessers *DA*, somit gleich der Zehneckseite, während *DA* Halbmesser, das heißt Sechseckseite, ist. Ich behaupte nun, das Quadrat der Fünfeckseite *DB* ist gleich der Summe der Quadrate von *SA* und *AD*.

Man verbinde *K* mit S und *A*. Da *DA* und *AK* einander gleich und *DS* und *SK* diesen Strecken gleich sind, sind auch die Strecken *SR* und *RA* einander gleich und *DRB* ein Rechter. Daher ist das Quadrat von *DB* gleich der Summe der Quadrate von *DR* und *RB*. Nun aber ist das Quadrat von *DR* gleich der Differenz der Quadrate von *DA* und *RA*, und das Quadrat von *BR* ist gleich dem Quadrat von *BA* minus der Summe des doppelten Rechtecks aus *BR* und *RA* und [45] des Quadrats von *RA*. Die Summe der Quadrate von *DR* und *RB* ist also gleich der Summe der Quadrate von *DA* und *AB* minus dem doppelten Rechteck aus *RA* und *AB* oder dem einfachen Rechteck aus *SA* und *AB*. Nun aber bilden die beiden Rechtecke aus *SA, AB* und *SB, BA* das ganze Quadrat von *BA*. Zieht man also von jener Summe das Rechteck aus *SA* und *AB* ab, so bleibt die Summe des Quadrates von *DA* und des Rechtecks aus *SB* und *BA* übrig, und diese Summe ergibt sich gleich dem Quadrat von *DB*. Da aber der Halbmesser *BA* in S stetig geteilt und *AS* der größere Abschnitt ist, ist das Rechteck aus *SB* und *BA* gleich dem Quadrat von *SA*. Somit ist das Quadrat der Fünfeckseite gleich der Summe der Quadrate von *DA* und *AS*, das heißt der Sechseck- und der Zehneckseite.

Was die Seite *BF* des fünfeckigen Sterns anlangt, so ist diese zusammengesetzt aus *BD* oder *BQ*, der Fünfeckseite, und aus *QF*, dem größeren Abschnitt dieser stetig geteilten Fünfeckseite, nach Euklid [*Elemente*,] XIII, 8, was sich auch wie oben aus dem Fünfecksdreieck *FBH* beweisen läßt.

Es ist also das Quadrat der Fünfeckseite gleich dem Quadrat des Halbmessers, der in Länge aussprechbar ist, plus dem Quadrat des größeren

Abschnitts des stetig geteilten Halbmessers. Nun ist in unserer früheren Halbkreisfigur das Quadrat von *PG* gleich der Summe der Quadrate von *PA* und *AG*. Da sich aber die Fünfeckseite *PG* zur Seite des zugehörigen Sterns wie *PA* zu *AG* verhält und das Verhältnis von *PA* zu *AG* gleich dem Verhältnis von *PG* zu *GX* ist, so stellt *GX* die Seite des Sterns dar, und das Quadrat von *GX* ist gleich dem Quadrat des Halbmessers *GA* des um das Zehneck beschriebenen Kreises plus dem Quadrat der aus *PA* und *AG* zusammengesetzten Strecke *AX*. Daher ist nach dem früher Bewiesenen *GX* eine Major, *GP* eine Minor. Beide Strecken sind also je vom achten Grad der Wißbarkeit, und zwar von dessen zweiter Ordnung. Da aber die Summe der Quadrate von *PG* und *GX* aussprechbar, nämlich gleich dem Quadrat von *PX* ist, das das Fünffache des aussprechbaren Quadrats von *GA* ist, und da ferner die beiden Strecken *PG* und *GX* ein mediales Rechteck bilden, sind *PG* und *GX* miteinander vom 6. Grad der Wißbarkeit, von dem in Nr. XVIII die Rede war. Und schließlich, da die Seite des Fünfecks und die Seite des Sterns sich zueinander verhalten wie der größere Abschnitt und das Ganze beim göttlichen Schnitt, gehören sie miteinander auch zum 4. Grad der Wißbarkeit (siehe Nr. XXIX). Daraus folgt, daß wie die Fünfeckseite eine Minor und die Sternseite eine Major, so auch ihre Summe wiederum eine Major und die Fünfeckseite zu dieser Major das kleinere, die Sternseite aber das größere Element ist, ebenso daß die Differenz *DQ* oder QF beider Seiten eine Minor ist, ebenfalls nach Nr. XXIX.

XLIII. Satz

Die Flächen des Zehnecks und des Fünfecks gehören entfernteren Graden der Wißbarkeit an, wie auch die Seiten des Zwanzigecks und der übrigen Figuren dieser Klasse.

Denn das Rechteck aus der Fünfeckseite *FH* und aus *AN* ergibt das doppelte Dreieck *FAH*, das gleich dem fünften Teil der Fläche des Fünfecks ist. Nun ist aber *FH* eine Minor und das Quadrat von *AN* ist gleich der Differenz der Quadrate der aussprechbaren Strecke *AF* und der Minor *FN*. Wenn man aber das Quadrat einer Minor von dem einer Aussprechbaren abzieht, ist die Strecke, deren Quadrat gleich dem Quadrat einer solchen Differenz ist, von neuer Art. Das Rechteck, das eine solche neue Strecke und eine Minor miteinander bilden, [46] gehört

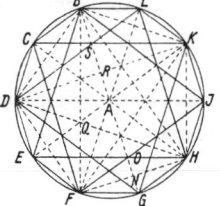

einer noch weiter entfernten Art an. Nun aber ist die Fläche des Fünfecks diesem Rechteck kommensurabel (es verhält sich zu diesem wie 5 zu 2), daher gehört sie ebenfalls der weiter entfernten Art an. Ebenso ist das Produkt aus der Zehneckseite *FG* und aus dem Lot von *A* auf *FG* doppelt so groß wie der zehnte Teil *FAG* des Zehnecks, das heißt ein Fünftel davon. *FG* ist aber eine vierte Apotome, und das Quadrat des Lotes vom Mittelpunkt aus ist um den vierten Teil des Quadrats dieser Apotome kleiner als das Quadrat des Radius. Nimmt man aber das Quadrat einer Apotome von dem einer aussprechbaren Strecke weg, so ist die Strecke, deren Quadrat gleich dem Quadrat dieser Differenz ist, von einer neuen Art, die unter den aufgeführten Arten nicht mehr vorkommt. Und wenn man aus dieser Strecke und der Apotome ein Rechteck bildet, so ist dieses und damit auch sein Fünffaches, das heißt die Zehnecksfläche, von einer noch weiter entfernten Art.

Die halbe Zehneckseite ist also eine vierte Apotome. Verwandelt man das Quadrat dieser Apotome in ein Rechteck von der Länge des Durchmessers (einer in Länge aussprechbaren Strecke), so wird die Breite des Rechtecks, das heißt die Pfeilhöhe eines Kreiszehntels, eine erste Apotome. Das Quadrat der Seite des Zwanzigecks ist dann gleich der Summe der Quadrate der halben Zehneckseite, einer vierten Apotome, und dieser Pfeilhöhe, einer ersten Apotome. Nun gibt es aber unter den früher aufgezählten Arten keine Strecke, deren Quadrat gleich einer Fläche wäre, die aus Apotomen verschiedener Art, das heißt aus inkommensurabeln Apotomen zusammengesetzt ist. Das leistet nur eine Strecke, die vollkommen neuer Art und daher von niedrigerem Rang ist.

Um wieviel mehr wird dies für das Vierzigeck und die anderen Vielecke dieser Klasse gelten?

XLIV. Satz

Die Seite des Fünfzehnecks und die Seiten der zugehörigen Sterne, die gleich den Sehnen von $^2/_{15}$ oder $^4/_{15}$ oder $^7/_{15}$ des Kreises sind, lassen zwar eine geometrische Beschreibung zu, aber nicht außerhalb des Kreises und auch inner halb des Kreises nicht aus den Ecken. Ihre Beschreibung ist also eine uneigentliche, und die Wißbarkeit ist heterogen, von einem entfernteren Grad als die aller vorausgehenden Strecken. Das Dreißigeck und die übrigen Vielecke dieser Klasse gehören noch weiter entfernten Graden an.

Die Beschreibung geschieht mittels früher aufgeführter Figuren, deren Seitenzahl aber nicht durch Verdopplung gewonnen sein darf; denn 15 ist ungerade; die Hälfte davon ist keine ganze Zahl. Man braucht das Dreieck *BCD* und das Fünfeck *BJFHK*, die beide mit dem Punkt *B* anfangen. Denn wenn man *BC* gleich ⅓ des Kreises von *BJF* gleich ⅖, das heißt ⁵⁄₁₅ von ⁶⁄₁₅, abzieht, so bleibt *CF* gleich ¹⁄₁₅ des Kreises übrig. Verbindet man also *C* mit *F*, so wird die Linie *CF* die Seite sein. Man verwendet hier bei der Beschreibung nicht

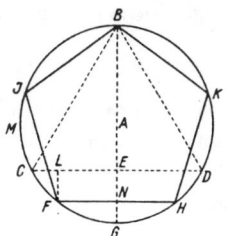

die Größe des Winkels, noch die Zahl der Ecken der gesuchten Figur; auch bildet man nicht entsprechend dieser Zahl irgendein Dreieck, wie dies bei den früheren Vielecken geschah. Doch [47] läßt sich das Fünfzehneck nicht auf andere Weise beschreiben. Seine Wißbarkeit ist daher von niedrigem Rang. Die Seite *FH* des Fünfecks ist zur Dreieckseite *CD* parallel, da beide Vielecke von ungerader Seitenzahl die Ecke *B* gemeinsam haben. Man fälle nun von *F* aus das Lot bis *L* und ziehe von *B* aus durch *A* den Durchmesser, der die Schnittpunkte *ENG* ergibt. Dann ist das Quadrat der Seite *CF* gleich der Summe der Quadrate von *CL* und *FL*. *CL* aber ist der Überschuß der in Potenz aussprechbaren Strecke *CE* über die Minor *FN* oder *LE*. *CL* ist daher von einer völlig neuen Art. Ferner ist das Quadrat von *AN* gleich der Differenz einer aussprechbaren Fläche und des Quadrats einer Minor; es ist also *AN* von neuer Art. *EN* ist aber die Differenz dieser neuartigen Strecke und der in Länge aussprechbaren Strecke *AE*. *EN* ist also von zweimal entfernterem Grad. Schließlich ist das Quadrat der Fünfzehneckseite *CF* gleich der Summe der Quadrate der neuartigen Strecken *CL* und *EN*. Daher ist *CF* wegen *CL* zweimal, wegen *EN* dreimal, im ganzen also fünfmal weiter entfernt. Außerdem verschmelzen die Eigenschaften der verschiedenen Klassen, der Dreiecks- und der Fünfecksklasse miteinander; daher ist die Wißbarkeit heterogen. Was muß man dann vollends vom Dreißigeck denken, wo doch der Grad der Wißbarkeit mit der Verdopplung der Seiten immer weiter hinausrückt!

Die Sehne zu ⁷⁄₁₅ oder 1 ¹⁴⁄₃₀, des Kreises hängt von der Seite des Dreißigecks ab, sie rangiert also nach dieser. Die Sehne zu ⁷⁄₃₀ des Kreises erhält man daraus durch Halbierung; aus dieser leitet man ab die Sehne zu ⁸⁄₃₀ oder ⁴⁄₁₅ daraus wieder die zu ⁴⁄₁₅ durch Halbierung, wenn man diese auch auf andere Weise gewinnen kann; so ist beispielsweise das Quadrat von *MF* zusammengesetzt aus dem Quadrat von *CF,* der Seite des Fünfzehnecks, und aus dem Rechteck aus *CF* und der Fünfeckseite *FJ.* Beidemal ergibt sich etwas von niedrigerem Rang als bei den früheren Figuren.

XLV. Satz

Das Siebeneck und alle Figuren, deren Seitenzahlen (sogenannte) Primzahlen größer als sieben sind, sowie die zugehörigen Sterne und die von ihnen abgeleiteten Klassen lassen keine geometrische Beschreibung außerhalb des Kreises zu. Im Kreis besitzen die Seiten zwar notwendig eine bestimmte Größe, aber diese kann nicht wißbar sein.

Es handelt sich hier um eine wichtige Sache. Denn hierin ist der Grund beschlossen, warum Gott das Siebeneck und die anderen Figuren dieser Gattung nicht wie die im vorausgehenden aufgeführten erkennbaren Figuren zum Schmuck der Welt verwendet hat.

Es sei nun *BCDEFGH* ein Siebeneck und man verbinde eine jede Ecke mit allen anderen Ecken. *A* sei der Mittelpunkt des Kreises, *BAP* ein

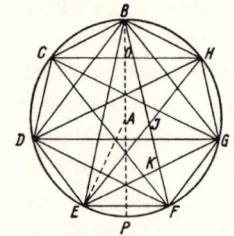

Durchmesser; *A* verbinde man mit *E.*

Fürs erste lassen derartige Figuren eine uneigentliche Beschreibung wie vorhin nicht zu. [48] Denn ihre Seiten- und Eckenzahl ist eine Primzahl und kein Paar der früher betrachteten Figuren teilt den Kreis in solche Teile, deren Anzahl eine Primzahl ist; vielmehr liefern diese Paare jeweils Vielfache der Seitenzahlen der einzelnen Figuren.

Aber auch eine eigentliche Beschreibung aus der Zahl der Ecken lassen die genannten Figuren nicht zu, da alles, was man aus dieser Zahl herausholen kann, durchaus unbestimmt und vieldeutig ist.

Man zerlege nämlich das Siebeneck in seine fünf Dreiecke, die beiden äußeren gleichschenkligen und stumpfwinkligen *BDC* und *BGH,* das gleichschenklige und spitzwinklige *BEF* in der Mitte und die zwei ungleichseitigen *BED* und *BFG* dazwischen. Da nun der Bogen, über dem die Schenkel eines Winkels stehen, dessen Spitze im gegenüberliegenden Bogen liegt, ein Maß angibt für die Größe des Winkels, steht der Winkel *BEF* über den 3 Teilen *BH, HG, GF* des Umfangs, der Winkel *BFE* gleichfalls über drei Teilen BC, *CD, DE,* der Winkel *EBF* aber über dem einen Teil *EF;* somit ist *BEF* ein Dreieck, in dem jeder Winkel an der Grundlinie das Dreifache von dem an der Spitze beträgt. In gleicher Weise zeigt man, daß sich die Winkel in dem ungleichseitigen Dreieck *BED* fortlaufend wie eins zu zwei verhalten. Denn der Winkel *E* ist das Doppelte von Winkel *B*, der Winkel *D* das Vierfache von *B* oder das Doppelte von *E*.

Wenn nun das Siebeneck eine bestimmte Beschreibung außerhalb des Kreises zuließe ebenso wie früher das Fünfeck, so ist vor allem erforderlich (wie schon JOHANNES CAMPANUS, GERONIMO CARDANO und FRANÇOIS FOIX DE CANDALLE erwähnt haben [in ihren Euklid-Ausgaben, dazu siehe M. STECK 1981]), daß es derartige Dreiecke gibt wie vorher das Fünfecksdreieck, bei dem die Winkel an der Grundlinie ja doppelt so groß wie der Winkel an der Spitze waren. Während sich nun aber bei diesem Fünfecksdreieck aus den Winkeln ein bestimmtes Verhältnis für die Seiten ergab, ist hier bei unserem Siebenecksdreieck ein solches bestimmtes Verhältnis nicht vorhanden. Es seien *J* und *K* die Punkte, in denen die Linien *EH* und *EG*, die den Winkel *BEF* in drei gleiche Teile teilen, *BF* schneiden. Da also im Dreieck *FEJ* der Winkel *FEJ* halbiert ist, verhält sich *FK* zu *KJ* wie *FE* zu *EJ*. *EF* aber ist gleich der ganzen Strecke *FJ*. Denn es ist Winkel *FEJ* gleich $^4/_7$ Rechten und *EFJ* gleich $^6/_7$ Rechten; daher ist *EJF* gleich $^4/_7$ Rechten, und die den beiden gleichen Winkeln gegenüberliegenden Schenkel *FE* und *FJ* sind einander gleich. In gleicher Weise sind auch *EJ* und *JB* einander gleich. Daher verhält sich *FK* zu *KJ* wie *FJ* zu *JB*. Da ferner im Dreieck *KEB* Winkel *KEB* durch *EJH* halbiert ist, verhält sich *KJ* zu *JB* wie *KE* zu *EB*. Nun aber sind *KE* und *FE* einander gleich, weil Dreieck *KEF* gleichschenklig und dem Dreieck *EBF* ähnlich ist; es war aber *EF* gleich *JF* und *EB* ist gleich *FB*. Daher verhält sich auch *KJ* zu *JB* wie *JF* zu *FB*. So hat man also für die drei Abschnitte auf der zu $^3/_7$ des Kreises gehörigen Sehne *BF* zwei Proportionen gefunden: Erstens verhält sich der größte Abschnitt *JB* zur Summe *JF* der beiden kleineren, das heißt zur Siebeneckseite *FE*, wie der mittlere *KJ* zum kleinsten *KF*. Zweitens verhält sich die ganze Strecke *BF* zur Summe *FJ* der beiden kleineren Abschnitte wie der größte Abschnitt *JB* zum mittleren *JK*. Aus diesen Proportionen scheint sich nun zwingend ein ganz bestimmtes [49] Verhältnis von *EF* zu *FB* zu ergeben. CARDANO ließ sich auch hierdurch täuschen, als er etwas Derartiges am schiefwinkligen Dreieck *BED* bemerkt hatte; er sprach von einer »reflexen Proportion«. Allein er hat sich umsonst gerühmt. Denn es trifft nicht zu, daß sich ein bestimmter Wert von *EF* oder *JF* hieraus ergibt, weil das, was die zweite Proportion liefert und was wir für etwas Neues halten, mit dem zusammenfällt, was die erste liefert. Denn immer

wenn unter vier Proportionalen die dritte gleich der Summe der beiden
ersten ist, geschieht es, daß das Verhältnis der ersten zur dritten oder
der zweiten zur vierten gleich ist dem Verhältnis der dritten zur Summe
der dritten und vierten, die als fünfte Größe auftritt. Solche Fälle gibt es
jedoch unendlich viele, sowohl mit kommensurablen als auch mit inkommensurablen Gliedern. Im besonderen ist die Zahl der Fälle mit kommensurablen Gliedern gleich der Zahl der »proportiones superparticulares«,
das heißt gleich der Zahl der ungeraden Quadratzahlen

	BF	9	*BJ*	6	*JK*	2	*KF*	1
	oder	25		15		6		4
	oder	49		28		12		9
	oder	81		45		20		16
	oder	121		66		30		25 usw.
sowie der Zahl der		49		35		10		4
»proportiones superpartientes«	oder	64		40		15		9 usw.

Denn wie sich 15 zu 9 verhält, so 40 zu 24, der Summe von 15 und 9. Und
wie sich 40 zu 15 verhält, so 64 (zusammengesetzt aus 40, 15 und 9) zu
24, der Summe von 15 und 9.

Alle diese vielen Proportionen haben eine gemeinsame Eigenschaft,
eine Eigenschaft, die notwendig erfüllt ist, wenn das Siebeneck konstruiert vorliegt, aus der allein aber das Siebenecksdreieck nicht konstruiert

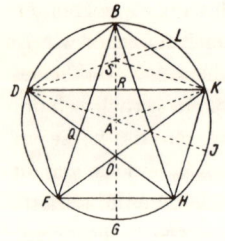

werden kann. Der Grund, warum im Fünfeck sich
aus den Winkeln ein bestimmtes Verhältnis für die
Seite ergibt, und zwar auch außerhalb des Kreises,
im Siebeneck und den anderen Vielecken dieser
Art dagegen nicht, geht leicht aus dem Vorausgehenden hervor. Im Fünfecksdreieck *BFK* gelangt
man durch Halbierung des Winkels *BKF* sofort zu
den beiden gleichschenkligen Elementardreiek-
ken *BKT* und *KTF*, und aus der Gleichheit der Winkel *BFK* und *BKT* folgt
die Gleichheit der Seiten *BK*, *KT*, *TF*. Im Siebeneck (Fig. S. 388) dagegen
erhält man durch die Dreiteilung des Winkels drei Elementardreiecke, die
zwei gleichschenkligen Dreiecke *BEJ* und *KEF* und das schiefwinklige
Dreieck *JEK*; dabei folgt aber das Verhältnis der Seiten nicht dem Verhältnis der Winkel, wie die Geometrie zeigt. Da also die Winkel dieser Figur
nichts darüber aussagen, wie man außerhalb des Kreises vorzugehen hat,

kann man das verlangte Dreieck außerhalb des Kreises nicht konstruieren. Es ist daher nicht möglich, diese Figur in einen Kreis einzubeschreiben mit Hilfe einer vorausgehenden Figur, die man wissen oder beschreiben könnte. Vielmehr wird eben erst dadurch, daß man das Siebeneck in irgendeiner vagen Form dem Kreis einbeschreibt, die oben angeführte Proportion auf einen einzelnen Fall eingeengt. Man begeht damit also eine Petitio principii; das heißt um das zu finden, womit die Einbeschreibung ausgeführt wird, muß man die Einbeschreibung selber verwenden, wie wenn sie zuvor möglich wäre.

Das Verhältnis der Seite *EF* zur Sternseite *FB* steckt also ganz in der quantitativen Materie. Das heißt zufolge dem Materialprinzip der Quantitäten, das in der unbestimmten Größe liegt, ist es zwar möglich, die Siebeneckseite im richtigen Verhältnis zum Kreisdurchmesser zu konstruieren, da im Kreis irgend etwas, was größer als die bestimmte Siebeneckseite ist, und etwas, was kleiner ist, gegeben ist; setzt man die Teilung ins Unendliche fort, so erhält man auch immer etwas, was größer oder was kleiner ist als die Seite *EF.* Allein zufolge dem, was bei den Quantitäten formal ist, ist jene Konstruktion schlechthin unmöglich, da es für die Figur des Siebenecks und ähnlicher Vielecke an jeglichem Mittel, ein bestimmtes Verhältnis der Seite darzustellen und aufzufinden, und somit an ihrer Formation oder wißbaren Bestimmung durchaus fehlt. Man kann also weder die Figur mit 14 Ecken mit der Seite *EP* in einen Kreis vom Halbmesser *AP* einbeschreiben, noch die zu zwei aufeinanderfolgenden Seiten dieser Figur gehörige Sehne *EF,* die Siebeneckseite in jenem Kreis, konstruieren. Diese Seite kann mit dem Durchmesser nicht verglichen werden, da ihr Verhältnis zum Durchmesser ihrer Natur nach unbekannt ist. Daher hat noch nie jemand mit Wissen und Willen nach einem vorsätzlichen Plan ein Siebeneck konstruiert, und es ist unmöglich, ein solches nach einem vorsätzlichen Plan zu konstruieren. Es kann zwar geschehen, daß es zufällig herauskommt; man kann dabei aber in keiner Weise entscheiden, ob es wirklich konstruiert ist oder nicht.

Man kann mir nun hier die analytische Lehre entgegenhalten, die nach dem Araber GEBER »Algebra«* mit einem italienischen Wort »cossa« ge-

---

* [Diese damals verbreitete Ansicht ist falsch; der Begriff ›Algebra‹ übersetzt das arabische Wort *al-dschebr;* mit dem im Titel eines Werkes des persischen Mathematikers AL-CHWARISMI (um 780 bis nach 846) bestimmte Operationen beim Auflösen von Gleichungen bezeichnet werden.]

nannt wird. Darnach ist es möglich, wie es den Anschein hat, die Vieleckseiten jeglicher Art zu bestimmen. JOST BÜRGI, der Mechaniker des Kaisers und des Landgrafen von Hessen-Kassel, der auf diesem Gebiet sehr geistreiche und überraschende Entdeckungen gemacht hat, geht, um ein Beispiel anzuführen, beim Siebeneck folgendermaßen vor. Zunächst weist er (Fig. S. 388) dem Durchmesser des Kreises *BP* die Zahl 2 zu, so daß *AB* die Einheit ist, in der die Länge der Seite *BC* ausgedrückt wird, wenn man diese Einheit ad infinitum in Teile zerlegt. Sodann nimmt er an, das Verhältnis *AB* zu *BC* sei bekannt, obwohl es erst gesucht ist. Dieses Verhältnis setzt er stetig fort, so daß sich verhält *AB* 1 zu *BC* 1 ℞, wie 1 ℞ zu 1 ♃, wie 1 ♃ zu 1 ♂, wie 1 ♂ zu 1 ♄, wie 1 ♄ zu 1 ♃♂ und so immer weiter. Wir wollen dies in bequemerer Weise mit Indizes bezeichnen: 1, 1*j*, 1*ij*, 1*iij*, 1*iiij*, 1*v*, 1*vj*, 1*vij*, usw.

Danach betrachte man zuerst das Viereck *BEDC*. Von PTOLEMAIOS [*Almagest* I, 9], COPERNICUS, REGIOMONTANUS, [BARTHOLOMÄUS] PITISCUS und den anderen Verfassern, die über die Sinuslehre geschrieben haben, ist bewiesen worden, daß in jedem Kreisviereck das eine Rechteck aus den Diagonalen *CE, DB* gleich ist der Summe der beiden Rechtecke aus je zwei Gegenseiten *DC, EB* und *CB, DE.* [51] Ferner ist aus der Geometrie bekannt, daß die Summe der Quadrate über *CO*, der Hälfte der Sehne *CH* und über dem Pfeil *OB* gleich ist dem Quadrat über der Seite *CB*.

Es sei nun *BP* gleich 2, *CB* gleich 1*j*, das Quadrat hiervon 1*ij*. Man teile dieses durch *BP*, so erhält man *BO* gleich 1*ij* geteilt durch 2. Das Quadrat hiervon ist 1*iiij* geteilt durch 4. Ziehe dieses von dem Quadrat von *CB* 1*ij* ab, so erhält man als Rest 4*ij* – 1*iiij* geteilt durch 4, das ist das Quadrat von *CO*. Da aber *CH* das Doppelte von *CO* ist, ist das Quadrat von *CH* gleich 16*ij* – 4*iiij* geteilt durch 4, das heißt 4*ij* – 1*iiij*.

Damit hat man also das Quadrat von *CH* oder *BD*, das heißt das Rechteck aus *BD* und *CE*. Nun multipliziere man *CB* in *DE*, so daß das Rechteck hieraus 1*ij* wird. Dieses subtrahiere von dem Rechteck aus *BD, CE* 4*ij* – 1*iiij*. Der Rest ist das Rechteck aus *CD, BE* 3*ij* – 1*iiij*. Dieses teile durch 1*j*, das heißt durch *CD*, so erhält man *BE* gleich 3*j* – 1*iij*.

Nun gehen wir zum Viereck *DBHE* über. Da *BE* gleich 3*j* – 1*iij* ist, ist das Rechteck aus *BE, DH*, das heißt das Quadrat von *BE*, gleich 9*ij* – 6*iiij* + 1*vj*. Davon subtrahiere das Rechteck aus *BH, DE* 1*ij*. Der Rest ist das Rechteck aus *BD, EH* 8*ij* – 6*iiij* + 1*vj*. Dieses teile durch *EH* 3*j* – 1*iij*. Man erhält dann *BD* gleich 8*ij* – 6*iiij* + 1*vj* geteilt durch 3*j* – 1*iij*. Das Quadrat hiervon ist

$64iiij - 96vj + 52viij - 12x + 1xij$ geteilt durch $9ij - 6iiij + 1vj$. Früher war dieses Quadrat aber gleich $4ij - 1iiij$. Multipliziert man dieses mit jenem Nenner, so wird sein

$36iiij - 33vj + 10viij - 1x$	gleich	$64iiij - 96vj + 52viij - 12x + 1xij$.
Also auch	$63vj + 11x$	gleich	$28iiij + 42viij + 1xij$.
Also auch	$63ij + 11vj$	gleich	$28 + 42iiij + 1viij$.

Diese Gleichung liefert die Seite des Siebenecks.

Man kann aber auch zu DB, EG übergehen. Es ist nämlich das Quadrat von DG oder EB gleich $9ij - 6iiij + 1vj$. Das Quadrat von DB oder EG ist gleich $4ij - 1iiij$. Ziehe das letztere vom ersteren ab, so wird das Rechteck aus DE, BG gleich $5ij - 5iiij + 1vj$. Dieses teile durch DE $1j$; dann wird BG gleich $5j - 5iij + 1v$. Das Quadrat hiervon ist $25ij - 50iiij + 35vj - 10ij + 1x$. Früher war dieses gleich $4ij - 1iiij$. Also ist

	$49iiij + 10viij$	gleich	$21ij + 35vj + 1x$.
Also auch	$49ij + 10vj$	gleich	$21 + 35iiij + 1viij$.

Hier gibt wiederum die Gleichung die Größe der Siebeneckseite. Allein Bürgi wendet seinen Blick ab vom ganzen Kreis und betrachtet diesen nur wie einen Bogen, der in sieben Teile zu zerlegen ist. Nachdem durch jenes cossische Verfahren die zu zwei Teilen gehörige Sehne bestimmt ist, sucht er nun die zu vier Teilen gehörige Sehne; er findet dafür (nach demselben Verfahren wie oben) den Wert Wurzel aus $16ij - 20iiij + 8vj - 1viij$. Hierauf macht er Gebrauch von der Diagonale in einem neuen Viereck, dessen Seiten zwei zu drei Teilen gehörige Sehnen sind. Das Rechteck aus diesen beiden ist daher $9ij - 6iiij + 1vj$. Subtrahiert man dieses Rechteck von dem Rechteck $16ij - 20iiij + 8vj - 1viij$, so bleibt als Rest für das Rechteck aus den beiden anderen Seiten $7ij - 14iiij + 7vj - 1viij$. Diese Sehne nimmt nun Bürgi her und vergleicht sie entweder mit der Zahl, durch die die Sehne des in sieben Teile zu zerlegenden bestimmten Bogens ausgedrückt wird, oder mit der Ziffer Null, wenn der ganze [52] Kreis, wie hier, in sieben Teile zu teilen ist. Es sind also die Größen

$$77j - 14iij + 7v - vij \text{ oder } 7 - 14ij + 7iiij - 1vj$$

gleich entweder jener Zahl oder der Ziffer Null.

Es ergibt sich aber für Bürgi aus der Gleichung, die er auf mechanischem Wege befriedigt, nicht nur ein Wurzelwert, sondern im Fünfeck zwei, im Siebeneck drei, im Neuneck vier usw. Im Siebeneck beispielsweise ist der eine Wert *BC*, der zweite *BD*, der dritte *BE*.

Um zu zeigen, daß diese Art, die Seiten einer Figur aufzusuchen, gar nichts gemein hat mit unseren früheren Definitionen in I, II und III, beachte man zuerst, was denn die cossische Sehne des Bürgi eigentlich besagt. Sie hat doch folgende Bedeutung: Bildet man sieben Größen in einer fortlaufenden Proportion mit dem Verhältnis, in dem die Siebeneckseite zum Kreishalbmesser steht, wobei die erste der Proportionalen die Siebeneckseite selber sein soll, dann machen sieben erste Größen zusammen mit sieben fünften ebensoviel aus, wie 14 dritte zusammen mit einer siebten. Diese Aussage ist nun zwar geometrisch und beweisbar, ebenso wie früher, als bewiesen wurde, die Fläche des Achtecks sei eine Mediale oder die Seite des Zwölfecks sei eine Apotome von einer Strecke. Denn dort wurde etwas ausgesagt von einer Fläche oder einer Strecke, hier wird etwas ausgesagt von dem Verhältnis von Strecken. Nun aber genügt es zur Kenntnis und Messung der Fläche nicht, zu wissen, sie sei eine Mediale; ebenso genügt es zur Ausmessung der Strecke nicht, zu wissen, sie sei eine Apotome einer andern. Denn es gibt viele Strecken dieser Art. Eine Beschreibung ergibt sich aus diesen allgemeinen Merkmalen nicht. Die fest bestimmte Größe der Fläche oder der Strecke läßt sich hieraus nicht ermitteln. Jene Eigenschaften ergeben sich vielmehr hintendrein, nachdem die Größen konstruiert und beschrieben sind. Ebenso genügt es auch hier nicht zu wissen, was der Fall sein wird, wenn einmal die sieben stetigen Proportionalen gebildet sind nach einem Verhältnis, das ich noch gar nicht kenne. Nein, da mir dieses Verhältnis nicht durch irgendeine geometrische Konstruktion gegeben ist, so warte ich darauf, daß mir zunächst jemand zeigt, wie ich es herstellen kann. So war es ja auch bei allen früheren Figuren das erste, daß man sie beschrieb, in einen Kreis einbeschrieb, eine gewisse Größe bestimmte und zur Ausführung dieser Bestimmung eine gewisse geometrische Konstruktion anwandte. Erst hintendrein ergab sich dann die Kenntnis jener Eigenschaften, die zu einer gegenseitigen Vergleichung der Figuren dienten.

Um den beiderseitigen Unterschied noch klarer zu machen, wollen wir die Fünfeckseite betrachten. Beim Beschreiben derselben gingen wir oben so vor: Aus der Summe des Quadrats über dem Halbmesser und des Quadrats über der Hälfte von diesem bildete man ein Quadrat. Von der Seite dieses Quadrats zog man die Hälfte des Halbmessers ab. Das Quadrat über der Reststrecke wurde mit dem Quadrat [53] über dem Halbmesser wiederum zu einem Quadrat vereinigt. Die Seite dieses Quadrats war dann die Fünfeckseite. All das konnte man ausführen, und zwar ist die Ausführung leichter als die Darstellung mit Worten, wie jeder weiß, der mit dem Zirkel umgehen kann. Denn was gibt es Leichteres, als daß man den rechten Winkel *GAM* bildet, auf seinen Schenkeln die beliebige Strecke *AM* und das Doppelte davon *AG* abträgt, das eine Ende des Zirkels in *M*, das andere in *G* einsetzt, den Kreis *GP* beschreibt, *MA* bis *P* verlängert und schließlich *GP* in den Zirkel nimmt und in einen anderen Kreis mit Halbmesser *GA* einträgt?

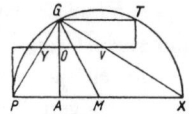

Aber nun sehe man, was uns BÜRGIS Coss über die Fünfeckseite zu sagen weiß. Nach der oben angeführten Methode ergibt sich, daß die Zahl $5j - 5iij + 1v$ gleich ist der Sehne Null. Das heißt wenn man der Reihe nach fünf stetige Proportionalen konstruiert, von denen die erste die Fünfeckseite sei, während das Verhältnis je gleich dem der Fünfeckseite zum Halbmesser ist, dann sind fünf erste Proportionalen zusammen mit einer fünften gleich fünf dritten.

Wie beim Siebeneck lehrt also BÜRGI nicht, wie man die stetige Proportion herstellt, in der dies der Fall ist, noch drückt er die Länge der Proportionalen durch zuvor bekannte Größen aus. Vielmehr zeigt er nur, welche Eigenschaft auftritt, wenn einmal die Proportion gebildet ist. Man sagt mir also, ich soll die Eigenschaft zur Darstellung bringen, dann werde ich auch die Proportion haben. Aber wie soll ich denn die Eigenschaft zur Darstellung bringen, durch welche geometrische Konstruktion? Durch keine andere, so werde ich belehrt, kann dies geschehen, als wenn man die Proportion hernimmt, die ich suche. Man begeht also eine *Petitio principii*, und der arme Rechner, von allen Hilfsmitteln verlassen, hängt in dem Zahlengestrüpp und schaut umsonst nach seiner Coss aus. Das ist der eine Unterschied zwischen dem cossischen und dem geometrischen Verfahren.

Ein weiterer besteht darin, daß sich das ganze Verfahren von BÜRGI auf das Wesen der diskreten Quantitäten oder der Zahlen stützt. Er teilt den Durchmesser in so viele Teile, als ihm gerade beliebt, im allgemeinen in zwei. Auf diese Zahl stützt sich der ganze Prozeß; er würde sich ändern, wenn man dem Durchmesser einen anderen Namen geben, das heißt eine andere Zahl zuordnen würde. Nicht so die Geometrie der Figuren, wie sie oben dargestellt wurde. Hier werden die in Länge aussprechbaren Seiten ohne Zahlen bezeichnet; die unaussprechbaren aber werden keineswegs durch Zahlen erfaßt. Man drückt sie vielmehr je nach ihrer Art so aus, daß es ganz klar ist, daß es sich hierbei nicht um diskrete, sondern um kontinuierliche Größen, also um Strecken und Flächen, handelt.

Drittens gehörte bisher zu einer Vieleckseite und zu der Seite des gleichnamigen Sterns je eine ganz bestimmte Beschreibung. Bei der algebraischen Analysis ist es nun höchst merkwürdig (der Geometer fühlt sich freilich hierdurch in erster Linie abgestoßen), daß das, was verlangt wird, nicht auf einem einzigen Weg erreicht werden kann. Freilich liegt auch hier eine gewisse Gesetzmäßigkeit vor. Denn wie bereits oben gesagt wurde, gibt es so viele Zahlen, die das [54] Verlangte leisten, als es in der Figur der Länge nach verschiedene Sehnen oder Diagonalen gibt, im Fünfeck zwei, im Siebeneck drei; eine Zahl für die Seite, die anderen für die Diagonalen. Eine Aussage, die über das der Figur eigentümliche Verhältnis gemacht wird, gilt also gleicherweise für die Verhältnisse aller jener Strecken zum Durchmesser.

Viertens: vorausgesetzt auch, daß ein einziges Verhältnis das Verlangte leistet, so erfährt man doch nicht, wie man dieses genau erhält, sondern nur, wie man ihm von ferne näher kommt. Denn während die Strecken ihrer Art nach hinsichtlich der Wißbarkeit zu den unaussprechbaren gehören (das heißt zu den nicht zählbaren, die die Zahlen verschmähen) und daher die Rechnung durch keine noch soweit gehende Fortsetzung zu Ende geführt wird, ohne daß nicht immer etwas im ungewissen bleibt, kennt doch diese Rechnung, wie oben an zweiter Stelle gesagt wurde, außer den Zahlen keine anderen Hilfsmittel. Man teilt vielmehr den Durchmesser auf verschiedene Weise in tausend und aber tausend Teile, um die Rechnung immer genauer zu machen. Allein dabei wird das Ergebnis doch niemals völlig genau. Kurz, das heißt nicht die Sache selber wissen, sondern etwas, das ihr sehr nahe kommt, aber doch größer oder kleiner ist. Immer kann ein späterer Rechner die Annäherung noch weiter treiben; an das Ziel selber zu gelangen ist aber keinem möglich. Von dieser Art ist freilich alles, was rein nur in der Potenz der quantitativen Materie liegt und keine wißbare Formation besitzt, durch die es einmal in den Akt menschlicher Wißbarkeit gerückt wird.

Fünftens. Wir wollen einmal im besonderen vom Siebeneck und den zugehörigen gleichartigen Figuren reden. Bei diesen wächst der Reihe

396

nach die Zahl der Proportionalen mit der Zahl der Seiten. Wenn man nun jeweils die letzte Proportionale kennen würde, im Siebeneck beispielsweise die siebente, so könnte man damit doch nicht die zwischenliegenden konstruieren. Denn wenn zwei Größen nicht selber Glieder einer fortlaufenden Proportion sind, so daß die eine zum Beispiel die dritte oder fünfte Potenz der anderen ist, so kann man zwischen ihnen nicht beliebig viele Glieder einer fortlaufenden Proportion auf geometrischem Wege einschieben, sondern nur 1 oder 3 oder 7 oder 15 usw.; dagegen ist es unmöglich, in der Ebene 2 oder 4, 5, 6, 8, 9 usw. zu konstruieren, und doch ist hier von ebenen Figuren die Rede.

Nun liegen bei der Siebenecksproportion zwischen dem Halbmesser 1 und der 7. Proportionalen i vii sechs mittlere Proportionalen. Es verhalten sich aber 1 und 1vij nicht wie zwei Zahlen einer entsprechend langen fortlaufenden Proportion. Denn das Verhältnis des Halbmessers zur Siebeneckseite kann nicht durch zwei Zahlen ausgedrückt werden, es ist ja nicht aussprechbar. Wäre es aussprechbar, so würde es zu den früher dargelegten Arten gehören, die frühere Klassen kennzeichnen, und die 7 Ecken wären nicht 7, sondern 3 oder 4, was ein Widerspruch ist. Denn das Verhältnis der Seiten rührte bei den primären Figuren von den Ecken her. Es müßten also durch einen einzigen Akt alle sechs mittleren Proportionalen zwischen 1 und 1vij konstruiert werden. Wenn wiederum 1vj der [55] Größe nach gegeben wäre, so würden zwischen 1 und 1vj fünf mittlere Proportionalen liegen. Wenn sich nun 1 und 1vj wie zwei Kubikzahlen verhielten, so könnte man zuerst durch einen einzigen Akt 1ij und 1iiij, sodann zwischen 1, 1ij, 1iiij, 1vj durch drei Akte die drei mittleren Proportionalen konstruieren. Wenn aber 1v der Größe nach gegeben wäre, so müßte man wiederum alle vier zwischenliegenden Proportionalen durch einen einzigen Akt konstruieren, was nicht möglich wäre außer im Fall einer aussprechbaren Proportion, wie oben. Das übrige versteht sich hiernach von selbst.

Wir ziehen also den Schluß: Jene cossischen Analysen haben mit unserer gegenwärtigen Betrachtung nichts zu tun; sie begründen nicht irgendeinen Grad der Wißbarkeit, der vergleichbar wäre mit denen, die wir im früheren entwickelt haben.

Nebenbei möchte ich bei Gelegenheit dieser Coss den Metaphysikern einen Hinweis geben. Sie sollen überlegen, ob sie hieraus etwas entnehmen können zur Erläuterung jenes bekannten Axioms: Von einem Nicht-

Ding gibt es, wie man sagt, keine Beschaffenheiten, keine Eigenschaften. Denn im vorliegenden Fall beschäftigen wir uns mit Gedankendingen und sagen ganz richtig, daß die Siebeneckseite zu den Nicht-Dingen, das heißt Nicht-Gedankendingen, gehöre. Denn da ihre formale Beschreibung unmöglich ist, kann sie weder vom menschlichen Geist gewußt werden (denn die Möglichkeit der Beschreibung geht der Möglichkeit der Wißbarkeit voraus), noch auch wird sie in einem einfachen ewigen Akt von dem allwissenden Geist gewußt, weil sie ihrer Natur nach zu dem Unwißbaren gehört. Und doch gibt es von diesem Nicht-Gedankending gewisse wißbare Eigenschaften, die selber gewissermaßen bedingte Dinge sind. Angenommen nämlich, ein Siebeneck wäre in einen Kreis einbeschrieben, so hätte sein Seitenverhältnis die obengenannten Eigenschaften. Dieser Hinweis mag genügen*.

Es gibt noch andere falsche Sätze von Geometern über die Seiten von Figuren der genannten Arten. Allein dieselben werden schon durch ein 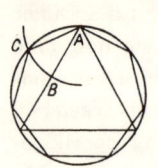 mit größerer Geschicklichkeit ausgeführtes mechanisches Verfahren widerlegt, obwohl man sie gerade wegen des mechanischen Verfahrens der Jugend mitteilt. So wenn ALBRECHT DÜRER [*Vnderweysung der messung mit dem zirckel und richtscheyt.* 1525, Blatt Eiiii^v] die Seite *AC* des Siebenecks gleich der Hälfte *AB* des Dreiecks im gleichen Kreis setzt. Daß diese Strecke zu kurz ist, zeigt schon die mechanische Ausführung. Damit man jedoch nicht durch allzu rohes Hantieren hinters Licht geführt wird, kann man den Fehler vor dem praktischen Probieren durch folgende einfache Überlegung finden. Die Dreieckseite ist, wie aus der Zahl der Ecken bewiesen wird, in Potenz aussprechbar; das gleiche gilt daher auch für ihre Hälfte. Die Siebeneckseite ist aber nicht in Potenz aussprechbar, eben weil das Vieleck ein Siebeneck ist und weil es sieben

---

* Um einer blasphemischen Deutung dieser Ausführungen zu entgehen, hielt es ein mir befremdeter ausgezeichneter Mathematiker für geraten, sie wegzulassen. Nun ist es aber ein durchaus geläufiger Satz der Theologen: was einen Widerspruch involviert, ist unmöglich. Auch lehren wir, daß das Wissen Gottes sich nicht auf derartige Unmöglichkeiten erstreckt, zumal da diese formalen geometrischer Dinge nichts anderes sind als das Wesen Gottes selber. Denn was immer von Ewigkeit her in Gott ist, das macht das eine unteilbare göttliche Wesen aus. Er würde also sich selber als einen anderen erkennen, als er ist, wenn er das, was inkommensurabel ist, als kommensurabel erkennen würde. Warum sollte man daher scheinheilig nachgeben und wegen der Unerfahrenen, die das Buch doch nicht lesen, die anderen betrügen?

Seiten und nicht sechs oder fünf oder drei besitzt. Die Primzahlen erzeugen ja die Arten, allein diese Arten sind unter sich inkommensurabel und eine ist nicht gleich der andern.

Betreffs der verfehlten Ausführungen des CAROLUS MARIANUS CREMONENSIS und des FRANÇOIS FOIX DE CANDALLE über das Siebeneck siehe CHRISTOPH CLAVIUS, [56] *Geometria practica* VIII, 30, und seinen *Kommentar zu Euklid* IV, 16.

Dieser Problemkreis rief auch den hochedlen Herrn Markgrafen von Malaspina auf den Plan, der im Jahr 1614 Gesandter des durchlauchtigsten Herzogs von Parma am kaiserlichen Hof war. Er hat durch ein höchst geistreiches Diagramm alle früheren Konstruktionen übertroffen und geglaubt, die zu ³⁄₁₅, des Kreises gehörige Sehne sei gleich ⁵⁄₄ des Halbmessers und somit in Länge aussprechbar. Der Beweisapparat war so raffiniert, daß selbst ein EUKLID nicht herausgefunden hätte, welche Annahme dabei unbewiesen bleibt.

Für das Elfeck ist folgende Beschreibung verbreitet. In einem Kreis ziehe man von einem Punkt *A* aus nach der einen Seite des Umfangs die Quadratseite *AC,* nach der andern die Dreieckseite *AD* sowie nach beiden Seiten die Sechseckseiten *AB* und *AF.* Die zu dem
Winkel *FAB* zwischen den beiden Sechseckseiten gehörige Sehne ist die Dreieckseite *BF.* Diese schneidet die vorige Dreieckseite *AD* in *G.* Man ziehe nun von dem Endpunkt *C* der Viereckseite aus durch den Mittelpunkt *J* den Durchmesser *CE* und vom andern Endpunkt *E* des Durchmessers aus durch den Schnittpunkt *G* der
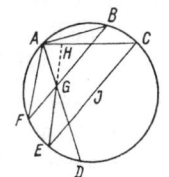
Dreieckseiten die Gerade *EG,* die die Viereckseite *AC* in *H* schneidet. Die Strecke *FCH* zwischen diesen beiden Schnittpunkten soll nun die Elfeckseite sein. Sie ist jedoch, wie schon eine praktische Probe zeigt, zu lang. Allein ein erfahrener Mathematiker schaut auf die Art der Strecke, die notwendig, wenn auch in noch so fernem Grad, etwas gemein hat mit der Dreieck- und der Viereckseite. Nun aber führt die Zahl 11, die ja eine Primzahl ist, in keiner Weise zu diesen Figuren. Als Primzahl hat sie mit den Zahlen 3 und 4 nichts gemein. Der Mathematiker ist sich also sicher, daß die Beschreibung falsch ist, und kann sich gern die Rechenarbeit ersparen.

Es bleibt daher allen Einwänden und allen vergeblichen Versuchen gegenüber bestehen, daß die Seiten derartiger Figuren ihrer Natur nach unbekannt und unwißbar sind. Es ist also nicht verwunderlich, wenn das, was sich im Urbild der Welt nicht finden läßt, auch nicht in der Bildung der Teile der Welt ausgedrückt ist.

XLVI. Satz

Der Teilung eines Kreisbogens in drei, fünf sieben usw. gleiche Teile oder in einem Verhältnis, das nicht durch fortgesetzte Verdopplung der früher bewiesenen Teilungen entsteht, kommt keine geometrische Möglichkeit von der Art zu, daß sie eine Wißbarkeit erzeugen würde.

Die Teilung eines Bogens in zwei, vier, acht usw. Teile durch fortgesetzte Halbierung ist sicherlich geometrisch und wurde bereits im seitherigen angewandt. In drei Teile läßt sich zerlegen der ganze Kreis durch das einbeschriebene Dreieck, der Halbkreis durch das Sechseck, der Viertelkreis durch das Zwölfeck, der Fünftelkreis durch das Fünfzehneck, der Bogen von 135 Grad [57] durch das Achteck, der Bogen von 108 Grad durch das Zehneck. In ähnlicher Weise läßt sich in fünf Teile zerlegen der ganze Kreis durch das Fünfeck, der Halbkreis durch das Zehneck, der Drittelkreis durch das Fünfzehneck, der Bogen von 150 Grad durch das Zwölfeck. Das Entsprechende gilt von den Bögen, die man erhält, wenn man jene Bögen in zwei, vier, allgemein in eine solche Anzahl von Teilen zerlegt, die eine Potenz von 2 ist. Dies ist aber nicht der Fall wegen des Sinnes der Drei- und Fünfteilung, sondern zufällig, wegen der anderen Eigenschaften der Figuren, von denen bisher die Rede war.

Daß eine beliebige Dreiteilung oder eine Teilung nach irgendeinem beliebig gegebenen Verhältnis, das nicht durch eine Potenz von 2 ausgedrückt wird, unmöglich ist, erhellt aus der Vergleichung mit der Zweiteilung, die möglich ist. Bei dieser ist das Mittel, um den Bogen und den Winkel, für den jener das Maß ist, zu halbieren, eine gerade Linie, nämlich die Sehne des Bogens, die geometrisch in zwei gleiche Teile zerlegt werden kann, da aus der Gleichheit dieser Teile die Gleichheit der Teile des entsprechenden Bogens folgt, mag dieser im Vergleich zum Kreis klein oder groß sein. Auf diesem Grund beruht auch die Tatsache, daß man im Dreieck aus der Gleichheit der Seiten auf die Gleichheit der gegenüberliegenden Winkel schließen kann. Dieses Mittel läßt uns aber bei den übrigen Teilungen im Stich. Man kann wohl zwar die Gerade, die Sehne des Bogens, geometrisch in beliebig viele Teile zerlegen; allein es folgt aus irgendeinem Verhältnis der Sehnenteile (abgesehen von dem der Gleichheit) nicht das Verhältnis der Bogenteile, wie man ja auch im Dreieck von dem Verhältnis der Seiten (abgesehen allein von dem der Gleichheit) nicht auf ein entsprechendes Verhältnis der gegenüberliegenden Winkel schließen kann. Teilt man beispielsweise die Sehne des Bogens in drei gleiche Teile, so ist, wenn die Schnittlinien senkrecht auf der Sehne stehen, der mittlere Teil des Bogens kleiner als die seitlichen. Wenn dagegen die Schnittlinien von dem Kreismittelpunkt aus gezogen werden, dann ist der mittlere Bogenteil größer als die seitlichen. Also wird es zwischen dem unendlichen Abstand und dem Kreismittelpunkt einen Punkt geben von der Art, daß, wenn man von ihm aus zwei Schnittlinien zieht, sowohl die Sehne als auch der Bogen in drei gleiche Teile zerlegt werden. Dieser Punkt ist aber um so weiter vom Kreismittelpunkt entfernt, je kleiner der in drei Teile zu zerlegende Kreisbogen ist, jedoch nicht in einem festen Verhältnis. Da nun der Kreisbogen ins Unendliche verkleinert werden kann, rückt auch der Abstand jenes Punktes ins Unendliche. Vom Unendlichen aber, oder von der unendlichen Verschiedenheit gibt es kein Wissen. Eine solche Schwierigkeit tritt bei der Dreiteilung auf, die noch verhältnismäßig einfach ist und der Gleichheit am nächsten steht. Eine viel größere Schwierigkeit entsteht bei den weiteren Teilungen eines Bogens, zum Beispiel in fünf, sieben, neun, elf usw. gleiche Teile. Hier gibt es keinen einzelnen Punkt mehr von der Art, daß die von ihm aus gezogenen Geraden, die die Sehne in die vorgeschriebene Anzahl gleicher Teile zerlegen, auch den Bogen in gleiche Teile teilen.

Die Mittel, die man zur Ausführung einer beliebigen Teilung beibringen und aus der Zahl, die die Teilung benennt, hernehmen kann, müssen allgemein und allen Bögen gemeinsam sein, mögen diese groß oder klein sein, sich viel oder wenig in ihrer Größe von ihren Sehnen unterscheiden. Sich nun aber damit begnügen, ein vages Verhältnis der Schnenteile zu den Bogenteilen anzugeben, das heißt nicht die Aufgabe wissenschaftlich abgrenzen. Dies sei im besonderen gesagt von der analytischen Drei- und Fünfteilung Bürgis, von der wir beim vorausgehenden Satz ausführlich gesprochen haben. Wenn nun alles dort [58] Gesagte auch hier gilt, so ist doch manches darunter, was für den vorliegenden Fall ganz besonders gilt und was bei der Teilung der Bögen klarer und verwunderlicher herauskommt als bei der Teilung des ganzen Kreises. Ich will die den beiden Fällen gemeinsamen Einwände übergehen: Daß man eine *Petitio principii* begeht, wenn man fordert, das zu machen, von dem man gerade wissen will, wie es zu machen ist. Daß die Eigenschaften einer stetigen Größe im Hinblick auf ihre Wißbarkeit nicht durch diskrete Größen oder Zahlen erfaßt werden. Daß man aus jeder Zahl, die man für die den vorgeschriebenen Bogenteil bestimmende Seite ausmittelt, nur entnehmen kann, daß die Seite größer oder kleiner ist, als sie angibt; daß sich also jene analytische Bestimmung zu der geometrischen verhält wie die rohe und ungeordnete Materie zu etwas Formiertem, wie eine unbegrenzte und unbestimmte Größe zu einer Figur. Demgegenüber liegt im gegenwärtigen Fall eine Besonderheit vor, die in der halbmechanischen Coss als ausgezeichnete Leistung, in der wissenschaftlichen Geometrie dagegen als abwegige Entartung gilt: Da jede Sehne, die kleiner ist als der Durchmesser, zwei verschiedenen Kreisbögen zugehört, von denen der eine kleiner, der andere größer als ein Halbkreis ist, und daher die zu einem bestimmten Teil des kleineren Bogens gehörige Sehne kleiner, die zum gleichen Bruchteil des größeren gehörige Sehne dagegen größer wird, gibt jene analytische Methode Bürgis nicht nur für diese beiden ungleichen Sehnen, sondern auch noch für eine Anzahl anderer Sehnen des Kreises eine allgemeine Vorschrift, die dazu dient, alle jene Sehnen durch Zahlen näherungsweise auszudrücken. Bei der Dreiteilung beispielsweise besteht diese Vorschrift in folgendem. Es seien ein Bogen, sagen wir von 48 Grad, und seine Sehne gegeben, und dieser Bogen soll in drei Teile von je 16 Grad zerlegt werden, das heißt man soll die Sehne eines solchen Teils oder ihr Verhältnis zur Sehne des ganzen Bogens von 48 Grad finden. Nun schreibt man vor, man soll ein Verhältnis herstellen, so daß sich die Sehne des ganzen Bogens zur gesuchten Sehne des Bogenteils verhält wie diese zur zweiten Proportionalen und wie diese zweite Proportionale zur dritten. Nun muß man die Sehne des Bogenteils verdreifachen und davon die dritte Proportionale abziehen. Der Rest, der übrigbleibt, sagt man, ist gleich der Sehne des ganzen Bogens. Das heißt man erhebe den dritten Teil der gegebenen Sehne in die dritten Potenz, wie einen Bruch; die Zahl, die herauskommt, addiere man zum Ganzen. Der dritte Teil von dieser Summe ist ein wenig kleiner als die gesuchte Sehne. Wenn man nun jenen Wert wiederum in die dritte Potenz erhebt und zum Ganzen addiert, so kommt der dritte Teil dieser Summe dem wahren Wert näher usw. *in infinitum.* Durch diesen Prozeß kommt man nach und nach an die Sehne von 16 Grad heran. Wenn man nun aber die Zahl, die in die dritte Potenz zu erheben ist, größer festsetzt, und zwar ungefähr so groß, als mit Hilfe des Zirkels für ein Drittel des Teils des Kreises herauskommt, der sich nach Abzug von 48 Grad ergibt, also des Bogens von 312 Grad, dessen Drittel gleich 104 Grad ist, dann wird man auch die Sehne dieses Bogens von 104 Grad und seiner Ergänzung von 256 Grad auf dieselbe Weise erhalten. Aber nicht allein dies. Wenn man zu 48 und 312 einen ganzen Kreis von 360 Grad hinzufügt, wird man auch für die Drittel der Summen von 408 und 672, das heißt für 136 und 224, die zugehörigen Sehnen durch den gleichen cossischen Ausdruck finden. Allgemein ist zu sagen: so viele Einheiten nach Abzug von 2 von der Teilzahl übrig bleiben, so oft darf man einen ganzen Kreis oder den gegebenen Bogen, der zu teilen ist, hinzufügen, um durch ein und denselben cossischen Ausdruck die Sehnen neuer Bögen aufzufinden. Daraus erhellt der ungeheure Unterschied zwischen diesen cossischen Ausdrücken und den wißbaren Graden, die ich im früheren entwickelt habe.

[59] Läßt sich nun also nicht irgendeine andere kunstgerechtere Art und Weise angeben, um beliebige Teilungen der Bögen auszuführen? Ich antworte: Wenn alle Sehnen der Bögen, die zu teilen sind, unter einem gemeinsamen Begriff betrachtet werden und wenn wir nur jene Hilfsmittel zur Verfügung haben, die allen gesuchten Sehnen gemeinsam sind (wie ihre stetigen Proportionalen nach dem verlangten Verhältnis), dann wird schlechterdings niemand etwas Besseres ausfindig machen können, und jeder, der sich damit beschäftigt, macht sich vergebliche Mühe; er begeht in seiner Verwirrung eine *contradictio in adjecto*. Aus dem, was allen Fällen gemeinsam ist, läßt sich nichts für die Besonderheit des Einzelfalles schließen.

Wenn wir aber die Rede auf die spezifischen Unterschiede der Strekken, die Sehnen der zu teilenden Bögen sind, bringen, so ändert sich der Stand der Frage und an Stelle der Teilung eines beliebigen Bogens setzen wir die Teilung des ganzen Kreises durch eine reguläre Figur, die der vorgelegten Sehne ihre spezifische Eigenschaft verleiht. Von diesen regulären Figuren haben wir aber bereits oben gehandelt und werden im folgenden noch mehr sagen. Wir haben ja gerade bei diesen Untersuchungen Mittel ausfindig gemacht, mit deren Hilfe man einige dieser Figuren beschreiben konnte. Da also ein solches Mittel der Natur nach früher sein muß als die Sache, die durch dieses Mittel herzustellen ist, so würde man schlechterdings eine Petitio principii begehen, wenn wir zur Beschaffung unseres Mittels Hilfe suchen würden bei den regulären Figuren.

Nun aber könnte hier ein Gegner einwenden, daß der Alexandriner PAPPOS im IV. Buch seiner mathematischen *Collectiones*, Satz 31, die Dreiteilung des Winkels mit Hilfe einer Hyperbel lehrt und im Satz 35 zeigt, wie man einen Winkel in beliebig gegebenem Verhältnis mit Hilfe der Quadratrix und der Helix teilt, und daß CLAVIUS in seiner *Geometria Practica* VIII, 25 dasselbe mit Hilfe der Konchoide des NIKOMEDES leistet.

Allein die Entdeckungen jener Gelehrten begründen keinerlei Möglichkeiten einer beliebigen Teilung für die wissenschaftliche Geometrie. Um dies klarzumachen, will ich zuerst die Kunstgriffe des PAPPOS bei der Dreiteilung darlegen und dann den Unterschied zwischen diesen und einer wißbaren Beschreibung ins Licht rücken.

Zunächst teilt PAPPOS in der Vorrede zu Satz 31 die Probleme (die er in einem allgemeineren Sinn des Wortes geometrische nennt, während für uns »geometrisch« einen speziellen Sinn hat) in ebene, räumliche und lineare und gesteht, daß die Dreiteilung mit Hilfe ebener Konstruktionen (die für mich im speziellen Sinn geometrisch heißen, weil sie wißbar nach den dargelegten Graden sind) nicht ausführbar ist; er überführte aus diesem Grund die alten Geometer, die sich vergeblich damit abgemüht haben, des Mangels an Überlegtheit.

Er selber führt seine Dreiteilung mit Hilfe einer räumlichen Konstruktion, die beliebige Teilung aber mit Hilfe von figurierten Linien aus.

Das Verfahren bei der Dreiteilung ist folgendes. Es sei ein Winkel gegeben, der in drei Teile zu zerlegen ist. Man fälle von einem Punkt des einen Schenkels aus das Lot auf den andern Schenkel, durch das die Länge der Schenkel begrenzt gedacht werde. Nun ziehe man zu dem zweiten kürzeren Schenkel durch jenen Punkt und zu dem Lot durch die Spitze des gegebenen Winkels Parallelen, die miteinander ebenfalls einen rechten Winkel bilden. Nun [60] nimmt PAPPOS einen Kegel, also eine räumliche Figur, an, dessen Oberfläche durch den Fußpunkt des Lotes geht. Den so gelagerten Kegel dreht oder neigt er nun soweit, bis er mit seiner Oberfläche in der Ebene als Schnitt eine sog. Hyperbel bildet, deren Asymptoten die beiden Parallelen sind. Hierauf beschreibt er um den Fußpunkt des Lotes mit einer Strecke, die doppelt so groß ist wie der erste Schenkel, in der Ebene einen Bogen, der den Kegelschnitt schneidet. Nun verbindet er den Fußpunkt des Lotes mit diesem Schnittpunkt und zieht durch die Spitze des gegebenen Winkels eine Parallele. Danach beweist er, daß durch diese Parallele von dem Winkel ein Drittel abgeschnitten wird.

Bei PAPPOS wird also dieses Problem zu einem räumlichen durch Verwendung eines Kegels, einer räumlichen Figur. Allein insofern man zwischen den gegebenen Asymptoten, den beiden aufeinander senkrecht stehenden Parallelen, durch einen gegebenen Punkt zwischen ihnen den Kegelschnitt, den man Hyperbel nennt, auch ohne Kegel in der Ebene zeichnen kann, ist diese Aufgabe offenbar auch zu den linearen zu rechnen. Eine solche Linie wird ja erzeugt durch eine geometrische Bewegung und eine stetige Änderung von Strecken, das heißt sie wird dargestellt durch beliebig viele Punkte ganz ebenso wie die Quadratrix und die Helix, mit deren Hilfe PAPPOS in Satz 35 sowohl die Dreiteilung als auch eine beliebige Teilung ausführt. Das also sind seine Kunstgriffe.

Was sollen wir nun sagen? Ich frage: Kann man zwischen den gegebenen Asymptoten durch einen gegebenen Punkt nur eine Hyperbel beschreiben, gleichviel ob durch die Neigung des Kegels oder durch eine Reihe unendlich vieler Punkte? Gibt es auf der einen Seite nur einen Schnittpunkt des Kreises mit der Hyperbel? Gibt es nur eine eindeutig bestimmte Neigung der Verbindungslinie der Hyperbelpunkte zu der Achse der Figur?

Ich gestehe, daß dies alles notwendig und sicher ist, wenn einmal die Hyperbel gezeichnet vorliegt. Es besaß ja auch früher bei der analytischen Dreiteilung BÜRGIS die Sehne des Bogendrittels, wenn sie einmal konstruiert war, eine bestimmte, notwendige Länge oder ein solches Verhältnis zur Sehne des ganzen Bogens. Allein da wir nicht danach fragen, was der Fall ist, wenn die Sache bereits ausgeführt ist, sondern danach, wie die noch nicht ausgeführte Sache erst auszuführen ist, damit etwas da ist, so erhalten wir aus den räumlichen und linearen Problemen der Alten keinen weiteren Beitrag zur gesuchten Kenntnis unserer Strecken als oben aus der analytischen Lehre der Modernen. Es gibt freilich zwischen den gegebenen Asymptoten durch einen gegebenen Punkt nur eine einzige Hyperbel in der Ebene der Asymptoten. Nun aber verlangt man von mir, ich soll, während die Hyperbel noch nicht gezogen ist, den Kegel solange um den Punkt, in dem er fest hängt, drehen, bis sie fertig da ist. Oder man verlangt von mir, ohne Kegel, ich soll die Linien, durch die man die Hyperbel als Punktreihe erhält, solange verändern, bis die Hyperbel hinlänglich verlängert ist, und ich soll mir die Teile, die zwischen den konstruierten Punkten liegen, konstruiert vorstellen. In beiden Fällen verlangt man von mir, ich soll das, was der Potenz nach von unendlicher Mannigfaltigkeit ist, durch einen einzigen Akt oder eine einzige Bewegung durchlaufen, um hierbei auch das zu erreichen, was in jener potentiellen Unendlichkeit verborgen ist, ohne das Licht vollkommener Erkenntnis, wie es den von den Alten als ebene bezeichneten Problemen eignet.

Von derartigen Postulaten machen der Franzose FRANÇOIS VIËTA und die heutigen belgischen Mathematiker häufig Gebrauch bei der Lösung der Probleme, die ihrer [61] Natur nach nicht lösbar sind, außer auf eine nicht kunstgerechte Weise durch Zahlen oder mit Hilfe von geometrischen Bewegungen, die durch eine gewisse unendliche Anzahl von Größenänderungen gesteuert werden.

Wenn einmal alles zutage liegen wird, was sie glauben ausführen zu können, um dem Verstand Sicherheit zu geben, so werden wir die Bestimmung von etwas in der Hand haben, was ein wenig größer oder kleiner als das Gesuchte ist und diesem immer näher kommt, wie wir dies auch oben bei der analytischen Dreiteilung festgestellt haben.

Daß das, was ich über dieses räumliche Problem der Dreiteilung sage, wahr ist, läßt auch schon das Wort räumlich erkennen. Denn wenn das Verhältnis räumlicher Gebilde nicht gleich ist dem Verhältnis zweier Kubikzahlen, kann man ein gegebenes räumliches Gebilde nicht durch ein anderes räumliches Gebilde so messen, daß der Verstand ein Wissen gewönne, da die zwei mittleren Proportionalen in der Ebene exakt nicht konstruiert werden können. Diese können zwar in den Würfeln stecken; allein von den ebenen Gebilden gibt es keinen Übergang zur Herstellung von Würfeln ohne die beiden mittleren Proportionalen; es ist gleichsam die Brücke abgebrochen. Um die beiden mittleren proportionalen zu finden, verwenden manche Mathematiker eine geometrische Bewegung, indem sie etwas vorschreiben, was hinsichtlich der Bestimmtheit eines adäquaten geometrischen Akts unausführbar ist. Auch PAPPOS verwendet hierbei Kegelschnitte, die mit Hilfe der beiden Proportionalen ermittelt werden, da auch der Kegel ein räumliches Gebilde ist. So begeht man immer eine *Petitio principii*, und die Brücke liegt auf dem jenseitigen Ufer.

XLVII. *Satz*

Die Figuren mit ungerader Seitenzahl größer als fünf (ausgenommen das Fünfzehneck) samt ihren Diagonalen, sowie ihre ganzen Klassen sind ebenso zu werten wie das Siebeneck und die übrigen Figuren, deren Seitenzahl eine Primzahl ist.

Denn wenn die Seitenzahl ungerade und keine Primzahl ist, so ist sie entweder das kleinste Vielfache von zwei ungeraden Primzahlen oder das Quadrat einer Primzahl oder das Produkt von einer Primzahl und dem Quadrat einer anderen solchen oder das Produkt von Vielfachen und Quadraten, wobei diese beiden Gruppen einzeln oder vereint auftreten können.

Wären nun diese Figuren beschreibbar, einbeschreibbar oder wißbar, dann gäbe es für sie entweder eine eigentliche Darstellung aus den Ecken oder eine uneigentliche aus den Beziehungen zu den Figuren, an denen sie teilhaben. Eine eigentliche Darstellung gibt es nun aber nicht, da die Zahl der Seiten nicht eine solche Primzahl ist, aus der sich eine Darstellung bilden ließe. Eine uneigentliche Darstellung gibt es weder für die Vielecke der ersten Gruppe, beispielsweise das 21-Eck, da die Figuren, die an ihnen teilhaben, entweder beide oder eine von ihnen, wie hier das Siebeneck (das auf das Dreieck und Fünfeck folgt, aus denen das 15-Eck gebildet wird), nach dem vorausgehenden Satz 45 keine eigentliche Darstellung zulassen; noch für die Vielecke der zweiten Gruppe, zum Beispiel das Neuneck, da man nach dem vorausgehenden Satz XLVI einen bestimmten Bruchteil eines Kreises, hier ein Drittel, nicht wieder in die entsprechende gleiche Anzahl gleicher Teile zerlegen kann; noch für die Vielecke der dritten und vierten Gruppe, da die vorausgehenden Vielecke, die an ihnen teilhaben, nicht darstellbar sind.

Über das Neuneck, dessen Neunzahl das Quadrat der ersten ungeraden Primzahl drei ist, haben die Mathematiker seither gestritten. Verschiedene haben sich Mühe gegeben, [62] auch die Seite dieser Figur darzustellen, alle aber umsonst. Sie hätten dieses Problem nie in Angriff genommen, wenn sie auf den Unterschied zwischen Wißbarem und Unwißbarem geachtet hätten.

Campano [in seiner Euklid-Ausgabe zu IV, 16] wollte das Neuneck darstellen mit Hilfe der Dreiteilung des Winkels, die, wie in Satz 46 gezeigt wurde, unwißbar ist. Freilich läßt sich diese mit der Methode von Pappos und Clavius durchführen, indem man eine geometrische Bewegung annimmt. Allein was soll das bei ebenen Figuren, von denen wir hier doch handeln, wenn man räumliche Gebilde braucht, um die Linien, die man zur Dreiteilung benutzt, herzustellen, die Hyperbel, die Quadratrix, die Helix und die Konchoide? Campano bemerkte bei dem Versuch der Dreiteilung nicht, daß er den dritten Teil des Winkels als sicher annahm, während er doch erst gesucht war. In meinem Exemplar seines *Euklidkommentar*s [Basel 1537] findet sich hinten S. 586 eine Stelle, die sich auf den Schluß des IV. Buches bezieht.

GIORDANO BRUNO aus Nola [*De Monade, Numero et Figura*] verlängert in dem Sechseck *ABCDEF* die gegenüberliegenden Seiten *BC* und *EF* nach oben und unten und zieht die Lote *GH* und *JK*, die 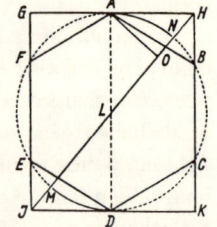 den Kreis in *A* und *D* berühren. In dem Rechteck, das so entsteht, zieht er die Diagonale *JH* und glaubt nun, der Kreis werde durch diese so geschnitten, daß die Bögen *AN* und *DM* zwischen den Berührungspunkten *A, D* und den Schnittpunkten *N, M* je ein Neuntel des Kreises ausmachen. Nun aber läßt sich aus der Figur folgendes beweisen. Das Quadrat der halben Diagonale *LH* ist aussprechbar, es ist nämlich $^7/_{16}$ vom Quadrat des Durchmessers. Denn der Winkel *ABH* beträgt 60 Grad, daher ist *BH* die Hälfte von *AB* oder *AL* und das Quadrat von *BH* ist $^1/_4$ des Quadrats von *AL*, also das Quadrat von *AH* gleich $^3/_4$ des Quadrats von *AL*. Das Quadrat von *LH* aber ist gleich der Summe der Quadrate von *LA* und *AH*. Danach müßte also der Sinus von 40 Grad, das heißt die halbe Sehne, die zu $^2/_9$ des Kreises gehört, in Potenz aussprechbar sein; diese halbe Sehne wäre nämlich gleich $^3/_{28}$ vom Quadrat des Durchmessers. Denn fällt man von *A* auf *LH* das Lot *AO, so* gilt die Beziehung: wie sich das Quadrat $^7/_{16}$ von *LH* zum Quadrat $^3/_{16}$ von *HA* verhält, so verhält sich das Quadrat $^4/_{16}$ von *LA* zum Quadrat von *AO*; dieses letztere ist also $^{12}/_7$ von $^1/_{16}$, das ist $^3/_{28}$. Damit wäre also die Neuneckseite dem Rang nach höher als manche der im vorausgehenden behandelten Vieleckseiten; es müßte etwas mit diesen gemeinsam haben, wo doch die Zahl der Seiten ungerade ist, das Quadrat der Primzahl 3, und wo das Neuneck aus dem Viereck und Dreieck, denen jener Ranggrad zukommt, durch Halbierung der Bögen in diesen nicht hergestellt werden kann.

XLVIII. Zusatz

Aus alledem folgt, daß sich hinsichtlich des Begriffs, der Wißbarkeit, der Bestimmung, der Beschreibung und der Darstellung die Grenzen innerhalb der ersten Ordnungen der Figuren halten. Es gibt also nicht mehr als vier Klassen von wißbaren Figuren. Drei davon lassen eine eigentliche Darstellung zu. Familienhaupt in der ersten Klasse ist das Viereck, das auf den Kreisdurchmesser folgt, die Kennziffer ist hier [63] 2. Familienhaupt in der zweiten Klasse ist das Dreieck, dessen Kennziffer 3 ist, in der dritten Klasse das Fünfeck, dessen Kennziffer 5 ist. Eine einzige Klasse gibt es mit uneigentlicher Darstellung; die Kennziffer ist das Produkt von 3 und 5, also 15; denn die erste Figur dieser Klasse ist das Fünfzehneck.

XLIX. Satz

Da die Zweiteilung (die ursprünglich der ersten Klasse eignet) auch in der zweiten und dritten auftritt, erhellt, daß die erste Klasse anderen Rechtes ist als die beiden anderen. Die erste ist verwandt mit jeder der beiden anderen, diese Figurationen aber sondern sich voneinander ab. Es bilden also die Figuren, die eigentliche Darstellungen besitzen, in gewisser Weise nur zwei Arten.

Denn das Viereck und das Achteck schließen sich sogleich gewissermaßen ganz und gar an die Dreiecksippe an, da $\frac{1}{6}$ und $\frac{1}{12}$ des Kreises zusammen $\frac{1}{4}$, $\frac{1}{12}$ und $\frac{1}{24}$ des Kreises zusammen $\frac{1}{8}$ ausmachen. Das Viereck ordnet sich auch in gewisser Hinsicht der Fünfecksippe ein, da $\frac{1}{5}$ und $\frac{1}{20}$ des Kreises zusammen $\frac{1}{8}$ ausmachen. Der Grund hierfür ist darin zu suchen, daß sich die Zahlen 3 und 5 in Zahlen zerlegen lassen, die Potenzen von 2 sind; denn die Teile von 3 sind 1 und 2, die von 5 sind 1 und 4. Eine solche Beziehung besteht nicht zwischen der Dreier- und der Fünferklasse. Denn es machen zwar $\frac{1}{6}$ und $\frac{1}{20}$ des Kreises zusammen $\frac{1}{5}$ aus, allein $\frac{1}{30}$ gehört der Fünfzehnerklasse an, die keine eigentliche Darstellung besitzt. In gleicher Weise machen $\frac{1}{10}$ und $\frac{1}{15}$ (hier spielt wieder die vierte Klasse herein) zusammen $\frac{1}{6}$ aus. Wegen dieser Dualität der Arten ist die charakteristische Zahl bei der ersten Art 12, bei der zweiten 20 oder die Hälfte davon 10. Das werden wir unten im III. Buch wieder brauchen und bei der Unterscheidung der Tongeschlechter benutzen.

L. Vergleichung der Figuren oder Kreisteilungen

Den ersten Platz nimmt der Durchmesser ein, denn er ist in Länge aussprechbar. An zweiter Stelle kommt die Seite des Sechsecks, die gleich dem Halbmesser und daher ebenfalls in Länge aussprechbar ist. An dritter Stelle stehen das Viereck und das Dreieck, da sie Seiten haben, die nur in Potenz aussprechbar sind. Den vierten Platz nehmen ein die Seiten des Zwölfecks, des Zehnecks und der zugehörigen Sternfiguren; denn sie sind in Potenz nicht aussprechbar und zusammengesetzte Größen erster

Art, nämlich Binomiale und Apotome, die Zwölfeckseite eine erste, die Zehneckseite eine vierte. An fünfter Stelle folgen die Seiten des Fünfecks und der zugehörigen Sternfigur, die Seiten des Achtecks und seiner Sternfigur; denn sie gehören zu der vierten Art zusammengesetzter Größen, die Major und Minor heißen.

Damit nun nicht etwa die gute Note des Zehnecks dem Fünfeck präjudiziert, oder daß nicht durch die Gleichheit der Art der Achteckseite diese Figur auf gleiche Stufe gestellt wird mit dem Fünfeck oder dem Zehneck, erhält das Fünfeck gleich bei seiner Erzeugung einen neuen Vorzug, insofern bei dieser Sippe, die durch die Zehnzahl gekennzeichnet ist, überall [64] der göttliche Schnitt herrscht. In den Seiten des Fünfecks und seiner Sternfigur ist er unmittelbar enthalten; den Seiten des Zehnecks und seiner Sternfigur kommt er nur durch Vermittlung der Sechseckseite zu; beim Achteck tritt er in keiner Weise auf.

Abgesehen von den genannten Eigenschaften der Seiten läßt sich der Rang auch abstufen, insofern sich die Figuren durch die Besonderheit und Vollkommenheit der Fläche, die sie umschließen, unterscheiden. Nach dem Durch messer (dessen Flächeninhalt null ist und der, wie Ptolemaios erwähnt, nur die Kreisfläche, ebenso wie den Umfang in zwei gleiche Teile zerlegt) nehmen hier den ersten Platz ein das Viereck und du Zwölfeck, die einen aussprechbaren Flächeninhalt haben, das Viereck zumal dank seiner ausgezeichneten Sonderstellung, insofern seine Fläche gleich ist dem Quadrat der Seite, wie ja die Art des Flächeninhalts quadratisch ist; es umschließt die Hälfte des Quadrats über dem Durchmesser. Das Zwölfeck kommt gleich darauf, indem es ¾ vom Quadrat über dem Durchmesser umschließt. An nächster Stelle folgen das Dreieck, Sechseck und Achteck, deren Flächeninhalt durch eine Mediale ausgedrückt wird. Die Flächeninhalte des Fünfecks und Zehnecks besitzen noch keine begriffliche Bezeichnung.

Ende des ersten Buches.

II. BUCH DER WELTHARMONIK

Kongruenz der harmonischen Figuren

Vorrede

Im vorausgehenden habe ich das im Geistigen liegende Wesen der einzelnen regulären Figuren auseinandergesetzt. Nun folgt das, was sich aus ihrer Verbindung ergibt, also gewissermaßen ihre Auswirkung im Bereich der Geometrie, die in der Eignung oder Nichteignung zur Bildung von Kongruenzen besteht. Denn Darstellbarkeit und Kongruenz erstrecken sich nicht gleich weit. Die erstere kommt den einzelnen Figuren für sich genommen zu und setzt sich mit der fortlaufenden Verdopplung der Seiten einer einzelnen Figur ins Unendliche fort. Die letztere dagegen ist durch Gesetze eingeengt, durch die eine Mehrzahl von Figuren vergesellschaftet wird; sie hört rasch auf, da sie sich durch die Zunahme der Winkel selber aufhebt. Es besteht nun zwar ein Unterschied zwischen den Graden der Wißbarkeit und der Darstellbarkeit, und jene Figuren, die wir ausführlich besprochen haben, unterscheiden sich im Rang gar sehr von denen, die wir ohne Namensbezeichnung gelassen haben. Allein die Kongruenz hält auch mit diesem Rang in der Darstellbarkeit nicht völlig gleichen Schritt. Es ist also auch nicht die eine Eigenschaft Ursache der andern; vielmehr hängen beide, ihren eigenen Gesetzen folgend, von einer gleichen gemeinsamen Ursache ab (die in der Eigenart der Winkel der Figur besteht). Wie notwendig für uns auch dieser Teil unserer Betrachtung ist, ergibt sich schon aus dem Zweck unseres ganzen Unternehmens. Da wir uns ja vorgenommen haben, den Ursprung der Harmonik und ihre so herrlichen Auswirkungen in der ganzen Welt aufzuzeigen, wie könnten wir da die Kongruenz der Figuren, die doch die Quellen der harmonischen Proportionen sind, unerörtert lassen? Bedeutet doch auch im Lateinischen »congruere« und »congruentia« dasselbe wie im Griechischen »ἁρμόττειν« und »ἁρμονία«. Ferner liefert die Auswirkung der Figuren im Bereich der Geometrie und jenes Teils der Architektonik, bei dem es sich um die Urbilder handelt, gleichsam Bild und Vorspiel zu den Auswirkungen außerhalb der Geometrie und der Verstandesbegriffe in

413

den Dingen der Natur und des Himmels selber. Denn diese Gesetzlichkeit der Kongruenz, die auf irgendeine Struktur und Gestaltung ausgeht, ist derart, daß sie von sich aus den spekulativen Geist einlädt, auch irgend etwas außerhalb zu machen, zu schaffen, zu gestalten, und daß sie, von Ewigkeit her in dem hochgebenedeiten göttlichen Geist verborgen, nach der Ordnung der Ideen (wie das höchste Gut, das sich mitteilen muß) in ihrer Abstraktion nicht verbleiben konnte, ohne beim Werk der Schöpfung hervorzubrechen und Gott zum Schöpfer der von jenen Figuren eingeschlossenen Körper zu machen. über diese Kongruenz der Figuren also möchte ich in Kürze reden, da diese Darlegungen keineswegs schwierig sind und fast keines anderen Aufwands bedürfen, als diese Figuren selber zu zeichnen.

Über die Kongruenz der regulären Figuren

I. Definition

Die Kongruenz ist eine andere in der Ebene und im Raum. In der Ebene liegt Kongruenz vor, wenn die einzelnen Ecken mehrerer Figuren so in einem Punkt zusammenstoßen, daß keine Lücke übrigbleibt.

II. Definition

Die Kongruenz heißt vollkommen, wenn die zusammenstoßenden Ecken jeder Figur alle in derselben Art zusammenstoßen, so daß also die Anordnung der Ecken in jedem Punkt die gleiche ist und sich ins Unendliche fortsetzen läßt.

III. Definition

Die Kongruenz heißt vollkommenst, wenn auch die zusammenstoßenden Figuren in der Ebene von gleicher Art sind.

IV. Definition

Die Kongruenz heißt unvollkommen, wenn eine größere Figur ringsherum lauter Ecken hat, in denen andere Figuren je in gleicher Weise zusammenstoßen, eine Fortsetzung ins Unendliche aber unmöglich ist, oder wenn eine solche zwar möglich ist, aber nicht ohne daß ein Unterschied in der Anordnung zusammenstoßender Figuren auftritt. Unvollkommen minderen Grads ist die Kongruenz, wenn die größere Figur eine gleichmäßige Anordnung zusammenstoßender Figuren nicht in allen Ecken zuläßt.

V. Definition

Eine räumliche Kongruenz und eine räumliche Figur liegt vor, wenn die einzelnen Ecken mehrerer ebener Figuren eine räumliche Ecke bilden

415

und beim Zusammenfügen von regulären und halbregulären Figuren zwischen den Figurenseiten, die zusammen im gegenüberliegenden Teil der räumlichen Figur auftreten, keine Lücke entsteht, die nicht durch eine Figur geschlossen werden könnte, die zu einer der verwendeten Arten gehört oder wenigstens regulär ist.

Man beachte, daß es noch eine andere Kongruenz gibt, bei der es sich nicht um das Zusammenfügen ebener Figuren zur Bildung einer räumlichen handelt, sondern um das Zusammenstoßen räumlicher Figuren, die den Raum um einen Punkt herum ausfüllen. Solcher körperlicher Figuren gibt es nur zwei, den Würfel und das Rhombendodekaëder. Denn acht Würfelecken stoßen in einem Punkt zusammen und füllen den Raum ganz aus. Das Rhombendodekaëder aber besitzt zwei Arten von Ecken, acht dreikantige stumpfe und sechs vierkantige spitze. Der Raum wird ausgefüllt entweder durch vier stumpfe oder sechs spitze Ecken. Ein ähnliches Gebilde bauen die Bienen auf mit aneinanderstoßenden Zellen. Hier liegen rückwärts um eine einzelne Zelle jeweils drei andere mit abgekehrten Grundflächen, während sich an die Seiten sechs anschließen. Man könnte vorne noch drei andere anbringen, um die Figur abzuschließen, wenn der Zugang zu der Zelle nicht offen sein müßte. Über diese Art von Kongruenz räumlicher Figuren ist in diesem Buch nicht die Rede.

[69]   *VI. Definition*
Vollkommenst ist die räumliche Kongruenz und räumliche Figur, wenn auch die die Kongruenz bildenden Seitenflächen lauter gleiche Figuren sind.

VII. Definition
Diese ist ganz regulär, wenn die Seitenflächen regulär sind und wenn ihre Ecken alle auf einer Kugelfläche liegen und untereinander gleichartig sind.

VIII. Definition
Oder sie ist halbregulär, wenn die Seitenflächen halbregulär sind (siehe I. Buch, III. Definition) und sie räumliche Ecken besitzt, die sich durch die Zahl der Kanten unterscheiden und ungleichartig sind, wobei jedoch nicht mehr als zwei Arten von Ecken auftreten dürfen und diese auf höchstens zwei konzentrischen Kugelflächen angeordnet sein müssen; die Zahl

der Ecken der einzelnen Art muß außerdem so groß sein wie die Zahl der Ecken einer regulären Figur.

Es steht nichts im Wege, diese räumliche Kongruenz vollkommenst zu heißen. Denn die Unvollkommenheit, die den Seitenflächen innewohnt, darf nicht der Raumgestaltung angerechnet werden, sie ist für diese unwesentlich. Es wird jedoch diese gleichfalls vollkommenst genannte Kongruenz als halbregulär bezeichnet.

IX. Definition

Vollkommen niederen Grads ist die Kongruenz, wenn die Seitenflächen regulär sind und die Ecken alle auf ein und derselben Kugelfläche liegen und gleichartig sind, wenn jedoch die Seitenflächen verschiedenen Arten angehören, wobei die Zahl der Seitenflächen der einzelnen Art so groß sein muß wie die Zahl der Seitenflächen in einer der vollkommensten Figuren, das heißt diese Zahl darf nicht kleiner sein als 4, da dies die kleinste Zahl von Seitenflächen ist, durch die eine räumliche Figur begrenzt wird.

X. Definition

Unvollkommen ist die Kongruenz oder Figur, wenn unter Beibehaltung der übrigen Forderungen an eine Kongruenz eine größere Figur nicht öfter als ein- oder zweimal auftritt.

Im ersteren Fall wird die Figur einem Teil ähnlicher als dem Ganzen, im letzteren einer ebenen Figur ähnlicher als einer räumlichen, da jede räumliche Figur von mindestens vier Flächenstücken begrenzt wird. Man vergleiche auf der Tafel die Figuren *A, B,* wo die größere Figur ein Siebeneck ist. Diese beiden Klassen laufen mit der Zahl der Seiten der

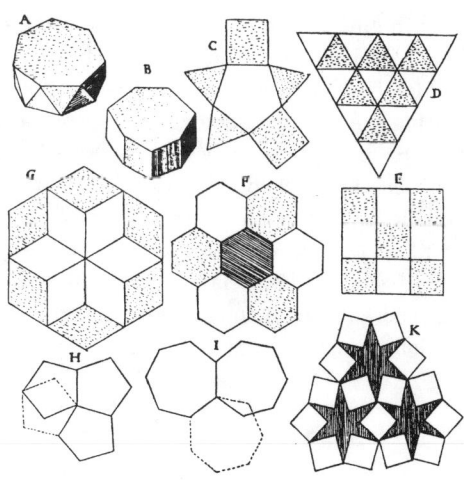

größeren Figur ins Unendliche aus, angefangen mit dem Dreieck, das in Klasse A eine der vollkommensten regulären Kongruenzen liefert, über das Viereck, mit dem wir in Klasse B wiederum eine der vollkommensten regulären Figuren erhalten. Alle übrigen Figuren sind unvollkommen.

[70] ### XI. Definition

Halbräumlich ist eine Kongruenz, die nicht alle Merkmale der Definition in V trägt, so wenn beim Zusammenfügen der ebenen Figuren die Kongruenz nicht völlig in sich selber zurückkehrt, sondern eine Lücke übrig bleibt; im übrigen wahre man die Vorschriften der Definitionen in VI und VII.

XII. Definition

Ebene Figuren sind kongruent, wenn sie entweder eine räumliche Figur einschließen oder die Ebene lückenlos ausfüllen und selbst reguläre oder halbreguläre Figuren sind.

XIII. Definition

Inkongruent heißen ebene reguläre, einem Kreis einbeschriebene Figuren (sie sind ja einbeschreibbar), wenn sie, selber aus sich oder in Verbindung mit anderen Figuren ihrer oder einer anderen Klasse, nur eine unvollkommene, einer Kugelfläche einbeschreibbare räumliche Figur bilden, und wenn sie, selber für sich genommen oder in Verbindung mit den Sternen ihrer Klasse oder mit Figuren und Sternen einer anderen Klasse ringsherum, die Ebene nicht überdecken.

Man beachte, daß hierbei das Siebeneck und derartige Vielecke ausgeschlossen werden, trotzdem zwei parallele Siebenecke zusammen mit vier Quadraten oder 14 regulären Dreiecken eine räumliche Figur vollkommen einschließen; denn es treten hierbei nur zwei Siebenecke auf, und die Figur wird scheibenförmig und einer ebenen ähnlich, keineswegs aber kugelförmig. Man vergleiche in der Tafel [zu X] die Figuren A und B. Ebenso wird das Fünfzehneck ausgeschlossen, trotzdem es zusammen mit verwandten Figuren an einer Anzahl von Ecken den Raum in der Ebene ausfüllt; denn dies ist nicht der Fall ringsherum an allen Ecken.

XIV. Satz

Ebener Ecken müssen es jeweils wenigstens drei sein, um in der Ebene eine Kongruenz zu bilden.

Denn um jeden Punkt herum ist die Summe der Winkel 4 Rechte. Nun ist aber in keiner Figur der Winkel gleich 2 Rechten; daher ist die Summe zweier noch so großer Vieleckswinkel kleiner als 4 Rechte. Also füllen zwei die Ebene nicht aus, nach Definition I.

XV. Satz

Ebener Ecken müssen es jeweils wenigstens drei sein, um sich zur Bildung einer räumlichen Ecke zusammenzufügen oder zu erheben.

Denn zwei solcher ebener Ecken würden nicht bloß mit den Seiten, sondern mit ihren ganzen Flächen zusammenfallen und also nichts Räumliches umschließen. Das ist aber gegen die Definition der räumlichen Ecke bei EUKLID.

[71]   ## XVI. Satz

Die Summe der Winkel, die in der Ebene eine Kongruenz bilden, ist immer 4 Rechte, niemals größer; im Raum ist sie kleiner als 4 Rechte.

Denn in der Ebene liegen um einen Punkt herum nicht mehr als 4 Rechte. Wenn also die Summe gleich 4 Rechten ist, dann ist keine Lükke vorhanden, und es besteht nach Definition I eine Kongruenz in der Ebene. Wenn die Ecken die Ebene überdecken, erheben sie sich nicht zu einem räumlichen Gebilde. Und umgekehrt, wenn die Ecken, die zusammengefügt werden, in der Ebene eine Lücke übriglassen, das heißt wenn es weniger als 4 Rechte sind, muß sich die Ecke erheben und räumlich werden, indem man die beiden Seiten längs der Lücke zusammenbringt und diese damit schließt. In der Figur H der Tafel [zu X] sind drei Fünfecke abgebildet, die in einer Ebene ausgebreitet sind und eine Lücke bilden.

XVII. Satz

Eine Figur mit ungerader Seitenzahl, an deren Seiten Figuren von zwei Arten angefügt werden, läßt nicht in allen Ecken gleiche Kongruenzen zu, weder in der Ebene noch im Raum.

Denn trifft es in einer einzelnen Ecke zu, daß beiderseits Figuren von gleicher Art stehen, so ist das in den anderen Ecken nicht der Fall. Man vergleiche dazu die Figur C der Tafel [zu X].

XVIII. Satz

Der ebene Raum läßt sich aufs vollkommenste nur auf dreierlei Weise mit ein und derselben ebenen Figur ausfüllen: mit jeweils sechs Dreiecken, vier Vierecken oder sechs Sechsecken.

Denn nach Buch I, Satz XXXIII ist der Winkel des Dreiecks $2/3$ Rechte; also sind die sechs Winkel von je sechs Dreiecken zusammen $12/3$ oder 4 Ganze. Siehe Figur D [in der Tafel zu X].

Ebenso ist der Viereckswinkel 1 Rechter; die vier Winkel von je vier Vierecken bilden also zusammen 4 Rechte; siehe Figur E. Ferner ist der Sechseckswinkel $8/6$ Rechte; also bilden die drei Winkel von je drei solcher Figuren $24/6$ oder 4 Rechte; siehe Figur F. Der Fünfeckswinkel jedoch ist kleiner als der Sechseckswinkel; daher sind 3 kleiner als 4 Rechte, sie lassen also eine Lücke. Andererseits ist der Fünfeckswinkel größer als der Vierecksswinkel; daher sind vier Fünfeckswinkel größer als 4 Rechte, sie haben also um einen Punkt herum in der Ebene keinen Platz, nach Satz XVI. Siehe dazu Figur H, wo das vierte Fünfeck punktiert gezeichnet ist. In gleicher Weise ist der Winkel im Siebeneck und in allen größeren Figuren größer als der im Sechseck; also sind drei Siebeneckswinkel zusammen größer als 4 Rechte. Siehe Figur I, wo Teile von zwei Siebenecken denselben Raum in der Ebene bedecken.

Hier sind auch die Rhomben zu erwähnen, die je aus zwei regulären Dreiecken bestehen. Sie bilden eine vollkommenste Kongruenz wie die regulären Sechsecke, obwohl sie halbreguläre Figuren sind. Siehe diese Kongruenz in Figur G der Tafel [zu X].

Hierher gehören ferner die sechseckigen Sterne, die man erhält, wenn man sechs Zacken aus dem zwölfeckigen wegnimmt; siehe Figur K. An die Stelle einer weggenommenen Zacke kommt je ein leerer Winkel gleich einem Rechten. Daher füllen drei Vierecke und drei solche Sternzacken den Raum aus. Denn das Sechseck kann zerlegt werden in einen solchen Stern und sechs halbe Vierecke.

XIX. Satz

Mit den Flächen zweier verschiedener Figuren läßt sich der ebene Raum auf sechserlei Art ausfüllen: zweimal mit fünf Ecken, einmal mit vier, dreimal mit drei.

Sechs Flächen können nicht zusammenstoßen, so daß der Winkel in einer von ihnen größer ist als der Dreieckswinkel. Denn im Dreieck, dem ersten der Vielecke, beträgt der Winkel ⅔ Rechte; sechsmal genommen macht das ¹²⁄₃ oder 4 Rechte. Wäre also einer von den sechs Winkeln größer, nämlich als Winkel in einer Figur von mehr Seiten, so kämen mehr als 4 Rechte heraus. Es würde also die Ebene nicht überdecken, nach Satz XVI.

1. Fünf Flächen bilden eine Kongruenz, wenn man zu vier Dreieckswinkeln einen Winkel nimmt, der gleich zwei Dreieckswinkeln ist. Dieser Art ist der Sechseckwinkel. Siehe Figur L.

2. Oder wenn man zu drei Dreieckswinkeln vier Viereckswinkel hinzufügt. Diese zwei machen ja drei Dreieckswinkel aus. Siehe die Figuren M und N, wo die Fortsetzung gleichförmig ist, und schließlich Figur O, wo sie ungleichförmig ist.

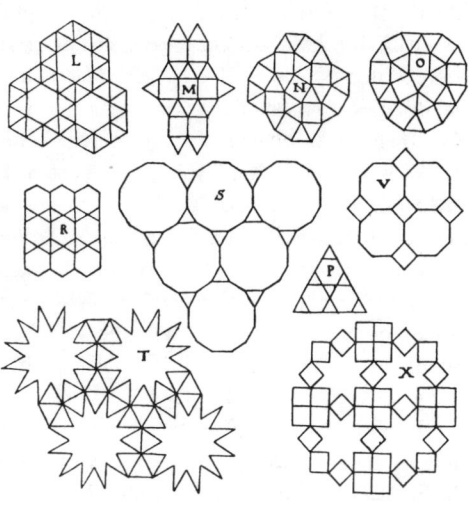

Nähme man jedoch zwei Dreiecke und drei Vierecke, so würden mehr als 4 Rechte herauskommen; noch mehr, wenn man zu zwei Dreieckswinkeln noch größere Winkel hinzunähme.

3. Vier Ecken von zweierlei Art bilden eine Kongruenz, wenn man zu zwei Dreieckswinkeln zwei Sechseckswinkel hinzunimmt. Siehe Figuren P und R. Wenn man aber sonst auf irgendeine Weise vier Ecken verbindet, so kommt immer mehr oder weniger als 4 Rechte heraus und der ebene Raum wird nicht überdeckt.

Nehmen wir nun drei Ecken zusammen, wohl darauf bedacht, daß es nicht mehr als zwei Arten sind, so scheiden fürs erste aus zwei Dreiecke und zwei Vierecke, da sie zusammen nicht mehr als 2 Rechte bilden und für die dritte Ecke einen Betrag übriglassen würden, den keine erreichen kann.

4. Nimmt man aber unter den dreien einen einzigen Dreieckswinkel an, so bilden mit ihm zwei Zwölfeckswinkel eine Kongruenz, die sich

fortsetzen läßt. Auch mischen sich keine anderen Kongruenzen darunter. Die Form dieser Flächenbedeckung siehe unter *S*. Hier ist auch zu erwähnen der zwölfzackige Stern, der so gebildet ist, daß der Winkel zwischen zwei Zacken gleich dem Dreieckswinkel ist. Daher ist das Zwölfeck teilbar in einen Stern und zwölf Dreiecke. Es bilden daher fünf Dreieckswinkel und zwei Sternzacken eine Kongruenz. Die Form ist fortsetzbar; siehe Figur *T*.

5. Nimmt man unter dreien ein Viereck an, so bilden mit diesem zwei Achtecke eine Kongruenz; auch diese Form ist fortsetzbar. Siehe

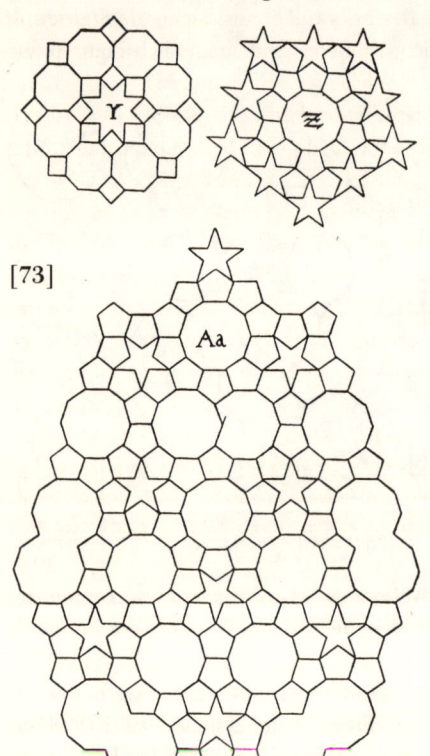

[73]

Figur *V*. Hier ist einzureihen der achtzackige Stern, der so gebildet ist, daß der Winkel zwischen zwei Zacken gleich dem Viereckswinkel ist. Daher ist das Achteck teilbar in den Stern und acht Vierecksdreiecke, von denen zwei ein Viereck ausmachen. So füllen drei Viereckswinkel und zwei Zakken zweier Sterne den Raum aus. Die Form ist gemischt in Figur *X* und ebenfalls, aber in anderer Weise gemischt, in Figur *Y*.

[75] 6. Läßt man nun beim Zusammenfügen dreier Ecken das Dreieck und Viereck beiseite und geht zum Fünfeck über, so ist zu sagen, daß von diesem zwei genommen werden können, da die Winkel zusammen 2 Rechte überschreiten. In den übrigbleibenden Raum paßt der Zehneckswinkel hinein. So wird das Zehneck durch zehn Fünfecke gekrönt. Allein diese Form läßt sich nicht rein fortsetzen. Siehe den Innenteil von Figur *Z*. Hier ist einzureihen der fünfzackige Stern, da drei Fünfecke und eine

Sternzacke eine Kongruenz bilden. Denn in den Winkel zwischen zwei Sternzacken paßt gerade eine Ecke des Fünfecks hinein und die Lücke, die drei Fünfeckswinkel übriglassen, faßt gerade eine Sternzacke. Man vergleiche den äußeren Teil der Figur *Z*. Jedoch gelingt auf diese Weise eine Fortsetzung ins Unendliche nicht. Das Reich dieser Sekte ist ungesellig; sie zieht eine kleine Anzahl der Ihrigen zusammen und verschanzt sich dann sofort. Eine andere Verbindung dieser beiden Formen zeigt die Figur *Aa*. Will man diese überallhin fortsetzen, so muß man gewisse Ungetüme heranziehen, nämlich die Verbindung zweier Zehnecke, von denen je zwei Seiten weggenommen sind. Bei der unendlichen Fortsetzung behält das Gefüge seine fünfeckige Gliederung. Auf dem ersten, innersten Fünfeckskranz sitzen fünf Zehnecke, ohne Ungetüm dazwischen. Auf dem zweiten weiteren Kranz sitzt auf jeder Fünfeckseite allemal zwischen zwei Zehnecken ein Paar gekoppelter Zehnecke. Auf dem dritten Kranz sitzen in den Ecken Paare gekoppelter Zehnecke, und zwischen zwei solchen Paaren liegt je ein einfaches Zehneck. Auf dem vierten Kranz sitzen in den Ecken wieder einfache Zehnecke, und zwischen je zwei dieser Zehnecke sitzen auf den Seiten je zwei Zehnecke in gleichen Abständen voneinander. Auf dem fünften Kranz sitzen in den Ecken Sterne mit ihren äußersten Zacken; auf den Seiten sitzen je zwei einfache Zehnecke und zwischen diesen zwei Zehneckskoppeln. So trägt fortlaufend jede Fünfecksform etwas Neues an sich. Die Struktur ist höchst mühsam und kunstreich, wie aus Figur *Aa* zu ersehen ist.

Hier ist ferner der zehnzackige Stern einzureihen, der zwischen zwei Zacken den Fünfeckswinkel faßt. Andererseits bilden auch je zwei solcher $3/10$-Zacken und zwei Fünfeckswinkel eine Kongruenz und füllen den Raum aus. Diese Form gebraucht ungleich große Fünfecke; wenn sie auch fortsetzbar ist, so nimmt sie dabei offene, unvollständige Zehnecksterne zu Hilfe. Siehe Figur *Bb* [auf der Tafel zu XX].

Ein einzelnes Fünfeck kann bei der Verbindung von 3 Flächen keine Verwendung finden. Denn sein Winkel beträgt $6/5$ Rechte, nach Buch I, Satz 33. Es bliebe also für die 2 anderen Winkel $14/5$, für jeden einzelnen $7/5$ übrig. Ein solcher Winkel tritt in keiner Figur auf. Es können auch nicht zwei Sechsecke genommen werden. Denn der Rest ist wieder ein Sechseckswinkel; es entstünde eine Figur, wie sie bereits oben aufgeführt ist. Hier aber suchen wir Strukturen auf, die aus zwei Arten von Figuren, nicht aus einer einzigen gebildet werden. Wollte man Figuren mit mehr

Seiten annehmen, deren Winkel größer ist als ein Sechseckswinkel, so bliebe, wenn man zwei Winkel von 4 Rechten abzieht, für den dritten weniger als ein Sechseckswinkel übrig. Zieht man aber nur einen Winkel von 4 Rechten ab, so bleiben für die zwei anderen weniger als zwei Sechseckswinkel übrig. Von den Figuren aber, die weniger und kleinere Winkel haben als das Sechseck, haben wir bereits vorhin vollständig untersucht, welche und wie viele möglich sind, wenn drei die Ebene überdecken.

[76]   *XX. Satz*
Aus ebenen Ecken dreier Arten wird der ebene Raum auf viererlei Weise ausgefüllt.

Hier sind drei oder mehr Dreiecke unzulässig. Denn drei Dreieckswinkel machen zusammen 2 Rechte aus. Der Rest ist also kleiner als die Summe der Winkel der nächst niederen Vielecke, des Vierecks und des Fünfecks. Deswegen darf man auch nicht zu zwei Dreieckswinkeln zwei Vierecks- oder noch größere Winkel hinzufügen, da sonst nicht genügend Raum für den Winkel einer dritten Figurenart bliebe.

1. Man nehme also zwei Dreiecke und ein Viereck und füge ein Zwölfeck hinzu. Die Form ist nicht fortsetzbar. Siehe die drei Figuren *Cc, Dd, Ee*, die alle zu diesem ersten Fall gehören. Hierher gehört auch der zwölfzackige Stern, wie oben. Denn vier Dreiecke, ein Viereck und eine Sternzacke erfüllen den Raum. Siehe die Figuren *Ff, Gg, Hh*. Wenn man zu zwei Dreiecken ein Fünfeck fügt, so ist der Rest inkongruent, nämlich $22/15$; es gibt keinen Vieleckswinkel gleich $11/15$ Rechten. Fügt man zu zwei Dreieckswinkeln einen Sechseckswinkel, so ist er Rest wieder ein Sechseckswinkel und die Form ist wieder eine der früheren. Es gibt also keine weiteren Formen mit zwei Dreiecken. Nimmt man nun ein einziges Dreieck, so darf man nicht drei Vierecke hinzufügen. Es käme zuviel heraus und es würde zuwenig Raum für den Winkel einer dritten Art übrigbleiben.

2. Man füge zu einem einzigen Dreieck zwei Vierecke. Die Ergänzung zu 4 Rechten ist gerade ein Sechswinkel. Die Form, die sich ergibt, ist doppelt, in Figur *Ii* fortsetzbar, in Figur *Kk* nicht fortsetzbar ohne Beimischung. Dies ist der zweite Fall.

Ein Dreieck und zwei Fünfecke lassen sich nicht zusammenfügen; denn es bleibt eine Lücke von $14/15$ Rechten, und ein solcher Winkel kommt in den regulären Figuren nicht vor. Auch ist die Verbindung von einem Dreieck mit einem Fünfeck unmöglich. Denn es bleiben hier $32/15$ Rechte übrig; keine reguläre Figur aber besitzt einen Winkel von $^{16}/_{15}$ Rechter. Ferner ist unmöglich die Verbindung mit einem Sechseck: denn hier ergehen sich 2 Rechte. Ein einzelner Winkel kann aber nicht so werden, und die Hälfte führt auf den Viereckswinkel, von dem bereits die Rede war. Weiter ist die Verbindung mit dem Siebeneck, dem Achteck und dem Neuneck ausgeschlossen. Es blieben für den Winkel der dritten Figuramente $^{40}/_{21}$, $^{11}/_6$ oder $^{16}/_9$ übrig; diese Winkel treten aber in keiner regulären Figur auf. Verbindet man nun ein Dreieck mit einem Zehneck, so bleibt eine Lücke von $^{26}/_{15}$ Rechten; dies ist der Fünfzehneckwinkel. Das ist zwar eine Kongruenz, aber eine, die im An-

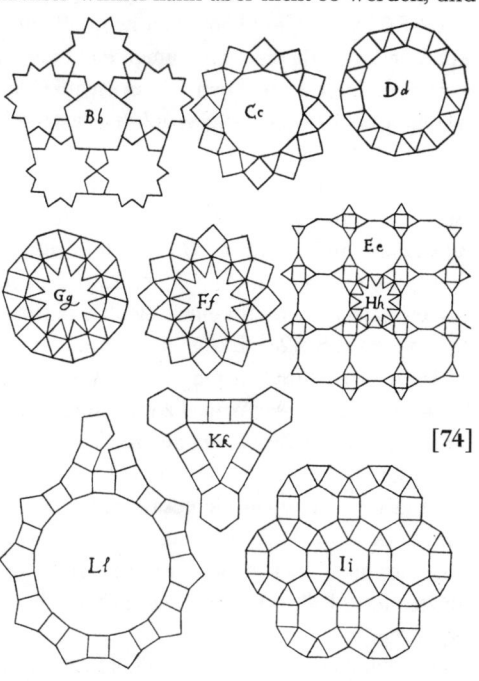

[74]

fang steckenbleibt. Denn das Fünfzehneck besitzt eine ungerade Seitenzahl. Daher mischen sich nach Satz XVII in den einzelnen Ecken dieser Figur Kongruenzen verschiedener Art. Das Zehneck hat zwar eine gerade Seitenzahl, und man könnte es daher abwechselnd mit einem Dreieck und einem Fünfzehneck einschließen. Allein hier zeigt es sich sogleich, daß zwei solche Fünfzehnecke übereinander greifen und sich behindern. Weiter läßt sich das Dreieck nicht mit einem Elfeck verbinden. Es bleiben $^{56}/_{33}$ Rechte übrig, und ein solcher Winkel tritt in keiner regulären Figur auf.

[77] Schließlich bleibt bei der Verbindung von Dreieck und Zwölfeck eine Zwölfeckslücke übrig. Von dieser Form war bereits früher die Rede. Wollte man ein Dreieck mit einer noch größeren Figur verbinden, so käme eine kleinere Lücke heraus; die Fälle mit kleineren Figuren sind aber be-

reits behandelt worden. Damit ist das Dreieck erledigt, soweit es in einer Gruppe von drei Arten auftreten kann.

Nimmt man von den Viereckswinkeln mehr als einen und zieht sie von 4 Rechten ab, so bleibt nicht genug Raum für die zwei Winkel zweier weiterer Arten, da diese zusammen mehr als 2 Rechte ausmachen.

3. Vereinigt man einen Viereckswinkel mit einem Fünfeckswinkel, so bleibt eine Lücke für einen Zwanzigeckswinkel. Es läßt sich also das Zwanzigeck in allen Ecken mit den beiden anderen Figuren vereinigen, und es entsteht eine echte Kongruenz. Allein diese Anordnung läßt sich nach außen hin nicht fortsetzen. Es liegt also eine unvollkommene Kongruenz vor. Siehe Figur *Ll*. Dies ist der dritte Fall.

4. Die Verbindung eines Viereckswinkels mit einem Sechseckswinkel läßt eine Lücke übrig für einen Zwölfeckswinkel. Siehe Figur *Mm* [auf der Tafel zu XXV, S. 428]. Das ist der vierte und letzte Fall.

Hier ist einzureihen der Zwölfecksstern, den 12 Dreiecke ausfüllen. Es stoßen hier so vier Winkel zusammen, um den Raum auszufüllen, zwei Dreiecks-, ein Vierecks-, ein Sechseckswinkel und eine Sternzacke. Siehe Figur *Nn*.

Fügt man zu einem Viereckswinkel einen Siebeneckswinkel, so bleibt eine Lücke von $1^1/_7$ Rechten; dieser Winkel tritt in keiner regulären Figur auf. Fügt man einen Achteckswinkel hinzu, so bleibt eine Achteckslücke übrig; dieser Fall ist bereits oben behandelt. Damit ist man mit dem Viereck fertig.

Der Fünfeckswinkel läßt mit dem Sechseckswinkel eine Lücke von $^{22}/_{15}$ Rechten übrig, mit dem Siebeneckswinkel eine solche von $^{43}/_{35}$, mit dem Achteckswinkel eine solche von $^{13}/_{10}$ Rechten. Diese Winkel kommen in regulären Figuren nicht vor. Im letzteren Fall ist die Lücke bereits kleiner als der Achteckswinkel, der $^{15}/_{10}$ Rechte beträgt. Die Fälle mit den kleineren Figuren haben wir aber schon erledigt. Wir sind also mit dem Fünfeck fertig.

Der Sechseckswinkel füllt dreimal genommen den ebenen Raum aus. Er läßt daher eine Verbindung mit zwei größeren Winkeln nicht zu. Damit ist man mit der Mischung dreier Figuren fertig.

XXI. Satz

Ebene Figuren von vier oder mehr Arten können mit ihren Winkeln keine Kongruenz bilden.

Denn die vier kleinsten Winkel sind die des Dreiecks, Vierecks, Fünfecks und Sechsecks. Die Summe vom ersten und letzten dieser Winkel beträgt 2 Rechte, der zweite ist ein Rechter und der dritte um $\frac{1}{5}$ größer als ein Rechter. Die Gesamtsumme ist daher größer als 4 Rechte; es ist also nach Satz XVI eine Kongruenz nicht möglich. Noch viel mehr übersteigt die Summe von größeren Winkeln 4 Rechte.

XXII. Axiom

Sind zwei Flächen nicht größer als eine dritte, so bilden sie mit dieser keine räumliche Ecke.

[78]
XXIII. Satz

Zwei ebene Ecken einer Figur mit ungerader Seitenzahl können in Verbindung mit einer Ecke anderer Art keine reguläre räumliche Figur bilden. Denn nach Satz XVII werden die räumlichen Ecken ungleichförmig, entgegen den Definitionen in V. bis X.

XXIV. Satz

Drei ebene Ecken dreier Figuren verschiedener Art, von denen eine von ungerader Seitenzahl ist, bilden zusammen keine vollkommene räumliche Figur. Denn wiederum werden nach Satz XVII die räumlichen Ecken verschiedenförmig, was den Definitionen widerspricht.

XXV. Satz

Vollkommenste und reguläre Kongruenzen von ebenen Figuren zur Bildung einer räumlichen Figur gibt es fünf.

Das ist ein Scholion zum letzten Satz des letzten Buches von EUKLID[s Elementen]. Denn nach Satz XV unseres Buches machen wir den Anfang mit drei ebenen Ecken und nach Satz XVI den Schluß mit sechs Dreieckswinkeln, vier Viereckswinkeln und drei Sechseckswinkeln, weil diese nach Satz XVIII ja gleich 4 Rechten sind.

Drei Dreiecke, die mit ihren Ecken zusammenstoßen, machen weniger als 4 Rechte, nämlich 2 Rechte aus. Fügt man nun die drei Dreiecke zusammen, so wird die Öffnung ausgefüllt durch ein viertes Dreieck. So entsteht das Tetraëder oder die Pyramide.

Vier Dreiecke, die mit ihren Ecken zusammenstoßen, machen $\frac{8}{3}$ Rechte aus. Das ist weniger als $\frac{12}{3}$ oder 4 Rechte. Fügt man die Seiten der

Dreiecke zusammen, so entsteht eine Pyramide mit offener quadratischer Basis. Legt man von der anderen Seite her eine gleiche Pyramide mit derselben offenen Basis an, so schließt sich die Figur völlig. So entsteht das Oktaëder (Fig. *Oo*).

Fünf Dreiecke, die mit ihren Ecken zusammenstoßen, machen 10/3 Rechte aus, also weniger als 12/3. Fügt man nun io Seiten in einer gemeinsamen Ecke zusammen, so entsteht eine Pyramide mit fünfseitiger Basis. Damit die Ecken an der Basis ebenfalls fünfflächig werden, müssen je m den beiden ebenen Ecken, die in einer Ecke der Basis zusammenlaufen, drei

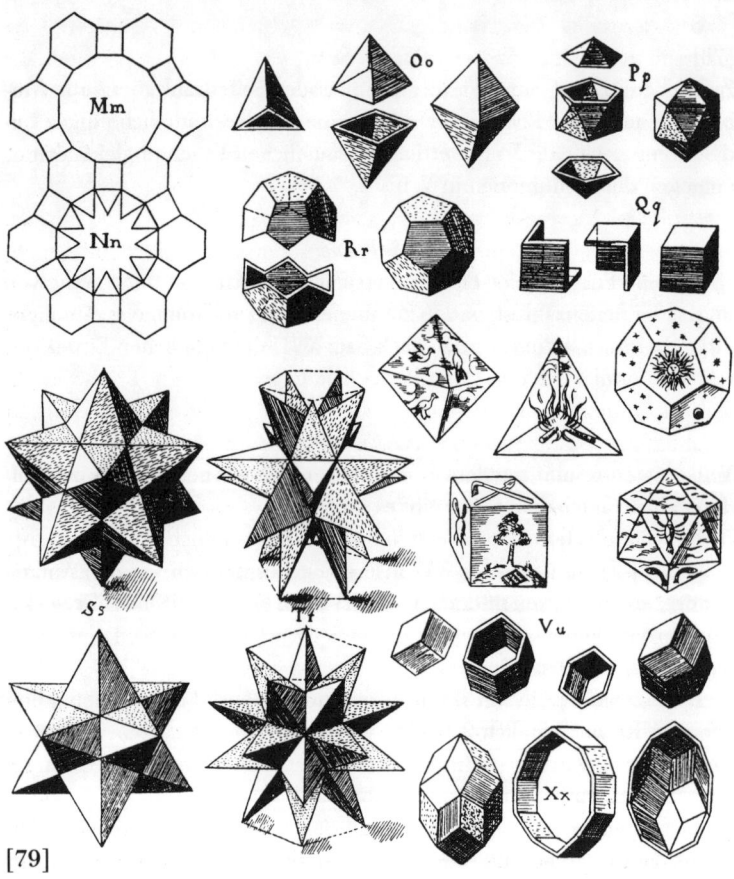

[79]

weitere ebene Ecken anstoßen; zu jenen zehn kommen also 15 weitere hinzu; ebenso viele ebene Ecken erstrecken sich nach der anderen Seite. Diese 30 ebenen Ecken machen zusammen zehn Dreiecke aus, aus denen in der Mitte eine Zone entsteht, die unten die gleiche fünfseitige Öffnung besitzt wie oben. Legt man an diese eine weitere fünfseitige Pyramide an, so wird die Figur völlig geschlossen. So entsteht das Ikosaëder (Fig. *Pp*).

Nun ist man mit reinen Dreiecken fertig.

Drei Vierecкswinkel betragen zusammen 3 Rechte, also weniger als 4 Rechte. Sie sind daher geeignet, eine räumliche Ecke zu bilden. Fügt man die Vierecke zusammen, so entstehen drei rechtwinklige Lücken, während andererseits drei Ecken jener drei Seitenflächen vorspringen. Fügt man nun drei weitere Vierecke mit ihren Ecken zu einer räumlichen Ecke zusammen, so füllen gerade die vorspringenden Ecken, die hier entstehen, die früheren Lücken aus, während umgekehrt in die neuen Lücken die früheren vorspringenden Ecken passen. So entsteht das Hexaëder oder der Würfel (Fig. *Qq*).

[80] Vier Vierecкswinkel betragen zusammen 4 Rechte; sie können daher nach Satz XVI keine räumliche Ecke bilden. Man ist also mit reinen Vierecken fertig.

Drei Fünfeckswinkel betragen $18/5$ Rechte, also weniger als $20/5$ oder 4 Rechte. Sie sind daher geeignet eine räumliche Ecke zu bilden. Wenn man nun dementsprechend ein Fünfeck als Grundfläche mit fünf weiteren Fünfecken umgibt, so entsteht eine Figur, die oben fünf Fünfeckslücken und fünf vorspringende Fünfecksecken besitzt. Bildet man gegenüber eine zweite solche Figur, so passen gerade je die 5 vorspringenden Ecken der einen Figur in die fünf Lücken der anderen. So entsteht das Dodekaëder (Fig. *Rr*).

Damit ist man fertig mit reinen Fünfecken und zugleich mit allen Figuren gleicher Art, die zusammengefügt werden sollen. Denn drei Sechseckswinkel erheben sich nicht zu einem räumlichen Gebilde.

Das sind jene fünf Körper, die die Pythagoreer, PLATON [*Timaios* 55 f.] und PROKLOS, der Kommentator EUKLIDS, die Weltfiguren zu nennen pflegten. In welcher Weise diese Figuren auf die Weltkörper bezogen wurden, ist, wie ich in der Vorrede zum ersten Buch gesagt habe, ungewiß. Nach ARISTOTELES ist es allgemeine Überzeugung, jene Philosophen hätten sich entsprechend der Fünfzahl dieser Figuren nach fünf einfachen Weltkörpern umgeschaut, nämlich nach den vier Elementen Feuer, Luft,

Wasser, Erde und der sogenannten Quintessenz oder Himmelsmaterie [*Äther*], indem sie die Eigenschaften der Figuren mit den Eigentümlichkeiten jener einfachen Körper in Zusammenhang brachten. So deutet in gewisser Weise der aufrechte Stand des Würfels auf seiner quadratischen Basis Festigkeit an, eine Eigenschaft, die auch der Erdmaterie zukommt. Diese strebt mit dem Gewicht der Schwere nach unterst, wie ja auch die ganze Erdkugel nach landläufiger Anschauung in der Weltmitte ruht.

Ferner ist beim Oktaëder für das Auge die Lage die angemessene, wenn es an zwei gegenüberliegenden Ecken wie in einem Drehgestell aufgehängt wird. Genau in der Mitte zwischen diesen Ecken liegt ein ver-

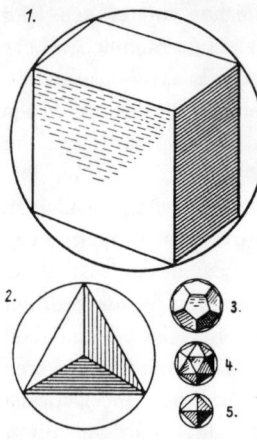

stecktes Quadrat, das den Körper der Figur in zwei gleiche Teile zerlegt wie ein Großkreis eine an zwei Polen aufgehängte Kugel. Das ist gewissermaßen das Bild der Beweglichkeit, wie die Luft unter den Elementen das beweglichste ist, in Geschwindigkeit und Richtungsänderung.

Beim Tetraëder mag die geringe Zahl der Seitenflächen die Trockenheit des Feuers andeuten, da ja die Definition des Trockenen darin besteht, daß es sich in seinen eigenen Grenzen hält. Andererseits mag beim Ikosaëder die große Zahl der Seitenflächen die Feuchtigkeit des Wassers andeuten, da die Definition des Feuchten darin besteht, daß es von nichteigenen Grenzen umschlossen wird; es läßt ja ein geringer Bestand [81] auf Eigenes, ein großer Bestand auf Erworbenes, Fremdes schließen. Weiter kann man auch sagen, das ebene Dreieck ist dem Tetraëder eigen, weil die ganze Tetraëderfigur ein körperliches Dreieck ist. Andererseits aber ist beim Ikosaëder das Dreieck nicht etwas Eigenes, sondern etwas Entlehntes, da die Körperlichkeit des Ikosaëders dem Fünfeck ähnlich ist, nicht dem Dreieck. Hinwieder sieht es so aus, als ob in der Spitze des Tetraëders, die sich über einer einzigen Basis erhebt, die durchdringende und scheidende Kraft des Feuers angedeutet werde; in der stumpfen, fünfkantigen Ecke des Ikosaëders die ausfüllende Fähigkeit der Flüssigkeiten, das ist die Bedeutung des Benetzens; in der Kleinheit und Magerkeit des Tetraëders die Natur des Feuers; in der kugelförmigen Masse des Ikosaëders die

Natur des Wassers und gleichsam die Figur des Tropfens. Beim Tetraëder ist sehr viel Oberfläche vorhanden, aber sehr wenig Rauminhalt; beim Ikosaëder ist die körperliche Masse im Vergleich zur Oberfläche viel größer. In entsprechender Weise tritt beim Feuer die Form, beim Wasser die Materie besonders hervor.

Das Dodekaëder wird dem himmlischen Körper überlassen, wie es ja auch die gleiche Anzahl von Seitenflächen besitzt wie der himmlische Tierkreis Zeichen. Es läßt sich beweisen, daß es unter allen übrigen Figuren das größte Fassungsvermögen hat, wie auch der Himmel alles umfaßt.

Diese Analogie ist zwar plausibel, freilich nicht für ARISTOTELES, der die Erschaffung der Welt leugnete und daher den urbildlichen Sinn der quantitativen Figuren nicht anerkennen konnte, da ein solcher diesen Figuren nicht innewohnen kann, wenn kein Baumeister da ist, um etwas Körperliches zu schaffen. Die Analogie ist aber plausibel für mich und für alle Christen, die wir im Glauben daran festhalten, daß die Welt, die ehedem nicht war, von Gott geschaffen worden ist nach Gewicht, Maß und Zahl [*Sapientia Salomonis* XI, 21], das heißt nach Ideen gleich ewig wie Gott. Wenn jedoch auch die Analogie im allgemeinen plausibel ist, so ist sie doch in dieser speziellen Form keineswegs notwendig bedingt und läßt andere Auffassungen zu, nicht nur wegen der Unstimmigkeit gewisser Eigenschaften bei dieser Analogie, sondern auch deswegen, weil Dodekaëder und Ikosaëder zum Feuer besser passen, und weil schließlich über die Zahl der Elemente und die Ruhe der Erde viel mehr disputiert wird als über die Zahl dieser Figuren.

Wenn nun die Pythagoreer hierauf bestanden, so tadle ich in diesem Teil den RAMUS und ARISTOTELES nicht, weil sie diese durch Hin- und Hergerede verdrehte Analogie verwarfen. Allein ich habe vor 24 Jahren in ganz anderer Weise diese fünf Körper im Weltbau aufgespürt und in der Vorrede zum ersten Buch gesagt, mir scheine die Annahme vernünftig, daß dies auch die Lehre der Alten gewesen sei, nur nach Sektenart versteckt. Denn die Astronomie des COPERNICUS oder des alten Pythagoreers ARISTARCHOS von Samos* läßt die bewegliche Welt so angeordnet sein, daß darin sechs Sphären oder Bahnen auftreten, die um die unbewegliche

---

* [ARISTARCHOS VON SAMOS war kein Pythagoreer; KEPLER nennt ihn wohl einen solchen, weil er das vermeintlich pythagoreische heliozentrische Planetensystem vertrat.]

Sonne im Mittelpunkt herumführen und durch große, ungleiche Abstände voneinander getrennt sind, nämlich die äußerste Sphäre des Saturns, dann die des Jupiters, des Mars, der Erde mit dem Mond, der Venus, schließlich die innerste des Merkurs. Nun ist es eine wesentliche Eigenschaft jener fünf Figuren, daß sie mit ihren Ecken in eine Kugelfläche einbeschrieben und [82] mit den Mittelpunkten ihrer Seitenflächen um eine solche umbeschrieben werden können, so daß jeder Figur ein bestimmter Abstand zwischen ihren beiden Kugeln zukommt. Was konnte daher plausibler erscheinen, als daß der Schöpfer die fünf Abstände zwischen jenen sechs himmlischen Sphären den fünf Figuren entnommen hat, und zwar in der Reihenfolge, daß zwischen den Sphären von Saturn und Jupiter der Würfel zu denken ist, zwischen Jupiter und Mars das Tetraëder, zwischen Mars und Erde das Dodekaëder, zwischen Erde und Venus das Ikosaëder und zwischen Venus und Merkur das Oktaëder!

Diese Aufteilung läßt sich zahlenmäßig erforschen; sie ist zwingend; sie sucht nicht ängstlich nach einer Zahl von Körpern, sondern belegt eine solche, wie sie da ist. Sie ist schließlich in einer Weise ausgebildet, daß sie seit 22 Jahren nicht nur keinen Gegner gefunden, sondern sogar Schüler des unüberlegten Lehrers und Euklidgeißlers RAMUS verlockt hat und heute so viele verlockt, daß die Mathematiker seit langem nach einer zweiten Auflage rufen. Hierüber mehr zu sagen ist jedoch nicht Aufgabe dieses zweiten Buches. Der Leser wird unten im fünften Buch mehr finden, einiges auch im IV. Buch der *Epitome Astronomiae Copernicanae* , wo der wahre Ursprung jener fünf räumlichen Figuren metaphysisch erklärt wird. Denn ihre obige Bildung aus den Ecken ist nicht in Wahrheit ihr Ursprung; sie ergibt sich vielmehr, nachdem die Figuren bereits entstanden sind, als etwas, was aus der Natur folgt.

XXVI. Satz

Den vollkommensten regulären Kongruenzen lassen sich noch zwei andere Kongruenzen von zwölf ebenen Fünfecksternen sowie zwei halbräumliche von Sternen des Achtecks und des Zehnecks hinzufügen.

Die Fünfecksterne schließen nämlich allseitig räumliche, mit Spitzen versehene Figuren ein, von denen die eine zwölf fünfkantige Ecken, die andere zwanzig dreikantige Ecken besitzt. Der erstere Stern steht auf drei Ecken, der letztere auf fünf. Der erstere sieht schöner aus, wenn er auf eine Ecke aufrecht gestellt wird, der letztere sitzt richtiger, wenn er auf

fünf Ecken ruht. (Siehe die Figuren *Ss* und *Tt* [auf der Tafel S. 428].)
Bei ihnen erscheint zwar von außen gesehen keine reguläre Seitenfläche,
sondern dafür ein gleichschenkliges Fünfecksdreieck. Es liegen jedoch
immer fünf solche Dreiecke in einer Ebene; diese stehen rings um ein
räumlich verstecktes Fünfeck, das gleichsam ihr Herz ist, und bilden mit
diesem zusammen den genannten Fünfeckstern, eine Figur, die im Deutschen Drudenfuß heißt und für THEOPHRASTUS PARACELSUS das Zeichen
der Gesundheit ist. Die Idee des Körpers ist in gewisser Hinsicht die gleiche wie die seiner Seitenfläche. Bei dieser, das heißt, beim Fünfecksstern,
liegen jeweils Seiten von zwei Dreiecken auf einer Geraden, von der
das innere Stück Grundlinie eines äußeren Dreiecks und zugleich Seite
des inneren Fünfecks ist. Ebenso liegen bei dem Körper jeweils einzelne gleichschenklige Dreiecke von fünf räumlichen Ecken in einer Ebene,
und der innere Kern, das Herz dieser fünf Dreiecke oder des Sterns, ein
Fünfeck, wird Grundfläche, auf der bei dem einen Körper eine, bei dem
anderen fünf räumliche Ecken stehen. Die Verwandtschaft dieser Figuren, der einen mit dem Dodekaëder, der anderen mit dem Ikosaëder, ist
so groß, daß diese letzteren, zumal das Dodekaëder, gewissermaßen als
Stümpfe oder Torso erscheinen, wenn man sie mit jenen stachligen Körpern vergleicht.

[83] Die Achtecks- und Zehneckssterne, in denen nach Überspringen
zweier Zacken immer Seiten einer ersten und vierten Zacke auf einer
Geraden liegen, stoßen jeweils zu zwei und zwei mit solchen Seiten zusammen. Die ersteren bilden hierbei eine Art Würfel, die letzteren eine
Art Dodekaëder, Figuren, die nicht so fast Ecken als Ohren haben, da notwendig beim Zusammenfügen zweier ebener Ecken eine Lücke entsteht,
die nicht geschlossen werden kann. Daher ist die Kongruenz nach der
Definition in XI. nur halbräumlich.

Vollkommenst heißen jene räumlichen und diese halbräumlichen Kongruenzen, da auf sie selber hinsichtlich ihrer Räumlichkeit die Definition
in VI dieses Buches, auf die Seitenflächen aber die Definition einer vollkommenen Figur zutrifft, die sich in der zweiten Figur im I. Buch findet;
die Seitenflächen sind darnach sekundäre vollkommene Figuren. Es ist
auch nicht sinnlos, wenn wir die halbräumlichen Figuren vollkommenst
nennen, da wir mit diesen etwas versucht haben, auf das nicht die Definitionen in IX oder X, sondern die Definition in VI zuträfe, wenn es
vollendet werden könnte.

XXVII. Satz

Vollkommenste räumliche Kongruenzen werden auch gebildet von halbregulären Figuren, nämlich von ebenen Rhomben, und zwar in zwei Fällen.

Aus zwölf ebenen Rhomben mit bestimmtem Verhältnis ihrer Diagonalen entsteht ein räumlicher Rhombus, die Figur einer Bienenzelle,

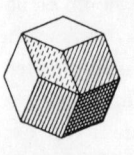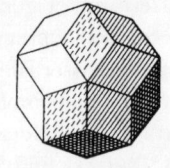

soweit die Sechszahl der Seiten und die dreikantige Form des räumlichen Bodens in Betracht kommen. Fügt man nämlich sechs Rhomben so zusammen, daß immer zwei stumpfe und zwei spitze Ecken zusammenstoßen, so entstehen oben und unten drei stumpfwinklige Lücken, während drei Paare von spitzen ebenen Ecken hinausstehen. Wenn man nun drei Rhomben mit ihren stumpfen Ecken zusammenfügt, so paßt eine solche Figur auf beiden Seiten der ersteren Figur mit ihren drei hinausstehenden Teilen in jene Lücken, während sie in ihre eigenen Lücken die hinausstehenden Teile der ersteren Figur aufnimmt.

In gleicher Weise bilden dreißig ebene Rhomben mit einem anderen Verhältnis der Diagonalen einen räumlichen Rhombus, das Triakontaëder. Man füge zweimal fünf Rhomben mit ihren spitzen Ecken zusammen; damit erhält man zwei räumliche Ecken, die man einander gegenüberstellt. Die Lücken, die an den stumpfen Ecken entstehen, werden ausgefüllt durch die stumpfen Ecken von je fünf weiteren Rhomben. Mitten zwischen diesen beiden schalenförmigen Figuren läuft ein Gürtel aus io Rhomben ringsherum, der die beiden Schalen miteinander verbindet.

Daß es nicht mehr vollkommene rhombische Kongruenzen gibt, läßt sich so zeigen: Es sind immer zwei Winkel in einem ebenen Rhombus spitz, zwei stumpf; je ein spitzer und ein stumpfer geben zusammen 2 Rechte. Nun können nicht mehr als drei stumpfe Ecken zusammenstoßen, damit nicht der Betrag von 4 Rechten überschritten wird. Fügt man also nur drei spitze Ecken zusammen, so entsteht, wie beim Würfel, ein rhombisches Hexaëder mit nur zwei spitzen räumlichen Ecken, die den größten Abstand voneinander haben, während die übrigen räumlichen Ecken in der Mitte des Körpers nicht so weit voneinander entfernt sind. Es werden also die Vorschriften der Definition in VIII nicht eingehalten, die nicht gestattet, daß nur zwei Ecken auf einer Kugel liegen. Außerdem wird von den sechs stumpfen Ecken eine jede von zwei stumpfen und einer spitzen ebenen Ecke geschlossen, eine Unregelmäßigkeit, die wiederum den Definitionen widerspricht. Es dürfen also nicht nur drei spitze ebene Ecken zusammenlaufen. Aber auch sechs spitze ebene Ecken von ebenso vielen [84] Rhomben gehen nicht zusammen. Denn wenn jede $2/3$ Rechte besitzt, so sind die stumpfen doppelt so groß, nämlich $4/3$ Rechte. Es würden also drei stumpfe wie sechs spitze Ecken 4 Rechte ergeben; weder jene noch diese könnten eine räumliche Ecke bilden, sie würden vielmehr die Ebene kontinuierlich überdecken wie in Figur G. Wenn man aber die spitzen Ecken kleiner annimmt, so werden die stumpfen Ecken noch größer werden und drei von ihnen überschreiten 4 Rechte. Also gibt es nur zwei vollkommenste rhombische Kongruenzen; eine, bei der vier, eine zweite, bei der fünf spitze rhombische Ecken in einer räumlichen Ecke zusammenlaufen. Dazu gesellt sich jedoch noch der Würfel, gleichsam der Anfang aller Rhomben, da seine Seitenfläche wie die Rhomben vier gleiche Seiten besitzt.

XXVIII. Satz

Vollkommene räumliche Kongruenzen niedereren Grads gibt es 13. Es entstehen hierbei die 13 archimedischen Körper.

Da bei diesem Grad unterschiedliche Figuren vermengt werden, handelt es sich hierbei nach Satz XXI um Figuren entweder von zwei oder von drei Arten. Im ersteren Fall sind unter den Figuren Dreiecke oder nicht. Aus Dreiecken und Vierecken nun lassen sich drei Körper bilden, auf die die Definition in IX zutrifft. Denn durch diese Definition werden die drei Formen verworfen, bei denen die räumliche Ecke eingeschlossen wird entweder von einer ebenen Vierecksecke und zwei solchen Dreiecksecken oder von einer ebenen Vierecksecke und drei Dreiecksecken oder von zwei Viereckssecken und einer Dreiecksecke. Denn im ersten Fall tritt nur ein Viereck auf, es entsteht die Hälfte eines Oktaëders (Fig. *Oo*), die räumlichen Ecken sind verschiedenartig. Im zweiten Fall treten nur zwei Vierecke auf, im dritten nur zwei Dreiecke. Das sind aber nach Satz X unvollkommene Kongruenzen. Es bleiben also übrig die Arten, bei denen ebene Figuren die körperliche Ecke in folgender Weise bilden. Erstens vier Dreiecks- und eine Viereckssecke; diese sind nämlich kleiner als 4 Rechte. Dabei treten auf sechs Vierecke und 32 (das heißt 20 und 12) Dreiecke. Es entsteht eine 38-flächige Figur, die ich einen abgestumpften Würfel (*cubus simus*) nenne. Siehe in der Figur Nr. 12.

Fünf Dreiecks- und ein Viereckswinkel übersteigen 4 Rechte, wo doch die Winkel nach Satz XVI bei der Bildung einer räumlichen Ecke kleiner

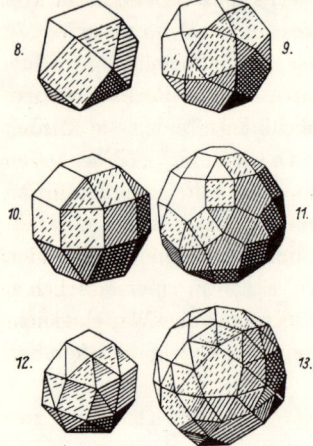

als 4 Rechte sein müssen. Das Gleiche gilt für vier Dreieckswinkel und zwei Viereckswinkel. drei Dreieckswinkel und zwei Viereckswinkel machen 4 Rechte aus.

Zweitens, zwei Dreieckswinkel und zwei Viereckswinkel sind kleiner als 4 Rechte. Hier treten auf acht Dreiecke und sechs Vierecke zur Bildung eines 14-Flachs, das ich Kuboktaëder nenne. Es ist abgebildet als Nr. 8. Zwei Dreiecks- und drei Vierecks winkel übersteigen 4 Rechte.

Drittens, ein Dreiecks- und drei Vierecks winkel sind kleiner als 4 Rechte. Hier treten auf acht Dreiecke und 18 (das heißt 12 und 6) Vierecke zur Bildung eines 26-Flachs, das ich einen beschnittenen Kuboktaëder-Rhombus nenne. Abgebildet ist dieser in Nr. 10.

In diesen drei Fällen treten Vierecke neben Dreiecken auf. Wir wollen nun diesen letzteren Fünfecke zugesellen.

[85] Fünf Dreieckswinkel haben neben einem Fünfeckswinkel keinen Platz, da sie ja schon neben dem kleineren Vierecks winkel keinen Platz finden konnten. Vier Dreiecks- und ein Fünfeckswinkel sind kleiner als 4 Rechte. Es treten hier 80 (das sind 20 und 60) Dreiecke und zwölf Fünf ecke zur Bildung eines 92-Flachs auf, das ich abgestumpftes Dodekaëder (*dodecaëdron simum*) nenne. Es ist abgebildet in Nr. 13. In dieser Reihe abgestumpfter Körper könnte das Ikosaëder der dritte sein, da es gewis sermaßen ein abgestumpftes Tetraëder ist.

Wenn man drei Dreieckswinkel einem Fünfeckswinkel zugesellt, so tritt wie oben der Fall ein, daß nur zwei Fünfecke in dem hierbei entstehenden Körper vorkommen. Wenn man zwei Dreieckswinkel mit einem Fünfecks winkel verbindet, so tritt im Körper nur ein Fünfeck auf. Im ersteren Fall entsteht die Zone oder mittlere Säule, im zweiten Fall die Pyramide, wie sie als Teile des Ikosaëders (siehe Figur *Pp*) auftreten; im zweiten Fall sind auch die räumlichen Ecken nicht von gleicher Art, da ja eine einzelne Ecke wie beim Ikosaëder von fünf Dreiecksecken umgeben wird. Damit ist der Fall der Ecken mit einem einzigen Fünfeckswinkel erledigt.

Drei Dreiecks- und zwei Fünfeckswinkel sind zusammen größer als 4 Rechte. Damit ist der Fall von Ecken mit drei Dreieckswinkeln in Verbindung mit Fünfeckswinkeln erledigt.

Zwei Dreiecks- und zwei Fünfeckswinkel sind zusammen kleiner als 4 Rechte. Hier treten 20 Dreiecke und zwölf Fünfecke zu einem 32-Flach zusammen, das ich Ikosidodekaëder nenne. Es ist abgebildet in Nr. 9. Den Fall zweier Dreiecke mit einem Fünfeck haben wir bereits verworfen. Wir sind also mit den Fällen, in denen zwei Dreiecke auftreten, fertig.

Ein Dreiecks- und fünf Fünfeckswinkel sind zusammen größer als 4 Rechte. Die Kongruenz aus einem Dreiecks- und zwei Fünfecksecken ist aber nach Satz XXIII nicht regulär, da das Fünfeck eine Figur mit ungerader Seitenzahl ist. Damit sind die Verbindungen von Dreiecken und Fünfecken erledigt.

Vier Dreiecks- und ein Sechseckswinkel oder zwei Dreiecks- und zwei Sechseckswinkel füllen die Ebene aus. Drei Dreieckswinkel sind zusammen mit zwei Sechseckswinkeln größer als 4 Rechte, mit einem Sechseckswinkel bilden sie einen Körper, der nur zwei Sechsecke besitzt. Die Fälle mit drei Dreieckswinkeln sind also hinfällig. Zwei Dreieckswinkel sind gleich einem Sechseckswinkel; dieser Fall scheidet daher ebenfalls aus nach Satz XXII. Es bleibt allein die Verbindung von einem Dreiecks- mit zwei Sechsecksecken übrig. Hier treten vier Dreiecke und vier Sechsecke auf zur Bildung eines Achtflachs, das ich Tetraëderstupf nenne. Er ist abgebildet in Nr. 2.

Vier Dreieckswinkel sind zusammen mit einem Siebenecks- oder noch größeren Winkeln größer als 4 Rechte. Man braucht also hinfort Fälle mit vier Dreieckswinkeln nicht mehr zu erwähnen, ebensowenig wie die mit drei solchen Winkeln, aus oft angeführten Gründen. Zwei Dreieckswinkel mit zwei Winkeln von Figuren, die größer als das Sechseck sind, [86] übersteigen 4 Rechte. Man braucht also hinfort die Fälle von zwei Dreieckswinkeln in Verbindung mit zwei Winkeln einer größeren Figur nicht mehr zu erwähnen, ebenso auch nicht die Fälle von drei Dreieckswinkeln in Verbindung mit einem Winkel einer größeren Figur, da dieser größer ist als jene beiden zusammen; ein solcher Fall wird durch das Axiom XXII ausgeschlossen. Es bleibt also nur übrig, den Fall zu prüfen, in dem ein Dreieckswinkel mit zwei Winkeln einer Figur, die größer als das Sechseck ist, sich verbindet. Der Fall mit zwei Siebenecken scheidet aus nach Satz XXIII, wie alle Fälle mit zwei Vielecken von ungerader Seitenzahl. Der Fall mit zwei Achteckswinkeln liefert einen Körper, in dem acht Dreiecke und sechs Achtecke zur Bildung eines 14-Flachs auftreten, das ich Würfelstumpf nenne. Dessen Figur ist abgebildet in Nr. 1. Mit zwei Zehneckswinkeln erhält man einen Körper, in dem 20 Dreiecke und zwölf Zehnecke zur Bildung eines 32-Flachs auftreten, das ich Dodekaëderstumpf nenne. Er ist abgebildet in Nr. 3. Mit zwei Zwölfecken wird die Ebene ausgefüllt; es entsteht keine räumliche Ecke, noch weniger ist das der Fall mit größeren Vielecken. Damit ist man mit den Dreiecken überhaupt fertig, soweit es sich um die Verbindung von Figuren zweier Arten handelt.

Da also unter den zwei Arten von Seitenflächen keine Dreiecke mehr auftreten, kommt als nächstkleinste Figur das Viereck in Betracht. Nun

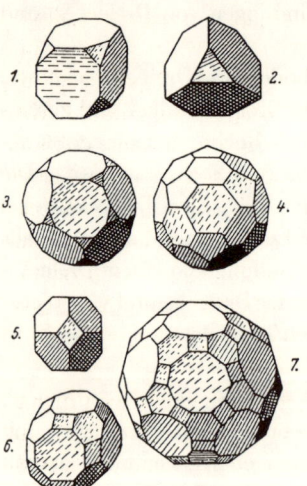

aber sind drei Viereckswinkel zusammen mit einem Winkel einer größeren Figur größer als 4 Rechte. Zwei Viereckswinkel mit einem Winkel einer größeren Figur werden nicht zugelassen nach Definition IX, da von den Figuren der größeren Art jeweils nur zwei in dem räumlichen Körper auftreten. Ein Viereckswinkel mit zwei Fünfeckswinkeln scheidet aus nach Satz XXIII. Dagegen geht ein Viereckswinkel mit zwei Sechseckswinkeln zusammen. Es treten hierbei sechs Vierecke und acht Sechsecke auf zur Bildung eines 14-Flachs, das ich Oktaëderstumpf nenne. Er ist abgebildet in Nr. 5. Die Verbindung von einem Viereckswinkel und zwei Siebeneckswinkeln oder zwei Winkeln von anderen Figuren mit ungerader Seitenzahl ist nach Satz XXIII ausgeschlossen. Ein Viereckswinkel und zwei Achteckswinkel erfüllen den Raum, ein Viereckswinkel und zwei noch größere Winkel übersteigen 4 Rechte; sie erheben sich nicht zur Bildung einer räumlichen Ecke. Damit ist man mit dem Viereck fertig, insoweit es nur zwei Arten von Seitenflächen sein dürfen.

Zwei Fünfeckswinkel mit einem Sechseckswinkel oder irgendeinem anderen einzelnen Winkel unternehmen etwas, was nach Satz XXIII zu verwerfen ist, was bereits oben auch von der Verbindung eines Dreiecks oder Vierecks mit zwei Fünfecken geltend gemacht wurde. Außerdem erfüllen zwei Fünfecks- mit einem Zehneckswinkel die Ebene, sie erheben sich weder mit diesem noch mit einem größeren zu einer körperlichen Ecke.

Ein Fünfeckswinkel zusammen mit zwei Sechseckswinkeln macht weniger als 4 Rechte aus. Es treten hier 12 Fünfecke und 20 Sechsecke zur Bildung eines 32-Flachs auf, das ich Ikosaederstumpf nenne. Seine Form ist abgebildet in Nr. 4. Mehr ist vom Fünfeck nicht zu erwarten. Denn ein Fünfecks- und zwei Siebeneckswinkel übersteigen bereits 4 Rechte. Ein Sechseckswinkel erfüllt mit zwei anderen die Ebene, mit größeren übersteigt er 4 Rechte. Es ist daher Schluß mit den Körpern, die von zweierlei Seitenflächen gebildet werden.

Wenn man nun Seitenflächen von dreierlei Art zu einer räumlichen Ecke zusammenfügen will, so sei zuerst bemerkt, daß ein Vierecks- und ein Fünfeckswinkel zusammen 2 Rechte übersteigen; noch mehr gilt das von größeren Winkeln; drei Dreieckswinkel aber sind zusammen 2 Rechte. Man darf also nicht drei Dreieckswinkel heranziehen, da sonst die Summe von 4 Rechten überschritten würde. Zwei Dreieckswinkel mit einem Vierecks- und einem Fünfeckswinkel oder statt dessen einem Sechsecks- oder [87] irgendeinem größeren Winkel scheiden nach Satz XXIII aus, da in diesem Fall das Dreieck als eine Figur von ungerader Seitenzahl mit einem Viereck und einem Fünfeck oder statt dessen einem Sechseck usw. umgeben würde.

Ein einziger Dreieckswinkel nun mit zweit Vierecks- und einem Fünfeckswinkel sind zusammen kleiner als 4 Rechte. Es fügen sich hier 20 Dreiecke mit 30 Vierecken und 12 Fünfecken zusammen zu einem 62-Flach, das ich Rhombenikosidodekaéder oder einen beschnittenen Ikosidodekaéder-Rhombus nenne. Er ist abgebildet in Nr. 11.

Ein Dreiecks- und zwei Vierecks winkel sind zusammen mit einem Sechseckswinkel gleich 4 Rechten, mit einem größeren Winkel übersteigen sie diesen Betrag und erheben sich nicht zu einer räumlichen Ecke. Lassen wir also die zwei Vierecks winkel.

Ein Dreiecks-, ein Vierecks- und zwei Fünfeckswinkel übersteigen 4 Rechte; das gilt noch mehr, wenn man zwei noch größere Winkel hinzunimmt. Man ist daher am Ende mit der Verbindung von vier Seitenflächen zur Bildung einer räumlichen Ecke und damit auch mit den Dreiecken bei der Verwendung von Figuren von dreierlei Art. Denn die Verbindung eines Dreiecks, eines Vierecks und eines Fünfecks oder irgendeines anderen Vielecks an dessen Stelle scheidet aus nach Satz XXIV, da das Dreieck eine Figur mit ungerader Seitenzahl ist.

Da es sich also fernerhin nur um drei ebene Ecken handelt, so darf unter den Figuren nach demselben Satz XXIV keine mit ungerader Seitenzahl sein.

Ein Viereckswinkel macht mit den beiden nächstgrößeren Winkeln, einem Sechsecks- und einem Achteckswinkel, weniger als 4 Rechte aus. Es fügen sich hier zwölf Vierecke, acht Sechsecke und sechs Achtecke zur Bildung eines 26-Flachs zusammen, das ich Kuboktaëderstumpf nenne, nicht etwa weil es durch Abstumpfung erzeugt werden könnte, sondern weil es dem abgestumpften Kuboktaëder ähnlich ist. Der Körper ist abgebildet in Nr. 6.

Ein Viereckswinkel macht mit einem Sechsecks- und einem Zehneckswinkel weniger als 4 Rechte aus. Es fügen sich hier 30 Vierecke, 20 Sechsecke und zwölf Zehnecke zur Bildung eines 62-Flachs zusammen, das ich Ikosidodekaëderstumpf nenne, aus einem ähnlichen Grund wie vorhin. Er ist abgebildet in Nr. 7.

Wenn statt des Zehnecks ein Zwölfeck in die Gesellschaft eintritt, so werden 4 Rechte voll, und es entsteht keine körperliche Ecke. Wenn an Stelle des Sechsecks ein Achteck tritt und die dritte Stelle ein Vieleck größer als das Achteck einnimmt, ergeben sich mehr als 4 Rechte; desgleichen, wenn man das Viereck wegläßt und drei verschiedene größere Figuren mit gerader Seitenzahl zusammengesellt. Es hält sich also die ganze Familie der archimedischen Körper im Bereich der Zahl 13, was zu beweisen war.

[88]   *XXIX. Schlußfolgerung*

Kongruente Figuren sind es im ganzen zwölf, acht ursprüngliche oder primäre und vier erweiterte oder Sterne.

1. Dreieck	7. Zwölfeck
2. Viereck	8. Zwanzigeck
3. Fünfeck	9. Fünfeckstern
4. Sechseck	10. Achteckstern
5. Achteck	11. Zehneckstern
6. Zehneck	12. Zwölfeckstern.

Die Grade der Kongruenz sind verschieden. Zum ersten gehören Dreieck und Viereck, da sie Kongruenzen bilden sowohl im Raum wie in der Ebene, sowohl die einzelnen Arten für sich als auch in Verbindung miteinander oder in Verbindung mit anderen Vielecken.

Zum zweiten Grad gehören das Fünfeck und sein Stern. Denn diese beiden bilden je für sich Kongruenzen im Raum, wie sie auch einander Dienste in der Ebene leisten. Doch kommt das Fünfeck vor dem andern, da es auch mit verschiedenen anderen Vielecken in der Ebene wie im Raum Kongruenzen bildet.

Zum dritten Grad gehört das Sechseck, da die Figuren dieser Art für sich in der Ebene Kongruenzen bilden, mit anderen dagegen sowohl im Raum wie in der Ebene.

Den vierten Grad nehmen ein Achteck und Zehneck mit ihren Sternen. Denn im Raum bilden jene beiden mit einigen anderen Vielecken Kongruenzen, die Sterne aber mit Figuren einzelner Arten wenigstens bis zu einer gewissen Grenze. In der Ebene bilden alle vier Kongruenzen mit anderen, die Achtecksippe jedoch in mannigfaltigerer und vollkommenerer Weise.

Der fünfte Grad umfaßt das Zwölfeck mit seinem Stern. Während sie im Raum in keiner Weise beteiligt sind, bilden sie in der Ebene in mannigfaltiger Weise Kongruenzen mit anderen. An der Bildung von Kongruenzen im Raum hindert sie einzig ihre Größe. Was ihre Rolle in der Ebene anlangt, so ist diese Sippe dem vierten Grad vorzuziehen.

Der letzte Grad enthält das Zwanzigeck, da dieses nur in der Ebene und nur mit anderen, und zwar mit diesen auch noch in unvollkommener Weise Kongruenzen bildet.

Wenn wir nur auf die Ebene Rücksicht nehmen, so wird die Ordnung der Figuren folgende sein: 1. Sechseck. 2. Viereck. 3. Dreieck. 4. Zwölfeck. 5. Dessen Stern. 6. Achteck. 7. Dessen Stern. 8. Fünfeck. 9. Dessen Stern 10. Zehneck. 11. Dessen Stern. 12. Zwanzigeck.

Alle anderen Figuren sind inkongruent. Der Kongruenz am nächsten kommt jedoch das Fünfzehneck, da es zwar den Anfang zu einer Kongruenz mit anderen in der Ebene macht, jedoch nach Satz XX nicht wie das Zwanzigeck ringsherum in gleichförmiger Weise eingeschlossen werden kann. Darauf folgt die Figur mit 16 Seiten und ähnliche, die schlechterdings keine Kongruenzen mit anderen regulären Figuren bilden, da sie die Größe ihrer Winkel daran hindert. [89] Das Siebeneck und ähnliche

Vielecke dagegen sind aus einem ganz anderen Grund inkongruente Figuren, weil weder die ganzen Winkel noch irgendwelche den Figuren eigene Teile der Winkel mit anderen regulären Vielecken Kongruenzen bilden können.

So hört also bei den drei für sich darstellbaren Klassen die Kongruenz auf mit dem Achteck, dem Zwölfeck und dem Zwanzigeck; bei der vierten Bastardklasse fängt sie nicht einmal an. Das wird im IV. Buch bei der Auswahl der Aspekte seine Anwendung finden.

XXX. Schlußfolgerung

Aus dem Vorausgehenden erhellt der naturgegebene Unterschied zwischen der Darstellbarkeit und der Kongruenz der Figuren hinsichtlich der Ausdehnung.

1. Die Grade der eigentlichen Darstellbarkeit erstrecken sich über das Achteck, Zehneck, Zwölfeck hinaus auf alle Figuren mit immer doppelter Seitenzahl bis ins Unendliche; die Kongruenz dagegen schließt ab mit dem Achteck, Zwanzigeck und Zwölfeck. 2. Das Fünfeck mit seinem Stern ist hinsichtlich der Darstellbarkeit und Wißbarkeit von niedrigerem Rang als das Zwölfeck; hinsichtlich der Kongruenz im Raum ist es von viel höherem Rang. 3. Das Achteck gehört in ersterer Hinsicht mit dem Fünfeck zusammen; in letzterer Hinsicht geht das Fünfeck voran. 4. In ersterer Hinsicht stand das Sechzehneck an einem besseren Platz als das Zwanzigeck. Und doch ist jene Figur inkongruent, während die letztere bis zu einer gewissen Grenze kongruent ist. 5. Beim Fünfzehneck jedoch besteht in beider Hinsicht eine gefällige Übereinstimmung und Analogie. Denn wie seine Darstellung keine eigentliche, sondern nur eine akzidentelle ist, so ist seine Kongruenz keine vollendete, sondern eine, die nur einen Anfang macht und nicht die ganze Figur umschließt. Das ist unten im III. Buch bei der Entstehung und Anwendung des Halbtons zu beachten.

Ende des II. Buches.

IO. KEPLERI

HARMONICES MUNDI

LIBER III.

DE ORTU PROPORTIO-
NUM HARMONICARUM, DEQUE
Natura & differentijs rerum
ad Cantum pertinen-
tium.

PROCLVS DIADOCHVS
Lib: I. Com: in I. Elementorum Euclidis

Cùm philosophia multas sit complexa facultates, multas & Mathematica,
de vna quidem hujus parte Harmonice dicta, deq̦ Numeris
(Harmoniarum principijs creditis)hac
scribit.

Ad Theologiam præparat Mentis conatus. Nam ea quæ
non Initiatis circa veritatem rerū divinarum videntur esse captu difficilia & sublimio-
ra, illa Mathematicis Rationibus demonstrantur esse fida manifesta & sine contro-
versia, per quasdam Imagines. Nam Proprietatum superessentialium evidentiam o-
stendunt in Numeris: & quæ sint Intellectualium Formarum Potestates, in Ratiocinati-
vis clarum efficiunt.   Itaq̦ Plato multa mirabilia de Natura Deorum nos per
species rerum Math ematicarum edocet: & Pythagorica Philosophia, his ceu velis ob-
nubit institutionem de rebus divinis. Hujus enim generis est universus ille SE R MO
SACER, & Philolaus in Bacchis, & tota Pythagoræ ratio docendi de Deo.
Rursum ad Moralem philosophiam nos perficit, implantans nostris moribus
Ordinem, decentiam & conversationem Harmonicam; tradit etiam, quæ figuræ,
quæ Cantilenæ, qui Motus virtutem deceant: qua doctrina etiam Athenæus excoli &
perfici vult eos, qui virtutibus Moralibus ab adolescentia daturi sunt operam. Quin
etiam proportiones Numerorum, virtutibus familiares, explanat . alias
quidem arithmeticas, alias Geometricas, alias Harmonicas;
ostendit & Vitiorum Excessus Defectusq̦, quibus
omnibus dirigimur ad mediocritatem Mo-
rum, & decentiam.

JOHANNES KEPLER

III. BUCH DER WELTHARMONIK

Der Ursprung der harmonischen Proportionen und die Natur und die Unterschiede der musikalischen Dinge

Wie die Philosophie viele Gebiete umfaßt, auf denen sie sich auswirkt, so auch die Mathematik. Über einen Zweig dieser letzteren, die Harmonik, wie sie genannt wird, und über die Zahlen, die als die Prinzipien für die Harmonien gelten, schreibt

PROKLOS DIADOCHOS

in Buch I seines *Kommentars zum 1. Buch von Euklids Elementen*
[Edition G. FRIEDLEIN 1873: 22, 1–16 und 24, 4–14]:

»Für die Theologie arbeitet die Mathematik dem gedanklichen Aufbau vor. Denn was für die Erkenntnis der Wahrheit über das Göttliche den Uneingeweihten schwierig und hoch erscheint, das legen die mathematischen Begriffe mit Hilfe von Bildern als überzeugend, offenkundig und unwiderleglich dar. Sie zeigen die Offenbarungen der überwesentlichen Eigenschaften in den Zahlen auf und lassen die Kräfte der intelligiblen Formen in den intellektuellen hervortreten. Daher gibt uns PLATON viele wunderbare Lehren über das Göttliche mit Hilfe der mathematischen Begriffe, und die Philosophie des PYTHAGORAS verbirgt hinter diesen wie hinter einem Vorhang die Einführung in die Mysterien der göttlichen Lehren. Dieser Art ist auch die ganze ›Heilige Rede‹ sowie das, was PHILOLAOS in den ›Bakchen‹ vorträgt, und der ganze Lehrvortrag des PYTHAGORAS über die Götter.

In ethischer Hinsicht vervollkommnet uns die Mathematik, indem sie unseren Sitten Ordnung und Harmonie in der Lebensführung einpflanzt. Sie gibt Körperhaltungen, wie sie zur Tugend passen, und Melodien und Bewegungen an die Hand, wie auch jener Gastfreund aus Athen will, daß hierdurch alle die, die von Jugend an nach Tugend streben, zur Vollkommenheit gelangen sollen. Die Wohlordnung der Tugenden breitet sie vor uns aus, und zwar anders in Zahlen, anders in Figuren, anders in musikalischen Harmonien; sie zeigt uns auch, was die Laster zuviel oder zuwenig an sich haben. Durch all das verleiht sie uns Ebenmaß des Charakters und sittliche Anmut.«

[93] Im bisherigen sind wir der Welt der Dinge nachgegangen, indem wir zuerst von den regulären ebenen Figuren gesprochen und uns dann an ihre Kongruenzen gemacht haben.

Im folgenden müssen wir von dieser natürlichen Methode in etwa abgehen, um die Erkenntnis des menschlichen Geistes, die nicht selten andere Wege geht, umso mehr zu fördern. Die Natur der Sache würde erfordern, daß wir nun an dritter Stelle in abstracto von den Proportionen handeln, die zwischen dem Kreis und seinen von beliebigen Seiten abgeschnittenen Teilen auftreten, sowie von den anderen Erscheinungen, die durch Verbindung und Teilung solcher Proportionen entstehen. An vierter Stelle müßten wir dann zu den Werken in der Welt übergehen, die entweder Gott der Schöpfer selber an solche Proportionen angepaßt hat oder die die Natur unter dem Mond nach Vorschrift solcher Proportionen in den Winkeln der Gestirnstrahlen täglich schafft. Zum Schluß müßten wir die menschliche Musik hinzufügen, indem wir zeigen, wie der menschliche Geist, das Urteil des Gehörs formend, vermöge eines natürlichen Instinkts den Schöpfer nachahmt, indem er mittels der Stimme die gleichen Proportionen auswählt und anerkennt, nach denen es Gott gefallen hat, die himmlischen Bewegungen auszugleichen. Da es jedoch schwierig ist, die Unterschiede, Gattungen und Maße der harmonischen Proportionen begrifflich zu fassen ohne Beziehung auf die musikalischen Stimmen und Töne, insofern uns zur Darstellung dieser Dinge keine anderen Wörter zur Verfügung stehen als solche aus der Musik, müssen wir in diesem Buch den dritten Punkt mit dem fünften und letzten gemeinsam behandeln. Wir dürfen also hier nicht nur von den abstrakten harmonischen Proportionen reden, sondern müssen uns auch von vornherein mit jener menschlichen Nachahmung der Schöpfung im Gesang beschäftigen. Das Schöpfungswerk des Himmels aber müssen wir wegen seiner unglaublichen Feinheit auf die letzte Stelle verschieben, entsprechend der

Anordnung, die im Titel des Buches angegeben ist. Soviel über die Einteilung unserer Untersuchungen.

Um nun die einander gegenüberstehenden Anschauungen besser ins Licht zu rücken, mag die Untersuchung über den menschlichen Gesang mit einer Erinnerung dessen begonnen werden, was sich die Alten über den Ursprung der Konsonanzen ausgedacht haben.

Wie es in allen menschlichen Dingen so eingerichtet ist, daß bei dem, was uns von Natur aus zugeteilt ist, die praktische Verwendung der Erkenntnis der Ursachen vorausgeht, so ist es auch zweifellos dem Menschengeschlecht mit dem Gesang ergangen, daß es von Anfang an, ohne über Ursachen nachzudenken oder eine Kenntnis von ihnen zu haben, die gleichen Tonweisen und Stimmintervalle gebrauchte, die wir heutzutage. verwenden beim Vortrag von [94] Melodien nicht nur in den Gotteshäusern und bei den Chören der Musiker, sondern allüberall ohne eigentliche Kunstübung in Gassen und Fluren.

Das hohe Alter des Gesangs geht aus der *Genesis* hervor. Groß mußte das Ergötzen am Gesang der menschlichen Stimme gewesen sein (wenn ich aber Ergötzen sage, rede ich bereits von harmonischen und melodischen Intervallen), indem es bereits im achten Geschlecht von ADAM an den JUBAL bewog, die Nachahmung des menschlichen Gesangs mittels roher Instrumente zu lernen und zu lehren. Wenn ich mich nicht täusche, ist JUBAL gleich APOLLON, nach einer leichten Veränderung der Buchstaben. Er ist es, der seinen Bruder JABEL, den Begründer der Viehzucht, der sich an der Hirtenflöte ergötzte (der Gott PAN der Griechen), mit dem hellen Klang der von ihm erfundenen Zither ausstach; den Stoff zu den Saiten bekam er von seinem Bruder TUBALKAIN, in dessen Namen wir eine Anspielung auf VULKAN sehen wollen.

Wie alt nun aber auch die Form des menschlichen Gesangs, die sich aus konsonanten und melodischen Intervallen zusammensetzt, sein mag, die Ursachen der Intervalle blieben den Menschen verborgen, so daß man vor PYTHAGORAS nicht einmal nach ihnen fragte. Nachdem man nun zweitausend Jahre nach ihnen suchte, bin ich, wenn ich mich nicht täusche, der erste, der sie aufs genaueste darstellt.

Man erzählt, PYTHAGORAS habe, als er an einer Schmiede vorbeiging und die harmonisch abgestimmten Töne der Hämmer vernahm, zuerst die Entdeckung gemacht, daß der Unterschied der Töne von der Größe der Hämmer herrührt und daß die großen tiefe, die kleinen hohe Töne geben. Da sich aber das, was man Proportion nennt, auf Größen bezieht, maß er die Hämmer aus und fand dabei leicht die Proportionen, die harmonische oder dissonante, melodische oder unmelodische Tonintervalle bilden. Alsbald ging er von den Hämmern zu den Längen der Saiten über, wobei das Gehör genauer angibt, welche Teile der Saite mit der ganzen Konsonanzen, welche Dissonanzen ergeben.

Waren damit die bestimmten Proportionen gefunden, das heißt das Was festgestellt, so blieb noch übrig, die Ursachen, das Warum, zu erforschen, nämlich zu ergründen, warum die genannten Proportionen melodische, angenehme und konsonierende Tonintervalle bestimmen, andere dagegen dissonierende, für das Gehör unerträgliche und ungewohnte. Zweitausend Jahre lang war man nun der Anschauung nachgegangen, die Ursachen müßten in den Eigenschaften der Proportionen selber gesucht werden, insoweit ihre Glieder diskrete Größen, das heißt Zahlen sind. Die Pythagoreer fanden nämlich, daß vollkommene Harmonien gebildet werden, wenn Saiten von gleicher Spannung hinsichtlich ihrer Länge die Proportionen 1 zu 2 oder 1 zu 3 oder 1 zu 4 bilden. Diese Proportionen heißen in der Arithmetik Vielfache. Weiter fanden sie, daß etwas weniger vollkommene Konsonanzen von Saiten entstehen, wenn diese die Proportionen 2 zu 3 oder 3 zu 4 bilden; beide Proportionen zusammen machen die doppelte Proportion aus, das heißt die Proportion zwischen den Zahlen 2 zu 4 oder 1 zu 2; nahm man aber die kleinere Proportion 3 zu 4 von der größeren 2 zu 3 weg, so blieb [95] die Proportion 8 zu 9 übrig. Sie entdeckten nun, daß das Intervall des Ganztons, des am meisten gebräuchlichen bei jeglichem Gesang, gerade so groß ist. Nun aber ist 8 der Kubus von 2 und 9 ist das Quadrat von 3. So waren also jetzt die Zahlen 1, 2, 3, 4, 8, 9 da. Da aber die Einheit, ihr Quadrat und ihr Kubus gleich sind, die Zweizahl jedoch zum Quadrat 4 und zum Kubus 8 hat, fügten sie zur Dreizahl außer ihrem Quadrat 9 noch den Kubus 27 hinzu, weil sie der Meinung waren, man müsse bis zu den Kuben weiterschreiten, da die ganze Welt und alles Tönende nicht aus leeren Flächen, sondern aus räumlich ausgedehnt Körpern besteht. Da es sich nun bei diesen Zahlen um die ersten Zahlen, ihre Quadrate und Kuben handelte, erwuchs schließlich aus diesem Anfang eine so hohe Meinung von ihnen, daß die Pythagoreer glaubten, die ganze Philosophie mit ihnen aufbauen zu können. Die Einheit stellte nach ihnen Idee, Geist und Form dar, da, wie die Einheit unteilbar ist und zum Quadrat oder zum Kubus erhoben gleichbleibt, auch die Ideen unteilbar und universal und immer das gleiche seien. Daher machten sie die Einheit zum Symbol der Natur des Gleichseins, die anderen Zahlen zu Symbolen der Natur des Andersseins. Die Zweizahl also bedeutete das Anderssein und die Materie, da sie eine Teilung zuläßt wie auch die Materie. Und wie die Zweizahl zum Quadrat erhoben 4, zum Würfel erhoben 8 ergibt, Zahlen, die von 2 verschieden sind, so kann auch die Materie unbeständig und vielförmig sein. In anderer Auslegung bedeutete die Zweizahl auch die Seele. Denn während der Geist unbeweglich sei oder sich an einer einförmigen Bewegung, nämlich der kreisförmigen, erfreue, übernehme die Seele vom Körper mannigfache Bewegungen und halte sich vertrauter an die geradlinigen Bewegungen, die sich in sechsfacher Richtung aufspalten. Schließlich bezeichnete für sie die Dreizahl den Körper, da dieser aus Form und Materie zusammengesetzt sei, wie die Zahl 3 aus 2 und 1, und da die Körper in der Welt ebenso viele Dimensionen haben wie die Dreizahl Einheiten.

Aber nicht nur als Symbole der drei Prinzipien galten die Zahlen. Die Seele selber setzte sich nach ihnen zusammen aus diesen Zahlen und allen ihren Proportionen, sowie aus den Unterteilungen der Proportionen in die $\frac{3}{2}$-, $\frac{4}{3}$- und $\frac{9}{8}$-fachen. So war die Seele, das Band zwischen Geist und Körper, in ihrem Wesen nichts als Harmonie und ganz aus Harmonie zusammengesetzt. Zu dieser Lehre wurden sie zweifellos durch die Wahrnehmung geführt, daß die menschliche Seele so großes Ergötzen empfindet an Tönen, die durch ihre Intervalle irgendwelche harmonischen Proportionen bilden oder umfassen. […]*

[99] Die Pythagoreer waren dieser Art und Weise, in Zahlen zu philosophieren, so sehr ergeben, daß sie sich nicht einmal mehr an das Urteil des Gehörs hielten, obgleich dessen Aussagen den Ausgangspunkt für diese Philosophie gebildet hatten. Sie taten vielmehr dem natürlichen Instinkt des Gehörs Gewalt an und bestimmten rein nur aus den Zahlen, was melodisch, was unmelodisch und was konsonant, was dissonant sei. Diese Tyrannei herrschte in der *Harmonielehre* bis auf PTOLEMAIOS, der als erster vor 1500 Jahren dem Gehörsinn gegen die pythagoreische Philosophie zum Recht verhalf. Er nahm nicht nur die oben angeführten Proportionen und das Verhältnis 9 zu 8 als Canzton unter die melodischen Intervalle

---

* [Hier folgte im Original KGW VI: 95, Zeile 35 bis 99, Zeile 11 ein ›Exkurs über die pythagoreische Vierheit‹ (*Tetraktys*).]

auf, sondern ließ auch das Verhältnis 10 zu 9 als kleineren Ganzton und das Verhältnis 16 zu 15 als Halbton zu. Auch fügte er nicht nur noch andere vom Ohr gebilligte Proportionen hinzu, wie die Proportionen 6 zu 5 und 5 zu 4, sondern nahm auch gewisse Verhältnisse von Proportionen auf, wie 3 zu 5 und 5 zu 8 und andere.

So hat PTOLEMAIOS die pythagoreische Spekulation über den Ursprung der harmonischen Proportionen als der Wahrheit ins Gesicht schlagend berichtigt. Allein er hat sie nicht gänzlich als falsche Lehre aufgehoben. Hat er auch das Urteil des Ohrs in Wort und Lehre wieder in sein Recht eingesetzt, so hat er es doch wieder aufgegeben, indem auch er in der Betrachtung abstrakter Zahlen steckenblieb. Denn die Ursache für die Zahl der harmonischen Proportionen und für die einzelnen von ihnen ist auch so nicht adäquat ihrer Wirkung; für die Definition der konsonanten Intervalle ist sie zu eng, für die der melodischen ist sie zu weit. Ptolemaios läßt nämlich ebenfalls die Terzen und Sexten, die kleinen und großen (die in den Proportionen 4 zu 5 und 5 zu 6 sowie 3 zu 5 und 5 zu 8 bestehen), nicht als konsonant gelten, die doch alle modernen Musiker mit gutem Gehör bejahen. Umgekehrt nimmt er die Proportionen 6 zu 7 und 7 zu 8 und andere unter die melodischen Intervalle auf, so daß, wenn der Gesang von Ut nach Fa fortschreitet, zwischen Re und Mi ein Ton eingeführt wird in einer Proportion, für die 7 als Mittelglied zwischen 6 und 8 auftritt. Bezeichnet man diesen Ton mit Ri, so könnte man also singen Ut, Ri, Fa, wie man singen kann Ut, Re, Mi, Fa. Aber das klingt für die Ohren aller Menschen abscheulich und widerspricht durchaus dem musikalischen Brauch, wenn man auch die Saiten so stimmen kann. Denn als seelenlose Dinge geben diese kein Urteil [100] ab, sondern folgen ohne Widerstreben der Hand des ungeschickten Theoretikers.

Überdies, wenn sogar die aus den abstrakten Zahlen entnommene Ursache und ihre Wirkung, die Konsonanzen, sich dem Umfang nach dekken würden und man jene Ursache mit Grund als urbildlich betrachten könnte, da sie Zeugnis ablegte davon, daß der Vater aller Dinge, der ewige Geist, jene Zahlen betrachtend aus ihnen die Idee der Töne und Intervalle entnommen und durch entsprechende Bildung der menschlichen Seelen dafür gesorgt hätte, daß diese hieran Wohlgefallen finden – auch dann wäre es nicht erfindlich, warum gerade die Zahlen 1, 2, 3, 4, 5, 6 usw. musikalische Intervalle bilden, die Zahlen 7, 11, 13 und ähnliche aber nicht, und einen Grund hierfür würden die Zahlen als Zahlen aus sich selber nicht darbieten. Denn die Ursache, die man aus der Dreizahl der Grundprinzipien sowie der Familie der zugehörigen Quadrat- und Kubikzahlen entnimmt, kann man nicht gelten lassen, da ja die Fünfzahl hierbei verbannt ist, die sich doch im Stamm der musikalischen Intervalle das Bürgerrecht nicht rauben läßt.

Aber auch das kann dem Theoretiker nicht genügen, daß die Zahlen 1, 2, 3 die Symbole der Grundprinzipien sind, aus denen die Naturdinge bestehen. Denn ein Intervall ist nicht ein Naturding, sondern etwas Geometrisches. Wenn also diese Zahlen nicht etwas zählen würden, was mit den Intervallen näher verwandt ist, so könnte ein Philosoph dieser Ursache keinen Glauben beimessen; sie müßte ihm als Ursache verdächtig vorkommen.

Aus diesen Gründen habe ich seit zwanzig Jahren das Ziel meines Strebens darin erblickt, diesen Teil der Mathematik und Physik klarer zu begründen. Ich wollte Ursachen ausfindig machen, die einerseits bei der Aufstellung der Zahl konsonanter und melodischer Intervalle das Urteil des Gehörs befriedigen und über das, was das Ohr erfordert, nicht hinausgehen, die andererseits einen klaren und offensichtlichen Unterschied erkennen lassen zwischen den Zahlen, die musikalische Intervalle bilden, und denen, die hiezu untauglich sind, und die schließlich im Hinblick sowohl auf das Urbild wie auf den Geist, der sich des Urbildes bedient, um die Dinge ihm entsprechend zu gestalten, eine Verwandtschaft mit den Intervallen haben und daher auf größter Wahrscheinlichkeit beruhen. Denn da die Bestimmungsstücke der konsonanten Intervalle kontinuierliche Größen sind, müssen auch die Ursachen, die diese von den dissonanten unterscheiden, in der Familie der kontinuierlichen Größen gesucht werden, nicht bei den abstrakten Zahlen, das heißt bei diskreten Größen. Und da es ein Geistwesen ist, das die menschlichen Seelen so gebildet hat, daß sie sich an einem solchen Intervall ergötzen (darin liegt die wahre Definition der Konsonanz und Dissonanz), müssen auch die Unterschiede des einen Intervalls vom anderen sowie die Ursachen, warum diese Intervalle harmonisch sind, geistiger und intelligibler Natur sein, das heißt diese Natur muß darin bestehen, daß die Bestimmungsstücke der konsonanten Intervalle eigentlich wißbar, die der dissonierenden uneigentlich wißbar oder unwißbar sind. Denn wenn sie wißbar sind, können sie auch in den Geist gelangen und zur Gestaltung des Urbildes herangezogen werden. Wenn sie aber unwißbar sind (in dem Sinn, der im ersten Buch auseinandergesetzt worden ist), **[101]** sind sie außerhalb des Geistes des ewigen Weltschöpfers geblieben und wirken in keiner Weise beim Urbild mit. Doch hierüber soll erst mehr gesagt werden, wenn wir diese Lehre kapitelweise darstellen. Wir wollen mit Gott den Anfang hiezu machen. In unserer Darstellung werden wir immer von dem Gesang reden, das heißt von den harmonischen Intervallen, die nicht abstrakt, sondern in Tönen gegeben sind; mit dem geschulten Ohr des Geistes aber wollen wir dabei immer auch auf die von den Tönen losgelösten abstrakten Intervalle lauschen, da diese ja nicht nur in den Tönen und im menschlichen Gesang, sondern auch in anderen Bereichen, die der Töne entbehren, eine wohlgefällige Wirkung erzeugen, wie wir im vierten und fünften Buche hören werden.

Kapitel des III. Buches.

[…]

IO: KEPLERI
HARMONICES MUNDI
LIBER IV.

DE CONFIGVRATIONI-
BVS HARMONICIS RADIORUM
sideralium in Terra, earumq; effe-
ctu in ciendis Meteoris, alijsq;
Naturalibus.

PROCLUS DIADOCHUS
Libro I. comment: in I. Euclidis
De Mathematices usu in Physiologia & Politica: qua potis-
simùm partem illius Harmonicam de Radiatio-
nibus concernunt.

Ad contemplationem Naturæ præcipua omnia suppeditat, decla-
rans Rationum ordinem pulcherrimum, secundùm quem fabricatum est totum hoc Vniversum; pro-
portionumq; Analogiam, quæ omnia mundana inter se connectit, ut loquitur alicubi Timæus,
quæq; amicitiam inter pugnantia, responsum & mutuam affectionem inter longissimè dissita, con-
ciliat. *Et post pauca* Inde & angulationes commodas possibile est ratiocinando venari. *Rur-*
sum, Hoc opinor & Timæus significare voluit, dum passim per voces mathematicas, tradit contemplationem de Natura totius universi, ortumq; elementorum, Numeris & Figuris depingit, faculta-
tesq; & affectiones illorum, etiamq; effectus, his (*figuris*) acceptos fert; angulorum acuta vel obtu-
sa, laterumq; aspera vel lævia, *&c.* causas constituens omnivariarum mutationum.

Ad Politicam verò dictam doctrinam, qui negari possit, illam plurima & mirabilia confer-
re; dum opportunitates rerum gerendarum dimetitur, variosq; circuitus totius universi *&c.*
Numerosq; Harmonicos, vitæ moderatores, aut incongruentiæ authores, & in
universum impetus aut remissionis opitulatores
&c.

Cum S. C. M. Priuilegio ad annos XV.

LINCII AVSTRIÆ,
Excudebat Johannes Plancus.
ANNO M.DC.XIX.

IV. BUCH DER WELTHARMONIK

Die harmonischen Konfigurationen der Gestirnstrahlen an der Erde und ihre Wirkung in der Erregung von Wetter- und anderen Naturerscheinungen

Über die Anwendung der Mathematik in den Bereichen der Natur- und der Staatslehre, die in erster Linie den harmonischen Teil der Mathematik über die Strahlungen betreffen, schreibt

PROKLOS DIADOCHOS

im Buch I seines *Kommentars zum ersten Buch von Euklid*
[Edition G. FRIEDLEIN 1873: 22, 17–23]:

»Für die Betrachtung der Natur leistet die Mathematik den größten Beitrag, indem sie das wohlgeordnete Gefüge der Gedanken enthüllt, nach dem das All gebildet ist, und die Analogie aufzeigt, die, wie TIMAIOS einmal sagt [PLATON: *Timaios* 31 f.], alles in der Welt miteinander verbindet, Widerstreitendes aussöhnt und Fernliegendes in Zusammenhang und Sympathie bringt [...] (Und kurz darauf): So ist es auch möglich, günstige Winkelstellungen zu erschließen. Dies wollte auch, so glaube ich, TIMAIOS zeigen, wenn er allenthalben mit mathematischen Bezeichnungen seine Betrachtung der Natur des Alls darlegt, die Entstehung der Elemente durch Zahlen und Figuren erklärt, und ihre Kräfte im Erleiden und Handeln auf diese zurückführt, indem er von den Winkeln die Spitzwinkligkeit und Stumpfwinkligkeit, von den Seiten die Geradlinigkeit und die Gegenteile davon, die Fülle oder Dürftigkeit der Elemente als Ursache bezeichnet für die Mannigfaltigkeit der Veränderungen.

Was die sogenannte Staatslehre anlangt, wie konnte man leugnen, daß hier die Mathematik viel Wunderbares ausrichtet, indem sie die rechte Zeit zum Handeln, die verschiedenen Perioden des Alls [...] sowie die Zahlen bemißt, die entweder zu einem harmonischen Leben hinführen oder zu einem unharmonischen verleiten und allgemein entweder reiche Saat oder kärglichen Mangel bringen.«

Mit Kaiserlichem Privileg auf 15 Jahre

LINZ IN ÖSTERREICH

Gedruckt von Johannes Plank. 1619

Vorrede mit Begründung der Einteilung

In den drei ersten Büchern haben wir die harmonischen Proportionen nach ihrem abstrakten Wesen gebildet. Das erste Buch stellte die geometrischen Eigenschaften der einzelnen Figuren dar, das zweite die Kongruenzen, die sich bei der Zusammensetzung von Figuren ergeben. Das dritte Buch leitete aus den Figuren die harmonischen Proportionen ab.

Übrig blieb hierbei, die bisher dargestellten harmonischen Verhältnisse in drei weiteren Büchern auf die Welt anzuwenden. Das erste dieser Bücher müßte die Harmonien aufzeigen, die Gott dem Schöpfer des Himmels zukommen; das zweite die, die in der Natur, der Besorgerin mannigfaltigster Bewegungen, enthalten sind; das dritte die, die sich im Menschen finden, der eine Stimme besitzt, die durch Bewegung zum Tönen gebracht wird. Die besondere Beschaffenheit des Stoffes, den wir zur Darstellung bringen, gab uns jedoch Veranlassung, daß wir nicht nur die Reihenfolge umkehrten und mit dem menschlichen Gesang den Anfang machten, um von da aus zu den Werken der Natur und schließlich zum Schöpfungswerk, von allem das erste und vollkommenste, überzugehen, sondern auch (eben im dritten Buch) das Ende der abstrakten Spekulation mit der ersten Behandlung der konkreten Harmonien in der Musik verbanden. Nachdem wir also im vorausgehenden Buch mit der Anwendung unserer Harmonielehre auf die Welt den Anfang gemacht und die Harmonien auf den menschlichen Gesang, den andere gewöhnlich in die allgemeine Bezeichnung Kunst einschließen, übertragen haben, folgt nunmehr das vierte Buch, das den auf die Natur bezüglichen Teil der konkreten Harmonik, in unserer umgekehrten Reihenfolge den zweiten, darstellt.

Wenn ich nun auch die Untersuchung über das Wesen der Harmonien da und dort im dritten Buch berührt habe, so hielt ich es doch aus der gleichen Erwägung heraus für geraten, die ausführliche Behandlung dieser metaphysischen Frage auf den Anfang des vorliegenden vierten Buches zu verschieben. Denn da die Philosophen gemeiniglich die Harmonien nirgendwo anders als in der Musik suchen*, so daß es für die meisten überraschend klingt, wenn man lehrt, daß die Töne und die Harmonien, die nach allgemeiner Ansicht in den Tönen stecken, verschiedene Dinge sind, mußte man dem Mangel an Verständnis ein Zugeständnis machen und den Ursprung der Harmonien ehestens mit den allgemein bekannten musikalischen Fachausdrücken entwickeln. Auch durfte man nicht das Verlangen des Lesers durch ungelegenes Aufwerfen subtiler metaphysischer Fragen stutzig machen.

Wenn wir es aber nun als unsere Aufgabe betrachten, die Harmonien in der Natur und in den Bewegungen des Himmels aufzudecken, so denkt die Masse der Philosophen sogleich bei der ersten Erwähnung der Harmonie an eine tönende, für das Ohr wahrnehmbare Musik der Gestirne. Sie stehen mit dem [*Traum des*] *Scipio* CICEROS aufhorchenden Ohres da, um auf »die so mächtige und so süße Musik«. zu lauschen. Sind doch die Leute, denen die Sachkenntnis fehlt, leicht geneigt, mit dem Träumer Cicero zu schließen: »es ist unmöglich, daß so mächtige Bewegungen stillschweigend erfolgen«, und mit den Pythagoreern im Anschluß an ARISTOTELES [*De caelo* II, 9, 290^{b}12 ff.] nach Gründen zu suchen, warum die himmlische Musik auf Erden nicht gehört wird. Da aber solche vorgefaßten Anschauungen Lesern, die in die Geheimnisse der Natur eindringen wollen, sehr häufig zuwiderlaufen und daher viele urteilsfähige Wahrheitssucher abschrecken könnten, [210] so daß sie aus Ablehnung gegen die ihnen nur von ferne bekannten haltlosen Lehren der Pythagoreer mein Buch ungelesen wegwerfen würden, scheint es mir hier gerade der passende Ort zu sein, die höchst notwendige Untersuchung über diesen Gegenstand anzubringen.

Bestimmend war für mich auch das Beispiel des PTOLEMAIOS. Nachdem er in den ersten zwei Büchern seines Werkes *Über die Harmonik* die Harmonielehre, soweit sie sich auf die Musik bezieht, vollendet hat, macht er sich im dritten Buch an den Beweis, daß alle vollkommenen Dinge in der

---

* SOKRATES nennt aber, wie PROKLOS im 1. Buch seines *Kommentars zu Euklid* angibt, nach PLATON [*Phaidros* 248 D] denjenigen einen Musiker, der von den sinnlichen Harmonien zur Erforschung der unsinnlichen Harmonien und ihrer Proportionen fortschreitet. Der Musiker wird vollends für ihn zum Philosophen, wenn er durch die zweifache Harmonie zur Betrachtung des wahren Urwesens und der Wahrheit selber erweckt wird.

Natur am Harmonischen teilhaben. Er beginnt nun diese Untersuchung ebenfalls mit der Frage: »Zu welcher Gattung von Dingen ist die Natur oder das Wesen des Harmonischen, sowie das Wissen darum zu rechnen?« Wenn ich auch die Prüfung und Kritik an Ptolemaios in den Anhang meines Werkes verwiesen habe, so muß doch aus dem genannten Grund in dem vorliegenden Buch vorausgeschickt werden, was ich selber aus meinen Grundanschauungen heraus auf diese Frage des Ptolemaios zu antworten habe. Und zwar geschieht dies nicht nur, um den Leser von vornherein auf sicheren Boden zu stellen und verkehrte Meinungen abzuwenden, sondern auch des grundsätzlichen Aufbaus des ganzen vierten Buches wegen. Da wir über die Harmonien der Gestirnstrahlen sprechen werden, über ihr Wesen und ihre Anzahl, über die geometrischen Prinzipien, aus denen sie hervorgehen, müssen wir zuerst über die Fragen im klaren sein: Worin besteht das Wesen der Harmonien unabhängig von der Betrachtung der Töne, die es hier nicht gibt, sowie auch der Strahlen selber? Was ist ihr eigentlicher Träger? Was ihre Bestimmungsstücke? Liegen sie in den Dingen außerhalb des Verstandes oder nur in der Seele? Durch welches Mittel werden sie wahrgenommen und in unser Inneres aufgenommen? Wodurch lassen sie sich unterscheiden? Welche Wirkung folgt auf diese Wahrnehmung und Erkenntnis? Wer ist hierbei Verursacher oder erster Beweger? Hat man einmal all dies im allgemeinen wie durch Zusammenstellung der speziellen Fälle auseinandergesetzt, dann wird es uns ein leichtes sein, das Wesen und die besonderen Eigenschaften der Seelen, sowie der untermondischen Natur selber metaphysisch zu erörtern und die Geheimnisse der Natur in etwas helleres Licht zu rücken als seither.

Kapitel des IV. Buches

460

I. Kapitel

Über das Wesen der sinnlichen wie der intelligiblen harmonischen Proportionen

Indem ich mich nun daranmache, das Wesen der Harmonien zu untersuchen, sehe ich mich vor die Frage gestellt, ob es mehr zur Klärung beiträgt, wenn ich zuerst die Anschauungen der alten Schriftsteller erforsche und diese dann mit meiner eigenen vergleiche oder wenn ich mit der Darlegung meiner eigenen Theorie den Anfang mache. Das erste wissenschaftliche Verfahren ist das allgemein übliche; es ist auch häufig von Aristoteles empfohlen worden. Das zweite scheint mir aber besser zum gegenwärtigen Stoff zu passen. Denn mit speziellen Untersuchungen über das Wesen der Harmonien haben sich nur wenige befaßt. Und wenn sie sich einmal bei Untersuchungen über Allgemein- und Einzelbegriffe der Mathematik darüber äußerten, was sich speziell auf die Harmonien anwenden ließe, so mußte notwendig das, was die Philosophie der Heiden zu sagen wußte, voller Dunkelheit sein, so daß der Leser zwischen Begeisterung für die blendenden Lehren und zwischen dem Verdacht, es handle sich dabei nur um Fiktionen, unschlüssig hin und her schwankt. In christlichen Kreisen jedoch, wo man das heilige Geheimnis der Dreifaltigkeit und den Ursprung aller Dinge nach dem mosaischen Schöpfungsbericht mit festem Glauben umfaßt, lassen sich nicht nur die Hauptpunkte der Untersuchung mit größerer Klarheit darlegen; diese begegnen auch beim Leser einer größeren Glaubensbereitschaft. Um also die Methode für unsere Ausführungen zu entwickeln, müssen wir mit der Einteilung beginnen. Man muß unterscheiden zwischen der sinnlichen oder der ihr analogen Harmonie und der von allem Sinnlichen losgelösten und reinen Harmonie. Die ersteren sind zahlreich, sowohl hinsichtlich der der Art nach unterschiedlichen Träger als auch hinsichtlich der beteiligten Einzelträger. Die reine Harmonie jedoch, die von sinnlichen Trägern losgelöst ist, ist in ihrer Art stets ein und dieselbe. So ist beispielsweise die Art von Harmonie, die aus der doppelten Proportion entsteht, ein und dieselbe. Wenn sie in Tönen auftritt, heißt sie Oktav; wenn in den Strahlungen, redet man von Opposition. Und zwar kann sie im musikalischen System eine obere oder eine untere, eine höhere oder tiefere sein, eine Harmonie von menschlichen Stimmen oder von Tönen, die durch Instrumente erzeugt werden. Ebenso ist ihre Erscheinung in der Meteorologie mannigfaltig; sie kann eine Opposition von Saturn und Jupiter oder eines anderen Planetenpaares sein, eine zwischen den Tierkreiszeichen um die Äquinoktien oder eine zwischen den Zeichen um die Solstitien.

Bei beiden Arten von Harmonien fragt es sich, wie und worin sie bestehen, ob aus sich selber oder in anderen Dingen. Was nun die sinnlichen Harmonien anlangt, so wirkt bei ihrem Sein ein Vierfaches mit. 1. Zwei sinnliche Dinge gleicher Art von der Kategorie der Größen, so daß sie hinsichtlich ihrer Quantität miteinander in Vergleich gesetzt werden können. 2. Die vergleichende Seele. 3. Die Aufnahme der Sinnendinge in das Innere. 4. Eine geeignete Proportion, die als Harmonie definiert wird. Nimmt man eines von diesen vieren weg, so hebt man die sinnliche Harmonie auf. Man sieht leicht ein, daß man die Natur der Harmonie nicht allein durch die sinnlichen Dinge, beispielsweise durch Töne oder Gestirnstrahlen, definieren darf. Denn etwas anderes ist der Ton, etwas anderes die bestimmte Ordnung verschiedener Töne. Ich sage aber Ordnung an dieser Stelle nicht hinsichtlich irgendeines physischen Orts oder hinsichtlich der Zeit, sondern hinsichtlich der Höhe und Tiefe. Es können also verschiedene Töne existieren; [212] wenn aber zwischen ihnen nicht eine bestimmte Ordnung besteht, wie sie durch bestimmte Proportionen, also durch etwas Mathematisches, definiert wird, wird zwischen den Tönen keine Harmonie bestehen. Umgekehrt, nimmt man den Ton weg, wie könnte man sich dann eine hörbare Harmonie denken; nimmt man die Planetenstrahlen weg, wie eine Harmonie von Konfigurationen? Da ferner die musikalische Harmonie nicht in einem Ton besteht, sondern in der Ordnung mehrerer Töne, folgt, daß sie zur Kategorie der Relation gehört. Denn die Ordnung, von der wir hier reden, ist eine Relation, und das, was geordnet ist, steht in gegenseitiger Beziehung. Insofern also Töne eine Harmonie sind, ist das etwas Akzidentelles, das heißt etwas, was in den Trägern liegt und nicht für sich besteht und auch fehlen kann, ohne daß dadurch die Träger vernichtet werden. Ferner, wie die Quantität allgemein von ihren Körpern nicht getrennt werden, sondern mit diesen sehr wohl vermehrt oder vermindert werden kann und doch etwas Akzidentelles ist, so kann man auch die Ordnung der Töne, der als Gattungsbegriff wir die Harmonie untergeordnet haben, von einer Mehrzahl von Tönen, die sich durch die Quantität der Höhe und Tiefe unterscheiden, nicht absondern. Denn entweder liegt keine Mehrzahl vor, oder wenn eine solche vorliegt, ist zwischen den Tönen eine Ordnung nach Größer und Kleiner gegeben, eine Ordnung, die veränderlich ist, wenn einer der aufeinander bezogenen Träger geändert wird. Die Ordnung geht also gleichen Schritts mit den Quantitäten und im besonderen mit der Zahl einher. Damit kommen wir zu einem dritten Punkt. Die Zahl wird definiert als eine aus Einheiten zusammengeschmolzene Vielheit. ARISTOTELES [*Topik* I, 6; *Physik* IV, 14; *Metaphysik* XIII] unterscheidet in der Zahl etwas der Materie Analoges, nämlich die Einheiten, und etwas Formales, nämlich einen Begriff des Verstandes, der eine bestimmte, in irgendeiner Hinsicht von den übrigen unterschiedene Vielheit jener einzelnen Einheiten erfaßt. Nimmt man daher die zählende Seele weg, so wird nach einem anderen Ausspruch jenes Philosophen jegliche Zahl, aber nicht die einzelnen Einheiten aufgehoben. Daher ist die Zahl in materieller Hinsicht in den Dingen nichts als diese selber, wenn nicht der zählende Verstand hinzukommt. Dadurch erst wird die Zahl, über die Dinge hinaus und von ihnen losgelöst, etwas von ihnen Verschiedenes, nämlich der Begriff einer Vielheit von Einzeldingen. In gleicher Weise ist auch die Ordnung der Töne und der anderen Sinnendinge, von denen wir hier handeln, nicht etwas anderes als die Mehrzahl der Töne, wenn nicht der Verstand hinzutritt, der die der Höhe nach verschiedenen Töne miteinander vergleicht. Ganz allgemein besteht jegliche Relation ohne den Verstand in nichts als in dem Bezogenen; denn das Bezogene ist nicht das, was es genannt wird, wenn nicht irgendein Geist angenommen wird, der das eine auf das andere bezieht.

Was nun im allgemeinen von der Ordnung und der Relation gilt, das gilt ganz besonders von ihrer Abart, der Harmonie, die in einer Proportion und in der Abzählung von gleichen Teilen einer Quantität besteht. Das heißt damit eine sinnliche Harmonie bestehen kann und Existenz erhält, muß außer zwei Sinnendingen eine vergleichende Seele vorhanden sein. Nimmt man diese weg, so bleiben zwar die zwei Sinnendinge als solche, aber sie bilden keine Harmonie, insofern diese ein Vernunftding ist.

Nun müssen wir unser Augenmerk auf den dritten Punkt richten, das heißt auf die Aufnahme der Sinnendinge in die Seele, und uns fragen, inwiefern diese erforderlich ist und wie sie sich vollzieht.

[213] Die Harmonie ist eine Einheit. Die Sinnendinge draußen außerhalb der Seele sind nicht eins, sie werden nirgendwo anders als in der Seele zu einer Einheit vereinigt. Sie können aber nicht im Innern sein, wenn sie nicht ins Innere aufgenommen werden. Es ist nicht nötig, daß dies durch viele Worte aus der Erfahrung bewiesen wird. Es kann zwar ein Musiker, der Symphonien komponiert, in seinem Geist eine Harmonie von zwei oder mehr Stimmen betrachten, ohne daß er diese in sein Inneres aufnimmt. Allein eine solche Harmonie ist nicht aktual sinnlich, wir reden aber vom Wesen der sinnlichen Harmonie.

Welcher Art ist nun diese Aufnahme? Verharren die Töne, um an Stelle aller das geläufigste Beispiel anzuführen, nicht draußen außerhalb der Ohren in der Luft? Und vor den Tönen die Bewegungen der Körper, nach deren Quantität sich die Töne richten, bleiben diese nicht in ihren Körpern? Wie können sie also ins Innere gelangen? Ich antworte: teils aktiv, teils passiv. Aktiv, indem sie eine Spezies aussenden; Körper, die angeschlagen werden, die Spezies ihrer Bewegung, die Töne; Körper, die leuchten, die Spezies des Lichts und der Farbe, die Strahlen. Wie wir ja auch sagen, die Gegenstände erregen die Sinne; erregen ist aber etwas Aktives. Passivität aber kommt nicht den Sinnendingen als solchen, sondern ihren Spezies zu. Indem diese empfunden werden, gemerkt werden, verglichen werden, verhalten sie sich entsprechend dem Sprachgebrauch jeweils passiv. Überhaupt bedeutet die Verbindung zweier Sinnendinge im Geist, aus der das Wesen der sinnlichen Harmonie hervorgeht, das heißt das Bezogen- und Verglichenwerden für die in ihrer Verbindung betrachteten Dinge das gleiche, was für die einzelnen Dinge das Gesehen- und Gehörtwerden bedeutet, ja noch etwas weniger. Bei alledem handelt es sich um etwas Passives, wobei aber die Mehrdeutigkeit und der große Umfang dieser Bezeichnung zu beachten ist.

Wir wollen daher die Abstufungen des passiven Verhaltens untersuchen. Fürs erste erleidet beispielsweise das Wasser etwas, wenn es in kühlem Zustand durch Annäherung einer Flamme erwärmt wird. In einem anderen Sinn sagt man, die Flüssigkeit erleide etwas, wenn sie selber aktiv ist, nämlich trockenen Boden befeuchtet. Denn ein Teil der Flüssigkeit wird hierbei in die Gänge des ausgetrockneten Bodens gerissen und mit ihm vermengt, was etwas Passives ist. Ebenso verhält sich das Wasser auch passiv, wenn es gekostet wird; denn der Durstige verschluckt einen Teil davon und führt ihn dem Magen zu. In einem dritten Sinn verhält sich das Wasser passiv ebenfalls beim Kosten, wenn es nämlich von der Zunge nur berührt wird, und zwar nicht nur insofern es durch die Wärme der Zunge erwärmt wird, während es selber durch seine Kälte die Zunge abkühlt; auch nicht nur insofern etwas von dem Wasser an der Zunge hängenbleibt, sondern einfach deswegen, weil es von der Zunge berührt wird, was soviel ist wie ein leichtes Gestoßen- oder Geschüttelt- oder Umgerührtwerden, so daß eine örtliche Bewegung der Teile im ganzen entsteht; bewegt werden aber ist etwas Passives. In einem vierten Sinn wollen wir sagen, das Wasser verhalte sich passiv, wenn es Dampf aussendet und die Nase trifft und durch den Geruchsinn wahrgenommen wird; wahrgenommen werden aber ist etwas Passives. Hier erleidet nun nicht das Wasser selber etwas, sondern seine körperliche Ausströmung, und es wird bei diesem Erleiden etwas von ihm verbraucht. In einem fünften Sinn ist das Wasser passiv, wenn sein Rauschen gehört wird. Denn dabei ist fürs erste das Wasser in Bewegung: sodann wird eine immaterielle Spezies des Wassers bewegt und ringsum ausgebreitet und in die Gänge der Ohren aufgenommen. Diese Aufnahme ist etwas Passives, nicht für das Wasser selber, sondern für seine Spezies oder seinen immateriellen Ausfluß; und bei dieser Aufnahme geht etwas verloren, da sie eine Zeit braucht und in vielen [214] erfolgt. Denn ein Ton ist um so gedämpfter, wenn er die Ohren oder die Kleider einer großen Menge trifft, oder wenn er bei Schneefällen ausgestoßen wird.

Sechstens erleidet das Wasser auch etwas, wenn es gesehen wird. Es sendet nämlich von seiner Oberfläche oder seiner Quasi-Oberfläche, das heißt von seinen Farben aus, insoweit es farbig ist, Strahlen zum Auge. Diese Strahlen werden aufgefangen, zurückgeworfen, gebrochen, in einem Punkt gesammelt und dann von der netzförmigen Haut aufgenommen. All das ist etwas Passives, nicht seitens des Wassers, sondern seitens seiner immateriellen Spezies, der Strahlen. Diese Strahlen verlieren bei dieser Aufnahme nichts, weder hinsichtlich des Orts noch der Zeit. Denn entfernt man den Gegenstand, der sie auffängt, so gehen sie völlig ungeschwächt weiter, was beim Ton nicht der Fall ist.

Siebtens: Nachdem diese Spezies und damit auch der Körper des Wassers auf die körperlichen Sinnesorgane zuvor eingewirkt, diese in einer ihnen konformen Weise affiziert und sich angeglichen haben, so daß die feinen Membranen der Zunge und der Haut Frische und Geschmack, die Lebensgeister [*spiritus*] des Geruchsorgans den Geruch aufgenommen haben, die Lebensgeister des Gehörs in seinem Rauschen ertönen, die Lebensgeister des Gesichts in seinem Licht leuchten, somit sein Typus und seine sinnliche Spezies gebildet worden ist (das Auge jedenfalls trägt diese Spezies mit sich herum, auch wenn jenes Licht weggenommen ist, oft gegen den Willen des Menschen) – dann werden diese sinnlichen Spezies von den Vorhöfen oder Mündungen der Sinne weg in das Innere aufgenommen durch die Einbildungskraft oder Phantasie, sie werden erkannt durch den allgemeinen Sinn, bewahrt durch das Gedächtnis, hervorgeholt durch die Erinnerung, unterschieden durch das höhere Seelenvermögen. Unter all dem ist ein Erleiden zu verstehen, nicht des Wesens an sich, sondern seiner sinnlichen und geistigen Spezies. Dann bildet und formt sich nun auch das höchste Seelenvermögen, das der Zahl und den Vergleichungen vorsteht, aus mehreren geistigen Spezies der Dinge eine einzige Spezies der Relation, der Ordnung und der Vergleichung und vergleicht die außerhalb existierenden Dinge miteinander. Da diese Vergleichung, wie wir oben sagten, über die Dinge hinaus ohne deren Mitwirkung geschieht, so ist sie als ein gewisses Erleiden dieser Dinge aufzufassen, etwa im gleichen Sinn, wie wenn über den Ruf eines Menschen, der abwesend ist und nichts davon weiß, vor Gericht verhandelt wird, oder dieser zum Tode verurteilt oder geächtet wird. Der Vergleich ist durchaus passend. Wie nämlich ein solcher hierbei zwar selber nichts Schlimmes spürt und also nichts erleidet, bald darauf aber die Wirkung dessen, was man ihm angetan hat, in Wirklichkeit erfährt, so werden auch die Töne und alles, was überhaupt an der Harmonie teilhaben kann, nach Gutdünken des vergleichenden Geistes entweder aneinandergereiht oder verworfen, gemieden, ferngehalten, abgewehrt, unterdrückt, abgebrochen. Freilich wenn ich sage, die Töne erleiden etwas, so meine ich dabei nicht das, was bei der Vergleichung herauskommt; vielmehr ist das Erleiden in dem Akt des Vergleichens selber beschlossen. Ich habe ja ausführlich genug auseinandergesetzt, in welchem Sinn ich die mehrdeutige Bezeichnung Erleiden für diese geistige Vergleichung anwende. Es war jedoch keineswegs umsonst, wenn ich die verschiedenen Bedeutungen jenes Worts so ausführlich aufgezählt habe. Diese Mühe wird uns weiterhin in erstaunlichem Maß zustatten kommen bei der Erforschung der Natur des harmonischen Vermögens und [215] bei der Vollendung dieses Teils der Metaphysik, den ARISTOTELES nicht einmal obenhin untersucht hat.

Aus dem Vorausgehenden wird auch klar, was ich oben behauptet habe, daß nämlich das Formale der sinnlichen Harmonie, insofern sie

Harmonie ist, für die Sinnendinge etwas Akzidentelles ist, so wie das Ge-
sehenwerden, Gehörtwerden usw. etwas Akzidentelles ist. Zweitens ergibt sich, daß auch die sinnlichen Harmonien etwas von den Dingen in
gewisser Weise Abstrahiertes sind, insofern zwar nicht die äußeren Dinge
selber, sondern die Spezies dieser Dinge durch die Sinne in das Innere
gelangen und, vor das Tribunal der Seele geführt, zu Bezugsgliedern einer sinnlichen harmonischen Proportion werden. Allein andererseits sind
diese Harmonien in doppelter Hinsicht auch noch konkret. Denn erstens
sind diese Spezies der Sinnendinge nicht Spezies von deren reiner Quantität, sondern auch von ihrer sinnlichen Qualität, so des Tons, des Lichts
usw. Sodann können diese sinnlichen Spezies, eben weil sie sinnlich sind,
innen in der Seele nicht aufleuchten, wenn nicht die Dinge selber, von
denen sie die Spezies sind, auch außen zur Stelle sind und bleiben. Denn
nimmt man diese Dinge weg, so hören auch ihre Spezies im Inneren auf;
die Spezies des Lichts hinsichtlich seiner Strahlung augenblicklich, die
des Tons innerhalb eines sehr kurzen Zeitraums. Es bleibt freilich in den
Sinnesorganen ein gewisser Eindruck zurück, wie im Auge ein Lichtein-
druck; allein dieser rührt nicht von dem Ding außen her, er ist vielmehr
eine dem Körper eingeprägte und für einen Augenblick zu einer Qualität
des Körpers gewordene Spezies jener Spezies. Wie ja auch in der Optik
die Farben von dem reinen, in keiner Weise gefärbten Sonnenlicht die
Fähigkeit erhalten, überallhin farbige Strahlen auszusenden. Das ist es
auch, was wir von Anfang an behauptet haben: Um das Wesen der sinnlichen Harmonie zu bestimmen, müssen sinnliche Bezugsglieder und eine
Seele vorhanden sein und in Beziehung zueinander treten, handelnd und
leidend, die ersteren, indem sie die Sinne erregen, die letztere, indem sie
eine Vergleichung ausführt.

Hier könnte man einwenden: bei ihrem Vergleichen schaffe die Seele
nicht, sondern finde eine geeignete Proportion, worin wir oben das vierte,
formale Prinzip der sinnlichen Harmonie erblickt haben; es scheine also,
daß die Seele fehlen kann, ohne daß dadurch das Sein der Harmonie
aufgehoben wird.

Ich antworte darauf mit der Umkehrung: Eine geeignete Proportion in
den Sinnendingen auffinden heißt die Ähnlichkeit der Proportion in den
Sinnendingen mit einem bestimmten, innen im Geist vorhandenen Urbild
einer echten und wahren Harmonie aufdecken, erfassen und ans Licht
bringen. Wie die Athener in ZENON sittliche Größe fanden, das Recht auf

ihr Prytaneum aber nicht in ihm fanden, sondern ihm übertrugen und ZENON dieses nicht ohne die Athener hätte je erreichen können, so findet der Geist Ordnung und Proportion in den Tönen und Strahlen (das heißt er findet auch diese nicht draußen, sondern, wie oben gesagt nur die Bezugsglieder); daß aber diese Proportion harmonisch ist, bewirkt die Seele durch die Vergleichung mit ihrem Urbild. Die Proportion könnte nicht harmonisch genannt werden, sie besäße keinerlei Kraft, die Gemüter zu erregen, wenn dieses Urbild nicht wäre. Damit sei es genug über die sinnlichen Harmonien.

[216] Nun müssen wir zu den reinen, losgelösten Harmonien übergehen, die das zweite Glied unserer Einteilung bilden, zu jenen nämlich, die wir soeben als Urbilder oder Paradigmata der sinnlichen Harmonien festgestellt haben. Denn wenn die Urbilder ihre Existenz außerhalb der Seele hätten, so müßte ich gestehen, würden wir eines starken Beweisgrundes für die Behauptung der Notwendigkeit einer Seele bei der Feststellung des Wesens der Harmonie beraubt sein. Allein die Urbilder außerhalb der Seele setzen ist ein Widerspruch in sich, wie wir hören werden.

Die Prinzipien der wahren und urbildlichen Harmonie, die mit keinerlei sinnlicher Spezies vermischt existiert, sind nichtsdestoweniger geteilt und der Zahl nach mehrere. Denn da es sich auch hier um eine Proportion handelt, sind ebenfalls je zwei Bezugsglieder erforderlich. Diese Bezugsglieder aber sind, wie wir in den früheren Büchern gesagt haben, der ganze Kreis und ein aliquoter Teil oder aliquote Teile, die sich ergeben, wenn man einen konstruierbaren Bogen vom Kreis abschneidet. Darin besteht der spezifische Unterschied der harmonischen Proportion, durch den sich nicht nur die harmonische Proportion von den anderen unter den gleichen Gattungsbegriff fallenden Proportionen unterscheidet, sondern auch die reine und urbildliche Proportion von den sinnlichen, außer insofern in dem landläufigen Sprachgebrauch nur der Zusammenklang von Tönen Harmonie genannt wird. Denn darin tritt gerade in klarster Weise der Unterschied zwischen der reinen Harmonie und der sinnlichen oder konkreten zutage, daß die Bezugsglieder bei der reinen Harmonie auf bestimmte Weise gebildete mathematische Begriffe sind, nämlich Kreise und Bögen. Der Kreis trägt ja das Gesetz seiner Bildung oder Figuration in sich, der Bogen erhält seine Grenzen von der Sehne, seine Figur vom Kreis. Bei den sinnlichen Harmonien bedarf es einer solchen speziellen Bildung nicht; sie können zwischen geraden Linien oder andersgestalteten sinnlichen Quantitäten auftreten, wenn sie nur, jede nach ihrer Quantität, getreue Abbilder jener urbildlichen Harmonie sind. Das heißt soweit eine getreue Abbildung in sinnlichen Dingen eben möglich ist; denn bei ihnen wird als wahr angenommen, was dem Wahren mehr oder weniger nahekommt. Soviel über die Bezugsglieder der urbildlichen Harmonie.

Außer diesen Bezugsgliedern ist weiterhin, wie früher bei den sinnlichen Harmonien gesagt wurde, ebenfalls ein Geist erforderlich, der die Bezugsglieder vergleicht und unterscheidet, ob diese, das heißt die Kreisbögen, von der Art sind, wie sie die Seite einer konstruierbaren Figur vom ganzen Kreis abschneidet. Man hat also gewissermaßen drei Prinzipien für die urbildliche Harmonie: zwei, die die Bezugsglieder betreffen, und zwar als Materialprinzip (um analog zu reden) den Kreis und seinen Teil, als Formalprinzip die Abtrennung des Teils durch eine konstruierbare Figur. – Und drittens ein weiteres Prinzip, das die Beziehung zwischen den Gliedern betrifft, den (in gewisser Weise) bewirkenden Geist.

Während jede Proportion und so auch die zwischen Kreis und Kreisteil zur Kategorie der Relation gehört, verhält sich diese bestimmte, konstruierbare Form von Proportion wie eine Qualität vierter Art*. Denn die Harmonie ist t eine in gewisser Weise qualitative oder figürliche, weil von den regulären Figuren her gebildete Relation.

[217] Wenn es, wie früher gesagt wurde, zum Wesen der sinnlichen Harmonie gehört, daß das Sinnliche durch eine Spezies in die Seele einfließt, dann ist es hier noch viel mehr nötig, daß das, was wir die Bezugsglieder der reinen Harmonie genannt haben, nämlich der Kreis und sein Bogen, im Geiste innen sind, mag man nun sagen, sie seien durch Spezies, die aufgenommen werden, ins Innere gelangt, oder mögen sie, vor jeglicher Erfahrung im Innern gegenwärtig, von gleicher Dauer wie der Geist sein. Diesen Punkt werden wir nun jetzt mit Aufbietung aller geistigen Kraft zu erwägen haben.

Nachdem wir aber so weit gekommen sind, wäre es ein offenkundiges Unrecht sowohl gegenüber dem wissensbegierigen Leser wie gegenüber den alten Schriftstellern, die vor uns diesen Teil der Philosophie behandelt haben, wenn wir deren Ansichten über diese Dinge verschweigen wollten, soweit uns diese wenigstens bekannt sind. Nur eines muß ich

---

* [Qualität vierter Art ist bei Aristoteles (*Kategorien* 8, 8b8 ff.) die Figur oder allgemein die geometrische Beschaffenheit.]

noch vorausschicken. Man muß unterscheiden zwischen den mathematischen Begriffen, Kreis und Bogen, und der Tätigkeit des Vergleichens. Denn wenn jene Begriffe, das heißt die Bezugsglieder, ohne daß eine Aufnahme nötig wäre, innen in den Geist zu versetzen sind, so muß um viel mehr die Harmonie, die zwischen jenen Teilen besteht, dorthin versetzt werden; diese existiert also nicht außerhalb des Geistes, da ihr Wesen in einer jene Begriffe betreffenden Tätigkeit des Geistes besteht. Hierbei sind der Kreis und seine Bögen im Geiste, wie sie fraglos auch in den Sinnendingen sind. Die Harmonie aber, die zwischen dem Kreis und seinem Teil besteht, ist als etwas Formales in keiner Weise außerhalb des Geistes, wie oben am Beispiel der Zahl klargemacht wurde. Die Untersuchungen der Alten betreffen nun hauptsächlich die Begriffe selber, was etwas Einfacheres ist. Bei der Harmonie dagegen handelt es sich um eine kompliziertere Sache.

Das ist auch der Unterschied zwischen ARISTOTELES, PLATON und PROKLOS einerseits und PTOLEMAIOS andererseits. Die ersteren reden von dem Wesen der Begriffe, PTOLEMAIOS von dem Wesen der Harmonie. Wir wollen jedoch den Text des PTOLEMAIOS in einen Anhang zu unserem Werk verweisen [hier nicht mit abgedruckt], damit er keine Verwirrung hervorruft, wie wir am Anfang dieses Kapitels schon befürchteten. Die ersteren Philosophen aber, die sich recht eigentlich zu unserer gegenwärtigen Untersuchung äußern, wollen wir nun hören.

Die Ansicht PLATONS über die mathematischen Dinge ist folgende: Der menschliche Geist lernt alle Begriffe oder Figuren, alle Axiome, alle Schlüsse über diese Dinge aus sich selber kennen. Wenn er unterrichtet zu werden scheint, so ist das nichts anderes als ein Erinnertwerden durch sinnliche Zeichnungen an das, was er aus sich selbst weiß. PLATON stellt diese Lehre mit einzigartiger Meisterschaft in seinen Dialogen dar, indem er einen Schüler einführt, der, von seinem Lehrer befragt, alles nach Wunsch beantwortet.

Dagegen nennt ARISTOTELES in seiner *Metaphysik* [XIII, 2 f.] diese Lehre [von den Idealzahlen] erdichtet und auf einer gewaltsamen Annahme beruhend. Denn die mathematischen Dinge existieren, wie er sagt, nirgends getrennt von den Sinnendingen; ihre Existenz sei keine andere, auch im Geiste nicht, als die, welche die anderen Universalien im Geiste besitzen, indem der Begriff vom eigentlichen Wesen der sinnlichen Dinge durch eine Definition im Geiste gebildet wird. So seien die mathema-

470

tischen Dinge zwar früher als die [218] Sinnendinge und werden von den Sinnendingen abstrahiert, allein nicht wirklich, sondern gedanklich. Dabei ist zu bemerken, daß Aristoteles fast immer, wenn es vorkommt, daß er beispielshalber einen mathematischen Begriff nennt, entweder den Punkt oder die Linie oder die Oberfläche oder den Körper oder die Zahl anführt. Das sind die obersten Begriffe in der Kategorie der Quantität. Die Quantitäten aber, insoweit sie Figuren sind und zur vierten Art der Qualität gehören (wobei zu unterscheiden ist zwischen dem Materialprinzip, der Quantität, und dem Formalprinzip, der Figur), werden bei seinen Untersuchungen nur sehr selten erwähnt, und soweit es sich um Relationen handelt, überhaupt nicht. So bezieht sich auch seine Lehre von den Harmonien ausschließlich auf die Töne, und zwar nur, insofern sich diese durch gerade Linien darstellen lassen, geradeso wie die optischen Erscheinungen. Über die Intervalle der Linien aber, die die Proportionen ausmachen (das heißt Relationen, und zwar qualitative und figürliche), läßt sich Aristoteles nie etwas träumen. Es ist kein Zweifel, daß er bei dieser Spekulation viel weiter vorgedrungen wäre, wenn er in die tieferen Gebiete der Mathematik (die sich mit der vernunftgemäßen Unterscheidung der möglichen und unmöglichen Figuren beschäftigen, wovon wir im I. Buch gehandelt haben) eingeweiht gewesen wäre. Sofern er nun über die obersten Begriffe der Quantität spricht, hat er einen leichten Sieg, da niemand widerspricht. Wenn er aber seine Aussagen verallgemeinert und auch (in formaler Hinsicht) auf die Einzelbegriffe wie Kreis, Dreieck usw. bezieht und Platon einer Torheit zeiht, die er sich selbst eingebildet hat, wenn er ferner dem Platonischen Bild des alles aus sich selbst wissenden Schülers ein anderes entgegenstellt, indem er behauptet, der Geist sei an sich leer, nicht nur von dem übrigen Wissen und den mathematischen Allgemeinbegriffen, sondern auch von den Einzelbegriffen, und sei eine leere Tafel, auf der nichts geschrieben ist, auch nichts Mathematisches, auf die aber alles geschrieben werden kann, so darf man ihn mit dieser Lehre auch in der christlichen Religion nicht dulden. Und so fanden sich auch nach einigen Jahrhunderten viele, die ihn deswegen geißelten, wie sich Proklos ausdrückt, und besonders auch Proklos selber als Gegner, wenn dieser auch Aristoteles selber nicht namentlich erwähnt, dafür aber Platon, den er verteidigt, nennt und offen als seinen Führer bekennt.

Es ist nun der Mühe wert, die philosophischen Ausführungen des Proklos über die Begriffe der mathematischen Dinge, die ich als Bezugsglieder der reinen und von den Sinnendingen losgelösten Harmonie betrachte, aus dem I. Buch seines *Kommentars zu Euklid* Wort für Wort auszuschreiben. Er sagt [Edition G. Friedlein 1873: 12, 2 bis 18, 4]:

»Es bleibt noch übrig zu untersuchen, welche Seinsart den mathematischen Allgemein- und Einzelbegriffen zuzuweisen ist. Kann man einräumen, diese Begriffe erhalten ihr Sein von den Sinnendingen, durch Abstraktion, wie man gewöhnlich sagt, beziehungsweise Zusammenfassung der Einzelmerkmale, zu einer einzigen gemeinsamen Definition, oder muß man den Begriffen ein Sein auch vor den Sinnendingen zuerkennen, wie Platon annimmt und der Emanationsprozeß alles Seienden dartut?

Fürs erste: Wenn wir behaupten, die mathematischen Begriffe werden von den Sinnendingen begründet, indem die Seele von den materiellen Dreiecken oder Kreisen aus den Begriff Kreis oder Dreieck aus sich selbst, gleichsam in einer nachträglichen Erzeugung, bildet, so frage ich, woher haben dann die Definitionen ihre so große Gewißheit und Genauigkeit? Diese wird herrühren entweder von den Sinnendingen oder von der Seele selber. Es ist aber unmöglich, daß sie von den Sinnendingen herrührt; denn den Definitionen wohnt eine viel größere Feinheit und Genauigkeit inne. Also rührt sie von der Seele her, die dem Unvollkommenen Vollkommenheit, dem Groben und Ungenauen jene feine Genauigkeit verleiht.

Denn man sage mir, wo findet sich unter den Sinnendingen das Unteilbare (Punkt), das Breitenlose (Linie), das Tiefenlose (Fläche), oder wo Gleichheit der Strecken vom Mittelpunkt aus, wo durchgängige Konstanz der Seitenverhältnisse (Stoff meines [= Keplers] I. Buches), wo genaue Rechtwinkligkeit? Ich sehe nirgends etwas hiervon; alles Sinnliche ist gemischt und vermengt, nichts ist rein und von seinem Gegenteil frei; alles ist teilbar, räumlich getrennt und bewegt. Wie werden wir dem Unbeweglichen aus dem, was beweglich ist und sich immer wieder anders verhält, ein dauerndes Sein verleihen? Denn was sein Sein von bewegten Wesenheiten erhält, das, so geben jene selber zu, hat auch selber ein veränderliches Sein. Und wie werden wir den genauen und gewissen Begriffen ihre Genauigkeit aus etwas Ungenauem verschaffen? Denn alles, was Ursache einer unveränderlichen Erkenntnis ist, ist selber noch viel mehr von dieser Art. Man muß also annehmen, daß die Seele selber Erzeugerin der mathematischen Begriffe ist. Wenn sie nun aber im Besitz der Urbilder diesen Sein und Wesen gibt, so daß das Erzeugen (der Christ meint damit die Erschaffung der sinnlichen Dinge) nichts anderes ist als ein Hervorbringen der Begriffe, die in der Seele vorher schon vorhanden waren (der Christ weiß, daß die mathematischen Begriffe der zu schaffenden Körperwelt mit Gott von Ewigkeit her vorhanden waren, daß Gott Seele und Geist im überragendsten Sinn ist, die menschlichen Seelen aber Bilder Gottes des Schöpfers sind, auch in ihren wesentlichen Eigenschaften, ihrer Art nach), dann werden wir mit PLATON in Übereinstimmung sein und das wahre Wesen der mathematischen Dinge ist gefunden. Wenn aber die Seele die mathematischen Begriffe nicht besäße oder vorher anderswoher bekommen hätte (wenn sie diese nicht zugleich mit ihrer Erschaffung empfangen hätte) und trotzdem diesen wunderbaren Ornat webt, diese so herrliche Gedankenwelt gebiert, wie vermag sie dann zu unterscheiden, ob das, was sie erzeugt hat, Wesen und Bestand besitzt (ich lese μόνιμα, nicht γόνιμα [so aber wieder G. FRIEDLEIN]), oder im Winde verfliegt und eher Schein ist als Sein? Welche Normen besitzt sie, um zu ermessen, was davon wahr ist? Ja, wieso erzeugt sie eine so große Mannigfaltigkeit von Begriffen, wenn sie deren Wesen nicht in sich trägt? Denn dann würde das, was wir hervorbringen, zufällig und nicht auf Zweck und Ziel bezogen sein. Die mathematischen Begriffe sind also Sprößlinge der Seele und diese erhält die Begriffe, die sie bildet, nicht von den Sinnendingen; die letzteren sind vielmehr Offenbarungen der ersteren und das Erzeugen und Gebären der Seele bringt ewige Begriffe ans Licht.

Zweitens: Wenn wir die mathematischen Definitionen von unten her aus den Sinnendingen gewinnen, wie kann es dann sein, daß die Beweise, die sich auf die Sinnendinge gründen, nicht besser sind als die Beweise aufgrund der allgemeineren und einfacheren Begriffe? Man sagt ja, daß bei der Lösung eines Problems das, was Ursache ist, zum Beweisen heranzuziehen sei. Wenn nun die Einzeldinge Ursachen der Allgemeinbegriffe, [220] die Sinnendinge Ursachen der Verstandesdinge sind, wie kann es dann sein, daß das zu Beweisende auf das Allgemeinere, nicht auf das Einzelne bezogen wird, und wie können wir zeigen, daß das Wesen des Intelligiblen sich zum Beweisen besser eignet als das des Sinnlichen? Denn, so sagt man, nicht der, der beweist, daß im gleichschenkligen Dreieck und im gleichseitigen und im schiefwinkligen Dreieck die Winkelsumme zwei Rechte beträgt, besitzt ein richtiges Wissen; vielmehr kommt dem ein eigentliches Wissen zu, der dies von einem jeden Dreieck schlechthin nachweist. Ferner sagt man: das Allgemeine taugt besser zum Beweisen als das Besondere, und die Beweise gehen vom Allgemeineren aus. Das aber, von dem die Beweise ausgehen, ist das Frühere und geht seiner Natur nach den Einzeldingen voraus; es ist die Ursache für das, was zu beweisen ist. Die apodiktischen Erkenntnisse sind weit davon entfernt, nach den ihrem Entstehen nach späteren und dunkleren Sinnendingen auszuschauen.

Dazu sage ich noch drittens: Wer die obige Ansicht vertritt, der drückt die Seele unter die Materie herunter. Denn wenn die Materie das, was wesentlich ist und ein höheres Sein hat und einleuchtender ist, von der Natur empfängt, die Seele aber in zweiter Linie hieraus hintendrein Begriffe und Bilder in sich schafft, die ihrem Sein nach niedriger sind, indem sie von der Materie entnimmt, was seiner Natur nach von ihr nicht getrennt werden kann, gibt man dann nicht der Seele einen niedrigeren und geringeren Rang als der Materie? Denn die Materie ist der Ort für die materiellen Begriffe, die Seele der Ort für die immateriellen. Es wäre dann aber die Materie der Ort für das Primäre, die Seele der Ort für das Sekundäre; die Materie der Ort für das, was seinem Sein nach vorangeht, die Seele der Ort für das, was sein Sein hieraus empfängt; die Materie der Ort für das, was in Wirklichkeit Sein besitzt, die Seele der Ort für das, was nur gedacht wird. Wie kann nun die Seele, die am Geist und am intelligiblen Sein zuvörderst teilhat und dadurch mit Erkenntnis und ganzem Leben erfüllt ist, die Stätte für dunklere Begriffe sein als die Sinnendinge, die unter allem Seienden der letzte und seinem Sein nach unvollkommenste Sitz sind? Doch es ist überflüssig, diese Lehre, die mit Recht schon von vielen gegeißelt worden ist, noch weiter zu bekämpfen.

Wenn nun die mathematischen Begriffe nicht durch Abstraktion aus den materiellen Dingen und durch Zusammenfassung dessen, was den Einzeldingen gemeinsam ist, gewonnen werden, überhaupt nicht später als die Sinnendinge sind oder von diesen herrühren, so muß sie die Seele entweder aus sich oder vom Geiste oder zugleich aus sich und vom Geiste haben*. Hätte sie nun aber diese Begriffe aus sich selber, wie können diese dann Abbilder der intelligiblen Ideen sein, wie können sie Zwischenglieder bilden zwischen der teilbaren und der unteilbaren Natur, wenn sie in keiner Weise aus den Urbildern eine Vollendung ihres Seins erhalten? Wie können schließlich die im Geiste wohnenden Urbilder die allgemeinen Formen regieren?

---

* Unter Seele versteht hier PROKLOS vornehmlich die der Welt, den geschaffenen Gott PLATONS; unter Geist aber, das was die Christen den Schöpfer-Gott selber nennen würden, dessen Ehrenbilder alle geschaffenen Seelen sind, die gesetzt sind, die Körper beleben.

Hat aber die Seele die mathematischen Begriffe nur vom Geist, wie bleibt dann die Eigentätigkeit und Selbstbewegung der Seele erhalten, wenn die Begriffe, die sie in sich hat, nach Art der Dinge, die von einem anderen bewegt werden, von anderswoher in sie eingeflossen sind? Worin würde sich die Seele von der Materie unterscheiden, die nur in der Potenz alles ist, selber aber nichts an materiellen Formen erzeugt?

Es bleibt also nur übrig, daß die Seele die mathematischen Formen sowohl aus sich als auch aus dem Geiste ableitet und daß sie selber die Fülle der Formen ist, die zwar in den intelligiblen Ideen [221] ihren Ursprung haben, von sich aus aber den Zugang zum Sein erlangen. Die Seele ist also keine leere Tafel, aller Begriffe bar, sie ist vielmehr immer beschrieben; sie schreibt auf sich selber und wird vom Geist beschrieben. Denn die Seele ist auch selber ein Geist, der sich in Übereinstimmung mit dem Geist, der früher ist als er, tätig rührt; sie ist ein nach außen gesetztes Bild und Gleichnis von diesem*. Wenn dieser Geist alles ist in intellektueller Art, so ist die Seele alles in seelischer Art; wenn jener urbildlich, so diese abbildlich; wenn jener eingefaltet, so diese ausgefaltet. PLATON hat das erkannt**. Er läßt daher die Seele aus allen mathematischen Formen bestehen, durch die Zahlen geteilt und durch Analogien und harmonische Verhältnisse wieder verbunden werden. Er verlegt in sie die wirksamen Prinzipien der Figuren, das Gerade und das Krumme, und läßt die Kreise in ihr sich in erkennbarer Weise bewegen. Alles Mathematische ist zuerst in der Seele, vor den Zahlen die sich selbst bewegenden Zahlen, vor den sichtbaren Figuren die lebendigen, vor dem harmonisch Geordneten die harmonischen Verhältnisse. Vor den Körpern, die sich im Kreis bewegen, waren die unsichtbaren Kreise geschaffen. Die Seele ist die Fülle von alledem. Es offenbart sich hier ein anderer Kosmos, der sich selber verwirklicht und von seinem eigenen Prinzip verwirklicht wird, der sich selber mit Leben füllt und von dem Schöpfer her in unkörperlicher und unräumlicher Art erfüllt wird. (›Er ist nicht weit entfernt von einem jeden von uns; in ihm leben wir, bewegen wir uns und sind wir‹ [*Apostelgeschichte* XVII, 27 f.].)

---

* Für die Christen sind die Seelen Ebenbilder Gottes, sie werden auch immer von ihm erhalten gewissermaßen durch eine Ausstrahlung des göttlichen Angesichts in sie hinein.
** Im *Timaios*, der ohne Wagnis und Zweifel als Kommentar zum ersten Kapitel der *Genesis*, das heißt des ersten Buches Mosis, bezeichnet werden kann, indem er dieses Kapitel in die pythagoreische Philosophie übersetzt, wie sich leicht zeigt, wenn man ihn aufmerksam liest und immer wieder die Worte des MOSES vergleicht.

Wenn die Seele den geistigen Inhalt daraus hervorhebt, deckt sie alle Wissenschaft und alle Tugend auf. In diesen Formen begründet die Seele ihr Wesen. Die Zahl in ihr darf man nicht als eine Vielheit von Einheiten auffassen und die Idee des Ausgedehnten nicht als etwas Körperliches. Alles ist lebendig und geistig zu denken: die Urbilder der Zahlen, Figuren, Verhältnisse und Bewegungen, indem man dem Timäus folgt, der die ganze Erzeugung und Erschaffung der Seele von den mathematischen Ideen vollendet werden läßt und aller Dinge Ursachen in sie verlegt. Von allen Zahlenbegriffen existieren von Anfang an die sieben Zahlenbegriffe (nämlich 1, 2, 4, 8; 3, 9, 27) ursächlich in ihr. Die Urformen der Figuren sind zu schöpferischer Tätigkeit in sie gelegt. Von den Bewegungen die erste, die alle übrigen umfaßt und antreibt, ist ihr eingeboren. Denn von allem, was bewegt wird, ist der Kreis und die Kreisbewegung Anfang und Ursprung. Es sind also wesentlich und sich selbst bewegend die Begriffe der mathematischen Dinge, die die Seele erfüllen. Indem der Verstand sie hervorholt und entwickelt, begründet er die ganze Mannigfaltigkeit der mathematischen Wissenschaften. Er hört nie auf dabei, sondern erzeugt und erfindet immer Neues, indem er seine unteilbaren Begriffe entfaltet. Alles hat die Seele in elementarischer Form von Anfang an erhalten, und in ihrer unbegrenzten Kraft bildet und produziert sie aus dem, was sie zuvor empfangen hat, Sätze und Systeme jeglicher Art.«

Soweit PROKLOS.

[222] Ich wollte die ganze Stelle ausschreiben, nicht nur, weil er die wahren Bezugsglieder der Harmonien, die Kreise und die von den Figuren abgeschnittenen Bögen, mit den anderen mathematischen Begriffen ihrem Wesen nach in die Seele und in den Geist verweist, so daß diese mathematischen Begriffe für die Seele selber und umgekehrt die Seele für sie (insofern sie von den Einzeldingen losgelöst sind) geradezu das Wesen ausmachen, sondern auch weil er von mir, der ich Ähnliches wie er vortrage, den Unwillen über die Verwerfung des ARISTOTELES ablenkt und jene ganze Art zu philosophieren in ausgezeichneter Weise empfiehlt.

Über die Zahlen freilich möchte ich mich in keinen Streit einlassen. Vielmehr hat ARISTOTELES hierin die Pythagoreer mit Recht widerlegt. Denn für ihn sind die Zahlen etwas, was bei der geistigen Betätigung an zweiter oder gar dritter und vierter Stelle kommt, sowie etwas, von dem man keine Grenze angeben kann. Auch haben die Zahlen nichts in sich, was sie nicht von den Quantitäten oder von anderen wirklichen und realen Wesen oder auch von verschiedenen Setzungen des Geistes empfangen hätten. Ich kann daher auch von den der Umwälzung der Staaten zugeordneten Platonischen Zahlen, die [JEAN] BODIN in seiner Geschichtsbetrachtung [*De re publica*, 1586. VI, 6] annimmt, sowie von den sogenannten klimakterischen Zahlen an und für sich nichts halten, außer insofern diese die Umwälzungen der Gestirne und der Konstellationen zählen, wie ich neulich in den Prolegomena zu meinen *Ephemeriden* [in KGW XI, 1] unmißverständlich ausgesprochen habe.

Was aber die kontinuierlichen Größen anlangt, so stimme ich dem PROKLOS durchaus zu, wenn auch seine Rede daherfließt wie ein Gießbach, der die Ufer überflutet und die versteckten Untiefen und Strudel zweifelhafter Behauptungen verdeckt, indem der Geist voll von der Erhabenheit des hehren Gegenstandes mit der Unzulänglichkeit der Sprache ringt und seine Schlußfolgerungen sich mit der Fülle von Worten nicht genugtun können und damit von der Einfachheit von Lehrsätzen abweichen. Wenn ich nun also meine eigenen Gründe anführe (ich habe sie gewonnen, ehe ich PROKLOS gelesen hatte), warum ich für die unsinnlichen Harmonien den verstandesmäßig gedachten Kreis und seine Teile als Bezugsglieder aufstelle, so glaube ich nicht nur etwas zu sagen, was mit PROKLOS übereinstimmt, sondern auch eine zusammenfassende Darstellung der Stelle, die ich abgeschrieben habe, zu geben, insofern diese zu meinem Unternehmen dienlich ist.

Nicht zu den Gründen rechne ich, daß das, was verglichen wird und was zuerst außen und sodann in den Sinnen war, schließlich von den Dingen und von den sinnlichen Spezies der Dinge abstrahiert wurde; diesen Sinn hat eigentlich das Wort abstrahieren. Denn wie oben gesagt wurde, betrifft dieses Abstrahieren die sinnlichen Harmonien der Töne und Strahlen und hat seine Stelle nur dann, wenn Töne und Strahlen nach der bereits vorher im Innern gegenwärtigen urbildlichen Harmonie unterschieden werden, wie die guten und schlechten Taten der Staatsbürger nach in alter Zeit aufgestellten Gesetzen.

Die Ursache aber, warum man von der Quantität, die zu den harmonischen Proportionen die Bezugsglieder liefert, sagt, sie sei intelligibler Natur, ist darin zu suchen, daß diese Quantität der subtilsten Darstellung fähig sein muß. Eine solche Darstellung gewinnt man aber niemals aus den sinnlichen Figuren, wenn sie auch durch diese unterstützt wird; sie entsteht auch nicht aus der Zusammenfassung vieler einzelner Sinnendinge zu einem Grundbegriff, sie wird vielmehr a priori gewonnen. Diesen allgemeinen Grundgedanken, den oben PROKLOS mit Recht dem ARISTOTELES entgegengehalten hat, kann nun ich im besonderen [223] durch höchst einleuchtende Gründe aus meinem ersten Buch aufs sicherste erhärten. Denn für die Figuren, die einen harmonischen Bogen des Kreises abschneiden, liegt die *Differentia specifica*, durch die als Teil der Definition ihr Wesen erklärt wird, in der Forderung, daß jene Figuren wißbar sein müssen. Gibt es aber eine Wißbarkeit ohne einen des Wissens fähigen Geist? Man sage nicht, es sei möglich, daß ein Ding existiert, ohne daß ein Wissen von ihm da ist. Denn das Wissen besteht in der Vergleichung, so wenn die Seite einer Figur gleich ist dem Halbmesser. Was nun Gleichheit sein soll ohne Geist, besonders in Dingen, die räumlich umschlossen sind, das kann man nicht einsehen; wir kommen damit auf den Beweisgrund zurück, den wir bereits oben für die sinnlichen Harmonien angeführt haben.

Auch müssen die Figuren nicht nur wißbar, sondern auch gewußt sein, damit die urbildliche Harmonie aktual innen im Geiste aufleuchtet. Denn die Möglichkeit des Wissens genügt uns nicht als Unterscheidungsmerkmal der sinnlichen Harmonien. Wenn nun von etwas ein Teil seines Wesens innen im Geist, also als Gegenstand seiner Tätigkeit und Wirksamkeit, liegt, so muß dies selber, nämlich die Bezugsglieder der Harmonien, der Kreis und sein Teil, ins Innere verlegt werden.

Man möchte nun fragen, wie kann im Innern ein Wissen von einer Sache vorhanden sein, die der Geist nie gelernt hat noch vielleicht je lernen kann, wenn ihm die sinnliche Wahrnehmung der äußeren Dinge fehlt? Darauf antwortet PROKLOS mit geläufigen Wendungen seiner Philosophie. Wir mögen heute, wenn ich mich nicht täusche, am richtigsten das Wort Instinkt gebrauchen. Denn dem menschlichen Geist und den übrigen Geistern ist die Quantität instinktmäßig bekannt, wenn dabei auch jegliche Sinneswahrnehmung fehlt. Der Geist denkt aus sich die gerade Linie, er denkt aus sich den gleichen Abstand von einem Punkt und macht sich daraus ein Bild vom Kreis. Wenn dies möglich ist, so kann er noch viel mehr darin eine Konstruktion finden und die Funktion des Auges beim Betrachten einer Figur (wenn er doch einer solchen bedarf) ergänzen. Denn wenn der Geist nie eines Auges teilhaftig gewesen wäre, so würde er sich zum Begreifen der außer ihm gelegenen Dinge das Auge fordern und die ihm selbst entnommenen Gesetze zu dessen Bildung vorschreiben (falls er rein und gesund und ohne Hindernisse, das heißt wenn er nur das ist, was er ist). Denn das dem Geist eingeborene Erkennen der Quantitäten gibt an, wie das Auge sein muß, und daher ist das Auge so beschaffen, weil der Geist so beschaffen ist, nicht umgekehrt. Doch wozu viele Worte? Die Geometrie, vor der Entstehung der Dinge von Ewigkeit her zum göttlichen Geist gehörig, Gott selbst (denn was ist in Gott, das nicht Gott selbst wäre), hat Gott die Urbilder für die Erschaffung der Welt geliefert und mit dem Bild Gottes ist sie in den Menschen übergegangen, also nicht erst durch die Augen in das Innere aufgenommen worden*.

Da also die Darstellbarkeit den Quantitäten innewohnt, nicht insofern die Figuren den Augen vorgelegt sind, sondern insofern sie vor dem Auge des Geistes offen liegen, das heißt insofern sie nicht von den Sinnendingen abstrahiert, als vielmehr nie in ihnen konkret gewesen sind, machen wir die abstrakte Quantität mit Recht zu den Bezugsgliedern für die [224] urbildlichen harmonischen Proportionen, da diese Proportionen aus dem Kreis durch darstellbare Teilungen entstehen.

Eine andere Ursache, warum ich abstrakte Quantitäten wähle, liegt darin, daß der Kreis, der eine Figur ist von der vierten Art der Qualität, zwar eine Größe ist, aber doch in unserem Fall rein nur als Figur betrachtet wird, ohne Unterscheidung von Groß und Klein, so daß er von seiner Quantität als von seinem Subjekt gewissermaßen losgelöst wird und seine Natur auch in der Enge eines Punktes erkannt werden kann. Das, glaube ich, meinte PROKLOS, wenn er sagt, daß die mathematischen Dinge in der Seele auf unkörperliche und unräumliche Weise enthalten sind.

Und schließlich ist für mich als höchster und oberster Grund maßgebend, daß die Quantitäten einen wunderbaren und geradezu göttlichen Staat bilden und das Göttliche und Menschliche in gleicher Weise symbolisch ausdrücken. Über das Abbild der hochheiligen Dreifaltigkeit in der Kugel habe ich schon da und dort geschrieben, in der *Optik* [KGW II: 19], in den Marsuntersuchungen [= *Astronomia nova*], in der Sphärik [innerhalb der *Epitome astronomiae Copernicanae*, Teil I. KGW VII: 51]; ich möchte dies wiederholt haben [vgl. auch D. MAHNKE 1937: 133 ff.]. Es folgt nun die gerade Linie, die in dem Ausfließen des Mittelpunktes nach

---

* Fast das gleiche sagt PROKLOS bald nach der Stelle, die wir oben angeführt haben: Die Wahrheit um die Götter werde durch die mathematischen Wesenheiten entsprechend dargestellt und der Bildner des ganzen Alls habe sich bei der Ausgestaltung der Welt der mit ihm gleich ewigen mathematischen Urbilder bedient.

einem einzigen Punkt der Oberfläche die ersten Elemente der Schöpfung abzeichnet, in Nachahmung der ewigen Erzeugung des Sohnes (die durch das Ausgehen des Mittelpunktes nach den unendlich vielen Punkten der ganzen Oberfläche in unendlich vielen Linien unter der durchgängigen vollkommensten Gleichheit dieser symbolisiert und abgebildet wird). Denn die Gerade bildet das Element der körperlichen Form. Führt man sie in der Breite herum, so beschreibt sie bereits eine körperliche Form, indem sie die Ebene erzeugt. Schneidet man aber mit der Ebene die Kugel, so entsteht als Schnitt der Kreis, das wahre Abbild des geschaffenen Geistes, der gesetzt ist, den Körper zu regieren. Der Kreis verhält sich hier zur Kugel wie der menschliche Geist zum göttlichen, als Linie zur Oberfläche, wobei beide kreisrund sind. Zu der Ebene aber, in der er liegt, verhält sich der Kreis wie das Krumme zum Geraden, die beide unvereinbar und inkommensurabel sind. Dabei fügt es sich infolge des Zusammenwirkens von Ebene und Kugel schön, daß der Kreis sowohl auf der schneidenden Ebene liegt, die er umreißt, als auch auf der geschnittenen Kugel. So ist auch der Geist im Körper, indem er diesen informiert und verbunden ist mit der körperlichen Form, und zugleich in Gott, als eine Ausstrahlung, die sich aus dem Antlitz Gottes in den Körper ergießt, woraus er seine adeligere Natur erhält. Diese Ursache sichert nicht nur für die harmonischen Proportionen den Kreis als Subjekt und Ursprung der Bezugsglieder, sie liefert auch einen ganz besonderen Grund dafür, daß wir uns an eine abstrakte Quantität halten. Denn die Abbildung der Göttlichkeit im Geiste beruht nicht auf einem Kreis von bestimmter Größe und nicht auf einem unvollkommenen Kreis, wie es ein materieller und sinnlicher stets ist; und, was die Hauptsache ist, es ziemt sich, daß der Kreis so weit vom Körperlichen und Sinnlichen abstrahiert ist, als die Eigenschaften des Krummen, das ist das Symbol des Geistes, vom Geraden, dem Sinnbild der Körper, losgelöst und gleichsam abstrahiert sind. Damit haben wir einen hinlänglich sicheren Boden für unsere These gewonnen, wonach für die harmonischen Proportionen als etwas rein Geistiges die Bezugsglieder den abstraktesten Quantitäten zu entnehmen sind.

Um diese Ausführungen zu beschließen, wollen wir das Wesentliche in Kürze zusammenfassen. Die sinnlichen Harmonien haben mit den urbildlichen das gemein, daß [225] sie Bezugsglieder und deren Vergleichung als einen Akt des Geistes erfordern. In dieser Vergleichung liegt für beide Arten das Wesen der Harmonie. Die Bezugsglieder der sinnlichen Harmonien sind aber sinnlich und müssen außerhalb der Seele gegenwärtig sein; die Bezugsglieder der urbildlichen Harmonien sind schon zuvor innen in der Seele gegenwärtig. Bei den Sinnendingen ist außerdem noch eine Aufnahme mit Hilfe der von ihnen ausgesandten Spezies erforderlich, die durch die Sinne, die Diener der Seele, vollzogen wird; erforderlich ist auch eine weitere Vergleichung, nämlich der einzelnen sinnlichen Bezugs-glieder mit den einzelnen urbildlichen Bezugsgliedern, dem Kreis und seinem wißbaren Teil. Für die urbildliche Harmonie fällt beides weg, da die Bezugsglieder zuvor schon in der Seele gegenwärtig, ihr eingeboren, ja die Seele selber sind; sie sind nicht ein Abbild ihres wahren Urbildes, sondern dieses Urbild geradezu selber. So vollendet die einfache Verglei-chung, die die Seele gleichsam zwischen ihren eigenen Teilen anstellt, das ganze Wesen der urbildlichen Harmonie. Die Seele selber steht, indem sie diese Tätigkeit vollbringt, als Harmonie vor uns, wie abgesehen von dieser Tätigkeit der Kreis und sein Teil, das heißt die Bezugsglieder der Harmo-nie. So wird schließlich die Harmonie völlig zum Geist, ja zu Gott.

II. Kapitel

Zahl und Beschaffenheit der Seelenvermögen in bezug auf das Harmonische

Wir haben bisher von den harmonischen Proportionen gespro-chen, was sie sind und worin sie bestehen. Noch aber haben wir, wie ich sehe eine zu unserer Aufgabe gehörige Frage nicht berührt, eine Frage, die sich nicht so sehr auf die harmonischen Propor-tionen selber als auf das harmonische Vermögen der Seele, das heißt auf das Vermögen, den Proportionen gemäß zu handeln, bezieht. Während wir also bisher von den Proportionen hinsichtlich ihres Wesens gehandelt haben, werden wir jetzt von ihnen hinsichtlich der Seele reden.

Es existiert ein doppeltes Vermögen der Seele betreffs der harmoni-schen Proportionen, das eine ist diskursiv, intellektuell oder gewisserma-ßen intellektuell, das andere handelnd. Das intellektuelle ist wiederum von doppelter Art, indem es entweder die Propoertionen in den abstrak-ten Quantitäten auffindet, oder die ausgewählten Proportionen in den

Sinnendingen wahrnimmt oder bemerkt. Das Vermögen nun, das die harmonischen Verhältnisse aufspürt ist höherer Bestandteil des menschlichen Geistes. von Gott ist hier nicht die Rede, denn er erforscht nie etwas durch diskursives Denken und Lernen, sondern weiß alles von Ewigkeit her.

Das Vermögen, das die ausgezeichneten Proportionen in den Sinnendingen oder auch in anderen Dingen außerhalb der Seele wahrnimmt und bemerkt, ist das niedere Seelenvermögen, das die Sinne sozusagen informiert, oder ein noch niederes, das heißt ein rein [226] vitales Seelenvermögen, das nicht diskursiv, wie die Philosophen, oder methodisch vorgeht; es ist auch nicht bloß im Menschen, sondern auch in den wilden und zahmen Tieren und in der untermondischen Seele vorhanden. Man möchte fragen: wenn jenes Vermögen des diskursiven Denkens unfähig ist und daher die Wissenschaft von den harmonischen Proportionen nicht erfassen kann, wie kommt es dann, daß es außerhalb seiner auftretende Proportionen dieser Art wahrnehmen kann? Denn wahrnehmen heißt ein äußeres Sinnliches mit den inneren Ideen vergleichen und seine Übereinstimmung mit diesen feststellen. PROKLOS drückt dies schön aus mit dem Wort »aufwecken«, wie aus dem Schlaf. Wie nämlich die Sinnendinge, die uns außer uns begegnen, machen, daß wir uns an das erinnern, was wir vorher schon wußten, so locken auch die sinnlichen mathematischen Formen, wenn sie wahrgenommen werden, die intelligiblen hervor, die schon vorher im Innern vorhanden waren, so daß sie jetzt aktual in der Seele aufleuchten, nachdem sie sich vorher gleichsam unter dem Schleier der Potenz versteckt gehalten hatten. Wie sind sie nun ins Innere eingedrungen? Ich antworte: Die Ideen oder die formalen Verhältnisse der Harmonien wohnen entsprechend unseren früheren Ausführungen denen inne, die dieses Wahrnehmungsvermögen besitzen; sie werden aber nicht erst diskursiv ins Innere aufgenommen, hängen vielmehr von einem natürlichen Instinkt ab; sie sind jenen eingeschaffen, wie den Pflanzenformen die Zahl (etwas Intelligibles) der Blütenblätter und der Gehäuse des Apfels eingeschaffen ist. Diese Erscheinung bei den Pflanzen, ähnlich den harmonischen Verhältnissen (Zahl und Proportion sind ja, wie oben klar gesagt wurde, miteinander verwandte Dinge), veranlaßt mich, daß ich auch dem vegetativen Seelenvermögen und den Pflanzen selber das Vermögen, die harmonischen Verhältnisse der Gestirnstrahlen wahrzunehmen, zuverlässig nicht absprechen kann; freilich stelle ich ohne eigene Erfahrungen keine These auf. So kommt es also, daß Kinder, Ungebildete,

Bauern, Barbaren, ja selbst die Tiere die Harmonien der Töne wahrnehmen, wenn sie auch nichts von der harmonischen Wissenschaft wissen.
Wenn man fragt, woher sie diesen Instinkt haben, so werde ich entweder zu Gott meine Zuflucht nehmen, der für die Körper diese Formen,
alle mehr oder weniger Bilder von ihm, heraussetzt und vorschreibt und
macht, daß sie in sich selber die harmonischen Verhältnisse herumtra-
gen, wie er diese selber von Ewigkeit her in seinem Geiste umfaßt und
in seiner Schöpfung ausgedrückt hat (was bereits oben gesagt wurde).
Oder ich werde, was auf das gleiche hinausläuft, die im I. Kapitel berührte
Verwandtschaft dieser Seelen, auch der niederen, mit dem Kreis heranziehen, der für sie Norm und Gesetz ihrer Bildung ist; mit dem Kreis und
seinen darstellbaren Teilen haben sie denn auch die Idee der hiervon
abhängigen harmonischen Proportionen in sich aufgenommen. Diese Philosophie wird gut bestätigt durch die Nativitäten, indem wir bemerken,
daß der Charakter des Zusammentreffens der himmlischen Strahlen in
einem Punkt, gleichsam von einem gemeinsamen Kreis aus, der Seele des
Neugeborenen eingeprägt wird. Hiervon mehr im VII. Kapitel.

Weiterhin sind die Mittel, deren sich jene niederen Seelenvermögen
zur Wahrnehmung der Harmonien in den äußeren Dingen bedienen, die
gleichen, mit denen sie auch die äußeren Objekte ins Innere aufnehmen.
Handelt es sich um Sinnliches, so wird es auch durch die Sinne aufgenommen, das heißt durch die Seelenvermögen, die die Sinne informieren
und die sich ebenso wie das höhere in der Vergleichung bestimmter Dinge betätigen, aber instinktiv, nicht diskursiv. So werden konsonante Töne
durch das Gehör und das diesem vorgesetzte Seelenvermögen von dissonanten unterschieden. In gleicher Weise werden architektonische Proportionen mit den Augen wahrgenommen und mit jenem Vermögen, das dem
Gesichtsinn vorgesetzt ist, schöne und ebenmäßige von unebenmäßigen
unterschieden. Wenn aber die Dinge, in denen das harmonische Verhältnis steckt, nicht sinnlich, sondern etwa durch ein anderes Vermögen wahrnehmbar sind, so werden durch ebendieses Vermögen die Proportionen
der Dinge in der Seele aufleuchten. Dies ist der Fall bei den Proportionen
der Gestirnstrahlen; wie diese von der untermondischen Seele wahrgenommen werden, werden wir im VII. Kapitel untersuchen.

Diese Wahrnehmung der Harmonien durch die niederen Seelenvermögen ist jedoch dumpf und dunkel, gewissermaßen materiell, und liegt
gleichsam unter der Wolke des Nichtwissens. Diese sind sich auch nicht

bewußt, daß sie wahrnehmen, wie wir bisweilen etwas sehen und doch nicht innewerden, daß wir es sehen. Von dieser Art sind die natürlichen, unabsichtlichen und unfreiwilligen Gemütserregungen und Beklemmungen, die von Stoikern soviel erwähnt werden. Von dieser Art ist auch der natürliche, besonders auffallende Affekt des Hasses oder der Liebe, der nach dem Gleichmaß der Glieder und nach den Eigenschaften der Stimme und des Temperaments die Güte einer anderen Seele und ihre Ähnlichkeit mit der eigenen abschätzt und dabei zu jener in wunderbarer Weise entbrennt. So liebt der verzückte Jüngling ein Mädchen und weiß nicht warum oder was er in ihm so ganz besonders liebt, was ihm nicht jede beliebige willfährige Dirne geben könnte, wenn die Liebe unehrbar ist, oder jedes beliebige heiratsfähige Mädchen, falls sie schicklich ist. Kommt aber ein Physiognomiker darüber, so entdeckt er in beiden Personen eine gewisse Ähnlichkeit des Charakters. Ist dieser schlecht, so wird er Anlaß zu ewigen Streitereien in der Ehe geben; ist er gut, so verbürgt er ein ruhiges Leben. Hierher gehört auch der allgemeine physiognomische Instinkt, der, obgleich stumm und gewissermaßen stumpf (keineswegs durch bewußte Übung erworben, wenn er auch dadurch verfeinert werden kann), doch der einzige Deuter und Schiedsrichter in den menschlichen Beziehungen ist. Jeder wird soviel an äußerem Glück erlangen (natürlich gesprochen), als sein Gesicht, das Gleichmaß seines Körpers, die Haltung und Bewegung seiner Glieder bei den Machthabern Beifall findet und er bei ihnen ankommt, ohne daß bei diesen eine bewußte Absicht vorliegt, wie man ja häufig bezeugt, daß man jemand liebt oder haßt, ohne zu wissen warum. Dieser Art ist in den niederen Seelenvermögen ein Sinn für die Proportionen ohne Sinnesorgan. So unterscheiden sie auch die Proportion nicht von ihren Bezugsgliedern oder Trägern (wenn wir ein wohlklingendes Lied hören, sind wir nur auf die Töne bedacht, nicht auf die musikalische Theorie); sie unterscheiden auch in keiner Weise zwischen den voneinander verschiedenen Harmonien, indem sie nur bemerken, daß sie da sind, ohne zu wissen, was sie sind oder wie verschieden sie sind. Sind doch auch die Ideen der Harmonien selber, die diesen niederen Seelenvermögen innewohnen, nicht völlig rein in ihnen enthalten, sondern gleichsam mit der Hülle der bezüglichen Spezies, das heißt dessen, was das Objekt einer jeden Fähigkeit ist, umgeben. So ist das Gehörsvermögen (um das Beispiel der zusammenklingenden Töne für alle anzuführen), [228] da es dem Körper am nächsten steht, allzu roh und daher ungeeignet, die Idee der Proportion in ihrer ganzen Reinheit aufzunehmen, wie ich sogleich weiter ausführen werde.

Denn ich komme jetzt zu den tätigen Vermögen [*energeticae facuiltates*], die sich auf die harmonischen Proportionen beziehen. Auch dieses Vermögen ist von zweifacher Art, entweder ist es in sich tätig oder in Dingen außer ihm, indem es seine Werke den Proportionen angleicht oder diese in jene hineinlegt. Das erstere Vermögen ist einem passiven ähnlich, das letztere betätigt sich unbestritten handelnd; das erstere gehört daher zur Familie der niederen Seelenvermögen, das letztere zu der der höheren. Das erstere unterliegt den Naturkräften, das letztere dem Willen des Menschen. Das erstere ist der Erregung fähig, die es seinem Körper mitteilt, so daß es ganz mit dem vitalen Vermögen verbunden ist. Wenn wir uns an den Harmonien der Töne erfreuen, so sieht das nach Erleiden aus, nach Geliebkost- und Geschmeicheltwerden. So ist auch bei den Philosophen in passivem Sinn die Rede von einer Sympathie der Seelen mit der Musik. In Wirklichkeit handelt es sich jedoch um eine Tätigkeit der Seele, die durch eine natürliche Erregung auf sich selber wirkt und sich selber weckt. Dazu gelangt sie nicht durch Überlegung oder Willensentschluß, sondern durch natürlichen Instinkt; sie trägt auch von Anfang die Ideen sowohl der in Tönen verkörperten Harmonien als auch der entsprechenden Gemütsstimmungen miteinander verknüpft und gleichsam verschmolzen in sich, so daß ihr die Idee der Harmonie nicht anders eingepflanzt ist, als insofern diese erfreut und etwas Ergötzliches ist und mit der Idee einer entsprechenden Gemütsstimmung verflochten ist. Das hat meinesErachtens auch PROKLOS oben sagen wollen, wenn er behauptete, die Urbilder der mathematischen Dinge (und damit auch um so mehr der Harmonien) seien im Geiste in intellektueller Art, in der Seele aber in vitaler Art. Dann werden sie auch im Gehörsvermögen in tönender Weise, in dem vitalen Vermögen der untermondischen Natur in strahlender und tätiger Weise enthalten sein; das heißt es sind nicht die reinen inneren Urbilder, sondern nach außen abgeleitete Abbilder von ihnen.

Wenn wir nun aber nicht nur Ergötzen empfinden an der Harmonie der Musik, sondern auch die Bewegungen der Finger, des Gesichts, der Füße, des Körpers ihr anpassen, so leisten wir das mit einem Seelenvermögen, das mit Willen verbunden ist. Wenn wir aber auch die Stimme den intelligiblen Harmonien anpassen, indem wir uns auf eine kunstgerechte, zuvor nie vernommene Melodie besinnen, dann machen wir dabei

Gebrauch von allen Seelenvermögen, den höchsten und den niedersten. Von den höchsten, weil wir wollen und Überlegung anwenden; von den niederen, weil wir können und weil wir auch ohne Einsicht in die Proportionen nur die uns von Natur eingepflanzten Ideen der Intervalle musikalisch ausdrücken, wobei wir alle unmelodischen ausschließen und uns nur im Bereich der melodischen Intervalle bewegen.

Die seither dargestellten harmonischen Vermögen hat jene wesenhafte Harmonie, Gott selber, im Erschaffen ausgeatmet (wie er ja tätiges Sein ist) und als Teilchen seines Bildes in größerem oder kleinerem Maße allen Seelen eingehaucht. Indem ich dies mit Nachdruck betone, beschließe ich auch dieses Kapitel.

[229]   III. Kapitel

Welches die Arten der harmonischen Dinge sind, das heißt der sinnlichen und der immateriellen Dinge, in denen, sei es durch Gott oder durch den Menschen, Harmonien ausgedrückt werden, und in welcher Weise dies geschieht

Es leuchtet ohne weiteres ein, daß man die Fragen unterscheiden muß: 1. Wem kommen als Handelndem, Bildendem und Tätigem die Harmonien zu? 2. In welchen Gebilden sind sie enthalten? Die erste Frage haben wir im bisherigen behandelt; die zweite müssen wir nun im folgenden genauer untersuchen.

Alle Dinge nun sind entweder immateriell oder haben an der Materie teil. Immateriell ist die Seele (im Vergleich zum Körper). Sie ist, wie wir im bisherigen dargetan haben, als Ganzes in ihrem Sein von Gott nach diesen harmonischen Proportionen geordnet. Während wir vorher das Innewohnen dieser Proportionen in der Seele als tätiger Bildnerin betrachtet haben, kommt dieses jetzt in Betracht, insofern die Seele ein Werk Gottes ist. Was aber an der Materie teilhat, hat zugleich Anteil an der Zahl und der Größe. Die Größe hat eine Lage im Raum im Gefolge, wozu schließlich die räumliche Bewegung kommt. Die Zahl ist etwas, was seiner Natur nach der Harmonie vorangeht, da die Bezugsglieder jeglicher Harmonie der Zahl nach mehr als eines sein müssen. Es hat aber auch die Zahl der Hauptweltkörper ihre Ursache in der Geometrie, was ich unten im V. Buch aus meinem *Mysterium Cosmographicum* wiederholen werde. Auf die Quantität folgt die Figur als ihre individuelle Eigenschaft. Warum diese bei den Gestirnen und bei der Welt selbst kugelförmig sein muß, nämlich wegen der urbildlichen Bedeutung der Kugel, das lege ich an anderen Stellen immer wieder dar. Auf die Figuren der verschiedenen Körper folgt sogleich eine bestimmte Proportion, und zwar eine dreifache, eine Proportion der Halbmesser, eine der Oberflächen, eine dritte des Rauminhalts oder der Körper. Wenn nun keine anderen Ursachen für die Proportionen da wären, so könnten wir als wahrscheinlich behaupten, diese Proportionen seien den Harmonien entnommen. Doch mögen die Ursachen was immer sein, die Himmelskugeln halten ihre Proportionen ohne jegliche Veränderung ein, da sie durch keine Bewegung im Verlauf der Zeit größer oder kleiner werden. Anders verhält es sich mit den Proportionen, die den Körpern hinsichtlich ihrer Lage und hinsichtlich ihrer räumlichen Bewegungen innewohnen. Diese behalten das Charakteristische einer Bewegung bei; wie die Bewegung nicht in einem Sein, sondern in einem fortwährenden Werden besteht, so sind auch die Proportionen der Bewegungen inkonstant und zu verschiedenen Zeiten verschieden. Es ist freilich wahr: Wenn die Bewegungen der Himmelskörper ihre Abstände in bezug auf einen gemeinsamen Mittelpunkt, eine gemeinsame Weltbasis, nicht ändern würden, das heißt wenn keine Bewegung nach oben und unten, sondern nur eine solche in einem konzentrischen Kreis da wäre, dann wäre das Verhältnis der Abstände nicht nur konstant geworden, sondern auch rein harmonisch, falls keine anderen Ursachen da wären. [230] Das gleiche gilt für die Bewegung hinsichtlich ihres Wesens, das heißt hinsichtlich ihrer wahren Geschwindigkeit im Äther. Wäre diese bei den einzelnen Himmelskörpern konstant und dauernd, so wären zweifellos diese größeren und kleineren Geschwindigkeiten nach den harmonischen Gesetzen ausgeglichen. Dasselbe gilt schließlich für die gleiche Bewegung auch hinsichtlich des im sichtbaren Tierkreis zurückgelegten Weges. Denn wenn alle Planeten in derselben scheinbaren Bewegung im Tierkreis einherschreiten müßten und keiner sich vom anderen weiter entfernen könnte, so hätte zweifellos Gott von Anfang an eine solche gegenseitige Lage im Tierkreis festgesetzt (falls diese Einteilung frei und unabhängig von anderen gesetzmäßigen Bindungen hätte erfolgen können), daß dadurch der Tierkreis ringsum nach harmonischen Verhältnissen geteilt worden wäre. Man hat Grund anzunehmen, daß dies im Anfang der Bewegungen (da der Anfang der Zeit zeitlos gedacht wird) so gewesen ist, so daß von dieser gemeinsamen harmonischen Lage und Anordnung aus (ob diese nun von der Erde oder eher von der Sonne aus harmonisch erschien) jeder Planet gleichsam von seinem Startplatz aus seinen Lauf unternahm. Da sich nun aber die Planeten nach oben und unten bewegen, indem sie ihre Abstände verändern, da ferner entsprechend dieser Bewegung mit physikalischer Notwendigkeit eine wirkliche Steigerung und Abnahme der Bewegungen hinsichtlich ihrer Geschwindigkeit eintritt, und da schließlich infolge der verschiedenen scheinbaren Geschwindigkeiten der einzelnen Planeten der Tierkreis, den sie zu durchlaufen scheinen, immer wieder anders geteilt wird, so tritt in dieser dreifachen Hinsicht bei den Lagen und bei den Bewegungen mit Rücksicht auf die Zeit das gleiche auf, was wir bei den Quantitäten ohne Berücksichtigung der Zeit wahrnehmen können. Wie nämlich nicht auf dem ganzen Kreis oder der ganzen Geraden und in allen ihren Punkten Grenzpunkte harmonischer Verhältnisse liegen, sondern nur in einzelnen bestimmten, so können auch hier nicht während der ganzen Zeit der Bewegung Harmonien bestehen, weder in den Abständen, noch in den Geschwindigkeiten der Bewegungen, noch in den Abständen zwischen den Planeten im Tierkreis. Es können aber durchaus Harmonien bestehen in gewissen Zeitpunkten, und zwar ohne weiteres Eingreifen Gottes, nachdem einmal der Anfang der Bewegung gegeben ist. Denn Gott, der den Bewegungen ihre extremen Werte vorgeschrieben und den Übergang von einem Extrem ins andere festgesetzt hat, der hat auch alle Zwischenwerte ausgeteilt, sowohl die unharmonischen, deren es unendlich viele sind, als auch die harmonischen, die in bestimmter Zahl zwischen jene eingeschaltet sind. Denn auch diese veränderlichen Erscheinungen hat Gott nicht ohne jede Fürsorge für harmonische Ausschmückung gelassen. Er hat vielmehr einige von ihnen (so die Eigenbewegungen der Planeten) durch Festsetzung der Extremwerte in eine harmonische Ordnung gebracht, was den Gegenstand unseres V. Buches bilden wird. Bei den anderen Erscheinungen, bei denen keine Extremwerte auftreten, sondern die Quantität der Bewegung aus sich selbst in enger Beziehung zum Kreise steht, war es Gott genug, die Seelen, die über die Kreaturen der Welt gesetzt sind, so zu bilden, daß sie die Harmonien, die über den ganzen Kreis hin zu ihren Zeitpunkten auftreten, erwarten, beobachten und wahrnehmen und ihre Handlungen nach ihrer

Vorschrift einrichten. Das ist der Fall bei den Bewegungen der Planeten, wie sie von der Erde aus im Tierkreis erscheinen; das ist der eigentliche Gegenstand dieses IV. Buches.

[231] So verhält es sich also mit den uns bekannten Werken Gottes. Wenn wir nun mit diesen das vergleichen, was die Menschen nach harmonischen Gesetzen ordnen, so müssen wir teils das gleiche sagen, teils verschiedenes. Wenn nun auch fürs erste auf musikalischem Gebiet ebenso wie am Himmel eine stetige Vergrößerung und Verkleinerung der Quantität gegeben ist, so ist diese doch bei den Himmelsbewegungen durch bestimmte Naturgesetze notwendig gemacht, während sie bei der menschlichen Stimme nicht notwendig und auch nicht leicht ausführbar ist. Der Kehlkopf ist nämlich durch unterschiedlichen Gebrauch von Ringen in den Stand gesetzt, artikulierte Laute zu erzeugen. Es ist für ihn leichter, sprunghaft und durch einzelne diskrete Töne hindurch von einer hohen Lage in eine tiefe oder umgekehrt zu gelangen, als wenn man verlangt, man soll das in kontinuierlicher Anspannung machen. Es ist also nicht verwunderlich, wenn bei den Himmelsbewegungen entsprechend der kontinuierlichen Steigerung und Abnahme der Geschwindigkeit, die sich nicht vermeiden ließ, auch unmelodische Intervalle zwischen den melodischen und konsonanten bestehen blieben, beim menschlichen Gesang aber unter Ausschaltung aller unmelodischen Intervalle nur melodische und konsonante eingehalten werden. Es ist aber deswegen kein Grund vorhanden, daß sich der menschliche Gesang gegenüber den Himmelsbewegungen rühme. Denn diesen ist eine andere Aufgabe übertragen, die sie zu erfüllen haben; die harmonische Abstimmung ist für sie nur etwas Zusätzliches, während der Gesang rein nur auf die Harmonien zu achten hat, sonst nichts nötig hat und einzig und allein auf den Zweck zu ergötzen bedacht ist.

Es gibt noch andere menschliche Werke, in die der Geist harmonische Proportionen einführt, jedoch in weniger scharfer und minderer Weise. So wenn der Gesang nicht nur durch die Qualität von Hoch und Tief, sondern darüberhinaus auch durch das Taktmaß, das an der doppelten und der dreifachen Proportion teilhat, geformt wird; ferner in der Bewegung des Körpers bei Reigentänzen, zuerst nach dem Verhältnis der Gleichheit, dann nach dem doppelten Verhältnis. Das ahmen auch die Dichter nach durch kunstgerechte Bildung der Versfüße aus langen und kurzen Silben, wobei die erstere gleich dem Doppelten der letzteren gerechnet wird. So verhält sich der Jambus ‿ —, der Trochäus — ‿ und der Tribrachys ‿ ‿ ‿ zum Spondeus — —, Daktylus — ‿ ‿, Anapäst ‿ ‿ —, Amphibrachys ‿ — ‿ und Proceleusmaticus ‿ ‿ ‿ ‿ wie 3 zu 4; zu den Bacchien ‿ — —, — — ‿, zum Creticus — ‿ — und zu den Päonen — ‿ ‿ ‿, ‿ — ‿ ‿, ‿ ‿ — ‿, ‿ ‿ ‿ — wie 3 zu 5; zum Molossus — — —, Choriambus — ‿ ‿ —, den ionischen Versfüßen und Zusammensetzungen, die sich aus Jambus, Trochäus und Tribrachys ergeben, wie 1 zu 2. Ferner verhalten sich der Spondeus, der Daktylus und alle Versfüße mit denselben Zeitmaßen zur letzten Gruppe wie 2 zu 3, zu den Päonen wie 4 zu 5; die Päonen aber zum Choriambus und seinen Genossen wie 5 zu 6.

Die Dichter und Grammatiker haben auch Freude an Proportionsbenennungen, so wenn sie in ihrem Sprachgebrauch die Versfüße mit vier Silben, darunter einer kurzen, Epitriti, das heißt Versfüße im Verhältnis 4 zu 3, nennen. Denn wie man bei der Darstellung der Proportion 4 zu 3 durch parallele Strecken die drei ersten Einheiten je durch eine doppelte Strecke, die vierte nur durch eine einfache darstellt: so treten bei diesem Versfuß drei Silben mit zwei Zeitmaßen und eine Silbe mit nur einem auf. Da ferner das Wort Vers-»Füße« selber auf die Tanzreigen anspielt, einen Bestandteil der Komödien und Tragödien, so, glaube ich, haben die Schauspieler auch in der Bewegung ihrer Füße alle jene Proportionen ausgedrückt, [232] ebenso wie heutzutage die doppelte und dreifache Proportion ausgedrückt wird. In der Architektur zeigt es sich, daß alle die Proportionen der Länge zur Breite oder zur Tiefe, die am meisten Beifall finden, auch bei Nichtmathematikern ganz nahe harmonisch sind. Wenn aber die Proportionen der Töne genauer sind als alle die vorhin genannten und sich die Natur des Menschen darin gefällt, jene mit besonderer Sorgfalt auszudrücken, so kommt das daher, weil jedes beseelte Wesen die Töne am meisten in der Gewalt hat. Werden diese doch im Innern des Körpers gebildet, von inneren Organen ausgestoßen, stets zu Gebote stehend bei jedem Wink des Geistes, bei jeder Erregung des Herzens. Dazu kommt, was schon oben gesagt wurde, daß der Mensch ein höchst geeignetes Organ hierfür bekommen hat, die Kehle, die sich in die Länge erstreckt wie eine Saite oder besser eine Rohrpfeife; auf dieser geradlinigen Leiter steigt die Stimme mit größter Leichtigkeit hinauf und hinab.

Im allgemeinen nun treten bei allen Dingen, die an der Quantität teilhaben und in denen man dementsprechend nach Harmonien suchen kann, diese in klarerer Weise durch die Bewegung zutage, als ohne diese.

Denn wenn auch in jeder geraden Strecke ihre Hälfte, ihr dritter, vierter, fünfter, sechster Teil und deren Vielfache enthalten sind, so sind doch diese Teile zwischen anderen, mit der ganzen inkommensurablen Teilen versteckt, in ein und derselben Verschmelzung mit der ganzen verborgen. Wenn daher eine zweite Strecke, die gleich irgendeiner Anzahl aliquoter Teile ist, neben der ganzen steht, beispielsweise eine Türschwelle von drei Fuß neben einem Türpfosten von fünf Fuß, so wird ihr, Verhältnis zur ganzen nicht so leicht erfaßt, wie wenn irgendeine Bewegung vergleichbare Längen abteilt, schafft und abgrenzt. Die Ursache liegt darin, daß überall, wo eine Quantität ohne eine Bewegung in bezug auf sie selber vorliegt, sich gleichzeitig alles vorfindet, was in ihr enthalten ist, das heißt alle Proportionen sämtlicher Teile zum Ganzen. Wenn aber eine Quantität in irgendeiner Bewegung durchlaufen wird, dann liegt entsprechend dem Wesen der Bewegung der Fall so, daß die Proportionen, die bereits durchlaufen sind, nicht mehr da sind, die Proportionen aber, die noch nicht durchlaufen sind, auch noch nicht da sind; auch ist jede einzelne Proportion allein da, wenn die Bewegung sie gerade erreicht. So wird durch das Nacheinander bei der Bewegung bewirkt, daß die harmonischen Proportionen von den unharmonischen geschieden und, von der Beimischung dieser befreit, gleichsam rein ins Licht gerückt und den Sinnen zum Erfassen dargeboten werden. Ja auch der Geist selber vermag in einer gegebenen Quantität die harmonischen Proportionen nicht ohne ein Bild von einer Bewegung von den unendlich vielen davor und dahinter befindlichen unharmonischen Proportionen zu unterscheiden. Während er beispielsweise beim Kreis unendlich viele Sehnen vorüberziehen läßt, ist er bei der Sehne des dritten oder vierten Teils und bei ähnlichen Sehnen aktiv und untersucht ihre Konstruktion. Er leistet gedanklich, was die Hand durch das Ziehen einer Strecke leistet, um diese durch diesen Akt von den unendlich vielen nicht gedachten und nicht gezogenen abzusondern, damit der Geist sie für sich prüfe, ob sie harmonisch ist oder nicht.

Der Geist vermag dies, weil er freien Willen besitzt; er springt nach Gutdünken auf den unendlich vielen möglichen Teilungen der Quantitäten herum, die ihm allzumal im Denken gegenwärtig sind. Die Sinneswahrnehmungen aber, sowie die anderen natürlichen Wahrnehmungen [233] und schließlich die Bewegungen der Körper, durch welche die Wahrnehmungen unterstützt werden, stehen nicht so in der Gewalt des beseelten Wesens, daß sie sich, wenn unendlich viele Töne oder unendlich viele Winkelbildungen von immer zwei Planeten über den ganzen Kreisumfang hin zu gleicher Zeit miteinander vermengt wären, gegen die unbrauchbaren verschließen und nur zu den gefälligen hinwenden könnten. Sie bedürfen einer Bewegung, durch deren Hilfe alles, was mit Bezug auf die Quantität durcheinandergemengt ist, in zeitlichem Nacheinander durchmustert wird, so daß sich immer nur etwas Einzelnes den Sinnen darbietet. Wenn die Augen etwas Ähnliches vermögen wie der Geist, so daß sie aus einer einzigen unendlichen Menge gleichzeitig vorhandener Dinge die besseren herauszusuchen imstande sind (so wenn sie unter Zuhilfenahme der Hand aus den unendlich vielen möglichen Sehnen des Kreises die zum Drittelkreis gehörige, das heißt die Seite des Dreiecks aussuchen und zeichnen), so ist darin nicht so fast eine Leistung der Augen, sondern eine solche des Geistes mit Hilfe der Augen zu erblicken, wobei es übrigens, wie gesagt, nicht ganz ohne eine Bewegung der Hände abgeht.

Um nun diese Beobachtung mit unseren früheren Ausführungen zu verbinden, ist zu sagen: Wenn ein Ding ein echter Träger einer harmonischen Proportion sein soll, so muß es Quantität, das heißt Länge haben, und es müssen darauf Merkzeichen sein, und zwar wenigstens zwei, wenn die Länge ein Kreis ist, und drei, wenn sie eine gerade Linie ist, von denen eines oder alle nach einer gewissen Bewegung die Länge durchlaufen und Grenzpunkte bilden von den Teilen der Länge, zwischen denen die Proportion bestehen soll; das ist die mindeste Forderung. Dies ist einesteils der Fall bei den Konstellationen, dem eigentlichen Gegenstand dieses IV. Buches. Denn, wie wir im folgenden Kapitel sehen werden, werden die Harmonien in den Winkeln, die im Tierkreis auftreten, ohne Bewegung gewertet; es werden aber immer wieder andere Winkel durch die Bewegung der strahlenden Gestirne im Tierkreis gebildet. Es gibt jedoch noch ausgezeichnetere Fälle, die auf das gleiche Ziel hin gerichtet sind. So, wenn Körper, die sich in die Länge erstrecken, ihrerseits von auf- und absteigenden Merkzeichen jener Art begrenzt werden und sich gleichzeitig die jeweils dazwischenliegenden Stücke ebenfalls bewegen. In diesem Fall werden nicht die Körper, sondern die Bewegungen der Körper hinsichtlich ihrer (nicht zeitlichen, sondern körperlichen) Länge und Kürze (das heißt die Spezies der inkorporierten Bewegungen oder der in Bewegung gesetzten Körper) miteinander verglichen. So verhält sich die Sache mit den Tönen. Denn der Ton ist eine von einem Körper ausgesandte Spezies und richtet sich nach dessen Größe, gewissermaßen auch nach seiner Figur, sowie nach seiner Bewegung; denn sowohl die Bewegung als auch der Ton entsprechen der besonderen Art der Figur.

Dies ist der zweite, noch besser einleuchtende Grund, warum sich die Natur des Menschen am meisten den harmonischen Proportionen der Töne hingibt. Auch hier liegt der Grund wiederum in einer entsprechenden Bildung seines Körpers. In ihm ist die Kehle der Körper, der entsprechend der Zusammenziehung des oberen oder unteren Knorpelrings in der Luftröhre bald lang, bald kurz ist und der durch den aus den Blasebälgen der Lungen ausgepreßten Atem angetrieben eine seinem Hohlraum (einer Figur) entsprechende Bewegung hervorbringt. Die Spezies dieser Bewegung gelangt ins Ohr und die Empfindung hiervon (das heißt der Luftröhre, insofern sie in Bewegung gesetzt ist) ist der empfindungsfähigen Seele gegenwärtig. Denn [234] im gewöhnlichen Sinn bedeutet empfinden soviel wie die Spezies der Körperglieder genießen, insofern diese durch wechselnde Bewegungen affiziert und sozusagen geformt werden. Diese Spezies gelangt, wie ich in der *Dioptrik* [KGW IV: 372 f.] auseinandergesetzt habe, durch die unmittelbare Vermittlung der Lebensgeister von den Körpergliedern, auch den entfernten, zum Sitz des Allgemeinsinns. Da nun der Mensch mit dem häufigen Empfinden seiner in Bewegung gesetzten Luftröhre eine gewisse Vorstellung von einer entsprechenden Bildung der irgendwie tönenden Körper einsaugt, kommt es, daß er die Bildungen der außerhalb von ihm befindlichen bewegten und durch diese Bewegung Töne aussendenden Körper leichter erkennt und unterscheidet und sodann die miteinander verglichenen Töne nach den Gesetzen der harmonischen Proportionen prüft.

IV. Kapitel

Welches der Unterschied ist zwischen den Harmonien in diesem IV. Buch und denen, die im III. betrachtet worden sind

Wie wichtig es für ein solides wissenschaftliches Verfahren ist, daß man die Grenzen der Dinge genau unterscheidet, Verwandtes nebeneinanderstellt, damit es nicht für identisch gehalten wird, Entgegengesetztes zusammenbringt, damit es klar und deutlich wird, das des langen und breiten vorauszuschicken ist nicht nötig. Es dürfte daher der Mühe wert sein, alles, was bisher Nützliches zerstreut oder weniger klar oder nur nebenbei gesagt worden ist, unter einen Gesichtspunkt zu stellen, wenn nötig besser zu klären und der vorangesetzten Überschrift entsprechend grundsätzlich zu untersuchen. Fünffach ist der Unterschied zwischen den harmonischen Betrachtungen in dem vorliegenden und dem vorausgehenden Buch. Der erste Unterschied betrifft das Harmonische selber hinsichtlich seines Umfangs; der zweite die sinnlichen Bezugsglieder; der dritte die Ursache, die der Harmonie ihr Sein verleiht; der vierte die Art des Innewohnens; der fünfte die Ordnung der Ursachen, die die Bezugsglieder der harmonischen Proportion bilden.

I. Was das anlangt, was wir unter harmonischen Proportionen verstehen, so haben diese im III. Buch ihren Ausgang genommen von den Kreisteilungen mit Hilfe der ebenen darstellbaren regulären Figuren; sie wurden sodann auf gerade Linien übertragen, miteinander verknüpft und vereinigt und haben eine nicht geringe Fülle von harmonischen Teilgebieten (harmonische Teilungen, Tonarten, Tongeschlechter, Modi, Systeme und ähnliches) begründet, die sich zu einem wunderbaren Reich zusammenschließen. Jener ganze Apparat wird fast in seinem ganzen Umfang unten im V. Buch untersucht und angewandt werden müssen. Jetzt aber im IV. Buch gehen wir zwar ebenfalls von den Kreisteilungen aus, schreiten aber nicht zu geraden Linien fort, sondern bleiben im ganzen Verlauf unserer Untersuchungen innerhalb der Grenzen des Kreises. Der Grund hierfür ist im vorausgehenden Kapitel genannt worden, er wird auch noch unten im VI. Kapitel zur Sprache kommen, wo wir ausführlicher über die Verwandtschaft der Harmonien und die Auswirkung dieses Unterschieds reden werden.

II. Was die Bezugsglieder dieser Harmonien oder ihre sinnlichen Träger anlangt, so waren diese im III. Buch die nach Höhe und Tiefe sich unterscheidenden Töne; [235] sie wurden daher dem Begriff der Bewegung unterstellt und ge wissermaßen als figurierte Bewegungen betrachtet. In diesem IV. Buch aber sind es, wie einleitend gesagt wurde, nicht Töne, nicht Bewegungen, zwischen denen man Harmonien feststellt. Diese stecken vielmehr in den Winkeln, die zwei Planeten unter Aussendung leuchtender Strahlen auf der Erde bilden, insofern ein solcher Winkel mit den vier um einen einzelnen Blickpunkt herumliegenden rechten Winkeln verglichen werden kann. Hier ist eine aufklärende Mahnung an den Leser dringend am Platz. Ich kann zwar diese Bezugsglieder für das Verständnis klarer erörtern, aber ich kann dies nicht ohne Gefahr der Verwirrung der richtigen philosophischen Spekulation tun, wenn ich den wißbegierigen Leser nicht sorgfältig von vornherein dagegen schütze. Es müssen sich nämlich die Glieder einer Proportion der Quantität nach unterscheiden; die Quantität, das ist das Maß, der Winkel aber ist der Bogen eines Kreises, der um einen Punkt, in dem die Winkel zusammenstoßen, beschrieben wird, wie die Geometrie lehrt. In dem ganzen Weltraum nun, der sich von der Erde bis an die Grenzen der Dinge erstreckt, können wir nirgends einen Kreis beschreiben oder einen solchen als gegenwärtig mit den Sinnen wahrnehmen, der zur Messung der Winkel der Strahlen geeigneter wäre als eben jener mit den Sinnen wahrnehmbare Kreis in den höchsten Ätherregionen, der durch eine sehr große Zahl von Fixsternen ausgezeichnet ist und der von der Gruppierung dieser Sterne nach gewissen Tierformen den Namen Tierkreis erhalten hat. Ist dies doch der Kreis, unter dem sich die Planeten immer aufhalten und von dem diese jeweils eine bestimmte Stelle durch ihre Körper für uns zu bedecken scheinen, der Kreis, in dessen Mittelpunkt die Erde, unser Wohnsitz, nicht nur mit ihrem punktförmigen Zentrum, sondern mit der ganzen Masse ihres Körpers, auf dessen Oberfläche wir Menschen verteilt sind, gerückt zu sein scheint. Nichts ist also einfacher zu verstehen, als wenn wir, wie im vorausgehenden Kapitel, sagen, die harmonischen Proportionen, von denen wir in diesem Buche handeln wollen, bestehen zwischen dem ganzen Tierkreis und zwischen dem Bogen, den zwei Planeten durch die sichtbare Stellung ihrer Körper von ihm abzustecken oder abzuschneiden scheinen.

Wenn sich dies nun auch so verhält und aufgrund von geometrischen und astronomischen Gründen aufs treffendste aussagen läßt, so muß sich doch der wißbegierige Leser aufs sorgfältigste vor der Annahme hüten, als ob diese Harmonie (der Gegenstand des IV. Buches) im Himmel selbst, im Tierkreis oder in den Planeten stecke. Beileibe nicht! Die Harmonie wohnt den Teilen des Tierkreises inne nicht wegen dieser selbst, da sich doch die strahlenden Planeten um eine ungeheure Strecke unterhalb dieses Kreises befinden, sondern deswegen, weil jene Teile die Winkel der auf der Erde zusammenlaufenden Strahlen messen, oder vielmehr deswegen, weil jene Teile nicht selber aktual das Maß bilden, sondern an ihrer Stelle ein exaktes Abbild des Tierkreises in der untermondischen

Seele dieses Meßgeschäft übernimmt. Die Harmonie wohnt den Planetenstrahlen nicht inne, insofern diese je von ihrem Planeten herabkommen oder Gebilde des Lichtes sind (wenn es auch ohne das Licht nicht geht), sondern insofern jeweils ein Planetenpaar hier auf der Erde einen bestimmten harmonischen Winkel bildet. In doppelter Hinsicht ist also der Träger der Harmonie irdisch (was seine formale Natur anlangt, insofern die Strahlen zu Gliedern einer harmonischen Proportion werden), keineswegs [236] himmlisch. Dies letztere ist er nur in materieller Hinsicht, im Hinblick auf sein eigentliches Sein ohne Rücksicht auf die Harmonien. Das heißt insofern die an der Erde entstehenden Winkel, die eigentlichen Träger der Harmonie von den leuchtenden Strahlen gebildet werden, die etwas sind, was zwar am Himmel seinen Ursprung hat, aber bereits auf die Erde herabgelangt ist. Die wirklich himmlischen Harmonien werden den eigentlichen Gegenstand der Untersuchungen des V. Kapitels bilden. Kurz gesagt: Die Bezugsglieder der Harmonien des III. Buches waren ein Werk des Menschen und der Wissenschaft; die in diesem Buch sind ein Werk der Natur, und schließlich die im V. Buch ein Werk Gottes des Schöpfers.

III. Was die intellektuelle Ursache anlangt, die den Harmonien ihr Sein verleiht, so ist zwischen dem III. und IV. Buch im allgemeinen kein Unterschied, sondern nur in Einzelheiten. Im III. Buch fanden wir, daß die Harmonien in Hinsicht auf die Materie (das sind die Töne) in die Sinne eindrangen; sie wurden dann aufgenommen und unterschieden in Hinsicht auf ihre Form, dercufolge sie Harmonien sind, (das heißt sie wurden formiert) von dem dem Geist eingeborenen Instinkt, der ohne diskursives überlegen der Einsicht teilhaftig ist. Insoweit wurden die Harmonien nur an und für sich betrachtet.

Durch einen verborgenen, aber unzweifelhaften Zusammenhang zwischen den Seelenvermögen wurden nun aber die ins Innere aufgenommenen Harmonien in verschiedene Gemütserregungen umgesetzt, mit Hilfe von gewissen Gleichnissen oder Bildern von ihnen. Sie wurden auch umgesetzt in das Bewegungsvermögen, so daß der Mensch die in die Seele aufgenommene Spezies der Harmonie nicht nur durch die Stimme ausdrückte, sondern durch die Bewegung des Körpers nachahmte. So übernahmen die Harmonien die Rolle einer Ursache.

In ähnlicher Weise müssen wir auch hier eine Seele annehmen, der gleich bei der Erschaffung der Welt diese Gabe der Unterscheidung der harmonischen Proportionen eingepflanzt worden ist und die den Winkel zweier strahlender Gestirne, mag dieser wie immer ins Innere aufgenommen worden sein (nach Analogie der Sinne oder durch eine besondere Eigenschaft des Wesens der Seele, wovon schon im vorausgehenden Kapitel die Rede war und in den folgenden noch mehr zu sprechen sein wird), bei sich selber abschätzt, mit vier Rechten vergleicht, den harmonischen von dem nichtharmonischen unterscheidet und so der Harmonie ihr intellektuelles Sein verleiht, das diese Winkel außerhalb der Schwelle des Geistes noch nicht besaßen.

Wenn man nun fragt, welcher Art diese Seele ist, wo oder in welchem Körper sie sich befindet, so antworte ich: fürs erste sind die Seelen aller Menschen so beschaffen. Während es sich aber im III. Buch um das Vermögen handelte, das dem Gehör, also den Sinnen vorgesetzt war, liegt hier kein Sinnesvermögen vor. Denn die Augen, deren Objekt das Licht und die leuchtenden Strahlen sind, machen keine geeigneten Aussagen über die harmonische Strahlung zweier Planeten. Auch handelt es sich nicht um ein verstandesmäßig vorgehendes Vermögen; denn wenn auch der Verstand aus astronomischen Beobachtungen, die mit den Augen angestellt werden, findet und berechnet, welche Aspekte zu einer bestimmten Zeit auftreten, so tut er das doch nicht in naturhafter Weise, das heißt nicht unterschiedslos bei allen Menschen, sondern freiwillig bei den wenigen Menschen, die sich der Astronomie besonders widmen. Die menschlichen Seelen sind vielmehr Subjekt der Harmonien, fürs erste in Hinsicht auf den natürlichen Instinkt, insofern [237] die Seelen Abbilder des Schöpfers sind, wie im II. Kapitel gesagt wurde; zweitens im Hinblick auf gewisse Vermögen, das vitale und das natürliche, sowie auf vitale und natürliche Erregungen oder nach PLATON [*Staat* IV, 435 B ff.; *Timaios* 31, 69 C f.] auf die zwei Teile der Seele, den begehrlichen und den muthaften. Im ersteren Fall handelt es sich um die Harmonien als solche, im zweiten Fall darum, daß die Spezies der Harmonien jenen Fähigkeiten eingeprägt werden und antreibend und anreizend eine Aktivität der Natur in der Seele und im Körper verursachen.

Weiterhin handelt es sich bei der Seele, in die diese Strahlungsharmonien eindringen, besonders um die von den Philosophen so genannte untermondische Natur, die über den ganzen Körper unserer Nährmutter Erde hin ausgebreitet ist und in einem bestimmten Teil dieses Körpers ebenso wurzelt wie die menschliche Seele im Herzen, von wo sie wie von

497

einem Herd, einer Quelle oder einem Mittelpunkt aus durch ihre Spezies zu dem die Erde umflutenden Ozean und dem über beide ausgegossenen Luftmeer ausgeht.

Wie nun einer, der den lieblichen Weisen eines Sängers lauscht, durch heitere Miene, durch die Stimme, durch Klatschen und Stampfen mit Händen und Füßen nach dem Takt der Melodie bezeugt, daß er das, was in der Melodie harmonisch ist, versteht und anerkennt, so bezeugt auch die Natur durch eine deutlich erkennbare, augenfällige Erregung des Erdinnern gerade an jenen Tagen, an denen die Planeten mit ihren Strahlen an der Erde eine harmonische Konstellation bilden, das, was wir soeben gesagt haben: sie besitzt sowohl einen natürlichen Instinkt, mit dem sie die harmonischen Proportionen der Winkel wahrnimmt, als auch das natürliche Vermögen, unserem vitalen ähnlich, den Körper der Erde und die unterirdischen Werkstätten im Gebirge an den bestimmten Zeitpunkten der Harmonien zu erwärmen und zu erregen, so daß diese Werkstätten eine große Menge Dampf und Nebel ausdünsten, woraus sich infolge des Zusammenprallens mit der ringsum in den oberen Regionen herrschenden Kälte die Witterungserscheinungen jeder Art bilden.

Diese Seele ist in den Körper der Erde zu versetzen, weil die harmonischen Winkel der Strahlen in keinem anderen Teil der Welt als an der Erde auftreten, und weil die Verrichtungen der Natur, die auf die Konfigurationen der Strahlen folgen, im Erdinnern und in den Höhlen der Berge ihren Ursprung haben.

IV. Ein vierter Unterschied besteht in der Art und Weise, nach der die verschiedenen Harmonien ihren Trägern innewohnen.

Im III. Buch, wo die Rede davon war, daß sie dem Gesang innewohnen, zeigte es sich, daß sie diesem ganz innewohnen, das heißt während der ganzen Zeit, die der Gesang dauert. Obwohl ferner die Intervalle der Töne, wie alles, was an der Quantität teilhat, eine kontinuierliche Teilung zuläßt, so vollziehen sich hier doch die Übergänge nicht von einem niederen Ton durch alle die unendlich vielen Zwischentöne hindurch bis zu einem Ton, der mit dem ersten konsonant oder melodisch ist; vielmehr werden alle diese Zwischentöne sprungweise und stumm übergangen, und nur bei den konsonanten und melodischen Tönen findet ein Verweilen der Stimme statt. Ebenso verhält es sich beim mehrstimmigen Gesang. Obgleich zwischen der Oktav und der Sext unendlich viele Intervalle liegen, findet doch keine [238] kontinuierliche Steigerung der

Stimmen statt durch alle Zwischentöne hindurch, bis aus der Oktav eine Sext wird; vielmehr steigen die Stimmen sprungweise von der reinen Oktav zur reinen Sext, indem alle Zwischentöne stumm übergangen werden. Bei der Orgel treten solche Sprünge auf von einer Pfeife zur andern, bei den Saiteninstrumenten, wie beim Klavier und der Harfe, von einer Saite zur andern, oder, wenn diese Instrumente Saiten haben, die für mehrere Töne bestimmt sind, wie beim Klavichord, bei der Pandura, bei der Mandoline und Laute, von einem Griffpunkt zum andern, oder bei den Flöten von einem Loch zum andern, bei der menschlichen Kehle von einem Ring der Luftröhre zu einem andern. Anders liegt die Sache im IV. Buch. Denn die Harmonien, die wir hier betrachten werden, existieren, wie wir bereits im vorausgehenden Kapitel vorläufig bemerkt haben, nicht immer zwischen dem Winkel zweier Planetenstrahlen und vier Rechten. Es findet vielmehr ein kontinuierliches Auseinanderlaufen der Planeten (soweit es ihnen verstattet ist) unter dem Tierkreis statt, durch alle unharmonischen Intervalle hindurch bis zu den harmonischen, von denen das äußerste zwei Rechte, der Halbkreis oder die Opposition ist; von da in rückläufiger Reihenfolge wiederum durch alle unmelodischen und dissonanten hindurch bis zur Konjunktion. Nirgends findet ein Sprung statt von einem harmonischen Winkel zu einem andern, beispielsweise vom Trigon zum Quadrat. Der Übergang von einem zum andern verläuft kontinuierlich durch alle Zwischenlagen hindurch. Daher nehmen die ganze Zeit der himmlischen Bewegungen unharmonische Konfigurationen der Strahlen ein. Der Ablauf wird aber wenigstens in gewissen Augenblicken durch harmonische Konfigurationen von zwei, bisweilen such drei oder vier Planeten unterbrochen, wobei die übrigen in unharmonischer Lage verharren. Es ist gerade so, wie wenn sieben Orgelpfeifen unter stetiger Änderung ihrer Stimmung ebensoviel dissonante Töne von sich geben, wobei bisvveilen die Stimmungen gerade so zusammmentreffen, daß zwei oder drei Pfeifen konsonieren, wâhrend die übrigen dissonant bleiben. So bestehen also in Wahrheit und eigentlich die harmonischen Konfigurationen nicht in der Zeit, sondern werden in unteilbaren Augenblicken vollendet. Dabei ist es aber frch wahr, daß die Erregungen, die aus diesen Harmonien in den Seelen entstehen, nicht bloß augenblicklich sind. Denn die harmonischen Konfigurationen wirken, sofern sie im Werden sind; im selben Augenblick, in dem sie vollendet werden, läßt ihr Anreiz nach. Die Verrichtungen der Natur aber, die durch diese Anreize erregt werden, erhalten nun von den Bedingungen der Materie das Maß ihrer Dauer; sie halten oft lange Zeit über den Augenblick hinaus an, in dem die Strahlung vollendet wird. So gerät ein Bronzegeschütz, wenn es abgeschossen wird, durch die Gewalt des entzündeten Schießpulvers in große Hitze, die nicht sogleich verschwindet, wenn die Materie des Feuers verbraucht ist. Oder, um ein geeigneteres Beispiel zu gebrauchen, wenn der Leib von einem Fieberanfall geschüttelt wird, so wird er doch nicht sogleich von aller Hitze befreit, wenn das vitale Vermögen der Seele, das die Erhitzung verursachte, von seinem Beginnen abläßt, nachdem es seine Aufgabe erfüllt hat und der Fieberstoff entweder verflüssigt oder aus dem Innern nach außen ausgestoßen worden ist. Die Hitze bleibt vielmehr noch lange Zeit in der Materie des Körpers, im Fleisch, in den Knochen und in den Nerven, bis sie selber auch im Laufe der Zeit auslöscht.

[239] Es gehören somit diese Harmonien zu denen, von denen wir im II. Kapitel gesagt haben, daß sie nicht der freien Entschließung unterstehen, sondern einem zwingenden Gesetz der Bewegungen zufolge mit unendlich vielen unharmonischen Konfigurationen gemischt sind, und für die Gott den Geist so geordnet hat, daß er sie zu erkennen vermag, wenn sie eintreten. Es ist jedoch die untermondische Natur bei der Aufnahme dieser Harmonien viel besser daran, als die Ohren beim Gesang. Denn das Ohr findet wenig Gefallen an der Harmonie zweier Töne, wenn gleichzeitig fünf andere dissonante erklingen. Die untermondische Natur aber, an die fortwährenden unharmonischen Konfigurationen gewöhnt, achtet sie für nichts, weil sie nichts Neues für sie sind. Auf einen harmonischen Winkel ist sie jedoch so gespannt, wie wenn er allein da wäre. So wird es auch übersehen, wenn ein Prognostikum tausendmal irrt; wenn es aber einmal einschlägt, so hält man das für besonders beachtenswert und aller Mund spricht rühmend davon.

Aus dem Vorausgehenden ist zu ersehen, daß die Harmonien in den Tönen in das freie Belieben und die Absicht des Singenden gestellt sind, die Harmonien in den Strahlenwinkeln aber nicht durch einen freien Entschluß der untermondischen Natur, sondern rein durch die mathematische Bedingtheit der Bewegungen zustande kommen. Denn wenn sich zwei Planeten bis zu einem Halbkreis oder 180 Grad voneinander entfernen sollen, so müssen ihre Abstände voneinander zu bestimmten Zeitpunkten notwendig die harmonischen Beträge 30, 60, 90, 120 usw. Grad bilden. Es werden daher die musikalischen Harmonien von dem

Singenden aus dem Innern geholt, die Strahlenharmonien dagegen von der untermondischen Natur von außen her erwartet, beobachtet, wenn sie eintreten, unterschieden von den unharmonischen (wobei sie von der untermondischen Natur ihr Sein erhalten), aufgenommen und angewandt. Kurz, die Konfigurationen spielen auf, die untermondische Natur tanzt nach den Weisen dieser Musik.

V. Der fünfte Unterschied schließt sich in gewisser Weise an den ersten an. Denn die Harmonien dieses und des vorausgehenden Buches unterscheiden sich nicht nur dem Umfang nach, sondern auch durch die Ordnung der Prinzipien, nach denen die geometrischen Figuren die beiden Arten von harmonischen Proportionen erzeugen. Im III. Buch spielte die Wißbarkeit die Hauptrolle, im IV. wird dies die Kongruenz tun. Doch diesen fünften Unterschied werden wir sogleich im nächsten Kapitel bei Aufstellung unserer Axiome ausführlich erörtern.

V. Kapitel

Über die Ursachen der wirksamen Konfigurationen, ihre Zahl und die Ordnung ihrer Grade

Definition I

Das Wort *Konfiguration* bedeutet den Winkel, unter dem zwei je von einem Planeten ausgehende Strahlen hier auf der Erde (die sich wie ein Punkt verhält) zusammenstoßen oder, was auf das gleiche hinauskommt, es bedeutet [240] jenen Bogen des im Tierkreis beschriebenen Großkreises, der das Maß des genannten Winkels ist, oder den zwei Planeten durch die Lage ihrer Körper für uns Erdbewohner zu begrenzen oder abzuschneiden scheinen.

Über die Benennung ist zunächst zu bemerken, daß Ptolemaios im Quadripartitum, im *Almagest* und in seiner *Harmonik* σχηματισμός sagt, was die Araber mit »aspectus« übersetzen, wie wenn »schema« das gleiche wäre wie »vultus«, »facies«. Das gleiche besagt unser deutscher Sprachgebrauch, der für »facies« das Wort »Angesicht« / »aspectus« setzt und die vor das Gesicht gehaltenen Larven (σχήματα) »Gesichter« nennt, wofür die Italiener »maschere« sagen. Es findet sich aber auch das

Wort προσβλέψεις, das nicht nur wir den arabischen Autoren folgend mit
»aspectus« übersetzen, für das vielmehr auch gute Autoren auf lateinisch
»intuitus« und »signa intuentia« zu sagen pflegen. Doch in diesem Sinn
kommt das Wort nicht sosehr den Planeten zu als den Zeichen oder Häusern des Tierkreises. Denn da diese Länge haben, können sie sich mit
ihrer konkaven Seite einander mehr oder weniger zukehren; benachbarte
Zeichen können sich nicht »anblicken«, da ihre Gesichter nicht aufeinander zu-, sondern wegen ihrer Lage nebeneinander nach der gleichen
Richtung hingekehrt sind.

Sodann bemerke man, daß zu derselben Zeit, da zwei Planeten auf der
Erde einen bestimmten Winkel bilden, sie an anderen Orten der Welt andere Winkel bilden. Gleich sind sie nur auf einem Kreisbogen, der durch
die Körper der Planeten und der Erde hindurchgeht, und auf der Fläche,
die man erhält, wenn man diesen Bogen um die Verbindungslinie der
Planetenkörper wie um eine Achse herumführt. Außerhalb dieser Örter
laufen die Planetenstrahlen unter ganz verschiedenen Winkeln zusammen, die zwar harmonisch sein können, aber fast in der ganzen übrigen
Welt unharmonisch sind. Insbesondere bemerke man, daß an den beiden
Planetenkörpern selber kein Winkel entsteht. Denn zu einem Winkel sind
zwei Strahlen erforderlich; der Strahl aber ist ganz außerhalb des Körpers,
nicht im Körper. Dies ist deswegen zu bemerken, weil die Winkelbildung
an der Erde eine Wirkung in der Erde zur Folge hat, aus welcher zur Zeit
der Aspekte die Materie des Regens und der übrigen Wettererscheinungen ausdünstet, weswegen wir über den Sitz der die Wettererscheinungen
erregenden Ursache davon reden können, daß er sich nicht in dem einen
oder dem anderen Planeten, noch an irgendeinem anderen leeren Ort der
Welt befindet, sondern in der Erde selber.

Drittens ist nicht umsonst die Bemerkung gemacht worden, die Erde
verhalte sich wie ein Punkt. Denn daraus folgt, daß trotz der unzählbaren
Menge von beseelten Wesen und der unendlichen Anzahl von Strahlen,
die von einem Planeten zu jenen Wesen und den übrigen Punkten der
Erde hin laufen, doch der Winkel der von zwei Planeten ausgehenden
Strahlen zu gleicher Zeit merklich gleich groß ist an allen Punkten der
Erde, im Mittelpunkt, an der Oberfläche, in den Höhlen der Berge. Wenn
es auch der Zahl nach unendlich viele Aspekte sind, so haben sie doch
als ein einziger Aspekt zu gelten, da alle untereinander merklich gleich
sind.

Definition II

Wirksam heißt eine Konfiguration, wenn die Strahlen zweier Planeten einen Winkel miteinander bilden, der geeignet ist, die untermondische Natur und die niederen Vermögen der beseelten Wesen zu reizen, so daß sie zur Zeit dieser Konfiguration eine erhöhte Aktivität entwickeln.

Der Konfiguration, die in formaler Hinsicht ein Gedankending ist, wird eine Wirksamkeit zugeschrieben, aber nicht eine unmittelbare auf die Sache selber, wie wenn der Regen und ähnliche Erscheinungen vom Himmel selber, das heißt [241] von den die Konfiguration bildenden Planeten herabkämen – die landläufige törichte Ansicht –, sondern eine mittelbare und objektive. Denn wie die Objekte die Sinne erregen, der Ton das Ohr, nicht das Auge, und die Farbe den Gesichtssinn, nicht das Gehör, so erregt auch hier die bestimmte Qualität dieser Relation, die Konfiguration genannt wird, zwar nicht die körperlichen Sinne, sondern das seelische Vermögen, das ohne diskursives Denken aus Instinkt Einsicht besitzt. Die Wirkung der Konfiguration beruht also nicht auf eigener Kraft, sondern auf der Kraft der Seele, von der man zwar sagt, sie erleide etwas, die aber in Wirklichkeit vielmehr tätig ist, indem sie selber auf sich wirkt. Wenn dann die Seele oder die untermondische Natur in dieser Weise von dem Aspekt berührt, gereizt und an sich selber gemahnt worden ist, so regt sie sich selber dazu an, aus dem Erdinnern Wettermaterie jeglicher Art zutage zu fördern. Wenn in der Erde nicht die Seele wäre, die wir untermondische Natur nennen, so würden die Planeten weder aus sich selber noch durch einen geeigneten Aspekt irgend etwas über die Erde vermögen. Denn es ist ein törichter Gedanke und nichts als Scherz und poetische Spielerei, wenn man sagt, daß aus dem harmonischen Zusammentreffen zweier Strahlen gleichwie aus der Begattung zwischen Männchen und Weibchen der Dampf, die Materie des Windes und des Regens empfangen würde. Es müßte dann aber ebenso wie der Samen von der Substanz der Erzeuger ist, so auch die Feuchtigkeit und alles, was aus der Erde ausdünstet, entweder von der Substanz der Harmonie sein, die eine Relation ist, oder von der des Winkels, der eine qualitative Quantität ist, oder von der des Lichtes selber, das eine Qualität, keineswegs aber eine Substanz ist. Wie wir jedoch sagen, daß aus nichts nichts wird, so können wir auch auf natürliche Weise nicht aus etwas Immateriellem etwas Materielles ableiten. Hierüber mehr im VII. Kapitel.

Axiom I

Der Bogen des Tierkreises, den die Seite einer kongruenten und wißbaren Figur oder eines solchen Sterns abschneidet, mißt den Winkel einer wirksamen Konfiguration.

Axiom II

Der Winkel einer wißbaren und kongruenten Figur oder eines solchen Sterns ist Maß des Winkels einer wirksamen Konfiguration.

Auf diese beiden Axiome stützt sich unsere ganze Aufgabe. Ich habe deren zwei aufgestellt, weil man zwei Arten gelten lassen kann, auf die die Seelen und die untermondischen Naturen zur Kenntnis der gerade herrschenden Konfigurationen gelangen können.

Denn sie nehmen wahr entweder jene Figur, deren Seite vom Tierkreis den Bogen abschneidet, der das Maß der Konfiguration oder des Strahlenwinkels ist, oder die Figur, deren Element ebendieser Konfigurationswinkel ist. Welcher Unterschied zwischen diesen Figuren und umgekehrt welche Verwandtschaft zwischen ihnen besteht, das tritt in den Figuren, die hier der Reihe nach aufeinanderfolgen, klar zutage. Es sind nämlich immer zwei Figuren reziprok zueinander. An erster Stelle steht der Durchmesser, der zu sich selbst reziprok ist, indem er entweder, durch den Mittelpunkt gehend, einen Kreis halbiert oder einen berührt. Denn die beiden Strahlen bilden, auf einer einzigen Geraden liegend, als Winkel zwei Rechte, oder vielmehr keinen Winkel miteinander. Dasselbe gilt für die obere oder untere Konjunktion der Planeten, die man nur uneigentlich eine Konfiguration nennt. Denn wenn zwei Planeten am selben Punkt des Tierkreises sind, dann tritt im Mittelpunkt kein Winkel auf, am Umfang aber unendlich viele, das heißt die Seiten der Figur sind Punkte und der Kreis ist gleichsam ein Vieleck mit unendlich vielen Ecken. Diese Konfiguration bedarf keiner figürlichen Darstellung.

[242] Weiterhin ist das Viereck zu sich selbst reziprok, weil der Winkel, den zwei Seiten am Umfang miteinander bilden, gleich ist dem Mittelpunktswinkel, zu dem die Seite Sehne ist. Ferner ist das Dreieck zum Sechseck, das Fünfeck zum Zehneckstern, das Achteck zum Achteckstern, das Zehneck zum Fünfeckstern, das Zwölfeck zum Zwölfeckstern reziprok. Wenn man also von einem dieser Vielecke alle Ecken in den Umfang des Kreises einbeschreibt, so ist die Seite von diesem Vieleck Sehne zu einem Winkel des im Mittelpunkt angebrachten reziproken Vielecks.

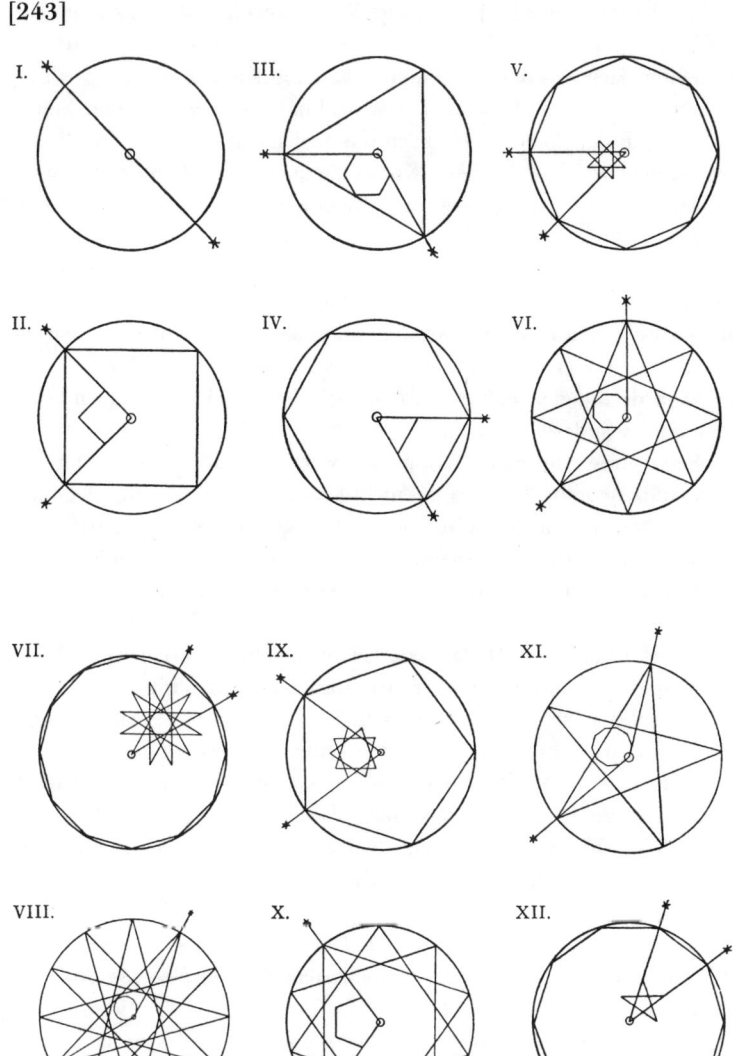

[Noch 242] Die Mittelpunkte aller Kreise stellen die gleichsam im Mittelpunkt liegende Erde dar, die Kreise selber aber den von der Erde aus gedachten Tierkreis oder irgendeinen anderen Kreis unterhalb des Tierkreises, den man zur Messung der Winkel in Gedanken annimmt. Solche Kreise sind, der Potenz nach, auch die Seelen selber, die durch die Aspekte erregt werden, das heißt Kreise, die gewissermaßen der Quantität entkleidet und zu qualitativen, mit Richtungen ausgestatteten Punkten verengert sind.

Ich habe die beiden strahlenden Sterne außerhalb des Kreises in verschiedener Höhe angesetzt, um durch diese bildliche Darstellung darauf hinzuweisen, daß es für die Konfiguration an der Erde nichts ausmacht, ob der Planet hoch oder tief am Himmel steht, und daß die Konfiguration an der Erde die gleiche bleibt, wenn auch der eine Planet vielmal höher steht als der andere.

Wenn ferner im ersten Axiom das Wort kongruent, im zweiten das Wort wißbar vorangeht, so ist das nicht Zufall, sondern Absicht. Denn daß ein Aspekt wirksam ist, dafür sind beide Figuren Ursache, sowohl jene, die dem Umfang einbeschrieben ist, als auch jene, deren einer Winkel von den Strahlen im Mittelpunkt gebildet wird, und zwar beide Figuren sowohl wegen ihrer Wißbarkeit als auch wegen ihrer Kongruenz, jedoch nicht in gleicher Weise. All das bedarf einer ausführlicheren Untersuchung. Der Grund, warum diese so verzwickt ist, liegt einzig darin, daß man die Anzahl der Aspekte mit philosophischen Gründen muß vermindern oder wenigstens nach bestimmten Graden unterscheiden können. Hätte ich außer den acht herkömmlichen Aspekten die vier weiteren ohne jede Unterscheidung zulassen wollen, so hätte diese Untersuchung mehrere der folgenden Lehrsätze (wenn man sie so nennen will, da sie sich nur mit einer Vergleichung beschäftigen) entbehren können.

Satz I

Die Verwandtschaft der Strahlungen mit dem Kreis und seinen Bögen ist größer als die der Konsonanzen.

Da dies im III. Buch bereits begründet wurde, so dürfte man es mit Recht in das IV. Buch als Axiom übernehmen. Es läßt sich aber folgendermaßen beweisen.

1. Die Konsonanzen bestehen zwischen den Tönen. Die Töne bestehen in Bewegungen. Die Höhe und Tiefe, durch die die Konsonanzen

ausgedrückt werden, entsteht aus der Geschwindigkeit und Langsamkeit der Bewegungen, wie im III. Buch bewiesen wurde. Nun aber bringt man die schnellen und langsamen Töne hervor durch Anschlagen von Saiten, aber nicht nur von kreisförmig gespannten, sondern auch und weit häufiger von geradlinigen. Die Konsonanzen stehen also in Beziehung zum Kreis nicht unmittelbar in Hinsicht auf die Kreisfigur, sondern in Hinsicht auf die Länge der Teile, das heißt auf deren gegenseitiges Verhältnis; sie haben das, was sie haben, vom Kreis, auch wenn dieser seiner Form nach zerstört und in eine Gerade ausgezogen ist. Die Aspekte hingegen sind nach Definition I die Winkel, die der Kreis [244] mit seinen Bögen mißt, und zwar so, daß er dabei bleibt, was er ist, das heißt insofern er Kreisform hat und diese unversehrt behält.

2. Die Konsonanzen stammen nicht alle in gleich enger Beziehung vom Kreis und seinen Teilen ab. Denn einige leiten ihren Ursprung von Kreisteilen ab, insofern diesen nicht als Kreisteilen, sondern als geraden Linien etwas zu kommt, nämlich die gleiche Teilung wie dem ganzen Kreis, wie im III. Buch gezeigt wurde. Das Gegenteil ist bei den Aspekten der Fall. Denn das Maß dessen, was nur dem Kreis zugehört, kann in keinerlei Beziehung zur geraden Linie stehen.

Satz II

Die Verwandtschaft der Strahlungen mit den regulären Figuren ist größer als die der Konsonanzen.

Das läßt sich zuerst von den Umfangsfiguren beweisen. Denn wo der Kreis unversehrt ist, da ist auch die reguläre Figur unversehrt. Nach Satz I ist aber der Kreis eher unversehrt bei der Bemessung der Strahlungen, also kann man auch die reguläre Figur in Hinsicht auf die Strahlungen eher als unversehrt betrachten. Das Gegenteil gilt für die Konsonanzen. Wie hier der Kreis und seine Teile unter Wahrung der Konsonanzen in eine Gerade ausgezogen werden kann, so können auch alle Seiten der Figur zusammen in eine einzige Gerade ausgezogen werden und mit einer einzigen geradlinigen Figurenseite eine Konsonanz bilden. Dabei verliert aber wie der Kreis so auch die geradlinige Figur ihre Figuration, so daß man gar nicht mehr von einer Figur reden kann.

Der Satz läßt sich aber auch von der Mittelpunktsfigur beweisen. Die Winkel sind die Elemente der Figuren. Nun bilden zwei Strahlen am Mittelpunkt einen Winkel, aus dem man durch mehrfache Wiederholung die ganze Figur erhält, wie man aus den vorausgehenden Figuren ersieht. Das gleiche ist aber nicht der Fall bei der Entstehung der Konsonanzen; denn hier besteht keine Beziehung zum Winkel am Mittelpunkt. Daher sind die Figuren mit den Aspekten näher verwandt als mit den Konsonanzen.

Satz III

Die Kongruenz der Figuren hat für die Bildung der Konfigurationen eine größere Bedeutung als für die Bildung der Konsonanzen.

Der Gründe hierfür gibt es viele. 1. Die Kongruenz ist eine Eigenschaft einer Figur, insofern die Figur ganz ist und Gestalt hat. Nun aber ist eine Figur, insofern sie diese Gestalt ganz hat, von vornherein an sich mehr verwandt mit den Konfigurationen als mit den Konsonanzen, nach Satz II. Sodann teilt sie den Kreis als ganzen harmonisch; der Kreis aber ist ebenfalls mit den Konfigurationen mehr verwandt als mit den Konsonanzen, nach Satz I. Daher ist in doppelter Hinsicht, nämlich auf die Figur an sich; sowie auf die Beziehung zwischen Kreis und Figur die Bedeutung der Kongruenz der Figuren für die Konfigurationen größer als für die Konsonanzen.

2. Aufgrund der Anzahl der Figuren. Aus den vorausgeschickten Axiomen ergibt sich nämlich die Folgerung, daß die Figuren durch ihre Eigenschaften wirksam sind. Wo nun ein größeres Entsprechen bei der Zahl der zu bewirkenden Erscheinungen vorliegt, dort besteht eine größere Verwandtschaft der Ursache mit der Wirkung; das ist wenigstens wahrscheinlich. Wie nun aber die kongruenten Figuren gering an Zahl sind, so auch die Aspekte, was die Erfahrung bezeugt. Denn wären diese nicht gering an Zahl, so würde eine große Verwirrung unter ihnen, eine große Häufigkeit bestehen, [245] so daß man sie einzeln getrennt voneinander an ihren Tagen nicht beobachten könnte. Man kann sie jedoch beobachten, also ist ihre Zahl nicht unbegrenzt. Konsonanzen dagegen kann man unendlich viele bilden durch Vermehrung der Intervalle um eine Oktav, wie es ja auch unendlich viele wißbare Figuren gibt.

Ein dritter Grund bezieht sich auf das Wesen der Bezugsglieder, aus denen hier und dort die Proportionen bestehen. Die Bewegungen, in denen die Töne bestehen, werden im Werden betrachtet, insofern sie zeitlich verlaufen, die Strahlungen eher in einem augenblicklichen Sein. Wie nämlich in diesem Augenblick irgendein Körper ist, so ist auch in diesem Augenblick irgendeine Strahlung. Bei der Bewegung aber ist das, was vorüber ist, nicht mehr, und das, was folgt, ist noch nicht; im Augenblick ist nichts.

Die Kongruenz gehört nun offenbar mehr zu dem, was ist, als zu dem, was wird. Denn die Seitenwände oder die Mauern eines Hauses stoßen zusammen, daß das Haus ist, nicht daß es schließlich und ewig gebaut wird.

Ein vierter Grund leitet sich her von der Verwandtschaft der Kongruenz als Ursache mit den Konfigurationen. Denn diese sind Winkel; die Kongruenz steckt aber auch in den Figuren wegen ihrer Winkel.

Im bisherigen wurden einander gegenübergestellt Konsonanzen und Konfigurationen. Im folgenden findet eine andere Gegenüberstellung der Kongruenz und der Wißbarkeit hinsichtlich der Konfigurationen allein statt.

Satz IV

Für die Wirksamkeit der Konfigurationen ist die Kongruenz der Figuren von größerer Bedeutung als ihre Wißbarkeit.

Der Beweis stützt sich auf die besondere Beschaffenheit der untermondischen Seele und der Vermögen auch der menschlichen Seele, mit denen die Aspekte wahrgenommen werden. Diese Vermögen sind alle niederer als das Denkvermögen und das Erkenntnisvermögen; sie sind mehr verwandt mit dem sinnlichen Vermögen und auch über sinnliche Verrichtungen gesetzt. Es ist ja auch der Instinkt der untermondischen Natur, wie wir im III. Kapitel gesagt haben, im selben Maße stumpfer als der menschliche Instinkt, als der Körper der Erde roher ist als der menschliche Körper. Nun ist aber auch die Kongruenz etwas, was nach der Wißbarkeit kommt, etwas, was sich nach außen erstreckt als ein Werk, das die Idee der sinnlichen Werke an sich trägt. Daher ist die Annahme begründet, daß jene Seelenvermögen eher durch die Kongruenz als durch die Wißbarkeit der Figuren erregt und affiziert werden.

Hier wurden Kongruenz und Wißbarkeit in Hinsicht auf die Konfigurationen allein einander gegenübergestellt. Nun wollen wir zwei reziproke Figuren einander gegenüberstellen zuerst in Hinsicht auf die Kongruenz allein, hernach in Hinsicht auf die Konfigurationen.

Satz V

Die Kongruenz ist eine Eigenschaft mehr der Umfangsfigur als der Mittelpunktsfigur.

Denn die Kongruenz kommt eher der Figur zu, die ganz sein kann im Hinblick auf den Ort, von dem diese ihren Namen hat; sie bezieht sich ja

auf ganze Figuren, wie aus dem II. Buch erhellt. Von der Mittelpunktsfigur
aber kann im Mittelpunkt nur ein einziger Winkel stehen, nach Definition I, während auf dem Umfang die ganze Umfangsfigur sein kann. Also
usw.

[246]   *Satz VI*

Von den beiden Figuren, die jeder Aspekt für sich beansprucht, hat die
Umfangsfigur den Vorrang vor der Mittelpunktsfigur.

Denn nach Satz IV hat bei den Aspekten die Kongruenz den Vorrang
vor der Wißbarkeit. Nun aber kommt jene nach Satz V in vorzüglicher
Weise der Umfangsfigur zu. Daher gibt das, was den Vorrang hat, dem, in
dem es in vorzüglicher Weise enthalten ist, ebenfalls einen Vorrang, das
heißt der Umfangsfigur.

Dasselbe läßt sich aber auch aus den innersten Eigenschaften der
Seele, die bereits im III. Kapitel berührt worden sind, beweisen. Da es
nämlich die Seele ist, die den Harmonien der Konfigurationen ihr formales Sein verleiht, so ist entsprechend dem Unterschied, den man macht,
wenn man die Seele einmal gleich dem Kreis und dann wieder gleich dem
Punkt setzt, jedenfalls auch das Verhältnis verschieden, in dem einerseits
die Umfangsfigur, andererseits die Mittelpunktsfigur zu ihr steht.

Zwar trägt die Seele ganz in gewisser Weise die Idee des Kreises an
sich, des Kreises, der nicht nur vom Stofflichen, sondern auch von der
Größe abstrahiert ist, wie wir im III. Kapitel gesehen haben. Kreis und
Mittelpunkt fallen daher hier nahezu zusammen. Man kann die Seele als
potentiellen Kreis oder als einen mit Richtungen ausgestatteten Punkt,
also als qualitativen Punkt bezeichnen. Dabei muß man aber offenbar
doch den Unterschied beachten, daß die einen Seelenvermögen eher dem
Kreis, die anderen eher dem Punkt gleichen. Denn wie man einen Kreis
nicht ohne Mittelpunkt denken kann und umgekehrt der Punkt ringsum
eine Umgebung besitzt, die zur Beschreibung eines Kreises dienlich ist,
so gibt es in der Seele keine Aktivität ohne Beeindruckung der Phantasie und umgekehrt, jede innere Wahrnehmung oder Überlegung zielt ab
auf eine äußere Bewegung, jedes innere Seelenvermögen ist gerichtet auf
mehr äußere Vermögen. Was ist das erste und oberste Seelenvermögen,
der Geist, anderes als ein Mittelpunkt? Das Vermögen Schlüsse zu vollziehen anderes als ein Kreis? Denn wie der Mittelpunkt innen und der
Kreis außen ist, so ruht der Geist in sich selber, während der Schlüsse

ziehende Verstand ein äußeres Gewebe wirkt. Und wie der Mittelpunkt Basis, Quelle und Ursprung für den Kreis ist, so der Geist für die Schlüsse des Verstandes. Hinwieder sind alle diese Seelenvermögen, sowohl der Intellekt als auch die diskursive Überlegung und das sinnliche Vermögen ein Mittelpunkt, die Bewegungsvermögen der Seele dagegen ein Kreis. Denn wie der Kreis außen sich um den Mittelpunkt herumlegt, so ist die Aktivität nach außen gerichtet, während die Erkenntnis und die Überlegung im Innern vollzogen wird. Wie der Kreis sich zum Punkt verhält, so verhält sich gewissermaßen das äußere Handeln zum inneren Schauen, die lebendige Bewegung zur Empfindung. Denn da der Punkt allseits dem Umfang entgegengesetzt ist, ist er von Natur aus geeignet, die Passivität darzustellen. Und die sensitive, das heißt hier die die Strahlungen wahrnehmende Seele, was tut sie beim Empfinden und Wahrnehmen anderes als leiden? Wird sie doch durch die Objekte in Erregung versetzt.

Vergleicht man nun die beiden Vergleiche, so kann man sagen: Wie der Mittelpunkt in beiden Fällen der gleiche ist, so ist auch in gewisser Weise die Form des Erkennens die gleiche, die geistige, oberste und die sensitive oder die dieser analoge, die in der Wahrnehmung der Strahlungen besteht. Bei beiden Formen ist das Erkennen nicht einwärts auf sich selber, sondern auswärts gerichtet, so daß die untermondische Natur oder auch die sensitive Seele ein schwaches Abbild des menschlichen Geistes, des höchsten Vermögens, ist, wie das diskursive Denken im ersten Fall ein Analogon ist zu den äußeren Handlungen der Seele im zweiten Fall, welche beide als Kreis zu betrachten sind.

[247] Insofern also die Seelen die himmlischen Strahlungen wahrnehmen und dabei durch sie in sich selber im Innern erregt werden, mögen sie uns als Mittelpunkte gelten. Insofern sie aber selber erregen, das heißt insofern sie die wahrgenommenen Strahlenharmonien in Tätigkeit übersetzen und durch sie zum Handeln angereizt werden, müssen sie als Kreis betrachtet werden.

Daraus folgt, daß sich die Seele, insofern sie die Harmonien der Strahlen erkennt, in erster Linie mit der Mittelpunktsfigur befaßt, insofern sie aber handelt und die Witterungserscheinungen (sowie analoge Wirkungen im Menschen) anregt mit der Umfangsfigur. Da es nun aber beim Aspekt zuerst auf die Wirksamkeit ankommt und dann erst auf die Art und Weise, wie er von der tätigen Seele wahrgenommen wird, kommt der Umfangsfigur größere Bedeutung zu als der Mittelpunktsfigur.

Im Vorausgehenden wurde eine Vergleichung durchgeführt zwischen den zwei Figuren bei ein und demselben Aspekt. Im folgenden werden, indem man ein und dieselbe Figur doppelt annimmt, Kongruenz und Wißbarkeit einander gegenübergestellt.

Satz VII

Bei der Umfangsfigur hat die Kongruenz den Vorrang vor der Wißbarkeit der Seite, bei der Mittelpunktsfigur dagegen die Wißbarkeit der Seite vor der Kongruenz der Figur.

Dieser Satz bezieht sich auf die Erledigung einer Frage, die mit dem Lehrsatz III angeschnitten worden ist. Denn wenn auch im IV. Buch die Kongruenz eine wichtigere Rolle spielt als im III., in dem die Darstellbarkeit den Vorrang hatte, so darf man doch diese letztere von der Begründung der Aspekte nicht völlig trennen. Es gibt ja keine Kongruenz ohne wißbare Bestimmung der Seite sowie besonders der von den Seiten der Figur umschlossenen Fläche; die Kongruenz ist von dieser Bestimmung abhängig. Denn die Darstellung der Figur geht von den Winkeln aus, in denen ihre Brauchbarkeit zur Bildung von Kongruenzen beruht.

Was nun den Inhalt des Satzes anlangt, so scheint bei seinen beiden Aussagen das Gegenteil richtig zu sein. Denn was die Mittelpunktsfigur anlangt, so wird durch die Strahlen direkt einer ihrer Winkel zur Darstellung gebracht; bei der Umfangsfigur dagegen wird nicht ein Winkel, sondern nur in gewissem Maß eine Seite dargestellt. Die Kongruenz aber ist Sache der Winkel; also scheint es, daß sie bei der Mittelpunktsfigur in erster Linie in Betracht zu ziehen ist. Denn wenn die untermondische Natur die Größe des Winkels wahrnimmt, den die Strahlen zweier Planeten an der Erde bilden, so wird sie wohl auch wahrnehmen können, ob der Winkel zusammen mit anderen zur Bildung von Kongruenzen geeignet ist.

Daß andererseits bei der Umfangsfigur mehr die Wißbarkeit der Seite als die Kongruenz der Figur in Betracht zu ziehen ist, scheint sich aus folgendem zu ergeben. Die Wißbarkeit einer Figur besteht, wie im I. Buch gezeigt worden ist, darin, daß entweder die Seite gleich ist einem aussprechbaren Teil des Durchmessers, oder das Quadrat der Seite gleich einem aussprechbaren Teil des Quadrats des Durchmessers, oder der Flächeninhalt der Figur gleich einem solchen Teil, oder in einer anderen Verbindung und Beziehung der Seite, ihres Quadrats oder des Flächeninhalts zum Durchmesser oder seinem Quadrat. Nimmt man nun an, daß die untermondische Natur einen Sinn zur Wahrnehmung des Tierkreises als eines in der Außenwelt liegenden, sinnlichen Kreises besitzt, den sie nach der ihr eingeborenen oder angeschaffenen Idee des abstrakten, intelligiblen Kreises in ihrem Innern prüft, dann folgt doch, daß sie nach der natürlichen Ordnung zuerst wahrnimmt, wie groß der Bogen des Tierkreises zwischen den beiden Planeten und wie groß die zugehörige Sehne ist, von welcher Qualität diese ist, ob sie in [248] Länge oder nur in Potenz aussprechbar ist, ob sie mit einer anderen Strecke zusammen eine aussprechbare Quadratsumme und ein aussprechbares Rechteck ausmacht (worauf die Aussprechbarkeit des Flächeninhalts beruht). All das, so sage ich, scheint der natürlichen Ordnung zufolge zuerst zur Kenntnis der untermondischen Natur zu gelangen, da die Seite früher ist als die Figur, die durch wiederholtes Abtragen der Seite beschrieben wird; und erst hintennach, wenn die ganze Figur im Tierkreis beschrieben ist, treten ihre Winkel und deren Größe in Erscheinung und zeigt es sich, ob diese zu den kongruenten gehören, ob sich die Figur mit allen ihren Ecken zu der gleichen Art von Kongruenz zusammenfügt und ob die Kongruenz fortsetzbar ist. Kurz gesagt, die Kongruenz ist eine Eigenschaft der Winkel, die Wißbarkeit eine Eigenschaft der Seiten. Wo also der Winkel der Figur eher wahrgenommen wird als die Seite, da, so scheint es, geht auch die Rolle der Kongruenz der der Wißbarkeit voraus, und umgekehrt. Nun aber wird von der Mittelpunktsfigur zuerst der Winkel bekannt, von der (zwei Planeten entsprechenden) Umfangsfigur dagegen zuerst die Seite. Daher scheint es in Ordnung zu sein, wenn man bei der Mittelpunktsfigur eher auf die Kongruenz, bei der Umfangsfigur aber auf die Wißbarkeit Bedacht nimmt.

Nun gilt es, diese Gründe, die wir für das Gegenteil unseres Satzes angeführt haben, zu entkräften und mit gleichem Bemühen die Ordnung der Eigenschaften, der Kongruenz und der Wißbarkeit, durch wahre Argumente zu erhärten.

Fürs erste, wenn es auch richtig ist, daß von der Mittelpunktsfigur durch die Strahlen der zwei Planeten ein einziger Winkel gebildet wird, so folgt daraus jedoch nicht, daß der die Größe des Winkels wahrnehmende Geist in der natürlichen Ordnung zuerst die Kongruenz der Figur, zu der er gehören wird, wahrnimmt. Die Ursache liegt darin, daß die Kongruenz, soweit es sich um eine solche eines einzelnen Winkels und seiner Vielfachen in einem Punkt der Ebene handelt, allzu allgemein ist. Denn es gibt unendlich viele Formen derartiger Kongruenzen, immer um so mehr im einzelnen Fall, je kleiner die Winkel sind. Es ist dies also nicht die Kongruenz, von der wir im II. Buch gesprochen haben. Diese kommt nicht den Winkeln für sich zu, sondern den ganzen Figuren wegen ihrer Winkel, und nicht den einzelnen Figuren, sondern einer Mehrzahl von solchen, die miteinander verbunden sind.

Daher wird der obige Einwand nicht nur entkräftet, sondern ins Gegenteil gekehrt. Was dort von der Umfangsfigur behauptet worden war, das können wir jetzt mit Recht von der Mittelpunktsfigur behaupten, daß nämlich die Kongruenz, die hier vorliegt, bei dieser Figur nach der Wißbarkeit kommt, daß daher die letztere vor der ersteren den Vorrang hat, was auch der Gegner einräumen muß. Denn zuerst muß die Figur werden, dann erst kann sie als Ganzes eine Kongruenz bilden. Wenn aber die Seite der Figur nicht wißbar ist, dann kann die Figur nicht werden. Denn wenn es auch richtig ist, daß die Zahl aller Winkel sofort gegeben ist, sobald nur ein einziger Winkel der Figur gegeben ist, den die Strahlen der zwei Planeten im Mittelpunkt bilden, und daß mit diesem Winkel auch die Eignung der ganzen Figur zur Bildung von Kongruenzen bestimmt wird, daß also die Natur der Seite in dieser Überlegung keine Rolle spielt, so ist doch ebenjener einzige Figurenwinkel nicht gegeben, das heißt er kann als Winkel einer kongruenten Figur nur erkannt werden, wenn die Wißbarkeit der Seite festgestellt ist. Die Seele erkennt also (nach natürlicher Ordnung) zuerst die Seite, dann erst stellt sie das Vorliegen eines kongruenten Winkels fest.

Wenn wir an dieser Stelle die beiden Figuren vergleichen, so finden wir, daß die Seite oder der Flächeninhalt der Mittelpunktsfigur nicht so unmittelbar mit dem Auftreten der Strahlen gegeben ist, wie die Seite der Umfangsfigur. Diese wird immer durch die Strahlen unmittelbar bestimmt, jene nicht immer, sondern nur bei gewissen [249] Figuren, wie beim Dreieck, da die einzelnen Seiten des Umfangsvielecks Sehnen von Bögen sind, die je gleich dem Winkel zwischen den Strahlen sind. Die Mittelpunktsfigur ist also vom Akt des Wissens weiter entfernt als die Umfangsfigur; ebenso liegt daher auch die Wahrnehmung der Kongruenz weiter ab. Der Einwand stützte sich aber auf das Gegenteil, wie wenn die Kongruenz der Mittelpunktsfigur eher bemerkt würde als die der Umfangsfigur.

514

Weiter, wenn die Größe des Winkels wahrgenommen wird, wodurch anders wird sie wahrgenommen als durch ihr eigenes Maß, das heißt durch den Bogen eines Kreises, der um die Spitze des vorgelegten Winkels, die Erde, beschrieben wird, nicht aber des Kreises, der sich um die Mittelpunktsfigur beschreiben läßt und durch die Erde geht. Daher muß die Seele bei der Wahrnehmung der Größe des Winkels der Mittelpunktsfigur jenes Vermögen betätigen, demzufolge sie ein Kreis ist, und nicht jenes, demzufolge sie der kleine Punkt ist, an dem der Winkel liegt. Nun aber nimmt sie nach demselben kreisförmigen Charakter ihres Wesens auch die Seite der Umfangsfigur und den zugehörigen Bogen wahr, und zwar an erster Stelle. Erst hintennach taucht dann nach Verdopplung jenes Bogens auch der Bogen des kleineren Kreises auf, der um die Mittelpunktsfigur umbeschrieben ist und durch den Mittelpunkt des früheren Kreises geht. Der letztere Bogen dient sodann zur Einbeschreibung der Mittelpunktsfigur in den Kreis. Denn die Ordnung, die bei der diskursiven Überlegung auftritt, gilt auch für den Instinkt. Wiederum also erweist sich der Weg zur Wahrnehmung der Mittelpunktsfigur und damit auch zu ihrer Kongruenz als länger. Daher widerlegt sich der Einwand selber, wenn er dem den Vorrang gibt, was zuerst wahrgenommen wird.

Auf die Gründe, die gegen die andere Aussage unseres Satzes angeführt wurden, ist folgendes zu antworten. Es ist zwar richtig, daß auch bei der Umfangsfigur die Wißbarkeit der Seite der Kongruenz der ganzen Figur vorausgeht, zufolge der angeführten Argumente, die auch hier gelten. Allein es folgt nicht, daß von zwei Dingen, von denen das eine die Ursache des anderen ist, das, welches Ursache ist, im weiteren Verlauf auch einen stärkeren Einfluß auf ein drittes Ding ausübt. Denn entsprechend dem Auffassungsvermögen der Seele, die erregt werden soll, macht oft die Ursache weniger Eindruck auf sie als die Wirkung. So wird hier die untermondische Seele, insofern sie wahrnehmend ist, zwar mehr erregt durch die Wißbarkeit der Mittelpunktsfigur; insofern sie aber handelnd ist, mehr durch die Kongruenz der Umfangsfigur.

Meine eigentlichen Gründe aber zum Beweis unseres Satzes sind folgende. Im Satz VI haben wir gesagt, der Mittelpunkt sei in gewisser Weise das Bild des theoretischen Geistes oder des Intellekts, der Umfang das des praktischen oder handelnden Vermögens, da wie der Mittelpunkt Basis und Ursprung des Kreises ist, so die Überlegung Basis und Ursprung des Handelns. Daher kommt es, daß die Figur, die eine Ecke hinhält an den Mittelpunkt, die Erde, wo die Wahrnehmerin der Figur, die Seele, ihren Sitz hat, sich auch gewissermaßen zum Erkennen und Beurteilen hinhält, da der Mittelpunkt das Tribunal für die Wißbarkeit darstellt. In der Mittelpunktsfigur ist also mehr auf die Wißbarkeit Bedacht zu nehmen, wobei es nichts ausmacht, daß das Urteil über die Figur mit Hilfe des Kreises als eines Instruments getroffen wird, wie wir vorhin gesagt haben.

Dagegen bietet sich die Figur, die ihre Ecken auf dem Umfang anordnet, in besonderer Weise der Tätigkeit der Seele zur Nachahmung und als Ausdrucksmittel dar, indem sie sich gleichsam nach der Idee eines Bauwerks zusammen fügt. Nun aber trägt eher die Kongruenz als die Wißbarkeit die Idee eines Kunstwerks oder Bauwerks in sich, da sie auf ganze Figuren ausgeht, während die Seite, durch die eine Figur wißbar wird, nur ein Element von ihr ist. Daher ist bei der Umfangsfigur eher auf die Kongruenz als auf die Wißbarkeit Bedacht zu nehmen.

[250] Ein weiteres Argument für den zweiten Teil unseres Satzes stützt sich auf die gleiche Auffassung von der Seele. Den Vorrang hat immer das, wegen dessen das übrige da ist. Nun aber werden die Konfigurationen wegen der Tätigkeit der untermondischen Natur und so auch der niederen Vermögen der menschlichen Seele wahrgenommen, das heißt sie werden zu dem Zweck wahrgenommen, daß sie in tätigem Handeln ausgedrückt werden. Daher ist der Rang des motorischen Vermögens in diesem Bereich größer. Die Wißbarkeit der Umfangsfigur aber dient der Wahrnehmung, die Kongruenz der Tätigkeit, wie wir gesehen haben. Daher hat bei der Umfangsfigur die Kongruenz den Vorrang vor der Wißbarkeit.

Satz VIII

Ein Kreisbogen, der von einer inkongruenten Figur gebildet wird, verschafft den Strahlungen der beiden Planeten, die den Bogen bestimmen, keine Wirksamkeit.

Denn wenn nach Satz III, IV und VII die Kongruenz die Hauptursache für die Wirksamkeit ist, so wird bei ihrem Fehlen die Wißbarkeit als die in diesem Bereich schwächere Ursache nicht ausreichen. Wenn diese nämlich auch nach dem zweiten Teil des VII. Satzes bei der Mittelpunktsfigur vor der Kongruenz den Vorrang hat, so hat doch nach Satz VI die Umfangsfigur vor der Mittelpunktsfigur den Vorrang. Bei jener aber ist nach dem ersten Teil des VII. Satzes die Kongruenz vorherrschend. Daher hat die

Kongruenz der Umfangsfigur noch immer den Vorzug vor der Wißbarkeit der Mittelpunktsfigur.

Damit hat man die Ursache, warum die Zahl der Aspekte klein ist, während es unendlich viele wißbare Figuren, freilich verschiedenen Grads, gibt.

Axiom III

Die Kreisbögen, deren Figuren an mehr und an vorzüglicheren Graden der Kongruenz und der Wißbarkeit teilhaben, erhalten auch wirksamere Konfigurationen.

Wenn die beiden ersten Axiome in Wirklichkeit miteinander übereinstimmend sind, so ist es auch dieses, da eine Erscheinung, die aus irgendeiner Ursache bestimmte Eigenschaften erhält, durch Steigerung der Ursache auch diese Eigenschaften in gesteigertem Maß erhält. Dabei ist aber daran zu denken, daß bei der Umfangsfigur die Vergleichung der Grade der Kongruenz, bei der Mittelpunktsfigur die der Grade der Wißbarkeit vorangeht und daß der Umfangsfigur eine bedeutendere Rolle zukommt.

Satz IX

Wirksame Konfigurationen sind jene, die vom Tierkreis folgende Bögen abschneiden:

180°, die Opposition ☍, vom Kreisdurchmesser her, Fig. I.

90°, die Quadratur □, vom Viereck her, Fig. II.

120°, das Trigon △, und 60° der Sextil ⚹, vom Dreieck und Sechseck her, Fig. III und IV.

45°, der Oktil, und 135°, der Trioktil ⚻, vom Achteck und dessen Stern her, Fig. V und VI.

30°, der Halbsextil ⚺, und 150°, der Quincunx, vom Zwölfeck und dessen Stern her, Fig. VII und VIII.

[251] 72°, der Quintil ⚼, und 108°, der Tridezil, vom Fünfeck und vom Zehneckstern her, Fig. IX und X.

144°, der Biquintil ⚼, und 36°, der Halbquintil oder Dezil, vom Fünfeckstern und vom Zehneck her, Fig. XI und XII.

Daß diese Figuren wißbar und darstellbar sind, ist im I. Buch, daß sie kongruent sind, im II. gezeigt worden. Daß aber die Konfigurationen der durch diese Figuren ausgedrückten Bögen wirksam sind, folgt aus den vorausgehenden Axiomen I und II.

Der erste und stärkste Grad der Wirksamkeit unter den Aspekten ist die Konjunktion und die Opposition.

Denn bei der Konjunktion fallen die beiden Strahlen in einer Linie zusammen und kommen von derselben Richtung her. Bei der Opposi-

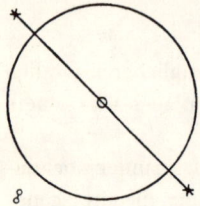

tion kommen sie zwar von verschiedenen Richtungen her, bilden aber nichtsdestoweniger Teile einer einzigen fortlaufenden Linie. Dies ist aber die vollkommenste Kongruenz, gleichsam der Ursprung jeglicher Kongruenz. Denn durch die Konjunktion wird ein bestimmter Punkt auf dem Kreisumfang, durch die Opposition ein Durchmesser dargestellt. Dies sind aber sicherlich Urgebilde; außerdem bildet der Durchmesser stets das Maß bei dieser Art von Wissen, da das Wissen jeglicher geraden Linie im Kreis in ihrer darstellbaren Bestimmung mit Hilfe der Länge oder des Quadrats des Durchmessers beschlossen ist, wie sich im I. Buch gezeigt hat. Daher liegt nach Axiom III auch der Ursprung der Wirksamkeit in diesen Aspekten.

Der zweite Grad der Wirksamkeit unter den Aspekten ist das Quadrat. Denn im Quadrat treffen viele Vorzüge zusammen, deren erster darin besteht, daß die Mittelpunktsfigur der Umfangsfigur ähnlich ist. Daher sind alle Grade, die jene auf dem Gebiet der Kongruenz und der Wißbarkeit einnimmt, gewissermaßen doppelt zu rechnen in bezug auf die übrigen Aspekte. Wie sich das Quadrat als erste Konfiguration nach der Opposition von der Dünnheit einer Linie zu einer bestimmten Breite, das heißt zum Flächeninhalt des Vierecks, auseinanderdehnt, so schreiten die übrigen Aspekte von der Gleichheit der Figuren, die bei der Quadratur vorliegt, zu einer bestimmten Verschiedenheit weiter. Da nun auch sonst auf dem Gebiet der Physik vereinigte Kraft stärker ist, so wird ein größerer Stärkegrad auch bei diesem idealen und objektiven Eindruck vorhanden sein, wo die räumlich getrennten Figuren, die Mittelpunkts- und die Umfangsfigur, der Art nach die gleichen sind.

Was sodann die Kongruenz anlangt, so ist diese beim Viereck am vollkommensten und höchst verschiedenartig. Denn diese Figur kongruiert mit sich selber im Raum zur Bildung des Würfels, der das Maß jeglicher

Räumlichkeit ist; sie kongruiert hierbei auf die einfachste Weise, nämlich unter Verwendung von allemal nur drei Ecken. [252] Sie kongruiert auch in der Ebene mit sich selber, mit je vier Ecken. Sie kongruiert hinwieder im Raum mit dem Dreieck, Fünfeck, Sechseck, Achteck, Zehneck auf verschiedene Weise bei der Bildung räumlicher Figuren; mit allen diesen Vielecken und dazu noch in gewisser Weise mit dem Zwölfeck und dem Zwanzigeck kongruiert sie bei der Überdeckung der Ebene. In dieser Eigenschaft wird das Viereck von keiner anderen Figur übertroffen.

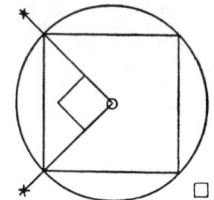

Drittens ist die Vierecksfläche aussprechbar, was Ursprung einer einzigartigen, ausgezeichneten Kongruenz in der Ebene ist. Denn eine bestimmte Anzahl von Flächeninhalten dieser Figur geht auf in einer bestimmten Anzahl von Durchmesserquadraten, so daß die Figuren nicht nur unter sich mit Ecken und Seiten kongruieren, sondern in gewisser Weise, das heißt mit bestimmten Strecken in ihnen, auch mit den Seiten des Durchmesserquadrats. In dieser Eigenschaft hat der Quadrataspekt nur den Halbsextil teilweise zum Gefährten. Siehe Buch II.

Viertens ist auch der Grad der Wißbarkeit der Seite nicht geringen Rangs, da sie in Potenz aussprechbar ist. Durch diesen Grad rangiert das Viereck vor allen übrigen Figuren, ausgenommen das Sechseck. Es steht aber deswegen diesem nicht nach, da die Wißbarkeit mit der Kongruenz nicht verglichen werden darf, wie oben ausgeführt wurde; tatsächlich hat auch die Anhäufung der Vorzüge die Kraft, die Wirksamkeit zu erhöhen, nach Axiom III dieses Buches.

Satz XII

Der dritte Grad der Wirksamkeit ist das Trigon, der Sextil und der Halbsextil.

Daß ich Trigon, Sextil und Halbsextil im gleichen Grad ansetze, hat seinen Grund nicht in der Identität, sondern in der Gleichwertigkeit der Eigenschaften. Fürs erste treten ihre charakteristischen Figuren bei der Kongruenz in der Ebene miteinander auf. Sie kongruieren nämlich sowohl unter sich in verschiedener Weise als auch mit anderen Figuren, so mit dem Quadrat. Hierbei haben das Dreieck und Sechseck einen Vorrang, da diese Arten einzeln auch mit sich selber kongruieren. Und zwar hat das Sechseck den Vorrang vor dem Dreieck, da es in der Ebene eine vollkommenste Kongruenz, das heißt mit nur je drei Ecken, besitzt. Beide haben einen Vorrang vor dem Zwölfeck, da sie auch im Raum mit anderen Figuren kongruieren, was das Zwölfeck nicht kann. Umgekehrt aber hat das Zwölfeck vor den anderen einen Vorrang durch die Aussprechbarkeit seines Flächeninhalts, während die Flächeninhalte der beiden anderen Figuren medial, also von niedererem Rang sind. Dieser Unterschied der Flächeninhalte ist, wie eben gesagt wurde, zu berücksichtigen bei der Vollkommenheit der Kongruenz.

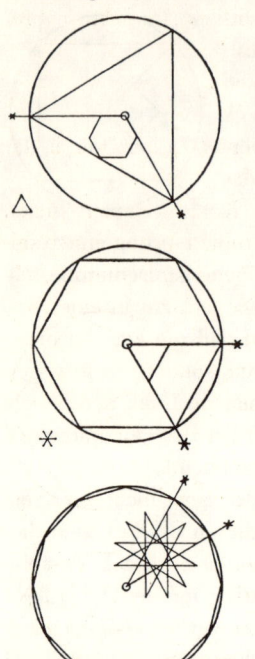

So hat auch weiterhin das Dreieck einen Vorrang vor dem Sechseck, weil es mit sich selber im Raum auf verschiedene Weise kongruiert und drei reguläre Körper erzeugt. Das Sechseck dagegen kongruiert nur mit anderen Figuren. Wiegt man nun die verschiedenen Eigenschaften gegeneinander ab, so ergibt sich bezüglich der Kongruenz, [253] die das Hauptelement der Wirksamkeit ist, bei diesen drei Figuren nahezu Gleichgewicht. Bezüglich der Wißbarkeit steht an erster Stelle das Sechseck, dessen Seite aussprechbar ist, an zweiter Stelle das Dreieck; dieses nimmt denselben Grad ein wie das Viereck, da es eine in Potenz aussprechbare Seite besitzt, freilich nach einer geringwertigeren Proportion.

Die letzte Stelle nimmt das Zwölfeck ein, da seine Seite unaussprechbar ist. Die Wißbarkeit ist jedoch kein Hauptbeweismittel für die Wirksamkeit; auch kommt sie nicht in der Hauptfigur, das heißt der Umfangsfigur, sondern nur in der weniger wichtigen Mittelpunktsfigur in Betracht. Falls sie etwas vermag, so macht sie das Trigon ein wenig wirksamer als den Sextil, da das Trigon vom Sechseckswinkel im Mittelpunkt gebildet wird; etwas weniger wirksam als diese beiden macht sie den Halbsextil, den der Winkel des Zwölfecksterns im Mittelpunkt bildet. Doch ist die Wißbarkeit des Halbsextils besser als die aller folgenden Aspekte, da die Seite der Mittelpunktsfigur unter den unaussprechbaren Größen von der vornehmsten Art, nämlich eine Binomiale, ist und bei der doppelten Unterteilung jener Größen immer den Vorrang einnimmt, so daß sie mit ihrer Genossin, der Seite der Umfangsfigur, ein aussprechbares Rechteck bildet, was das Kennzeichen einer nahezu absoluten Vollkommenheit ist und jene Figur hinsichtlich der Wißbarkeit auch mit dem Dreieck und dem Sechseck in Wettstreit bringt, eben wegen des gewichtigen Charakters ihrer Unaussprechbarkeit.

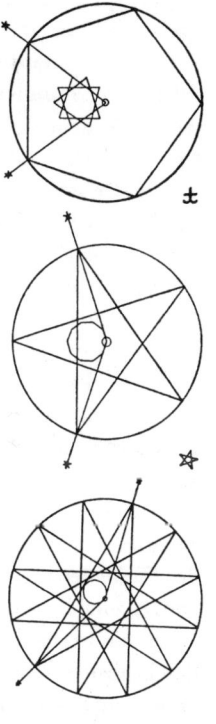

Satz XIII

Der vierte Grad der Wirksamkeit der Konfigurationen ist der Quintil, der Biquintil und der Quincunx.

Diesen Aspekten ist nämlich gemeinsam die Kongruenz der ganzen Primärfiguren in der Ebene, nicht jedoch der einzelnen Arten mit sich selber; es kongruieren vielmehr die ersten beiden Primärfiguren unter sich, die letzte mit an deren ihr verwandten Figuren. Die beiden ersten Aspekte haben einen Vorrang, da, die Figuren, das Fünfeck und sein Stern, auch im Raum kongruieren und zwei reguläre Körper bilden. Durch diese ausgezeichnete Eigenschaft stellen diese Figuren die zugehörigen Aspekte fast an die Seite von Trigon und Quadrat. Der Zwölfeckstern kongruiert im Raum nicht. Andererseits aber hat dieser Stern in der ebenen Kongruenz einen Vorrang, da sich eine solche mit ihm kontinuierlich ins Unendliche fortsetzen läßt, während die früheren Kongruenzen sich nicht fortsetzen lassen ohne unregelmäßige Beimischung. Über all das vergleiche man das II. Buch.

Was die Wißbarkeit der Seiten in den Mittelpunktsfiguren anlangt, so nehmen auch hier die Seiten von Zehneck, Zehneckstern und Zwölfeck, die [254] in dieser Klasse als Mittelpunktsfiguren auftreten, eine mittlere Stelle ein zwischen der Seite des vorausgehenden Dreiecks und den Seiten des Fünfecks und Fünfecksterns, der Mittelpunktsfiguren in der folgenden Klasse. Denn im I. Buch ist bewiesen worden, daß der Wißbarkeit nach die Seite des Zehnecks die des Fünfecks, die des Zehnecksterns der des Fünfecksterns vorausgeht. Daher führt die Wißbarkeit zum gleichen Ergebnis wie die Kongruenz, nach Satz VII, der hauptsächlich dieses Beweises halber vorausgeschickt werden mußte, damit das Dezil und Tridezil nicht den Vorrang vor dem Quintil und Biquintil erhält. Wollte man aber die Mittelpunktsfigur beiseite lassen und die Wißbarkeit, ebenso wie die Kongruenz, in der Umfangsfigur aufsuchen, so müßte man zwar zugeben, daß dann das Dezil dem Quintil, das Tridezil dem Biquintil vorzuziehen wäre. Andererseits aber müßte man bedenken, daß der Kongruenz die Hauptrolle zukommt, wie im IV. Lehrsatz gezeigt wurde. Eine räumliche Figur bilden (die gleichsam die mathematische Idee der physischen Wirksamkeit ist) ist also etwas Größeres und trägt mehr zur Wirksamkeit bei als der Besitz einer Seite von einem vollkommeneren Grad der Wißbarkeit. Die Seite des Zwölfecks nun versetzt den zugehörigen Aspekt in dieselbe Klasse mit den zu einem Zehntel und zu drei Zehnteln des Kreises gehörigen Sehnen, da diese Strecken hinsichtlich des Grades der Wißbarkeit miteinander wetteifern. Denn wie jene beiden Sehnen miteinander verbunden sind und die kleinere ein Teil der größeren ist, und zwar nach dem Verhältnis des göttlichen Schnitts, so sind auch die Seite des Zwölfecks und die seines Sterns miteinander verbunden ebenfalls nach einer gewissen Teilung und Zusammensetzung, wenn auch nicht im gleichen Verhältnis. Dieses zweite Paar von Größen gehört zur ersten Art der unaussprechbaren Größen, die die Binomialen und Apotomen umfaßt; das erste Paar dagegen besitzt die neue Eigenschaft der Teilung nach dem göttlichen Schnitt, wie im I. Buch zu ersehen ist. So ergibt sich, daß nicht nur diese Grade gegeneinander abgewogen sind, sondern auch die Zehneckseite einen kleinen Vorrang hat. Ich habe also mit Recht den Quincunx mit 150 Grad in dieselbe Klasse versetzt, wie den Quintil mit 72 Grad und den Biquintil mit 144 Grad, dabei aber diesen beiden letzteren die erste Stelle eingeräumt.

Satz XIV

Der fünfte, letzte und schwächste Grad der Aspekte ist der Dezil und der Tridezil, der Oktil und der Trioktil.

Die fünfte Stelle gab ich dem Dezil und Tridezil (Michael Mästlin spricht von Semiquintil und Sesquiquintil), die ich in den Ephemeriden bisher weggelassen habe. Dazu habe ich den Oktil und den Trioktil (oder Sequadrus und Sesquadrus) beigefügt; die Kalenderschreiber haben diese letzteren Aspekte auf meine Eingebung und bis zu einem gewissen

Grad auf die Autorität des Ptolemaios hin, freilich allzu hitzig und unüberlegt aufgegriffen. Man muß nun zweierlei beweisen, einmal daß diese vier Aspekte schwächer sind als Quintil und Biquintil, sodann daß Dezil und Tridezil ein wenig stärker sind als Oktil und Trioktil.

Da unsere Lehrsätze das Hauptmoment bei der Wirksamkeit in die Kongruenz der Hauptfigur, das heißt der Umfangsfigur, verlegen, so bemerkt man, [255] daß das Fünfeck und sein Stern je mit Figuren gleicher Art kongruieren zur Bildung vollkommener Körper, wie eben gesagt worden ist, und daß sie auch miteinander in schöner Weise zur Überdeckung der Ebene kongruieren.

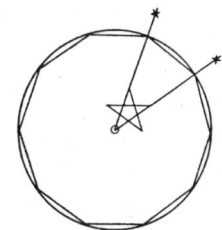

Das Zehneck und das Achteck dagegen mit ihren Sternen können je mit anderen Figuren ihrer Art im Raum nicht kongruieren; es kongruiert aber das Zehneck und das Achteck mit anderen Figuren, die nicht ihrer Gattung sind. Die Sterne aber machen im Raum zwar einen Ansatz zu einer Kongruenz, vollenden diese aber nicht. Auch in der Ebene ist ihre Kongruenz minderen Rangs, da diese Figuren nicht einzeln je mit ihren Sternen, wie das Fünfeck mit seinem Stern, zu einer Kongruenz zusammen

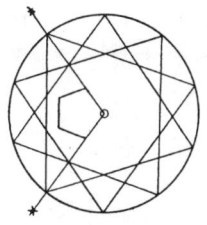

wirken. Sie gelangen vielmehr mit ihren Sternen, das Achteck auch mit dem Viereck, in Verbindung mit einer fremden Kongruenz, und daß diese nicht fortgesetzt werden kann, daran ist gerade das Zehneck schuld. Sein Stern macht die Kongruenz in gewissen dabei auftretenden Zwischenräumen unvollständig. Das Achteck und sein Stern fördern abwechselnd die Fortsetzung der Kongruenz mit Zuhilfenahme von Quadraten; die Kongruenz wird aber verschiedenförmig. So verhalten sich also jene vier Figuren bezüglich der ebenen Kongruenz nahezu gleich, zumal da die zwei Grundfiguren unaussprechbaren Flächeninhalt haben. In der Wißbarkeit jedoch hat die Fünfecksippe weitaus den Vorrang. Faßt man zuerst die Mittelpunktsfiguren ins Auge, die hier ein Fünfeck und ein Fünfeckstern sind, so gehören zwar deren Seiten derselben Art von unaussprechbaren Größen an wie die Seiten des Achtecks und seines Sterns; sie sind je eine Minor und eine Major. Betrachtet man aber die Umfangsfiguren, die dort ein Zehneck und ein Zehneckstern sind, so sind die Seiten nicht nur von der ausgezeichneteren Art der Binome und Apotome, während die Acht eckstrecken von der vierten Art, das heißt eine Major und eine Minor, sind; es besitzen vielmehr auch alle Seiten der Fünfecksippe das höchst ausgezeichnete Verhältnis nach dem göttlichen Schnitt, das den Achteckstrecken in keiner Weise zukommt. Wenn also die Achtecksippe hinsichtlich der Kongruenz einen kleinen Vorrang zu haben scheint, so wird sie doch bei dem jetzigen Vergleich viel stärker durch die Fünfecksippe in den Hintergrund gedrängt. Mit Recht habe ich also die beiden um den Vorrang streitenden Sippen in eine einzige Klasse verwiesen, jedoch unter Voranstellung der Fünfecksippe. Man möge hierbei immer wieder das I. Buch zu Rate ziehen.

Der Biquintil besitzt noch einen besonderen Vorrang vor dem Tridezil und Trioktil, und auch vor dem Quincunx, insofern der Fünfeck-

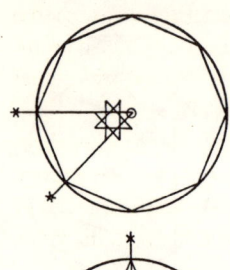

stern, die Hauptfigur jenes Aspekts, einen ganz besonders beschaffenen, mit dem Dreieckswinkel wetteifernden Winkel besitzt. Denn wie die drei Winkel des Dreiecks, so geben auch die fünf Winkel des Fünfecksterns zusammen zwei Rechte; es schneiden in beiden Fällen die die Winkel bildenden Seiten die zugehörigen Kreisbögen so [256] aus, daß die von zwei solchen Seitenpaaren ausgeschnittenen Bögen keinen Teil des Kreises gemeinsam haben. Dies ist bei den Sternen mit 8, 10, 12 Strahlen nicht möglich wegen der Geradzahligkeit, und bei den übrigen Ursprungsfiguren nicht wegen der Größe der Winkel.

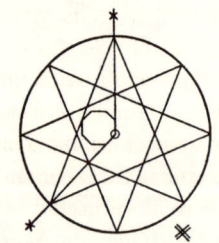

Ich habe alle Ecken und Winkel ausgekundschaftet, um durch geeignete Gründe die Überzeugung zu wecken: damit die Zahl der Aspekte nicht zu groß wird und dadurch in der Praxis Verwirrung hervorruft, muß man beim Quadrat, Quintil und Biquintil haltmachen und darf nicht zu den vier von ihnen abgeleiteten Aspekten des letzten Grades, die am schwächsten sind, weiterschreiten, wenn diese auch durch den ersten Lehrsatz zugelassen werden. Wenn aber das Gesagte nicht genügt und wenn die Gewichtigkeit dieses Satzes so groß ist, daß jeglicher Einspruch aufgehoben wird, nun, dann soll es von mir aus einem jeden freistehen, auch diese Aspekte zu berücksichtigen, namentlich zu den Zeiten, da alle übrigen fehlen. Denn es ist recht und billig, daß auch über jene das Urteil der Erfahrung gehört wird, die ja auch, vor den Überlegungen der Vernunft, zuerst den Glauben an die übrigen Aspekte geweckt hat.

Satz XV

Es gibt noch gewisse Konfigurationen, von denen es zweifelhaft ist, ob sie zu den wirksamen oder nichtwirksamen zu rechnen sind, nämlich der Bogen von 24 Grad aus dem Fünfzehneck und der Bogen von 18 Grad aus dem Zwanzigeck.

Die Figuren sind ja wißbar, aber die erstere nur in uneigentlicher Weise, die letztere in entferntem Grad, wie im I. Buch gezeigt worden ist. Sie sind auch kongruent; aber die erstere nicht mit allen ihren Ecken in gleicher Weise, in der gleichen Form von Kongruenz; die letztere zwar mit allen ihren Ecken, jedoch in einer schlechterdings nicht fortsetzbaren Kongruenz, wie im II. Buch gezeigt worden ist. Es liegt also nur eine rudimentäre Wirksamkeit, gleichsam ein Ansatz dazu vor. Effekt tritt keiner auf oder nur ein unvollkommener.

Diese Figuren haben viele Sterne, die erstere fünf, deren Seiten Sehnen der Kreisbögen von 48, 96, 112, 156 und 168 Grad sind, die letztere aber vier, deren Seiten Sehnen der Kreisbögen von 54, 126, 162 und 171 Grad sind. Da aber diese Sterne einspringende Ecken haben, in die keine anderen kongruenten Ecken passen (so wie in die einspringenden Ecken des Fünfeck- und des Zehnecksterns der Winkel des Fünfecks paßt, in die des Achtecksterns der Winkel des Vierecks und in die des Zwölfecksterns der Winkel des Dreiecks), so bleibt für diese Sterne nur die Kongruenz der spitzigen Ecken, die wir Strahlen nennen, übrig. Die Sterne sind also von niedrigerem Rang als ihre Ursprungsfiguren.

Welche Verwandtschaft zwischen den Aspekten und den musikalischen Konsonanzen hinsichtlich ihrer Zahl und der Ursache für diese besteht

Es ist hier nicht der Ort, die Anlässe zu behandeln, durch die die wirksamen Konfigurationen aufgedeckt worden sind und die zu einer Vermehrung ihrer Zahl geführt haben. Denn dies gehört zur Astrologie. Ich habe über diese Frage vor zwölf Jahren in dem *Buch über den Neuen Stern und das feurige Dreieck* in Kapitel 8, 9 und 10 gehandelt [KGW I: 184–197]. Daselbst habe ich nicht nur den ungeheuren Unterschied zwischen den Aspekten und den anderen astrologischen Erfindungen oder vielmehr Nichtigkeiten aufgezeigt, sondern auch die philosophischen Gründe, die der Graf Giovanni Pico della Mirandola auch gegen jenen Teil der Astrologie erhoben hat, gründlich, wie ich glaube, entkräftet, insofern ich das, was zu entkräften war, auch widerlegt habe. Vor neun Jahren sodann hat Helisäus Röslin, Arzt und nicht unberühmter Philosoph, in deutscher Sprache ein Buch herausgegeben und als Anhänger der alten Astrologie diese meine neue Lehre zu bekämpfen unternommen, während ein anderer Arzt, Philipp Feselius, unterschiedslos gegen alle Lehren der Astrologie, darunter auch gegen die Lehre von den Konfigurationen, zu Felde zog. Ich habe mich gegen beide Männer mit zwei deutschen Schriften gestellt, von denen die eine den Titel *Antwort an Röslin*, die andere den Titel *Tertius interveniens* trägt. In der letzteren Schrift habe ich die Wahrheit der Aspekte verteidigt, in der ersteren aber die Art der Ursache, nach der die Aspekte wirksam sind, geltend gemacht. Daraufhin erhielt ich Briefe von Gelehrten, worin sie bezeugten, daß die Astrologen jetzt erst durch mich in eine reinere Lehre eingeführt würden. In allen Schriften habe ich den Zusammenhang erwähnt, der zwischen den musikalischen Konsonanzen und den Aspekten besteht. In dem zuerst genannten Buch aber war ich noch im Zweifel über die Anzahl der Aspekte, indem ich gewisse unechte oder jedenfalls schwache unter die Hauptaspekte rechnete, gewisse stärkere aber nahezu vernachlässigte. In den deutschen Schriften dagegen ging ich daran, die Fehler in meiner Spekulation aufzudecken. In einer vollständigeren Erklärung habe ich, da es die Stelle verlangte, dasselbe neulich in den Prolegomena zu den

Ephemeriden S. 33–36 [KGW XI, 1] unternommen. Was aber daselbst bei der angestrebten Kürze nicht ausführlicher auseinandergesetzt werden konnte, das will ich nun hier, wo es der Gang der Untersuchung mit sich bringt, nachtragen. Das Axiom, das ich im Jahr 1606 aufgestellt, an der erwähnten Stelle der *Ephemeriden* aber einer Prüfung und Widerlegung unterzogen habe, war folgendes: »Gott der Schöpfer hat entweder aus den musikalischen Harmonien innerhalb einer Oktav, wie sie im III. Buch beschrieben worden sind, die Gesetze für die Einrichtung der Aspekte entnommen oder das Ohr des Menschen, das über jene Konkordanzen entscheidet, den himmlischen Aspekten angepaßt.« Wäre dieses Axiom vollkommen richtig, so müßte es ebensoviele Aspekte geben als Konsonanzen bis zur Oktav. Denn der Sextil entspricht der Mollterz, der Quintil der Durterz, das Quadrat der Quart, das Trigon der Quint, der Trioktil der Mollsext, der Biquintil der Dursext, die Opposition der Oktav. Wenn man nämlich von der ganzen Saite den Bruchteil wegnimmt, den [258] irgendein Aspekt von dem Kreis wegnimmt, so bildet das Reststück der Saite mit der ganzen die Konsonanz, die hier dem Aspekt zugeteilt wird. Nun ist aber die Siebenzahl der Konkordanzen oder vielmehr der harmonischen Teilungen, die die einzelnen Konkordanzen innerhalb einer Oktav ergeben, durchaus bestimmt und beweisbar, ebenso wie in der Geometrie die Fünfzahl der regulären Körper, wie aus dem II. Kapitel des III. Buches erhellt. Nähme man jenes Axiom an, so wäre man also leicht fertig mit dem Beweis der Zahl der Aspekte, und man bräuchte den ganzen umständlichen Apparat der neuen Axiome des IV. Buches nicht.

Und wirklich, wenn die Wetterbeobachtungen die Siebenzahl der Aspekte völlig bestätigt hätten, so hätte ich mich mit dem oben angeführten Axiom zufrieden gegeben und mir keine großen Sorgen über das gemacht, was von dem Ursprung der harmonischen Verhältnisse sowie von der Betrachtung der metaphysischen Ursache aus dagegen eingewandt werden konnte. Nun zeigte es sich aber häufig, daß die untermondische Natur auch vom Halbsextil aufgestachelt wird, der den zwölften. Teil des Kreises ausschneidet, während doch das elfteilige Reststück der Saite, das man nach Abzug von einem Zwölftel erhält, mit der ganzen Saite nicht konsoniert. Ferner erwiesen sich die Witterungseinflüsse durch den Trioktil als unsicher, der drei Achtel des Kreises abschneidet, während doch das Reststück von fünf Achteln, das man nach Abzug von drei Achteln erhält, durchaus mit der ganzen Saite 8 konsoniert. Daraus ergab sich mir die

Notwendigkeit, die Ursachen für diese Abweichung und Unstimmigkeit in dem vorliegenden IV. Buch eingehender zu erforschen. Wenn dies auch, wie ich glaube, in richtiger Weise geschehen ist und höchst einleuchtende Ursachen sich ergeben haben, so mag es doch nicht schaden, wenn ich das Ergebnis dieser Untersuchung noch einmal einschärfe; das erfordert die für diese Stelle vorgesehene Erläuterung dessen, was ich in der Vorrede zu den Ephemeriden in knapperer Form gesagt habe.

Die Ursache also, warum es nicht ebensoviele Aspekte wie harmonische Teilungen in der Musik gibt, wie ich bis zum Jahre 1608 geglaubt hatte, liegt darin, daß »die Musik die Gründe für ihre Siebenzahl zum Teil eben aus der Geradlinigkeit der Saite zieht, während der Kreis, auf dem wir die Aspekte markieren, in sich selber zurückläuft und es nicht möglich ist, wie aus dem Reststück der Saite so auch aus dem Reststück des Tierkreises einen anderen Kreis zu machen«. Diese Worte stammen aus den genannten *Prolegomena* S. 35 und sind hier näher zu erläutern. Wie im IV. Kapitel des vorliegenden Buches gesagt worden ist, entstehen die harmonischen Teilungen auf andere Weise als die Aspekte, wenn auch beide in dem Kreis ihren Ursprung haben. Denn im III. Buch sind die Axiome so eingerichtet, daß jede Saite und jeder Saitenteil, ob lang oder kurz, wiederum als ein ganzer Kreis betrachtet werden kann, in derselben Weise wie die ganze oder längste Saite mit einem solchen verglichen wurde. In dem vorliegenden IV. Buch jedoch konnte ein Bogen des Kreises, ob größer oder kleiner als der Halbkreis, nicht mit einem ganzen Kreis verglichen werden. Oder deutlicher gesprochen: Alle die Arten, nach denen ein Kreis in darstellbarer Weise geteilt wird, lassen sich auf eine gerade Linie übertragen, das heißt auf eine Saite und einen beliebigen Teil von ihr. Es ist aber nicht möglich, eine darstellbare Teilung des ganzen Kreises, beispielsweise eine solche in drei oder fünf Teile, auch auf einen beliebigen Bogen des Kreises [259] zu übertragen; das ist in genügendem Maße in den letzten Sätzen des I. Buches gezeigt worden. Die Ursache liegt in der Figur. Denn die Gerade bleibt eine Gerade, mag sie verkürzt oder verlängert werden. Der Kreis aber, von dem man ein Stück weggenommen hat, bleibt kein Kreis mehr. Ist also eine proportionale Teilung zweier Geraden gegeben, so ist auch eine solche zweier Kreise, nicht aber zweier Bögen eines einzigen Kreises gegeben. Das läßt sich auf unseren Fall folgendermaßen anwenden. Teilt man eine Saite in acht Teile, also nach einer darstellbaren Teilung des Kreises, so konsoniert ein Achtel mit der ganzen, ebenso drei Achtel, und zwar deswegen, weil ein Achtel sowie drei Achtel des Kreises in darstellbarer Weise abgeschnitten werden können. Diese Darstellbarkeit gehört auch zu den Ursachen, warum Oktil und Trioktil wirksam sind. Aber darin besteht ein Unterschied, daß im ersten Fall eine harmonische Teilung nur dann besteht, wenn auch das Reststück, also sieben Achtel und fünf Achtel, sowohl mit dem Ganzen, also acht Achteln, als auch mit den abgeschnittenen Teilen konsoniert, das heißt sieben mit einem und fünf mit drei. Nun hat aber die Darstellbarkeit der Teile 1 und 3 nicht auch die Konsonanz ihrer Reststücke 7 und 5 zur Folge; denn 5 ist konsonant, 7 aber dissonant. Daher ist die Teilung des Ganzen 8 in 5 und 3 harmonisch, in 7 und 1 aber nichtharmonisch. Woher hat nun das Reststück 5 seine Konsonanz mit dem Ganzen 8, das Reststück 7 seine Dissonanz mit ihm? Einfach daher, weil in dem in fünf Teile geteilten Kreis die zu zwei Fünfteln gehörige Sehne darstellbar ist; denn daraus folgt, daß die in fünf Teile geteilte Saite (das heißt der vorliegende Teil der ganzen Saite 8) mit einer aus zwei solchen Teilen bestehenden konsoniert, daher auch mit einer aus vier und acht Teilen bestehenden, welche Zahlen zu 2 in einer fortlaufend doppelten Proportion stehen. Dagegen läßt der in sieben Teile geteilte Kreis nicht eine darstellbare Saite von der Länge eines Siebentels entstehen; daher dissoniert das Reststück der Saite, das die Länge 7 hat, mit 1 und also auch mit 2, 4 und 8. Man sieht, wie die harmonische Teilung des Ganzen 8 in 3 und 5 nur eine einzige Konsonanz aus dem Achteck erhält; die zweite erhält sie aus dem Fünfeck. Ja sie erhält noch eine dritte aus einer anderen Figur, aus dem Zehneck. Denn der Teil 3 würde mit dem Reststück 5 nicht konsonieren, wenn er nicht zuvor mit seinem Doppelten 10 konsonieren würde, und zwar deswegen, weil in dem in zehn Teile geteilten Kreis die zu drei Zehnteln gehörige Sehne darstellbar ist. Eine solche Verkoppelung mehrerer Figuren findet nun aber beim Kreis und seinen Teilen nicht statt. Denn wenn man zunächst in den ganzen Kreis ein reguläres Achteck einbeschreibt und voraussetzt, man könnte den Bogen, der drei Achtel umfaßt, in fünf gleiche Teile teilen (obwohl dies auf darstellbare Weise unmöglich ist), so könnte man doch diesem Bogen mit seinen Teilpunkten nicht ein Fünfeck einbeschreiben; dieses würde ganz unregelmäßig und eher ein Sechseck sein, da der Bogen vor seiner Teilung bereits zwei Endpunkte besitzt. Da also ein ungeheurer Unterschied zwischen den Reststücken der Saite und denen des Kreises besteht, so ist klar, daß man das Reststück nicht berücksichtigen kann, wenn man nicht vom Kreis zur geraden Linie übergeht. Nun aber ist der Aspekt ein Winkel, dessen Maß nicht eine [260] geradlinige Strecke, sondern ein um den Treffpunkt der Strahlen beschriebener Kreisbogen ist. Der Kreis mißt also den Aspekt nicht in Hinsicht auf das Reststück, er bildet ihn nicht und macht ihn nicht wirksam in Hinsicht auf dieses, sondern nur in Hinsicht auf den vom Aspekt abgeschnittenen Bogen. Wenn aber nicht in Hinsicht auf das Reststück, dann auch nicht in Hinsicht auf die harmonische Teilung der Saite, wie sie sich aus jener Kreisteilung ergibt. Denn eine harmonische Teilung kann ohne Berücksichtigung des Reststücks nicht definiert werden. Auf der gleichen Grundlage können wir auch folgendermaßen schließen. Der Aspekt ist ein Winkel, den ein Bogen kleiner als ein Halbkreis mißt. Das Reststück ist größer als ein Halbkreis; es mißt also keinen Winkel, keinen Aspekt. Daher bleibt das Reststück bei der Aufstellung der Aspekte unberücksichtigt. Es wird aber berücksichtigt bei der Aufstellung der harmonischen Teilung. Also hängen die harmonische Teilung der Saite, die vom Reststück Gebrauch macht, und die wirksame Teilung des Tierkreises, die das nicht tut, nicht miteinander zusammen. Damit ist also das Axiom abgetan, wonach die harmonischen Proportionen der Musik Ursachen der Aspekte sind. Man darf daher nicht folgern: Der Trioktil entspricht der harmonischen Teilung, die die Mollsext erzeugt, und ist wirksam; also rührt seine Wirksamkeit von der harmonischen Kreisteilung als solcher her. Das aber ist richtig, was in den genannten *Prolegomena* gesagt ist: »Es besteht eine große Verwandtschaft zwischen den Harmonien und Aspekten; beide haben denselben Ursprung in den ausgezeichneten, dem Kreis einbeschreibbaren Figuren.« Das heißt die darstellbare Wißbarkeit der Sehne, die drei Achtel des Kreises abschneidet, gehört zu den Elementen, aus denen sowohl eine harmonische Teilung in der Musik als auch ein wirksamer Aspekt in der Physik gebildet wird. Ich sage so, jedoch unter der Annahme, wie wenn die Wißbarkeit einer Figur allein zur Wirksamkeit genügen würde, wie sie zur einfachen Konsonanz eines Teils mit dem Ganzen genügt. Wenn wir genau vorgehen wollen, ist auch der Unterschied zu beachten, daß bei den Konsonanzen die Wißbarkeit den Ausschlag gibt, bei den Aspekten aber die Kongruenz der Figuren den Vorrang hat. Oktil und Trioktil sind nicht nur deswegen wirksam, weil die Seiten des Achtecks und seines Sterns wißbar sind, sondern auch und hauptsächlich, weil das Achteck und sein Stern kongruente Figuren sind.

Dieser Art ist auch die Ursache, warum das Zwölfeck vornehmlich einen wirksamen Aspekt, aber nicht eine harmonische Teilung, das heißt eine dreifache Konsonanz erzeugt, wenn sie auch eine einfache Konsonanz hervorbringt. Denn das Reststück 11, das man nach Abzug von einem Zwölftel erhält, vereitelt eine harmonische Teilung, nicht aber die Wirksamkeit von einem Zwölftel. Doch hierüber werde ich bald noch mehr sagen.

Denn um eine wahre, mathematische und ursächliche Vergleichung von Konsonanzen und Aspekten zu erhalten, muß man das Axiom völlig umstoßen. Dieses ist nicht nur ungenügend, sondern der Wahrheit diametral entgegengesetzt. Denn kein Aspekt entspricht eigentlich irgendeiner kleinen Konsonanz, außer die Opposition der Oktav. Die einzelnen Aspekte entsprechen vielmehr größeren Konsonanzen, den Genossen der kleineren aus den Tripeln, die jeder harmonische Schnitt hervorbringt. Denn die Aspekte werden durch die gleichen Kreisabschnitte definiert wie die großen Konsonanzen, die kleinen Konsonanzen jedoch [261] durch die Reststücke des Kreises. So entspricht der Trigonaspekt nicht der Konsonanz der Quint, sondern der Quint über der Oktav; die Quadratur nicht der Quart, sondern der doppelten Oktav; Quintil nicht der Durterz, sondern der aus dieser und der doppelten Oktav zusammengesetzten Konsonanz; Sextil nicht der Mollterz, sondern der Quint über der doppelten Oktav; Biquintil nicht der Dursext, wie wir oben glaubten, sondern der aus Durterz und Oktav zusammengesetzten Konsonanz; Trioktil nicht der Mollsext, sondern der aus Quart und Oktav zusammengesetzten Konsonanz. Dies ergibt sich aus dem beiderseits gleichen Verhältnis des Teils zum Ganzen.

Bei dieser Entsprechung wäre nun freilich kein Ende der Aspekte abzusehen, da es unendlich viele große Konsonanzen gibt. Wer sich nur auf diese Ursache stützt, derzufolge man den Oktil als Aspekt aufstellt, weil er der dreifachen Oktav entspricht, der weiß nichts vorzuschützen, warum er nicht auch den Dezil, Tridezil, Vigintil und sehr viele andere aufnimmt, die er doch verwirft. Denn auch diese Aspekte entsprechen ihren großen Konsonanzen, bei denen so oft eine weitere Oktav aufgetürmt wird, als die Teilung des Kreises die Zahl der Teile verdoppelt.

Was ist es also, was der Zahl der Aspekte ein Ziel setzt? Warum werden Oktil, Dezil und Tridezil nur in der hintersten Reihe eingeführt? Warum wird Trioktil, obwohl durch seine musikalische Verwandtschaft geadelt, entweder unterdrückt oder nur gering gewertet? Warum wird der Halbsextil, obwohl ein Fremdling in der Musik, nicht nur eingereiht, sondern sogar unter die Hauptaspekte postiert? Nun, weil nicht die Musik die Aspekte bildet, sondern beide Reiche von der Geometrie gestaltet werden, jedoch nach verschiedenen Gesetzen. Denn es ist harmonisch in der Musik und wirksam im Wetter, was immer von einer ausgezeichneten Figur herkommt, da diese in der Geometrie gewisse einzigartige Vorrechte genießt. Aber Meteorologie und Musik sind gleichsam verschiedene Völker, beide aus dem gemeinsamen Vaterland Geometrie stammend. Das eine, das sind die harmonischen Proportionen, bekannte sich im III. Buch zu seinem Vaterland Kreis und verdankte diesem seinen Ursprung, ebenso wie es die Aspekte taten. Aber jene Proportionen sind gleichsam aus dem Kreis ausgewandert, haben eine eigene Kolonie gegründet, leben und pflanzen sich fort nach ihren eigenen Gesetzen. Die Aspekte dagegen bleiben in ihrem Vaterland Kreis, gebrauchen keine anderen Gesetze als die, die ihnen die Rundung des Kreises vorschreibt und die den ebenen, kongruenten und dem Kreis einbeschriebenen regulären Figuren entnommen sind.

In der Musik wird jenes Septemvirat von Teilungen durch gewisse Eheverbindungen gebildet, indem man auch die Frauen heranzieht. So gehört beispielsweise die Sehne zu drei Achteln oder der Achteckstern zu den Bürgern in der Geometrie und zur Klasse der regulären Figuren; sie ist jedoch nicht von besonderem Adel. In der Musik aber hat ihr Bogen (drei Achtel des Kreises) einen Platz erlangt, da er aus einer Ehe entstammt, in der sich eine plebejische Frau namens *Residuum* (das heißt drei Vierteln des Kreises) verbunden hatte mit einem Patrizier (das heißt ein Viertel des Kreises), dessen Adel sich in der Geometrie vom Viereck herleitet. Denn von dieser Mutter [262] (drei Vierteln) wurde durch musikalische Zeugung (durch Addition einer Oktav) der Teil geboren (drei Achtel). Dieser darf nun, unbeschadet seiner Senatorenwürde, wieder eine plebejische Frau ehelichen, deren Namen fünf Achtel ist. Ihre Herkunft ist die gleiche; denn ihre Mutter ist auch ein Residuum, vier Fünftel, und der Vater ein Patrizier, ein Fünftel, dessen geometrischer Adel vom Fünfeck herstammt.

Der zwölfte Teil des Kreises hat zwar Bürgerrecht in der Musik, da seine Sehne in der Geometrie von besonderem Adel ist, sowohl infolge eigenen Verdienstes (wegen der Kongrnenz) als auch von seinen Eltern her (diese sind die adeligen Figuren des Sechsecks und des Dreiecks, aus denen durch Verdopplung der Seitenzahlen das Zwölfeck entsteht mit einem noch höheren Rang infolge der Aussprechbarkeit des Flächeninhalts). Da aber dieser zwölfte Teil eine Frau hat, das Residuum elf Zwölftel, die in der Musik und also auch in der Geometrie von fremder Abstammung ist, weil sie ihr Geschlecht auf das Elfeck, eine nichtdarstellbare Figur, zurückführt und daher das Bürgerrecht nicht erlangen kann, so hat der Gemahl in der Musik nicht das Recht des Septemvirats, eine Teilungszahl für das Monochord zu bilden.

In der Meteorologie dagegen herrschen andere Gebräuche. Je adeliger hier einer ist, sei es der Abstammung oder den Verdiensten (der Wißbarkeit oder der Kongruenz) nach, desto größere Autorität besitzt er; die anderen flattern nur wie Schatten umher. Die Frauen spielen keine Rolle.

Beim Oktil und Trioktil wird hier das Recht, das sie im Reich der Musik genießen, hintangesetzt. Da ihre zugehörigen Sehnen nicht von Adel sind, gehören diese Aspekte zum Volk, das keine Machtbefugnis hat, außer wenn der Magistrat gerade nicht da ist und die Masse der Geschäfte drängt. Das heißt, wenn lange Zeit hindurch keine primären Aspekte da wären, so würden vielleicht auch diese Aspekte etwas zustande bringen, zumal wenn die Erde voll Feuchtigkeit ist; entlädt sich diese doch bisweilen in diesem Fall selber ohne jeglichen Anreiz durch Konfigurationen. Da aber meistens primäre Aspekte vorhanden sind, so ist die untermondische Natur von diesen ermüdet und spürt daher jene schwächeren Anreize nicht.

Dezil und Tridezil stammen von einer vornehmen Familie ab, der Zehnteilung des Kreises, bei der der göttliche Schnitt Anwendung findet. Sie haben aber ihrem Geschlecht nicht durch eigene Taten Glanz verliehen (da sie im Raum nicht in jeder Weise kongruieren); auch sind sie nicht die Häupter der Familie. Und wenn sie auch irgendetwas vermögen (da sie bis zu einem gewissen Grad in der Ebene und mit andern zusammen auch im Raum kongruieren), so wird ihnen jegliche Leistung von Optimaten aus anderen Familien vorweggenommen, oder es wird ihr Ruhm durch den Glanz eines größeren in Schatten gestellt. Denn wenn die Natur durch den Aspekt von 30 Grad genügend durcheinander geschüttelt, die Erde genügend entleert ist, so bleibt für den benachbarten schwächeren Aspekt von 36 Grad nur mehr sehr wenig zu wirken übrig.

Dem Halbsextil schließlich von 30 Grad kommt ausgezeichneter Adel zu vom Zwölfeck her, das in hervorragender Weise wißbar und kongruent ist. Auch steht in der Meteorologie die fremde Heirat, die ihm in der Musik den Zugang zu Ehren und Würden verbaut hatte, nicht im Wege. Alle Figuren, die auf das Zwölfeck folgen, sowohl in den drei [263] getrennten Familien des Vierecks, Dreiecks und Fünfecks als in der Mischfamilie des Fünfzehnecks, sind nicht nur bereits von niedererem Adel, sondern weisen gar keine eigenen Verdienste (der Kongruenz) auf. Nach einem unverletzlichen Staatsgesetz werden sie daher von Ehrenstellen und der Fähigkeit, Aspekte zu bilden, ferngehalten.

Aus all dem wird klar, was ich in den Prolegomena zu den *Ephemeriden* gesagt habe: »Bei der Bildung der Aspekte sind verschiedene Ursachen und deren Zusammenwirken maßgebend. Die Natur hat sich die ausgewählt, die mit mehr Vorzügen ausgestattet sind. Der Halbsextil hat gewisse Rechte gemeinsam mit der Quadratur (nämlich die Aussprechbarkeit des Flächeninhalts der zugehörigen Figuren), sowie mit dem Sextil (nämlich die vielseitige Kongruenz in der Ebene). Durch diese Vereinigung von Vorzügen wird der Halbsextil in gewisser Weise noch stärker als der Sextil selber«, insofern nämlich die Aussprechbarkeit des Zwölfecksinhalts bedeutender ist als die der Sechseckseite, da jene Eigenschaft noch begleitet ist von einer vollkommeneren Kongruenz in der Ebene. Dies gilt, wenn ich auch in diesem IV. Buch den Halbsextil hinter den Sextil, jedoch im gleichen Grad, eingereiht habe.

Trigon, Quadratur, Quintil und Biquintil werden in den Prolegomena zu den *Ephemeriden* einander gleichgesetzt in ihrer ersten und wirksamsten Ursache, das heißt insofern sie in reiner Weise räumlich kongruieren zur Bildung der regulären Körper. Vom Trigon und Quadrat habe ich gesagt, sie fügen noch eine zweite, nicht weniger bedeutende Ursache hinzu, nämlich die reine Kongruenz der Figuren in der Ebene. Diese Kongruenz kommt auch dem Sextil zu; doch fügt er diese nicht zu jener ersten Ursache hinzu, er besitzt sie vielmehr getrennt von dieser. Ebenso kann man sagen, das Quadrat fügt noch eine dritte Ursache hinzu, nämlich die Aussprechbarkeit des Inhalts, nicht als ob daran nicht auch der Halbsextil teilhätte, sondern weil die Eigenschaften, die bei den übrigen Figuren einzeln auftreten, im Quadrat aufgehäuft sind, so daß dieser Aspekt von allen der stärkste ist.

Beim Sammeln der Stimmen für den Sextil habe ich gesagt, daß ihm ein gewisser Adel gemeinsam ist mit der Opposition, indem ich auf die Aussprechbarkeit der Seite seiner Figur hinwies, die die Hälfte des Kreisdurchmessers ist. Ebenso verbindet ihn ein gewisser Adel mit dem Trigon und dem Quadrat, nämlich die reine Kongruenz in der Ebene, wovon bereits vorhin die Rede war. Dem Halbsextil und den übrigen Aspekten niederen Rangs kommt nur ein kleiner Teil dieser Kongruenz zu, nämlich eine Kongruenz zusammen mit Figuren anderer Arten. Bei dieser engeren Kongruenz nehmen die Figuren des Halbsextils und des Oktils den ersten Grad ein, zu dem auch der Stern des Halbsextils gerechnet werden konnte, da die Kongruenz, welche diese Figuren einleiten, fortsetzbar ist, ohne Beimischung andersartiger Formen. Den zweiten Grad nehmen ein der Quintil und Biquintil, nur daß diese eine ausgezeichnetere räumliche Kongruenz besitzen; ferner der Trioktil, Dezil und Tridezil, da ihre Figuren die Kongruenz zwar fortsetzen, aber nicht ohne Beimischung andersartiger Formen. Alle diese kongruieren mehr oder weniger auch im Raum, ausgenommen der Zwölfeckstern des Quincunx, der deswegen in den dritten Grad verwiesen wird. Zu diesem Grad kann man auch den Trioktil oder den Achteckstern rechnen wegen des niederen Rangs seiner Wißbarkeit.

[264] Ich habe nun die Grade noch weiter ausgedehnt bis zum Vigintil und Quindezil, das heißt bis zu den Figuren mit 15 und 20 Ecken. Diesen habe ich den vierten Grad (in bezug auf jene engere Kongruenz) zugewiesen; die Ursache enthält der III. Lehrsatz des vorliegenden Buches. Den Sternen zu diesen Figuren wurde der fünfte Grad zugeschrieben, da sie zwar der Wißbarkeit nach neben ihren Ursprungsfiguren stehen, der Kongruenz nach aber weit hinter ihnen kommen, insofern die Kongruenz nur einzelne ihrer Ecken betrifft. Es war jedoch nicht nötig, so weit zu gehen, da nicht einmal bis zum dritten Grade unzweifelhafte Aspekte erzeugt werden. Wir können somit in gefälliger Weise diesem Fortwuchern der Aspekte ein Ziel setzen mit der Kongruenz im Raum und mit der vollkommenen Aussprechbarkeit der Seite oder des Flächeninhalts. Man mag daher lieber die Ranggrade der Figuren in den Schlußbemerkungen des I. und II. Buches nachsuchen, aufgrund deren im vorliegenden Buch die Grade der Aspekte unterschieden worden sind.

VII. Kapitel

Epilog über die untermondische Natur und die niederen Seelenvermögen, besonders jene, auf die sich die Astrologie stützt

Vieles ist zu diesen Fragen bereits im II. Kapitel, vieles in diesem ganzen IV. Buch, einiges auch im III. Buch gesagt worden. Ferner habe ich von ihnen gehandelt vor einem Jahr in den Prolegomena zu den *Ephemeriden* und in der *Epitome Astronomiae Copernicanae*, Buch I, S. 125 [KGW VII: 92]; im Jahr 1610 im *Tertius interveniens* Nr. 40–43, 59–72 und 113 usw. und in der *Antwort auf die Einwände Röslins*; im Jahr 1606 im *Buch vom Neuen Stern*, Kapitel 8, 9, 10 und 24, 28, besonders von S. 171 bis 175 [KGW I: 314–319]; im Jahre 1604 in der *Astronomiae pars optica* S. 26, 27 und 224 [KGW II: 35 f. und 200]; denn die Prognostica, in denen ich mich in einer Vorrede oder in Zwischenbemerkungen *Über die sichereren Grundlagen der Astrologie* [KGW IV: 5–35] ausgelassen habe, übergehe ich, weil sie nicht weit verbreitet sind.

Da es nun manchen hochberühmten Professoren der Philosophie und der Medizin so vorkommt, daß ich eine neue Lehre, und zwar eine durchaus wahre, einführe, so muß dieses Pflänzchen, zart wie alles Neue, mit aller Sorgfalt gehegt und gepflegt werden, daß es in den Köpfen der Philosophierenden Wurzeln schlägt, daß es nicht in einer allzu großen Feuchtigkeit nichtiger Spitzfindigkeiten erstickt, nicht von den Sturzbächen herkömmlicher Anschauungen weggeschwemmt wird oder im Frost allgemeiner Gleichgültigkeit erfriert. Wenn es mir gelingt, dies zu vermeiden, so fürchte ich mich keineswegs vor den Winden der Verleumdungen, die es knicken, noch vor der Sonne einer ehrlichen Kritik, die es versengen könnte.

Während ich im I. Kapitel das Wesen der Seele zwar berührt habe, aber nur wegen der Harmonien, und das II. Kapitel nicht vorsätzlich von der Seele handelt, sondern von den Harmonien im Hinblick auf die Seele, so möchte ich nun in diesem Kapitel etwas allgemeiner mich über die Seele wegen ihrer selbst verbreiten und in einem Epilog [265] alles zusammenfassen, was sich auf die vorliegenden Fragen bezieht. Was ich so da und dort, nur nebenbei und versteckt hierüber gesagt habe, möchte ich hier von einem gemeinsamen Gesichtspunkt aus betrachten und seinem inneren Zusammenhang nach in fortlaufender Darstellung entwickeln.

Daß es irgendeine Seele der ganzen Welt gibt, die über die Bewegungen der Gestirne, die Erzeugung der Elemente, die Erhaltung der Lebewesen und ihrer Nachkommenschaft und schließlich über die gegenseitige Wechselwirkung zwischen dem oberen und unteren Teil der Welt gesetzt ist, das hat TIMAIOS aus Lokri bei PLATON [*Timaios* 30 ff.] aufgrund pythagoreischer Lehren vertreten und PROKLOS sowohl an anderen Stellen als auch besonders mit den Worten, die wir im I. Kapitel dieses IV. Buches wiedergegeben haben, bestätigt. Nach diesen Philosophen ist diese Seele etwas vom Geist Verschiedenes. Während der Geist einfach ist, so ist nach ihnen die Seele vielfältig in ihren Vermögen. Während die Ideen aller Sinnendinge primär durch sich, rein und ewig gleichbleibend dem Geiste innewohnen, sind sie in der Seele in sekundärer Weise enthalten, wegen des Geistes und von ihm übernommen, mehr zur Materie hinneigend. Jene Philosophen haben daher auch verschiedene Namen gebraucht; sie nannten die intelligiblen oder im Geiste wohnenden Ideen Urbilder [*paradigmata*], die in der Seele wohnenden Abbilder dieser Urbilder [*icones paradigmatum*]. Das Ganze geht darauf hinaus, daß der Christ sehr wohl unter dem Platonischen Geist Gott den Schöpfer und unter der Seele die Natur der Dinge verstehen kann.

Welche Winde es hauptsächlich waren, die das Schiff ihrer Gedanken zu diesen Lehren hintrieben, das zu untersuchen möchte ich anderen überlassen. Ich will von mir selber reden. Ich will fürs erste über eine solche allgemeine Weltseele in diesem IV. Buch nichts sagen, obwohl ich diesen Gedanken nicht verwerfe. Falls es eine solche gibt, so hat sie, wie mir scheint, ihren Sitz im Weltmittelpunkt, der für mich die Sonne ist; von diesem aus verbreitet sie sich in alle Weiten durch Vermittlung der Lichtstrahlen, die an die Stelle der Lebensgeister im beseelten Körper treten. (Siehe den Epilog zum V. Buch.)

Über die Natur aber, die die Elemente regiert, und die ich mit dem herkömmlichen Beiwort die untermondische nenne, habe ich schon vor nunmehr 20 Jahren begonnen, ähnliche Lehren aufzustellen. Was mich dazu bewogen hat, war aber nicht die Lektüre oder die Bewunderung der Platoniker, sondern einzig und allein die Beobachtung der Wettererscheinungen und die Betrachtung der Aspekte, durch die diese Erscheinungen hervorgerufen werden.

Ich habe nämlich bemerkt, daß mit großer Regelmäßigkeit der Zustand der Luft gestört wird, so oft Planeten entweder in Konjunktion treten oder nach der herkömmlichen Lehre der Astrologen Aspekte bilden. Andererseits habe ich bemerkt, daß meistens Ruhe herrscht, wenn keine oder nur wenige Aspekte einfallen oder wenn sie sich rasch vollziehen und vorübergehen. Ich glaubte aber die Untersuchung dieser Erscheinung mir nicht so leicht machen zu dürfen, wie es die Menge der Wetterpropheten tut. Diese beschreiben die Verrichtungen der Gestirne, wie wenn diese Götter wären, die über Himmel und Erde herrschen und alles nach Belieben ausrichten, und sie ganz sicher wußten, mit welchen Mitteln die Gestirne die einzelnen Erscheinungen bei uns auf Erden vollbringen, während diese selber am Himmel bleiben und außer den Lichtstrahlen nichts zu uns herabsenden, was mit den Sinnen wahrgenommen werden könnte. Darin liegt die Hauptquelle des so greulichen astrologischen Wahnglaubens. Doch wundere ich mich nicht so sehr [266] über die Wetterpropheten, einen Menschenschlag, der meist populär schreiben will und in kindischer Weise etwas zusammenträumt. Größeren Tadel verdienen nach meiner Meinung die berühmten Professoren der Philosophie, die von Aristoteles die Lehre übernehmen, daß das Leben von Tieren und Pflanzen durch die Kraft der Sonne unterhalten wird, dabei aber nicht bedenken, daß demzufolge die Kraft der Sonne von diesen Geschöpfen wahrgenommen werden muß. Es ist ein Hohn auf die Philosophie und leere Träumerei, wenn man die Sonne mit der niederen Welt umgehen läßt, wie es der Bildhauer mit dem toten Stoff tut, wo doch der Sonne Stichel, Meißel, Haue, alle körperhaften Instrumente fehlen. Wieviel vorsichtiger als diese Philosophen ist da doch der Dichter Vergil [*Georgica* II, 325 ff.], auch wieviel weiser! Er schreibt nicht einmal dem Regen, der doch ein Teil der Materie ist, alles zu, sondern vergleicht den Schoß der Erde mit dem Schoß einer Gattin, und zwar einer erfreuten, einer Gattin also, die mit Lust wahrnimmt, was ihr geschieht, und durch geeignete Bewegung den Gatten unterstützt. All das sind Äußerungen eines Lebens und setzt in dem Körper, der etwas erleidet, eine Seele voraus. Es wäre auch für die Sonne, der doch geeignete Soldaten fehlen, nicht leicht, in die Burg des Erdinnern einzudringen, wenn nicht irgendeine Seele mithilft, die ihren Sitz im Innern hat, mit dem Feind ein geheimes Einverständnis unterhält und ihm die Tore öffnet. Man sieht, daß an der Vernachlässigung dieser Überlegung, das heißt gleichsam an Verschlafenheit, die meisten leiden, die auch nur ein wenig auf die Astrologie halten. So geschah es mir, als ich auftrat, um zu beweisen, wie sich aus einem Aspekt eine Änderung des Wetters ergeben kann, daß ein berühmter Mann sich erhob und zu meiner Widerlegung mit großem Ernst behauptete, die Materie des Regens stamme vom Himmel (eine Meinung [H. Röslins], die wir S. 503 schon beim Volk verlacht haben). Und trotzdem konnte er mit dieser seiner Lehre nicht zeigen, wie es kommt, daß, wo immer Planetenstrahlen an der Erde zusammenlaufen, eher dann Regenfälle auftreten, wenn die Strahlen zweier Planeten einen Winkel von 60 Grad als einen solchen von 59 oder 61 Grad bilden.

Vor allem aber habe ich mir vorgenommen, die XIV Bücher des Grafen Pico della Mirandola gegen die Astrologie zu lesen und die Gründe, die dieser jedem Kapitel gegenüberstellte, zu prüfen. Dabei geschah es nicht nur, daß ich in der Verurteilung der meisten abergläubischen Meinungen bestärkt wurde, sondern auch, daß mir bei gewissen Fragen ein neues Licht aufging, indem ich die Einwände durch eindringliche Überlegung entkräftete und dabei die Sache selber tiefer durchschaute. Schließlich hatte das Buch durch Verwerfung mancher Lehren den Erfolg, daß ich ihnen Glauben schenkte, nachdem ich ihnen zuvor die Glaubwürdigkeit abgesprochen hatte, als sie von den Astrologen verteidigt wurden. So geschah es mit den Aspekten. Auf der einen Seite bot sich mir die durchaus beständige Erfahrung dar. Ich ging dabei freilich nicht auf Einzelheiten aus, wie Schneefälle, Winde, Gewitter und die anderen Erscheinungen, die die Astrologen vorauszusagen pflegen, sondern beobachtete ganz allgemein*, daß der Zustand der Luft in irgendeiner Weise erregt wurde, wenn Aspekte, beispielsweise eine Konjunktion von Mars und Jupiter, da waren, daß aber Ruhe herrschte, wenn solche fehlten. Auf der anderen Seite hörte ich Mirandola fragen: Warum solle er glauben, Jupiter und Mars hätten eine größere Wirkung, wenn man sie beisammen sehe, als wenn sie getrennt seien? Werde doch durch die Konjunktion ihre Leuchtkraft nicht vermehrt; denn diese [267] sei bei ihrem Zusammentreffen die gleiche, die sie getrennt besessen hätten. Ja, wenn Planeten mit verschiedenartigen Eigenschaften zusammen kämen, müßte man eher

---

* Man hüte sich vor einem Mißverständnis. Bei der Verursachung der Witterungserscheinungen wirken die Aspekte allgemein mit. Aber irgendein längerer Teil des Jahres und sein dauernder und allgemeiner Charakter wird nicht durch die täglichen Aspekte verursacht. Diese wirken nur auf die einzelnen Tage ein, auf die sie fallen. Siehe weiter unten.

glauben, der eine hemme den andern. Als ich hierauf eine Antwort suchte, um die Aspekte zu verteidigen, von denen ich beobachtet hatte, daß ihnen die Witterungserscheinungen folgen, machte ich mich daran, zuerst die ersteren als die Ursachen, dann die letzteren als die Wirkungen schärfer ins Auge zu fassen. Die Form des Aspektes, die aus einer gewöhnlichen Konfiguration oder Winkelbildung einen Aspekt macht, ist, so dachte ich, eine qualitative Quantität, vielmehr eine Relation solcher Quantitäten, also ein Vernunftding. Damit er die Luft in Erregung versetzt, muß er zuvor irgendeine Vernunft erregen, die die Luft oder das, wodurch sie gestört wird, in der Gewalt hat. Daneben stand mir die Vergleichung der Aspekte mit den musikalischen Konsonanzen vor Augen, wie sie von PTO-LEMAIOS überliefert, von CARDANO [*In Cl. Ptolemaei IV Quadripartitae Constructionis libros Commentaria.* 1554, S. 67 ff.] entwickelt, von MIRANDOLA aber allzu unbesonnen abgelehnt wurde. Diese Analogie hat mir bei der Erforschung der Ursachen sehr viel genützt. Denn das meiste, was MIRAN-DOLA gegen die Aspekte vorbrachte, kann auch, wie ich bemerkte, gegen den Zusammenklang zweier Stimmen vorgebracht werden. Denn auch bei zwei Tönen bewirkt die Proportion 3 zu 1 oder 3 zu 2 nichts im Hinblick auf die Höhe; aber dennoch sind die Töne für das Ohr angenehm, wenn sie in diesem Verhältnis zueinander stehen, und schrecken ab, wenn das Verhältnis 7 zu 1 oder 7 zu 6 ist. Da nun das, was das Verhältnis 3 zu 1 von dem Verhältnis 7 zu 1 unterscheidet, eine Art Vernunft, das heißt eine Seele sein muß, die über den Gehörsinn gesetzt ist, so muß auch bei den Strahlungen die Kreatur vernünftig sein, die zwischen der Sehne zu 60 Grad und denen zu 59 und 61 Grad zu unterscheiden vermag, mag diese Ratio hierbei diskursiv vorgehen, wie der Mensch, der die Geometrie begreift, oder nur von einem ihr eingeborenen Instinkt geleitet sein, wie die Formen der Pflanzen, welche die ihnen von Anbeginn der Welt an anvertraute bestimmte Zahl von Blättern bewahren und immer wieder kunstvoll aufbauen. Hier handelt es sich nicht um eine Einwirkung von einer nach medizinischen Vorschriften bemessenen Mixtur oder von körperlichen Instrumenten. Wenn die Töne gefallen, die Strahlen beleben, so rührt das auch nicht daher, daß sie etwa so temperiert sind, wie wenn man heißem Wasser kaltes beimischt, bis die Temperatur zum Baden geeignet ist. Denn bei einer solchen Mischung ist immer eine bestimmte Temperatur die beste, während die anderen ihr mehr oder weniger nahekommen. Unter den Konfigurationen und Tonintervallen dagegen sind eine Anzahl

540

von Fixpunkten enthalten und nur in diesen treten die Verhältnisse von Konsonanzen und Aspekten auf. Weicht man nur ein wenig von diesen Fixpunkten ab, so ist das Verhältnis völlig verschwunden. Sobald beispielsweise die Sonne die Quadratur zum Saturn überschritten hat, ist der Aufruhr in der Natur verbraust; er ruht genau dreißig Tage lang (soweit es sich um die Strahlen von Saturn und Sonne handelt), bis die Sonne in den Trigon zum Saturn gekommen ist. Dann werden an einem einzigen Tag wiederum Ungewitter erregt, die wieder aufhören, wenn dieser Aspekt vorüber ist. Bei körperlichen Beeinflussungen ist der Verlauf ein anderer. Diese dauern die ganze Zeit vom Anfang bis zum Ende ohne Unterbrechung, indem sie mit der Ursache und mit der Zeit wachsen und mit der Abnahme der Ursache wieder schwächer werden. Mit einem Wort, wie sich die Linie zur Zahl verhält, so verhalten sich die bekannten körperlichen Erregungen zu den Anreizen durch die Konfigurationen. [268] Wer dies gründlich überlegt, dem wird es nicht schwer fallen, den Schluß zu ziehen, daß wie die Zahl, so auch die von einem Aspekt, einem Vernunftding, ausgehenden augenblicklichen Erregungen nicht Sache eines Körpers, sondern seelischer Vermögen sind und daß es also eine Seele geben muß, die von dem Aspekt gemahnt und gleichsam aufgerüttelt wird, um die Wettererscheinungen und Stürme zu erregen.

Was nun aber oder welcher Art diese Seele ist, das konnte ich am besten aus ihrem Sitz in der Welt erschließen. Die Aspekte, nach denen sich die Entstehung der Unwetter richtet, sind Winkel zweier Strahlen, und zwar nicht Winkel, die an dem einen oder anderen der den Aspekt bildenden Planeten auftreten, noch die der Größe nach ganz verschiedenen Winkel, die an der Sonne, sondern die, die an der Erde gebildet werden. Auch haben die Planeten selber keine Kenntnis von den Winkeln, die ihre Strahlen hier an der Erde bilden, wenn wir sie nicht zu Astronomen machen. Daraus folgt also, daß die Seele, die nach Vorschrift der Aspekte die Luft in Aufruhr versetzt, hier in der Erde ihren Sitz hat. Da ferner die den Aspekt begleitende Wirkung auf dem ganzen Erdkreis gespürt wird, so wird sich auch jene Seele gleich weit erstrecken. Und da die Materie des Regens, des Windes, des Nebels, der Gewitter und der Nordlichter, welche zur Zeit von Aspekten hervorgerufen werden, teils feuchter Dampf oder Dunst, teils trockener und feuriger Dampf ist, der aus der Erde hervorquillt und ausdünstet (warum soll der Philosoph hier nur auf ARISTOTELES hören und den RUDOLPH AGRICOLA, ja alle »agricolae« [›Bauern‹] und damit auch die eigenen Sinne beiseitev setzen, wo man doch jeden Tag sieht, wie bei Regengüssen die Gipfel der Berge eine große Nebelmenge ausspeien), so wird auch jene Seele sich nicht nur auf der Oberfläche der Welt, sondern auch innen in den unterirdischen Höhlen, in den Gängen der Berge befinden. Schließlich wird die Erdkugel ein Körper sein wie der eines Tieres, und was für das Tier seine Seele ist, das ist für die Erde eben die untermondische Natur, um die es sich hier handelt, die bei der Gegenwart von Aspekten Unwetter hervorruft.

In dieser Ansicht fühlte ich mich sehr bestärkt durch etwas, was einen anderen hätte abschrecken können, daß nämlich das Auftreten der Unwetter den Aspekten zeitlich nicht immer vollkommen entspricht. Die Erde erscheint nämlich bisweilen träge und störrisch, während sie zu anderer Zeit (nach starken und lang dauernden Konfigurationen) heftig aufgewühlt, starken Ausdünstungen den Lauf läßt, auch ohne Fortdauer der Aspekte. Denn die Erde ist nicht ein Tier mit der Art des Hundes, der auf jeden Wink pariert, sondern mit der eines Ochsen oder Elefanten, also ein Tier, das nicht leicht in Zorn zu bringen ist, dann aber um so wütender wird, wenn der Zorn entbrannt ist.

Da ich mit dieser Analogie vorankam, geschah es, daß ich sie noch weiter trieb und die Körper der Tiere mit dem der Erde verglich. Ich fand dabei, daß das allermeiste, was aus einem Tierkörper herauskommt und damit bekundet, daß diesem eine Seele innewohnt, auch aus dem Körper der Erde herauskommt. Wie nämlich der Körper auf der Oberfläche der Haut Haare, so bringt die Erde Pflanzen und Bäume hervor, und wie dort Läuse entstehen, so hier Raupen, Grillen und andere Insekten sowie Meeresungeheuer. Wie der Körper Tränenflüssigkeit, Nasenschleim, Ohren[269]schmalz, bisweilen auch eine klebrige Flüssigkeit aus Pusteln im Gesicht ausscheidet, so die Erde Bernstein und Erdpech. Wie die Blase den Urin fließen läßt, so die Berge Flüsse. Wie der Körper ein Exkrement von schwefligem Geruch und laute Winde, die entzündbar sind, von sich gibt, so die Erde Schwefel und unterirdisches Feuer unter Donner und Blitz. Wie in den Adern des Tieres Blut entsteht und damit auch der Schweiß, der aus dem Körper ausgeschieden wird, so in den Adern der Erde Metalle und Kristalle sowie Regendampf.

Wie nun die anderen Tiere Speis und Trank zu sich nehmen, so muß auch die Erde durch gewisse Kanäle Materie aufnehmen, aus der sie jene mannigfaltigen Stoffe braut; denn aus nichts wird nichts. So schlürft und verschluckt sie das Meerwasser, worin die Ursache dafür liegt, daß das Meer durch das unaufhörliche Einströmen der Flüsse nicht überläuft. Wie töricht jene sind, die die Metalle nur der Einwirkung der Sonne zuschreiben ohne Dazutun der Erde, kann man aus dem Vorausgehenden entnehmen.

Ich habe in meinem *Buch vom Neuen Stern* auch auf den alten Einwand geantwortet, die Erde müßte doch auch wachsen und Gliedmaßen zur Fortbewegung besitzen, wenn sie eine Seele besäße. Denn so wie der Körper ist, ist auch die ihm entsprechende Seele samt ihren Fähigkeiten. Hier ist nun die Seele wegen des Körpers der Erde da; nicht aber hat dieser Körper seine Beschaffenheit von der Seele, wie der Körper des Menschen da ist wegen des Geistes, des obersten Vermögens der Seele. Wenn also die Erde des Wachstums bedürfte und auf andere Nahrung als die genannte gleichsam Jagd machen müßte, so wären dieser Seele auch die entsprechenden Obliegenheiten übertragen und geeignete Werkzeuge gegeben worden. Dies ist auch die Lehre, die der sterbende SOKRATES im *Phaidon* [108 C ff.; vielmehr: *Timaios* 8, 34 A ff.] ausgesprochen hat, indem er alles dem leitenden Geist, alles der Überlegung darüber, was am besten sei, zuweist. Wenn daher jemand schließt, es gebe nur vier Seelenvermögen, von denen keines dieser Erdseele zukomme, es sei also keine Seele in der Erde vorhanden, so sage ich ihm, er muß eben ein fünftes Vermögen zu jener Zahl hinzufügen, nach demselben Vorgang und denselben Schlußmethoden, mit denen jene Vermögen in ihrer Vierzahl beim Menschen gefunden worden sind.

Der Erde mit umso größerer Überzeugung eine Seele zuzuschreiben, bewog mich unter anderen Gründen, die ich da und dort in meinen übrigen Büchern aufgeführt und in der *Epitome Astronomiae Copernicanae*, S. 125 [KGW VII: 92] zusammengefaßt habe, vor allem die Tatsache, daß im Innern der Erde eine Gestaltungskraft vorhanden ist, die nach Art einer schwangeren Frau Erscheinungen, wie sie auf dem Äußeren der Erde im menschlichen Leben auftreten, in spaltbarem Gestein abbildet, wie wenn jene Kraft diese sähe, beispielsweise Soldaten, Mönche, Päpste, Könige sowie neue und außergewöhnliche Gestalten, die im Mund der Leute sind. Während diese Erscheinungen seltener zu finden sind, kommt es ständig vor, daß jene Kraft in den Edelsteinen und Kristallen die fünf regulären geometrischen Körper abbildet. Denn das Werk zeugt von seinem Werkmeister. Die Anhänger des COPERNICUS mögen dem noch die tägliche immerwährende und völlig gleichmäßige Umdrehung der Erdkugel hinzufügen, die man mit vollem Recht unter die Obliegenheiten dieser Seele rechnen wird.

Wie, sieht es nicht so aus, als besäße die Erdkugel auch einen gewissen Sinn, sei es Tastsinn oder Gehörsinn? Werden doch durch die übereinstimmende Überlieferung der meisten Länder [270] folgende Tatsachen bestätigt. Wirft man einen kleinen Stein von der Spitze eines sehr hohen Berges in die sehr tiefen Spalten, die man daselbst vorfindet, wodurch gewöhnlich ein Geräusch erzeugt wird, oder in einen Bergsee (diese haben zweifellos auch keinen Grund), so erhebt sich auf der Stelle ein Unwetter [vgl. auch mit größerer Skepsis Brief Nr. 239, KGW XIV: 330 f., Zeile 514 ff.]. So fahren auch Tiere zusammen, wenn man in ihre empfindlichen Ohren- oder Nasengänge etwas hineinsteckt und sie damit kitzelt; sie schütteln ihren Kopf oder stürmen im Galopp davon.

Weiter haben auch bestimmte Striche der Erde ihre Schwächezustände und das Innere der Erde Wechselfälle. So fließt bisweilen das Erdinnere an allzu großer Feuchtigkeit über. Bisweilen leidet es an Überladung und Verdauungsstörung, wenn an Stelle von Gewitterregen nur Winde herauskommen. Manchmal ist es gleichsam von Hitze befallen und schwitzt statt Feuchtigkeit schweflige Dämpfe oder krankheiterregende Dünste aus. Ich habe daher in meinem *Buch vom Neuen Stern* S. 173 [KGW I: 317] nicht zu Unrecht die Anregung gegeben, man soll alle die Funktionen bei der Verdauung, die des Aufnehmens, des Festhaltens und des Ausscheidens, in der Erde suchen, da jene Krankheiten in Affektionen dieser Vorgänge bestehen.

Was ist nun vollends ähnlicher der Atmung der Landtiere und besonders der Tätigkeit der Fische, die mit dem Maul das Wasser einziehen und es durch die Kiemen wieder ausstoßen, als jenes merkwürdige halbtägige An- und Abschwellen des Meeres? Es paßt sich zwar der Bewegung des Mondes an, weswegen ich es in der Vorrede zu meinen Marsuntersuchungen [= *Astronomia nova*, KGW III: 26] für wahrscheinlich erklärte, daß das Wasser vom Monde angezogen wird wie das Eisen vom Magnet, durch eine körperliche Einigungskraft der Massen. Das gleiche habe ich auch kürzlich in den Prolegomena zu den *Ephemeriden* bei der Kritik der Anschauungen des David Fabricius wiederholt. Wenn nun aber jemand behaupten will, die Erde passe ihre »Atmung« der Bewegung von Sonne und Mond an, wie die Tiere im Schlafen und Wachen dem Wechsel von Nacht und Tag folgen, so möchte ich glauben, daß man ihn in der Philosophie wohlgeneigten Ohres anhören muß, besonders wenn sich in der Tiefe der Erde elastische Partien zeigen würden, die an die Stelle von Lungen oder Kiemen treten können. Denn wenn diese Partien ihrer Natur nach wie die Luft sind, zusammendrückbar und ausdehnbar, so wird bei dieser Atmung eine Bewegung der Erdoberfläche, analog der Bewegung der Muskeln des Zwerchfells im atmenden menschlichen Körper, nicht nötig sein.

Könnte es aber eine bessere Einrichtung für die Aufnahme des Meereswassers in das Innere, gleichsam in die Küche der Metalle geben als ebenjene mit Hilfe der fortwährenden halbtägigen Wallungen? Welche Vermutung könnte sonst nahegelegt werden durch jenen merkwürdigen Vorfall, der sich wenige Jahre, bevor der Zustrom der Kaufleute nach Antwerpen nachließ, ereignete. Damals blieb an einem bestimmten Tag Ebbe und Flut des Meeres aus (was die Bürgerschaft nicht wenig erschreckte). Und doch setzte der Mond seinen Gang nicht aus. Offenbar hat die Erde, die zwar an dieser natürlichen Bewegung teilnimmt, aber doch ihren eigenen Atemwechsel besitzt, den einzigen Atemzug dieses Tages angehalten, wie die Lebewesen [271] bisweilen den Atem anhalten, obgleich die Bewegung des Zwerchfells auch mit einer natürlichen vermischt ist. Freilich werden wir besser tun, wenn wir die Notwendigkeit irgendeiner Atmung der Erde aus dem Vorhandensein einer Seele, als umgekehrt das Vorhandensein einer Seele aus der Atmung beweisen.

Denn um jetzt von der sicheren Tatsache, daß in der Erde eine Seele ist, zur Betrachtung ihres Wesens überzugehen, so ist diese Seele nicht nur irgendein Licht, wie das eines Feuers oder einer Kerze, ein Licht, das aus sich selber brennt und nicht von der Sonne seine Leuchtkraft erhält, da die Seele ja die leuchtenden Strahlen der Planeten in gewisser Weise wahrnimmt. Sie scheint vielmehr ganz eine Art Flamme zu sein (die sich durch Atmen oder Einschlürfen nährt), wofür die unterirdische, fortwährende, spürbare Wärme spricht. Ohne eine Seele kann eine solche Wärme in der bloßen Materie aktuell nicht dauernd bestehen; aber auch der Potenz nach ist sie in den Dingen, deren Substanz von Tieren und Pflanzen herstammt, nur enthalten, insofern sie von einer Seele und von Formen, die etwas Feuriges sind, hervorgebracht wurde. Siehe meine *Optik* S. 25–27 [KGW II: 34–36].

In dieser Weise wollen wir das, was gleichsam die Materie der Erdseele ist, bestimmt sein lassen. Was ihr als Form eingeprägt ist, das ist das

Bild des göttlichen Angesichts mit den Ideen des Kreises und aller seiner Verhältnisse, der Idee des sinnlichen Körpers, über dessen Leitung sie gesetzt ist, sowie der Idee der ganzen Welt, in der der Körper leben sollte. Denn Gott trägt in sich nicht nur die geometrischen Urbilder, sondern auch die Begriffe aller zu erschaffenden Sinnendinge. All dies geht über in die Seelen, Gottes Ebenbilder, damit sie es begreifen oder benützen. So leuchtet daher auch in der Erdseele das Bild des sinnlichen Tierkreises, sowie des ganzen Firmaments, als Band der Sympathie zwischen den Dingen am Himmel und auf Erden wider. Es leuchten aber auch ganz besonders in ihr wider die Urbilder aller ihrer Obliegenheiten und aller Bewegungen, nach denen sie ihren Körper mit irgendeinem Sinn bewegt. Gewöhnlich spricht man von dieser Seele als von einer Kraft (δύναμις), ich möchte lieber Aktualität (ἐνέργεια) sagen. Denn in dieser besteht das Wesen der Seelen, sie ist gleichsam das Lodern (ῥύσις) dieser Flamme, weil die Seelen für und in sich immer so ausgestattet sind, wie wenn sie das ausrichten würden, wozu sie geschaffen sind, mögen sie aktual im Gebrauch der Werkzeuge des Körpers sein oder nicht. Denn Gott ist substantielle Aktualität, er besteht in dieser Aktualität (um vom Göttlichen nach Menschenart zu stammeln); daher besteht auch das Wesen des göttlichen Ebenbildes im Handeln, wie das der Flamme im Lodern. Wenn Gott diese Flamme nicht fortwährend unterhielte, indem er gleichsam ihre Materie bestrahlt, so würde sie sofort aufhören und erlöschen. Indessen bedarf diese Seele zum Prinzip ihrer Individuation nicht nur des Körpers, über den sie als Leiter gesetzt ist, sondern auch ebenjenes (oben beschriebenen) besonderen materialen Bestandteils, der sie von den übrigen Seelen unterscheidet.

Insofern nun diese Seele die Idee des Tierkreises oder besser seines Mittelpunktes in sich trägt, nimmt sie auch wahr, welcher Planet zu einer bestimmten Zeit an einem bestimmten Ort des Tierkreises weilt, und mißt die Winkel der Strahlen, die an der Erde zusammenlaufen. Insofern sie aber durch die Einstrahlung des göttlichen Wesens die geometrischen Verhältnisse [272] des Kreises und bei der Vergleichung des Kreises mit bestimmten Teilen von ihm die urbildlichen Harmonien empfangen hat (die aber hier nicht rein geometrisch, sondern gleichsam mit dem Zucker der leuchtenden Strahlen überzogen oder vielmehr in ihn eingetaucht sind), stellt sie die bereits zuvor bestimmten Maße der Winkel teils als kongruent oder harmonisch, teils als inkongruent fest. Insofern schließlich diese Seele die Ideen ihrer Verrichtungen umfaßt, bei deren Ausführung sie ja gleichsam ein tätiger [*operativus*] Kreis ist, wird sie auch immer zu diesen Verrichtungen getrieben; in erhöhtem Maße aber dann, wenn jene drei Kreise zusammenwirken und in Einklang stehen, das heißt wenn die Seele, durch die Aspekte an sich selber erinnert, ihren Verrichtungen mit Übermaß obliegt. Sie hört ja nie auf, etwas zu brauen, und dabei geht es nie ab ohne Rauch und Dampf. So entstehen aus dem Rauch die Kristalle (wie sich aus dem Rauch der Hochöfen Arsenik bildet); aus dem warmen Dampf, der sich innen in der Gesteinsrinde der Erde abkühlt und zu Tropfen verdichtet, rinnen die Flüsse in den Quellen zusammen; aus dem Dampf aber, der nach außen an die Erdoberfläche ausdünstet, wird die Atemluft täglich erneuert, die sich in der Nacht, zu Tau verdichtet, niedergeschlagen hatte. Wenn nun aber auch diese Verrichtung der Erdseele immer andauert, so zeigte es sich doch als notwendig, daß die Dampfbildung bisweilen in erhöhtem Maß erfolgt, nicht andauernd eine ganze Zeit hindurch, sondern nur an bestimmten Tagen. Durch die große nach außen ausgestoßene Dampfmenge sollten zu rechter Zeit Regengüsse, jedoch von Sonnenschein unterbrochen, ermöglicht werden, damit die Oberfläche der Erde erquickt und befeuchtet wird, so daß Nahrung und Futter für die Lebewesen darauf wachsen können.

Hier könnte man mir die unter dem Äquator liegenden Gebiete im Innern von Afrika und Peru entgegenhalten, wo es den ganzen Sommer hindurch fortwährend regnet. Wo zeigt sich hier die Unterscheidung der Aspekte von den unwirksamen Konfigurationen? Wo der Wechsel von Sonnen- und Regentagen? Macht hier nicht der Lauf der Sonne als eines einzelnen Wandelsterns ohne Rücksicht auf Konfigurationen mit anderen alles allein? Die Sonne, nicht als Vernunftwesen, sondern als natürliche Ursache, insofern sie in diesen Gebieten Glut und Hitze erzeugt, so daß in den ausgedörrten Landstrichen verdünnte Feuchtigkeit aus den Eingeweiden der Erde schwitzt. Darauf antworte ich: diese natürliche Tätigkeit der Sonne kann nicht geleugnet werden; sie kommt aber nicht nur der heißen Zone zu, sondern kann auch bei uns beobachtet werden. Denn wenn im Sommer die Sonne auf unserer Hemisphäre weilt, ist meistens die Menge Regen, die niederfällt, größer als im Winter, wenn die Sonne nicht da ist, die des Schnees. Wenn aber die Flüsse bei uns bei der Schneeschmelze stark anschwellen, während sie bei Regengüssen augenscheinlich nicht soviel zunehmen, jedenfalls nicht in so anhaltendem Maße, so rührt dies teilweise daher, daß sich die Schneedecken infolge der nach und nach auftretenden Schneefälle übereinander lagern und viele Monate lang durch die Wirkung der Kälte aufgespeichert werden, während die noch so reichlichen Regenmengen im Sommer zum größten Teil sofort in den durch langen Sonnenschein ausgedörrten Boden sickern. Zum andern Teil aber rührt jene Erscheinung daher, daß der Schnee in den Alpen nur durch sehr ausgiebige Sommerregen zum Schmelzen gebracht werden kann, so daß [273] jene anhaltenden Anschwellungen der Flüsse nicht nur auf die Schneemassen, sondern auch auf diese Regenfälle zurückzuführen sind. Wenn man also alles überlegt, so dünstet meistens auch bei uns im Sommer eine größere Menge Feuchtigkeit aus als im Winter. Jener Einwand führt uns daher zu der Einsicht, daß ein Zusammenwirken von himmlischen Ursachen vorliegt, von denen die eine eine natürliche, die Wärme der Sonne, ist, die andere aber eine vernünftige, ein Aspekt, und daß auch eine Mitwirkung von untermondischen Ursachen besteht, wonach nicht nur eine Zone mehr Feuchtigkeit erhält als die andere, sondern auch in derselben Zone ein Landstrich mehr als der andere, je nach den besonderen Ursachen. Übrigens ist es auch möglich, daß es in der heißen Zone zur Zeit der Aspekte mehr regnet als an Tagen, die frei von Aspekten sind.

Die oben an zweiter Stelle genannte Prägung der Erdseele durch den sinnlichen Tierkreis und die ganze Fixsternsphäre wird auch durch eine Beobachtung bestätigt, die nach einer weitgehenden Übereinstimmung aller Zeiten feststeht. Wenn am Himmel etwas Neues auftritt, sei es nach dem gewöhnlichen Himmelslauf, wie seltenere Zusammenkünfte mehrerer Planeten oder ausgezeichnete Verfinsterungen der Himmelsleuchten, sei es außerhalb des gewöhnlichen Ablaufs der Erscheinungen, wie Kometen oder neue Fixsterne, so wird auch die untermondische Natur durch ungewöhnliche Erregungen aufgewühlt. Es sind dies ungeheure anhaltende Regengüsse über das den Aspekten entsprechende Maß hinaus oder die entgegengesetzten Erscheinungen der Dürre und Öde, verbunden mit Erdbeben, schließlich ungewöhnliche Dünste in der Luft, die pestilenzialische Katarrhe und andere epidemische Seuchen hauptsächlich an den Orten hervorrufen, wo diese Dünste stärker ausströmen oder wohin sie von den häufiger auftretenden Winden getragen werden.

Daß dieser Seele auch etwas Ähnliches wie das Gedächtnis der Tiere innewohnt, habe ich in meinem *Buch vom Neuen Stern* Kapitel X, S. 44

[KGW I: 196 f.] gesagt. Denn das ist die Natur aller Dinge, die mit dem Licht verwandt sind, daß sie, vom Sonnenlicht oder wenigstens Tageslicht erregt, einen Eindruck empfangen, der eine bestimmte Zeit hindurch andauert. So tragen die Sehgeister in den Augen, als Sprößlinge des Lichts, wenn sie von dem unvorsichtigen Anschauen der Sonne erfüllt sind, dieses Bild auch wider Willen mit sich herum, wohin man auch die Augen wenden mag. Zu den Geheimnissen des Chemikers gehört ferner ein wunderbares und höchst merkwürdiges Experiment. Wie ich erst ganz kürzlich von einem Augenzeugen erfahren habe, stellen sie Gemmen [Bologneser Stein] her, die wie andere lichtlose Dinge sind, wenn sie im Dunkeln liegen; wenn man sie aber dem Licht auch nur eines einzigen Tages aussetzt, so werden sie wie Kerzen entzündet und verbreiten, indem sie wie die Augen der Katzen leuchten, auch in der Finsternis einen Lichtschein, der nach kurzer Zeit wieder erlischt. Etwas Ähnliches nun zeigt sich bei der Seele, von der ich gesagt habe, sie sei mit dem Licht und Feuer verwandt. Sie empfängt in der Richtung (sie ist ja ein durch Richtungen auszgezeichneter Punkt oder ein potentieller Tierkreis), in der obere Planeten zusammengekommen sind oder eine Finsternis eintrat, einen Eindruck von der Konjunktion, der eine bestimmte Zeit anhält. So oft nun einer der Planeten, zumal die Sonne oder der Mond, durch diesen Ort geht, kehrt sie ihre Natur so heraus, wie sie es bei der Aufreizung durch eine Konjunktion tun würde. Dieses ganze Verhalten ist, so behaupte ich, ähnlich dem Gedächtnis der beseelten Wesen. Denn ich trage das Bild eines Menschen, den ich einmal gesehen habe, im Geist mit mir [274] herum, ohne daß es meinen Gedanken immer gegenwärtig wäre. Sobald aber er oder ein ähnlicher Mensch in Erscheinung tritt, so wird jenes früher aufgenommene Bild durch das Erinnerungsvermögen wieder hervorgeholt und in einem Denkakt hingestellt. Freilich ist das Gedächtnis des Menschen insofern höher, als ich an den Gegenstand, den ich mir gemerkt habe, nicht nur durch eine äußere Begegnung erinnert werde, sondern auch mich selber, so oft ich will, erinnern kann. Dem Menschen eignet eben das Vermögen zu diskursivem Denken, das der Erdseele fehlt. Doch das wird bei der Betrachtung der menschlichen Seele klarer werden.

Jetzt ist noch eine Schwierigkeit zu beheben, die ich oben bereits berührt habe, aber nur leicht; sie bezieht sich auf die Art und die Organe der Wahrnehmung. Denn daß wir Menschen die Spezies der Sinnendinge in die Seele aufnehmen, scheint etwas Leichtes und Glattes zu sein. Da sind außen die Pupillen, durch welche jene Spezies eindringen; das Auge, das die Spezies formiert; die kristalline Flüssigkeit, die das Strahlenbündel lenkt; die netzförmige Haut des Sehnervs, die das Bild der Außendinge aufnimmt. Nichts Ähnliches aber zeigt sich am Körper der Erde, kein Auge, mit dem die Erdseele die Strahlen der Planeten und ihre Winkel sehen könnte. Wie soll sie daher das Licht empfinden ohne Sehorgan, wie die Winkel wahrnehmen oder aufnehmen ohne Instrument? Hier liegt wirklich eine Schwierigkeit vor, ich gestehe es. Wenn man aber etwas tiefer dringt, so findet man diese Schwierigkeit hier wie dort. Man schlage meine *Astronomiae pars optica* S. 169 [KGW II: 152] nach; man wird daselbst die alte Klage auch betreffs des Sehvorgangs beim Menschen finden. Denn wenn ich auch nach dem Eingeständnis der umsichtigeren Optiker und Anatomen nach den vielen vergeblichen Versuchen anderer Gelehrter endlich den Sehvorgang an jener Stelle aufs gründlichste erklärt habe (freilich hat Fr. Aguilonius, dessen großes Werk über die Optik vor vier Jahren erschien [*Opticorum Libri VI, Philosophiae iuxta ac Mathematcis utiles.* 1613], mein Buch nicht gesehen und daher im alten Irrtum über den Sehvorgang mit vergeblicher Mühe eine neue, freilich recht hübsche Pergola aufgebaut), so reicht doch jener Sehvorgang nicht über die Netzhaut hinaus, bis wohin die Augenflüssigkeiten durchsichtig sind. Es bleibt immer noch eine Frage übrig, die von den Physikern, die ich aufgerufen habe, noch nicht untersucht worden ist, die Frage, wie das Bild des zu sehenden Gegenstandes, das nach meiner Darlegung auf der Netzhaut entsteht, von da weiter durch die undurchsichtigen Teile des Körpers in das Innere der Seele aufgenommen wird. Oder kommt ihm die Seele nach außen zu entgegen? – und was sonst noch in diesem Zusammenhang zu fragen ist. Ich nun, um es frei heraus zu sagen, bin mehr verlegen betreffs des Sehvorgangs als der Wahrnehmung des Strahlenwinkels. Über die letztere kann ich, glaube ich, ganz wohl etwas Gescheites schwatzen; über den ersteren bleibe ich völlig stumm.

Ich könnte nun um den Kern der Sache herumgehen und mich der Mühe des Nachdenkens entziehen, indem ich auf die Frage, mit welchen Augen die Erdseele die Gestirnstrahlen sehe, antworte, mit den gleichen, mit denen sie den Soldaten mit seinen zackigen Stiefeln gesehen hat, dessen Bild sie in das Gestein geprägt hat. Doch Mangel an Wagemut ist der Tod der Philosophie; laßt uns leben und rührig sein!

[275] Fürs erste sei daran erinnert, daß die Seele aktual die Art des Punktes besitzt (wenigstens hinsichtlich ihrer Verbindung mit dem Körper), potentiell die Figur des Kreises. Da sie Aktualität ist, verbreitet sie sich von jenem Punktsitz aus in den Kreis. Denn soll sie äußere Dinge wahrnehmen, so stehen diese für sie in sphärischer Ordnung um sie herum. Soll sie den Körper leiten, so ist auch dieser um sie herumgelegt; sie selber ist innerhalb, in einem bestimmten Punkt des Körpers verwurzelt, von wo aus sie durch ihre Spezies in den übrigen Teil des Körpers sich erstreckt. Allein wie soll sie sich erstrecken, wenn nicht durch gerade Linien? Denn das heißt wirklich sich erstrecken. Wie soll sie eine andere Art sich zu erstrecken haben, wo sie doch Licht und Flamme ist, als die, in der sich die anderen Lichter von ihren Quellen aus verbreiten, das heißt eben in geraden Linien? Sie dringt also zu den äußeren Teilen des Körpers vor nach den gleichen Gesetzen, nach denen ringsum die Lichter am Firmament auf sie in ihrem Punktsitz zu eindringen. Während aber die ganze Oberfläche der halben Erdkugel und also auch alle Punkte der Oberfläche der Lufthülle, die sie umgibt, von ein und demselben Planeten aus durch unendlich viele Strahlen bestrahlt werden, gibt es unter diesen nur einen einzigen, der auf jenen Punkt zu gerichtet ist, der der Sitz der Seele ist. Und umgekehrt, während die Seele nach allen Punkten der Oberfläche ihres Körpers in unendlich vielen Linien vordringt (gleich den Strahlen der Sonne, da sie ja selber eine Art Licht ist und die allgemein bekannten Geister [*spiritus*] offenbar nichts anderes sind als diese geradlinigen Strahlen und diese Spezies der Seele), so gibt es doch unter allen nur eine einzige Linie, die vom Mittelpunkt aus auf den Punkt der Oberfläche zu gerichtet ist, der von jenem einzigen auf den Sitz der Seele zu gerichteten Strahl des Planeten getroffen wird. Nehmen wir also an, die Wahrnehmung der Strahlen eines einzelnen Planeten beruhe darin, wenn dieser von außen nach innen gerichtete Strahl und jene von innen nach außen laufende Linie in einer geometrischen Geraden zusammenfallen, ganz ähnlich wie beim Sehen, das auch nur für den senkrechten, durch die Mitte des Auges gehenden Strahl vollkommen und genau ist. Wir wollen ferner auch das annehmen, was ich in Satz 61 meiner *Dioptrik* [KGW IV: 372 f.] als charakteristisches Geheimnis aller Sinnesempfindungen betont habe, daß eine Empfindung von einem äußeren Ding nur zustande kommt, insofern durch dieses Ding ein Sinneswerkzeug affiziert wird. Denn die Seele erhält dadurch, daß ihre Spezies sich verbreiten, zuverläs-

sige Kenntnis von allen Gliedern ihres Körpers sowie von allen Vorgängen an jedem dieser Glieder zu jeder Zeit. Läßt man jene Annahmen gelten, so gelangt man zu folgender Erklärung. Wenn von dem Planeten auf einen Punkt der Lufthülle ein Eindruck erfolgt, der nicht auf den Sitz der Seele zu, sondern seitlich an ihr vorbei gerichtet ist, so nimmt die Seele zwar die Spezies dieses so affizierten Punktes durch Zurückziehen ihrer eigenen Spezies auf, schenkt ihr aber als einer bedeutungslosen Sache keine Beachtung. Wenn aber auf einen Punkt der Oberfläche der Lufthülle ein Eindruck erfolgt, der auf den Sitz der Seele zu gerichtet ist, so wird auch dieser so affizierte Punkt der Seele gemeldet, und diese Empfindung wird als die Seele angehend beachtet und von den übrigen unterschieden. So denkt sich die Seele den Stern nur an diesem Punkt, an den anderen dagegen nicht. Es wird also der Seelenstrahl von dem Sternstrahl, der in die gleiche Gerade fällt, aktualisiert und gleichsam illuminiert, geradeso wie die Farbe der sichtbaren Dinge durch das Auftreten des Lichtes aktualisiert wird, und wie das Sehen aktualisiert wird, wenn wir zur Besinnung kommen und erwägen, daß wir [276] sehen. Da sich dies nicht nur bei einem Planeten, sondern auch bei zweien so verhält, so wird die Seele auch zwei Zeichen an zwei Stellen ihres Körpers finden. Mag nun ihr Körper rund sein oder unregelmäßig und uneben sein, die Seele hat ihn nach Art einer Kugel um ihren Punktsitz herum. Sie atmet gleichsam durch ihre Strahlen, das heißt ihre immateriellen Spezies, oder, wie andere wollen, durch sekundäre Akte, die sie von sich ausgehen läßt, eine vollkommene Sphäre aus, soweit ihr Körper zu Gebote steht. Daher wägt sie diesen nach der Idee des Kreises ab, und zwar des Tierkreises, der um ihren Sitz als Mittelpunkt beschrieben ist, und mißt dessen unterschiedliche Teile. Man braucht also nicht anzunehmen, daß die Erde bis zum Mittelpunkt durchsichtig ist, noch daß ihre Seele sich bis zu den Sternen verbreitet; und doch wird die Art und Weise klar, wie die Winkel der Konfigurationen von der Seele wahrgenommen werden.

Durch diese Erklärung werden alle Gründe widerlegt, die Pico della Mirandola beigebracht hat, um die Lehre von den großen Konjunktionen und den Aspekten umzustoßen. Denn da die Seele (in ihrer Vorstellung) alle Weltkörper um ihren Punktsitz herum in Form einer Sphäre und alle Planeten in Form eines Kreises anordnet, und zwar nach dem Gesetz der Geraden, die von einem Punkt ausgehen, so kommt es nicht darauf an, ob der Stern groß oder klein ist, ob er am Himmel einen großen oder kleinen Weg zurücklegt, ob er hoch oder der Erde nahe ist. All das erregt die Seele so, wie es wahrgenommen wird; diese Wahrnehmung aber richtet sich nach den gleichen Gesetzen wie unser Sehen, das heißt die Sterne erscheinen alle gleich hoch, frei von der sekundären Bewegung, gleich schnell nach der ersten, täglichen Bewegung und ohne großen Unterschied in ihrer scheinbaren Größe. Was sonst noch auf die Einwände des Pico entgegnet werden kann, lese man an der oft erwähnten Stelle in meinem *Buch vom Neuen Stern* nach. Das mag für jetzt genügen über die Erdseele, die man die untermondische Natur nennt.

Alles was bisher von der Erdseele gesagt wurde, kann man in entsprechender Weise auch auf die Vermögen der menschlichen Seele anwenden. Doch wird bei dieser vieles klarer und umso mannigfaltiger sein; je mehr Funktionen diese auszuüben haben als die Erdseele.

Über das oberste Seelenvermögen, das Geist [*mens*] genannt wird, mehr zu sagen außer dem, was ich oben im I. Kapitel aus Proklos angeführt habe, gibt die Frage der Strahlungen keinen Anlaß. Jenes Vermögen ist Punkt, insofern es Geist ist; es ist Kreis, insofern es Schlüsse zieht; es ist Abbild, und zwar des göttlichen Antlitzes; es ist Harmonie, insofern es einzige Energie ist; es enthält die mathematischen Ideen und Begriffe durch den Kreis; es gibt diesen und den Harmonien ihr intelligibles Sein. All das mag der Leser in dem früher Gesagten nachlesen, hier mehr zu sagen ist nicht nötig. Nur auf einen Punkt möchte ich in der Beweisführung des Proklos hinweisen. Es scheint mir, daß sie sich nicht auf gute Beispiele stützt, wenn sie betont, die Linien, Flächen und Punkte seien deswegen in die Seele zu versetzen, weil es auf dem Gebiet des Sinnlichen keine reinen und für sich bestehenden Flächen, Linien und Punkte gibt. Nun aber gibt es auch in der Seele keine reine, für sich bestehende Linie; diese ist vielmehr enthalten in der ideellen Fläche, von der sie die Begrenzung ist, ebenso wie bei den sinnlichen [277] körperlichen Quantitäten die Fläche nur als Begrenzung des Körpers, die Linie nur als Begrenzung der Fläche, der Punkt nur als Grenze der Linie existiert. Denn das Sein der unvollkommenen Quantitäten besteht in dem Enthaltensein in den vollkommenen.

Es sind also die mathematischen Allgemeinbegriffe nicht anders in der Seele enthalten als die übrigen Universalien und die verschiedenen, von den Sinnendingen abstrahierten Begriffe. Von den mathematischen Einzelbegriffen aber ist jener, den man Kreis nennt, auf ganz andere Art in der Seele enthalten, nicht nur als Idee äußerer Dinge, sondern auch als Form der Seele selber und schließlich als einziges Magazin allen geometrischen und arithmetischen Wissens. Das erstere zeigt sich in aller Klarheit in der Sinuslehre, das letztere in der wunderbaren Lehre von den Logarithmen; beide sind vom Kreis abgeleitet und stellen in gewisser Weise ein mechanisches Rechenhilfsmittel für alle Multiplikationen und Divisionen dar, die je auftreten können, gleichsam als wären sie bereits ausgeführt. Doch genug von dem obersten Seelenvermögen. Wir wollen nun zu den niedereren übergehen.

Das vitale Vermögen im Menschen trägt nicht nur die Harmonien in sich, die es mit den leuchtenden Strahlen zu tun haben, sondern auch jene, die sich in die Spezies der Töne kleiden. Die Töne nimmt jenes Vermögen auf mit den Ohren, für die sie das eigentliche Objekt sind. Die Strahlen der Gestirne aber werden von ihm nach den eingeborenen Ideen der Harmonie geprüft, nicht so wie sie mit den Augen, sondern wie sie auf die oben auseinandergesetzte weniger offenkundige Art der Wahrnehmung aufgenommen werden. Denn das, was man mit den Augen sieht, dient dem diskursiven Denken, die Wahrnehmung der Harmonien aber hat mit diesem nichts zu tun. So vertritt JULIUS CAESAR SCALIGER [*Exotericarum exercitationum Liber XV de Subtilitate ad Hieronymum Cardanum.* 1557, Exercitatio 307, 21] die Auffassung, dem Hühnchen sei die Idee des Habichts eingeboren, aber nicht als einfache, sondern mit dem Warnungssignal: fliehe das drohende Verderben.

Daher kommt es, daß die menschlichen Seelen zur Zeit der himmlischen Aspekte einen besonderen Antrieb erfahren zur Durchführung der Geschäfte und Aufgaben, die sie unter den Händen haben. Was dem Ochsen der Stecken, dem Roß die Sporen oder die Dressur, dem Soldaten Trommel und Trompete, den Zuhörern eine zündende Rede, dem Bauernhaufen der Takt der Flöte, Sackpfeife oder Fiedel, das ist allen, zumal wenn sie beieinander sind, die himmlische Konfiguration geeigneter Planeten. Der einzelne wird in seinem Tun und Denken angetrieben, die Gesamtheit wird williger, zusammenzugehen und sich die Hand zu reichen. So sieht man, wie im Kriegswesen Kämpfe, Schlachten, Einfälle, Angriffe, Eroberungen, Meutereien, Ausbrüche panischen Schreckens meistens zur Zeit der Aspekte von Mars und Merkur, Jupiter und Mars, Sonne und Mars, Saturn und Mars usw. auftreten, wie bei epidemischen Krankheiten zur Zeit starker Aspekte mehr Menschen sich niederlegen, die Kranken heftiger geplagt werden und auch mehr sterben, da die Natur sich erschöpft im Kampf mit der Krankheit, zu dem (nicht zum Sterben) sie vom Aspekt angetrieben wird. Das alles bewirkt nicht der Himmel selbst unvermittelt, vielmehr behält die Seele, indem sie ihr eigenes Handeln mit den himmlischen Harmonien in Verbindung bringt, die Führung bei diesem sogenannten [278] Einfluß des Himmels. Ja dieses Wort »Einfluß« hat manche Philosophen derart fasziniert, daß sie lieber mit der dummen Menge Toren als mit mir Weise sein wollen. Wie schwach ist doch ihre Schlußkette: Die Gestirne wirken auf die Luft, die Luft auf die Disposition des Körpers und dieser auf die Seele! Mag daran etwas sein. Aber was hat das mit den Aspekten zu tun, die doch Vernunftdinge sind? Wie soll das Element der Luft, wie der Körper die Aspekte erfassen? Beide doch nur mit ihrer Seele, die die Aspekte zuerst auf die von mir dargelegte Art und Weise wahrnimmt.

Daß das vitale Vermögen eine Art Flamme ist, die im Herzen brennt (und daher stirbt, wenn die Nahrung aufgebraucht ist, während der Geist weiterbesteht), das habe ich in der *Astronomiae pars optica* S. 26 [KGW II: 35] glaubhaft gemacht durch einen einleuchtenden Vergleich des Herzes und seiner Wechselbewegungen, der Verengerung und Erweiterung, mit einer geschlossenen Lampe, in der die Flamme unterhalten werden muß durch Öl, Luftzufuhr und Rauchabzug.

Auf dieser Besonderheit seines Wesens gründet sich vor allem die wunderbare Sache mit dem Geburtshoroskop. Da nämlich das vitale Vermögen, im Herz entzündet und brennend, solange das Leben dauert, eine Art Tierkreis ist und da sein Wesen in Energie besteht, gleichsam das Lodern einer Flamme ist, so kommt es, daß die Figur des ganzen sinnlichen Tierkreises in es einfließt, sobald es bei der Geburt entzündet worden ist, und in es tief hineinwächst (mag auch der Himmel nach dem Augenblick der Geburt ein anderes Gesicht annehmen und seine Konfiguration ändern) und daß es in diesem Bild des Tierkreises in der Seele alle Örter bezeichnet, welche die Planeten unter den Fixsternen, welche der Aufgangspunkt, der Untergangspunkt und die Himmelsmitte eingenommen haben.

Vor allen anderen astronomischen Erscheinungen kommt aber den Strahlenharmonien die weitaus größte Beziehung zu dem ersten Entstehen und der Formation dieses vitalen Vermögens im Menschen zu. Wir haben ja gesagt, jedes Seelenvermögen sei seinem Wesen nach ein Kreis; insofern es aber instinktmäßig auf sich selber wirkt, das heißt den Kreis mit seinen Teilen vergleicht, bestehe es in urbildlichen Harmonien. Nun fängt das vitale Vermögen dann zu handeln an, seine Aktualität wird dann ausgelöst, wenn es durch die Geburt innen in der Lampe des Herzes entzündet wird, wie es ja weiterhin der Atmung bedarf, um die Lebensflamme zu unterhalten. Wann es also anfängt, das zu sein, was es ist, wenn es die Harmonien aufbaut, dann gerade strömt die sinnliche Strahlenharmonie der Planeten in es ein.

Das ist der Grund, warum die Menschen, die zur Zeit zahlreicher Planetenaspekte geboren werden, meist emsig und umtriebig werden, sei es daß sie von Kindheit an an das Aufhäufen von Reichtümern gewöhnt werden oder zu einer Wirksamkeit im öffentlichen Leben geboren oder bestimmt worden sind oder sich schließlich auf die Wissenschaften geworfen haben. Wenn jemand glauben möchte, daß ich für diesen Typus als Beispiel dienen könnte, so habe ich ihm meine Nativität im *Buch vom Neuen Stern* S. 43 [KGW I: 196] dargeboten; es mag zweckmäßig sein, sie hier noch einmal auseinanderzusetzen. Aus dem Vorwurf der Prahlerei mache ich mir nichts, wenn ihn auch die Leute erheben, die die ganze Schriftstellerei über diese Frage als Torheit verdammen, sei es in Worten oder in der Lebensführung, wissenschaftliche Laien, Halbgebildete, Bonzen, die mit Titeln [279] und Orden das Volk betören, auch, wie Pico sie nennt, plebejische Theologen. Bei den wahren Liebhabern der Weisheit aus jeglichem Stande ist es mir ein leichtes, diesen Vorwurf durch den Nutzen für meinen Leser zu entkräften. Ich kenne ja von niemandem die Nativität und die innere seelische Veranlagung in gleich sicherer Weise. Jupiter stand ganz nahe beim Nonagesimus, er hatte um 4 Grad das Trigon mit Saturn überschritten. Sonne und Venus, die nahe beieinander standen, entfernten sich von dem letzteren und machten sich an den ersteren heran, indem sie mit beiden einen Sextil bildeten; sie entfernten sich auch von der Quadratur mit dem Mars, während sich Merkur der Quadratur mit diesem unmittelbar näherte. Der Mond war auf dem Weg zum Trigon mit Mars, er stand ganz nahe beim Auge des Stiers, auch der Breite nach. Im Aufgang war 25 Grad Zwillinge, es kulminierte 22 Grad Wassermann. Eine Änderung in der Luft verriet die dreifache teilweise Konfiguration dieses Tages, den Sextil von Saturn und Sonne, den Sextil von Jupiter und Venus und die Quadratur von Merkur und Mars. Denn nach mehreren Tagen Frost entstand gerade an diesem Tag Tauwetter, das das Eis schmolz und Regen brachte.

Ich möchte aber nicht durch dieses eine Beispiel alle Sätze der Astrologen verteidigt und bestätigt wissen. Auch schreibe ich dem Himmel nicht die Leitung der menschlichen Dinge zu. Meine philosophische Beobachtung ist himmelweit entfernt von jener Torheit, wenn man nicht lieber Verrücktheit sagen will. Denn um die Spuren dieses Beispiels weiter zu verfolgen; ich kenne eine Frau, die fast unter den gleichen Aspekten geboren ist. Sie ist von sehr unruhigem Geist, erreicht damit aber nicht nur nichts auf wissenschaftlichem Gebiet (was bei einer Frau nicht verwunderlich ist), sondern bringt auch ihre ganze Gemeinde in Aufregung und ist sich selber Urheberin beklagenswerten Elends. Es kommt also fürs erste zu den Planetenaspekten hinzu die dauernde Einbildung der schwangeren Mutter, für die ihre Schwiegermutter, meine Großmutter, die sich mit der schon von ihrem Vater ausgeübten volkstümlichen Heilkunde befaßte, ein Gegenstand der Bewunderung war. Zweitens kommt hinzu, daß ich als Mann geboren bin, nicht als Frau; den Geschlechtsunterschied suchen die Astrologen vergebens am Himmel. Drittens habe ich von meiner Mutter eine Körperbeschaffenheit bekommen, die mehr zum Studium als zu anderen Lebensberufen geeignet ist. Viertens besaßen die Eltern nicht viel Vermögen, es fehlte die eigene Scholle, auf der ich hätte wachsen und mich festsetzen können. Fünftens waren Schulen da, sowie Fälle, in denen die Behörden Knaben, die sich zum Studium eigneten, in hochherziger Weise entgegenkamen.

Hier mag man, wiederum aus der Nativität, die Unterschiede der Planeten in ihren Eigenschaften einfügen. Wenn die Seele eine Art Licht ist, so wird sie auch die Röte des Mars vom weißen Glanz des Jupiters und dem bleiernen Schein des Saturns unterscheiden. Daher muß man dem Mars eine bedeutende Förderung nicht nur, wie oben, der Emsigkeit, sondern auch der Geistesschärfe, die von feuriger Natur ist, zugestehen. Man kann auch sehen, daß die bedeutendsten Vertreter der Naturwissenschaft und Medizin unter geeigneten Aspekten des Mars mit der Sonne und dem Merkur geboren werden. Denn man braucht zur Erforschung der Geheimnisse der Natur einen schärferen Geist und eine größere Erfindungsgabe als zu den übrigen Lebensberufen und den diesen dienenden Studien. Ich möchte noch etwas Weiteres zugestehen: Von dem in der Himmelsmitte erhöhten Jupiter rührt es her, daß ich mehr Gefallen finde an der Geometrie, die in der physikalischen Welt ausgedrückt ist, als an der abstrakten Geometrie, die die Trockenheit des Saturns an sich [280]

557

trägt, also mehr an der Physik als an der Geometrie. Und der gebuckelte Mond an der hellen Konstellation der Stirn des Stiers ist es, der das Phantasievermögen mit Bildern gefüllt hat, von denen ich jedoch viele als mit der Natur übereinstimmend wirklich erprobt habe, wie wenn sie aus den Urbildern des PROKLOS hervorgegangen wären. Wenn ich nun aber von dem Erfolg meiner Studien sprechen darf, was finde ich am Himmel, das auch nur von ferne auf diesen hinweist? Die Gelehrten geben zu, daß nicht unbeträchtliche Gebiete der Philosophie von mir ganz neu erforscht, verbessert oder gänzlich vervollkommnet worden sind. Aber meine Gestirne waren dabei nicht der morgendliche Merkur im Winkel des siebten Hauses in Quadratur zum Mars, sondern COPERNICUS und TYCHO BRAHE, ohne dessen Beobachtungsjournale alles, was ich bis heute in helles Licht gerückt habe, in Finsternis begraben geblieben wäre; nicht war da Saturn der Gebieter des Merkurs, sondern die erhabenen Kaiser RUDOLPH und MATTHIAS meine Gebieter; nicht war da der Steinbock als Beherrscher des Saturns die Herberge der Planeten, sondern Oberösterreich, das Haus des Kaisers, wozu die Freigebigkeit kam, die mir auf meine Bitte seine Stände in ungewöhnlichem Maß erzeigten. Hier ist der Winkel, nicht der Untergangswinkel der Nativität, sondern der Erdenwinkel, in den ich mich mit Genehmigung meines kaiserlichen Herrn von dem allzu unruhigen Hofe zurückgezogen habe und in dem ich in die Jahre hinein, die sich nun bereits gegen das Ende meines Lebens hin neigen, mein harmonisches Werk und, was ich sonst unter den Händen habe, ausarbeite. Vergebens wird der Astrologe in der Nativität die Ursachen dafür suchen, daß ich im Jahre 1596 die Verhältnisse zwischen den Himmelsbahnen entdeckt habe, im Jahr 1604 die Gesetze des Sehens, im Jahr 1618 die Ursachen, warum die Exzentrizität jedes Planeten gerade so groß und nicht größer oder kleiner ist, in den zwischenliegenden Zeiträumen die Himmelsphysik sowie die Art und Weise, wie sich die Planeten bewegen, nebst den wahren Bewegungen selber und schließlich die metaphysischen Grundlagen der Einwirkung des Himmels auf unsere niedere Welt. All das ist nicht mit dem Himmelsbild in jenes eben erst entzündete und aktiv gewordene Flämmchen des vitalen Vermögens eingeströmt. Es lag vielmehr zum Teil verborgen im innersten Wesen der Seele, nach der oben im Anschluß an PROKLOS angeführten iLehre PLATONS, teils wurde es auf anderem Wege, nämlich durch die Augen, in das Innere aufgenommen. Die einzige Wirkung der Geburtskonstellation bestand darin, daß sie jene Flämmchen der angeborenen Anlage und der Urteilskraft geschneuzt, den Geist zu unermüdlicher Arbeit angespornt und den Wissensdurst vermehrt hat; kurz sie hat den Geist und die genannten Seelenvermögen nicht inspiriert, sondern nur geweckt.

Aus diesem Beispiel wird jedermann leicht klar, daß die Astrologie weit davon entfernt ist, aus einer einzigen Nativität genauen Aufschluß geben zu können über die gewöhnlich aufgeführten Hauptpunkte, Eltern, Geschlecht, Vermögen, Kinder, Zahl der Frauen, Religion, Vorgesetzte, Freunde, Feinde, Erbschaften, Familie, Wohnorte und was es sonst noch unendlich vieles dergleichen gibt.

Inwiefern der Astrologe etwas über die Lebenslänge voraussagen kann, das heißt welche Bedeutung den Direktionen zukommt, will ich gleich nachher sagen. Über das Glück [281] des Neugeborenen muß jetzt, wie ich sehe, noch besonders etwas gesagt werden in Übereinstimmung mit den obigen Ausführungen.

Drei Faktoren sind es, von denen offenbar das Glück des Menschen abhängt, soweit es sich um Natürliches handelt: die Sinnesart, die Physiognomie des Körpers und der Schutzgeist. Am ersten zweifelt niemand; der zweite ist weniger offenkundig und im allgemeinen nicht so bekannt, vom dritten kann ich nur Vermutungen anstellen. Vom ersten, das heißt von der Sinnesart, von der der Lebenswandel abhängt, haben wir bisher gesprochen. Darauf bezieht sich das allgemein geläufige Sprichwort: Jeder ist seines Glückes Schmied. In diesem Ausspruch ist die Summe des ganzen Teils dieser Philosophie enthalten. Wir wollen einen Typus des Handelns und des Charakters, der bereits früher mit dem Beispiel der Frau berührt worden ist, an Stelle aller vor Augen führen. Die Welt der Menschen ist so eingerichtet, daß es nicht nur beim Volk, sondern auch bei den Oberen im Staat und bei der Geistlichkeit immer eine große Menge Leute gibt, die stumpfsinnig sind und nur gewöhnlichen Verstand besitzen. Diesen sind Männer, die eigene Wege gehen, kritisches Urteil besitzen und auf Neuerungen sinnen, lästig und unbequem; sie halten diese nur für Haarspalter und Splitterrichter. Wenn nun jemand Glück haben will – ich meine ein solches, wie es die menschliche Gesellschaft geben kann –, so ist zwar ein gerades Urteil in moralischen Fragen sowie Fleiß und Rührigkeit in den privaten, die Allgemeinheit nicht berührenden Geschäften schlechterdings unerläßlich. Aber es muß dem Geist auch eine Dosis Grobsinnigkeit beigemischt sein; die Art sich zu geben muß den Leuten gefallen, und die Handlungsweise muß derart sein, wie es das gewöhnliche Volk gern sieht. Menschen, die allzu feinsinnig und unruhig sind, schaffen sich meist Ungemach, außer sie flüchten sich in die Abgeschiedenheit irgendwelcher wissenschaftlichen Tätigkeit (und sind deswegen schon gering angesehen und verachtet).

Wenn man daher aus der Geburtsfigur genügende Vermutungen über die Eigenschaften der Sinnesart entnehmen kann, so kann man auch über das Glück dieses Menschen im allgemeinen eine ganz wohlbegründete Vermutung aufstellen, aber auch nur eine Vermutung, sonst nichts. Denn man kann auch eine Enttäuschung erleben, da noch mehr Ursachen, übernatürliche und natürliche, hinzukommen.

Um die zweite Unterlage für das Glück eines Menschen aus der obigen Aufzählung heranzuziehen, das heißt die Würdigung der äußeren Gestalt, so überträgt die Einbildungskraft der Mutter sehr viel hiervon auf den Fötus während der ganzen Zeit der Schwangerschaft, so daß häufig von unglücklichen Eltern (und auch von anderen Menschen oder Tieren, die den schwangeren Frauen oft und nachdrücklich unter die Augen kommen) Gestalt und Charakter und ein hieraus erwachsendes ähnliches Schicksal auf den Fötus übergehen. Aber doch wird auch hier, wie sich oben die geistigen Urbilder des PROKLOS in mehrfacher Weise, als seelische, vitale, bewegliche, manifestierten, insofern sie in die Ideen des Lebens und der Bewegungen verwickelt sind, der Geburtscharakter des Himmels in die Art der äußeren Gestalt hineinversenkt durch eine verborgene Kraft des Formierungsvermögens; er läßt sich auch in den Gesichtszügen des Menschen wiederfinden durch einen noch tiefer verborgenen Instinkt derer, die ihn betrachten. So sieht man, wie sich an die, die unter Konjunktionen mehrerer Planeten mit der Sonne geboren werden (die Astrologen nennen sie δορυφορία), die Kreise ihrer Landsleute wie verzaubert anschließen. Ein Beispiel hierfür, das für die ganze Nachwelt festgehalten zu werden verdient, findet man bei [282] GERONIMO CARDANO in dem Horoskop MARTIN LUTHERS [*I. De supplemento Almanach...; V. De exemplis centum geniturarum.* 1547: 114ᵛ f. (= Nr. 11); siehe M. CASPAR 1939: 382 f.], obwohl mehrere Ursachen bei dieser Volksbewegung zusammenwirkten. Die unter solchem Himmel geboren werden, besitzen (wenn sich auch nicht eine einzige bestimmte Form vorzeichnen läßt) sehr großes Ansehen beim Volk, sie haben eine gewichtige Stimme im Rat und genießen hohe Gunst bei den Fürsten, deren Natur auch ähnlich ist. Daher hält das

Glück häufig zu solchen, die es nicht verdienen und die nicht mit anderen geeigneten Vorzügen des Geistes ausgestattet sind. Hier mag man einfügen, was ich oben über die Physiognomie gesagt habe und was sich sonst noch darüber sagen ließe.

Von den Schutzgeistern bezeugt die göttliche Offenbarung (*Hiob* XXXIII, 23; *Matthäus* XVIII, 10; *Lukas* XV), daß ihnen je der Schutz der einzelnen Menschen übertragen ist und sie die Aufgabe haben, zu mahnen und vor dem Richterstuhl der göttlichen Vorsehung Fürsprache einzulegen. Die Natur der Sinnenwelt hat hier keinerlei Anteil. Wenn jedoch die Astrologen rein zufällige Ereignisse (natürlich gesprochen) aus der Geburtskonstellation voraussagen können, ich meine solche, die nicht in dem schlechten Charakter des Menschen, in seiner Verwegenheit, in der Maßlosigkeit seines Zorns und seines Begehrens ihre Ursache haben, noch von dem ungünstigen Eindruck seines Äußeren abhängen, welche beiden Faktoren wir bisher als die Unterlagen für das Geschick aufgezeigt haben; so wenn ein vom Dach herabfallender Ziegel einen Vorübergehenden trifft, wenn jemand im Wald herumstreift und unvermutet von einer Kugel oder einem Pfeil getroffen wird, wenn der Untergang eines Schiffes die unglücklichen Reisenden den Wellen preisgibt, wenn der eine in den Flammen umkommt, der andere beim Einsturz eines Hauses oder eines Berges verschüttet wird, und umgekehrt, wenn der eine eine unverhoffte Erbschaft macht, der andere zufällig einen Schatz findet – wenn, sage ich, die Geburtskonstellation für solche Ereignisse, die fraglos dem Aufgabenbereich des Schutzengels angehören, Anzeichen enthält, so müssen sich aus dieser Konstellation für diese Betreuung hindernde oder umgekehrt fördernde Wirkungen ergeben. Ob diese Meinung nicht der Gottesverehrung widerspricht, das mögen die Theolpgen entscheiden, zumal jene, die in großer Zahl Nativitäten und Prognostiken schreiben. Ich selber habe eine Erfahrung (ich weiß nicht, wie ich sie nennen soll) gemacht an zwei Menschen, die unter sehr heftigen Konstellationen geboren waren und in ihrer Lebensart nicht weniger heftig waren. So machte sich der eine von ihnen einen Spaß daraus, sich an Steilwänden hinabzustürzen und mitten im Flug das Seil zu erhaschen; hätte er es verfehlt, so wäre es um sein Leben geschehen gewesen. Und doch zeigte es sich, daß sie sich ihr Ende nicht durch ihre Verwegenheit zuzogen. Denn der eine wurde vom Blitz, der andere von der Bleikugel eines Jägers getroffen, als er auf der Lauer nach Wild mit Aug und Ohr abgelenkt war. Ich sehe nicht, wie der Himmel derartige Wirkungen auf den Menschen auszuüben vermag ohne die Schutzgeister, da er doch auch, wie wir festgestellt haben, alle übrigen Wirkungen durch die Vermittlung der Seele und des Körpers des Menschen (denen hier keine Macht zukommt) ausübt. Es ist mir nicht nur einmal widerfahren, da ich mich lange sehr in Mitleid gequält habe mit Menschen, die durch ein zufälliges Unglück endigten und die ich für vollkommen rechtschaffen hielt, hernach aber von glaubwürdiger Seite erfahren mußte, daß sie schlimmer als andere einen Lebenswandel führten, der geeignet ist, den guten Engel zu vertreiben wie der Rauch die Bienen und den Menschen wie einen Wagen ohne Lenker blinden Zufällen preiszugeben, wo er dann aus dem Vaterhause Gottes, seines Schöpfers, verstoßen [283] ganz seinem eigenen Willen, ja der Gewalt des Teufels überantwortet ist. Ob etwas Derartiges auch bei den vorhin angeführten Beispielen anzunehmen ist und jene Ereignisse der göttlichen Vergeltung zuzuschreiben sind, das weiß allein der, der die Herzen durchforscht und der die Sünde der Väter an den Söhnen bis auf das dritte und vierte Glied heimsucht. Doch sei es ferne von mir, daß ich solches von allen urteilen möchte, die durch einen unglücklichen Zufall ihr Ende finden. Aber einen solchen gottlosen Lebenswandel können die Wahrsager nicht aus den Sternen ablesen; denn an der Himmelsfigur sind auch die göttlichen Gnadenmittel nicht abgebildet gegen die verderbten Neigungen der Seele, in die der Einfluß des Himmels seit dem Sündenfall ausartet, indem er zwar nicht selber verderbt, aber den verderbten Sinn antreibt. Noch viel weniger sind in dem fahlen Schein des Saturns oder in der Röte des Mars wie in Pandekten die Strafarten eingeschrieben, die die einzelnen Sünden verdienen. Da also ein unmittelbarer Zusammenhang dieser Dinge mit dem Himmel nicht besteht, so habe ich seit 20 Jahren zu allgemeiner Erwägung immer wieder die Fragen aufgestellt: Kann man annehmen, daß ebenso wie nach *Daniel*, Kapitel IX die Schutzgeister der Länder und Völker über die Hindernisse seitens der Geister der Hinterlist klagen, so auch die Schutzgeister der einzelnen Menschen von den Sternen in natürlicher Weise Hindernisse erfahren, so daß sie den bösen Mächten der Luft, die uns mit ihrem ganzen Heerbann nachstellen, nicht gehörig Widerstand leisten können? Kann man jene Hindernisse aus der Geburtskonstellation des Menschen ablesen, die vielleicht auch in den Schutzgeist eingeströmt ist wie in die Seele des Neugeborenen? Liegt hierin der Grund, wenn ein Mensch dauernd Unglück hat, so daß das Sprichwort entstanden ist:

Kein Unglück kommt allein? Verhindert Gott aber diesen Lauf der unsichtbaren Welt deswegen nicht häufig, weil er meistens auch aus jener Verhinderung des Schutzes etwas Gutes hervorzubringen weiß, was dem Gefährdeten, wenn er wohlgefällig ist, zum Vorteil ausschlägt, wenn nicht, das Maß gerechter Strafe erfüllt? Jedenfalls mahnt der Schutzengel, wenn er ein drohendes Übel nicht abwenden kann, auf verborgene Weise, so daß er seinen Schützling nicht unvorbereitet zugrunde gehen läßt. Derartige Vorzeichen und Warnungen gingen auch dem kürzlich erfolgten Bergsturz in Rätien voraus.

Es mag also diese dritte Unterlage menschlichen Glücks nur auf Vermutungen beruhen; fest will ich nichts behaupten. Wir müssen nun zur Betrachtung des Wesens der vitalen Fähigkeit der Seele zurückkehren. Man kann nämlich die Frage erheben, ob der Charakter des Himmels erst im Augenblick der Geburt einströmt, ob also der Fötus erst bei der Geburt die vitale Fähigkeit der Seele empfängt, und ob ich sagen will, er sei vor der Geburt unbeseelt. Allerdings empfängt er das eigentliche vitale, energetische Vermögen erst dann wirklich, wenn er von der Mutter getrennt wird. Vorher wird er durch die Strahlen des mütterlichen vitalen Flämmchens erleuchtet durch Vermittlung der Nabelvene und -arterie. Diese Arterie mündet im Herzen des Fötus, und zwar ist diese Mündung gesondert von jenen beiden, durch die es hernach einerseits das Blut, andererseits die Luft aus den Lungen aufnimmt, um die eigene Lebensflamme in seinem Innern zu unterhalten. Diese besondere Mündung des Herzes schließt sich und verschwindet ganz am ersten Lebenstag, wie mir in Prag an einem eben geworfenen Ferkel GREGOR HORST, der Leibarzt des Landgrafen [WILHELM IV.] VON HESSEN-KASSEL, [284] ein hocherfahrener Kenner der ganzen Natur, gezeigt hat. Daraus leite ich den Schluß ab, daß das Herz des Fötus, solange er sich im Mutterleib befindet, der Atmung ebenso entbehrt wie der Bewegung der Zusammenziehung und Erweiterung und daß daher die Flamme des eigenen Lebens in ihm noch nicht entzündet ist. Und um diesen so wahrheitsgetreuen Vergleich noch weiter zu treiben, möchte ich sagen: wie sich der Rauch eines Holzdaches, das infolge eines Brandes glostet, zur Flamme verhält, die es plötzlich erfaßt, so verhält sich auch das, was im Fötus vorausgeht, zum vitalen Vermögen, das bei der Geburt oder kurz zuvor entzündet wird.

In diesem bei der Geburt entzündeten vitalen Vermögen des Menschen offenbart sich nun ganz besonders jene Art von Gedächtnis, die ich oben in der Erdseele aufgezeigt habe. Denn die nachdrückliche Wirkung des Himmelscharakters und aller Teile der Geburtskonstellation, seine Dauerhaftigkeit in der Seele ist so groß, daß er sich vor dem Ende des Lebens nicht mehr verliert. Bei allen Durchgängen der Planeten durch die ausgezeichneten Punkte dieser Konstellation gerät dieses Vermögen in eine Erregung, wie wenn diese Örter nicht bloß in der Seele haftende Bilder von Erscheinungen wären, die vorüber sind, sondern wirkliche Gestirne und so, um ein Beispiel zu gebrauchen, nicht nur eine Sonne, sondern zwei Sonnen am Himmel wären, die sich miteinander vereinigen und durch diese Vereinigung die Natur des vitalen Vermögens in der obengenannten Weise erregen.

Ein vollkommen klares und über jede Einwendung erhabenes Zeugnis hierfür liegt in der engen Verwandtschaft der Nativitäten, unter denen einerseits die Eltern, andererseits ihre Kinder geboren werden. Wenn nämlich der Fötus reif ist, so schickt sich das formierende und über das Gebären gesetzte Seelenvermögen hauptsächlich dann an, den Fötus auszustoßen und dadurch eine neue vitale Fähigkeit in dessen Seele zu entzünden, wenn die Gestirne zu den Örtern der mütterlichen oder väterlichen Nativität oder zu den gleichen Konfigurationen zurückgekehrt sind und damit die Seele an sich selber und an ihren Himmelscharakter erinnern. Siehe mein *Buch vom Neuen Stern* S. 43 [KGW I: 195 f.].

Wie nun, wenn dieses Vermögen nicht nur die wirklichen Durchgänge der Planeten durch die Örter der Nativität bemerkt, sondern auch das Nachrücken der Teile des Himmels, die in der Geburtskonstellation die Planeten innehatten, in die Hauptörter der Konstellationen, die jeweils entstehen, wenn ganze Tage von der Geburt an verstrichen sind, wobei es das Verhältnis des Tages zum Jahr einhält (deren beider Dauer nach COPERNICUS von dem Lauf der Erde abhängt)? Wenn es nach diesem Verhältnis seine Werke über das ganze Leben des Menschen hin verteilt, so daß also im gleichen Verhältnis, in dem das Jahr länger ist als der Tag, die Wirkung auf ein Zeichen in der Direktion später kommt als das Zeichen in der Direktion auf die Geburt? Es dauert dann also jener himmlische Einfluß nicht nur ruhend an, er dehnt sich vielmehr, während er dauert, und erstreckt sich auf die längeren Perioden des Lebens. Denn jenes Vermögen ist nicht nur ein Kreis, sondern auch urbildliche Kreisbewegung, und zwar eine doppelte; es ist schließlich auch durch diese Bewegung urbildliche Zeit. Siehe oben S. 117 [= oben S. 478] die Worte des PROKLOS. Wie das möglich ist, lehrt uns wiederum das Gedächtnis, das ein etwas höheres Vermögen ist. Während auf einem Gemälde die Gegenstände nur mit ihren örtlichen Umständen gemalt werden, werden im Gedächtnis [285] die Geschehnisse auch mit dem Merkmal der Zeit festgehalten; bei den Direktionen schließlich wird der Charakter der örtlichen Lagen und der in der Zeit abgelaufenen Bewegungen in Wirkungen auseinandergezogen unter Einhaltung des in der sinnlichen Welt existierenden Verhältnisses der täglichen Revolution zur jährlichen Translation unter dem Tierkreis, so daß also die Wirkungen von den entsprechenden Anreizen zeitlich abstehen. Man könnte auch sagen, zugleich mit dem Körper des Neugeborenen wachse die Zeit des Geburtscharakters der Bewegungen.

Was nun die Astrologen über die Länge des Lebens wähnen, aus der Nativität voraussagen zu können, das läßt sich alles in der Hauptsache so zusammenfassen: Indem die Direktionen durch ihr Vorspiel aus der Geburtskonstellation, gleichsam vom Katheder herab, die vitale Fähigkeit unterrichten, in welchem Jahr besonders der eine oder andere überströmende Saft aus dem Körper ausgetrieben oder geschüttelt werden muß, ist dies ein Anreiz für die Natur, ihr außerordentliches Werk, das sich der Verlängerung des Lebens fügt, zu vollbringen. Der Tod steht nicht in den Sternen, nicht in der Geburtskonstellation, nicht in der Direktion, noch weniger die verschiedenen Todesarten. Es ist die Materie des Körpers, die die Lebensflamme entweder durch ihren Überschuß erstickt oder durch ihr Fehlen zum Erlöschen bringt, die die Anstrengungen der Natur vereitelt und zum Untergang ausschlagen läßt. Es ist die Sünde, die das menschliche Geschlecht des ihm einst gewährten Heilmittels der Unsterblichkeit beraubt hat, und die auch jetzt noch den Schutzengel von der Beschützung des Lebens gegen die Angriffe der bösen Geister, der Menschen und der Elemente abhält, vertreibt und zurückstößt. Doch hierüber wäre in der Astrologie mehr zu sagen; ich habe mich auch darüber nicht allzu knapp in meinem *Buch vom Neuen Stern* S. 43 und im *Tertius interveniens* Nr. 65 ff. ausgesprochen. Vielleicht wird es auch dazu kommen, daß ich das Werk des GIOVANNI PICO DELLA MIRANDOLA mit einem Kommentar herausgebe, falls es sich zeigt, daß dies den Freunden der Wissenschaft willkommen ist und mir die nötigen Mittel zur Verfügung stehen.

Da ich nun rasch zum Schluß kommen will, möchte ich nur noch eine Vergleichung des vitalen Vermögens im Menschen mit der Erdseele hinsichtlich des Einflusses der Himmelserscheinungen anfügen. Der Unterschied liegt offenbar darin, daß die Erdseele ein Kreis ist, der nirgends Anfang und Ende hat, noch an irgendeiner Stelle zusammengeknüpft ist, das vitale Vermögen der Menschen aber einem Kreis gleicht, der gleichsam an verschiedenen Stellen zusammengeknüpft ist. Die Ursache hierfür ist darin zu suchen, daß die Erdseele keinen Geburtscharakter besitzt, da sie immer gleichbleibt und nie geboren oder entzündet wird. Die junge Geburt des Menschen aber, dem Tod so nahe, hat den Charakter ihres Ursprungs angenommen, der den Tierkreis durch einen bestimmten Anfangs- und Endpunkt zerschneidet. Und mag man auch der Erde einen Geburtscharakter entsprechend dem ersten Schöpfungstage zuweisen, so steht ihr doch immer der ganze Himmelsraum gegenüber, an dem es keinen Anfang und kein Ende, keinen Aufgangs- und keinen Untergangspunkt gibt. Für den Menschen dagegen verdeckt die Oberfläche der Erde die Hälfte des Himmels und markiert Aufgangs- und Untergangspunkte. Damit ist der Kern des Vergleichs klar.

[286] Dieser Vergleich des aktiven vitalen Vermögens mit einem an verschiedenen Stellen geknoteten Kreis ist so wahr, daß auch zu Beginn einer Krankheit (die gleichsam ein neues Leben, das heißt eine neue Energie des vitalen Vermögens ist, eine außerordentliche Tätigkeit von ihm, die zwar natürlich ist, aber doch über die Natur der normalen Leibesbeschaffenheit hinausgeht und einen schädlichen Saft aus dem Körper auszutreiben bestrebt ist) der Ort, den der Mond einnimmt, in die Seele einfließt und gleichsam die Bedeutung eines wirklichen Mondes, der an diesem seinem Ort unbeweglich ist, erhält. Wenn dann der wirkliche Mond zu diesem Ort in Quadratur oder Opposition kommt, so wird die Natur des Menschen zum Kampf mit der Krankheit aufgereizt. Darauf beruht die Lehre von den Krankheitskrisen, worüber ich mich eingehend genug im *Tertius Interveniens* Nr. 70 ff. ausgesprochen habe.

Damit mag für jetzt genug gesagt sein auch über das niedere Vermögen der menschlichen Seele sowie über diesen ganzen Stoffbereich.

Die Ausführungen, die ich im vorausgehenden über die Seele vorgetragen habe, verfolgen nicht die Absicht, die Liebhaber der göttlichen Philosophie vom Lesen der metaphysischen Schriftsteller abzuhalten und den so vielen tiefgründigen griechischen, arabischen und lateinischen Auslegern des PLATON und ARISTOTELES die Augen auszustechen, einem PLOTINOS, THEMISTIOS, SIMPLIKIOS, PORPHYRIOS, ALEXANDROS, AVERROËS und sei-

566

nen zahlreichen Stammesgenossen, die er anführt, sowie einem BOËTHIUS und dem jüngsten und scharfsinnigsten JULIUS CAESAR SCALIGER, die alle über die Seele und die Ideen geschrieben haben. Ich wollte vielmehr das, was ich in Ausübung meines Berufes aus dem tiefsten Schacht meiner harmonischen Studien zutage gefördert habe und was, soweit ich weiß, von jenen Männern noch nicht berührt worden ist, zu ihren Betrachtungen als Ergänzung hinzufügen. Alle, die sich nach mir daranmachen wollen, sich mit dieser metaphysischen Betrachtung zu beschäftigen, die genannten Autoren zu studieren, diese meine eigenen Versuche und Erfahrungen mit den Gedankengängen jener zu vergleichen und beide Teile je nach dem scharfen Maßstab des anderen mit vollkommen offener und uneingeschränkter Kritik zu prüfen (was, ich gestehe es, von mir bei dieser Gelegenheit nicht geschehen ist), sie alle sollen dadurch in den Stand gesetzt werden, dieses Gebiet der Metaphysik klarer und zuverlässiger und in allen Teilen vollkommener zu gestalten. Auf daß dies zur Ehre des hochgebenedeiten Namens Gottes des Schöpfers alles Sichtbaren und Unsichtbaren, zur Mehrung des rechtschaffenen und heiligen Lebenswandels der Forscher und zum ewigen Heil recht vieler Seelen gereiche, darum bitte ich flehentlich den dreieinigen Gott.

Ende des IV. Buches

IO. KEPLERI
HARMONICES MUNDI
LIBER V.

DE HARMONIA PERFE-
CTISSIMA MOTUUM CŒLESTIUM,
ortuque ex ijsdem Eccentricitatum, Semidiametrorumque &
Temporum periodicorum.

*Ad normam doctrinæ astronomicæ hodiernæ emendatissimæ, Hypotheseisq́ Copernici,
sed & Tychonis Brahei: quarum alterutra hodiè, Ptolemaica antiquatu, ut
verissima, publicè recipiuntur.*

GALENUS DE USU PARTIUM LIBRO III.

Ἱερὸν λόγον ἐγὼ, τῷ δημιεργησαντ῾ ἡμᾶς ὑμνον ἀληθινὸν
σιωτίθημι, καὶ νομίζω, τᾶτ᾽ ἔναι τἰω εὐσέβειαν, ὀυχὶ ἐι ταύρων ἑκα-
τόμβας ἀυτῶ παμπόλλας καταθύσαιμι, καὶ τὰ ἄλλα μυρία
μύρα θυμιάσαιμι, καὶ κασίας· ἀλλ᾽ εἰ γνοίlω μὲν ἀυτὸς, ἔπειlα δὲ
καὶ τοῖς ἄλλοις ἐξηγησαίμlω, οἷος μεν᾽ ἐστι τἰω σοφίαν, οἷος ͼ τἰω
δίιυαμιν, ὁποῖος δὲ τἰω χρηστότητα. τὸ γὰρ κοσμεῖν ἐθέλειν ἄπαν-
ƚα τὸν ἐνδεχόμlυον κόσμον, καὶ μηδενὶ φθονεῖν τῶν ἀγαθῶν, τῆς τε-
λειοτάτης χρηστότητος ἐγὼ δεῖγμα τίθεμαι: καὶ ταύτη μlυ ὡς ἀγα-
θὸς ἡμῖν ὑμνείσθω, τὸ δ᾽ ὡς ἂν μάλιϛα κοσμηθείη, πᾶν ἐξευρεῖν,
ἀκρας σοφίας, τὸ δὲ καὶ δρᾶσαι πάνθ᾽ ὅσα προεῖλεƚο,
δυυάμεως ἀπήτȣ.

Id est:
Sacrum sermonem, hymnum Deo Conditori verissimum ordior,
pietatem hanc esse ratus, non ut he catombas illi Taurorum plurimas immolem, odores innumeros
adoleam & Casiam: sed ut primùm Ipse discam, pòst & cæteros doceam, & quantus ille sit sapientiâ,
quantus potentiâ, & qualis bonitate. Velle enim omnia, quanto posset ornatu, decorare, nec ulli
Bona sua invidere; id ego Bonitatis consummatissimæ documentum statuo; hactenusq; ut Bonum
celebro: Omnia verò invenire, quibus quàm maximè exornarentur, eminentissimæ Sapientiæ;
Omnia deniq;, quæ statuerat, in opus producere, Potentiæ insuperabilis.
✤ (?) ✤

Cum S. C. M. Privilegio ad annos XV.

LINCII AVSTRIÆ
Excudebat Johannes Plancus,

ANNO M. DC. XIX.

JOHANNES KEPLER

V. BUCH DER WELTHARMONIK

Die vollkommenste Harmonie in den himmlischen Bewegungen und die daher rührende Entstehung der Exzentrizitäten, Bahnhalbmesser und Umlaufzeiten

Nach dem Stand der heutigen, vollkommen verbesserten astronomischen Wissenschaft und in Übereinstimmung mit den Hypothesen des Copernicus, aber auch des Tycho Brahe, von denen die einen oder die anderen heutzutage nach Veraltung der ptolemaiischen Hypothesen als wahr allgemein angenommen werden.

GALENOS:
Vom Gebrauch der Leibesglieder, Buch III:

»Eine heilige Rede, einen Hymnus aus aufrichtigem Herzen auf Gott unseren Schöpfer will ich verfassen, da ich glaube, daß das wahre Frömmigkeit ist, nicht wenn ich zahlreiche Hekatomben von Stieren opfere und dazu Wohlgerüche und Räucherwerk in großer Menge darbringe, sondern wenn ich zuerst selber erkenne und dann den anderen verkünde, wie groß Er ist an Weisheit, wie groß an Macht, wie reich an Güte. Denn den Willen besessen zu haben, alles so schön wie möglich zu schmücken und niemandem das Gute vorzuenthalten, das stelle ich als Zeichen vollkommenster Güte auf. Wird Er deswegen von uns als der Gütige gepriesen, so ist es ein Zeichen höchster Weisheit, wie Er alles so ausgedacht hat, wie es am schönsten geschmückt würde, und ein Zeichen unüberwindlicher Macht, wenn Er auch alles ausgeführt hat, was in seinem Plane lag.«

Mit Kaiserlichem Privileg auf 15 Jahre

LINZ IN ÖSTERREICH

Gedruckt von Johannes Plank. 1619

Vorrede

Was ich vor 25 Jahren vorausgeahnt habe, ehe ich noch die fünf regulären Körper zwischen den Himmelsbahnen entdeckt hatte, was in meiner Überzeugung feststand, ehe ich die harmonische Schrift des PTOLEMAIOS gelesen hatte, was ich durch die Wahl des Titels zu diesem Buch meinen Freunden versprochen habe, ehe ich über die Sache selber ganz im klaren war, was ich vor 16 Jahren in einer Veröffentlichung als Ziel der Forschung aufgestellt habe, was mich veranlaßt hat, den besten Teil meines Lebens astronomischen Studien zu widmen, TYCHO BRAHE aufzusuchen und Prag als Wohnsitz zu wählen, das habe ich mit Gottes Hilfe, der meine Begeisterung entzündet und ein unbändiges Verlangen in mir geweckt hatte, der mein Leben und meine Geisteskraft frisch erhielt und mir auch die übrigen Mittel durch die Freigebigkeit zweier Kaiser und der Stände meines Landes Österreich ob der Enns verschaffte – das habe ich also nach Erledigung meiner astronomischen Aufgabe, bis es genug war, endlich ans Licht gebracht. In einem höheren Maße als ich je hoffen konnte, habe ich als durchaus wahr und richtig erkannt, daß sich die ganze Welt der Harmonik, so groß sie ist, mit allen ihren im III. Buch auseinandergesetzten Teilen bei den himmlischen Bewegungen findet, zwar nicht in der Art, wie ich mir vorgestellt hatte (und das ist nicht der letzte Teil meiner Freude), sondern in einer ganz anderen, zugleich höchst ausgezeichneten und vollkommenen Weise. In der Zwischenzeit, in der mich die höchst mühsame Verbesserung der Theorie der Himmelsbewegungen in Spannung hielt, kam zu besonderer Steigerung meines leidenschaftlichen Wissensverlangens und zum Ansporn meines Vorsatzes die Lektüre der harmonischen Schrift des PTOLEMAIOS hinzu, von der mir ein ausgezeichneter Mann, ein geborener Förderer der Wissenschaft und jeglicher Art von Bildung, der bayerische Kanzler JOHANN GEORG HERWART, eine Handschrift geschickt hat. Darin fand ich wider Erwarten und zu meiner höchsten Verwunderung, daß sich fast das ganze III. Buch schon vor 1500 Jahren mit einer gleichen Betrachtung der himmlischen Harmonie beschäftigte. Allein es fehlte zu jener Zeit der Astronomie noch vieles. Daher konnte PTOLEMAIOS, der die Sache erfolglos angefaßt hatte, ihre Aussichtslosigkeit anderen vorhalten; machte er doch den Eindruck, als würde er eher mit dem [Traum des] *Scipio* bei CICERO einen lieblichen pythagoreischen Traum vortragen, als die philosophische Erkenntnis fördern. Mich jedoch hat in der nachdrücklichen Verfolgung meines Vorhabens nicht nur der niedere Stand der alten Astronomie gewaltig bestärkt, sondern auch die auffallend genaue Übereinstimmung unserer fünfzehn Jahrhunderte auseinanderliegenden Betrachtungen. Denn wozu bedarf es vieler Worte? Die Natur selber wollte sich den Menschen offenbaren durch den Mund von Männern, die sich zu ganz verschiedenen Jahrhunderten an ihre Deutung machten. Es liegt ein Fingerzeig Gottes darin, um mit den Hebräern zu reden, daß im Geist von zwei Männern, die sich ganz der Betrachtung der Natur hingegeben hatten, der gleiche Gedanke an die harmonische Gestaltung der Welt auftauchte; denn keiner war Führer des andern beim Beschreiten dieses Weges. Jetzt, [290] nachdem vor achtzehn Monaten das erste Morgenlicht, vor drei Monaten der helle Tag, vor ganz wenigen Tagen aber die volle Sonne einer höchst wunderbaren Schau aufgegangen ist, hält mich nichts zurück. Jawohl, ich überlasse mich heiliger Raserei. Ich trotze höhnend den Sterblichen mit dem offenen Bekenntnis: Ich habe die goldenen Gefäße der Ägypter geraubt, um meinem Gott daraus eine heilige Hütte einzurichten weitab von den Grenzen Ägyptens. Verzeiht ihr mir, so freue ich mich. Zürnt ihr mir, so ertrage ich es. Wohlan ich werfe den Würfel und schreibe ein Buch für die Gegenwart oder die Nachwelt. Mir ist es gleich. Es mag hundert Jahre seines Lesers harren, hat doch auch Gott sechstausend Jahre auf den Beschauer gewartet.

DIE KAPITEL DIESES BUCHES SIND FOLGENDE:

572

V.   Daß die Töne der Tonleiter oder die Stufen des Systems sowie die Tongeschlechter Dur und Moll von bestimmten Bewegungen ausgedrückt werden.

VI.   Daß die Tonarten oder die musikalischen Modi je in gewisser Weise von den einzelnen Planeten ausgedrückt werden.

VII. Daß es Kontrapunkte oder Gesamtharmonien aller Planeten geben kann, und zwar verschiedene, indem eine aus der anderen folgt.

VIII. Daß in den Planeten die Natur der vier Stimmen Diskant, Alt, Tenor, Baß ausgedrückt ist.

IX.   Beweis, daß zur Erzielung dieser harmonischen Anordnung die Exzentrizitäten der Planeten geradeso, wie sie ein jeder von ihnen besitzt, und nicht anders gemacht werden dürfen.

X.   Epilog über die Sonne, aus gedrängten mutmaßlichen Annahmen.

Ein Anhang enthält*:

I.   Die Übersetzung des III. Buches der Harmonik von Ptolemaios vom 3. Kapitel an, das den gleichen Stoff behandelt.

II.   Die Ergänzung des ptolemaiischen Textes in den drei letzten Kapiteln des Ptolemaios, von denen Ptolemaios nur die Titel aufgesetzt hat.

III. Anmerkungen zu diesem Teil der Harmonik, in denen ich den Verfasser erkläre, widerlege und seine Entdeckungen und Lösungsversuche mit den meinigen vergleiche.

---

* [Die Anhänge beziehungsweise das, was Kepler statt dieser Ankündigungen im Anhang abdruckte, sind hier nicht mit abgedruckt worden.]

[291] Im Begriff, meine Aufgabe zu beginnen, möchte ich den Lesern die so fromme Mahnung des Timaios, eines heidnischen Philosophen, zu Beginn seiner Untersuchungen über denselben Gegenstand einschärfen, eine Mahnung, die die Christen mit höchster Bewunderung und, wenn sie es ihm nicht gleichtun, mit Beschämung vernehmen müssen. Sie lautet also [Platon: *Timaios* 5, 27 C]: »Nun, Sokrates, alle, die auch nur ein ganz klein wenig gesunden Verstand haben, rufen immer Gott an, so oft sie eine Aufgabe, mag sie leicht oder schwierig sein, in Angriff nehmen. Wir aber haben die Absicht, über das Weltall zu sprechen. Wenn wir daher nicht ganz von der gesunden Vernunft abweichen wollen, ist es unsere zwingende Pflicht, zusammen die Götter und Göttinnen anzurufen und darum zu beten, daß wir solches sagen, was zuvörderst ihnen, hernach aber auch euch angenehm und willkommen ist.«

I. Kapitel

Über die fünf regulären Körper

Wie sich die ebenen regulären Figuren zur Bildung räumlicher Figuren zusammenfügen, ist im II. Buch gesagt worden. Wir haben ja daselbst (unter anderen) von den fünf Körpern im Hinblick auf ihre Seitenflächen gesprochen. Ihre Fünfzahl ist jedoch dort bereits nachgewiesen worden; auch haben wir erklärt, warum sie von den Platonikern kosmische Körper genannt worden sind und mit welchem Element jeder einzelne von ihnen verglichen wird und wegen welcher Eigenschaft. Nun müssen wir zu Anfang dieses Buches nochmals von diesen Figuren handeln, wegen ihrer selbst, nicht wegen ihrer Seitenflächen,

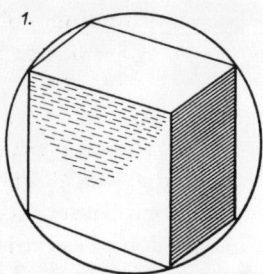
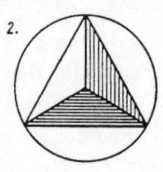
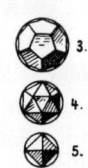

Die um die Ecken beschriebenen Kreise stellen Kugeln dar; diese sind aber, ausgenommen in (5.), ein wenig größer als diese Kreise zu denken, so daß sie durch alle Ecken der Figur gehen. Das Größenverhältnis ist derart, daß die Kugel von (5.) in (4.) einbeschrieben werden kann, die von (4.) in (3.), die von (3.) in (2.) und die von (2.) in den Würfel (1.), wobei alle sechs Seitenflächen in den Mittelpunkten berührt werden.

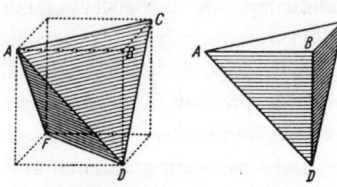

Tetraëder im Würfel: Jede Seitenfläche des Tetraëders, beispielsweise *ACD*, ist von einer Würfelecke *ACDB* bedeckt.

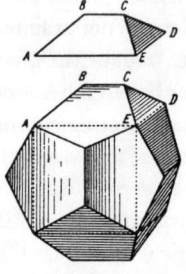

Würfel im Dodekaëder: Jede Seitenfläche des Würfels, beispielsweise *AED*, ist von zwei Dodekaëderecken, das heißt von einem Pentaëder *ABCDE* bedeckt, das durch die beiden Ebenen *DCA* und *ARD* in drei nichtähnliche Tetraëder zerlegt werden kann.

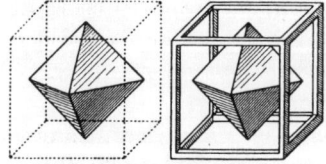

Oktaëder im Würfel

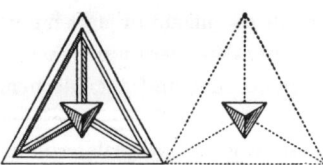

Tetraëder im Tetraëder

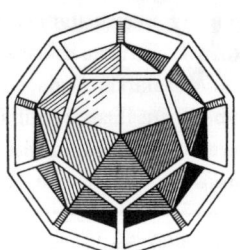

Ikosaëder im Dodekaëder

576

soweit es für die Harmonien des Himmels erforderlich ist. Alles übrige findet der Leser im II. Teil meiner *Epitome Astronomiae Copernicanae*, Buch IV.

Aus meinem *Mysterium Cosmographicum* erwähne ich hier in Kürze die Anordnung der fünf Körper in der Welt, von denen drei primär, zwei sekundär sind. Der Würfel (1.) ist der äußerste und größte, da er nach der Form seiner Entstehung der erste Körper ist und ein Ganzes darstellt. Darauf folgt das Tetraëder (2.) gleichsam als Teil, der durch Beschneidung eines Würfels gebildet wird; es ist jedoch ebenfalls primär wegen seiner dreikantigen Ecke, wie der Würfel. [292] Nach dem Tetraëder kommt das Dodekaëder (3.), der letzte der primären Körper, der gleichsam eine Zusammensetzung ist aus tetraëderähnlichen Würfelteilen, das heißt unregelmäßigen Tetraëdern, die den inneren Würfel bedecken. Darauf folgt das Ikosaëder (4.) wegen seiner Gestaltähnlichkeit, der letzte der sekundären Körper, deren Ecke mehrkantig ist. Der innerste Körper ist das Oktaëder (5.), das dem Würfel ähnlich ist, der erste sekundäre Körper; da er dem Würfel einbeschreibbar ist, gebührt ihm von innen aus der erste Platz, wie dem umbeschreibbaren Würfel der erste Platz von außen an.

Es treten nun unter den Figuren zwei bemerkenswerte Pärchen auf, die je aus verschiedenen Klassen zusammengestellt sind. Die Männchen sind der Würfel und das Dodekaëder aus der Klasse der primären Körper, die Weibchen sind das Oktaëder und das Ikosaëder, die sekundären Körper. Dazu kommt gleichsam ein Einzelgänger oder Zwitter, das Tetraëder, da es sich selber einbeschreiben läßt, wie jene Weibchen den Männchen einbeschrieben werden können, gleichsam unter ihnen liegen und den männlichen entgegengesetzte weibliche Geschlechtsmerkmale besitzen, das heißt Ecken gegenüber Seitenflächen.

Wie ferner das Tetraëder Element, Eingeweide und gleichsam eine Rippe des Männchens Würfel ist, so ist in anderer Weise das Weibchen Oktaëder Element und Teil des Tetraëders. Dieses steht also mitten zwischen diesem Pärchen.

[293] Der Hauptunterschied bei diesen Verbindungen oder Familien besteht darin, daß bei der Würfelfamilie das Verhältnis aussprechbar ist. Denn das Tetraëder ist ein Drittel des Würfelkörpers, das Oktaëder die Hälfte des Tetraëderkörpers oder also ein Sechstel des Würfels. Bei der Dodekaëderfamilie dagegen ist das Verhältnis zwar unaussprechbar, aber göttlich.

Bei der Verbindung dieser beiden Wörter muß sich der Leser in acht nehmen bezüglich ihrer Bedeutung. Denn das Wort »unaussprechbar«

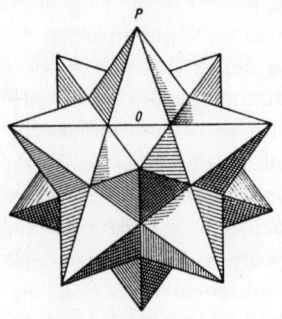

enthält hier an sich nicht eine Auszeichnung, wie sonst in der Theologie und in den Aussagen über das Göttliche; es bezeichnet vielmehr eine mindere Eigenschaft. Denn es gibt in der Geometrie, wie im I. Buch gesagt worden ist, vieles, was unaussprechbar ist, aber deswegen doch nicht an der göttlichen Proportion teilhat. Was man aber unter göttlicher Proportion (man sollte sie eher »sectoria« nennen) versteht, kann man im I. Buch erfahren. Während die anderen Proportionen ihre vier Glieder, die stetigen drei haben, erfordert die göttliche Proportion außer der Proportionalität noch eine besondere Eigenschaft der Glieder, daß nämlich die beiden kleineren Glieder als Teile das große Glied, das Ganze, ausmachen.

So groß nun also die Einbuße ist, die die Dodekaëderfamilie erleidet, da die zugehörige Proportion unaussprechbar ist, so groß ist andererseits wieder ihr Gewinn, da sie die unaussprechbare Proportion zur göttlichen erhebt.

Diese Familie enthält auch einen räumlichen Stern, der aus der Erweiterung von je fünf Seitenflächen des Dodekaëders bis zum Schnitt in einem einzigen Punkt entsteht. Näheres über seine Entstehung findet man im II. Buch. Schließlich soll noch das Verhältnis der umbeschriebenen zu den einbeschriebenen Kugeln vermerkt werden. Dieses ist beim Tetraëder aussprechbar, nämlich 100000 zu 33333 oder 3 zu 1, beim Würfelpärchen unaussprechbar; es ist jedoch der Halbmesser der einbeschriebenen Kugel in Potenz aussprechbar, nämlich gleich der Wurzel aus dem dritten Teil des Quadrats des Durchmessers; das Verhältnis ist also 100000 zu 57735. Beim Dodekaëderpärchen ist das Verhältnis ganz unaussprechbar, nämlich gleich 100000 zu 79465; beim Stern ist es gleich 100000 zu 52573, das heißt gleich der Hälfte der Seite des Ikosaëders oder des Abstandes zweier Ecken des Sterns.

Über die Verwandtschaft der harmonischen Proportionen mit den fünf regulären Körpern

Diese Verwandtschaft ist mehrfacher verschiedener Art. Man kann jedoch hauptsächlich vier Grade unterscheiden. Entweder entnimmt man das Merkmal der Verwandtschaft nur der äußeren Form, die die Körper haben; oder es treten bei der Konstruktion der Seite Proportionen auf, die zugleich auch harmonisch sind; oder solche Proportionen ergeben sich aus den bereits konstruierten Körpern, wobei diese einzeln oder zusammen genommen werden können; oder schließlich diese Proportionen sind gleich oder annähernd gleich den Proportionen der Kugeln der Körper.

Nach dem ersten Grad stehen Proportionen, deren Kennziffer oder größeres Glied 3 ist, in Verwandtschaft zur dreieckigen Seitenfläche des Tetraëders, Oktaëders und Ikosaëders; die mit dem größeren Glied 4 zur quadratischen Seitenfläche des Würfels und die mit dem größeren Glied 5 zur fünfeckigen Seitenfläche des Dodekaëders.

Man kann diese Analogie der Seitenfläche auch auf das kleinere Glied der Proportion ausdehnen. Danach mag man jede Proportion, bei der die Zahl 3 neben einer Potenz von 2 steht, für verwandt mit den drei erstgenannten Körpern halten, wie $1/3$, $2/3$, $4/3$, $8/3$ usw.; die Proportionen mit der Zahl 5 mag man ganz für die Dodekaëderfamilie beanspruchen, wie $2/5$, $4/5$, $8/5$, ebenso $3/5$, $3/10$, $6/5$, $12/5$, $24/5$. Weniger annehmbar wird die Verwandtschaft sein, wenn die Summe der Glieder diese Analogie ausdrückt, wie wenn beispielsweise die Proportion $2/3$, bei der die Summe der Glieder 5 ist, deswegen mit dem Dodekaëder verwandt sein soll.

Von ähnlicher Art ist die Verwandtschaft aufgrund der äußerlichen Gestalt der Körperecke, die bei den primären Körpern dreikantig, beim Oktaëder vierkantig, beim Ikosaëder fünfkantig ist. Wenn also das eine Glied der Proportion an der Dreizahl teilhat, so wird die Proportion mit den primären Körpern verwandt sein, wenn an der Vierzahl, mit dem Oktaëder, und wenn an der Fünfzahl, mit dem Ikosaëder. Bei den Weibchen ist diese Verwandtschaft aber schöner, da der Gestalt der Ecke auch die charakteristische Figur in ihrem Innern entspricht, beim Oktaëder das Viereck, beim Ikosaëder das Fünfeck. Nimmt man daher beide Gründe zusammen, so wäre die Proportion 3/5 der Ikosaëdersippe zuzurechnen.

Der zweite Grad der Verwandtschaft, der in der Entstehung der Körper begründet ist, ist folgendermaßen zu denken. Zunächst sind gewisse harmonische Proportionen von Zahlen verwandt mit der einen Familie, nämlich die vollkommenen Proportionen mit der Würfelfamilie. Andererseits gibt es eine Proportion, die sich niemals durch ganze Zahlen ausdrücken läßt und nur durch eine lange Reihe von Zahlen, die sich ihr mehr und mehr nähern, dargestellt werden kann. Diese Proportion wird die göttliche genannt, insofern sie vollkommen ist. Sie herrscht auf verschiedene Weise in der Dodekaëderfamilie. Sie wird nun nach und nach näherungsweise ausgedrückt durch die harmonischen Proportionen 1/2, 2/3, 3/5 und 5/8. Am unvollkommensten steckt sie in 1/2, am vollkommensten in 5/8; sie würde noch vollkommener erscheinen, wenn man über die Summe von 5 und 8, das ist 13, die Zahl 8 setzen würde; nur ist dieses Verhältnis nicht mehr harmonisch.

[295] Weiter muß man bei der Konstruktion der Körperkante den Durchmesser der umbeschriebenen Kugel teilen, und zwar erheischt das Oktaëder eine Teilung in zwei, der Würfel und das Tetraëder in drei, die Dodekaëderfamilie in fünf Teile. Da nach verteilen sich die Proportionen auf die Körper entsprechend diesen Zahlen, die jene Proportionen ausdrücken. Zur Teilung gelangt aber auch das Quadrat des Durchmessers, das heißt das Quadrat der Körperkante ergibt sich als ein bestimmter Teil dieses Quadrats. Man vergleicht dabei die Quadrate der Kanten mit dem Quadrat des Durchmessers und erhält folgende Proportionen, beim Würfel 1/3, beim Tetraëder 2/3, beim Oktaëder 1/2, aus Würfel und Tetraëder zusammen ebenfalls 1/2, aus Würfel und Oktaëder 2/3 und aus Oktaëder und Tetraëder 3/4. Die Kanten bei der Dodekaëderfamilie sind unaussprechbar.

Drittens gibt es der Arten, nach denen harmonische Proportionen den fertig vorliegenden Körpern entsprechen, verschiedene. So kann man die Zahl der Seiten in einer Seitenfläche mit der Zahl der Kanten des ganzen Körpers vergleichen. Es ergeben sich dabei folgende Proportionen: beim Würfel 4/12 oder 1/3, beim Tetraëder 3/6 oder 1/2, beim Oktaëder 3/12 oder 1/4, beim Dodekaëder 5/30 oder 1/6, beim Ikosaëder 3/30 oder 1/10. Oder man vergleicht die Zahl der Seiten in einer Seitenfläche mit der Zahl der Seitenflächen; dann ergibt der Würfel die Proportion 4/6 oder 2/3, das Tetraëder 3/4, das Oktaëder 3/8, das Dodekaëder 5/12, das Ikosaëder 3/20. Oder man vergleicht die Zahl der Seiten oder Ecken in einer Seitenfläche mit der Zahl der Körperecken; hier ergibt der Würfel die Proportion $4/8$ oder $1/2$, das Tetraëder $3/4$, das Oktaëder $3/6$ oder $1/2$, das Dodekaëder mit seinem Gespons $5/20$ und $4/12$, das ist $1/4$. Oder man vergleicht die Zahl der Seitenflächen mit der Zahl der Körperecken; man erhält dann bei der Würfelfamilie $6/8$ oder $3/4$, beim Tetraëder die Proportion der Gleichheit, bei der Dodekaëderfamilie $12/20$ oder $3/5$. Oder man vergleicht die Zahl aller Kanten mit der Zahl der Körperecken und erhält beim Würfel $8/12$ oder $2/3$, beim Tetraëder $4/6$ oder $2/3$, beim Oktaëder $6/12$ oder $1/2$, beim Dodekaëder $20/30$ oder $2/3$ sowie beim Ikosaëder $12/30$ oder $2/5$.

Man kann aber auch die Körper unter sich vergleichen, wenn das Tetraëder in den Würfel und das Oktaëder in das Tetraëder und den Würfel auf geometrische Weise einbeschrieben ist. Hier ist das Tetraëder $1/3$ vom Würfel, das Oktaëder die Hälfte des Tetraëders und $1/6$ des Würfels, wie auch das Oktaëder, das einer Kugel einbeschrieben ist, $1/6$ von dem Würfel ist, der dieser Kugel umbeschrieben ist. Die Inhalte der übrigen Körper sind unaussprechbar.

Der vierte Grad der Verwandtschaft kommt für unser Werk mehr in Betracht. Hierbei werden die Verhältnisse der den Körpern einbeschriebenen Kugeln zu den ihnen umbeschriebenen ermittelt und untersucht, welche harmonische Proportionen diesen am nächsten kommen. Denn nur beim Tetraëder ist der Durchmesser der einbeschriebenen Kugel aussprechbar, nämlich der dritte Teil des Durchmessers der umbeschriebenen Kugel. Bei der Würfelfamilie ist dieses Verhältnis ein und dasselbe, aber Strecken ähnlich, die nur in Potenz aussprech. bar sind. Denn der Durchmesser der einbeschriebenen Kugel verhält sich zum Durchmesser der umbeschriebenen Kugel wie 1 zu Wurzel aus 3. Vergleicht man die Proportionen selber miteinander, so ist das Verhältnis der Tetraëderkugeln das Quadrat des Verhältnisses der Würfelkugeln. In der Dodekaëderfamilie ist das Verhältnis der Kugeln ebenfalls das gleiche, aber unaussprechbar, [296] etwas größer als $4/5$. So kommen also dem Verhältnis der Kugeln bei Würfel und Oktaëder von den harmonischen Proportionen am nächsten die Proportion $1/2$ als nächstgrößere und $3/5$ als nächstkleinere. Dem Dodekaëderverhältnis nähern sich die harmonischen Proportionen $4/5$ und $5/6$ als nächstkleinere und $3/4$ und $5/8$ als nächstgrößere.

Wenn man aus gewissen Ursachen für den Würfel die Proportionen $1/2$ und $1/3$ beansprucht, so gilt, falls man diese Analogie anwenden will, der Satz: wie sich das Verhältnis der Würfelkugeln zu dem Verhältnis der Tetraëderkugeln verhält, so verhalten sich die dem Würfel zugeordneten Harmonien ½ und ⅓, zu den dem Tetraëder zuzuordnenden ¼ und ⅑, denn auch diese letzteren Proportionen sind die Quadrate der ersten Harmonien. Und da ⅑ keine harmonische Proportion ist, so wird an ihre Stelle für das Tetraëder die ihr am nächsten kommende harmonische Proportion ⅛ treten. Auf die Dodekaëderfamilie wird nach dieser Analogie, nahezu ⅘ und ¾ kommen. Denn wie die Proportion der Würfelkugeln nahezu die dritte Potenz der Proportion der Dodekaëderkugeln ist, so sind auch die Würfelharmonien ½ und ⅓ nahezu die dritte Potenzen der Harmonien ⅘ und ¾. Denn erhebt man ⅘ in die dritte Potenz, so erhält man $^{64}/_{125}$; ½ aber ist gleich $^{64}/_{128}$. Ebenso ist die dritte Potenz von ¾ gleich $^{27}/_{64}$; ⅓ aber ist $^{27}/_{81}$.

III. Kapitel

Die bei der Betrachtung der himmlischen Harmonien notwendigen Hauptsätze der Astronomie

Zum Eingang mögen die Leser wissen, daß die alten astronomischen Hypothesen des Ptolemaios, wie sie in den *Theoricae* des Georg Peurbach und bei den anderen Verfassern von Lehrbüchern auseinandergesetzt werden, durchaus von unserer Betrachtung auszuschließen und ganz aus dem Sinn zu schlagen sind. Denn sie stellen weder die Anordnung der Weltkörper noch das Getriebe der Bewegungen richtig dar.

Nun kann ich zwar nicht anders, als daß ich einzig und allein die Lehre des Copernicus über die Welt an ihre Stelle setze und, wenn es möglich wäre, allen Menschen einrede. Allein da es sich dabei für die Masse der Bildungsuchenden noch immer um etwas Neues handelt und es für die Ohren der meisten vollkommen töricht klingt, wenn man lehrt, die Erde sei einer der Planeten und bewege sich unter den Gestirnen um die unbewegliche Sonne, so mögen alle, die an der Neuheit dieser Lehre Anstoß nehmen, wissen, daß die folgenden harmonischen Spekulationen auch für die Hypothesen von Tycho Brahe Geltung haben. Denn dieser Meister hat alles, was die Anordnung der Himmelskörper und die Erklärung der Bewegungen anlangt, mit COPERNICUS gemein, nur daß er die jährliche Erdbewegung des COPERNICUS auf das ganze System der Planetenbahnen und auf die Sonne überträgt, die nach der übereinstimmenden Ansicht beider Meister dessen Mitte einnimmt. Aus dieser Übertragung der Bewegung folgt ja nichtsdestoweniger, daß die Erde, wenn auch nicht in dem ungeheuer weiten Fixsternraum, so doch in dem System der Planetenwelt jederzeit bei BRAHE denselben Ort einnimmt, den ihr COPERNICUS zuweist. [297] Es ist so, wie wenn einer, der auf einem Papier einen Kreis beschreibt, den Schreibstift des Zirkels herumbewegt, ein anderer aber, der das Papier oder die Tafel auf einer Drehscheibe befestigt, den Stift oder Griffel des Zirkels festhält und den gleichen Kreis auf der rotierenden Tafel beschreibt. In gleicher Weise beschreibt nach COPERNICUS die Erde infolge der wirklichen Bewegung ihres Körpers einen Kreis mitten zwischen der Marsbahn außen und der Venusbahn innen. Nach TYCHO BRAHE aber wird das ganze Planetensystem (zu dem unter anderen auch die Bahnen von Mars und Venus gehören) herumbewegt wie die Tafel auf der Drehscheibe, wobei der Zwischenraum zwischen der Mars- und der Venusbahn an die unbewegliche Erde wie an ein Drechseleisen gelegt wird. Bei dieser Bewegung des Systems beschreibt die unbeweglich bleibende Erde in ihm denselben Kreis um die Sonne zwischen Mars und Venus, den sie nach COPERNICUS durch die wirkliche Bewegung ihres Körpers bei ruhendem System beschreibt. Da nun die harmonische Betrachtung die exzentrischen Bewegungen der Planeten ansieht, so wie sie von der Sonne aus erscheinen, ist es ein leichtes, einzusehen, daß es für einen Beobachter auf der beweglich angenommenen Sonne, falls es einen solchen gäbe, nichtsdestoweniger so aussähe, als würde die ruhende Erde (wenn man BRAHE dieses Zugeständnis machen will) eine jährliche Bahn mitten zwischen den Planeten und auch in einem mittleren Zeitraum durchlaufen. Mag einer daher auch so schwachgläubig sein, daß er die Bewegung der Erde unter den Gestirnen nicht fassen kann, so wird er sich trotzdem an der so herrlichen Betrachtung dieser wahrhaft göttlichen Einrichtung erfreuen können, wenn er alles, was er über die täglichen Bewegungen der Erde auf ihrem Exzenter hört, so deutet, als handle es sich dabei um scheinbare Bewegungen von der Sonne aus betrachtet; ein solches Bewegungsbild läßt auch TYCHO BRAHE bei ruhender Erde erkennen.

583

Die wahren Freunde der samischen Philosophie haben jedoch keinen gerechten Grund, es diesen Leuten zu mißgönnen, daß sie an dieser so köstlichen Betrachtung Anteil haben; wird doch ihre eigene Freude um vieles vollkommener sein entsprechend der Vollkommenheit, zu der sich ihre Betrachtung erhebt, wenn sie an die Unbeweglichkeit der Sonne und die Bewegung der Erde glauben.

Fürs *erste* mögen es sich also die Leser gesagt sein lassen, daß es bei den Astronomen heutzutage eine ausgemachte Sache ist, daß alle Planeten um

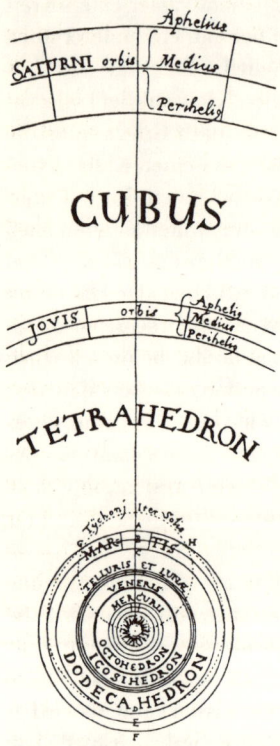

die Sonne kreisen, ausgenommen der Mond, der allein die Erde zum Mittelpunkt hat. Seine Bahn ist jedoch nicht so groß, daß sie in der nebenstehenden Figur im Verhältnis zu den übrigen Bahnen in richtigem Maßstab gezeichnet werden könnte. Es kommt also zu den übrigen fünf Planeten als sechster die Erde, die entweder bei ruhender Sonne durch ihre eigene Bewegung oder, falls man sie als unbeweglich annimmt, durch die Umdrehung des ganzen Planetensystems einen sechsten Kreis um die Sonne beschreibt.

Zweitens ist es eine feststehende Tatsache, daß alle Planeten exzentrisch werden, das heißt ihre Abstände von der Sonne ändern, so daß sie an einem Ort ihrer Bahn von der Sonne am weitesten entfernt sind und ihr am entgegengesetzten Ort am nächsten kommen. In der beigegebenen Figur sind für die einzelnen Planeten je drei Kreise gemacht worden, von denen keiner den exzentrischen Weg des Planeten selber angibt, der mittlere aber, beispielsweise beim Mars der Kreis *BE*, [298] der Größe nach gleich der exzentrischen Bahn ist, was deren längeren Durchmesser anlangt. Die Bahn selber aber, beispielsweise *AD*, berührt den äußeren der drei Kreise *AF* auf der einen Seite in *A*, den inneren *CD* auf der entgegengesetzten in *D*. Der punktierte Kreis *GH* durch den Mittelpunkt der Sonne gibt den Weg der Sonne nach Tycho Brahe an. Wird diese auf diesem

Weg bewegt, so machen alle Punkte des ganzen Planetensystems, wie es hier dargestellt ist, einen gleichen Weg mit, und zwar jeder seinen besonderen. Steht ein bestimmter Punkt, etwa der Sonnenmittelpunkt, an einer bestimmten Stelle seines Kreises, in unserer Figur an der untersten, so werden gleichzeitig alle Punkte des Systems auch an der untersten Stelle je ihrer Kreise stehen. Bei Venus sind die drei Kreise wegen der Enge des Raums unabsichtlich zusammengelaufen.

Zum *dritten* möge der Leser in meinem *Mysterium Cosmographicum*, das ich vor 22 Jahren herausgegeben habe, nachlesen, daß die Zahl der Planeten oder der Bahnen um die Sonne von dem allweisen Begründer der Welt den fünf regulären Körpern entnommen worden ist, über die EUKLID bereits vor vielen Jahrhunderten ein Buch geschrieben hat, das *Elemente* heißt, weil es aus einer fortlaufenden Reihe von Lehrsätzen besteht. Daß es aber nicht mehr reguläre Körper geben kann, das heißt, daß die ebenen regulären Figuren gerade nur fünfmal eine räumliche Kongruenz bilden können, das ist im II. Buch unseres Werkes dargelegt worden.

Viertens, was das Verhältnis der Planetenbahnen anlangt, so ist dieses zwischen je zwei benachbarten Bahnen immer so groß, daß man leicht findet, daß jedes einzelne dieser Verhältnisse nahekommt dem Verhältnis der Kugeln bei einem der fünf Körper, das heißt der umbeschriebenen Kugel zur einbeschriebenen. Es besteht jedoch nicht vollkommene Gleichheit, wie ich einstmals kühn geglaubt hatte, daß eine vollkommene Astronomie sie würde nachweisen können. Denn nach einer endgültigen Untersuchung der Intervalle aufgrund der Beobachtungen BRAHES habe ich folgendes Ergebnis festgestellt: Wenn man die Ecken des Würfels an den innersten Saturnkreis anlegt, so berühren die Mittelpunkte der Seitenflächen so ziemlich den mittleren Jupiterkreis. Wenn die Ecken des Tetraëders auf dem innersten [299] Jupiterkreis liegen, so berühren die Mittelpunkte der Seitenflächen des Tetraëders so ziemlich den äußersten Marskreis. Wenn die Ecken des Oktaëders auf irgendeinem der Venuskreise liegen (es sind ja alle drei auf einen sehr engen Raum zusammengedrängt), so durchdringen die Mittelpunkte der Oktaëderseitenflächen den äußersten Merkurkreis und gehen weiter herab als dieser, ohne aber bis zum mittleren Merkurkreis zu reichen. Schließlich kommen den unter sich gleichen Verhältnissen der Dodekaëder- und der Ikosaëderkugeln am allernächsten die Verhältnisse oder Intervalle zwischen den Mars- und

Erdekreisen und zwischen den Erde- und Venuskreisen, die auch unter sich gleich sind, wenn wir vom innersten Marskreis bis zum mittleren Erdekreis und vom mittleren Erdekreis bis zum mittleren Venuskreis rechnen; denn das mittlere Intervall der Erde ist mittlere Proportionale zum kleinsten Mars- und mittleren Venusintervall. Jedoch sind diese beiden Verhältnisse zwischen den Planetenkreisen noch größer als die Verhältnisse der Kugeln bei jenen beiden Körpern, so daß weder die Mittelpunkte der Seitenflächen des Dodekaëders den äußersten Erdekreis, noch die Mittelpunkte der Seitenflächen des Ikosaëders den äußersten Venuskreis berühren. Diese Kluft wird auch nicht ausgefüllt, wenn man den Halbmesser der Mondbahn oben dem größten Intervall der Erde hinzufügt und unten vom kleinsten wegnimmt. Ich finde jedoch eine gewisse andere figürliche Proportion; wenn nämlich das erweiterte Dodekaëder, dem ich den Namen Igel gegeben habe (es wird aus zwölf Fünfecksternen gebildet und steht daher den fünf regulären Körpern am nächsten), seine zwölf Spitzen auf den innersten Marskreis setzt, dann berühren die Seiten der Fünfecke, die die Grundflächen der einzelnen Zacken oder Spitzen bilden, den mittleren Venuskreis. Kurz, das Paar Würfel und Oktaëder dringt um ein wenig über die zugehörigen Planetenbahnen hinaus, das Paar Dodekaëder und Ikosaëder erreicht die seinigen nicht ganz, das Tetraëder sitzt auf beiden Seiten genau; der erste Fall weist ein Zuwenig, der letzte ein Zuviel, der mittlere Gleichheit bei den Intervallen der Planeten auf.

Daraus geht klar hervor, da die Verhältnisse der Planetenintervalle von der Sonne aus nicht genau von den regulären Körpern allein hergenommen sind. Denn der Schöpfer, der eigentliche Urquell der Geometrie, der, wie PLATON sagt, ewige Geometrie treibt, weicht von dem Urbild nicht ab. Dasselbe hätte man schon daraus schließen können, daß alle Planeten in periodischen Zeiträumen ihre Intervalle ändern, und zwar so, daß jeder zwei ausgezeichnete Intervalle von der Sonne aus besitzt, ein größtes und ein kleinstes. Dadurch ergibt sich, daß die Vergleichung der Intervalle zweier Planeten auf vierfache Weise möglich ist, indem man entweder die größten oder die kleinsten oder die am weitesten auseinander liegenden oder die einander am nächsten liegenden heranzieht. Daher ist die Anzahl der Vergleichsmöglichkeiten zwischen allen Planetenpaaren gleich 20, während dagegen die Zahl der Körper nur fünf beträgt. Allein die Vernunft erfordert die Annahme, daß der Schöpfer, der für das Verhältnis der Bahnen im allgemeinen Sorge getragen hat, auch für das Verhältnis

Sorge getragen hat, das zwischen den [300] veränderlichen Intervallen der einzelnen Planeten im besonderen besteht; diese Vorsorge muß beiderseits dieselbe, die eine muß mit der anderen verbunden sein. Diese Überlegung führt uns auch zu der Einsicht, daß zu der Begründung der Bahndurchmesser und Exzentrizitäten zusammen mehr Prinzipien erforderlich sind als nur die fünf regulären Körper.

Fünftens, um zu den Bewegungen zu gelangen, zwischen denen Harmonien bestehen, so möchte ich den Leser nachdrücklich darauf hinweisen, daß ich in meinem Marswerk [= *Astronomia nova*] aus den höchst zuverlässigen Beobachtungen Tycho Brahes den Nachweis geführt habe, daß gleiche Bögen, die etwa einem Tag entsprechen, auf ein und demselben Exzenter nicht mit gleicher Geschwindigkeit durchlaufen werden, daß vielmehr die verschiedenen Wegzeiten für gleiche Teile des Exzenters proportional sind ihren Abständen von der Sonne, der Quelle der Bewegung, und umgekehrt, daß in gleichen Zeiten, beispielsweise in einem natürlichen Tag, die entsprechenden wahren Bögen einer exzentrischen Bahn umgekehrt proportional sind ihren Abständen von der Sonne. Des weiteren habe ich bewiesen, daß die Bahn eines Planeten elliptisch ist und daß die Sonne, die Quelle der Bewegung, in dem einen Brennpunkt dieser Ellipse steht, woraus folgt, daß der Planet seinen mittleren Abstand von der Sonne zwischen seinem größten im Aphel und seinem kleinsten im Perihel dann einnimmt, wenn er vom Aphel an den vierten Teil seiner ganzen Bahn durchlaufen hat. Aus diesen beiden Axiomen folgt aber, daß die mittlere tägliche Bewegung eines Planeten gleich ist dem wahren Tagesbogen seines Exzenters in den Zeitpunkten, in denen der Planet am Ende eines vom Aphel aus gerechneten Quadranten des Exzenters steht, wenn auch dieser wahre Quadrant für den Augenschein kleiner ist als ein voller Quadrant. Des weiteren folgt, daß zwei beliebige wahre Tagesbögen des Exzenters, von denen der eine ebenso weit vom Aphel entfernt ist wie der andere vom Perihel, zusammen gleich zwei mittleren Tagesbögen sind; und ferner folgt, da das Verhältnis von Kreisen gleich ist dem ihrer Durchmesser, daß das Verhältnis eines einzelnen mittleren Tagesbogens zur Summe aller mittleren unter sich gleichen Tagesbögen, soviel es deren auf dem ganzen Umlauf gibt, das gleiche ist wie das Verhältnis eines mittleren Tagesbogens zur Summe aller wahren Bögen des Exzenters, deren Anzahl die gleiche ist, die aber unter sich verschieden sind. Dies muß man über die wahren Tagesbögen des Exzenters und die wahren Bewegungen im voraus wissen, um daraus die scheinbaren Bewegungen, von der Sonne aus gesehen, verstehen zu können.

Sechstens: Was nun die scheinbaren Bögen von der Sonne aus anlangt, so ist auch aus der alten Astronomie bekannt, daß von gleichen wahren Bögen derjenige, welcher vom Weltmittelpunkt weiter entfernt ist (beispielsweise ein solcher im Aphel) einem Beobachter in diesem Mittelpunkt kleiner, und derjenige, welcher näher liegt (beispielsweise im Perihel) größer erscheint. Nun sind jedoch außerdem die wahren Tagesbögen, die einen kleineren Abstand haben, wegen der schnelleren Bewegung größer, die Tagesbögen aber in dem weiter entfernten Aphel wegen der langsameren Bewegung kleiner. Daraus habe ich in meinem Marswerk bewiesen, daß sich die scheinbaren Tagesbögen auf ein und demselben Exzenter hinlänglich genau umgekehrt verhalten wie die Quadrate ihrer Abstände von der Sonne. Wenn also beispielsweise der Planet an einem bestimmten Tage im Aphel um zehn Einheiten nach irgendeinem Maß von der Sonne entfernt ist, an dem entgegengesetzten Tag aber im [301] Perihel um neun gleiche Einheiten, so verhält sich sicherlich seine scheinbare Weiterbewegung im Aphel von der Sonne aus zu der scheinbaren Bewegung im Perihel wie 81 zu 100.

Diese Aussagen gelten jedoch nur unter folgenden Vorbehalten. Erstens darf der Bogen des Exzenters nicht groß sein, damit seine Abstände nicht sehr verschieden sind, das heißt damit die Abstände seiner Endpunkte von den Apsiden keinen merklichen Unterschied aufweisen. Sodann darf die Exzentrizität nicht sehr groß sein. Denn je größer die Exzentrizität ist, das heißt je größer der Bogen wird, desto mehr nimmt seine scheinbare Größe über das Maß seiner Annäherung an die Sonne hinaus zu, nach Satz 8 der *Optik* des EUKLID. Bei kleinen Bögen und großen Abständen macht das nichts aus, wie ich in meiner *Optik* Kapitel XI erwähnt habe. Es ist aber noch ein anderer Grund da, warum ich hierauf hinweise. Die Bögen des Exzenters bieten sich nämlich in den mittleren Anomalien von dem Sonnenmittelpunkt aus schief dar, wodurch ihre scheinbare Größe verringert wird, während sich dagegen die Bögen in der Nähe der Apsiden einem Beobachter auf der Sonne senkrecht darbieten. Wenn also die Exzentrizität sehr groß ist, dann wird das Verhältnis der Bewegungen merklich gefälscht, wenn man die mittlere tägliche Bewegung ohne Verkürzung zum mittleren Abstand in Beziehung setzt, wie wenn sie sich aus dem mittleren Abstand in der Größe ergäbe, die sie besitzt; dies wird sich später beim Merkur zeigen. All das wird ausführlicher im V. Buch meiner *Epitome Astronomiae Copernicanae* dargelegt; es mußte aber auch hier erwähnt werden, weil es direkt die je für sich betrachteten Bezugsglieder der himmlischen Harmonien betrifft.

Siebtens: Wenn jemand vielleicht an die täglichen Bewegungen denkt, wie sie nicht von der Sonne, sondern von der Erde aus erscheinen, von denen das VI. Buch der *Epitome Astronomiae Copernicanae* handelt, so möge er wissen, daß diese bei unserer gegenwärtigen Aufgabe nicht in Betracht kommen. Dies darf auch nicht sein, da die Erde nicht die Quelle dieser Bewegungen ist, und es kann nicht sein, da diese Bewegungen nicht nur in volle Ruhe oder in scheinbaren Stillstand, sondern sogar in Rückläufigkeit für den trügerischen Augenschein ausarten, so daß in dieser Hinsicht allen Planeten zumal mit Recht eine unendliche Anzahl von Proportionen zugeteilt wird. Um also sicher zu sein, welche eigenen Proportionen die täglichen Bewegungen der einzelnen wahren exzentrischen Bahnen bilden (mögen diese Bewegungen auch scheinbar sein, gleichsam für einen Beobachter auf der Sonne, der Quelle der Bewegung) so muß zuerst von diesen eigenen Bewegungen die ihnen fremde, allen fünf Planeten gemeinsame, nur eingebildete jährliche Bewegung abgeschieden werden, mag diese nach COPERNICUS von der Bewegung der Erde selber, oder nach TYCHO BRAHE von der jährlichen Bewegung des ganzen Systems herrühren. Erst diese so herausgeschälten, jedem Planeten eigenen Bewegungen können der Betrachtung unterliegen.

Achtens: Bisher haben wir von den verschiedenen Wegzeiten oder Bögen eines und desselben Planeten gesprochen. Nun müssen wir die Beziehung zwischen den Bewegungen je zweier Planeten untersuchen. Hierbei ist die Definition der Begriffe, die wir später brauchen, zu vermerken. Als »nächste Apsiden« zweier Planeten werden wir [302] das Perihel des oberen und das Aphel des unteren bezeichnen, wobei es nichts ausmacht, wenn beide nicht in derselben Weltrichtung, sondern in verschiedenen, sogar entgegengesetzten Richtungen liegen. Unter extremen Bewegungen verstehen wir die langsamste und die schnellste des ganzen Planetenumlaufs. Konvergente extreme oder einander zugekehrte Bewegungen sind solche, die in nächsten Apsiden, das heißt im Perihel des oberen und im Aphel des unteren Planeten stattfinden; divergente oder voneinander abgekehrte solche, die in den entgegengesetzten Apsiden, das heißt im Aphel des oberen und im Perihel des unteren stattfinden. Hier muß nun wiederum eine Frage aus meinem *Mysterium Cosmographicum* erledigt und eingeschaltet werden, die ich vor 22 Jahren offen ließ, weil die Sache noch nicht klar war. Nachdem ich in unablässiger Arbeit einer sehr langen Zeit die wahren Intervalle der Bahnen mit Hilfe der Beobachtungen BRAHES ermittelt hatte, zeigte sich mir endlich, endlich die wahre Proportion der Umlaufzeiten in ihrer Beziehung zu der Proportion der Bahnen:

»... spät zwar schaute sie nach dem Erschlafften,

Doch sie schaute nach ihm, und lange hernach kam sie selber.«

[VERGIL: *Ecloges* I, 27 / 29]

Am 8. März dieses Jahres 1618, wenn man die genauen Zeitangaben wünscht, ist sie in meinem Kopf aufgetaucht. Ich hatte aber keine glückliche Hand, als ich sie der Rechnung unterzog, und verwarf sie als falsch. Schließlich kam sie am 15. Mai wieder und besiegte in einem neuen Anlauf die Finsternis meines Geistes, wobei sich zwischen meiner siebzehnjährigen Arbeit an den Tychonischen Beobachtungen und meiner gegenwärtigen Überlegung eine so treffliche Übereinstimmung ergab, daß ich zuerst glaubte, ich hätte geträumt und das Gesuchte in den Beweisunterlagen vorausgesetzt. Allein es ist ganz sicher und stimmt vollkommen [sogenanntes Drittes Keplersches Gesetz der Planetenbewegungen], *daß die Proportion, die zwischen den Umlaufzeiten irgend zweier Planeten besteht, genau das Anderthalbe der Proportion der mittleren Abstände, das heißt der Sphären selber, ist,* wobei man jedoch beachten muß, daß das arithmetische Mittel zwischen den beiden Durchmessern der Bahnellipse [*ellipticae orbitae*] etwas kleiner ist als der längere Durchmesser*. Wenn man also von der Umlaufzeit beispielsweise der Erde, die ein Jahr beträgt, und von der Umlaufzeit des Saturns, die 30 Jahre beträgt, den dritten Teil der Proportion, das heißt die Kubikwurzeln nimmt und von dieser Proportion das Doppelte bildet, indem man jene Wurzeln ins Quadrat erhebt, so erhält man in den sich ergebenden Zahlen die vollkommen richtige Proportion der mittleren Abstände der Erde und des Saturns von der Sonne. Denn die Kubikwurzel aus 1 ist 1, das Quadrat hiervon 1. Die Kubikwurzel aus 30 ist etwas größer als 3, das Quadrat hiervon also etwas größer als 9. Und Saturn ist in seinem mittleren Abstand von der Sonne ein wenig höher

---

* Denn ich habe in meinem *Marswerk* Kapitel 48, S. 232 [KGW III: 306 f.] bewiesen, daß dieses arithmetische Mittel entweder geradezu gleich dem Durchmesser des Kreises, der der Länge nach gleich der Bahnellipse ist, oder aber ein ganz klein wenig kleiner ist.

als das Neunfache des mittleren Abstandes der Erde von der Sonne. Wir werden unten im IX. Kapitel diesen Satz brauchen bei dem Nachweis der Exzentrizitäten.

Neuntens: Will man nun die eigentlichen täglichen Wege der Planeten in dem Ätherraum gleichsam mit der gleichen Meßlatte ausmessen, so muß man zwei Proportionen miteinander verbinden, die Proportion der wahren (nicht der scheinbaren) Tagesbögen des Exzenters und die Proportion der mittleren Abstände von der Sonne, weil diese die gleiche ist auch bei dem Umfang der Sphären; das heißt man muß für jeden Planeten den wahren Tagesbogen mit dem Halbmesser seiner Sphäre multiplizieren. Damit erhält man Zahlen, die geeignet sind zur Prüfung, ob jene Wege harmonische Proportionen bilden.

[303] *Zehntens:* Um aber die scheinbare Größe dieser täglichen Wege für einen Beobachter auf der Sonne zu erhalten, so kann man diese zwar unmittelbar astronomisch bestimmen; sie ergibt sich aber auch, wenn man zu der Proportion der Wege die umgekehrte Proportion der wahren, nicht der mittleren Abstände für jeden Ort des Exzenters hinzufügt, das heißt wenn man den Weg des oberen Planeten mit dem Abstand des unteren von der Sonne und umgekehrt den Weg des unteren mit dem Abstand des oberen von der Sonne multipliziert.

Elftens: Ebenso kann man auch aus den scheinbaren Bewegungen des einen Planeten im Aphel und des anderen im Perihel (oder umgekehrt) die Proportion des Aphelabstandes des einen zum Perihelabstand des anderen gewinnen. Dabei müssen aber die mittleren Bewegungen zuvor bekannt sein, das heißt die umgekehrte Proportion der Umlaufzeiten, aus denen nach der vorausgehenden Nr. 8 das Verhältnis der Sphären ermittelt wird. Bestimmt man dann die mittlere Proportionale zwischen der scheinbaren und der mittleren Bewegung je eines der zwei Planeten, so verhält sich diese mittlere Proportionale zum bereits bekannten Halbmesser der Sphäre wie die mittlere Bewegung zu dem gesuchten 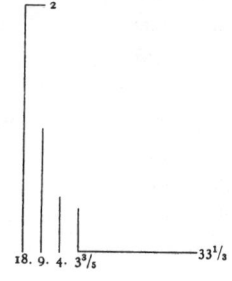 Abstand. Es seien die Umlaufzeiten zweier Planeten 27 und 8; die mittleren täglichen Bewegungen verhalten sich also wie 8:27, die Halbmesser der Sphären daher wie 9:4. Denn die Kubikwurzel aus 27 ist 3, aus 8 ist sie 2. Die Quadrate dieser Wurzeln 3 und 2 sind 9 und 4. Es seien nun

591

die scheinbaren Bewegungen des einen Planeten im Aphel 2, des anderen im Perihel 33 ⅓. Die mittleren Proportionalen zwischen den mittleren Bewegungen 8 und 27 und diesen scheinbaren sind 4 und 30. Wenn nun das Mittel 4 den mittleren Abstand des Planeten gleich 9 ergibt, dann ergibt die mittlere Bewegung 8 den der scheinbaren Bewegung 2 entsprechenden Aphelabstand 18. Und wenn das andere Mittel 30 den mittleren Abstand des zweiten Planeten gleich 4 ergibt, dann ergibt seine mittlere Bewegung 27 seinen Perihelabstand gleich 3 ⅗. Ich behaupte also, der Aphelabstand des einen Planeten verhält sich zum Perihelabstand des anderen wie 18 zu 3 ⅗. Daraus geht hervor, daß sich die extremen Abstände sowie die mittleren, also auch die Exzentrizitäten mit Notwendigkeit ergeben, wenn die Harmonien zwischen den extremen Bewegungen zweier Planeten angeordnet sind und diesen ihre Umlaufzeiten vorgeschrieben werden.

Zwölftens: Aus den verschiedenen extremen Bewegungen eines und desselben Planeten läßt sich auch seine mittlere Bewegung finden. Diese ist nämlich nicht genau das arithmetische Mittel zwischen den extremen Bewegungen, auch nicht genau das geometrische Mittel, sondern um soviel kleiner als das geometrische Mittel, als dieses kleiner ist als das Mittel zwischen beiden Mitteln. Die beiden extremen Bewegungen seien 8 und 10, die mittlere Bewegung wird [304] dann kleiner sein als 9, auch kleiner als die Wurzel aus 80, und zwar um die Hälfte von dem, was zwischen den beiden Werten 9 und der Wurzel aus 80 liegt. Ebenso ist für die Aphelbewegung 20 und die Perihelbewegung 24 die mittlere Bewegung kleiner als 22, auch kleiner als die Wurzel aus 480, und zwar um die Hälfte von dem, was zwischen dieser Wurzel und 22 liegt. Dieser Satz wird im folgenden Anwendung finden.

Dreizehntens: Aus den vorausgehenden Sätzen läßt sich der folgende Satz beweisen, der uns sehr nötig sein wird. Wie die Proportion der mittleren Bewegungen bei je zwei Planeten gleich der anderthalben umgekehrten Proportion der Sphären [*orbes*] ist, so ist die Proportion der beiden scheinbaren konvergenten extremen Bewegungen immer kleiner als die anderthalbe Proportion der den extremen Bewegungen entsprechenden Abstände. Insoweit aber die beiden Proportionen dieser Abstände zu den beiden mittleren Abständen oder den Halbmessern der beiden Sphären zusammen weniger ausmachen als die halbe Proportion der Sphären, ist die Proportion der beiden konvergenten extremen Bewegungen größer als die Proportion der entsprechenden Abstände; wenn jedoch jene Summe die halbe Proportion der Sphären überschreiten würde, dann wäre die Proportion der konvergenten Bewegungen kleiner als die Proportion ihrer Abstände.

Die Proportion der Sphären sei *DH, AE*; die Proportion der mittleren Bewegungen *HJ, EM*; die letztere ist gleich der anderthalben umgekehrten ersteren. Der kleinste Abstand der Sphäre sei im ersten Fall *CG*, der größte im zweiten Fall *BF*; die beiden Proportionen *DH, CG* und *BF, AE* seien zusammen fürs erste kleiner als die halbe Proportion *DH, AE*. Die scheinbare Bewegung des oberen Planeten im Perihel sei *GK*, die des unteren im Aphel *FL*; beide Bewegungen sind also konvergent extrem. Ich behaupte nun, die Proportion *GK, FL* ist größer als die umgekehrte Proportion *CG, BF*, jedoch kleiner als das Anderthalbe von ihr. Denn die Proportion *HJ* zu *GK* ist das Doppelte der Proportion *CG* zu *DH* und die Proportion *FL* zu *EM* das Doppelte

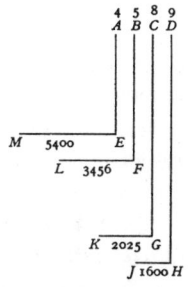

der Proportion *AE* zu *BF.* Somit geben die beiden Proportionen *HJ* zu *GK* und *FL* zu *EM* zusammen das Doppelte der Summe der Proportionen *CG* zu *DH* und *AE* zu *BF.* Nun aber sind die Proportionen *CG* zu *DH* und *AE* zu *BF* zusammen kleiner als die Hälfte der Proportion *AE* zu *DH* um einen bestimmten Betrag, nach Voraussetzung. Also sind auch die Proportionen *HJ* zu *GK* und *FL* zu *EM* zusammen kleiner als die doppelte halbe, das heißt die ganze Proportion *AE* zu *DH*, und zwar um den doppelten Betrag wie vorhin. Es ist aber *HJ* zu *EM* das Anderthalbe der Proportion *AE* zu *DH*, nach dem vorausgeschickten Satz VIII. Zieht man also etwas, was um jenen doppelten Betrag kleiner ist, von der anderthalben Proportion ab, das heißt die Proportionen *HJ* zu *GK* und *FL* zu *EM* von der Proportion *HJ* zu *EM*, so bleibt etwas übrig, was um jenen doppelten Betrag größer ist als die halbe Proportion *AE* zu *DH*; es bleibt aber die Proportion *GK* zu *FL* übrig; also ist die Proportion *GK* zu *FL* um jenen doppelten Betrag größer als die halbe Proportion *AE* zu *DH*. Es setzt sich aber die Proportion *AE* zu *DH* [305] aus dreien zusammen, nämlich aus *AE* zu *BF, BF* zu *CG* und *CG* zu *DH*; und *CG* zu *DH* ist zusammen mit *AE* zu *BF* kleiner als die Hälfte der Proportion *AE* zu *DH*, um jenen einfachen Betrag. Alm ist *BF* zu *CG* um diesen einfachen Betrag größer als die Hälfte von *AE* zu *DH*. Es war aber die Proportion *GK* zu *FL* ebenfalls größer als die Hälfte dieser Proportion *AE* zu *DH*, jedoch um das Doppelte jenes Betrags. Der doppelte Betrag ist jedoch größer als der einfache. Daher ist die Proportion der Bewegungen, nämlich *GK* zu *FL*, größer als die Proportion der entsprechenden Abstände *BF* zu *CG*.

Auf die gleiche Weise läßt sich der entgegengesetzte Satz beweisen. Wenn sich die Planeten in *G* und *F* über die mittleren Abstände in *H* und *E* einander so weit nähern, daß die Proportion der mittleren Abstände *DH* und *AE* mehr als die Hälfte verliert, dann ist die Proportion der Bewegungen *GK* zu *FL* kleiner als die Proportion der zugehörigen Abstände *BF* zu *CG*. Man hat nur die Bezeichnungen größer durch kleiner, mehr durch weniger, Mehrbetrag durch Minderbetrag und umgekehrt zu ersetzen.

Mit den beigesetzten Zahlen erhält man folgendes Ergebnis. Die Hälfte von ist $4/9$ ist $2/3$. $5/8$ ist größer als $2/3$ um den Mehrbetrag $15/16$. Das Doppelte der Proportion 8 zu 9 aber ist 1600 zu 2025, das ist 64 zu 81, das Doppelte der Proportion 4 zu 5 ist 3456 zu 5400, das ist 16 zu 25. Schließlich ist das Anderthalbe der Proportion 4 zu 9 gleich 1600 zu 5400, das heißt 8 zu 27. Daher ist auch die Proportion 2025 zu 3456, das heißt 75 zu 128, größer als 5 zu 8, das heißt 75 zu 120 um den gleichen Mehrbetrag (120 zu 128, das heißt) 15 zu 16. Es übertrifft also die Proportion der konvergenten Bewegungen 2025 zu 3456 die umgekehrte Proportion der entsprechenden Intervalle 5 zu 8 um den gleichen Betrag, um den diese die Hälfte der Proportion der Bahnen 4 zu 9 übertrifft. Oder, was auf dasselbe hinauskommt, die Proportion der beiden konvergenten Abstände ist das Mittel zu der halben Proportion der Bahnen und zu der umgekehrten Proportion der entsprechenden Bewegungen. Hieraus ergibt sich ferner die Folgerung, daß die Proportion der divergenten Bewegungen noch viel größer ist als das Anderthalbe der Proportion der Bahnen, da zu der anderthalben Proportion je das Doppelte der Proportion des Aphelabstands zum mittleren Abstand und der Proportion des mittleren Abstands zum Perihelabstand hinzukommt.

Worin bei den Bewegungen der Planeten vom Schöpfer die harmonischen Proportionen ausgedrückt sind und in welcher Weise dies geschieht

Wenn man nun also von den nur in der Einbildung existierenden rückläufigen Bewegungen und Stillständen absieht und die eigenen Bewegungen der Planeten in ihren wahren exzentrischen Bahnen herausstellt, so bleiben bei ihnen noch folgende Punkte zu unterscheiden: 1. Die Abstände von der Sonne. 2. Die Umlaufzeiten. 3. Die Tagesbögen auf dem Exzenter. 4. Die Aufenthaltsdauern auf diesen Bögen für einen Tag. 5. Die Winkel an der Sonne oder die scheinbaren Tagesbögen gleichsam für einen Beobachter auf der Sonne. Alle diese Dinge (abgesehen von den Umlaufzeiten) sind wieder auf dem ganzen Umlauf veränderlich, und zwar am stärksten in den mittleren Längen, am schwächsten in den extremen Lagen, wenn der Planet sich von einer solchen wegwendet und zu der entgegengesetzten übergeht. Wenn also beispielsweise der Planet sehr niedrig steht und der Sonne am nächsten kommt und daher in einem Grad des Exzenters seine kürzeste Zeit verweilt oder umgekehrt an einem Tag den größten Tagesbogen auf dem Exzenter zurücklegt und von der Sonne aus am schnellsten erscheint, dann bleibt diese seine Bewegung eine Zeitlang in Kraft ohne merkliche Veränderung, bis der Planet das Perihel überschritten hat und sich sein geradliniger Abstand von der Sonne allmählich immer mehr vergrößert. Er wird dann auch in den Graden des Exzenters länger verweilen oder, wenn man die Bewegung eines einzigen Tages ins Auge faßt, an jedem folgenden Tag um ein kleineres Stück weiterrücken und auch von der Sonne aus viel langsamer erscheinen, bis er sich der obersten Apside genähert hat und den größten Abstand von der Sonne erreicht. Hier verweilt er am allerlängsten in einem Grad des Exzenters oder umgekehrt, er legt hier in einem Tag den kleinsten Bogen zurück und besitzt auch eine viel kleinere scheinbare Bewegung, die kleinste auf seinem ganzen Umlauf.

All das kann man entweder in seinem zeitlichen Ablauf bei einem einzelnen Planeten oder bei verschiedenen Planeten betrachten. So können unter der Voraussetzung eines unendlichen Zeitablaufs alle

Erscheinungen bei einem Umlauf eines beliebigen Planeten mit allen Erscheinungen bei einem Umlauf eines anderen im gleichen Zeitpunkt zusammentreffen und miteinander verglichen werden. Hierbei weisen die ganzen exzentrischen Bahnen, wenn man sie miteinander vergleichen will, dieselbe Proportion auf wie ihre Halbmesser oder mittleren Abstände. Die Bögen zweier Exzenter aber haben, auch wenn sie gleiche Beträge aufweisen, das heißt durch ein und dieselbe Zahl ausgedrückt werden, doch ungleiche wahre Längen im Verhältnis der ganzen Bahnen. So ist beispielsweise ein Grad der Saturnbahn fast doppelt so groß als ein Grad der Jupiterbahn. Und umgekehrt geben die Tagesbögen der Exzenter, in astronomischen Zahlen ausgedrückt, nicht die Proportion der wahren Wege an, die die Planetenkugeln in einem Tag im Himmelsäther zurücklegen, da die einzelnen Einheiten auf der größeren Bahn des oberen Planeten ein größeres Wegstück, [307] auf der engeren Bahn des unteren dagegen ein kleineres bezeichnen. Auf diese Weise kommen noch als sechster Punkt die täglichen Wege zweier Planeten in Betracht.

Wir wollen nun zuerst den zweiten Punkt unserer Aufzählung vornehmen, die Umlaufzeiten der Planeten. Diese enthalten die Summen aller Zeiträume, die die Planeten in den einzelnen Graden ihrer Bahnen verweilen, der langen, mittleren und kurzen. Von alters her bis auf unsere Zeit hat man gefunden, daß die Planeten ihre Umläufe in folgenden Zeiten vollenden:

	Ganze Tage	Sechzig- stel Tage	Mittlere tägliche Beweg.		
			Min.	Sek.	Tert.
Saturn	10759	12	2	0	27
Jupiter	4332	37	4	59	8
Mars	686	59	31	26	31
Erde mit Mond	365	15	59	8	11
Venus	224	42	96	7	39
Merkur	87	58	245	32	25

In diesen periodischen Zeiträumen treten keine harmonischen Proportionen auf. Dies zeigt sich sofort, wenn man die größeren Perioden fortlaufend halbiert und die kleineren fortlaufend verdoppelt, um unter Vernachlässigung der Oktaven die Intervalle ermitteln zu können, die innerhalb einer einzigen Oktav auftreten.

	Saturn	Jupiter	Mars	Erde	Venus	Merkur	
	10 759.12						
Durch Halbierung	5379.36	4332.37				87.58	Durch Verdoppelung
	2689.48	2166.19			224.42	175.56	
	1344.54	1083.10	686.59	365.15	449.24	351.52	
	672.27	541.35					

Alle die letzten Zahlen weichen, wie man sieht, von den harmonischen Proportionen ab und sind offenbar unaussprechbar. Gibt man der Zahl 687 der Tage des Mars die Maßzahl 120, die der Saitenteilung entspricht, so kommt in diesem Maßstab auf den Saturn für den 16. Teil etwas mehr als 117, auf den Jupiter für den 8. Teil etwas weniger als 95, auf die Erde etwas weniger als 64, auf die Venus für das Doppelte etwas mehr als 78, auf das Vierfache des Merkurs etwas mehr als 61. Diese Zahlen bilden aber mit 120 keine harmonischen Proportionen; es tun dies vielmehr die benachbarten Zahlen 60, 75, 80, 96. Gibt man dem Saturn 120, so erhält Jupiter ungefähr 97, die Erde über 65, die Venus etwas mehr als 80, Merkur etwas weniger als 63. Gibt man dem Jupiter 120, so erhält die Erde etwas weniger als 81, Venus etwas weniger als 100, [308] Merkur etwas weniger als 78. Gibt man ebenso der Venus 120, so erhält die Erde etwas weniger als 98, Merkur etwas mehr als 94. Gibt man schließlich der Erde 120, so erhält Merkur etwas weniger als 116. Hätte hier eine freie Wahl der Proportionen stattgehabt, so wären durchaus vollkommene Harmonien, nicht aber überschießende oder unzureichende genommen worden. Man sieht also, daß Gott der Schöpfer in die Umlaufzeiten, wie sie sich als Summen der einzelnen Zeitteilchen ergeben, die harmonischen Proportionen nicht hat einführen wollen.

Nun ist es eine sehr wahrscheinliche Vermutung (sie stützt sich auf geometrische Beweise und die in dem Marswerk dargelegte Lehre von den Ursachen der Planetenbewegungen), daß die Inhalte der Planetenkörper sich verhalten wie die Umlaufzeiten, so daß die Saturnkugel etwa 30mal so groß, die Jupiterkugel zwölfmal, die Marskugel etwas weniger als zweimal so groß ist wie die Erdkugel und diese anderthalbmal so groß wie die Venuskugel und viermal so groß wie die Merkurkugel. Es werden daher auch diese Körperproportionen nicht harmonisch sein.

Da aber Gott nichts ohne geometrisches Ebenmaß eingerichtet hat, was nicht von einer vorausgehenden, zwangsläufig wirkenden Gesetzmäßigkeit abhängt, so schließen wir sofort, daß die Umlaufzeiten ihre Dauer und also auch die Planetenkörper ihre Inhalte von etwas erhalten haben, was dem Urbild nach vorausgeht. Um dies herauszubekommen sind jene anscheinend unproportionierten Inhalte und Perioden in folgender Weise geeignet. Ich habe gesagt, daß die Perioden sich als Summen der Zeitteilchen, der längsten, mittleren und kürzesten, ergeben. Es müssen sich daher entweder in diesen Zeitteilchen oder in etwas, was ihnen im Geiste des göttlichen Werkmeisters vorausgeht, geometrische Gesetzmäßigkeiten finden lassen. Die Proportionen der Zeitteilchen aber hängen ab von den Proportionen der Tagesbögen, da sich ja die Bögen umgekehrt verhalten wie die entsprechenden Zeitteilchen. Ferner haben wir gesagt, daß die Proportionen der Zeitteilchen und der Abstände bei einem Planeten die gleichen sind. Was also die Planeten im einzelnen anlangt, so wird die Untersuchung bei den drei Größen, nämlich den Bögen, den Zeitteilchen in gleichen Bögen und den Abständen von der Sonne, dieselbe sein. Da nun diese Größen alle bei den Planeten veränderlich sind, so kann es nicht zweifelhaft sein, daß sie, falls ihnen nach einem bestimmten Ratschluß des obersten Werkmeisters eine geometrische Ebenmäßigkeit zukommt, diese in ihren Grenzlagen, in den Aphel- und Perihelabständen erhalten haben, nicht so fast in ihren mittleren Abständen. Denn wenn einmal die Proportionen der extremen Abstände gegeben sind, so bedarf es keines besonderen Entschlusses mehr, um die zwischenliegenden Proportionen an bestimmte Zahlen anzupassen. Denn sie ergeben sich von selber als notwendige Folge aus den Bewegungen der Planeten von einer Grenzlage durch alle Zwischenlagen hindurch zur anderen Grenzlage.

Eine Untersuchung, die ich in unablässiger siebzehnjähriger Arbeit mit Hilfe der äußerst genauen Beobachtungen von Tycho Brahe nach der in meinem Marswerk dargestellten Methode durchgeführt habe, ergibt folgende extreme Abstände:

je zwei   je einen Planeten.

divergente	konvergente	Saturn.	Aphel	10052. a	Mehr als ein kleiner Ganzton
	Abstände		Perihel	8968. b	$\frac{10\,000}{9000}$, weniger als ein großer
$\dfrac{a\,2}{d\,1}$	$\dfrac{b\,5}{c\,3}$				$\frac{10\,000}{8935}$.
		Jupiter.	Aphel	5451. c	Keine melodische Proportion,
			Perihel	4949. d	sondern ungefähr die unme-
$\dfrac{c\,4}{f\,1}$	$\dfrac{d\,3}{e\,1}$				lodische $\frac{11}{10}$ oder die Hälfte
					der harmonischen $\frac{6}{5}$.
		Mars.	Aphel	1665. e	Hier wäre $\frac{1665}{1388}$ gleich der
			Perihel	1382. f	harmonischen Proportion $\frac{6}{5}$
$\dfrac{e\,5}{h\,3}$	$\dfrac{f\,27}{g\,20}$				und $\frac{1665}{1332}$ wäre gleich $\frac{4}{5}$.
		Erde.	Aphel	1018. g	Hier wäre $\frac{1020}{980}$ gleich der
			Perihel	982. h	Diesis $\frac{25}{24}$; es liegt also keine
$\dfrac{g\,10000}{k\,7071}$	$\dfrac{h\,27}{i\,20}$				Diesis vor.
(Wurzel aus $\frac{2}{1}$)					
		Venus.	Aphel	729. i	Weniger als anderthalb
			Perihel	719. k	Komma, mehr als ein Drittel
$\dfrac{i\,12}{m\,5}$	$\dfrac{k\,243}{l\,160}$				einer Diesis.
		Mer-kur.	Aphel	470. l	Mehr als die übermäßige
			Perihel	307. m	Quint $\frac{243}{160}$, weniger als die
					harrmonische Proportion $\frac{8}{5}$.

Bei keinem einzelnen Planeten spielen also die extremen Abstände auf harmonische Intervalle an, außer bei Mars und Merkur.

Wenn man jedoch die extremen Abstände verschiedener Planeten miteinander vergleicht, so leuchtet bereits der erste Lichtschein einer Harmonik auf. Denn die extremen Werte von Saturn und Jupiter bilden etwas mehr als eine Oktav, die konvergenten die Mitte zwischen einer großen und einer kleinen Sext. Die divergenten extremen Werte von Jupiter und Mars umfassen ungefähr eine Doppeloktav, die konvergenten ungefähr eine Quint mit Oktav. Die divergenten Werte der Erde und des Mars aber umfassen ziemlich mehr als eine große Sext, die konvergenten bilden eine übermäßige Quart. Beim folgenden Paar Erde und Venus liegt wiederum zwischen den konvergenten Werten eine übermäßige Quart, zwischen den divergenten aber gibt es keine harmonische Proportion. Denn die auftretende Proportion ist etwas weniger als eine Halboktav (wenn man so sagen darf), das heißt weniger als die Wurzel aus 2 zu 1. Schließlich liegt zwischen den divergenten Werten von Venus und Merkur etwas weniger als eine kleine Terz mit Oktav, zwischen den konvergenten etwas mehr als eine übermäßige Quint.

[310] Wenn hier also auch ein einziges Intervall etwas zu weit von den harmonischen abweicht, so lag für mich in diesem erfolgreichen Versuch doch ein Anreiz, weiter nachzuforschen. Meine Überlegungen waren folgende: Zunächst lassen sich diese Abstände, insofern sie Längen ohne Bewegung sind, nicht gut auf harmonische Beziehungen hin untersuchen, da als Träger der Harmonien, der mit ihnen enger verwandt ist, die Bewegung hinsichtlich ihrer Schnelligkeit und Langsamkeit zu gelten hat. Sodann ist es glaubhaft, daß bei den Abständen, die ja Bahnhalbmesser sind, eher auf die fünf regulären Körper Rücksicht genommen wurde entsprechend einer gewissen Analogie. Denn wie sich die geometrischen Körper zu den himmlischen Sphären verhalten, die ringsum entweder durch himmlische Materie geschlossen sind, wie das Altertum will, oder sich nach und nach durch die Wicklungen sehr vieler Umläufe schließen, so verhalten sich auch die dem Kreis einbeschreibbaren ebenen Figuren (die die Harmonien erzeugen) zu den himmlischen Kreisen der Bewegungen und den übrigen Strecken, in denen sich die Bewegungen vollziehen. Wenn wir also nach Harmonien suchen, so wollen wir sie nicht in den Abständen suchen, insofern sie Halbmesser der Sphären sind, sondern insofern sie das Maß für die Bewegungen bilden, das heißt vielmehr in den Bewegungen selber. In der Tat denkt man, wenn man von den Abständen als Sphärenhalbmessern redet, immer an die mittleren Abstände. Wir aber reden hier von den extremen Abständen; wir reden also von den Abständen nicht im Hinblick auf ihre Sphären, sondern auf die Bewegungen.

Aus diesen Gründen bin ich zur vergleichenden Betrachtung der extremen Bewegungen übergegangen. Dabei blieben zunächst die Proportionen der Bewegungen dieselben wie vorher bei den Abständen, nur waren sie umgekehrt. Es fanden sich also auch bei den Bewegungen wie vorhin unmelodische, von Harmonien abweichende Proportionen. Ich sagte mir aber wiederum, daß dies ganz in Ordnung ist. Denn ich verglich

ja miteinander Exzenterbögen, die nicht in einem Maß von gleicher Größe ausgedrückt und gemessen sind, sondern durch Grade und Minuten
ausgedrückt werden, die bei verschiedenen Planeten von verschiedener
Größe sind. Auch ist die scheinbare Größe dieser Exzenterbögen nirgends
so groß, als ihre Zahl angibt, außer je in dem Mittelpunkt des Exzenters,
der aber durch keinen Körper getragen wird, weswegen es unglaubhaft
ist, daß an diesem Ort der Welt ein Sinn oder natürlicher Instinkt vorhanden ist, der die scheinbare Größe wahrnehmen könnte. Ja dies ist geradezu unmöglich. Denn ich stellte bei meiner Vergleichung Exzenterbögen
verschiedener Planeten einander gegenüber hinsichtlich der scheinbaren
Größe von ihrem Mittelpunkt aus, der bei jedem Planeten ein anderer ist.
Es müßten aber, so dachte ich, die verschiedenen scheinbaren Größen,
die miteinander verglichen werden sollen, an einem einzigen Ort der Welt
erscheinen, so daß das, was die geistige Fähigkeit zum Vergleichen besitzt, an diesem Ort seinen Sitz hat, von dem aus alle. diese scheinbaren
Größen zumal wahrgenommen werden können. Man muß also, dachte ich
weiter, die scheinbaren Größen der Exentrenbögen entweder ganz aus
dem Spiel lassen oder aber in anderer Weise einführen. Wollte man sie
aus dem Spiel lassen und den Blick auf die täglichen Wege der Planeten
selber richten, so erschien mir jene Vorschrift als wohl brauchbar, die
ich im vorausgehenden Kapitel unter Nr. 9 angeführt habe. Multiplizierte
man dementsprechend die Tagesbögen der Exzenter mit den mittleren
Abständen der Bahnen, so ergaben sich folgende Wege.

[311]

		Tägliche Bewegung		Mittlere Abstände	Tägliche Wege
		′	″		
Saturn.	Aphel	1	53	9510	1075
	Perihel	2	7		1208
Jupiter.	Aphel	4	44	5200	1477
	Perihel	5	15		1638
Erde.	Aphel	28	44	1524	2627
	Perihel	34	34		3161
Venus.	Aphel	58	6	1000	3486
	Perihel	60	13		3613
Merkur.	Aphel	201	0	388	4680
	Perihel	307	3		7148

Hiernach beschreibt Saturn eben nur den siebten Teil des Weges von Merkur. Es tritt also das ein, was ARISTOTELES in seinem Werk *De coelo* Buch II[, 10; vgl. F. KRAFFT 1989: 331 f.] als vernunftgemäß bezeichnet hat, daß nämlich immer der der Sonne nähere Planet einen größeren Weg zurücklegt als der weiter entfernte. In der alten Astronomie konnte eine solche Behauptung nicht aufgestellt werden.

Was nun die täglichen Wege der einzelnen Planeten für sich anlangt, so müssen ihre Proportionen der Größe nach die gleichen sein, wie vorher bei den Abständen, sie sind nur umgekehrt. Denn die Exzenterbögen sind, wie bereits gesagt wurde, ihren Abständen von der Sonne umgekehrt proportional.

Wenn wir aber die extremen konvergenten oder divergenten Wege je zweier Planeten ins Auge fassen, so zeigt sich noch viel weniger etwas von Harmonie als vorher, da wir die Bögen selber untersucht haben.

Freilich, wenn wir die Sache näher überlegen, erscheint es wenig wahrscheinlich, daß der allweise Schöpfer gerade bei den Wegen der Planeten für Harmonien gesorgt haben soll. Denn wenn die Proportionen der Wege harmonisch sind, so ergeben sich alle Besonderheiten, die die Planeten an sich haben, als notwendige Folge aus diesen Wegen, und es ist keine Möglichkeit mehr da, an anderen Stellen Harmonien herzustellen. Aber was sollen denn Harmonien zwischen den Wegen? Wer wird diese Harmonien wahrnehmen?

Zwei Dinge sind es, die uns die Harmonien in der Natur kundtun, das Licht und die Töne. Das erste wird durch das Auge oder durch die dem Augen entsprechende verborgene Sinnesorgane, die letzteren durch das Ohr aufgenommen. Wenn der Geist diese Spezies aufgenommen hat, unterscheidet er das Melodische vom Unmelodischen, sei es rein instinktmäßig (wovon im IV. Buch ausführlich genug die Rede war), sei es durch astronomische oder harmonische Überlegung. Nun gibt es aber am Himmel keine Töne, und die Bewegung ist nicht so heftig, daß durch die Reibung der Himmelsluft ein Summen oder Pfeifen entstünde. So bleibt nur das Licht übrig. Wenn dieses über die Wege der Planeten unterrichten soll, so wird es entweder die Augen oder ein ähnliches Sinnesorgan unterrichten, das an einem ganz bestimmten Ort sich befindet. Soll nun das Licht für sich sofort unterrichten, so muß offenbar der Sinn zugegen sein. Es wird also der Sinn in der ganzen Welt sein, damit es nämlich ein und derselbe Sinn ist, der gleichzeitig bei den Bewegungen aller Planeten [312] zugegen ist. Denn jener Weg: der von den Beobachtungen durch die weiten Umwege der Geometrie und Arithmetik über die Proportionen der Sphären und alles andere, was zuvor festgestellt werden muß, bis zu diesen Weggrößen führt, ist allzu lang für irgendeinen natürlichen Instinkt, zu dessen Erregung man die Einführung der Harmonien für zweckmäßig halten möchte.

Indem ich all das unter einem Gesichtspunkt zusammenfaßte, gelangte ich mit Recht zu dem Schluß, man müsse die wahren Wege der Planeten im Ätherraum verlassen und den Blick auf die scheinbaren Tagesbögen lenken, und zwar auf die scheinbaren Größen aller zumal von einem bestimmten, ausgezeichneten Ort der Welt aus, das heißt vom Sonnenkörper aus, der die Quelle der Bewegung für alle Planeten ist. Nicht darauf muß man sehen, so dachte ich, wie weit jeder einzelne Planet von der Sonne entfernt ist, noch darauf, welche Strecke er an einem Tag durchmißt. Denn dies ist Gegenstand wissenschaftlicher, astronomischer Erkenntnis, nicht Sache des Instinkts. Man muß vielmehr die Größe des Winkels ins Auge fassen, den die tägliche Bewegung eines jeden Planeten am Sonnenkörper ausmacht, oder die Größe des Bogens, den er an einem Tag auf einem gemeinsamen um die Sonne beschriebenen Kreis, das heißt auf der Ekliptik, zurückzulegen scheint. Es können dann diese scheinbaren Größen, die durch Vermittlung des Lichtes auf den Sonnenkörper übertragen werden, zugleich mit dem Licht geradewegs in die eines solchen Instinkts teilhaftigen Kreaturen in der Weise einströmen, wie nach unserer Darstellung im IV. Buch die Figur des Himmels durch Vermittlung der Strahlen in den Fötus einströmt.

Die Astronomie Tycho Brahes liefert uns nun (wenn man von der eigenen Bewegung der Planeten die Parallaxen der Jahresbahn absondert, durch die sie ihre scheinbaren Stillstände und Rückläufigkeiten erhalten) die in der folgenden Tabelle angegebenen täglichen Bewegungen der Planeten in ihren Bahnen [*orbitae*] (so wie sie für einen Beobachter auf der Sonne erscheinen).

[313] Man beachte, daß die große Exzentrizität des Merkurs bewirkt, daß sich die Proportion der Bewegungen einigermaßen unterscheidet von der doppelten Proportion der Abstände. Denn macht man die Proportion der Bewegung im Aphel zur mittleren Bewegung 245 Minuten und 32 Sekunden doppelt so groß wie die Proportion des mittleren Abstandes 100 zum Aphelabstand 121, dann ergibt sich die Bewegung im Aphel gleich

Harmonien zwischen je zwei Planeten		Scheinbare tägliche Bewegungen					Harmonien bei den einzelnen Planeten für sich				
Divergent	Konvergent	Saturn.			′	″			′	″		
		Saturn.	Aphel	1	46. a	Zwischen	1	48	}	$\frac{4}{5}$	Große Terz
			Perihel	2	15. b	und	2	15			
$\frac{a\,1}{d\,3}$	$\frac{b\,1}{c\,2}$										
		Jupiter.	Aphel	4	30. c	Zwischen	4	35	}	$\frac{5}{6}$	Kleine Terz
			Perihel	5	30. d	und	5	30			
$\frac{c\,1}{f\,8}$	$\frac{d\,5}{e\,24}$										
		Mars.	Aphel	26	14. e	Zwischen	25	21	}	$\frac{2}{3}$	Quint
			Perihel	38	1. f	und	38	1			
$\frac{e\,5}{h\,12}$	$\frac{f\,2}{g\,3}$										
		Erde.	Aphel	57	3. g	Zwischen	57	28	}	$\frac{15}{16}$	Halbton
			Perihel	61	18. h	und	61	18			
$\frac{g\,3}{k\,5}$	$\frac{h\,5}{i\,8}$										
		Venus.	Aphel	94	50. i	Zwischen	94	50	}	$\frac{24}{25}$	Diesis
			Perihel	97	37. k	und	98	47			
$\frac{i\,1}{m\,4}$	$\frac{k\,3}{l\,5}$										
		Merkur.	Aphel	164	0. l	Zwischen	164	0	}	$\frac{5}{12}$	Oktav mit kleiner Terz
			Perihel	384	0. m	und	394	0			

167; und macht man die Proportion der Bewegung im Perihel zur selben mittleren Bewegung doppelt so groß wie die Proportion 100 zum Perihelabstand 79, so wird die Bewegung im Perihel gleich 393; beide Werte sind also etwas größer als die in der Tabelle angenommenen. Da nämlich die mittlere Bewegung in der mittleren Anomalie sehr schief betrachtet wird und daher nicht so groß erscheint, das heißt nicht gleich 245 Minuten 32 Sekunden, sondern um etwa 5 Sekunden kleiner, werden sich auch für die Bewegungen im Aphel und im Perihel kleinere Werte ergeben. Der Unterschied wird im Aphel kleiner, im Perihel größer sein, nach einem Satz aus der *Optik* EUKLIDS, wie ich im vorausgehenden Kapitel unter Nr. 6 vorsorglich bemerkt habe.

Daß nun zwischen diesen extremen scheinbaren Bewegungen der einzelnen Planeten Harmonien und melodische Intervalle bestehen, das hätte ich im voraus aus den oben angeführten Proportionen der Tagesbögen auf dem Exzenter entnehmen können, da ich bemerkte, daß daselbst allenthalben Hälften von harmonischen Proportionen zutage treten, und wußte, daß die Proportion der scheinbaren Bewegungen gleich dem Doppelten der Proportion der Bewegungen auf dem Exzenter ist. Doch gestattet die Erfahrung selber, ohne weitere Überlegung das zu beweisen, was behauptet wird, wie man in der vorausgehenden Tabelle sieht. Es zeigt sich hier nämlich, daß die Proportionen der scheinbaren Bewegungen der einzelnen Planeten an Harmonien sehr nahe herankommen. So umfassen Saturn und Jupiter etwas mehr als eine große und kleine Terz; der Überschuß ist beim ersteren $53/54$, beim letzteren $54/55$ oder etwas weniger, also ungefähr anderthalb Komma. Die Erde bildet etwas mehr als einen Halbton; der Überschuß ist hier $137/138$, also kaum ein halbes Komma. Mars umfaßt um ein Erhebliches (das heißt um $29/30$, ein Wert, der sich $34/35$ oder $35/36$ nähert) weniger als eine Quint. Merkur erreicht oberhalb einer Oktav eher eine kleine Terz als einen Ganzton; der Abstand von jener ist ungefähr $38/39$, was etwa zwei Komma im Betrag von zusammen $34/35$ oder $35/36$ gleichkommt. Nur Venus zeigt eine Proportion, die kleiner ist als alle melodischen Intervalle, auch als eine Diesis; sie liegt zwischen zwei und drei Komma und übersteigt $2/3$ einer Diesis, indem sie ungefähr gleich $34/35$ oder $35/36$, also eine um ein Komma verringerte Diesis ist.

In diese Betrachtung fügt sich auch der Mond ein. Es zeigt sich nämlich, daß seine stündliche Bewegung im Apogäum in den Vierteln am allerlangsamsten, nämlich gleich 26 Minuten und 26 Sekunden ist, dagegen die im Perigäum in den Syzygien am allerschnellsten gleich 35 Minuten und 12 Sekunden; dieses Verhältnis bildet aufs genaueste eine Quart. Denn der dritte Teil von 26 Minuten und 26 Sekunden ist 8 Minuten und 49 Sekunden – das Vierfache hiervon ist 35 Minuten und 15 Sekunden. Man bemerke auch, daß sich die Quart unter den scheinbaren Bewegungen sonst nirgends findet. Ferner beachte man die Analogie zwischen der Quart unter den Harmonien und der Quadratur unter den Phasen. Dies ist also der Befund bei den Bewegungen der einzelnen Planeten.

[314] Vergleicht man nun aber die extremen Bewegungen je zweier Planeten miteinander, so bricht sofort auf den ersten Blick die Sonne der Harmonien in aller Klarheit hervor, mag man die extremen divergenten oder die konvergenten gegeneinander halten. Denn zwischen den konvergenten Bewegungen des Saturns und des Jupiters besteht aufs genaueste die doppelte Proportion oder die Oktav, zwischen den

divergenten ein wenig mehr als die dreifache, das heißt die Oktav mit der Quint. Denn der dritte Teil von 5′ 30″ ist 1′ 50″, während Saturn hierfür 1′ 46″ aufweist. Die Planetenproportion ist also um eine Diesis oder um etwas weniger zu groß, nämlich um $^{26}/_{27}$ oder $^{27}/_{28}$. Gibt man der Bewegung des Saturns im Aphel etwas weniger als 1 Sekunde zu, so wird dieser Überschuß $^{34}/_{35}$ sein, also so groß wie die Proportion der extremen Bewegungen der Venus. Zwischen den divergenten und den konvergenten Bewegungen des Jupiters und des Mars herrschen die dreifache Oktav und die Doppeloktav mit Terz, aber nicht vollkommen. Denn der achte Teil von 38′ 1″ ist 4′ 45″, während Jupiter 4′ 30″ aufweist; zwischen diesen Zahlen ist der Unterschied $^{18}/_{19}$, ein Wert, der zwischen dem Halbton $^{15}/_{16}$, und der Diesis $^{24}/_{25}$ liegt, also nahezu ein vollkommenes Limma $^{128}/_{135}$ ausmacht. Ebenso ist der fünfte Teil von 26′ 14″ gleich 5′ 15″, während Jupiter 5′ 30″ aufweist. Es fehlt also hier der fünffachen Proportion ungefähr $^{21}/_{22}$, also soviel wie die andere Proportion vorhin zu groß war, das heißt etwa eine Diesis $^{24}/_{25}$. Ein genauerer Näherungswert ist die Harmonie $^{5}/_{24}$, bei der zu der Doppeloktav statt einer großen Terz eine kleine hinzukommt. Denn der fünfte Teil von 5′ 30″ ist 1′ 6″; das 24fache hiervon ist 26′ 24″, ein Wert, der verglichen mit 26′ 14″ nicht mehr als ein halbes Komma ausmacht. Mars mit Erde hat die kleinste Proportion erhalten, nämlich genau die anderthalbfache, das heißt die Quint. Denn der dritte Teil von 57′ 3″ ist 19′ 1″, das Doppelte hiervon 38′ 2″, eine Zahl, die gerade Mars aufweist, nämlich 38′ 1″. Als größere Proportion haben Mars und Erde eine Oktav mit kleiner Terz, das ist $^{5}/_{12}$ erhalten, in etwas weniger vollkommener Weise. Denn der zwölfte Teil von 61′ 18″ ist 5′ 6½″, das Fünffache hiervon ist 25′ 33″, während Mars dafür 26′ 14″ aufweist. Es fehlt also ungefähr eine verminderte Diesis im Betrag von $^{35}/_{36}$. Erde und Venus haben zusammen Harmonien erhalten, und zwar als größere eine große Sext $^{3}/_{5}$ und als kleinere eine kleine Sext $^{5}/_{8}$, wiederum nicht ganz vollkommen. Denn der fünfte Teil von 97′ 37″ ist 19′ 31″, das Dreifache hiervon ist 58′ 34″, ein Wert, der um $^{34}/_{35}$ oder fast $^{35}/_{36}$ größer ist als die Bewegung der Erde im Aphel. Um soviel überschreitet also die Planetenproportion die harmonische. Ebenso ist der achte Teil von 94′ 50″ gleich 11′ 51″ +, das Fünffache hiervon ist 59′ 16″, ein Wert, der nahezu gleich der mittleren Bewegung der Erde ist; es ist also hier die Planetenproportion um $^{29}/_{30}$ oder $^{30}/_{31}$ kleiner als die harmonische, was wiederum ungefähr eine verminderte Diesis $^{35}/_{36}$

ausmacht. Diese kleinere Proportion bei Erde und Venus nähert sich also der Quint; denn der dritte Teil von 94′ 50″ ist 31′ 37″, das Doppelte hiervon 63′ 14″. Davon weicht die Bewegung der Erde im Perihel 61′ 18″ um [315] $\frac{31}{32}$ ab, so daß die Planetenproportion genau die Mitte einhält zwischen den benachbarten harmonischen Proportionen. Schließlich haben Venus und Merkur als größere Proportion die Doppeloktav, als kleinere die Dursext erhalten, jedoch such nicht ganz vollkommen. Denn der vierte Teil von 384 Minuten ist 96 Minuten, während Venus 94′ 50″ aufweist; es kommt also zu der vierfachen Proportion etwa ein Komma hinzu. Ebenso ist der fünfte Teil von 164 Minuten gleich 32′ 48″, das Dreifache hiervon 98′ 24″, während Venus 97′ 37″ aufweist. Die Planetenproportion ist also ungefähr um $\frac{2}{3}$ eines Komma, das ist $\frac{126}{127}$, größer.

Das also sind die Harmonien, die unter die Planetenpaare verteilt sind. Es gibt bei den Hauptverhältnissen (das heißt bei den Verhältnissen der extremen konvergenten und divergenten Bewegungen) keines, das nicht so nahe an eine Harmonie herankäme, daß das Ohr, wenn Saiten in der entsprechenden Weise gespannt wären, die Unvollkommenheit nicht leicht unterscheiden könnte, ausgenommen allein jene Differenz bei Jupiter und Mars.

Es folgt aber auch, daß wir auch dann nicht weit von Harmonien abweichen würden, wenn man gleichartige Bewegungen vergleichen wollte. Denn fügt man die Saturnproportion $\frac{4}{5}$ plus $\frac{53}{54}$ zu der Zwischenproportion $\frac{1}{2}$ hinzu, so erhält man $\frac{2}{5}$ plus $\frac{53}{54}$ als Wert der Proportion zwischen den Bewegungen von Saturn und Jupiter im Aphel. Fügt man die Jupiterproportion $\frac{5}{6}$ plus $\frac{54}{55}$ zu der Zwischenproportion $\frac{1}{2}$ hinzu, so erhält man $\frac{5}{12}$ plus $\frac{54}{55}$ als Wert zwischen den Bewegungen von Saturn und Jupiter im Perihel. Ferner füge man die Jupiterproportion $\frac{5}{6}$ plus $\frac{54}{55}$ zur folgenden Zwischenproportion $\frac{5}{24}$ minus $\frac{157}{158}$, hinzu, so erhält man $\frac{1}{6}$ minus $\frac{35}{36}$ zwischen den Bewegungen im Aphel. Fügt man zu derselben Proportion $\frac{5}{24}$ minus $\frac{157}{158}$ die Marsproportion $\frac{2}{3}$ minus $\frac{29}{30}$ hinzu, so erhält man ungefähr $\frac{5}{36}$ minus $\frac{24}{25}$, das ist $\frac{125}{864}$, oder etwa $\frac{1}{7}$ zwischen den Bewegungen im Perihel. Dieses unmelodische Verhältnis steht bisher einzig da. Zur dritten Zwischenproportion $\frac{2}{3}$ füge man die Marsproportion $\frac{2}{3}$ minus $\frac{29}{30}$ hinzu, so erhält man $\frac{4}{9}$ minus $\frac{29}{30}$, das ist $\frac{40}{87}$, also ein zweites unmelodisches Verhältnis zwischen den Bewegungen im Aphel. Fügt man statt der Marsproportion die Erdproportion $\frac{15}{16}$ plus $\frac{137}{138}$ hinzu, so ergibt sich $\frac{5}{8}$ plus $\frac{137}{138}$ für

die Bewegungen im Perihel. Wenn man weiterhin zur vierten Zwischenproportion $5/8$ minus $30/31$ oder $2/3$ plus $31/32$ die Erdeproportion $15/16$ plus
$137/138$ hinzufügt, so erhält man ganz nahe $3/5$ zwischen den Bewegungen
von Erde und Venus im Aphel. Denn der fünfte Teil von $94'50''$ ist
$18'58''$, das Dreifache davon $56'54''$, statt dessen die Erde $57'3''$ aufweist. Wenn man zur selben Zwischenproportion die Venusproportion
$34/35$ hinzufügt, so erhält man $5/8$ für die Bewegungen im Perihel. Denn
der achte Teil von $97'37''$ ist $12'12''+$; das Fünffache ergibt $61'1''$, statt
dessen die Erde $61'18''$ aufweist.

Wenn man schließlich zur letzten Zwischenproportion $3/5$ plus $126/127$
die Venusproportion $34/35$ hinzufügt, so erhält man $24/25$ mehr als $3/5$; es
entsteht bei der Zusammensetzung ein dissonantes Intervall für die Bewegungen im Aphel. Fügt man aber die Merkurproportion $5/12$ minus $38/39$
hinzu, so kommt ganz nahe $1/4$ oder eine Doppeloktav minus einer Diesis
heraus für die Proportion zwischen den Bewegungen im Perihel.

[316] Vollkommene Harmonien finden sich also folgende: Zwischen
den konvergenten Bewegungen von Saturn und Jupiter die Oktav. Zwischen den konvergenten Bewegungen von Jupiter und Mars ungefähr die
Doppeloktav mit der Mollterz. Zwischen den konvergenten Bewegungen
von Mars und Erde die Quint. Zwischen ihren Bewegungen im Perihel die
Mollsext. Zwischen den Bewegungen von Erde und Venus im Aphel die
Dursext, zwischen denen im Perihel die Mollsext. Zwischen den extremen
konvergenten Bewegungen von Venus und Merkur die Dursext. Zwischen
den divergenten oder auch zwischen den Bewegungen im Perihel die
Doppeloktav. Ohne der Astronomie, wie sie aufgrund der Beobachtungen von Brahe aufs allersorgfältigste aufgebaut worden ist, Eintrag zu
tun, erscheint es hierbei möglich, die noch übrigbleibende ganz geringe
Unstimmigkeit zu beseitigen, besonders bei den Bewegungen von Venus
und Merkur.

Man beachte aber, daß ich nur dort, wo keine vollkommene Harmonie
vorliegt, wie zwischen Jupiter und Mars, die Möglichkeit einer nahezu
vollkommenen Einschaltung einer regulären Figur entdeckt habe, da der
Perihelabstand des Jupiters ganz nahe das Dreifache des Aphelabstands
des Mars beträgt, so daß also dieses Planetenpaar die vollkommene Harmonie, die es in den Bewegungen nicht aufweist, dafür in den Abständen
anstrebt. Des weiteren beachte man, daß die größere Planetenproportion
des Saturns und Jupiters die harmonische Proportion 1 zu 3 ungefähr um

einen Betrag überschreitet, der gleich ist der Venusproportion, und daß die größere Proportion von Mars und Erde sowie die beiden Proportionen der konvergenten und der divergenten Bewegungen von Erde und Venus um den gleichen Betrag zu klein sind. Drittens bemerke man, daß so ziemlich bei den oberen Planeten Harmonien zwischen den konvergenten Bewegungen festgesetzt sind, bei den unteren aber zwischen gleichartigen Bewegungen. Viertens bemerke man noch, daß zwischen den Bewegungen des Saturns und der Erde im Aphel nahezu genau fünf Oktaven liegen; denn der 32. Teil von 57′ 3″ ist 1′ 47″, statt dessen die Bewegung des Saturns im Aphel 1′ 46″ aufweist.

Es besteht nun aber ein großer Unterschied zwischen den angeführten Harmonien bei den einzelnen Planeten und denen bei Planetenpaaren. Die ersteren können nicht in einem bestimmten Zeitpunkt bestehen; bei den letzteren ist dies durchaus möglich. Denn wenn ein Planet gerade im Aphel ist, kann er nicht gleichzeitig auch im gegenüberliegenden Perihel sein. Von zwei Planeten aber kann der eine in seinem Aphel und zu gleicher Zeit der andere in seinem Perihel sein. Es gilt daher folgende Analogie: Wie sich der einfache oder einstimmige Gesang, den man Choralgesang nennt und der allein den Alten bekannt war, zum mehrstimmigen, sogenannten figurierten Gesang verhält, der eine Erfindung der letzten Jahrhunderte ist, so verhalten sich auch die Harmonien, die die einzelnen Planeten bilden, zu den Harmonien der Planetenpaare. Daher werden weiterhin im V. und VI. Kapitel die einzelnen Planeten mit der Choralmusik der Alten verglichen und deren Besonderheiten an den Planetenbewegungen aufgezeigt. In den darauffolgenden Kapiteln aber wird dargelegt werden, wie die Planetenverbindungen mit der figurierten modernen Musik übereinstimmen.

V. KAPITEL

Daß in den Proportionen der scheinbaren Planetenbewegungen (gleichsam für einen Beobachter auf der Sonne) die Stufen des Systems, das heißt die Noten der Tonleiter, sowie die Tongeschlechter Dur und Moll ausgedrückt sind

Daß also zwischen diesen zwölf Werten oder Bewegungen der sechs um die Sonne kreisenden Planeten nach aufwärts und abwärts überallhin harmonische Proportionen oder solche Proportionen, die jenen bis auf einen unmerklichen Teilbetrag des kleinsten melodischen Intervalls nahekommen, bestehen, das ist im bisherigen durch Zahlen, wie sie einerseits die Astronomie, andererseits die Harmonik liefert, bewiesen worden. Wie wir nun aber im III. Buch zuerst die harmonischen Proportionen einzeln für sich im I. Kapitel aufsuchten und dann erst im II. Kapitel sie alle, so viele ihrer waren, zu einem gemeinsamen System oder einer Tonleiter zusammenfügten, oder vielmehr eine von ihnen, die Oktav, die die übrigen der Potenz nach umfaßt, mit Hilfe der übrigen in ihre Stufen aufteilten, so daß hierdurch die Tonleiter entstand, so müssen wir auch jetzt nach der Auffindung der Harmonien, die Gott selber in der Welt verwirklicht hat, die Frage erheben, ob diese Harmonien einzeln für sich so dastehen ohne gegenseitige Beziehung, oder ob sie alle untereinander übereinstimmen. Freilich ist es leicht, auch ohne weitere Untersuchung den Schluß zu ziehen, daß diese Harmonien nach höchstem Ratschluß einander so angepaßt sind, daß sie sich gegenseitig gleichsam als Teile eines einzigen Bauwerks tragen und keine die andere zerdrückt. Sehen wir doch bei unserer so vielfältigen Gegenüberstellung immer der gleichen Werte, daß uns überall Harmonien begegnen. Wären nämlich nicht alle allen angepaßt zu einer Leiter, so hätte es leicht geschehen können (und ist auch da und dort zwangsläufig geschehen), daß mehrere Dissonanzen auftreten. Wollte jemand beispielsweise zwischen dem ersten und zweiten Wert eine große Sext, zwischen dem zweiten und dritten eine gleichfalls große Terz ohne Rücksicht auf das erste Intervall festsetzen, so würde er zwischen dem ersten und dritten Wert eine Dissonanz, das unmelodische Intervall $^{12}/_{25}$, zulassen.

Sehen wir nun aber auch zu, ob das, was wir durch eine rein verstandesmäßige Überlegung gefolgert haben, sich auch in der Wirklichkeit findet. Wir wollen jedoch einige Sicherungsmaßregeln vorausschicken, damit wir beim Weiterschreiten nicht stolpern. Erstens müssen wir für unsere gegenwärtige Aufgabe die überschießenden oder fehlenden Beträge, die kleiner sind als ein Halbton, vernachlässigen; welche Ursachen diese haben, werden wir später sehen. Sodann werden wir durch fortgesetzte Verdopplung oder umgekehrt durch Halbierung der Bewegungen alle Werte auf einen einzigen Oktavenbereich zurückführen, in Rücksicht auf die identische Konsonanz aller Oktaven.

Die Zahlen, welche alle Stufen oder Töne des Oktavensystems ausdrücken, sind im VIII. Kapitel des III. Buches, S. 47 in einer Tabelle zusammengestellt; [318] sie sagen etwas aus über die Längen zweier Saiten. Demzufolge werden die Geschwindigkeiten der Bewegungen zueinander je in umgekehrter Proportion stehen.

Wir vergleichen die Bewegungen der Planeten in Teilen, wie sie sich durch fortgesetzte Halbierung ergeben.

Es ist die Bewegung im   '   "

											'	"
Perihel von Merkur, geteilt durch die	7.	Potenz von	2	oder	128	. . . .	3	0
Aphel „ „	„	„	„ 6.	„	„ 2	„	64	. . . . . .	2	34 –
Perihel „ Venus,	„	„	„ 5.	„	„ 2	„	32	. . . . . .	3	3 +
Aphel „ „	„	„	„ 5.	„	„ 2	„	32	. . . . . .	2	58 –
Perihel der Erde,	„	„	„ 5.	„	„ 2	„	32	. . . . . .	1	55 –
Aphel „ „	„	„	„ 5.	„	„ 2	„	32	. . . . . .	1	47 –
Perihel von Mars,	„	„	„ 4.	„	„ 2	„	16	. . . . . .	2	23 –
Aphel „ „	„	„	„ 3.	„	„ 2	„	8	. . . . . .	3	17 –
Perihel „ Jupiter, halbiert							2	45
Aphel „ „							2	15
Perihel „ Saturn							2	15
Aphel „ „							1	46

Es bezeichne nun die Bewegung im Aphel des langsamsten Planeten Saturn, also seine langsamste, die tiefste Stufe G im System durch die Zahl 1′ 46″. Dieselbe Stufe nimmt auch die Bewegung der Erde im Aphel ein, jedoch fünf Oktaven höher, da ihre Zahl 1′ 47″ beträgt, und wer wollte bei der Bewegung des Saturns im Aphel um eine Sekunde streiten wollen. Und wenn auch, so ist doch der Unterschied nicht größer als 106/107, was weniger ist als ein Komma. Addiert man zu 1′ 47″ den vierten Teil davon im Betrag von 27 Sekunden, so erhält man 2′ 14″, während die Bewegung des Saturns im Perihe l2′ 15″ aufweist, wie auch die des Jupiters im Aphel, jedoch um eine Oktav höher. Diese beiden Bewegungen bezeichnen also die Note ♮ oder liegen nur ganz wenig höher. Nimmt man von 1′ 47″

611

den dritten Teil 36″ – und addiert ihn zu dem Ganzen, so erhält man 2′ 23″ – für die Note *c*. Und siehe da, die Bewegung des Mars im Perihel ist von der gleichen Größe, jedoch um vier Oktaven höher. Wenn man wiederum zu 1′ 47″ die Hälfte 54″ – addiert, so ergibt sich 2′ 41″ – für die Note *d*. Und siehe da, hier steht die Bewegung des Jupiters im Perihel bereit, doch um eine Oktav höher; denn diese Bewegung nimmt einen ganz nahe dabei liegenden Wert ein, nämlich 2′ 45″. Addiert man zwei Drittel, nämlich 1′ 11″ +, so kommt 2′ 58″ – heraus. Und siehe, die Bewegung der Venus im Aphel ist 2′ 58″ –. Sie bezeichnet also die Stufe oder Note *e*, doch um fünf Oktaven höher. Die Bewegung des Merkur im Perihel ist nicht viel größer, nämlich 3′ 0″, jedoch sieben Oktaven höher. Teilt man schließlich das Doppelte von 1′ 47″, also 3′ 34″, in neun Teile und nimmt einen Teil im Betrag von 24″ vom Ganzen weg, so bleibt 3′ 10″ + für die Note *f*, die ungefähr durch die Bewegung des Mars im Aphel 3′ 17″ besetzt wird, jedoch um drei Oktaven [**319**] höher; diese Zahl selber ist ein wenig zu hoch und nähert sich der Note *fp*. Denn zieht man den 16. Teil von 3′ 34″, das sind 13½, von 3′ 34″ ab, so bleibt 3′ 20½″ übrig, ein Wert, dem 3′ 17″ sehr nahe kommt. Wirklich wird auch in der Musik häufig an Stelle von *ffp* gesetzt, wie man allenthalben sehen kann.

Es werden also alle Noten des Durgeschlechts innerhalb einer Oktav (ausgenommen die Note *A*, die auch nach dem zweiten Kapitel im III. Buch nicht durch harmonische Teilungen bezeichnet wurde) durch alle extremen Planetenbewegungen bezeichnet, ausgenommen die Bewegungen von Venus und Erde im Perihel und die von Merkur im Aphel, deren Zahl 2′ 34″ sich der Note *cp* nähert. Zieht man nämlich von der Stufe *d*, deren Zahl 2′ 41″ ist, den 16. Teil 10″ + ab, so bleibt 2′ 30″ für die Note *cp*. Es sind also nur die Bewegungen der Venus und der Erde im Perihel aus dieser Tonleiter verbannt, wie folgende Aufstellung zeigt.

Wenn man dagegen mit der Bewegung des Saturns im Perihel den Anfang macht und ihr die Note *G* zuweist, dann kommen auf die Note *A* 2′ 32″ −, ein Wert, der der Bewegung des Merkurs im Aphel sehr nahe kommt. Auf die Note *b* kommen 2′ 42″, ein Wert, der der Bewegung des Jupiters im Perihel sehr nahe kommt, infolge der Gleichwertigkeit der Oktaven. Auf die Note *c* kommen 3′ 0″, das ist nahezu die Bewegung von Merkur und Venus im Perihel. Auf die Note *d* kommen 3′ 23″ −; nur wenig tiefer ist die Bewegung des Mars im Aphel mit 3′ 18″, so daß hier seine Zahl um ebensoviel kleiner ist als die zugehörige Note, wie sie oben größer war. Auf die Note *d*ρ kommen 3′ 36″, ein Wert, dem sich ungefähr die Bewegung der Erde im Aphel nähert. Auf die Note *e* kommen 3′ 50″. und es ist die Bewegung der Erde im Perihel 3′ 49″. Die Bewegung des Jupiters im Aphel nimmt wieder die Stufe *g* ein.

Auf diese Weise werden alle Töne innerhalb einer Oktav des Mollgeschlechts, ausgenommen *f*, durch die meisten Bewegungen der Planeten im Aphel und Perihel ausgedrückt, besonders durch jene, die vorhin ausgelassen waren, wie folgende Aufstellung zeigt.

[320] Vorher war also *f*ρ bezeichnet, *A* ausgelassen. Jetzt ist *A* bezeichnet, *f*ρ aber ausgelassen. Denn nach dem zweiten Kapitel im III. Buch fiel die Note *f* auch bei den harmonischen Teilungen aus.

Es ist also am Himmel auf zweifache Weise, gleichsam in den beiden Tongeschlechtern die Tonleiter oder das System einer einzigen Oktave ausgedrückt mit allen Stufen, durch die sich in der Musik der natürliche Gesang bewegt. Nur darin liegt ein Unterschied, daß bei unseren harmonischen Teilungen beide Wege gemeinsam mit ein und demselben Glied *G* anfangen, während hier bei den Planetenbewegungen die Bewegung, die vorher ♮ war, jetzt im Mollgeschlecht *G* wird:

In den Himmelsbewegungen so:

Durch die harmonischen Teilungen so:

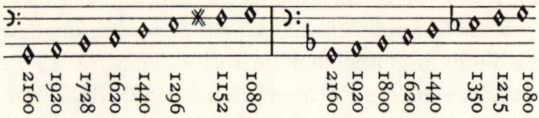

Denn wie sich in der Musik 2160 zu 1800 oder 6 zu 5 verhält, so verhält sich im ersteren System, das die Himmelsbewegungen darstellt, 1728 zu 1440, das heißt auch wie 6 zu 5. Ebenso v erhält sich

$$2160 \text{ zu } 1800 \quad 1620 \quad 1440 \quad 1350 \quad 1080$$
$$\text{wie } 1728 \text{ zu } 1440 \quad 1296 \quad 1152 \quad 1080 \quad 864.$$

Nun wird man sich nicht mehr wundern, daß die Menschen diese so ausgezeichnete Anordnung der Töne oder Stufen in dem System oder der Tonleiter aufstellen, wenn man sieht, daß sie dabei eigentlich keine andere Rolle als die von Nachahmern des göttlichen Schöpfers spielen und gleichsam ein Drama von der Anordnung der Himmelsbewegungen aufführen.

Es gibt jedoch noch eine Art und Weise, wie wir die zweifache Tonleiter am Himmel auffassen können. Dabei ist das System das gleiche; es wird aber eine zweifache Stimmung angenommen, die eine nach der Bewegung der Venus im Aphel, die andere nach der im Perihel, da der Unterschied der Bewegungen bei diesem Planeten am kleinsten ist, insofern er sich unterhalb der Grenze einer Diesis, des kleinsten melodischen Intervalls, hält. Und zwar enthält die Aphelstimmung, wie oben, die Aphelbewegungen von Saturn, Erde, Venus und nahezu auch Jupiter in *G, e,* ♮, die Perihelbewegungen aber von Mars und nahezu von Saturn und, wie sich auf den ersten Blick zeigt, auch von Merkur in *c, e,* ♮. Die Perihelstimmung dagegen faßt die Aphelbewegungen von Mars, Merkur und nahezu von Jupiter sowie die Perihelbewegungen [**321**] von Jupiter, Venus und nahezu von Saturn, in gewisser Hinsicht aber auch die der Erde und zweifellos die von Merkur. Denn angenommen, es nehme nicht die Aphelbewegung von Venus, sondern ihre Perihelbewegung 3′ 3″ die Stufe *e* ein, so kommt auch die Bewegung des Merkurs im Perihel mit 3′ 0″ über eine Doppeloktav nahe an sie heran, wie gegen Ende des IV. Kapitels bemerkt wurde. Zieht man aber den zehnten Teil dieser Bewegung der Venus im Perihel 3′ 3″ im Betrag von 18 Sekunden ab, so bleibt 2′ 45″ übrig, die Bewegung des Jupiters im Perihel, die die Stufe *d* einnimmt. Addiert man aber den 15. Teil im Betrag von zwölf Sekunden, so erhält man 3′ 15″, nahezu die Bewegung des Mars im Aphel, die die Stufe *f* einnimmt; ebenso folgen auf der Stufe ♄ dieser Stimmung nahezu auch die Bewegungen des Saturns im Perihel und des Jupiters im Aphel. Nimmt man aber den achten Teil im Betrag von 23 Sekunden fünfmal, so ergibt sich 1′ 55″, die Bewegung der Erde im Perihel. Diese paßt mit den vorausgehenden Bewegungen freilich nicht in dieselbe Tonleiter, da diese die Intervalle ⅝ unterhalb *e* und ²⁴⁄₂₅ oberhalb *G* nicht enthält. Wenn man aber außerhalb dieser Anordnung der Bewegung von Venus im Perihel und damit auch der des Merkurs im Aphel statt der Stufe *e* die Stufe *d*ρ zuweist, dann wird diese Perihelbewegung der Erde die Stufe *G* einnehmen. Auch die Aphelbewegung des Merkurs stimmt damit überein. Denn multipliziert man den dritten Teil 1′ 1″ von 3′ 3″ mit fünf, so erhält man 5′ 5″, dessen Hälfte 2′ 32″ + der Bewegung des Merkurs im Aphel ganz nahe kommt, die dann in dieser außerordentlichen Anordnung die Stufe *c* einnimmt. Es sind also alle diese Bewegungen unter sich von der gleichen Stimmung. Während aber die Perihelbewegung der Venus die Tonleiter mit den drei (oder fünf) erstgenannten Bewegungen nach dem gleichen Tongeschlecht teilt, nach dem es ihre Aphelbewegung in ihrer Stimmung tut, das heißt nach dem Durgeschlecht, teilt sie mit den beiden letztgenannten Bewegungen die Tonleiter anders, nämlich nicht nach anderen melodischen Intervallen, sondern nach einer anderen Anordnung der melodischen Intervalle, und zwar nach einer solchen, wie sie dem Mollgeschlecht eigen ist.

Es genügt jedoch in diesem Kapitel das, was zur Untersuchung steht, vor Augen geführt zu haben. Die Gründe aber, warum das im einzelnen so gemacht worden ist, sowie die Ursachen nicht nur für die Übereinstimmung in so vielen Fällen, sondern auch für die Unstimmigkeit im Kleinsten, werden im IX. Kapitel durch höchst einleuchtende Beweise offenbar werden.

Daß in den extremen Bewegungen der Planeten in gewisser Weise die musikalischen Modi oder Tonarten ausgedrückt sind

D ies folgt aus den vorausgehenden Ausführungen, und es bedarf nicht vieler Worte. Die einzelnen Planeten bezeichnen in gewisser Weise mit ihrer Bewegung im Perihel Stufen des Systems, insoweit es ihnen gegeben ist, ein bestimmtes Intervall der Tonleiter zwischen bestimmten Tönen oder Stufen zu durchlaufen, angefangen je mit dem Ton oder der Stufe, die im vorausgehenden Kapitel der Bewegung im Aphel zugewiesen wurde. Dabei traf auf Saturn und Erde die Stufe *G*, auf Jupiter die Stufe ♮, die nach *G* höher transponiert werden kann, auf Mars *fp*, auf Venus *e*, auf [322] Merkur *A* in einem höheren System. Siehe die einzelnen Planeten in der gebräuchlichen Notenschrift. Die Zwischenstufen, die man hier mit Noten ausgefüllt sieht, werden freilich nicht wie die Grenzstufen ausdrücklich gebildet. Denn die Planeten streben von einer Grenzlage aus nicht in Sprüngen und Intervallen, sondern in kontinuierlichem Steigen und Fallen der entgegengesetzten Grenzlage zu, indem sie alle (der Potenz nach unendlich vielen) Zwischenstufen wirklich durchlaufen. Ich konnte dies aber nicht anders ausdrücken als durch eine fortlaufende Reihe von Zwischennoten. Venus hält sich fast auf einem einzigen Ton, indem der Umfang des Ansteigens bei ihr nicht einmal das kleinste der melodischen Intervalle erreicht.

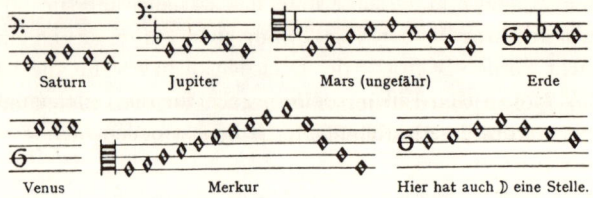

Saturn   Jupiter   Mars (ungefähr)   Erde

Venus   Merkur   Hier hat auch ☽ eine Stelle.

Nun aber ist die Bezeichnung zweier Töne in einem gemeinsamen System und die Bildung des Oktavenskeletts durch Aufstellung eines bestimmten melodischen Intervalls in gewisser Hinsicht das erste Mittel zur Unterscheidung der Tonarten oder Modi. Es sind somit die Tonarten der Musik unter die Planeten verteilt. Freilich weiß ich wohl, daß zur Bildung und Definition der verschiedenen Modi noch mehr gehört, was sich bei dem nach Intervallen fortschreitenden menschlichen Gesang findet. Ich habe daher auch »in gewisser Hinsicht« gesagt.

Es wird aber dem Harmonisten frei stehen, sich seine Ansicht darüber zu bilden, welchen Modus jeder einzelne Planet durch die ihm hier zugeteilten Grenzlagen am besten ausdrückt. Ich möchte dem Saturn von den gebräuchlichen Tonarten die siebte oder achte geben, da seine Bewegung im Perihel bis ♮ ansteigt, wenn man für ihn als Grundton G ansetzt. Dem Jupiter weise ich die erste oder zweite zu, da seine Bewegung im Perihel bis b gelangt, wenn man seine Bewegung im Aphel mit G anfangen läßt. Dem Mars gebe ich die fünfte oder sechste Tonart, nicht allein deswegen, weil er nahezu eine Quint erreicht (denn dieses Intervall ist allen Tonarten gemeinsam), sondern hauptsächlich deshalb, da er in dem gemeinsamen System mit den anderen zusammen mit seiner Bewegung im Perihel c erreicht, während seine Bewegung im Aphel nahe bei f liegt, das heißt bei dem Grundton der fünften oder sechsten Tonart. Der Erde möchte ich die dritte oder vierte Tonart geben, da sich ihre Bewegung innerhalb eines Halbtons hält; bei jenen Tonarten ist aber das erste Intervall ein Halbton*. Auf den Merkur werden wegen des großen Umfangs seines Intervalls in gleicher Weise alle Tonarten passen. Auf die Venus trifft wegen der Enge ihres Intervalls keine Tonart, mit Rücksicht auf das gemeinsame System aber die dritte und vierte, da sie im Zusammenhang mit den übrigen Planeten die Stufe e besetzt.

[323] VII. Kapitel

Daß es Gesamtharmonien aller sechs Planeten gleichsam als gemeinsame vierfache Kontrapunkte gibt

Nun muß es lauter schallen, Urania, indem ich über die harmonische Leiter der himmlischen Bewegungen in größere Höhen aufsteige, dorthin, wo das wahre Urbild des Weltenbaus verborgen und verwahrt ist. Folgt mir, ihr Musiker von heute, und bildet euch

---

* Die Erde singt Mi Fa Mi, so daß man schon aus diesen Silben entnehmen kann, daß auf unserem Wohnsitz »*Mi*seria et *Fa*mes« (Elend und Hunger) herrschen.

617

selber ein Urteil nach euren Kunstregeln, die dem Altertum noch nicht bekannt waren. Euch hat als die ersten, in denen sich das Weltall wahrhaft spiegelt, die allzeit verschwenderische Natur nach zweitausendjährigem Brüten endlich in den letzten Jahrhunderten hervorgebracht. Durch eure mehrstimmigen Melodien, durch Vermittlung eurer Ohren hat sie dem menschlichen Geist, dem Lieblingskind des göttlichen Schöpfers, ihr innerstes Wesen zugeraunt*.

Die harmonischen Proportionen, die zwischen den extremen Bewegungen zweier benachbarter Planeten bestehen, habe ich oben dargestellt. Es kommt jedoch sehr selten vor, daß gleichzeitig zwei Planeten, zumal wenn es sehr langsame sind, ihre extremen Intervalle erreichen. So liegen die Apsiden von Saturn und Jupiter ungefähr 81 Grad auseinander. Bis dieser ihr Abstand in bestimmten Sprüngen von je 20 Jahren den ganzen Tierkreis durchmißt, verstreichen 800 Jahre, und doch trifft der Sprung, der das achte Jahrhundert beschließt, nicht genau auf die Apsiden. Wenn er etwas weiter abweicht, so muß man noch einmal 800 Jahre zusehen, ob sich ein günstigerer Sprung durch die Berechnung finden läßt. Das ist so oft zu wiederholen, wie das Maß der Abweichung in der Länge eines halben Sprungs enthalten ist. Derartige Perioden treten auch bei den einzelnen übrigen Planetenpaaren auf, freilich nicht so lange. In der Zwischenzeit treten aber auch andere Harmonien bei zwei Planeten auf zwischen Bewegungen, die nicht beide extrem sind, von denen vielmehr eine oder beide Zwischenwerte besitzen, und zwar sozusagen in verschiedenen Spannweiten. Denn da Saturn von G bis ♮ und etwas darüber steigt, Jupiter von ♮ bis d und noch etwas weiter, so können zwischen Saturn und Jupiter auch die beiden Terzen und die Quart (je um eine Oktave höher) auftreten, und zwar von den beiden Terzen jede über eine Spannweite hin, die gleich dem Umfang der anderen ist, die Quart aber über die Spannweite eines großen Ganztones

---

* Ist es unverschämt von mir, wenn ich von den einzelnen Komponisten unserer Zeit eine kunstgerechte Motette für meinen Lobpreis fordere? Einen geeigneten Text könnten der königliche Psalmist oder die übrigen Hl. Bücher liefern. Doch merkt wohl, daß am Himmel nicht mehr als sechs Stimmen zusammenklingen; denn der Mond summt für sich seine einstimmige Weise, bei der Erde wie an einer Wiege sitzend. Liefert eure Beiträge; daß die Partitur sechsstimmig wird, darüber verspreche ich eifriger Wächter zu sein. Wer in meinem Werk dargestellte Himmelmusik am besten ausdrückt, dem stellt Klio ein Blumengewinde in Aussicht und Urania verheißt ihm die Venus als Braut.

hin. Denn eine Quart besteht nicht nur zwischen dem *G* des Saturn und dem *cc* des Jupiters, sondern auch zwischen dem *A* des Saturn und dem *dd* des Jupiters sowie über alle Zwischenlagen hin zwischen dem *G–A* des ersteren und dem *cc–dd* des letzteren Planeten. Die Oktav aber und die Quint treten nur in den Apsiden auf. Mars, dem ein größeres Eigenintervall zukommt, besitzt die Eigenschaft, daß er mit den oberen Planeten innerhalb einer gewissen Spannweite eine Oktav bilden kann. Merkur hat ein so großes Intervall bekommen, daß er [324] meistens alle Harmonien mit allen Planeten bildet innerhalb einer einzigen Periode, die nicht länger dauert als drei Monate. Die Erde dagegen und noch viel mehr die Venus schränken bei der Enge ihrer Eigenintervalle ihre Harmonien nicht nur mit den übrigen Planeten, sondern besonders auch untereinander auf eine auffallend geringe Anzahl ein. Was nun die gleichzeitige Harmonie dreier Planeten anlangt, so muß man viele Wechsellagen abwarten. Doch gibt es eine große Zahl von Harmonien; solche treten um so eher auf, als immer die nächstfolgende sich eng an die benachbarte anschließt. Auch hat es den Anschein, daß zwischen Mars, Erde und Merkur dreifache Harmonien etwas häufiger auftreten. Die Harmonien von vier Planeten verteilen sich bereits über Jahrhunderte hin, die von fünf Planeten über Myriaden von Jahren. Die Fälle, in denen alle sechs Planeten zusammenklingen, sind durch ewig lange Zeiträume voneinander geschieden; ich weiß nicht, ob es überhaupt möglich ist, daß in dem ganzen Ablauf der Welt zwei solche Fälle auftreten, und ob nicht vielmehr eine solche Harmonie den Anfang der Zeit bezeichnet, von dem aus sich das Alter der Welt herleitet [vgl. *Mysterium cosmographicum*, Kapitel XXIII].

Wenn es nun nur eine einzige sechsfache Harmonie oder unter mehreren eine besonders ausgezeichnete gäbe, so könnte man in dieser zweifellos die Konstellation bei der Erschaffung der Welt erblicken. Es erhebt sich also die Frage, ob und auf wievielerlei Weisen sich die Bewegungen aller sechs Planeten zu einer einzigen Gesamtharmonie zusammenstimmen lassen. Die Untersuchung dieser Frage nimmt ihren Ausgang von Erde und Venus, da diese beiden miteinander nur zwei Konsonanzen bilden, und zwar (was die Ursache hierfür ist) nur über ganz geringe Anschwellungen der Bewegungen hin.

Nun wohlan, legen wir von vornherein gleichsam zwei Harmonieskelette fest, von denen jedes durch zwei extreme Zahlenwerte (die die

Grenzwerte der Geschwindigkeiten bezeichnen) gebildet wird, und untersuchen wir, welche Bewegungen innerhalb des jedem Planeten eingeräumten Umfangs damit übereinstimmen. Dem ersten Skelett werde das Verhältnis ³/₅ zwischen Erde und Venus zugeordnet und in der tiefsten Stimmung die tägliche Bewegung der Erde im Aphel im Betrag von 57′ 3″, in der höchsten Stimmung die Perihelbewegung der Venus im Betrag von 97′ 37″. Die Bewegungen der anderen Planeten werden folgende sein:

[325]   Harmonien aller Planeten der Gesamtharmonien
im Durgeschlecht

		Daß ♄ mitklingt.						Daß c mitklingt.		
			In der						In der	
			tiefsten	höchsten					tiefsten	höchsten
			Stimmung:						Stimmung:	
	e⁷		380′ 20″				e⁷		380′ 20″	
☿	♮⁷		285 15	292′ 48″		☿	c⁷		304 16	312′ 21″
	g⁶		228 12	234 16			g⁶		228 12	234 16
	e⁶		190 10	195 14			e⁶		190 10	195 14
Venus e⁵			95 5	97 37		Venus e⁵			95 5	97 37
Erde g⁴			57 3	58 34		Erde g⁴			57 3	58 34
♂	♮⁴		35 39	36 36			c⁴		38 2	39 3
	g³		28 32	29 17			g³		28 32	29 17
♃ ♮¹				4 34		♃ c¹			4 45	4 53
♄ ♮			2 14							
G			1 47	1 49		♄ G			1 47	1 49

Bei dieser Gesamtharmonie wirken mit Saturn mit der Bewegung im Aphel, die Erde im Aphel, Venus im Aphel (nahezu); bei der höchsten Stimmung wirkt mit Venus im Perihel; bei mittlerer Stimmung wirken mit Saturn im Perihel, Jupiter im Aphel, Merkur im Perihel. Somit kann Saturn mit zwei, Mars mit zwei und Merkur mit vier Bewegungen mitwirken.

Hier fallen die Bewegungen des Saturns im Perihel und die des Jupiters im Aphel aus, während das übrige bleibt. Dafür wirkt Mars mit seiner Bewegung im Perihel mit.

Während die übrigen Planeten nur je mit einer Bewegung mitwirken, steuert Mars zwei und Merkur vier bei.

Das zweite Skelett erhält man, wenn man die zweite zwischen Erde und Venus mögliche Harmonie ⁵/₈ heranzieht. Wenn man von der Bewegung der Venus im Aphel 94′ 50″ den achten Teil 11′ 51″ + fünfmal

620

nimmt, so erhält man für den Wert, der von der Erdbewegung in Betracht kommt, 59′ 16″; der gleiche Bruchteil der Bewegung der Venus im Perihel 97′ 37″ ergibt für die entsprechende Bewegung der Erde den Wert 61′ 1″. Die übrigen Planeten klingen nun mit folgenden täglichen Bewegungen mit:

[326]   Harmonien aller Planeten oder Gesamtharmonien
im Mollgeschlecht

	Daß ♮ mitklingt.	In der tiefsten Stimmung:	höchsten Stimmung:		Daß c mitklingt.	In der tiefsten Stimmung:	höchsten Stimmung:
	$dϱ^7$	379′ 20″			$dϱ^7$	379′ 20″	
☿	b^7	284 32	292′ 56″		c^7	316 5	325′ 26″
	g^6	237 4	244 4	☿	g^6	237 4	244 4
	$dϱ^6$	189 40	195 14		$dϱ^6$	189 40	195 14
					c^6		162 43
Venus	$dϱ^5$	94 50	97 37	Venus	$dϱ^5$	94 50	97 37
Erde	g^4	59 16	61 1	Erde	g^4	59 16	61 1
♂	b^4	35 35	36 37				
	g^3	29 38	30 31	♂	g^3	29 38	30 31
♃	b^1		4 35	♃	c^1	4 56	5 5
♄	b	2 13		♄	G	1 51	1 55
	G	1 51	1 55				

Wiederum wirken hier in mittlerer Stimmung mit Saturn mit der Bewegung im Perihel, Jupiter im Aphel, Merkur im Perihel. In der höchsten Stimmung wirkt nahezu mit die Bewegung der Erde im Perihel.

Hier fallen die Bewegungen des Jupiters im Aphel und des Saturns im Perihel aus; es kommt aber vom Merkur neben der Bewegung im Perihel auch nahezu noch die im Aphel hinzu. Das übrige bleibt.

Die astronomische Erfahrung bezeugt somit, daß es Gesamtharmonien aller Bewegungen geben kann, und zwar in beiden Geschlechtern Dur und Moll und bei jedem Geschlecht in doppelter Form oder (wenn man so sagen darf) in doppelter Tonart. Außerdem tritt in jedem der vier Fälle ein gewisser Umfang der Stimmung und damit eine gewisse Verschiedenheit der besonderen Harmonien auf, die Saturn, Mars und Merkur je mit den übrigen Planeten bilden. Es zeigt sich auch, daß an dieser Leistung nicht nur Zwischenbewegungen teilhaben, sondern durchaus auch alle extremen, ausgenommen die des Mars im Aphel und des Jupiters im Perihel. Denn da der ersteren $f\rho$ und der letzteren d zukommt, duldet Venus, die immer den zwischenliegenden Ton $d\rho$ oder e einnimmt, diese ihre dissonierenden Nachbarn nicht in der Gesamtharmonie; sie würde es tun, wenn ihr ein Spielraum über e oder $d\rho$ hinaus verstattet worden wäre. Dieses Hindernis ergibt sich aus der Ehe zwischen Erde und Venus, [327] die gleichsam Männchen und Weibchen sind. Diese beiden Planeten scheiden die Arten der Harmonien in harte männliche und weiche weibliche, je nachdem der eine der beiden Gatten sich dem anderen willfährig zeigt. Entweder ist die Erde in ihrem Aphel, indem sie gleichsam die Würde des Eheherrn wahrt und manneswürdige Tätigkeit ausübt, während Venus in ihr Perihel gleichsam zu ihrem Spinnrocken verbannt und abgeschoben ist. Oder aber die Erde nimmt die Partnerin, die zu ihrem Aphel aufsteigt, liebkosend auf und steigt selber zu ihrem eigenen Perihel auf die Venus zu hinab in ihre Arme, der Wollust wegen, wobei sie für eine Weile Schild und Waffen ablegt und Mannestätigkeit beiseiteschiebt; denn dann besteht eine Harmonie in Moll.

Wenn wir nun die dazwischenklingende Venus schweigen heißen, das heißt wenn wir zusehen, welche Harmonien nicht zwischen allen, sondern nur zwischen den fünf Planeten unter Ausschluß der Venus bestehen können, dann schweift zwar noch die Erde [328] auf ihrer g-Saite hin und her, steigt aber nicht um mehr als einen Halbton über diesen Ton hinauf. Es können nun mit g zusammenstimmen die Töne b, $\natural$, c, d, $d\rho$, e. Es wird also, wie man sieht, Jupiter zugelassen, wenn er mit der Bewegung im Perihel auf der Saite d sitzt. Somit bleibt nur noch betreffs der Bewegung des Mars im Aphel eine Schwierigkeit übrig. Denn die Bewegung der Erde im Aphel mit dem Ton g ist mit dieser Bewegung, der der Ton $f\rho$ zukommt, nicht verträglich; die Bewegung der Erde im Perihel aber weicht von der Übereinstimmung mit der Aphelbewegung des Mars ungefähr um eine halbe Diesis ab, wie bereits oben im V. Kapitel gesagt worden ist.

Harmonien der fünf Planeten
unter Ausschluß der Venus

	in Dur				in Moll		
		In der tiefsten / höchsten Stimmung:				In der tiefsten / höchsten Stimmung:	
		tiefsten	höchsten			tiefsten	höchsten
d^7		342′ 18″	351′ 24″	d^7		342′ 18″	351′ 24″
♀ ♭^{7}		285 15	292 48	♀ b^7		273 50	280 57
g^6		228 12	234 16	g^6		228 12	234 16
d^6		171 9	175 42	d^6		171 9	175 42
Venus stört hier e^5		95 5	97 37	Venus stört hier e^5		95 5	97 37
Erde g^4		57 3	58 34	Erde g^4		57 3	58 34
♂ ♭^{4}		35 39	36 36	b^4		34 14	35 8
g^3		28 31	29 17	g^3		28 31	29 17
♃ d^1 ♭^{1}		5 21	5 30 / 4 35	♃ d^1		5 21	5 30
♄ ♭ G		2 13 / 1 47		♄ b G		2 8 / 1 47	2 12 / 1 50

Hier wirken in der tiefsten Stimmung mit Saturn und Erde in ihren Aphelbewegungen; in mittlerer Stimmung Saturn im Perihel, Jupiter im Aphel; in der höchsten Stimmung Jupiter im Perihel.

Hier ist die Bewegung des Jupiters im Aphel unverträglich; in der höchsten Sitimmung aber wirkt mit Saturn im Perihel (nahezu).

Zwischen den vier Planeten Saturn, Jupiter, Mars und Merkur kann noch die folgende Harmonie auftreten, bei der auch die Bewegung des Mars im Aphel mitwirkt; die Harmonie besitzt aber keinen Spielraum.

Es sind also die Himmelsbewegungen nichts anderes als eine fortwährende mehrstimmige Musik (durch den Verstand, nicht das Ohr faßbar), eine Musik, die durch dissonierende Spannungen, gleichsam durch Synkopen und Kadenzen hindurch (wie sie die Menschen in Nachahmung jener natürlichen Dissonanzen anwenden) auf bestimmte, vorgezeichnete, je sechsgliedrige (gleichsam sechsstimmige) Klauseln lossteuert und dadurch in dem unermeßlichen Ablauf der Zeit unterscheidende Merkmale setzt. Es ist daher nicht mehr verwunderlich, daß der Mensch, der Nachahmer seines Schöpfers, endlich die Kunst des mehrstimmigen Gesangs, die den Alten unbekannt war, entdeckt hat. Er wollte die fortlaufende

Daß ♮ mitklingt.		Daß a mitklingt.

Dauer der Weltzeit in einem kurzen Teil einer Stunde mit einer kunstvollen Symphonie mehrerer Stimmen spielen und das Wohlgefallen des göttlichen Werkmeisters an seinen Werken soweit wie möglich nachkosten in dem so lieblichen Wonnegefühl, das ihm diese Musik in der Nachahmung Gottes bereitet.

[329] ### VIII. Kapitel

Welche Planeten in den himmlischen Harmonien den Diskant, den Alt, den Tenor oder den Baß vertreten

Es sind dies freilich Bezeichnungen für die menschlichen Singstimmen. Am Himmel aber gibt es keine Stimme und keine Töne wegen der vollkommenen Lautlosigkeit der Bewegungen. Ja, die Träger, an denen wir die Harmonien festgestellt haben, fallen gar nicht unter die Gattung von wahren Bewegungen, insofern wir nur Bewegungen betrachten, wie sie von der Sonne aus erscheinen. Auch ist keine Ursache am Himmel vorhanden, wonach die Stimmen in einer bestimmten Zahl zur

Bildung einer Harmonie antreten müßten, wie dies beim menschlichen Gesang der Fall ist. Denn zuerst ward die Sechszahl der um die Sonne kreisenden Planeten bestimmt, nach der Zahl der fünf Intervalle, die die regulären Figuren liefern; dann erst (nach der natürlichen, nicht zeitlichen Reihenfolge) war über die Übereinstimmung der Bewegungen zu befinden. Trotz alledem zwingt mich, ich weiß nicht, wie es kommt, die so erstaunliche Übereinstimmung mit dem menschlichen Gesang gewaltsam, auch diese Analogie weiter zu verfolgen, wenn auch keine zuverlässige natürliche Ursache vorhanden ist. Die Eigenschaften nämlich, die die musikalische Praxis dem Baß zuteilt und die Natur für ihn beansprucht, finden sich am Himmel in gewisser Weise auch bei Saturn und Jupiter, die des Tenors bei Mars, die des Alts bei Erde und Venus, die des Diskants bei Merkur; dabei besteht zwar nicht Gleichheit in den Intervallen, aber doch sicher Proportionalität. Wie auch immer im folgenden Kapitel aus den besonderen Ursachen die Exzentrizitäten der einzelnen Planeten und damit auch die einem jeden zukommenden Bewegungsintervalle hergeleitet werden mögen, so ergeben sich daraus doch folgende merkwürdige Tatsachen, ich weiß nicht, ob nicht als vorsorgliche Einrichtungen und nicht rein zwangsläufig.

I. Wie der Baß dem Alt gegenübersteht, so gibt es zwei Planeten, die die Natur des Alts besitzen, und zwei mit der Natur des Basses, gleichsam in jedem Tongeschlecht je einen; den übrigen Stimmen entspricht je nur ein Planet. II. Wie der Alt, der fast die oberste Stimme ist, sich aus notwendigen und natürlichen Ursachen, wie sie im III. Buch dargelegt worden sind, in engen Grenzen hält, so besitzen die Planeten Erde und Venus, die nahezu die innersten sind, die engsten Bewegungsintervalle, die Erde nicht mehr als einen Halbton, die Venus nicht einmal eine Diesis. III. Wie der Tenor sich frei bewegen kann, aber gemessen einherschreitet, so kann der Mars, mit der einzigen Ausnahme des Merkurs, das größte Intervall, die Quint, bilden. IV. Wie der Baß in harmonischen Stufen fortschreitet, so besitzen Saturn und Jupiter für sich harmonische Intervalle und bilden miteinander Harmonien von der Oktav bis zur Quint über der Oktav. V. Wie der Diskant am ungebundensten ist, mehr als alle übrigen Stimmen, und auch am schnellsten, so kann auch der Merkur mehr als eine Oktav in der kürzesten Umlaufzeit durchlaufen. Das alles mag freilich zufällig sein; wir wollen jetzt die Ursachen der Exzentrizitäten kennenlernen.

IX. Kapitel

Daß die Exzentrizitäten bei den einzelnen Planeten ihren Ursprung in der Vorsorge für die Harmonien zwischen ihren Bewegungen haben

Es können also, wie wir sehen, die Gesamtharmonien aller sechs Planeten nicht von ungefähr auftreten, namentlich nicht soweit es sich um die extremen Bewegungen handelt, die, wie wir bemerkt haben, alle bei den Gesamtharmonien mitwirken, mit Ausnahme von zweien, die bei den den Gesamtharmonien nächststehenden Harmonien mitwirken. Noch weniger kann es von ungefähr sein, daß alle Stufen des Oktavensystems, wie wir sie im III. Buch durch die harmonischen Teilungen gewonnen haben, durch die extremen Werte der Planetenbewegungen ausgedrückt werden. Am allerwenigsten aber kann es sein, daß die Unterscheidung der himmlischen Harmonien in die beiden Tongeschlechter Dur und Moll, die doch etwas so Feines ist, zufällig herauskommt, ohne besondere Vorsorge des Werkmeisters. Daher folgt, daß der Schöpfer, der Quell jeglicher Weisheit, der ständige Wahrer der Ordnung, der ewige, überwesentliche Ursprung der Geometrie und Harmonik, daß, sage ich, dieser himmlische Werkmeister höchstselber die harmonischen Proportionen, die sich aus den ebenen regulären Figuren ergeben, mit den fünf räumlichen regulären Figuren verbunden hat, um aus den beiden Figurenklassen ein einziges vollkommenstes Urbild des Himmels zu formen. Ein Urbild, in dem einerseits mittels der fünf räumlichen Figuren die Ideen der Sphären zum Ausdruck gelangten, die die sechs Gestirne herumführen, und andererseits mittels der Abkömmlinge der ebenen Figuren, der Harmonien (wie sie im III. Buch aus diesen hergeleitet wurden), die Maße der Exzentrizitäten der einzelnen Sphären zum Zweck einer entsprechenden Regelung der Körperbewegungen enthalten waren. Aus diesen beiden Bestandteilen sollte ein einheitliches, ausgeglichenes System gemacht werden. Es mußten die größeren Proportionen der Sphären sich zugunsten der kleineren Proportionen der zur Herstellung der Harmonien erforderlichen Exzentrizitäten eine leichte Änderung gefallen lassen, und umgekehrt mußten aus den harmonischen Proportionen in erster Linie jene den Planeten angepaßt werden, die jeweils mit einer räumlichen Figur die größte Verwandtschaft haben, soweit dies mit den

Harmonien möglich war. Auf diese Weise sollten aus dem Urbild zugleich die Proportionen der Sphären und ihre Exzentrizitäten, aus der Größe der Sphären aber und der Rauminhalte der Körper die einzelnen Umlaufzeiten hervorgehen.

Indem ich mich nun bemühe, diesen Gang meiner Untersuchung durch Axiome und Sätze, wie es bei den Geometern üblich ist, ins Licht des menschlichen Verstandes zu rücken, möge der Gründer des Himmels, der Vater der Geister, der Spender der sterblichen Sinne, er, der Unsterbliche und Hochgebenedeite, mir seine Gunst zuteil werden lassen. Möge er verhindern, daß wir in der Finsternis unseres Geistes über dieses sein Werk etwas aussagen, was seiner Majestät unwürdig wäre. Möge er uns die Kraft geben, daß wir als Nachahmer Gottes mit Hilfe seines Heiligen Geistes der Vollkommenheit seiner Werke nacheifern durch Heiligkeit des Lebenswandels, zu der er seine Kirche auf Erden erwählt und durch das Blut seines Sohnes von Sünden gereinigt hat, indem wir fernhalten alle Mißklänge der Feindschaften, Streit, Eifersucht, Zorn, Zank, Uneinigkeit, Spaltung, Neid, herausforderndes Wesen, aufreizendes Reden [331] und die übrigen Werke des Fleisches. Was mit mir alle, die den Geist Christi haben, nicht nur wünschen, sondern auch durch ihr Tun auszudrücken und dadurch ihre Berufung sicherzustellen sich bemühen werden, indem sie bei allen Parteien alle schlechten Sitten verschmähen, die sich unter der Schminke des Eifers, der Wahrheitsliebe, besonderer Gelehrsamkeit, Ergebenheit gegen streitsüchtige Lehrer oder unter irgendeinem anderen blendenden Vorwand verbergen. Heiliger Vater, erhalte uns im Wohlklang gegenseitiger Liebe, auf daß wir eins seien, wie auch Du mit Deinem Sohn, unserem Herrn, und dem Hl. Geist eins bist und wie Du alle Deine Werke durch die so lieblichen Bande der Wohlklänge geeint hast, und auf daß nach Wiederherstellung der Einheit Deines Volkes der Leib Deiner Kirche hier auf Erden so aufgebaut werde, wie Du aus den Harmonien den Himmel begründet hast.

Erste Schlußreihe

I. Axiom

Es entspricht der naturgemäßen vernünftigen Ordnung, daß überall, wo es irgendwie möglich war, zwischen den Extremwerten der Bewegungen sowohl der einzelnen Planeten wie der Planetenpaare alle verschiedenen

Arten von Harmonien gebildet werden sollten, damit diese Mannigfaltigkeit der Welt zum Schmuck gereiche.

II. Axiom

Die fünf Intervalle der sechs Sphären mußten der Größe nach bis zu
einem gewissen Grad der Proportion der geometrischen Kugeln entsprechen, die den fünf regulären räumlichen Figuren ein- und umbeschrieben
sind, und zwar der Ordnung nach, die für die Figuren natürlich ist.

Siehe hiezu Kapitel I, mein *Mysterium Cosmographicum* und Buch IV
meiner *Epitome Astronomiae Copernicanae.*

III. Satz

Zwischen Erde und Mars sowie zwischen Erde und Venus mußten Intervalle sein, die im Verhältnis zu ihren Sphären am kleinsten und nahezu gleich sind; zwischen Saturn und Jupiter sowie zwischen Venus und
Merkur solche von mittlerer Größe, die wiederum nahezu gleich sind;
zwischen Jupiter und Mars das größte.

Denn nach Axiom II müssen die Planeten, die ihrer Lage nach den Figuren entsprechen, die die kleinste Proportion ihrer Kugeln bilden, ebenfalls die kleinste Proportion bilden; eine mittlere Proportion aber jene,
die Figuren mit mittlerer Proportion entsprechen, und die größte jene,
die Figuren mit der größten Proportion entsprechen. Nun aber sind unter
den Planetenpaaren die Paare Mars / Erde und Erde / Venus von derselben Ordnung, wie unter den Figuren das Dodekaëder und das Ikosaëder;
die Paare Saturn / Jupiter und Venus / Merkur von derselben Ordnung
wie der Würfel und das Oktaëder, schließlich das Paar Jupiter / Mars von
derselben Ordnung wie das Tetraëder; vgl. das III. Kapitel. Also wird
die Proportion zwischen den erstgenannten Planetensphären am kleinsten
sein; die zwischen Saturn und Jupiter nahezu gleich der zwischen Venus
und Merkur; am größten schließlich die zwischen Jupiter und Mars.

[332]   *IV. Axiom*

Alle Planeten müssen ihre Exzentrizitäten, gleichwie eine Bewegung in
Breite, sowie den Exzentrizitäten entsprechend auch verschiedene Abstände von der Sonne, der Quelle der Bewegung, haben.

Wie das Wesen der Bewegung nicht im Sein, sondern im Werden besteht, so wird auch die Gestalt oder Figur des Bereichs, den ein Planet

628

bei seiner Bewegung durchläuft, nicht sogleich eine räumliche, sie nimmt
vielmehr erst im Laufe der Zeit nicht nur Länge, sondern auch Breite
und Tiefe an, nach der vollkommenen Dreizahl der Dimensionen; durch
Aneinanderreihung und Anhäufung sehr vieler Umläufe geschieht es nach
und nach, daß sich die Gestalt einer konkaven Sphäre, die denselben Mittelpunkt wie die Sonne hat, herausbildet, wie aus sehr vielen miteinander
zusammenhängenden Wicklungen eines Seidenfadens das kleine Gehäuse der Seidenraupe entsteht.

V. Satz

Jedem Paar benachbarter Planeten mußten zwei verschiedene Harmonien
zugeteilt werden.

Denn nach IV. hat jeder Planet einen längsten und einen kürzesten Abstand von der Sonne und daher auch nach dem III. Kapitel dieses Buches
eine langsamste und eine schnellste Bewegung. Es ist also eine doppelte
Vergleichung der extremen Bewegungen möglich, eine Vergleichung der
divergenten Bewegungen beider Planeten und eine der konvergenten.
Beide aber müssen notwendig verschieden sein, da die Proportion der
divergenten Bewegungen größer, die der konvergenten kleiner ist. Aber
auch bei verschiedenen Planetenpaaren mußten die Harmonien verschieden sein, damit diese Mannigfaltigkeit zur Ausschmückung dienlich wäre,
nach dem Axiom in I., und auch deswegen, weil die Proportionen der
Intervalle zwischen je zwei Planeten verschieden sind, nach dem Satz in
III. Jeder Proportion der Sphären aber entsprechen nach quantitativen
Beziehungen bestimmte harmonische Proportionen, wie im V. Kapitel dieses Buches gezeigt worden ist.

VI. Satz

Die beiden kleinsten Harmonien ⅘ und ⅚ haben keinen Platz zwischen
zwei Planeten.

Denn es verhält sich 5 zu 4 wie 1000 zu 800 und 6 zu 5 wie 1000 zu
833 +. Nun aber haben die umbeschriebenen Kugeln von Dodekaëder
und Ikosaëder ein größeres Verhältnis zu den einbeschriebenen, nämlich
1000 zu 795 usw., und diese beiden Proportionen geben die Intervalle
zwischen den einander am nächsten liegenden Planetensphären oder die
kleinsten Zwischenräume an. Bei den übrigen regulären Figuren nämlich
sind die relativen Abstände der Kugeln voneinander größer. Nun aber

ist die Proportion der Bewegungen noch größer als die Proportionen der Intervalle, wenn nicht die Proportion der Exzentrizitäten zu den Bahnen außerordentlich groß ist, nach Nr. 13 im III. Kapitel. Also ist die kleinste Propoition der Bewegungen größer als $^4/_5$ und $^5/_6$. Daher haben diese durch die regulären Figuren ausgeschlossenen Harmonien keinen Platz unter den Planeten.

[333]   *VII. Satz*

Die Harmonie der Quart kann zwischen den konvergenten Bewegungen zweier Planeten nur statthaben, wenn die Eigenproportionen zwischen den extremen Bewegungen bei den zwei Planeten zusammen mehr als eine Quint ausmachen.

Angenommen, es bestehe zwischen den konvergenten Bewegungen die Proportion $^3/_4$ und es sei fürs erste keine Exzentrizität und daher keine Eigenproportion zwischen den Bewegungen bei den einzelnen Planeten vorhanden, vielmehr seien die mittleren und die konvergenten die gleichen; dann folgt, daß die entsprechenden Intervalle, die nach unserer Voraussetzung Sphärenhalbmesser sein werden, $^2/_3$ von dieser Proportion bilden, das heißt $^{4480}/_{5424}$, nach dem III. Kapitel. Nun aber ist diese Proportion kleiner als die der Kugeln bei irgendeiner regulären Figur. Es würde daher die ganze innere Sphäre von den Seitenflächen jeder regulären Figur, die man einer äußeren Sphäre einbeschreibt, geschnitten. Das widerspricht aber dem Axiom in II.

Zweitens werde angenommen, es gebe eine Summe der Eigenproportionen zwischen den extremen Bewegungen, und es sei die Proportion der konvergenten Bewegungen $^3/_4$ oder $^{75}/_{100}$, die der entsprechenden Intervalle aber 1000:795, da keine reguläre Figur eine kleinere Proportion ihrer Kugeln macht. Da die umgekehrte Proportion der Bewegungen die Proportion der Intervalle um $^{750}/_{795}$ übertrifft, ziehe man nun diesen Überschuß auch von der Proportion $^{1000}/_{795}$ ab, nach der Lehre des III. Kapitels. Es bleibt $^{9434}/_{7950}$, die Hälfte der Proportion der Sphären. Also ist das Doppelte hiervon, nämlich $^{8901}/_{6320}$, das sind $^{10\,000}/_{7100}$, die Proportion der Sphären. Davon nehme man die Proportion der konvergenten Intervalle $^{1000}/_{795}$ weg, es bleibt $^{7100}/_{7950}$ übrig, ungefähr ein großer Ganzton. So groß muß wenigstens die Summe der zwei Proportionen, die je zwischen den mittleren und den konvergenten Intervallen bestehen, sein, damit zwischen den konvergenten Bewegungen eine Quart auftreten kann. Die extremen divergenten Intervalle bilden im Vergleich zu den extremen konvergenten ungefähr eine doppelt so große Proportionensumme, nämlich zwei Ganztöne, und die Eigenproportionen zusammen wiederum das Doppelte hiervon, vier Ganztöne; das ist mehr als eine Quint. Wenn also bei zwei benachbarten Planeten die Summe der Eigenproportionen kleiner ist als eine Quint, so kann zwischen ihren konvergenten Bewegungen keine Quart auftreten.

VIII. Satz

Dem Saturn und Jupiter gebührten die Harmonien ½ und ⅓, das heißt die Oktav und die Quint über der Oktav.

Denn sie sind die ersten und obersten unter den Planeten und haben nach dem I. Kapitel dieses Buches die erste Figur, den Würfel, zugewiesen bekommen. Auch sind diese Harmonien der Ordnung der Natur nach die ersten und die Häupter der ersten Figurenfamilien, der Zweiteilungs- oder Vierecksfamilien und der Dreiecksfamilie, nach unseren Ausführungen im I. Buch. Was aber die Hauptsache ist, es ist die Oktav ½ nächstgrößer als die Proportion der Kugeln des Würfels, die die Hälfte der dreifachen ist. Daher ist sie geeignet zur kleineren Proportion der Bewegungen der Würfelplaneten, nach Nr. 13 des III. Kapitels. Infolgedessen wird ⅓ als größere Proportion dienen. Man kann dies aber auch so begründen. Wenn sich eine Harmonie [334] zu einer Proportion der Figurenkugeln so verhält wie die Proportion der scheinbaren Bewegungen von der Sonne aus zur Proportion der mittleren Intervalle, so wird diese Harmonie mit Recht den Bewegungen zugeteilt. Es ist aber natürlich, daß die Proportion der divergenten Bewegungen viel größer ist als das Anderthalbfache der Proportion der Sphären, nach den Ausführungen am Schluß vom III. Kapitel, das heißt sie nähert sich dem Doppelten der Proportion der Sphären; ⅓ ist aber auch das Doppelte der Proportion der Würfelkugeln, die ja gleich der Hälfte der dreifachen Proportion ist. Also gebührt die dreifache Proportion den divergenten Bewegungen von Saturn und Jupiter. Bezüglich einer Anzahl weiterer Beziehungen dieser Proportionen zu dem Würfel siehe oben im II. Kapitel.

IX. Satz

Die Eigenproportionen der extremen Bewegungen von Saturn und Jupiter mußten zusammen ungefähr ⅔, eine Quint, ergeben.

Dies folgt aus dem vorhin Gesagten. Denn wenn die Bewegung des Jupiters im Perihel das Dreifache von der des Saturns im Aphel und die des Jupiters im Aphel das Doppelte von der des Saturns im Perihel ist, so erhält man ⅔, wenn man ½ von ⅓ abzieht.

X. Axiom

Da die Wahl für die übrigen Planeten freisteht, gebührt einem oberen Planeten eine Eigenproportion seiner Bewegungen, die entweder der Natur nach eine frühere oder von ausgezeichneterer Art oder auch eine größere ist.

XI. Satz

Die Proportion der Aphelbewegung des Saturns zu seiner Perihelbewegung mußte ⅘, eine große Terz, werden, die entsprechende Proportion beim Jupiter aber ⅚, eine kleine Terz.

Denn da die beiden Planeten zusammen ⅔ besitzen, dieser Wert aber harmonisch sich nicht anders teilen läßt als in ⅘ und ⅚, hat Gott der Harmost die Harmonie ⅔ harmonisch geteilt, nach dem Axiom in I., und den größeren harmonischen Teil, der zugleich dem ausgezeichneteren, männlichen Durgeschlecht angehört, dem größeren und höheren Planeten Saturn, den kleineren ⅚ dem unteren Jupiter zugeteilt, nach dem Axiom in X.

XII. Satz

Der Venus und dem Merkur gebührte als größere Harmonie ¼, die Doppeloktav.

Denn wie der Würfel die erste Figur unter den primären ist, so ist das Oktaëder die erste unter den sekundären, nach dem I. Kapitel dieses Buches. Und wie der Würfel geometrisch betrachtet äußere, das Oktaëder, weil jenem einbeschreibbar, innere Figur ist, so bilden auch in der Welt Saturn und Jupiter den Anfang der oberen und äußeren Planeten, also den Anfang von außen her; Merkur und Venus aber den Anfang der unteren oder von innen her. Und es liegt auch zwischen der Bahn [*curriculum*] der beiden letzteren Planeten das Oktaëder, nach Kapitel III. Es gebühren also der Venus und dem Merkur Harmonien, die primär und mit dem Oktaëder verwandt sind. Nun folgt unter den Harmonien auf ½ und ⅓ der natürlichen Ordnung nach ¼; und zwar ist diese Harmonie verwandt mit der kubischen ½, weil sie aus derselben Figurensippe, der Vierecksippe, abstammt; sie ist auch mit dieser kommensurabel, nämlich das Doppelte von ihr. Das Oktaëder ist aber ebenfalls zum Würfel verwandt und kommensurabel. [335] Die Harmonie ¼ ist auch mit dem Oktaëder verwandt, und zwar rein von sich aus, insofern sie die Zahl 4 enthält, im Oktaëder aber das reguläre Viereck steckt, bei dem die Proportion der Kreise die halbe zweifache ist. Die Harmonie ¼ ist also von dieser Proportion ein stetiges Vielfaches, wenn man nach der doppelten Proportion fortschreitet, sie ist das Vierfache der halben doppelten; vgl. das II. Kapitel. Somit gebührte die Harmonie ¼ der Venus und dem Merkur. Und weil ½ beim Würfel zur kleineren Harmonie der zugehörigen Planeten gemacht worden ist, da dem Würfel die äußerste Lage zuteil wurde, wird nun beim Oktaëder, das die innerste Lage erhielt, ¼ die größere Harmonie seiner beiden Planeten sein. Doch es gibt noch eine weitere Ursache, warum hier ¼ als die größere Harmonie und nicht als die kleinere auftritt. Denn da die Proportion der Kugeln beim Oktaëder die halbe dreifache ist, so muß bei der Annahme, daß die Einschaltung des Oktaëders zwischen die Planeten vollkommen ist (in Wirklichkeit trifft dies freilich nicht zu, insofern das Oktaëder die Merkursphäre in etwa durchdringt, was uns hier aber zustatten kommt), die Proportion der konvergenten Bewegungen kleiner sein als das Anderthalbfache der halben dreifachen. Nun aber ist ⅓ genau das Doppelte der halben dreifachen Proportion und daher zu groß; um wieviel mehr wird die Proportion ¼, die ja größer ist als ⅓, zu groß sein. Es kann also nicht einmal die Hälfte von ¼ zwischen den konvergenten Bewegungen auftreten. Somit kann ¼ nicht die kleinere Oktaëderproportion sein; sie ist also die größere. Weiterhin ist ¼ mit dem Oktaëderquadrat, bei dem die Proportion der Kreise die halbe doppelte ist, in gleicher Weise verwandt wie ⅓ mit dem Würfel, bei dem die Proportion der Kugeln die halbe dreifache ist. Denn wie ⅓ ein Vielfaches der halben dreifachen Proportion ist, nämlich das Doppelte, so ist auch hier ¼ ein Vielfaches der halben doppelten, nämlich das Vierfache. Wenn daher ⅓ die größere Würfelharmonie werden mußte, nach VIII., so muß auch ¼ die größere Harmonie des zugehörigen Oktaëders werden.

XIII. Satz

Den extremen Bewegungen von Jupiter und Mars gebührte als größere Harmonie ⅛, das ist die dreifache Oktav (ungefähr), als kleinere 5⁄24, die kleine Terz über der Doppeloktav.

Denn da der Würfel die Proportionen ½ und ⅓ erhalten hat, die sogenannte dreifache Proportion der Kugeln des Tetraëders aber, das seinen Platz zwischen Jupiter und Mars hat, das Doppelte der sogenannten halben dreifachen Proportion der Würfelkugeln ist, so war es passend, dem Tetraëder auch Bewegungsproportionen zuzuordnen, die das Doppelte der Würfelproportionen sind. Es ist dies das Doppelte von ½ und ⅓, das heißt die Proportionen ¼ und ⅑. Allein ⅑ ist nicht harmonisch und ¼ ist bereits beim Oktaëder verbraucht worden. Man mußte daher die diesen benachbarten Harmonien wählen, nach dem Axiom in I. Der Proportion ⅑ ist als kleinere ⅛ und als größere ¹⁄₁₀ benachbart. Die Wahl zwischen diesen beiden wird durch ihre Beziehung zum Tetraëder getroffen; dieses hat nichts mit dem Fünfeck gemein, während ¹⁄₁₀ zur Fünfecksippe gehört. Eine engere Verwandtschaft besteht aber zwischen dem Tetraëder und der Proportion ⅛ in vieler Hinsicht, wie im II. Kapitel nachzulesen ist. Weiter spricht für ⅛ auch folgender Umstand. Wie ⅓ die größere Würfelharmonie und ¼ die größere Oktaëderharmonie ist, da diese Proportionen Vielfache der Proportionen zwischen den Figurenkugeln sind, so mußte auch ⅛ die größere Tetraëderharmonie werden; denn wie der Rauminhalt des Tetraëders das Doppelte ist von dem ihm einbeschriebenen Oktaëder, wie im I. Kapitel gesagt worden ist, so ist dann auch [336] das Glied 8 dieser Tetraëderproportion das Doppelte vom Glied 4 der Oktaëderproportion. Wie ferner die kleinere Würfelharmonie ½ eine einzige Oktave ist, die größere Oktaëderharmonie ¼ zwei Oktaven, so mußte nun die größere Tetraëderharmonie ⅛ gleich drei Oktaven werden. Dieser letzteren Harmonie gebührten mehr Oktaven als den beiden ersteren aus folgendem Grund. Da die kleinere Tetraëderharmonie notwendig unter allen kleinen Harmonien der übrigen Figuren am größten ist (weil ja auch die Proportion der Tetraëderkugeln unter allen Figuren am größten ist), so mußte auch die größere Tetraëderharmonie die größeren Harmonien der übrigen Figuren durch die Zahl der Oktaven übertreffen. Schließlich hat auch die Dreizahl der Oktavenintervalle eine gewisse Beziehung zur Dreiecksgestalt des Tetraëders, sie besitzt eine gewisse Vollkommenheit nach dem Wort: Alles Dreifaltige ist vollkommen [ARISTOTELES: *De caelo* I, 1, 268ᵃ 9 f.], da auch die Zahl 8, das Glied dieser Proportion, als erste unter den Kubikzahlen von vollkommener Größe, das heißt von drei Dimensionen ist.

Zweitens sind der Harmonie ¼ oder ⁶⁄₂₄ benachbart die Harmonien ⁵⁄₂₄ als größere und ⁶⁄₂₀ oder ³⁄₁₀ als kleinere. Wiederum aber gehört ³⁄₁₀ der

Fünfecksippe an, mit der das Tetraëder nichts gemein hat. Dagegen hat die Harmonie $5/24$ wegen der Zahlen 3 und 4 (von denen die Zahlen 12 und 24 abstammen) eine Beziehung zum Tetraëder. Die anderen kleinen Glieder 5 und 3 wollen wir hier beiseite lassen, da ihre Verwandtschaft mit den Figuren am weitesten abliegt, wie man im II. Kapitel nachlesen kann. Außerdem besteht zwischen den Tetraëderkugeln die dreifache Proportion; ungefähr ebenso groß muß auch die Proportion der konvergenten Intervalle sein, nach dem Axiom in II. Nun aber nähert sich nach dem III. Kapitel die Proportion der konvergenten Bewegungen der anderthalbfachen umgekehrten Proportion der Intervalle; das Anderthalbfache der dreifachen Proportion ist aber ungefähr $1000/193$. Wenn man also für die Bewegung des Mars im Aphel 1000 setzt, so wird die Bewegung des Jupiters im Perihel ein wenig größer sein als 193, aber viel kleiner als der dritte Teil von 1000, das sind 333. Daher hat nicht die Harmonie $10/3$, das sind $1000/333$, sondern die Harmonie $24/5$, das sind $1000/208$, zwischen den konvergenten Bewegungen von Jupiter und Mars statt.

XIV. Satz

Die Eigenproportion der extremen Bewegungen des Mars mußte größer als die Quart $3/4$ und etwa $18/25$ werden.

Nach Satz XIII sind bereits für Jupiter und Mars als gemeinsame Harmonien die Proportionen $5/24$ und $1/8$ oder $3/24$ festgelegt worden. Nimmt man die kleinere $5/24$ von der größeren $3/24$ weg, so bleibt als Summe der Eigenbewegungen beider Planeten $3/5$ übrig. Für den Jupiter allein ist aber oben im XI. Satz als Eigenproportion $5/6$ gefunden worden. Diese Proportion ziehe man von $3/5$ ab, das heißt man ziehe $25/30$ von $18/30$ ab. Es bleibt für die Eigenproportion des Mars $18/25$ übrig, was größer ist als $18/24$ oder $3/4$. Sie wird aber noch größer werden, wenn aus den unten folgenden Gründen die gemeinsame größere Proportion $1/8$ vergrößert wird.

XV. Satz

Auf die konvergenten Bewegungen von Mars und Erde, Erde und Venus, Venus und Merkur mußten die Harmonien der Quint $2/3$, der Mollsext $5/8$ und der Dursext $3/5$ verteilt werden, und zwar gerade in dieser Reihenfolge.

[337] Denn die zwischen Mars, Erde und Venus eingeschobenen Figuren, das Dodekaëder und das Ikosaëder, weisen die geringste Proportion

zwischen ihren ein- und umbeschriebenen Kugeln auf. Somit gebühren jenen Planeten die kleinsten unter den möglichen Harmonien, da diese deswegen verwandt sind und damit das Axiom in II. statthat. Nun aber sind die kleinsten aller Harmonien, ⅚ und ⅘, nicht möglich, nach Satz VI. Also gehören zu den genannten Figuren die nächstgrößeren Harmonien, nämlich entweder ¾ oder ⅔ oder ⅝ oder ⅗.

Nun besitzt die zwischen Venus und Merkur eingeschaltete Figur, das Oktaëder, dieselbe Proportion ihrer Kugeln wie der Würfel. Dem Würfel aber wurde als kleinere Harmonie, das heißt die zwischen den konvergenten Bewegungen, die Oktav zugeordnet, nach Satz VIII. Also würde analog auch dem Oktaëder die gleich große Harmonie ½ als kleinere zukommen, wenn kein Unterschied hinzuträte. Es tritt jedoch der Unterschied hinzu, daß bei den Würfelplaneten Saturn und Jupiter die Eigenproportionen ihrer Bewegungen zusammen eine Summe ausmachten, die nicht größer ist als ⅔. Hier aber bei den Oktaëderplaneten Venus und Merkur machen die Eigenproportionen ihrer Bewegungen zusammen mehr als ⅔ aus. Das läßt sich leicht folgendermaßen zeigen. Angenommen, es sei so, wie es die Analogie zwischen Würfel und Oktaëder erfordern würde, wenn sie allein maßgebend wäre, das heißt: es sei die kleine Oktaëderharmonie größer als die obengenannten Harmonien, sie sei vielmehr so groß wie die Würfelharmonie ½; die große Oktaëderharmonie war aber nach Satz XII gleich ¼. Zieht man dann hiervon die soeben angenommene kleine Harmonie ½ ab, so bleibt noch ½ übrig für die Summe der Eigenproportionen von Venus und Merkur. Nun aber ist ½ mehr als die Summe ⅔ der Eigenproportionen von Saturn und Jupiter. Diese größere Summe hat aber auch eine größere Exzentrizität im Gefolge, nach Kapitel III, und die größere Exzentrizität eine kleinere Proportion der konvergenten Bewegungen, ebenfalls nach Kapitel III. Daher bewirkt das Hinzukommen einer größeren Exzentrizität zu der Analogie zwischen Würfel und Oktaëder, daß die Proportion der konvergenten Bewegungen von Venus und Merkur kleiner sein muß als ½. Es stimmte auch mit dem Axiom in I. überein, daß nach Zuordnung der Oktavenharmonie an die Würfelplaneten den Oktaëderplaneten eine andere ihr naheliegende Harmonie zugewiesen wurde, und zwar nach der vorausgehenden Darlegung eine kleinere als ½. Die nächstkleinere aber ist die Harmonie ⅗, die als größte unter den drei oben genannten der Figur mit der größten Proportion ihrer Kugeln, also dem Oktaëder gebührte. Die kleineren Harmonien ⅝ und

²/₃ oder ³/₄ verblieben somit dem Ikosaëder und Dodekaëder, den Figuren mit kleinerer Proportion ihrer Kugeln.

Diese restlichen Harmonien sind nun auf die beiden restlichen Figuren in folgender Weise verteilt worden. Wie trotz der Gleichheit der Proportionen ihrer Kugeln der Würfel die Harmonie ½, das Oktaëder aber eine kleinere erhalten hat, weil die Summe der Eigenproportion von Venus und Merkur die Summe der Eigenproportionen von Saturn und Jupiter übertrifft, so gebührte auch hier dem Dodekaëder, obwohl es die gleiche Proportion seiner Kugeln wie das Ikosaedei bildet, eine kleinere Harmonie als dem Ikosaëder, jedoch die nächstliegende, aus derselben Ursache, das heißt weil diese Figur zwischen Erde und Mars liegt, der unter den oberen Planeten eine große Exzentrizität erhalten hat, während die Exzentrizitäten von Venus und Erde, wie wir im folgenden [338] hören werden, am kleinsten sind. Und da das Oktaëder die Harmonie ³/₅, das Ikosaëder, bei dem das Verhältnis der Kugeln kleiner ist, die nächstfolgende etwas kleinere Harmonie ⁵/₈ besitzt, blieb für das Dodekaëder entweder ²/₃ oder ³/₄ übrig; eher jedoch die erstere Harmonie, da sie der Ikosaëderharmonie ⁵/₈ näher liegt und weil die Figuren eine Ähnlichkeit aufweisen.

Allein ³/₄ wäre auch gar nicht möglich. Denn wenn auch von den oberen Planeten bei Mars die Eigenproportion der extremen Bewegungen reichlich groß geworden ist, so steuerte doch die Erde, wie schon gesagt worden ist und aus den folgenden Ausführungen sich ergeben wird, eine zu kleine Eigenproportion bei, als daß die Summe der beiden Eigenproportionen eine Quint übersteigen würde. Daher kann jene Harmonie ³/₄ nach Satz VII nicht statthaben. Dies um so weniger, als, wie aus Satz XLVII folgen wird, die Proportion der konvergenten Intervalle noch größer werden mußte als ¹⁰⁰⁰/₇₉₅.

XVI. Satz

Die Eigenproportionen der Bewegungen von Venus und Merkur mußten zusammen etwa ⁵/₁₂ ausmachen.

Denn zieht man die kleine Harmonie ³/₅, die diesem Paar in Satz XV zugeteilt wurde, von der zugehörigen großen ¼ oder ³/₁₂ (nach Satz XII) ab, so bleibt ⁵/₁₂ als Summe der Eigenproportionen beider Planeten übrig. Daher ist die Eigenproportion der extremen Bewegungen des Merkurs allein um den Betrag der Eigenproportion der Venus kleiner als ⁵/₁₂. Dies versteht sich aufgrund unserer ersten Schlußreihe. Denn unten wird sich aufgrund unserer zweiten Reihe von Schlüssen infolge einer gewissen Aufblähung der den beiden Planeten gemeinsamen Harmonien ergeben, daß die Eigenproportion des Merkurs für sich allein genau den Wert $5/12$ erhält.

XVII. Satz

Die Harmonie der divergenten Bewegungen von Mars und Erde konnte nicht kleiner werden als $5/12$.

Denn Mars allein hat für die Eigenproportion seiner Bewegungen mehr als eine Quart und mehr als $18/25$ erhalten, nach Satz XIV. Die kleine Harmonie aber der beiden Planeten ist die Quint $2/3$ nach Satz XV. Die Summe der beiden Beträge macht $12/25$ aus. Allein es gebührt auch der Erde ihre Eigenproportion nach dem Axiom in IV. Da nun die Harmonie der divergenten Bewegungen aus den genannten drei Bestandteilen besteht, so wird diese größer sein als $12/25$. Die Harmonie aber, die nächstgrößer ist als $12/25$ oder $60/125$, ist $5/12$ oder $60/144$. Wenn also eine Harmonie nötig ist für die große Proportion der Bewegungen der beiden Planeten nach dem Axiom in I., so kann sie nicht kleiner sein als $60/144$ oder $5/12$.

So sind also im bisherigen allen Planetenpaaren ihre zwei Harmonien durch zwingende Gründe zugewiesen worden; einzig das Paar Erde / Venus hat bisher nur eine einzige Harmonie, nämlich $5/8$, durch unsere bisherigen Axiome zugeteilt bekommen. Die fehlende Harmonie, die große, das heißt die der divergenten Bewegungen, werden wir nun weiterhin untersuchen, indem wir einen neuen Ansatz machen.

[339]   *Zweite Schlußreihe*

XVIII. Axiom

Es mußten durch Abstimmung der sechs Bewegungen Gesamtharmonien gebildet werden, hauptsächlich mit den extremen Bewegungen.

Dies wird glaubhaft gemacht durch das Axiom in I.

XIX. Axiom

Es mußten innerhalb eines gewissen Spielraums der Bewegungen gleiche Gesamtharmonien eingerichtet werden, damit nämlich solche häufiger auftreten.

Denn wenn sie auf ganz bestimmte Punkte der Bewegungen beschränkt worden wären, so hätte es geschehen können, daß sie nie oder sicherlich nur äußerst selten eintreten.

XX. Axiom

Wie nach den Darlegungen im III. Buch die Unterscheidung der Harmoniegeschlechter in Dur und Moll etwas ganz Natürliches ist, so mußten zwischen den extremen Bewegungen Gesamtharmonien von beiden Geschlechtern eingerichtet werden.

XXI. Axiom

Von den Harmonien der beiden Geschlechter mußten verschiedene Arten eingerichtet werden, damit die Schönheit der Welt aus allen möglichen Abwandlungen gestaltet würde; und zwar mußten dabei extreme Bewegungen beteiligt sein, wenigstens in gewissem Umfang.

Nach dem Axiom in I.

XXII. Satz

Die extremen Bewegungen der Planeten mußten die Stufen oder Saiten des Oktavensystems oder die Noten der Tonleiter bezeichnen.

Denn die Entstehung und Vergleichung der Harmonien von einer gemeinsamen Basis aus erzeugte ja die Tonleiter, das heißt die Einteilung der Oktav in ihre Stufen oder Töne, wie im III. Buch bewiesen worden ist. Indem man nun verschiedene Harmonien zwischen den Grenzwerten der Bewegungen fordert, nach den Axiomen in I, XX und XXI, fordert man eine reale Unterscheidung eines Systems am Himmel oder einer Harmonienleiter durch die Grenzwerte der Bewegungen.

XXIII. Satz

Es mußte ein einziges Paar von Planeten vorhanden sein, zwischen deren Bewegungen keine Harmonien auftreten außer den beiden Sexten, der großen $3/5$ und der kleinen $5/8$.

Die Unterscheidung der Tongeschlechter war notwendig, nach dem Axiom in I., und zwar mittels der Grenzwerte der Bewegungen in den Apsiden, nach Satz XXII, weil nur diese Werte, das heißt die langsamste und die schnellste Bewegung, der Festsetzung durch den waltenden und ordnenden Geist bedürfen, [340] die zwischenliegenden Spannungsunterschiede aber von selber ohne besondere Vorsorge beim Übergang des

Planeten von der langsamsten zur schnellsten Bewegung herauskommen.
Diese Einrichtung konnte daher nicht anders getroffen werden, als daß
zwei extremen Bewegungen eine Diesis $24/25$ zugeteilt wurde, da sich ja die
Harmoniegeschlechter durch eine Diesis unterscheiden, entsprechend unseren Ausführungen im III. Buch. Nun aber ist die Diesis der Unterschied
entweder der beiden Terzen $4/5$ und $5/6$ oder der beiden Sexten $3/5$ und $5/8$;
die sich je noch um eine oder mehrere Oktaven unterscheiden können.
Die beiden Terzen $4/5$ und $5/6$ hatten aber keinen Platz zwischen zwei Planeten, nach Satz VI; und auch Harmonien, bei denen zu den Terzen und
Sexten noch eine Oktav hinzukommt, fanden sich nirgends, außer $5/12$ bei
dem Paar Mars / Erde. Doch trat diese Harmonie nur in Verbindung mit
$2/3$ auf; daher wurden gleichzeitig auch die zwischenliegenden Harmonien
$5/8$, $3/5$ und $1/2$ zugelassen. Es bleibt somit nur übrig, daß man einem Planetenpaar die beiden Sexten $3/5$ und $5/8$ zuordnen mußte. Es durfte aber auch
der Spielraum der Bewegungen nicht über die Sexten hinausgehen, das
heißt die Planeten durften die Grenzen ihrer Bewegungen weder bis zum
Umfang des nächstgrößeren Intervalls einer Oktav $1/2$ ausdehnen, noch
bis zum nächstkleineren Intervall der Quint $2/3$ verengen. Denn wenn es
auch richtig ist, daß zwei Planeten, die mit den konvergenten extremen
Bewegungen eine Quint, mit den divergenten eine Oktav bilden, auch die
Sexten bilden und somit auch eine Diesis durchlaufen können, so würde
dies doch nicht nach einer besonderen Vorsorge des Ordners der Bewegungen riechen. Denn die Diesis, das kleinste der Intervalle, das der Potenz nach in allen größeren Intervallen enthalten ist, die von den Grenzwerten der Bewegungen umschlossen werden, würde dann zwar von den
sich kontinuierlich ändernden Zwischenbewegungen durchlaufen, aber
nicht von ihren Grenzwerten bestimmt werden, da der Teil immer kleiner
ist als das Ganze, das heißt die Diesis kleiner als das größere Intervall $3/4$,
das zwischen $2/3$ und $1/2$ liegt und das hier als das Ganze zwischen den
Grenzwerten der Bewegungen angenommen würde.

XXIV. Satz

Die zwei Planeten, die das Harmoniegeschlecht, den Unterschied der Eigenproportionen zwischen den Grenzwerten der Bewegungen, wechseln,
müssen eine Diesis bilden, und es muß die Eigenproportion des einen von
ihnen größer als eine Diesis sein; sie müssen mit den Aphelbewegungen
die eine, mit den Perihelbewegungen die andere Sext bilden.

Denn da die Grenzwerte der Bewegungen zwei Harmonien bilden sollen, die sich nur um eine einzige Diesis unterscheiden, ist dies auf dreifache Art möglich. Entweder bleibt die Bewegung des einen Planeten konstant, während sich die des anderen um eine Diesis ändert; oder beide Planeten ändern ihre Bewegung um eine halbe Diesis und bilden die große Sext $3/5$, wenn der obere der Planeten im Aphel, der untere im Perihel ist, die kleine Sext $5/8$ aber, wenn sie von diesen Lagen aus einander entgegenlaufen und der obere im Perihel, der untere im Aphel angelangt ist; oder es ist schließlich so, daß der eine Planet seine Bewegung vom Aphel bis zum Perihel um mehr ändert als der andere, und zwar um eine Diesis, so daß die große Sext auftritt zwischen den beiden Aphelbewegungen und die kleine Sext zwischen den beiden Perihelbewegungen. Die erste Art ist nicht gesetzmäßig; denn hier besäße der eine der Planeten keine Exzentrizität, entgegen dem Axiom in IV. Die zweite Art war weniger schön und weniger geschickt. Weniger schön, weil weniger harmonisch. Denn die Eigenproportionen der Bewegungen der beiden Planeten wären [341] unmelodisch, da unmelodisch alles ist, was kleiner als eine Diesis ist. Es ist aber besser, wenn nur einer der Planeten an dieser zu kleinen, unmelodischen Eigenproportion leidet. Ja diese zweite Art war gar nicht möglich, da ihr gemäß die extremen Bewegungen von den Stufen des Oktavensystems oder den Noten der Tonleiter abweichen würden, entgegen Satz XXII. Weniger geschickt wäre die zweite Art gewesen, weil hierbei die Sexten nur in den Augenblicken aufgetreten wären, in denen die Planeten sich in den entgegengesetzten Apsiden befinden; es hätte keinen Spielraum gegeben, über den hier die Sexten und ihnen entsprechend auch die Gesamtharmonien hätten auftreten können. Die Gesamtharmonien wären daher nur sehr selten gewesen, da alle Planetenörter auf ganz bestimmte Stellen in ihren Bahnen und auf den engen Bereich einzelner Punkte verwiesen wären, entgegen dem Axiom in XIX. So bleibt nur die dritte Art übrig. Beide Planeten ändern ihre eigene Bewegung, jedoch der eine mehr als der andere um wenigstens eine vollständige Diesis.

XXV. Satz

Der obere der Planeten, die das Harmoniegeschlecht wechseln, muß eine Proportion der Eigenbewegungen besitzen, die kleiner ist als der Ganzton $9/10$, der untere eine solche, die kleiner ist als der Halbton $15/16$.

Denn die Planeten werden nach dem vorausgehenden Satz die Harmonie ⅗ entweder mit ihren Aphel- oder mit ihren Perihelbewegungen bilden. Die Perihelbewegungen können es aber nicht sein; denn dann wäre die Proportion der Aphelbewegungen ⅝. Es besäße also der untere Planet in seiner Eigenproportion eine Diesis mehr als der obere, ebenfalls nach dem vorausgehenden Satz. Das aber widerspricht dem Axiom in X. Die Planeten bilden also mit den Aphelbewegungen die Sext ⅗, mit den Perihelbewegungen die Sext ⅝, das ist um ²⁴/₂₅ weniger. Wenn nun die Aphelbewegungen die Dursext ⅗ bilden, so wird die Aphelbewegung des oberen Planeten mit der Perihelbewegung des unteren mehr als eine Dursext ausmachen; der untere Planet wird nämlich seine ganze Eigenproportion noch hinzufügen. Ebenso wird, wenn die Perihelbewegungen miteinander die Mollsext ⅝ bilden, die Perihelbewegung des oberen und die Aphelbewegung des unteren weniger als eine Mollsext ausmachen; denn der untere wird seine ganze Eigenproportion wegnehmen. Wenn nun die Eigenproportion des unteren einen Halbton ¹⁵/₁₆ ausmachen würde, so könnte außer den Sexten auch die Quint auftreten, weil die um einen Halbton verminderte Mollsext die Quint ergibt. Das aber widerspricht dem Satz XXIII. Es hat also der untere Planet in seinem Eigenintervall weniger als einen Halbton. Und da die Eigenproportion des oberen Planeten um eine Diesis größer ist als die des unteren, Diesis und Halbton aber zusammen den kleinen Ganzton ⁹/₁₀ ausmachen, so ist die Eigenproportion des oberen Planeten weniger als der kleine Ganzton ⁹/₁₀.

XXVI. Satz

Der obere der Planeten, die das Harmoniegeschlecht wechseln, mußte als Intervall der extremen Bewegungen entweder eine doppelte Diesis ⁵⁷⁶/₆₂₅, das sind ungefähr ¹²/₁₃, oder einen Halbton ¹⁵/₁₆ oder einen Zwischenwert haben, der von einer dieser Proportionen um ein Komma ⁸⁰/₈₁ entfernt ist. Der untere Planet mußte entweder eine einfache Diesis ²⁴/₂₅ oder die Differenz zwischen einem Halbton und einer Diesis, das heißt ¹²⁵/₁₂₈ oder ungefähr ⁴²/₄₃, oder schließlich wiederum einen Zwischenwert haben, [342] der von dem einen oder anderen dieser Werte um ein Komma ⁸⁰/₈₁ entfernt ist. Das heißt der obere Planet mußte eine um ein Komma verminderte doppelte Diesis, der untere eine ebenso verminderte einfache Diesis erhalten.

Denn die Eigenproportion des oberen Planeten muß größer sein als eine Diesis nach Satz XXV, kleiner aber als ein Ganzton ⁹/₁₀ nach dem vorausgehenden Satz. Es muß aber der obere Planet den unteren um eine Diesis übertreffen nach Satz XXIV. Und die harmonische Schönheit legt es nahe, daß die Eigenproportionen dieser Planeten, falls sie wegen ihrer Kleinheit nicht harmonisch sein können, wenigstens zu den melodischen gehören, wenn dies möglich ist, nach dem Axiom in I. Nun aber gibt es nur zwei melodische Intervalle, die kleiner sind als der Ganzton $9/10$; das sind der Halbton und die Diesis. Diese beiden unterscheiden sich aber nicht um eine Diesis, sondern um ein kleineres Intervall, nämlich $125/128$. Es ist also nicht möglich, daß gleichzeitig der obere einen Halbton, der untere eine Diesis erhält. Vielmehr wird entweder der obere einen Halbton $15/16$ und der untere $125/128$, das sind $42/43$, erhalten müssen, oder der untere eine Diesis $24/25$ und der obere eine doppelte Diesis, das sind ungefähr $12/13$. Nun aber sind beide Planeten gleichberechtigt. Wenn man also die Natur des Melodischen bei ihren Eigenproportionen verletzten mußte, so mußte dies bei beiden in gleicher Weise geschehen, damit der Unterschied ihrer Eigenintervalle genau eine Diesis bleiben konnte, die zur Unterscheidung der Harmoniegeschlechter erforderlich ist, nach Satz XXIV. In gleicher Weise wurde aber die Natur des Melodischen bei beiden dann verletzt, wenn der Betrag, um den die Eigenproportion des oberen Planeten hinter einer doppelten Diesis zurückblieb oder über einen Halbton hinausging, der gleiche war, um den auch die Eigenproportion des unteren hinter einer einfachen Diesis zurückblieb oder über das Intervall $125/128$ hinausging.

Dieser überschießende oder fehlende Betrag mußte ein Komma $80/81$ sein, da die harmonischen Proportionen wiederum kein anderes Intervall darbieten, und damit das Komma bei den himmlischen Bewegungen ebenso ausgedrückt würde, wie es bei den Harmonien geschieht, nämlich nur als überschießender oder fehlender Betrag bei der Vergleichung von Intervallen. Denn auf dem Gebiet der Harmonik unterscheidet das Komma zwischen großem und kleinem Ganzton; auf andere Weise gelangt es nicht zu unserer Kenntnis.

Wir müssen jetzt nur noch untersuchen, welche der beiden angeführten Intervalle den Vorrang haben, ob die einfache Diesis beim unteren, die doppelte beim oberen Planeten oder der Halbton beim oberen und $125/128$, beim unteren. Die Gründe sprechen für die Diesen. Denn wenn auch der Halbton verschiedentlich in der Tonleiter auftritt, so ist das doch nicht der Fall bei seinem Partner $125/128$. Dagegen ist sowohl die Diesis verschiedentlich ausgedrückt als auch in gewisser Weise die doppelte Diesis, nämlich bei der Auflösung der Ganztöne in Diesen, Halbtöne und Limmata. Denn wie im III. Buch Kapitel VIII gesagt worden ist, folgen hier an zwei Stellen ganz nahe zwei Diesen aufeinander. Ein zweiter Grund liegt darin, daß bei der Unterscheidung der Tongeschlechter die Diesis eigene Rechte besitzt, der Halbton aber nicht. Man mußte daher die Diesis eher berücksichtigen als den Halbton. Aus all dem zusammen folgt das Ergebnis, daß die Eigenproportion des oberen Planeten $2916/3125$ oder ungefähr $14/15$, die des unteren $243/250$ oder ungefähr $35/36$ sein muß.

Es fragt sich, ob die höchste schöpferische Weisheit sich damit abgegeben hat, solchen kniffligen Gründen nachzuspüren. Zur Antwort möchte ich sagen, es ist wohl möglich, daß viele Gründe mir verborgen sind. Allein wenn die Harmonik ihrer Natur nach keine gewichtigeren Gründe aufweist hier, wo es sich um Proportionen handelt, die unterhalb der Größe aller melodischen liegen, so ist es nicht sinnlos zu glauben, Gott sei jenen Gründen, so knifflig sie auch erscheinen mögen, nachgegangen, da er ja nichts ohne Ursache geregelt hat. Viel sinnloser [343] wäre nämlich die Behauptung, Gott habe jene Größen unterhalb der vorgezeichneten Grenze eines kleinen Ganztons rein willkürlich herausgegriffen. Es genügt auch nicht zu sagen: Gott hat die Proportionen so groß angenommen, weil es ihm so gefiel. Denn in geometrischen Dingen, die der Freiheit der Wahl unterworfen waren, hat Gott an nichts Gefallen gefunden, was nicht irgendeine geometrische Ursache hat. Dies sieht man an den Rändern der Blätter, an den Schuppen der Fische, an den Fellen der Tiere mit ihren Flecken und der Anordnung dieser Flecken und ähnlichem.

XXVII. Satz

Bei Erde und Venus mußte die größere Proportion zwischen den Aphelbewegungen die Dursext, die kleinere zwischen den Perihelbewegungen die Mollsext sein.

Denn nach dem Axiom in XX mußte eine Unterscheidung der Harmoniegeschlechter Platz haben. Das aber war nur möglich mit Hilfe der Sexten, nach Satz XXIII. Da nun Erde und Venus, die einander nächsten und Ikosaëder-Planeten, nach Satz XV die eine Sext $5/8$ erhalten hatten, mußte ihnen auch die andere zugeteilt werden; nicht aber als Proportionen zwischen den extremen konvergenten oder divergenten Bewegungen, sondern zwischen gleichsinnigen extremen Bewegungen, die eine zwischen den Aphel-, die andere zwischen den Perihelbewegungen, nach Satz XXIV. Die Harmonie $3/5$ ist außerdem auch verwandt mit dem Ikosaëder, da beide der Fünfecksippe angehören. Siehe Kapitel II.

Hier hat man die Ursache, warum bei diesen beiden Planeten eher die Aphel- und Perihelbewegungen miteinander genaue Harmonien bilden, nicht aber die konvergenten, wie dies bei den oberen Planeten der Fall ist.

XXVIII. Satz

Der Erde kam als Eigenproportion ihrer Bewegungen etwa $14/15$, der Venus etwa $35/36$ zu.

Denn diese beiden Planeten mußten nach dem vorausgehenden Satz die Unterscheidung der Harmoniegeschlechter bilden. Daher mußte nach Satz XXVI die Erde als der obere Planet das Intervall $2916/3125$, das sind etwa $14/15$, die Venus aber als der untere das Intervall $243/250$, das sind ganz nahe $35/36$, erhalten.

Hier hat man die Ursache, warum diese beiden Planeten so kleine Exzentrizitäten und dementsprechend so kleine Eigenintervalle oder -proportionen ihrer extremen Bewegungen besitzen, während doch der nächstobere Planet Mars und der nächstuntere Merkur auffallend große, die größten von allen, besitzen. Daß dies stimmt, bestätigt die Astronomie. Denn nach Kapitel IV hat die Erde gerade $14/15$, die Venus aber $34/35$ erhalten, einen Wert, den die Astronomie, soweit ihre Genauigkeit reicht, bei diesem Planeten kaum wird von $35/36$ unterscheiden können.

XXIX. Satz

Bei Mars und Erde konnte die große Harmonie der Bewegungen, das heißt die der divergenten, keine von denen sein, die größer sind als $5/12$.

Nach dem Satz XVII ist sie nicht eine aus denen, die kleiner sind als $5/12$; jetzt aber ist sie nicht eine aus denen, die größer sind. Denn die andere kleine diesen beiden Planeten gemeinsame Harmonie $2/3$ macht mit der Eigenproportion des Mars, die nach Satz XIV $18/25$ übersteigt, mehr als $12/25$, das sind [344] $60/125$. Addiert man nun die Eigenproportion der Erde, die nach dem vorausgehenden Satz $14/15$ oder $56/60$ beträgt, so sammelt sich mehr als $56/125$ an, ein Betrag, der ganz nahe gleich $4/9$ ist, also etwas mehr als eine Oktave und ein großer Ganzton. Nun aber ist die Harmonie, die auf die Oktave und den Ganzton folgt, $5/12$, die Oktave mit der Mollterz.

Man beachte, daß ich nicht sage, die Proportion, um die es sich handelt, sei weder größer noch kleiner als $5/12$. Vielmehr sage ich, wenn es notwendig ist, daß diese Proportion harmonisch ist, dann kann ihr keine andere Harmonie zugeteilt werden.

XXX. Satz

Beim Merkur mußte die Eigenproportion der Bewegungen größer werden als alle anderen Eigenproportionen.

Denn nach Satz XVI mußten die Eigenproportionen von Venus und Merkur zusammen etwa $5/12$ ausmachen. Die Eigenproportion von Venus ist aber für sich allein nur $143/250$, das sind $1458/1500$. Zieht man diese von $5/12$, das sind $625/1500$, ab, so bleibt für Merkur allein die Proportion $625/1458$ übrig, die größer ist als eine Oktav mit großem Ganzton, während die Eigenproportion des Mars, die größte unter den übrigen Planeten, kleiner ist als $2/3$, das ist die Quint.

Somit machen die Eigenproportionen von Venus und Merkur, der beiden untersten Planeten, zusammen etwa gleichviel aus wie die der vier oberen Planeten zusammen. Denn wie sich gleich zeigen wird, sind die Eigenproportionen von Saturn und Jupiter zusammen etwas größer als $2/3$ und die des Mars etwas kleiner als $2/3$. Addiert man zur Summe $4/9$, das sind $60/135$, die Eigenproportion der Erde $14/15$, das sind $56/60$, so erhält man $56/135$, einen Betrag, der etwas größer ist als $5/12$; so groß erwies sich aber soeben die Summe der Eigenbewegungen von Venus und Merkur. Diese Übereinstimmung war jedoch nicht absichtlich, nicht irgendeinem besonderen, für sich bestehenden harmonischen Urbild entnommen; sie ergab sich vielmehr von selber als notwendige Folge aus dem Zusammenhang, in dem die bisher festgestellten Harmonien untereinander stehen.

XXXI. Satz

Die Aphelbewegung der Erde mußte mit der Aphelbewegung des Saturns über einige Oktaven hin konsonieren.

Denn daß Gesamtharmonien bestehen, verlangt unser Axiom in XVIII, also muß auch Saturn mit Erde und Venus Harmonien bilden. Wenn aber die eine der extremen Bewegungen des Saturns mit keiner der extremen Bewegungen dieser beiden Planeten konsonieren würde, so wäre dies weniger harmonisch, als wenn seine beiden extremen Bewegungen mit diesen Planeten konsonierten, nach dem Axiom in I. Also mußte Saturn mit seinen beiden extremen Bewegungen konsonieren, seine Aphelbewegung mit dem einen jener Planeten, seine Perihelbewegung mit dem anderen, da nichts im Wege stand, insofern es sich ja um den ersten Planeten handelt. Diese Harmonien werden nun entweder identisch sein oder nicht identisch, das heißt von fortgesetzt doppelter Proportion oder von einer anderen. Es können nun aber nicht beide von einer anderen Proportion sein; denn zwischen den Gliedern 3 und 5 (die die größere Harmonie zwischen Erde und Venus, das heißt die ihrer Aphelbewegungen, definieren) können nicht zwei harmonische Mittel liegen, weil die Sext nicht in drei harmonische Intervalle zerlegt werden kann (siehe Buch III). Es konnte also Saturn nicht mit seinen beiden Bewegungen eine Oktav mit harmonischen Zwischenproportionen zwischen 3 und 5 bilden. [345] Damit seine Bewegungen mit 3 der Erde und 5 der Venus konsonieren können, ist es vielmehr erforderlich, daß die eine dieser Bewegungen mit dem einen Zahlenglied, das heißt mit der einen Bewegung der genannten Planeten identisch oder über einige Oktaven hin konsoniert. Da aber die identischen Harmonien vorzüglicher sind als die anderen, werden auch von den Harmonien zwischen extremen Bewegungen die vorzüglicheren, das heißt die zwischen den Aphelbewegungen genommen werden müssen, da sie wegen der höchsten Erhebung der Planeten die Anfangsstelle einnehmen und auch die Harmonie $^3/_5$, von der wir hier als der größeren Harmonie zwischen Erde und Venus handeln, als ihnen eigentlich und mit Vorrecht zugehörig beanspruchen. Denn wenn die Harmonie $^3/_5$ auch zwischen der Perihelbewegung der Venus und einer gewissen Zwischenbewegung der Erde besteht (nach Satz XXVII), so stehen doch an erster Stelle die extremen Bewegungen; die Zwischenbewegungen kommen erst nach den Anfangsbewegungen. Da wir also auf der einen Seite die Aphelbewegung des Saturns haben, der der höchste der Planeten ist, so wird andererseits damit eher die Aphelbewegung der Erde als die der Venus zu verkoppeln sein, da von diesen beiden Planeten, die die Tongeschlechter unterscheiden, der erstere höher ist. Es ist aber noch eine näherliegende Ursache vorhanden, insofern die Schlüsse der zweiten Reihe, um die es sich hier handelt, die Gültigkeit der Schlüsse der ersten Reihe zwar in gewisser Weise einschränken, aber doch nur um ganz kleine Beträge, das heißt in der Harmonik um Intervalle, die kleiner sind als alle melodischen. Nach den Schlüssen der ersten Reihe aber kommt nicht die Aphelbewegung der Venus, sondern die der Erde der Harmonie einer Anzahl von Oktaven nahe, die mit der

Aphelbewegung des Saturns zu bilden ist. Denn addiert man nacheinander erstens die Eigenproportion 4/5 des Saturns, das ist das Intervall vom Aphel bis zum Perihel des Saturns nach Satz XI, zweitens die Proportion 1/2 der konvergenten Bewegungen von Saturn und Jupiter, das ist das Intervall vom Perihel des Saturns bis zum Aphel des Jupiters nach Satz VIII, drittens die Proportion 1/8 der divergenten Bewegungen des Jupiters und Mars, das ist das Intervall vom Aphel des Jupiters bis zum Perihel des Mars nach Satz XIII, viertens die Proportion 2/3 der konvergenten Bewegungen von Mars und Erde, das ist das Intervall vom Perihel des Mars bis zum Aphel der Erde nach Satz XV, so erhält man für die Proportion zwischen der Aphelbewegung des Saturns und der Aphelbewegung der Erde den Wert 1/30, der nur um 30/32, das sind 15/16, oder um einen Halbton kleiner ist als 1/32 oder fünf Oktaven. Wenn man daher diesen Halbton in Teilchen zerlegt, die kleiner sind als das kleinste melodische Intervall, und diese zu jenen vier Elementen hinzufügt, so wird die Harmonie von fünf Oktaven zwischen den angenommenen Aphelbewegungen von Saturn und Erde vollkommen sein. Damit dagegen die Aphelbewegung des Saturns mit der Aphelbewegung der Venus eine Anzahl von Oktaven ausmachen würde, hätte man von den früheren Schlüssen fast eine ganze Quart wegnehmen müssen. Denn addiert man zu der Summe 1/30 der vier obigen Elemente das Intervall 3/5, das zwischen den Aphelbewegungen von Erde und Venus besteht, so erhält man aufgrund unserer früheren Schlüsse zwischen den Aphelbewegungen von Saturn und Venus das Intervall 1/50, das von dem Intervall 1/32 oder fünf Oktaven um 32/50, das ist 16/25, abweicht, was gleich einer Quint mit einer Diesis ist; von dem Intervall 1/64 oder sechs Oktaven aber weicht das Intervall 1/50 um 50/64, das sind 25/32, ab, das ist eine Quart weniger einer Diesis. Daher mußte man nicht zwischen den Aphelbewegungen von Venus und Saturn, sondern zwischen denen von Erde und Saturn eine identische Harmonie bilden, so daß für das Intervall zwischen Saturn und Venus eine nichtidentische übrigblieb.

XXXII. Satz

In den Gesamtharmonien der Planeten vom Mollgeschlecht konnte die genaue Aphelbewegung des Saturns mit den übrigen Planeten nicht genau konsonieren.

[346] Denn die Erde wirkt mit ihrer Aphelbewegung bei der Gesamtharmonie vom Mollgeschlecht nicht mit, weil die Aphelbewegungen von

Erde und Venus das Intervall $^3/_5$ das dem Durgeschlecht angehört, bilden, nach Satz XXVII. Der Saturn aber bildet mit seiner Aphelbewegung eine identische Harmonie mit der Aphelbewegung der Erde, nach Satz XXXI. Also wirkt auch der Saturn mit seiner Aphelbewegung nicht mit. Doch tritt an Stelle der Aphelbewegung eine etwas schnellere Bewegung des Saturns nahe beim Aphel, die zum Mollgeschlecht paßt, wie aus dem VII. Kapitel erhellt.

XXXIII. Satz

Das Durgeschlecht der Harmonien und der Tonleiter ist verwandt mit den Aphelbewegungen, das Mollgeschlecht mit den Perihelbewegungen.

Denn wenn auch eine Durharmonie gebildet wird nicht nur zwischen der Aphelbewegung der Erde und der der Venus, sondern auch zwischen Bewegungen der Erde und der Venus je unterhalb der Aphelbewegungen bis herab zur Perihelbewegung der letzteren, und umgekehrt eine Mollharmonie nicht nur zwischen der Perihelbewegung der Venus und der der Erde, sondern auch zwischen Bewegungen der beiden je oberhalb ihrer Perihelbewegung bis hinauf zur Aphelbewegung der Venus (nach Satz XXVII), so tritt doch nach XX und XXIV eine eigentliche und deutliche Ausprägung des Geschlechts nur in extremen Bewegungen beider auf. Die eigentliche Ausprägung des Durgeschlechts findet daher nur bei den Aphelbewegungen, eine solche des Mollgeschlechts nur bei den Perihelbewegungen statt.

XXXIV. Satz

Bei der Vergleichung zweier Planeten steht das Durgeschlecht dem oberen, das Mollgeschlecht dem unteren näher.

Denn da nach dem vorausgehenden Satz das Durgeschlecht zu den Aphelbewegungen, das Mollgeschlecht zu den Perihelbewegungen gehört, die ersteren Bewegungen aber langsamer und gelassener sind, gehört das Durgeschlecht zu den langsamen, das Mollgeschlecht zu den raschen Bewegungen. Nun aber steht der obere von zwei Planeten den langsamen, der untere den raschen Bewegungen näher, da immer in der Welt einer größeren Höhe eine langsamere Eigenbewegung entspricht. Also steht von zwei Planeten, die sich beiden Tongeschlechtern einfügen, der obere dem Durgeschlecht, der untere dem Mollgeschlecht näher. Des weiteren gebraucht das Durgeschlecht die größeren Intervalle $^4/_5$ und $^3/_5$, das Mollgeschlecht die kleineren ⅚ und ⅝. Nun hat aber auch der obere Planet eine größere Sphäre und langsamere, das heißt »größere« Bewegungen und einen weiteren Umlauf. Wo aber beiderseits die größeren Eigenschaften vorliegen, da besteht auch engere Verwandtschaft.

XXXV. Satz

Saturn mit Erde halten sich enger an das Durgeschlecht, Jupiter mit Venus enger an das Mollgeschlecht.

Denn erstens ist die Erde im Vergleich zur Venus, mit der zusammen sie beide Geschlechter abbildet, oberer Planet, daher hält sich die Erde hauptsächlich an das Durgeschlecht, die Venus dagegen an das Mollgeschlecht, nach dem vorausgehenden Satz. Saturn aber konsoniert mit seiner Aphelbewegung über einige Oktaven hin mit der Aphelbewegung der Erde, nach Satz XXXI. Daher hält sich auch Saturn nach Satz XXXIII an das Durgeschlecht. Sodann begünstigt Saturn nach demselben Satz mit seiner Aphelbewegung [347] mehr das Durgeschlecht und verschmäht nach Satz XXXII das Mollgeschlecht. Er ist also mehr verwandt mit dem Dur- als mit dem Mollgeschlecht, da die Eigenart durch die extremen Bewegungen bestimmt wird.

Was nun Jupiter anlangt, so ist er im Vergleich zu Saturn unterer Planet, also kommt ihm nach dem vorausgehenden Satz das Mollgeschlecht zu wie dem Saturn das Durgeschlecht.

XXXVI. Satz

Die Perihelbewegung des Jupiters mußte mit der Perihelbewegung der Venus in ein und derselben Tonleiter mitwirken, konnte aber nicht eine Harmonie mit ihr bilden; noch viel weniger konnte sie es mit der Perihelbewegung der Erde.

Denn da Jupiter nach dem vorausgehenden Satz in erster Linie zum Mollgeschlecht gehört, mit diesem aber nach Satz XXXIII die Perihelbewegungen in engerer Beziehung stehen, mußte Jupiter mit seiner Perihelbewegung die Tonleiter des Mollgeschlechts bezeichnen, das heißt eine bestimmte Stufe oder einen bestimmten Ton in ihr. Die Perihelbewegungen von Venus und Erde aber bezeichnen nach Satz XXVII die gleiche Tonleiter. Also mußte die Perihelbewegung des Jupiters mit den Perihelbewegungen der beiden letzteren Planeten in der gleichen Stimmung vereinigt werden. Sie konnte aber mit der Perihelbewegung der

Venus keine Harmonie bilden. Denn da sie nach Satz VIII mit der Aphelbewegung des Saturns etwa die Proportion ⅓, das ist den Ton *d* in dem
System, in dem die Aphelbewegung des Saturns den Ton *G* bildet, bilden
mußte, die Aphelbewegung der Venus aber den Ton *e*, so kam sie dem
Ton *e* bis auf ein Intervall nahe, das kleiner ist als die kleinste harmonische Proportion. Denn diese ist ⅚, zwischen *d* und *e* aber liegt ein viel
kleineres Intervall, nämlich der Ganzton 9/10. Und wenn auch in der Perihelstimmung die Venus sich über den Ton *e*, den sie in der Aphelstimmung besitzt, etwas erhebt, so ist doch diese Erhebung kleiner als eine
Diesis, nach Satz XXVIII. Die Diesis aber (oder ein noch etwas kleineres
Intervall) macht mit einem kleinen Ganzton zusammen nicht die kleinste
Harmonie ⅚ aus. Daher war es nicht möglich, daß die Perihelbewegung
des Jupiters mit der Aphelbewegung des Saturns nahezu das Intervall
⅓ bildet und gleichzeitig mit Venus konsoniert. Aber auch mit der Erde
nicht. Denn wenn die Perihelbewegung des Jupiters sich mit der Perihelbewegung der Venus in die gleiche Stimmung einfügt und mit der
Aphelbewegung des Saturns bis auf einen Betrag, der kleiner ist als das
kleinste melodische Intervall, die Proportion ⅓ einhält, das heißt:wenn
sie sich von der Perihelbewegung der Venus (außer einigen Oktaven) um
einen kleinen Ganzton 9/10 oder 36/40 gegen die tiefen Töne zu entfernt,
so entfernt sich die Perihelbewegung der Erde von der der Venus um ⅝
oder 25/40. Daher beträgt der Abstand der Perihelbewegungen von Erde
und Jupiter abgesehen von einigen Oktaven 25/36. Dieses Intervall ist aber
nicht harmonisch; denn es ist das Doppelte von ⅚ oder eine Quint minus
einer Diesis.

XXXVII. Satz

Zur Summe ⅔ der Eigenharmonien von Saturn und Jupiter und zu ihrer
gemeinsamen großen Harmonie ⅓ mußte ein Intervall hinzukommen, das
gleich dem Intervall der Venus ist.

Denn nach Satz XXVII und XXXIII ist Venus mit ihrer Aphelbewegung vorzugsweise bei der Bildung des Durgeschlechts beteiligt, mit ihrer Perihelbewegung bei der des Mollgeschlechts. Saturn aber mußte mit
seiner Aphelbewegung ebenfalls mit dem Durgeschlecht und daher auch
mit der Aphelbewegung der Venus zusammenstimmen, nach Satz XXXV,
des Jupiters [348] Perihelbewegung dagegen mit der Perihelbewegung
der Venus, nach dem vorausgehenden Satz. Zur genauen Bestimmung

der Perihelbewegung des Jupiters muß daher zu der Bewegung, die mit der Aphelbewegung des Saturns die Harmonie $\frac{1}{3}$ bildet, ein Intervall hinzukommen, das gleich ist dem Intervall, welches die Venus vom Aphel bis zum Perihel bildet. Die Harmonie der konvergenten Bewegungen von Jupiter und Saturn aber ist nach Satz VIII genau $\frac{1}{2}$. Zieht man also das Intervall $\frac{1}{2}$ von dem Intervall, das größer ist als $\frac{1}{3}$, ab, so bleibt ein solches, das um den gleichen Betrag größer ist als $\frac{2}{3}$, für die Summe der Eigenproportionen der beiden Planeten übrig.

Oben im Satz XXVIII war die Eigenproportion der Venus $\frac{243}{250}$ oder ganz nahe $\frac{35}{36}$. Im IV. Kapitel aber wurde bei der Proportion zwischen der Aphelbewegung des Saturns und der Perihelbewegung des Jupiters ein etwas größerer Überschuß über $\frac{1}{3}$, nämlich ein Betrag zwischen $\frac{26}{27}$ und $\frac{27}{28}$, gefunden. Man braucht aber nur zur Aphelbewegung des Saturns eine einzige Sekunde zu addieren, was die Astronomie kaum wird unterscheiden können, um Übereinstimmung mit der hier vorgeschriebenen Größe zu erzielen.

XXXVIII. Satz

Der zusätzliche Betrag $\frac{243}{250}$ zur Summe der Eigenproportionen von Saturn und Jupiter, die bisher nach den Schlüssen der ersten Reihe gleich $\frac{2}{3}$ angesetzt war, mußte auf die beiden Planeten in der Weise verteilt werden, daß auf Saturn ein Komma $\frac{80}{81}$, auf Jupiter der Rest gleich $\frac{19683}{20000}$ oder etwa $\frac{62}{63}$ traf. Daß jener Betrag auf die beiden Planeten verteilt werden mußte, folgt aus der Forderung des Axioms in Nr. XIX, wonach sie mit einem gewissen Spielraum bei den Gesamtharmonien je des ihnen entsprechenden Tongeschlechts müssen mitwirken können. Nun aber ist $\frac{243}{250}$ kleiner als alle melodischen Intervalle. Es gibt sonach keine harmonischen Gesetze mehr, nach denen jenes Intervall in zwei melodische Teile zerlegt werden könnte, außer jenen, die wir oben in Satz XXVI bei der Zerlegung der Diesis $\frac{24}{25}$ gebrauchten. Danach zerfällt jenes Intervall in ein Komma $\frac{80}{81}$ (eines, und zwar das hauptsächlichste von den Intervallen, die den melodischen untergeordnet sind) und in den Rest $\frac{19\,683}{20\,000}$, der ein wenig größer ist als ein Komma, nämlich ungefähr $\frac{62}{63}$. Man durfte aber von dem Intervall nicht zwei Kommata, sondern nur eines abschneiden, damit die Teile nicht allzu ungleich würden, wo doch die Eigenintervalle von Saturn und Jupiter nahezu gleich sind, nach dem Axiom in X, wenn man dieses in entsprechender Weise auf die melodischen und die noch kleineren Teile ausdehnt. Ein weiterer Grund für die vorgenommene Teilung liegt darin, daß das einzelne Komma durch die Intervalle des großen und kleinen Ganztons definiert wird, das Intervall von zwei Kommata aber nicht. Weiterhin gebührte nun dem Saturn, dem höheren und stärkeren der beiden Planeten, von jenen beiden Bestandteilen nicht sosehr derjenige, der größer ist, mag auch Saturn die größere Eigenproportion $4/5$ besitzen, sondern derjenige, der früher und schöner, das heißt harmonischer ist. Denn nach dem Axiom in X ist in erster Linie zu berücksichtigen, ob eine Harmonie ihrer Natur nach früher und ob sie vollkommen ist; erst in letzter Linie kommt ihre Größe in Betracht; denn in der Größe an sich liegt keine Schönheit. Danach wird die Eigenproportion der Bewegungen beim Saturn gleich $64/81$, eine unechte große Terz, wie wir sie im Kapitel XII des III. Buches genannt haben, die des Jupiters aber gleich $6561/8000$.

Ich weiß nicht, ob ich die Hinzufügung eines Komma beim Saturn unter den Ursachen erwähnen soll, daß nämlich die extremen Abstände des Saturns die Proportion $8/9$, einen großen Ganzton, bilden könnten, oder ob dies sich zufällig aus den [349] vorausgehenden Bewegungsursachen ergibt. Jedenfalls hat man hier (was als Zusatz zu jener Stelle gelten kann) den Grund, warum oben im IV. Kapitel S. 195 [= hier S. 597] festgestellt werden konnte, daß die Abstände des Saturns nahezu die Proportion eines großen Ganztons bilden.

XXXIX. Satz

Bei den Gesamtharmonien der Planeten vom Durgeschlecht konnten Saturn mit der genauen Perihelbewegung und Jupiter mit der genauen Aphelbewegung nicht mitwirken.

Da nämlich die Aphelbewegung des Saturns mit den Aphelbewegungen von Erde und Venus nach Satz XXXI genau konsonieren mußte, wird mit diesen Bewegungen auch jene des Saturns konsonieren müssen, die um eine Durterz $4/5$ größer ist als seine Aphelbewegung. Denn die Aphelbewegungen von Erde und Venus bilden eine Dursext, die nach den Darlegungen im III. Buch in eine Quart und eine Durterz zerlegt werden kann. Daher wird eine Bewegung des Saturns, die etwas schneller ist als diese konsonierende, aber um weniger als ein melodisches Intervall, nicht genau konsonieren können. Von dieser Art ist aber gerade die Perihelbewegung des Saturns, da sie ja nach Satz XXXVIII von seiner Aphelbewegung um ein Intervall entfernt ist, das um ein Komma größer ist als $4/5$

(ein Komma aber ist kleiner als das kleinste melodische Intervall). Somit konsoniert die Perihelbewegung des Saturns nicht genau. Aber auch die des Jupiters tut es nicht genau. Denn diese bildet mit der Perihelbewegung des Saturns, die nicht genau konsoniert, eine vollkommene Oktav, nach Satz VIII, und kann daher nach den Ausführungen des III. Buches auch nicht genau konsonieren.

XL. Satz

Zu der gemeinsamen Harmonie der divergenten Bewegungen von Jupiter und Mars, die nach den Schlüssen der ersten Reihe zu $1/8$ oder drei Oktaven festgesetzt worden ist, mußte ein Platonisches Limma hinzukommen.

Denn da nach Satz XXXI zwischen den Aphelbewegungen von Saturn und Erde das Intervall $1/32$ oder $12/384$ liegen mußte, von der Aphelbewegung der Erde bis zur Perihelbewegung des Mars nach Satz XV das Intervall $3/2$ oder $384/256$, von der Aphelbewegung des Saturns bis zu seiner Perihelbewegung nach Satz XXXVIII das Intervall $4/5$ oder $12/15$ mit einem zusätzlichen Betrag und schließlich von der Perihelbewegung des Saturns bis zur Aphelbewegung des Jupiters nach Satz VIII das Intervall $1/2$ oder $15/30$, so bleibt für das Intervall von der Aphelbewegung des Jupiters bis zur Perihelbewegung des Mars $30/256$, übrig, unter Weglassung jenes zusätzlichen Betrags. Nun aber ist $30/256$ größer als $32/256$ oder $1/8$ um $30/32$, das sind $15/16$ oder $240/256$, also um einen Halbton. Zieht man also von $240/243$ den Zuwachs der Saturnbewegung ab, der nach Satz XXXVIII gleich $80/81$ oder $240/243$ sein mußte, so bleibt $243/256$ übrig. Das ist aber ein Platonisches Limma, nämlich gleich etwa $19/20$. Man vergleiche das III. Buch. Man mußte also zu $1/8$ ein Platonisches Limma hinzufügen.

Daher muß die große Proportion von Jupiter und Mars, das heißt die der divergenten Bewegungen, gleich $243/2048$ sein, was in gewisser Weise die Mitte ist zwischen $243/2187$ und $243/1944$, das heißt zwischen $1/9$ und $1/8$; den ersten Wert hatte oben (Satz XIII) die Analogie, den letzten die der Sache näherliegende harmonische Gesetzmäßigkeit gefordert.

[350]

XLI. Satz

Die Eigenproportion der Bewegungen des Mars mußte notwendig gleich dem Doppelten der harmonischen Proportion $5/6$, das ist gleich $25/36$ werden. Denn da die Proportion der divergenten Bewegungen von Jupiter und Mars nach dem vorausgehenden Satz gleich $243/2048$ oder $729/6144$ sein mußte, die der konvergenten Bewegungen aber nach Satz XIII gleich $5/24$ oder $1280/6144$, mußte die Summe der Eigenbewegungen beider notwendig gleich $729/1280$ oder $72900/128000$ sein. Die Eigenproportion von Jupiter allein mußte aber nach Satz XXXVIII gleich $6561/8000$ oder $104976/128000$ werden. Zieht man also diese Jupiterproportion von jener Summe ab, so bleibt für die Eigenproportion des Mars $72900/104976$ oder $25/36$ übrig, wovon die halbe Proportion gleich $5/6$ ist.

Man kann dies auch auf andere Art folgendermaßen beweisen: Von der Aphelbewegung des Saturns bis zur Aphelbewegung der Erde beträgt das Intervall $1/32$ oder $120/3840$, bis zur Perihelbewegung des Jupiters aber $1/3$ oder $120/360$ plus dem Zusatzbetrag. Von der Perihelbewegung des Jupiters aber bis zur Aphelbewegung des Mars beträgt das Intervall $5/24$ oder $360/1728$. Für das Intervall von der Aphelbewegung des Mars bis zur Aphelbewegung der Erde bleibt also $1728/3840$ minus dem Zusatzbetrag zu der Proportion der divergenten Bewegungen von Saturn und Jupiter übrig. Andererseits ist aber das Intervall von der Aphelbewegung der Erde bis zur Perihelbewegung des Mars gleich $3/2$ oder $3840/2560$. Daher bleibt für das Intervall zwischen der Aphel- und der Perihelbewegung des Mars die Proportion $1728/2560$ oder $27/40$ oder $81/120$ minus dem genannten Zusatzbetrag übrig. Es ist aber $81/120$ um ein Komma kleiner als $80/120$ oder $2/3$. Wenn man also von $2/3$ ein Komma sowie den genannten Zusatzbetrag (der nach Satz XXXVIII gleich der Eigenproportion der Venus ist) abzieht, so bleibt die Eigenproportion des Mars übrig. Die Eigenproportion der Venus ist aber nach Satz XXVI eine Diesis minus einem Komma. Ein Komma und eine Diesis minus einem Komma machen aber eine ganze Diesis $24/25$ aus. Wenn man also von $2/3$ oder $24/36$ eine Diesis $24/25$ abzieht, bleibt wie vorhin für die Eigenproportion des Mars $25/36$ übrig. Die Hälfte davon $5/6$ wird den Abständen zuteil, nach dem III. Kapitel.

Hier hat man wiederum die Ursache, warum man oben im IV. Kapitel S. 195 [= hier S. 597] zwischen den extremen Abständen des Mars die harmonische Proportion $5/6$ aufgefunden hat.

XLII. Satz

Die große gemeinsame Proportion, das heißt die der divergenten Bewegungen, von Mars und Erde mußte notwendig gleich $54/125$ werden, also kleiner als die Harmonie $5/12$, die durch die früheren Schlüsse festgesetzt worden ist.

Denn die Eigenproportion des Mars mußte nach dem vorausgehenden
Satz eine Quint minus einer Diesis werden, die gemeinsame kleine Proportion, das heißt die der konvergenten Bewegungen von Mars und Erde,
aber nach Satz XV eine Quint. Endlich ist die Eigenproportion der Erde
eine doppelte Diesis minus einem Komma, nach Satz XXVI und XXVIII.
Aus diesen Elementen ergibt sich die große Proportion, das heißt die der
divergenten Bewegungen von Mars und Erde gleich zwei Quinten (oder
$4/9$, das sind $108/243$) plus einer um ein Komma verkürzten Diesis, das heißt
plus $243/250$; sie ist somit gleich $108/250$ oder $54/125$ oder $608/1500$. Das aber ist
weniger als $625/1500$, das heißt $5/12$ um das Intervall $608/625$ oder etwa $36/37$,
welches kleiner ist als das kleinste melodische.

[351]   *XLIII. Satz*
Bei irgendeiner Gesamtharmonie konnte die Aphelbewegung des Mars
nicht mitwirken; es zeigte sich aber als notwendig, daß sie sich bis zu
einem gewissen Grad der Molltonleiter einfügt.

  Denn da die Perihelbewegung des Jupiters die Stufe d in der hohen
Stimmung beim Mollgeschlecht einnimmt und zwischen ihr und der
Aphelbewegung des Mars die Harmonie $5/24$ bestehen muß, nimmt also
die Aphelbewegung des Mars die unechte Stufe f der gleichen hohen
Stimmung ein. Ich sage unecht; denn als im XII. Kapitel des III. Buches
die unechten Konsonanzen aufgezählt und aus dem Aufbau der Systeme
abgeleitet wurden, sind einige weggelassen worden, die selbst im einfachen natürlichen System auftreten. [...]*

  Hieraus erhellt, daß im natürlichen System die echte Stufe f, wie sie aus
meinen Prinzipien festgesetzt worden ist, mit der Stufe d eine verminderte
oder unechte Mollterz bildet. Da nun zwischen der Perihelbewegung des
Jupiters auf der echten Stufe d und zwischen der Aphelbewegung des
Mars eine vollkommene, nicht eine verminderte Mollterz über einer Doppeloktav besteht, so folgt, daß Mars mit seiner Aphelbewegung eine Stufe
bezeichnet, die um ein Komma höher ist als die echte Stufe f; er wird also
nur die unechte Stufe f einnehmen und paßt daher nicht vollkommen,
sondern nur bis zu einem gewissen Grad zu dieser Tonleiter. An einer
Gesamtharmonie aber, mag sie rein oder unecht sein, nimmt er nicht teil.

---

* [Die ausgelassene Passage betrifft einen Zusatz zu dem hier nicht mit abgedruckten III.
  Buch.]

Denn die Perihelbewegung der Venus nimmt in dieser Stimmung die Stufe *e* ein. Zwischen *e* und *f* aber besteht eine Dissonanz wegen der großen Nähe dieser Töne. Es dissoniert also Mars mit der Perihelbewegung eines einzigen Planeten, nämlich mit der der Venus. Er dissoniert aber auch mit den übrigen Bewegungen der Venus. Denn diese werden um ein Komma weniger als um eine Diesis schwächer. Da nun zwischen der Perihelbewegung der Venus und der Aphelbewegung des Mars ein Halbton plus einem Komma liegt, so wird zwischen der Aphelbewegung der Venus und der Aphelbewegung des Mars ein Halbton plus einer Diesis liegen (unter Vernachlässigung der Oktaven), das ist aber ein kleiner Ganzton, der immer noch ein dissonantes Intervall ist. Die Aphelbewegung des Mars fügt sich aber nur in die Molltonleiter ein, nicht auch in die Durtonleiter. Denn da die Aphelbewegung der Venus mit dem *e* der Durtonleiter übereinstimmt, die Aphelbewegung des Mars aber (unter Vernachlässigung der Oktaven) höher ist als *e* um einen kleinen Ganzton, würde die Aphelbewegung des Mars in dieser Stimmung notwendig zwischen *f* und *fp* liegen, indem sie mit der Stufe *g* (die die Aphelbewegung der Erde in dieser Stimmung einnimmt) das Intervall $25/27$ bildet, das durchaus unmelodisch, nämlich gleich einem großen Ganzton minus einer Diesis ist.

Auf dieselbe Weise wird bewiesen, daß die Aphelbewegung des Mars auch von den Bewegungen der Erde abweicht. Denn da sie, wie wir gesagt haben, mit der Perihelbewegung der Venus einen Halbton plus einem Komma ausmacht, das ist $14/15$, die Perihelbewegungen von Erde und Venus aber nach Satz XXVII eine Mollsext $5/8$ oder $15/24$ bilden, so wird die Aphelbewegung des Mars mit der Perihelbewegung der Erde (außer den Oktaven) das Intervall $14/24$ oder $7/12$ bilden, das unmelodisch, geschweige denn harmonisch ist, sowenig [352] wie $7/6$. Denn dissonant und unmelodisch ist alles, was zwischen $5/6$ und $8/9$ liegt, was hier für $6/7$ der Fall ist. Es kann aber auch keine andere Bewegung der Erde mit der Aphelbewegung des Mars konsonieren. Denn oben ist gesagt worden, daß diese mit der Aphelbewegung der Erde (unter Vernachlässigung der Oktaven) das unmelodische Intervall $25/27$ bildet. Nun aber sind alle Intervalle von $6/7$ oder $24/28$ bis $25/27$ kleiner als das kleinste harmonische Intervall.

XLIV. Zusatz

Es erhellt somit aus dem vorausgehenden Satz XLIII betreffs Jupiter und Mars, aus Satz XXXIX betreffs Saturn und Jupiter, aus Satz XXXVI betreffs Jupiter und Erde und aus Satz XXXII betreffs Saturn, warum wir oben im V. Kapitel von den extremen Bewegungen feststellen mußten, daß weder alle sich ganz vollkommen in ein einziges natürliches System oder eine einzige Tonleiter einfügen, noch alle jene, die sich in ein System von gleicher Stimmung einfügen, dessen Stufen in einem natürlichen Verhältnis teilen oder eine rein natürliche Aufeinanderfolge melodischer Intervalle bilden. Denn es gehen die Ursachen voran, die den einzelnen Planeten ihre Harmonien, sodann ihrer Gesamtheit die Gesamtharmonien und schließlich den Gesamtharmonien die beiden Tongeschlechter Dur und Moll zuteilten. Ist dies alles festgesetzt, so zeigt sich nun die Unmöglichkeit einer durchgängigen Einfügung in ein einziges natürliches System. Wären jene Ursachen nicht notwendigerweise vorausgegangen, so ist es nicht zweifelhaft, daß entweder ein einziges System und eine einzige Stimmung die extremen Bewegungen aller Planeten umfaßt hätte, oder aber, falls zwei Systeme notwendig gewesen wären entsprechend den beiden Tongeschlechtern Dur und Moll, nicht nur in dem einen System vom Durgeschlecht, sondern auch im anderen vom Mollgeschlecht die Ordnung der natürlichen Tonleiter vollkommen zum Ausdruck gelangt wäre. Man hat also hier die in dem genannten Kapitel V versprochenen Ursachen für die Abweichungen in kleinsten Intervallen, die kleiner sind als alle melodischen Intervalle.

XLV. Satz

Zu der gemeinsamen großen Proportion von Venus und Merkur im Betrag von zwei Oktaven sowie zu der Eigenproportion des Merkurs muß zu den Beträgen, die für diese beiden Proportionen oben in unserer ersten Schlußreihe nach Satz XII und XVI festgesetzt worden sind, ein Intervall gleich dem Eigenintervall der Venus hinzukommen, so daß die Eigenproportion des Merkurs genau $5/12$ wurde und so Merkur mit seinen beiden Bewegungen einzig mit der Perihelbewegung der Venus konsoniert.

Denn da die Aphelbewegung des Saturns, des äußersten, seiner Figur umbeschriebenen und höchsten Planeten mit der Aphelbewegung, das heißt der höchsten Bewegung der Erde, die die Trennung der Figurenklassen bewirkt, zusammen stimmen mußte, folgt nach den Gesetzen des Kontrasts, daß die Perihelbewegung des Merkurs, des innersten, seiner Figur einbeschriebenen und untersten und sonnennächsten Planeten mit der Perihelbewegung, das heißt der untersten Bewegung der Erde, der gemeinsamen Grenze, im Einklang steht; und zwar mußten die beiden letzteren Bewegungen das Mollgeschlecht bezeichnen, da die beiden ersteren nach dem Durgeschlecht zusammenstimmen, nach Satz XXXIII und XXXIV. Die Perihelbewegung der Venus aber mußte mit der Perihelbewegung der Erde in der Harmonie $5/8$ konsonieren, nach Satz XXVII. Also mußte auch die Perihelbewegung des Merkurs mit der Perihelbewegung der Venus auf die gleiche Tonleiter abgestimmt werden. Es war aber [353] in Satz XII der ersten Reihe von Schlüssen war aber die Harmonie der divergenten Bewegungen von Venus und Merkur gleich $1/4$ festgesetzt worden. Diese Harmonie mußte nun wegen dieser nachfolgenden Gründe durch Aufnahme eines ganzen Venusintervalls aufgebläht werden. Die vollkommene Doppeloktav besteht also nicht mehr von der Aphelbewegung, sondern von der Perihelbewegung der Venus bis zur Perihelbewegung des Merkurs. Nun aber ist auch die Harmonie der konvergenten Bewegung vollkommen gleich $3/5$ nach Satz XV. Zieht man diese von $1/4$ ab, so bleibt für den Merkur allein als Eigenproportion die ebenfalls vollkommene Harmonie $5/12$ übrig, die nun nicht mehr (wie nach Satz XVI aufgrund der ersten Schlußreihe) um die Eigenproportion der Venus verkürzt ist.

Eine andere Begründung. Wie außerhalb nur Saturn und Jupiter in keiner Weise von dem Figurenpaar Dodekaëder und Ikosaëder berührt werden, so wird innerhalb nur Merkur nicht von diesen Figuren berührt; denn diese berühren Mars, Erde und Venus, den ersten innen, die letzte außen, die mittlere beiderseits. Wie nun zu den Eigenproportionen der Bewegungen von Saturn und Jupiter, welche durch den Würfel und das Tetraëder gestützt werden, in gleichen Teilbeträgen die Eigenproportion der Venus hinzugefügt worden ist, so mußte nun zur Eigenproportion von Merkur allein, welcher vom Oktaëder, dem Genossen von Würfel und Tetraëder, umschlossen wird, ebensoviel hinzukommen. Denn wie das Oktaëder als einzige Figur unter den sekundären zwei unter den primären, den Würfel und das Tetraëder, vertritt (worüber man im I. Kapitel Näheres findet), so tritt auch unter den unteren Planeten der einzige Merkur an die Stelle von zweien unter den oberen, von Saturn und Jupiter.

Drittens. Wie der oberste Saturn mit seiner Aphelbewegung über einige Oktaven hin, das heißt in der stetig doppelten Proportion $1/32$ mit der Aphelbewegung des höheren und ihm näheren der beiden Planeten, die das Harmoniegeschlecht wechseln, zusammenstimmen mußte (nach Satz XXXI), so mußte umgekehrt der unterste Merkur mit seiner Perihelbewegung ebenfalls über einige Oktaven hin, das heißt in der ebenfalls stetigen Proportion ¼ mit der Perihelbewegung des niedereren und ihm gleichfalls näheren der beiden Planeten, die das Harmoniegeschlecht wechseln, im Einklang stehen. Viertens. Da von den oberen drei Planeten Saturn, Jupiter und Mars je nur eine der extremen Bewegungen bei den Gesamtharmonien mitwirken, so mußten von dem unteren einzigen Merkur beide extremen Bewegungen an diesen teilhaben. Denn die mittleren Planeten Erde und Venus mußten ja das Harmoniegeschlecht wechseln, nach Satz XXXIII und XXXIV. Schließlich sind, wie wir gesehen haben, bei den drei oberen Planeten paarweise vollkommene Harmonien aufgetreten zwischen den konvergenten, aufgeblähte Harmonien bei einem Teil der divergenten Bewegungen; die Eigenharmonien dieser Planeten waren alle aufgebläht. Daher durften umgekehrt bei den beiden unteren Planeten paarweise nicht so fast zwischen den konvergenten oder divergenten Bewegungen vollkommene Harmonien sich finden lassen, als vielmehr zwischen gleichsinnigen. Und da der Erde und Venus zwei vollkommene gebührten, gebührten auch Venus und Merkur zwei vollkommene. Die beiden ersteren hatten je zwischen dem Paar der Aphelbewegungen und dem der Perihelbewegungen vollkommene Harmonien erhalten müssen, da sie ja das Harmoniegeschlecht wechseln mußten. Venus und Merkur aber, die das Harmoniegeschlecht nicht wechseln, verlangten daher auch nicht vollkommene Harmonien zwischen dem Paar der Aphelbewegungen und dem der Perihelbewegungen; es trat vielmehr an die Stelle der vollkommenen Harmonie der Aphelbewegungen, die ja bereits aufgebläht war, eine vollkommene Harmonie der konvergenten Bewegungen. Wie also Venus, der obere der unteren Planeten, nach Satz XXVIII von allen Eigenproportionen die kleinste besitzt, Merkur aber, der untere der unteren, nach Satz XXX die größte, so war nun auch die Eigenproportion der Venus unter allen am unvollkommensten [354] und am weitesten von einer Harmonie entfernt, die Eigenproportion des Merkur aber am vollkommensten, das heißt eine absolute Harmonie ohne Aufblähung. So sind schließlich überall die Verhältnisse einander gerade entgegengesetzt.

In dieser Weise hat die Wunderwerke seiner Weisheit geschmückt er, der vor aller Zeit und in alle Ewigkeit ist. Nirgends ist etwas zuviel, nirgends etwas zu wenig da; nirgends ist ein Angriffspunkt für die Kritik. Wie lieblich sind seine Werke usw.! Alles ist gedoppelt; eines steht dem anderen gegenüber. Zu keinem fehlt das Gegenbild. Einem jeden hat er seine Vorzüge (Schmuck und Zier) sicher zugeteilt (durch beste Gründe festgesetzt), und wer bekommt je genug in der Betrachtung ihrer Herrlichkeit!

XLVI. Axiom

Die Einschaltung der räumlichen Figuren zwischen die Planetensphären muß sich, wenn sie frei und nicht durch die zwangsläufigen Erfordernisse der vorausgehenden Ursachen behindert ist, in ihrer Vollkommenheit an die entsprechenden Verhältnisse beim geometrischen Ein- und Umbeschreiben halten und somit die Eigenschaften der Proportion der einbeschriebenen zu den umbeschriebenen Sphären beachten.

Denn nichts ist naturgemäßer, als daß die physische Einbeschreibung die geometrische, das heißt gleichsam das Werk sein Urbild, genau darstellt.

XLVII. Satz

Wenn die Einbeschreibung der Figuren zwischen die Planeten frei war, so mußte das Tetraëder oben mit seinen Ecken die Perihelsphäre des Jupiters, unten mit den Mittelpunkten seiner Seitenflächen die Aphelsphäre des Mars je genau berühren. Der Würfel aber und das Oktaëder, die mit ihren Ecken in den Perihelsphären ihrer Planeten stehen, mußten mit den Mittelpunkten ihrer Seitenflächen die Sphären der zugehörigen inneren Planeten durchdringen, so daß diese Mittelpunkte innerhalb dieser Sphären, und zwar sowohl je der Aphel- als auch der Perihelsphäre, liegen. Das Dodekaëder und Ikosaëder dagegen, die nach außen zu mit ihren Ecken die Perihelsphären ihrer Planeten streifen, durften mit den Mittelpunkten ihrer Seitenflächen die Aphelsphären ihrer inneren Planeten nicht genau erreichen. Schließlich mußte der Dodekaëder-Igel, der mit seinen Ecken in der Perihelsphäre des Mars steht, mit den Mittelpunkten seiner einwärtigen Kanten, welche je die Grenze zwischen zwei Zacken bilden, ganz nahe an die Aphelsphäre der Venus herankommen.

Denn das Tetraëder ist seiner Entstehung und seiner Lage in der Welt nach die mittlere unter den primären Figuren. Wenn daher kein Hindernis vorlag, mußte es die beiden Bereiche von Jupiter und Mars in gleicher Weise auseinanderhalten. Da nun der Würfel oberhalb und außerhalb dieser Bereiche, das Dodekaëder unterhalb und innerhalb liegt, so war es angezeigt, daß die Einschaltung dieser Figuren gegensätzliche Eigenschaften aufwies, zwischen denen das Tetraëder die Mitte hielt. Die eine Figur mußte zu weit gehen, die andere abstehen; das heißt: die eine mußte ihre innere Sphäre bis zu einem gewissen Grad durchdringen, die andere durfte ihre innere Sphäre nicht erreichen. Und da das Oktaëder zum Würfel verwandt ist, insofern es dieselbe Proportion der Kugeln besitzt, das Ikosaëder zum Dodekaëder, gebührte dem Oktaëder das, was der Würfel bei seiner Einbeschreibung an [355] Vollkommenheit an sich hat, und dem Ikosaëder das, was das Dodekaëder an Vollkommenheit besitzt. Auch der Lage nach entspricht das Oktaëder dem Würfel, das Ikosaëder aber dem Dodekaëder. Denn wie der Würfel die Grenzlage nach außen in der Welt einnimmt, so das Oktaëder nach innen; Dodekaëder und Ikosaëder aber liegen in der Mitte. Es mußte daher auch die Art der Einbeschreibung eine entsprechende sein; im einen Falle mußte eine Durchdringung der inneren Planetensphären stattfinden, im anderen Fall durften dagegen die zugehörigen inneren Planetensphären nicht erreicht werden. Der Igel aber, der mit seinen vorspringenden Ecken ein Ikosaëder und mit den Grundflächen der Zacken ein Dodekaëder darstellt, mußte entsprechend die beiden Bereiche, den zwischen Mars und Erde, der dem Dodekaëder zugeteilt ist, sowie den zwischen Erde und Venus, der dem Ikosaëder zugeteilt ist, ausfüllen, umfassen oder festsetzen. Wie die beiden Fälle der Einschaltung auf die beiden Figurenpaare zu verteilen sind, wird durch das vorausgehende Axiom geklärt. Das Tetraëder, das eine aussprechbare einbeschriebene Kugel besitzt, hat nämlich den mittleren Platz erhalten zwischen den primären Figuren; es ist beiderseits umgeben von Figuren mit inkommensurablen Kugeln, außen vom Würfel, innen vom Dodekaëder, nach Kapitel I dieses Buches. Die geometrische Eigenschaft der Aussprechbarkeit der einbeschriebenen Kugel bedeutet aber in der Natur eine vollkommene Einbeschreibung der Planetensphäre. Der Würfel und sein Genosse haben einbeschriebene Kugeln, die wenigstens halbaussprechbar, das heißt nur in Potenz aussprechbar sind; sie müssen also eine halbvollkommene Einbeschreibung darstellen, bei der wenn auch nicht das Äußere der Planetensphäre, so doch wenigstens etwas in ihr, zumal die Mitte zwischen der Aphel- und der Perihelsphäre, von den Mittelpunkten der Seitenflächen der Figur berührt wird, falls dies die anderen Gründe zulassen. Das Dodekaëder dagegen und sein Genosse besitzen einbeschriebene Kugeln, die völlig unaussprechbar sind, in Länge wie in Potenz. Sie müssen daher eine völlig unvollkommene Einbeschreibung

darstellen, das heißt eine solche, bei der die Mittelpunkte der Seitenflächen keinen Teil der Planetensphäre berühren, also von ihr abstehen
und nicht ganz bis zu der Aphelsphäre des Planeten reichen. Der Igel ist
zum Dodekaëder und seinem Genossen verwandt; er hat aber auch etwas
Verwandtes mit dem Tetraëder. Denn der Radius der Kugel, die die einwärtigen Kanten berührt, ist zwar inkommensurabel zum Radius der umbeschriebenen Kugel, aber kommensurabel in Länge zum Abstand zweier
benachbarter Ecken. Daher ist seine Vollkommenheit der Kommensurabilität der Radien ungefähr die gleiche wie beim Tetraëder, die Unvollkommenheit in anderer Hinicht die gleiche wie beim Dodekaëder und seinem
Genossen. Es ist daher angemessen, ihm eine physische Einbeschreibung
zuzuteilen, die weder rein tetraedrisch noch rein dodekaedrisch ist, sondern dazwischen liegt. Da das Tetraëder mit seinen Seitenflächen die
Oberfläche der Sphäre berühren mußte, das Dodekaëder aber sie bis auf
eine gewisse Entfernung nicht erreichte, so muß nun diese stachlige Figur
mit ihren einwärtigen Kanten in dem Raum zwischen dem Ikosaëder und
der Außenfläche der diesem einbeschriebenen Sphäre stehen und ganz
nahe an diese Außenfläche herankommen, wenn sie in die Gesellschaft
der übrigen fünf regulären Figuren aufgenommen werden sollte und die
genannten Gesetzmäßigkeiten mit den feststehenden Gesetzmäßigkeiten
der fünf Figuren verträglich waren. Doch was sage ich: verträglich waren!
Diese Figuren konnten die Gesetzmäßigkeiten des Igels gar nicht entbehren. Denn wenn zu dem Dodekaëder eine laxe Einbeschreibung gehörte,
bei der es nicht bis zur Berührung kommt, was anders konnte diese Unbe-
stimmtheit in bestimmte Grenzen einschließen als diese Hilfsfigur, die zu
dem Dodekaëder und Ikasaëder verwandt ist, bei deren Einschaltung es
nahezu zur Berührung kommt und der Fehlbetrag (falls doch etwas fehlt)
nicht größer ist als derjenige, um den das Tetraëder über seine Sphäre
hinaussteht und sie durchdringt. Von diesem Betrag werden wir sogleich
im folgenden reden.

[356] Daß die Hinzunahme des Igels zu den zwei verwandten Figuren
als eine Ursache zu betrachten ist (um nämlich die Proportion der Sphären des Mars und der Venus zu bestimmen, die diese Figuren unbestimmt
lassen), wird sehr wahrscheinlich gemacht durch die Bemerkung, daß der
Halbmesser 1000 der Erdsphäre nahezu proportional in der Mitte liegt
zwischen der Perihelsphäre des Mars und der Aphelsphäre der Venus, wie
wenn der Raum, den der Igel für die verwandten Figuren erfordert, zwi-

schen diesen beiden einander ähnlichen Figuren proportional aufgeteilt werden soll.

XLVIII. Satz

Die Einschaltung der regulären räumlichen Figuren zwischen die Planetensphären war nicht völlig frei; sie wurde um sehr kleine Beträge durch die zwischen den extremen Bewegungen festgesetzten Harmonien behindert.

Denn nach den Axiomen in I und II durfte die Proportion der Sphären einer Figur nicht selber um ihrer selbst willen unmittelbar ausgedrückt werden, es waren vielmehr mit ihrer Hilfe zuerst die mit den Proportionen der Sphären nahe verwandten Harmonien aufzusuchen und den extremen Bewegungen anzupassen.

Damit sodann nach den Axiomen in XVIII und XX Gesamtharmonien beider Tongeschlechter bestehen konnten, mußten bei den einzelnen Planetenpaaren zu den großen Harmonien kleine Beträge hinzugefügt werden nach Maßgabe der Gründe in unserer zweiten Reihe. Damit nun diese Harmonien aufgrund der ihnen im besonderen zukommenden Gründe bestehen konnten, forderten die im III. Kapitel auseinandergesetzten Bewegungsgesetze Abstände, die sich um ein kleines von denen unterscheiden, die eine vollkommene Einschaltung der Figuren zwischen die Sphären liefern. Um dies zu beweisen und um klarzumachen, wieviel den einzelnen Figuren seitens der durch eigene Gründe festgesetzten Harmonien Abbruch geschieht, wollen wir aus den Harmonien die Abstände der Planeten von der Sonne berechnen, nach einem neuen Verfahren, das zuvor noch von niemand versucht worden ist.

Unsere Untersuchung zerfällt in drei Teile. Erstens werden aus den beiden extremen Bewegungen eines jeden Planeten seine extremen Abstände von der Sonne bestimmt, daraus der Halbmesser der Bahn in dem jedem einzelnen Planeten zukommenden Maßstab der extremen Abstände. Zweitens werden ebenfalls aus den extremen Bewegungen in einem allen Planeten gemeinsamen Maßstab die mittleren Bewegungen und deren Proportion bestimmt. Drittens wird aus der nunmehr bekannten Proportion der mittleren Bewegungen die Proportion der Bahnen oder der mittleren Abstände von der Sonne aufgesucht und damit auch die Proportion der extremen Abstände. Diese wird sodann mit den Figurenproportionen verglichen.

Was den ersten Teil der Rechnung anlangt, so ist aus Kapitel III Nr. 6 zu wiederholen, daß die Proportion der extremen Bewegungen das Doppelte der umgekehrten Proportion der entsprechenden Abstände von der Sonne ist. Da nun auch die Proportion von Quadraten das Doppelte der Proportion ihrer Seiten ist, so kann man die Zahlen, durch die die extremen Bewegungen der einzelnen Planeten ausgedrückt werden, als Quadrate betrachten, und die Wurzeln daraus ergeben die extremen Abstände; aus diesen bildet man leicht das arithmetische Mittel und erhält die Sphärenhalbmesser und die Exzentrizitäten. Die im bisherigen aufgestellten Harmonien liefern demnach folgende Werte:

[357]

Planeten	Proportion der Bewegungen	Wurzeln hieraus (auf mehrere Stellen berechnet oder aus einem Vielfachen genommen)	Halbmesser der Bahn	Exzentrizität	Im Bahnhalbmesser = 100 000
Saturn (nach Satz XXXVIII)	64 / 81	80 / 90	85	5	5882
Jupiter (nach Satz XXXVIII)	6561 / 8000	81 000 / 89 444	85 222	4222	4954
Mars (nach Satz XLI)	25 / 36	50 / 60	55	5	9091
Erde (nach Satz XXVIII)	2916 / 3125	93 531 / 96 825	95 178	1647	1730
Venus (nach Satz XXVIII)	243 / 250	9859 / 10 000	99 295	705	710
Merkur (nach Satz XLV)	5 / 12	63 250 / 98 000	80 625	17 375	21 551

Zum zweiten Teil unseres Vorhabens benötigen wir Nr. 12 des III. Kapitels. Daselbst ist gezeigt worden, daß die Zahl, die die mittlere Bewegung im Verhältnis zu den extremen ausdrückt, kleiner ist als deren arithmetisches Mittel, kleiner auch als ihr geometrisches Mittel, und zwar um die Hälfte des Unterschieds der beiden Mittel. Und da wir alle mittleren Bewegungen im gleichen Maß bestimmen wollen, werden alle bisher festgesetzten Proportionen, sowohl die zwischen je zwei Planeten als auch die Eigenproportionen eines jeden, in dem Maß der kleinsten gemeinsamen teilbaren Zahl dargestellt. Dann bestimmt man das arithmetische Mittel durch die Halbierung [358] der Differenz der extremen Bewegungen eines jeden Planeten und das geometrische Mittel, indem man die eine

extreme Bewegung mit der anderen multipliziert und aus dem Produkt
die Wurzel auszieht. Wenn man dann die Hälfte der Differenz dieser Mittel vom geometrischen Mittel abzieht, erhält man die Zahl der mittleren
Bewegung in dem eigenen Maß der extremen Bewegungen eines jeden
Planeten; dieses Maß läßt sich dann nach der Proportionenregel leicht in
das gemeinsame Maß überführen.

[noch 357]

Harmonische Proportion zwischen je zweien			Zahlen für die extremen Bewegungen		Eigen-propor-tionen	Mittel zwischen den Eigenbewegungen		Halbe Diffe-renz	Mittlere Bewegung im	
						Arithmetisch	Geometrisch		eigenen	gemeinsamen
									Maß	
1			♄	139968	64	72.50	72.00	25	71.75	156917
	1		♄	177147	81					
	2		♃	354294	6561	7280.5	7244.9	178	7227.1	390263
	5		♃	432000	8000					
	24		♂	2073600	25	30.50	30.00	25	29.75	2467584
	2		♂	2985984	36					
32	3		E.	4478976	2916	3020.500	3018.692	904	3017.788	4635322
		5	E.	4800000	3125					
		5	♀	7464960	243	246.500	246.475	125	246.4625	7571328
1	3	8	♀	7680000	250					
		5	☿	12800000	5	8.500	7.746	377	7.369	18864680
4			☿	30720000	12					

(Die Ziffern nach den Punkten beziehen sich auf die genaue Bestimmung der Zahlen in Zehntelteilen.)

[Noch 358] Damit sind also aus den vorgeschriebenen Harmonien die
Proportionen der mittleren täglichen Bewegungen gefunden, das heißt
die Proportionen, die zwischen den Anzahlen der Grade, Minuten usw.
bei den einzelnen Planeten auftreten. Wie nahe diese Proportionen den
astronomischen Tatsachen entsprechen, läßt sich leicht ermitteln.

Der dritte Teil unserer Aufgabe benötigt Nr. 8 des III. Kapitels. Denn
nachdem die Proportionen der mittleren täglichen Bewegungen gefunden
sind, muß man nun auch die Proportionen der Sphären aufsuchen. Die
Proportion der mittleren Bewegungen ist nämlich gleich der anderthalbfachen umgekehrten Proportion der Sphären. Nun aber ist auch die Proportion der Kubikzahlen gleich dem Anderthalbfachen der Proportion der
Quadratzahlen, die in der Tafel des CLAVIUS, welche er seiner *Geometria
Practica* beigefügt hat, neben die entsprechenden Wurzeln gesetzt sind.
Wenn man also unsere Zahlen für die mittleren Bewegungen (abgekürzt,
wenn es nötig ist, mit der gleichen Ziffernzahl) unter den Kubikzahlen

dieser Tafel aufsucht, so liefern sie links unter der Überschrift »Quadrat-zahlen« die Zahlen für die Proportion der Sphären. Sodann werden die Exzentrizitäten, die oben für jeden Planeten in dem diesem eigenen Maß seiner Halbmesser angegeben sind, leicht mit Hilfe der Proportionenregel auf ein gemeinsames Maß umgerechnet, so daß man durch Addition oder Subtraktion aus den Sphärenhalbmessern die extremen Abstände der einzelnen Planeten von der Sonne erhält. Wir werden aber hierbei dem Halbmesser der Erdbahn das runde Maß 100 000 geben, wie es in der Astronomie gebräuchlich ist, und zwar deswegen, weil diese Zahl ins Qua-drat oder in die dritte Potenz erhoben immer aus lauter Nullen besteht. Entsprechend werden wir auch die mittlere Bewegung der Erde durch die Zahl 1 000 000 000 bezeichnen, und mit Hilfe der Proportionenregel dafür sorgen, daß sich 1 000 000 000 zu der neuen Maßzahl verhält wie die Zahl der mittleren Bewegung eines Planeten zur Zahl der mittleren Bewegung der Erde. Auf diese Weise kann die Aufgabe mit nur fünf Ku-bikwurzeln ausgeführt werden, indem man jene Zahlen einzig mit der Zahl für die Erde vergleicht.

Zahlen aus den mittleren Bewegungen		Proportionen der Bahnen (aus den Quadrat-zahlen entnommen)	Halb-messer wie oben	Exzentrizität		Extreme Abstände	
Früheres Maß	Reziproker Wert des neuen Maßes (bei den Kubik-zahlen aufzusuchen)			Eigenes Maß wie oben	Gemein-sames Maß	Aphel	Perihel
♄ 156 917	29 539 960	9 556	85	5	562	10 118	8 994
♃ 390 263	11 877 400	5 206	85 222	4 222	258	5 464	4 948
♂ 2 467 584	1 878 483	1 523	55	5	138	1 661	1 384
E. 4 635 322	1 000 000	1 000	95 178	1 647	17	1 017	983
♀ 7 571 328	612 220	721	99 295	705	5	726	716
☿ 18 864 680	245 714	392	80 625	17 375	85	476	308

[359] Es zeigt sich in den letzten zwei Kolumnen, welche Zahlen sich für die konvergenten Intervalle der Abstände je zweier Planeten ergeben. Die Zahlen kommen ganz nahe an die Abstände heran, die ich aus den Tychonischen Beobachtungen ermittelt habe [vgl. Kapitel IV]. Nur beim Merkur zeigt sich ein leichter Unterschied. Die Astronomie scheint ihm die Abstände 470, 388, 306 zuteilen zu müssen, die alle kürzer sind. Die Ursache für diese Unstimmigkeit scheint entweder in der geringen Zahl der Beobachtungen oder in der Größe der Exzentrizität zu liegen. Siehe Kapitel III. Doch ich eile zum Schluß meiner Rechnung.

Es ist jetzt leicht, die Proportionen der Figurenkugeln mit den Proportionen der konvergenten Abstände zu vergleichen:

Setzt man für den Halbmesser der umbeschriebenen Kugel statt 100000 den Wert		so wird der Halbmesser der einbeschriebenen Kugel		Nach den Harmonien sind dagegen die		
		statt	gleich	Abstände		gleich
Im Würfel	8994 ♄	57735	5194	mittlerer	♃	5206
Im Tetraëder	4948 ♃	33333	1649	Aphel	♂	1661
Im Dodekaëder	1384 ♂	79465	1100	Aphel	E.	1018
Im Ikosaëder	983 E.	79465	781	Aphel	♀	726
Im Igel	1384 ♂	52573	728	Aphel	♀	726
Im Oktaëder	716 ♀	57735	413	mittlerer	☿	392
Im Oktaëderquadrat	716 ♀	70711	506	Aphel	☿	476
oder	476 ☿	70711	336	Perihel	☿	308

Die Seitenflächen des Würfels reichen also ein wenig unter den mittleren Jupiterabstand herab; die Seitenflächen des Oktaëders reichen dagegen nicht ganz bis zum mittleren Merkurabstand herab. Die Seitenflächen des Tetraëders liegen etwas tiefer als die Außenfläche der Marssphäre, die Kanten des Igels etwas höher als die Außenfläche der Venussphäre. Die Seitenflächen des Dodekaëders jedoch stehen weit ab von der Aphelsphäre der Erde, ebenso auch (und fast proportional) die Seitenflächen des Ikosaëders von der Aphelsphäre der Venus. Das Oktaëderquadrat schließlich ist ganz ungeeignet, und nicht mit Unrecht. Denn was tun ebene Figuren unter den räumlichen? Man sieht also: wenn die Abstände der Planeten aus den harmonischen Proportionen der Bewegungen, wie sie im vorausgehenden dargelegt worden sind, abgeleitet werden, so müssen sie notwendig so groß ausfallen, wie es diese Proportionen gestatten, nicht aber wie es durch die in Satz XLV aufgestellten Einschaltungsgesetze gefordert wird. Denn dieser »geometrische Kosmos« einer vollkommenen Einschaltung hatte keinen Platz mehr neben dem anderen »möglichst harmonischen Kosmos«, von dem Galenos an der im Titel dieses V. Buches angeführten Stelle spricht. Das mußte zur Erläuterung des oben aufgestellten Satzes durch zahlenmäßige Rechnung bewiesen werden.

Einen Punkt möchte ich hierbei nicht verschweigen. Wenn ich die Harmonie der konvergenten Bewegungen von Venus und Merkur um die Eigenproportion der Venus vergrößere und dementsprechend die Eigenproportion des Merkurs um denselben Betrag verringere, dann ergeben sich mir nach meinem Rechenverfahren die Abstände zwischen Merkur und Sonne gleich 469, 388, 307. Das sind Werte, die sehr genau mit den Ergebnissen der Astronomie übereinstimmen. Allein fürs erste kann ich diese Verkürzung nicht mit harmonischen Gründen vertreten. Denn die Aphelbewegung des Merkurs würde zu keiner der beiden Tonleitern passen; auch würde bei den zueinander entgegengesetzt liegenden Planeten [360] das Gesetz des Kontrastes aller Verhältnisse nicht voll eingehalten. Sodann würde die mittlere tägliche Bewegung des Merkurs zu groß, also die Umlaufzeit, die unter allen astronomischen Ergebnissen am sichersten feststeht, zu sehr verkürzt. Daher bleibe ich bei meinem harmonischen Gefüge der Bewegungen, so wie ich es hier angenommen und im IX. Kapitel sicher begründet habe. Ich möchte jedoch mit diesem Beispiel euch alle aufrufen, Kenner der Mathematik und erfahrene Freunde der höchsten Philosophie, die ihr an die Lektüre dieses Buches geratet. Wohlan, seid unternehmend! Stoßt auch nur eine einzige der Harmonien, die ich allerorts angesetzt habe, um, vertauscht sie mit einer andern und probiert, ob ihr an die im IV. Kapitel angeführten Ergebnisse der astronomischen Forschung ebenso nahe herankommt. Suchet nach Gründen, mit denen ihr ein den Himmelsbewegungen besser entsprechendes System aufbauen und die von mir aufgestellte Anordnung teilweise oder ganz einreißen könnt. Was immer zur Ehre des Schöpfers, unseres Herrn, gereicht, das möge euch mit diesem meinem Buch verstattet sein. Habe ich mir doch selber bis zu dieser Stunde die Freiheit genommen, da und dort etwas zu ändern, wenn ich entdecken mußte, daß ich tagszuvor aus Lässigkeit oder Übereifer falsch überlegt hatte.

XLIX. Schlußsatz

Es war gut, daß die räumlichen Figuren bei der Bildung der Abstände gegenüber den harmonischen Verhältnissen und die großen Harmonien je zweier Planeten gegenüber den Gesamtharmonien aller nachgeben mußten, soweit dies nötig war.

Es ist ein schöner Zufall, daß wir gerade zu dem Quadrat 49 der Siebenzahl gelangt sind, so daß gleichsam ein Sabbat folgt, nachdem wir volle sechs mal acht Sätze über das Werk des Himmels vorausgeschickt haben. Mit Recht habe ich auch zu einem Schlußsatz gemacht, was mit den Axiomen hätte vorausgeschickt werden können. Denn auch Gott, nachdem er das Werk der Schöpfung vollbracht hatte, »sah alles, was er gemacht hatte, und siehe, es war sehr gut« [*Genesis* I, 31].

Unser Schlußsatz enthält zwei Glieder. Der erste Teil, der sich auf die Harmonien im allgemeinen bezieht, läßt sich folgendermaßen beweisen. Daß man da, wo eine Wahl besteht zwischen verschiedenen Dingen, die nicht völlig miteinander verträglich sind, dem den Vorzug geben muß, was den Vorrang hat, und das, was von niedrigerem Rang ist, nachgeben läßt, soweit es nötig ist, das wird offenbar schon durch das Wort Kosmos, das Schmuck bedeutet, bestätigt. Im gleichen Maß nun aber, in dem das Leben vor dem Körper, die Form vor der Materie den Vorrang hat, hat der harmonische Schmuck vor dem einfachen geometrischen den Vorrang.

Denn wie es das Leben ist, das die Körper der Lebewesen vollkommen ausbildet, weil diese zum Leben geboren sind (dies folgt aus dem Urbild der Welt, das Gottes Wesenheit selber ist), so ist es die Bewegung, welche den den Planeten zugeteilten Bereichen ihr Maß gibt, jedem das seine, weil dem Gestirn deswegen sein Bereich zugewiesen wurde, damit es sich bewegen kann. Nun aber beziehen sich die fünf räumlichen Figuren, der Wortbedeutung nach, auf die Raumausdehnung der Bereiche, auf deren Zahl wie auf die Zahl der Planetenkörper; die Harmonien aber beziehen sich auf die Bewegungen. Ein weiterer Punkt: wie die Materie an sich diffus und unbestimmt ist, die Form aber bestimmt und geschlossen ist und der Materie Grenzen gibt, so gibt es auch der geometrischen Proportionen unbestimmt viele, der Harmonien aber nur wenige. Wohl werden die geometrischen [361] Proportionen nach bestimmten Graden definiert, gebildet und eingeschränkt, und es kann nicht mehr als drei Grade geben bei der Zuordnung der Sphären zu den regulären Figuren. Allein auch diese Proportionen haben mit allen übrigen das gemein, daß unendlich viele Teilungen der Quantitäten als möglich vorausgesetzt werden; ja dies tritt in gewisser Weise aktual in Erscheinung bei jenen Proportionen, deren Bezugsglieder inkommensurabel sind. Die harmonischen Proportionen dagegen sind alle aussprechbar, bei allen sind die Glieder kommensurabel und einer wohlbestimmten Art von ebenen Figuren entnommen. Die unendliche Teilungsmöglichkeit aber repräsentiert die Materie, die Kommensurabilität oder Aussprechbarkeit der Glieder die Form. Wie also die Materie nach der Form, der rohe Stein geeigneter Größe nach dem Bild des menschlichen Körpers verlangt, so die figürlichen geometrischen Proportionen nach den Harmonien. Nicht daß diese von jenen gestaltet und gebildet werden. Nein, sondern weil diese Materie zu dieser Form, diese Größe des Steins zu diesem Bild, diese Figurenproportion zu dieser

Harmonie am besten paßt, findet eine Steigerung der Gestaltung und Bildung statt, der Materie durch ihre Form, des Steins durch seine Ausmeißlung nach der Gestalt eines Lebewesens, der Proportion der Figurenkugeln aber durch ihre, das heißt der ihr verwandten und angemessenen Harmonie.

Das bisher Gesagte wird klarer aus der Entstehungsgeschichte meiner Entdeckungen. Als ich vor 24 Jahren auf diese Betrachtung verfiel, habe ich zuerst untersucht, ob die einzelnen Planetensphären um gleiche Beträge voneinander abstehen (sie stehen ja nach COPERNICUS voneinander ab und berühren sich nicht; denn ich glaubte, nichts wäre schöner als das Verhältnis der Gleichheit. Doch hierbei fehlt Kopf und Schwanz. Denn diese materiale Gleichheit lieferte keine bestimmte Anzahl beweglicher Körper, keine bestimmte Größe für die Abstände. Ich dachte daher an die Ähnlichkeit der Abstände mit den Sphären, das heißt an Proportionalität. Es erhob sich aber die gleiche Klage. Die Abstände zwischen den Sphären wurden zwar ungleich, aber nicht in ungleicher Weise ungleich, wie COPERNICUS verlangt; auch ergab sich kein Wert für die Größe der Proportion, noch für die Anzahl der Sphären. Dann ging ich zu den ebenen regulären Figuren über. Sie bildeten mit den ein- und umbeschriebenen Kreisen gewisse Abstände, aber immer noch nicht in einer bestimmten Zahl. Schließlich kam ich zu den fünf räumlichen Figuren. Hier ergab sich eine bestimmte Zahl der Planetenkörper und eine Größe der Abstände, die nahezu richtig war, so nahe richtig, daß ich wegen der noch bestehenden Abweichung an eine vollkommene Astronomie appellierte. Die Astronomie wurde nun in den vergangenen 20 Jahren vervollkommnet; aber siehe da, die Abstände stimmten immer noch nicht mit den räumlichen Figuren; auch zeigten sich keine Ursachen für die in so ungleicher Weise auf die Planeten verteilten Exzentrizitäten. Ich hatte eben an diesem Haus der Welt nichts als Steine gesucht, zwar solche von gefälliger Form, aber eben doch nur von einer Form, wie sie Steine haben. Ich wußte nicht, daß der Weltbaumeister die Steine nach dem wohlgegliederten Bild eines belebten Körpers gestaltet hatte. So kam ich allmählich, besonders in den letzten drei Jahren auf die Harmonien, indem ich ganz kleine Abweichungen der räumlichen Figuren duldete. Dazu bestimmte mich einerseits der Gedanke, daß die Harmonien die Rolle der Form spielten, die die letzte Hand anlegte, die Figuren dagegen die Rolle der Materie, die in der Welt die Zahl der Planetenkörper und die rohe Ausdehnung der räumlichen

Bereiche ist. Andererseits lieferten die Harmonien auch die Exzentrizitäten, welche die räumlichen Figuren nicht einmal in Aussicht stellten. Oder: die Harmonien gaben der Statue Nase, Augen und die übrigen Glieder, während die räumlichen Figuren nur die äußere Größe der rohen Masse vorgeschrieben hatten.

[362] Wie es nun keine Körper von Lebewesen und für gewöhnlich keine Steinblöcke gibt, die genau nach der Norm irgendeiner geometrischen Figur gebildet sind, sondern der runden äußeren Figur, so gefällig sie ist (unter Belassung der richtigen Größe ihrer Masse) etwas genommen wird, so daß der Körper die zum Leben notwendigen Organe, der Stein das Bild des Lebewesens erhalten kann, so mußten auch die Proportionen, welche die räumlichen Figuren den Planetensphären vorschreiben sollten, als etwas Untergeordnetes und nur auf das Körperliche und die Materie Bezügliches den Harmonien nachgeben, soweit es dazu nötig war, daß die Harmonien neben ihnen bestehen und die Bewegungen der Himmelskugeln schmücken konnten.

Der zweite Teil unseres Schlußsatzes, der sich auf die Gesamtharmonien bezieht, läßt sich in ähnlicher Weise begründen. Denn in erster Linie gebührt doch demjenigen sozusagen die letzte Hand, das besser geeignet ist, die Welt vollkommen zu machen, während man demjenigen, das hierbei an zweiter Stelle steht, etwas abzwacken darf (falls dies schon beim einen oder anderen notwendig ist). Nun aber tragen zur Vervollkommnung der Welt mehr die Gesamtharmonien aller Planeten bei als die einzelnen Harmonien bei je zwei und die Paare von Harmonien bei je zwei benachbarten Planeten. Denn die Harmonie ist gewissermaßen ein Band der Vereinigung. Es liegt aber eine weitergehende Vereinigung vor, wenn die Planeten alle miteinander eine Harmonie bilden, als wenn immer je zwei für sich in doppelter Weise harmonieren. Im Widerstreit dieser Harmonien mußte daher von den beiden Harmoniereihen, die die Planetenpaare miteinander bilden, die eine oder andere nachgeben, damit die Gesamtharmonien aller bestehen konnten. Und zwar mußten eher die großen Harmonien, das sind die der divergenten Bewegungen, nachgeben als die kleinen, die der konvergenten. Denn wenn die Bewegungen divergieren, so sind sie auf Planeten nicht des vorgelegten Paares, sondern auf andere benachbarte zu gerichtet. Wenn sie aber konvergieren, so sind die Bewegungen der beiden Planeten aufeinander zu gerichtet. Wenn beispielsweise Jupiter in sein Aphel und Mars in sein Perihel gelangt, so ist

672

die Bewegung des ersteren auf den Saturn zu und die des letzteren auf die Erde zu gerichtet. Gelangt aber Jupiter in sein Perihel und Mars in sein Aphel, so sind die Bewegungen aufeinander zu gerichtet. Die Harmonie der letzteren Bewegungen ist also dem Jupiter und Mars mehr eigen; die der ersteren, divergenten aber liegt ihnen gewissermaßen ferner. Das Band der Vereinigung, das immer zwei benachbarte Planeten miteinander verbindet, wurde aber weniger verletzt, wenn man die Harmonie aufblähte, die den einzelnen Paaren jeweils ferner liegt als die ihnen eigene, das heißt als die, welche zwischen näher benachbarten Bewegungen benachbarter Planeten besteht. Übrigens war diese Aufblähung gar nicht so groß. Es wurde ja eine Einrichtung getroffen, die sowohl den Bestand von Gesamtharmonien aller Planeten sicherstellte, und zwar nach beiden Tongeschlechtern und mit einem gewissen wenigstens ein Komma betragenden Spielraum, als auch einzelne Paare von Harmonien je zweier Planeten beibehielt. Und zwar blieben bestehen in den konvergenten Bewegungen vollkommene Harmonien bei vier Planetenpaaren; in den Aphelbewegungen gleichfalls vollkommene Harmonien bei einem, in den Perihelbewegungen bei zwei Paaren. Bei den divergenten Bewegungen aber ergaben sich bei vier Paaren Proportionen, die von einer vollkommenen Harmonie um weniger als eine Diesis abweichen, die doch so klein ist, daß die menschliche Stimme beim figurierten Gesang fast immer um diesen Betrag fehlt. Nur bei den divergenten Bewegungen von Jupiter und Mars betrug die Abweichung von einer vollkommenen Harmonie ein Intervall zwischen Diesis und Halbton. Somit ist klar, daß dieses gegenseitige Nachgeben durchweg sehr gut ist.

Das ist es also, was ich über das Werk des göttlichen Schöpfers vorbringen wollte. Es ist jetzt Zeit, daß ich endlich Augen und Hände von den Blättern voller Sätze und Beweise weg zum Himmel erhebe und zum Vater des Lichtes in Andacht und Demut bete:

O Du, der Du durch das Licht der Natur das Verlangen nach dem Licht Deiner Gnade in uns mehrest, um uns durch dieses zum Licht Deiner Herrlichkeit zu geleiten, ich sage Dir Dank, [363] Schöpfer, Gott, weil Du mir Freude gegeben hast an dem, was Du gemacht hast, und ich frohlocke über die Werke Deiner Hände. Siehe, ich habe jetzt das Werk vollendet, zu dem ich berufen ward. Ich habe dabei alle die Kräfte meines Geistes genutzt, die Du mir verliehen hast. Ich habe die Herrlichkeit Deiner Werke den Menschen, die meine Ausführungen lesen werden, geoffenbart, soviel von ihrem unendlichen Reichtum mein enger Verstand hat erfassen können. Mein Geist ist bereit gewesen, den Weg richtigen und wahren Forschens einzuhalten. Wenn ich etwas Deiner Absichten Unwürdiges vorgebracht habe, ich kleiner Wurm, im Sumpf der Sünden geboren und aufgewachsen, so sage mir, was Du die Menschen wissen lassen willst, damit ich meine Sache besser mache. Wenn ich mich durch die staunenswerte Schönheit Deiner Werke zu Verwegenheit habe verleiten lassen oder wenn ich an meinem eigenen Ruhm bei den Menschen Gefallen gefunden habe in dem erfolgreichen Fortgang meines Werkes, das zu Deinem Ruhm bestimmt ist, so vergib mir in Deiner Milde und Barmherzigkeit. Und würdige Dich, gnädiglich dafür Sorge zu tragen, daß diese meine Ausführungen zu Deinem Ruhm und zum Heile der Seelen gereichen und dem in keiner Weise im Wege stehen.

X. Kapitel

Epilog mit Mutmaßungen über die Sonne

Von der himmlischen Musik zu ihrem Hörer! Von den Musen zum Chorführer Apoll! Von den sechs umlaufenden, die Harmonien bildenden Planeten zur Sonne im Mittelpunkt aller Umläufe, zur Sonne, die selber unbeweglich an ihrem Platz steht, sich selber aber in sich dreht. Wir haben gesehen, daß zwischen den extremen Bewegungen der Planeten eine vollkommene Harmonie besteht, nicht im Hinblick auf die wirklichen Geschwindigkeiten im Ätherraum, sondern im Hinblick auf die Winkel, die entstehen, wenn man die Endpunkte der täglichen Bögen der Planetenbahnen mit dem Sonnenmittelpunkt verbindet. Die Harmonie schmückt nun aber nicht die Glieder, die in Proportion gesetzt werden, das heißt die einzelnen Bewegungen an und für sich; vielmehr werden diese, insofern sie miteinander verbunden und verglichen werden, Objekt für einen wahrnehmenden Geist. Denn kein Objekt ist umsonst geordnet worden, ohne daß etwas da wäre, was durch dasselbe erregt wird. Jene Winkel aber scheinen eine Tätigkeit vorauszusetzen, ähnlich unserem Sehen oder wenigstens jener Empfindung, derzufolge im IV. Buch die untermondische Natur die Winkel wahrnimmt, welche die von den Planeten ausgehenden Strahlen an der Erde bilden. Freilich ist es für uns Erdenbewohner nicht leicht zu erschließen, was für einen Gesichtssinn, was für Augen die Sonne hat, oder was für einen anderen Instinkt, um jene Winkel auch ohne Augen wahrzunehmen und die Harmonien in den Bewegungen zu ermessen, die durch irgendeine Pforte in den Vorhof des Geistes gelangen, und was das schließlich für ein Geist in der Sonne ist. Doch wie dem auch sei, die Anordnung der sechs Primärsphären um die Sonne, die dieser durch ihre ewigen Umdrehungen huldigen und sie gleichsam anbeten (wie für sich die Jupiterkugel vier, den Saturn zwei, die Erde aber und uns, ihre Bewohner, ein einziger Mond durch ihren Lauf umringen, verehren, hüten und bedienen), und die zu dieser Betrachtung nun hinzukommende besondere Harmonik, die ein klares und deutliches Merkmal der höchsten Vorsorge für die Sonnenwelt ist, das alles [364] zwingt mich zu dem Bekenntnis: Es geht nicht nur von der Sonne als dem Brennpunkt oder Auge der Welt das Licht, als dem Herzen der Welt Leben und Warme, als der Regiererin und Bewegerin alle Bewegung in die Welt hinaus, sondern es werden auf der Sonne auch von der ganzen Provinz der Welt nach dem Recht des Königtums gleichsam Abgaben angesammelt, die in einer höchst lieblichen Harmonie bestehen, oder vielmehr, die auf ihr zusammenströmenden Spezies je zweier Planeten werden durch die Tätigkeit irgendeines Geistes zu einer Harmonie verbunden und so gleichsam aus rohem Silber und Gold Münzen geprägt. Kurz es ist in der Sonne der Hof, die Pfalz, der Palast, das Königsschloß des ganzen Naturreiches, wen immer als Kanzler, Paladine und Minister der Schöpfer ihr gegeben hat, wem immer er diese Sitze bereitet hat, seien es Wesen, die gleich zu Beginn der Welt geschaffen wurden oder dereinst dahin versetzt werden sollen. Denn auch der irdische Kosmos entbehrte größtenteils sehr lange der Beschauer und Besitzer, für die er doch bestimmt war, und seine Sitze waren leer. Da fällt mir nun der Gedanke ein: Was wollten denn die alten Pythagoreer, die nach ARISTOTELES [*De caelo* II, 13, 293^b1 ff.] den Weltmittelpunkt (in den sie das Feuer verlegten, worunter sie aber die Sonne meinten) Wachtposten Jupiters zu nennen pflegten? Was hatte der alte Bibelübersetzer im Sinne, da er den Vers aus den Psalmen [*Psalm* XVIII, 6] mit den Worten übersetzte: »In Sole posuit tabernaculum suum« (In der Sonne hat er sein Gezelt aufgeschlagen)? Aber auch auf einen Hymnus von PROKLOS, dem Platonischen Philosophen (den ich in den vorausgehenden Büchern oft erwähne), bin ich kürzlich gestoßen. Er ist an die Sonne gerichtet und voll von erhabenen Geheimnissen. Nur muß man das eine Wort »Höre« weglassen, obwohl auch dieses in gewisser Weise durch den erwähnten Bibelübersetzer seine Entschuldigung findet, wenn man annimmt, daß PROKLOS beim Anrufen der Sonne den meinte, der in der Sonne sein Gezelt aufgeschlagen hat. Denn PROKLOS lebte zu einer Zeit*, da es als Verbrechen galt, unseren Heiland JESUS aus Nazareth als Gott zu bekennen und die Götter der heidnischen Dichter zu verschmähen, ein Verbrechen, das die Beherrscher der Welt und auch das Volk selber mit allen Martern und Strafen ahndeten. PROKLOS nun hatte zwar durch das natürliche Licht der Vernunft aufgrund seiner Platonischen Philosophie den Sohn Gottes von ferne geschaut, jenes wahre Licht, das jeden Menschen erleuchtet, der in diese Welt kommt. Er wußte auch, daß man die Gottheit nicht in den sinnlichen Dingen suchen darf, wie es das abergläubische Volk tat. Doch wollte er lieber den Eindruck erwecken, als suche er Gott in der Sonne statt in dem leibhaftigen Menschen CHRISTUS. Er wollte damit einerseits die Heiden täuschen, indem er seinen Worten nach den Titan der Dichter feierte, und andererseits für seine Philosophie wirken in der Absicht, Heiden und Christen von der Sinnenwelt wegzuziehen, die ersteren von der sichtbaren Sonne, die letzteren vom Sohn Mariens, da er das Geheimnis der Menschwerdung in allzu großem Vertrauen auf das natürliche Licht der Vernunft ablehnte. Schließlich wollte er auch die Lehre, die den Christen am heiligsten war und die auch mit der Platonischen Philosophie aufs beste übereinstimmte, von ihnen entnehmen und in seine eigene Philosophie einbauen**. Daher steht der Lehre des Evangeliums über CHRISTUS gegen diesen Hymnus von PROKLOS ein Klagerecht auf ihr Eigentum zu. Mag Titan seine Sachen behalten, die »goldenen Zügel, die Schatzkammer des

---

* [KEPLER hat sich bezüglich der Lebenszeit des PROKLOS (411–485) um ein Jahrhundert vertan; das Christentum war zu seiner Zeit jedenfalls im Römischen Reich bereits vorherrschende Religion.]

** Das Urteil des Altertum über seine [nicht erhaltene] Βίβλος Μητρῳακή (Buch über die Göttermutter) ging dahin, es sei darin die gesamte Lehre von Gott nicht ohne gottbegeisterte Ergriffenheit dargelegt und durch die häufigen Tränen des Verfassers, von denen es Kunde gibt, wurden dem Leser alle Zweifel genommen. PROKLOS schrieb jedoch auch 18 Thesen gegen die Christen [*Argumenta contra Christianos*], die IOANNES PHILOPONOS [*De aeternitate mundi contra Proclum*] widerlegte, indem er dem Verfasser Unwissenheit über das Griechentum vorwarf, zu dessen Verteidigung die Thesen doch abgefaßt waren. PROKLOS hatte nämlich das verschwiegen, was zu seiner Philosophie nicht paßte. – War vielleicht der vorliegende Hymnus ein Teil der Μητρῳακή?

Lichtes, den mittelsten Äthersitz, des Weltalls hellstrahlende Herzscheibe«, auszeichnende Namen, die auch COPERNICUS [*De revolutionibus* I, 10; siehe auch F. KRAFFT 1989: 332, Fußnote] der Sonne einräumt. [365] Mag er behalten seine »immer wiederkehrenden Himmelsfahrten«, die ihm freilich nach den alten Pythagoreern nicht zukommen; er nimmt vielmehr ein »den Mittelpunkt, den Wachtposten Jupiters« (ein Lehrsatz von ihnen, den ihr Nachfolger PROKLOS nicht anerkannte, weil er in der Vergessenheit der Zeiten gleichsam verschüttet und entstellt worden war). Mag er auch behalten die aus ihm hervorgehende Schöpfung und alles, was natürlich ist. Andererseits aber mag die Philosophie des PROKLOS den christlichen Dogmen und die sichtbare Sonne dem Sohn Mariens überlassen, jenen Sohn Gottes, den PROKLOS unter dem Namen Titans anredet: »O Herr, der du den Schlüssel der lebenspendenden Quelle besitzest, der du alles erfüllst mit deiner geisterweckenden Vorsorge.« Der christlichen Lehre verbleibe jene unermeßliche Gewalt der Moiren und, was vor der Verkündigung des Evangeliums in keiner Philosophie zu lesen war*, die Dämonen, die seine drohende Geißel fürchten, die Dämonen, die den Seelen nachstellen, »damit sie die weithin strahlende Thronhalle des Vaters in der Höhe vergessen«. Und wer anders als das Wort des Vaters ist jenes »Bild des allschaffenden Gottes, das von dem unaussprechbaren Vater her erschienen ist und das Getöse der sich bekämpfenden Elemente zum Schweigen gebracht hat«, entsprechend den Worten der Schrift [*Genesis* I, 2 / 4 / 7]: »Die Erde war wüst und leer und Finsternis lag über dem Abgrund; und Gott teilte das Licht von der Finsternis, die Wasser von den Wassern, das Meer von dem Trockenen«, und »alles ist durch das Wort gemacht worden« [*Johannes* I, 3]. Wer anders als JESUS aus Nazareth, der Sohn Gottes, ist »der Führer der Seelen zur Höhe«, er, der Seelenhirt, dem »Gebete unter Thränen« darzubringen sind, damit er uns von den Sünden reinige und uns dem »Schmutz unserer Abstammung entreiße (wie wenn sich PROKLOS zu dem Zunder der Erbsünde bekannte) und uns vor Stra-

---

* Einige ähnliche Aussprüche werden dem uralten ORPHEUS zugeschrieben, der nahezu ein Zeitgenosse des MOSES und gleichsam dessen Schüler war, nach SUIDAS. Vgl. die Hymnen des Orpheus, zu denen PROKLOS einen Beitrag lieferte [vielmehr sind PROKLOS' vier erhaltenen Hymnen in den ersten, Kepler zu Verfügung stehenden Ausgaben der orphischen Hymnen (*Orphei Argonautica, Orphei Hymni, Procli Hymni*. Florenz 1500, der obige Hymnus hier Blatt δ4ᵛ; *Musaei opusculum de Herone et Leandro, Orphei Argonautica, eiusdem Hymni, Orpheus de lapidibus*. Venedig 1517, hier Blatt 63) mit abgedruckt worden].

677

fen und Übeln bewahre, »indem er besänftigt das rasche Auge der Gerechtigkeit«, das heißt den Zorn des Vaters. Und ist es nicht wie aus dem Lobgesang des ZACHARIAS [*Lukas* I, 68 ff.] entnommen, wenn wir lesen, »er zerstreut die verderbliche, aus Gift erzeugte Finsternis«, um nämlich unseren Seelen, die in Finsternis und Todesschatten sitzen, zu geben »das reine Licht und unerschütterliche Seligkeit in reiner Gottesfurcht«, was soviel ist, wie Gott dienen in Heiligkeit und Gerechtigkeit alle Tage unseres Lebens.

Doch wir wollen diese und ähnliche Gedanken jetzt beiseitelegen und der Lehre der katholischen Kirche, zu der sie gehören, überlassen. Wir wollen aber hören, warum hauptsächlich jener Hymnus erwähnt worden ist. Dieselbe Sonne, die »von oben her der Harmonien reichen Strom ausgießt«, die Sonne, aus deren Geschlecht Phoebus stammt, der »mit wunderbaren Weisen, die er zur Zither singt, die hohen Wogen der stark brausenden Schöpfung besänftigt«, die Sonne, zu deren Chor Paean gehört, der »mit allheilender Harmonie das weite All erfüllt«*, diese Sonne wird gleich im ersten Vers des Hymnus begrüßt als »Königin des Geistfeuers«. Mit diesem einleitenden Gruß zeigt PROKLOS an, was die Pythagoreer unter dem Wort Feuer verstanden haben (es ist daher verwunderlich, daß der Schüler von seinen Lehrern in Betreff des Weltmittelpunkts, die diese der Sonne zuwiesen, abweicht). Gleichzeitig überträgt er damit seinen Hymnus vom Körper der Sonne und seiner Eigenschaft, seinem Licht, das heißt vom Sinnlichen aufs Geistige. Er weist jenem seinem Geistfeuer (das ungefähr dasselbe ist wie das ›künstlerische Feuer‹ [πῦρ τεχνικόν] der Stoiker), dem geschaffenen Gott seines Meisters PLATON, dem Urgeist oder Autonus [Αὐτόνους] den Königsthron im Sonnenkörper zu, indem er das Geschöpf und den, durch den alles geschaffen worden ist, in eins verschmelzt. Wir Christen aber, die wir besser unterscheiden gelernt haben, wir wissen, daß jener ewige und unerschaffene Logos, der bei Gott war und der durch keinen Wohnsitz eingeschlossen, obwohl er innerhalb von allem ist, von keinem ausgeschlossen wird, obwohl er außerhalb von allem ist, wir wissen, [366] daß er aus dem Leib der glorreichen Jungfrau MARIA in Einheit der Person Fleisch angenommen und nach Erfüllung seines Werks als Mensch seinen Königsthron im Himmel aufgeschlagen

---

* In gleicher Weise sagt ORPHEUS [*Hymnos* VIII, 9] von der Sonne, »sie führt den harmonischen Lauf der Welt«.

hat, wo auch nach unserer Lehre der himmlische Vater wohnt, in jenem Teil der Welt, der ob seiner Herrlichkeit und Größe über alle anderen Teile erhaben ist, und wo er auch im Hause seines Vaters seinen Gläubigen eine Wohnung versprochen hat. Im übrigen halten wir es für überflüssig, über jenen Wohnsitz allzu vorwitzig nachzusinnen und Sinne und den natürlichen Verstand aufzubieten, um zu erforschen, was kein Auge gesehen, kein Ohr gehört hat und was in keines Menschen Herz gedrungen ist. Den geschaffenen Geist aber, wie groß sein Vorzug auch sein mag, ordnen wir mit Recht seinem Schöpfer unter. Auch führen wir nicht mit ARISTOTELES und den heidnischen Philosophen geistige Kräfte als Götter, noch mit den Magiern unzählige Heerscharen von Planetengeistern ein, damit man sie anbete und durch abergläubische Beschwörungen zum Verkehr mit uns herbeirufe. Indem ich mich sorgfältig hievor hüte, wollen wir nun aber auch offen und frei mit natürlichen Gründen die Beschaffenheit der einzelnen geistigen Kräfte untersuchen, besonders wenn etwa ein solcher Geist im Herzen der Welt die Stelle einer Weltseele einnimmt und so enger mit dem Weltall verbunden ist (oder wenn auch gewisse denkende Geschöpfe mit einer von der menschlichen verschiedenen Natur den in dieser Weise beseelten Sonnenball vielleicht bewohnen oder bewohnen werden). Wenn es gestattet ist, am Faden der Analogie das Labyrinth der Naturgeheimnisse zu durchstreifen, so dürfte, glaube ich, folgender Schluß nicht abwegig sein: Wie sich die sechs Sphären zu ihrem gemeinsamen Mittelpunkt, das heißt zum Mittelpunkt der ganzen Welt verhalten, so verhält sich auch der diskursive Verstand (διάνοια) zur Vernunft (νοῦς), wie diese Vermögen von ARISTOTELES, PLATON, PROKLOS und den übrigen Philosophen unterschieden werden. Und wiederum, wie sich die von Ort zu Ort erfolgenden Umwälzungen der einzelnen Planeten um die Sonne zu der ohne eine Translation erfolgenden Umdrehung der Sonne* in der Mitte des ganzen Systems verhalten, so verhält sich auch die Tätigkeit des diskursiven Verstandes zu der der Vernunft, die vielfältigen diskursiven Schlüsse zu der durchaus einfachen geistigen Erkenntnis. Denn wie die Sonne durch die von ihr ausgehende Spezies alle Planeten bewegt, indem sie sich um sich selber dreht, so ruft auch, wie die Philosophen lehren, der Geist die Schlüsse hervor, indem er sich selber und in sich selber alle

---

* Diese wird durch die Sonnenflecken bezeugt. Theoretisch nachgewiesen habe ich jene Umdrehung in meinen Untersuchungen über die Bewegungen des Mars [= *Astronomia nova*, Kapitel XXXIV; KGW III: 242 ff.].

Dinge erkennt, das heißt indem er seine Einfachheit zu jenen Schlüssen entfaltet und auseinanderzieht, bewirkt er, daß alles erkannt wird. Die Bewegungen der Planeten um die Sonne in ihrem Mittelpunkt und die Operationen des Schlüsse ziehenden Verstandes sind so sehr miteinander verbunden und verknüpft, daß sich das menschliche schlußweise Denken nie zu den richtigen Abständen der Planeten und zu allem, was davon abhängt, durchgearbeitet und nie eine Astronomie aufgestellt hätte, wenn nicht die Erde, unser Wohnsitz, ihren jährlichen Kreis mitten zwischen den anderen durchlaufen und dabei einen Ort mit dem anderen, einen Posten mit dem anderen vertauschen würde. Umgekehrt ist es eine gefällige Gegenüberstellung, wenn man der Ruhe der Sonne im Mittelpunkt der Welt die Einfachheit der Erkenntnis entsprechen läßt, wie wir ja bisher immer angenommen haben, daß die auf die Sonne bezogenen [367] Harmonien der Bewegungen nicht durch die Verschiedenheit der Bereiche oder die Weite der Welträume definiert werden. Denn wenn etwa ein Geist von der Sonne aus nach den Harmonien ausschaut, so fehlen ihm die Hilfsmittel, die eine Bewegung oder ein Ortswechsel seines Wohnsitzes darbieten könnte, um damit die Kette von Schlüssen zu bilden, die zur Bestimmung der Planetenabstände notwendig sind. Er vergleicht also die täglichen Bewegungen der einzelnen Planeten nicht durch die Größe der in den Bahnen zurückgelegten Wege, sondern durch die an der Sonne auftretenden Winkel. Wenn er daher eine Kenntnis von der Größe der Sphären hat, so muß er diese notwendig a priori besitzen, ohne daß es mühevoller Schlüsse bedürfte. Daß dies in gewisser Weise auch für den menschlichen Geist wie für die untermondische Natur zutrifft, ging oben aus Platon und Proklos hervor.

Da dem so ist*, so mag es nicht verwunderlich sein, wenn jemand, der aus dem Mischkrug des Pythagoras, den Proklos gleich im ersten Vers seines Hymnus einem zutrinkt, einen etwas zu kräftigen Zug getan hat und dadurch warm geworden ist, durch die so überaus liebliche Harmonie des Chors der Planeten eingeschläfert wird und zu träumen anfängt: Auf die Planetenkugeln, die von Ort zu Ort rings um die Sonne wandern, sind die diskursiven oder schlußweise vorgehenden geistigen Vermögen verteilt. Als vorzüglichstes und vollkommenstes von diesen hat jenes zu

---

* Es mag gestattet sein, im Famulieren dem Platon mit seiner Atlantis und im Träumen den Cicero mit seinem *Scipio* nachzuahmen.

gelten, das sich auf der mittleren jener Kugeln, das heißt auf der Erde des Menschen, findet. In der Sonne aber wohnt der einfache Intellekt, das Geistfeuer oder der Nus, die Quelle der Harmonie, wer immer dieser Geist sein mag.

Denn wenn Tycho Brahe schon im Hinblick auf die öd und leer gedachten Kugeln die Ansicht vertreten hat, sie könnten nicht umsonst in der Welt sein, sondern müßten Bewohner tragen, um wieviel größer ist dann die Wahrscheinlichkeit, wenn wir im Hinblick auf die Mannigfaltigkeit der Werke und Pläne Gottes, die wir auf unserer Erdkugel schauen, mutmaßliche Schlüsse auch betreffs der anderen Kugeln ziehen! Er, der die Arten erschaffen hat, welche im Wasser wohnen, wo die Luft fehlt, die die Lebewesen einatmen; der den weiten Luftraum mit Vögeln bevölkert hat, die durch Flügel getragen werden; der den Schneeregionen des Nordens weiße Bären und weiße Füchse gegeben und als Nahrung den einen Robben, den anderen Vogeleier bereitet hat; der die einsamen heißen Länderstriche Libyens mit Löwen und die weit ausgedehnten Ebenen Syriens mit Kamelen bevölkert und diese Tiere so ausgestattet hat, daß die einen Hunger, die anderen Durst aushalten können – sollte der seine ganze Kunst und seine ganze Güte für die Erdkugel erschöpft haben, so daß er die übrigen Kugeln nicht mit dazu passenden Geschöpfen ausstatten konnte und wollte, wo doch die bald lange, bald kurze Umlaufzeit, die größere oder geringere Entfernung von der Sonne, die Verschiedenheit der Exzentrizitäten, der stärkere oder schwächere Glanz der Körper und die Eigenschaften der regulären Figuren, die je die einzelnen Planetenbereiche tragen, dazu rieten! So wenn die Geschlechter der Lebewesen auf unserer Erdkugel im Dodekaëder das Bild des Männlichen, im Ikosaëder das Bild des Weiblichen (die erstere Figur trägt ja die Erdsphäre von außen, die letztere von innen) und in der göttlichen Proportion jenes Paares und in seiner Unaussprechbarkeit das Bild der Zeugung besitzen, welche Besonderheiten werden dann wohl die übrigen Kugeln von den übrigen Figuren erhalten haben? Wozu dient es, wenn den Jupiter vier, den Saturn zwei Monde umkreisen, wie dieser unser einziger Mond unseren Wohnsitz? In derselben Weise [368] werden wir auch über die Sonnenkugel Schlüsse ziehen und die mutmaßlichen Ansichten, die wir den Harmonien und was dazu gehört entnehmen und die an sich sehr gewichtig sind, den anderen mutmaßlichen Ansichten, die mehr auf die Körper gerichtet und mehr dem Verständnis des einfachen Mannes angepaßt sind, sozusagen einverleiben. Jene Kugel soll leer, die übrigen aber erfüllt sein, wenn alle übrigen Erscheinungen einander so gut entsprechen, wenn wie die Erde Wolken so die Sonne schwarze Rußschwaden ausdünstet, wenn wie die Erde vom Regen benetzt wird und dann ergrünt, so die Sonne nach der Verbrennung jener ihrer Flecken aufleuchtet, indem auf ihrem ganz feurigen Körper hellere Flämmchen hervorstrahlen? Wozu diese Anstalt, wenn die Kugel leer ist? Rufen nicht schon die Sinne aus: Hier wohnen feurige Körper, die einfache Geister bergen, und die Sonne ist in Wahrheit zwar nicht die Königin, aber doch wenigstens das Königsschloß des Geistfeuers.

Ich breche absichtlich den Schlaf und die uferlose Betrachtung ab, indem ich nur mit dem königlichen Psalmist ausrufe:

Groß ist unser Herr und groß seine Kraft und seiner Weisheit ist keine Zahl. Lobpreist ihn, ihr Himmel, lobpreist ihn, Sonne, Mond und Planeten, welchen Sinn ihr auch habt zu erkennen, welche Zunge zu rühmen euren Schöpfer. Lobpreist ihn, ihr himmlischen Harmonien, lobpreist ihn, ihr alle, die ihr Zeugen der nun entdeckten Harmonien seid! Lobpreise auch du, meine Seele, den Herrn deinen Schöpfer, solange ich sein werde. Denn aus ihm und durch ihn und in ihm ist alles. Das, was mit den Sinnen erfaßt, wie das, was im Geiste erkannt wird. Das, was uns noch gänzlich unbekannt ist, wie das, was wir wissen und was nur einen kleinen Bruchteil von jenem ausmacht; denn mehr noch liegt darüber hinaus. Ihm sei Lob, Ehre und Ruhm in alle Ewigkeit. Amen.

Ende.

Dieses Werk wurde am 17./27. Mai des Jahres 1618 vollendet. Das V. Buch aber wurde (während der Druck voranschritt) bis zum 9./19. Februar 1619 noch einmal überprüft.

In Linz, der Hauptstadt von Österreich ob der Enns.

Inhaltsverzeichnis

Weltgeheimnis / Mysterium cosmographicum
(1. Auflage)

Ergänzungen (Notae) zum Text der ersten Auflage in der zweiten Auflage

Tertius interveniens

Weltharmonik / Harmonice mundi

Bibliothek des verloren gegangenen Wissens
(Naturwissenschaften)

Herausgegeben von Fritz Krafft

Auch die Naturwissenschaften gehören zum Kulturerbe der Menschheit. Sie sind wie die technischen und anderen Kulturerzeugnisse ein Artefakt, ein Produkt des menschlichen Intellekts und somit ein genuin *geschichtliches* Geschehen. Sie sind deshalb weder in ihrem Fortgang determiniert, noch unterliegen sie einer Naturgesetzlichkeit. Der Mensch als erfahrendes und erkennendes Subjekt findet sie nicht bereits als Teil der ›Natur‹, auf die sie sich beziehen, in ihr vor, so daß er sie nur Stück für Stück zu ›entdecken‹ bräuchte; jegliche Wissenschaft wird stets erst durch des Menschen denkerisches und sprachliches Handeln geschaffen, das seinerseits durch subjektive beziehungsweise im Rahmen einer Wissenschaftlergemeinschaft (*Scientific community*) intersubjektive Zielsetzungen, wozu die erstrebten Erkenntnisse dienen sollen, bestimmt ist.

Solche Zielsetzungen werden in den seltensten Fällen aber aus rein innerwissenschaftlichen Erwägungen heraus getroffen. Vielmehr geben meist Philosophie und Religion, Ideologien und Weltanschauungen, technische und wirtschaftliche Bedürfnisse, pädagogische Ideen und Moralvorstellungen, soziale Systeme oder Systementwürfe und anderes, sowie an ihnen orientierte humane und politische Entscheidungen hierfür den Ausschlag – wobei die Gewichtung einzelner Faktoren oder Komponenten von dem handelnden Subjekt beziehungsweise von der handelnden *Scientific community* in engem, kommunikativem Kontakt mit der Gesellschaft, welche die Wissenschaft trägt, vorgenommen wird. Naturwissenschaftliche Erkenntnisse sind insofern ein Spiegelbild der zeitgenössischen Kultur, aus der heraus sie entstanden sind.

Das Zusammenwirken all solcher inner- und außerwissenschaftlicher Komponenten bildet den jeweiligen ›Historischen Erfahrungsraum‹; die ihn konstituierenden Komponenten, welche die Erfahrungs- und Erkenntnisweisen sowie die Zielvorstellungen für diesen ›Historischen Erfahrungsraum‹ jeweils bedingen und ermöglichen, werden ›Präsentabilien‹ genannt, weil sie als den allgemeinen Erfahrungsraum konstituierende einem aus diesem heraus wahrnehmenden und erkennenden Subjekt prinzipiell bekannt und ›präsent‹ sein können, es aber aufgrund unterschiedlicher Vorbildung nicht zu sein brauchen. Diese ›Präsentabilien‹ umfassen somit einerseits die übernommenen und die neu gemachten Erfahrungen und Erkenntnisse selbst (einschließlich der Wissenschaft) und andererseits die die einzelnen Denk-, Seh- und Erfahrungsweisen ermöglichenden und prägenden philosophischen, religiösen und ideologischen, technischen, wirtschaftlichen und sozialen, erkenntnistheoretischen und methodologischen Komponenten.

Grundsätzlich ist jedem ›Insassen‹ eines solchen ›Historischen Erfahrungsraumes‹ durch Tradition, Begabung und Unterweisung ein anderer Ausschnitt aus der einer Kultur zu einer Zeit jeweils verfügbaren, grundsätzlich gegenwärtigen Menge dieser ›Präsentabilien‹ auch mehr oder weniger tatsächlich ›präsent‹. Letztlich besitzt jeder aber seinen ganz persönlichen ›Erfahrungsraum‹; und eine kulturelle, politische, religiöse, soziale, aber auch eine wissenschaftliche oder disziplinäre Gemeinschaft entsteht dadurch und immer dann, wenn die Schnittmenge der ›Präsentabilien‹ aller persönlichen ›Erfahrungsräume‹ zumindest jeweils die für die entsprechende Gemeinschaftsart konstitutiven ›Präsentabilien‹ umfaßt.

Aus einem solchen sich wandelnden komplexen Gebilde heraus erfolgt jeweils auch die subjektive oder intersubjektive Zielsetzung für den Handlungsakt ›Wissenschaft‹, für eine Naturwissenschaft die besondere oder allgemeine Fragestellung an die ›Natur‹, die Bestimmung dessen, was man jeweils an der ›Natur‹, und der Art, *wie* und *wozu* man es erkennen will.

Denn auch das, worauf wissenschaftliche Erkenntnis aus ist und was deshalb in der Regel als das allein (wissenschaftlich) Erkennbare gilt, ist im Laufe der Geschichte und für verschiedene Disziplinen nicht immer dasselbe gewesen. Die ›Natur‹ ist zwar zumindest über den für die Menschheitsgeschichte relevanten Zeitraum unverändert und dieselbe geblieben, sie *erschien* aber nicht stets als die gleiche; denn der Blick- und Standpunkt des Beobachtenden und Erfahrenden war mit dem ihn bedingenden ›Historischen Erfahrungsraum‹ einem ständigen Wandel unterworfen und wird es auch in Zukunft sein.

Ebenso veränderlich ist die Orientierung der Naturerkenntnis; sie kann auf reine Erkenntnis um ihrer selbst willen ausgerichtet sein – wobei das Erkenntnisobjekt selbst dann etwas Unterschiedliches sein kann und im Laufe der Geschichte auch gewesen ist, wenn der Bezugsrahmen, auf den sie sich als Erkenntnisobjekt bezieht, stets dieselbe außersubjektive ›Natur‹ geblieben ist, weil ein jeweils anderer Ausschnitt und Aspekt daraus gewählt worden ist. Erkenntnisobjekt innerhalb dieses Bezugsrahmens ›Natur‹ war so etwa das ›Sein‹, die ›Ideen‹ oder das ›Wesen‹ der natürlichen Dinge gewesen, aber auch ein Gott als Inbegriff der ›Natur‹ oder dessen Schöpfungsplan in den natürlichen Dingen, die Zweckmäßigkeit der einzelnen Prozesse oder der gesamten aufeinander bezogenen ›Natur‹, die bloße Kinematik oder die Funktion von Bewegungsprozessen oder deren kausal-deterministische Begründung und Erzeugung, die Bausteine der materiellen ›Natur‹ und das, was sie zusammenhält: Strukturen, Harmonien, Gesetze und Kräfte, menschliche oder tierische Verhaltensweisen usw. Aber neben solchen rein auf ›Erkenntnis‹ ohne direkte Nutzanwendung ausgerichteten intellektuellen

Orientierungen gab und gibt es für die Naturwissenschaften auch utilitaristische Zielsetzungen, deren Ergebnisse nicht schon selbst als Ziel und Zweck der Wissenschaft und Forschung angesehen werden, sondern als Mittel zur Erreichung anderer Zwecke – etwa theologischer, ideologischer, pädagogischer, gesundheitlicher, sozialer, technischer, militärischer, wirtschaftlicher, ökologischer usw. Art. – Die unterschiedlichen Zielsetzungen ziehen dabei auch jeweils unterschiedliche Methoden nach sich, die einerseits durch den Bezugsrahmen, andererseits aber auch durch die Absichten und Ziele bestimmt sind.

Die in der Neuzeit zunehmend rigoroseren Reduktionismen der Erfahrungswissenschaften scheinen allerdings nur einen immer schmaleren Aspektbereich als erfaßbar zuzulassen. Das hat zum einen eine zunehmende Zersplitterung der ursprünglich einheitlichen Naturwissenschaft und daraufhin auch eine zunehmende Spezialisierung zur Folge (die Notwendigkeit einer Umkehr dieser Entwicklungstendenz wird inzwischen immer deutlicher gesehen), läßt andererseits aber Sehweisen, die ursprünglich eine wissenschaftliche Zielsetzung mit bestimmt haben, unberücksichtigt. Selbstverständlich ist die neuzeitliche Naturwissenschaft gerade aufgrund ihrer Reduktionismen, die eine experimentelle Erfahrbarkeit und eine technische Umsetzbarkeit vieler Erkenntnisse erst ermöglichten, besonders erfolgreich gewesen. Aber dieser ›Erfolg‹ und ›Fortschritt‹ wird auch immer kritischer gesehen, hat die Naturwissenschaft doch daraufhin nach und nach auch die Verknüpfung ihrer Zielsetzungen und Sehweisen mit und deren Bezüge zu anderen menschlichen Handlungs-, Denk-, Empfindungs- und Erfahrungsweisen bewußt abgerissen oder unbewußt abreißen lassen.

Innovationen, Entdeckungen, Erkenntnisse und Erfahrungen im Bereich von Wissenschaft und Technik, sind zwar jeweils Folgen einer Erweiterung des Präsenzbereichs einer disziplinären oder allgemeinen Wissenschaftlergemeinschaft – und das kann durch die Übertragung der durch die disziplinären ›Präsentabilien‹ bestimmten Sehweise auf einen anderen Objektbereich geschehen oder durch das Einbringen einer im disziplinären Präsenzbereich bis dahin nicht anzutreffenden neuen oder traditionellen Sehweise oder durch neues, den bisherigen Erklärungsumfang übersteigendes empirisches Material – oder natürlich durch das Zusammenwirken aller drei Möglichkeiten. Eine neue Erfahrung, Erkenntnis oder Entdeckung kann dann aber, sobald sie sich in die anerkannte Wissenschaft, in das anerkannte *System von auf einander bezogenen, jeweils allgemein gültigen Aussagen, durch die konkrete Einzelfälle des natürlichen Geschehens auf allgemeine, natürliche Prinzipien, die sich bewähren, zurückgeführt und aus ihnen abgeleitet werden*, einfügen läßt oder vom Urheber bereits eingefügt wurde, auch ohne das Vorwissen weiterleben, das die für eine Innovation jeweils erforderlichen besonderen ›Präsentabilien‹ darstellten – man denke etwa an die Keplerschen Gesetze der Planetenbewegungen.

Dadurch geht dann aber auch das ungeheure Wissen, das dem Innovationsprozeß als unabdingbare Voraussetzung ursprünglich zugrunde lag, verloren.

Der von Karl Raimund Popper in Anlehnung an David Hume als irrational deklarierte Erkenntnisvorgang tritt dabei völlig hinter die vorwiegend rationalen Prozessen unterworfene Rechtfertigung zurück – und entsprechend blickt ein Naturwissenschaftler auf die Geschichte seiner Disziplin in der Regel auch ›teleologisch‹ zurück: Er prüft die historischen Fakten aus der Sicht der modernen Naturwissenschaft auf ihre Tauglichkeit hin, als Vorstufen gegenwärtigen, bestätigten Wissens gelten zu können, das ihm als das einzig richtige gilt – und das deshalb auch von älteren Naturwissenschaftlern zumindest rudimentär hätte erfaßt werden können (anderenfalls wären es eben keine ›Naturwissenschaftler‹ gewesen); und er befreit sie von all dem, was er als zeitbedingten Ballast empfindet (und was ihm mit seinen spezifischen Methoden nicht zugänglich ist). Genau das ist es aber, woraus eine nicht-teleologische Betrachtungsweise Bedingungen, Voraussetzungen oder Ursachen zum Verstehen, Erklären oder gar Begründen einer Andersartigkeit auch von Wissenschaft oder eines Entstehens und ja nur scheinbar gleichartigen Weiterlebens von Innovationen gewinnt, um daraufhin auch deren Rolle im Rahmen späterer oder gegenwärtiger Wissenschaft beurteilen zu können (auch wenn die ursprünglichen Voraussetzungen schon gar nicht mehr gelten oder gar widerlegt sind).

Nur so wird Naturwissenschaft wieder Bestandteil der Kulturgeschichte, auch über die Trennung von Wissen(schaft) und Glaube(nssätzen) hinaus. Aus dieser strikten Abgrenzung resultierten zwar einerseits die großen Erfolge der positiven Erfahrungswissenschaften in der modernen Zeit, andererseits aber auch die große Sinnleere und Verlorenheit des naturwissenschaftlich orientierten abendländischen Menschen. Jeder ›Gewinn‹ bringt eben auch ›Verluste‹ mit sich.

Diesen Verlusten ist nicht nachzutrauern, vielmehr heißt es, sie durch das Wieder-Bewußt-Machen des ›verloren gegangenen Wissens‹ zurückzugewinnen – wenn dieses Wissen auch trotz angestrebter Vermeidung aller Modernismen und Anachronismen nicht mehr dasselbe sein wird, weil es aus einem anderen ›Historischen Erfahrungsraum‹, nämlich dem der mitteleuropäischen Gegenwart heraus, zurück gewonnen wird.

Der Herausgeber

Fritz Krafft (Hrsg.)

Lexikon großer Naturwissenschaftler

Vorstoß ins Unbekannte

fourierverlag

geb. mit SU, 488 Seiten • Format: 14,0 x 21,0 cm
Früher: € 36,00 • **Jetzt: € 9,95/sFr. 17,50**
Bestellnr: 626-00330 ISBN: 3-932412-30-3

Dieses »Lexikon großer Naturwissenschaftler« ist ein einzigartiges Nachschlagewerk, das die bedeutendsten naturwissenschaftlichen Erkenntnisse und Theorien in den Kontext sowohl der persönlichen Biographie ihrer Entdecker als auch der allgemeinen Entwicklung der Wissenschaften stellt.

In über 340 Einzelporträts, vermittelt es einen ungewöhnlichen Einblick in das Leben und Wirken großer Naturwissenschaftler, Mathematiker, Physiker, Biologen und humanbiologisch forschender Mediziner von der Antike bis zur Gegenwart.

marixverlag
www.marixverlag.de   e-mail: service@marixverlag.de

Die geheimen Leben
des Albert Einstein

Eine Biographie
von Roger Highfield und Paul Carter

marixverlag

geb. mit SU, 416 Seiten • Format: 12,5 x 20,0 cm
Nur: € 9,95/sFr. 17,50
Bestellnr: 626-00038, ISBN: 3-937715-43-6

Albert Einstein ist in den Augen der Öffentlichkeit längst zu einem
Idol und überragenden Genie geworden. Doch bisher geschickt
verheimlichte und erst in den letzten Jahren ans Licht gekommene
Quellen aus dem Privatleben des wohl berühmtesten aller
Wissenschaftler zwingen zu einer Revision des gängigen Einstein-
Bildes. Es wird deutlich, dass Einsteins Leben nicht nur von der
Wissenschaft geprägt war, sondern in hohem Maße auch von Frauen,
auf die er eine geradezu magische Anziehungskraft ausübte. Die
Autoren lüften den Schleier der Geheimhaltung und Mystifizierung,
der Albert Einstein immer umgab, und liefern so das Porträt eines
faszinierenden Mannes, der trotz mancher Fehlbarkeiten nichts von
seiner Großartigkeit verliert.

marixverlag
www.marixverlag.de

e-mail: service@marixverlag.de

geb. mit SU, 280 Seiten • Format: 23,5 x 31,5 cm
Früher: € 49,00 • **Jetzt: € 20,00/sFr. 33,80**
Bestellnr: 626-00018, ISBN: 3-937715-17-7

Der Zoologe und Philosoph Ernst Heinrich Haeckel (1834-1919)
war einer der wichtigsten und vehementesten Wegbereiter des
Darwinismus. In Verbindung mit der Evolutionstheorie vertrat Haeckel
die Vorstellung des Kosmos als »allumfassendes Naturganzes«. Einen
Gott als »persönlichen Schöpfer« sowie die Trennung von Geist und
Materie lehnte er ab. In dem Tafelwerk »Kunstformen der Natur«
(1899-1904) verleiht Haeckel seinem Monismus eine künstlerische
Ausdrucksform und verbindet auf geniale Weise die wissenschaftlichen
Erkenntnisse mit seiner außerordentlichen künstlerischen Begabung.

marixverlag
www.marixverlag.de   e-mail: service@marixverlag.de